感染症科診療パーフェクトガイド

犬・猫・エキゾチック動物

監修｜長谷川 篤彦

学窓社

はじめに

感染症(疫病)の脅威は人類にとって，また動物にとっても有史以前からの問題であった．19世紀になってようやく病原体の存在が知られることとなり，感染症(伝染病)の本質が明らかになった．そして，ワクチンが開発され，次第に実用化されるに至り，20世紀も中期となって抗生物質が活用されるようになり感染症の実態が一変した．その結果，人類は感染症を制圧したとの幻想が席巻することになった．しかしそれも束の間，新たな問題に気付くことになった．菌交代現象，日和見感染症(免疫不全感染症)，耐性病原体の出現，新興・再興感染症などが認識され，臨床の現場に戸惑いが起こっている．その背景の一因は，感染症に対する認識の欠落とそれに伴う教育の不備である．すなわち，感染症を専門とする施療者も研究者も行政官も絶滅危惧種の状況になっている．このような現状にあって，少なくても日常診療の現場にあって，感染症の診療に従事する者は感染症の実情を社会に発信して，他領域の人々と協力して動物の健康問題の解決に邁進する必要がある．

獣医とは，3,000年前の中国の周の時代の官位を掲載した「周礼」に，疾医(内科的に薬物を用いて治療する)，瘍医(吸引や切開などして治療する)，食医(栄養や食の安全の観点から疾病に対処する)とともに記載されているという．このように歴史的にも獣医師の果たしてきた社会的役割は大きかったが，現在の情報化時代では世界的にも獣医師の責任はますます重大になっている．昨今，感染症対策においても，国際感染症や薬剤耐性菌の問題解決が焦眉の急となっている．

そもそも獣医師は，動物の健康問題の解決のみならず，社会的には予防医学的な役割，比較医学的役割および生命科学への貢献といった責務を担っているのである．

臨床にあっては疾病罹患の動物に対して治療を行い，その感染が人や他の動物へ伝播するのを予防することが当然の責務である．そして，予防や治療をする行為を決断する根拠が診断である．診断というと，病名・診断名を決定することと思われるが，抗生物質を投与したら，抗生物質を投与すべきと診断したのであり，入院を勧めたら入院が必要と診断したのである．無処置で帰宅させたら，無処置と診断したのである．他方，一般に病名・診断名の診断として考えるとき，機能の変調(生理機能の異常)や疾病の座(病巣の存在する臓器)と同時に病理発生を決定して，予後を推定することである．

病理発生では感染や寄生，免疫・アレルギー，中毒などの鑑別が重要であり，感染症では病原体の確定が必須であることはいうまでもない．しかし，病原体が判明しても，治療が完璧にできるものではない．極端な例を挙げれば，ブドウ球菌感染症であるとしても，皮膚にみられる 1 個の小膿疱のこともあれば，敗血症のこともある．緊急性とか重症度の判定の欠如は許されないのである．そこには，発生頻度の把握や日頃の経験に基づく知力と技量が要求される．

換言すれば，感染症の診断で考慮するべきは，感染症の病原体の確定と生体反応の把握である．それと同時に経過を追っての病態の認識である．感染症ではhost-parasite relationship (宿主－寄生体の関係)というが，この関係には治療薬や環境要因が大きく関連している事実を看過してはならない．例えば，レプトスピラ症にみられるJarisch-Herxheimer 反応(抗生物質投与後にみられる破壊された菌の菌体成分によるショック）などが知られている．また，環境温度や湿度が病態を左右することもあり，寄生虫感染でのhypobiosis（発育休止）やウイルス感染での脳炎の発現などである．経過を追って検討することが往々にして看過されていることがある．経過は病態によって，経時的，経日的，経月的とか経年的のこともある．経過の追跡は，緊急対応が必要なことはもちろんあるが，前医の対応結果がどうであるかを含め，病態の経緯と治療効果の判定が重要である．結果が思わしくないから治療法を変更するのみならず，治療効果が良くても薬剤の減量や変更，また休薬や中止を行う必要がある．

現在大学にあっては，感染症学の研究室は設置されていないし，動物病院にも感染症（診療）科を標榜するところは皆無に等しい．したがって，感染症に関する教育が適宜実施されているとはいいがたい．このような現状にあっては，ジェンナー（Edward Jenner）もコッホ（Robert Koch）も診療の現場で偉大な発見をしたことを銘記して，各自が臨床の現場において感染症に対する予防・治療を適切に行うことを体現する必要がある．

本書は感染症について第一線で現在活躍中の先生方に執筆をお願いして上梓するものである．著者は40人に及び，内容も広範にわたるため，上梓までの予定が遅滞したが漸く出版の運びに漕ぎ着けることができて安堵しているところである．

読者が感染症に関心を持って本書を活用されれば，本書は必ず感染症の予防・治療の進歩向上に寄与するものと期待している．日進月歩　否，秒進分歩の昨今，パーフェクトとは錯誤的な現状把握と思われるサブタイトルであるが，出版社の強い要望である．本書を手にする読者にあっては，感染症科においてはパーフェクトな診療を期待するものである．

最後にご多用の中貴重な時間を割いて執筆された著者の先生方に敬意を払い，また出版を企図され編集を手掛けられた学窓社の各位に微意を表するものである．

令和元年7月8日

監修者　長谷川篤彦

執筆者一覧

監　修

長谷川篤彦（東京大学名誉教授）

執筆者（五十音順）

板垣　　匡（岩手大学農学部共同獣医学科獣医寄生虫学研究室教授）

井手　香織（東京農工大学農学部共同獣医学科獣医内科学研究室講師）

伊藤　直人（岐阜大学応用生物科学部共同獣医学科人獣共通感染症学研究室准教授）

伊藤　直之（北里大学獣医学部獣医学科小動物第1内科学研究室教授）

井上　　舞（公益財団法人日本小動物医療センター，東京大学大学院農学国際専攻
国際動物資源科学研究室特任助教）

岩田　祐之（山口大学共同獣医学部獣医学科獣医衛生学研究室教授）

上田　一徳（横浜山手犬猫医療センター院長）

上野　弘道（日本動物医療センター院長）

内田　和幸（東京大学大学院農学生命科学研究科獣医病理学研究室准教授）

遠藤　泰之（鹿児島大学共同獣医学部獣医学科臨床獣医学講座教授）

大屋　賢司（元・岐阜大学応用生物科学部共同獣医学科獣医微生物学研究室准教授）

小熊　圭祐（日本大学生物資源科学部獣医学科獣医伝染病学研究室准教授）

兼島　　孝（みずほ台動物病院名誉院長）

加納　　塁（日本大学生物資源科学部獣医学科獣医臨床病理学研究室准教授）

川合　智行（横浜山手犬猫医療センター勤務医）

久山　昌之（久山獣医科病院院長）

佐伯　英治（サエキベテリナリィ・サイエンス代表）

坂井　　学（日本大学生物資源科学部獣医学科獣医内科学研究室准教授）

下田　哲也（山陽動物医療センター院長）

白井　淳資（東京農工大学農学研究院動物生命科学部門獣医伝染病学研究室教授）

関口麻衣子（アイデックスラボラトリーズ株式会社）

関崎　　勉（東京大学大学院農学生命科学研究科附属食の安全研究センター教授）

都築　圭子（東京大学大学院農学生命科学研究科附属動物医療センター特任助教）

中尾　　亮（北海道大学大学院獣医学研究院・獣医学部寄生虫学教室准教授）

根尾　櫻子（麻布大学獣医学部獣医学科臨床診断学研究室講師）

長谷川篤彦（東京大学名誉教授）

原田　和記（鳥取大学農学部共同獣医学科臨床獣医学講座准教授）

原田佳代子（JASMINEどうぶつ循環器病センター勤務医）

早坂　惇郎（みずほ台動物病院院長，東京農工大学農学部附属国際家畜感染症防疫研究教育センター）

馬場　健司（山口大学共同獣医学部獣医学科獣医内科学研究室准教授）

平山　紀夫（日本獣医生命科学大学客員教授）

福島建次郎（コロラド州立大学小動物内科レジデント）

藤田　桂一（フジタ動物病院院長）

古谷　哲也（東京農工大学農学研究院動物生命科学部門獣医微生物学研究室准教授）

三輪　恭嗣（みわエキゾチック動物病院院長，東京大学大学院農学生命科学研究科附属動物医療センター）

村田　佳輝（むらた動物病院，東京農工大学農学部附属国際家畜感染症防疫研究教育センター産学官連携研究員）

森田　達志（日本獣医生命科学大学獣医学部獣医学科獣医寄生虫学研究室准教授）

山岸建太郎（本郷どうぶつ病院院長）

米澤　智洋（東京大学大学院農学生命科学研究科獣医臨床病理学研究室准教授）

和田　新平（日本獣医生命科学大学獣医学部獣医学科水族医学研究室教授）

CONTENTS

第Ⅱ部：病原体から見た感染症

第Ⅲ部：各臓器における感染症

第Ⅳ部：エキゾチック動物の感染症

第Ⅴ部：ある視点から見た感染症群

付録

第Ⅰ部

感染症の諸問題

感染症の診療において具備しておくべき基礎的知識の概要を記載した. 感染症とは, 病原体とは, 診断とは, 検査とは, 治療とは, 薬剤とは, 予防とは, ワクチンとは, 消毒とは, そして疫学とは何かなど, その本質を考究する端緒となることを期待するものである. すなわち, ある感染症には, かの薬剤を1日何ミリグラムで幾日内服させるということを記憶するのは必須であろうが, それに止まらず, かの薬剤を使用し, 1日そのミリグラムで何日間投与することの必要性を考察すべきなのである. そのことは例えば新薬への対応に直ちに応用されるのである. 情報過多の昨今では, 特に新知識を獲得するには基盤となる知力が重要である.

1 感染と感染症

感染

感染(infection)とは微生物が動物体内に侵入して増殖する状態と定義されていた．しかし，感染する微生物(肉眼で確認できない生物)の範疇にウイルスや異常プリオンが包括されるようになり，感染の考えに変化が生じた．これらを一応病原体と呼称することにしたい．また，これまで感染とは区別されていた寄生虫による寄生現象も感染と呼称されることがしばしばみられる．したがって，感染も寄生もウイルスやプリオンも含めて小さな侵入物と大きな生物との関係において認められる二重の生物学的現象であると考えられる．すなわち，病原体が一方的に侵襲するのではなく，宿主の方でも侵入する病原体に反応する現象がみられる(**表1-1**)．しかし，この防御系に異常(先天的，基礎疾患，薬剤性誘発)が存在する場合がある．生体反応は防御反応であるが，同時に病状を示す反応でもある．

表1-1 生体防御機構

非免疫学的機構	解剖学的障壁，生理学的障壁，微生物学的障壁(菌叢など)
免疫学的機構	非特異的免疫，特異的免疫(体液性免疫，細胞性免疫)

感染症

前述の二重の生物現象において，大きな生物において不都合な状態が認められた場合に，感染症(infection, infectious disease)とか寄生虫病と呼称してきた．その後当然ではあるが，まず原虫病が感染症とされ，昨今ではいわゆる内部寄生虫病も外部寄生虫病も感染症に包含される傾向にある．以前は感染症も寄生虫病も宿主と寄生体の関係(host-parasite relationship)として認識され検討されていた．しかし宿主生体における内外の環境や薬剤も加えての関係として把握する必要がある(host-parasite-environment-drug relationship)．

感染ないし感染症の成立要件として宿主，寄生体(病原体)および感染経路(病原体が新しい感受性宿主に侵入するまでの経路で，宿主と病原体が接触する道筋)が挙げられ，感染の三要素とされている(**図1-1**)．確かに，動物または感受性のある動物がいなければ感染は起こらないし，病原体が存在しなければ感染は起こらない．また，宿主と病原体の両者が存在しても，両者が遭遇しなければ感染は成立しない．したがって，感染症対策(予防・治療)は，この三者を考慮して実施する必要がある．いずれも完全を期すのは困難なので，それぞれに対処する必要がある．一般に感染経路としては，経口感染(食物・水)，経気道感染(空気・飛沫)，接触感染，経皮感染(昆虫媒介，注射器などによる医原性)といった水平感染に加えて，垂直感染としての母子感染(経胎盤，経産道，経乳)が重視されている．感染症には，甚急性から遅発性まであり，原発性，続発性，再発性がある．また不顕性（潜伏感染）から致死性までみられ，一過性や持続性の場合もある．また，再感染のみならず，重複感染（重感染），混合感染も発現する．感染症においては，その進行に従い病態に変化があり逐次悪化することになる（**図1-2**）．また，宿主の免疫機能が低下したときに感染が誘発され，他方亢進状態ではアレルギー反応が惹起される（**図1-3**）．宿主の防御力が作用して，感染は無論途中で軽快に向かう場合もある．

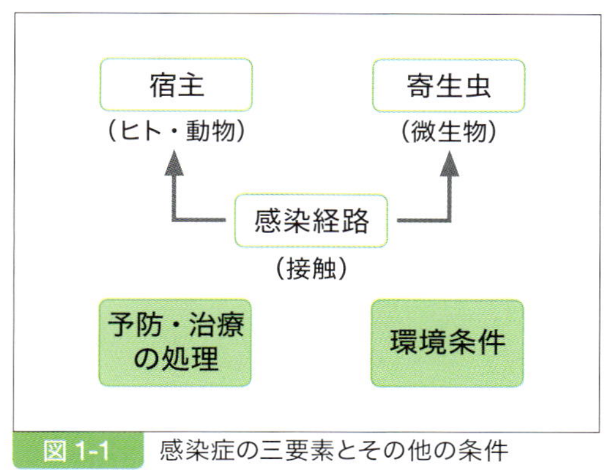

図 1-1 感染症の三要素とその他の条件

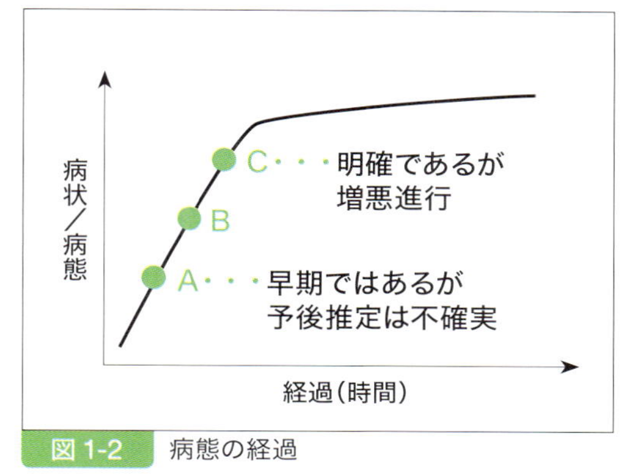

図 1-2 病態の経過

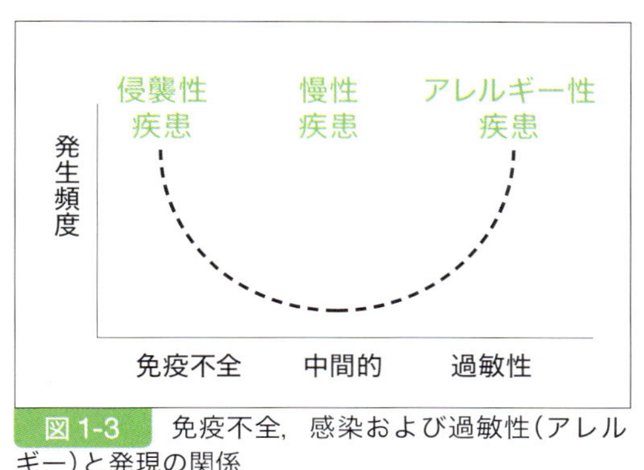

図 1-3 免疫不全，感染および過敏性（アレルギー）と発現の関係

漢方

古代中国に誕生した医学を我が国に導入し発展させてきた医学で，漢方薬（漢方剤）による治療を体系化した医学である．いわゆる中国起源の医学で，古代中国哲学に基盤を置く医学体系で，日本で育んできた伝統的医学である．その特徴は，処方する方剤名がすなわち病名である．オランダ医学（蘭学医学，蘭方）と区別するための名称として誕生した．

参考文献

p. 59を参照

2 感染症の歴史

ヒトをはじめ各種動物においても地球上に誕生したときから感染症は存在していたものと考えられるが，最初に認識されたのは，死を招く恐ろしい「はやり病」であったと推測される．すなわち流行病・疫病である．ギリシャ時代には，その原因としてミアズマ(瘴気)説が流布され(**図2-1**)，ルネッサンス期(14～16世紀)にはコンタギオン(小悪魔)説が唱えられた．

17世紀の中期になると簡易の顕微鏡が考案され微生物の存在が確認された．Robert Hooke (1665)やvan Leeuwenhock(1674)(**図2-2**)の記載が残されている．Edward Jenner(1749-1823)(**図2-3**)が1798年に牛由来の病毒を接種して人体実験を行い，痘瘡に対する効果を報告した(**図2-4**)．しかし，病原体が発見され感染症の概念が確立されるのは19世紀中葉に至ってからである．1837年に皮膚疾患が糸状菌に起因することをRobert Remakが発見し，1840年代の初頭にDavid Gruby(**図2-5**)が感染症として確認したのが嚆矢である．その後，Louis Pasteur(1822-1895)やRobert Koch(1843-1910)らによって微生物学・感染症学の礎石が構築された．すなわち，Pasteur, L.(**図2-6，7**)は生物の自然発生説を否定し，また狂犬病などに対するワクチン作成に成功して感染症を予防する領域を開拓した．一方Koch, R.は炭疽や結核を対象に研究し，病原体を確認して感染症と病原体との関係を明らかにした(**図2-8，9**)．このことは後にコッホの条件(**図2-10**)

図2-1　ペスト医師(Plague Doctor)．17世紀～18世紀ごろ，ペスト患者を専門に治療した医師の服装．ミアズマ(瘴気)論により感染源とみなされていた悪性の空気から身を守るため，嘴状のマスク内には，よい香りがするハーブや香料，藁が詰められていた．public domain

図2-2　Van Leeuwenhock (1632−1723)の肖像．Credit: Wellcome Collection. CC BY

図2-3　Edward Jenner (1749−1823)の肖像．Credit: Wellcome Collection. CC BY

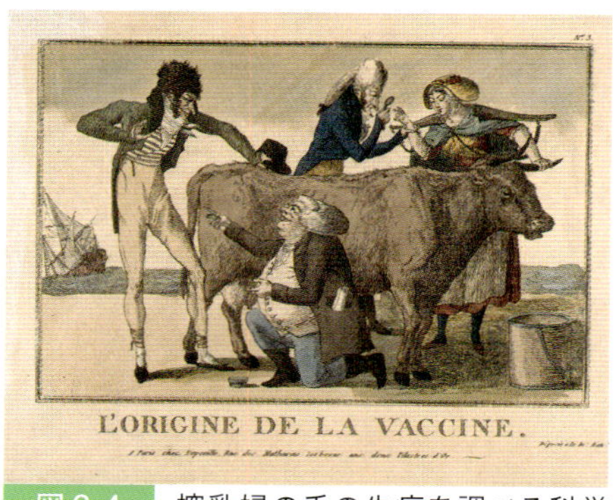

図 2-4　搾乳婦の手の牛痘を調べる科学者．Credit: Wellcome Collection. CC BY

図 2-5　David Gruby（1810–1898）の肖像．Credit: Wellcome Collection. CC BY

図 2-6　Louis Pasteurの肖像．Credit: Wellcome Collection. CC BY

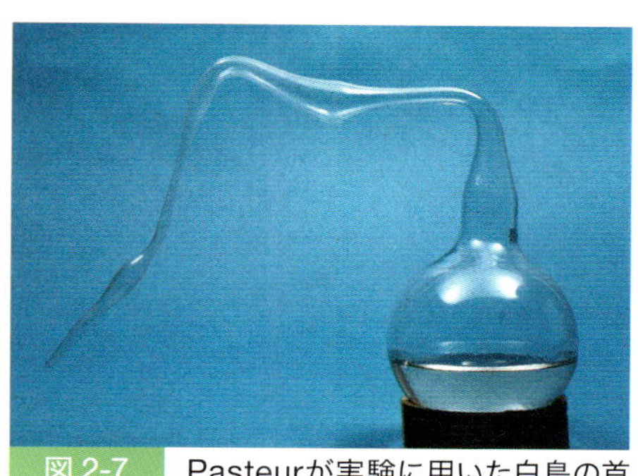

図 2-7　Pasteurが実験に用いた白鳥の首形フラスコ．Credit: Wellcome Collection. CC BY

図 2-8　Robert Koch（1843–1910）の肖像．ドイツの細菌学者である．public domain

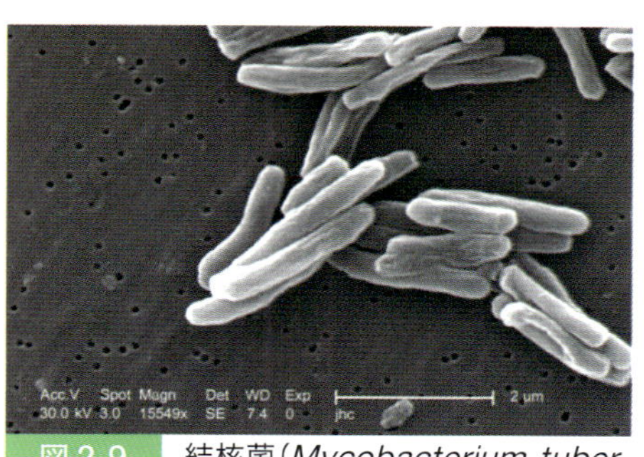

図 2-9　結核菌（*Mycobacterium tuberculosis*）の電子顕微鏡画像．public domain

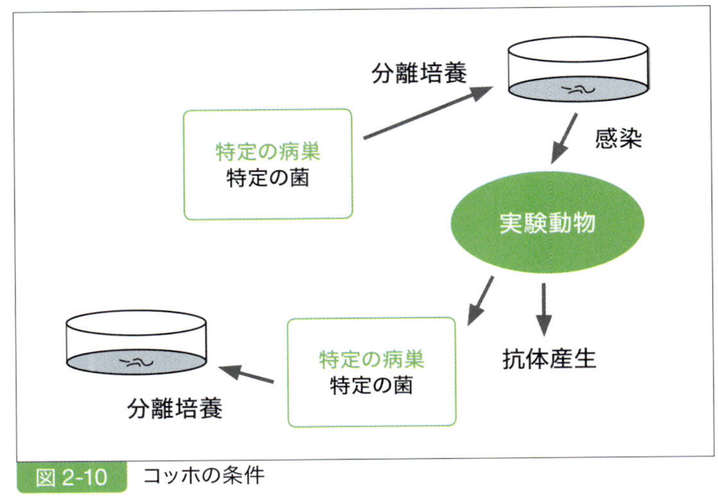

図 2-10 コッホの条件

と称され，長く受け継がれることとなる．

コッホの条件とは，特定病変に特定の病原体が常に存在し，その病原体の分離培養が可能であって，その分離した病原体を実験動物に接種すると，先の特定病変が誘起され，接種した病原体が確認されることであった．その後，特異的病変が認められなくても実験動物に接種した後に特異的免疫反応がみられることが追加された．このコッホの条件は，新たな感染症の問題が勃発するたびに検討されてきたが，種々の問題が浮上した．例えば元来宿主に常在するものが病原体となる場合があること，培養できない病原体が存在すること，感受性のある実験動物が認められないことなどが確認され，この条件に限界があることが明らかになった．その結果，外因性感染症に対して内因性感染症，他発性感染症に対して自発性感染症などの概念が発表され，感染症の再検討がなされた．臨床的には平素無毒菌(平素無害菌)が感染症を誘発することが重視され，平素無害菌感染症としての対策が講じられた．20世紀の前半までは，感染症は主として伝染性の強い疾患を対象としており伝染病と称されていた．しかしワクチンなどの予防法の発展などに伴い，慢性感染症を含め伝染性の微弱な感染症を対象とする場合が増多したことから今日では一般に感染症と呼称されている．また，治療法の発展もあり，抗菌薬の使用が増加するに従い，菌交代現象の発現，耐性菌の増数などにより耐性菌感染症が顕著になった．さらに医療の進歩に伴い重病状態で延命する症例が多くみられるようになり，院内感染症や末期感染症の発生を無視することができなくなった．そこで，現在では日和見感染症，免疫不全感染症，易感染性宿主における感染症などとして対応されている．

一方，感染における宿主の側面から見ても，免疫応答や免疫反応に関する研究の進歩によって，検査診断の方法や技術の向上，治療法の発展，予防法の開発などが認められる．免疫学においては，再感染が起こらないことの究明に端を発して，体液性免疫と細胞性免疫の機序が明らかにされ，その物理化学的根拠が検討されてきた．そして，生体の全身的および局所的に発現する変動に対して分子生物学を駆使しての研究が続行されている．さらに感染との関連において，アレルギーの発現や腫瘍の誘引の解明も追究されている．

近代医学の進歩は顕著であり，感染症についても，顕微鏡，滅菌法，消毒法，純粋培養法，染色法，電子顕微鏡，共培養法，遺伝子解析法などの発見や開発によって，物理化学，生理化学，遺伝学，分子生物学の進歩に呼応して解明が進められ現代に至っている．感染症認識の流れの概略を表に示す（**表2-1**）．

表 2-1　感染症の認識の流れ

•流行病，疫病
•miasma（ミアズマ，瘴気）説：ギリシャ時代
•contagion（コンタギオン，小悪魔）説：ルネッサンス期，Fracastro, G.（1483-553）
•微生物の発見
•伝染病，感染症の確立（コッホの条件）
•外因性/内因性：他発性/自発性の感染症の存在証明
•平素無毒菌（平素無害菌）•日和見感染症の確認
•耐性菌感染症の認定
•院内感染症の確認
•末期感染症の確認
•免疫不全感染症の認識
•易感染症の認識

感染症の歴史と真菌

感染症研究の歴史を通覧すると，真菌は医学の発展に三度大きく関わったといえる．第一は，感染症を最初に確定したのが真菌感染症である．第二は，抗生物質の発見であり，そして第三は，遺伝子研究への寄与である．換言すれば，感染症の確認，治療法の開発，分子生物学の勃興の支えになったことといえよう．パスツールやコッホの輝かしい業績の影に覆われて忘れ去れたかに思えるが，彼らに先駆けること，約半世紀，1840年の前後にシェエライニーやグルビーが臨床例を精査し，実験的に再現して感染の本質を看破したのである．次にエールリヒやドマックの魔法の弾丸に続いて，1929年にフレミング（Alexander Fleming：1881−1955）が*Penicillium notatum*（*P. chrysogenum*そして*P. rubens*と菌種名が改変されている）の集落が*Staphylococcus aureus*の発育を抑制することを発見し，後年その物質がペニシリンとして臨床に応用され，抗生物質の時代の幕開けを飾ったのである．そして遺伝子研究の対象に酵母菌が使用されて数々の成果が得られている．1例を挙げれば，大隅良典博士のオートファジー（細胞の自食作用）の業績が思い出される．

参考文献

p. 59を参照

3 病原微生物概論

微生物（microbe, micro-organism）の定義は肉眼で確認不可能で，顕微鏡的に観察される生物である．純粋培養を中心に追究されてきたが，培養可能なものと培養不可能なものが存在する．微生物は養分，温度，浸透圧，pHなどに影響される．空中，水中，生物の内外など各所に生息している．特に生体の内外に常在する微生物は多く，また環境中にも極めて多種類の微生物が多数存在していることから，微生物の存在する空間に宿主生物が生かされている状態であると言える．微生物のうち疾病を惹起するものを病原微生物（pathogenic microbes）と総称している．

ここで微生物の定義について考察すると，ウイルスが生物か否かを問わなくてはならない．ウイルスは細胞から成り立っていないが，遺伝因子である核酸を保有して，細胞に侵入して増殖することなどから，一般に医療の現場ではウイルスを微生物の範疇として扱っている．次にプリオンについてはどうであろうか．プリオンはタンパク質そのものであることから微生物とは認められない．しかし，疾病の伝達に関与することから，プリオンは病原因子として主に微生物学の研究者によって追究されてきた．

微生物には原核生物と真核生物があり，その細胞核が原核か真核かによって区別される（**表3-1**）．原核細胞と真核細胞の模式図（**図3-1**）と各病原微生物の比較を表示する（**表3-2，3**）．

また，生物は疫学的ないし生態学的に，生活史（life history）と生活環（life cycle）が問題になる．生活史とは誕生から死滅までの生涯であって，生物個体に関する問題である．出現した生体が死滅するまでの過程であるが，実際は世代が次々に繰り返されるので，一連の過程が連続して再現される．一方，生活環は世代の再現で，生態が繰り返し確認されることになるので，種の問題である．世代とは生活史のうえで出現する特定の生殖細胞を中心として，繰り返される周期がみられるが，その一周期を生活環という．生物の世代交代には核相の交替が存在する（**図3-2**）．すなわち，生物は単核相（n）から重核相（n+n）そして複核相（2n）を繰り返す．ヒトや動物では精子や卵子が単核相で他は複核相で

表 3-1 原核細胞と真核細胞

性状	原核細胞	真核細胞
大きさ	1～10 μm	＞10 μm
核膜	－	＋
有糸分裂	－	＋
染色体DNA	1個	多数
核小体	－	＋
リボゾーム	70S	80S
ミトコンドリア	－	＋
ゴルジ体	－	＋

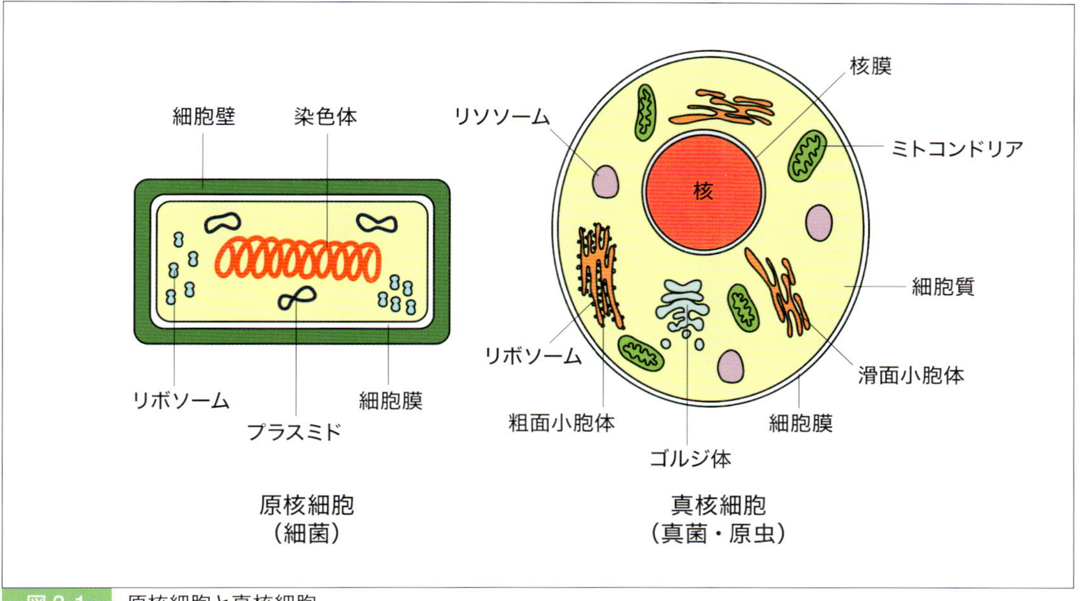

図 3-1　原核細胞と真核細胞

表 3-2　細菌とウイルスの性状比較

性状	一般細菌	マイコプラズマ	リケッチア	クラミジア	ウイルス
DNA と RNA の両方を持つ	+	+	+	+	−
DNA か RNA どちらか一方を持つ	−	−	−	−	+
タンパク質合成系（リボソーム）を持つ	+	+	+	+	−
細胞壁を持つ	+	−	+	+	−
エネルギー産生系を持つ	+	+	+	−	−
二分裂により増殖する	+	+	+	+	−
細胞外（人工培地）で増殖する	+	+	−	−	−
抗生物質に対して感受性である	+	+	+	+	−

表 3-3　真菌と原虫の比較

性状	真菌	原虫
核膜	+	+
細胞膜	+	+
細胞小器官	+	+
細胞壁	+	−
運動性	−	+
（偽足・鞭毛・繊毛）	−	−（胞子虫類）
単細胞性	+*	+

＊酵母は単核細胞で，菌糸は多核単細胞（多核体）である．

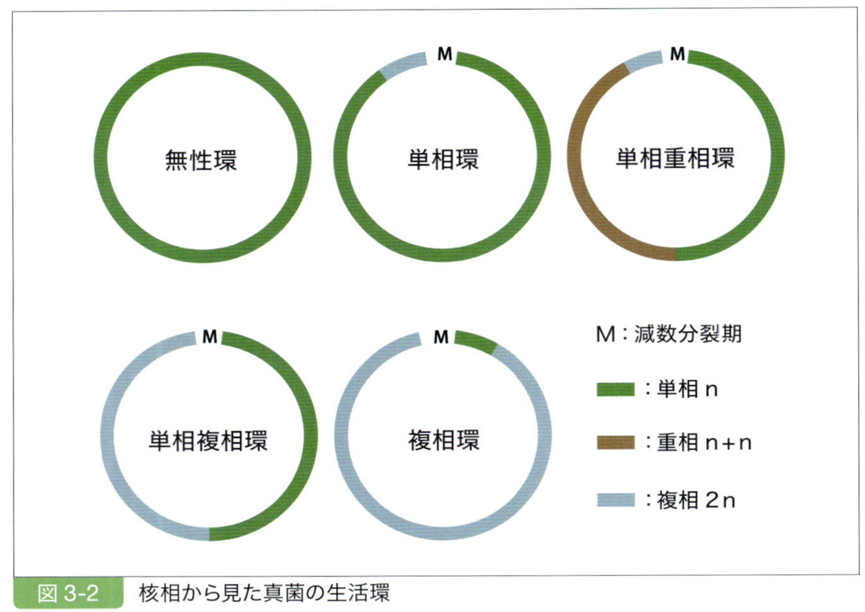

図 3-2 核相から見た真菌の生活環

あるのに対して，真菌や原虫では，ほとんどの期間が単核相で，複核相の期間は極めて短い．

真菌と原虫の性に関していえば，完全時代(有性世代)と不完全時代(無性世代)の存在が認められている(**図3-3**).

病原微生物学については，前述したようにその発端は真菌の発見に続く，感染の確認である．そしてその後のパスツール(Pasteur, L.)やコッホ(Koch, R.)の活躍である．パスツールは生物の自然発生説を否定して，低温滅菌，ワクチン開発(狂犬病，家禽コレラ)などの業績を残した．一方，コッホは炭疽菌や結核菌を追究して，炭疽や結核の原因を明確にして，感染症研究の端緒を開いた．

真菌は，集落(コロニー)や茸としては古代から認められていたが，疾病との関連において注目されたのは1837年におけるRobert Remakの発見が嚆矢とされている．そして真菌が感染症を誘起することを1840年から1843年にDavid Gruby(1810–1898)が実験的に証明した．このことは感染症の概念を確定する先駆的な業績である．しかしその後，前述したパスツールやコッホの華々しい業績の影に覆われることになった．

原虫については，Leewenhoek以来コクシジウムやアメーバなどが記載された．原虫に起因する疾病に関しては，例えばマラリア，トリパノソーマ症などは紀元前からその存在が知られていた．しかし，感染症の概念の確立された後になって，マラリアの原因として1885年ごろから研究が進み，マラリア原虫が確認された．マラリアと言っても，3日熱マラリア，4日マラリア，卵型マラリア，熱帯熱マラリアがあって，4種の病原体が明確になったのは1900年代の初頭になってからである．また，アフリカ睡眠病(トリパノソーマ症)の病原体の確認も20世紀になってからである(1901年Joseph Everett Duttonが*Trypanosoma*属の原虫を確認し*T. gambiense*と命名した)．同様に，トリパノソーマ科の原虫であるリーシュマニアに起因するリーシュマニア症についても，1900年にWilliam Leishman(1865–1926)が黒熱病の原因原虫を発見し，1903年Ronald Rossが属を，また同年

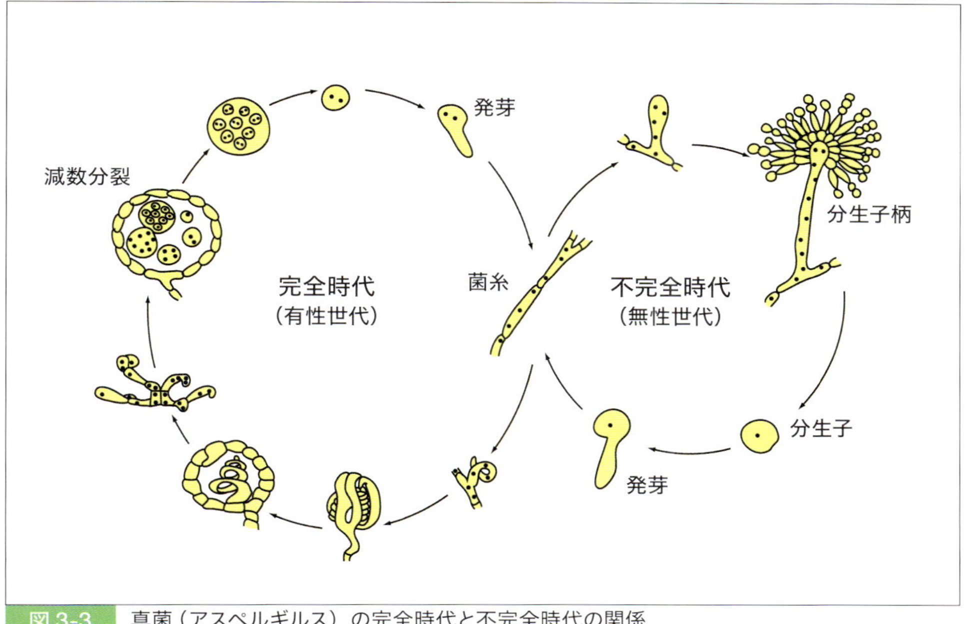

図3-3 真菌（アスペルギルス）の完全時代と不完全時代の関係

LaveranとMesnilが*Leishmania donovani*を報告している．

ウイルスについては，1892年にIwanowski, D.A.(1864-1920)がタバコモザイク病の原因が細菌濾過器を通過するものであることを発見した．そして，1898年Beijerinck, M.W.(1851-1931)によって，濾過性病原体の存在が立証され，同年Loeffler, F.A.J.(1852-1915)とFrosch, P.(1877-1950)が口蹄疫の病原体として，濾過性病毒・不可視性病毒を確認した．これらがウイルスである．

微生物の特徴

a 細菌

単細胞の原核生物で，核膜および葉緑素やミトコンドリアを欠く微生物の一群である．大きさは約0.2～10 μmで，固い細胞壁に覆われている．細菌を中心に病原体の大きさと観察法を図示する(**図3-4**)．細菌は球状・桿状・らせん状などを呈し，二分裂(DNA複製，娘染色体分離，隔壁形成)で増殖する．菌種による差異は細胞膜の透過性や細胞壁の合成速度や成分による．酸素と二酸化炭素の濃度(偏性好気性，好気性，微好気性，通性嫌気性，嫌気性，偏性嫌気性)，温度(好冷菌，低温菌，中温菌，高温菌，耐熱菌)，湿度，浸透圧(好塩菌，耐塩菌)，水素イオン濃度，光，音波などの環境に影響される．細菌は，それぞれ成長し，分裂するが，無機物のみで発育する自力栄養菌，有機物を必要とする他力栄養菌があり，発酵・呼吸(嫌気性菌，好気性菌)によってエネルギーを得ている．

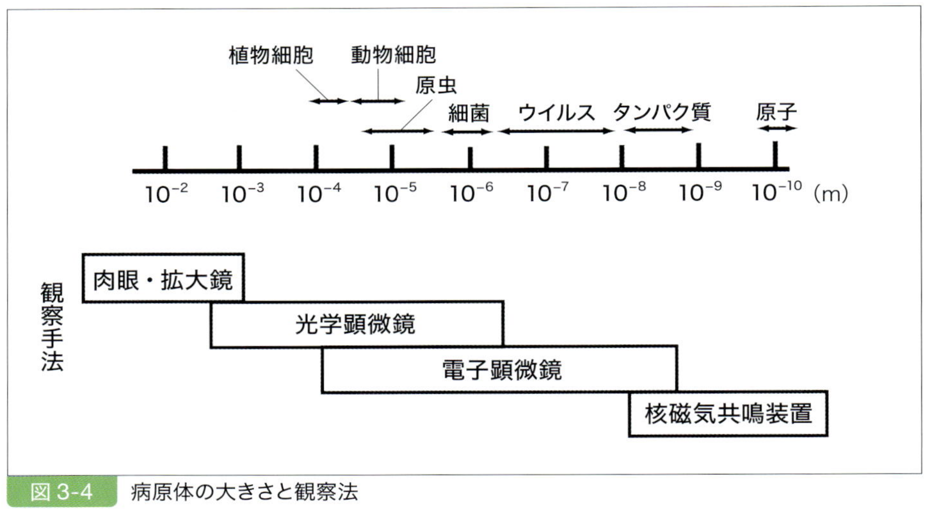

図 3-4 病原体の大きさと観察法

b 真菌

真菌は色素体を欠く真核生物で，栄養摂取は吸収型を呈し，従属栄養生活を営む生物である．栄養体(葉状体)は，単細胞(酵母状)かまたは多細胞性，多核性の単相の菌糸(ホモカリオンまたはヘテロカリオン)で糸状を呈する．その菌糸は頂端成長する．非鞭毛性である．細胞壁には通常キチンと β-グルカンが含まれている．様々な基質に腐生，寄生，共生して生活している．完全時代(有性世代)と不完全時代(無性世代)があり，菌種によってどちらかかまたは両方が認められる．

c 原虫

原虫とは原生動物の俗称で，単細胞の真核生物である．一般には，寄生性で特に病原性を呈するものをいう(寄生虫学：単細胞の寄生虫を原虫)．1個体が1細胞で，分裂・増殖，代謝，運動をして活動する．細胞内小器官(organelle)を具備しており，有性生殖や無性生殖(二分裂，多数分裂)を営む．栄養型(活動型虫体)と嚢子(シスト)型(抵抗力の強い虫体)がみられる．

原虫の基本構造は細胞壁を欠き，細胞外皮や細胞膜が存在する．細胞質(細胞内小器官として，核，ミトコンドリア，食胞，小胞体などがある)，運動器官としては偽足，鞭毛，繊毛，波動膜，キネトプラストがある．大きさは2～50から数百 μm である．

原虫の増殖には無性生殖(無配偶子生殖)と有性生殖(配偶子生殖)があり，前者には，二分裂(等分裂，不等分裂)，多分裂(増員分裂：schizogony，胞子形成：sporulation)と出芽がある．後者の有性生殖(配偶子生殖)には単為生殖と両性生殖がある．

d ウイルス

ウイルスは20～30 nmから250 nmの大きさで，DNAまたはRNAのどちらか一種(遺伝物質，ゲノム)の核酸がタンパク質の殻で包まれている高分子物質の粒子である．ウイルスは代謝活性を示さない遺伝子で，原核生物でも，真核生物でもないが，細胞から他の細胞へと侵入して複製する．宿主細胞内では侵入後，自身の粒子を解体し，核酸の遺伝情報に基づき，宿主細胞の遺伝子やリボソームを利用してタンパク質を合成して複製する．偏性細胞内寄生であって，細胞外では生理活性を欠くが，細胞内に侵入して増殖する．

特定の細胞内に侵入して疾病を惹起する．これらウイルスの細胞レベルでの感染の機構はウイルスの特性である．病原性と関連して問題となるのは，宿主向性と臓器親和性である．これらは，ウイルスの種特異性，宿主域，標的細胞(主に感染する細胞)や感受性細胞(感染可能な細胞)と呼ばれる．標的細胞との結合については，ウイルスによっては宿主細胞にウイルス受容体(ウイルスの吸着部位)の存在が確認されている．子ウイルスと宿主細胞との関係では産生性感染(許容細胞)，流産感染(非許容細胞)あるいは細胞破壊型感染ないし細胞非破壊型感染が認められている．細胞間におけるウイルスの広がりに関しては，細胞外に放出されて広がる場合，隣接細胞に直接伝達される場合および感染細胞の染色体DNAに組み込まれ，細胞分裂によって子孫細胞に伝達する場合がある．

生体側のウイルスおよびウイルス感染細胞に対する応答では，液性免疫(免役グロブリン産生)，細胞性免疫(細胞傷害性T細胞産生)， その他自然免疫反応がある．ウイルス感染細胞では，細胞変性が起こる，核の内外かまたは両者に封入体が形成される，あるいは癌化するなどの変化がみられる．局所感染症と全身感染症があるが，体内でのウイルスは血液を介して，あるいは神経を伝って広がる．

微生物の分類

a 分類とは

生物の分類(classification)は本来個体が対象であるが，群(集団)を対象として便宜上分別され，実際には母集団における代表(統計的推論による)として抽出標本について検討する．群の同一性を確認してヒエラルキーを構築する．すなわち，その階級に種-属-科-目-綱-門-界を置き，最小単位である種を中心に分類が完結される．種についてはいろいろの観点から検討されてきたが，種の定義にも種々の考え方がある．例えば動植物や真菌では，F1(交雑個体)に性的能力があることが重視されてきた．現在では遺伝子解析を中心にした分類が行われ，系統分類が検討されている．

これまでの主な分類の手法は形態学，構造機能学，不稔性(交配能力など)，分子生物学(遺伝子解析：タンパク質，RNA，DNA)である．応用上便宜的に，種さらに種以下の分別も考慮されている．例えば細菌では，血清型，生化学的な生物型，栄養要求型，ファージ型，病原型などが挙げられる．

生物の分類体系は遺伝子分析によって**図3-5**のように示されている．

b 微生物の分類

1 細菌

近年の細菌の遺伝子解析の結果に基づく分類は，16S rRNA遺伝子に基づく分子系統の情報によって決定されていると言って過言ではない．高次の分類階級は古細菌および真正細菌である．系統樹では古細菌2門および真正細菌23門が認められるが，これらはいずれも培養可能な株に基づいた各

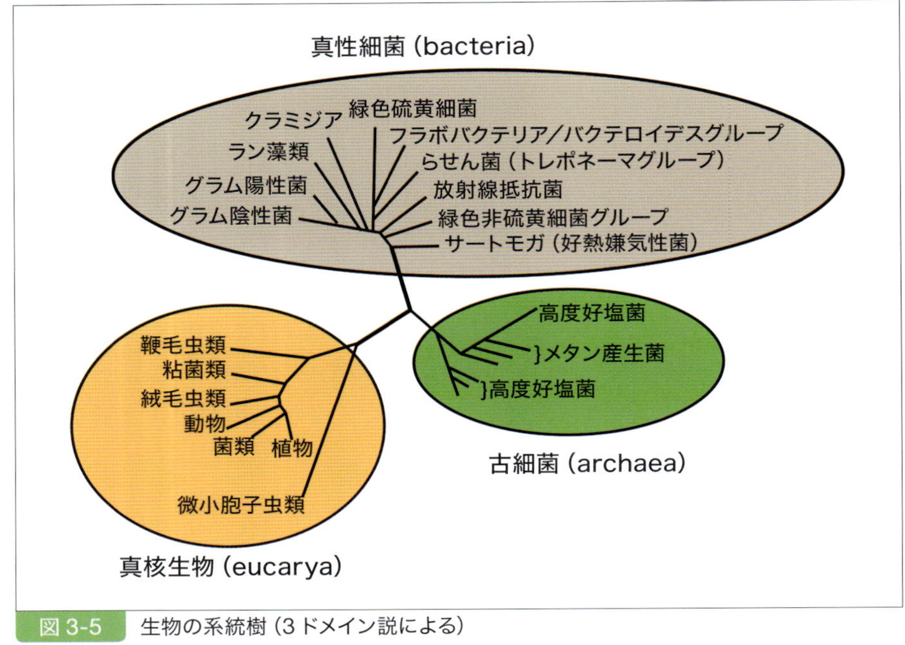

図 3-5　生物の系統樹（3 ドメイン説による）

表 3-4　種より下位の細分類（細菌）

型別法	型別される性質	例
血清型別	O 抗原，H 抗原，K 抗原など	腸内細菌科の細菌
生物型別	生化学的・生理学的特徴	コレラ菌
栄養要求型別	必要とする栄養素の違い	淋菌
ファージ型別	バクテリオファージの感受性	ブドウ球菌
病原型別	病原性の違い	サルモネラ属

系統群（門）である．そして，選択した代表菌種の分子系統樹である．しかし，培養不可能で，株が存在しないが，自然界より16S rRNA遺伝子クローンとして検出されているものも含めると，門の数は80以上存在すると推測されている．今後の培養技術の進歩により，門の数，さらには門以下の分類階級の総数は飛躍的に増大するものと思われる．現在一般的に行われている主要な細菌の鑑別は，形態（球状，桿状，らせん状），グラム染色（陽性，陰性），抗酸性，好気性・嫌気性などである．また，種以下の区別についても**表3-4**のような鑑別も行われている．

2 | 真菌

菌類とは生物界の1群である菌類界に分類される真正菌類に属している真核生物である．一般に菌糸や分生子で増殖する無性環と，子実体を形成するなどして有性胞子を産生する有性環の両生活環が認められる．有性胞子が確認されるのは接合菌類，担子菌類，子囊菌とされ，有性胞子の確認されない菌類を以前は不完全菌類と呼称していたが，これらも18S rRNAの塩基配列解析によって前記3ドメイン中の真核生物に属する菌類に編入されている(**図3-6**)．有性胞子は以下に示すような特殊の器官内に形成される．接合菌類(**図3-7**)，担子菌類(**図3-8**)，子嚢菌(**図3-9**)である．担子菌の例として，*Cryptococcus neoformans*の生活環(**図3-10**)と子嚢菌の例として，*Microsporum canis*の生活環を図示する(**図3-11**)．また，無性の分生子の形成様式を**表3-5**と**図3-12**に示す．

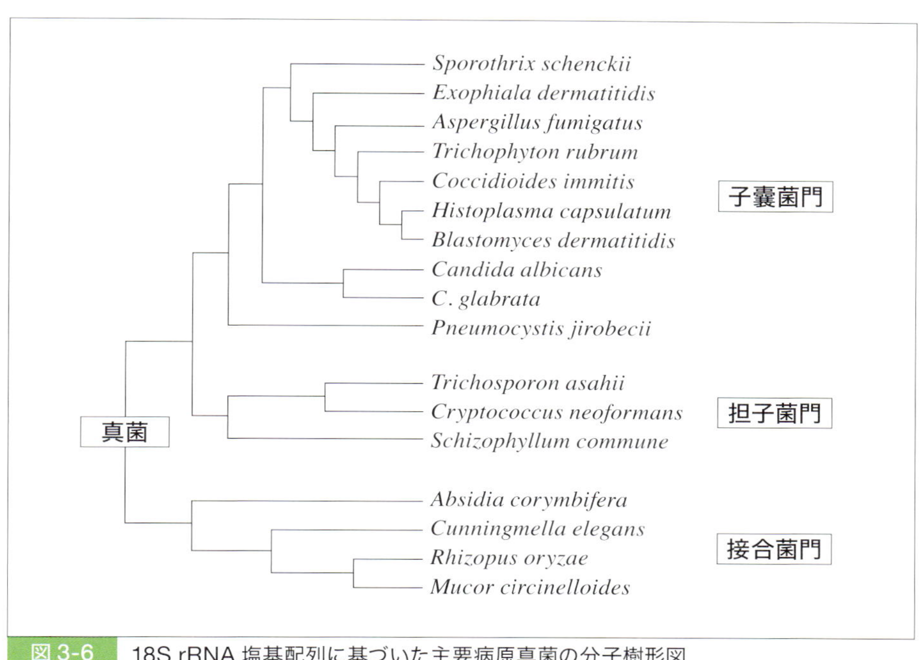

図3-6　18S rRNA 塩基配列に基づいた主要病原真菌の分子樹形図

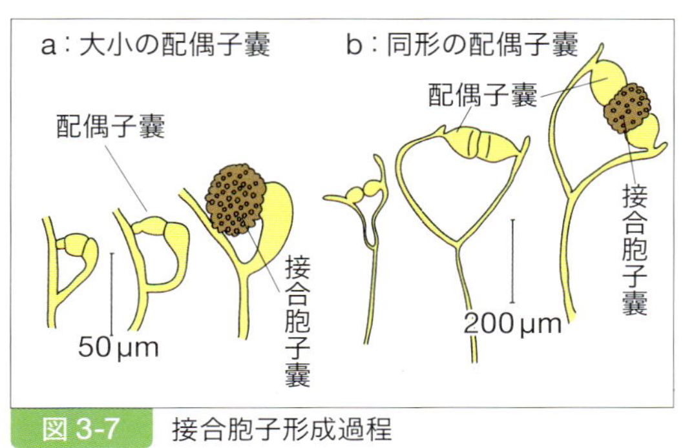

図3-7　接合胞子形成過程

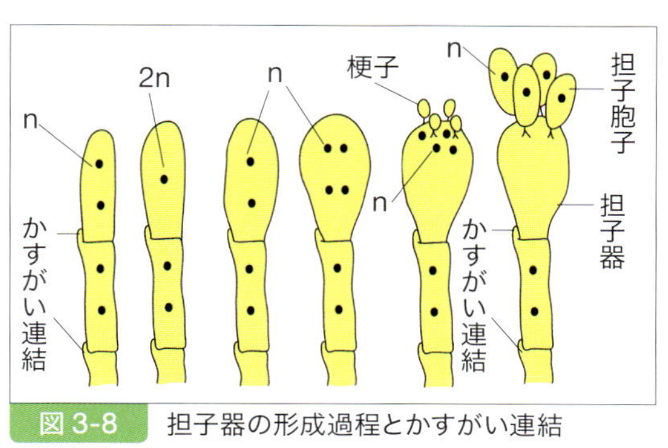

図3-8　担子器の形成過程とかすがい連結

最近の真菌の分類(菌界，亜界，門，亜門，綱)

菌界
- 二核菌亜界ー子嚢菌門，担子菌門
- その他の亜界ーその他(接合菌とされている菌類など)

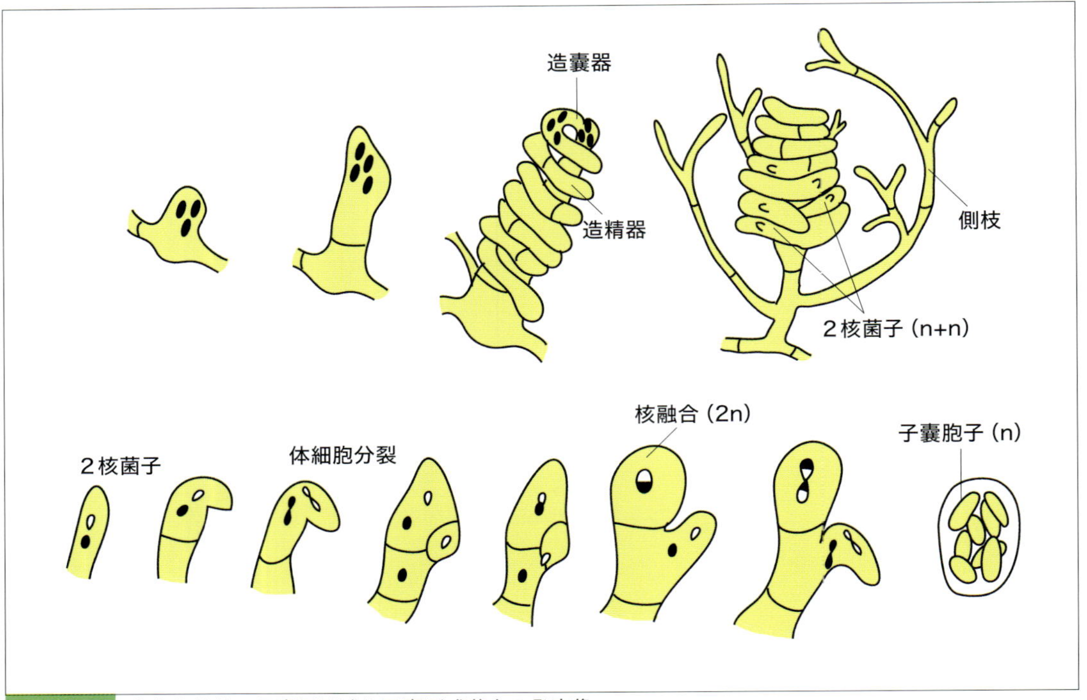

図 3-9　皮膚糸状菌の子嚢果形成と子嚢形成菌糸の発育像

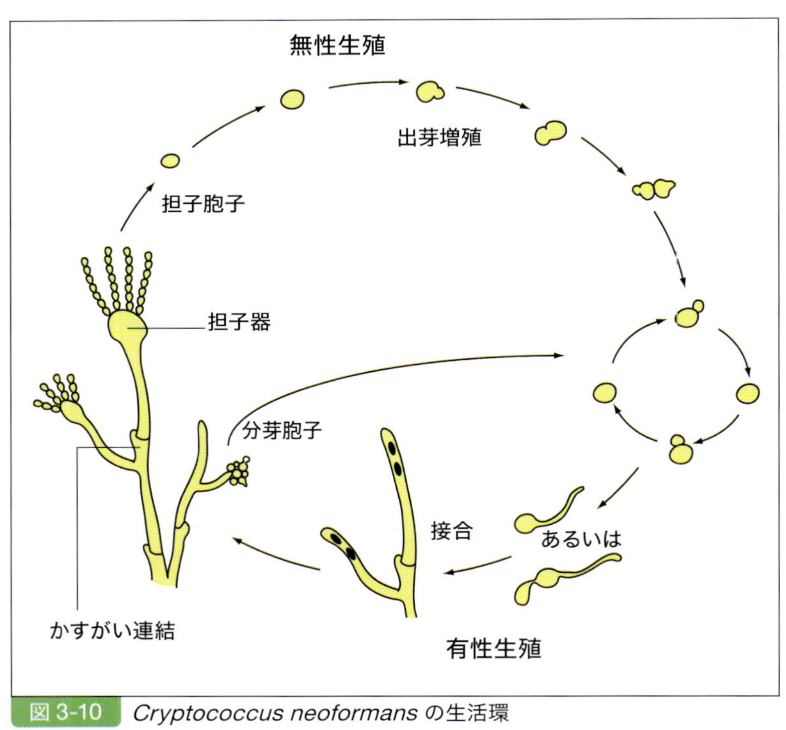

図 3-10　*Cryptococcus neoformans* の生活環

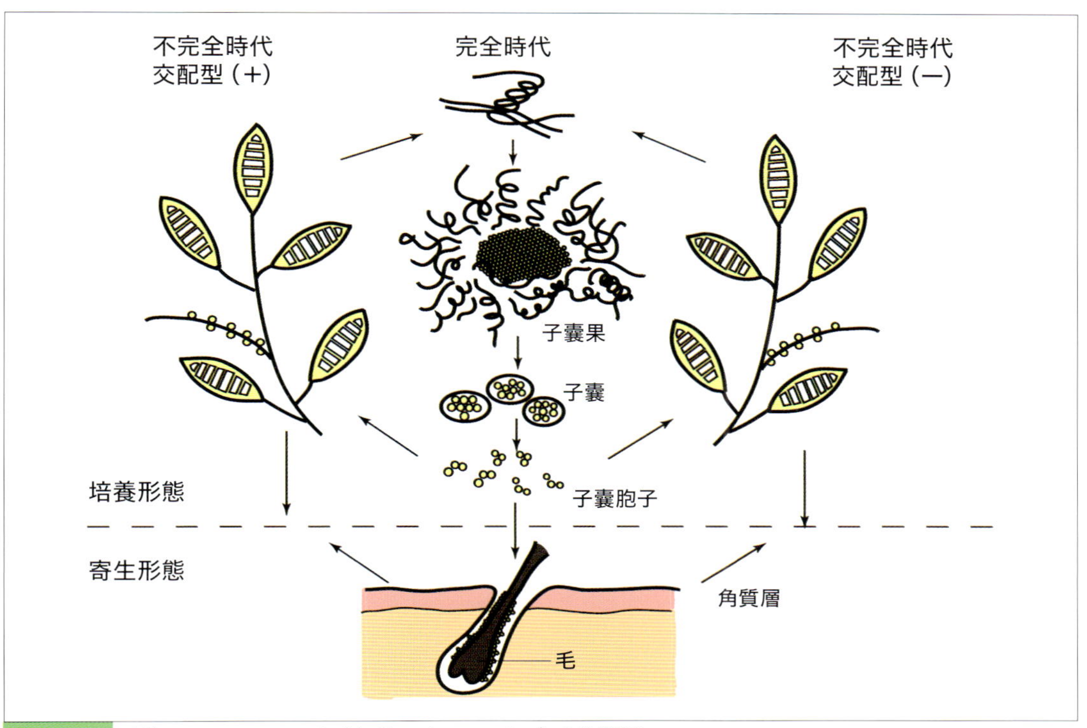

図 3-11 *Microsporum canis*（*Arthroderma otae*）の生活環

表 3-5 分生子および分生子形成細胞

分生子根源	分生子配列	細胞壁（分生子と分生子形成細胞の関係）	分生子形成細胞の発育	分生子形成細胞の特徴
分芽型	単生 房状 連鎖状	全分芽型	停止型 持続型（仮軸型，伸長型，分裂型） 逆行型	膜孔型 フィアロ型 環紋形成型
		内分芽型		
葉状型	単生	全葉状型	停止型	
	連鎖状 （葉状一分節）	全葉状型 内葉状型	停止型 持続型 仮軸型	

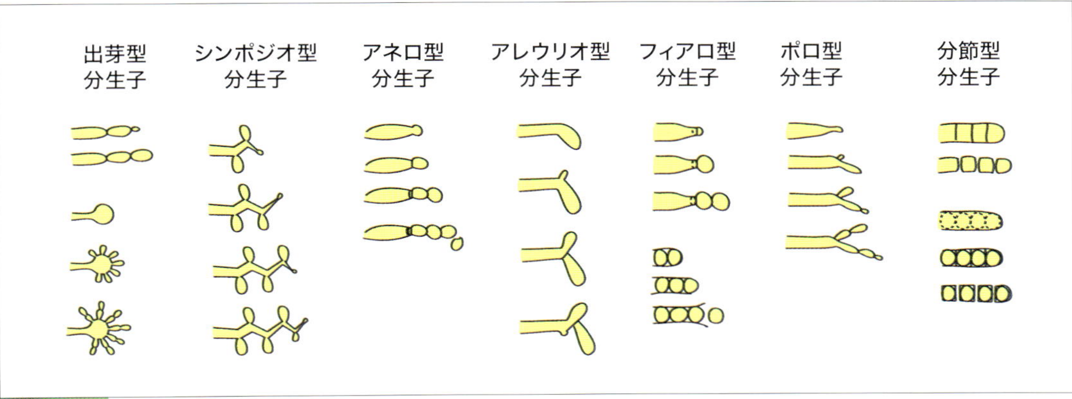

図 3-12 各種の分生子形成法

3 原虫

原虫は，ドメイン真核生物(Eukaryota)，上界Metakaryotaの原生動物界(Protozoa sensu Cavalier-Smith)で，学名はProtozoa Goldfuss, 1818 emend. Cavalier-Smith, 1987である．1980年のLevine *et al*の分類によると，病原原虫は原生生物界(Protoctista)の原生動物亜界(Protozoa)とされ，病原原虫はそのうちの第Ⅰ門鞭毛虫類(Sarcomastigophora)中の第Ⅲ亜門の肉質虫類(Sarcodina)に属する第一上綱根足虫類(Rizopoda)，および第Ⅲ門アピコンプレックス類(Apicomplexa)の第二綱胞子虫類(Sporozoea)に属する第二亜綱コクシジウム類(Cocucidia)と第三亜綱ピロプラズマ類(Piroplasmia)に分類されている．

原虫の増殖には無性生殖(無配偶子生殖)として二分裂(等分裂，不等分裂)，多分裂(増員分裂：schizogony)，胞子形成：sporulation)，出芽がある．また，有性生殖(配偶子生殖)には単為生殖と両性生殖とがある．他の生物の分類と同様に原虫も以前からこの増殖様式によって分類されていた．すなわち，主にアメーバ(栄養体)で増殖する根足虫類(肉質虫類)，トリパノソーマなどの鞭毛を有する細胞で増殖する鞭毛虫類，トキソプラズマなど胞子を形成して増殖する胞子虫類および大腸バランチジウムなど繊毛を有する細胞で増殖する繊毛虫類に分類されている(**図3-13**)．コクシジウムに属する*Toxoplasma gondii*の生活環を示す(**図3-14**)．

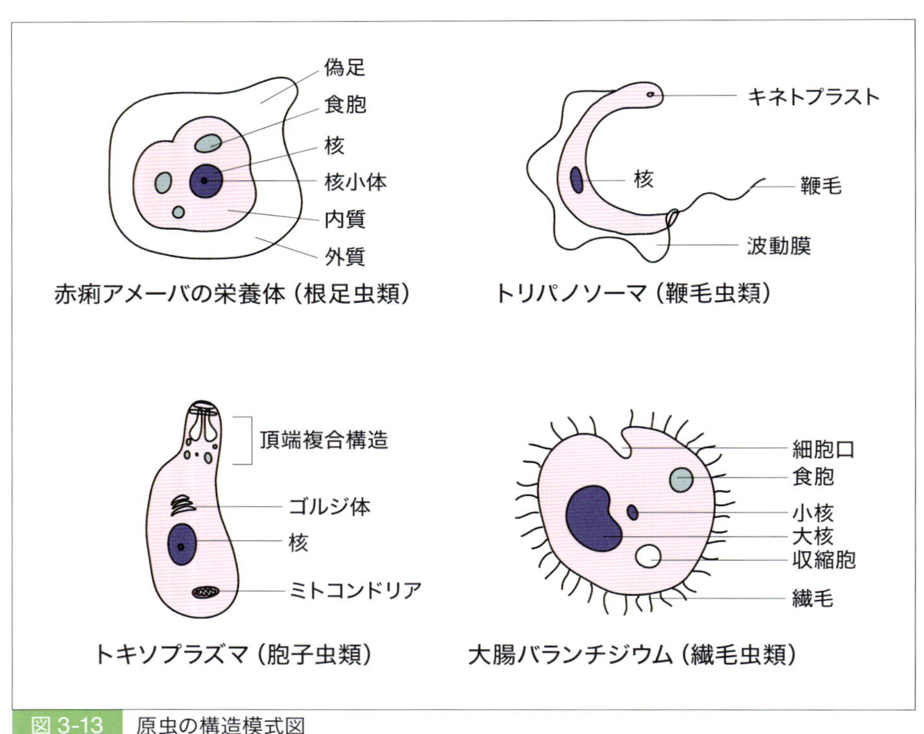

図3-13 原虫の構造模式図

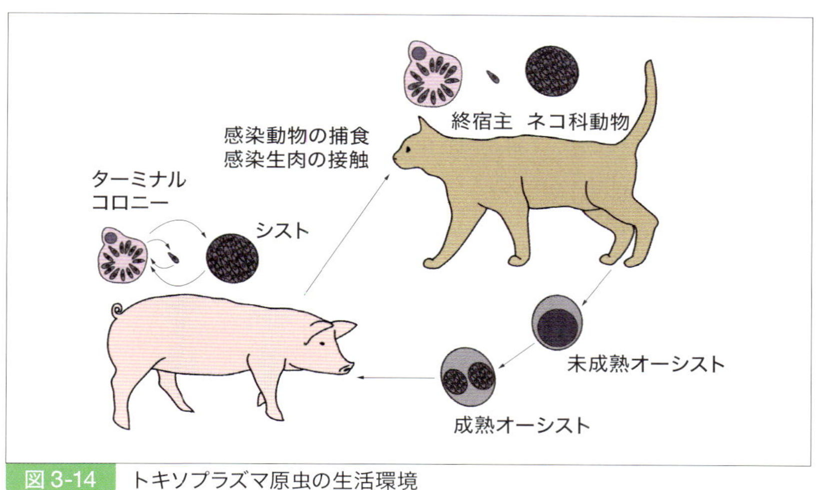

図 3-14 トキソプラズマ原虫の生活環境

4 ウイルス

ウイルス分類には，ウイルス粒子(ビリオン)の物理化学的性状に基づく分類で，核酸の種類(DNA, RNA)，核酸の構造，分子量，ウイルス粒子の大きさや形，カプシドの対称性の種類，カプソメアの数，エンベロープの有無，遺伝子による分類などがある．また，臨床的にも以下のような観点で分類される．すなわち，感染経路，臓器親和性，病原性・疾患による．これらには，節足動物介在性ウイルス・アルボウイルス(日本脳炎，黄熱などのウイルス)，血液媒介性ウイルス(B/C肝炎，HIV，HTLV-1)，呼吸器親和性ウイルス(インフルエンザウイルス，アデノウイルスなど)，腸管親和性ウイルス(ポリオウイルス，ノロウイルスなど)，肝炎ウイルス(A，B，C，D，E)，腫瘍(癌)原性ウイルス(ヒトパピローマ，エプシュタイン・バアウイルスなど)がある．各種ウイルスの鑑別点については**表3-6**に示す．

表 3-6 ウイルスの鑑別点

形状	ビリオンの大きさ，ペプロマーの有無と性状，エンベロープの有無，カプシドの構造と対称性
物理化学性状	ビリオンの分子量，密度，pH安定性，熱安定性，2価イオン(Mg^{2+}，Mn^{2+})の安定性，脂質溶解剤安定性，放射線安定性
タンパク	構造タンパク(数，大きさ，機能)，非構造タンパク(数，大きさ，機能)，特徴的機能の詳細(転写酵素，逆転写酵素，ノイラミダーゼ)，アミノ酸配列，タンパクの糖付加，リン酸化，ミリスチン酸化，エピトープ地図，脂質と炭水化物の組成，性状・転写性状
ゲノム	核酸型(RNAかDNAか)，直鎖状か環状か，ポジティブセンス(+鎖)かネガティブセンス(−鎖)か，またはアンビセンス(ambisense)か，分節数と大きさ，塩基配列，反復配列の存在，異性体の存在，GC含量，5'末端キャップ構造の有無，3'末端のポリA配列の有無
ゲノム構造と複製	ゲノム構造，複製様式，読み取り枠(ORF)の数と位置，転写性状，翻訳性状，ビリオンタンパクの蓄積の部位

参考文献

p. 59を参照

4 感染症の分類

感染症の分類においても分類の基盤は当然明確に定義されていなければならない．しかし，病名はいわば虚構の上に築かれた楼閣であって，統一性を欠いている人為的産物であると理解する必要がある．論理的に説明が付くようにすればするほど診療の現場から遠ざかることにもなる．したがって，種々の切り口で病名を列挙して臨床に役立てる必要がある．当然，各人の立場や活用する分野によって分類は異なるはずである．特に臨床の立場においては，目的に合致する種々の観点，すなわち，予防，治療，検査の観点などからの対応が必要である．

主な感染症の分類についてその分類基準を考慮して以下に示す(**表4-1**)．

表 4-1 感染症の分類

病原体	細菌，真菌，原虫，ウイルス，内部寄生虫，外部寄生虫
罹患臓器	肝臓，心臓，脾臓，肺，腎臓，神経など
感染経路	経口，経皮，経気道，接触などの水平感染，経胎盤，経産道，経乳などの垂直感染
感染経過	甚急性，急性，亜急性，慢性，遅発性，不顕性，回帰性，再発性
初発病巣	皮膚，粘膜，リンパ節など
検査法	病原体，病態，合併症，続発疾患，治療効果，副作用
治療法	原因療法，対症療法，支持療法
予防法	一次予防，二次予防，三次予防
疫学	宿主域，発生地域の分布，発生頻度
その他	主訴別，主要症状別，人獣共通感染症か否か，輸入感染症か否か，新興再興感染症か否か，法規制感染症か否か

病原体による分類

感染症の場合には，感染に関与する病原体の分類(ウイルス，細菌，原虫，真菌，内・外寄生虫，プリオン)が最も一般的である．病原体の分類基準が明解なので説明が簡明で，理解も容易であると思われるが，しかしその病原体分類そのものにも問題がある．例えば，菌名が変われば病名も変更されることになるし，菌が未分類で命名されていないこともある．多くの場合は，病原体分類での属が基準とされているが，1属1種なら明確であっても，1属に多種あれば種を単位として考えることが必要な場合もある．例外として，属より上の単位(科や目など)や種以下のことも菌群のこともあり，明らかに1病名が1属1種に対応していないことがあって不統一である．

感染部位による分類

臨床的には各臓器系統別に感染症を分別することにも応用価値がある．臓器や組織，あるいは細胞を対象としての分別である．全身性感染か局所性感染か，肺とか肝臓，あるいは消化管(口腔，食道，胃，小腸，大腸などに区分も必要)の感染とか，さらにＴ細胞とかマクロファージなど細胞単位での感染とする分類で，臨床的には極めて重要である．病原体の宿主への侵入部位(侵入門戸)も時に障害臓器と同時に明確にしておく必要がある．部位といっても，機能も密接に関連し，臓器によっては機能の程度によっても異なる．これも臓器ごとにそれぞれの考えがあって最小単位の基準が不統一である．

感染の経過による分類

病態の推移や変動の程度なども重視すべきで，日時単位の甚急性(劇症)，週単位の急性，数週間単位の亜急性，月単位の慢性，年単位の遷延性，遅発性などと称される分別がある．特に，死に直結する急激に進行する劇症型の疾患や亜急性疾患，緩徐にではあるが確実に悪化の傾向を示す慢性疾患は要注意である．また，潜在して再燃・再発を繰り返す疾患や遅発性で進行性の疾患の存在も無視できない．

疫学的観点からの分類

診療時には疫学的観点からの分類にも配慮すべきである．すなわち，宿主域，発生地域の分布(世界的にも国内的にも)，発生頻度(周期性や季節性)などがある(**表4-1**)．また，感染源や侵入門戸も重視される．感染経路としては，水平感染と垂直感染(母子感染)，接触，空気，食物，水系感染などがあり，病原体の宿主への伝播様式や伝播状況によって分類される(**表4-2**)．また伝播様式として直接と間接に分けられ，接触型，自然環境型や中間宿主型，節足動物(ベクター)型(ノミ，ダニ，カ)があり，その他医原性があるが不明の場合もある．これらの差異については，診断や予防に際して不可欠な情報となるので熟知しておく必要がある．なお，疫学的に使用される感染源と伝播状況を説明する用語を**表4-3**に示す．

表 4-2 感染経路と感染門戸

水平感染症	垂直感染（母子感染）
•経皮 •経粘膜：呼吸器，消化器，泌尿生殖器，眼 •接触 •空気 •食物 •水系	•胎盤 •産道 •経乳 •母子接触

表 4-3 疫学用語

感染源	レゼルボア(本来の棲家，感染巣)
	キャリア(媒介動物，保菌動物)
	潜伏期，発症期，回復期，健常体
	汚染畜産物，外部媒体（汚染環境）
伝播状況	ヒトでは-demic，動物では-zootic
	地方散発性疾患(endemic, enzootic)
	通常の流行疾患(epidemic, epizootic)
	世界的流行疾患(pandemic, panzootic)

その他

診断検査の方法や治療法(原因療法，対症療法，支持療法の選択，特に原因療法，さらに使用薬剤など)による分別も，現場での対応において必要である．感染症においては予防法に関して特段考慮する必要がある．ワクチンにより予防できるのか否か，隔離の必要性の有無，隔離方法や期間のことなどが考えられる．さらに，主訴別，主要症状別，人獣共通感染症(獣医師などの施療関係者，飼い主，家族，隣人などに伝播の危険性がある)か否かなどを考えての整理も参考になる．輸入感染症(海外感染症)かまたは新興再興感染症か否かなども注意が必要である．診断において重要なのは，特に感染症では，緊急性(救急処置が必要か否か)，発生頻度(症例数が多いのか少ないのか)，難治性(よい治療法があるかないか)，潜在性(看過されやすいか否か，気づかずにいると重症化するか否か)，そして最も重要なのはヒトへの感染の有無および容易さで，その感染経路や予防対策を熟知しているか否かということが問われるのである．

感染と発がん

発がんに炎症が関連することについては，古くはRudolf Virchow(1821−1902)も病理組織の所見から，「癌は慢性炎症から発生する」と唱えた．また，山極勝三郎・市川厚一のタール癌の作成が想起される．このように慢性炎症のがん化の機序は注目されていたが，1990年代になって非ステロイド抗炎症薬の服用者には，大腸癌や食道癌の発生頻度が低いことが示され，炎症反応は発がんを促進するといわれるようになった．また，慢性炎症が感染に起因することから，感染と発がんについても検討されてきた．マレック病の研究を切っ掛けに獣医領域においても感染と発がんの関係が注目されてきた．猫の白血病でレトロウイルスが確認された．ヒトにおける感染と腫瘍の関係を示すとヒトパピローマウイルス(16,18など)が子宮頸癌，陰茎癌，疣贅状表皮異常症の合併癌，EBウイルスがバーキットリンパ腫，上咽頭癌，日和見リンパ腫，ヒトヘルペス(8)がカポジ肉腫，B型肝炎ウイルスが肝癌，C型肝炎ウイルスが肝癌，ヒトTリンパ球向性ウイルスが成人T細胞白血病，そしてヘリコバクター・ピロリが胃癌の原因となる．

参考文献

p. 59を参照

5 診断

診断とは治療や予防などの対策を決定して実施するための判断基準を明確にすることである．病名や診断名を決定するだけでなく，食べ物の内容・量，運動の程度，入退院の時期など診療全般に及ぶ判断の基準を決定することである．

疾患名（病名・診断名）決定としての診断

いわゆる病名診断においては，病名の定義なり，診断基準と照合して決定する必要がある．高熱であるから，CRP（C-reactive protein）が高値であるからといって感染症と診断するのは早計である．初診時に決定できれば幸いであるが，必ずしも決定することはできない．むしろ，できない場合が多い．後日決定できればよいが，それでも適わないこともある．したがって，病名の内在する情報を考慮して，まず病名を2〜3種に絞って鑑別する．この場合重視することは，前述したとおりヒトにも感染する疾患か否か，発生頻度の高い疾患か否か，治療困難な疾患か否か，看過しやすい疾患または早期発見・治療が必須の疾患か否かである．いずれにしても病名診断に際しては，病名分類の意義や背景を十分理解しておく必要がある．分類の方法やその結果に基づく病名は次第に増大し，細分化し，しかも追加的であるので，感染症についても種々の観点から考察する必要がある（**表5-1**）．鑑別診断においては，その疾患と鑑別する必要がある理由を明確に把握することが重要である．なぜなら，鑑別を必要とする理由が不明なら，その後の検査や治療・予防などの対応が不確かになる．すなわち，鑑別診断においてどの点を問題にして鑑別するのかを確定し，同時に鑑別する方法と手技を実行可能に準備しておく必要がある．

表5-1 疾病把握とその例示

症候	貧血，黄疸，下痢
病原体	ウイルス，細菌，原虫，真菌，内部寄生虫，外部寄生虫
生化学	代謝異常
免疫学	防御能異常
治療法	薬剤反応性（抗生物質など）
遺伝学	易感染性
分子生物学	遺伝子異常

診断の条件

対象が集団であれ個体であれ，問診，身体所見，検査所見による的確な情報収集が重要であることは当然であるが，その目的は病理発生，罹患臓器，障害機能，治療法・予後(治療の良否で予後は異なる)の4項目における病状を把握するためである．すなわち，感染症の起因病原体の確認，障害臓器の断定，障害機能の種類や程度の確定，必要な治療法の決定とそれに伴う予後の判定である．感染症の場合には，病理発生においては免疫異常(アレルギー，自己免疫疾患)，遺伝性疾患(代謝病など)，中毒(過剰症)，欠乏症などとの鑑別が必要である．また，障害臓器に関しては全身性の場合もあるが，特定臓器に限局していることもある．生理機能の障害については，ある機能が障害されると同時に他の機能も障害されるので，障害の程度を含めて的確に把握する必要がある．これらの情報を基盤にして，治療や予防の実施を決断するのが診断である．その例を図表に示す(**図5-1**，**表5-2**)．感染症の診断においても解決すべき問題を予想し対策(予防・治療)を講じるためには，臨床症状の解析，病原体の追究，感染経路の把握が肝要である．すなわち，不可能な場合はあるにしても治療・予防を行うための必要条件・十分条件を充足する情報を得ること，その疾病の定義なり診断基準に合致する所見を得ることである．そして，各情報を示す用語が含有する定義・基準，範囲・程度，経緯・経過，病理発生を踏まえて対処する必要がある(**表5-3**)．病状は経過に伴いしばしば増悪し，最悪の場合には致命的になる．したがって，発見時期や対応時によって診断の成否が左右されるのは当然である．

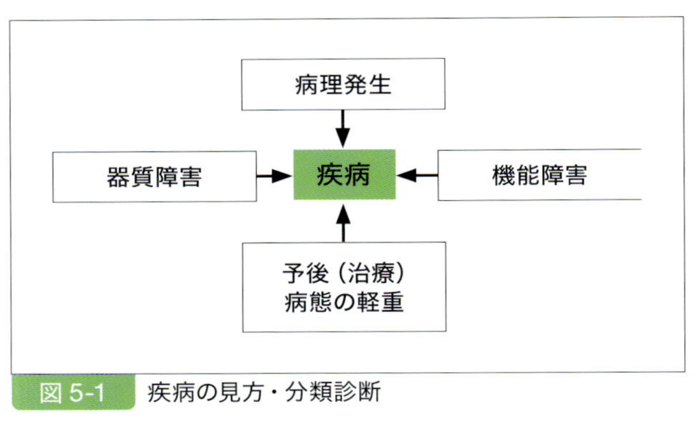

図5-1 疾病の見方・分類診断

表5-2 感染症における対応例

症例＼見方	病理発生	器質障害	機能障害	予後
症例1	レプトスピラ症	急性糸球体腎炎	腎不全	治療可
症例2	パルボウイルス感染症	心筋炎	心不全	予後不良
症例3	猫白血病ウイルス	白血病	造血機能不全	予後不良

表 5-3　診断

治療・予防のための情報収集
• 病名・診断名の特定，定義，診断基準（症候群など） a. 形態的変化，b. 機能障害，c. 病理発生，d. 予後（治療法）
• 病態の確定，病状，病勢，病像，病期
• 対策（治療法）の決定
• 効果の判定，有害作用の確認
• 予後の推定，続発症・合併症の発見

感染症の場合にも他の疾患同様，気付かず見過ごされる場合もあるが，その理由としてその時代における医療水準の問題とか医療技術の程度などにもよる．しかし，施療者にとって個人的な看過・見落としとか，検査所見の過少ないし過大評価に起因する問題は皆無ではない．

症状

感染時には種々の症状が発現するが，起因病原体の種類，障害される細胞や臓器，また経過によって異なる．感染門戸，好発部位などにも注目すべきである．経過においては，初期とか後期，末期に発現する症状もあり，病期(stage)によって異なる．感染時期では，潜伏期，局所感染，全身感染で症状に違いがある．病変に伴い症状は局所から浸潤して広がる場合もあり，全身疾患が皮膚局所に及ぶこともある．症状の局所から全身への波及は転移とされ，血行性伝播，リンパ性伝播，神経介在性伝播，接触性伝播がある．また，症状の発現頻度にも症例によって差異がある．病原体と疾患(症状)の関係では1対1に対応することはほとんどなく，複雑な関係にある(**図5-2**)．ある症状がある病原体によってのみ生じることはほとんどなく，同一症状が種々の病原体の感染で発現し，またある種の病原体は宿主に様々な症状を誘発する．一方，ある疾患がある症状と1対1に対応することもなく，ある疾患では種々の症状が発現する．その症状の種類も症例数の増大や研究の発展によって増加する傾向がみられる(**図5-3**)．

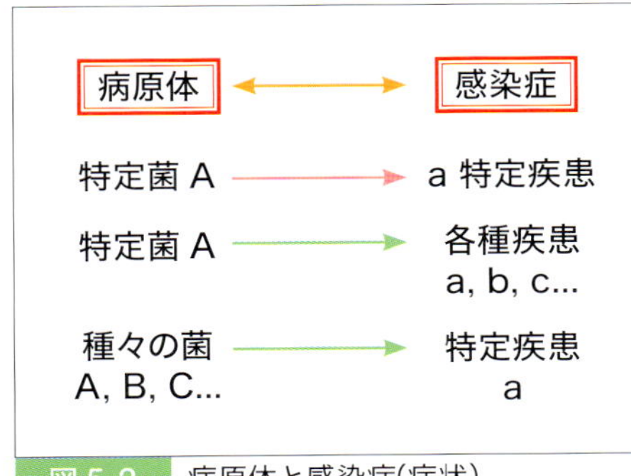

図 5-2　病原体と感染症(症状)

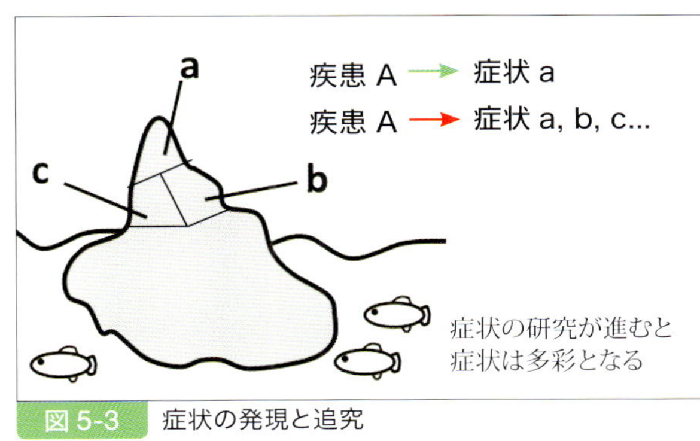

図 5-3　症状の発現と追究

一般に，症状は感染部位の状態や生体反応の程度によって誘起される現象であると理解される（**表5-4**）．感染部位によって症状が異なるのは，罹患臓器の状態の反映で，すなわち感染が及んだ臓器における障害の程度によってそれに応じた症状が発現する．またその機能の亢進ないし低下によって発現した症状は他の臓器機能にも影響を及ぼすことを考慮するべきである．一方，炎症反応や免疫反応に誘導された生体側の応答そのものも重大な症状となる．さらに，感染している病原体に起因してそれぞれに特徴的な症状がある．例えば産生毒素や代謝産物などが関与している症状である．感染症における症状の鑑別では，起因菌の特異性や特殊性を考慮する必要がある．要するに古くから知られる他覚症状は，主に炎症反応やその二次的反応ないし罹患臓器の機能異常から誘起されたものと考えられる．その1例として感染症に伴う症状の一覧と疾患と症状の関係を表示する（**表5-5，6**）．

病態や症状は，宿主の感染に対する防御能と各病原体の性質（感染性や毒素産生性）との関係に依存して発現する．真菌症における一例を示す（**図5-4**）．病原性の強い病原体は健常な宿主であっても感染するが，病原性が弱い病原体の場合，防御能の減弱している宿主にのみ感染する．しかし，病原体のみならず宿主側との関係において特異性があって，一概に病原性の強弱を明確に判別することは容易ではない．ウイルス感染などでは，一部宿主側に存在するウイルスに対する受容体（レセプ

表 5-4　症状の由来

• 病原体特異的（酵素，代謝産物）
• 罹患臓器特異的な病原体侵襲（組織損傷）
• 生体反応（炎症・免疫など） 一次反応：排除反応，炎症反応，免疫反応 二次反応（続発症状） 例：下痢に伴う脱水

表 5-5　病原体の毒力による症状

• 発熱，発赤，腫脹
• 疼痛（痛み）
• 疽（悪性の腫れ物）
• リンパ節腫脹，肝脾腫
• 低血圧，ショック
• 咳嗽（喀痰の有無：乾性・湿性），くしゃみ
• 嘔吐，下痢（脱水に注意）
• 乏尿，無尿（尿閉と鑑別）
• 神経麻痺（弛緩麻痺，痙性麻痺）

表 5-6　生体防御発現の結果による症状

①急性期反応としての症状
• 全身的発熱（戦慄など），熱型
（TNF α，IL-1 β，IFN-γ など）
• 元気消失，食欲不振，傾眠
• 痛覚反応
②炎症の発現としての局所症状
• 発熱・発赤・腫脹
• 痛覚反応（プロスタグランジン E_2，ブラジキニン）

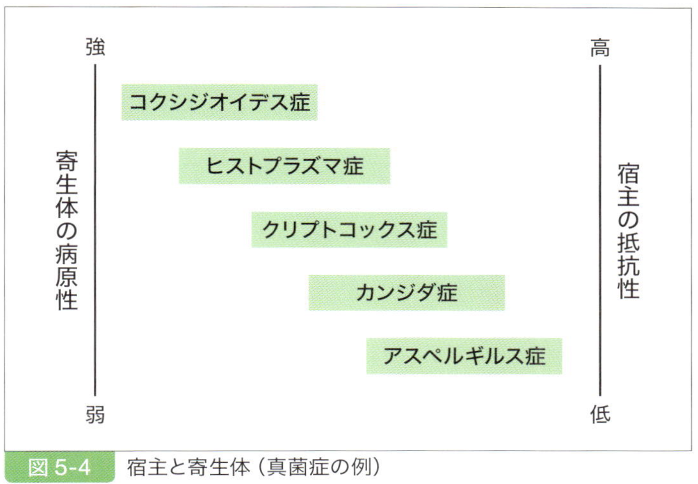

図 5-4 宿主と寄生体（真菌症の例）

ター）が解明されているので，これからの研究課題である（高病原性インフルエンザウイルスの病原性は，宿主におけるウイルスに対するレセプターの存在が問題であるとされている）．病原体の宿主域や臓器特異性の解明が待たれる．

その他

進行・経過をはじめ疫学的観点から分別して確定するのも診断のためには重要である．その理由は，進行や経過に応じて適切な対応，治療・予防が異なるためである．当然であるが，早期発見・早期治療が望まれるが，進行した場合には手遅れとなる．予防も初期の隔離は奏功しやすいが，拡大してからでは困難である．

診断の結びとして病態，生体反応（一次反応と二次反応），生理機能の変化の要点を表示する（**表5-7**）．

表 5-7 感染症診療の現場

①疾病の座を検討：病巣の部位を臓器別に追究
②原因病原体の確認：微生物・寄生体の存在を解明 （病原体の全体，その一部・成分，または特異的反応，特異的遺伝子）
③経過を追って解析：経時的推移を明確にする，処置の目的と有効性の判別
④予後の推定：推測の合否について詳細な吟味

参考文献

p. 59を参照

6 検査

獣医師が病状を把握するために実施する検査(clinical pathology)で，問診や身体検査を除くすべての検査である．直接個体を対象とする検査と個体から採取した検体を対象とする検査がある．一般に臨床検査，臨床病理，検査室検査などと呼称されている．

検査とは

感染症においても問診や身体検査は重要であるが，感染症であるという確証を得るには，宿主における病原体の存在を各種検査により確認することが必要である．集団発生の場合には，典型的な病態を呈する症例を対象に検査を行うが，個別的発生であればその個体を対象にして検査することになる．検査にあたっては，得られる所見が病原体に対して特異的であるのか，非特異的であるのかを見極める必要がある(**表6-1**)．また，検査の対象とする検体が問題となることもある(採取時期，採取方法，検体の保存状態など)．詳細は10章を参照されたい．

病原微生物の検査

検査の目的は病原体の存在を証明したとの確認を得ることである．病原体の種類によって検査の内容は異なる(細菌学的検査，真菌学的検査，原虫学的検査，ウイルス学的検査，寄生虫学的検査)こともあるが，一般的には，直接鏡検，染色標本検査(細胞診など)，分離培養，抗原抗体検査，抗原感作リンパ球検査，病理組織学的検査，特殊染色(PAS染色，グラム染色など)，免疫組織学的検査，遺伝子検査，その他(電子顕微鏡での検査，動物接種など)の検査を実施する．病原体を全体的に確認する方法としては，病原体の種類にもよるが，直接標本，染色標本，分離培養，動物接種などを実施する．また，病原体の一部またはその特異成分としての，抗原，遺伝子，その他の特異的分泌物，代謝産物などを調べる検査もある(**表6-2**)．

表 6-1 感染症の検査対象の例

個体検査	画像検査，内視鏡検査，皮内反応検査
検体検査	糞便，尿，血液，皮膚掻爬物，分泌物，穿刺液，洗滌液，脳脊髄液，生検材料，その他

表 6-2 感染症の確定診断

特異的検査（病原体の確認）
• 病原体の全体：直接標本，染色標本，分離培養，動物接種
• 病原体の一部：成分，抗原，遺伝子，その他（分泌物，代謝産物）
• 特異的生体反応（抗体，特異リンパ球）

病原体に対する生体反応検査

特異的生体反応の確認としては，特異的抗体の産生量の増大および抗原に特異的に反応するリンパ球の増加などが知られている(**表6-2**)．病原体に対する非特異的生体反応としては，発熱，白血球の増加や減少，右方変移，左方変移，血清タンパク質の増量，γグロブリンの増加，アルブミンの低下，急性期タンパク値(CRP値など)の上昇などがある(**表6-3**)．

臨床検査時の心得

検査によって，病名(診断名，症候名)を決定するのみならず，病態，重症度，病期，経過などを明らかにし，また治療法の選択と治療効果の判定や薬剤による有害作用の有無の判別，予後の推定に活用する(**表6-4**)．疾患や症状の鑑別，治療に伴って行う必要がある．何の検査を実施する場合にも，最低以下のことをあらかじめ考慮するべきである．

①何を知るために検査を行うのか．期待される検査の結果から得られるものは何か．
②検査結果における正常と異常，陽性と陰性または高低，多少の判別は可能なのか．そのことの意義とは．その病的状態の内容は何か．
③検査結果から病名や病状が判明するのか．治療や予防の指標が得られるのか．予後の推定に役立つのか．
④病的変化について，質的または量的な把握がなされるか．構造的ないし機能的変化が得られるのか．あるいは病理発生が理解されるのか．
⑤検査を組み合わせることで，より適正で確実な情報の把握が可能となるのか．
⑥これまでの治療や予防と関連して検査結果の解釈に支障はないのか．
⑦検査の症例に及ぼす影響に問題はないのか．

表 6-3 感染症での生体反応

主な非特異的検査（病態確認）
• 発熱
• 白血球：総数，百分値
• 血清タンパク：総タンパク値，分画値
• 急性期タンパク：CRP値，SAA(serum amyloid A)値，フィブリノゲン値
• 画像検査：X線検査，CT検査，MRI，超音波検査，内視鏡検査

表 6-4 臨床検査の目的とその例

目的	検査例
診断の確定(病名決定など)	病原体の検出
病態・病期・経過などの把握	一般血液検査，免疫機能検査
治療法の選択・変更	薬剤感受性試験， 肝臓・腎臓機能検査
治療効果の判定	一般血液検査， 急性期タンパクの検査
薬剤などによる有害反応の有無	下垂体副腎機能検査 (ステロイド使用時)
予後の推定	基礎疾患や合併症の 有無の検査

検査結果に影響する因子

検査法それ自体に限界があり，検査担当者の知識や技能に問題があり，被検査個体における問題などが考えられる．これらを考慮して，検査結果の制度を明確にして十分な制度管理を心がける必要がある．そしてその責任の所在を周知徹底すべきである．

①技術的要因

固有誤差(測定方法，測定器具などにみられる精度の問題など)，技術誤差(測定技術の問題など)および技術的失敗(不注意，検体の保存や処理の失宜など)による．

②生物的要因

個体間変動は主に遺伝的(個体差，性差，種差，品種差)，年齢，地域をはじめとする生活環境などの差異による．個体内変動は主に日内，日差，季節，食物，体位，運動，性周期，妊娠，薬剤，サプリメントなどによる．

以上のような技術的および生物的要因によって変動することを勘案して検査結果を検討して診療に活用する必要がある．

検査の目的

①病名(診断名)の断定
②病態・病期の確認
③鑑別を決定する
④治療方針の確定(選択・変更)
⑤治療効果の判定
⑥予後の推定
⑦有害事象の確認

検査を行う目的を明確にする．得られる結果を予想してそれが診療にどう役立つかを弁える．

検査の位置付け

各人，各病院において検査の位置付けをしておく必要がある．

①日常検査(ふるい分け検査)
②鑑別検査
③特殊検査
④精密検査
⑤緊急検査
⑥健康管理検査

参考文献

p. 59を参照

7 治療

治療(therapy)とは身体状態の悪化を防止ないし軽減して，可能な限り健常状態に復するための行為である．しかも現場における諸条件を勘案して対処する必要がある．

治療とは

治療(therapy, cure, medical treatment)とは体内で発現している異常状態を正常状態に復帰させるか，またはそれ以上悪化させない状態を維持するために行う処置である．一般には分別して原因療法，対症療法および支持療法と称されている．たとえ健常時の状態への復帰が期待できない場合でも，現状維持が目的の場合もあるし，悪化進行を阻止・緩徐化する処置もある．時には死の転帰を覚悟しての対応もある．適切な治療であっても必ずしも奏効するとは限らないのが現実で，現在の治療水準にも当然限界がある．治療と同時に看護や生活の支えも不可欠である．

治癒したか否かを判断することは困難で，治療を打ち切り・完了と判断したときを治癒とすることもあるが，一般的には疾病に対して行った治療が奏功した状態を治癒と考えるようである．再発・再燃の恐れのなくなった状態を根治とか完治，再燃の可能性があれば略治，代償が期待される場合を代償的治癒と称する．リハビリテーションを必要とする場合でも治癒としている．

治療目的を中心に示すと，原因療法(病因の排除)に対して対症療法(症状の軽減)，庇護療法(臓器の負担緩和)に対して鍛錬療法(機能回復)，鞭撻療法(機能鼓舞)に対して助長療法(防御機能促進)，補充療法(過不足補正)に対して補正療法(機能の補足)，その他として無意識療法(予期外の効果)があり，これらは以前から示されている(**表7-1**)．

表 7-1 治療法

方法	目的	例
原因療法	病因の排除	化学療法
対症療法	症状の軽減	止血療法
庇護療法	臓器への負担を緩和	安静，絶食
鍛錬療法	機能回復	リハビリテーション
鞭撻療法	機能鼓舞	強心・利尿薬投与
助長療法	防御機能を促進	免疫療法
補充療法	過不足の補整	補液療法，ビタミン剤投与
補正療法	機能の補足	インプラント，眼内レンズ
無意識療法	なし	予期しない不明の効果

治療法

疾患の種類や病態によって，全身的に対応する場合と局所的に対応する場合がある．手法としては内科的とか外科的に分けられるが，一方では薬物療法とか理学療法などの用語もある．一般には，放射線療法，温熱療法，洗浄療法，吸入療法(酸素など)，鍼灸療法，レーザー療法，穿刺療法(血液，リンパ液，体腔液，貯留液)，内視鏡的療法，電気療法(平流，高周波，低周波，磁場)，注射療法(皮内，皮下，腹腔内，筋肉内，静脈内，動脈内，点滴，ボーラス)，内服療法(散剤，錠剤，顆粒剤，カプセル剤)，外用療法(軟膏，クリーム，ローション)などがある(**表7-2**)．

表 7-2 手技による治療法

理学的療法	**放射線療法**	X 線，Co，重粒子
	電気療法	平流，感電，高周波，低周波，磁場
	温熱療法	加温，冷却
	吸入療法	酸素など
	穿刺療法	皮膚血管（瀉血），髄腔，心包，胸腔，腹腔，関節腔
	洗浄療法	物理的浄化，消毒殺菌浄化
	鍼灸療法	経絡使用
薬物療法	**注射療法**	皮下，静脈など
	内服療法	粉剤，錠剤，顆粒剤，カプセル剤，水剤など
	外用療法	軟膏，クリーム，ローションなど

治療薬と薬効

薬品とは精製あるいは配合されて何らかの用途に利用可能な状態にした化学物質のことで，その中で医療を目的とした薬品を薬物と呼称している．薬物には有効性，安全性，合理性が要求される．そして，疾患の治療および予防，さらに診断を目的に剤形を整えた薬物を薬剤と称する．すなわち診断・治療・予防のために与える薬剤は薬品(薬物)である．特に治療目的の薬剤を治療薬という．人体用医薬品は表のように分類されている(**表7-3**)．その他に診断のための薬剤や検査のための試薬などがある．

治療薬の作用機序(mechanism of action, mode of action)ないし作用機構とは，薬剤がその薬理学的効果を発揮するための特異的な生化学的相互作用を意味している．作用機序では多くの場合，薬剤が結合する酵素あるいは受容体といった特定の標的分子が問題となる．

治療法別の投与薬では，経口薬(非カテーテル法，経鼻，経口カテーテル法)，注射薬，粘膜用薬，皮膚用薬などがある(**表7-4**)．治療に使用する薬剤はその効果を考慮して分類されている(**表7-5**)．そして，病原生物に対する医薬品としては，抗菌薬製剤，化学療法剤，生物学的製剤，寄生動物用薬，その他の病原生物に対する医薬品に分けられている．主な抗菌薬製剤の種類や主にグラム陽性菌に作用する種類の1例を表示する（**表7-6，7**）.

表 7-3　医薬品とその分類

医薬品の分類
• 薬局用医薬品・医療用医薬品・処方箋医薬品
• 処方箋医薬品以外の医療用医薬品・薬局製造販売医薬品
• 要指導医薬品
• 一般用医薬品

医薬品とは疾病の診断･治療･予防を行うために与える薬剤である.

表 7-4　治療法別の投与薬

経口投与	
非カテーテル法	水剤（液剤），散剤，錠剤，カプセル剤，丸材，顆粒剤
カテーテル法	胃カテーテル法，経鼻カテーテル法，経口カテーテル法
非経口投与	
注射薬	皮内，皮下，筋肉内，血管内（動脈，静脈:点滴，連続など），腹腔内，胸腔内，脊髄内，眼内，気管・気管支内
粘膜面使用材	吸入薬，塗布剤，洗浄剤，点眼薬，点鼻薬，坐薬，乳房内注入材，舐剤，浣腸薬
皮膚外用剤	散剤，軟膏，クリーム剤，パスタ剤，泥膏，乳剤，巴布剤，浸剤
その他	皮下埋没

表 7-5　医療用医薬品の薬効による分類

• 神経系および感覚器官用医薬品
• 個々の器官系用医薬品
• 代謝性医薬品
• 組織細胞機能用医薬品（細胞賦活用薬，腫瘍用薬：アルキル化剤，代謝拮抗薬，抗腫瘍性抗生物質製剤，抗腫瘍性植物成分製剤，その他の腫瘍用薬）
• 生薬および漢方処方に基づく医薬品
• 病原生物に対する医薬品
• 治療を主目的としない医薬品
• 麻薬（薬剤師からの情報提供）

表 7-6 主な抗菌薬製剤の種類

• 主にグラム陽性菌に作用するもの
• 主に陰性菌に作用するもの
• 主に陽性・陰性菌に作用するもの
• 主にグラム陽性菌とマイコプラズマに作用するもの
• 主にグラム陽性・陰性菌とリケッチア・クラミジアに作用するもの
• 主に抗酸菌に作用するもの
• 主に真菌に作用するもの
• その他抗菌薬製剤（複合抗菌薬製剤を含む）

表 7-7 主にグラム陽性菌に作用する種類

• ペニシリン系抗菌薬製剤(合成ペニシリン)
• セフェム系抗菌薬製剤
• オキサセフェム系抗菌薬製剤
• アミノ糖系抗菌薬製剤(ゲンタマイシン硫酸塩ジベカシン硫酸塩，リボスタマイシン硫酸塩)
• ホスホマイシン製剤
• その他の主にグラム陽性・陰性菌に作用するもの

動物用医薬品

医薬品のうち，専ら動物のために使用することを目的としたものを「動物用医薬品」といい，ヒト用の医薬品と区別されている．そして動物用医薬品も要指導医薬品と一般用医薬品に分けられている．

①要指導医薬品(医療用医薬品)：獣医師の指示・処方が必要
　フィラリア予防・治療薬，抗生物質，ホルモン薬，ワクチンなど
②一般用医薬品(一般用医薬品)：獣医師の指示・処方は不要(OTC医薬品に相当)
　ノミ，マダニ駆除薬，皮膚用薬，胃腸薬，虫下しなど

また，薬効を考慮して次のように区分されている．すなわち，神経系用薬，循環器官・呼吸器官・泌尿器官系用薬，消化器官用薬，繁殖用薬，外用剤，代謝性用薬，病原微生物・内寄生虫用薬(生物学的製剤・消毒剤を除く)，生物学的製剤，治療を主目的としない製剤(抗生物質，サルファ剤を除く)である(日本標準商品分類に準拠)．ここに動物用医薬品の種類と範囲を**表7-8**に示す．

薬剤耐性

感染症の治療においては，病原体に対して自然耐性(natural resistance)がない物質，すなわち微生物が感受性を示して薬効が認められる物質が薬剤として選択される．しかし，これら物質に対しても薬剤耐性または薬剤抵抗性(drug resistance)とか獲得耐性(acquired resistance)が発現する．ある薬剤の病原体に及ぼす作用が低減し，薬剤が効かないかあるいは効きにくくなる現象である．一般に，抗生物質，抗ウイルス剤，抗がん剤などの化学療法薬剤において薬剤耐性が問題となる．例えば，ある種の細菌に感受性を示していた抗菌薬の作用が同菌に対して無効になると，当該細菌はその抗菌薬に対する感受性を失い薬剤耐性を獲得していることになる．

また，耐性菌の発現を抑制するためMPC(mutant prevention concentration)理論が唱えられ，抗

表 7-8 動物用医薬品の種類と範囲（続く）

分類	薬効別		薬剤（例）
動物用医薬品および動物用医薬部外品	神経系用薬	全身麻酔剤	イソフルラン，塩酸ケタミン，オイゲノールなど
		催眠鎮静剤	ペントバルビタールNa，塩酸キシラジン，プロピオニルプロマジン，アザペロンなど
		解熱鎮痛消炎剤	アスピリンアルミニウム，サリチル酸Na，ケトプロフェン，フルニキシンメグルミン，カルプロフェンなど
		局所麻酔剤	塩酸プロカイン
		自律神経剤	メチル硫酸ネオスチグミン，塩化ベタネコール，塩酸ベンゼチミド，臭化プリフィニウムなど
	循環器官・呼吸器官・泌尿器官系用薬	強心剤	安息香酸Naカフェイン，オキソカンファー，生薬(牛黄など)，塩酸ベナゼプリルなど
		利尿剤	ウロジロガシエキス，フロセミド，塩化アンモニウム・炭酸カルシウム
		鎮咳去痰剤	塩酸メチルエフェドリン，マレイン酸クロルフェニラミン，塩酸パパベリンなど
	消化器官用薬	健胃消化剤および制酸剤	テトラーゼ，ジアスターゼ，パンラーゼ，トルラ酵母，ゲンチアナ末，塩酸ベタインなど
		整腸剤	次硝酸ビスマス，シリコーン樹脂，タンニン酸ベルベリンなど
		下剤	流動パラフィン，グリセリンなど
		利胆剤	ウルソデオキシコール酸
	繁殖用薬	ホルモン製剤	プロゲステロン，酢酸クロノマジノン，クロプロステノールナトリウムなど
		子宮収縮剤	硫酸スパルテイン，オキシトシン，カルベトシンなど
		子宮膣内殺菌剤	ポピドンヨード
		乳房炎用剤	グルコン酸クロルヘキシジン
	外用剤	外皮用殺菌消毒剤	ヨウ素，メチレンブルー，フェノール，アクリノールなど
		鎮痛，鎮痒，収れん，消炎剤	dl-メントール，サリチル酸メチル，酢酸プレドニゾロン，塩酸ジフェンヒドラミンなど
		寄生性皮膚疾患用剤	硫黄，アクリノール，アレスリン，過酸化水素など
		皮膚軟化剤	コロジオン
		浴剤および皮膚洗浄剤	二硫化セレン，イソプロピルメチルフェノール，塩化ステアリルトリメチルアンモニウムなど
		嫌忌剤	クレオソート
		皮膚保護剤	モクタール，パルミチン酸レチノールなど
	代謝性用薬	ホルモン製剤	デキサメタゾン，プレドニゾロン，サイロキシンなど
		ビタミン類	ビタミンA，ビタミンD，ビタミンEなど
		無機質製剤	デキストラン鉄，ヨウ化カリウム，ポログルコン酸カルシウムなど
		糖類剤および血液代用剤	ブドウ糖，果糖，塩化ナトリウム，キシリトールなど
		止血剤	硫酸第二鉄，トラネキサム酸など

表 7-8 （続き）動物用医薬品の種類と範囲

分類	薬効別		薬剤（例）
動物用医薬品および動物用医薬部外品	代謝性用薬	肝臓疾患用剤および解毒剤	球形吸着炭，タウリン，グルタチオン，チオプロニンなど
		アレルギー用剤	塩酸ピリドキシン，マレイン酸クロルフェニラミンなど
		その他	多硫酸グルコサミノグリカン，亜セレン酸ナトリウムなど
	病原微生物・内寄生虫用薬（生物学的製剤，消毒剤を除く）	サルファ剤	スルファジアジン，スルファジメトキシン，スルファモノメトキシンなど
		合成抗菌剤	メシル酸ダノフロキサシン，オキソリン酸など
		抗原虫剤	スルファモイルダブソン，ピリメタシン，グリカルピラミドなど
		内寄生虫駆除剤	ピペラジン，イベルメクチン，キモシデクチン，トリクラベンダゾールなど
		抗生物質製剤	ストレプトマイシン，ベンジルペニシリンプロカイン，アンピシリン，クロラムフェニコールなど
	生物学的製剤	血液製剤類	乾燥犬プラズマなど
		ワクチン類	牛サルモネラ症2価不活化ワクチン，豚丹毒生ワクチンなど
		毒素およびトキソイド類	パスツレラ・ムルトシダ皮膚壊死毒素など
		抗毒素および抗レプトスピラ血清類	破傷風抗毒素
		生物学的診断用製剤類	アカバネ病検査用抗原，ツベルクリンなど
	治療を主目的としない製剤（抗生物質製剤，サルファ剤を除く）	飼料に添加して用いる製剤	ビタミン製剤，ミネラル類製剤，アミノ酸類製剤など
		殺菌消毒剤	グルタルアルデヒド，塩化ベンザルコニウム，酸化エチレンなど
		防虫剤，殺虫剤	ペルメトリン，アレスリン，イミダクロプリドなど
		殺鼠剤	ブロマジオロンなど
		診断用試薬	抗犬CRPヤギ抗体感作ラテックス，ニトロプルシドナトリウム二水和物など

食品安全委員会のホームページ（第1回動物用医薬品専門調査会〈2003年10月8日開催〉資料5より引用・改変）

菌薬の突然変異株増殖抑制濃度を使用することが推進されている．耐性菌の選択的増殖が起こらない濃度で，感受性菌（抗菌薬に感受性を示す菌）にも，耐性菌（遺伝子の一カ所に変異を生じた耐性菌）についても，その増殖を阻害する濃度が推奨されている．

ここで問題になるのは，MSW（mutant selection window）といわれる変異株選択領域の存在である．感受性菌は増殖阻害されるが，遺伝子の一カ所に変異を生じた耐性菌は増殖阻害されない濃度の領域（幅）があり，耐性菌の選択（増殖）が加速される「危険領域」を示している．AUC（area under the curve：血中濃度曲線下面積）を見た場合，MPCの最低濃度とMIC（minimal inhibitory concentration）の間のMSW（変異株選択領域）の面積が狭いほど変異株の増殖は抑えられるとする考えである．薬物耐性の病原体が化学療法薬剤の作用を回避する機序は以下のように大別される．

a 薬剤の分解や修飾機構の獲得

病原体が，薬剤を分解ないし化学的に修飾する酵素を産生して，薬剤を不活性化すると，その結果病原体が薬剤作用から逃れることになる．細菌の耐性獲得方法としては最も一般的で，ペニシリン耐性黄色ブドウ球菌（MRSAを除くもの）などは，ペニシリナーゼやβ-ラクタマーゼを産生してペニシリンを分解することで薬剤耐性を示す．

b 薬剤作用点の変異

病原体において，薬剤が標的としている分子に変異が誘導されることで，その薬剤作用が無効となる．すなわち，病原体が薬剤の作用から免れることになる．例えば，黄色ブドウ球菌のメチシリン耐性（MRSA）の場合やウイルスにおける薬剤耐性の場合はこの機構によるものが多い．

c 薬剤の細胞外への排出

病原体は，細胞内に入り込んだ薬剤をエネルギー依存的に細胞外に排出（drug efflux）し，細胞内の薬物濃度を低下に導くことで，薬剤の効力を低減して保身する．代表的なものとして，グラム陰性菌のRND（resistance-nodulation-cell-division）型多剤排出ポンプ（例えば，大腸菌のAcrAB-TolC）やがん細胞の多剤排出ABCトランスポーター（ATP-binding cassette transporters：ATP依存輸送タンパク質，P糖タンパク質：P glycoproteinなど）がある．また緑膿菌の自然耐性もMexAB-OprMやMexXY-OprMのようなRND型多剤排出ポンプの作用による．

d その他の機構

ある種の細菌は，葉酸前駆体を過剰産生することでサルファ剤に対して耐性を獲得する．また結核菌などの抗酸菌は，ミコール酸に富む細胞壁に守られ消毒薬や乾燥に対して抵抗性を示している．

有害作用・副作用

治療の目的が病状の悪化を遮断し，苦痛を軽減し，さらなる異常の発現を阻止することであるが，そのために投与した薬剤によって有害な現象が発現する場合がある．このとき，一般に有害事象（adverse event）という．この中で，投与薬剤と直接的な因果関係にある場合を副作用（adverse drug reaction）と称する．これは，臨床の現場でいう副作用の用例の意味で，投与薬剤の主要な薬理作用の結果であっても副作用という．本来薬剤には主作用と副作用とする分別があるが，副作用とは主作用に対する副次的な作用としての意味（side effect）で，臨床の場合で使用している意味とは異なる．いわゆる臨床上の副作用が意味するのは，結果期待していない主作用が発現する，望まない予測外の作用が発現する場合をいう．個体差のため血中濃度が予測以上となる，アレルギー体質などの素因，また他の薬剤などとの相互作用などで発現する場合も考えられる．以下に副作用ないし有害事象（adverse event）発現の要因を示す．

a 過剰投与

薬剤や個体によっては，一過性ないし持続的に過剰投与(over-dose treatment)になる場合がある．すなわち絶対的な過量投与となる場合がある．疾患により代謝や排泄に異常が存在する場合および前医の処方薬や市販薬の服用を知らずに同じ薬剤を投与した場合などである．

b 感受性

種差，品種差，個体差，年齢差，性差によって薬剤の感受性(sensitivity)が異なり，薬効を示す閾値も異なる．すなわち，薬物の吸収，代謝，排泄が異なるためである．1例を示すと，肝障害があると代謝が低下して抗菌薬や麻酔薬の血中濃度が高値となる．

c 副作用

薬剤の薬理作用が直接的ないし間接的に生体に作用して，有害な結果(adverse drug reaction)をもたらすことがある．例えば，インスリンでの低血糖，利尿薬での脱水，抗腫瘍薬による脱毛や貧血，抗生剤による下痢は投与薬剤の主作用であるが，生体にとって場合によっては有害作用となるので，臨床の現場では副作用と称する．

d 特異体質

特異体質(idiosycracy)の個体によって異常な反応を呈する．理由は不明確のことが多いが，遺伝的なものとか，酵素欠損などに起因すると思われる．

e 免疫学的応答

投与薬剤が直接的あるいは間接的に抗原となり免疫学的反応(immunological response)が生じた結果として，病的異常(貧血，血小板減少など)が発現する．すなわち，薬剤またその代謝物，そしてこれらにタンパク質が結合したものが抗原として認識され，体液性および細胞性免疫が誘導される．液性免疫では抗体が血清中に存在する場合と細胞に付着している場合がある．また感作リンパ球による反応のこともある．発現機序が不確かなため単に過敏症としていることもある．

f 代謝・蓄積

一般に代謝(metabolism)とは，外界から吸収ないし侵入した物質が，異化または同化され，最終的に不要となったものが体外に排泄される過程を示す生理学的ないし病理学的現象のことである．薬剤も投与されたときに生体に有意義に作用して代謝される運命を辿るのであるが，その過程において有害作用を及ぼす場合がある．例えば，薬剤を長期投与すると，代謝が促進ないし遅滞する結果となり，薬剤が臓器を障害したり，臓器に蓄積することになって障害が起こる．また，タンパク質との結合において競合などが生じる問題がある．代謝系自体に障害があれば，蓄積(accumulation)とか過剰状態に容易になり，遅かれ早かれ直接または間接的に病的状態が発現することになる．

g 併用

薬剤を併用して治療する例は多いが，併用(combined treatment)する薬剤数が多いほど副作用の発生率が高いとされている．有害とならなくても，薬剤の作用が失効あるいは無効となる場合がある．注意する例として以下のことが知られている．直接的相互作用(結合，競合，活性化)，吸収への影響(促進，阻害)，血漿タンパク質との結合(非活性化，間接的に活性化)，作用部位での競合(増強，相殺)，代謝への影響(薬剤間で亢進，低下)，排泄への影響(尿や胆汁への影響例が多い)などである．

治療法

現代の医学・獣医学は科学を基盤として体系化されているという．確かに医療も科学的であるべきであるが，しかし科学はそれほど絶対的なものではない．特に治療は科学よりも芸術的な領域に存在する．いかにガイドラインが完璧であれ，マニュアルが確定されていようが，それは単なる例示にすぎない．施療者は特定の症例に対して，ガイドラインを参照し，最も有益な処置を施して美しく回復させることが要求される．

敗血症

敗血症の定義は，「感染に対する宿主生体反応の調節の不具合により生じる，生命を脅かす臓器障害」とされている．感染に対するとあるが，その対する感染について言及されていない．血中で病原体が増殖しているとする旧来の定義から見ると病原体がまず末梢血中に存在し，しかもその増殖している所見が必要である．身体に感染病巣がみられ，それに伴い末梢血中でも病原体が増殖している病態である．小動物臨床でも，歯周病，子宮蓄膿症，肺炎，心内膜炎などの症例では敗血症へと悪化進行するのを予防する必要がある．それには感染病巣を治療し，サイトカインの暴発を未然に制御することである．

参考文献

p. 59を参照

8 予防

健康観や健康の価値観の変遷に従って予防内容も変化しているが，健康上の不利益を未然に防ぐ行為である．社会的および個人的背景にも左右されるが，未病時の対策も予防の一種であり，未病状態にならないようにするのも予防である．最近では健康維持増強も重要な予防と考えられている．

予防とは

予防(prophylaxis, precaution, protection)の目的は，疾病を予防するのみならず，障害予防，寿命の延長，身体的・精神的健康の増進であるとされている．換言すれば，予防とは疾病を未然に防ぐだけではなく，疾病の進行増悪を遅滞させること，再燃再発を防止することであり，それぞれ一次予防，二次予防，三次予防と分類されている(**図8-1**)．一次予防とは健康増進(社会全体で適切な生活環境の提供や休養，レクリエーション，健康教育の実施)と疾病予防(感染症対策や生活習慣病対策の実施)である．二次予防とは，早期発見(生活習慣病などの各種疾病への対策)と適切な治療(早期治療，疾病の進行阻止，合併症の予防，後遺症の軽減)である．さらに三次予防とされるのはいわゆるリハビリテーション，後遺症の予防対策，社会復帰対策，再発防止対策の実施など，機能回復やQOL(quality of life：生活の質)の向上を配慮したものである．この背景にあるのは，健康は守るものではなく，構築するものであるとの考えである．これまで，予防というと専ら一次予防の疾病予防であったが，現今では健康増強を加えた一次予防を主体とし，二次予防も三次予防も考える必要がある．感染症にあってはヒトをはじめ他の個体に伝播することを考慮しての対策が重要である．

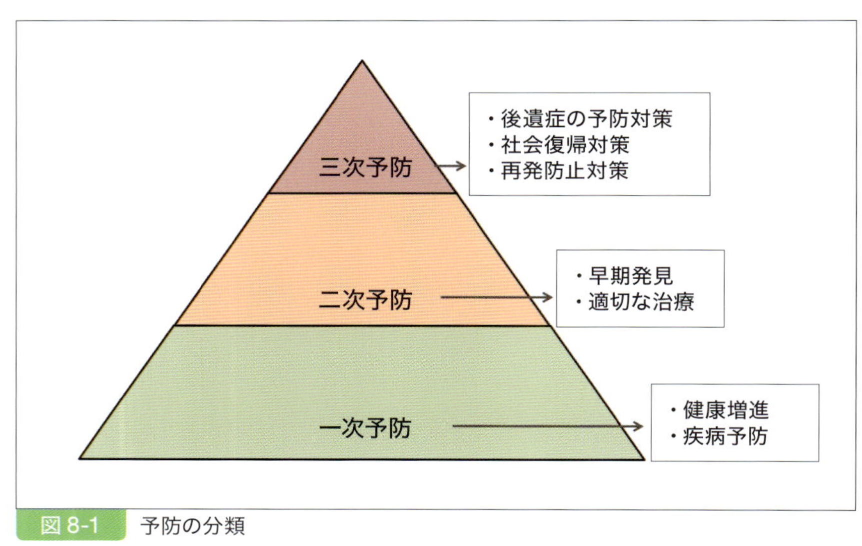

図 8-1 予防の分類

とりわけ人獣共通感染症については特段の配慮が必要であり，確定できるのか，疑わしいのか，否定できないのかを考慮して，いずれに該当するかを見極めて，適切な対応を行うべきである．

ワクチンの種類

ワクチン(vaccine)は病原体を無毒化あるいは弱毒化して作成したもので，これを注入することで感染防御能の亢進を誘導するものである．安全性が担保されているとはいえワクチン接種(vaccination)によって稀にではあるが有害作用が発現することもある．

ワクチンは，これまで生ワクチン，不活化ワクチン(死菌ワクチン)およびトキソイドワクチンに分類されていた．生ワクチンとは，毒性を弱めた病原体を使用するもので，一般に不活化ワクチンに比べ，獲得免疫の誘導力が強く，持続期間も長いが，ワクチン株の感染による有害反応が発現する可能性がある．不活化ワクチンは狭義には化学的処理などで死滅した病原体を使用する(抗原部分を使用する)もので，生ワクチンより有害反応は少ないとされるが，持続期間は短く，複数回の接種が必要なことが多い．また，トキソイドはある病原体が産生する毒素のみをあらかじめ抽出し，ホルマリンなどで処理して，毒性を排除して抗原性のみを残したものである．病原体に直接対処するものではないので厳密にはワクチンから除外するとの考えもある．

現在の生ワクチンには，遺伝子を欠損させて作成した遺伝子欠損型のワクチンが多く，これは遺伝子組換え体としては扱われていない．ワクチン活性に影響しない抗原の遺伝子を破壊しているので，この欠損抗原に対する抗体の有無で，ワクチンによる免疫か自然感染による免疫かを識別することも可能である．また，抗原遺伝子を挿入して組換え体を作って作成したワクチンの免疫効果が高い．挿入対象となるウイルス株は，これまでワクチン株として使用されていた株なので安全性は経験的に確証されており，また複数の病原体の抗原遺伝子を組み込むこともできる利点がある．このようにして，既存のワクチン株と同等の作用と挿入した遺伝子による抗原に対する免疫効果を発揮するワクチンの作成が可能であり，さらに複数の病原体の抗原遺伝子を組み込んで，数種類の疾病に対するワクチン効果を示す多価ワクチンを作製することもできる．これらは遺伝子組換えワクチンと総称されている．

一方コンポーネントワクチンと呼称されるワクチンは不要な成分を可能な限り削除した抗原を利用して作成したものである．また，サブユニットワクチンはタンパク質の遺伝子を組み込んで，目的のタンパク質を合成させる系(遺伝子発現系)を利用して抗原タンパク質を大量に作成して，そのタンパク質そのものをワクチン抗原として利用したり，または抗原として認識される部分のみを人工合成してワクチンに使用したりする．あるいは抗原タンパク質を生産する遺伝子を利用して組換え植物を作り，それを食べさせることで免疫を誘導する方法などもある．

さらに，DNAワクチンといわれるものは，接種した遺伝子が宿主の細胞内で発現し，抗原タンパク質を合成してワクチン効果を誘発するものである．すなわち，抗原タンパク質の遺伝子を，そのまま，あるいは脂質膜などで被覆して接種すると，生体内で抗原タンパク質が産生されて免疫が誘導されることになる．

ワクチン接種

ワクチン効果を確実にするために，一般的には初回接種から一定期間(多くは2週間から1カ月)過ぎてから2度目の接種を行う．そうすると体内で一度構築された免疫機能が，再度の抗原刺激に対してさらに亢進する現象が認められる．これはブースター効果(booster effect，追加免疫効果)と称されるが，免疫学的記憶に起因すると考えられている(**図8-2**)．

犬猫におけるワクチン接種は，感染の危険の有無に関わらず常時全動物に接種すべきとする主要なワクチン種(コアワクチン，core vaccine)と感染の危険性に応じて接種するワクチン種(ノンコア ワクチン，noncore vaccine)に分別されている(➡13章)．コアワクチンについては，接種時期や接種間隔などについても世界小動物獣医協会(WSAVA)などからガイドラインが報告されている(➡13章)．接種法も皮下注射のみならず経口投与や舌下錠も用いられている．

一度抗原刺激を受けた後，記憶が残存するB細胞が存続する．次に同一抗原が侵入して刺激を受けると，記憶B細胞が反応(二次応答，メモリー応答)して迅速に応答して活性化して抗体を産生する．ワクチン接種はあらかじめ一次反応を誘起して二次反応を準備することである．

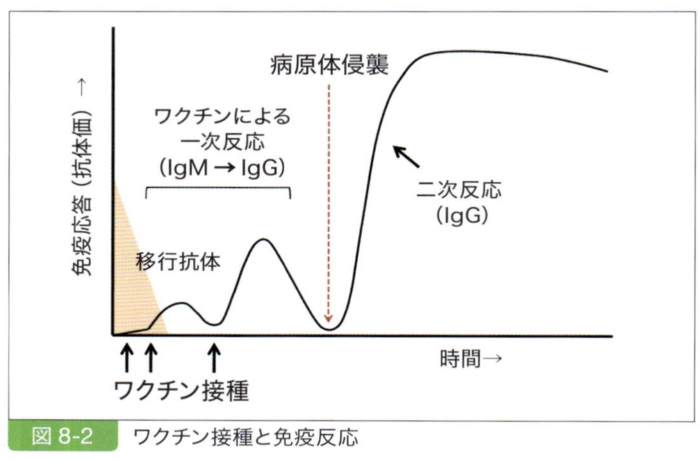

図 8-2　ワクチン接種と免疫反応

消毒

消毒(disinfection)とは，病原微生物を死滅，不活化，除去，希釈などの処置を行って，感染を防止することである．消毒法は，Joseph Lister(1827-1912) が1860年代に医学史上初めて石炭酸(フェノール)を消毒に使用することで，化膿の防止に成功した．その後コッホ(Koch, R.)が実験などに応用したことが知られている．消毒のために使用する薬剤を消毒薬と呼ぶ．使用する消毒薬の種類については使用目的によってその性状を考慮して選択する．例えば，皮膚や粘膜に対しては刺激の弱いもの，器具の消毒などには消毒力が強く器具を損なわないものを選択する．これに対して無菌法(asepsis)とは，完全に微生物を殺滅する(滅菌，sterilization) ことによって無菌状態にすることである．消毒法には，消毒薬を使用する場合以外にも，煮沸消毒，蒸気釜消毒，低温殺菌(パスツリゼーション)，日光消毒，高温瞬間殺菌，加熱法，湿熱法，高圧蒸気滅菌法(オートクレーブ)，乾熱滅菌法，火炎滅菌法，濾過滅菌(濾過膜・メンブランフィルター)，ガス滅菌(エチレンオキサイド，ホルムアルデヒド)，放射線紫外線滅菌(Co 60/γ線)などがある．なお，消毒薬に対する耐性もあるが，放射線耐性菌の発現も知られている．

隔離

宿主を罹患しない状態にする，感受性のない状態にして予防する方法および病原体を殺滅・排除(病原体の皆無ないし減数)して感染を予防する方法がある．またそれ以外に，感染経路を遮断する方法(宿主と病原体の接触を妨げる方法)を講じなくてはならない．この3法を行うにはまず，罹患動物を早期発見して，直ちに治療し可能な限り短期間に治癒に導くことであるが，これには法的処置が必要な場合がある．すなわち法規制を遵守する必要がある(例えば，狂犬病予防法や感染症法)．最も実施すべきは隔離(isolaton)である．罹患動物と他の動物との接近を避け，疾病によっては排泄物や脱落被毛などを分別する．また，生活用品などを共用しないようにする．さらに，飼育環境を物理的ないし化学的手段を講じて清浄化することである．病原体によっては幾月もまた何年も生残して感染源となることを理解しておかなくてはならない．すなわち感染源となる罹患動物を隔離して対応することを忘れてはならない．

参考文献（1～8章）

- 板倉武(1949)：治療学概論，吐鳳堂
- 川喜田愛郎(1964)：感染論，岩波書店
- 長谷川篤彦(1996)：獣医内科学プロローグ，学窓社
- 長谷川篤彦監修(1998)：人畜共通感染症，獣医学臨床シリーズ16，学窓社
- 吉川泰弘ほか編(2004)：共通感染症ハンドブック，日本獣医師会
- 岸本寿男，山田章雄監修(2009)：ズーノーシスハンドブック，メディカルサイエンス社
- 加藤茂孝(2013)：人類と感染症の歴史―未知なる恐怖を超えて―，丸善出版
- 木村哲，喜田宏編(2016)：人獣共通感染症，医薬ジャーナル社
- 南嶋洋一，吉田眞一，永淵正法ほか(2018)：微生物学，第13版，医学書院
- 槇村浩一(2019)：医真菌100種 臨床で見逃していたカビたち，メディカルサイエンスインターナショナル

(出版年順)

9 疫学概論

感染症の疫学

疫学とは特定の集団における健康に関する状態や事象の頻度や分布を明らかにし，またそれらの決定因子を検討する研究分野である．これらの研究分野を推進することにより，疾病の予防，健康の増進，動物衛生の向上を図ることができる．

感染症の発生に関わる要因は主に①病原体，②感染経路，③宿主要因である．これらすべてを満たしているときに感染症が成立する．病原体が存在する感染源として感染動物（発生動物とキャリアが存在する）や感染巣（媒介動物など），外部環境などがある．媒介動物の生息地などにより感染症の発生地域が限定される事もある．感染経路としては直接伝播と間接伝播があり，直接伝播には直接接触，飛沫散布，経胎盤感染を含む垂直感染などがある．間接伝播には媒介物感染，空気感染，媒介動物感染などがある．媒介物感染は診療スタッフの白衣や診療器具などを経由することもあるため，医療従事者自身や院内設備などの消毒にも注意が必要である．宿主要因としては感染防御機構として免疫が重要な役割を果たす．感染の持続や拡大は感受性宿主個体の免疫状態や集団の抗体保有状況などに影響される．また，非特異的な要因として年齢，性別，品種，栄養状態などがあり，それぞれの動物に応じた疾病傾向を把握することが重要である．

疫学研究の段階とデザイン

疫学研究には3段階あり，第一段階を記述疫学，第二段階を分析疫学，第三段階を介入疫学として「現状把握」から「関連因子の探索（仮説検証）」そして「因果関係の検証」というステップで進められる．（**図9-1**）

感染症の疫学研究の場合は，発生原因である病原体がある程度特定されていることが多いため，記述疫学的に感染症の発生頻度や傾向を捉えることがまず重要な対策の一つとなる．疾患頻度を正しく把握することで，鑑別診断の優先順位をより正しく挙げることができるようになる．

疫学研究のデザインとしては，症例報告，症例シリーズ，横断研究，症例対照研究，コホート研究，介入研究などがあり，それぞれエビデンスレベルが異なる（**図9-2**）．

小動物における疫学研究の例

1980年代はじめの犬の死因は，フィラリア，回虫，ジステンパーなどの感染症，交通事故や子犬の栄養失調が多くみられた．しかし寄生虫予防薬やワクチンの開発や適切な飼育管理法の普及に伴い，子犬や若齢犬の死亡は大幅に減り，寿命が延伸したと考えられている．人医療と同じように死因となる疾患が外的傷害や感染症のような急性期の疾患から，生活習慣病と呼ばれるような慢性的

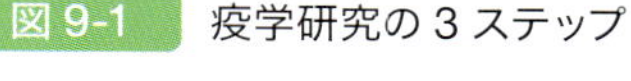

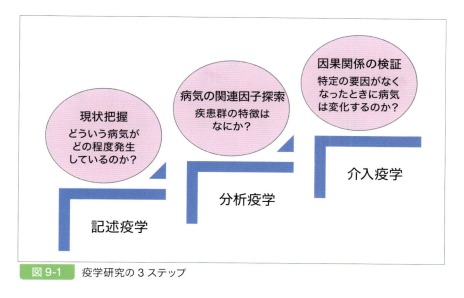

図9-1 疫学研究の3ステップ

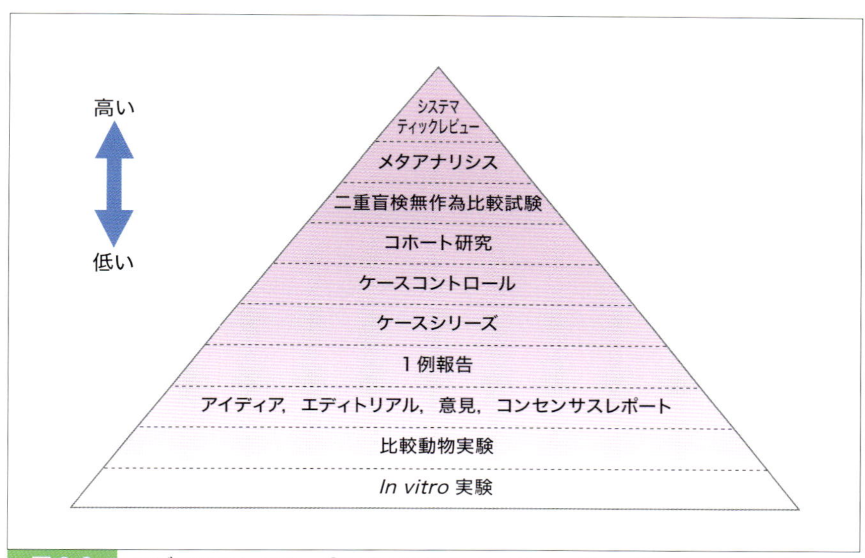

図9-2 エビデンスレベル．Cockcroft & Holmes, Handbook of Evidence-based Veterinary Medicine, Blackwell Publishing Ltd (2003)より引用

な疾患に変わってきたこと(疫学転換)が起こっている．しかし，感染症は撲滅されたわけではなく様々な状況下で現在も散見されている．日本の感染症発生状況のデータを以下に掲載する．

a ペット保険データをもとにした犬の疾病統計

疾患分類別の保険請求割合を見ることで各疾患のおおよその頻度を把握することができる(**図9-3**)．感染症，寄生虫症ともに1.1％であるが，皮膚，耳，消化器などの各疾患にも感染性の疾患が含まれることに注意が必要である．

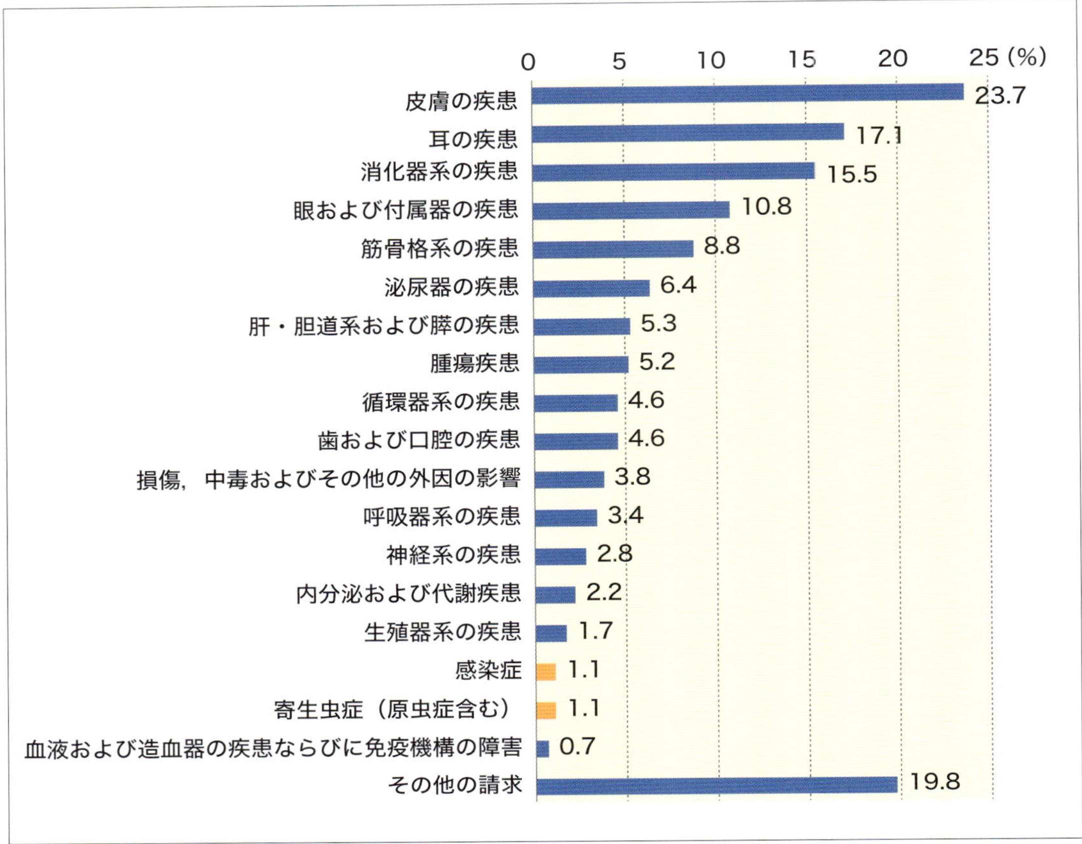

図 9-3　犬の疾患分類別の保険請求割合．2015 年 4 月 1 日から 2016 年 3 月 31 日までの間にアニコム損保の「どうぶつ健保」の契約を開始した 0 ～ 12 歳の犬 482,187 頭が対象．アニコム家庭どうぶつ白書 2017，p18 より引用

b　年齢別の請求割合

犬の感染症（**図9-4A**）および寄生虫症（**図9-4B**）の請求割合を年齢別に見てみると，0歳で最も割合が高く，成犬になると低い値で推移している．

c　幼齢期の保険請求理由

ペットショップから家庭に迎えてから30日以内の請求を見てみると，感染症および感染症を疑う症状での請求が上位を占めている（**表9-1**）．

d　品種別

シー・ズーやパグ，フレンチ・ブルドッグなどの短頭種が上位に上がっている．保険会社が使用している感染症の分類には，マラセチア症なども含まれており，皮膚疾患がこれらの疾患頻度に影響を与えている可能性も考えられる．（**図9-5**）

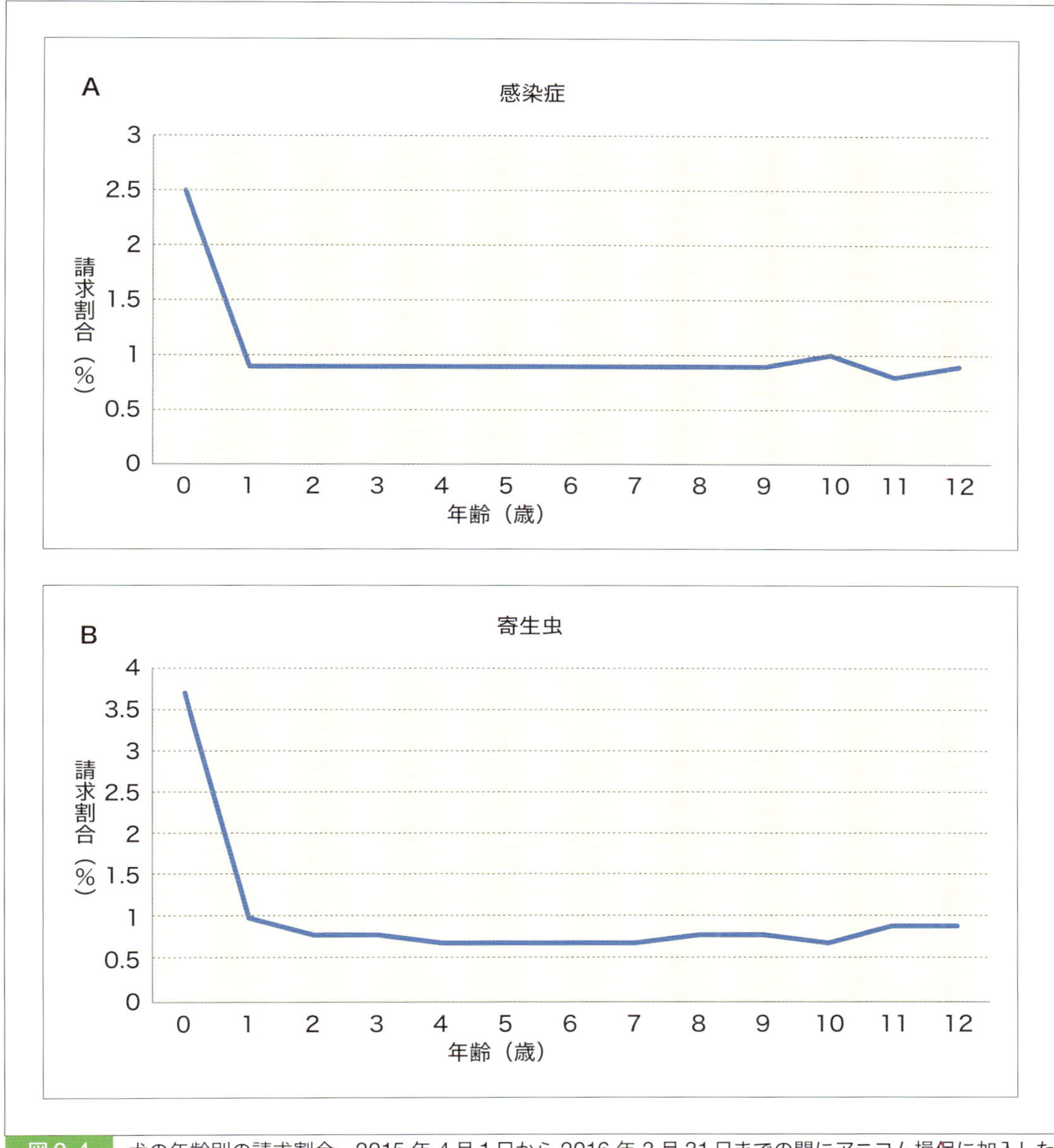

図 9-4　犬の年齢別の請求割合．2015 年 4 月 1 日から 2016 年 3 月 31 日までの間にアニコム損保に加入した 0 ～ 12 歳の犬 482,187 頭が対象．アニコム家庭動物白書 2017，p19 より引用

e　犬の死因

犬の死亡原因の割合を年齢別に示した（**図9-6**）．0歳では感染症や診断がついていない症状の記載のままで死亡している割合が多く，成犬やシニア期では腫瘍や泌尿器，循環器疾患など慢性的な疾患での死亡が多くなっている．

f　猫の死因

猫でも同様に死亡原因を見てみると，0歳では感染症が全体の4割を超えている（**図9-7**）．成猫に

表 9-1 幼齢期の犬猫の保険請求理由

犬	傷病名	請求件数	割合
1	発咳	5,344	15.1
2	軟便/下痢/血便	4,022	11.4
3	ケンネルコフ症候群・犬伝染性呼吸器症候群	3,896	11.0
4	嘔吐/下痢/血便（原因未定）	3,251	9.2
5	外耳炎・外耳道炎	1,847	5.2
6	気管炎/気管支炎	1,462	4.1
7	胃炎/胃腸炎/腸炎	1,412	4.0
8	コクシジウム症	1,001	2.8
9	ジアルジア症	868	2.5
10	嘔吐	719	2.0
11	耳疥癬・耳ヒゼンダニ症	475	1.3
12	その他の寄生虫症	471	1.3
13	感冒・カゼ	466	1.3
14	外傷（挫傷/擦過傷含む）/打撲/捻挫	431	1.2
15	元気喪失（食欲不振含む，原因未定）	362	1.0
16	皮膚炎	354	1.0
17	その他の皮膚疾患	332	0.9
18	食欲不振	326	0.9
19	消化管内異物	322	0.9
20	その他の呼吸器疾患	312	0.9
21	その他の耳科疾患	289	0.8
22	その他の消化器疾患	264	0.7
23	低血糖	236	0.7
24	肺炎	228	0.6
25	回虫症	223	0.6
26	骨折（前肢）	218	0.6
27	糞線虫症	213	0.6
28	くしゃみ	213	0.6
29	歩行異常/跛行	204	0.6
30	その他の眼科疾患	177	0.5

猫	傷病名	請求件数	割合
1	軟便/下痢/血便	904	13.7
2	嘔吐/下痢/血便（原因未定）	563	8.5
3	くしゃみ	430	6.5
4	コクシジウム症	318	4.8
5	結膜炎/結膜浮腫	402	6.1
6	猫伝染性鼻気管炎・FVR	295	4.5
7	感冒・カゼ	236	3.6
8	外耳炎・外耳道炎	217	3.3
9	発咳	177	2.7
10	耳疥癬・耳ヒゼンダニ症	233	3.5
11	目やに	241	3.7
12	その他の寄生虫症	103	1.6
13	皮膚糸状菌症	99	1.5
14	その他の皮膚疾患	93	1.4
15	その他の耳科疾患	90	1.4
16	腸炎	90	1.4
17	その他の眼科疾患	80	1.2
18	鼻炎/副鼻腔炎	80	1.2
19	鼻汁（詳細不明）	73	1.1
20	気管炎/気管支炎	72	1.1

凡例
感染症・寄生虫症
感染症の可能性あり

ペットショップから迎えた 30 日以内の保険請求．2012 年 4 月 1 日～ 2013 年 3 月 31 日までの間に，ペットショップ経由でアニコム損保に加入した 0 歳の犬 70,687 頭および猫 6,593 頭の通院での請求理由を集計した．アニコム家庭どうぶつ白書 2014，p57 より引用

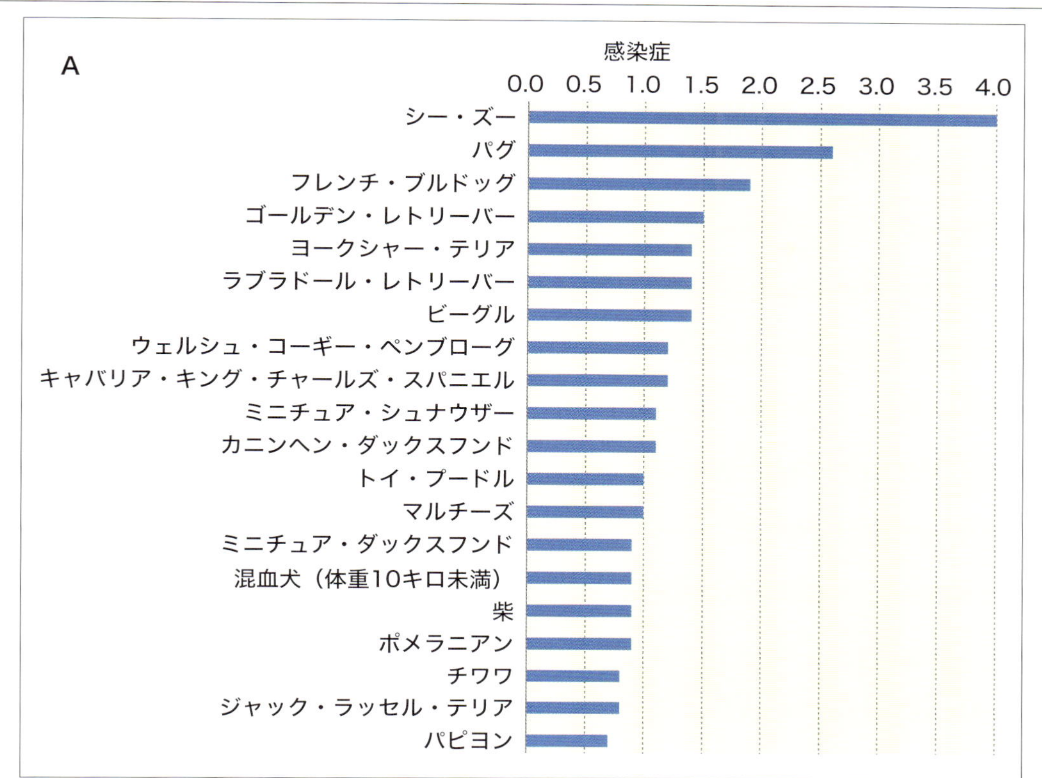

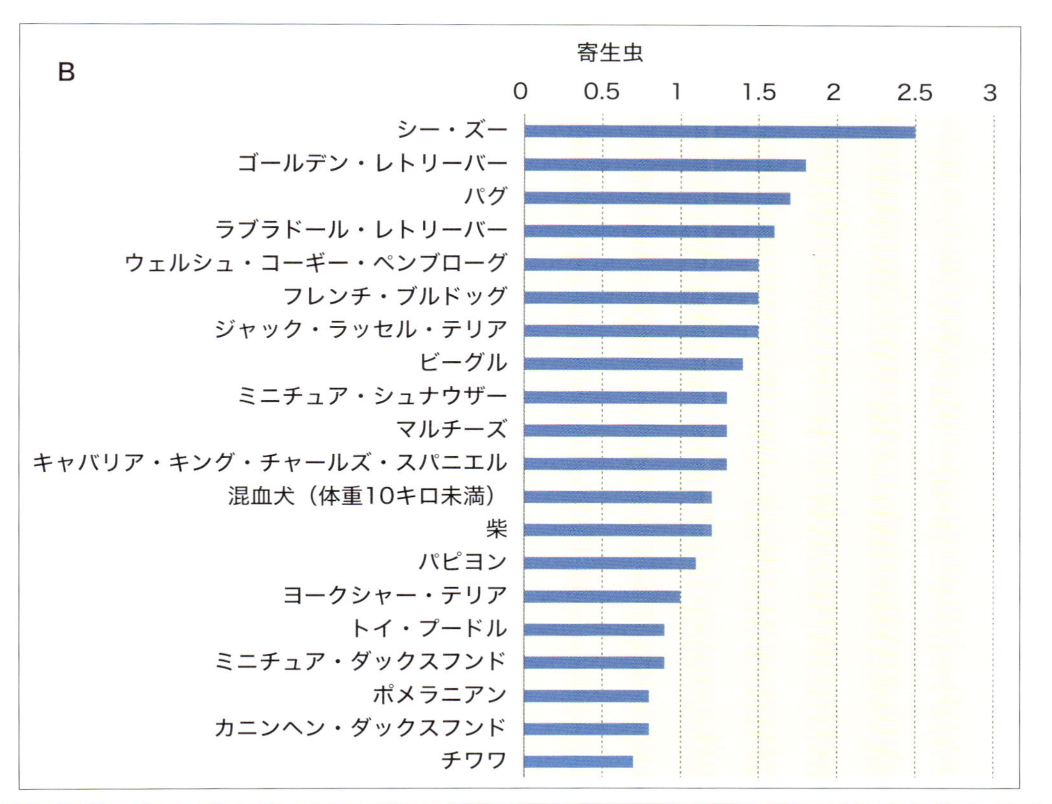

図 9-5 犬の品種別の請求割合．アニコム家庭どうぶつ白書2017，p24より引用

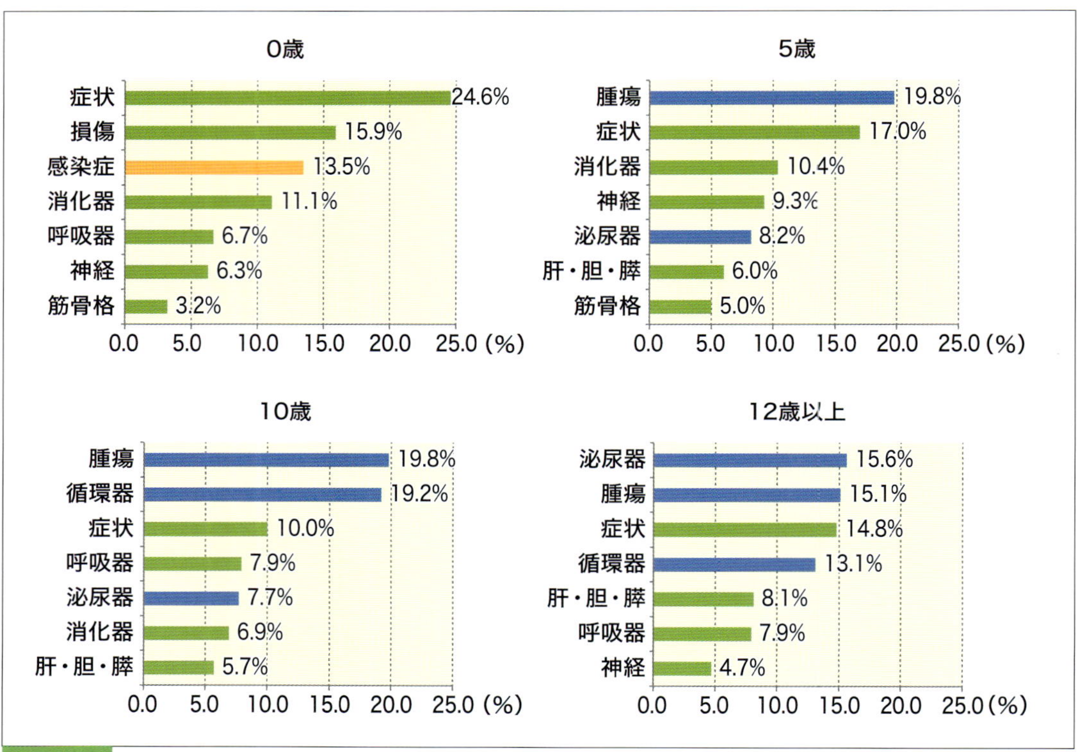

図 9-6 犬の死亡原因の割合．死亡解約の 30日以内に動物病院を受診した保険金内容を死亡原因と定義し，年齢ごとの内訳や原因として上位に挙がった疾患を示した．対象：犬 0歳 252頭，5歳 182頭，10歳 946頭，12歳以上1,315頭．アニコム家庭どうぶつ白書2017，p44より引用

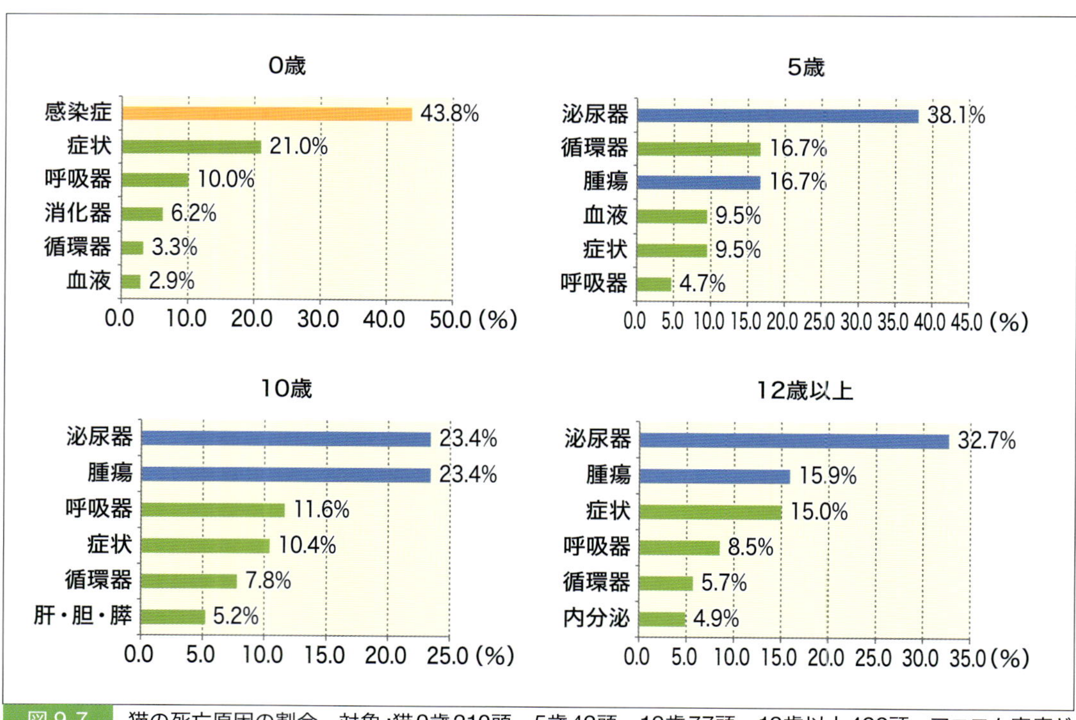

図 9-7 猫の死亡原因の割合．対象：猫0歳210頭，5歳42頭，10歳77頭，12歳以上492頭．アニコム家庭どうぶつ白書2017，p46より引用

なると，泌尿器や腫瘍など犬同様に慢性的な疾患が多くみられる．

g 0歳の猫の感染症の内訳

また，0歳の猫の感染症での割合を見てみると，猫伝染性腹膜炎(feline infectios peritonitis: FIP)が最も多く43.3%，続いて猫伝染性鼻気管炎(feline viral rhihotracheitis: FVR)23.4%，皮膚糸状菌12.5%であった．FIPやFVRなどは0歳での死亡原因とも関わっていると考えられる(**図9-8**)．

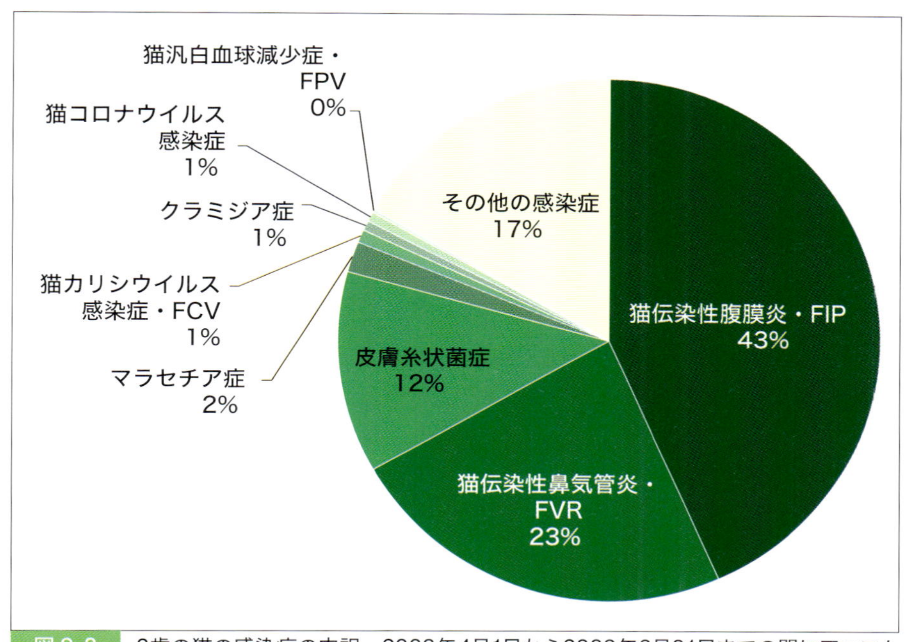

図9-8　0歳の猫の感染症の内訳．2008年4月1日から2009年3月31日までの間にアニコム損保に加入した0歳の猫3,473頭が対象．Felis, vol.1, 2011, p11より引用

h 地域別の感染症発生状況

全国の動物病院を対象に実施したアンケート調査をもとに，全国の地域別感染症発生状況が公表されている．犬では犬パルボウイルス感染症，犬ジステンパーウイルス感染症，犬伝染性肝炎，犬アデノウイルス2型感染症，犬パラインフルエンザウイルス感染症，猫では猫ウイルス性鼻気管炎，猫カリシウイルス感染症，猫汎白血球減少症のいずれかの感染症が確認された(疑い含む)動物病院の割合である．病院ごとに調べてみると，感染症を診療したことのある割合は個体をもとにした調査に比べて高い割合を示す(**表9-2**)．感染症の発生率自体は他疾患に比べて高くないとはいえ，犬で過半数，猫ではほぼすべての動物病院で診療する機会のある，対策が欠かせない疾患である(**表9-3**)．また，感染症発生状況には地域差がみられており，これはワクチンの接種状況や気候，飼育環境などが影響していることが推察される．

表 9-2　全国の感染症発生状況（%）

	全国	北海道・東北	北陸・中部	関東	関西	中国・四国	九州・沖縄
犬	56.8	54.7	63.0	53.5	49.0	77.6	58.8
猫	96.5	98.4	97.2	95.1	97.0	95.9	100.0

出典：伴侶動物ワクチン懇話会　http://inu-neko.net

表 9-3　疾患別発生率

感染症	発生率（%）
犬パルボウイルス感染症	36.2
犬ジステンパーウイルス感染症	12.2
犬伝染性肝炎	5.5
犬アデノウイルス 2 型感染症	17.2
犬パラインフルエンザウイルス感染症	35.3
猫ウイルス性鼻気管炎	95.7
猫カリシウイルス感染症	83
猫汎白血球減少症	36.8

出典：伴侶動物ワクチン懇話会　http://inu-neko.net

人医療での新しい取り組み

近年，人医療においても，グローバル化やボーダレス化などによる感染症の原因微生物の多様化を背景に感染症のリスクが増大しているとして，感染制御のネットワーク構築の受容性が唱えられており，いち早く東北大学を中心に行政，医療関連施設，メディア，地域社会が参加する感染制御ソシアルネットワークが立ち上がった（http:/www.tohoku-icnet.ac）.WEB サイトを利用しての最新情報の提供，共有化を目指している．このような取り組みが獣医療においても必要であると思われる．

参考文献

- アニコム家庭どうぶつ白書（https://www.anicom-page.com/hakusho/book/）
- 東北感染症危機管理ネットワーク（http://www.tohoku-icnet.ac）
- 伴侶動物ワクチン懇話会（http://inu-neko.net）
- Peter C, Mark H（2003）：Handbook of Evidence-based Veterinary Medicine, Willey-Blackwell
- 獣医衛生学教育研修協議会（2018）：動物衛生学，文永堂出版
- 獣医疫学会（2011）：獣医疫学 基礎から応用まで，第2版，近代出版
- 真野俊樹（2011）：新版 医療マーケティング，日本評論社

10 病原体の検査法

感染症を確認するための検査

病原体を検出するための方法には，培養，細胞診，糞便検査，病理組織診，免疫学的方法，PCR(polymerase chain reaction)法など多岐にわたる[1,2]．病原体によって最適な検査法は異なり，各検査法においては感度や特異度，また，陽性的中率(predictive value of a positive test: PPV)や陰性的中率(predictive value of a negative test: NPV)がそれぞれ異なる．また感染症と診断するために行った検査結果を評価する際には，症例がその感染症に罹患している確率(疾患確率；検査前確率)も考慮する必要がある．検査の対象症例がその感染症に罹患している確率が高い，つまり検査前確率が高ければ，検査で陽性結果が出た場合に感染症である可能性(陽性的中率，PPV)が高くなる．

病原体の中には，健康動物からも検出される病原体もある．例えば，*Mycoplasma haemominutum* は健康な猫の20％の血液で検出される[3]．したがって，検査結果でこの病原体が陽性と出ても，臨床上この感染症を疑わないような症例であれば，検査結果のみを鵜呑みにして治療をすることは好ましくない．感染症の臨床診断をするためには，以下のような流れで診断をする必要がある．

①感染症を疑うべきヒストリーがあるか確認する
②病原体によって引き起こされる臨床徴候がみられるか確認する
③病原体または病原体に対する抗体を検出する
④他の疾患を除外する
⑤適当な治療への反応性を見る

a 培養検査

培養検査では，細菌，リケッチア，真菌，ウイルス，原虫の検出が可能である．ヘモプラズマなど，一部の細菌は培養することができず，また，多くのリケッチア，ウイルス，原虫に関しては培養が困難である．これらの病原体に関してはPCR検査が提供されているものもある．しかし，多くの細菌や真菌に関しては，培養検査の方が優れている．多くの好気性細菌は培養検査に続いて感受性試験を行うことができるため，培養検査が最適な検査法である．培養検査を適切に行うためには正常細菌叢のコンタミネーションを防ぎ，また病原体が死滅する前に培養を始める必要がある．サンプル採取から培養開始までに3時間以上要する場合は，送付用の培地を含んだスワブを使用することが推奨される．さらに，培地を含んだスワブを用いた場合でも，培養開始までに4時間以上かかる場合は，冷蔵保存し，細菌の増殖を防ぐ必要がある．好気性培養を正確に行うためには**表10-1**のように保存可能な時間に注意する必要がある．

糞便の培養では *Salmonella* spp.や *Campylobacter* spp.の検出が可能である(➡p.411)．正確な結果を得るためには糞便は2～3 g必要である．*Tritrichomonas foetus*(➡p.420)や *Giardia* spp.(➡p.413)

表10-1 検体の保存が可能な時間

検体	保存が可能な時間
組織または培地を含有したスワブ	4℃：48時間
液体（尿，気道洗浄液）	20℃：1～2時間 4℃：24時間 4℃：72時間（送付用培地に入れた場合）

も培養が可能であるが，特異性が高いのはPCR検査である[4].

皮膚の真菌に関しては，病院内で培養が可能であるが，全身性の感染症（例えば*Histoplasma capsulatum*）が疑われる場合は，ヒトへの感染拡大が予測されるため，院内での培養は推奨されない.

b 細胞診・組織診

細胞診は，貯留液，骨髄，血液，関節液，消化管（内視鏡検体），尿，気道洗浄液，糞便，腫瘤など，あらゆる領域の検査が可能である[1,5]．これらの領域から採取した細胞診検体は，ガラススライドに塗抹し，100％のメタノールで固定する．その後は通常，ライトギムザ染色やディフ・クイック®染色を行う．細菌が検出された際には，グラム染色にてグラム陽性または陰性菌か分類し，そして球菌か桿菌かあるいはらせん菌かを確認すると，治療の選択に役立てることもある．抗酸菌感染が疑われる場合には抗酸菌染色を行う.

血液で検出可能な病原体は，ヘモプラズマ，リケッチア（*Anaplasma* spp., *Ehrlichia* spp.），原虫（*Babesia* spp., *Cytauxzoon felis*）が挙げられ，血液塗抹標本で検出が可能であるが，偽陰性になることもある.

消化管疾患（下痢症例）に関しては，糞便や直腸壁の拭いとり検体を用いて塗抹標本を作製しディフ・クイック®染色などで白血球や細菌（*Campylobacter* spp., *Clostridium perfringens*）や真菌，*Prototheca*を検出することが可能である.

皮膚感染に関しては，皮膚糸状菌などの真菌は細胞診で検出ができる．*Sporothrix schenckii*が鑑別として挙がっている場合は人獣共通感染症であるため注意を要する.

ウイルスの出現形態の例を挙げる.

- 犬ジステンパーウイルス：リンパ球，好中球，赤血球に封入体がみられる.
- 猫伝染性腹膜炎ウイルス：稀に，好中球細胞質内に封入体がみられる.
- 猫ヘルペスウイルス（feline herpesvirus-1: FHV-1）：上皮細胞に核内封入体がみられる.

細胞診でのウイルス検出は多くの場合偽陰性となる．これらのウイルスを検出するためには，免疫細胞化学法やPCR法がより感度・特異度が高い検査である.

細胞診の詳細に関しては後述を参考にされたい.

c 糞便検査

糞便検査では，消化器疾患の病原体を検出する．方法には，直接塗抹，糞便や直腸の細胞診，便虫卵検査(直接法，浮遊法，ベールマン法)，免疫学的方法，PCR法がある．

便の浮遊法による検査は，消化管疾患の臨床症状を呈する犬や猫において行う．シスト，オーシスト，虫卵や特に *Giardia* spp.の検出には硫酸亜鉛溶液やSheatherのショ糖浮遊法を用いる．下痢をしている場合には，*Giardia* spp.や*Trichomonas foetus*(*T. suis*)，また，*Pentatrichomonas hominis*の検出をするために直接wet mount検査を用いると検出できる．

d 免疫学的手法

1 抗原検査

貯留液，糞便，細胞，組織から病原体を検出するために用いる．モノクローナルまたはポリクローナル抗体を使い，病原体(抗原)の検出を行う．感度，特異度，陰性的中率，陽性的中率は検査法によって異なるが，多くの検査で比較的これらは高い傾向にある[1]．抗原検査の方法例とその適応を**表10-2**に示す．

表10-2 抗原検査の方法例とその適応

抗原検査法	対象
直接および間接蛍光抗体法	細胞，組織，糞便である．
免疫細胞化学および免疫組織化学的検査法	細胞または組織である．この方法は，ウイルスの検出に用いる．病原体検出感度と特異度は，組織検査よりも高く，培養と同程度である．
急速免疫凝集法またはELISA	血清，血漿，血液，糞便である．
抗原検査対象	**適応**
血清または血漿	*Dirofilaria immitis*, *Cryptococcus neoformans*, *Blastomyces dermatitidis*, *Histoplasma capsulatum*, FeLV (feline leukemia virus)
糞便	パルボウイルス , *Cryptosporidium parvum*, *Giardia* spp.
尿	*Blastomyces*

2 抗体検査

生体は，外来抗原に暴露されると免疫系が働き，抗体を産生する．病原体に対して産生された抗体を検出するために，補体結合反応，赤血球凝集抑制試験(hemagglutination inhibition test: HI法)，中和試験，凝集反応試験，寒天ゲル内沈降反応，間接蛍光抗体法(indirect immunofluorescence assay: IFA)，ELISA(enzyme-linked immunosorbent assay)，ウエスタンブロット反応が使われている．補体結合，HI法，中和試験，凝集反応試験では血清中の各抗体が検出される．小動物領域の検査では感染症の診断にIgM，IgGの検出を行う試験が多く，具体的には，ELISA，ウエスタンブロット法，IFAが用いられている[1,2]．

感染症は，急性期と3～4週後の回復期の血清の間で抗体価の上昇(通常4倍以上)を確認することで診断される．しかし，実際には急性期は症状を伴わないことも多く，血清検査を行わないことも多い．さらに，犬パルボウイルス(canine parvovirus: CPV)や犬アデノウイルス(canine adenovirus: CAV)は感染後急速に抗体価の上昇がみられることから，また，犬ジステンパーウイルス(canine distemper virus: CDV)では，感染した動物が免疫抑制状態となり，低い抗体価を呈するなど，評価困難であることが多い．

ペア血清を用いることは重要である．IgMやIgGは病現体に暴露された後，出現する時期が異なる[6]．抗原刺激を受けた生体免疫系はまずIgMを産生し，その後数日から数週間かけてIgGの割合が多くなる．したがって，IgMとIgGの割合で，最近の感染か，過去の感染かを評価することができる．

用いられる検査法は病原体によって異なる．ウイルス中和試験は結果を得るまでに時間がかかる(5日)が，信頼できる結果が得られるため，CDVとCAVで広く使用されている．CPVはウイルス中和試験が実用的でない場合はHI法が用いられている．IFAは猫コロナウイルス(FCoV)と猫免疫不全ウイルス(FIV)で使用される．ELISAは多くの検査で実用キットが開発されている．

多くの病原体は，感染後3～10日後に症状がみられるが，抗体検査の多くはIgGを検出する検査であるため，感染初期から2～3週間経過するまで陽性とならない．したがって，急性期には，偽陰性となる検査が多い．検査で陰性になった場合は，2～3週間後に再検査をすることが推奨される．病原体の感染を診断するうえで抗体検査が偽陽性となる原因には，移行抗体，ワクチン，健常動物での抗体保有が挙げられる．

子犬や子猫は8～12週齢になるまで乳汁からの移行抗体が存在するため，この時期に抗体検査を行うと，結果に影響を与える．感染源に対する抗体か，移行抗体かを判別することはできないため，この時期に感染を診断するために抗体検査を行うことは推奨されない．

ワクチンが抗体検査に影響を与えるウイルスの例として，FCoV(felime coronavirus)，*Borrelia burgdorferi*，FHV-1，FIV(felime immunodeficiency virus)，CPV，カリシウイルス，CDVなどが挙げられる[7]．

抗体検査で陽性になった場合，感染が疑われる状態であることを確認すべきである．感染初期にはIgMが出現し，2～3週間かけて抗体価が上がるが，ウイルスや*Toxoplasma gondii*(実験感染)のように1～2週間で抗体価の上昇がみられる例もある．しかし，ウイルスや*B. burgdorferi*，*T.gondii*，や*Bartonella henselae*などが，感染していても症状があまり発現しない例や，エールリヒア症のように抗体価が上昇してから症状が現れるウイルスも存在するため，抗体検査は必ずしも検査対象の病原体による感染症であることを証明できるわけではない[7]．

眼や中枢神経(CNS)に感染する病原体を検出する際には，眼房水や硝子体液，また，脳脊髄液における抗体の出現からこれらの病原体の感染診断を行うことができる．局所産生性の抗体を検出する検査法は，CDV，FHV-1，猫バルトネラ，また，猫トキソプラズマの検出に用いられている．

e PCR法

PCR法では，DNAを増幅することで，ごく微量のDNAを検出することができる[8]．病原体によっては他の方法よりも感度が高く，また，培養よりも早期に結果を得ることができる．*Ehlichia* spp.

のように培養が困難な，また，ヘモプラズマのように培養できない病原体を検出するために非常に有効である．PCRは特異度が非常に高い検査である．しかし，サンプル採取時や検査をする段階でコンタミネーションを起こした場合，結果は偽陽性となる．PCR結果の偽陰性は，サンプル採取や送付が正しく行われなかった，またはサンプル採取以前に治療を開始した場合に起こりうる．検査機関によって標準化が全くできていないのが難点である．

PCR検査の結果は感度が非常に高いが，陽性的中率は低い．なぜなら，PCR法では生きている病原体のみならず，死んでいる病原体からもDNAやRNAを検出するため，感染のコントロールができていたとしてもPCRの結果が陽性になる．健常な動物のほかに不活化ワクチンでも検出されるような猫カリシウイルスの場合は結果が陽性になったからと言って臨床症状がなければ感染している状態であるとはいえない．

リアルタイムPCRはサンプル内に存在する病原体の定量ができる．したがって，病原体によっては治療反応の評価ができる．しかし，慢性のFHV-1による結膜炎や*Mycoplasma haemofelis*，さらに*M. haemominutum*感染症では治療反応と病原体量は相関しない[9-11]．

病原体の顕微鏡による観察

a　はじめに

本稿では，顕微鏡を使って末梢血塗抹標本や細胞診標本上の病原体を確認する際に必要となる観察ポイントを解説する．

b　顕微鏡観察前の注意点

標本を正しく評価するためには，標本作製時にも注意が必要である．例えば，染色液の凝集塊(**図10-1**)は細菌と見間違いやすいため，染色液は濾過して使用し，また標本を染色する際には水洗を十分に行う．検体が検査機関に到着するまでのかかる時間も重要である．24時間を超えるようであれば，病原体が感染性の病原体であってもコンタミネーションであっても送付中に細菌が異常増殖するため，正確な評価をするためには，検体採取後，1枚はその場で直接塗抹標本を作製しておく

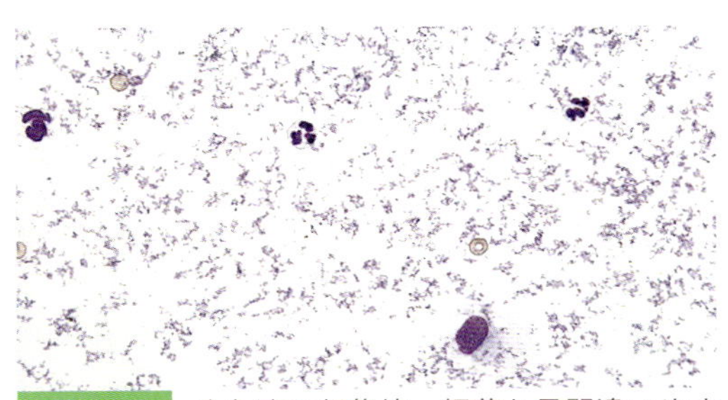

図10-1　染色液の凝集塊．細菌と見間違いやすい．ライトギムザ染色(この標本には細菌は認められない)

必要がある.

c 末梢血塗抹標本

末梢血塗抹標本を観察する際には，赤血球，白血球，(血小板)に寄生する病原体の大きさ，形状，染色性を把握しておく必要がある.

1 赤血球の寄生虫

赤血球に寄生する主要な病原体は，赤血球内部に寄生する原虫(バベシア種，サイトークスゾーン種)，細胞内寄生リケッチア(アナプラズマ種)および赤血球表面に寄生するマイコプラズマ種である．これらの病原体は顕微鏡で強拡大(対物レンズ：×40，×100)にして確認する．これらの寄生虫が感染した犬や猫は軽度から重度の溶血性貧血(**図10-2**)を呈する．また犬ジステンパーウイルスの封入体も赤血球内にみられる．末梢血塗抹標本を正確に診断するためには，通常はライトギムザ，ギムザ，メイギムザ染色などが推奨され，ディフ・クイック®染色は好ましくないが，犬ジステンパーウイルスの封入体の検出に関してはディフ・クイック®染色の方が優れている.

赤血球の寄生虫と勘違いしやすいものとして，赤血球内の構造物で濃青色に染色される点状構造物は，染色液の沈殿物と混同しやすいため，注意する必要がある．また，標本作製時の乾燥固定する際に生じたアーチファクト(water artifact)(**図10-3**)や，赤血球上に載るように塗抹された血小板は，赤血球内寄生虫と混同される場合があるため，注意が必要である.

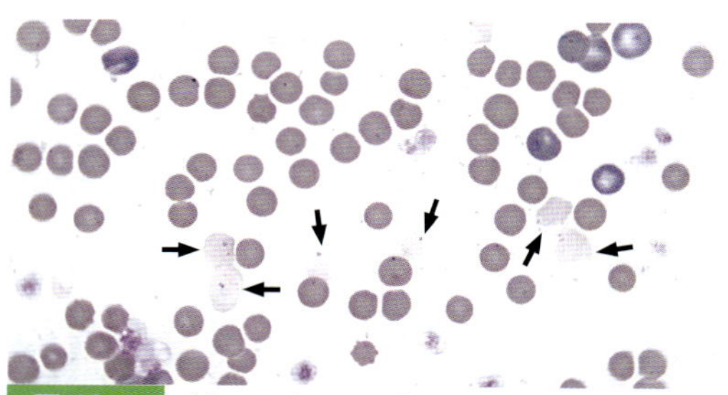

図10-2 *Mycoplasma haemofelis*による二次性免疫介在性溶血性貧血．ゴースト細胞(矢印)がみられることで，血管内溶血を示唆する．ライトギムザ染色

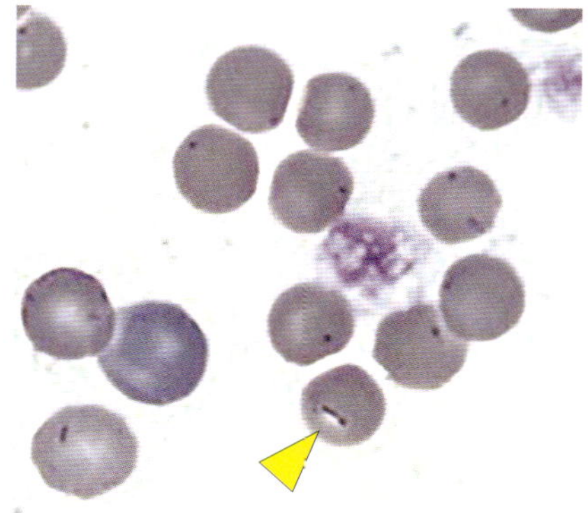

図10-3 赤血球の寄生虫と混同しやすい構造物．標本作製時の乾燥固定する際に生じたアーチファクト(黄色矢頭)．ライトギムザ染色

i バベシア症

バベシア属(*Babesia*)原虫による感染症をいう(➡p.469)．ロマノフスキー染色では，全体的に無色～淡青色を呈し，赤色～紫色の核を持つ．*Babesia*は，大型(2.5～5 μm)で洋ナシの形状を呈する*Babesia canis*(**図10-4**)と，小型(直径1.0～2.5 μm)で楕円形を呈する*B. gibsoni*

(**図10-4**)や*B. felis*などに分けられる．*Babesia*は100種以上存在するが，形態は類似しているため，バベシア種の中でどの病原体かを特定するためにはPCRや18SリボソームRNAシークエンシングが必要である．

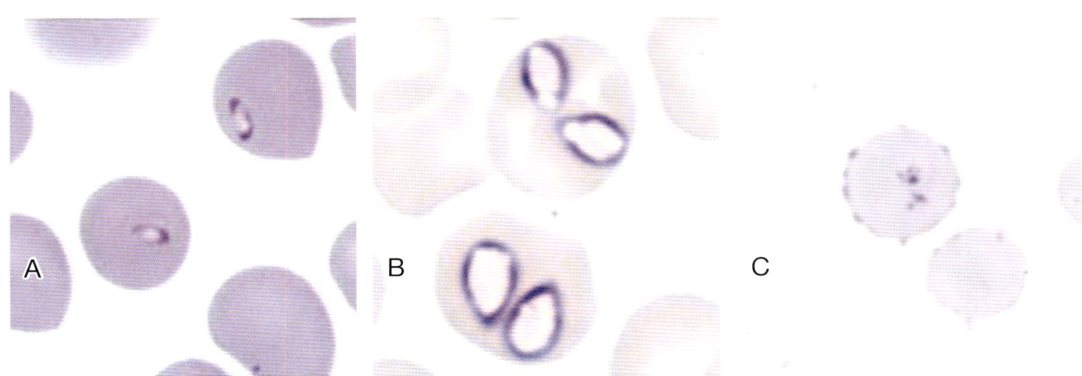

図10-4　よく見る赤血球内寄生虫．A：*Babesia gibsoni*，B：*B. canis*，C：*Mycoplasma haemofelis*，ライトギムザ染色

ii　ヘモプラズマ症

血液向性の*Mycoplasma*(グラム陰性，非抗酸菌)による感染症である(➡p.463)．赤血球表面に寄生する病原体である．*Mycoplasma*は0.5〜1 μmで，非常に小さく，対物レンズ100倍にするまで確認することが困難である．ロマノフスキータイプの染色では，青色に染色される，球状，桿状，またはリング状の構造物として見える．これらの病原体は染色液の沈殿物と混同しやすいため，注意する必要がある．鑑別ポイントは，リング状の構造を見つけることである．*Mycoplasma*の感染は，塗抹標本での評価か，またはPCRによって診断されるが，PCRの方が検出感度は高い．この病原体は赤血球表面に付着して存在するため，血液検体を検査機関に送付をする間に，赤血球表面から脱落し，塗抹標本上では赤血球間に見えるようになる(**図10-5**)のも特徴的である．

- 猫に感染する*Mycoplasma*は，*M. haemofelis*(**図10-4**)，*M. haemominutum*，*Candidatus M. turicensis*の3種類が報告されている．この中で，塗抹標本上で検出しやすい病原体は*M. haemofelis*である．*M. haemominitum*や*Candidatus M. turicensis*は塗抹標本上では検出困難である．
- 犬に感染する*Mycoplasma*は，脾臓摘出を受けるか，免疫抑制を受けた犬でしか報告されてない．今までに以下の種類が報告されている．
- ロマノフスキータイプの染色で鎖のような形態を呈する*M. haemocanis*のほか，*M. haemominutum*に類似した*Mycoplasma*，さらに0.3 μmと非常に小さく，塗抹標本上で好塩基性，球形に見える*Candidatus M. haematoparvum*の3種類が報告されている．

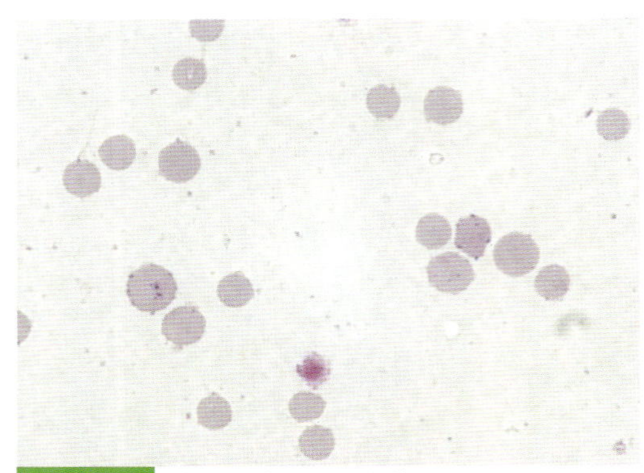

図10-5 赤血球表面から脱落した *Mycoplasma haemofelis*．塗抹標本上では赤血球間に見えるようになる．ライトギムザ染色

iii サイトークスゾーン種

Cytauxzoon felis は猫の赤血球に寄生する．小型の安全ピンの形態を呈する．現在までに日本での発生は確認されていない．

iv 犬ジステンパーウイルス封入体

大きさは様々で，円形，卵円型，または不規則な形態で，青色から灰色を呈し，よく多染性赤血球の中にみられる．

2 | 赤血球の寄生虫と混同しやすい構造物

赤血球の寄生虫のうち，特にヘモプラズマは，染色液の凝集物，塗抹標本作製時の乾燥および固定によるアーチファクト(**図10-3**)，ハウエルジョリー小体やパッペンハイマー小体(**図10-6**)と混同しやすい．また，血小板が赤血球の上に重なって見える状態では，特に *Babesia* spp. と混同しやすいため注意が必要である．

3 | 白血球の寄生虫

白血球の寄生虫は低倍率(10×20倍)での検出は難しい．感染が疑われる場合には，高倍率(10×40～60倍)で観察を行う．引きガラス法で作成した末梢血塗抹標本では，引き終わりの白血球数の多い領域を観察すると発見しやすい．

i 犬ジステンパー

犬ジステンパーウイルス(➡p.303)の封入体は，骨髄前駆細胞の中で形成され，急性期に末梢血に出現する．リンパ球と，稀に単球・好中球・赤血球の中に封入体を認める．細胞質内の封入体は円形～楕円形の1～4 μmの単一の構造物である．ライトギムザ染色した血液塗抹では，好中球の細胞質内に封入体を確認することは難しく，ディフ・クイック®染色した血液塗

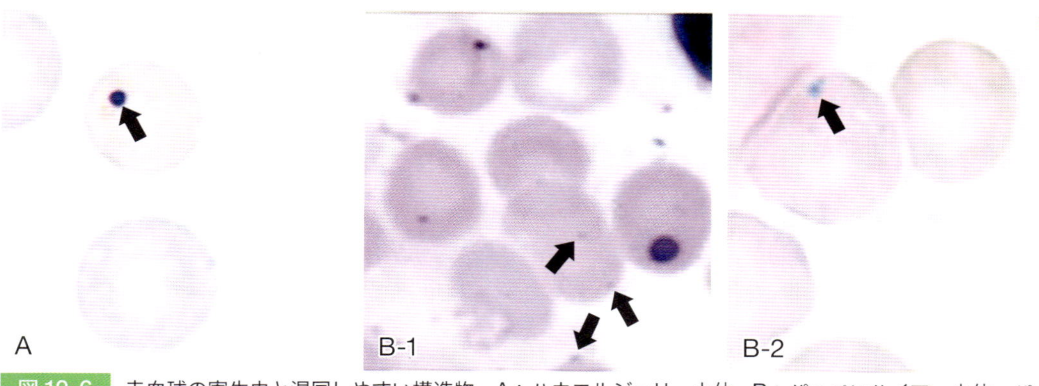

図 10-6 赤血球の寄生虫と混同しやすい構造物．A：ハウエルジョリー小体，B：パッペンハイマー小体．パッペンハイマー小体は鉄を含有するため，鉄染色(Prussian blue stain)で青く染まるB-2．AとB-1はライトギムザ染色

抹の方が確認しやすい．

- ディフ・クイック®染色：円形，楕円形，不ぞろいの 1～4 μm，赤い．
- ライト染色：リンパ球内の封入体は大型(3 μm)，単一，楕円，灰色

ii リケッチア症

顆粒球に寄生するのは，*Ehrlichia ewingii* と *Anaplasma phagocytophilum*(**図10-7**)である．病原菌の大きさは0.2～2 μmで，球状もしくは楕円状である．顆粒球の細胞質内に，密に固まった塩基性の集塊(封入体：桑実体)として認める．桑実体は感染の急性期に好中球内で観察されるが，ごく稀である．わずかに関節液内の好中球で認めることもあるが，さらに稀である．桑実体を末梢血液塗抹で確認できない場合には，血液のPCR検査を実施し確定診断する必要がある．顆粒球のうち，感染が認められるのはほとんどが好中球であるが，急性期には，稀に好酸球にも寄生する．*E. canis* は単球に寄生する(➡p.465)．

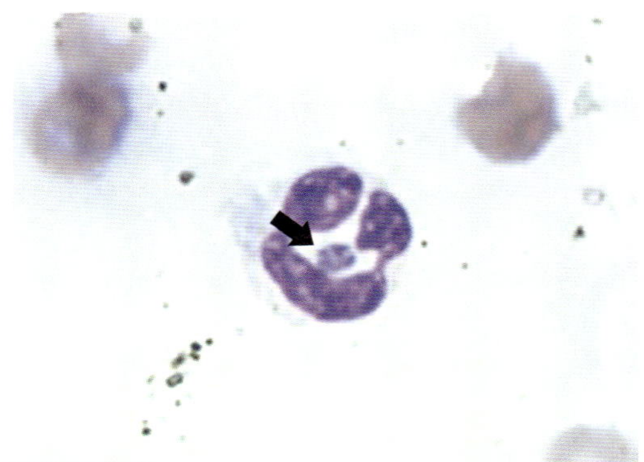

図 10-7 *Anaplasma phagocytophilum*：好中球の細胞質内に *A. phagocytophilum* 桑実体がみられる(矢印)．ライトギムザ染色

iii ヘパトゾーン症

Hepatozoon americanum(米国の南部から南西部)または*H. canis*(**図10-8**)による感染症であるが，日本には*H. canis*しか生息していない(➡ p.468)．好中球の細胞質に大型長楕円形のガモントを検出することで，確定診断となる．ガモントは，ライトギムザ染色を施すと，細胞質は明るい氷青色に，核は顆粒性に赤紫色に染色される．

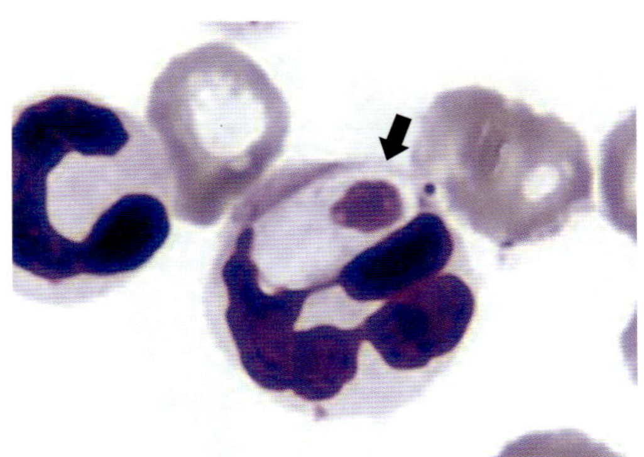

図10-8 *Hepatozoon canis*．好中球の細胞質内に*H. canis*のガモントが見える(矢印)．ライトギムザ染色

iv その他の細菌，真菌，原虫

好中球や単球の細胞質には細菌(最も出現率が高い)，*Mycobacterium*(非常に稀)，*Histoplasma capsulatum*などの真菌(**図10-9**)，*Leishmania infantum*(➡ p.260)などの原虫を見ることがある．また，猫の単球には*Cytauxzoon felis*(**図10-10**)のシゾントを見ることがある(➡ p.272)．細胞外にこれらの病原体がみられた場合はコンタミネーションの可能性が高いため，再検査が推奨される．

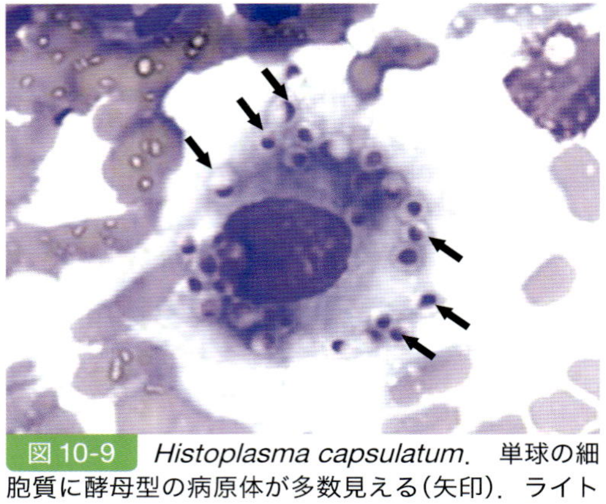

図10-9 *Histoplasma capsulatum*．単球の細胞質に酵母型の病原体が多数見える(矢印)．ライトギムザ染色

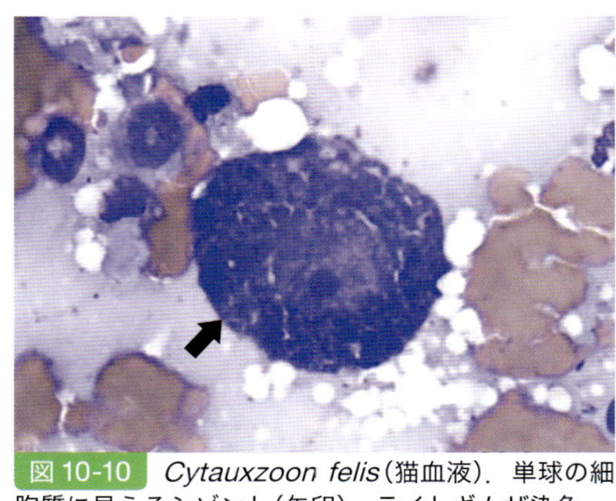

図10-10 *Cytauxzoon felis*(猫血液)．単球の細胞質に見えるシゾント(矢印)．ライトギムザ染色

d 細胞診標本での病原体の確認法

細胞診の検体は，皮膚，各種臓器，貯留液，関節液，脳脊髄液，骨髄など多岐にわたる．検体採取部位によって病原体が見つかりやすい場所とそうでない場所がある．例えば，関節液は感染していても病原体が細胞診標本上に見つかることは少ない．

細胞診標本は，まず弱拡大(対物レンズ×4, ×10, ×20)でスライドをスクリーニングし，細胞がどこにあるか(細胞の分布の確認)を確認する．×20の対物レンズでは，炎症細胞がみられるかを観察する．その後，強拡大(対物レンズ×40, ×50, ×60, ×100)で，目的の細胞を見る．炎症細胞であれば，どのような炎症細胞が多いか，さらに病原体の有無に関して調べる．細胞診標本でみられる病原体は，すべてが病気の原因となる病原体ではなく，コンタミネーション，または正常細菌叢の可能性もある．したがって，検体採取領域，検体採取状況や検体送付にかかった時間を確認する必要がある．病原体に関しては，大きさ，形状，染色性を把握しておく必要がある．

1 炎症の分類

炎症は，好中球，リンパ球，形質細胞，マクロファージ，好酸球の割合を確認し，どの炎症細胞が主体をなすかによって分類される．炎症の種類によってその原因を推定することもできる．

i 化膿性炎症(図10-11)

炎症細胞が多数みられ，そのうち好中球が85%以上を占めるとき，化膿性炎症という．構成する好中球の形態が正常であれば免疫介在性病変や，腫瘍性病変を示唆する．細菌感染症の場合，好中球の変性(核の膨化，核溶解，核崩壊)所見がみられる．細胞診標本で変性好中球がみられた場合は病原体(主に細菌)(**図10-12**)が存在するかどうかを確認する．

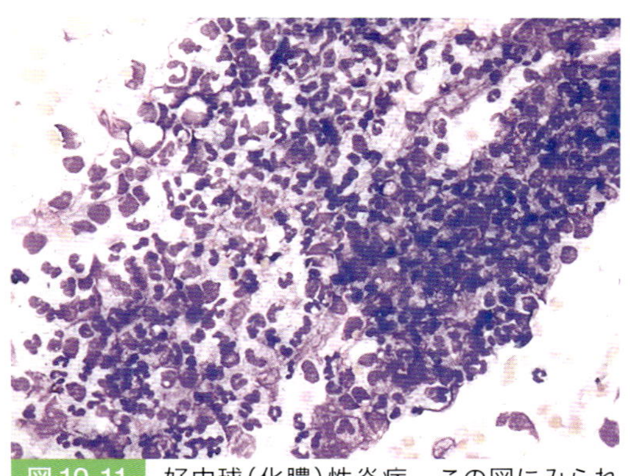
図10-11 好中球(化膿)性炎症．この図にみられる炎症細胞のほとんどは変性性好中球である．細菌は，点状に見える．ライトギムザ染色

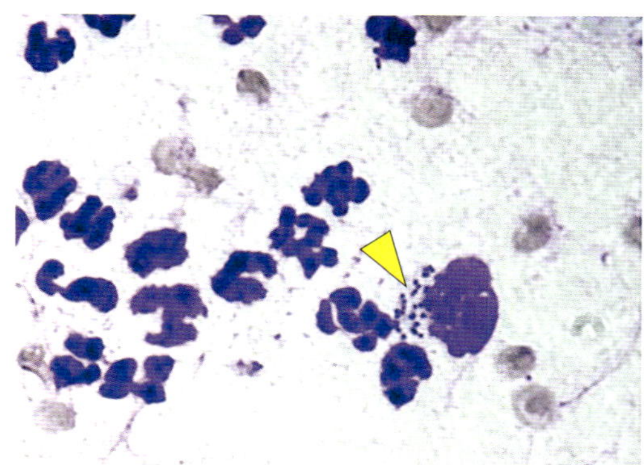
図10-12 細菌感染像．変性好中球が多数みられる．矢頭は好中球の細胞質内にみられた球菌を示している．ライトギムザ染色

ii 慢性炎症(図10-13)

マクロファージが炎症細胞の主体を占める場合は慢性炎症を示唆する．マクロファージは通常，細胞質に多数の空胞を持ち，貪食性を示す．慢性炎症では線維芽細胞の増殖(**図10-14**)がみられることがある．

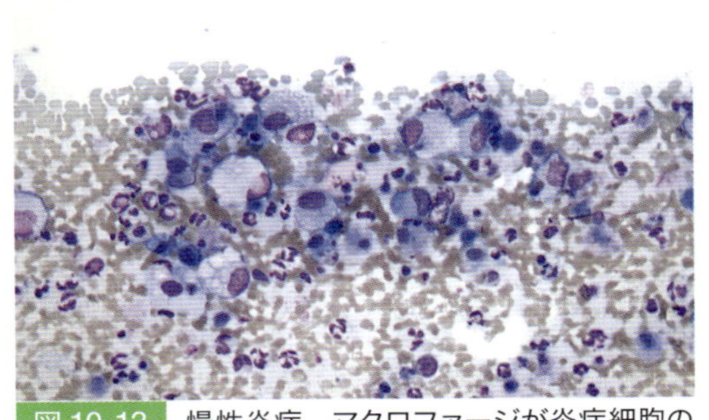

図10-13 慢性炎症．マクロファージが炎症細胞の主体を占める．ライトギムザ染色

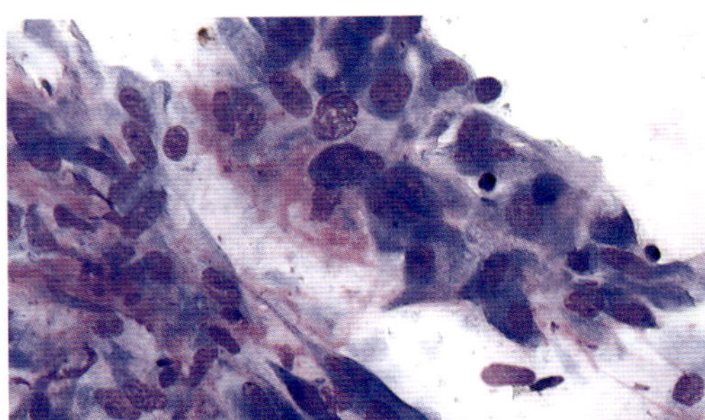

図10-14 慢性炎症でみられた線維芽細胞増殖．ライトギムザ染色

iii 肉芽腫性炎(図10-15)

肉芽腫性炎は炎症細胞のうち15%以上がマクロファージで，しばしば類上皮細胞(マクロファージが活性化し，上皮細胞様の形態を示す)(**図10-16**)ならびに多核巨細胞(**図10-16**)がみられる．類上皮細胞はその形態から，しばしば腫瘍性の上皮系細胞と混同されがちである．肉芽腫性炎は異物に対する反応としても発生するが，*Mycobacterium* spp. の感染(**図10-17**)によっても引き起こされる．

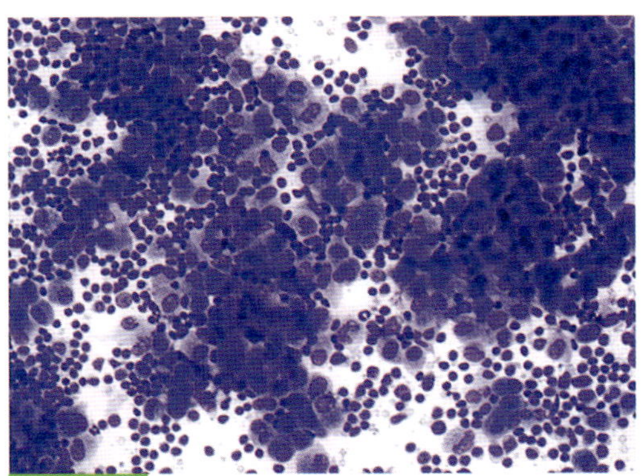

図10-15 肉芽腫性炎．マクロファージ，類上皮細胞，リンパ球が目立つ．ライトギムザ染色

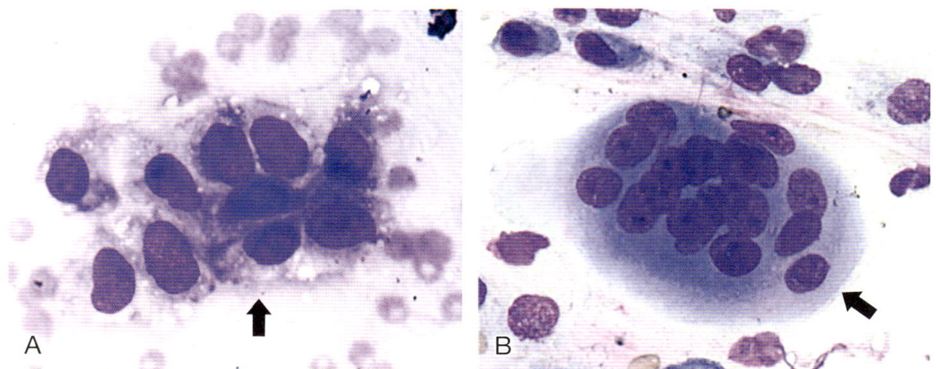

図 10-16　肉芽腫性炎でみられる細胞．A：類上皮細胞：マクロファージが活性化し，上皮細胞様の形態を示す（矢印）．B：多核巨細胞（矢印）．どちらもライトギムザ染色

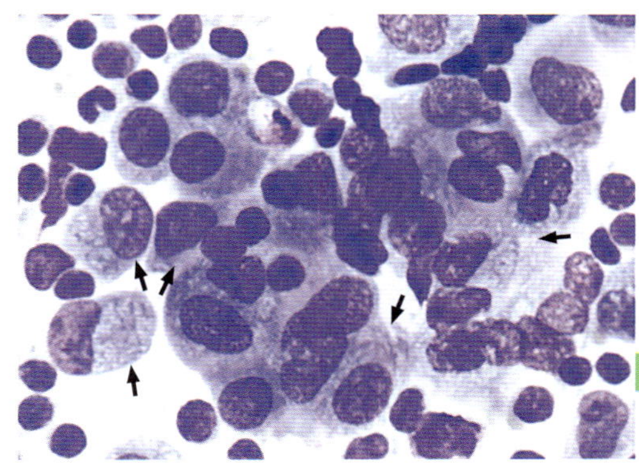

図 10-17　図10-15の強拡大像：マクロファージ内に透明の細長い構造物がみられ（矢印），*Mycobacterium* spp.感染が疑われる．ライトギムザ染色

iv 好酸球性炎症（図10-18）

好酸球が炎症細胞の10％を超える場合は好酸球性炎症に分類される．肥満細胞が同時にみられることもある．この炎症は，好酸球性肉芽腫過敏症，アレルギー，寄生虫感染症，真菌感染症の他，肥満細胞腫やその他の腫瘍に伴ってみられる．

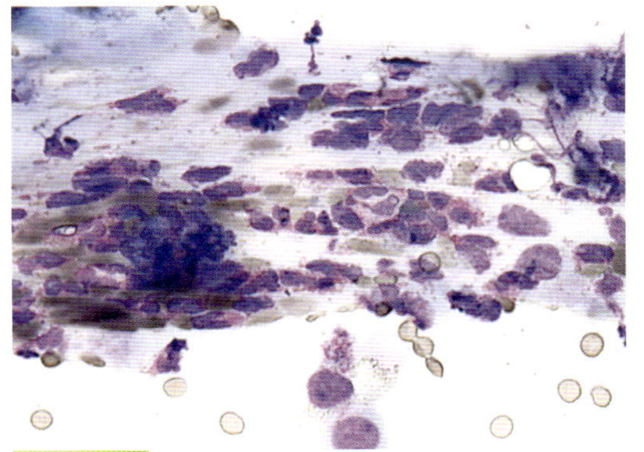

図 10-18　好酸球性炎症．ライトギムザ染色

v リンパ球プラズマ細胞浸潤

リンパ球やプラズマ細胞はアレルギー，免疫反応，初期のウイルス感染症，慢性炎症でみられる．リンパ球のサイズは小型〜中型で，プラズマ細胞とともに他の炎症細胞と混在する．単一の様相を持つリンパ球の増殖がみられた場合はリンパ腫を示唆するため，要注意である．

2 細胞診標本での感染性病変

感染性病変で頻繁に見るのは細菌感染で，真菌感染は時折確認されることがあり，その他の病原体が感染源であることは稀である．細胞診標本で病原体は好中球やマクロファージ内に検出されることが多い．しかし病原体がみられなくても感染の否定はできないため，臨床的に感染性病変が疑われた場合は，培養検査および感受性試験が推奨される．

i 細菌感染（図10-12）

細胞診において細菌感染を疑う所見は，好中球(化膿)性，慢性，慢性好中球(化膿)性，もしくは肉芽腫性炎である．細菌感染の証明は，必ず，“細胞内の病原体”を確認することである．細胞外に細菌が多数みられても，それは，皮膚細胞診であれば表皮の常在細菌を，また尿は検査機関に送る間に繁殖した細菌を検出している可能性がある．さらに，細胞診上で病原体がみられない場合でも感染の否定することはできないため，培養検査および感受性試験を試みるのがよい．

ii 真菌感染

真菌感染症でよくみられる細胞診は，肉芽腫性炎である．真菌は酵母または菌糸の形態で標本上にみられる(**図10-19**)が，ロマノフスキータイプの染色では染色性が低く，透明に見えることが多いため，見つかりにくい(**図10-20**)．また，菌糸は血管構造の一部やフィブリンと類似している．したがって，細胞診標本上で真菌の存在を疑う場合は細胞診標本上でのラクトフェノールコットンブルー染色(**図10-21**)，PAS染色，病理組織標本上でPAS, GMS(modified Gomori methenamine-silver nitrate stain)染色，さらに培養検査を推奨する．

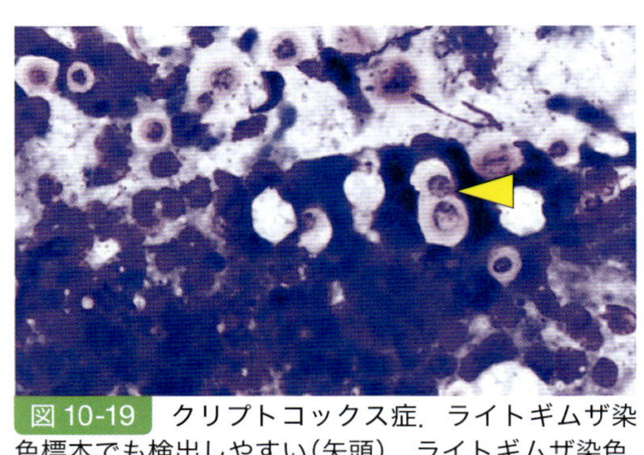

図10-19 クリプトコックス症．ライトギムザ染色標本でも検出しやすい(矢頭)．ライトギムザ染色

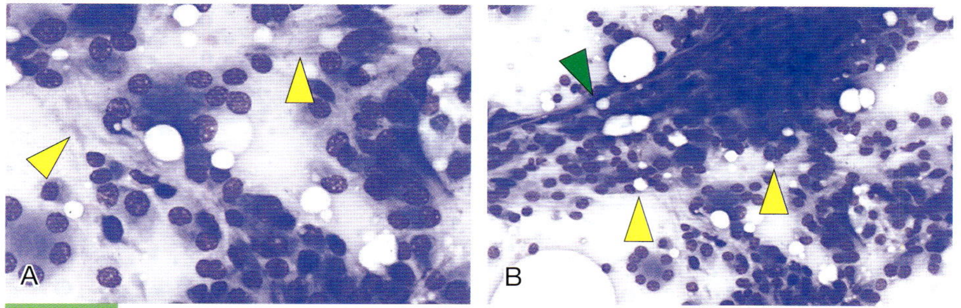

図 10-20　A：糸状菌の菌糸（×80）．ライトギムザ染色では透明に見えるため検出しにくい（矢頭）．ライトギムザ染色　B：糸状菌症（×40）．黄色矢頭は糸状菌の菌糸，菌糸は無色透明～淡青色．緑色矢頭は血管構造．ライトギムザ染色

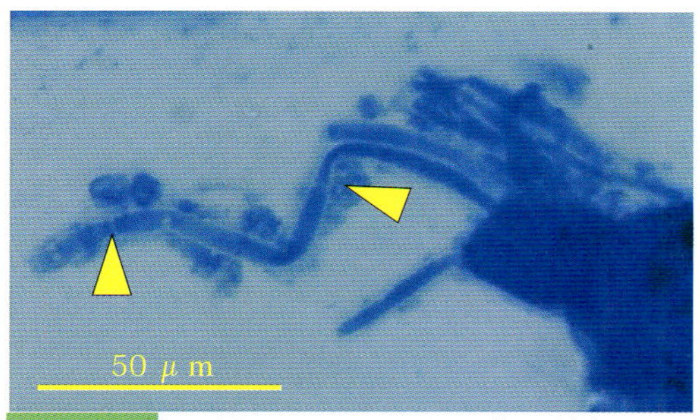

図 10-21　ラクトフェノールコットンブルー染色における真菌の菌糸（×200）．黄色の矢頭は菌糸の隔壁を示す．

3 細胞診標本でみる正常細菌叢

i シモンシエラ（*Simonsiella* spp.）

Simonsiella spp.（**図10-22**）は，口腔内正常細菌である．図のように短い細菌が横積みに連なるようにして一つの大型細菌を思わせる構造体として存在している．よく扁平上皮に付着して見える．

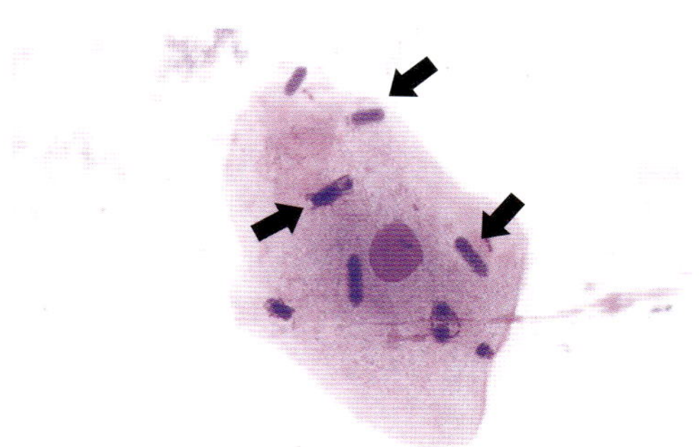

図 10-22　シモンシエラ（*Simonsiella* spp.，矢印）はよく扁平上皮に付着して見える（× 100）．ライトギムザ染色

ii マラセチア(*Malassezia* spp.)

長さ2～7 μm, 球形, または卵型のクリプトコックス属と同じく, 担子菌系に属する酵母である(**図10-23**). 細胞診では, 主に, 単核球性の炎症であり, リンパ球およびマクロファージが主体であるが, 二次的な膿皮症が起こり, 好中球が増加することもある. 病原体は扁平上皮に付着していることが多い. ロマノフスキー染色では, 紫色, 出芽基部が広い. マラセチアは常在菌であるため, 少数みられても感染を示唆しない. マラセチア皮膚炎の症状を示す動物で, 対物レンズ100倍の視野10視野平均して3個みられたら感染とする.

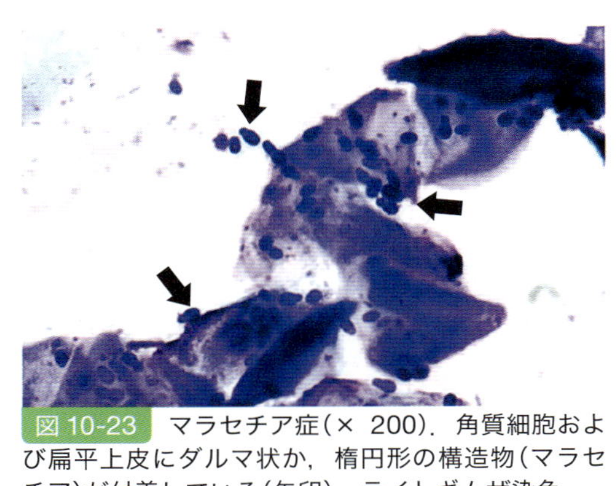

図10-23 マラセチア症(× 200). 角質細胞および扁平上皮にダルマ状か, 楕円形の構造物(マラセチア)が付着している(矢印). ライトギムザ染色

参考文献

1. Ettinger SJ, Feldman EC(2017): Textbook of Veterinary Internal Medicine Expert Consult, 8th ed.(2 volumes), Saunders
2. Elizabeth V, Jelena R(2016): BSAVA Manual of Canine and Feline Clinical Pathology, 3rd ed., BSAVA
3. MR Lappin, B Griffin, J Brunt, et al.(2006): J Feline Med Surg. 8, 85-90.
4. MR Lappin(2008): Comp Cont Ed Pract Vet. 30, 570-571.
5. Rick C, Ronald TJ, Meinkoth JH, et al.(2008): Diagnostic Cytology and Hematology of the Dog and Cat, 3rd ed., Mosby
6. Abdoel TH, Houwers DJ, van Dongen AM, et al.(2011): Vet Microbiol. 150, 211-213.
7. MR Lappin(1996): Sem Vet Med Surg. 11, 154.
8. JK Veir, MR Lappin(2010): Vet Clin North Am Small Anim Pract. 40, 1189-1200.
9. HC Low, CC Powell, JK Veir, et al.(2007): Am J Vet Res. 68, 643.
10. S Tasker, SM Caney, MJ Day, et al.(2006): Microbes Infect. 8, 653.
11. S Tasker, SM Caney, MJ Day, et al.(2006): Vet Microbiol. 117, 169.

11 病理学的診断

感染症診断における病理学的検索の概要

感染症診断における病理学的検査の方法は，その目的により若干異なる(**表11-1**)．診療の過程で生前に実施される生体組織検査(生検)の場合，病理的には検索可能な組織が限られるため，細胞診標本やごく一部の組織よりホルマリン固定・パラフィン包埋組織標本を作製して検査することになる．細胞診あるいは組織検査に際しては，これらの標本内に病原体そのもの，あるいは感染症を示唆する所見の有無を検討する．感染症を疑う知見が得られた場合は，その症例に適した特殊検査を追加して，可能な限り疾病診断を行う．

細胞診や病理組織検査などの形態学的診断方法に加えて，病変を含む組織より抽出した遺伝子サンプルを用いて，病原体の特異的遺伝子配列をPCR法により増幅して検出する方法もさかんに実施されている．ただし無作為的に多種の病原体を対象とするのではなく，臨床症状や病理検査によりターゲットを絞り込んだうえで，分子生物学的検査を並行して行うべきである．なお遺伝子検査法では，病変と病原体との直接的関連の証明が難しく，さらにコンタミネーションによる擬陽性所見が生じるリスクが高いことも理解しておく必要がある．

一方，個体の死因究明を目的とする病理解剖検査(剖検)とその病理組織的検査においては，対象症例の臨床事項を十分念頭において，常に個体レベルで疾患の成立ちを検討することが大切である．

表 11-1　病理学的検査の分類

病理解剖検査（肉眼解剖検査，剖検，necropsy）
病理組織的検査（顕微鏡検査，鏡検，histopathology）
• 生体組織検査（生検，biopsy）
• 細胞診（cytopathology）
その他の検査
• 電子顕微鏡
• 特殊染色
• 免疫染色
• PCR 法
• *in situ* ハイブリダイゼーション

病理組織検査の方法

a 組織採取と固定

生検・剖検のいずれの場合も，採取組織の一部より押捺標本を作製・鏡検して，感染症を示唆する所見の有無を確認する．細胞診の最大の利点は短時間で鏡検できることであり，細胞の採取が病変より適切に行われれば，多くの一般細菌に加え，真菌，原虫など，ある程度の大きさを持つ病原体は，細胞診で確認することができる．抗酸菌症でも注意深く標本を鏡検すると，マクロファージ内にギムザ不染性の桿菌が認められる．チール・ネルゼン染色などの抗酸菌染色を施すとさらに明瞭に菌体を描出することができる(**図11-1**)．なお剖検で細菌感染症が疑われる場合は，菌分離用に組織の一部を冷蔵保管し，ウイルス感染症が疑われる場合は-80℃で冷凍保管する．

ホルマリン固定パラフィン標本の質は，生検などの小型組織なら特に，その採取方法や固定方法に大きく左右される．病理組織検査の際には，標本の質が鏡検結果にも大きく影響するので，特に適正な組織の取り扱いを心がける必要がある．10%緩衝ホルマリン液を使用する場合は，摘出組織に対し10倍量以上の固定液に浸漬する．

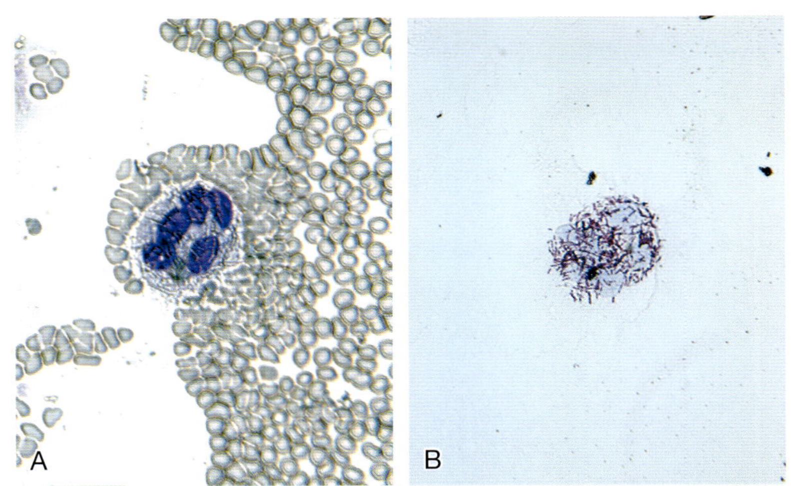

図 11-1　猫の抗酸菌症．ライトギムザ染色(A)，チール・ネルゼン染色(B)．皮下腫瘤の穿刺吸引(FNA)により採取した細胞診．多核巨細胞の細胞質に不染性の桿菌が多数認められる(A)．抗酸菌染色に赤染する桿菌が多数観察される(B)．

b 病理組織標本の検査方法

病理組織学的検索の基本は，ヘマトキシリン・エオジン(hematoxylin-eosin: HE)染色である．一般的にウイルス以上の大きさの病原体は，HE染色標本でも観察できるので，組織病変と病原体の関連を十分考慮しながら病態を判断する．その他の病原体に対する染色法を**表11-2**に示す．

細菌感染症の場合，まずHE染色標本で，病変の特徴，細菌の形態(球菌，桿菌，らせん菌など)を

表 11-2 病原体に対する染色法

病原体	特殊染色
全般	ヘマトキシリン・エオジン（HE）染色
一般細菌	グラム染色 ギムザ染色
らせん菌	ワルチン・スターリー染色 レバジチ染色
リケッチア染色	Lendrum 染色
抗酸菌	チール・ネルゼン染色
真菌	グロコット染色 PAS（periodic acid-Schiff）染色
クリプトコックスの莢膜	ムチカルミン染色 墨汁標本でハローが観察される．
赤痢アメーバ	グロコット染色 PAS 染色

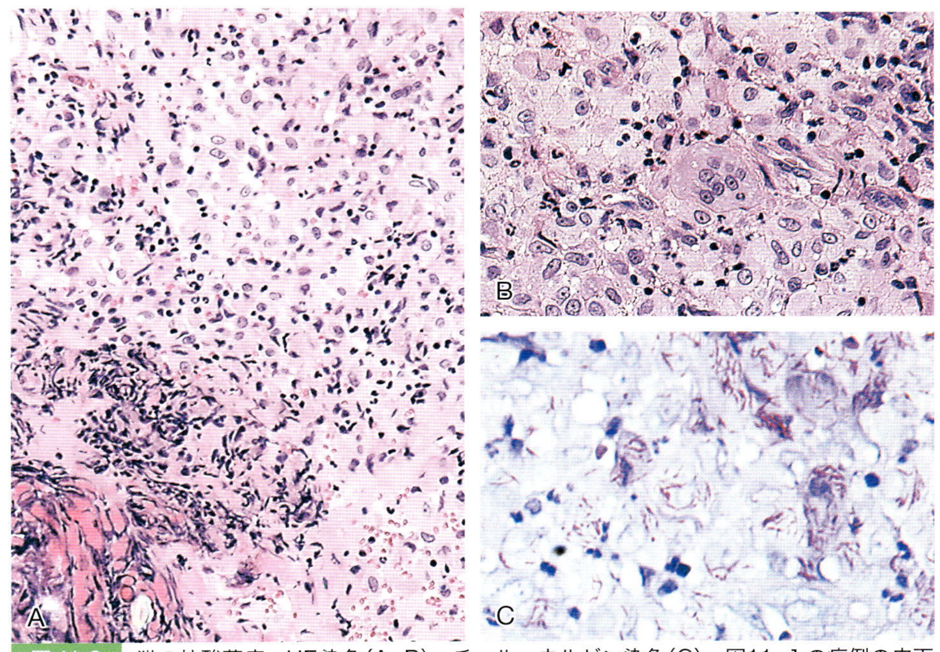

図 11-2 猫の抗酸菌症．HE 染色（A, B），チール・ネルゼン染色（C）．図11- 1 の症例の皮下組織における肉芽腫性炎症（A）．同部には多核巨細胞が散見される（B）．抗酸菌染色に赤染する桿菌が類上皮細胞内に観察される（C）．

観察したうえで，グラム染色を組織標本に施し，グラム陰性菌と陽性菌を区別すると，ある程度原因菌の絞り込みを行うことができる．抗酸菌症の場合は，特徴的な肉芽腫病変が認められてもHE染色標本で細胞内に存在する細菌を検出しにくいため，チール・ネルゼン染色などの抗酸菌染色を施して描出する（**図11-2**）．黄色ブドウ球菌感染によるボトリオマイコーセス（botryomycosis）では，原因菌の周囲に特徴的な好酸性凝固物質(Splendore-Hoeppli substance)が観察できる(**図11-3**). このような組織反応から病原体を推定することも可能である. Tyzzer病では, 壊死巣に接する細胞に大型桿菌(➡p.206)が観察される(**図11-4A**). この病原体は組織内ギムザ染色やワルチン・スターリー染色でより明瞭に描出することができる(**図11-4B, 4C**). また特異抗体による免疫染色で病原体を証明することが可能である(**図11-5**). ただし免疫染色の結果は, 使用抗体の特異性や交差反応を熟知したうえで評価することが必要である.

真菌や原虫感染症の場合も, まずHE染色標本により, 病原体の基本的な形態と病変の特徴を把握する. 真菌感染症の場合は, 真菌の種類により宿主の病変部で示す形態(酵母型, 菌糸型あるいはその両方)が異なっている. このため過ヨウ素酸シッフ(PAS)染色やグロコット染色などで真菌の形態

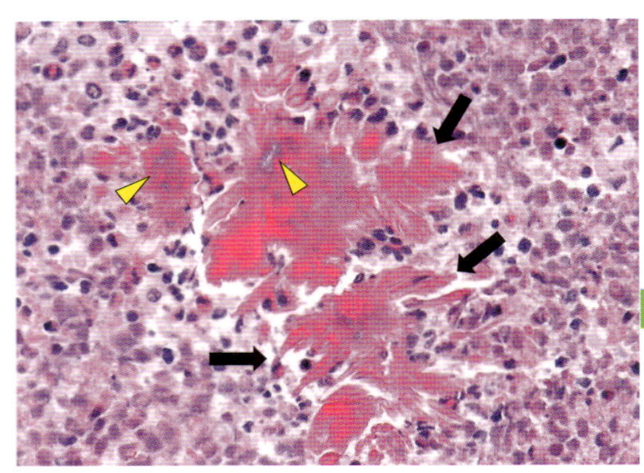

図11-3 ウサギのボトリオマイコーセス. HE染色. 皮下の化膿性肉芽腫性炎症巣に好酸性凝固物質(Splendore-Hoeppli substance, 矢印)が球菌(黄色矢頭)の周囲に形成される.

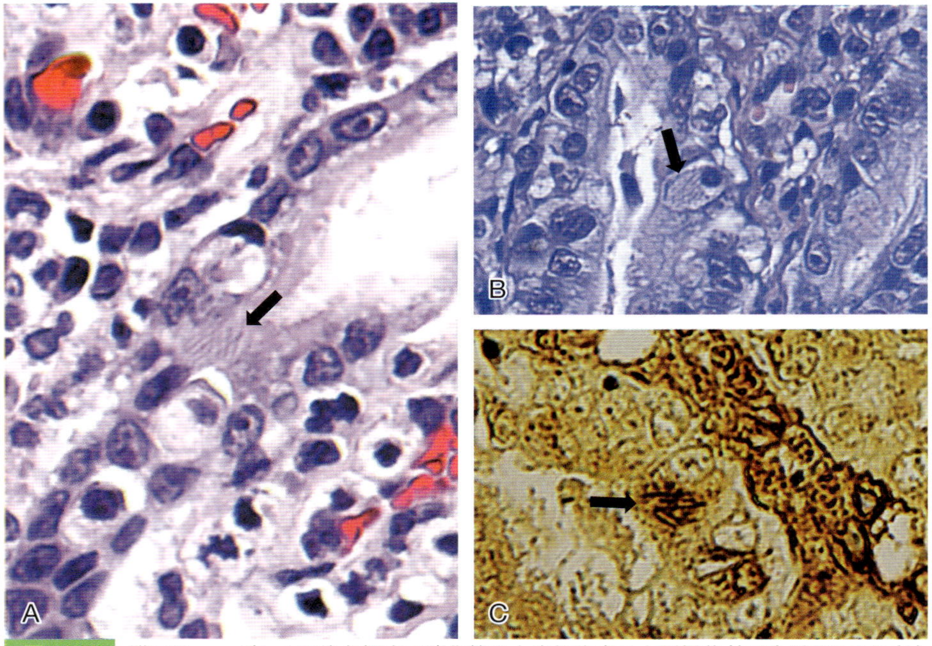

図11-4 猫のTyzzer病. HE染色標本で消化管の上皮細胞内に大型桿菌(矢印)が認められ(A), 同桿菌(B, Cの矢印)はギムザ染色(B)やワルチン・スターリー染色(C)で明瞭に染色される.

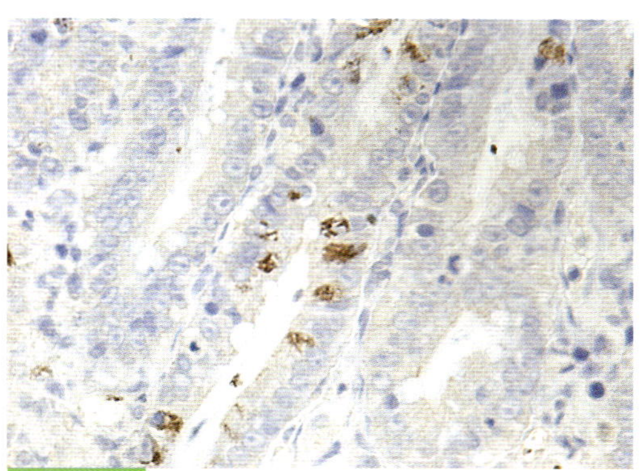

図11-5 猫のTyzzer病．抗*Clostridium piliforme*抗体を用いた免疫染色．図11-4の桿菌が陽性反応を示す．

をより明瞭に描出して，その形態的特徴を詳細に検討することが重要である（**図11-6, 7**）．原虫感染症が疑われる場合は，寄生する宿主あるいは細胞・組織の特異性を考慮しながら診断を進める．原虫は発育ステージにより，その形態的特徴が大きく異なるので，この点にも注意して診断する（**図11-8**）．

ウイルス感染症の場合，病原体そのものを光学顕微鏡下で確認できない．このためウイルスが複製増殖する過程で，宿主細胞に生じる形態的変化を把握することが重要である．ウイルスによる細胞傷害は，一般に細胞変性効果（cytopathic effect: CPE）と呼ばれ，その代表的なものに細胞内水腫（風船状変化），封入体の形成，細胞融合による合胞体形成や巨細胞形成が知られている．特にウイルス感染症の重要な診断指標となる封入体は，形成される部位により，核内封入体，細胞質内封入体，その両者がみられる混合型封入体に分類される．核内封入体は，核全体に封入物が充満するFull型封入体，封入体周囲に明帯（ハロー）形成がみられるCowdry type A封入体などに分類される．犬アデノウイルス1型の感染症（➡p.368，p.374）では，肝細胞，クッパー細胞，あるいは血管内皮細胞にFull型とCowdry type Aの両方の核内封入体がみられるが，肝細胞には後者が多い（**図11-9**）．犬ジステンパーウイルス感染症（➡p.375）では，感染細胞に合胞体性巨細胞形成がみられると同時に，核内および細胞質内両方の封入体（混合型封入体）が認められる（**図11-10**）．狂犬病ウイルス感染症（➡p.485）では，感染細胞の細胞質に明瞭な好酸性封入体（ネグリ小体）が形成される（**図11-11**）．

既知のウイルス感染症の場合，封入体などのCPEを確認すると同時に（**図11-12**），ウイルス抗原の組織内局在を確認するために，特異抗体を用いて免疫組織化学的にウイルス抗原を描出する（**図11-12B**）．また既知ウイルスのゲノムに特異的な配列のプライマーを用いて*in situ* hybridization（ISH）法により，ウイルスゲノムの細胞・組織内分布を確認することもできる（**図11-12C**）．

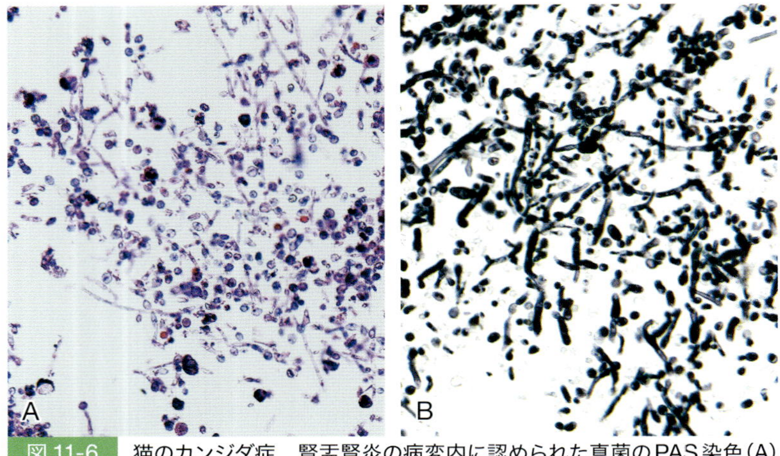

図 11-6　猫のカンジダ症．腎盂腎炎の病変内に認められた真菌のPAS染色（A）とグロコット染色（B）．同真菌は酵母型と偽菌糸（仮性菌糸）の両方の形態を示す．

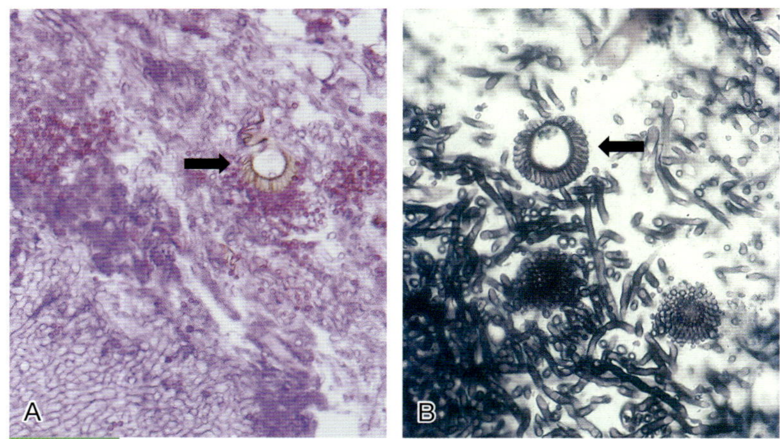

図 11-7　犬のアスペルギルス症．壊死性気管支肺炎の病変に認められた真菌のPAS染色（A）とグロコット染色（B）．多数の菌糸状真菌に分生子頭（矢印）が観察される．

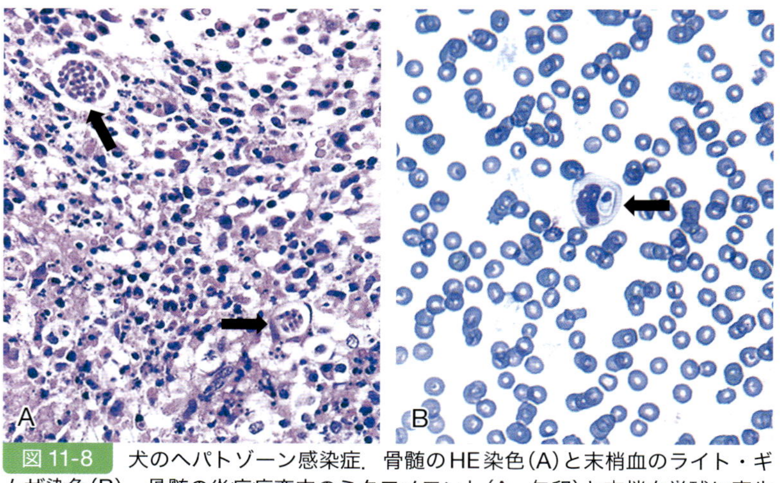

図 11-8　犬のヘパトゾーン感染症．骨髄のHE染色（A）と末梢血のライト・ギムザ染色（B）．骨髄の炎症病変内のミクロメロント（A，矢印）と末梢血単球に寄生するガメトサイト（B，矢印）．

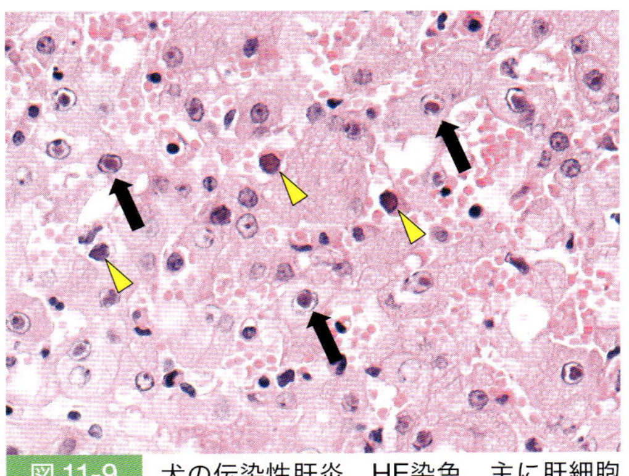

図 11-9　犬の伝染性肝炎．HE染色．主に肝細胞に Cowdry type Aの好酸性核内封入体が認められ（矢印），類洞内の細胞に Full型の核内封入体が認められる（黄色矢頭）．

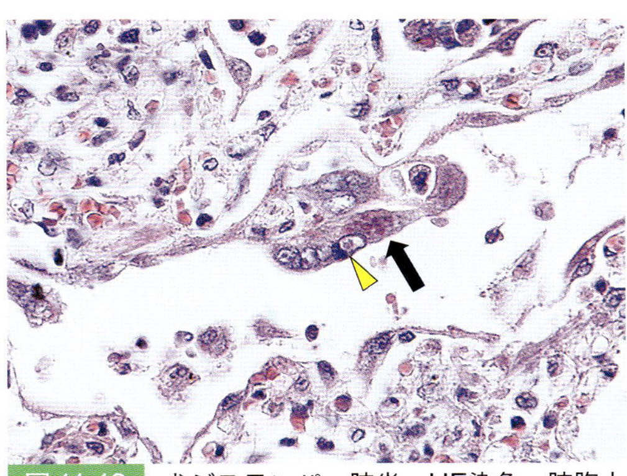

図 11-10　犬ジステンパー肺炎．HE染色．肺胞上皮に合胞体性多核巨細胞が認められ，同細胞には好酸性小型の細胞質内封入体（矢印）と好酸性核内封入体（黄色矢頭）が観察される．

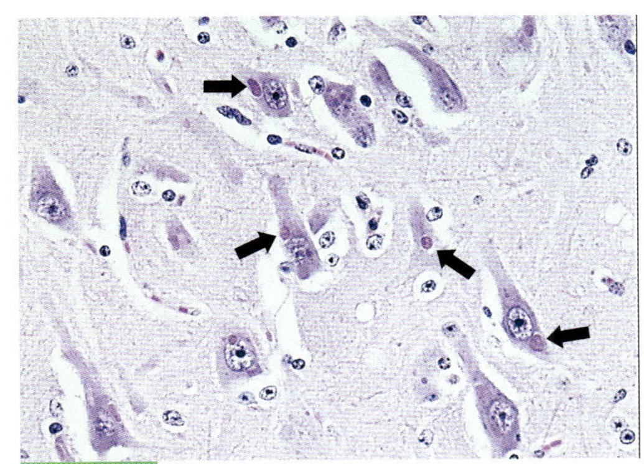

図 11-11　狂犬病の大脳海馬錐体細胞層．HE染色．神経細胞の細胞質内に大型で好酸性の細胞質内封入体（ネグリ小体）が多数認められる（矢印）．

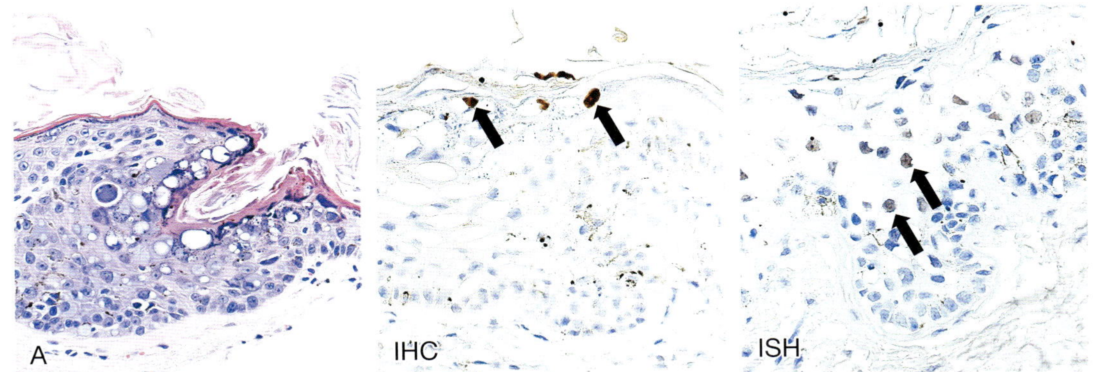

図 11-12　猫のパピローマウイルス感染症，皮膚．HE染色（A），抗パピローマウイルス抗体による免疫染色（B），猫パピローマウイルス5型に特異的なプライマーを用いた*in situ* hybridization（C）．組織内癌 carcinoma *in situ* 様の上皮増殖病変内にIHC（B）とISH（C）でそれぞれ陽性シグナルを認めるが局在に相違がみられる（矢印）．

病理解剖検査

a 事前準備

病理解剖検査により死因を究明する際には，臨床事項の確認が極めて重要である．動物種(品種)，性別，年齢，飼育規模，発生状況，臨床症状とその期間，および治療歴は，特に不可欠な情報である．これらの事項を熟知している臨床獣医師が解剖を実施することが最も望ましいが，外部の病理医に解剖を依頼する場合，これらの情報を簡潔かつ正確に情報を伝達する必要がある．臨床事項に基づき，第一に解剖してよい症例か否かを慎重に検討する．この際，剖検担当者への病原体の暴露防止，解剖施設内あるいは周辺への汚染防止などの観点を考慮することが重要である．特にサル類の剖検では，人獣共通感染症(zoonosis)の可能性を念頭に十分な準備を行わなくてはならない．旧世界ザルのマカク属に分類されるサル(ニホンザルやカニクイザルなど)を扱う場合，検体がヒトに感染して致死的脳炎を起こすBウイルスに不顕性感染している可能性を常に考慮すべきである．なお，Bウイルスと近縁のヒトの単純ヘルペスウイルスが，マーモセットなどの新世界ザルに感染すると，重篤な口内炎や致死的脳炎を起こす(**図11-13〜16**)．

剖検実施にあたっては，症例が罹患している可能性のある疾患リストを想定し，適切な組織の採取・保管方法を検討する．解剖は常に一定の術式に従って実施すべきであるが，症例の臨床症状の解明に重要と思われる臓器については，特に注意して肉眼観察と検査を行い，複数の検査用に組織検体を採取・保管する．病理解剖術式や組織採取方法については，「獣医病理学実習マニュアル(日本獣医病理学会編，学窓社)」により詳細に解説されている[1]．ここでは一般的な解剖手順に従い，感染症診断における病理学的検査の留意点を簡単に述べる．

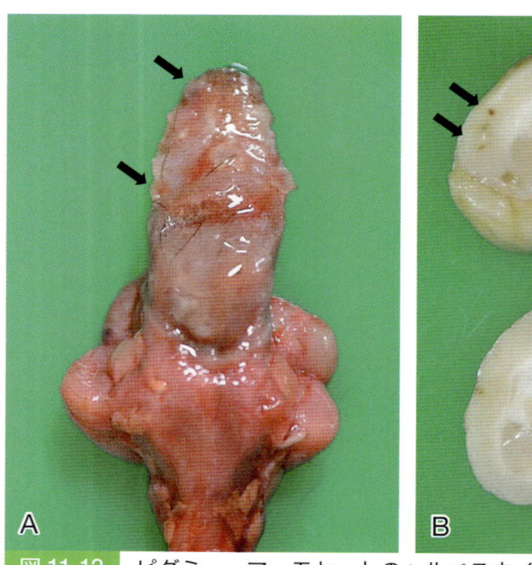

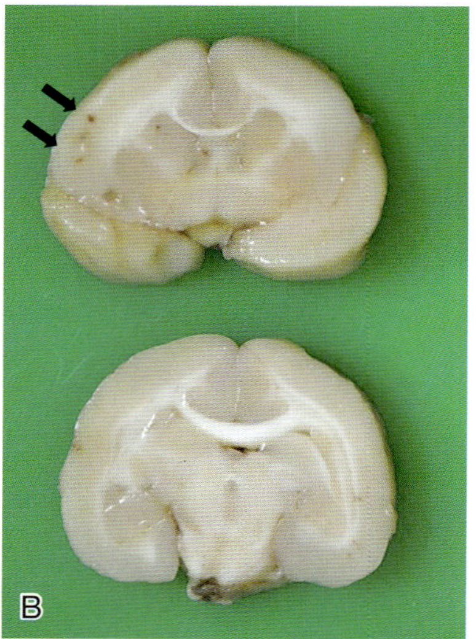

図 11-13　ピグミー・マーモセットのヘルペスウイルス感染症．舌の潰瘍(A矢印)と大脳の出血が認められる(B矢印)．死亡個体全体を10%中性緩衝ホルマリンで固定後に解剖検査を実施

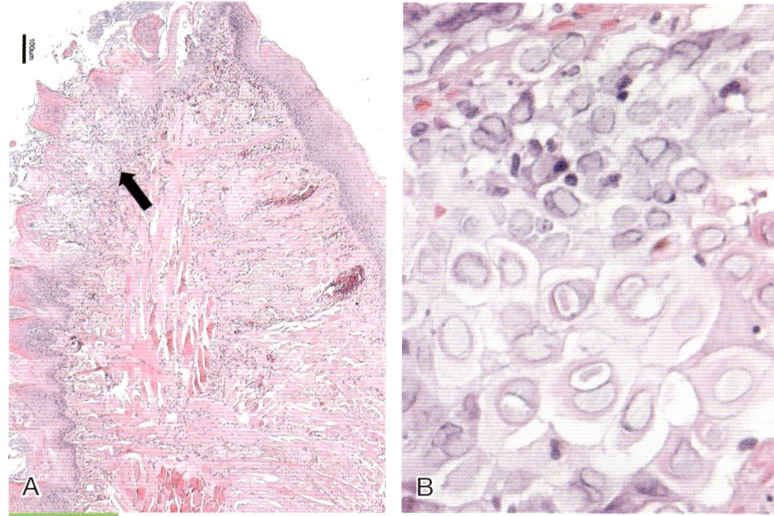

図 11-14　ピグミー・マーモセットのヘルペスウイルス感染症．HE染色(A, B)．図11-13の症例の舌の潰瘍病変(A，矢印)と同部の変性上皮細胞に認められた多数の核内封入体(B)

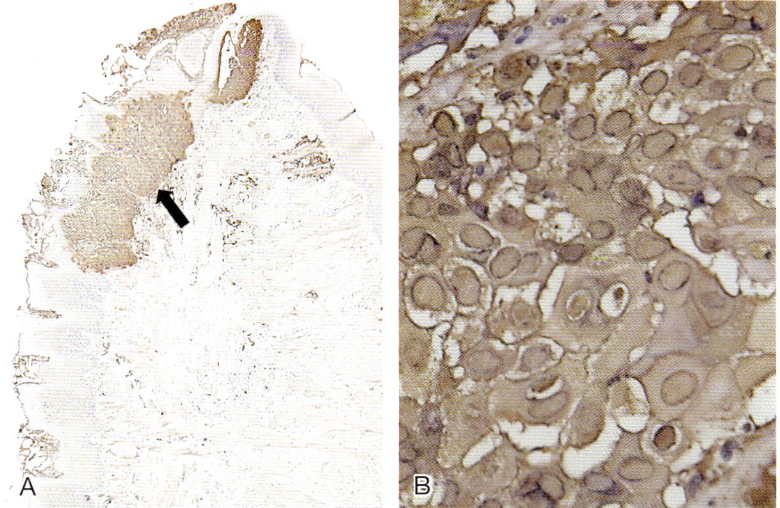

図 11-15　ピグミー・マーモセットのヘルペスウイルス感染症．図11-14の抗ヒト単純ヘルペスウイルス抗体による免疫染色所見(A, B)．病変部(矢印)に限局して陽性反応が認められる(A, B)．

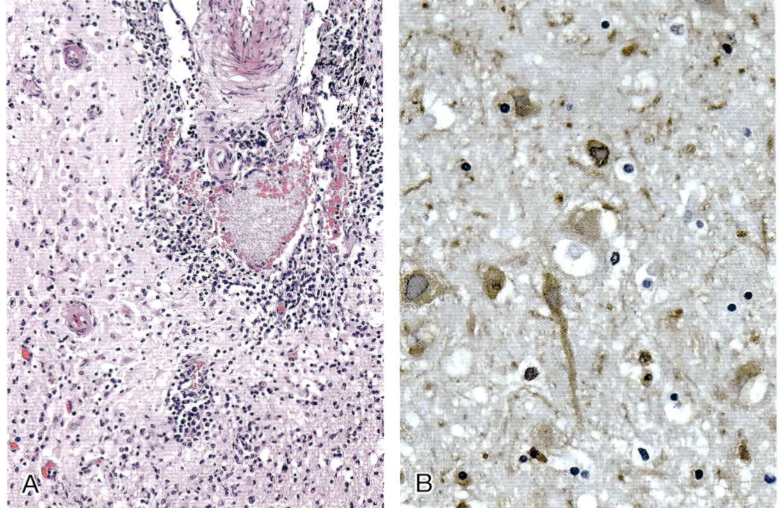

図 11-16 ピグミー・マーモセットのヘルペスウイルス感染症．図11-13の症例の大脳のHE染色(A)，抗ヒト単純ヘルペスウイルス抗体による免疫染色所見(B)．重度の髄膜脳炎が認められ(A)，周囲の変性神経細胞が抗ヒト単純ヘルペスウイルス抗体に陽性を示す(B)．

b 外景所見

発育状態，天然孔からの出血の有無，被毛の光沢や脱毛・色素沈着の有無，可視粘膜の色調などに注意して検査する．皮膚には毛包虫(ニキビダニ➡p.347)などの外部寄生虫感染(**図11-17**)や皮膚糸状菌症(➡p.513)などの真菌感染(**図11-18**)のほか，様々な感染症が認められる．これらの皮膚感染症は，宿主の免疫不全やリンパ・造血系腫瘍に続発し，重篤化する傾向がみられる．

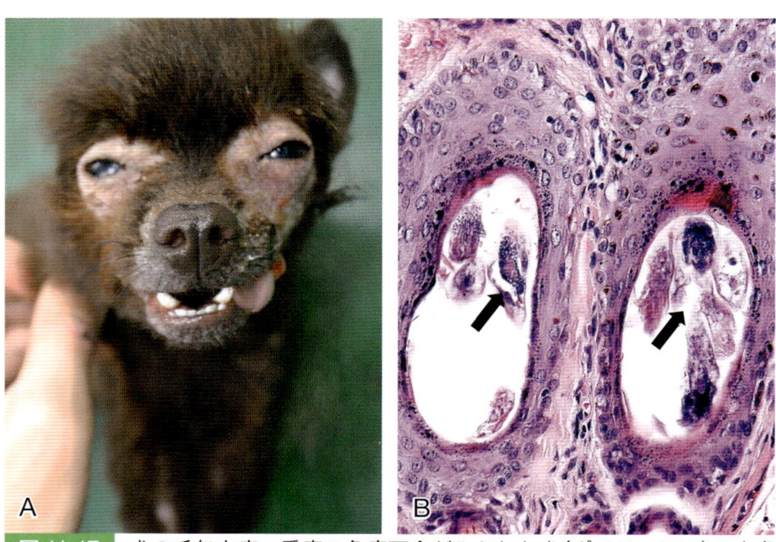

図 11-17 犬の毛包虫症．重度の免疫不全がみられた犬(ポメラニアン)の皮膚粘膜病変の肉眼所見(A)と同部のHE染色組織像(B)．組織検査で毛包内に毛包虫(ニキビダニ)が認められる(B，矢印)．

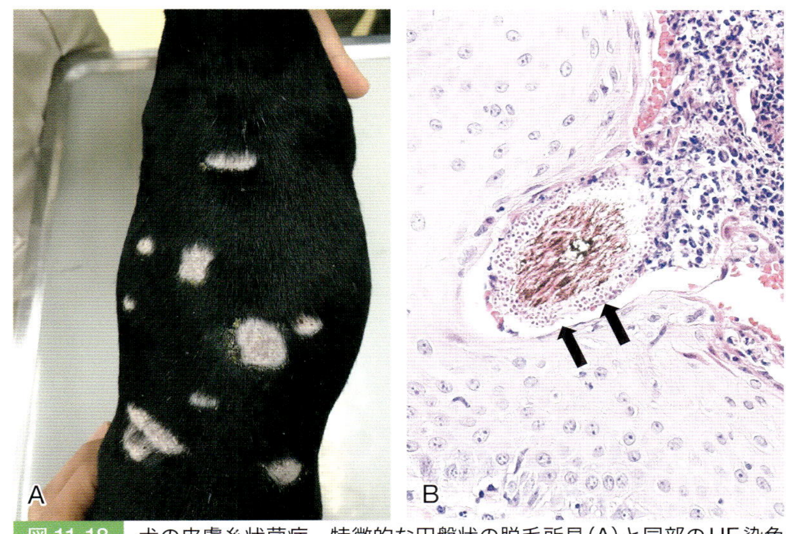

図 11-18　犬の皮膚糸状菌症．特徴的な円盤状の脱毛所見（A）と同部のHE染色組織像（B）．組織検査で毛包内に多数の菌糸（矢印）が認められる．

c　腹腔内諸臓器

開腹した際には，まず腹腔内諸臓器の位置の異常を把握する．次いで腹水の有無を観察し，腹水の性状（透明度や粘稠性など）を確認する．細菌性腹膜炎に伴う腹水は，多数の好中球やマクロファージなどの細胞成分と高濃度のフィブリンを含むため，混濁して粘稠である．腹水の直接塗抹あるいは沈渣の細胞診では，細菌を貪食する多数の好中球やマクロファージが観察される．猫伝染性腹膜炎（FIP）ウイルス感染症（➡p.429）に関連する腹水は，高濃度のフィブリンを含み粘稠性が高く，一般に黄褐色透明である（**図11-19**）．細胞診でも好中球とマクロファージを主体とする細胞成分が観察されるが，細菌やこれを貪食する細胞は認められない．

病原体に暴露されやすい消化管では多様な感染症が認められる．ここでは一部の寄生虫性疾患について述べる．病理解剖では，一般的な病変観察に加え蠕虫類の寄生を必ず肉眼で確認する（**図11-20**）．蠕虫類は，形態的特徴と寄生部位により，ある程度その種を推定することができる．人獣共通感染症の一つである犬や猫の糞線虫症では，成虫の大きさが2 mm程度であり，虫体が消化管粘膜内に侵入するため，肉眼での確認が困難で内視鏡検査や病理解剖後の組織学的検査により初めて診断される場合も少なくない（**図11-21**）．

犬や猫の消化管原虫感染症としてはジアルジア症（➡p.413）などが知られる．ヒトの代表的な消化管原虫感染症である*Entamoeba histolytica*による腸管アメーバ症（赤痢アメーバ）も犬や猫に稀に感染し，罹患症例に消化器症状を誘発する場合がある．なお別種の*E. invadens*（➡p.678）は，陸カメの消化管に寄生しているが，カメは通常無症状である．このアメーバがボアなどのヘビに感染すると重篤な出血性壊死性腸炎を示す（**図11-22**）．

これらの消化管の感染症の原因となる感染体は，主に門脈経路により肝臓に到達し，多発性巣状壊死などの特徴的な病変を形成する（**図11-23**）．このような病変が肝臓に認められる場合には，一次病変を特定するために，より詳細に消化管を検査する．

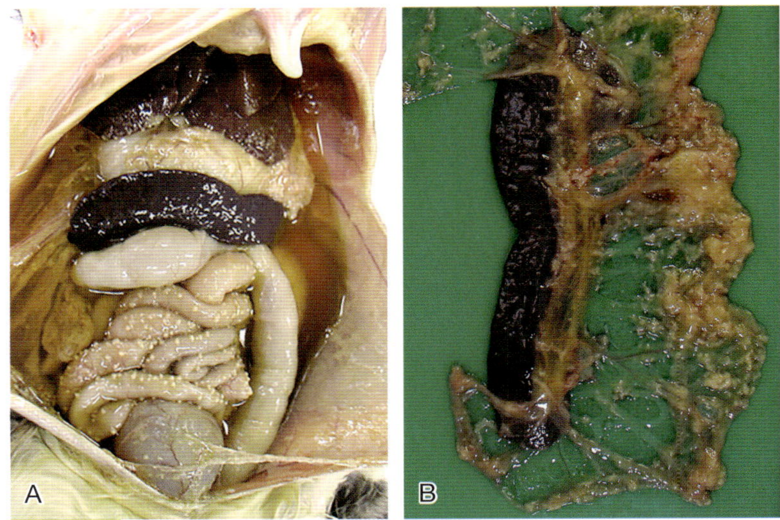

図 11-19　猫伝染性腹膜炎（FIP）．いわゆる滲出型 FIP における典型的な腹水貯留（A）と腹膜および消化管漿膜に散在する小結節病変（A および B）．腹水は黄褐色透明で粘稠性を示す．

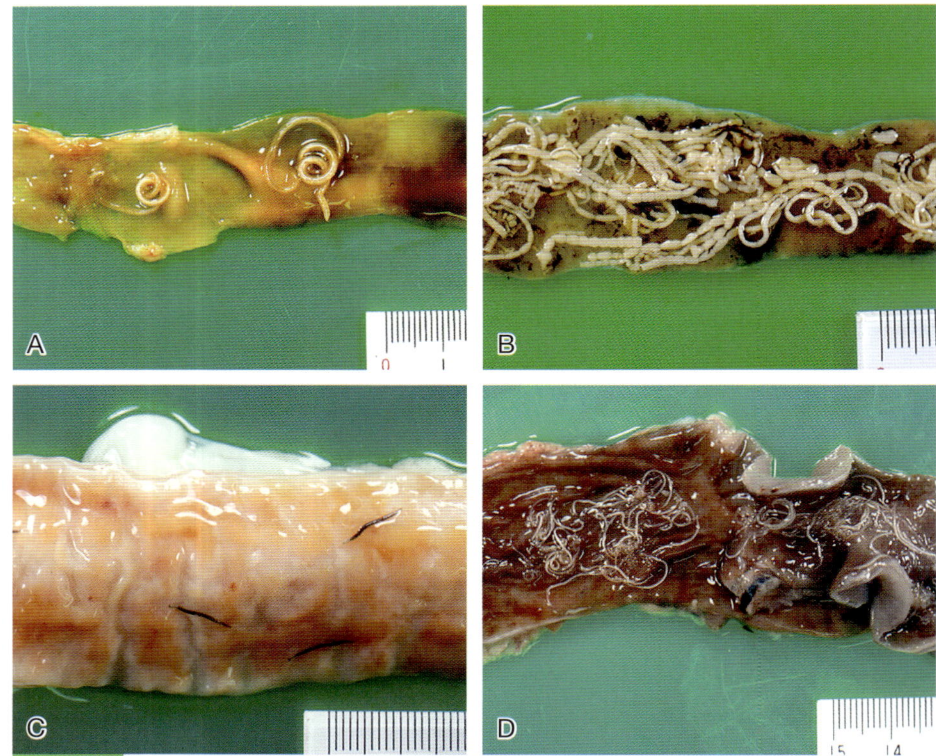

図 11-20　犬と猫の消化管蠕虫寄生．猫の腸における回虫（A）および瓜実条虫（B），犬の腸における鉤虫（C）および鞭虫（D）の寄生

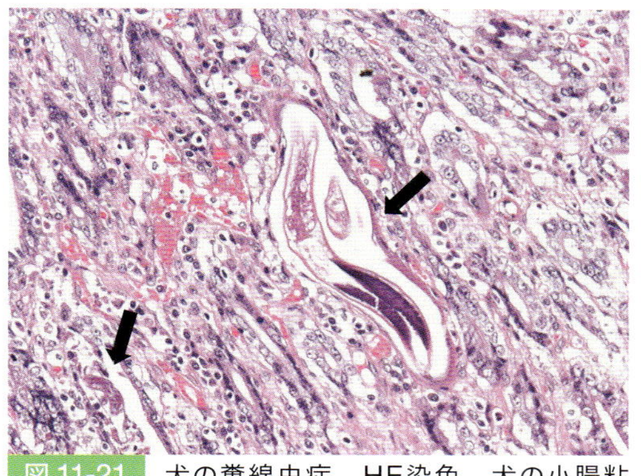

図 11-21　犬の糞線虫症．HE染色．犬の小腸粘膜内に侵入する線虫（矢印）

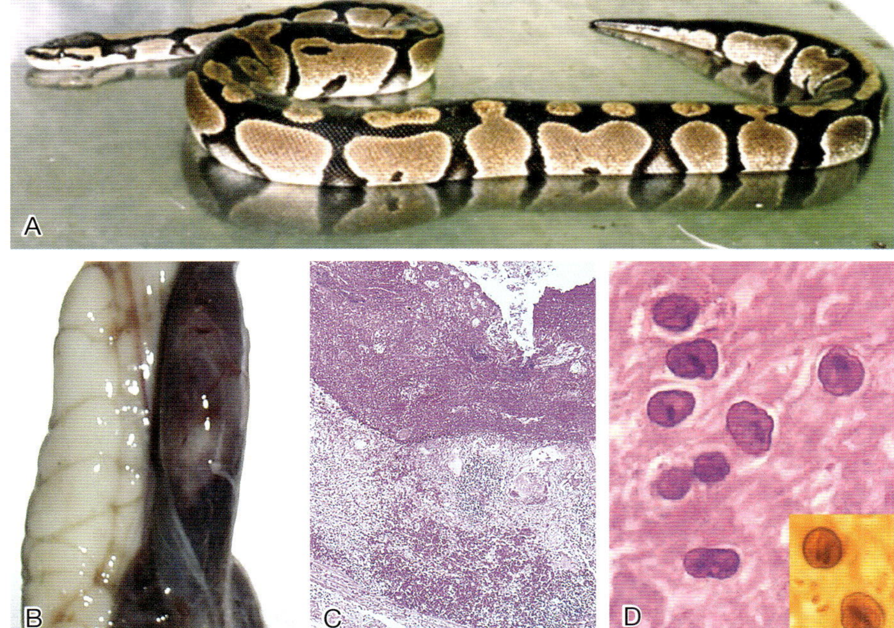

図 11-22　ボアのアメーバ症．ボアの外景所見（A），解剖時に認められた消化管の出血所見（B），同部のHE組織像（C）．消化管に広範な線維素析出を伴う出血壊死病変を認め（C），壊死巣にPAS染色陽性のアメーバが認められる（D）．挿入図はグロコット染色

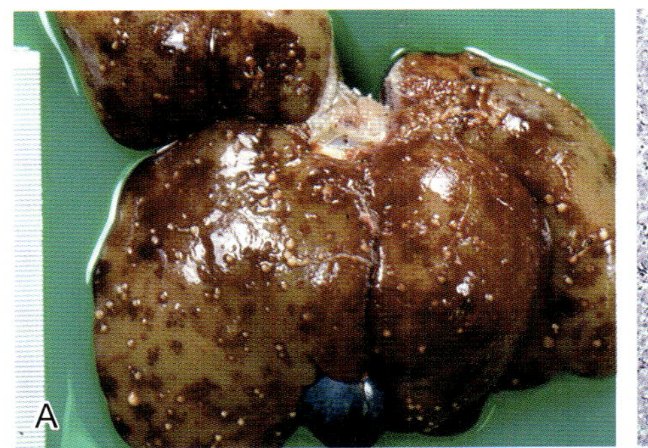

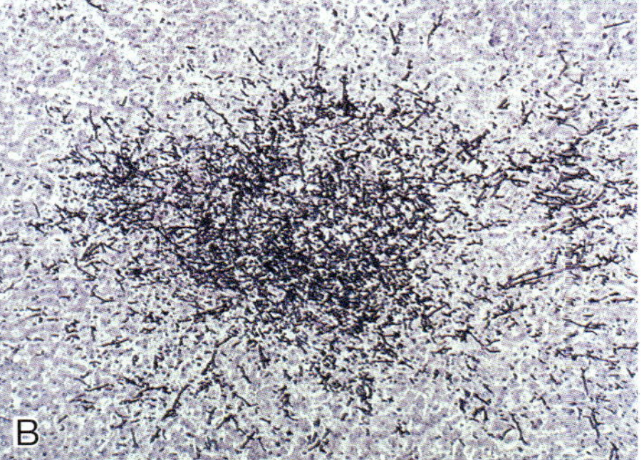

図 11-23　犬のカンジダ症の肝病変．出血を伴う壊死巣が全葉に多発性に認められる（A）．病変部のPAS染色では多数の菌糸が観察される（B）．

d 胸腔内諸臓器

開胸する際には，まず胸腔圧(陰圧が正常)を確認したうえで，胸水の有無やその性状を観察する．猫ではFIPウイルス感染症に関連した胸水貯留や細菌感染に関連した膿胸が認められる．心臓を観察する際には，心膜(心嚢膜)切開に際して，肥厚の有無，心嚢水の量と性状などに注意する．犬や猫の心臓を検索する際は，中隔の両端を切開して左右の心房心室を観察して，犬糸状虫(*Dirofilaria immitis* ➡p.331)寄生(**図11-24**)や心内膜・心筋の病変を確認する．猫では寄生している糸状虫が少数でも，肺動脈の重度の肥厚や内膜炎などを誘発する．また房室弁に血栓付着を伴う疣贅病変が，敗血症や菌血症に関連して認められることがある(**図11-25**)．犬や猫の伴侶動物において，ネオスポラ症やトキソプラズマ症などの原虫以外に，心筋細胞を直接傷害する感染症は少ない．子犬のパルボウイルス感染症では，心筋の変性・壊死を伴う心筋炎が観察され，本ウイルスに特徴的なFull型の核内封入体が心筋細胞に認められる(**図11-26**)．

鼻腔から肺に至る呼吸器系にも消化管と同様，様々な感染症により炎症が生じる．病理解剖で肺炎病変を観察する際には，その病変の広がりと質に注意する．犬や猫で多発性の結節性病変は，腫瘍の転移病変としてよく認められるが，肺吸虫症(➡p.380)などの蠕虫感染症に関連して，単発性あるいは多発性結節病変が形成される．肺吸虫は犬や猫の肺に達すると虫嚢を形成して内部に産卵するが，虫嚢の破裂などにより虫体成分や虫卵が肺組織に放出されると，より重度の肉芽腫性炎症が生じ，大型の結節病変が形成される(**図11-27, 28**)．細菌などの病原体が，経気道感染して肺を傷害する場合は，気管支肺炎あるいは小葉性肺炎が認められる(**図11-29, 30**)．一方，肺葉全体に病変がびまん性に波及し実質臓器のような質感を呈する病態は，高度の肺胞傷害を伴う間質性肺炎でみられる(**図11-31, 32**)．呼吸器系の感染症では，初期病変がマイコプラズマあるいはウイルス感染に起因していても，他の細菌や真菌の二次感染により化膿性炎症などの変化が優勢になることが多い．

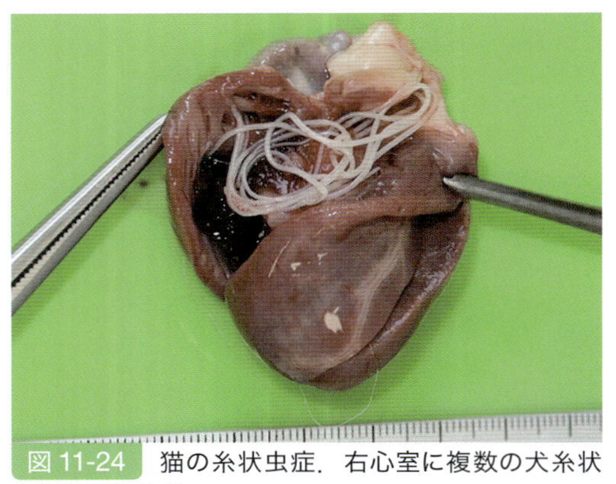

図11-24 猫の糸状虫症．右心室に複数の犬糸状虫寄生を認める．

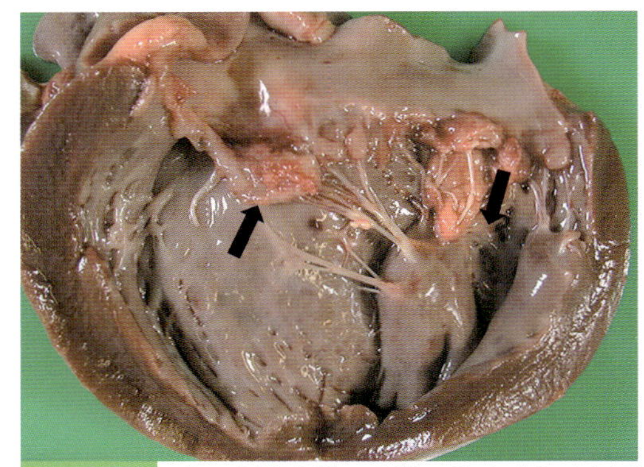

図11-25 犬の心臓弁膜の疣贅．敗血症により死亡した犬の房室弁に認められた血栓付着を伴う弁膜の疣贅形成(矢印)

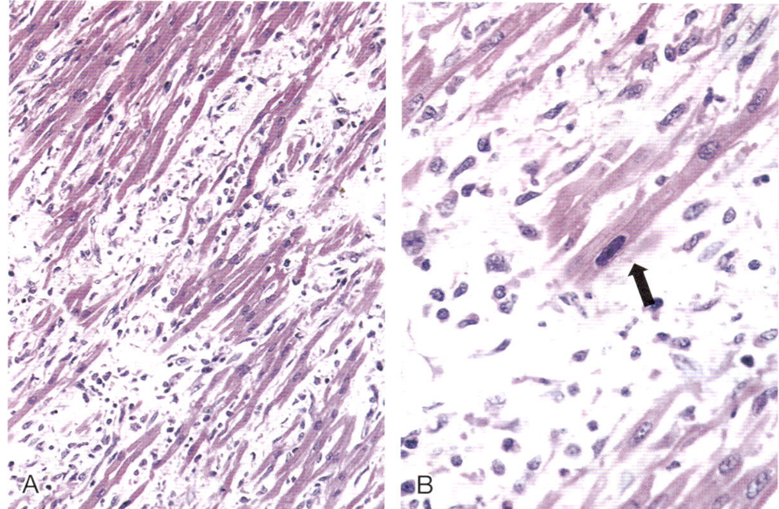

図 11-26　子犬のパルボウイルス感染症．心臓のHE染色組織像．心筋の変性壊死と組織球系細胞を主体とする細胞浸潤(A)．炎症巣周囲の心筋細胞にFull型の核内封入体(矢印)を認める(B)．

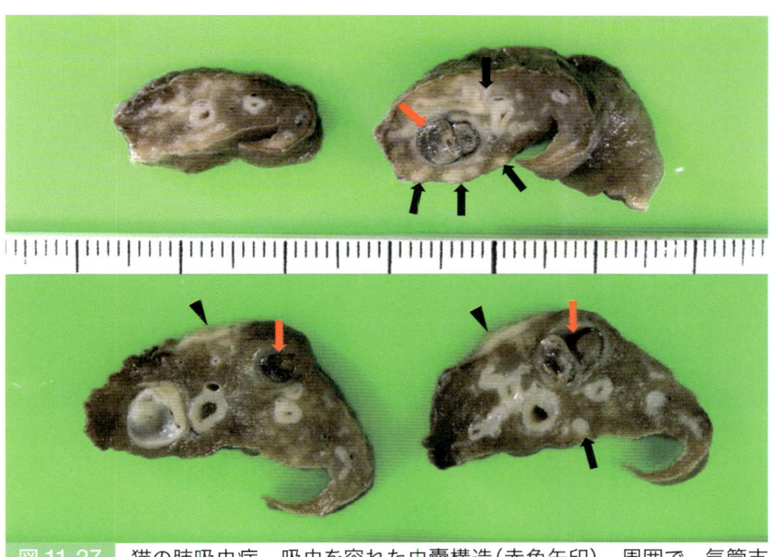

図 11-27　猫の肺吸虫症．吸虫を容れた虫嚢構造(赤色矢印)．周囲で，気管支の肥厚，複数の白色小結節(黒矢印)，および一部胸膜の肥厚(黒矢頭)をそれぞれ認める．

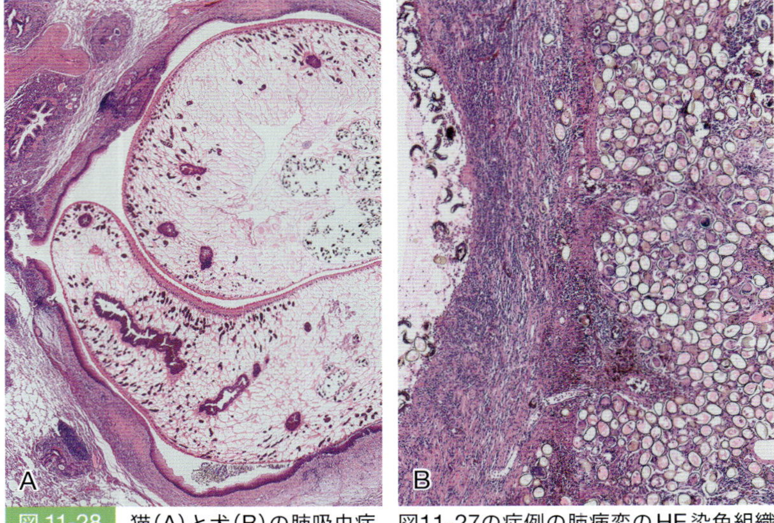

図11-28 猫(A)と犬(B)の肺吸虫症．図11-27の症例の肺病変のHE染色組織像．拡張した気管内に2隻の吸虫を認める(A)．犬の肺吸虫における虫嚢周囲の多数の虫卵と肉芽腫形成(B)

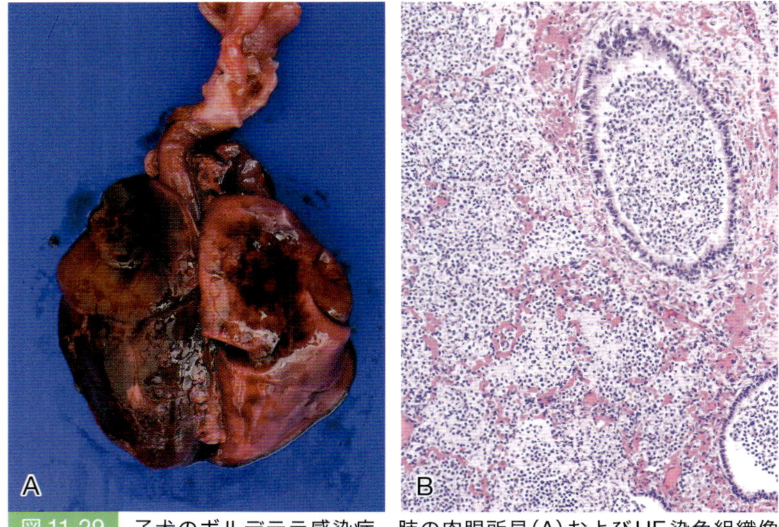

図11-29 子犬のボルデテラ感染症．肺の肉眼所見(A)およびHE染色組織像(B)．出血を伴う炎症病変は左葉全体と右葉の一部に認められ(A)，組織学的には典型的な化膿性気管支肺炎のパターンを示す(B)．

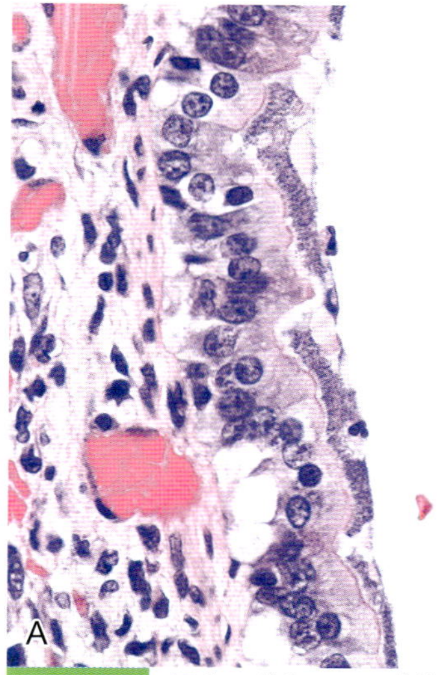
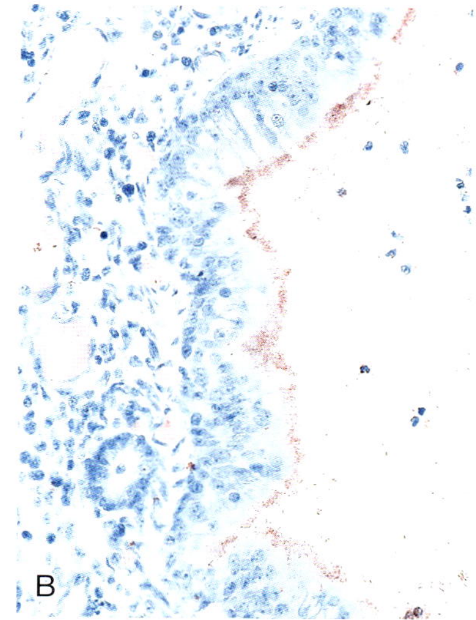

図 11-30　子犬のボルデテラ感染症．図11-29の気管支強拡大．HE染色組織所見(A)と抗*Bordetella bronchiseptica*抗体による免疫染色所見(B)．気管支上皮の線毛に付着する多数の桿菌が観察され(A)，同桿菌は抗*B. bronchiseptica*抗体に陽性を示す(B)．

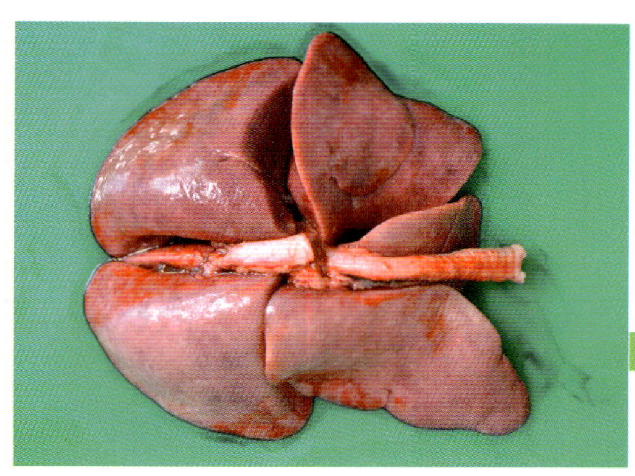

図 11-31　犬のニューモシスチス菌による間質性肺炎．重度の免疫不全を示した犬(図 11-17と同一症例)の肺肉眼所見．肺の全葉がびまん性に腫大し硬度を増す．

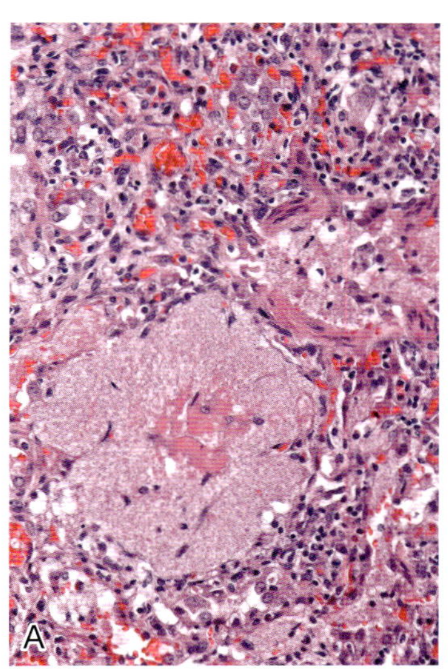
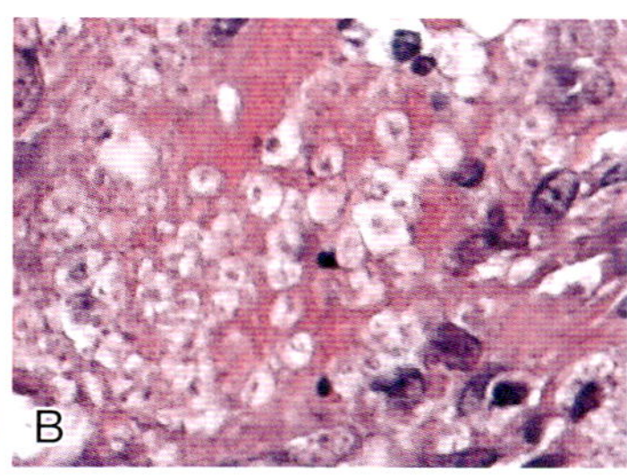
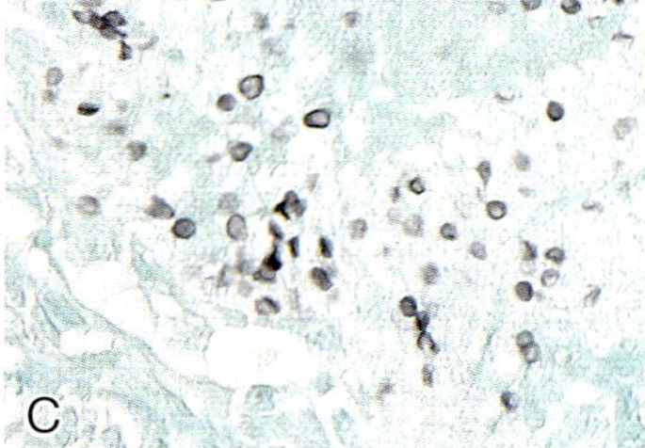

図 11-32　犬のニューモシスチス菌による間質性肺炎．肺のHE染色組織像(A, B)およびグロコット染色所見(C)．肺胞壁は炎症性に肥厚し，肺胞は好酸性の泡沫状物質で満たされる(A)．泡沫状物質内に小型酵母様の病原体が認められ(B)，グロコット染色に陽性を示す(C)．

e 骨盤腔内臓器

腎臓の感染症には大きく下向性感染(血行性感染)と上行性感染(尿路感染)の二つの経路が知られる．血行性に腎臓に細菌あるいは真菌が感染すると，主に皮質に病変が局在する．敗血症に関連する播種性血管内凝固(disseminated intravascular coagulation: DIC)では，皮質の表面に多数の点状出血が認められる(**図11-33**)．一方，尿道や膀胱の感染症が，尿路より腎臓に波及する場合は，まず腎杯(腎盤)に病変が形成され，いわゆる腎盂腎炎(➡p.431)が起こる．これが重症化すると髄質に炎症病変が進展する(**図11-34**)．犬のレプトスピラ症の腎臓病変では間質性腎炎がみられ，組織学的には間質へのリンパ球・形質細胞浸潤が特徴である(**図11-35**)．

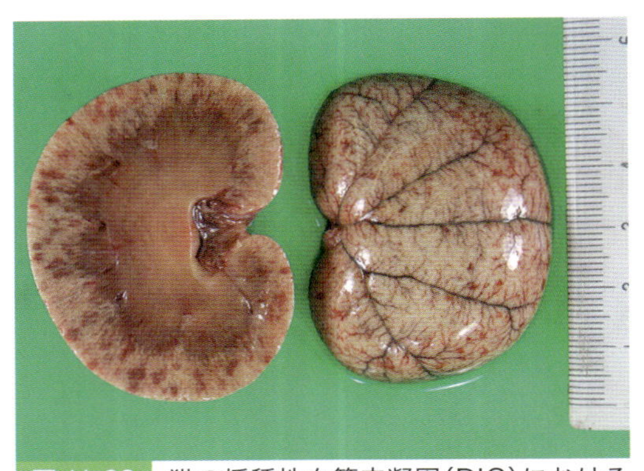

図11-33 猫の播種性血管内凝固(DIC)における腎臓病変．腎臓の表面に多数の点状出血が観察される．組織学的には糸球体を中心に硝子血栓と細菌血栓が観察された．

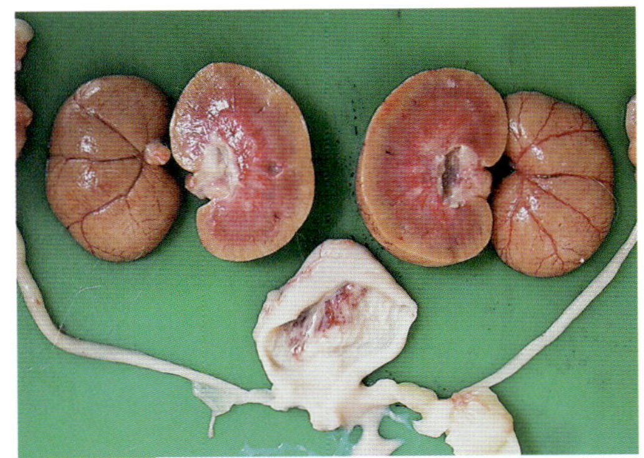

図11-34 猫のカンジダ症の膀胱・腎臓病変．肉眼的に膀胱，腎盂および腎臓髄質に出血を伴う化膿性変化が認められる．これらの部位には図11-6に示した真菌(カンジダ)が多数認められた．

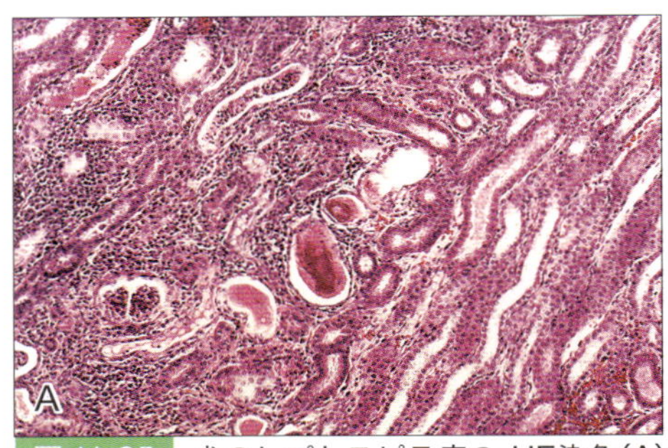

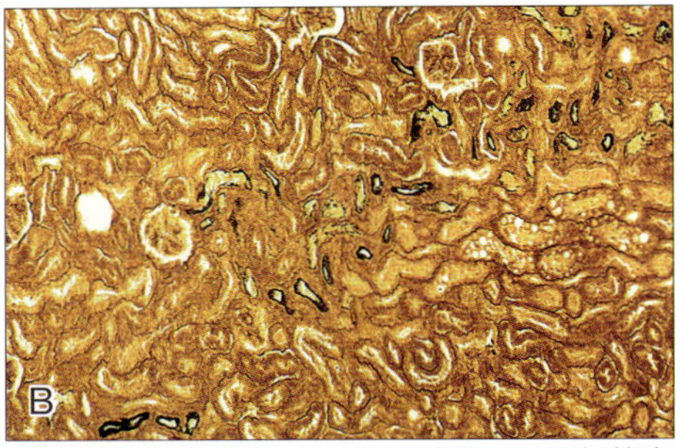

図11-35 犬のレプトスピラ症の HE染色(A)とレバジチ染色(B)．レバジチ染色では尿細管内のレプトスピラ菌が黒染して認められる(B)．

f 神経系，その他の臓器

脳脊髄には一般に血行性感染が起こる．その他，三叉神経などの脳神経を介した経路や内耳，鼻腔あるいは眼球病変の直接波及によるものが知られている．感染症による炎症が髄膜(硬膜から軟膜)に限局する場合は髄膜炎，脳や脊髄の実質に炎症が分布するものは脳脊髄炎と呼ぶ．実際には両者に病変が存在する髄膜脳脊髄炎が多い．細菌や真菌などの感染症では一般に化膿性髄膜脳脊髄炎が起こり，肉眼的には髄膜がうっ血，混濁あるいは肥厚する．猫や犬におけるクリプトコックス症(➡p.477)では，髄膜や脳脊髄実質にゼリー状の結節病変が認められ(**図11-36**)，組織学的には多数の酵母型真菌の増殖とマクロファージや好中球の集簇が認められる(**図11-37**)．また，炎症病変が脳室に局在するものは脳室脳炎，脈絡叢に限局するものを脈絡叢脳炎と呼ぶ．FIPウイルス感染に関連する脳炎(➡p.489)では，しばしば脳室脳炎あるいは脈絡叢脳炎がみられる(**図11-38**)．FIP関連の脳炎では，好中球とマクロファージが比較的多く浸潤するため，しばしば細菌感染症との鑑別が必要になるが，抗猫コロナウイルス抗体による免疫組織化学法で，病変内のマクロファージにウイルス抗原を証明することができる(**図11-39**)．ウイルス感染による脳炎は，病変が灰白質に主座する灰白質脳炎(polioencephalitis)と白質に局在する白質脳炎(leukoencephalitis)に分類される．特に神経細胞親和性が高いウイルス感染症では，前者のパターンの炎症がみられる．一方，白質脳炎において髄鞘(ミエリン鞘)の崩壊・消失を特徴とする脱髄(demyelination)を伴う場合は，脱髄性白質脳炎と呼ぶ．犬ジステンパーウイルス(➡p.482)の亜急性感染では，脱髄が特徴的に認められる(**図11-40**)．脱髄巣ではミエリンを貪食したマクロファージの浸潤や星状膠細胞の増殖が観察さ

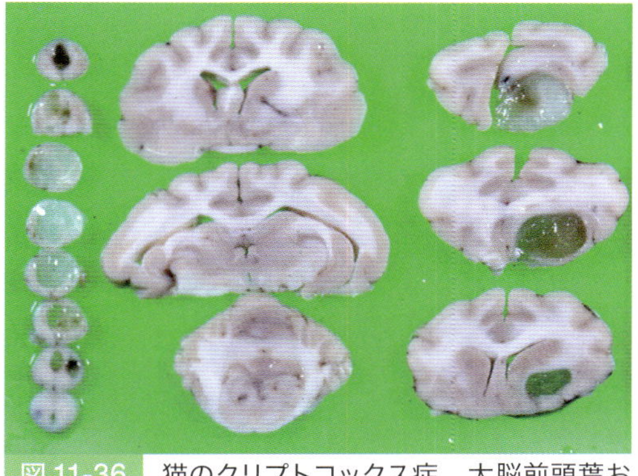

図 11-36　猫のクリプトコックス症．大脳前頭葉および脊髄においてゼリー状の結節病変が観察される．

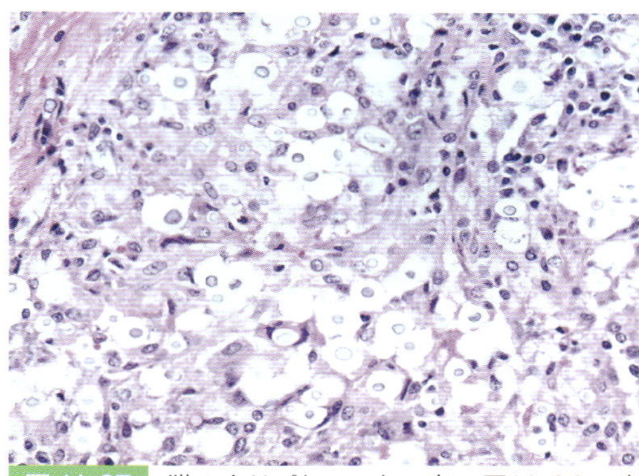

図 11-37　猫のクリプトコックス症．図11-36の病変部の HE染色組織像．厚い莢膜を持つ酵母型真菌が多数観察され，周囲にはマクロファージや好中球が浸潤する．

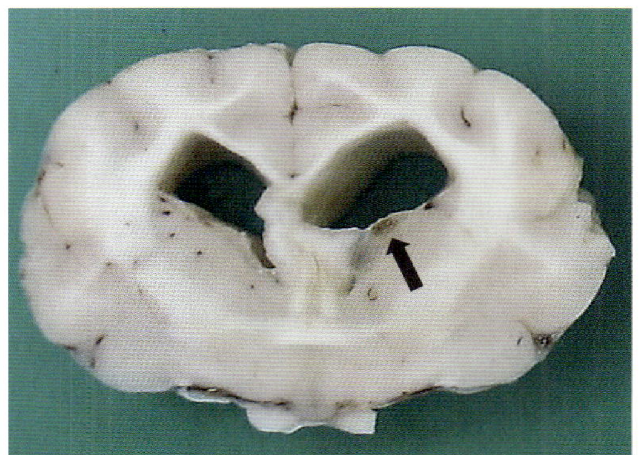

図 11-38　猫の FIPウイルス感染による脳室脳炎．両側性に側脳室の拡張が認められ，右側の側脳室にはゼリー状の炎症病変が観察される(矢印)．

れ，核内および細胞質内封入体が認められる（**図11-41**）．

骨格筋や骨を特異的に傷害する感染症は，比較的少ない．犬や猫では，ネオスポラやトキソプラ

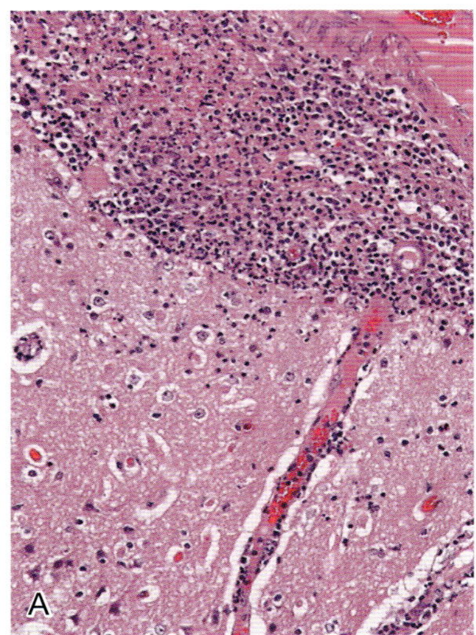
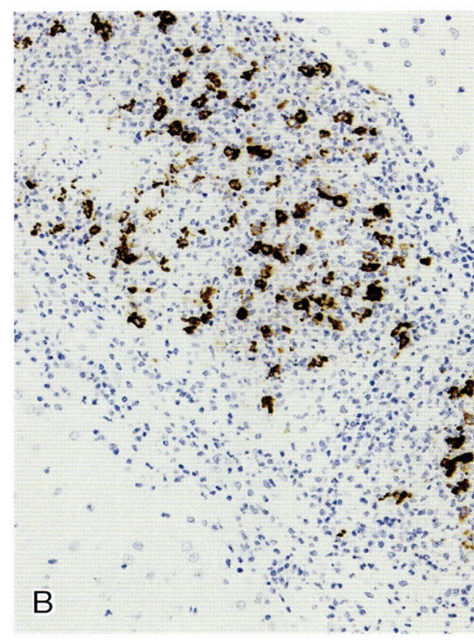

図 11-39 猫のFIPウイルス感染による髄膜炎．HE染色組織像（A）および抗猫コロナウイルス抗体による免疫染色像（B）．マクロファージ，好中球，リンパ球を主体とする炎症細胞が髄膜に浸潤し（A），免疫染色によりコロナウイルス抗原がマクロファージに検出される（B）．

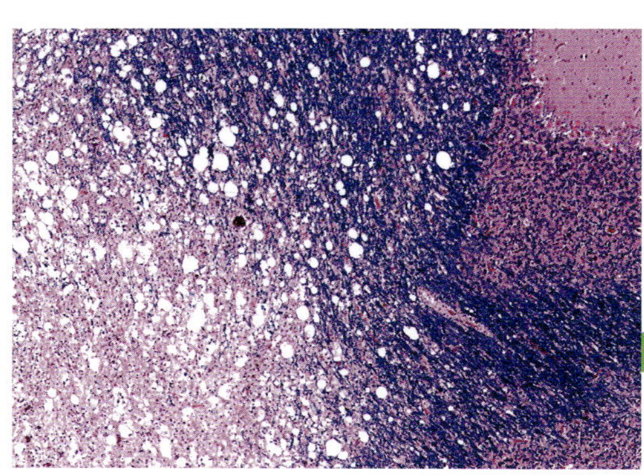

図 11-40 犬のジステンパー脳炎．小脳のルクソール・ファスト・ブルー（LFB）-HE染色組織像．小脳白質に広範な脱髄巣（LFBで染色されない領域）が認められる．

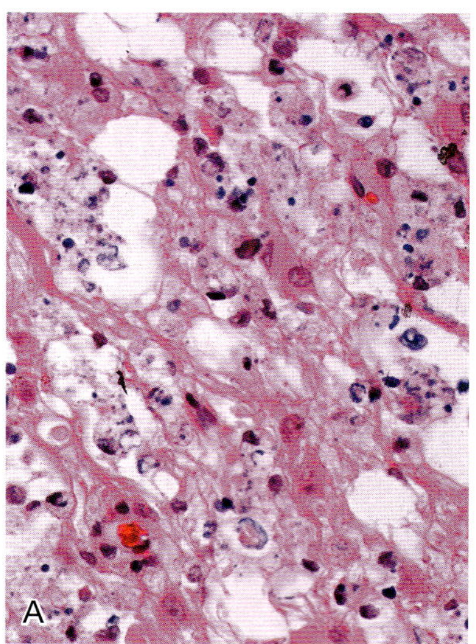
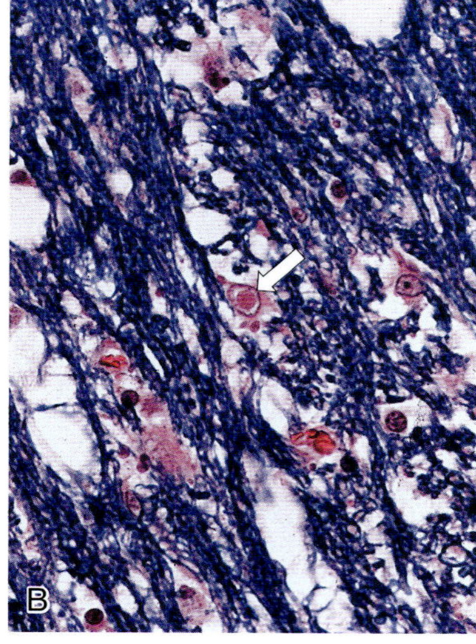

図 11-41 犬のジステンパー脳炎．小脳のルクソール・ファスト・ブルー（LFB）-HE染色組織像（A，B）．脱髄部ではミエリンを貪食したマクロファージ浸潤と星状膠細胞増生が認められ（A），脱髄部周囲の膠細胞に好酸性の核内・細胞質内封入体が認められる（B矢印）．

ズマなどの原虫疾患が問題となる．骨格筋に変性壊死が起こると，同部に石灰沈着がよく認められるが，原虫との鑑別が必要になる場合もあるので，ギムザ染色やPAS染色などで原虫を描出する際，コッサ鍍銀などのカルシウム証明のための染色も行うとよい．

骨髄，脾臓，リンパ節および胸腺などのリンパ・造血器系組織は感染症に関連して様々な反応性変化を示すため，詳細な病理組織検査を実施する必要がある．これらの組織を採取する際には，血球寄生性の原虫疾患や腫瘍性疾患の可能性も考慮して細胞診用の押捺標本を作製することが望ましい．

参考文献・図書

1. 獣医病理学会編(2012)：獣医病理学実習マニュアル，第2版，8-153，学窓社

12 感染症に対する薬剤

01 細菌

はじめに

細菌感染症の治療を目的に使用される主要な薬剤は抗菌薬（**図12-1**）である．抗菌薬は医療分野で使用されているものや海外で入手可能なものを含めると非常に多岐にわたるが，本稿では国内の伴侶動物臨床で汎用されている薬剤を中心に概説する．なお，本稿の内容は，公表されている国際ガイドライン[1-3]や専門書[4-10]に基づく学術的な知見を主体としており，必ずしも承認されている内容と同一ではないことにご注意願いたい．さらに，国内で承認されていない抗菌薬の有効性および安全性については，海外での報告や論文などでの学術的報告のみに基づいていることを，飼い主にインフォームドコンセントしたうえで使用することが推奨される．

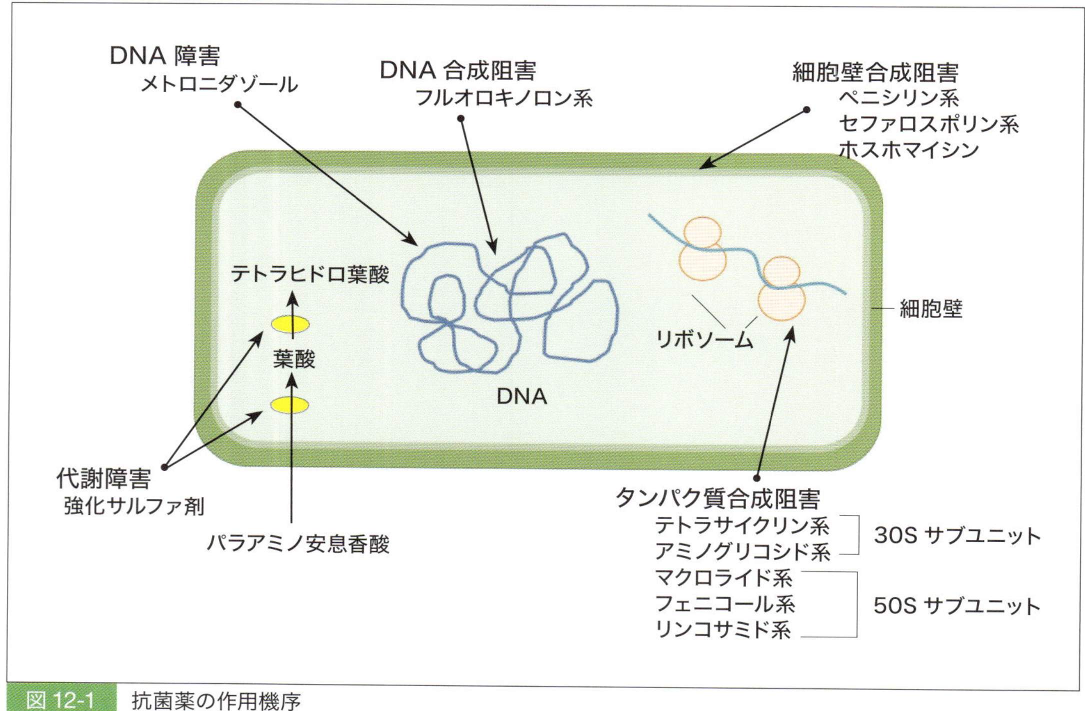

図 12-1 抗菌薬の作用機序

第一次選択薬として使用される抗菌薬

a ペニシリン系抗菌薬

1 薬剤名

本系統に含まれる主要な成分として経口薬ではアモキシシリンおよびクラブラン酸-アモキシシリンがあり，注射薬ではベンジルペニシリン(ペニシリンG)およびアンピシリンがある．このうち，アモキシシリンおよびベンジルペニシリン(ジヒドロストレプトマイシンとの合剤として販売)が国内で伴侶動物用医薬品として承認されているが，クラブラン酸-アモキシシリンおよびアンピシリンは人体薬を流用することとなる．

2 薬効

i 抗菌スペクトル

ベンジルペニシリンはレンサ球菌に特に強い効力を有するほか，レプトスピラ菌に対する特効薬として使用されるが，それ以外には使用される場面は少ない．アンピシリンとアモキシシリンは，本剤感受性のブドウ球菌，レンサ球菌，腸球菌や大腸菌などをスペクトルに有する．クラブラン酸-アモキシシリンはさらに広範囲のスペクトルを有し，レンサ球菌，腸球菌，ブドウ球菌といったグラム陽性球菌と多くの腸内細菌科細菌に対して効力を発揮する．

ii 薬物動態

いずれの薬剤についてもタンパク結合能は比較的低く，腎泌尿器，肝臓・胆汁，肺・気管支および骨への移行は認められるが，前立腺，脳脊髄液，眼房水への移行性は原則として不良である．なお，成分により多少の移行性の違いが存在する．排泄経路はいずれの成分も主に尿中であり，一部は胆汁中にも排泄される．

iii 適用

アモキシシリンは抗菌スペクトルに含まれる細菌による様々な感染症に適用されているが，特に尿路感染症に対する第一選択薬として推奨されている．また，クラブラン酸-アモキシシリンは尿路感染症に加えて皮膚感染症(膿皮症など)に対しても使用される機会が多い．

3 作用機序

ペニシリン結合タンパクと呼ばれる細胞壁合成に関与する酵素に結合し，不可逆的に細胞壁合成を阻害する．この作用機序は基本的に殺菌的である．

また，時間依存性の抗菌薬であることから，有効性を高めるためには投与量よりも投与回数を重視し，有効血中濃度をできる限り長時間維持することが推奨される．

4 | 副作用

一過性の流涎，嘔吐，食欲不振，下痢または軟便がみられることがある．ペニシリン系抗菌薬に対する過敏症を有する犬猫には投与しないように注意する．過敏症が認められた際にはステロイドの投与を行うとともに症例の状態に応じた対症療法を行う．ただし，過敏症の発生率はヒトと比較して非常に稀である．

5 | 耐性のメカニズム

ペニシリン系抗菌薬は，β-ラクタマーゼの一種であるペニシリナーゼにより分解されることから，この酵素を有する細菌は原則として本系統の薬剤に耐性を示すこととなる．ペニシリナーゼを高頻度に有する細菌はブドウ球菌および腸内細菌科細菌であり，これら細菌に対して使用する際には事前に薬剤感受性試験を実施して感受性を確認することが望ましい．

なお，クラブラン酸-アモキシシリンに含まれるクラブラン酸はβ-ラクタマーゼ阻害薬であり，ペニシリナーゼを産生する細菌に対しても効力を発揮するため，他のペニシリン系抗菌薬が無効であっても，クラブラン酸-アモキシシリンが有効であることが多い．

b 第一世代セファロスポリン系抗菌薬

1 | 薬剤名

本系統に含まれる主要な成分として経口薬ではセファレキシンがあり，注射薬ではセファゾリンがある．このうち，セファレキシンが国内で動物用医薬品として承認されているが，セファゾリンは人体薬を流用することとなる．

2 | 薬効

i 抗菌スペクトル

セファレキシンおよびセファゾリンの抗菌スペクトルはほぼ共通しており，腸球菌を除くグラム陽性球菌のほか，大腸菌，クレブシエラ属菌，プロテウス属菌といった腸内細菌科細菌にも感受性が認められる場合には効力を発する．特にブドウ球菌には優れた抗菌力を有している．

ii 薬物動態

両成分ともにタンパク結合能は比較的低く，腎泌尿器，肝臓・胆汁，胸膜，滑膜および骨への移行は認められるが，脳脊髄液への移行性は原則として不良である．いずれの成分も尿中に未変化体として排泄される．

iii 適用

セファレキシンは犬膿皮症の第一選択薬として高頻度に使用されるほか，抗菌スペクトルに含まれる細菌による尿路や呼吸器の感染症にも使用される．一方，セファゾリンは皮膚からの術後感染が予期される際の周術期に使用されることが多い．

3 | 作用機序

ペニシリン結合タンパクと呼ばれる細胞壁合成に関与する酵素に結合し，不可逆的に細胞壁合成を阻害する．この作用機序は基本的に殺菌的である．

また，時間依存性の抗菌薬であることから，有効性を高めるためには投与量よりも投与回数を重視し，有効血中濃度をできる限り長時間維持することが推奨される．

4 | 副作用

一過性の嘔吐，食欲不振，下痢または軟便がみられることがある．セファロスポリン系抗菌薬に対する過敏症を有する犬猫には投与しないように注意する．過敏症が認められた際にはステロイドの投与を行うとともに症例の状態に応じた対症療法を行う．ただし，過敏症の発生率はヒトと比較して非常に稀である．

5 | 耐性のメカニズム

ペニシリン系抗菌薬と同様に，β-ラクタマーゼの一種であるセファロスポリナーゼにより分解されることから，この酵素を有する細菌は原則として本系統の薬剤に耐性を示すこととなる．しかし，その頻度はペニシリナーゼほど高くはない．ただし，近年流行が認められている多剤耐性菌に対しては無効であるため注意が必要である(➡p.120)．

c テトラサイクリン系抗菌薬

1 | 薬剤名

本系統に含まれる主要な成分としてドキシサイクリンおよびミノサイクリンがあり，いずれも経口薬および注射薬がある．ただし，両成分ともに国内で伴侶動物用医薬品として承認されておらず人体薬を流用することとなる．

2 | 薬効

i 抗菌スペクトル

ドキシサイクリンとミノサイクリンの抗菌スペクトルはほぼ共通しており，ブドウ球菌，レンサ球菌，腸球菌などのグラム陽性球菌から大腸菌などのグラム陰性桿菌まで広範囲の細菌に対して，感受性が認められる限りは効力を発揮する．さらに，レプトスピラ菌，マイコプラズマ，リケッチア，クラミジアといった特殊細菌に対しても効力を有している．

ii 薬物動態

体内移行性は成分ごとに異なっており，ドキシサイクリンは前立腺，胸膜腔，滑膜液を含む様々な臓器や体液に広く分布し，尿中への移行性も確認されている．ただし，脳脊髄液への移行性は不良である．一方で，ミノサイクリンは他のテトラサイクリン系薬剤よりも脂溶性が高いことから，前立腺や脳脊髄液への移行性が良好である．一方で，尿中への移行性は不良である．両成分ともに糞便と尿中の両方から排泄される．

iii 適用

抗菌スペクトルと体内移行性を考慮すると多岐にわたる感染症に適応可能であるが，特にマイコプラズマ感染(猫ヘモプラズマ症を含む)，クラミジア症などに使用されることが多い．近年の国際ガイドラインでは様々な呼吸器疾患に対する第一選択薬として推奨している．さらに，最近ではフィラリアに感染する*Wolbachia*と呼ばれる共生細菌に対しての効力を期待して，フィラリア感染症における症状緩和を目的に使用されることもある．

なお，多剤耐性菌においても比較的感受性が維持されていることから，多剤耐性菌に対する候補薬としての使用も検討される(➡p.120)．

3 | 作用機序

細菌のリボソームの30Sサブユニットに特異的に作用して，アミノアシル-tRNAの結合を抑制し，タンパク合成阻害作用を発揮する．この作用機序は基本的には静菌的である．

4 | 副作用

一過性の嘔吐，食欲不振，下痢または軟便のほか，紅斑，肝障害がみられることがある．また，猫で特に生じる副作用として食道炎が知られていることから，投与時には一定量の水を一緒に内服させ食道内に本剤が停滞しないように注意する．また，幼若動物では歯牙や骨への沈着や変色を生じることがある．

5 | 耐性のメカニズム

代表的なものとして，薬剤排出ポンプの発現増加，薬剤の修飾(変性)，リボソームRNAの変異，リボソーム保護タンパク質によるリボソームの防御などが知られている．

d アミノグリコシド系抗菌薬

1 | 薬剤名

本系統に含まれる主要な成分としてゲンタマイシンおよびアミカシンがある．ゲンタマイシンは点耳薬といった外用剤と注射薬があり，いずれも国内で伴侶動物用医薬品として承認されている．一方で，アミカシンは注射薬のみであり，人体薬を流用することとなる．

2 | 薬効

i 抗菌スペクトル

ゲンタマイシンとアミカシンの抗菌スペクトルはほぼ共通しているが，いずれの細菌に対してもアミカシンの方が強い活性を有する．両成分ともに大腸菌などの腸内細菌科細菌を含む広範囲のグラム陰性桿菌に対して効力を示し，特に緑膿菌や多剤耐性菌に対して特効薬として使用されることが多い．また，ブドウ球菌などのグラム陽性球菌にも感受性が認められる限りは効力を有する．ただし，細胞内寄生菌，嫌気性菌およびマイコプラズマに対する効力は弱い．

ii 薬物動態

両成分ともに注射により投与された場合には腎泌尿器，肝臓・胆嚢，肺，軟部組織，骨など様々な臓器へ移行する．ただし，脳脊髄液への移行性は不良である．両成分ともにほとんど代謝されず，ほぼすべてが未変化体のまま尿路へ排泄される．

iii 適用

両成分ともに注射薬として使用される場合には呼吸器，軟部組織，尿路，骨における感染症や敗血症に対する適応が考慮される．ただし，その投与経路から入院管理下または通院での使用に限定される．ゲンタマイシン含有の点耳薬は外耳炎の治療に用いられている．

なお，グラム陰性菌の多剤耐性菌においても比較的感受性が維持されていることから，多剤耐性菌に対する候補薬としての使用も検討される(➡ p.120)．

3 作用機序

細菌のリボソームの30Sサブユニットに特異的に作用して，タンパク合成の最初の段階を阻害する．この作用機序は基本的に殺菌的である．

また，濃度依存性の抗菌薬であることから，有効性を高めるためには投与回数よりも投与量を重視し，最高血中濃度をできる限り高めることが推奨される．

4 副作用

嘔吐や下痢，注射部位における反応(皮下注射または筋肉内注射)のほか，高用量または長期間での使用により腎障害，聴力障害，前庭障害が生じうることが知られている．原則としてすでに腎不全を呈している個体に対する使用は控える．また，点耳薬の場合には，鼓膜が破れている症例に対する使用は前庭障害を引き起こす可能性があるため使用を控える．

5 耐性のメカニズム

代表的なものとして，細胞壁の透過性低下，薬剤排出ポンプの発現増加，薬剤の修飾(変性)，リボソームRNAの変異などが知られている．

e 強化サルファ剤

1 薬剤名

本系統に含まれる主要な成分としてスルファジアジンとトリメトプリムの合剤およびスルファメトキサゾールとトリメトプリムの合剤があり，前者は注射薬としてのみで国内で伴侶動物用医薬品として承認されている．一方，後者は注射薬と経口薬の両方の剤型があるが，人体薬のみである．

2 | 薬効

i 抗菌スペクトル

両成分ともに大腸菌，クレブシエラ属菌といった広範囲の腸内細菌科細菌に感受性を示す限りは効力を示す．さらに，レンサ球菌，ブドウ球菌といったグラム陽性球菌にも一部効力を示すほか，トキソプラズマやコクシジウム，ネオスポラといった原虫にも効力を示す．

ii 薬物動態

両成分ともにタンパク結合能は高く，体内移行性は非常に優れており，体内のほぼすべての臓器へ移行する．特に，多くの抗菌薬が移行しにくい脳脊髄液や前立腺に対しても高い移行性を有していることが特徴として挙げられる．両成分ともに代謝された後に，ほぼすべてが尿路へ排泄される．

iii 適用

幅広い抗菌スペクトルと優れた体内移行性から非常に多くの部位の感染症に適応可能だが，一般に，尿路，呼吸器，副鼻腔，前立腺における感染症に対する使用が推奨されている．

3 | 作用機序

スルファジアジンおよびスルファメトキサゾールは葉酸代謝酵素の一つであるジヒドロプテロイン酸合成酵素を阻害し，トリメトプリムはジヒドロ葉酸還元酵素を阻害する．それぞれ合剤として使用することで，細菌の葉酸代謝の二つのステップを同時に阻害し，相乗効果が発揮される．この作用機序は基本的に殺菌的である．

4 | 副作用

嘔吐や食欲不振のほか，乾性角結膜炎(特に小型犬)がみられることがある．また，高用量かつ長期間の使用時には，非再生性/溶血性貧血，医原性甲状腺機能低下症を発症することがあるといわれている．重篤な肝不全や腎不全，甲状腺機能低下症または造血機能障害の患者への使用を控える．

5 | 耐性のメカニズム

代表的なものとして，細胞壁の透過性低下，薬剤結合部位の変異，葉酸代謝物や葉酸代謝酵素の過剰産生などがある．

f マクロライド系抗菌薬

1 | 薬剤名

本系統に含まれる主要な成分として，経口薬ではエリスロマイシン，タイロシンおよびアジスロマイシンがあり，注射薬ではエリスロマイシンおよびタイロシンがある．このうち，注射薬のエリスロマイシンおよびタイロシンが国内で動物用医薬品として承認されている．

2 | 薬効

i 抗菌スペクトル

エリスロマイシンは本剤感受性のブドウ球菌やレンサ球菌といったグラム陽性菌に効力を有し，嫌気性菌，マイコプラズマやクラミジアに対する効力も一部有する．さらに，アジスロマイシンでは，パスツレラ属菌やボルデテラ属菌といったグラム陰性菌にも感受性を示す限り効力を有する．

ii 薬物動態

タンパク結合能は成分により異なるが，共通して肺，前立腺，肝臓・胆汁，皮膚といった諸臓器に広く分布する．さらに，脂溶性が高く白血球(好中球やマクロファージ)内への細胞内移行も優れている．ただし，脳脊髄液への移行性は成分にかかわらず不良である．また，いずれの成分も主に胆汁から排泄され，尿からの排泄量は少ない．

iii 適用

エリスロマイシンは抗菌スペクトルに含まれる細菌による皮膚や上部気道の感染症に使用されるがその効力はアジスロマイシンよりも劣るため，現在ではほとんど使用されていない．また，アジスロマイシンは他剤との併用によりバベシア症にも使用されることもある．一方で，タイロシンは慢性腸症に対して，その腸内細菌叢の改善を目的に使用されることが多い．

3 | 作用機序

細菌のリボソーム50Sの一部を構成するサブユニット23Sリボソームに結合することで，タンパク合成阻害作用を発揮する．この作用機序は基本的には静菌的ではあるが，高濃度では殺菌的に作用する場合もある．

また，時間依存性の抗菌薬であることから，有効性を高めるためには，有効血中濃度をできる限り長時間維持することが推奨される．

4 | 副作用

一過性の嘔吐，食欲不振，下痢または軟便，腹痛，注射部位の疼痛のほか，肝障害がみられることがある．

5 | 耐性のメカニズム

代表的なものとして，薬剤の菌内への透過性低下，薬剤排出ポンプの発現増加，23Sリボソーム RNAの変異などが知られている．いずれの耐性機構においても，マクロライド系薬剤の一つに耐性であれば，他のマクロライド系薬剤にも耐性を示すといった交差耐性を示すため，注意が必要である．

g リンコサミド系抗菌薬

1 | 薬剤名

本系統に含まれる主要な成分としてリンコマイシンおよびクリンダマイシンがあり，いずれも経口薬および注射薬の剤型がある．このうち，注射薬のリンコマイシンおよび経口薬のクリンダマイシンが国内で動物用医薬品として承認されている．

2 | 薬効

i 抗菌スペクトル

本剤感受性の偏性嫌気性菌に対して優れた効力を発揮するほか，ブドウ球菌やレンサ球菌といったグラム陽性菌，マイコプラズマ，クラミジアに対する効力も一部有する．

ii 薬物動態

本系統の薬剤は，肺，前立腺，肝臓・胆汁，皮膚といった諸臓器に広く分布する．ただし，脳脊髄液への移行性はいずれの成分も不良である．いずれの成分も胆汁中と尿中から排泄されるが，その量は前者の方が多い．

iii 適用

リンコマイシンはその効力がクリンダマイシンよりも劣るため，現在はほとんど使用されていない．クリンダマイシンは嫌気性菌感染による歯周病に対して高頻度に使用されるほか，抗菌スペクトルに含まれる細菌による骨髄炎，肺炎，副鼻腔炎，皮膚・軟部組織感染症などにも使用されている．

3 | 作用機序

リボソーム50Sの一部を構成するサブユニット23Sリボソームに結合することで，タンパク合成阻害作用を発揮する．この作用機序は基本的には静菌的ではあるが，高濃度では殺菌的に作用する場合もある．

また，時間依存性の抗菌薬であることから，有効性を高めるためには，有効血中濃度をできる限り長時間維持することが推奨される．

4 | 副作用

一過性の下痢や肝障害がみられることがある．また，猫で比較的生じる副作用として食道炎が知られていることから，投与時には一定量の水を一緒に内服させ食道内に本剤が停滞しないように注意する．

5 | 耐性のメカニズム

代表的なものとして，薬剤の菌内への透過性低下，薬剤排出ポンプの発現増加，23Sリボソーム

RNAの変異などが知られている．特にリボソームRNAの変異は，リンコサミド系薬剤のみならず，マクロライド系薬剤にも耐性を示すことから注意が必要である．

h メトロニダゾール

1 | 薬剤名

メトロニダゾールと同系統の抗菌薬は存在しない．また，経口薬と注射薬の剤型があるが，いずれも人体薬であり，国内では動物用医薬品としては承認されていない．

2 | 薬効

i 抗菌スペクトル

本成分は，バクテロイデス属菌，クロストリジウム属菌を含む広範囲の偏性嫌気性菌に対して効力を発揮する．一方で，通性嫌気性菌や好気性菌に対する効力は全くない．また，ジアルジアやトリコモナスなどの原虫に対する効力を有しており，これらの感染症に用いられることも多い．

ii 薬物動態

メトロニダゾールは，全身諸臓器に広く分布し，脳脊髄液への移行性も良好である．投与後は主に肝臓で代謝され，大部分は尿路から排泄される．

iii 適用

主として抗菌スペクトルに含まれる細菌による軟部組織，腹腔内，中枢神経系，骨における感染症や歯周病に対して使用される．本剤は免疫調整作用を有するといわれていることから，炎症性腸疾患や様々な下痢症に対して使用される機会が多い．

3 | 作用機序

メトロニダゾールの中間代謝物により細菌のDNAが障害を受けることで効力を発揮する．この作用機序は基本的に殺菌的である．

4 | 副作用

一過性の嘔吐，流涎，食欲減退を示すことがあるほか，高用量の投与により小脳前庭障害が生じることがある．

5 | 耐性のメカニズム

代表的なものとして，薬剤取り込み能の低下，薬剤排出ポンプの発現増加などがあるが，本剤に対する耐性は極めて稀である．

i ホスホマイシン

1 | 薬剤名

ホスホマイシンと同系統の抗菌薬は存在しない．また，経口薬と注射薬の剤型があるが，いずれも人体薬であり，国内では動物用医薬品としては承認されていない．

2 | 薬効

i 抗菌スペクトル

本成分は，緑膿菌を除く広範囲のグラム陰性桿菌および腸球菌，ブドウ球菌などのグラム陽性球菌に対して効力を発揮する．

ii 薬物動態

動物における情報は乏しいが，ヒトでは腎臓や尿路，眼，呼吸器，軟部組織への移行性が高い．

iii 適用

主として抗菌スペクトルに含まれる細菌による尿路や皮膚における感染症に対しての使用が検討される．

なお，多剤耐性菌においても比較的感受性が維持されていることから，多剤耐性菌に対する使用も検討される(➡p.120)．

3 | 作用機序

細菌の細胞壁合成に関与するエノールピルビン酸・トランスフェラーゼという酵素を不活化して細胞壁合成を阻害する．この作用機序は基本的に殺菌的である．

4 | 副作用

猫では極めて強い腎障害を引き起こすことから猫への投与は禁忌である．ヒトでは偽膜性大腸炎(経口剤)，アナフィラキシー様症状，汎血球減少，肝機能障害などが報告されている．

5 | 耐性のメカニズム

代表的なものとして，薬剤の修飾(変性)や不活化などがある．

j フェニコール系抗菌薬

1 | 薬剤名

本系統に含まれる主要な成分としてクロラムフェニコールとフロルフェニコールがある．前者は眼軟膏として，後者は点耳薬として，国内で動物用医薬品として承認されている．なお，クロラムフェニコールは，経口薬および注射薬が海外からの輸入で入手可能である．また，フロルフェニコールは牛や豚用製剤としては経口薬および注射薬として国内で入手可能である.

2 | 薬効

i 抗菌スペクトル

両成分ともに極めて広範囲のグラム陽性菌およびグラム陰性菌および嫌気性菌，さらにはマイコプラズマ，クラミジアやリケッチアといった幅広い細菌などを抗菌スペクトルに含み，感受性を示す限りは効力を示す.

ii 薬物動態

いずれの成分ともに，経口または注射により投与された場合には，全身諸臓器に広く分布し，脳脊髄液への移行性も良好である．投与後は主に肝臓で代謝され，大部分は尿路から排泄される.

iii 適用

上記のとおり，全身投与による移行性は極めて高いことから，経口薬または注射薬は抗菌スペクトルに含まれる細菌による全身諸臓器の感染症に対しての使用が検討される．特に，中枢神経系の感染症に対して使用可能な数少ない抗菌薬であることから，その適用が考慮される．一方で，局所投与薬である眼軟膏および点耳薬はそれぞれ眼や耳の感染症に用いられる.

なお，多剤耐性菌においても比較的感受性が維持されていることから，多剤耐性菌に対する使用も検討される(➡p.120).

3 | 作用機序

50Sリボソームに結合することで，タンパク合成阻害作用を発揮する．この作用機序は基本的には静菌的ではあるが，高濃度では殺菌的に作用する場合もある.

4 | 副作用

重篤な肝不全の患者には使用しない．嘔吐や下痢などの胃腸障害がみられることがある．また，高用量または長期間の使用により再生不良性貧血がみられる可能性がある(猫の方が犬よりも生じやすいといわれている)．なお，再生不良性貧血の副作用は，極めて低率ではあるがヒトでも認められることがあるため，本剤の取り扱いや投与個体の糞尿処理の際には手袋などを着用するよう飼い主に指導する.

5 | 耐性のメカニズム

代表的なものとして，薬剤の修飾(変性)や不活化などがある.

第二次選択薬として使用される抗菌薬

a フルオロキノロン系抗菌薬

1 薬剤名

本系統に含まれる成分としてエンロフロキサシン，オルビフロキサシン，マルボフロキサシンおよびオフロキサシンが国内で全身投与可能な動物用医薬品(経口薬および注射薬)として承認されている．なお，本系統の抗菌薬は第二次選択薬として承認されていることから，第一次選択薬が無効な症例にのみ使用しなければならない．

2 薬効

i 抗菌スペクトル

本系統の薬剤は，広範囲のグラム陰性菌(大腸菌，クレブシエラ属菌，緑膿菌など)に加えて，ブドウ球菌，レンサ球菌といったグラム陽性球菌にも，感受性を示す限りは活性を示す．さらに，マイコプラズマ，クラミジアなどの細胞内寄生菌にも活性を示す．ただし，嫌気性菌に対する活性は弱い．

ii 薬物動態

フルオロキノロン系は脂溶性が高く，特に腎泌尿器，肝臓・胆嚢，肺，前立腺，生殖器といった諸臓器に良好に移行する．ただし，脳脊髄液への移行は不良である．排泄は，成分により割合は異なるが，尿路または胆汁から排泄される．

iii 適用

抗菌スペクトルに含まれる細菌による尿路や皮膚の感染症のほか，下部呼吸器，副鼻腔，骨・関節における感染症，外耳炎，前立腺炎，敗血症に対しても使用が考慮される．

3 作用機序

細菌のDNAジャイレースを阻害して細菌のDNAに損傷を与えることにより，殺菌的に作用する．この作用機序は基本的に殺菌的である．

また，濃度依存性の抗菌薬であることから，有効性を高めるためには投与回数よりも投与量を重視し，最高血中濃度をできる限り高めることが推奨される．

4 副作用

また，使用後に消化器症状(悪心，嘔吐，下痢，軟便など)を呈する動物がいる．発育中の動物において，一部のフルオロキノロン系では軟骨異常が報告されている．ヒトでフルオロキノロン系をNSAIDSと併用すると中枢神経系の副作用を増強することがあるため，てんかんの動物では注意して用いる．エンロフロキサシンの高用量を投与した猫で，網膜の異常によって失明したとの報告がある．

5 耐性のメカニズム

代表的なものとして，薬剤の標的部位(DNAジャイレースおよびトポイソメラーゼⅣ)の変異がある．標的部位の遺伝子に変異が起こることで，フルオロキノロンが微生物に結合できなくなるという機序である．

近年，様々な菌種で本系統の薬剤に対する耐性菌の増加が認められている．したがって，使用前には原因菌の薬剤感受性を行い，本系統の薬剤に感受性を示すことを確認した後に使用を検討するように心がける．

b 第三世代セファロスポリン系抗菌薬

1 薬剤名

本系統に含まれる主な成分として経口薬ではセフポドキシムがあり，注射薬ではセフォベシンがある．両者ともに国内で動物用医薬品として承認されている．なお，本系統の抗菌薬は第二次選択薬として承認されていることから，第一次選択薬が無効な症例にのみ使用しなければならない．

2 薬効

i 抗菌スペクトル

セフポドキシムおよびセフォベシンの抗菌スペクトルはほぼ共通しており，ブドウ球菌やレンサ球菌といったグラム陽性球菌のほか，大腸菌，プロテウス属菌，パスツレラ属菌といったグラム陰性菌にも感受性が認められる場合には効力を発する．

ii 薬物動態

両成分ともに高いタンパク結合能を有し，皮膚や軟部組織への移行性を認める．いずれの成分も大部分が尿中に未変化体として排泄される．

iii 適用

抗菌スペクトルに含まれる細菌による尿路や皮膚の感染症のほか，軟部組織感染症，外耳炎，呼吸器感染症に対する使用が考慮される．

3 作用機序

ペニシリン結合タンパクと呼ばれる細胞壁合成に関与する酵素に結合し，不可逆的に細胞壁合成を阻害する．この作用は，通常殺菌的に作用する．

4 | 副作用

食欲不振，嘔吐，下痢などを引き起こすことがある．また，セファロスポリン系抗菌薬に対する過敏症を有する犬猫には投与しないように注意する．もし，過敏症が認められた際にはステロイドの投与を行うとともに症例の状態に応じた対症療法を行う．

5 | 耐性のメカニズム

代表的なものとして，ペニシリン結合タンパク質の変異や基質特異性拡張型β-ラクタマーゼの獲得が挙げられる．これらの耐性機構は，重要な多剤耐性菌において認められ，これら多剤耐性菌には無効であるため注意が必要である(➡p.121)．さらに，これらの多剤耐性菌は近年流行していることから，使用前には原因菌の薬剤感受性を行い，本系統の薬剤に感受性を示すことを確認した後に使用を検討するように心がける．

多剤耐性菌に対する使用が考慮される薬剤

多剤耐性とは，その名のとおり，複数(通常，少なくとも3系統以上)の抗菌薬に対する耐性と定義される．広義的にはこの定義に当てはまる特性を有する細菌はすべて多剤耐性菌となる．一方で，一部の菌種においては，種特異的に複数系統の抗菌薬に対する耐性を「元々」有するものが存在する．こうした耐性は自然耐性と呼ばれ，後天的に獲得した耐性(獲得耐性)とは区別して取り扱われることが多い．特に，複数系統の抗菌薬に対する獲得耐性を狭義の多剤耐性と呼び，獣医療上のみならず公衆衛生上も問題となることがある．しかし，自然耐性，獲得耐性にかかわらず，多剤耐性を示す細菌は抗菌治療の大きな支障となる可能性があるため須らく注視しなければならない．伴侶動物で遭遇しうる代表的な多剤耐性菌について以下に概説するとともに，それら多剤耐性菌に対しての使用が考慮される薬剤や対応について紹介する．

a 自然耐性による多剤耐性菌

自然耐性として多剤耐性を示す菌種は複数知られているが，獣医療上問題となる細菌は，主としてグラム陰性桿菌か腸球菌の場合である．Clinical and Laboratory Standards Institueのガイドライン[11]においてそれぞれの菌種の自然耐性が記載されている．その概要を**表12-1**および**表12-2**に示す．グラム陰性桿菌のうち腸内細菌科細菌においては，特にペニシリン系剤やセファロスポリン系剤といったβ-ラクタム系剤に対する自然耐性を示すものが多く，これらは主として染色体上の耐性遺伝子に起因する．一方で，代表的なブドウ糖非発酵グラム陰性桿菌である*Pseudomonas aeruginosa*(緑膿菌)は，β-ラクタム系剤以外の系統の薬剤に対しても自然耐性を示すことが知られており，犬や猫に承認されている薬剤の多くに耐性を示すため，アミノグリコシド系剤またはフルオロキノロン系剤が適応となる．不要な抗菌薬の使用を避けるためにも，各菌種の自然耐性について理解することは非常に重要である．

表 12-1 犬と猫から検出される主なグラム陰性桿菌の自然耐性

菌種	アモキシシリン	クラブラン酸–アモキシシリン	第一世代セファロスポリン系剤	第三世代セファロスポリン系剤	テトラサイクリン系剤	強化サルファ剤	クロラムフェニコール	ホスホマイシン
Citrobacter freundii	耐性	耐性	耐性					
Enterobacter cloacae complex	耐性	耐性	耐性					
Klebsiella pneumoniae	耐性							
Proteus mirabilis					耐性			
Serratia marcescens	耐性	耐性	耐性					
Acinetobacter baumannii	耐性	耐性	耐性				耐性	耐性
Pseudomonas aeruginosa	耐性	耐性	耐性	耐性 *	耐性	耐性	耐性	耐性

表 12-2 犬と猫から検出される主な腸球菌の自然耐性

菌種	セファロスポリン系剤	バンコマイシン	アミノグリコシド系剤	クリンダマイシン	ST 合剤
Enterococcus faecalis	耐性		耐性	耐性	耐性
E. faecium	耐性		耐性	耐性	耐性
E. gallinarum, *E. casseliflavus*	耐性	耐性	耐性	耐性	耐性

b 獲得耐性による多剤耐性菌

獲得耐性による多剤耐性菌は，本来的には感受性を示す細菌がプラスミドなどを介して耐性遺伝子を獲得することで生じる．あらゆる菌において後天的に耐性を獲得する可能性はあるが，獣医上問題となっているのは，グラム陰性桿菌にみられる基質特異性拡張型 β -ラクタマーゼ(extended spectrum beta-lactamase: ESBL)産生菌とグラム陽性球菌，特にブドウ球菌にみられるメチシリン耐性ブドウ球菌(methicillin-resistant staphylococci: MRS)である．それぞれの耐性菌の特徴について，以下に記載する．

1 | 基質特異性拡張型β-ラクタマーゼ(ESBL)産生菌

ESBLとはβ-ラクタム剤を分解する酵素であるβ-ラクタマーゼのうち，基質が拡張した，すなわち分解できる抗菌薬の種類が広くなったものを意味する[12]．したがって，ESBL産生菌は，多くのβ-ラクタム剤，すなわちペニシリン系剤やセフェム系剤に対して耐性を示し，中でも第三世代セファロスポリン系剤に対する耐性が特徴として挙げられる．さらに，ESBL産生菌の警戒すべき特徴として，長年の歴史を経て，β-ラクタム剤以外の抗菌薬，例えばフルオロキノロン剤などに対しても高率に耐性を示すことが挙げられる[12]．結果的に，ESBL産生菌は，多くの系統の抗菌薬が効かない多剤耐性菌として認識されている．

犬や猫の尿路感染症からESBL産生菌として分離される菌種として，最も多いのが大腸菌であり，次いでクレブシエラ属菌，エンテロバクター属菌などである．ESBL産生菌は尿路感染症からの分離率が他の部位と比較して高く，本感染症の治療上最も重要な多剤耐性菌である．

2 | メチシリン耐性ブドウ球菌(MRS)

犬や猫のMRSとして分離される頻度が高い菌種は*Staphylococcus pseudintermedius*であり[13]，次いでコアグラーゼ陰性ブドウ球菌および*S. aureus*が挙げられる．これらの菌種のうちメチシリン耐性遺伝子を有するものがMRSと呼ばれており，本耐性遺伝子によりブドウ球菌が本来持っている細胞壁合成酵素とは異なる酵素を産生することで，メチシリンを含む多くのβ-ラクタム剤に耐性を示す．メチシリン耐性遺伝子には複数種知られているが，最も有名なのが*mecA*遺伝子であり，通常，MRSか否かは当該遺伝子の有無により確認されている．さらに，MRSはβ-ラクタム系剤の他，フルオロキノロン系剤，マクロライド系剤など多くの抗菌薬に対して耐性を示すのが特徴であり，犬膿皮症や犬猫の尿路感染症において分離率の高い多剤耐性菌として認識されている．

c 多剤耐性菌に対する対応

多剤耐性菌に対しては，感受性菌や一般的な耐性菌よりも格別の注意が必要となる．そのため，迅速な検出と適切な対応が求められる．その注意事項について，以下に記述する．

1 | 多剤耐性菌の検出方法

上記のように，多剤耐性菌には様々な菌種や耐性機構が関与するため，一律に検出できる方法は存在せず，それぞれに特異的な薬剤感受性や遺伝子性状を確認することが必要となる．多剤耐性菌の感染を疑うタイミングについては特段科学的な根拠はないものの，一次選択薬として推奨される抗菌薬が効を奏しない場合には，多剤耐性菌の可能性について考慮する方が望ましい．特に多くの多剤耐性菌はβ-ラクタム耐性を有しており，かつそれが問題となることが多いため，β-ラクタム剤(ペニシリン系薬剤またはセファロスポリン系薬剤)を使用しても改善がみられない症例では積極的に検査する必要がある．なお，院内でも実施可能なグラム染色と薬剤感受性試験により推測は可能だが，最終的には外注検査による菌種同定と遺伝子検査が必要となる．

2 | 多剤耐性菌感染症例に対する治療

あらゆる細菌感染症の抗菌治療において，原因菌が感受性を示す抗菌薬を選択することが原則であり，その原則は多剤耐性菌に対しても同様である．いうまでもなく，多剤耐性菌においては感受性を示す抗菌薬が非常に限られていることから，使用可能な抗菌薬は一般に少ない．自然耐性による多剤耐性菌については**表12-1**および**表12-2**で耐性とされていない抗菌薬は適用可能な可能性がある．ただし，これらの耐性菌がさらに獲得耐性により，より高度の多剤耐性菌となっていることもあるので注意が必要である．また，獲得耐性による多剤耐性菌においては**表12-3**に掲げるような薬剤に対して感受性を示すことがあるため，その場合は適応可能かもしれない．ただし，これら薬剤においても耐性を示すことがあるため，薬剤感受性試験により感受性を確認後に使用しなければならない．

また，上記の推奨抗菌薬はあくまで*in vitro*の調査結果に基づくものであり，犬や猫の多剤耐性菌感染症に対する治療に関するエビデンスに関する報告は非常に限られている．今後のさらなる調査が期待される．

表 12-3 ESBL 産生菌および MRS に対する候補抗菌薬

ESBL 産生菌	MRS
クラブラン酸-アモキシシリン	ミノサイクリン
セフメタゾール	ドキシサイクリン
ミノサイクリン	クリンダマイシン
ドキシサイクリン	クロラムフェニコール
アミカシン	アミカシン
クロラムフェニコール	リファンピシン
ホスホマイシン	ホスホマイシン
ファロペネム	(バンコマイシン)
(メロペネム)	(リネゾリド)
(イミペネム-シラスタチン)	(テイコプラニン)

3 | 多剤耐性菌感染に対する心構え

多剤耐性菌は，いうまでもなく抗菌薬の多用・乱用が進んだ結果として生み出されたものである．したがって，多剤耐性菌の発生やまん延を可能な限り抑止するためには，やはり抗菌薬の多用・乱用を慎むことが何より優先される．これは多剤耐性菌感染症例を生み出さないようにするための予防的な措置であることを念頭に置き，日常的に心がける必要がある．

また，多剤耐性菌が通常の耐性菌よりもさらに注視されている理由として，その影響が眼前の感染症例だけでは止まらないということである．その一つとして，これまで多剤耐性菌の動物病院内での院内伝播事例が数多く報告されている[14]．このことは動物間で水平伝播が生じる可能性があることを意味している．さらに，危惧されることとして公衆衛生上の問題である．現在のところ，動物における多剤耐性菌がヒトに伝播し悪影響を及ぼす可能性については議論の域を脱しない状況である．しかし，その可能性がゼロではない以上，常にそれを防ぐ対策が求められる．こうした動物-動物間または動物-ヒト間の伝播を抑制するためにも，正しい理解の下での院内感染対策を常日頃から取り組むことが求められる.

医療分野で慎重な使用が推奨されている薬剤

このカテゴリーには，カルバペネム系薬剤(イミペネム-シラスタチンおよびメロペネム)，リネゾリド，テイコプラニンおよびバンコマイシンが含まれ，いずれも人体薬としてのみ販売されている. 国内外を問わず，獣医療で遭遇するESBL産生菌のほぼすべてはカルバペネム系抗菌薬に感受性を示し，また，MRSのほぼすべてはバンコマイシン，リネゾリドおよびテイコプラニンに感受性を示すため，これら薬剤は多剤耐性菌の治療候補薬の一つとして挙げられる. しかし，これら薬剤は公衆衛生上非常に深刻な薬剤耐性菌のまん延に繋がる可能性があるため，使用は厳に慎むべきである. なお，これら抗菌薬が実際に伴侶動物の感染症治療に必要となる場面は極めて限定的である(ほとんどない). 上述の抗菌薬を適切に使用することや局所投与などを併用することで多くの感染症に対する治療は可能であると著者は考えており，これらの抗菌薬や外用療法でも難治性である症例では，薬剤耐性菌の関与よりも基礎疾患・併発疾患の存在を疑うべきである.

なお，このカテゴリーに含まれる抗菌薬は，動物での使用実績が少なく，各種感染症に対する有効性に関する知見が乏しい. さらに，伴侶動物に対する妥当な用法・用量や副作用についても十分に検討されていない. こうした背景から，本項ではこれら薬剤に関する説明は割愛する.

参考文献

1. Hillier A, Lloyd DH, Wees JS, et al. (2014)：Veterinary Dermatology, 25, 163-e43.
2. Lappin MR, Blondeau J, Boothe D, et al.(2017)：J Vet Intern Med. 31, 279-294.
3. Weese JS, Blondeau JM, Boothe D, et al.(2011)：Vet Med Int. 2011, 263768.
4. 動物用抗菌剤研究会(2018)：犬と猫の尿路感染症診療マニュアル，インターズー
5. 細川直登(2014)：実践的・抗菌薬の選び方・使い方, 医学書院
6. 岩田健太郎，宮入烈(2012)：抗菌薬の考え方，使い方 Ver. 3，中外医学社
7. 戸塚恭一(2010)：抗菌薬サークル図データブック, じほう
8. 矢野晴美(2010)：絶対わかる抗菌薬はじめの一歩，羊土社
9. 安川明男(1998)：小動物抗菌療法マニュアル，ファームプレス
10. Wiebe VJ(2015)：Drug Therapy for Infectious Diseases of the Dog and Cat. Wiley-Blackwell
11. Clinical and Laboratory Standards Institute (2015): Performance Standards for Antimicrobial Susceptibility Testing; Twenty-Fifth Informational Supplement. CLSI document M100-S25. Wayne, PA.
12. Li XZ, Mehrotra M, Ghimire S, et al.(2007)：Vet Microbiol. 121, 197-214.
13. Moodley A, Damborg P, Nielsen SS(2014)：Vet Microbiol. 171, 337-341.
14. Wieler LH, Ewers C, Guenther S, et al.(2011)：Int J Med Microbiol. 301, 635-655.

12 感染症に対する薬剤

02 真菌

真菌感染症は，宿主の免疫低下による日和見感染によるものが多く，局所から全身に播種するものも多くみられるため，適切な抗真菌薬療法が必要になる．本章では，代表的な抗真菌薬の作用機序および薬効，副作用などを概説する(**図12-2**，**表12-4**)．

なお，各薬剤の投与法の詳細については別項で述べる(➡p.779)．

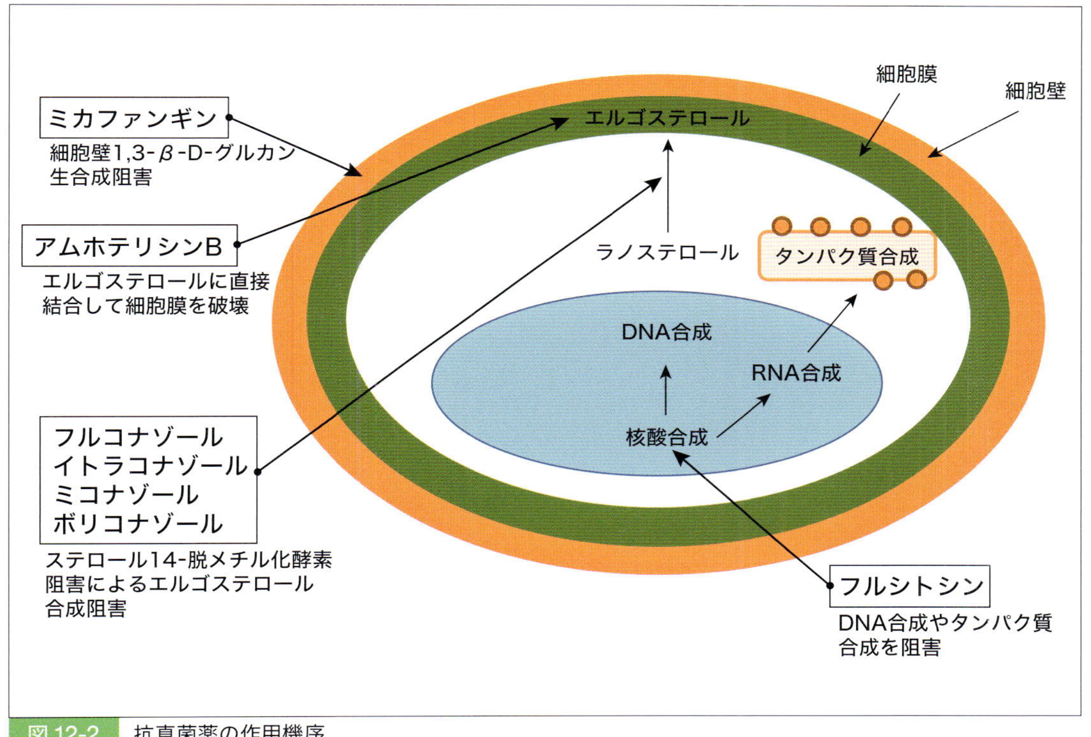

図 12-2 抗真菌薬の作用機序

表 12-4 抗真菌薬の分類

薬剤系統	代表的な薬剤	対象菌種
ポリエン系抗真菌薬	アムホテリシンB(AMPH-B)，リポソーム・アムホテリシンB(L-AMB)，ピマリシン(PMR)	多くの菌種
アゾール系抗真菌薬	イトラコナゾール(ITCZ)，ケトコナゾール(KTCZ)，フルコナゾール(FLCZ)，ボリコナゾール(VLCZ)	多くの菌種
キャンディン系抗真菌薬	ミカファンギン(MCFG)，カスポファンギン(CSFG)	カンジダ(*Candida parapsilosis*を除く)，アスペルギルス
アリルアミン系・ベンジルアミン系抗真菌薬	塩酸テルビナフィン，ブテナフィン	皮膚糸状菌，スポロトリックスなど
クロロピリミジン系抗真菌薬	フルシトシン(5-FC)	カンジダ，クリプトコックス
グリセオフルビン製剤	グリセオフルビン	皮膚糸状菌(表在性)

ポリエン系抗真菌薬

a 薬剤名

アムホテリシンB(AMPH-B)が代表的である.

その他に，リポソーム・アムホテリシンB(L-AMB)や，点眼・点耳用製剤が販売されているピマリシン(PMR)などがある.

b 薬効

抗菌スペクトルは広く，殺菌的に多くの菌種に作用する．分子量が大きく消化管からほとんど吸収されないため，主に静脈内注射で用いられる.

アムホテリシンBの適応症は，重症真菌症，深在性真菌症，高度病原性真菌感染症などである.

ピマリシンは局所投与で眼科・耳鼻科疾患などに用いられる.

c 作用機序

選択的に真菌細胞膜にあるエルゴステロールと結合して細胞膜を破壊する.

d 副作用

アムホテリシンBは毒性が強く様々な副作用が発現する．特に腎毒性が強く注意が必要である.

リポソーム・アムホテリシンBは副作用が少なく，組織移行性がよいが高価である.

アゾール系抗真菌薬

a 薬剤

イトラコナゾール(ITCZ), ケトコナゾール(KTCZ), フルコナゾール(FLCZ), ボリコナゾール(VLCZ)などが代表的である.

b 薬効

広い抗真菌スペクトルを持つ. 脂溶性, 水溶性の薬剤があり, 外用, 経口, 注射投与など投与法に合わせた薬剤が存在する. 投与すると高い血中濃度が得られる. また, 眼血管柵を通過しやすいため真菌性眼内炎の第一選択薬である.

フルコナゾール, ボリコナゾールは水溶性, 低分子なので, 脳脊髄に浸透しやすく, イトラコナゾールは脂溶性なので, 皮膚表皮, 爪のケラチンに蓄積しやすいという特徴がある.

なお, アゾール系薬剤の内臓真菌症と皮膚科領域での使用法・使用量は異なることに注意すべきである(➡p.779).

c 作用機序

真菌のマイクロソーム酵素であるステロール14-脱メチル化酵素を阻害する. この驊素は真菌細胞膜のエルゴステロール合成に必要であるため, 真菌の成長を抑制する. 静菌的に作用する薬剤である.

d 副作用

比較的安全性は高いが, 肝障害や消化管毒性に注意が必要である. また, 薬物間相互作用を示すため, 併用薬にも注意する.

e 耐性

アスペルギルスのアゾール耐性機序で, 自然界でどのように耐性を獲得しているかという点については, 未解明である. 現在二つの仮説がある.

1 | 環境由来説

アスペルギルスは自然環境に存在する環境真菌であるが, アゾール系薬を含有した農薬などの使用により環境で耐性を獲得し, その耐性菌を生物が吸入することにより発症するという説である.

2 | 患者体内でアゾール系薬投与により誘導されるとする説

患者の体内に腐生したアスペルギルスが, アゾール系薬に暴露されることにより, 耐性を獲得しているのではないかとする説である.

キャンディン系抗真菌薬

a 薬剤

ミカファンギン(MCFG)，カスポファンギン(CSFG)が代表的である．

b 薬効

カンジダ(*Candida parapsilosis* を除く)，アスペルギルスには強い抗真菌活性がある．クリプトコックス，トリコスポロン，フサリウム，接合菌には活性が弱い．

分子量が大きく，腸管から吸収されないため，静脈内投与で用いる．点滴静注の場合は眼内移行は不良である．

c 作用機序

真菌の細胞壁の構成成分である，(1,3)-β-Dグルカン合成酵素(glucan synthase)の活性を阻害する．

d 副作用

ほ乳類の細胞には上記酵素が存在しないため，真菌に特異的に作用し副作用の発現が少ない．

アリルアミン系・ベンジルアミン系抗真菌薬

a 薬剤

塩酸テルビナフィン，ブテナフィン(外用剤のみ)が代表的である．

b 薬効

腸管から吸収されやすい．皮膚の表皮，爪に蓄積されやすいため，皮膚糸状菌，スポロトリックスなどによる皮膚真菌症の治療に使用される．酵母菌に対する抗菌活性は弱い．

c 作用機序

細胞膜のエルゴステロール合成時に必要なスクアレンエポキシダーゼを選択的に阻害し，細胞内スクアレン蓄積，エルゴステロール含量を低下させる．

d 副作用

テルビナフィンの副作用として嘔吐，下痢，肝毒性，白血球減少などが認められることがある．

クロロピリミジン系抗真菌薬

a 薬剤

フルシトシン(5-FC)，抗がん剤としても使用される薬剤である．

b 薬効

消化吸収がよく組織移行性が高い．カンジダ症やクリプトコックス症に使用される．

アムホテリシンBやアゾール系薬と併用される．単独使用は耐性株の出現が起こりやすい．

c 作用機序

DNA合成やタンパク質合成を阻害することによる．

d 副作用

悪心，嘔吐，下痢が一般的．その他に骨髄抑制，口腔潰瘍などがみられる．犬で皮膚発疹，猫で行動発作などがみられることがある．

グリセオフルビン製剤

a 薬剤

グリセオフルビン

b 薬効

腸管より吸収されると，速やかに表皮角化細胞のケラチンと結合し，皮膚糸状菌のケラチン分解能を阻害する．皮膚表在性真菌の発育のみ阻害できる(深在性真菌症には無効)．

c 作用機序

核有糸分裂阻害により真菌の増殖を抑制する．

d 副作用

食欲不振，嘔吐，骨髄抑制，肝毒性などがみられる．妊娠動物への投与を控える．

参考文献

- 岩田和夫(1994)：真菌・真菌症・化学療法─抗真菌剤を中心として，ソフトサイエンス社
- 一般医療従事者のための深在性真菌症に対する抗真菌薬使用ガイドライン作成委員会編(2009)：抗真菌薬使用ガイドライン，

社団法人日本化学療法学会

- 掛屋弘，山田康一，藤本寛ほか(2016)：感染対策ICTジャーナル. 11
- 深在性真菌症のガイドライン作成委員会編(2007)：深在性真菌症の診断・治療ガイドライン，協和企画
- JAID/JSC感染症治療ガイド・ガイドライン作成委員会編(2012):JAID/JSC 感染症治療ガイド2014，ライフサイエンス出版
- 日本医真菌学会侵襲性カンジダ症の診断・治療ガイドライン作成委員会編(2013)：日本医真菌学会侵襲性カンジダ症の診断・治療ガイドライン 2013，日本医真菌学会
- 村田佳輝(2011)：SA Medicine. 76, 39-42.

12 感染症に対する薬剤

03 原虫

抗原虫薬の対象疾患と作用機序

小動物に対して使用される抗原虫薬を対象疾患ごとに分類し，薬効や作用機序，副作用などについて概説する．本稿で扱う薬剤の系統を**表12-5**に示す．一部，12章-1(➡p.106)と重複する薬剤も含まれる．

表 12-5 抗原虫薬の分類

薬剤系統	代表的な薬剤	対象疾患
トリアジン誘導体	トルトラズリル	犬・猫のイソスポラ症(コクシジウム症)
配合サルファ剤	スルファメトキサゾール・トリメトプリム	犬・猫のイソスポラ症(コクシジウム症)，猫のトキソプラズマ症
5-ニトロイミダゾール系	メトロニダゾール，チニダゾール，ロニダゾール(輸入)	犬・猫のジアルジア症，猫のトリコモナス症(ロニダゾールのみ)
チアゾール系	ニタゾキサニド(輸入)	犬・猫のクリプトスポリジウム症
ベンズイミダゾール系	フェンベンダゾール(輸入)，フェバンテル合剤	犬・猫のジアルジア症
リンコマイシン系	クリンダマイシン	猫のトキソプラズマ症

a 犬・猫のシストイソスポラ(コクシジウム)

1 薬剤名

- トリアジン誘導体
- 代表的な薬剤はトルトラズリル

2 薬効

トリアジン誘導体は，脂溶性で経口投与による消化管からの吸収が良好であることと，半減時間が長いことを特徴としている．トルトラズリルは，代謝によって主にトルトラズリル・スルホオキシドとトルトラズリル・スルホンに速やかに変化するが，トルトラズリル・スルホンにも抗原虫活性がある．

筋組織，肝臓，腎臓，心筋，皮膚，脂肪組織などに分布し，排泄の主要経路は，糞便である．

3 | 作用機序

作用機序の詳細は解明されていないが，電子伝達系とピリミジン経路を阻害することで原虫の核分裂が不可能となり，発育・増殖が阻止されると考えられ，有性および無性の両世代に効果があり，結果的に発育ステージの完全な阻害を示すとされている．さらに，オーシスト壁の形成阻害も引き起こすことが知られている．細胞内ステージには効果があるが，細胞外ステージには効かない．

4 | 副作用

毒性は低く，軽度の消化器障害が稀に発現するのみである．

5 | 耐性のメカニズム

詳細なメカニズムは不明であるが，遺伝子変異によると考えられている．

b 犬・猫のシストイソスポラ(コクシジウム)と猫のトキソプラズマ

1 | 薬剤名

- 配合サルファ剤
- 代表的な薬剤はスルファメトキサゾール・トリメトプリム

2 | 薬効

スルファメトキサゾールとトリメトプリムの経口投与による吸収は，良好である．スルファメトキサゾールは，ほとんどすべての組織に浸透し，肝臓でのアセチル化により排除されるが，犬は他の動物種に比較してアセチル化の能力が低いため，尿中へ排泄される．トリメトプリムも一部は肝臓でグルクロン酸抱合を受けるが，主要な排泄経路は尿である．

3 | 作用機序

葉酸は，タンパク質と核酸の合成に必要とされる基本的な物質であり，サルファ剤とトリメトプリムは，葉酸代謝を異なる部位で阻害することで相乗的に抗原虫作用を発揮する．葉酸の前駆物質であるジヒドロ葉酸は，プテリジンとパラアミノ安息香酸からジヒドロプテロイン酸合成酵素の作用を受けて合成されるが，サルファ剤は，この合成酵素を阻害してジヒドロ葉酸の合成を妨げる．一方，ジヒドロ葉酸から葉酸の合成には，ジヒドロ葉酸還元酵素が関与するが，トリメトプリムは，この還元酵素を阻害することで葉酸合成を妨げ，結果的にタンパク合成に必要なアミノ酸やプリンの合成，さらに，核酸合成に必要なピリミジンの合成を阻害する．

4 | 副作用

安全性は高いが，腎毒性や過敏症，乾燥性角結膜炎が知られている．

5 | 耐性のメカニズム

耐性は，比較的早期に発現する．遺伝子レベルの耐性が薬剤の浸透を妨げ，酵素への親和性を阻害し，あるいは，パラアミノ安息香酸合成を増加させる．

c 犬・猫のジアルジアと猫のトリコモナス（ロニダゾールのみ）

1 | 薬剤名

- 5-ニトロイミダゾール系
- 代表的な薬剤はメトロニダゾール，チニダゾール，ロニダゾール（国内では販売されていない）

2 | 薬効

消化管からよく吸収され，全身に行きわたる．肝臓での代謝で約50％が排泄される．

3 | 作用機序

メトロニダゾールなどのニトロ系プロドラッグは，ジアルジアのトロフォゾイト内に拡散し，いくつかある経路の一つで還元されて活性を示すようになる．現在のところ，少なくとも三つの経路が知られている．

①ピルビン酸・フェレドキシン酸化還元酵素によるニトロ系薬剤への電子供与
②ニトロ還元酵素によるニトロ系プロドラッグの還元．知られていない補助因子が必要とされる．
③チオレドキシン還元酵素は，補助因子としてのリボフラビンFADH2を還元することでニトロ系プロドラッグを還元する．

ニトロ基の還元によって活性化した5-ニトロイミダゾール系薬剤は，原虫DNAのらせん構造を破壊することによって，細胞死を誘導する．

4 | 副作用

高用量や慢性投与で神経毒性を示すことがあるが，通常は，可逆性で投薬の中止により回復する．催奇形性も知られている．

5 | 耐性のメカニズム

5-ニトロイミダゾール系薬剤の活性化に必要な酸化・還元酵素に対して，一部のジアルジアは遺伝子の変化によって，その発現や活性を低下させる能力を獲得し，耐性を示すようになる．

d 犬・猫のクリプトスポリジウム

1 | 薬剤名

- チアゾール系
- 代表的な薬剤はニタゾキサニド（国内では販売されていない）

2 | 薬効

経口摂取後，直ちに加水分解されて活性代謝物となってタンパクと結合し，1～4時間で血中濃度がピークに達する．組織への移行に関する詳細は，不明である．代謝産物の約1/3は尿中に排泄され，残りは糞便中へ排泄される．

3 | 作用機序

ニタゾキサニドも5-ニトロイミダゾール系薬剤と類似して，原虫の還元酵素により活性化するプロドラッグであり，ピルビン酸フェレドキシン酸化還元酵素を非競合的に阻害することで，タンパクやDNA合成を妨げ，抗原虫作用を示す．

4 | 副作用

軽度の嘔吐や下痢などが知られている．

5 | 耐性のメカニズム

5-ニトロイミダゾール系薬剤と同様のメカニズムに加え，全身的なストレス反応やヒートショックタンパクでみられるような遺伝子発現の変化やニタゾキサニド結合タンパクの発現が示唆されている．

e 犬・猫のジアルジア

1 | 薬剤名

- ベンズイミダゾール系
- 代表的な薬剤はフェンベンダゾール(国内では販売されていない)，フェバンテル合剤

2 | 薬効

フェンベンダゾールの消化管からの吸収は悪く，糞便中へ排泄されるが，一部は吸収・代謝されて，抗寄生虫活性のあるオキシフェンダゾールに変換されて胆汁中に排泄される．

3 | 作用機序

フェバンテルはプロドラッグであり，経口投与後，吸収・代謝されて抗原虫活性のあるフェンベンダゾールとなり胆汁に排泄される．フェンベンダゾールは，ジアルジアのトロフォゾイトに存在する微小管構成タンパクであるチューブリン分子と結合し，微小管の形成を阻害することで細胞分裂を阻止すると同時に，細胞骨格の重合を阻止することで抗原虫作用を示す．

4 | 副作用

フェンベンダゾールやフェバンテルの毒性は低く，催奇形性や胎子毒性がなく，発がん性もない．また，安全域も広い．稀に，嘔吐と下痢がみられることがある．

5 | 耐性のメカニズム

耐性獲得のメカニズムは明確にされていないが，耐性株では遺伝子発現の変化によるチューブリンおよび細胞骨格の再構築や原虫内での薬物濃度が，細胞毒性を示す濃度にならないように，薬物の代謝率を変化させていることなどが示唆されている．

f 猫のトキソプラズマ

1 | 薬剤名

- リンコマイシン系
- 代表的な薬剤はクリンダマイシン

2 | 薬効

経口投与後の吸収率は良好で，中枢神経系を除くほとんどすべての組織に分布する．肝臓で代謝され，胆汁と尿中へ排泄される．

3 | 作用機序

クリンダマイシンのトキソプラズマに対する作用機序は未解明であるが，リボゾームの阻害によるタンパク合成阻害が考えられている．トキソプラズマのライフサイクルの中で，代謝が盛んなタキゾイトに対して効果があり，シストには効果がない．

4 | 副作用

消化器障害がみられることがある．

5 | 耐性のメカニズム

トキソプラズマがクリンダマイシンに対する耐性を持つメカニズムは不明だが，クリンダマイシンの作用機序がタンパク合成の阻害であることから，遺伝子発現の変化により，トキソプラズマのリボゾームにおけるクリンダマイシン結合部位が変異することで耐性を示すようになると推測される．

参考文献

- Alday PH, Doggett JS (2017)：Drug Des Devel Ther. 11, 273-293.
- Ang CW, Jarrad AM, Cooper MA, et al.(2017)：J Med Chem. 60, 7636-7657.
- Arguello-Garcia R, Cruz-Soto M, González-Trejo R, et al.(2015)：Front Microbiol. 6, 286.
- Ben-Harari RR, Goodwin E, Casoy J(2017)：Drug R D. 17, 523-544.
- Boothe DM(2001)：Small Animal Clinical Pharmacology and Therapeutics, 1st ed., Saunders
- Bosco A, Rinaldi L, Cappelli G, et al.(2015)：Vet Parasitol. 212, 408-410.
- Carter ER, Nabarro LE, Hedley L, et al.(2018)：Clin Microbiol Infect. 24, 37-42.
- Escobedo AA, Lalle M, Hrastnik NI, et al.(2016)：Acta Tropica. 162, 196-205.
- ・Wei HX, Wei SS, Lindsay DS, et al.(2015): PLoS One. 10, e0138204.
- Gupta A., Tulsankar SL., Bhatta RS., et al. (2017): Mol Pharmaceutics. 14, 1204-1211.

- Kim MS, Lim JH, Hwang YH, et al. (2010): Vet Parasitol. 169, 51-56.
- Lister AL, Nichols J, Hall K, et al. (2014): Vet Parasitol. 202, 319-325.
- Montazeri M, Sharif M, Sarvi S, et al. (2017)：Front Microbiol. 8, 25.
- ・Neville AJ, Zach SJ, Wang X, et al.(2015)：Antimicrob Agents Chemother. 59, 7161-7169.
- 成田光生(2007)：モダンメディア. 53, 297-306.
- Odden A, Denwood MJ, Stuen S, et al.(2018): Int J Parasitol Drugs Drug Resist. 8, 304-311.
- Rossignol JF(2014)：Antiviral Res. 110, 94-103.
- Stock ML, Elazab ST, Hsu WH(2016)：J Vet Pharmacol Therap. 41, 184-194.
- Tejman-Yarden N, Eckmann L(2011)：Curr Opin Infect Dis. 24, 451-456.
- Watkins R, Eckmann L(2014)：Curr Infect Dis Rep. 16, 396.

12 感染症に対する薬剤

04 ウイルス

抗ウイルス薬

獣医学領域における抗ウイルス薬(**表12-6，図12-3**)の使用は限られており，学術的な情報も乏しいのが現状である．抗菌薬を用いた場合の効果と異なり，抗ウイルス薬によって感染性因子を完全に排除することは難しく，これはそれらが投与期間中だけ効果を示す，あるいは潜伏感染や不顕性感染状態では効果を示さないことによるところが大きい．またウイルスの増殖が，宿主細胞の代謝にも大きく依存することも影響する．一般にウイルス感染症に対する治療は，診断されてから行われることが多いため，ウイルス感染症の急性期よりも，慢性感染や潜伏感染の再活性化予防に適用されることが多い．

多くの抗ウイルス薬が研究されてきているが，多くは生体での毒性が強く臨床的に応用できるものは限られている．獣医学的に認可されているものはほとんどなく，医学的に用いられているものを流用しているのが現状である．この中でも最も多く応用される可能性のあるものとしては，ヒト免疫不全ウイルス(HIV)感染症に用いられている薬剤であり，一部の抗HIV薬がFIV感染症あるいは猫白血病ウイルス(FeLV)感染症に応用され，臨床症状の軽減や生存期間の延長が報告されている．しかしこれらも前述のように，獣医学的に認可されているものではない．また，猫ヘルペスウイルス1型(FHV-1)感染症による眼病変に対しては，抗ウイルス薬の全身投与または局所投与が行われることがある．犬のウイルス感染症に対する抗ウイルス薬の応用は，現在のところ猫のそれよりも限られている．

a 逆転写酵素阻害薬

最も多く使用される抗ウイルス薬は，レトロウイルス感染症に用いられる逆転写酵素(reverse transcripatase: RT)阻害薬であると思われる．このRT阻害薬は，ヌクレオシド系逆転写酵素阻害薬(nucleoside analogue RT inhibitors: NRTIs)と非ヌクレオシド系逆転写酵素阻害薬(nonnucleoside analogue RT inhibitors: NNRTIs)の二つのカテゴリーに分類される．

1 ヌクレオシド系逆転写酵素阻害薬

NRTIsは，nucleosideを模倣した構造を有しており，DNA伸長の際の基質となる2'-deoxyribose 3'位のOH基が欠損または置換されている．レトロウイルスがゲノムRNAを鋳型にして，逆転写酵素によりプロウイルスが形成される際に，このNRTIsが競合的にDNAに取り込まれることにより，DNA鎖の伸長が停止し，結果的に逆転写酵素の活性を阻害し，ウイルスの宿主細胞への感染を不成立にする作用を示すとされる．代表的な薬剤としてはジドブジン(AZT)，スタブジン(d4T)/スタ

表 12-6 抗ウイルス薬と免疫賦活剤

抗ウイルス薬		代表例
逆転写酵素（RT）阻害薬	ヌクレオシド系逆転写酵素阻害薬（NRITs）	ジドブジン（AZT），スタブジン（d4T）/スタンピジン，ジダノシン（ddI），ザルシタビン（ddC），ラミブジン（3TC）など
	非ヌクレオシド系逆転写酵素阻害薬（NNRTIs）	スラミン
DNA/RNA 合成阻害薬	ヌクレオシド類似体	アシクロビル（ACV），バラシクロビル，シドフォビル，ビダラビン，イドクスウリジンなど
	ヌクレオシド合成阻害薬	ホスカルネット（PFA），リバビリン（RTCA）など
受容体類似体/アンタゴニスト（拮抗薬）		AMD3100（プレリキサホル）
ノイラミニダーゼ阻害薬		オセルタミビル，ザナミビル，ペラミビルなど
イオンチャンネル阻害薬		アマンタジン
ペプチド		L-リシン
免疫賦活剤		**代表例**
インターフェロン		組換えヒトインターフェロン（rHuIFN-α），猫インターフェロンω（IFN-ω）
その他のサイトカイン・成長因子	顆粒球コロニー刺激因子（G-CSF）	フィルスチグラム
	顆粒球マクロファージコロニー刺激因子（GM-CSF）	サルグラモスチム
	その他の成長因子	エリスロポエチン（EPO），インターロイキン2（IL-2），IL-8，インスリン様成長因子1（IGF-1）
インターフェロンやサイトカインの誘導因子		黄色ブドウ球菌プロテインA（SPA），プロピオニバクテリウムアクネスの菌体成分，BCG，アセマンナン
その他の免疫賦活作用を有する薬剤		レバミゾール，*Serratia marcescens*，ジエチルカルバマジン，ラクトフェリン，リポソーム

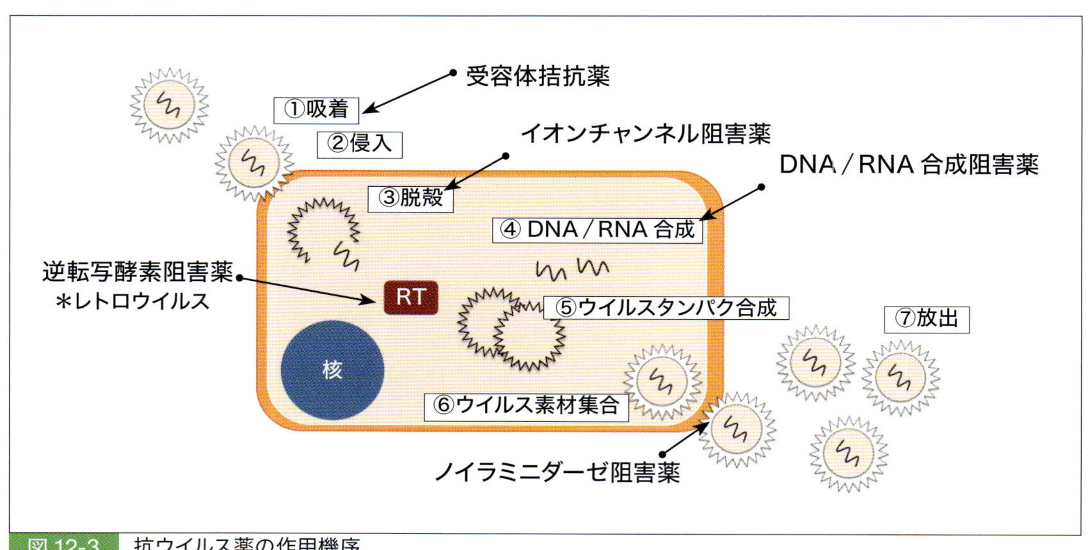

図 12-3 抗ウイルス薬の作用機序

ンピジン，ジダノシン(ddI)，ザルシタビン(ddC)，ラミブジン(3TC)などが挙げられる．

AZTはHIV感染症に最初に認可されたNRTIであり，獣医学領域では猫のレトロウイルス感染症を中心にその使用方法が検討されている．AZTはFIVの増殖を*in vitro*および*in vivo*の両者において抑制することが知られており，FIV感染猫においては投与により，血中ウイルス量の減少，免疫学的機能の向上，生活の質の改善，余命の延長に効果があるとされる．またAZTの投与により，感染猫の口内炎やT細胞CD4/CD8比の改善も報告されている[1-3]．しかしAZT耐性FIV株の出現も示されており，これはFIVゲノムの1塩基置換によるとされる[4]．AZTは*in vitro*において，FeLVにも効果を示している[5]．しかしFIV感染猫と比較すると，AZTのFeLV感染猫への投与の有効性は低いと考えられている．AZTの猫への投与における副作用は貧血や好中球減少症があるが，投与の中止により多くは改善する[2]．他にも嘔吐や食欲減退が稀に認められる．

d4Tはチミジンを基本としたNRTIであり，作用機序はAZTに類似する．スタンピジンはd4Tの誘導体である．スタンピジンの応用は研究の域を脱していないが，FIV慢性感染猫への使用報告がある[6]．血中のウイルス量の減少は認められるが，さらなる検討が必要である．d4TはFIVの増殖を*in vitro*において抑制するが，*in vivo*での情報はない[6]．

ddIはFIVの増殖を*in vitro*において抑制する[7]．FIV実験感染猫への投与において，血中ウイルス量を有意に減少させたとする報告がある[7]．しかし本薬剤の猫への投与は，神経症の発症に関与することが示されている．ddIはFeLVの増殖を*in vitro*において抑制するが，*in vivo*での情報はない[5]．

ddCはFIVの増殖を*in vitro*において抑制するが，FIV感染猫における効果についての情報はない[8]．また本剤はFeLVの増殖を*in vitro*において抑制することも報告されている[9,10]．しかし本剤を猫に投与した際の半減期が短く，高用量の投与が必要となる可能性も示されている．持続点滴投与を行う場合，5 mg/kg/hrの用量を超えないことが推奨されている．

3TCはFIVの増殖を*in vitro*において抑制する[11,12]．AZTとの併用により，培養細胞上のウイルス増殖抑制に関して相乗効果を示すことが報告されている[11]．しかしFIV実験感染猫に対するAZTと3TCの併用は効果がなく，発熱や食欲不振などの副作用の発現が認められている[11]．3TCのFeLVへの効果に関する情報はない．

2 非ヌクレオシド系逆転写酵素阻害薬

ほとんどのNNRTIsは，HIVに特異的に作成されており，ほとんど動物に対して応用できないが，例外的にNNRTIsの一つであるスラミンという薬剤のFeLV感染症に関する情報がある．スラミンのFIVに対する効果は不明であるが，少数のFeLV感染猫に対する使用例が報告されている[13]．この報告ではスラミン投与中は，血中ウイルス量が減少するというものである．しかし副作用の発現も指摘されているため，臨床応用はできない状況である．

b ヌクレオシド系DNA/RNA合成阻害薬・ヌクレオチド合成阻害薬

DNA/RNA合成阻害薬には，ヌクレオシド類似体とヌクレオチド合成阻害薬という二つの系統がある．ヌクレオシド類似体はNRTIと類似の作用機序を示し，主に抗ヘルペスウイルス薬として用いられる．ヌクレオチド合成阻害薬はさらにDNAポリメラーゼやRNAポリメラーゼを阻害するピロリン酸類似体と，イノシン酸脱水素酵素活性を抑制する三リン酸合成阻害薬の二つに細分類される．

1 ヌクレオシド類似体

アシクロビル(ACV)はヌクレオシド類似体の薬剤で，多くのヘルペスウイルス感染症に用いられている．ACVはヘルペスウイルス感染細胞でのみその効果を示し，ヘルペスウイルスのDNA複製を阻害する．したがって非常に選択的であり，副作用の発現の可能性は低く，高い治療効果を示す．ただし潜伏感染しているヘルペスウイルスには効果を示さない．ACVはFHV-1感染に対しても効果を示す[14]．しかしFHV-1感染に対する効果は，単純ヘルペスウイルス(herpes simplex virus: HSV)に対する効果の1/1,000程度とされる．実際のFHV-1感染猫への効果も，上記の理由によりあまり高くない[15,16]．犬ヘルペスウイルス(canine herpesvirus: CHV)への効果は検討されていない．ACVは局所投与薬，特に点眼薬として用いられるが，4～6時間に一度の投与が推奨されている．高用量を全身投与し利尿が不十分であると，薬剤が尿路に沈着し，閉塞性腎症を発症することがあるため注意が必要である．

バラシクロビルはACVのプロドラッグであり，適用はACVと基本的には同様であるが，経口薬として用いることが可能である．しかし猫への応用はあまり推奨されない．これは猫に特異的な副作用(尿細管壊死，肝細胞壊死，重度の骨髄抑制)が認められることや，FHV-1への低い効果による[17]．CHVへの効果は不明であり，薬物動態もわかっていない．

シドフォビルはヌクレオチド誘導体に属するサイトメガロウイルス感染症治療薬の一つである．DNAウイルスのDNAポリメラーゼを阻害する．FHV-1感染症への局所投与による応用例が報告されているが，有意な臨床症状の改善が認められたことからその有効性が示唆されている[18-20]．CHV感染症への効果は不明である．

ガンシクロビル(GCV)は多くのヘルペスウイルス感染症，特にサイトメガロウイルス感染症の予防に用いられている薬剤の一つである．FHV-1への効果は*in vitro*で確認されているが，*in vivo*での効果は実証されていない[14,20]．CHVへの効果は不明である．

ペンシクロビル(PCV)は様々なヘルペスウイルス感染症に用いられるグアニン類似体である．FHV-1への効果は*in vitro*で確認されている[20]．CHVへの効果は不明である．

ペンシクロビルは，FHV-1感染に対して抗ウイルス活性を示すが，経口投与では十分に吸収されない．一方ペンシクロビルのプロドラッグであるファムシクロビルは，腸および肝臓で活性化合物であるペンシクロビルとなり吸収される．FHV-1感染に対する効果が報告されており，高用量(約90 mg/kg，PO，TID)で投与した場合，FHV-1感染症に関連した眼病変ならびに上部気道炎症状の改善が認められている[21]．

ビダラビン(Ara-A)はプリン誘導体で，DNAに取り込まれてDNA合成を抑制し，またDNA合成酵素も阻害する．Ara-AのFHV-1への効果は*in vitro*で確認されており，眼病変に対して局所投与で応用されている[14,22]．CHV感染症に対しても，有効性を示す症例報告がある．Ara-Aは不溶性であるため，全身投与を試みる場合は，非常に多くの輸液を長時間かけての投与が必要になる．また悪心，嘔吐，下痢，骨髄抑制といった副作用も認められることがある．したがって獣医学領域では局所投与による治療が推奨される．

イドクスウリジン(IDU)はヌクレオシド類似体で，ウラシルの塩基対にヨウ素を付けているが，ウイルスDNAの複製時にデオキシウリジンが取り込まれる形状となっている．複製されるDNAで不可逆的にチミジンと置換し，DNAの構造を非機能的なものとする．IDUのFHV-1への効果は*in vitro*で確認されており，眼病変に対して局所投与で応用されている[14,20,22]．全身毒性が強いため，猫では局所治療に限られて使用されている．CHV感染に対するIDUの効果は確認されていない．

トリフルリジン(TRT)はIDUと同様にチミジンをハロゲン化したチミジンの類似体で，FHV-1への効果を示し，眼病変に対して局所投与で応用されている[14,22]．TRTはIDUより角膜への浸透がよいとされる．CHV感染に対するTRTの効果は不明である．4時間ごとの投与が推奨されている．

2 ヌクレオチド合成阻害薬

ヌクレオチド合成阻害薬はDNAおよびRNAの合成を阻害し，様々なウイルスに対して効果を示すが，毒性も強い．ホスカルネット(PFA)とリバビリン(RTCA)が獣医学領域では使用されている．

PFAはウイルスのDNAあるいはRNAポリメラーゼまたは逆転写酵素を阻害することで抗ウイルス作用を示し，主にはヘルペスウイルス感染症に用いられているが，レトロウイルス感染症への使用も検討されている．PFAのFHV-1への効果は*in vitro*で確認されているが，他の抗ヘルペスウイルス薬と比較すると，その効果は低い．CHV感染に対するPFAの効果は不明である．またFIVならびにFeLVの増殖抑制効果が*in vitro*で確認されているが，いずれも*in vivo*での効果に関する情報はない[7,20]．

RTCAはグアノシン類似体であり，様々なウイルスに対して抗ウイルス効果を示す．犬や猫のウイルスとしては，FIV，FeLV，FHV-1，猫カリシウイルス(feline calicivirus: FCV)，ボルナ病ウイルス(borna disease virus: BDV)，猫コロナウイルス(FCoV)，犬パラインフルエンザウイルス(canine parainfluenza virus: CPiV)などで*in vitro*において効果が確認されているが，*in vivo*での使用は強い毒性のため検討されていない[23-26]．特に猫に対しては強い毒性を示す．

c 受容体類似体/アンタゴニスト(拮抗薬)

受容体類似体あるいはアンタゴニストは，ウイルス自体または宿主細胞のウイルスレセプターに結合することで，ウイルスの細胞への吸着を阻害する薬剤である．ウイルス特異性があるため応用例は少ないが，例外的にFIVのレセプターの一つであるケモカインレセプターCXCR4のアンタゴニストとしてAMD3100(プレリキサホル , bicyclam)が応用されている．AMD3100のFIV感染猫への投与によって，血中ウイルス量の有意な減少が確認されている[27,28]．一方，血中マグネシウム量の減少も認められるため，血中カルシウム量も合わせてモニターすることが推奨される．AMD3100は0.5 mg/kg，BIDの用量で用いられる．

d ノイラミニダーゼ阻害薬

ノイラミニダーゼ阻害薬は，ウイルスの細胞からの遊離を阻害することで抗ウイルス効果を示す．代表的なものとしてオセルタミビル，ザナミビル，ペラミビルなどがあり，中でもオセルタミビルが獣医学領域では有用かもしれない．

オセルタミビルは，インフルエンザウイルス，パラインフルエンザウイルス，およびパラミクソウイルスのような，ノイラミニダーゼを有するウイルスに有効である．オセルタミビルは経口投与可能なノイラミニダーゼ阻害薬として初めて市販された薬剤である．獣医学領域では，オセルタミビルはH5N1高病原性鳥インフルエンザウイルス(highly pathogenic avian influenza virus: HPAIV)に対する抗ウイルス効果を示すことから，猫のH5N1 HPAIV感染に対して有効であるかもしれない[29]．また同薬剤のH3N8犬インフルエンザウイルスに対しても有効性が示唆されているが，本感染症は自己治癒が期待でき，またワクチンも利用可能であるため，抗ウイルス薬の必要性は低いとされる．

e イオンチャンネル阻害薬

イオンチャンネル阻害薬は，ウイルスの脱殻を阻害する．アマンタジンは，アダマンタンにアミノ基がついた構造をしているアミンの一種であり，エンベロープを有するRNAウイルスに有効とされ，獣医学領域で唯一報告のある薬剤である．しかしその使用も限定的であり，BDVに対して*in vitro*では有効であったが，BDV感染猫での使用では具体的な効果は得られなかったというものである．CPiV感染症の流行に対しては有効である可能性がある．

f ペプチド

代表的な薬剤としてL-リシンがある．予想される作用機序としては，過剰のリシンがアルギニンに拮抗し，ウイルスの増殖が抑制されるものと考えられている．HSV感染症と同様にFHV-1感染症にも効果を示すことから，猫のFHV-1感染症に対して応用されている[30]．プラセボ対照をおいた試験では，L-リシンを130 mg/head，BIDの用量で経口投与した群で，FHV-1感染症における結膜炎が軽減したと報告されている．CHV感染に対するL-リシンの効果については不明である．

免疫賦活剤/免疫調節剤

免疫賦活剤あるいは免疫調節剤と呼ばれる薬剤がしばしば感染症に適用されることがある．これらは非特異的な免疫の活性化を試みるものが多く，一般にワクチンが無効であり特異的な治療法のない細胞内寄生性細菌感染症，ウイルス感染症，真菌感染症，原虫感染症などに応用される．

a インターフェロン

組換えヒトインターフェロンα(rHuIFN-α)は免疫賦活作用および抗ウイルス活性を有するインターフェロンであり，多くのDNAおよびRNAウイルスに有効であるとされる．rHuIFN-αの獣医学領域における応用例は，猫のFIV，FeLV，FHV-1，FCVの各感染症とFIP，および犬と猫のパピローマウイルス感染症が報告されている．猫における投与量は，高用量(10^4〜10^6 IU/kg，SID，SC)と低用量(1〜50 IU/kg，SID，PO)の大きく2種類が推奨されている．rHuIFN-αは，FIVに対して*in vitro*では有効であり，FIV慢性感染例への応用では，血中ウイルス量に変化はないものの，生存期間の延長が認められている[31]．FeLVに対しても*in vitro*では有効であり，FeLV感染猫への投与ではAZTとの併用で血中ウイルス抗原量の減少や，臨床症状の軽減と生存期間の延長が報告されている[32,33]．FHV-1も*in vitro*ではウイルス増殖が抑制され，FHV-1感染猫における局所投与で角結膜炎が軽減される[34]．またACVなどとの併用で，治療に関して相乗効果が認められるとされる．FCVにも*in vitro*では有効であるとされるが，猫における効果の検証はされていない[34]．FIPに対するrHuIFN-αの効果は*in vitro*では確認されているが，*in vivo*では多少の生存期間の延長がみられるものの効果はないとされている．犬におけるrHuIFN-αの応用に関する情報はない．

猫インターフェロンω（IFN-ω）は，バキュロウイルスで発現された組換え体が市販されている．猫だけではなく犬にも使用でき，急性ウイルス感染症に対する推奨される投与量は，2.5×10^6 IU/kg，IVまたはSC，SID，5日間である．慢性感染例に対しては，10^6 IU/kg，SC，q24h，5日間である．FIV感染猫への投与では，生存率に影響は認められなかったものの，一部の臨床症状の改善がみられている[35]．FeLV感染猫への応用では生存期間の延長が認められている[36]．FHV-1感染症に対しては，*in vitro*では有効であるとされるが，実際の猫ではrHuIFN-αの方が効果を示し，むしろIFN-ωの投与は症状を悪化させたという報告がある[34,37]．FCVも同様で，*in vitro*では有効であるが，*in vivo*での効果は限られている．FIPに関してもいくつかの情報があり，当初，IFN-ωの投与により生存期間の延長を見るという報告がなされたが，その後の検証によりFIPに対するIFN-ωの効果は否定されている[38,39]．犬パルボウイルス（CPV）感染症に関しては，IFN-ωの投与は死亡率を有意に減少させるとされる．猫パルボウイルス（feline parvovirus: FPV）感染症に対する猫における効果は不明であるが，CPV感染症における検討結果をふまえ応用できる可能性がある[40]．

b　その他のサイトカインや成長因子

フィルグラスチムは，ヒト組換え顆粒球コロニー刺激因子（G-CSF）であり，好中球減少症をきたすようなウイルス感染症では使用されることがある[41,42]．しかし猫のレトロウイルス感染症ならびにFPV感染症では有用性は確認されていない．またCPV感染症においても本剤の投与が推奨されているが，科学的根拠には乏しいのが現状である．

サルグラモスチムは，顆粒球とマクロファージの産生を促す造血因子であり，顆粒球マクロファージコロニー刺激因子（GM-CSF）とも呼ばれる．他にも骨髄球系や赤芽球系の細胞の増殖も促すとされる．ヒト組換え体であるため，動物に投与した場合は抗体が産生され不活化されることがある．FIV感染猫への使用例があるが，好中球増加はみられたものの，血中ウイルス量の増加も認められたため，有効性は確認されていない[43]．

この他の因子としては，エリスロポエチン（EPO），インターロイキン2（IL-2），IL-8，インスリン様成長因子1（IGF-1）が挙げられるが，ウイルス感染症に対する情報は限られている．

c　インターフェロンやサイトカインの誘導因子

黄色ブドウ球菌プロテインA（SPA）は菌体の細胞壁成分から精製されたポリペプチドであり，T細胞やNK細胞の活性化，補体の刺激，IFN-γの分泌促進作用を有するとされる．FeLV感染症への応用が報告されているが，臨床的有用性は認められていない．

プロピオニバクテリウムアクネス（*Propionibacterium acnes*）の菌体成分も，マクロファージの活性化や，それにより各種サイトカイン産生を促進するとされている．FeLV感染症，FHV-1感染症，

FIPへの応用が報告されているが，劇的な有効性は示されていない．

BCGは*Mycobacterium bovis*の非病原性株から抽出された細胞壁成分であり，かつてはヒトの結核のワクチンとして用いられていた．細胞内寄生細菌由来の成分であるため，貪食細胞を介した免疫系の活性化を期待して免疫賦活剤として，特に犬や猫の腫瘍性疾患の治療に用いられたが，その効果は限定的である．

アセマンナンはアロエから抽出された，マンナンのポリマーで，水溶性であり免疫賦活剤として用いられる．猫のレトロウイルス感染症への応用例が報告されているが，その効果は不明である．

d その他の免疫賦活作用を有する薬剤

レバミゾール，*Serratia marcescens*の菌体抽出物，ジエチルカルバマジン，ラクトフェリン，リポソームなども免疫賦活作用を有する薬剤として知られている．

参考文献

1. Hartmann K(1995)：Feline Pract. 23, 16-21.
2. Hartmann K(1995)：Feline Pract. 23, 13-20.
3. Hartmann K(1998)：Brit Vet J. 155, 123-137.
4. Remington KM, Zhu YQ, Phillips TR, et al.(1994)：J Virol. 68, 632-637.
5. Tavares L, Roneker C, Postie L, et al.(1989)：Intervirology. 30 Suppl 1, 26-35.
6. Balzarini J, Egberink H, Hartmann K. et al.(1996)：Mol Pharmacol. 50, 1207-1213.
7. Gobert JM, Remington KM, Zhu YQ, et al.(1994)：Antimicrob Agents Chemother. 38, 861-864.
8. Medlin HK, Zhu YQ, Remington KM, et al.(1996)：Antimicrob Agents Chemother. 40, 953-957.
9. Hoover EA, Zeidner NS, Perigo NA, et al.(1989)：Intervirology. 30, 12-25.
10. Polas PJ, Swenson CL, Sams R, et al.(1990)：Antimicrob Agents Chemother. 34, 1414-1421.
11. Arai M, Earl DD, Yamamoto JK(2002)：Vet Immunol Immunopathol. 85, 189-204.
12. Bisset LR, Lutz H, Boni J, et al.(2002)：Antiviral Res. 53, 35-45.
13. Cogan DC, Cotter SM, Kitchen LW.(1986)：Am J Vet Res. 47, 2230-2232.
14. Nasisse MP, Guy JS, Davidson MG, et al.(1989)：Am J Vet Res. 50, 158-160.
15. Hirschberger J(1988)：Tierarztl Prax. 16, 427-430.
16. Nasisse MP, Guy JS(1989)：Vet Med Rep. 1, 155-165.
17. Nasisse MP, Dorman DC, Jamison KC, et al.(1997)：Am J Vet Res. 58, 1141-1144.
18. Fontenelle JP, Powell CC, Veir JK, et al(2008)：Am J Vet Res. 69, 289-293.
19. Hussein IT, Field HJ(2008)：J Virol Methods. 152, 85-90.
20. Maggs DJ, Clarke HE(2004)：Am J Vet Res. 65, 399-403.
21. Thomasy SM, Shull O, Outerbridge CA, et al.(2016)：J Am Vet Med Assoc. 249, 526-538.
22. Green CE ed.(1998)：Infectious diseases of the dog and cat, 2nd ed., 658-672, Saunders
23. Barlough JE, Scott FW(1990)：Vet Rec. 126, 556-558.
24. Greene CE ed.(1998)：Infectious diseases of the dog and cat, 2nd ed., 6-9, Saunders
25. Mizutani T, Inagaki H, Araki K, et al.(1998)：Arch Virol.143, 2039-2044.
26. Povey RC(1978)：Am J Vet Res. 39, 175-178.
27. Egberink HF, De Clercq E, Van Vliet AL, et al(1999)：J Virol. 73, 6346-6352.
28. Schols D, Struyf S, Van Damme J, et al.(1997)：J Exp Med. 186, 1383-1388.
29. Hurt AC, Selleck P, Komadina N, et al.(2007)：Antiviral Res. 73, 228-231.
30. Maggs DJ, Collins BK, Thorne JG, et al.(2000)：Am J Vet Res. 61, 1474-1478.

31. Pedretti E, Passeri B, Amadori M, et al.(2006)：Vet Immunol Immunopathol. 109, 245-254.
32. Cummins JM, Tompkins MB, Olsen RG, et al.(1988)：J Biol Response Mod. 7, 513-523.
33. Jameson P, Essex M.(1983)：Antiviral Res. 3, 115-120.
34. Fulton RW, Burge LJ(1985)：Antimicrob Agents Chemother. 28, 698-699.
35. Maynard L, De Mari K, Lebreux B(2000)：Proceedings of the 10th Congress, European Society of Veterinary Internal Medicine, 122.
36. Rogers R, Merigan TC, Hardy WD Jr, et al.(1972)：Nat New Biol. 237, 270-271.
37. Haid C, Kaps S, Gönczi E, et al.(2007)：Vet Ophthalmol. 10, 278-284.
38. Ishida T, Shibanai A, Tanaka S, et al.(2004)：J Feline Med Surg. 6, 107-109.
39. Ritz S, Egberink H, Hartmann K(2007)：J Vet Intern Med. 21, 1193-1197.
40. Mochizuki M, Nakatani H, Yoshida M(1994)：Vet Microbiol. 39, 145-152.
41. Fox LM, Bruederle JB(1996)：Vet Forum. 13, 36-38.
42. Kraft W, Kuffer M(1995)：Tierarztl Prax. 23, 609-613.
43. Arai M, Darman J, Lewis A, et al.(2000)：Vet Immunol Immunopathol. 77, 71-92.

12 感染症に対する薬剤

05 寄生虫

内部寄生虫に対する駆虫薬は，主に線虫類に効果を有する抗線虫薬，吸虫と条虫類に作用する抗吸虫・条虫薬および原虫に作用する抗原虫薬に分けられる．小動物臨床の領域においては，抗吸虫・抗条虫薬で認可を受けている医薬品はそれぞれ1剤に限られるが，抗線虫薬は数多く開発認可されている．一方，外部寄生虫に効力を発揮する薬剤は薬剤分類上は殺虫剤に括られているが，内部寄生虫に加えて一部の外部寄生虫に対する効力を持つ薬剤も開発されている．現在は上記製剤が単剤として商品化されているもののほかに，**表12-7**あるいは**表12-8**で示した各薬剤の作用部位や作用機序の差異（**表12-9**および**表12-10**参照）を鑑み，異なるメカニズムの薬剤を組み合わせて複数種の寄生虫に効果を有する複合製剤や，内部寄生虫と殺虫剤を組み合わせた製剤群も多く上市されている（➡p.789）．獣医師が使用するに際しては，各製剤の特性をよく認識し，駆除対象の寄生種の確定診断はもとより，投与対象の年齢や品種，合併症の有無などを総合的に考慮して薬剤選択することが望ましい．

表 12-7 本書に採録した内部寄生虫駆除剤（動物用医薬品）の有効成分

	薬剤系統	一般名	対象寄生虫
抗線虫剤	イミダチアゾール系	ピランテル	犬回虫，犬鉤虫
	ヘキサヒドロピラジン系	ピペラジン＊	犬回虫，猫回虫
	メチリジンラジカル系	メチリジン	犬鞭虫
	ジソフェノール系	アンサイロール	犬鉤虫
	ヒ素系	メラルソミン	犬糸状虫成虫
	マクロライド系	イベルメクチン	犬・猫回虫，犬・猫鉤虫，犬鞭虫（一部），犬糸状虫予防（犬・猫）
		ミルベマイシン	
		モキシデクチン	
		セラメクチン	
		エプリノメクチン	
	（プロ）ベンズイミダゾール系	フェバンテル	犬回虫，犬鉤虫，犬鞭虫
	ジクロオクタデペプチド系	エモデプシド	犬・猫回虫，犬・猫鉤虫，犬鞭虫
抗吸虫/条虫剤	プラジノイソキノリン系	プラジクアンテル	壺形吸虫，瓜実条虫，多包条虫，猫条虫，マンソン裂頭条虫
抗原虫剤	トリアジントリオン系	トルトラズリル	シストイシスポラ（犬）

＊：医薬部外品

表 12-8 各薬剤系統の薬理作用

薬剤名（一般名）	効果の分類	作用標的	寄生虫のレセプター	作用機序
ピランテル	運動器官に作用	イオンチャネル	ニコチン性アセチルコリン受容体（Na^+K^+チャネル）	アセチルコリン放出とコリンエステラーゼの阻害を引き起こし，線虫の神経―筋膜の脱分極を起こし痙攣性の麻痺を起こす.
ピペラジン	運動器官に作用	イオンチャネル	GABA開閉型塩素イオンチャネル	塩素イオンチャネルの開口により筋細胞の過分極を起こし，弛緩性の麻痺に導く.
アンサイロール	エネルギー代謝に作用	電子伝達系	ミトコンドリア内膜	酸化的リン酸化の脱共役による電子伝達系の反応とATP合成反応の共役を阻害し，虫体を死に至らしめる.
メチリジン	運動器官に作用	イオンチャネル		神経－筋接合部を遮断して筋・運動器官に作用
メラルソミン	エネルギー代謝に作用			グルコースの取り込みと代謝の変化，グルタチオン還元酵素の阻害
イベルメクチン，ミルベマイシン，モキシデクチン，セラメクチン，エプリノメクチン	神経系に作用	イオンチャネル	グルタミン酸開閉型塩素イオンチャネル	イオンチャネル開口を促進することでCl^-の流入が増加し，その結果筋肉の過分極が起こり弛緩性の麻痺を招く.
フェバンテル	エネルギー代謝に作用	微小管	β-微小管	蠕虫類の腸細胞や外皮細胞の微小管の重合を阻害し，グリコーゲンの枯渇，グルコースの取り込み，コリンエステラーゼ分泌の変化，ATP産生の低下などを招き死に至る.
エモデプシド	運動器官に作用	G-プロテイン結合受容体	ラクトフィリン受容体（デプシフィリン）	デプシフィリンのN末端に結合しチャネル開口に関与する2次促進物質を活性化してシナプス前伝達経路を開き，咽頭や全身の筋肉の活動を阻害あるいは弛緩性麻痺に導く未知の物質をシナプス後膜に放出して線虫類を死に至らしめる.

表 12-9 本書に採録した殺虫剤あるいは抗外部寄生虫剤（動物用医薬品）の有効成分

薬剤系統	一般名	対象寄生虫
ピレスリン・ピレスロイド系	ペルメトリン	ノミ，マダニ，蚊の忌避(犬)
	フルメトリン	ノミ，マダニ
カーバメイト系	プロポクスル	ノミ，マダニ，ヒゼンダニ(犬)
有機リン系	トリクロルホン	ノミ，シラミ(犬)
	ジムピラート	ノミ(犬)
ネオニコチノイド系	ニテンピラム	ノミ
	イミダクロプリド	ノミ
フェニルピラゾール系	フィプロニル	ノミ，マダニ，シラミ，ハジラミ
	ピリプロール	ノミ，マダニ(犬)
ホルムアミジン系	アミトラズ	ノミ，マダニ(犬)
マクロライド系	スピノサド	ノミ，マダニ(犬)
	セラメクチン	ノミ，ヒゼンダニ，ノミ卵および幼虫
	モキシデクチン	ミミヒゼンダニ(猫)，ヒゼンダニ，ニキビダニ症の症状改善(犬)
イソキサゾリン系	アフォキソラネル	ノミ，マダニ(犬)
	フルララネル	ノミ，マダニ
	サロラネル	ノミ，マダニ，ミミヒゼンダニ
	ロチラネル	ノミ，マダニ(犬)
フェニルエーテル系	ピリプロキシフェン	ノミ卵および幼虫
ドジカジエン酸イソプロピル	(S)-メトプレン	ノミ幼虫
ベンゾイルフェニルウレア系	ルフェヌロン	ノミ卵および幼虫

参考文献

- 農林水産省動物用薬品検査所 動物用医薬品データベース(http://www.maff.go.jp/nval/iyakutou/index.html)
- Bowman DD(2014)：Georgis' Parasitology for Veterinarians 10th ed., Elsevier
- Wiebe VJ(2015)：Drug Therapy for Infectious Diseases of the Dog and Cat, Wiley-Blackwell
- Maddison JE, Page SW, Church DB(2008)：Small Animal Clinical Pharmacology 2nd ed., Saunders
- 今井壯一監修(2019)：犬・猫・エキゾチックペットの寄生虫ビジュアルガイド，第1版第8刷，インターズー

表 12-10 殺虫剤の薬理作用

薬剤名（一般名）	効果の分類	作用標的	寄生虫のレセプター	作用機序
ペルメトリン，フルメトリン	神経系に作用	イオンチャネル	電位開口型ナトリウムイオンチャネル	Na^+チャネルに作用し，速やかに開口状態に固定して脱分極の状態を維持することで神経興奮の伝導を阻害
プロポクスル	神経系に作用	酵素	アセチルコリンエステラーゼ	アセチルコリンエステラーゼを阻害するため，神経終末においてはアセチルコリンの過剰状態に陥り，興奮の伝達を阻害
トリクロルホン，ジムピラート	神経系に作用	酵素	アセチルコリンエステラーゼ	同上
ニテンピラム，イミダクロプリド	神経系に作用	イオンチャネル	ニコチン性アセチルコリン受容体	疎水性ネオニコチノイドが速やかに昆虫類の中枢神経に流入し，シナプス後膜アセチルコリン受容体に作用する結果，アセチルコリンが神経末端に蓄積して麻痺を起こす．
フィプロニル，ピリプロール	神経系に作用	イオンチャネル	GABA開閉型塩素イオンチャネル，グルタミン酸開閉型塩素イオンチャネル	GABAおよびグルタミン酸塩素イオンチャネルの閉鎖により，神経伝達の過剰興奮を招き，節足動物を死に至らしめる．
アミトラズ	神経系に作用	G-プロテイン共役型受容体	オクトパミン受容体	オクトパミン受容体を介してオクトパミン性神経伝達を刺激する．
スピノサド	神経系に作用	イオンチャネル	ニコチン性アセチルコリン受容体，GABA開閉型塩素イオンチャネル	アセチルコリン受容体の活性化とGABA受容体に作用し，神経伝達系へ影響を与える結果，不随意筋の収縮を起こし痙攣を招くものと考えられる．
アフォキソラネル，フルララネル，サロラネル，ロチラネル	神経系に作用	イオンチャネル	GABA開閉型塩素イオンチャネル，グルタミン酸開閉型塩素チャネル	塩素イオンの流入を遮断する作用がある．GABA受容体に関してはNCA-Ⅱ結合部に作用するのが新たな特徴．神経刺激が亢進され，過剰興奮となり死に至る．
ピリプロキシフェン	核受容体	ホルモン様物質として作用	幼若ホルモン受容体	昆虫の体内で幼若ホルモンとして受容体に作用し，ホルモン放出を持続させるため，蛹化または成虫化を阻害あるいは殺卵効果を持つ．
(S)-メトプレン	核受容体	ホルモン用物質として作用	幼若ホルモン受容体	幼若ホルモン用物質として幼若ホルモン受容体活性を高め続けて変態を阻害
ルフェヌロン	酵素	キチン合成に作用	キチン合成複合体	節足動物の外骨格成分であるキチン質の合成を阻害し，幼虫のふ化および発育を阻害

13 ワクチン接種プログラム

はじめに

ワクチン接種で重要なことは，最小限の接種頻度で最大限の効果を得られることであり，この目的のために世界小動物獣医師会[1]，アメリカ動物病院協会[2]，アメリカ猫臨床医会[3]，さらには欧州猫疾病諮問委員会[4]，などによるガイドラインが提唱されている．これらはそれぞれでいくつかの相違点はあるものの，できるだけ多くの動物に可能な限り少ない頻度で接種を行うという基本理念は共通している．

ここでは日本語版もアップロードされている2015年版の世界小動物獣医師会のワクチネーションガイドライン(以下ガイドライン)を中心に，現在最も推奨されるプログラムを紹介する．

現在日本においては以下に紹介する方法は，小動物臨床分野では普及啓発が始まったばかりであり，今後の動向に注目する必要がある．

コアワクチンとノンコアワクチン

ワクチンをすべての犬猫に接種すべきとする主要なワクチン，コアワクチンと生活環境や飼育形態により必要のある動物にのみ接種するワクチンとする特殊なノンコアワクチンに分類しているのがこのガイドラインの大きな特徴である(**表13-1，2**)．

コアワクチンが対象とする感染症は全世界で発生がみられ，発症すると重篤化する可能性がある疾患である．このことから，個体免疫だけでなく，まん延防止のための集団免疫が必要な疾病群を対象とするワクチンであり，そのために高い接種率が望まれる．これに対してノンコアワクチンは

表13-1 犬と猫のコアワクチン

動物種	ワクチンの対象病原体（それによる疾患）
犬	犬ジステンパーウイルス(CDV)
	犬パルボウイルス2型(CPV-2)
	犬アデノウイルス2型(CAV-2)
	狂犬病ウイルス*
猫	猫汎白血球減少症ウイルス(FPLV)
	猫ヘルペスウイルス1型(FHV-1)
	猫カリシウイルス(FCV)

* 法律で接種が義務付けられている狂犬病ワクチンも当然含まれる，とされているため，日本では狂犬病ワクチンもコアワクチンに含まれる．

表13-2 犬と猫のノンコアワクチン

動物種	ワクチンの対象病原体（それによる疾患）
犬	犬パラインフルエンザウイルス(CPiV)
	Leptospira interrogans
猫	猫白血病ウイルス(FeLV)
	Chlamydia felis
	猫免疫不全ウイルス(FIV)

個体免疫のみを主目的としており，個々の動物で接種の必要性を判断すべきワクチンである．

接種プログラム

接種プログラムには以下の3種である．

①初年度のシリーズ
②再接種
③追加接種

このように大きく分けられる．これらの時系列に従ってコアワクチンとノンコアワクチンに分けてプログラムを説明する．

a 初年度のシリーズ

1 コアワクチン

初年度に実施する幼若期のシリーズでは移行抗体(maternally derived antibody: MDA)の影響によりワクチンの効果が得られないリスクを回避するために，MDAが一定の水準以下に低下した時期に最終接種を行う必要がある．それが**表13-3**のプログラムだが，これは現在流通している各ワクチンの添付文書の記載より多く(通常は1回)接種する必要があるため，十分なインフォームドコンセントが必要である．

また，初年度のプログラムにおける抗体価の検査を受託する検査センターもあり，これによって必要最低限の接種回数で免疫を賦与することも可能である．

一般に幼若期のシリーズは16週齢までで，それ以降は成熟した動物と同様に扱われる．

表13-3 犬と猫のコアワクチンの初年度のシリーズにおける接種方法

動物種	ワクチンの対象病原体(それによる疾患)	初年度の接種方法
犬	犬ジステンパーウイルス(CDV)	6～8週齢で開始し，16週齢以上となるまで2～4週ごと
	犬パルボウイルス2型(CPV-2)	
	犬アデノウイルス2型(CAV-2)	
猫	猫汎白血球減少症ウイルス(FPLV)	6～8週齢で開始し，16週齢以上となるまで2～4週ごと
	猫ヘルペスウイルス1型(FHV-1)	
	猫カリシウイルス(FCV)	

2 ノンコアワクチン

ノンコアワクチンのプログラムを**表13-4**に示した．CPiVなどはコアワクチンと同様であるが，他のワクチンはそれぞれ異なるプログラムがあるため注意が必要である．また，添付文書と異なる接種法が示されている場合も多く，コアワクチンと同様，十分なインフォームドコンセントの元に適用する必要がある．

表 13-4　犬と猫のノンコアワクチン

動物種	ワクチンの対象病原体（それによる疾患）	初年度の接種方法
犬	犬パラインフルエンザウイルス(CPiV)	6〜8週齢で開始し，16週齢以上となるまで2〜4週ごと
	Leptospira interrogans[*1]	8週齢以上で1回目を，2〜4週後に2回目を接種
猫	猫白血病ウイルス(FeLV)	8週齢で1回目を，3〜4週間後に2回目を接種
	Chlamydia felis[*2]	9週齢で1回目を，2〜4週間後に2回目を接種
	猫免疫不全ウイルス(FIV)[*3]	8週齢で1回目を接種し，2〜3週ごとに3回目まで接種

*1　*Leptospira interrogans* は種名であり，Canicola や Icterohaemorrhagiae などは血清型群（多くの型のものが含まれている）である．ここでは複数の血清型を含む病原性レプトスピラを指している．
*2　最近の報告に従って属名が変更となっている．
*3　2010 年版までの接種を推奨しないワクチンから 2015 年版ではノンコアワクチンに変更となった．

b　再接種と追加接種

1　コアワクチン

犬と猫のコアワクチンの再接種および追加接種のプログラムを**表13-5**に示した．

犬では，3種のコアワクチンはすべて同じ接種法であるが，猫ではFHV-1およびFCVの追加接種で感染リスクにより異なるプログラムが提示されている．すなわち，低リスク群では，再接種の後は3年未満の間隔では追加しないとされているが，高リスク群では毎年の追加が推奨されている．

表 13-5　犬と猫のコアワクチンの再・追加接種の間隔

動物種	ワクチンの対象病原体（それによる疾患）	初年度の接種方法
犬	犬ジステンパーウイルス(CDV) 犬パルボウイルス2型(CPV-2) 犬アデノウイルス2型(CAV-2)	6カ月齢または1歳
猫	猫汎白血球減少症ウイルス(FPV)	6カ月齢または1歳で再接種した後 は3年未満の間隔では追加しない．
	猫ヘルペスウイルス1型(FHV-1) 猫カリシウイルス(FCV)	低リスク群[*1]：6カ月齢または1歳で再接種した後 は3年未満の間隔では追加しない．
		高リスク群[*2]：6カ月齢または1歳で再接種した後 は毎年追加

*1　室内で単頭飼育されており，ペットホテルなどを利用しないような生活環境
*2　定期的にペットホテルを利用したり，多頭飼育で室内と屋外を行き来するような生活環境

2015年版のガイドラインでは，再接種の時期が6カ月齢または1歳と，初年度のシリーズの接種時期とは無関係に設定されているが，アメリカ動物病院協会のように初年度の最終接種の1年後に接種するよう推奨しているガイドラインもあり，いずれを選択するかは臨床獣医師が判断する．

2 ノンコアワクチン

ノンコアワクチンは**表13-6**のとおり犬猫ともに多くが再接種の後は毎年追加とされている．これらのワクチンは，毎年その接種の必要性を判断し，必要がないと考えられる場合には接種を行わず，また翌年に同様の判断を行う．

表13-6 犬と猫のノンコアワクチンの再・追加接種の間隔

動物種	ワクチンの対象病原体（それによる疾患）	初年度の接種方法
犬	犬パラインフルエンザウイルス(CPiV)	6カ月齢または1歳で再接種した後は 毎年追加
	Leptospira interrogans	毎年追加[*1]
猫	猫白血病ウイルス(FeLV)	1年後に再接種した後はリスクがある 個体では2～3年以上の間隔で追加
	Chlamydia felis	リスクがある個体では毎年追加
	猫免疫不全ウイルス(FIV)	1年後に再接種した後はリスクがある 個体では毎年追加

*1　2010 年版では 9 ～ 12 カ月ごとの接種を推奨していた．

我が国でのワクチン接種プログラムを考える

近年，我が国においても，上記で解説したアメリカでのワクチネーションプログラムに基づいて，コアワクチン・ノンコアワクチンを分けて考え接種していく気運が高まってきている．しかしながら，ワクチン添付文書においては毎年１回の追加接種が必要とされている．今後，グローバルな犬猫の流通・移動を考え，世界的な流れから，アメリカでのワクチネーションプログラムにシフトしていく必要性が出てくることを考え，以下に現在我が国で推奨できるワクチンプログラム例をまとめてみた(**図13-1**)．

また我が国の犬において，狂犬病は別投与であるが，コアワクチンとして毎年接種することが法律で義務付けられている．

さらにレプトスピラ症については，犬・ヒトでの発生報告および調査により，我が国においては全土にまん延していることがわかってきた．また都市近郊の室内においても家ネズミの増加より室内犬での発生報告があるため，ノンコアワクチンとして毎年接種することを推奨する．本症は各発生国において，流行している血清型が異なるので，我が国においては，流行している血清型をカバーできるワクチンの投与を推奨する．付録に現在我が国で発売されているワクチン(犬・猫)をまとめてみた(➡p.824)．

コアワクチン接種後の抗体検査は，我が国においては各検査会社，抗体検査簡易キットなどを利

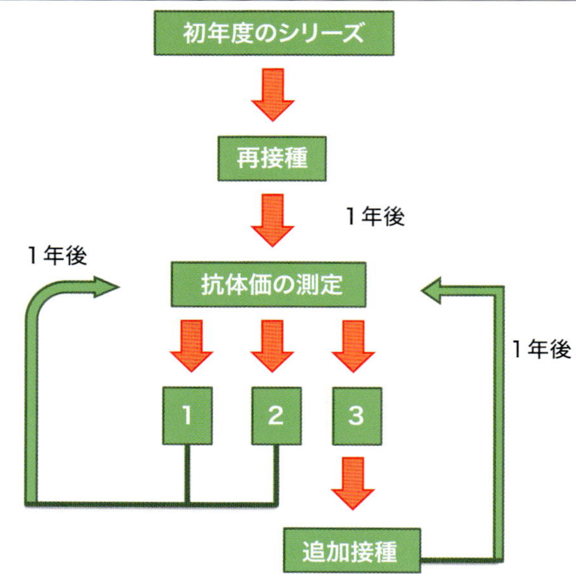

特に犬のコアワクチンについて抗体検査による追加接種の必要性の判定を行っている．初年度のシリーズの後の再接種まではWSAVAのガイドラインに準じて行い，再接種の約1年後に抗体検査を実施している．十分な抗体価が得られていればワクチンを接種することなくさらに翌年検査を行う．検査はマルピーライフテック株式会社で行い，

①十分なワクチン効果が得られている．
②現時点ではワクチン効果が期待できるが，1年以上の効果を期待するにはもう少し高い抗体価が望ましい．
③ワクチンの効果が不十分
という3段階の基準に従って判断している．

①十分なワクチン効果が得られている場合
- ワクチン接種を行わず翌年再検査を行い，①または②である場合は同様にワクチン接種を行わずにさらに翌年再検査を行っている．

②現時点ではワクチン効果が期待できるが，1年以上の効果を期待するにはもう少し高い抗体価が望ましいとされた場合
- ①と同様，ワクチン接種を行わず翌年再検査を行う．通常は②または③の結果となるが，②となった場合は，さらに1年後に検査を行う．
- ③となった場合は次項のとおりとする．

③ワクチンの効果が不十分な場合
- 通常はコアワクチン3種のうち1種のみでこの判定が出ることが多い．この場合は，不十分とされたワクチンを含む最低限のワクチンを接種する．現在国内では，パルボウイルスは単味のワクチンが，また，犬ジステンパーについてはパルボウイルスとの2種混合ワクチンが入手可能である．これに対してアデノウイルス2型は，最低でも5種混合ワクチンを接種する必要がある．この後さらに1年で検査を行い，結果により接種の必要性を判断する．
- ③の判定となる場合はそれ以前の接種から数年以上経過している例が多く，それらの例では1回追加接種を行うと翌年には抗体価が上昇することがほとんどである．しかし，前年に再接種ないし追加接種をしているにもかかわらず有効な抗体を得られない症例も一定の割合認められる．これらの例では連続して2年程度接種を行って，なお抗体価が基準値を下回る場合はワクチンの効果が不十分な可能性があることを家族に説明し，その後の追加接種の時期を判断している．このような場合も1種類のみの抗体価が低く，残る2種類は基準値以上であることがほとんどのため，抗体価の検査を毎年行いながら，問題となる 1種類以外の抗体価が③となった時点で追加をすることが多い．これらの個体では，犬の多く集まるところに行かない，見知らぬ犬と接触しない，などの感染経路に対する対策を講じることで感染症の予防を行うこととなる．このようなノンレスポンダーやローレスポンダーの発見のためにも抗体価の検査は可能な限り行うべきではないかと考えられる．アレルギー反応の既往や慢性疾患などでワクチン接種が行えない個体でも，③となった場合には感染経路に対する対策を行う．

図 13-1 推奨されるワクチンプログラムの実際例．提供：栗田吾郎先生（栗田動物病院）

用して行える．各種検査センターで，ワクチン抗体価の測定が外注でき，簡易キットも発売されている（➡p.827）．

おわりに

今後，我が国においても先にまとめたように，コアワクチン・ノンコアワクチンを分けて考え投与し，また狂犬病を除く，コアワクチンの追加は，毎年の抗体価の測定結果より判断する方向に変わっていくものと考える．

今回，本文をまとめるにあたって，多大なるご協力をいただいた，栗田動物病院，栗田吾郎先生に深謝いたします．

参考文献（各団体のワクチネーションガイドライン）

1. 世界小動物獣医師会（https://www.wsava.org/guidelines/vaccination-guidelines）
2. アメリカ動物病院協会（https://www.aaha.org/guidelines/canine_vaccination_guidelines.aspx）
3. アメリカ猫臨床医協会（http://journals.sagepub.com/doi/pdf/10.1177/1098612X13500429）
4. 欧州猫疾病諮問委員会（http://www.abcdcatsvets.org/guidelines-infections）

14 消毒方法

消毒と感染制御の基本的な考え方

消毒を行うにあたり重要な概念が感染制御である．感染制御とは，感染症の発生を事前に防止することおよび，発生した感染症がさらに広がらないように管理することを意味する．感染症発生には次の諸条件がすべて満たされることが必要条件である．

①原因微生物の存在
②感染症を惹起する十分な微生物量
③微生物のビルレンス（感染を起こす能力，重症化させる能力）
④感染経路の存在（病原微生物が侵入するプロセス）
⑤生体の感受性部位の存在（侵入門戸）
⑥生体の抵抗力が原因微生物の増殖に十分干渉しない（易感染性，免疫低下など）

感染制御とは，これらの条件を満たさないようにする積極的な対策で，つまりどれか一つ以上を欠けさせるような対策のことである．これより概説する消毒法とは，「①原因微生物の存在」「②感染症を惹起する十分な微生物量」のいずれかまたは両方を満たさないようにする方法である．

感染制御において微生物を殺滅または除去する処理方法で滅菌という手段があるが，この対象は限られている．滅菌より不完全な方法であるが，多くの対策として行う方法が消毒法である．生体，環境，手術器具を除く機器，器具，リネン類などは消毒法の適用となる．消毒法は効率，効果，安全性，経済性など様々な要素を考慮して行う．

消毒の役割と分類

消毒とは生存する微生物を減らすために用いられる処置法で，滅菌と異なり必ずしも微生物をすべて殺滅，除去するものではない．小動物医療において消毒は明確な概念はなく，対象微生物が消毒によってどれくらい減少したら消毒されたと判断する基準は存在しない．人医療において，いくつかのガイドラインがあるので，それを参考に実施する．

a 消毒法の分類

消毒法には湿熱や紫外線を用いる物理的消毒法と消毒薬を用いる化学的消毒法がある（**図14-1**）．化学的消毒法に比べ物理的消毒法は安全性，確実性が高く，熱に耐える器具，物品を消毒するには，熱水消毒など物理的消毒法を選択することが望ましい．

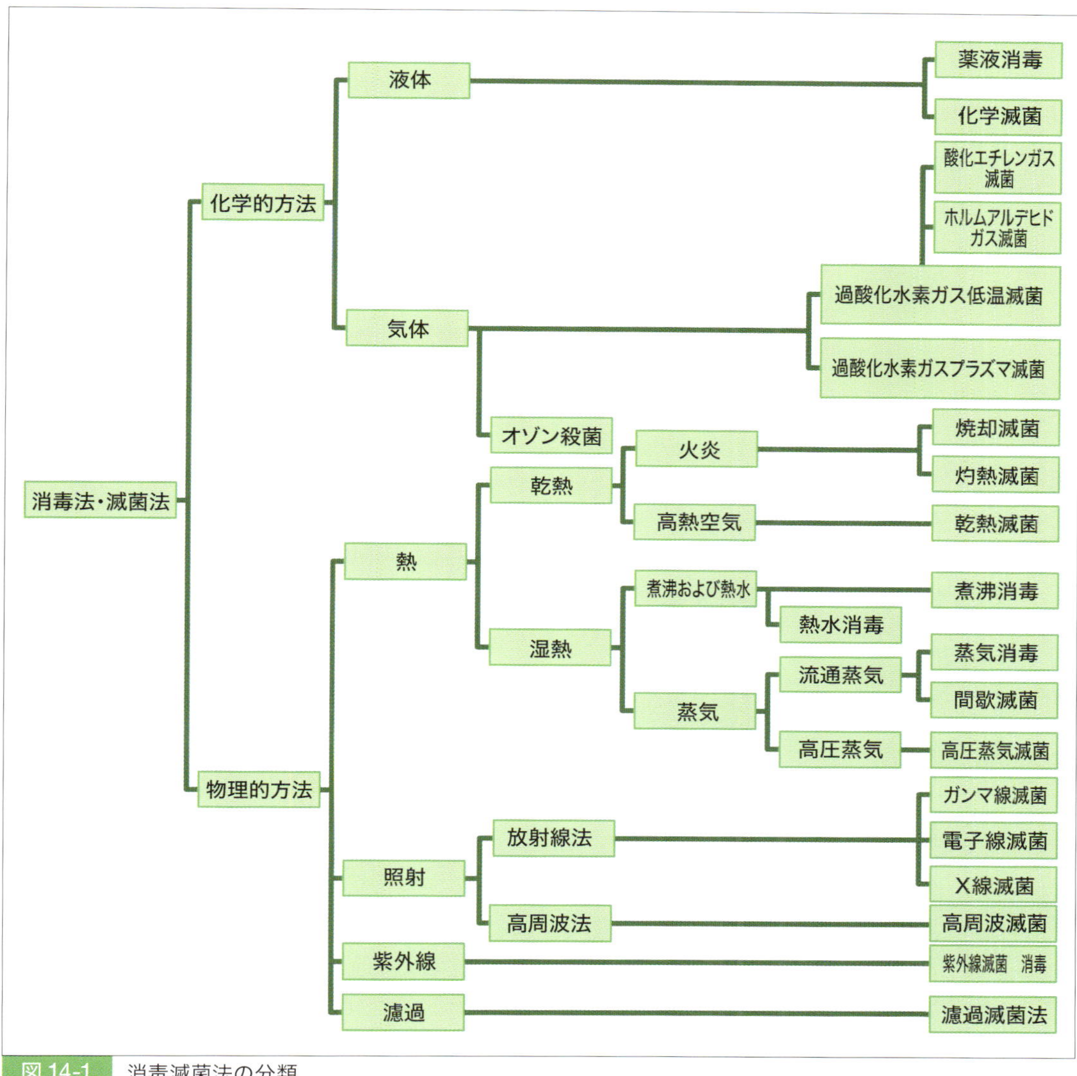

図 14-1　消毒滅菌法の分類

1　物理的消毒法

小動物医療現場で用いられる物理的消毒方法は主に熱水消毒であり，人医療における消毒と滅菌のガイドラインでは**表14-1**のような処理条件が規定されている．

2　化学的消毒法

熱が使用できない場合に消毒薬を用いた化学的消毒法を用いる．生体および環境と非耐熱性の医療器具などが対象となる．

化学的消毒の効果に影響する因子があるのでそれを理解して正しい用法を守らなくてはならない．以下にそれらの10の特性を記す．すべて理解したうえで消毒液を使用しなくてはならない．

表 14-1 小動物医療領域で用いる物理的滅菌法

対象物	処理条件
器具類一般	80℃ 10 分間の熱水
鋼製小物	93℃ 10 分間の熱水
リネン	80℃ 10 分間の熱水
食器	80℃ 10 秒間の熱水，場合により 10 分間

①微生物に対する抗菌スペクトルがあり，すべての微生物に有効なものはなく，効果の及ばない微生物が必ず存在する．
②必ずしも速効的でなく，消毒薬が殺菌効果を示すには適切な接触時間が必要で，微生物の抵抗性と消毒薬の種類により必要な時間は異なり，通常は3分以上の接触時間が必要である．
③有機物(血液，糞尿など)が混入すると消毒薬の殺菌効果が減弱する．
④器具や環境の消毒薬には生体毒性がある．
⑤消毒薬は化学的に不安定な物質であり，保存による効果の低下がある．
⑥消毒対象物に対して金属腐食作用，素材の劣化などの悪影響を及ぼすことがある．
⑦決められた希釈を行って正しい濃度で使用する．
⑧不快な臭気や異常な着色が発生することがある．
⑨廃棄により環境に対する悪影響が出ることがある．
⑩消毒薬の中でも生息できる微生物が存在することがある．

b 消毒方法

消毒対象物の形状や素材，大きさに応じて各種消毒薬を選択する．どの方法で消毒すべきかは，有効性およびそれを行う人の安全を考慮して選択する．

1 浸漬法

器具類の消毒に用いられる最も一般的な消毒法である．適切な容器に消毒薬を入れて完全に浸透して殺菌する．器具が完全に浸漬していなかったり，分解していなかった場合(**図14-2**)，また気泡がついていた場合には消毒は不確実となる．消毒薬の蒸発を防ぎ有毒ガスを防ぐため必ず蓋をする．消毒効果を高めるために汚染器具の予備洗浄やブラッシングが必要である．

2 清拭法

消毒薬をガーゼや雑巾，モップに染み込ませて環境の表面を拭き取る方法である．十分に消毒薬を塗りつけないとすぐに乾燥してしまい消毒不良となる．清拭方法は一方向に拭き取ることが重要である．例を挙げると部屋の床の清拭では奥の方から出入り口の方向に拭く．使用後の雑巾やモップは必ず洗浄と消毒をして，乾燥を行う．

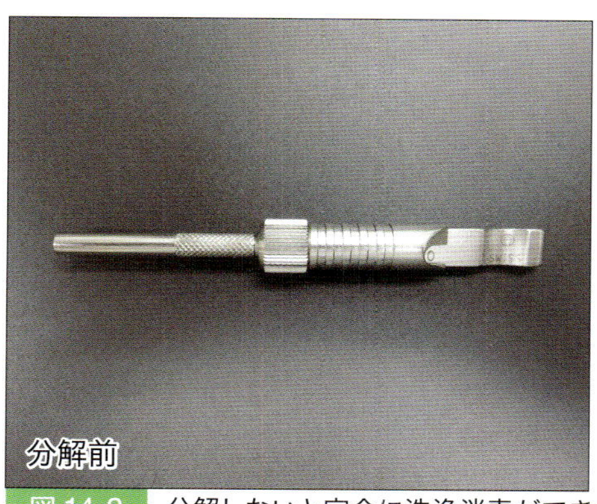

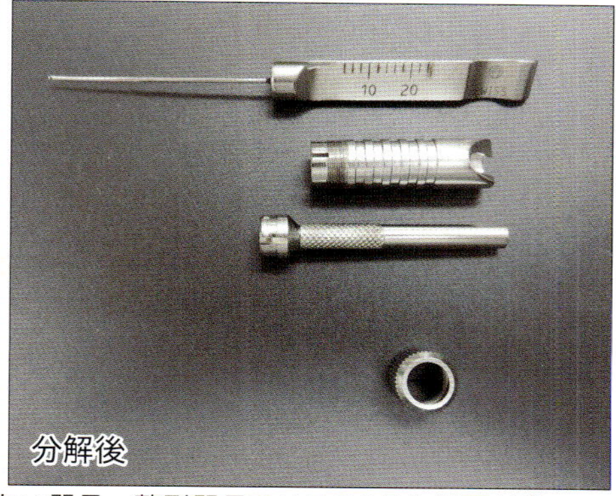

図 14-2 分解しないと完全に洗浄消毒ができない器具．整形器具ではこのような器具が多い．

3 | 散布法

スプレー法とも呼ばれ，消毒薬を器具を用いて撒く方法である．清拭法では消毒できない割れ目や隙間のみ適用となる．噴霧した消毒液による吸入毒性に気をつけなくてはならない．

4 | 灌流法

細長い内腔を有している用具の消毒法である．チューブ，カテーテル，麻酔の蛇管，内視鏡などが適用となる．内腔をブラッシングできれば施行していると洗浄，消毒効果が高まる．

c 消毒対象物による消毒薬の選択

消毒対象，部位によって消毒方法は様々であり，誤った方法を行うと対象物の破損や生体に悪影響を及ぼす可能性がある．消毒を行う際は使用可能かどうか熟考したうえで消毒を実施する．

1 | 生体

生体は，対象症例はもちろんのこと，消毒を行う医療従事者の消毒も重要になる．

i 症例

(1) 注射部位

注射部位から感染を起こすのは稀であるが，抗がん剤使用時，注射部位の皮膚が汚染されている場合，血液培養を行う場合は注意が必要である．

注射部位では速効性と速乾性が求められるためアルコールを用いることが多い．

推奨される消毒液

消毒用エタノール，70％イソプロパノール，イソプロパノール添加エタノール液

(2) 血管内留置カテーテル挿入部位の皮膚

院内感染の一つである血流感染の多くは血管内留置カテーテルに関連している．また毛も感染の温床になるのでカテーテル挿入部位付近の毛刈りを行った方がよい．カテーテルの挿入は末梢血管への挿入であっても侵襲性が高く侵襲期間も長いため，挿入部位には念入りな消毒が必要である．

推奨される消毒液

消毒用エタノール，70%イソプロパノール，10%ポビドンヨード液，1%クロルヘキシジンエタノール液，0.5%クロルヘキシジンエタノール液，ヨードチンキ

(3) 皮膚の創傷部

一般的な創傷部は高度に汚染されている場合があり，入念な毛刈りと生理食塩水などによる洗浄を行うことが第一選択となる．壊死部分がある場合は外科切除も考慮が必要である．

推奨される消毒液

10%ポビドンヨード液，0.5%クロルヘキシジンエタノール液，ヨードチンキ

(4) 手術創

手術創において消毒薬は細胞毒性により治癒を遅らせる可能性があることを考慮する．手術後の縫合された手術創の場合，人医療では滅菌されたドレッシング材で被覆保護することのみが推奨されるが動物医療においては糞尿で汚染する場合もあるので必要に応じて消毒が必要である．

推奨される消毒液

10%ポビドンヨード液，0.5%クロルヘキシジンエタノール液

(5) 粘膜の創傷部位

粘膜の創傷部位は皮膚の創傷部位に準ずる．日本ではクロルヘキシジンの粘膜への使用は禁忌とされている．

推奨される消毒液

10%ポビドンヨード液

(6) 褥瘡

褥瘡の消毒については明確なエビデンスがない．しかし糞尿で汚染された場合は細菌感染が起こる可能性があるため洗浄が必要である．

ii 医療従事者

(1) 手洗い

感染対策における最も重要な要件として動物医療従事者による手洗いがある．感染症において動物医療従事者からの伝播のほとんどは手から感染することを理解する．衛生的手洗いには消毒薬入り石鹸と流水を用いたスクラブ法(**図14-3**)と速乾式消毒薬を用いたラビング法(**図14-4**)がある．

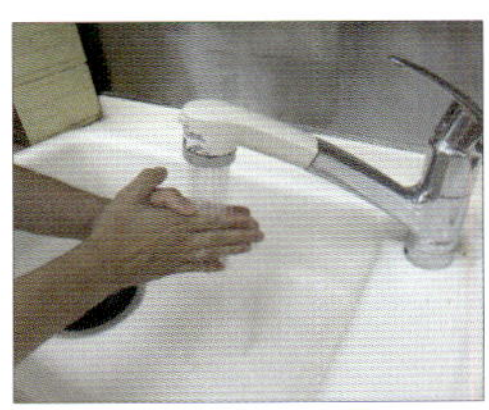
流水で洗浄する部分を濡らす

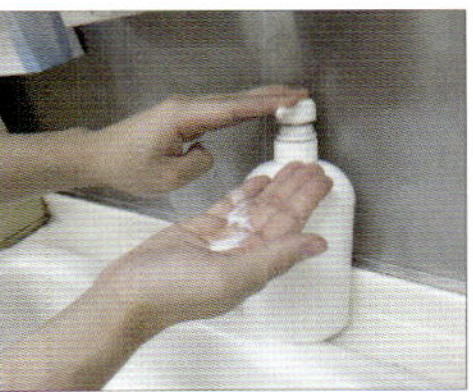
薬用石鹸または消毒液を手に取る

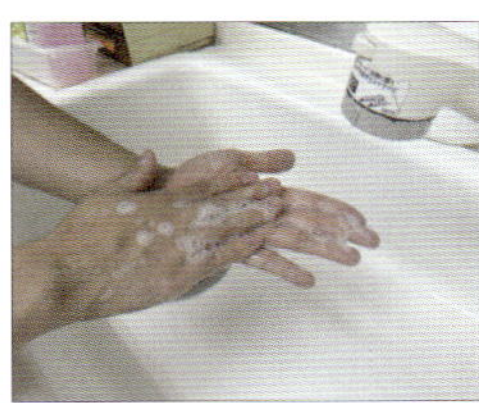
手のひらを洗う

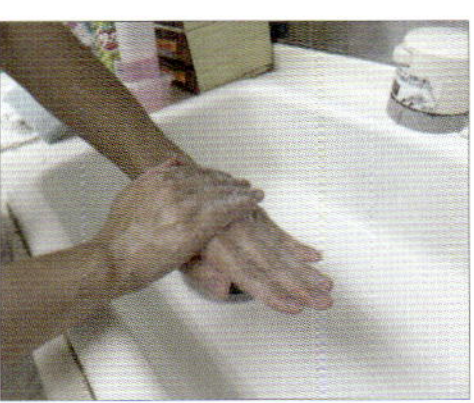
手の甲を洗う

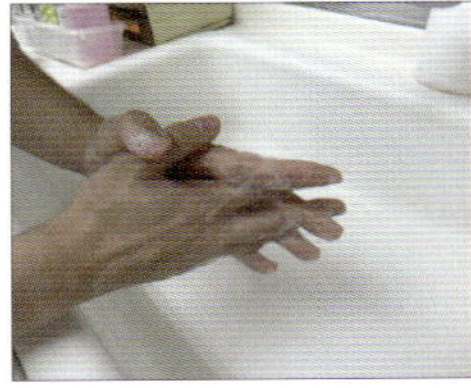
指の間や親指をよく洗う

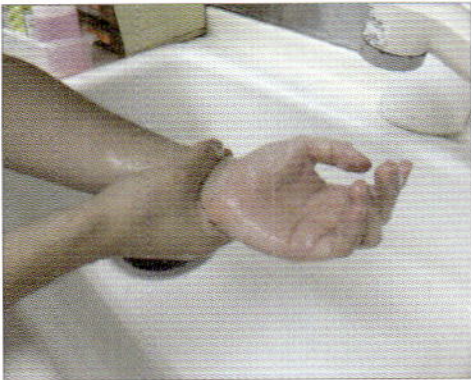
手首，肘を洗う

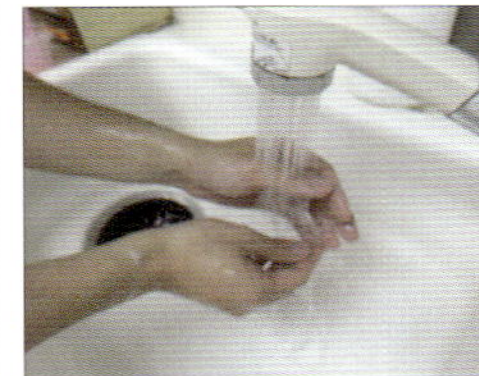
流水で洗い流す

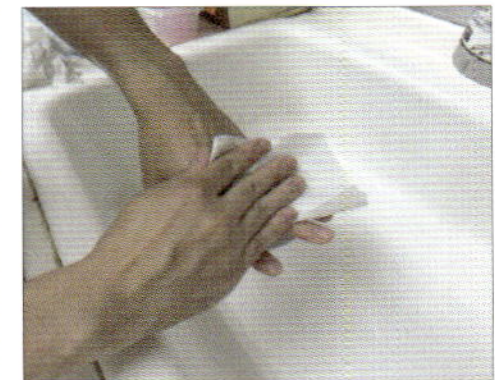
ペーパータオルなどでよく拭く

図 14-3　スクラブ法

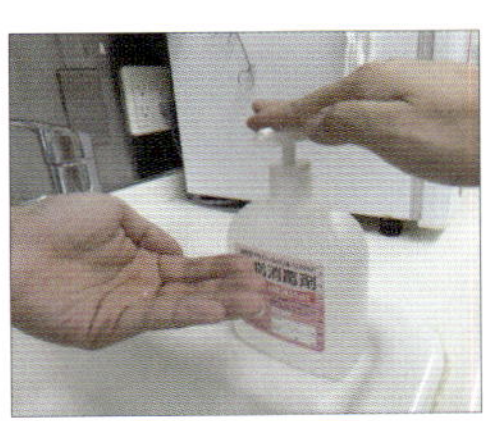
消毒液を手のひらに受け取る

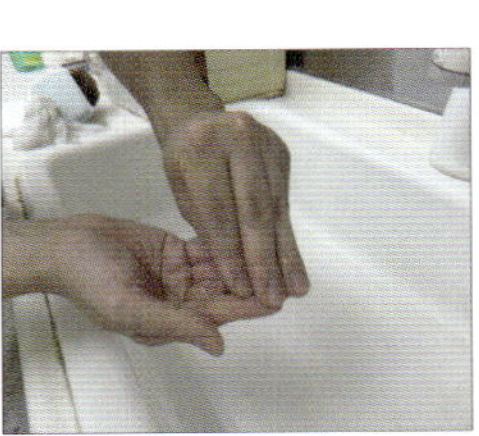
両手の指先に消毒液を擦り込む

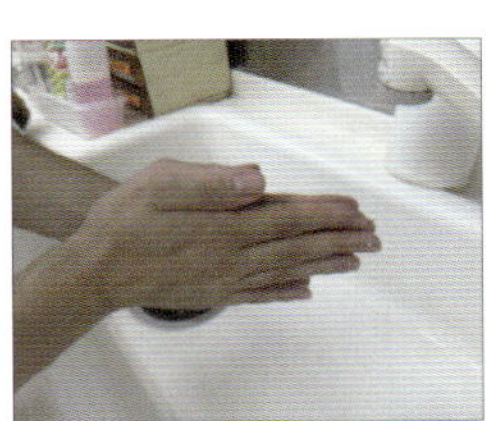
手のひらによく擦り込む

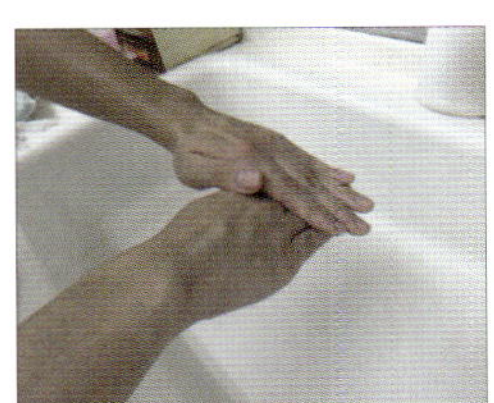
手の甲によく擦り込む

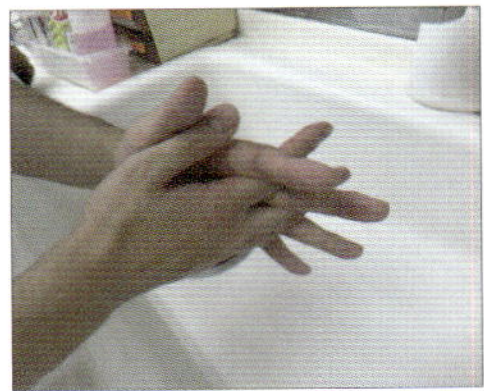
指の間にも擦り込む

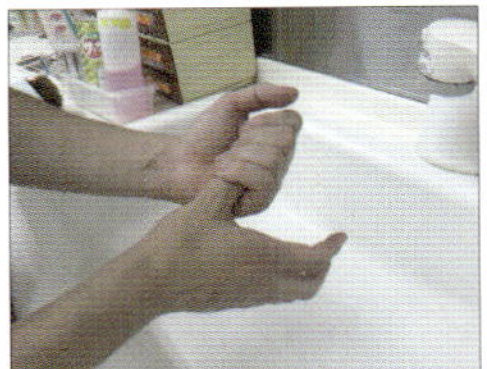
親指にも擦り込む

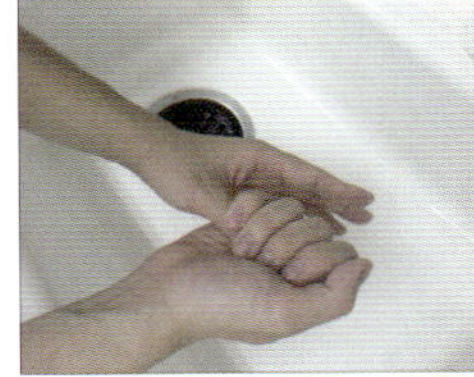
親指周囲も擦り込む

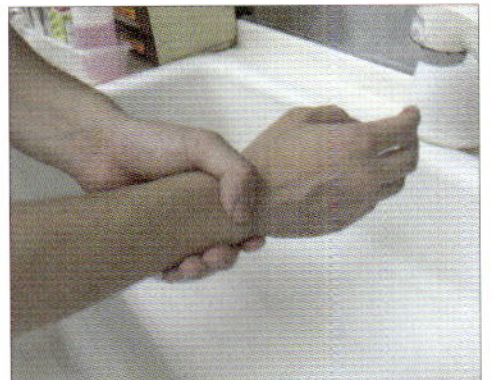
手首も忘れず擦り込む

図 14-4　ラビング法

感染症を疑う動物に触れた場合手洗いはもちろんだが，白衣も同時に取り替える必要がある．また筆記用具，履物の汚染にも気をつける．

2 | 器具および環境

器具や環境の消毒も正しい知識を持って消毒を行わないと，破損や故障など経済的な被害を被る可能性がある．

i 器具

(1) 鋼性小物

原則として洗浄後に滅菌してから使用するため消毒薬を使用する必要はない．しかし有機物が残存しないように洗浄を徹底する必要がある．

(2) 洗浄できない器材の消毒

電気メス，整形器具などの流水による洗浄が不可能である器材では生理食塩水またはアルコールを染み込ませたガーゼで清拭する．

(3) 検査器具

材質によってエタノール(アルコール)，イソプロパノール，次亜塩素酸ナトリウムや複合次亜塩素酸消毒液を使い分ける(**表14-2**)．

表 14-2 検査器具の消毒

		次亜塩素酸ナトリウム	アルコール
金属		△(腐食作用あり)	○
木材		○	○
プラスチック	ポリエチレン（包装材，手袋，バケツ）	○	○
	ポリプロピレン（食器，シリンジ）	○	○
	スチロール（食器トレー，シャーレ）	○	△(変性する可能性あり)
	アクリル（スピッツ管）	○	△(変性する可能性あり)
	ポリ塩化ビニール（ラップフィルム，水道管）	○	○
	ABS	△(変性する可能性あり)	△(変性する可能性あり)
	ナイロン	×	○
ゴム	クロロピレンゴム	○	○
	シリコンゴム	×	○
	フッ素ゴム	○	○

(4)食器

直接，口腔粘膜と接するので，入念な洗浄と消毒が必要である．パルボウイルスのような消毒抵抗性が強い病原体に対しては，洗浄後高圧蒸気滅菌する．

ii 環境

院内の環境消毒の場合，動物が舐める可能性があるので消毒液の残留性の問題も考慮する必要がある．

推奨される消毒液

次亜塩素酸ナトリウム(0.02%)，エタノール，イソプロパノール

(1)天井・壁

感染を疑う動物やヒトの接触・汚染物が付着した場合以外では一般的な清掃のみで問題ない．感染源と考えられる場合は乾燥したペーパタオルで汚染物を取り除き次亜塩素酸ナトリウム(0.02%)で消毒をする．

(2)床

一般的な清掃の後にモップまたは雑巾を用い次亜塩素酸ナトリウム(0.02%)で消毒をする．換気を必ず行う．床は動物が舐める可能性があるので，消毒後の水拭きも必要である．

(3)診察台

エタノール，イソプロパノール，次亜塩素酸ナトリウムや複合次亜塩素酸消毒液を使い分ける．**図14-5**では汚染物が付着した際の診察台の消毒について例示する．

(4)入院舎

床は感染源になるので履物を交換する必要がある．

(5)入院ケージ

エタノール，イソプロパノール，次亜塩素酸ナトリウムや複合次亜塩素酸消毒液を使用する．ケージの清拭は清潔度の高い場所から行う，つまり天井壁(3面)床の順番となる(**図14-6**)．また清拭使用するタオルは1ケージ1タオルとし，床を清拭したタオルで次のケージを清拭してはならない．残留の可能性のある消毒液を使用した後は水で清拭する．

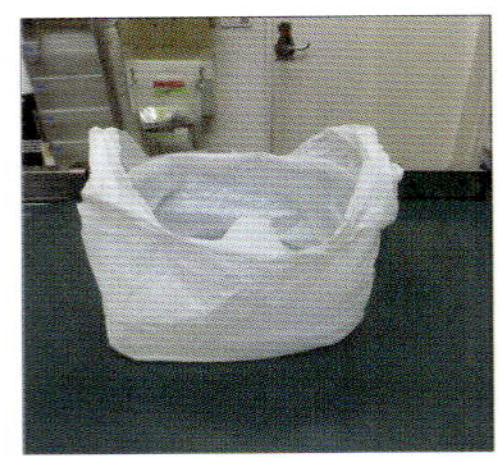

廃棄用のビニール袋を用意する

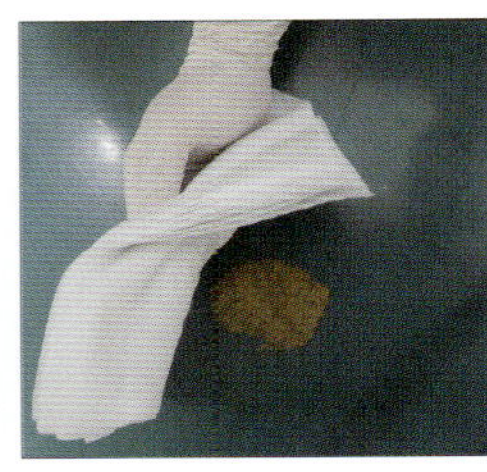

使い捨ての紙などで汚物のみ摘み取る感覚で除去する

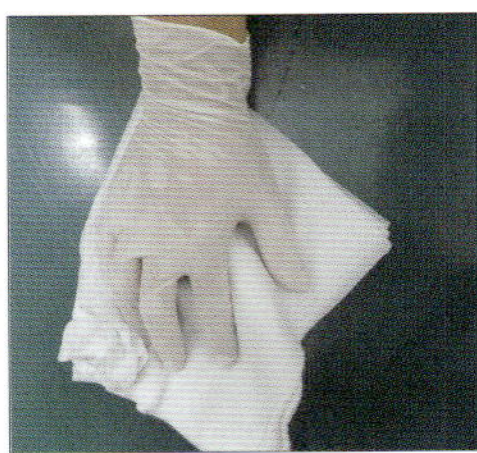

除去範囲を狭めて，数回繰り返し汚染範囲を狭くする

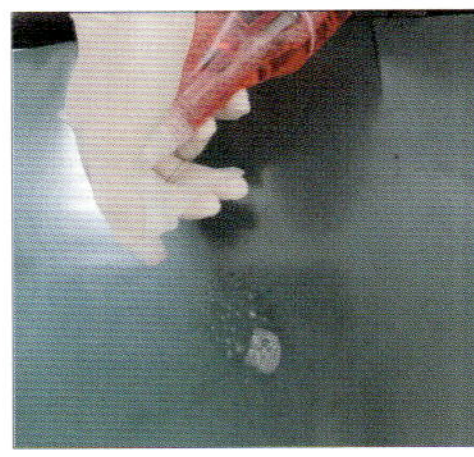

眼で黙視できなくなったら消毒薬を使用する

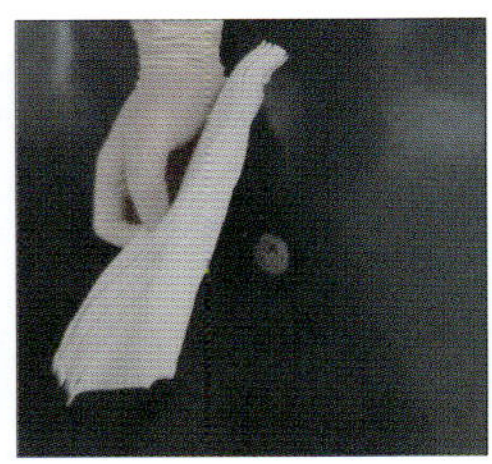

数回拭き取る

手袋も含め廃棄する

密閉して感染性廃棄物として扱う

図 14-5　診察台の消毒

図 14-6　ケージの拭き方．天井→壁→床の順で拭き，逆戻りしない．使用する雑巾は1ケージ1枚で使用の後洗濯する．

d　対象微生物による消毒薬の選択

常に最強の消毒薬を使う必要はなく，目的とする微生物を予想して使用する環境，物品，器具，環境，経済性を考えて適切な消毒薬を選択する．以下に代表的な微生物に対する消毒法を表記する．症状，侵入経路に関しては他の章を参照にしてほしい．

1 | 消毒抵抗性が特に強い細菌病原体(表14-3)

グラム陽性桿菌である炭疽菌，枯草菌，セレウス菌，破傷風菌，ボツリヌス菌，ディフィシレ菌，ウェルシュ菌の菌群は芽胞を形成する．この芽胞は熱，乾燥，化学薬品に強い抵抗を示し，悪環境下でも長期生存する．しかし発芽して栄養型細菌となると抵抗性は低下する．

表14-3 消毒抵抗性が特に強い病原体の消毒

	熱水	次亜塩素酸ナトリウム	クレゾール	エタノール	イソプロパノール	ポピドンヨード	塩化ベンザルコニウム	塩酸アルキルジアミノエチルグリシン	グルコン酸クロルヘキシジン
炭疽菌	×	0.5%(排泄物は1%)	×	×	×	×	×	×	×
枯草菌	×	0.5%(排泄物は1%)	×	×	×	×	×	×	×
セレウス菌	×	0.5%(排泄物は1%)	×	×	×	×	×	×	×
破傷風菌	×	0.5%(排泄物は1%)	×	×	×	×	×	×	×
ボツリヌス菌	×	0.5%(排泄物は1%)	×	×	×	×	×	×	×
ディフィシレ菌	×	0.5%(排泄物は1%)	×	×	×	×	×	×	×
ウェルシュ菌	×	0.5%(排泄物は1%)	×	×	×	×	×	×	×

2 | 消毒抵抗性が強いウイルスと特殊な病原体(表14-4)

犬と猫のパルボウイルスはエンベロープを持たない．そのため脂質を変性させる消毒液に抵抗性が強い．排泄物中に多くウイルスが含まれるため環境汚染が問題となり，免疫力が低下している動物や幼若動物に感染しやすい．

抗酸菌はロウ質を持つ細胞壁の影響で，抗酸，抗アルカリ性を示す．熱や紫外線といった物理的消毒法に弱い特徴を持つ．

トキソプラズマは環境下での抵抗性が強く，抗菌薬，冷凍，乾燥に強いが熱に弱い．

エキノコックスは虫卵は低温や消毒薬に対して抵抗性がある．

3 | 消毒薬抵抗が一般的な病原体(表14-5)

犬アデノウイルスと猫カリシウイルスはエンベロープがないため消毒液に対して比較的抵抗を示すが，パルボウイルスよりは消毒液に対する感受性が高い．

表 14-4 消毒抵抗性が強い病原体の消毒

	熱水	次亜塩素酸ナトリウム	クレゾール	エタノール	イソプロパノール	ポビドンヨード	塩化ベンザルコニウム	塩酸アルキルジアミノエチルグリシン	グルコン酸クロルヘキシジン
パルボウイルス	98℃ 20分	0.5%（排泄物は1%）	×	×	×	×	×	×	×
抗酸菌	80℃ 10分	0.1%～0.5%（排泄物は1%）	×	70%～80%	70%	10%	×	×	×
トキソプラズマ	70℃ 10分 100℃ 1分	0.5%（排泄物は1%）	0.5%～1%	×	×	10%	×	×	×
エキノコックス	60℃ 30分 100℃ 1分	3.75%	×	×	×	×	×	×	×

表 14-5 消毒抵抗性が一般的な病原体の消毒

	熱水	次亜塩素酸ナトリウム	クレゾール	エタノール	イソプロパノール	ポビドンヨード	塩化ベンザルコニウム	塩酸アルキルジアミノエチルグリシン	グルコン酸クロルヘキシジン
犬アデノウイルス	80℃ 10分	0.02%～0.1%	×	70%～80%	70%	10%	×	×	×
猫カリシウイルス	80℃ 10分	0.02%～0.125%	×	70%～80%	70%	10%	×	×	×

4 | 消毒薬抵抗が低い病原体（表14-6）

猫ヘルペスウイルス，犬ジステンパーウイルス，犬コロナウイルス，猫伝染性腹膜炎ウイルス，狂犬病ウイルス，猫白血病ウイルス，猫免疫不全ウイルスはエンベロープを持つためほとんどの消毒薬に感受性を示す．

アスペルギルス，皮膚糸状菌は消毒薬に対して抵抗性があるが，病原真菌は日常的な清拭，洗浄で十分である．

5 | 消毒抵抗が特に弱い病原菌（表14-7）

レプトスピラ菌はほとんどの消毒薬に感受性を示すが，人獣共通感染症であり，尿や汚染された土壌や菌自ら経皮感染する．そのため疑われる症例では手袋などを装着する．

犬ブルセラ菌は同じく人獣共通感染症である．ほとんどの消毒液に感受性がある．

サルモネラ菌は食中毒の原因菌であるが，爬虫類からの感染報告もある．爬虫類の飼育ケージは頻繁に水道水で洗浄すれば除菌ができる．

オウム病クラミジアは飼育鳥より感染するオウム病で有名である，乾燥した糞便からの飛沫感染

表 14-6 消毒抵抗性が低い病原体の消毒

	熱水	次亜塩素酸ナトリウム	クレゾール	エタノール	イソプロパノール	ポピドンヨード	塩化ベンザルコニウム	塩酸アルキルジアミノエチルグリシン	グルコン酸クロルヘキシジン
猫ヘルペスウイルス	80℃ 10 分	0.02%〜0.1%	×	70%〜80%	70%	10%	×	×	×
犬ジステンパーウイルス	80℃ 10 分	0.02%〜0.1%	×	70%〜80%	70%	10%	×	×	×
パラインフルエンザウイルス	80℃ 10 分	0.02%〜0.1%	×	70%〜80%	70%	10%	×	×	×
犬コロナウイルス	80℃ 10 分	0.02%〜0.1%	×	70%〜80%	70%	10%	×	×	×
猫伝染性腹膜炎ウイルス	80℃ 10 分	0.02%〜0.1%	×	70%〜80%	70%	10%	×	×	×
狂犬病ウイルス	80℃ 10 分	0.02%〜0.1%	×	70%〜80%	70%	10%	×	×	×
猫白血病ウイルス	80℃ 10 分	0.02%〜0.1%	×	70%〜80%	70%	10%	×	×	×
猫免疫不全ウイルス	80℃ 10 分	0.02%〜0.1%	×	70%〜80%	70%	10%	×	×	×
アスペルギルス	80℃ 10 分	0.02%〜0.1%	×	70%〜80%	70%	10%	×	×	×
皮膚糸状菌	80℃ 10 分	0.02%〜0.1%	×	70%〜80%	70%	10%	×	×	×

が主体であるため，清掃時にはマスク着用と糞便が空中に舞わないように配慮が必要である．
黄色ブドウ球菌は　ほとんどの消毒薬に感受性があるが，MRSA など抗菌薬に抵抗がある種の場合，消毒は重要となる．

緑膿菌は病院内での検出頻度が高い細菌で，湿潤環境である流し台や吸入器などで検出されやすい．消毒液に対する抵抗性は弱いが，株によってはバイオフィルムを形成し抵抗性を示す場合があるため消毒前の洗浄が重要となる．

アシネトバクターは緑膿菌と似るが乾燥に強く，抗生剤に耐性を生じやすい．消毒には抵抗性が弱いが，緑膿菌同様抵抗性を持つ場合がある．

大腸菌は　腸内常在細菌の一つで病院内において尿路，呼吸器，血液，手術部位などで感染を引き起こす．消毒液には抵抗性が弱いが，緑膿菌同様消毒薬に対して抵抗性を持つ場合がある．

セラチア菌は水や土壌に多く分布し流し台や吸入器など湿潤環境より検出されることが多い．輸液類の多数回使用による汚染の報告がある．

カンジダ，クリプトコックス，マラセチアは消毒薬に対し比較的弱いので日常的な清拭，洗浄で十分である．

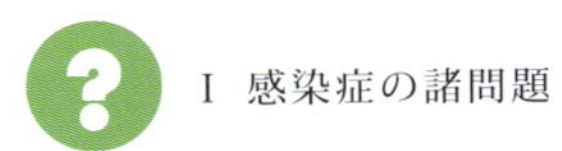

表 14-7 消毒抵抗性が特に低い病原体の消毒

	熱水	次亜塩素酸ナトリウム	クレゾール	エタノール	イソプロパノール	ポピドンヨード	塩化ベンザルコニウム	塩酸アルキルジアミノエチルグリシン	グルコン酸クロルヘキシジン
レプトスピラ	80℃ 10分	0.02%〜0.1%	×	70%〜80%	70%	10%	0.1%〜0.5%	0.1%〜0.5%	×
犬ブルセラ菌	80℃ 10分	0.02%〜0.1%	×	70%〜80%	70%	10%	0.1%〜0.5%	0.1%〜0.5%	×
サルモネラ菌	80℃ 10分	0.02%〜0.1%	×	70%〜80%	70%	10%	0.1%〜0.5%	0.1%〜0.5%	×
オウム病クラミジア	80℃ 10分	0.02%〜0.1%	2.0%〜3.0%	70%〜80%	70%	10%	0.1%〜0.5%	0.1%〜0.2%	0.1%〜0.5%
黄色ブドウ球菌	80℃ 10分	0.02%〜0.1%	2.0%〜3.0%	70%〜80%	70%	10%	0.1%〜0.2%	0.1%〜0.2%	0.1%〜0.5%
緑膿菌	80℃ 10分	0.02%〜0.1%	2.0%〜3.0%	70%〜80%	70%	10%	0.1%〜0.2%	0.1%〜0.2%	0.1%〜0.5%
アシネトバクター	80℃ 10分	0.02%〜0.1%	2.0%〜3.0%	70%〜80%	70%	10%	0.1%〜0.2%	0.1%〜0.2%	0.1%〜0.5%
大腸菌	80℃ 10分	0.02%〜0.1%	2.0%〜3.0%	70%〜80%	70%	10%	0.1%〜0.2%	0.1%〜0.2%	0.1%〜0.5%
セラチア菌	80℃ 10分	0.02%〜0.1%	2.0%〜3.0%	70%〜80%	70%	10%	0.1%〜0.2%	0.1%〜0.2%	0.1%〜0.5%
カンジダ	80℃ 10分	0.02%〜0.1%	×	70%〜80%	70%	10%	0.1%〜0.2%	0.1%〜0.2%	0.1%〜0.5%
クリプトコックス	80℃ 10分	0.02%〜0.1%	×	70%〜80%	70%	10%	0.1%〜0.2%	0.1%〜0.2%	0.1%〜0.5%
マラセチア	80℃ 10分	0.02%〜0.1%	×	70%〜80%	70%	10%	0.1%〜0.2%	0.1%〜0.2%	0.1%〜0.5%

6 新興感染症に対する消毒

重症熱性血小板減少症候群(severe fever with throm bocytopenia syndorome: SFTS)ウイルスはエンベロープがあるため，アルコールでの消毒が可能である．ウイルス自体は消毒液に感受性があるが，ウイルスだけでなく外部寄生虫(マダニ)に対する対策も必要である．

*Capnocytophaga canimorsus*は咬傷，掻傷感染症を惹起する．犬猫の口腔内の常在菌であるが，ヒトに感染し発症すると致死率30%に至るといわれている．菌自体は消毒に感受性があるが，唾液などは確実に消毒する

参考文献

- 小林寛伊(2016)：消毒薬テキスト 第5版，協和企画
- 小林寛伊(2015)：新版 増補版 消毒と滅菌のガイドライン，へるす出版
- 小林寛伊監訳(2003)：医療現場における手指衛生のためのCDCガイドライン，メディカ出版
- 兼島孝(2011)：ペットを感染症から守る本～スタッフと動物の健康を守る正しい消毒法～，アニマル・メディア社
- 見上彪監修(2011)：獣医微生物学 第3版，文永堂出版
- Parienti JJ (2002)：JAMA. 288，722-729.

15 病原体媒介動物

国内に分布する各種病原体の媒介動物(生物学的伝播者)および寄生虫の中間宿主を対象に幅広い動物群を取り上げ，それらの媒介する病原体を網羅した(**表15-1，2**).

参考として，人獣共通の感染性を付記し，さらに我が国にはいまだ発生が認められないものの，注意すべき重要な感染症をその媒介動物とともに紹介する.

参考文献

- Bowman DD(2014)：Georgis' Parasitology for Veterinarians 10th ed., Elsevier
- Day MJ ed.(2016)：Arthropod-birne Infectious Diseases of the Dog and Cat 2nd ed., CRC Press
- 今井壯一，藤崎幸蔵，板垣　匡ほか(2009)：図説 獣医衛生動物学 第1版，講談社サイエンティフィック

表 15-1 病原体媒介動物一覧表（続く）

媒介動物	ウイルス(疾病名)(感受性動物)および帰属	細菌(疾病名)(感受性動物)	リケッチア(疾病名)(感受性動物)	原虫類(疾病名)(感受性動物)	線虫類(感受性動物)	吸虫類(感受性動物)	条虫類(感受性動物)
鋏角亜門　蛛形鋼							
マダニ類（後気門類）							
フタトゲチマダニ	SFTSウイルス(重症熱性血小板減少症候群)(犬,猫)* フェヌイウイルス科バンヤンウイルス属		*Rickettsia japonica*(日本紅斑熱)(犬?)*	*Babesia gibsoni*(バベシア症)(犬)			
ツリガネチマダニ				*B. gibsoni*			
キチマダニ	SFTSウイルス(遺伝子のみ検出)*		*R. japonica** *Anaplasma platys*(アナプラズマ症)(犬)				
オオトゲチマダニ	SFTSウイルス(遺伝子のみ検出)*		*A. platys*				
タカサゴチマダニ			*A. platys*				
ヤマアラシチマダニ	SFTSウイルス(遺伝子のみ検出)*		*A. platys*				
タカサゴキララマダニ	SFTSウイルス(犬，猫)*	*Coxiella burnetii*(Q熱)(犬，猫)(その他のマダニ類も媒介?)*					
ヤマトマダニ	ダニ媒介脳炎ウイルス(ダニ媒介脳炎)(犬)* フラビウイルス科フラビウイルス属	*Francisella tularensis*(野兎病)(猫)* *Candidatus Mycoplasma haemominutum*(猫伝染性貧血)(猫) *Borrelia tanukii*, *B. sinica*(ライム病関連)(犬)*	*R. japonica*(日本紅斑熱)(犬?)*				
シュルツェマダニ	ダニ媒介脳炎ウイルス*	*Borrelia garinii*, *B. afzelii*, *B. japonica*, *B. tanukii*(ライム病)(犬)*					

*人獣共通感染症

表 15-1 （続き）病原体媒介動物一覧表（続く）

媒介動物	ウイルス（疾病名）（感受性動物）および帰属	細菌（疾病名）（感受性動物）	リケッチア（疾病名）（感受性動物）	原虫類（疾病名）（感受性動物）	線虫類（感受性動物）	吸虫類（感受性動物）	条虫類（感受性動物）
タネガタマダニ			*Rickettsia akari*（日本紅斑熱群関連）（犬?）*				
クリイロコイタマダニ		*Mycoplasma haemocanis*（ヘモプラズマ症）（犬）	*Eherlichia canis*（エールリヒア症）（犬），*Anaplasma platys*（犬）	*Hepatozoon canis*（ヘパトゾーン症）（犬）			
多足亜門　倍脚類							
ヤスデ							縮小条虫（犬）*
六脚亜門　昆虫綱							
ハジラミ類							
イヌハジラミ							瓜実条虫（犬，猫）*
ノミ類							
ネコノミ，イヌノミ		*Bartonella henselae*（バルトネラ症）（猫）（犬：*B. vinsonii* subsp. *berkhoffii?*）*					瓜実条虫*，縮小条虫*，小形条虫（げっ歯類）*
ケオプスネズミノミ			*Rickettsia typphi*（発疹熱）（犬，猫）*				
カ類							
ハマダラカ属（シナハマダラカ）					犬糸状虫（犬，猫）*		
ナミカ属（アカイエカ，コガタイエカ，チカイエカ）					犬糸状虫（犬，猫）*		
ヤブカ属（トウゴウヤブカ，ヒトスジシマカ，キンイロヤブカ）					犬糸状虫（犬，猫）*		
ショウジョウバエ類							
メマトイ（マダラメマトイ他4種）					東洋眼虫（犬，猫，ウサギ）*		

*人獣共通感染症

表 15-1 （続き）病原体媒介動物一覧表（続く）

媒介動物	ウイルス（疾病名）（感受性動物）および帰属	細菌（疾病名）（感受性動物）	リケッチア（疾病名）（感受性動物）	原虫類（疾病名）（感受性動物）	線虫類（感受性動物）	吸虫類（感受性動物）	条虫類（感受性動物）
鱗翅類							
コクガ，カキノヘタムシガ							縮小条虫*
甲虫類							
コクヌストモドキ，ゴミムシモドキ							縮小条虫*
ゴキブリ類							
チャバネゴキブリ					猫胃虫（猫，犬）		縮小条虫*
節足動物以外で（第一）中間宿主として関与							
陸生貝類							
オナジマイマイ，ウスカワマイマイ，アフリカマイマイ，ナメクジ					広東住血線虫（犬）*		
淡水産貝類							
ヒラマキガイモドキ						壺形吸虫（猫）	
ミヤイリガイ						日本住血吸虫（犬，猫）*　現在日本では清浄化	
カワニナ						ウェステルマン肺吸虫（犬，猫）*，横川吸虫（犬，猫）*	
マメタニシ						肝吸虫（犬，猫）*	
ホラアナミジンニナ						宮崎肺吸虫（犬，猫）*	
ムシヤドリカワザンショウガイ						大平肺吸虫（犬，猫）	

*人獣共通感染症

表 15-1 (続き)病原体媒介動物一覧表(続く)

媒介動物	ウイルス(疾病名)(感受性動物)および帰属	細菌(疾病名)(感受性動物)	リケッチア(疾病名)(感受性動物)	原虫類(疾病名)(感受性動物)	線虫類(感受性動物)	吸虫類(感受性動物)	条虫類(感受性動物)
ヘナタリ						有害異形吸虫(犬, 猫)*	
キクロプス類							
ケンミジンコ					有棘顎口虫(犬, 猫)*		マンソン裂頭条虫(犬, 猫)*
げっ歯目 (ネズミ目)							
各種ネズミ							多包条虫(犬)*, 猫条虫(猫)*
節足動物以外で(第二)中間宿主として関与							
コイ科淡水魚							
モツゴ, モロコ類						肝吸虫*	
ドジョウ科							
ドジョウ					有棘顎口虫*		
タイワンドジョウ科							
カムルチー(ライギョ)					有棘顎口虫*		
シラウオ科							
シラウオ						横川吸虫*	
アカガエル科など							
カエル							マンソン裂頭条虫*
甲殻類							
モクズガニ, サワガニ, アメリカザリガニ						ウェステルマン肺吸虫*, 宮崎肺吸虫*	

*人獣共通感染症

表 15-2　国内では発生が認められない感染症の媒介動物

媒介動物	ウイルス（疾病名）（感受性動物）および帰属	細菌（疾病名）（感受性動物）	リケッチア（疾病名）（感受性動物）	原虫類（疾病名）（感受性動物）	線虫類（感受性動物）	吸虫類（感受性動物）	条虫類（感受性動物）
マダニ類							
キララマダニ			*Ehrlichia ewingii*（犬）				
クリイロコイタマダニ				*Babesia canis vogeli*（犬）			
カ類							
ハボシカ属，キンイロヤブカなど	東部・西部・ベネズエラウマ脳炎ウイルス トガウイルス科アルファウイルス属（犬）*						
イエカ属，ヤブカ属	ウエストナイルウイルス　フラビウイルス科フラビウイルス属（犬）*						
チョウバエ類							
サシチョウバエ				*Leishmania* spp.（リーシュマニア症）（犬，猫）*			
アブ類							
アブ				*Trypanosoma evansi*（スーラ病）（犬）			
サシバエ類							
サシバエ				*T. evansi*			
ツェツェバエ				*T. brucei brucei*（アフリカトリパノソーマ症）（犬，猫）			
カメムシ類							
サシガメ				*T. cruzi*（シャーガス病）（犬，猫）*			
ノミ類							
ウサギノミ	兎粘液腫ウイルス ポックスウイルス科コルドポックス亜科レポリポックス属（ウサギ）						

*人獣共通感染症

16 幼若動物および高齢動物の感染症

幼若動物

a 犬

幼若犬の定義は定まっていないが，免疫的に幼若であると考えるのであれば，犬の場合，一般的には母犬からの移行抗体が消失するといわれている6～16週齢までの子犬を指すと考えられる．

幼若犬において機能している免疫系は，数多くの部位から構成されている．先天性の免疫である自然免疫は，最も迅速に機能する免疫である．マクロファージ，好中球，樹状細胞，NK細胞，そしてこれらの細胞によって生産される無数の生産物が組み合わさっている．これらの細胞が微生物の侵入に反応して生産放出する化合物の例として，リゾチーム，補体，サイトカイン類などがある．

幼若犬は生まれてすぐ乳を吸い始め，初乳を消化管に取り入れる．母犬からの受動免疫の大部分はこの初乳を通して得られるが，一部は経胎盤的にも得られ，犬の場合は5～10%ほどである．受動免疫の獲得には，生後24時間までに初乳を十分摂取して吸収する必要があり，これは腸管での抗体吸収能は生後48時間には終了するためである[1]．

受動免疫は多くの病原体に対する初期防御能を担っているが，一方で新生子が自身の免疫応答を形成する能力(能動免疫)を抑制する．母親由来抗体が十分高いレベルにある場合，免疫系による抗原認識は阻止され，新生子のワクチンに対する能動免疫は妨害される．しかしながら，母親由来抗体が病原体を防御できないレベルの量であっても，ワクチンによる免疫誘導を妨げる可能性がある．このことが子犬や子猫に複数回ワクチンを継続接種する理由である．

したがって，初乳を十分に摂取できなかった個体やワクチン接種が遅れた個体，または正常なワクチンプログラムを遂行中の個体であっても，上記の理由から，ウイルス性疾患をはじめとする種々の感染症によって，重大な疾病が引き起こされる恐れがある．3週齢までの新生子死亡率は7～34%で，死因の主要な原因は敗血症であるといわれている[2]．このため，飼育環境を清浄に保つこと，不特定多数の動物との接触に留意することが求められる．

幼若犬が罹患しやすく重要な感染症として，パルボウイルス，ヘルペスウイルス，犬ジステンパーウイルス，パラインフルエンザウイルスおよびコロナウイルスなどのウイルス性疾患，サルモネラ，カンピロバクターなどの細菌性疾患，コクシジウム，クリプトスポリジウム，ジアルジアおよび回虫などの寄生虫性疾患が挙げられる．以下に幼若犬が罹患しやすい感染症一覧を挙げる(**表16-1**)．

これらの疾患の症状は多岐にわたるが，中でも下痢や肺炎による症状が多く，また幼若犬は免疫能が低く症状が重篤化しやすいため死に至ることも少なくない．また感染症は容易に伝播するため，感染防御としての予防が非常に重要となる．

ウイルス性疾患に対しては，新生児期における初乳摂取以外の方法では，ワクチネーションプロ

表16-1 幼若犬が罹患しやすい感染症

1. ウイルス性	犬ジステンパー，犬伝染性肝炎ウイルス感染症，犬伝染性喉頭気管炎，犬パルボウイルス感染症，犬ヘルペスウイルス感染症，ロタウイルス感染症
2. 細菌性	サルモネラ症，カンピロバクター症，大腸菌症
3. 寄生虫性	クリプトスポリジウム症，コクシジウム症，ジアルジア症，ネオスポラ症，ニキビダニ症，犬鉤虫症，犬回虫症，犬小回虫症

グラムの実施が例外なく有効である．適切なワクチネーションプログラムを受けた犬は，98％以上が疾患の発症から防御される．同様に，感染からも非常によく防御されることが期待できる．

細菌感染症にはブルセラ病や犬レプトスピラ症などが知られているが，犬レプトスピラ症に対してのワクチンが我が国では承認されている．また感染経路を断つことによる防御も有効なため，感染経路を理解することが重要である．治療に際しては抗菌薬の使用が一般的であるが，菌交代症の存在や，耐性菌による感染症などを忘れてはならない．エンロフロキサシンに代表されるように幼若動物への使用が推奨されない薬剤もある．正しい抗菌薬の使用に加え，薬剤感受性試験の実施や免疫抑制剤の使用を可能な範囲で控えることも必要となる．

寄生虫病の予防の基本は，寄生虫の生活環を断つことである．中間宿主や媒介節足動物を必要とする種類の寄生原虫・蠕虫類に対しては，中間宿主を殺滅するか，あるいは中間宿主体内の幼虫の生育を阻害，終宿主の成虫を駆除することが必要である．消化管内寄生虫は人獣共通感染症となるものも多いため定期的な便検査や駆虫が必要となる．近年では犬糸状虫とノミやダニなどの外部寄生虫駆除とともに回虫などの代表的な消化管内寄生虫の駆除薬を月に1回投与していくことも必要となる．

ワクチンはすべての動物に接種が推奨されているコアワクチンと，感染のリスクに応じて接種するノンコアワクチン，科学的エビデンスが不十分とされる非推奨ワクチンなどに分類される．ワクチネーションプログラムにおいては諸説あるが，2007年にWSAVAワクチネーションガイドライングループが設立され，世界的に適用できる犬と猫のワクチネーションガイドラインが作成されている．このガイドラインではコアワクチン製剤は3年に1度の接種，特定のノンコアワクチン製剤は1年に1度の接種が推奨されており，ワクチネーションはその動物の年齢，品種，健康状態，環境（有害物質への暴露の可能性），ライフスタイル（他の動物との接触），旅行習慣などに基づいて個別に検討すべきと考えられている．

ほとんどの子犬では，生後数週間は初乳摂取により得た母親由来抗体によってワクチンは無効となる．多くの場合，受動免疫は徐々に減弱し，その後子犬自身の能動免疫が上回る形で種々の防御能を獲得していく．母親由来抗体は一般に8～12週齢までに減弱するが，地域の発症率，動物のライフスタイルやリスク因子に応じてワクチン接種時期を検討する必要がある．8週齢までに感染症にかかりやすい個体や，逆に12週齢以降も抗体価が高くワクチン接種に応答しない個体も存在する．起こりうるすべての状況に対応するため，初回ワクチンは6～8週齢での接種を行い，以降は2～4週間ごとに16週齢以降までの接種が推奨されている．こうすることで初回のワクチン接種では母親由来抗体により能動免疫が妨げられる可能性のある個体に対し，確実に防御的免疫応答を発現させることできる．ブースターワクチンを26～52週齢に接種することでより強固な免疫が得られる．

また，子犬が初乳を飲めなかった場合でも，ワクチン接種は4週齢以降で行うべきである．生後1週齢またはもう少し後までは，体温調節がほとんどあるいは全くできないため，自然免疫と獲得免疫のいずれも顕著な低下状態にある．これは2週齢未満の母親由来抗体を持たない子犬にある種の弱毒生ワクチンを接種すると，中枢神経系の感染などを引き起こし死亡に至る可能性が増大する．

適切に16週齢までのワクチネーションプログラムが遂行された場合，それ以降のコアワクチンは3年に1度の接種が推奨されている．一部のノンコアワクチン(レプトスピラなど)では免疫持続期間が短いため，1年に1回の接種が必要である．

なお，16週齢以降でコアワクチン接種をしたことのない成犬に対しては，コアワクチン接種を1回行う．追加接種は必要ない．それ以後のワクチン接種は，幼若齢で接種を受けたことのある個体と同様のワクチンプログラムでよい．ノンコアワクチンは地域的の発症率，動物のライフスタイルやリスク因子に応じて接種を検討する．

近年，犬の場合ほとんどのコアワクチン製剤の再接種に関する判断を，血清学的検査を利用して行うことができる．血清学的検査はワクチン接種が推奨されない症例へは採算性の高い検査である．陽性の検査結果はその犬が十分な免疫応答の状態にあるため，ワクチン接種の必要性がないことを示している．一方，陰性の検査結果は，その犬にほとんど，または全く抗体がないことを示し，ワクチンの再接種が推奨される．

ワクチン接種の代わりに血清学的検査を行うことは代替法となり，それが頻繁なワクチン接種に不安を持つ飼い主から大いに感謝されること，一方この代替法は場合によっては採算性の高い医療業務として提供していることになる．

b 猫

幼若猫に関しても定義は定まっていないが，犬同様6～16週齢までの子猫を指すと考えて支障はないと思われる．幼若猫において機能している免疫系も幼若犬と大きな差異はないが，移行抗体は猫の場合血清抗体の25％までが経胎盤移行抗体由来である[2]．

幼若猫が罹患しやすく重要な感染症として，パルボウイルス，ヘルペスウイルスおよびカリシウイルスなどのウイルス性疾患，クラミジア，サルモネラおよびカンピロバクターなどの細菌性疾患，コクシジウム，クリプトスポリジウム，ジアルジアおよび回虫などの寄生虫性疾患が挙げられる．以下に幼若猫が罹患しやすい感染症一覧を挙げる(**表16-2**)．

子猫のコアワクチン接種に関するワクチネーションプログラムの主旨は，子犬について提唱したものと同様である．初回のワクチン接種は6～8週齢で開始し，16週齢またはそれ以降まで2～4週毎に接種を繰り返す．したがって，初年度に子猫にコアワクチンを接種する回数は，接種を開始した

表16-2 幼若猫が罹患しやすい感染症

1. ウイルス性	猫伝染性腹膜炎，猫パルボウイルス感染症，猫ウイルス性鼻気管炎，ロタウイルス感染症
2. 細菌性	クラミジア症，サルモネラ症，大腸菌症
3. 寄生虫性	クリプトスポリジウム，コクシジウム症，ジアルジア症，トリコモナス症

週齢と選択したワクチン再接種の間隔によって決定される．ブースターワクチンを26〜52週齢に接種する事でより強固な免疫が得られる．

パルボウイルスに対しては強固な免疫を確立するため，一度免疫が成立すると何年にもわたり維持される．一方，カリシウイルスやヘルペスウイルスに対しての免疫は不完全なものであり，多頭飼いやペットホテルをよく利用するような暴露リスクの高い個体に対しては，1年に1回の接種が望ましいようである．一般的に3年の1度の接種が推奨されているが，リスクに応じて毎年の接種が必要なのか見極める必要がある．低リスク猫(単頭飼育で室内飼い，ペットホテルを利用しない)は3年に1回，高リスク猫(定期的にペットホテルを利用，または多頭飼育で室内と屋外を行ったり来たりする)は1年に1回接種する．

また，犬同様に猫も血清学的検査が可能である．検査が陰性ならワクチンの再接種が必要であり，陽性なら十分な免疫を維持できている．しかし．すべてがこの限りではなく，猫カリシウイルスまたは猫ヘルペスウイルスでは抗体陽性という検査結果でも，その猫が暴露に対しての感染を防御することができるとは限らないことも報告されている．かつ陰性でも防御できることもある．

猫クラミジア症は，犬レプトスピラ症と同様に我が国でワクチンが承認されている[3,4]．

下痢や呼吸器疾患においてウイルス性疾患に細菌感染を伴うことによる症状の悪化がみられることがよくあり，このような場合には予防的な抗菌薬の使用が必要となる．犬と同様，幼若動物への使用が推奨されない薬剤もあり，耐性菌も問題にもなる．

寄生虫病の予防の基本は，寄生虫の生活環を断つことである．中間宿主や媒介節足動物を必要とする種類の寄生原虫・蠕虫類に対しては，中間宿主を殺滅するか，あるいは中間宿主体内の幼虫の生育を阻害し，終宿主の成虫を駆除することが必要である．消化管内寄生虫は人獣共通感染症となるものも多いため定期的な便検査や駆虫が必要となる．近年では犬糸状虫とノミやダニなどの外部寄生虫駆除とともに回虫などの代表的な消化管内寄生虫の駆除薬を成猫になるまで月に1回投与する．

高齢動物

a 犬

高齢犬の定義もまた定まってはいないが，一般的に7〜8歳以降の犬を指すと考えられる．その個体の寿命の75％を経過した動物を指すとの報告もある[5]．高齢犬の免疫機能の特徴は，微生物や異物などの外来性の抗原に対する応答能が低下し，逆に自己組織抗原に対する免疫応答が起きやすくなることである．このため感染に対する抵抗性の減弱，腫瘍発生頻度の増加，自己免疫疾患の発症という問題が生じてくる．

加齢に伴い機能低下を顕著に示すのは，T細胞に依存した細胞性免疫，あるいは液性免疫である．T細胞を供給する胸腺は加齢に伴い萎縮するため，その供給は年齢とともに低下してくる．また，萎縮した胸腺で産生されたT細胞は機能も低下していることがマウスを使った研究により明らかにされている[6]．

一方，T細胞に比べB細胞の数の加齢による変化は少ないとされており，血清中の免疫グロブリンは一般に加齢とともに増加する[6]．しかしながら，これは自己抗体の産生が増加することによるもので，加齢に伴い外来抗原に対する抗体産生は低下する[1]．ワクチン接種に対する抗体応答は高齢動物ほど抗体の上昇は悪く，できた抗体についても，その抗原との親和性は低い[3]．

高齢動物において免疫機能が低下する事実は感染症の病態に大きな影響を与える．高齢動物の感染症は一般的には細菌感染症が主体であり，その背景には慢性的な基礎疾患がある．高齢期の免疫不全は加齢そのものに加えて，担癌状態や低栄養，さらには解剖学的な臓器異常，例えば気道における嚥下障害，異物排除機構の障害，排尿障害や胆汁通過障害に伴う粘膜バリアーの障害，皮膚バリアーの障害などが大きな誘因となっている．高齢動物の感染症で重要なことは，日和見感染に罹患する危険性が高いことである．高齢動物は基礎疾患を持っていることが多く，基礎体力や免疫能が低下していることによる．

日和見感染を起こす可能性の高い病原体として，黄色ブドウ球菌，アクチノマイセスおよび緑膿菌などの細菌，アスペルギルス，カンジダおよびクリプトコックスなどの真菌，トキソプラズマなどの原虫が挙げられる．これらに罹患した場合はそれぞれの治療を行うだけではなく，免疫能の低下に繋がるような基礎疾患の治療も併せて行う必要がある．ウイルス感染症は一般的には高齢犬では少ないが，時折認められる．特に日本では欧米に比ベワクチン接種率が低いことも要因と考えられる．以下に高齢犬で罹患しやすい感染症一覧を挙げる(**表16-3**)

表16-3 高齢犬が罹患しやすい感染症

1. ウイルス性	犬ジステンパー，犬伝染性肝炎，犬伝染性喉頭気管炎，犬パラインフルエンザウイルス感染症，犬パルボウイルス感染症，犬ヘルペスウイルス感染症
2. 細菌性	サルモネラ症，カンピロバクター症
3. 真菌性	クリプトコックス症，カンジダ症，アスペルギルス症，マラセチア性皮膚炎
4. 寄生虫性	クリプトスポリジウム症，トキソプラズマ症，ジアルジア症，トリコモナス症，バベシア症，ネオスポラ症，腸管内コクシジウム症，瓜実条虫症，豆状条虫症，胞状条虫症，多頭条虫症，連節条虫症，猫条虫症，単包条虫症，多包条虫症，糞線虫症，猫糞線虫症，犬鉤虫症，犬回虫症，犬小回虫症

b 猫

高齢猫に関しても定義は定まっていないが，犬同様7～8歳以降の猫を指すと考えて支障はないであろう．高齢猫の免疫機能の特徴も高齢犬と大きな差異はなく，感染に対する抵抗性の減弱，腫瘍発生頻度の増加，自己免疫疾患の発症という問題が一般的である．

高齢猫における感染症は，犬同様，細菌，真菌および寄生虫による日和見感染の他，猫ヘルペスウイルスおよび猫カリシウイルスの持続感染猫における猫風邪の発症，ワクチン未接種の高齢猫におけるそれらの新規感染が一般的に認められている．以下に高齢猫で罹患しやすい感染症一覧を挙げる(**表16-4**)．

表 16-4 高齢猫が罹患しやすい感染症

1. ウイルス性	猫伝染性腹膜炎，猫パルボウイルス感染症，猫カリシウイルス感染症，猫ウイルス性鼻気管炎，(FIV 感染症)，(FeLV 感染症)
2. 細菌性	クラミジア症，カンピロバクター症，サルモネラ症
3. 真菌性	クリプトコックス症，アスペルギルス症
4. 寄生虫性	クリプトスポリジウム症，トキソプラズマ症，ジアルジア症，バベシア症，腸管内コクシジウム症，壺形吸虫症，瓜実条虫症，豆状条虫症，胞状条虫症，多頭条虫症，連節条虫症，猫条虫症，糞線虫症，猫糞線虫症，猫回虫症，犬小回虫症

参考文献

1. 長谷川篤彦，増田健一監修(2016)：獣医臨床のための免疫学，252，学窓社
2. 浜名克己監訳(2006)：サンダースベテリナリークリニクスシリーズ　Vol.2　No.3　犬と猫の小児科学，11，インターズー
3. 矢田純一(2007)：医系免疫学，664，中外医学社
4. 見上彪監修(2007)：獣医微生物学 第2版，文永堂出版
5. Goldston RT(1995)：Genatrics & Gerontology of the Dog and Cat，Saunders.
6. 菊地浩吉，上出利光，小野江和則(2008)：医科免疫学 改訂第6版，296-299，南江堂
- 明石博臣，大橋和彦，小沼操ほか編(2011)：動物の感染症 第3版，230-261，近代出版
- MJ Day，MC Horzinek，RD Schultz，et al.(2015)：犬と猫のワクチネーションガイドライン，世界小動物獣医師会
- 長谷川篤彦，辻本 元監訳(2011)：Small Animal Internal Medicine 4th ed.，1414-1420，インターズー
- 長谷川篤彦監訳(2007)：小動物臨床のための5分間コンサルト診療治療ガイド　犬・猫の感染症と寄生虫病，インターズー
- 板垣博，大石勇監訳(2013)：最新家畜寄生虫病学，5，朝倉書店

第Ⅱ部

病原体から見た感染症

感染症は宿主と病原体との係わりであることから，ほとんどの著書では病原体を中心に詳述されている．しかし，微生物学を専門とする著者の執筆で，臨床との乖離が感じられることがある．以前は北里柴三郎をはじめ，伝染病研究者の多くは臨床に携わっていたが，専門化が進んだ結果である．特に抗生物質の出現で細菌よりも細菌学者への打撃が大きい．微生物学について言えば，例えば，菌名が保有する情報量の多彩さや深さを思うとき，その歴史に立脚して日常診療の存在を覚えるのである．したがって，微生物学を理解して臨床から問題を提起することが極めて重要なのである．

17 細菌

グラム陽性球菌

a 分類

グラム陽性菌とは，グラム染色において，クリスタルバイオレットによる染色がルゴール液で固定され，その後のアルコール液では脱色せず濃紫色に染まったままの細菌の総称である．グラム陽性球菌は，フィルミクテス門 *Firmicutes* バチルス綱 *Bacilli* に属し，本章では，ラクトバチルス目 *Lactobacillales* ストレプトコッカス（レンサ球菌）科 *Streptococcaceae* に属するストレプトコッカス（レンサ球菌）属 *Streptococcus*，ラクトバチルス目エンテロコッカス（腸球菌）科 *Enterococcaceae* に属するエンテロコッカス（腸球菌）属 *Enterococcus*，およびバチルス目 *Bacillales* スタフィロコッカス（ブドウ球菌）科 *Staphylococcaceae* に属するスタフィロコッカス（ブドウ球菌）属 *Staphylococcus* を扱う（**表17-1**）．

表 17-1 グラム陽性球菌の分類

フィルミクテス門 *Firmicutes*	バチルス綱 *Bacilli*	ラクトバチルス目 *Lactobacillales*	ストレプトコッカス（レンサ球菌）科 *Streptococcaceae*	ストレプトコッカス（レンサ球菌）属 *Streptococcus*
			エンテロコッカス（腸球菌）科 *Enterococcaceae*	エンテロコッカス（腸球菌）属 *Enterococcus*
		バチルス目 *Bacilllales*	スタフィロコッカス（ブドウ球菌）科 *Staphylococcaceae*	スタフィロコッカス（ブドウ球菌）属 *Staphylococcus*

b ストレプトコッカス（レンサ球菌）属

1 各病原体の定義

レンサ球菌科レンサ球菌属の菌は，直径0.5～2 μmの球形または卵円形の球菌で，連鎖状に配列して発育する．鞭毛と芽胞は形成しない．好気および嫌気で発育し，分離当初は嫌気または5％ CO_2 存在下でよく発育する．好気・嫌気いずれでも発酵によるエネルギー産生を行う．カタラーゼ陰性，オキシダーゼ陰性．血液寒天培地上で，コロニー周囲に形成する溶血環により，緑色不透明な不完全溶血環をα溶血，透明な完全溶血環をβ溶血，非溶血性をγ溶血と呼ぶが，これはレンサ球菌に特有な溶血性の呼び方である．細胞壁多糖体の抗原性によりA群，B群などと群別される（ランスフィールドの群別)が，A群以外では同一群内に分類学上複数の菌種が含まれる．各菌種はさらに菌体表層タンパクや莢膜の抗原性により型別される．2018年現在90菌種以上が報告されているが，犬，猫，ウサギに感染症を起こす菌種としては，*Streptococcus canis*，*S. equi* subsp. *zooepidemicus*，*S. constellatus*，*S. pneumoniae*の症例が知られる．

2 | 疫学

日本および世界で発生がある．レンサ球菌は，通常，ほ乳類の口腔内，鼻咽頭内，腸内に生息しており，唾液や糞便に汚染された環境からも分離される．特に，口腔内には，動物種ごとに特有のレンサ球菌が生息すると考えられているが，互いの直接・間接の接触により本来と異なる動物種から分離されることもある．上記の菌種のうち，*S. canis*は，犬，猫，マウス，ラットからの分離例がある．

3 | 感染動物

犬，猫，ウサギのいずれでも菌種は異なるが感染例の報告がある．犬，猫，あるいはウサギから飼い主が感染した例もある．本来，口腔内に常在するため，口腔内や歯周部位の傷からの感染，咬傷による感染，常在菌よりも毒力の強い菌が経口的感染することがある．ストレスなどにより宿主の抵抗力が下がったため発症したと思われるケースもある．

4 | 主症状

菌種ごとの，主な症状と感染動物を**表17-2**に示す．

表 17-2 ストレプトコッカス属による主な症状と感染動物

菌種	動物	疾患
Streptococcus canis	犬	敗血症，流産
	猫	壊死性筋膜炎，化膿性関節炎
S. equi subsp. *zooepidemicus*	犬	出血性肺炎，気腫性膀胱炎，慢性炎症性腸疾患
	猫	重症呼吸器神経疾患
S. constellatus	犬	膿皮症
S. pneumoniae	ウサギ	髄膜炎
S. agalactiae	ウサギ	急性呼吸窮迫症候群

5 | 病原体確認

グラム陽性連鎖状球菌で，カタラーゼ陰性，オキシダーゼ陰性，6.5% NaCl加ブイヨンで発育しない．菌種の同定には，Rapid ID 32 STREPなどの簡易同定キットを利用するが，正確に同定できないことも多い．最終的には16S rRNA遺伝子配列を決定して，同定する必要がある．

6 | その他（治療・予防・消毒など）

口腔内の常在菌をなくすことは難しく，有効なワクチンもない．咬傷は速やかに消毒し，発症した場合には抗菌薬（ペニシリン系またはフルオロキノロン系）での治療を試みる．

c エンテロコッカス（腸球菌）属

1 | 各病原体の定義

腸球菌科腸球菌属の菌は，0.5～1 μmの卵円形または球形のグラム陽性球菌で，双球菌または短連鎖状に，好気・嫌気の両条件で発育する．以前は，レンサ球菌に属していたが，近年の分類再検討で別な科・属となった．和名は，腸球菌である．エンテロコッカス属には，約50腫（2018年現在）の菌種が報告されているが，小動物においては*Enterococcus faecium, E. faecalis, E. avium*による症例報告がある．

2 | 疫学

日本および世界で発生がある．ほ乳類の腸管内，口腔内に生息し，非病原性菌として常在するが，その中にバンコマイシン耐性腸球菌（vancomycin resistant Enterococcus: VRE）も検出され，ヒトの日和見感染の感染源になると危惧される．

3 | 感染動物

本来，腸内または口腔内に生息する菌であるので，肛門と糞便，唾液からの汚染により感染する．口腔内の傷，歯周病などから菌血症になり心内膜炎に発展したと思われる症例もある．

4 | 主症状

犬では，尿路感染症，心内膜炎，気腫性子宮蓄膿症．猫では，尿路感染症，眼内炎．ウサギでは，心内膜炎，眼内炎の症例報告がある．

5 | 病原体確認

グラム陽性短連鎖状球菌で，カタラーゼ陰性，オキシダーゼ陰性，6.5% NaCl加ブイヨンで発育する．胆汁酸抵抗性，エスクリン加水分解陽性，pH9.6で増殖，乾燥に抵抗する．選択培地Bile Esculin Azide（BEA）寒天培地での発育．PCRで*tuf*遺伝子を増幅して同定．菌種の同定には，Rapid ID 32 STREPなどの簡易同定キットを利用する

6 | その他（治療・予防・消毒など）

腸内の常在菌であるため，有効なワクチンはない．抗菌薬（マクロライド系，またはフルオロキノロン系）を使用するが，多剤耐性菌が多く治療は難しい．

d スタフィロコッカス(ブドウ球菌)属

1 各病原体の定義

ブドウ球菌科ブドウ球菌属の菌は，直径0.5～2 μmの球菌で，ブドウの房状の集塊を形成して発育するが，単球状，双球状，連鎖状の配列もみられる．鞭毛と芽胞は形成しない．通性嫌気性で，カタラーゼ陽性，オキシダーゼ陰性．ウサギ血漿を凝固させる因子コアグラーゼの産生により，コアグラーゼ陽性ブドウ球菌(coagulase positive *Staphylococcus*: CPS)とコアグラーゼ陰性ブドウ球菌(coagulase negative *Staphylococcus*: CNS)とに大きく分類され，CPSが強い毒性を有する．ブドウ球菌属には，約50菌種(2019年現在)が報告されているが，犬，猫，ウサギでは，*Staphylococcus aureus* subsp. *aureus* (*S. aureus*，和名は黄色ブドウ球菌)，*S. intermedius*，*S. pseudintermedius*，*S. argenteus*，*S. schleiferi*および種名まで同定できない*Staphylococcus* spp.の症例報告がある．

2 疫学

日本および世界で発生がある．病原性の有無，毒力の強弱に関係なく動物の表皮に生息しているが，動物種ごとに生息しやすい菌種がある．*S. aureus*は，広く様々な動物の表皮に生息するが，動物種ごとに生物型が異なる．

3 感染動物

犬・猫・ウサギを含めてすべてのほ乳類に様々な化膿性疾患を起こす．特に*S. aureus*は表皮の傷で増殖して化膿創を形成する．

4 主症状

その他，個別に菌種ごとに報告された主な症状と感染動物を**表17-3**に示す．

表 17-3 スタフィロコッカス属による主な症状と感染動物

菌種	コアグラーゼ産生	動物	疾患
Staphylococcus aureus	+	犬 猫 ウサギ	尿路感染症，耳炎 尿路感染症，膵膿瘍，耳炎 副鼻腔炎，心内膜炎，化膿性関節炎，肺炎
S. intermedius	+	犬	膿皮症，耳炎
S. pseudintermedius	+	犬	膿皮症
S. schleiferi	+または−	犬	膿皮症，耳炎
S. argenteus	+	ウサギ	膿瘍
Staphylococcus spp.	+または−	猫	尿路感染症，偽膜性膀胱炎

5 病原体確認

グラム陽性ブドウ状球菌で，カタラーゼ陽性，オキシダーゼ陰性，6.5% NaCl加ブイヨンで発育する．*S. aureus*は，マンニットを分解して酸を産生する．他の夾雑菌が存在する試料からの分離には，マンニット食塩培地やスタフィロコッカス110番培地，食塩卵寒天培地のような食塩を多く含む培地を用いると他のほとんどの細菌の発育が抑えられ，培地中のマンニットの分解作用で*S. aureus*の集落は黄変し，他のマンニット非分解の集落(赤色)と区別できる．また，培養法による種々の簡易検査キットも市販されている．

6 | その他(治療・予防・消毒など)

表皮の傷は速やかに消毒用アルコールやオキシドールなどで消毒し，化膿を防ぐ．化膿創は，膿を取り除き，消毒した後に，抗菌薬と抗炎症薬を投与する．抗菌薬は，耐性菌が多いので，一次治療薬投与中に薬剤感受性試験を実施し，β-ラクタム系，マクロライド系，フルオロキノロン系の中から適切な薬剤を選択する．

グラム陰性好気性桿菌

a 分類

グラム陰性菌とは，グラム染色において，クリスタルバイオレットによる染色が，その後のアルコール液で脱色され，対比染色により赤色系色素に染まって見える細菌の総称である．好気性菌とは，酸素呼吸によりエネルギーを産生し，常圧の酸素濃度環境で良好に成育するが，無酸素条件では成育しない菌の総称で，偏性好気性菌とも呼ぶ．本章では，グラム陰性好気性桿菌として，プロテオバクテリア門*Proteobacteria*ガンマプロテオバクテリア綱*Gammaproteobacteria*シュードモナス目*Pseudomonadales*シュードモナス科*Pseudomonadaceae*に属するシュードモナス属*Pseudomonas*，シュードモナス目モラキセラ科*Moraxellaceae*に属するアシネトバクター属*Acinetobacter*，アルファプロテオバクテリア綱*Alphaproteobacteria*リゾビア目*Rhizobiales*ブルセラ科*Brucellaceae*に属するブルセラ属*Brucella*，リゾビア目バルトネラ科*Bartonellaceae*に属するバルトネラ属*Bartonella*，ベータプロテオバクテリア綱*Betaproteobacteria*バークホルデリア目*Burkholderiales*アルカリゲネス科*Alcaligenaceae*に属するボルデテラ属*Bordetella*を扱う(**表17-4**)．

b シュードモナス属

1 | 各病原体の定義

シュードモナス科シュードモナス属の菌は，直径0.5〜1.0 μm×長さ1.5〜3.0 μmの桿菌で，端在性の鞭毛(1本から3本)を持ち，運動性を示す．線毛を有し，芽胞，莢膜を欠く．偏性好気性で，普通寒天に発育し，マッコンキー寒天培地やDHL(deoxycholate hydrogen sulfide lactose)寒天培地でも発育する．糖を酸化的に分解するが，嫌気的な発酵はしない(ブドウ糖非発酵性)．有機酸，アミノ酸糖の有機物を酸化的に分解し，わずかな有機物と水分があれば増殖可能となる．シュードモナス属には，140菌種以上(2019年現在)が報告されているが，小動物では *Pseudomonas aeruginosa*(緑膿菌)の症例が知られる．

表 17-4 グラム陰性好気性桿菌の分類

プロテオバクテリア門 *Proteobacteria*	ガンマプロテオバクテリア綱 *Gammaproteobacteria*	シュードモナス目 *Pseudomonadales*	シュードモナス科 *Pseudomonadaceae*	シュードモナス属 *Pseudomonas*
			モラキセラ科 *Moraxellaceae*	アシネトバクター属 *Acinetobacter*
	アルファプロテオバクテリア綱 *Alphaproteobacteria*	リゾビア目 *Rhizobiales*	ブルセラ科 *Brucellaceae*	ブルセラ属 *Brucella*
			バルトネラ科 *Bartonellaceae*	バルトネラ属 *Bartonella*
	ベータプロテオバクテリア綱 *Betaproteobacteria*	バークホルデリア目 *Burkholderiales*	アルカリゲネス科 *Alcaligenaceae*	ボルデテラ属 *Bordetella*

2 | 疫学

日本および世界で発生がある．土壌，水，下水，汚水などの湿潤な環境や動物の腸管内など広く自然界に生息している代表的な腐敗細菌である．

3 | 感染動物

犬の中耳炎の症例が報告されている．アレルギー(アトピー性皮膚炎など)，腫瘍や耳腔内の腫瘤，内分泌障害，自己免疫病などと中耳炎を併発する症例が多い．また，不衛生なシャンプーや毛繕いにより皮膚疾患や眼疾患を発症する．

猫では，不衛生なシャンプーや毛繕いによる皮膚疾患や眼疾患の症例が報告されている．

4 | 主症状

犬では，耳炎(治療を怠ると聴力を失うこともある➡p.555)，せつ腫症(フルンケル)，感染性眼疾患(結膜炎，角結膜炎，潰瘍性角膜炎など)．猫では，皮膚疾患，感染性眼疾患(結膜炎，角結膜炎，潰瘍性角膜炎など)の報告がある．

5 | 病原体確認

グラム陰性桿菌で，運動性があり，嫌気条件で発育せず，カタラーゼ陽性，オキシダーゼ陽性，ブドウ糖を発酵しない．菌株により，ピオシアニン(青緑色)やピオベルジン(黄緑色)と呼ばれる水様性色素を産生し，コロニーおよびその周辺に色が付く．

6 | その他(治療・予防・消毒など)

耐性菌が多く適用できる抗菌薬が限られるが，アミカシン，ゲンタマイシン，ニューキノロン，ポリミキシンに比較的感受性の菌が多い．

c アシネトバクター属

1 各病原体の定義

モラキセラ科アシネトバクター属の菌は，直径0.9～1.6 μm×長さ1.5～2.5 μmの桿菌で，鞭毛はない．2連鎖桿菌または双球菌状に見える．強い酸素要求性を示し，普通寒天培地，マッコンキー寒天培地に発育する．アシネトバクター属は，26菌種(2019年現在)に分類され，一般に病原性はないが，日和見感染症として，*Acinetobacter baumannii*，*A. calcoaceticus*の症例がある．

2 疫学

日本および世界で発生がある．土壌，下水など自然界に生息する菌による日和見感染と考えられる．

3 感染動物

犬および猫での感染症が増加している．

4 主症状

尿路感染症，肺炎，蜂窩織炎から，重症化して敗血症に進むと致死率は70%ほどになる．

5 病原体確認

グラム陰性短桿菌で，非運動性，カタラーゼ陽性，オキシダーゼ陰性．糖を酸化的に分解または非分解，硝酸塩還元陰性．ペニシリン抵抗性を示す．

6 その他(治療・予防・消毒など)

多剤耐性菌が多く，治療は困難を極める．感受性試験を行い，適切な抗菌薬を選択する．

d ブルセラ属

1 各病原体の定義

ブルセラ科ブルセラ属の菌は，直径0.5～0.7 μm×長さ0.6～1.5 μmの小桿菌で，芽胞，鞭毛，莢膜を欠くグラム陰性好気性細菌．普通寒天培地での発育は遅く，37℃，3～7日間の培養でコロニーを形成する．ブルセラ寒天培地，トリプトン培地などが用いられるが，血清，あるいは血液を加えることにより発育が増進する．ブルセラ属は，5菌種(2019年現在)が分類されているが，このうち*Brucella melitensis*については旧来の6生物型を6菌種(*B. melitensis*，*B. abortus*，*B. suis*，*B. ovis*，*B. neotomae*，*B. canis*)として扱うことが認められており，合計10菌種(2019年現在)が分類されている．菌種または生物型によって特定の動物に強い毒性を示し，*B. canis*は犬に親和性が高い

2 疫学

ほぼ世界中で発生がある．細胞内寄生細菌で，自然界に単独で生息することはなく，動物に顕性・不顕性に存在し，主に交尾により，時に経口，経皮により感染が広がる．

3 | 感染動物

*B. canis*の犬の症例が報告されるが，ヒトにも感染し波状熱を起こす(人獣共通感染症➡p.705)．主な感染経路は，交尾による直接の接触感染または保菌動物の汚物に汚染されたものによる経口，経皮の間接的な接触感染である．

4 | 主症状

感染した犬は多くは無症状のまま保菌し続ける．感染後，菌血症となると，全身のリンパ節炎(精巣炎，前立腺炎，脊椎炎，ぶどう膜炎，髄膜炎，糸球体腎炎など)となり，その後，菌は生殖器系組織に移行し，流産，死産，不妊，無精子症などの繁殖障害を起こす．

5 | 病原体確認

ブルセラ寒天培地またはトリプトン培地に羊血清または血液を加えた培地で培養する．ブルセラ属菌は好気性菌とはいえ，特に初代培養ではCO_2を要求することが多いが，*B. canis*はCO_2非要求性である．硫化水素産生性，オキシダーゼ反応性，色素添加培地での発育性，生物学的試験で菌種または生物型を鑑別する．*B. canis*は，ラフ型コロニー，硫化水素非産生，オキシダーゼ陽性，チオニン色素耐性，塩基性フクシン感受性である．

6 | その他(治療・予防・消毒など)

長期にわたる抗菌薬投与．細胞内寄生菌であるので，細胞内に到達する薬剤(テトラサイクリン，フルオロキノロン系など)を投与するが，一度寛解するが完治は望めない．生体外で生存できない菌なので，一般的な消毒は有効である．

e バルトネラ属

1 | 各病原体の定義

バルトネラ科バルトネラ属の菌は，直径0.5～0.7 μm×長さ1.0～2.0 μmの多形性短桿菌で，芽胞および莢膜を欠く．一部の菌種を除き，鞭毛はない．バルトネラ属には25菌種3亜種(2018年現在)が分類されている．犬は，主として*Bartonella henselae*による症例をはじめ，*B. clarridgeiae*，*B. elizabethae*，*B. koehlerae*，*B. quintana*，*B. rochalimae*，*B. vinsonii* subsp. *berkhoffii*，*B. volans*および*B. washoensis*の分離例がある．また，ヒトの猫ひっかき病(➡p.706)が問題となるが，猫自身は通常は症状を見せない．

2 | 疫学

日本および世界で発生がある．バルトネラ属菌は細胞内寄生菌で，ダニ，シラミ，サシチョウバエなどの節足動物により媒介される．*B. henselae*は，猫を自然宿主として，ネコノミが媒介して，猫間で伝播する．

3｜感染動物

犬は，*B. henselae*をはじめ種々の*Bartonella*菌種に感染する．猫では，*B. henselae*および*B vinsonii* subsp. *berkhoffii*の症例がある．また，ヒトは*B. henselae*を保菌する猫から傷を負って感染する．ヒトはその他，多くの*Bartonella*菌種に感染する．

4｜主症状

犬では，*B. vinsonii* subsp. *berkhoffii*による心内膜炎，心不整脈，心筋炎，肉芽腫性鼻炎，ぶどう膜炎，脈絡網膜炎の症例報告がある．また，*B. henselae*による肝紫斑病，リンパ節炎，脂肪織炎，心内膜炎，多発性関節炎などの症例報告がある．

猫では，*B. henselae*では通常は症状を示さないが，心内膜炎，心筋炎，ぶどう膜炎などの眼疾患症例の報告がある．また，*B vinsonii* subsp. *berkhoffii*により，骨髄炎や多発性関節炎の再発により歩行困難になった症例もある．

ヒトは猫にひっかかれた後，3～10日頃に創傷部に丘疹や水疱が出現し，一部は潰瘍に発展する．さらに1～2週間後に，創傷部位近傍のリンパ節に疼痛を伴う腫脹が出現し，数週間～数カ月持続する．発熱・悪寒・倦怠感などの全身症状が認められるが，多くの場合，自然治癒する．

5｜病原体確認

偏性好気性で栄養要求性が高いため，分離にはウサギまたは羊血液を5～7％加えたハートインフュージョン寒天培地を用いる．35～37℃，5％ CO_2存在下で培養するが，発育速度が極めて遅く，1～4週間しないと肉眼で観察可能なコロニーを形成しない．菌種同定には，遺伝子の相同性試験を行う．

6｜その他（治療・予防・消毒など）

抗菌薬による治療は効果を示さないことが多いが，血管系疾患にはエリスロマイシンを第一選択薬とし，心内膜炎にはゲンタマイシンとドキシサイクリンを併用する．

f ボルデテラ属

1｜各病原体の定義

アルカリゲネス科ボルデテラ属の菌は，直径0.2～0.5 μm×0.5～1.0 μmの微小桿菌で，周毛性の鞭毛を有する．発育至適温度は，37℃．ボルデテラ属には8菌種（2019年現在）が分類され，犬，猫，ウサギの*Bordetella bronchiseptica*（気管支敗血症菌）感染症が知られる．

2｜疫学

日本および世界で発生がある．感受性動物が不顕性に保菌し，そこから感染が広がる．

3｜感染動物

*B. bronchiseptica*は，犬，猫，ウサギだけでなく，豚，マウス，ラット，モルモットにも同様な感染症を起こす．完治せずに長期保菌する動物からさらに感染が広がる．

4 | 主症状

犬，猫，ウサギいずれも共通の症状としてくしゃみ，鼻汁漏出，流涙を主徴とする鼻炎，気管支肺炎を呈する．犬では本菌および他のウイルスにより症状が悪化しケンネルコフと呼ばれる呼吸器感染症を併発する．

5 | 病原体確認

ボルデー・ジャング培地，マッコンキー寒天培地，ブレインハートインフュージョン寒天培地を用いて，30～37℃で培養する．グラム陰性微小桿菌で，糖分解能がなく，ウレアーゼ産生，オキシダーゼ陽性，クエン酸塩利用，硝酸塩還元を示す．

6 | その他（治療・予防・消毒など）

軽症の場合，治療は不要だが，肺炎を併発した場合は，抗菌薬（サルファ剤とトリメトプリムのST合剤）治療が必要．犬では，パラインフルエンザウイルスとアデノウイルス2型との混合ワクチンがある．

グラム陰性通性嫌気性桿菌

a 分類

グラム陰性菌とは，グラム染色において，クリスタルバイオレットによる染色後にアルコール液で脱色され，対比染色により赤色系の色素に染まる細菌の総称である．通性嫌気性とは，酸素の有無に関係なく発育するが，酸素存在下では酸素呼吸を行い，嫌気条件では発酵や嫌気呼吸を行う菌の総称である．厳密にはこのように酸素存在下と非存在下でエネルギー代謝が異なる菌をいうが，実用上は好気と嫌気の両者で発育可能な菌を通性嫌気性菌と呼ぶことが多い．本章では，プロテオバクテリア門*Proteobacteria*ガンマプロテリア綱*Gammaproteobacteria*エンテロバクテリア（腸内細菌）目*Enterobacteriales*エンテロバクテリア（腸内細菌）科*Enterobacteriaceae*に属するエシェリシア属*Escherichia*，シゲラ（赤痢菌）属*Shigella*，サルモネラ属*Salmonella*，エルシニア属*Yersinia*，クレブシエラ属*Klebsiella*，プロテウス属*Proteus*，シトロバクター属*Citrobacter*，エンテロバクター属*Enterobacter*，そして，ガンマプロテリア綱パスツレラ目*Pasteurellales*パスツレラ科*Pasteurellaceae*に属するパスツレラ属*Pasteurella*を扱う（**表17-5**）．腸内細菌科の菌は，通性嫌気性，グラム陰性桿菌で，カタラーゼ陽性，オキシダーゼ陰性，硝酸塩を還元して亜硝酸塩にし，ブドウ糖などを分解して酸とガスを発生する．パスツレラ科の菌は，グラム陰性の小～球桿菌で非運動性，カタラーゼ陽性，オキシダーゼ陽性．血液または血清を加えた培地でよく発育する．

b エシェリシア属

1 | 各病原体の定義

腸内細菌科エシェリシア属の菌は，直径1.0～1.5 μm×長さ2.0～6.0 μmのグラム陰性桿菌で，周

表 17-5 グラム陰性通性嫌気性桿菌の分類

<table>
<tr><td rowspan="9">プロテオバクテリア門
Proteobacteria</td><td rowspan="9">ガンマプロテオバクテリア綱
Gammaproteobacteria</td><td rowspan="8">エンテロバクテリア(腸内細菌)目
Enterobacteriales</td><td rowspan="8">エンテロバクテリア(腸内細菌)科
Enterobacteriaceae</td><td>エシェリシア属
Escherichia</td></tr>
<tr><td>シゲラ(赤痢菌)属
Shigella</td></tr>
<tr><td>サルモネラ属
Salmonella</td></tr>
<tr><td>エルシニア属
Yersinia</td></tr>
<tr><td>クレブシエラ属
Klebsiella</td></tr>
<tr><td>プロテウス属
Proteus</td></tr>
<tr><td>シトロバクター属
Citrobacter</td></tr>
<tr><td>エンテロバクター属
Enterobacter</td></tr>
<tr><td>パスツレラ目
Pasteurellales</td><td>パスツレラ科
Pasteurellaceae</td><td>パスツレラ属
Pasteurella</td></tr>
</table>

毛性の鞭毛および種々の線毛を保有し，莢膜を保有するものもある．発育至適温度は37℃．乳糖を分解して酸を産生する．小動物に感染症を起こすのは，病原性の*Escherichia coli*(大腸菌)で，腸管病原性大腸菌，腸管毒素産生大腸菌，腸管出血性大腸菌，付着侵入性大腸菌による下痢と尿路病原性大腸菌による症例がある．

2 | 疫学

日本および世界で発生がある．健康な犬，猫，ウサギが保菌し，そこから経口感染，または，尿路系に上行感染する．

3 | 感染動物

保菌動物の糞便に汚染されたものを介して感染する．

4 | 主症状

水様性～出血性下痢，肉芽腫性大腸炎などを発症．その他に，尿道炎，肺炎，髄膜炎，敗血症の症例もある．

5 | 病原体確認

大腸菌の分離は，糞便や尿などの試料からマッコンキー寒天培地やDHL寒天培地を用いて赤色コロニーを選択し純培養の後，鑑別培地により同定する．O血清型，できればH血清型を決定し，特定の毒素遺伝子や侵入因子遺伝子の存在をPCRなどで確認し，病原性大腸菌のカテゴリーを決定する．腸管病原性大腸菌，腸管出血性大腸菌では，微絨毛が消失するattaching and effacing（AE）病変がみられる．

6｜その他（治療・予防・消毒など）

脱水と電解質異常防止のため補液を施し，抗菌薬（アミカシン，エンロフロキサシンなど）を投与する．

c シゲラ属

1｜各病原体の定義

腸内細菌科シゲラ属の菌（赤痢菌）は，普通寒天培地に37℃一夜培養によりコロニーを形成するが，乳糖非分解，硫化水素非産生，非運動性である．赤痢菌属は，厳密な細菌分類学上は大腸菌と区別が付けられないが，医学上の重要性から大腸菌とは区別されており，4菌種（2019年現在）が分類されている．シゲラ属菌は，ヒトに強い親和性を示し，ヒト以外の動物では，サル（霊長類）における赤痢が報告されているが，その他の動物での症例はない．

2｜疫学

ヒトまたはサルのみが保菌する．熱帯および亜熱帯地域での発生が多く，それらの地域への旅行者あるいはそれらの地域から輸入されたサルでの症例が報告されている．

3｜感染動物

ヒトまたはサルのみの症例しか知られていない．犬では，感染したヒトの汚物に汚染されたものを摂食すると，一時的に排菌することがあるが，症状は示さない．猫での自然感染例は報告がない．

4｜主症状

ヒトおよびサルでは，大腸上皮が破壊されることによる水様性・血性下痢を主徴とする細菌性赤痢を発症する．

5｜病原体確認

サルモネラ・シゲラ（Salmonella-Shigella: SS）寒天培地，マッコンキー寒天培地，DHL寒天培地に発育し，乳糖非分解のため無色のコロニーを形成する．

6｜その他（治療・予防・消毒など）

患者や感染動物を隔離し，抗菌薬（リファンピシン，アンピシリン，ネオマイシン，クロラムフェニコールなど）を投与する．人獣共通感染症のため，感染動物の処置時は注意する．

d サルモネラ属

1 各病原体の定義

腸内細菌科サルモネラ属の菌は，直径0.7～1.5 μm×2.0～5.0 μmのグラム陰性桿菌で，周毛性鞭毛を保有し運動性を呈する．一般に硫化水素産生．小動物での症例では，*Salmonella enterica* supsp. *enterica* serovar Typhimurium，Dublin，Enteritidisの3血清型の報告がある．

2 疫学

日本および世界で発生がある．犬と猫の保菌率は10％以下といわれている．生の獣肉を与えられている動物が，肉を介して経口的に感染するケースが多い．

3 感染動物

多くのほ乳類と鳥類が感染するが，犬・猫・ウサギも感染する．主に経口による感染．犬では潜伏感染がみられ，リンパ節に菌が持続して存在する．

4 主症状

多くは不顕性感染の経過を辿るが，発熱，食欲不振，倦怠感，嘔吐，腹痛，水様性～血様下痢と軽度から重度の症状を呈し，敗血症になるケースもある．

5 病原体確認

下痢便試料の場合，ハーナ・テトラチオン酸培地などの選択培地で増菌培養した後，サルモネラ・シゲラ(SS)寒天培地，DHL寒天培地などの鑑別培地を用いて，硫化水素産生のコロニーを選択してから純培養し，サルモネラ型別用血清(全血清型)でのスライド凝集反応によって同定する．凝集がみられたら，各血清型の型別用血清を用いて血清型を決定する．

6 その他(治療・予防・消毒など)

脱水および電解質異常の防止のために補液をほどこし，分離菌の薬剤感受性試験に基づき抗菌薬治療を行う．ワクチンはない．

e エルシニア属

1 各病原体の定義

腸内細菌科エルシニア属の菌は，他の腸内細菌科の菌よりも小さく直径0.5～0.8 μm ×長さ1.0～2.0 μmの桿状または球状のグラム陰性桿菌で，4～43℃の広い増殖可能温度域(至適発育温度域は27～30℃)を示し，発育温度によって表現型(コロニー形態，運動性，生化学性状，毒素産生性など)が異なる．エルシニア属菌の病原菌は，*Yersinia pseudotuberculosis*(仮性結核菌)，*Y. enterocolitica*(腸炎エルシニア)，*Y. pestis*(ペスト菌)である．

2 | 疫学

*Y. pseudotuberculosis*および*Y. enterocolitica*感染症は，日本および世界に分布する．*Y. pestis*感染症は，南米，北米，シベリア，中央アジアなど一部地域にのみみられる．

3 | 感染動物

*Y. pseudotuberculosis*や*Y. enterocolitica*は，経口感染するが，*Y. pestis*は，感染動物との接触やそこに寄生するノミを介した感染がある．犬および猫は，*Y. pseudotuberculosis*や*Y. enterocolitica*に感染しても無症状で，キャリアとなる．ウサギは，*Y. pseudotuberculosis*に感染すると仮性結核を引き起こす．犬の*Y. pestis*感染は，狩猟などで野生のげっ歯類やウサギに接触することで起こる．猫の*Y. pestis*感染は，保菌するリスなど野生動物や感染した猫と接触することで起こる．ウサギは*Y. pestis*に感受性が高く容易に感染する．

4 | 主症状

*Y. pseudotuberculosis*感染(仮性結核)の主な症状は，肝臓・脾臓の小結節形成，下痢，敗血症である．*Y. pestis*感染の主な症状は，発熱，倦怠，拒食症，リンパ節腫脹，嘔吐，下痢，膿瘍，敗血症である．多くは治療により回復するが，治療しないでいると死亡する．

5 | 病原体確認

糞便などからの分離には，白糖加サルモネラ・シゲラ(SS)寒天培地，マッコンキー寒天培地，CIN(cefsulodin-irgasan-novobiocin)寒天培地などの選択培地を用いて，37℃，24時間または22～26℃，48時間培養する．菌数の少ない材料では，リン酸緩衝液を用いた低温増菌法も併用する．白糖加SS寒天，CIN寒天では，赤色コロニーを形成する．疑わしいコロニーを純培養し，グラム染色性と形態，オキシダーゼ試験，鑑別培地(TSI〈triple sugar iron〉培地，LIM〈lysine indole motility〉培地)による試験を経て，型別用血清による凝集反応で同定する．市販の同定キットの使用も可能である．

6 | その他(治療・予防・消毒など)

治療には，抗菌薬(アミノグリコシド系，ドキシサイクリン，フルオロキノロン系，サルファ剤・トリメトプリム(ST)合剤)を用いる．*Y. pseudotuberculosis*は，マクロライド系に耐性の場合が多い．

f クレブシエラ属

1 | 各病原体の定義

腸内細菌科クレブシエラ属の菌は，腸内細菌科の菌の中ではやや大きく，直径0.5～1.0 μm ×長さ0.6～6.0 μmのグラム陰性桿菌である．乳糖を分解する．鞭毛を欠き非運動性であるが，厚い莢膜を産生し粘液状のコロニーを形成する． 主な菌種は，*Klebsiella pneumoniae*(肺炎桿菌)，*K. oxytoca*である．

2 | 疫学

日本および世界での発生がある．動物やヒトの腸管内常在菌であるが，時に強い病原性を示す．

3 | 感染動物

犬・猫では，尿路や気道，薬剤の投与や輸液に使用される静脈用のカテーテル，熱傷(やけど)，手術によってできた傷に感染し，菌血症や敗血症を起こす．ウサギでは，実験的に髄膜炎を発症する．

4 | 主症状

患部の炎症による発熱，倦怠，食欲不振，敗血症から四肢末端の壊死を併発することもある．

5 | 病原体確認

普通寒天培地で，灰白色，半球状，粘性のある特徴的な大きなムコイド型コロニーを形成する．また，BTB乳糖加寒天培地では黄色コロニー，マッコンキー寒天培地では赤色コロニーを形成する．

6 | その他(治療・予防・消毒など)

治療には抗菌薬を投与するが，多くは多剤耐性で，ペニシリン系には抵抗性，セフェム系の抗菌薬であるセフォキシチン(CFX)，セフメタゾール(CMZ)，セフォタキシム(CTX)などには感受性である．

g プロテウス属

1 | 各病原体の定義

腸内細菌科プロテウス属の菌は，直径0.4〜0.8 μm×長さ1.0〜1.3 μmのグラム陰性桿菌で，強い運動性のために寒天培地表面を滑るように広がる性質(スウォーミング，遊走)を示す．動物やヒトの腸内の常在菌で，腸管病原性はないが，尿路感染などを起こす．主要な菌種は，*Proteus mirabilis*である．

2 | 疫学

動物やヒトの腸管内常在菌であるとともに，環境中では腐敗菌として分布する．

3 | 感染動物

犬・猫・ウサギいずれの場合でも腸管内常在菌であるが，尿路カテーテルの使用などにより，しばしば上行性に尿路感染を起こし腎盂腎炎や腹膜炎，敗血症まで悪化することもある．

4 | 主症状

頻尿，排尿困難，血尿，下腹部痛など一般的な尿路感染症の症状．腎盂腎炎になると高熱を伴う．

5 | 病原体確認

胆汁酸を含まない培地では強いスウォーミングを示すが，胆汁酸によりスウォーミングが抑制され，また硫化水素産生性があるため，DHL寒天培地ではサルモネラ属菌と類似したコロニーを形成することから，注意を要する．リケッチアとの抗原の共通性から患者血清と本菌との凝集反応（ワイル・フェリックス反応）が，リケッチアの診断に用いられる．

6 | その他（治療・予防・消毒など）

多剤耐性菌が多いため，薬剤感受性試験を行い，有効な抗菌薬を選択する．

h シトロバクター属

1 | 各病原体の定義

腸内細菌科シトロバクター属の菌は，直径0.3～0.6 μm×長さ0.8～2.0 μmのグラム陰性桿菌で，硫化水素産生，β-ラクタマーゼ産生（ペニシリン耐性）を示す．主な病原菌は，*Citrobacter freundii*, *C. rodentium*，*C. koseri*である．

2 | 疫学

動物やヒトの腸管内常在細菌で，汚染された環境，水，土壌からも分離される．カルバペネム耐性菌として報告されることが多い．

3 | 感染動物

日本および多くの国での症例がある．常在菌が日和見的に感染すると思われる．犬，ウサギでの症例がある．

4 | 主症状

犬では，子犬の*C. freundii*による敗血症，*C. koseri*による心筋炎，ウサギでは，*C. rodentium*によるAE病変を形成する大腸炎の報告がある．

5 | 病原体確認

サルモネラ・シゲラ（SS）寒天培地またはDHL寒天培地で培養する．硫化水素の産生があるため黒色コロニーを生じることから，サルモネラ属菌と誤認することが多い．SS寒天培地を改良した栄研化学株式会社のポアメディア®5S＋A寒天培地を用いるとシトロバクターは赤色コロニーを形成し，誤認を減らすことができる．

6 | その他（治療・予防・消毒など）

第三世代セフェム系も含め，多剤耐性菌が多い．アミノグリコシド系，第三世代セフェム系（セフトリゾキシムなど），ミノマイシンなどから感受性試験の結果を見て適切な薬剤を選択する．

i エンテロバクター属

1 各病原体の定義

腸内細菌科エンテロバクター属の菌は，直径0.3～0.6 μm×長さ0.8～2.0 μmのグラム陰性桿菌で，クレブシエラとよく似た生化学的性状を示すが，鞭毛を保有し運動性を示す．主な病原菌は，*Enterobacter cloacae*，*E. aerogenes*である．

2 疫学

日本および世界での発生がある．動物やヒトの腸管内常在菌で，土壌や下水中にも常在する，稀に感染症を引き起こす．

3 感染動物

尿路や気道，薬剤の投与や輸液に使用される静脈用のカテーテル，熱傷(やけど)，手術によってできた傷を介して感染し，時に敗血症など重症化する．

4 主症状

頻尿，排尿困難，血尿，下腹部痛など一般的な尿路感染症の症状，あるいは元気消失，体温上昇または低下，心拍数亢進，呼吸促迫，食欲不振，意識混濁などの敗血症の症状を呈する．

5 病原体確認

DHL寒天培地で培養する．クレブシエラと似た生化学的性状を示すが，オルニチン脱炭酸陽性および運動性を示すことで区別できる．

6 その他(治療・予防・消毒など)

抗菌薬を投与するが，β-ラクタム系，フルオロキノロン系，テトラサイクリン系，トリメトプリムなどを含めて耐性化していることが多く，薬剤感受性試験を行って適切な抗菌薬を選択する．

j パスツレラ属

1 各病原体の定義

パスツレラ科パスツレラ属の菌は，直径0.3～0.5 μm×長さ1.0～1.8 μmの両端濃染色性の短桿菌で，血液寒天培地やチョコレート寒天培地でよく発育するが，X因子やV因子は必要としない．グラム陰性通性嫌気性菌で，37℃でよく発育する．非溶血性，非運動性で芽胞もない．パスツレラ属には，14菌種3亜種(2018年現在)が分類されているが，小動物では，主な病原菌は，*Pasteurella multocida*である．

2 疫学

日本および世界で発生がある．健康な犬・猫の口腔(犬約75%，猫ほぼ100%といわれている．環境省，人と動物の共通感染症に関するガイドライン2007より)や鼻腔内，爪や皮膚にも保菌される．

保菌する犬・猫同士による咬傷やひっかき傷により感染する．ヒトも，保菌する犬・猫からのひっかき傷や咬傷によって感染する(➡p.705)．

3 | 感染動物

日本および世界中で発生がある．犬，猫，ウサギだけでなく，多くのほ乳類・鳥類が保菌動物との直接または間接の接触により感染する．

4 | 主症状

主たる症状は，肺炎，皮膚の化膿性炎で，多くは不顕性感染で無症状．犬では，心内膜炎，軟膜炎，舌膿瘍の症例がある．猫では，皮下膿瘍，膿胸，さらに肺気管支炎と随伴する脊髄膿瘍や髄膜脳脊髄炎を併発する．ウサギでは，スナッフル(鼻性呼吸)の原因となり，副鼻腔炎，耳炎，結膜炎，気管支炎，肺炎を併発し，敗血症で死亡することもある．ヒトは咬傷部位近傍のリンパ節炎を発症し，壊死性筋膜炎に至ることもある．

5 | 病原体確認

患部の膿汁，滲出液からの菌分離と同定．羊血液寒天培または羊血液寒天ドルガルスキー改良培地を用いて好気培養または炭酸ガス培養を行う．37℃，18～24時間の培養で，光沢あるムコイド状コロニーを形成し，精液様の特有な臭気を有する．オキシダーゼ陰性，カタラーゼ陰性，硫化水素非産生，インドール陰性である．

6 | その他(治療・予防・消毒など)

犬・猫同士の咬傷・ひっかき傷を防ぐ．局所の消毒と抗菌薬(ペニシリン系，テトラサイクリン系など)を投与する．

グラム陰性微好気性らせん状菌

a 分類

グラム陰性菌とは，グラム染色において，クリスタルバイオレットによる染色後のアルコール液により脱色され，対比染色による赤色系色素に染まる細菌の総称である．微好気性とは，発育に大気中の酸素より低い濃度（3～10%)の酸素を必要とし，通常は，大気中でも嫌気条件でも発育できない．本章では，プロテオバクテリア門*Proteobacteria*イプシロンプロテオバクテリア綱*Epsilon-proteobacteria*カンピロバクター目*Campylobacterales*カンピロバクター科*Campylobacteriaceae*に属するカンピロバクター属*Campylobacter*と，カンピロバクター目ヘリコバクター科*Helicobacter-aceae*に属するヘリコバクター属*Helicobacter*を扱う(**表17-6**)．

表 17-6 グラム陰性微好気性らせん状菌の分類

プロテオバクテリア門 *Proteobacteria*	イプシロンプロテオバクテリア綱 *Epsilonproteobacteria*	カンピロバクター目 *Campylobacterales*	カンピロバクター科 *Campylobacteriaceae*	カンピロバクター属 *Campylobacter*
			ヘリコバクター科 *Helicobacteraceae*	ヘリコバクター属 *Helicobacter*

b カンピロバクター属

1 各病原体の定義

カンピロバクター科カンピロバクター属の菌は，直径0.2～0.8 μm×長さ0.5～5.0 μmの無芽胞のらせん状菌であるが，長期培養，大気中程度の酸素濃度，環境ストレスにより球状に変化する．微好気性で，5～15% 酸素濃度で発育する．至適発育温度は30～37℃．両端または一端に極鞭毛を有し，コルクスクリュー状に回転して運動する．オキシダーゼ陽性，硝酸塩還元するが，炭水化物を利用せず，炭素源としてアミノ酸や有機酸を利用する．カンピロバクター属は，25菌種11亜種(2019年現在)が分類されているが，小動物では*Campylobacter jejuni*,(犬・猫)，*C. lari*(犬・猫)，*C. coli*(犬・猫)，*C. cuniculorum*(ウサギ)，*C. upsaliensis*(犬・猫)，*C. ureolyticus*(犬・猫)，*C. helveticus*(犬・猫)などが分離される．

2 疫学

日本および世界に分布する．多くの動物の消化管に定着しており，通常は無症状である．

3 感染動物

子犬や子猫がストレスを受けて下痢などを呈すことがあり(➡p.411)，カンピロバクターが分離されることがあるが，それらの症状との関係は不明である．

4 主症状

軟便，血便，粘液便などの下痢と食欲不振，嘔吐，発熱を呈する．

5 病原体確認

グラム陰性らせん状菌で，好気では発育せず，酸素濃度3～15%の微好気条件が必要で，菌種によっては水素ガスの添加も必要とする．そのため，嫌気ジャーでガスパックなどを用いて培養する．選択性のあるBoltonブイヨンまたはPrestonブイヨンで1～2日間増菌培養後，mCCDA培地またはSkirrow培地で選択分離培養する．疑わしいコロニーについて，グラム染色してグラム陰性，らせん状細菌であることを観察し，顕微鏡下で生菌のらせん運動，回転運動を観察．オキシダーゼ陽性．カタラーゼ試験は*C. jejuni*，*C. coli*，*C. lari*では陽性．また，*C. jejuni*，*C. coli*，*C. lari*，*C. upsaliensis*は42℃で発育する．

6 | その他(治療・予防・消毒など)

カンピロバクターに汚染されたものを経口的に摂取しない．下痢による脱水や電解質異常をきたさないように補液を行い，安静にする．抗菌薬(エリスロマイシン)を投与する．セファロスポリン系は効果がない．フルオロキノロン系は耐性を獲得しやすく使用は勧められない．

b ヘリコバクター属

1 | 各病原体の定義

ヘリコバクター科ヘリコバクター属の菌は，直径0.5〜1.0 μm×長さ3.0 μmの無芽胞の湾曲もしくはS字状のらせん状菌だが，栄養の枯渇，嫌気または好気培養，乾燥，重金属によるストレスなどで，coccoid formと呼ばれる球状形態を示す．4〜8本の鞭毛を保有するが，その数は菌種により異なる．微好気性で，5〜10% 酸素濃度で発育する．多くの菌種は酸素耐性も呈し，10% CO_2存在下でも発育する．至適発育温度は37℃．30℃および42℃でもわずかに発育するが，25℃では発育しない．血液寒天培地で弱い溶血性を示す．ウレアーゼを産生し，尿素を分解してアンモニアを産生する．オキシダーゼ陽性，糖分解試験陰性．ヘリコバクター属には32菌種(2019年現在)が分類されるが，犬，猫などの胃腸炎，胃潰瘍病変から*Helicobacter felis*，*H. cinaedi*，*H. heilmannii*，*H. bizzozeronii*，*H. pylori*などが分離される．また，*H. hepaticus*，*H. bilis*，*H. cinaedi*はマウスに肝炎や大腸炎を起こす．

2 | 疫学

日本および世界に分布する．本菌属は，多くの動物において，幼弱時に母親から経口的に感染した菌が動物の胃内に定着するが，成長後に感染した場合は定着しにくいと考えられている．

3 | 感染動物

犬および猫での症例報告がある．

4 | 主症状

軽度から重度の胃炎を起こす(➡p.399)．

5 | 病原体確認

培養には，雑菌の増殖を抑えるため，ポリミキシンB，トリメトプリム，バンコマイシン，アムホテリシンB，セフスロジンなどを含有した選択分離培地を用いる．分離後の培養には抗菌薬を含まない血液加ブレインハートインフユージョン寒天培地や血清加ブルセラブロスなどを用いる．微好気培養(O_2 5%，CO_2 10%，N_2 85%)が必要なため，専用の孵卵器または嫌気ジャーとガスパックを用いて，湿度を保った環境で培養する．疑わしいコロニーはグラム染色してグラム陰性，らせん状細菌であることを観察する．ウレアーゼ陽性，カタラーゼ陽性，オキシダーゼ陽性で，ナリジクス酸（30 μg）耐性，セファロチン（30 μg）感受性，好気および嫌気条件では発育しないことなどを確認する．さらに，16S rRNA遺伝子を標的としたPCR法で同定するが，菌種の正確な同定にウレアーゼ遺伝子の塩基配列比較が必要である．

6 | その他（治療・予防・消毒など）

胃酸分泌抑制薬と抗菌薬（アモキシシリン，クラリスロマイシン）による除菌を実施する．

嫌気性菌

a 分類

嫌気性菌は遊離酸素がなくても増殖できる細菌である．これらのうち，偏性嫌気性菌は酸素があると増殖できない菌であり，腸内細菌叢の99％以上がこの菌に分類され，代表的な菌には破傷風菌，ガス壊疽菌，ボツリヌス菌などがある．一方，通性嫌気性菌は酸素のある好気条件下・酸素のない嫌気条件下の両方で増殖できる菌群であり，大腸菌やブドウ球菌がある．嫌気性菌は一般に**表17-7**のように分類される．

表17-7 嫌気性菌の分類

グラム陽性菌	無芽胞菌	桿菌	*Propionibacterium**, *Bifidobacterium**, *Lactobacillus*+, *Actinomyces*+, *Eubacterium**
		球菌	*Peptostreptococcus**, *Peptococcus**
	芽胞菌	桿菌	*Clostridium**, *Clostridioides**
グラム陰性菌	無芽胞菌	桿菌	*Fusobacterium**, *Prevotella**, *Leptotrichia**, *Desulfomonas**, *Bacteroides**, *Spirochaeta**+（偏性好気性）
		球菌	*Veillonella**

＊：偏性嫌気性菌，＋：通性嫌気性菌

b グラム陽性

1 | クロストリジウム属

i *Clostridium perfringens*

(1) 各病原体の定義

*C. perfringens*はウェルシュ菌として知られており，*Firmicutes*門*Clostridia*綱*Clostridiales*目*Clostridiaceae*科に分類される．大きさは0.9〜1.3×3.0〜9.0 μmでグラム陽性の桿菌で，偏性嫌気性であり，芽胞を形成する．鞭毛を持たない非運動性の菌で，また細胞壁外側には病原性に関与する莢膜を形成する．

(2)疫学

土壌や動物の消化管に広く分布し，強力な外毒素を産生する特徴を有し，一部は特異的なエンテロトキセミア(腸性毒血症)の原因となる．5タイプの菌(A, B, C, D, およびE)が同定されており，四つの主要トキシン(α，β，εおよびι)のうち一つ以上の毒素を産生する．*C. perfringens* Type Aは最も一般的であり，α毒素を産生し，毒素原性が最も変異しやすい菌型である．α毒素は，ガス壊疽，外傷性感染症，鶏および犬の壊死性腸炎，馬の大腸炎(結腸炎)，豚の下痢症と関連している．*C. perfringens* Type BとCは，若齢の子羊，子牛，豚，子馬に，重度の腸炎，赤痢，毒血症，高い死亡率を示す(β毒素)．Type Cは成牛，羊，山羊にエンテロトキセミアを引き起こす．

(3)感染動物

ヒト，牛，馬，羊，山羊，豚，鶏および犬などが感染する．

(4)主症状

犬では五つの型の*C. perfringens*が報告されているが，エンテロトキセミアはA型でしかみられず，腸炎とも関連している．本菌は壊死性腸炎を起こす壊死毒(α毒素)を産生する．犬の出血性下痢の原因であり(➡p.419)，院内感染における急性および慢性下痢と関連する．急性型は絨毛の広範な破壊と小腸の凝固壊死によって特徴づけられる壊死性腸炎を起こす．下痢は急性で重篤であるか，長期かつ間欠的である．

(5)病原体確認

診断には，糞便からエンテロトキシン産生性のウェルシュ菌を検出する．糞便塗抹では多くの大型のグラム陽性桿菌が観察され，嫌気培養により多数の*C. perfringens* type Aが検出できる．しかしながら，糞便検査は偽陽性の結果となる場合も少なくない．犬では市販のCPE(*C. perfringens*エンテロトキシン)ELISAキットが有用であり，極めて特異的である．RPLA法によるエンテロトキシンの検査キットも市販されている．また，CPE遺伝子発現をPCR法にて検出できる．

菌の同定：偏性嫌気性，非運動性，グラム陽性大型の桿菌，芽胞は偏在する．ブドウ糖(ガス＋)，乳糖，ラフィノースを分解する．インドール産生(－)，レシチナーゼ(＋)，ゼラチンを液化する．

(6)その他(治療・予防・消毒など)

消毒は，高水準消毒または中水準の次亜塩素酸ナトリウムを用いる．芽胞は熱抵抗性および消毒薬抵抗性が強く，2%グルタラール，0.1～0.5%次亜塩素酸ナトリウムが用いられるが，長時間を必要とする．0.2%過酢酸では50～56℃，12分で芽胞が死滅するとされている．また，低濃度のポビドンヨード液はクロストリジウムの芽胞を減少させることができる．熱消毒が可能なものは，オートクレーブなどを用いて100℃以上で殺菌する．なお，感染症例に触れる場合や患者周囲に接触する場合に手袋やガウンを着用することが重要であり，手袋を外した後には，石鹸と流水による十分な手洗いを行う．

予防としては，本菌は多くの動物の腸管に常在し，そのうちの5％がα毒素産生性とされているため，ストレスなどによる増菌に注意する．また，新たな感染を防ぐことが重要であり，糞口感染に注意する．

治療には，多くの抗菌薬が有効である（ペニシリン系，セフェム系，ニューキノロン系，カルバネム系など）．重度の出血性下痢には対症療法も重要である．

ii *Clostridium piliforme*

(1) 各病原体の定義

Clostridium piliforme はTyzzer菌とも呼ばれ，*Firmicutes* 門 *Clostridia* 綱 *Clostridiales* 目 *Clostridiaceae* 科に分類される．グラム陰性の長大桿菌（0.3〜0.5 μm×2〜20 μm）で，多形性を呈する．偏性嫌気性また偏性細胞内寄生性であり，芽胞を形成する．芽胞は，抵抗性が強く，乾燥状態においても感染性は長期間維持される．消毒には，100℃以上の加熱，ヨード系や塩素系消毒薬が有効である．感染肝などのスタンプ標本をギムザ染色すると，菌体上に数個のアズール顆粒が確認される．人工培地に発育しない．

(2) 疫学

本菌の感染は，糞便中に排泄される芽胞を経口的に接種することで成立すると考えられている．多くは不顕性感染で推移する．ただし，免疫不全動物あるいは通常動物でもストレスや免疫抑制剤投与では発症する恐れがある．ハムスターやスナネズミは高感受性であり，下痢や肝炎を引き起こす（➡ p.649）．

(3) 感染動物

マウス，ラット，ハムスター，スナネズミ，モルモット，ウサギ，犬，猫，馬，牛，猿類など多くの実験動物，家畜で感染が報告されている．

(4) 主症状

多くは不顕性感染で推移する．ただし，免疫不全動物あるいは通常動物でもストレスや免疫抑制剤投与では発症する恐れがあるので，本菌感染の有無を確認しておくことが重要である．またハムスターやスナネズミは高感受性であり，下痢や肝炎を引き起こす．自然感染例における共通の所見は，腸炎と肝炎であり，心筋炎を伴う場合もある．犬では稀で，環境や感染動物との接触により，感染性芽胞の経口摂取によって感染する．本菌は腸管，肝臓および心臓を冒す．本疾患は若く，健康な動物がストレスを受けた場合に発症する．犬ではジステンパーや真菌性肺炎に合併することが知られている．症状としては，元気消失，食欲低下，発熱，黄疸，下痢などを示し，痙攣・昏睡の後，死亡することがある．

(5) 病原体確認

人工培地による本菌の分離は困難であるため，通常は抗体検査を行う．またPCR法により病変部，感染初期の糞便から本菌の存在を確認することが可能であるが，抗体上昇後の感染後期の材料からは検出できない．

(6) その他（治療・予防・消毒など）

治療としては，効果的な抗菌薬はあまり知られておらず，一部は逆に増悪するとされている．感染が疑われる場合，点滴と適切な抗菌薬の投与が必要である．テトラサイクリンに感受性であるが，ストレプトマイシン，エリスロマイシン，ペニシリン，クロルテトラサイクリンに対して効果は部分的である（サルファ剤，クロラムフェニコールに対しては耐性）．

2 | クロストリディオイデス属

i 各病原体の定義

Clostridioides difficile は *Firmicutes* 門 *Clostridia* 綱 *Clostridiales* 目 *Peptostreptococcaceae* 科に分類される．0.5×6〜8 μmの大型のグラム陽性菌で，偏性嫌気性の桿菌であり，亜端在性の楕円形の芽胞を形成する．*C. difficile* はタンパク毒素であるToxin A，Toxin BやBinary Toxin CDTを腸管で産生する．

ii 疫学

本菌は土壌，干し草，砂などの自然環境や，ヒトや動物の腸管に存在する．ヒトでは健常人の5％が保有するとされており，院内感染と関連している．

iii 感染動物

ヒト，馬，豚，牛（子牛），犬，猫，ハムスター，モルモット，ラット，ウサギなどが感染する．

iv 主症状

ヒトでは抗菌薬関連大腸炎（偽膜性大腸炎）の主な原因であり，*C. difficile* 関連下痢症は，馬，豚，牛（子牛），犬，猫，ハムスター，モルモット，ラット，ウサギなど多くの種で突然発症する．Toxin Aはエンテロトキシンであり，腸管腔へ液体成分の過剰分泌を促し，組織損傷を引き起こす．Toxin Bは強いサイトトキシンであり，炎症や壊死を誘発する．Binary Toxin CDTの作用メカニズムは知られていない．結腸の腸内フローラの撹乱と毒素原性 *C. difficile* の異常増殖により，疾病が引き起こされる（➡p. 419）．

v 病原体確認

C. difficile 毒素の診断法には細胞障害活性測定，糞便サンプルのELISA，嫌気培養，PCRがあり，毒素原性菌と非毒素原性菌を区別することができる．本菌の検査・診断には *C. difficile*

抗原，ToxinA・Bなどの検出キットが利用できる．

菌の同定：偏性嫌気性，グラム陽性桿菌，偏在性の芽胞，カゼイン消化(−)，レシチナーゼ(−)，ゼラチン液化(+)，インドール(−)，グルコース分解(+)．

vi その他(治療・予防・消毒など)

消毒にはグルタラール，過酢酸，次亜塩素酸などの高水準消毒薬を用いる．0.3%過酢酸や3%グルタラールでは30秒間，0.1%(1,000 ppm)次亜塩素酸ナトリウムでは5分間，また0.55%フタラールでは10分間で殺芽胞効果を示す．

治療には多くの抗菌薬が有効である(カルバペネム系，クロラムフェニコール系，グリコペプチド系，ペニシリン系，ニューキノロン系など)．

3 ペプトストレプトコッカス属

i 各病原体の定義

Peptostreptococcus anaerobius は *Firmicutes* 門 *Clostridia* 綱 *Clostridiales* 目 *Peptostreptococcaceae* 科に分類される．0.3〜1.0 μmのグラム陽性の連鎖状球菌であり，偏性嫌気性である．本菌はペニシリン耐性株が多いことが知られている．

ii 疫学

口腔，上部気道，大腸に常在している．

iii 感染動物

ヒト，馬，豚，犬，猫，爬虫類などが感染する．

iv 主症状

副鼻腔炎，中耳炎，創傷感染，敗血症を起こすが，他の嫌気性菌と混合感染する場合が多い．犬や猫では誤嚥性肺炎，異物性肺炎，膿胸で他の菌種とともに分離される．犬では自然発生する細菌性髄膜炎または髄膜脳炎が稀にみられ，敗血性新生仔感染症の方がより一般的ではあるが，好気性菌や他の嫌気性菌も同時に分離されている．

v 病原体確認

診断は本菌に特異的ではなく，臨床的に診断する．治療には病原体の確認が必要である．

菌の同定：*Peptostreptococcus anaerobius* は偏性嫌気性，グラム陽性球菌(連鎖状，球桿菌)，メトロニダゾール感受性，SPS(Sodium polyanethol Sulfonate)感受性であり，甘い不快な臭いを放つ．SPS耐性のものは *Peptostreptococcus* spp.に分類される．

vi その他(治療・予防・消毒など)

消毒は，無芽胞菌であるため，一般細菌の消毒薬が有効である(低水準から高水準).

治療は抗菌薬としてカルバペネム系，ケトライド系，ニューキノロン系が有効である.

c グラム陰性

グラム陰性の嫌気性菌は，牛では*Fusobacterium necrophorum*が肝膿瘍の原因菌として知られているが，小動物でみられる*Bacteroides fragilis*，*Fusobacterium* spp., *Prevotella* spp.などは口腔や上部気道などに常在しており，強い病原性を持つものは少なく，一般的には日和見感染や二次感染が問題とされている．本菌種による主な疾病・症状には歯肉炎や歯周炎などの歯周病，肺炎や膿胸などの呼吸器疾患，稀に髄膜炎などがある．いずれも病変から単独で分離されることは少なく，他の菌種も含めて複数分離されることが多い．本感染症の原因菌の多くは内在性で，皮膚，腹腔，生殖器，脳神経系，筋組織，骨組織における局所性または血行性の感染が知られている.

1 | バクテロイデス属

i 各病原体の定義

*Bacteroides fragilis*は，*Bacteroidetes*門*Bacteroidia*綱*Bacteroidales*目*Bacteroidaceae*科に分類される．0.8〜1.3×1.6〜8.0 μmのグラム陰性で，偏性嫌気性の桿菌であり，芽胞を作らず，運動性もないが，偏性嫌気性菌の中では比較的酸素耐性である．多くはβ-ラクタマーゼを産生し，ペニシリン系抗菌薬に耐性である.

ii 疫学

ヒトや動物の上部気道や消化管に常在する細菌叢を構成する優勢菌であり，病原性は低いが，日和見感染する．ヒトでは犬や猫の咬傷による感染例がある.

iii 感染動物

ヒト，動物(犬，猫，馬)などが感染する.

iv 主症状

犬や猫の歯周病(特に歯肉炎)の報告がある．また，ヒトと同様，外傷(膿瘍)，胸膜肺炎などでの混合感染にも注意する必要がある.

(1)歯周病

口腔は歯表面のプラークに存在する主に好気性菌で構成される正常細菌叢に守られているが，口腔環境が悪化してプラークが厚くなり，低酸素状態になると病原性の高い嫌気性桿菌の割合が高くなる．これには*Bacteroides fragilis*, *B. splanchnicus*, *Prevotella intermedia*, *Porphyromonas*のほか，*Peptostreptococcus*, *Treponema* spp. が知られている．症状は四つのステージに分類され，歯肉炎のみみられるもの（ステージ1），25％以下の歯周付着喪失を伴う初期の歯周炎（ステージ2），25～50％の歯周付着喪失を伴う中等度の歯周炎（ステージ3），歯周炎が進行して50％以上の歯周付着喪失がみられるもの（ステージ4）がある（➡p.579）．

v 病原体確認

病原体の同定は通常検査所に依頼することになるが，嫌気性菌が問題となる場合が多いので，嫌気培養用の容器で送付する．

歯周病の診断は臨床的評価による．歯肉炎は歯周ポケットにプラークが蓄積し，歯肉（歯茎）が炎症を起こした状態である．歯周炎はさらに進行し，歯槽靭帯や歯槽骨に達すると骨吸収が起こる．

菌の同定：偏性嫌気性，グラム陰性桿菌（球桿菌），無芽胞．オキシダーゼ（－），硝酸還元（－）．*B. fragilis*はインドール産生（－），20％胆汁発育（＋）．バクテロイデス培地および還元BBE培地に発育し，エスクリン加水分解（＋）が*B. fragilis* groupであり，（－）は*B.vulgatus*.

vi その他（治療・予防・消毒など）

治療としては細菌プラークを歯表面から除去することが最も重要であり，歯肉炎を改善し，健康な，非炎症状態へと復帰させる．これは麻酔下での自動または手動機器を用いて専門的な歯のクリーニング（歯石除去，歯面研磨）によって達成される．改善がみられない場合，尿毒症性口内炎，自己免疫疾患，若年性歯肉炎などにも留意する．歯周病の薬物治療としては，クリンダマイシンが有効とされている．1回5 mg/kgでBID，5～10日間投与する．なお，*B. fragilis*についてはヒトではクリンダマイシン耐性株の存在が知られており，注意を要する．

歯肉炎の予防は治療と同じで，プラークの除去とコントロールである．プラーク内の微生物は抗生物質，殺菌剤，および抗菌薬に対して抵抗性であるが，歯磨きにより機械的に容易かつ効果的に除去できる．毎日行うことが望ましいが，動物が歯磨きを嫌がるなら，少なくとも2～3日ごとにガーゼでプラークを拭う（3日以上プラークが残ると歯石を形成する）．食餌や玩具の材質は歯の清浄化に影響し，固く，繊維質のものは噛むことで，歯表面からプラークを拭い取ることができる．一部の食餌は口腔内細菌を減少させるか，プラークの石化を遅くする物質を含んでいる．歯周炎の場合，歯肉縁のプラークを除去することで，歯肉下プラークの増加を防ぎ，口腔の歯周病原体数をできるだけ少なくする．その他の素因が関与する場合があり，解剖学的な重度の歯の叢生，糖尿病や腎不全があれば治療し，組織を損傷するような不適切な行動もしくは習性に注意する．

2 | フソバクテリウム属

i 各病原体の定義

Fusobacterium spp.は*Fusobacteria* 門 *Fusobacteriia* 綱 *Fusobacteriales* 目 *Fusobacteriaceae* 科に分類される．0.3～0.7×0.2～2.0 μmのグラム陰性で，嫌気性紡錘状の桿菌で，芽胞

を作らず，運動性を持たない．

ii 疫学

ヒトでは中咽頭，上部気道，消化管，女性泌尿生殖器系の常在細菌である．犬や猫では口腔に常在しており，ヒトでは咬傷から，*Bacteroides*属や*Prevotella*属とともに分離されることも多い．

iii 感染動物

*Fusobacterium*属は，*F. necrophorum*（壊死桿菌）を含めてヒト，馬，牛，羊，山羊，犬，猫の常在菌であり，一般に日和見感染である．

iv 主症状

Fusobacterium spp., *Peptostreptococcus anaerobius, Prevotella* spp., *Porphyromonas* spp. などの嫌気性菌が誤嚥性肺炎，異物性肺炎および膿胸の犬や猫から分離されている．異物性肺炎（芒・ノギなど）は膿瘍形成を伴う多巣性壊死性肺炎を生じる．一部の症例では，吸引性肺炎から肺膿瘍を形成する．ヒトでは，誤嚥した後に生じる壊死と膿瘍形成には6～7日かかるとされており，肺膿瘍を伴う誤嚥性肺炎は慢性疾患の経過を取る．

特発性細菌性髄膜炎または髄膜脳炎が稀に犬でみられるが，食用動物や新生仔敗血症ではより頻度が高い．多くの好気性菌（*Pasteurella multocida, Staphylococcus* spp, *Escherichia coli, Streptococcus* spp., *Actinomyces* spp., *Nocardia* spp.）および嫌気性菌（*Bacteroides* spp., *Peptostreptococcus anaerobicus, Fusobacterium* spp., *Eubacterium* spp., *Propionibacterium* spp.）が分離されている．

(1) 急性壊死性潰瘍性歯肉炎

ワンサン口内炎，塹壕口腔炎とも呼ばれている．犬では稀な疾患である．重度の歯肉炎，潰瘍，口腔粘膜の壊死により特徴付けられる．いくつかの素因により，口腔の正常細菌である*Fusobacterium* spp.や*Borrelia vincenti*の菌数が増加し，口腔粘膜の局所抵抗性が低下することにより発症する．ヒトでは*Bacteroides melaninogenicus intermedius*がより重要とされているが，犬ではみられない．そのほかの要因としてはストレス，感受性の犬への過剰なグルココルチコイド投与，および低栄養がある．症状は初期には痛みや出血を伴う歯肉縁および歯間乳頭の発赤と腫脹があり，その後歯肉後退へと進行する．口腔粘膜の他の部位への拡大が一般的であり，潰瘍性壊死性粘膜となり，重症例では骨が冒され，骨髄炎や骨壊死を招く．口臭が強く，動物は疼痛により食欲が減退する．唾液過剰がみられ，唾液には血液が混じる．

v 病原体確認

急性壊死性潰瘍性歯肉炎の診断は他の病因を排除することによる．鑑別診断としては，重度の歯周病，自己免疫性皮膚疾患，尿毒症，新生物，および口内病変を生じる他の全身性疾患がある．

菌の同定：偏性嫌気性，グラム陰性桿菌，無芽胞，FM培地(フソバクテリウム 用培地)に発育し，多形性を示す．カタラーゼ(−)，オキシダーゼ(−)，硝酸還元(−)，ブドウ糖分解(酪酸産生)．BBE培地に発育せず，インドール産生(+)，リパーゼ(+)などがあれば*F. necrophorum*であり，それ以外が*Fusobacterium* spp.である．なお，*F. nucleatum*，*F. mortiferum*および*F. varium*については他書を参照されたい．

vi その他(治療・予防・消毒など)

歯周病の治療は，抜歯，病変部の清浄化，口腔衛生，抗生物質，口腔消毒薬(希釈したクロルヘキシジン溶液またはジェル)が指示されている．感染症治療の抗菌薬としてはニューキノロン系，カルバペネム系，ペニシリン系が有効である(クラブラン酸-アモキシシリン，アンピシリン，クリンダマイシン，メトロニダゾール，テトラサイクリン系)．

3 プレボテラ属

i 各病原体の定義

Prevotella spp.は，バクテロイデス属から分かれたもので，*Bacteroidetes* 門 *Bacteroidetes* 綱 *Bacteroidales* 目 *Prevotellaceae* 科に分類される．棒状のグラム陰性の桿菌で，芽胞を形成せず，偏性嫌気性である．食物繊維を分解する能力が高く，主な代謝産物としてコハク酸や酢酸を作る．ヒトの口腔内や腸内，反芻類の胃，土壌から分離されている．また，牛，羊などの趾間壊死症や化膿性疾患から多く分離されている．その他の性状としては硝酸塩還元(-)，カタラーゼ(-)．BBE培地に発育せず，カナマイシンとバンコマイシンに耐性であり，*P. melaninogenica*は血液寒天上で5～14日培養すると集落が黒変する．ヘミン，ビタミンK要求性がある．治療は，抗菌薬としてカルバペネム系およびニューキノロン系が有効である(その他については，バクテロイデス属およびフソバクテリウム属の項を参照のこと)．

抗酸菌(マイコバクテリウム属)

a 分類

マイコバクテリウム属(*Mycobacterium* spp.)は，180種以上の菌種からなり，人型結核菌(*M. tuberculosis*)，牛型結核菌(*M. bovis*)などを含む結核菌群，結核菌以外の非結核性抗酸菌(nontuberculoous mycobacteria: NTM)，その他(らい菌)，にまとめられていた．しかしながら，2018年，マイコバクテリウム属の大規模なゲノム解析により，“*Tuberculosis-Simiae,*”，“*Terrae*”，“*Triviale*”，“*Fortuitum-Vaccae,*”，“*Abscessus-Chelonae*”の五つの系統に分類されること，それぞれ，*Mycobacterium*属，*Mycolicibacter*属，*Mycolicibacillus*属，*Mycolicibacterium*属，*Mycobacteroides*属と分類する

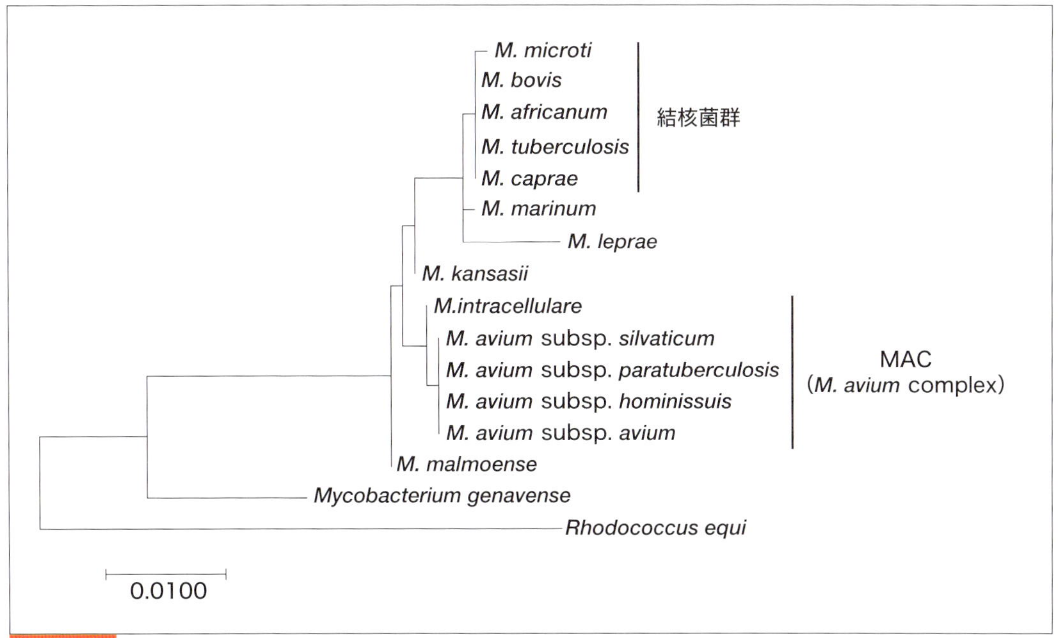

図 17-1　マイコバクテリウム属（*Tuberculosis-Simiae*系統）の系統樹．マイコバクテリウム属のうち，代表的なものと犬猫に病原性を示したものを中心に，16S rRNA遺伝子配列をNJ法にて解析し作成した．

ことが正式に認められた[1]．本稿で扱う3菌種は，いずれも*Mycobacterium*属に属する（**図17-1**）．*M. tuberculosis*と*M. bovis*はハウスキーピング遺伝子のほとんどが保存されゲノムレベルの相同性も99%以上と高い，その他の性状も非常に似通っており，結核菌群と呼ばれる（両菌種の鑑別は，硝酸塩還元試験，ナイアシン試験などの生化学性状試験や，それぞれの菌種の特異的遺伝子＜領域＞を標的とした遺伝子検査により行われる）．結核菌群以外のNTMは，ヒトや動物の体内よりむしろ，土壌や水中などの環境中に広く存在する．*M. avium*は，NTMの中でもヒトや動物の病原細菌として重要な菌種であり，*M. intracellulare*などとともに，MAC（*Mycobacterium avium* complex）と呼ばれることもある．*M. avium*は，*avium*，*silvaticum*，*hominissuis*，*paratuberculosis*の4亜種に細分される．*M. avium hominissuis*は豚抗酸菌症の主要な原因として，*M. avium paratuberculosis*は反芻獣のヨーネ病の原因菌として獣医学領域で重要である．NTMの中には，ヒトに病原性を示すものも多い．ヒトのNTM症の罹患率は結核菌のそれを上回っており，近年注目されているが，ヒト-ヒト感染は基本的に認められない[2]．

b　マイコバクテリウム属

1　各病原体の定義[3]

マイコバクテリウム属をはじめとした抗酸菌は，細胞壁にミコール酸などの脂質を大量に含むのが特徴である．本属はグラム陽性であるが，大量の脂質のため，極めて難染性である．抗酸菌という名称は，石炭酸フクシンなどの塩基性アニリン色素で加温染色した後，アルコール（塩酸アルコール）による脱色に強い抵抗性を示すことに由来する．ミコール酸の存在は，ヒトや動物体内での炎症にも強く関連する．至適発育温度は25～45°Cと菌種によって幅がある．偏性好気性であり，ヒトや動物体内ではマクロファージ内で生存，増殖する細胞内寄生性を示す．倍加時間は2～24時間以上と長く，コロニー形成に数日(速いもので4日程度)～数カ月を要する．結核菌群以外のNTMについては，近年の分子遺伝学的分類法のほか，発育速度とコロニーの発色程度に基づく，Runyonの分類と呼ばれる分類法が現在も用いられている．この分類法では，NTMはI～IV群に大別される．I～III群はコロニー形成に2週間以上を要することから遅発育菌，IV群は1週間以内にコロニーを形成することから迅速発育菌と呼ばれる．*M. avium*はRunyonの分類ではIII群に分類される．培養には，専用の寒天培地や液体培地が多数存在するが，鶏卵をベースとした卵培地(国内では小川培地)がよく用いられる(**図17-2**)．

図17-2 小川培地上に形成されたマイコバクテリウム属のコロニー

2 疫学

マイコバクテリウム属をはじめとする抗酸菌は，環境から動物体内と様々な環境に存在し，世界中に広く分布する．

i *Mycobacterium tuberculosis*と*Mycobacterium bovis*

結核菌群である*M. tuberculosis*と*M. bovis*はヒトや動物体内に存在し，環境から分離されることはほとんどない．*M. tuberculosis*は，牛などの反芻獣や犬猫などの愛玩動物に感染することもあるが，専らヒト-ヒト感染の形で自然界で維持されていると考えられている．*M. bovis*は牛などの反芻類のほか，ヒトの結核の原因菌としても非常に重要である．*M. bovis*の感染源として，牛などの家畜のほか，アナグマ，フクロギツネが注目されている[4]．近年，国内において，家畜，愛玩動物における*M. tuberculosis*および*M. bovis*感染症の報告はほとんどない．これは，乳牛における全頭検査など，家畜衛生対策の徹底によるものである．

ii *Mycobacterium avium*，その他のNTM

結核菌群以外の，*M. avium*をはじめとするNTMは，基本的にヒト-ヒト，動物-ヒト，動物-

動物感染はしない(*M. avium paratuberculosis*による反芻獣のヨーネ病を除く). *M. avium*をはじめとする多くのNTMがヒトを含む様々な動物に感染するが，発症するのはほとんどが免疫状態の低下した個体への感染である．NTMは，動物体内だけでなく，世界中の土壌，水環境などに広汎に存在する．ヒトのNTM症では，患者の浴室やシャワーヘッドなどに存在した菌と患者から分離される菌の遺伝子型が一致し，これら周辺環境が感染源となるとされており[5]，動物も同様であると考えられている．

3 | 感染動物

i *Mycobacterium tuberculosis*と*Mycobacterium bovis*

結核菌群である*M. tuberculosis*，*M. bovis*は，犬，猫に感染し病気を引き起こす．他の抗酸菌に比べ，猫における*M. tuberculosis*感染は稀であり，このことは，猫が*M. tuberculosis*に自然耐性を持つためであるとされる[6]．*M. tuberculosis*の犬，猫への感染源は，結核患者(ヒト)と思われるが，詳細は不明である．*M. tuberculosis*に感染した犬，猫の糞中には*M. tuberculosis*の排菌が認められる．犬，猫からヒトへの感染を確認した報告はないが，公衆衛生上重要である．*M. bovis*は，感染牛の乳中に排菌され，他の動物に感染する．例えば，牛の結核流行地域における調査では，猫の*M. bovis*保菌率が高値(16.7%)であったという報告がある[7]．猫においては，*M. bovis*による皮膚病変の症例が多く報告されており，これは創傷感染によるものである．

ii *Mycobacterium avium*，その他のNTM

*M. avium*をはじめとするMAC，その他のNTMは犬，猫どちらにも感染し病気を起こす．猫，特にシャムやアビシニアンなどの品種は，MAC感染に感受性であるとされる[6]．犬，猫のNTM症の感染源は，ヒトの場合と同様に，周辺環境であると考えられている．MACによる全身のリンパ節炎や肺病変例では，ヒト-動物，動物-動物感染の直接的な証拠を示す報告はない．皮膚病変の例では，創傷や外科手術跡への創傷感染である．この場合もおそらく，環境が感染源になっていると考えられている．感染(保菌)個体は，唾液中に排菌するとされるが，これが感染源になったことを示す報告はない．MAC以外のNTM感染では，ほとんどが創傷や外科手術跡へ感染することによる皮膚病変である．

4 | 主症状

i *Mycobacterium tuberculosis*と*Mycobacterium bovis*

M. tuberculosis，*M. bovis*感染では，初期には，ヒトや牛の結核と同様に，発熱，体重減少などの症状が現れる．病理学的には，下顎，腸間膜など末梢のリンパ節，肺，肝臓，脾臓に肉芽腫形成が認められ，肉芽腫内部には，マクロファージ様の類上皮細胞が集積し病変部はやがて乾酪化する．肉芽腫内部には，抗酸性染色で赤色に染まる菌体が多く認められる．免疫状態の低下した個体では，病変は全身に広がり，重度の場合は結核性胸膜炎，髄膜炎となる．猫で

は，上述したとおり，創傷感染による皮膚病変(肉芽腫)も多い．その他，結核菌群では猫における*M. microti*感染が報告されているが，皮膚病変に限局したものが多い．

ii *Mycobacterium avium*，その他のNTM，鼠らい菌

結核菌群以外の抗酸菌では，*M. avium*をはじめとするMACによる症例が最も多い．創傷感染による皮膚病変(肉芽腫)に加え，稀ではあるが，全身のリンパ節，肺，肝臓などの臓器に病変(肉芽腫)が認められることがある．その場合，結核菌群と同様に，発熱，体重減少などの全身症状が認められる．肉芽腫内部には，抗酸性染色で，赤色に染まる菌体が多く認められる(**図17-3**)．近年，日本国内において，*M. avium*による猫の髄膜脳炎例が報告された[8]．MAC以外のNTMによる感染の報告は少ないが，そのほとんどは皮膚病変である．猫においては，鼠らい菌(*M. lepraemurium*)による猫らい(レプラ)がある．猫らいでは，ヒトのらいと同様に，皮下結節性病変が認められるが，全身に拡散することは稀である．

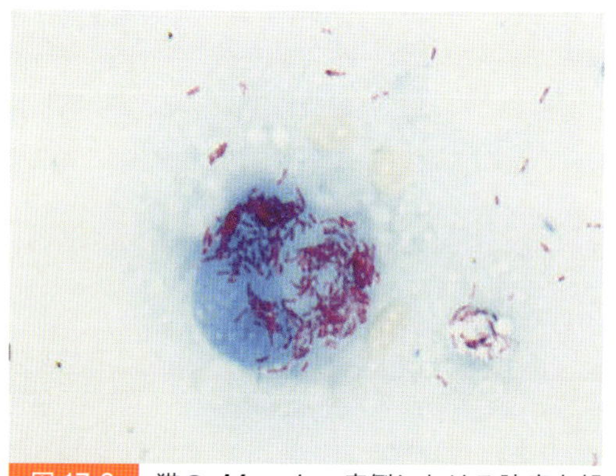

図17-3　猫の *M. avium*症例における肺病変部スタンプのチール・ネルゼン染色像．マクロファージ細胞質内部に多数の菌体が認められる．写真提供：酒井洋樹先生(岐阜大学)

5 | 病原体確認

皮膚病変以外の，犬猫の抗酸菌症の診断は難しいとされる．抗酸菌症の診断が下されるケースで最も多いのが，病理組織検査において，肉芽腫内に抗酸性染色で赤色に染まる菌体が認められる場合である(**図17-3**)．その後，PCRによる菌種同定が行われる．病変部からの原因菌の分離による菌種同定は，時間を要するが確実である．ヒトや家畜では，ツベルクリン反応など，菌体成分を用いた免疫反応を利用した抗酸菌症の診断法があるが，犬猫においては実用化されていない．

6 | その他(治療・予防・消毒など)

結核菌群，NTMいずれも感染動物の糞，尿，唾液中に排出される．結核菌群では，これらが次の動物への感染源となるため，排泄物の消毒，焼却などの衛生管理を徹底することが重要となる．野生

動物が感染源となる場合もあるため，野生動物と接触しない飼育も予防には重要である．MACを含むNTMでは，動物-動物感染を示す直接の証拠はないが，結核菌群と同様の衛生対策が必要であろう．抗酸菌は，他の細菌に比べ消毒薬に対する抵抗性が強く，逆性石鹸，両性界面活性剤は効果を示さない．そのため，排泄物や飼育施設の消毒には，フェノール系，石灰，ヨード系消毒薬が有効である．

放線菌類

a 分類

アクチノバクテリア門(*Actinobacteria*)放線菌目(*Actinomycetales*)(綱は未確定)に属する細菌(44科2,322菌種，http://www.catalogueoflife.org/)のうち，マイコバクテリア科(*Mycobacteriaceae*)(抗酸菌の項を参照)以外を総称して放線菌類(*Actinomycetes*)と呼ぶ(**表17-8**)[9]．分類上はグラム陽

表 17-8 ヒトや動物への病原性が問題となる主な放線菌目(*Actinomycetales*)

科	属	病原性を示す代表的な種
Actinomycetaceae	*Actinomyces*	*A. israelii*(ヒトの放線菌症など), *A. bovis*(牛の放線菌症など), *A. canis*(犬の皮下膿瘍)など
	Actinobaculum	*A. suis*(豚の腎炎・子宮炎など)
	Trueperella 他3属	*T. pyogenes*(ヒトを含む膿瘍，乳房炎など)
Corynebacteriaceae	*Corynebacterium*	*C. diphtheriae*(ジフテリア)，*C. ulcerans*(化膿性疾患，ヒトのジフテリア様)，*C. pseudotuberculosis*(山羊・羊の仮性結核，ヒトのジフテリア様)，*C. reale*(牛の腎盂腎炎)，*C. bovis*(乳房炎)
	Turicella	
Nocardiaceae	*Nocardia*	*N. steroides* complex (*N. abscessus, N. farcinica, N. cyiacigeorgica*などヒトや動物のノカルジア症)，*N. seriolae*(魚類のノカルジア症)
	Rhodococcus 他6属	*R. equi*(子馬の化膿性肺炎など)
Dermatophilaceae	*Dermatophilus* 他4属	*D. congolensis*(滲出性皮膚炎)
*Mycobacteriaceae***	*Mycobacterium*	*M. tuberculosis*(結核), *M. avium*(非結核性抗酸菌症), *M. laprae*(らい)など
	Mycolicibacter	
	Mycolicibacillus	
	Mycolicibacterium	
	Mycobacteroides	
	Amicolicicoccus	
Streptomycetaceae など他30科		

* *Mycobacteriaceae* 以外の分類は Catalogu of life: 2018 annual check list に基づく(http://www.catalogueoflife.org/).
** 旧 *Mycobacterium* の分類は，Gupta RS, Lo B, Son J (2018) : Frontiers in Microbiology 9, 67. により提唱された新分類に基づく.

性の真正細菌であるが，菌糸や胞子を形成するなど，真菌に類似した性状を示す菌種も多い．棒状～菌糸状まで多様な形態を取る．GC含量が高いことを特徴とし，70％を超える菌種も存在する．多くは腐生菌(saprophyte)として，土壌，水中などの自然環境に生息し落ち葉などの有機物を分解しており，生態系の維持に重要な役割を担っている．放線菌目は，ヒトや動物体内には病原性を示さない共生生物(commensal)として存在しており，時に日和見病原体として病原性を示す[10]．ジフテリア菌(*Corynebacterium diphtheriae*)など一部の菌種は明確な病原性を示す．本項では取り上げないが，放線菌類の中で最も多様で植物の病原体としても知られるストレプトマイセス科(*Streptocycetaceae*)は，数多くの抗生物質を産生するなど，産業，医・獣医療上重要な菌種を多く含む．

b アクチノマイセス属

1 | 各病原体の定義[9,11]

通性嫌気もしくは嫌気性，グラム陽性桿菌，菌糸状の形態をとり多型性に富む．芽胞・莢膜は形成せず非運動性である．細胞壁にミコール酸を持たないので，非抗酸性である．Catalog of Life (http://www.catalogueoflife.org/)の2018年度版では，41菌種が認められている．

2 | 疫学[9,11]

ヒトや動物の口腔，咽頭や消化管に常在し，外傷などの粘膜バリアの破綻を契機に病原性を発揮するとされる．本属による感染症を放線菌症(Actinomycosis)と呼び，世界中どこにでも発生がみられる．ヒトでは*Actinomyces israelii*によるものが最も多い．牛の放線菌症は*A. bovis*を原因とする下顎部の慢性増殖性炎であり，腫瘤が骨組織を含んで形成されるため，顔貌が大きく変形することもある．*A. mastitis*は牛の乳房炎の原因となる．

3 | 感染動物[11]

犬，猫いずれにおいても，本属の複数の種が膿瘍の原因となることが報告されている[17]．特に犬では，*A. canis*が皮下膿瘍の原因として知られる．

4 | 主症状[9,11]

放線菌症では，包膜に覆われた慢性増殖性膿瘍を形成することが特徴である．好発部位は頭頸部でありヒトでは放線菌症全体の50％以上を占め，次いで腹部・胸部となる．症状は，発熱，体重減少など特徴的なものではない．悪性腫瘍との鑑別が重要である．

5 | 病原体確認[9]

病変部の生検，喀痰などが検査材料となる．病巣部や膿汁中に肉眼でも確認できる0.1～5 mm大，黄色～褐色の顆粒状の菌塊(硫黄顆粒；sulfur granule)を認める．グラム染色では，中心部にグラム陽性の菌糸，片影は棍棒体(club)が放射状に配列する．確定診断は，培養により，栄養度の高い，ブレインハートインフュージョンや血液寒天培地で37° C，2～14日間嫌気培養する．

6 | その他(治療・予防・消毒など)

治療は，外科的療法と化学療法を組み合わせて行う．膿瘍へは薬剤の移行が悪いことに注意する．

c コリネバクテリウム属

1 | 各病原体の定義[12,13]

コリネバクテリウム属を含むコリネバクテリウム科(*Corynebacteriaceae*)は，マイコバクテリウム科，ノカルジア科(*Nocardiaceae*)と類縁であり，細胞壁にミコール酸を持つ(アクチノマイセス科はミコール酸を持たない)．コリネバクテリウム属は，好気性もしくは通性嫌気性，グラム陽性桿菌である．形態が一方または両方が膨らむ棍棒状(coryne: club)をしていることから名付けられた．芽胞と鞭毛はない．菌種によっては異染小体を持つ．

2 | 疫学[12,13]

ヒトのジフテリアの原因菌である*Corynebacterium diphtheriae*は，飛沫感染により上部気道に定着し，ジフテリア毒素を産生する．本毒素により，局所に偽膜の形成，全身の中毒症状を起こし，心臓麻痺などの重篤な結果となることがある．ジフテリアは感染症法で二類に分類され，現在でも重要な小児の疾患である．*C. diphtheriae*以外の菌種は，病原性はさほど強くないとされ，動物の皮膚，呼吸器・消化管粘膜に常在する．山羊，羊の仮性結核の原因菌となる*C. pseudotuberculosis*，家畜，犬・猫の化膿菌として分離される*C. ulcerans*には，ジフテリア毒素を産生する株があり，ヒトにジフテリア様の症状を示す．これらは，国内にも分布するため注意が必要である(2類感染症としての届出対象ではない)．*C. renale*は牛の腎盂腎炎の原因，*C. bovis*は牛の乳房炎の原因となる．

3 | 感染動物

犬，猫においては，*C. ulcerans*が重要である(➡p.707，p.726)．*C. ulcerans*は元来，牛，犬，猫，野生動物から広汎に分離され，化膿性疾患の原因となる種である．*C. ulcerans*にはジフテリア毒素陽性株が存在し，これがヒトに感染するとジフテリア様症状を示すことがある．我が国においても2001年に，ヒトのジフテリア様症例からジフテリア毒素陽性の*C. ulcerans*が分離され[18]，2016年には初の死亡例が報告された[19]．国内では2017年11月末までに25のヒトの症例が確認されている[20]．本症例の感染源として，海外では感染牛の生乳が報告されていたが，近年国内外で愛玩動物が感染源となった事例が増加している．特に国内では多くの場合，患者周辺の犬や猫が感染源として疑われている[20]．国内の各種動物における本菌の実態調査においても，犬・猫をはじめとした多くの動物が本菌を保有していることが明らかとなっている．大阪府の動物愛護施設の犬における調査では，7.5%(44/583)が陽性であり，遺伝子型別の結果，犬間伝播を示唆する結果も得られている[21]．

4 | 主症状

*C. ulcerans*に感染した犬や猫には，口腔内潰瘍や皮膚の化膿性疾患，くしゃみなどのかぜ様症状が認められることが知られている[13,20]．これまでに，ヒトのジフテリアのような重篤な全身症状は報告されていない．

5 | 病原体確認[12]

病変部から採取したスワブを，血液寒天培地もしくは亜テルル酸塩加培地(チンスダール培地)に塗布し35～37°Cで培養する．コロニー形態から他の*Corynebacterium*属と*C. ulcerans*を鑑別することは困難である．グラム染色では，*C. ulcerans*は典型的な棍棒状の形態をとらず，球菌に近いかたちを取ることが多い．*rpoB*遺伝子の塩基配列解析，生化学性状試験(コリネバクテリウム属の簡易同定試薬が利用可能である)により菌種の同定を行う．PCRによりジフテリア毒素の有無を確認する．

6 | その他(治療・予防・消毒など)

化膿性疾患として，マクロライドなどの一般的な抗菌薬により治療を行う．ジフテリア毒素産生性*C. ulcerans*が原因菌の場合，人獣共通感染症であるため，感染動物は入院して隔離することが推奨される．治療従事者への感染予防にも注意する．飼い主やその家族のワクチン(DPTワクチン)接種履歴を確認し，医師へ相談するよう助言する[12]．

d ノカルジア属

1 | 各病原体の定義[14,15]

好気性，グラム陽性桿菌，分岐した菌糸状の形態を取る．カタラーゼ陽性．芽胞・莢膜は形成せず，非運動性である．細胞壁にミコール酸を含み，発育の時期により部分的抗酸性を示す．表現系，生化学的性状での同定が困難であるため，16S rRNA遺伝子配列解析などの分子遺伝学的系統解析により分類される．ヒトや動物のノカルジア症より頻繁に分離される*Nocardia asteroides*は，単一の菌種ではなく，*N. asteroides* complexと総称され，*N. abscessus*，*N. farcinica*，*N. cyiacigeorgica*などに再分類された．Catalog of Lifeの2018年度版では，85菌種が認められている．

2 | 疫学[14,15]

ノカルジア属は，腐生菌として，全世界の環境中に幅広く分布する．ヒトや動物に常在したものが発症するのではなく，環境から感染すると考えられている．全身性の感染は，易感染性となった宿主に生じ，肺から血行性に皮膚，腎臓，リンパ節，脳へと播種性に拡散する．ノカルジア属菌による牛の乳房炎は，環境性乳房炎である．

3 | 感染動物[14,15]

ノカルジア症は，ヒト，動物，魚類まで広汎に発生する，慢性の化膿性肉芽腫である．犬ではジステンパー，猫の場合は，猫免疫不全ウイルス，猫白血病ウイルスなどの感染により易感染状態になったときに発生しやすい．喧嘩などの際に感染し，一般的に，犬よりも猫に多い．

4 | 主症状[14,15]

ノカルジア症の病型は，皮下に肉芽腫を形成する皮膚ノカルジア症，菌が血行性に拡散する播種性ノカルジア症，脳，腎などの内臓ノカルジア症に大別される．犬や猫では，皮膚や胸腔の肉芽腫性膿瘍を形成することが多い．

5 | 病原体確認[14,15]

病変部から採取したスワブを，サブロー・デキストロース寒天，血液寒天，小川培地などに塗布し1～2週間培養する．病理検査では，抗酸菌症との鑑別が重要である．ノカルジアの抗酸性は部分的であり，菌糸を形成する．菌種同定は，生化学性状，16S rRNA遺伝子塩基配列解読などを組み合わせて行う．

6 | その他（治療・予防・消毒など）[14,15]

ST合剤をはじめとした抗菌薬により治療を行う．

e デルマトフィルス属

1 | 各病原体の定義[16]

偏性好気性，グラム陽性桿菌，菌糸状の形態を取る．分岐した菌糸中には，縦隔壁が生じ，2列の球菌が並列する．鞭毛を有する胞子は遊走子となる．カタラーゼ陽性．*Dermatophilus*属は*D. congolensis*1種からなる．

2 | 疫学[16]

デルマトフィルス感染症は，牛や羊，馬などの家畜の滲出性皮膚炎で，世界中で発生がみられる．家畜からヒトに感染することもある．

3 | 感染動物

犬や猫の症例は少ないが，家畜から感染すると考えられている[22]．家畜のデルマトフィルス感染症の発生は，遊走子の移動が促進される降雨時に多くなるとされる．創傷やダニなどの外部寄生虫による病変部から感染する[16]．

4 | 主症状

犬や猫も，家畜と同様に滲出性皮膚炎を主徴とする．猫では肉芽腫性の症例も多い[6]．

5 | 病原体確認

病変部（痂皮）をギムザ染色し，特徴的な球菌の並列した菌糸構造を観察する．菌分離は，遊走子の性質を利用したHaalstra's法で行う[23]．血液寒天培地へ塗布，10% CO_2存在下で24～48時間培養後，直径3 mm程度のラフ型コロニーを得ることができる．

6 | その他（治療・予防・消毒など）

皮膚を清潔に保ち，抗菌薬により治療を行う．

スピロヘータ

a 分類

主要なスピロヘータとしては，病原性レプトスピラ属とボレリア属が挙げられる．

病原性レプトスピラ属は，スピロヘータ門(*Spirochaetes*)レプトスピラ目(*Leptospirales*)レプトスピラ科(*Leptospiraceae*)レプトスピラ属(*Leptospira*)に属するグラム陰性細菌である．古典的には，病原性レプトスピラ *Leptospira interrogans* sensu lato と非病原性レプトスピラ *L. biflexa* sensu lato に大別されていたが，病原性と非病原性の中間型や，ヒトや動物への病原性が不明な種など同属の細菌種は増え続けており[24]，もはや古典的分類は意味をなさない．さらに，レプトスピラは顕微鏡凝集試験(MAT: Microscopic Agglutination Test)において250以上の血清型に分けられる．家畜伝染病予防法による届出対象は，オーストラーリス(Australis)，オータムナーリス(Autumnalis)，カニコーラ(Canicola)，グリポティフォーサ(Grippotyphosa)，ハージョ(Hardjo)，イクテロヘモリジア(Icterohaemorrhagiae)，ポモナ(Pomona)の七つの血清型である．

ボレリア属は，スピロヘータ門(*Spirochaetes*)スピロヘータ目(*Spirochaetales*)スピロヘータ科(*Spirochaetaceae*)ボレリア属(*Borrelia*)に属する細菌である．ヒトや動物に病原性がありライム病の原因となるもの(ライム病ボレリア)は，北米では主に *Borrelia burgdorferi*，欧州では *B. burgdorferi* に加えて，*B. afzelii*，*B. bavariensis*，*B. garinii* が含まれる．国内においては，*B. bavariensis* および *B. garinii* が主要な病原体となる[25,26]．また，ヒトで回帰熱の原因となる *B. miyamotoi* や，非病原性の *B. japonica* も日本国内のマダニが保有するが，それらの動物への病原性は不明である．

b 病原性レプトスピラ属

1 各病原体の定義

Leptospira interrogans の血清型 Australis, Autumnalis, Canicola, Hardjo, Icterohaemorrhagiae, Pomona および，*L. kirschner* の血清型 Grippotyphosa などが代表的である．レプトスピラは長さ10～20 μm，直径約0.1 μm のらせん状の細菌で，菌体の一端あるいは両端がフック状に湾曲していることが，他のスピロヘータにはない形態的特徴である．コルトフ培地あるいはEMJH (Ellinghausen-McCullough-Johnson-Harris) 培地で培養が可能である．

2 疫学

日本を含め世界各地で発生がみられる．犬のレプトスピラ症は監視伝染病に指定されている．農林水産省の監視伝染病発生年報によると，2014年度から2017年度にかけての犬レプトスピラ症の年間発生数は38，37，24，23件となっている[27]．また，ヒトのレプトスピラ症(➡ p.704)は感染症法に基づく4類感染症であり，全数届出が義務付けられている．

3 感染動物

レプトスピラは水中や湿気のある土壌中で数カ月にわたって生存可能であり，動物へは経皮および経口的に感染する．多様な動物種が病原性レプトスピラに感染するが，ほとんど症状を示さずに保菌宿主となる動物もいる．レプトスピラは保菌動物の腎尿細管に局在し，尿中に数カ月〜数年にわたり排菌される．犬，猫，家畜(牛，豚など)のほか，げっ歯類や猪などの野生動物がレプトスピラの保菌宿主として環境への汚染源となる(**図17-4**)．犬においては，血清型CanicolaおよびIcterohaemorrhagiaeによる感染が主とされてきたが，近年の国内における調査では血清型Hebdomadis，Australis，Autumnalisの順で多く検出された[28]．これらの血清型も犬で高い致死率(57.1〜100%)が報告された．血清型Hebdomadisは届出対象ではないことから，未報告の犬レプトスピラ症が多数潜在することが推察される．猫は複数の血清型(CanicolaやGrippotyphosaなど)へ感染することが報告されているが，臨床症状を示すことは稀であり，菌体を尿中に排出し続ける保菌宿主となりうる．

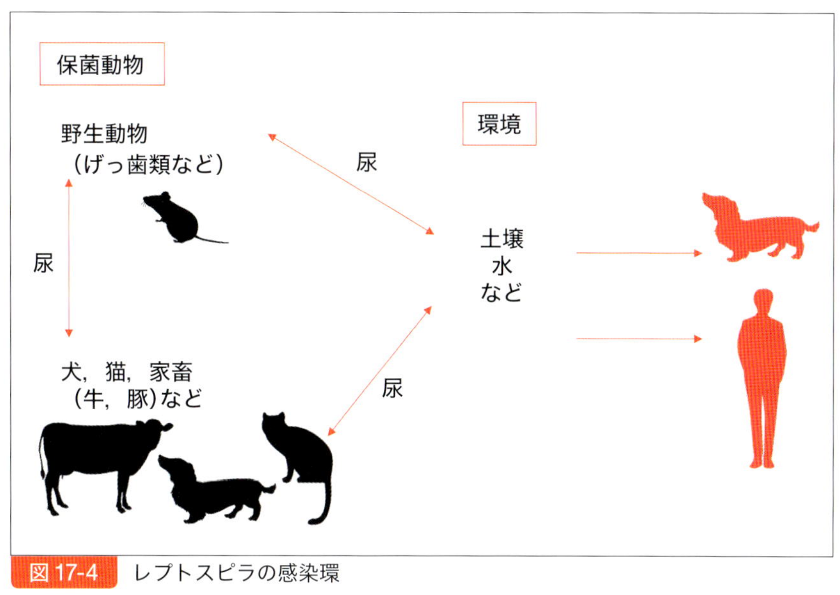

図17-4　レプトスピラの感染環

4 | 主症状

甚急性または亜急性の疾患であるが，不顕性感染や軽症例もみられる．感染した血清型によって症状は異なる．近年の調査で，確定診断に至った犬(全79例)の初診時の臨床症状は，黄疸(78.3%)，嘔吐(71.1%)，粘膜の充出血(41.0%)，発熱(13.3%)であった[28]．その他の症状として，脱水，下痢，舌壊死，肝障害，腎不全，ぶどう膜炎，血色素尿，貧血，筋肉痛などがみられる場合がある[29](➡p.436)．甚急性例では，敗血性ショック，播種性血管内凝固(DIC)により死亡する．なお，回復後も菌体を尿中に排出し続ける場合がある．

5 | 病原体確認

暗視野顕微鏡を用いることで，尿中にレプトスピラ菌体を確認できることもあるが感度および特異度が低い．確定診断には，菌の分離培養，MATによる血清診断あるいはPCRによる遺伝子の検出が必要である．菌の分離には，抗菌薬投与前の血液，尿，あるいは病変組織を用いてコルトフ培地あるいはEMJH培地に接種する．菌体の増殖速度が遅いため，培養期間は最大で6カ月間程度が望ましい[29]．MATにはペア血清(発症直後および発症後1～2 週間程度の血清)を用いるが，単一血清の抗体価により総合的に判断する場合もある．MATに用いた菌体と異なる血清型に感染していた場合は偽陰性となる問題がある．PCR検査では，血液，尿，組織などから抽出したDNAをもとに16S rRNA遺伝子や*flaB*遺伝子などを増幅する．感度および特異度が高く，抗菌薬投与後の死菌の検出も可能であるが，血清型は判定できない．

6 | その他(治療・予防・消毒など)

レプトスピラは熱(50 ℃ 10 分で死滅)，乾燥，酸(pH6.8 以下)に弱く，次亜塩素酸ナトリウム溶液，ヨード剤，逆性石鹸などで消毒できる[30]．予防には，レプトスピラが潜伏する湿潤な土壌や池，沼などへの立ち入りを避ける．犬レプトスピラ症に対する複数の不活化ワクチンが日本国内で販売されている．ただし，ワクチンの種類によって含まれる血清型が異なる．異なる血清型間ではワクチン効果が得られないことから，接種するワクチンの選定にはその地域で流行する血清型を考慮する必要がある．感染犬の治療にはドキシサイクリン(5 mg/kg，BID，14日間)が基本となり，消化器症状が伴う場合にはペニシリン系抗菌薬(アンピシリン20～30 mg/kg，T～QID，IVあるいはベンジルペニシリンカリウム25,000～40,000 U/kg，T～QID，IV)を投与する[29]．本疾病は人獣共通感染症であり，感染犬の血液や尿の取り扱いには十分注意を払い，病院スタッフおよび飼い主への感染を防止する．

c ボレリア属

1 | 各病原体の定義

*Borrelia afzelii, B. bavariensis, B. garinii*などが代表的である．ボレリアは長さ 5～20 μm，直径0.3 μm以下のらせん状の細菌で多数の鞭毛を有する．BSK-II (Barbour-Stoenner-Kelly-II) 培地あるいはBSK-H培地で培養が可能である．

2 | 疫学

日本を含め主に北半球の広範な地域で発生がみられる．日本国内における動物のライム病の症例報告数は非常に限られている．近年では，札幌市において発熱を伴う起立不能の犬2症例が報告された[31]．一般的に，犬および猫ではほとんどの場合，軽症か不顕性感染と考えられ，感染の実態を把握するのは困難である．ボレリア陽性マダニに暴露された犬のうち，5～10%のみが臨床症状を呈するとの報告もある[32]．北海道札幌市の動物病院を訪れた犬のライム病ボレリアに対する抗体陽性率は10.2%(全314頭中)との報告がある[33]．なお，ヒトのライム病は感染症法に基づく4類感染症であり，全数届出が義務付けられている．

3 | 感染動物

ライム病ボレリアはマダニ属(*Ixodes*)のマダニによって媒介される．国内では主にシュルツェマダニ(*Ixodes persulcatus*)がベクターとなる．マダニは保菌者であるげっ歯類や鳥類，中・大型ほ乳類などの野生動物を吸血することによりボレリアを獲得する．ボレリアに感染したマダニは吸血の際に，唾液とともにボレリアをヒトや動物に伝播する(**図17-5**)．

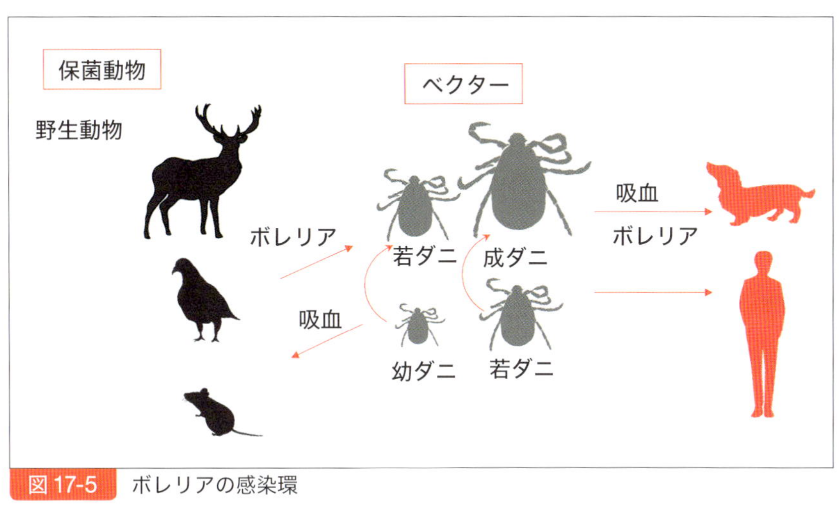

図 17-5　ボレリアの感染環

4 | 主症状

発熱，食欲不振，衰弱，関節の腫脹，多発性関節炎などである(➡p.506)．

5 | 病原体確認

血中の抗ボレリア抗体を検出するための診断キットが国外では複数販売されているが，国内では流通していない．血液などから抽出したDNAをもとにPCRによるボレリア遺伝子の検出も有効である．

6 | その他(治療・予防・消毒など)

ベクターであるマダニの防除が最も効果的である．欧米では犬用のワクチンが販売されているが，国内流行種への効果は必ずしも期待できない．治療にはβ-ラクタム系およびテトラサイクリン系抗菌薬が有効(ドキシサイクリン10 mg/kg，SID～BID，PO，IV，30日間など)[34]である．

マイコプラズマ

a 分類

マイコプラズマは，テネリクテス門マイコプラズマ科マイコプラズマ属に分類される嫌気性のグラム陰性菌で，自然界では真核細胞に付着または一部細胞内寄生して増殖するが，人工培地でも増殖可能である．病原性を有するマイコプラズマとしては，犬では*Mycoplasma canis*，*M. cynos*，*M.*

spumans, *M. maculosum*などがあり，猫では*M. felis*, *M. gateae*と，ヘモバルトネラ(ヘモプラズマ)として知られていた赤血球寄生菌である3種の*Mycoplasma haemofelis*, *M. haaemominutum*, *Candidatus M. turicensis*がある．

b 赤血球寄生マイコプラズマ

1 各病原体の定義

猫伝染性貧血の原因菌であるヘモプラズマ Hemoplasma(旧学名ヘモバルトネラ Hemobartonella)はリケッチアの一種と考えられていたが，16S rRNA遺伝子配列との相同性から，マイコプラズマに分類された．この種のマイコプラズマには，旧名称の*Hemobartonella felis*の大型のものとされていた*M. haemofelis*と小型の*M. haemominutum*があり，これに加えて*Candidatus M. turicensis*がある．菌は直径0.3～0.8 μmの小型の球菌で，細胞壁を持たないためグラム染色では陰性となる．生体内では赤血球膜上に寄生し，単一で，もしくは連なって(連銭)存在する．犬でも赤血球寄生マイコプラズマがあり，*M. haemocanis*と*C. M. haematoparvum*の2菌種が知られているが，病原性は低く，不明の点も多い．

2 疫学

赤血球寄生マイコプラズマは，主として感染動物を吸血したマダニやノミが未感染の動物を吸血したときに感染する．また，感染母猫から子猫にも伝播する．さらに，闘争による体液の接触，稀に輸血によっても伝播する．

3種の赤血球寄生マイコプラズマの疫学調査(Tanaharaら，2010)によれば，週に1回以上外出する猫では30％程度がいずれかに単独もしくは重複して感染しており，*M. haemofelis* 約5％，*M. haemominutum* 21％，*Candidatus M. turicensis* 約7％と報告されている．また，感染リスク要因として，雄，中高齢，咬傷歴，免疫不全ウイルス(FIV)感染などが挙げられており，潜伏感染例もみられ，治療により回復した症例でも潜伏感染することが知られている．

3 感染動物

猫に感染するが，ヒトを含む多くのほ乳類が稀に感染することが知られている．

4 主症状

本菌の赤血球寄生によって生じる症状は主に赤血球破壊で生じる貧血と感染による炎症反応である．これに伴う一般症状としては，突発的な発熱(約50％の症例でみられる)，抑うつ，衰弱(虚弱体質)，食欲不振または廃絶であり，貧血に伴う直接的症状としては粘膜蒼白(眼結膜，歯茎など)，脾腫，黄疸である．

5 病原体確認

赤血球寄生マイコプラズマの診断は，主訴，病歴，身体検査，血液検査，尿検査などからスクリーニングする．経験のある獣医師であれば触診により脾腫を感知できることがある．貧血の症状が窺われれば，血液塗抹標本の顕微鏡検査が有用である．塗抹標本では，菌体は青または赤紫色の好塩基性に染色される0.3～0.8 μmの小球菌様の構造体として認められ，赤血球の膜表面上に単一で，または連銭状に認められる．ハウエルジョリー小体や好塩基性斑点，ゴミなどの夾雑物との鑑別が必要である(➡p.75)．また，寄生体出現には日内周期性があるので，複数回の採血が必要となる場合がある．本菌はマイコプラズマに分類されるが，人工培養法は確立されていない．そのため，PCR法による遺伝子診断が有用であり，菌種まで同定できる．現在3種の菌体が報告されており，*M. haemofelis*は*M. haemominutum*よりも重度の貧血を起こし，*C. M. haemominutum*の単独感染では，貧血は起こらないか軽度であることが知られている．

6 | その他(治療・予防・消毒など)

治療は，以前からテトラサイクリン系抗菌薬が用いられてきたが,，テトラサイクリンは1日3回投与，発熱などの副作用がある．そのため，ドキシサイクリン(5 mg/kg，PO，SIDもしくはBID，3週間)が推奨されており，これはタンパク合成阻害により抗菌力を発揮するが，粘膜刺激による胃腸障害のために腹部の不快感，嘔吐および食欲不振が認められることがある．また，食道狭窄を伴う食道炎の報告もある．その場合には，他の抗菌薬を用いる．最近，ニューキノロン系抗菌薬のエンロフロキサシン(5～10 mg/kg，SID，2週間，POもしくはSC)にて，ドキシサイクリンと同等あるいはそれ以上の効果を示したと報告されているが，急性で，不可逆的な視力障害(失明と網膜変性)が報告されているので，注意が必要である．重症例では，赤血球の免疫学的破壊を防ぐ目的でプレドニゾロン(2～4 mg/kg，SID，POもしくはSC)を短期的に用いることがある．また，ヘモグロビン値5 g/dL以下，もしくはPCV10%以下といった著しい貧血の場合は輸血を考慮する．ヘモプラズマ感染症による貧血のほとんどは，抗菌薬療法と補助療法によって改善することができるが，再発を繰り返す例もある．また，FeLVやFIVが重複して感染した場合には，重症化することもある．

予防としては，感染を阻止する予防薬やワクチンがないため，基本的にはキャリアとの接触を避けることである．また，輸血を行う場合には獣医師はヘモプラズマの感染歴のない動物をドナーとする(抗菌薬などで完全には排除できない)．多頭飼育で，濃厚接触・闘争などの可能性がある場合にはあらかじめ感度の高い遺伝子検査を実施することが推奨される．また，ダニやノミの忌避剤の使用も重要である．

消毒はマイコプラズマに準ずるが，自己増殖力がなく，外界では生存できないため，特別の消毒は通常必要としない．

c 赤血球寄生以外のマイコプラズマ

1 | 各病原体の定義

細胞壁とその成分であるペプチドグリカンを欠く．そのために不定形を呈する．大きさは約0.3 μmと小型である．自然界に広く分布し，動物，植物，昆虫に寄生する．以前は濾過性病原体と呼称された．

犬では少なくとも15種のマイコプラズマが同定されているが，マイコプラズマが関与する疾患でよく知られているものには犬伝染性気管気管支炎(ケンネルコフ)があり，これには同時に他の病原体も関与する．菌体は正常でも上部気道などに存在し，下部気道に達した場合に炎症を誘起し，重症例では肺炎を生じる．また，マイコプラズマ科の一種である増殖に尿素を必要とするウレアプラズマ（*Ureaplasma*）は泌尿生殖器系に常在し，健常犬でも気管に正常細菌叢として存在する．

本菌の特徴としては，多形態性，球形や短卵形で0.2～0.8 μmの大きさであり，分枝した糸状細胞は150 μmにも及ぶ．細胞壁を欠くため，グラム染色は陰性であり，ペニシリン耐性である．本菌は人工培地で培養できる最小の原核細胞であり，通性嫌気性（微好気性）で，キノンやチトクロムを欠く．培養上のコロニーの特徴として目玉焼き状を呈し，培養にはコレステロールを要求する．多くは常在菌で，日和見感染症に関与している．菌種に共通の性状試験に供試されるものとしては，ブドウ糖，アルギニンおよび尿素の分解性，テトラゾリウム塩還元性やホスファターゼ活性であり，生化学性状が限られているため，菌種の同定は専ら血清学的に行われる．最近では遺伝子解析によるスクリーニングが実施されている．

マイコプラズマの菌種として病原性を示すものとしては，犬では*M. canis*，*M. cynos*，*M. spumans*，*M. maculosum*などがあり，猫では上述の3種の赤血球寄生細菌に加えて，*M. felis*，*M. gateae*などがある．

2 | 疫学

マイコプラズマは，呼吸器，生殖器，関節，口腔，眼，乳腺などの粘膜表面に寄生する．宿主特異性が比較的高く，異種動物では容易に排除される．マイコプラズマ感染は日和見的であり，環境要因，免疫機能変調，多重感染によって生じる．伝播様式は主に接触感染であり，空気感染は稀である．多頭飼育や密飼いが集団発生の要因となる．犬では上部気道に存在するマイコプラズマが下部気道に達した場合に感染や，重症例では肺炎を生じることがある．また，マイコプラズマ科であるウレアプラズマ属菌はストレス下や免疫抑制状態におかれると不妊を伴う病変を生じる．また，犬でも赤血球を侵襲し，貧血を起こすマイコプラズマ（ヘモプラズマ）が存在するが，病原性は低い．

3 | 感染動物

比較的に宿主特異性が強く，各菌種は犬および猫をはじめとする多くの動物に特異的に感染する．

4 | 主症状

症状は本菌が感染する病変部位によって様々である．**表17-9**に犬と猫の病変から分離された菌種を示す．

i 眼感染症

猫では*M. felis*により結膜炎が生じる（➡p.537）．症状としては漿液性の分泌物に始まり，粘液状から粘着性の滲出液がみられるようになる．結膜は初期には充血して浮腫を生じ，その後硬化する．通常，角膜は侵襲されないが，潰瘍性角膜炎や角膜軟化症から分離されているので，注意が必要である．犬ではマイコプラズマによる結膜炎はみられていない．

表 17-9 犬と猫の病変から分離されたマイコプラズマ

病態	犬	猫
肺炎(下部気管)	*M. arginini, M. canis, M. cynos, M. edwardii, M. gateae, M. feliminutum, M. maculosum, M. spumans* and *Ureaplasma* spp.	*M. arginini, M. felis*
胸膜肺炎(膿瘍)		*Mycoplasma* spp.
結膜炎		*M. felis, M. canadense, M. lipophilum, M. hypoharyngis, M. cynos*
関節炎	*M. spumans, M. edwardii*	*M. gateae, M. felis*
睾丸副睾丸炎	*M. canis*	
髄膜脳炎	*M. edwardii*	
膿瘍		犬の咬傷によるもの: *M. canis, M. spumans*

ii 呼吸器感染症

上部気道から肺の炎症症状がみられる．すなわち，くしゃみ，鼻炎症状，発咳，呼吸困難などである(➡p.377)．*Mycoplasma* spp.は通常，上部気道の正常細菌叢の一部として存在するが，*M. felis*は上部気道疾患のない多頭飼育では分離されず，疾患を有する群で観察されている．また，*M. felis*は実験感染で子猫に肺炎を誘発できることから，猫の一次病原体と考えられている．ウイルスや細菌による肺感染を起こした動物では，マイコプラズマは気道を通過して肺や胸腔に達し，二次的な日和見感染を起こす．猫では，通常気管からは分離されないため，検出される場合には注意を要する．犬では慢性のマイコプラズマ肺感染症が生じる．組織学的には気管支拡張を伴う化膿性気管支炎や細気管支炎であり，それに続いて気管支および細気管支上皮の過形成，単核球浸潤，リンパ過形成，間質性肺炎，閉塞性細気管支炎を生じる．犬のマイコプラズマのうち，実験的に呼吸器疾患を再現できるのは*M. cynos*であり，一次病原体として感染症を生じ，重度の呼吸器疾患の原因菌となっている．これらの疾患の症状としては，41℃以上の発熱，湿性発咳(喀痰)，左方移動を伴う好中球増加症があり，X線検査では，肺胞および気管支間質の肺陰影の異常，軽度の胸水貯留，縦隔リンパ節の腫大などがみられる．

iii 泌尿生殖器感染症

主な症状は不妊である．マイコプラズマの生殖器官への感染は日和見感染と考えられているが(➡28章)，子宮内膜炎を示す犬の病巣から*M. canis*が分離されており，実験感染では50%の雄に尿道炎および精巣上体炎を，雌には子宮内膜炎を誘発したことが報告されている．

iv 全身感染症

正常細菌叢を形成するマイコプラズマは悪性腫瘍や免疫抑制などの消耗性疾患がある場合に，実質臓器から分離されることがあり，マイコプラズマ性敗血症がグルココルチコイド投与された犬でみられている.

v 筋骨格感染症

猫では実験的には*M. gateae*が，症例としては*M. felis*が多発性または単関節炎を，犬では*M. spumans*と*M. edwardii*が多発性関節炎を起こすことが知られている．臨床所見としては，41℃の発熱，移動性跛行，関節液の好中球増加がある.

vi その他

消化器感染や，中枢神経系のマイコプラズマ感染，マイコプラズマによる膿瘍などもみられる.

5 | 病原体確認

マイコプラズマを原因菌として確定するには，疾患動物で健常動物よりも高頻度に分離され，抗体もより高値を示し，またマイコプラズマ感受性の抗菌薬によって症状が改善する必要がある．マイコプラズマ症が疑われる場合，マイコプラズマ培養が可能な検査機関に診断を依頼する．検体サンプルは，コットンスワブをHayflick培地もしくはAmies培地またはStuart輸送培地が付属する市販のスワブを利用し，冷蔵の場合は2～3日以内送付する．それ以上かかる場合は冷凍輸送も可能である．尿沈渣は，3,000 g，10分間遠沈して得たものをサンプルとして培養する．培養にはHayflick培地などの専用の培地を用いて，37℃，5％CO_2存在下で培養した後，48時間嫌気条件で行う．マイコプラズマは目玉焼き状の特徴的なコロニーを示す．マイコプラズマは栄養要求性や生合成によって特徴づけられる．抗体を用いて菌種を同定することが可能であり，加えて16S-23SリボソームRNAスペーサー領域を標的とするPCR法も開発されており，一部はキットとして市販されている.

6 | その他（治療・予防・消毒など）

マイコプラズマは通常の抗菌薬の感受性試験が利用できないため，感染が疑われる場合には経験的治療は有効である．マイコプラズマは一般にマクロライド系，テトラサイクリン，クロラムフェニコール，リンコマイシン，アミノグリコシドなどに感受性であり，代表的な薬物と投与法を**表17-10**に示す．テトラサイクリンとクロラムフェニコールは妊娠動物には使えないので，エリスロマイシンやリンコマイシンを使用する．薬剤抵抗性の全身性マイコプラズマ性髄膜炎や関節炎には，ヒトではプレウロムチリンが有効とされている．犬と猫では，他の動物にみられるような有効なワクチンはない．実験的な開発が行われているのみである.

消毒ではマイコプラズマは細胞壁がないため，乾燥や熱に弱く，消毒薬も効きやすい．消毒薬感受性としては，*Mycoplasma pneumoniae*で，50％エタノール，50％イソプロパノール，0.75％ホルマリン，5％フェノールで10分以内に殺滅されたとの報告や，*M. mycoides* ssp. *mycoides*では25 ppm次亜塩素酸ナトリウムで15秒以内に殺滅されたとの報告もある．また，感染症例の気道分泌物などで高度に汚染された場合の消毒には，消毒用アルコール，70％イソプロパノール，200～1,000 ppm次亜塩素酸ナトリウムが有効とされている.

表 17-10 マイコプラズマ感染症の治療

薬物	動物種	薬用量 (mg/kg)	投与経路	投与間隔(時間)	投与期間(週)
ドキシサイクリン	犬・猫	5～10	PO (IV)	12	≧1
テトラサイクリン	犬・猫	22～30	PO	8	≧1
エリスロマイシン	犬・猫	5～18	PO	8	≧1
		15～25	PO	12	7～10
アジスロマイシン	犬	5～10	PO	24	≧1
	猫	5～15	PO	12～24	≧1
クロラムフェニコール	犬	25～50	PO(IV, SC, IM)	8	≧1
	猫	10～20	PO, SC, IV	12	1～2
クリンダマイシン	犬・猫	5～11	PO	12	≧1
エンロフロキサシン	犬・猫	5	PO(SC)	24	≧1
プラドフロキサシン	猫	5	PO	12	≧1

リケッチア

a 分類

リケッチア目(*Rickettsiales*)の細菌のうち，特に犬で問題となるのがアナプラズマ科(*Anaplasmataceae*)に属するアナプラズマ属(*Anaplasma*)およびエールリヒア属(*Ehrlichia*)の細菌である．アナプラズマ属では*Anaplasma phagocytophilum*および*A. platys*，エールリヒア属では*Ehrlichia canis*が日本国内で確認されている．その他にも*A. bovis*や未分類の*Anaplasma*/*Ehrlichia*種も日本国内の犬・猫から報告されているが[35, 36]，それらの病原性は不明である．

b アナプラズマ属，エールリヒア属

1 各病原体の定義

*A. phagocytophilum*は顆粒球，*A. platys*は血小板，*E. canis*は単球・マクロファージに感染し，菌体増殖部位では桑の実状の封入体(morula)が観察される．*A. phagocytophilum*および*E. canis*はほ乳類細胞やマダニ由来細胞との共培養により分離培養が可能である．

2 疫学

i *Anaplasma phagocytophilum*

日本を含め世界各地で発生がみられる．欧米では犬に加え，牛，羊，馬などの病原体として重要である．国内ではマダニや猪などから遺伝子が検出されてきた．2018年に国内初となる犬の症例が茨城県で報告された[37]．本病原体がヒトに感染した場合，ヒト顆粒球アナプラズマ症

を引き起こす．国内ではこれまで6名が診断されている[38]．

ii *Anaplasma platys*

日本を含め世界各地で発生がみられる．全国各地で犬およびマダニからの遺伝子検出例はあるが，症例の報告はない[38]．国外では，犬猫ともに症例が報告されている[39, 40]．

iii *Ehrlichia. canis*

世界各地で発生がみられるが，日本国内での流行は確認されていない．国外からの輸入症例の報告がある[41]．国外では，ヒトの患者からの検出例もある．また，猫においても血中からの遺伝子が検出されている[40]．

3 | 感染動物

アナプラズマ(➡p.466)およびエールリヒア(➡p.465)はマダニによって犬・猫へ媒介される．犬を好適宿主とするクリイロコイタマダニ(*Rhipicephalus sanguineus*)が*A. platys*と*E. canis*の主なベクターと考えられている．*A. phagocytophilum*はマダニ属(*Ixodes*)およびチマダニ属(*Haemaphysalis*)の複数のマダニ種によって媒介される．

4 | 主症状

発熱，食欲不振，衰弱，リンパ節腫脹，脾腫，肝腫，体重減少などの非特異的症状に加えて，血小板減少に伴う出血傾向や貧血，ぶどう膜炎および角膜混濁がしばしばみられる．アナプラズマ感染では上記の他に，多発性関節炎とそれに伴う跛行がみられることがある[39]．

5 | 病原体確認

末梢血の塗抹標本の鏡検によりリケッチアを確認する．ただし，*A. platys*および*E. canis*感染では検出感度は低い[39]．末梢血から抽出したDNAをもとにPCRによるリケッチア遺伝子の検出が有効である．国外では，複数の血清診断キットが販売されているが，国内では流通していない．

6 | その他(治療・予防・消毒など)

ベクターであるマダニの防除が最も効果的である．いずれの病原体に対してもワクチンは実用化されていない．治療にはテトラサイクリン系抗菌薬が有効(ドキシサイクリン5 mg/kg，BID，4週間など)[39]．

コクシエラ

a 分類

レジオネラ目(*Legionellales*)コクシエラ科(*Coxiellaceae*)コクシエラ属(*Coxiella*)に属する細菌で

ある．形態学特徴や細胞内での増殖様式などからリケッチアの一種として長年扱われていたが，*Coxiella*属の細菌として1948年に分類が改められた．同属には*Coxiella burnetii*1種のみが記載されていたが，2000年になって*C. cheraxi*が新たに加わった[42]．最近の研究では，分子系統学的に*C. burnetii*に近縁な*Coxiella*様共生細菌をマダニが保有することが明らかとなったが[43]，それらのほ乳類に対する感染性および病原性は不明である．

b コクシエラ・バーネッティ(*Coxiella burnetii*)

1 | 各病原体の定義

*C. burnetii*は偏性細胞内寄生細菌であり，人工培地では増殖できないと考えられていた．しかしながら，2009年に米国の研究者によって完全人工培地での菌体培養法が報告された[44]．大きさは0.2～0.4 μm×0.4～1.0 μmで，光学顕微鏡を用いた菌体の観察にはヒメネス染色が適する．ほ乳類，鳥類，昆虫などの由来する様々な細胞で培養が可能であるが，ダブリングタイムが20～45時間と増殖が遅いのが特徴である．*C. burnetii*菌体は多形性で，球桿菌～桿菌の不均一な形態を呈し大型の large cell variants（LCV），小型の small cell variants（SCV），さらに小型で圧力耐性がある sßmall dense cells（SDC）に大分される．本菌の特徴として，相変異という菌体表面の構造変化を起こす．すなわち，I相菌は野生型の完全なリポ多糖(lipopolysaccharide: LPS)鎖を有する強毒菌であり，宿主免疫のない状態などで長期間継代することにLPSが不完全なII相菌が出現する．

2 | 疫学

*C. burnetii*は世界中に広く分布している．多くのほ乳類，鳥類，節足動物から検出されているが，特に牛，羊，山羊が保菌動物として重要である．日本国内の血清調査では，牛の17.0％(全619頭中)，犬の10.2％(全589頭中)，猫の15.3％(全619頭中)が抗体陽性であった[45]．ヒトにおいてはQ熱(➡p.725)の病原体となり，大規模なアウトブレイクの事例もある．Q熱は感染症法に基づく4類感染症であり，全数届出が義務付けられている．

3 | 感染動物

犬・猫への一般的な感染経路は環境中の*C. burnetii*菌体をエアロゾルなどにより吸引する経気道感染である(**図17-6**)．マダニなどの節足動物からの菌体分離報告はあるものの，それらからのヒトへの感染は稀と考えられている．感染源としては保菌動物が最も重要であり，ヒトからヒトへの感染報告例は少ない．

4 | 主症状

ほとんどの感染動物は無症状であり，不顕性感染となる．実験的感染試験では，発熱，元気消失，食欲不振，流産や不妊などの繁殖障害が報告されている．

5 | 病原体確認

血清学的診断，PCRやリアルタイムPCRによるコクシエラ遺伝子の検出が可能である．

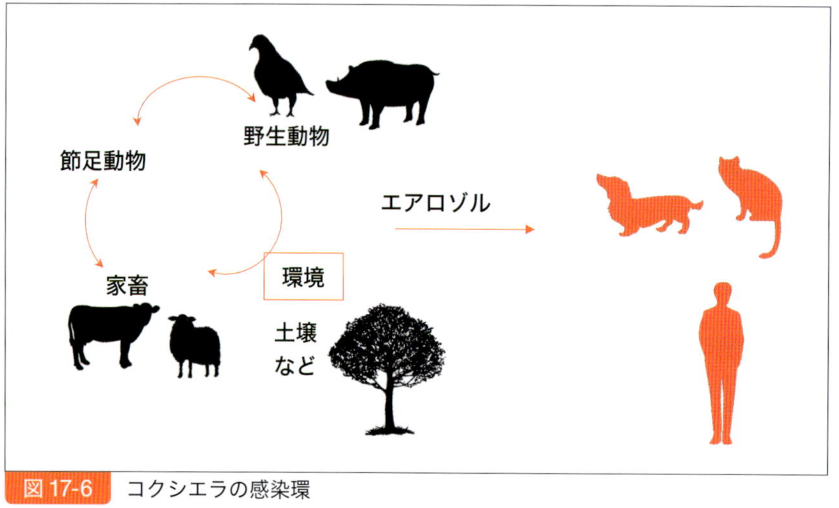

図 17-6 コクシエラの感染環

6 | その他(治療・予防・消毒など)

*C. burnetii*は，熱，乾燥，消毒に対して抵抗性が高く，環境中で長期間生存する．保菌動物は，乳汁，流産胎子，胎盤，羊水，糞便，尿から菌体を排泄する[46]．特に，流産では菌が大量に排出されるため，汚染物の取り扱いに注意する．動物用のワクチンは実用化されていない．

クラミジア

a 分類

クラミジア科(*Chlamydiaceae*)細菌のうち，ヒトや動物に病原性を示す菌種は，ほとんどがクラミジア属(*Chlamydia*)である．クラミジア属の細菌は，近年までクラミジア属とクラミドフィラ属(*Chlamydophila*)属の2属に分かれていたが，クラミジア1属に統合することが提案され[47]，2015年に公式に認められた．クラミジア属には11菌種が存在する(**図17-7**)．医学領域では，トラコーマクラミジア(*C. trachomatis*)，肺炎クラミジア(*C. pneumoniae*)，オウム病クラミジア(*C. psittaci*)が，獣医領域では流行性羊流産菌(*C. abortus*)が，それぞれ感染症予防法，家畜伝染病予防法の監視病原体として重要である[48]．その他の菌種も，ヒトもしくは動物に病原性を示し，代表的な宿主が存在するが，一般的に宿主域は広い．クラミジア・フェリス(*Chlamydia felis*)は，**図17-7**の系統樹からもわかるとおり，オウム病クラミジアと近縁である．

b クラミジア属

1 | 各病原体の定義

クラミジアは，人工培地では増殖できない偏性細胞内寄生性細菌である．外膜の基本構造は，リポ多糖(LPS)が存在するなど，グラム陰性菌に類似する．本菌の最大の特徴として，基本小体(ele-

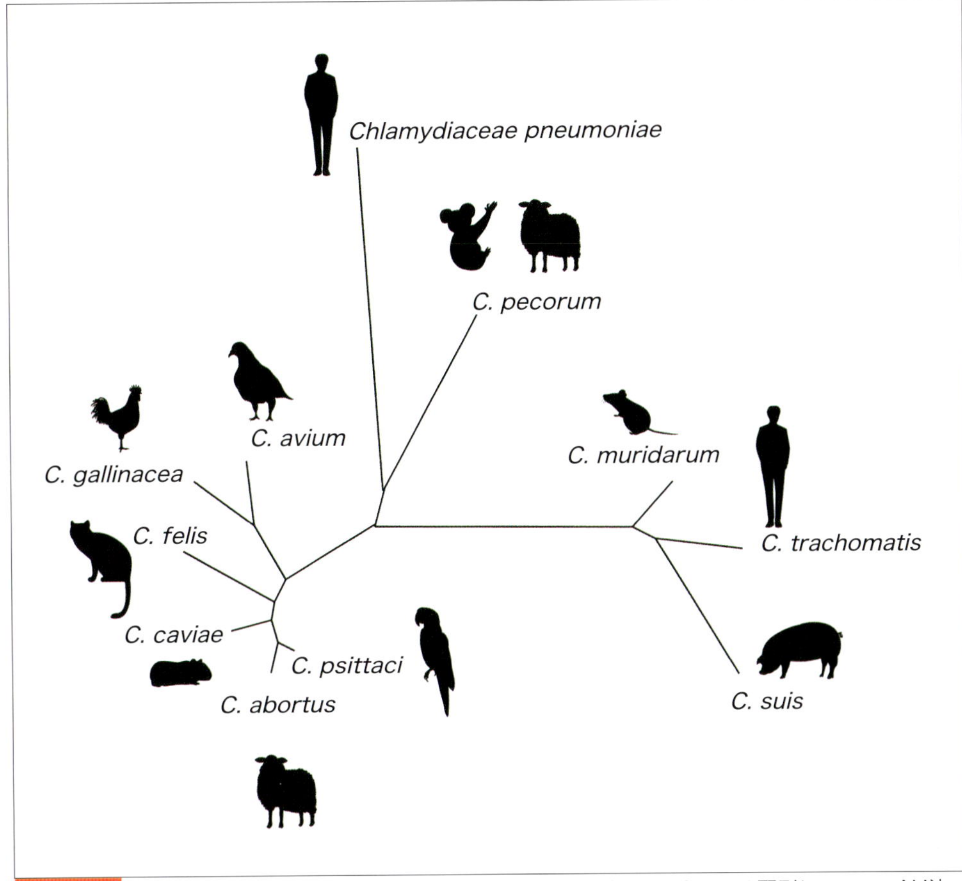

図17-7　クラミジア属細菌の系統樹．クラミジア属細菌 11種の 16S rRNA配列について，NJ法で系統樹を作成した．各種名の側に，代表的な宿主動物を示す．

mentary body: EB)，網様体(reticulate body: RB)と呼ばれる，形態，性状的に全く異なる二つの生活環を持つことが挙げられる．基本小体は，物理化学的に安定な構造であるが，分裂能などの代謝活性を持たない．基本小体が宿主細胞に吸着・侵入後，封入体と呼ばれる膜構造中で網様体へと転換し活発に2分裂増殖する．網様体が十分に増殖すると，再び基本小体へと転換し，次の細胞へ感染する(**図17-8**)．網様体の状態では感染性は持たない．

2 | 疫学

クラミジア・フェリスは世界中の猫に広く分布しており，猫の集団飼育環境下では，最も普通に認められる感染症である[49]．日本国内での調査では，野良猫の45.5%，飼い猫の17.3%が抗体陽性[50]，ワクチン未接種猫の約20%が抗体陽性であった報告[51]があり，国内の猫にも広く分布している．他のクラミジアと同様に，宿主域は広く，鳥類をはじめとしたその他動物からも広く検出され，ヒトの結膜炎の原因となった例もいくつか報告されている[52]．

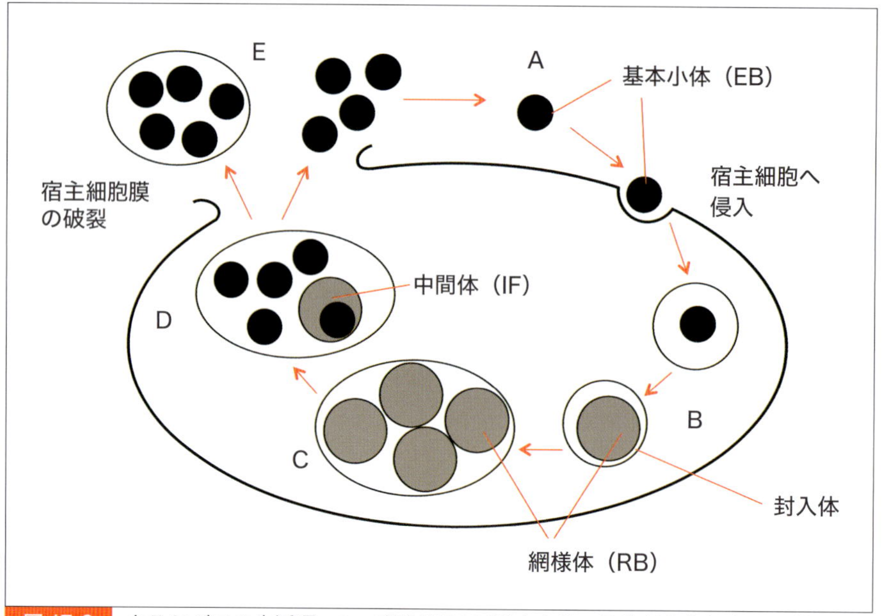

図 17-8 クラミジアの生活環．A：感染性粒子(基本小体：EB)が宿主細胞に吸着・侵入する．B：基本小体は，宿主細胞内で網様体(RB)へと転換する．C：網様体は封入体中で活発に2分裂増殖する．D：網様体は，中間体(IF)を経て，再び基本小体へと転換する．E：基本小体は，細胞外へ放出され，次の細胞へと感染する．

3 | 感染動物

クラミジア・フェリスは，感染猫の眼分泌物や鼻汁中に排出され，接触やエアロゾルにより次の猫に感染する．ヒトへの感染は，感染猫との接触によると考えられており，国内の調査では，小動物臨床獣医師の5％が抗体陽性であった報告がある[50]．猫においては1歳までの感染が大部分であり，眼症状は自然に治まるが，クラミジアは持続感染しストレスや他の疾患により個体の抵抗力が弱まると排菌され感染源となる[49]．犬における病原性は不明であるが，中国における調査では，飼い犬の12.1％が抗体陽性であったという報告がある[53]．

4 | 主症状

主症状は，眼性痙攣，結膜浮腫，うっ血を伴う，急性・慢性の結膜炎であり(➡p.537)，呼吸器症状は稀である．潜伏期は2～5日とされ，水溶性の分泌物を片側に認め，分泌物は次第に粘液性，膿性となる(**図17-9**)．初期には，一過性の発熱や食欲不振などの全身症状が認められる場合もある．適切な治療がされない場合，眼症状は両側性に波及する．猫ヘルペスウイルスや細菌との混合感染により角膜炎や角膜潰瘍になることもある[49]．他種クラミジアで認められる，流産や不妊などの繁殖障害は報告されていない．

5 | 病原体確認[54]

クラミジア属細菌は，偏性細胞内寄生性細菌のため，培養細胞や発育鶏卵を用いた病原体分離が最も確実な診断法であるが，時間と熟練を要するため現実的ではない．結膜スワブのギムザ染色による封入体の確認(**図17-10**)，結膜スワブから抽出したDNAのPCRやリアルタイムPCRが一般的であり，感度も高い．精製菌体や感染細胞を抗原とした酵素抗体法による抗体検査も可能である．

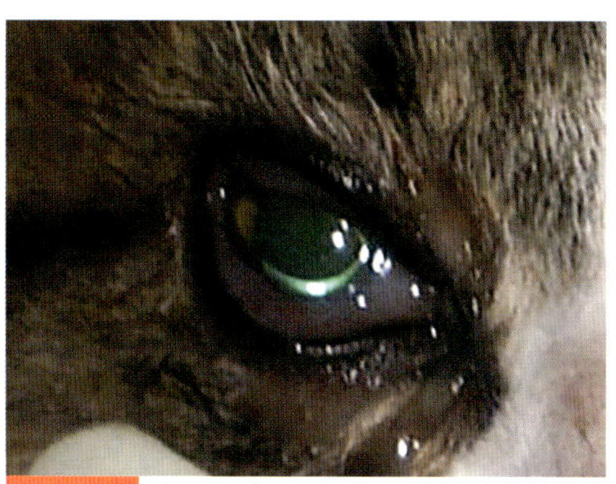

図 17-9　クラミジア・フェリス感染による結膜炎
クラミジア・フェリスを点眼した猫に生じた，浮腫を伴う結膜炎．写真提供:福士秀人教授(岐阜大学)

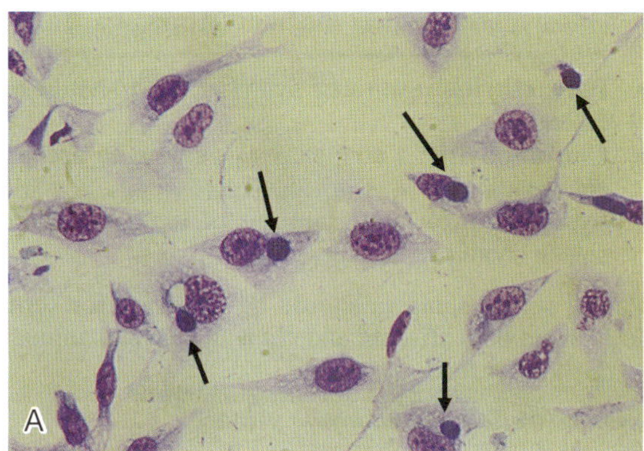

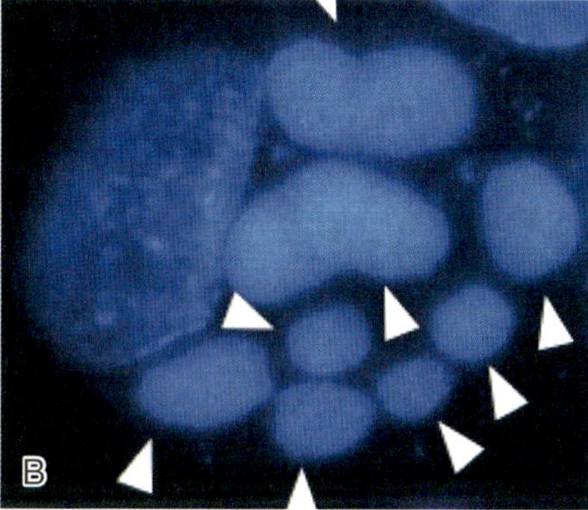

図 17-10　クラミジアの封入体．培養細胞にクラミジアを感染させ生じた封入体．A：ギムザ染色像(矢印) 写真提供：福士秀人教授(岐阜大学)，B：DAPI染色像(矢頭)

6 | その他(治療・予防・消毒など)

感染性粒子である基本小体は，乾燥などに抵抗性を示し，環境中で数週間は生存する．そのため，特に集団飼育施設における本症のまん延防止には，粉塵の除去など，一般的な衛生対策を徹底する．クラミジアには，β-ラクタム系抗菌薬は無効であり，持続感染状態となるので使用しない．テトラサイクリン，アジスロマイシン系抗菌薬に感受性を示す．ABCDガイドライン(欧州猫病学諮問委員会：The European Advisory Board on Cat Diseases)では，ドキシサイクリンの4週間の経口投与(10 mg/kg)が推奨されている[49]．日本では，猫クラミジア不活化ワクチンを含有する混合ワクチンが認可されている．

参考文献

1. Gupta RS, Lo B, Son J (2018): Front Microbiol. 9, 67.
2. Namkoong H, Kurashima A, Morimoto K, et al.(2016)：Emerg Infect Dis. 22, 1116.
3. 公益社団法人 日本獣医学会 微生物分科会編(2018)：獣医微生物学 第4版, 192-196, 文永堂出版
4. 鈴木定彦, 松葉隆司, 中島千絵(2010): 結核. 85, 79-86.
5. Nishiuchi Y, Tamura A, Kitada S, et al.(2009): Jpn J Infect Dis. 62, 182-186.
6. Lloret A, Harmann K, Pennisimg, et al.(2013)：J Feline Med Surg. 15, 591-597.
7. Kazda J, Pavlik I, Falkinham JO III, et al. ed.(2009)：The Ecology of Mycobacteria: Impact on Animal's and Human's Health, 2009 ed.,199-282, Springer
8. Madarame H, Saito M, Ogihara K, et al.(2017)：Vet Microbiol. 204, 43-45.
9. 新居志郎, 倉田毅, 林英生ほか編(2017)：病原細菌・ウイルス図鑑, 387-388, 北海道大学出版会
10. Madigan MT, Bender KS, Stattley WM, et al.(2018)：Brock Biology of Microorganisms, 15 ed., 530-565, Pearson
11. 公益社団法人 日本獣医学会 微生物分科会編(2018)：獣医微生物学 第4版, 197-198, 文永堂出版
12. 一幡良利(2017): 病原細菌・ウイルス図鑑(新居志郎ら編), 389-397, 北海道大学出版会
13. 公益社団法人 日本獣医学会 微生物分科会編(2018)：獣医微生物学 第4版, 190-192, 文永堂
14. 新居志郎, 倉田毅, 林英生ほか編(2017)：病原細菌・ウイルス図鑑, 412-415, 北海道大学出版会
15. 公益社団法人 日本獣医学会 微生物分科会編(2018)：獣医微生物学 第4版, 199-200, 文永堂
16. 公益社団法人 日本獣医学会 微生物分科会編(2018)：獣医微生物学 第4版, 201, 文永堂
17. Greene C ed.(1990)：Infectious diseases of the dog and cat, 585-591, Saunders
18. Hatanaka A, Tsunoda A, Okamoto M, et al.(2003)：Emerg Infect Dis. 9, 752-753.
19. Otsuji K, Fukuda K, Endo T, et al.(2017):JMM Case Rep. 4, e005106.
20. 厚生労働省 コリネバクテリウム・ウルセランスに関するQ & A (https://www.mhlw.go.jp/bunya/kenkou/kekkaku-kansenshou18/corynebacterium_02.html)2019年1月閲覧
21. Katsukawa C, Komiya T, Yamagishi H, et al.(2012)：J Med Microbiol. 61, 266-273.
22. 望月正美(1994):動薬研究. 12, 10-16.
23. Haalstra RT(1965)：Vet Rec. 77, 824-834.
24. Thibeaux R, Girault D, Bierque E, et al.(2018)：Front Microbiol. 9, 81.
25. Margos G, Wilske B, Sing A, et al.(2013)：Int J Syst Evol Microbiol. 63, 4284-4288.
26. Takano A, Nakao M, Masuzawa T, et al.(2011):J Clin Microbiol. 49, 2035-2039.
27. 農林水産省HP (http://www.maff.go.jp/j/syouan/douei/kansi_densen/kansi_densen.html)
28. Koizumi N, Muto MM, Akachi S, et al.(2013)：J Med Microbiol. 62, 630-636.
29. Schuller S, Francey T, Hartmann K, et al.(2015)：J Small Anim Pract. 56, 159-179.
30. 小泉信夫, 渡辺治雄(2006)：モダンメディア. 52, 299-306.
31. Inokuma H, Maetani S, Fujitsuka J, et al.(2013)：J Vet Med Sci. 75, 975-978.
32. Chomel B(2015): Rev Sci Tech. 34, 569-576.
33. Uesaka K, Maezawa M, Inokuma H(2016): J Vet Med Sci. 78, 463-465.
34. Littman MP, Gerber B, Goldstein RE, et al.(2018): J Vet Intern Med. 32, 887-903.
35. Kubo S, Tateno M, Ichikawa Y, et al.(2015)：J Vet Med Sci. 77, 1275-1279.
36. Sasaki H, Ichikawa Y, Sakata Y, et al.(2012): Ticks Tick Borne Dis. 3, 308-311.
37. Fukui Y, Ohkawa S, Inokuma H(2018): Jpn J Infect Dis. 71, 302-305.
38. Ybañez AP, Inokuma H(2016)：Veterinary World. 9, 1190-1196.
39. Sainz Á, Roura X, Miró G, et al.(2015)：Parasit Vectors. 8, 75.
40. Pennisi MG, Hofmann-Lehmann R, Radford AD, et al.(2017): J Feline Med Surg. 19, 542-548.
41. Baba K, Itamoto K, Amimoto A, et al.(2012): J Vet Med Sci. 74, 775-778.
42. Tan CK, Owens L(2000): Dis Aquat Organ. 41, 115-122.
43. Duron O, Noël V, McCoy KD, et al.(2015): PLoS Pathog. 11, e1004892.
44. Omsland A, Cockrell DC, Howe D, et al.(2009): Proc nati Acad Sci U.S.A. 106, 4430-4444.
45. Nguyen SV, To H, Minamoto N, et al.(1997)：Clin Diagn Lab Immunol. 4, 676-680.

46. 安藤匡子(2009)：モダンメディア . 55, 59-69
47. Stephens RS, Myers G, Eppinger M, et al.(2009)：FEMS Immunol Med Microbiol. 55, 115–119.
48. 公益社団法人 日本獣医学会 微生物分科会編(2018)：獣医微生物学 第4版，211-216，文永堂出版
49. Gruffydd-Jones T, Addie D, Belák S, et al.(2009): J Feline Med Surg. 11, 605-609.
50. Yan C, Fukushi H, Kitagawa H, et al.(2002): Microbiol Immunol. 44, 155-160.
51. Ohya K, Okuda H, Maeda S, et al.(2010)：Vet Microbiol. 146, 366-370.
52. Wons J, Meiller R, Bergua A, et al.(2017): Frontier Medicine. 4, 105.
53. Wu SM, Huang SY, Xu MJ et al. (2013): BMC Vet Res. 9, 104.
54. OIE Terrestrial Manual(2012): Chapter 2.3.1., 1-13.

- 公益社団法人 日本獣医学会 微生物学分科会(2018)：獣医微生物学 第4版，文永堂出版
- 公益社団法人 日本獣医学会 微生物学分科会(2015)：コアカリ獣医微生物学，文永堂出版
- Kuzi S, Blum SE, Kahane N, et al.(2016)：J Small Anim Prect. 57，617-625.
- 明石博臣，大橋和彦，小沼操ほか(2011)：動物の感染症 第3版，近代出版
- 公益社団法人 日本獣医学会 微生物学分科会(2016)：動物感染症学，近代出版
- Iannino F, Salucci S, Di Provvido A, et al.(2018)：Vet Ital. 54，63-72.
- 神谷茂, 田口晴彦(2002)：日本細菌学雑誌 . 57，619-655.

18 真菌

皮膚糸状菌

a 定義

皮膚および皮膚付属器(被毛や爪など)の角化した組織に侵入生息する明調(白，茶，黄など)な糸状菌群である．2017年にInternational Society for Human and Animal Mycology(ISHAM:http://www.isham.org/index.html)に付属するDermatophytes Working Groupが中心となって，新たな分類が提案された．本論では，その最新の分類法に従って記載する[1,2]．

皮膚糸状菌は，*Epidermophyton*，*Microsporum*，*Nannizzia*, *Trichophyton*, *Arthroderma*, *Leptophyton*, *Paraphyton*の7属で，約50種類が知られている．そのうちヒトや動物に病原性のあるものは，前4属に含まれる．本邦において小動物の皮膚に感染する菌は，主に約8菌種で，人獣共通感染症の原因となる(**表18-1**，➡p.707)．

表18-1 国内の小動物へ感染する皮膚糸状菌と主な宿主

菌種名	主な感染動物(稀に)
Microsporum canis	猫，犬，(ヒト)
Nannizia fulva	(ヒト，猫，犬，猫，ウサギ，げっ歯類)
N. gypsea	(ヒト，猫，犬，猫，ウサギ，げっ歯類)
N. incurvata	(ヒト，猫，犬，猫，ウサギ，げっ歯類)
Trichophyton mentagrophytes	犬，猫，ウサギ，げっ歯類，(ヒト)
T. benhamiae	ウサギ，げっ歯類，(ヒト，犬，猫)
T. erinacei	ウサギ，げっ歯類，ハリネズミ，(ヒト，犬，猫)
T. rubrum	ヒト，(犬)

b 病原体

1 *Microsporum canis*(犬小胞子菌)

サブローブドウ糖寒天培地上，24〜27℃での発育は急速(数日)である．集落は最初白色で薄く，明るい黄色の色素を産生するが，1〜2週間後は，表面は淡黄褐色の粉末状ないし綿状となる(**図18-1**)．大分生子は紡錘形(60〜80 μm × 15〜25 μm)で，壁は厚く，粗造で，隔壁によって数室に分けられている(**図18-2**)．また小分生子も認められる．本菌が感染した被毛は，ウッド灯下で蛍光を発するのが特徴である．

本菌は，感染動物から他の動物への直接接触感染および汚染物を介しての間接感染も起こるため，集団飼育している場合は感染が拡大しやすく，除染が難しくなる．ヒトにも感染しやすく，皮膚炎を発症する．

図 18-1　サブローブドウ糖寒天培地上の*M. canis*の集落．絨毛状で集落中心は白色で，周辺は黄色である．

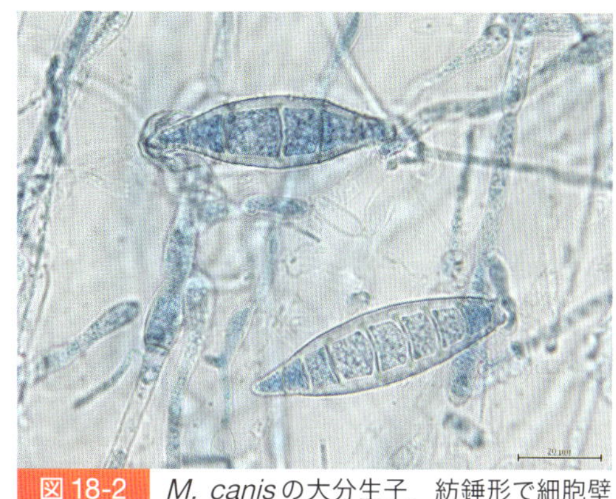

図 18-2　*M. canis*の大分生子．紡錘形で細胞壁および隔壁が厚い．

2 | *Nannizia gypsea*および*Nannizia incurvata*（旧名*Microsporum gypseum*）

以前は*Microsporum gypseum*と称されていたが，*Nannizia gypsea*および*N. incurvata*の2菌種に分かれた．両菌は形態，生理性状は類似しているが，完全時代の確認されている試験株との交配試験または遺伝子解析で鑑別可能である．サブローブドウ糖寒天培地上，24～27℃で速やかに発育する．集落の表面は扁平で，辺縁部は白～薄茶色の短絨毛性を呈するが表面全体は強い粉末状を呈する(**図18-3**)．多数の大分生子が認められ，形は樽型(45～50 μm × 10～13 μm)で，壁は薄く，表面に棘がある．また隔壁によって3～7室に分けられている(**図18-4**)．小分生子は単細胞，棍棒状を呈し，菌糸に側生している．

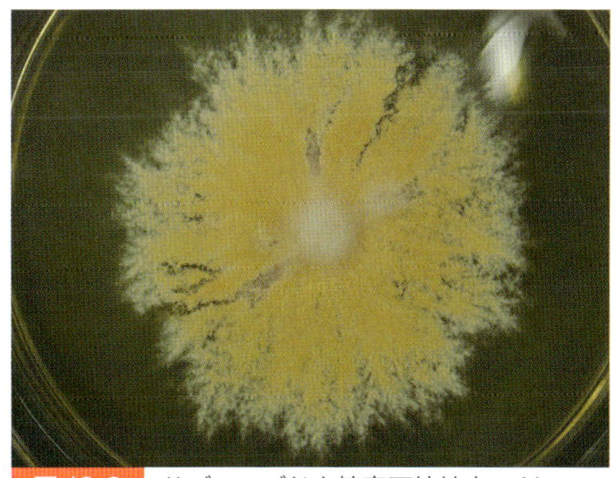

図 18-3　サブローブドウ糖寒天培地上の*N. gypsea*の集落．黄色～茶色の粉末状集落

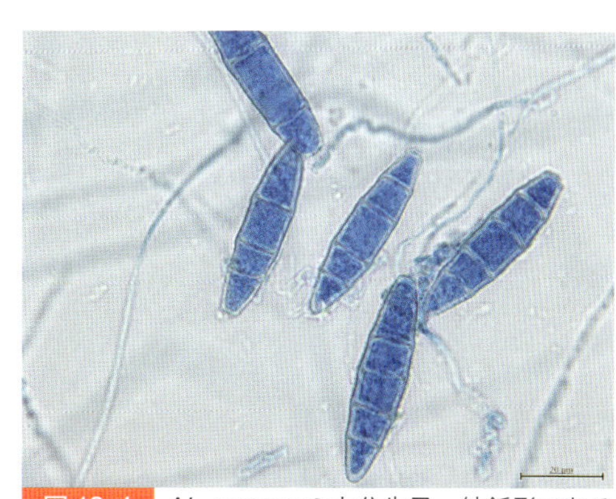

図 18-4　*N. gypsea*の大分生子．紡錘形であるが，細胞壁および隔壁が薄い．

本菌は通常土壌中に生息し，特に動物の生活と関係の深い土壌中から効率に分離される．そのため，罹患動物から直接ヒトへ感染することはほとんどないと考えられる．動物またはヒトへの感染は土壌中の菌からの直接接触によると考えられるが，感染した動物の被毛または落屑からの感染が示唆された報告もある．

3 | *Trichophyton mentagrophytes*

サブローブドウ糖寒天培地上，24～27℃で発育良好である．株によって集落は様々で，扁平で顆粒状粉末集落(**図18-5**)，隆起と皺壁がある絨毛性ないし短絨毛性のものもある．また産生色素も黄色，赤色，褐色と異なる．

本菌の大分生子は，葉巻型またはソーセージ状で表面は平滑で4～5室に分かれている(**図18-6**)．多数の大分生子が認められる株もあれば，ほとんど認められない株もある．その他螺旋菌糸や球形の小分生子なども認められる(**図18-6**)．

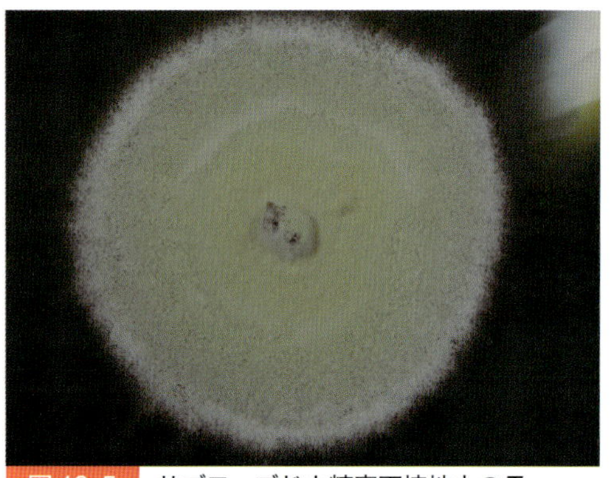

図18-5 サブローブドウ糖寒天培地上の*T. mentagrophytes*の集落．白色～黄色の扁平で顆粒状粉末集落

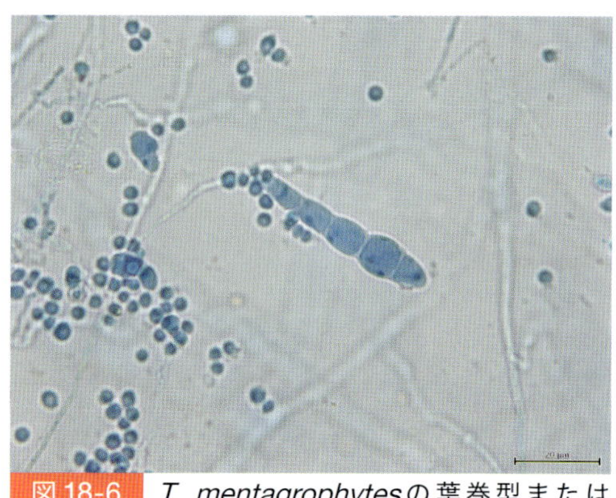

図18-6 *T. mentagrophytes*の葉巻型またはソーセージ状の大分生子と球形の小分生子

4 | *Trichophyton benhamiae*

本菌種は従来好獣性菌の*T. mentagrophytes*とされていたが，遺伝子的または交配試験で完全時代が*Arthroderma benhamiae*であることから菌種を独立させた．形態や生理学性状は，上記の*T. mentagrophytes*と類似しているが，集落は粉末状から絨毛状で黄色色素を産生する株が多い(**図18-7**)．大分生子は葉巻型であるが(**図18-8**)，多く産生する株や，あまり産生しない株などがある．小分生子は，胡麻または洋梨形が多い．各地のウサギ，げっ歯類またヒトへの感染報告が相次いでいる．世界的にまん延傾向であるため，注意が必要である．

5 | *Trichophyton erinacei*

ハリネズミから分離された*T. mentagrophytes*で，形態，生理学性状は，*T. benhamiae*と類似しているが，遺伝子解析から別菌種として扱われている．動物園飼育および愛玩用のミツユビハリネズ

図 18-7　サブローブドウ糖寒天培地上の*T. benhamiae*の集落．白色〜薄黄色で扁平粉末状集落

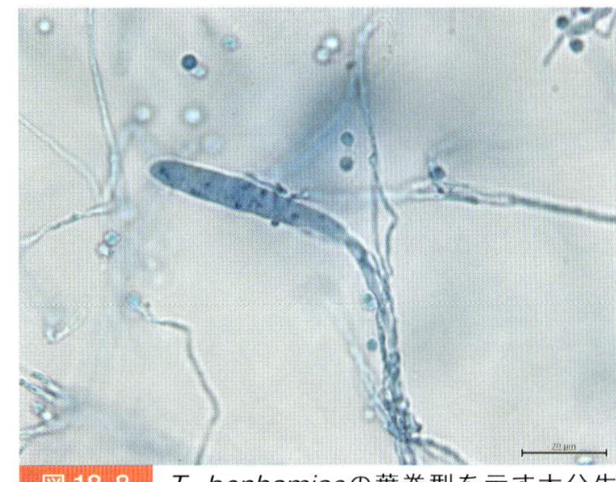

図 18-8　*T. benhamiae*の葉巻型を示す大分生子がみられる．

ミとともに国内へ輸入され，国内の動物および稀にヒトへ感染が拡大している．

c 疫学

世界中の動物に発症している．罹患動物および保菌動物から接触感染する．また土壌，人家および動物の飼育小屋の菌に汚染した塵埃などからの間接感染が考えられる．

発症は，若齢の動物や多頭飼育の場合に多いが，基礎疾患や薬剤によって免疫抑制状態になった動物への発生も散見されるため注意が必要である．

d 主症状

皮膚糸状菌の感染が表皮（毛包周囲も含む）および爪に留まる表在性皮膚糸状菌症，および真皮以下にまで病巣が波及する深在性皮膚糸状菌症に分かれる．前者の主な症状としては皮膚の脱毛，紅斑，丘疹，水疱，膿疱，痂皮，落屑などの皮疹を主徴とする（**図18-9**）．後者は蜂窩織炎や皮下に結節（肉芽腫病変）などの隆起性病変を形成する場合もある．

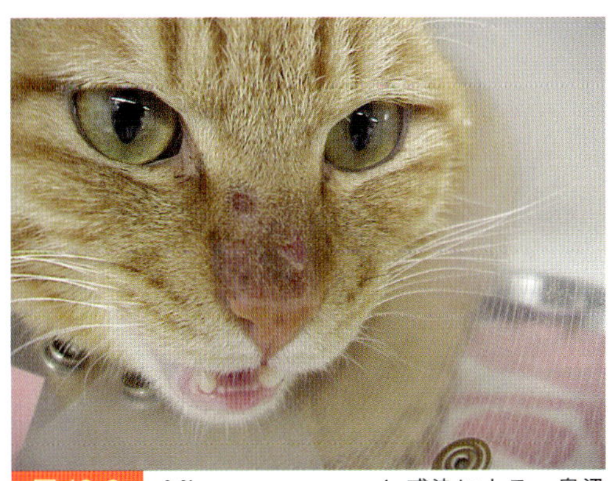

図 18-9　*Microsporum canis*感染による，鼻梁部の脱毛と紅斑

e 病原体確認

1 直接鏡検(皮膚掻爬物検査)

健常部位との境界部の紅斑の強い部位の被毛や落屑を採取した方が，中心部よりも菌要素が多い．検出される菌要素は，菌糸と分節分生子である(**図18-10**)．ただし，大分生子や小分生子は認められない．

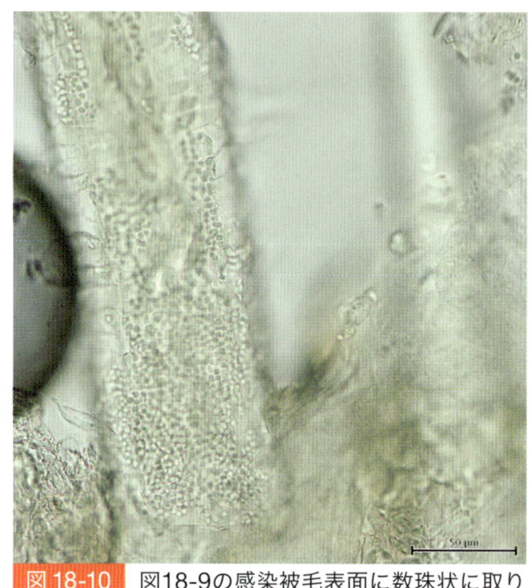

図18-10 図18-9の感染被毛表面に数珠状に取り付いている分節分生子

2 ウッド灯検査

約360 nmの波長の紫外線を照射する．*M. canis*が感染している被毛に照射すると，緑黄色の蛍光を発するので診断に応用されている(➡p.514)．*M. canis*以外の皮膚糸状菌症では，蛍光を発しないので皮膚糸状菌症を否定することにしてはならない．なお中には*M. canis*感染例で蛍光が認められないこともある．

3 真菌培養検査

病変部位の被毛や落屑を，クロラムフェニコールおよびシクロヘキシミド添加サブローブドウ糖寒天培地またはDermatophyte Test Medium(DTM)培地上に接種し，24～27℃(室温でも培養ができる．)の条件下で培養し，集落形状および顕微鏡下による形態観察によって菌種同定を行う．

f 治療

- 外用(シャンプー洗浄)療法：抗真菌薬含有シャンプーを用いる．抗真菌薬の内服と併用すると，より一層の治療効果があるとされている．

- 抗真菌薬の内服：アゾール系薬剤または塩酸テルビナフィンが使用されている．
- 抗真菌薬の外用：若齢動物，肝疾患などの基礎疾患を有するなど抗真菌薬が使用できない理由が存在し，耳端や指端，体幹の一部など感染が浅く限局された病巣にのみ使用可能である．広範囲の皮膚病変の治療に対しては，不適である．

g その他（消毒・予防など）

汚染した器具やゲージなどは，まずは洗剤を用いて洗浄する．室内は，掃除機で塵埃をよく除き，可能であれば洗浄または消毒を行う．感染源となる汚染物によっては，分節分生子を除去しにくいので，可能であれば廃棄を行うべきである．汚染状況の確認は培養検査を行う．

環境の清浄化に対して100％有効とされる消毒薬は，1％ホルマリンまたは5.25％の塩素系漂白剤が報告されている．クロルヘキシジン，70％エタノールは，分節分生子を十分殺滅しない．

マラセチア

a 分類

担子菌系酵母である*Malassezia*属には，現在14菌種が報告されている．小動物で主に問題なのは*Malassezia pachydermatis*である[3]．

b 定義

*M. pachydermatis*は脂質好性で，単極性分芽によって増殖する．大きさは2.5～5.5 × 3.0～7.0 μmで，卵形またはピーナッツ状を呈する（**図18-11**）．

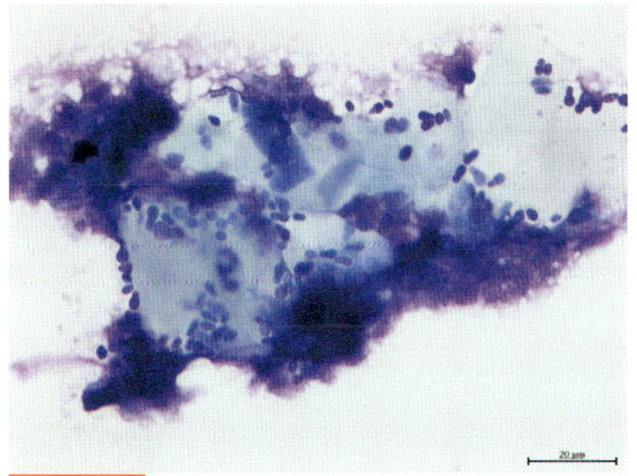

図 18-11　マラセチアによる外耳炎耳垢の塗抹標本（ライト染色）．落屑とともに多数のピーナッツ状の*M. pachydermatis*が認められる（×1,000）．

c 疫学

*M. pachydermatis*は，ヒトを含めたほ乳類，鳥類からも分離される．主に犬の皮膚炎(➡p.511)と外耳炎(➡p.555)が多く，稀に猫においても認められる．鳥類の感染はごく稀であるヒトでの感染も知られている．

d 感染動物

犬，猫の皮膚表面や外耳道に常在する*M. pachydermatis*は，主に出産後に母親からの接触によって，伝播されると考えられている．皮脂の分泌が盛んになると，異常増殖に繋がり，皮膚炎や外耳炎を惹起すると考えられる．

e 主症状

犬の好発部位は，外耳，口唇，鼻，肢，眼周囲，指間，頸の腹側，腋窩，内股，会陰部，肛門周囲で，皮膚の紅斑，痒み，色素沈着，脱毛，脂漏，落屑，苔癬化が認められる(**図18-12**)．また，外耳道の炎症，肥厚，臭気とともに，多量の耳垢の産生や耳漏が認められる．猫では，主に顔面に痒みを伴う皮膚炎が認められる．また脱毛や落屑を認める広範囲のマラセチア皮膚炎の場合は，内分泌異常や腫瘍に続発していることがある．

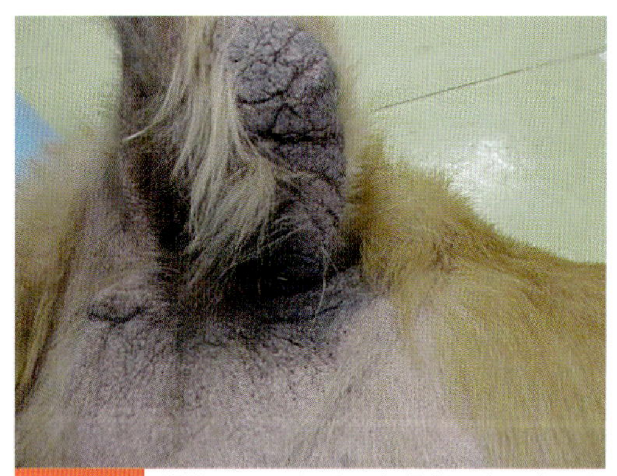

図18-12 慢性のマラセチア皮膚炎による痒みを伴う皮膚の苔癬化と色素沈着

f 病原体確認

本疾患について確立された診断基準はない．そのため主観的ではあるが，一般的に下記の条項で①～③を満たせば本疾患の可能性が高い．項目④，⑤についてはいまだ確立された手法がないため，補助診断として検討されている[4]．

①臨床症状
②病変部角質の押捺標本を顕鏡して，400倍視野で複数以上の菌体を認める

③抗真菌薬治療で臨床症状の改善および菌体数の減少
④血清抗マラセチアIgEの抗体価が高い．
⑤マラセチア抗原に対する皮内反応陽性

g 治療

シャンプー洗浄で不要な皮脂とともに洗浄し，菌を物理的に除去する．除菌効果を高めるために抗菌作用のあるクロルヘキシジン含有シャンプーやミコナゾール含有シャンプーなどが推奨されている．

ミコナゾール，ケトコナゾール，クロトリマゾールなどの抗真菌薬を含有したシャンプーで洗浄後に，クリーム剤やローション剤を塗布する．

皮膚症状が重症または広範囲の場合にアゾール系抗真菌薬またはテルビナフィンの内服を行う．炎症や痒みが強いときは，副腎皮質ステロイドの塗布または内服も行う．特に基礎疾患への対応が重要である．

h その他（消毒・予防など）

上記シャンプー洗浄による予防を行う．

アスペルギルス

a 定義

アスペルギルスはヒトや動物の生活環境中にも多く生息している糸状菌で，顕微鏡下では，アスペルジラと呼ばれる特徴的な分生子形成構造を呈する（**図18-13**）．これは菌糸から分生子柄が伸び，フラスコ型の頂嚢（ちょうのう）が産生され，さらに頂嚢上部にフィアリッド（梗子）を生じその先端に分生子が産

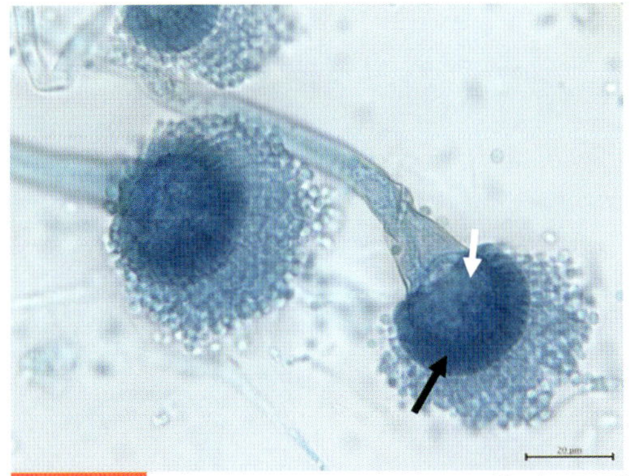

図 18-13 *Aspergillus fumigatus* の分生子形成構造（アスペルジラ）．フラスコ型の頂嚢（20～30 μm：白矢印）の上部に円筒状のフィアリッド（黒矢印）を生じその先端に球状の分生子（直径2～3.5 μm）を産生する．

生される(**図18-13**)．これらの色調，大きさ，形状は菌種同定の指標となる．

b 疫学

アスペルギルスが産生する小型の分生子は空気中へ飛散する．その分生子を吸入することで経気道感染が起こる．したがって主な感染経路は経気道で，呼吸器感染症が多い．宿主が健康であれば吸入した分生子を免疫力によって排除・不活化するが，大量の分生子吸入や，防御力が低下している状態であれば，感染を引き起こしてしまうと考えられる(➡p.366)．

c 感染動物

犬・猫のアスペルギルス症の原因菌で最も分離されるのは，*Aspergillus fumigatus*である．最近の遺伝子同定法による解析では，*A. fumigatus*に形態の類似した近縁種(隠蔽種)である，*A. felis, A. fischeri, A. pseudfisheri, A. udagawae, A. viridinutans*などが猫の鼻腔炎から分離されている[5]．これら近縁種には，抗真菌薬に対して低感受性を示す株が存在する[5]．その他，*A. flavus, A. nidulans, A. niger, A. terreus*も稀に犬，猫のアスペルギルス症から認められている．

d 主症状

犬では鼻腔炎(➡p.366)，副鼻腔炎，気管炎，肺炎を引き起こす．猫では鼻腔・副鼻腔炎から波及して，眼窩炎や脳炎にまで発展することがある(**図18-14**)．

全身へ播種すると，発熱，体重減少，嘔吐，食欲不振などの非特異的な症状も発現する．
また肝臓，脾臓，腎臓，脊椎，脳などに病巣を形成する．

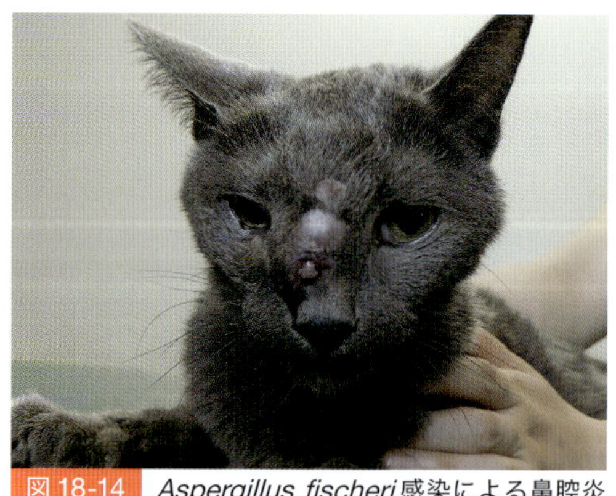

図18-14 *Aspergillus fischeri*感染による鼻腔炎から派生した猫の鼻梁部表面の腫瘤と自壊部

e 病原体確認

病巣の病理組織学的検査と培養検査が，確定診断に最も適している．組織をPAS染色やグロコット染色すると，隔壁を有する糸状菌が認められる(**図18-15**)．時に病巣表面(空気と交わる部位)に

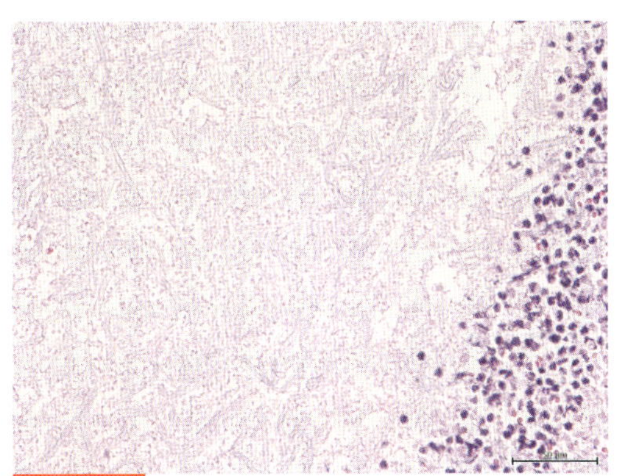

図 18-15 図18-14の症例の病巣部の病理組織像．肉芽腫とともに分岐した多数の菌糸が認められる（HE染色）．

アスペルギルスに特徴的である頂嚢および多数の分生子が認められることもある．

ヒト用の血清中のアスペルギルス抗原検出キットが，診断に応用可能である．ただし特異性は高いが，感度が病状によって一定しない．

f 治療

アゾール系抗真菌薬，テルビナフィン，アムホテリシンB，キャンディン系抗真菌薬などが使用される[5]．

中〜大型犬のアスペルギルス性鼻腔炎の場合は，外科的に副鼻腔を切開して膿汁や壊死組織を取り除いたあとに，抗真菌薬を注入する方法もある．

g その他（消毒・予防など）

アスペルギルスが増殖しないように，飼育環境の清浄と乾燥，換気を行う．ワクチンなどによる予防法はない．汚染した環境からの暴露や日和見感染に注意する．

クリプトコックス

a 分類

*Cryptococcus*属には現在約35種知られているが，病原菌として重要なのは，*C. neoformans*, *C. deneoformans*, *C. gattii*の3種である[5,6]．

b 定義

直径3.5〜8 μmの円形，卵円形，楕円形の酵母で多極性に出芽増殖する．サブローブドウ糖寒天培地上に37℃で培養すると，集落は表面平滑，湿潤性，粘質，始め白色で後にクリーム色になる．酵母は薄壁で粘着性多糖体の莢膜に包まれている．そのため本菌を水で約2倍に希釈した墨汁液内に懸

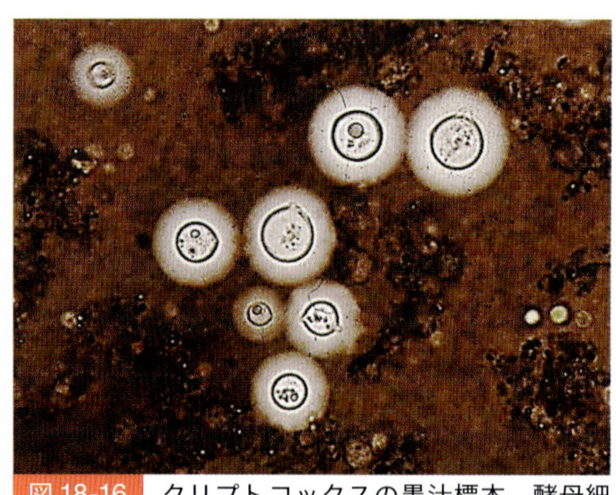

図18-16 クリプトコックスの墨汁標本．酵母細胞の周囲が莢膜によって光が透けている．

濁して，顕微鏡下で観察すると，菌体周囲に莢膜が認められる(**図18-16**)．

c 疫学

世界中の熱帯～温暖湿潤な自然環境中に存在し，主に植物表面や鳥の糞の堆積物中に生息している．人獣共通感染症である．

d 感染動物

国内動物では猫の発症例が，ほとんどである．主な感染経路は塵埃とともに菌が気道に吸引されることにより経気道感染である[5]．一方，健康な猫の鼻腔内から数％の率で分離されたという報告があるため，日和見菌と考えた方がよい[5]．したがって老齢，長期のステロイド投与，抗がん剤や免疫抑制剤投与によって発症する，日和見感染症の場合が多い[5](➡p.744)．

e 主症状

猫では上部呼吸器症状(➡p.366)が主で，鼻汁排出(片側，両側)，くしゃみ，鼻梁部の堅い腫脹，鼻腔内の肉芽腫性病変(**図18-17**)が認められる．髄膜炎や脳脊髄炎へ拡大する場合も多く(➡p.477)，沈うつ，痴呆，発作，運動失調，後駆麻痺なども認められる．また眼病変が中枢神経の疾患や播種性の疾患に伴って起こり(➡p.551)，瞳孔散大(**図18-17**)，脈絡網膜炎，視神経炎などが認められる．

また，皮膚の紅斑，びらん，潰瘍，体表リンパ節の腫大，膀胱炎なども認められる．

f 病原体確認

病変部位の生検材料や滲出液，膿汁，喀痰などを採取して，押捺標本を作製し，簡易染色を行うと，莢膜を有する酵母を貪食したマクロファージが認められる(**図18-18**)．また墨汁標本による莢膜を有した酵母も確認される(**図18-16**)．

菌の分離培養は，サブローブドウ糖寒天培地などを用いる．

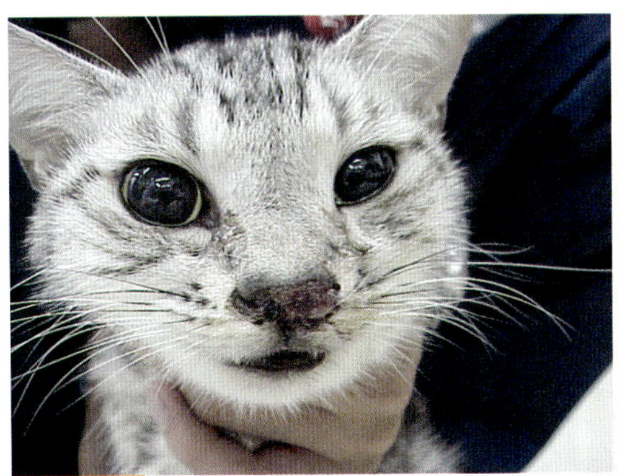

図 18-17 クリプトコックス症による鼻部の肉芽腫性病変および瞳孔散大

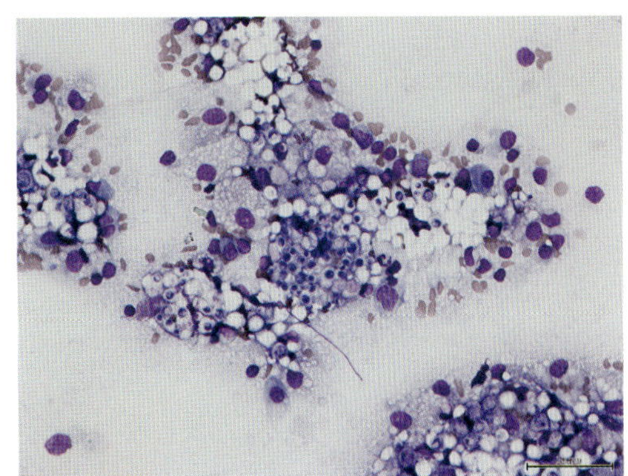

図 18-18 クリプトコックス症による腫大した体表リンパ節からの針吸引生検の押捺標本．マクロファージとともに多数の莢膜を有する酵母（ギムザ染色）

病理組織学的検査では，鼻腔内，気道，肺，リンパ節，皮膚などの肉芽腫性病変中に多数の莢膜を有する酵母が認められる．

抗原診断法として，血液，髄液，尿中に存在する，莢膜中の多糖類抗原に対する特異抗体を用いた，ラテックス凝集反応キットが有用である．しかしながら局所感染の場合には，陰性結果となることもある．

g 治療

犬および猫のクリプトコックス症の治療は，アゾール系薬剤を用いる．

h その他（消毒・予防など）

クリプトコックスは，ヒトにも感染するので罹患動物の取り扱いには十分注意する．病巣には多数の菌体が存在することが多いため，治療時にはマスク，手袋を着用し排泄物，分泌物，および病巣の処置には注意する．また罹患動物によるひっかき傷や咬傷にも注意が肝要である．

本症には有効なワクチンもなく，有効な予防法はないが易感染性に対処し，クリプトコックスに汚染されている地域の土壌やハトの糞に暴露することを避ける．

カンジダ

a 分類

カンジダ属の酵母菌で，約200種も存在するが，小動物に感染する主な菌として *Candida albicans, C. gulliermondii, C. krusei*（現在は別の属に移行し，*Pichia kudriavzevii*），*C. tropicalis, C. glabrata* である．これらの菌は動物の皮膚や粘膜面の常在菌である．

b 定義

代表的な菌である*C. albicans*は，サブローブドウ糖寒天培地状で，クリーム色の集落で，菌の大きさが3.5～6.0 × 4.0～8.0 μmである．多極性分芽によって増殖する球状ないし卵円形の分芽型分生子を形成する菌種である(**図18-19**)．時に発芽管を形成し，菌糸および仮性菌糸を伸長する．また酵素基質培地による集落の呈色反応の違いによって，上記各菌種が鑑別可能である．

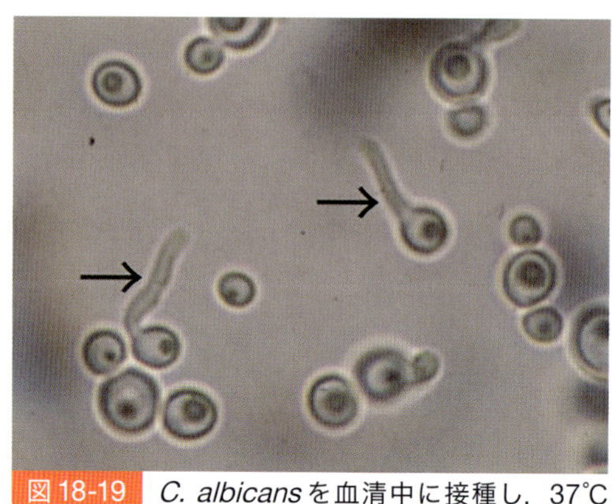

図18-19 *C. albicans*を血清中に接種し，37℃で1～3時間培養すると，菌体から発芽管を形成する(→).

c 疫学

ヒトも含めて動物の皮膚，粘膜，消化管内に常在する菌である．

d 感染動物

犬および猫での自然発症は，比較的稀であるが，長期のカテーテル留置や免疫抑制状態において日和見感染が発現する(➡p.741)．

e 主症状

慢性の膀胱炎，皮膚炎や，長期胃瘻カテーテルによって播種し，内臓に膿瘍や化膿性肉芽腫性病巣を形成する．

f 診断

感染病巣の病理組織検査および培養同定を行う．

g 治療

感受性のある抗真菌薬の投与を行う．

h その他(消毒・予防など)

日和見感染および長期の留置カテーテルに注意する.

スポロトリックス

a 分類

シンポジオ(仮軸)型分生子を形成する糸状菌で, *Sporothrix*属に分類される.

b 定義

Sporothrix brasiliensis, *S. globosa*, *S. schenckii* sensu stricto, *S. luriei* に病原性が認められる[7]. スポロトリックスは二形性菌で, 酵母形(高栄養培地, 33~35℃で培養/酵母状の寄生形)と菌糸形(サブロー培地, 25℃で培養/菌糸状の腐生形)を呈する.

c 疫学

スポロトリックスは, 世界各地の温帯~熱帯にかけての土壌中や腐敗した植物に生息している. 国内の主な病原菌は*S. globosa*で, 散発的にヒトと猫での感染が報告されている. 海外では*S. brasiliensis*が, 1990年代にブラジルのサンパウロおよびリオデジャネイロにおいて, 猫にまん延し, やがて咬傷やひっかき傷によってヒトや犬が感染することから社会的問題になっている[8]. 本菌は高病原性を有しており, 遺伝子的に単系統な株により爆発的にまん延したことが確認されている. またマレーシアにおいても猫のまん延が報告され, ヒトへの感染も認められている[9]. 原因菌は, *S. schenckii* sensu strictoである[9].

d 感染動物

ヒトや動物は, 菌の汚染物からの外傷や感染動物からの受傷によって感染すると考えられる. 発症の多い南米, 北米では犬, 猫, 馬, 牛などが感染し, 特に猫では病巣部に多数の菌体が存在するため, ヒトへの感染例が多数報告されている. 国内では, 主に関東, 四国, 九州の田園から住宅地帯のヒトや猫で散発的に発生している.

e 主症状

国内の猫では, 皮膚のびらんや潰瘍, 体表リンパ節の腫大が報告されている(**図18-20**). 菌種によっては気道感染がみられ, 免疫不全状態では全身に播種する.

f 診断

症例の病巣部からの滲出物の塗抹標本を作製して酵母様の菌体を確認する(**図18-21**). または生検試料の病理診断や分離培養によって原因菌を特定する.

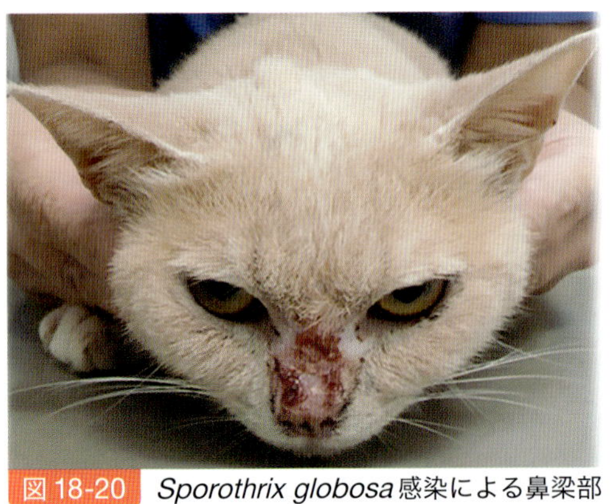

図 18-20 *Sporothrix globosa* 感染による鼻梁部の潰瘍

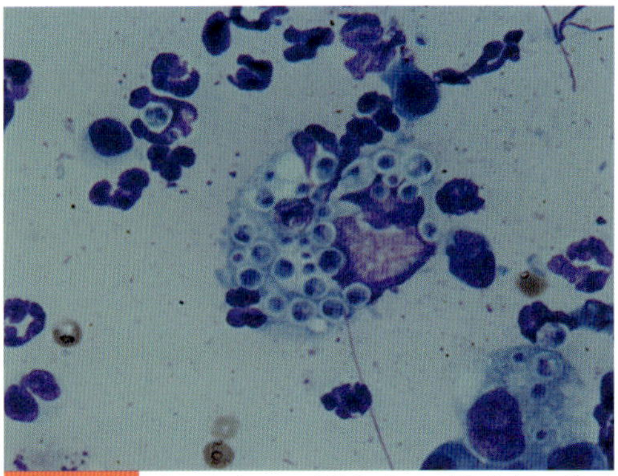

図 18-21 *S. globosa* 感染によるびらん部の塗抹標本．マクロファージに貪食された多数の酵母様菌体が認められる．

g 治療

アムホテリシンB，アゾール系抗真菌薬，テルビナフィンの投与を行う．

h その他（消毒・予防など）

クリプトコックス症に準じる．

付：プロトテカ

a 分類

藻類に分類される．クロレラに近縁であるが，葉緑素が退化したため，従属的に環境から栄養を得ている．真菌ではないが，形態が酵母に似ているため便宜的に真菌症の項で扱う[12]．

b 定義

ヒトや動物に感染するのは，*Prototheca wickerhamii* および *P. zopfii* である[12]．

c 疫学

世界中の土壌，植物表面，動物の消化管内，湖沼や汚水中など湿潤な環境下に生息している．発育様式は，直径約10.5 μmの娘細胞が成長すると，細胞内で多数の胞子嚢胞子を含む直径約25 μmの胞子嚢となり，やがて破裂して直径約6.5 μmの胞子嚢胞子を放出する[12]．これらが娘細胞へと成長するという発育環を経て増殖する（**図18-22**）．この単純な増殖様式は，自然界および宿主体内においても同様である[12]．

d 感染動物

ヒトや動物は環境から皮膚の創傷を経て感染すると考えられているが，一方で動物の消化管にも常在していることから，日和見感染症の病原体でもある(➡p.749)．国内での発症は，ヒト，小動物ともごく稀である．

e 主症状

感染経路によって，皮膚病変(紅斑，びらん，潰瘍，腫瘤)や下痢を引き起こすが，さらに中枢神経を含めた全身の臓器へ播種する場合もある(**図18-23**)．

f 診断

病巣部の病理組織検査で桑実状または車軸状の*Prototheca*の胞子嚢を確認するか(**図18-24**)，病巣から分離同定によって診断する．

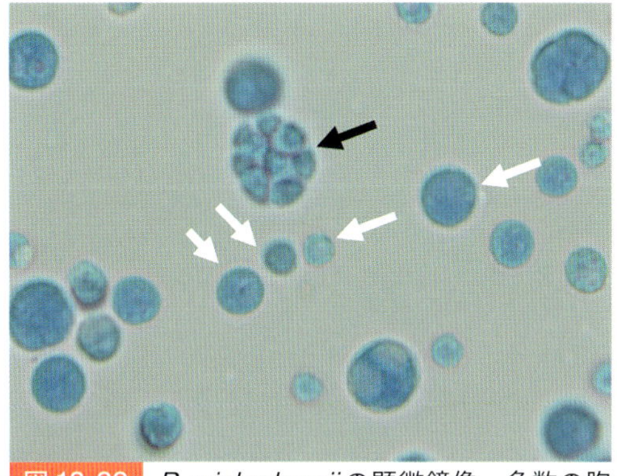

図 18-22 *P. wickerhamii* の顕微鏡像．多数の胞子嚢胞子を含む胞子嚢(黒矢印)とその周辺の多数存在する小型楕円形の胞子嚢胞子(白矢印)

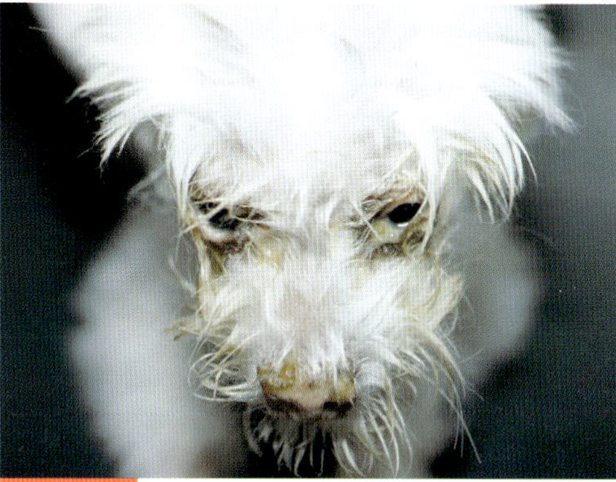

図 18-23 *P. wickerhamii* 感染による眼周囲と鼻鏡部の化膿性炎症

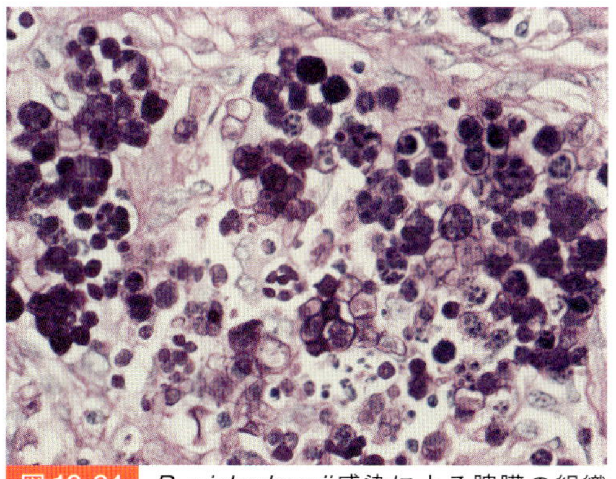

図 18-24 *P. wickerhamii* 感染による脾臓の組織像．桑実状または車軸状の胞子嚢を認める(PAS染色)．

g 治療

有効な薬剤が少ない．抗真菌薬を投与する．腫瘤性病変の場合は，外科的切除も行う．

h その他（消毒・予防など）

創傷や日和見感染，抗菌薬による菌交代現象に注意する．

参考文献

1. de Hoog GS, Dukik K, Monod M, et al. (2017) : Mycopathologia. 182, 5-31.
2. 加納塁 (2018) : 獣医臨床皮膚科. 24, 9-12.
3. Kurtzman CP, Fell JW, Boekhout T(2011)：The yeasts, 5th ed., vol. 3, 1807-1832, Elsevier
4. 加納塁(2013)：獣医皮膚科臨床，19, 131-134.
5. 加納塁(2017)：Med Mycol J. 58, J121-J126.
6. 杉田隆, 張音実, 高島昌子(2017)：Med Mycol J. 58, J77-J81.
7. Rodrigues AM, de Hoog S, de Camargo ZP(2013) : Med Mycol. 51, 405-412.
8. Schubach A, Schubach TM, Barros MB, et al.(2005)：Emerg Infect Dis. 11, 1952-1954.
9. Kano R, Okubo M, Siew HH, et al.(2015)：Mycoses. 58, 220-224.
10. Sykes JE, Greene CE(2012)：Infectious diseases of the dog and cat, 4th ed ., 645-650, Elsevier
11. 占部治邦, 松本忠彦, 本房昭三 (1993) : 医真菌学. 124-134, 金原出版
12. 加納塁, 松本忠彦(2015)：Med Mycol J. 56J, J93-J97

19 原虫

原虫の分類

原虫類の分類は，非常に流動的で様々な学説がある．本書では，2018年3月に日本寄生虫学会が発表した「新寄生虫和名表」に記載されている分類に基づいて表記する．分類の詳細は，巻末の付録(➡p.835)をご参照いただきたい．

伴侶動物臨床において特に重要な原虫類として，アピコンプレックス門に属し「ピロプラズマ」と称されるバベシア属および「コクシジウム」と称されるクリプトスポリジウム属，ヘパトゾーン属，シストイソスポラ属，トキソプラズマ属およびネオスポラ属，ディプロモナス(分類階級は不明)に属するジアルジア属，ユーグレノゾア(分類階級は不明)に属するトリパノソーマ属およびリーシュマニア属，パラバサーラ(分類階級は不明)に属するトリトリコモナス属などが挙げられる．

形態的な特徴として，アピコンプレックス門に属する原虫は運動器官を有さない(胞子虫類)．ディプロモナス，ユーグレノゾアおよびパラバサーラに属する原虫は鞭毛を有している(鞭毛類)．アメーボゾア(分類階級は不明)に属する原虫(赤痢アメーバなど)は偽足を有する(根足虫類)．繊毛虫門に属する原虫(大腸バランチジウムなど)は繊毛を有する(繊毛虫類)．

Giardia 属

a 定義

Giardia duodenalis(別名；*G. intestinalis*, *G. lamblia*)は，ディプロモナス類，ヘキサミタ科，ジアルジア属に属する消化管寄生性鞭毛虫である．*G. duodenalis* は，その生活環において栄養型と嚢子(シスト)型が存在する．栄養型は左右対称の洋梨形であり，前部が丸く後部が細長い．大きさは，体長15 μm，体幅8 μmである．核が2個あり，中央上方の生体毛から発生する4対8本の鞭毛を有する．前部腹側に吸着盤があり，その後方に中央小体がある．シスト型は楕円形であり，4個の核と曲刺を有する．シストの大きさは，体長12 μm，体幅7 μmである．

b 疫学

G. duodenalis には少なくとも7種の遺伝子型(assemblage A～G)が存在し，宿主特異性と関連している[1]．犬では主にassemblage CおよびDが感染し，猫では主にassemblage Fが感染する．assemblage AおよびBは主にヒトに感染するが，犬や猫でも感染が認められており，人獣共通の遺伝子型として公衆衛生上特に重要である．

G. duodenalis は，世界中に広く分布している．報告されている感染率は，地域，動物種，臨床症

状の有無，年齢，飼育環境および検査法によって様々である．犬および猫の感染率に関するメタ解析を行った研究では，全世界におけるジアルジア属原虫の感染率は，犬では15.2%，猫では12%と報告されている[2]．国内の家庭飼育犬2,365頭を対象にした疫学調査では，糞便中のジアルジア属原虫の陽性率は8.3%であった[3]．この研究では，年齢別の陽性率は，6カ月齢以下では31.5%，6カ月齢超では2.3%と幼若犬で有意に感染率が高かった．一方，繁殖犬舎やペットショップの犬を対象にした調査では，それぞれ25.7%および23.4%と家庭飼育犬より感染率が高いことが示されている[4,5]．国内の猫におけるジアルジア属原虫の感染率は，1.8～40%と報告されている[6-11]．

c 感染動物

*G. duodenalis*は，ヒト，霊長類，犬，猫，豚，牛，羊，馬，げっ歯類およびフェレットなど，多くのほ乳類に感染する．動物は，水や食物中のシストを経口的に摂取することにより感染する．摂取されたシストは小腸で虫体が脱出し，2分裂によって栄養型が増殖する．栄養型は小腸の粘膜上皮に吸盤によって吸着するが，結腸へ流されるとシスト化し，排便とともに体外に排出される．シストは，排出された時点ですでに感染性を有している[12]．

d 主症状

感染部位は主に小腸である．多くは無症候性であるが，幼若動物では症状が認められることがある(➡p.413)．主な症状は，下痢，腹痛および体重減少である．下痢は軟便から水様便で，悪臭が強く，脂肪便や粘膜が付着した便が認められることもある．

e 病原体確認

- 糞便の直接塗抹またはウェットマウント法による栄養型虫体の観察
- 硫酸亜鉛遠心浮遊法によるシストの検出
- 酵素結合免疫吸着法(ELISA)を用いた糞便中ジアルジア抗原の検出
- ポリメラーゼ連鎖反応(PCR)によるジアルジアDNAの検出

f その他(治療・予防・消毒など)

治療には，フェンベンダゾールが第一選択薬として用いられる．有効なワクチンはなく，予防としては環境中のシストの摂取を避けることが最も効果的である．そのためには，飲料水の煮沸や濾過，汚染された糞便の環境中からの迅速な除去および第四級アンモニウム塩による消毒(1分間で死滅する)が有効である．

*Tritrichomonas*属

a 定義

*Tritrichomonas foetus*は，パラバサーラ類，トリコモナス綱，トリコモナス目，トリコモナス科，

トリトリコモナス属に属する消化管寄生性の鞭毛虫である．*T. foetus*には偽嚢子ステージが認められることもあるが，基本的には栄養体ステージのみが存在し，無性生殖により増殖する．*T. foetus*の栄養体は洋梨状であり，3本の前鞭毛，1本の後鞭毛，体側に沿って広がる波動膜および後方に突出する軸索を有する．体長は10～25 μm，体幅は3～15 μmである．

b 疫学

欧州，北米，オーストラリア・オセアニアおよびアジアなど，世界的に広く分布している．報告されている感染率は，地域，動物種，臨床症状の有無，年齢，飼育環境および検査法によって様々である[13]．国内においては，北海道および埼玉県で得られた猫の糞便検体を用いた疫学調査にて，8.8％の感染率であったと報告されている[14]．一般的に，多頭飼育の若齢(1歳未満)猫で感染率が高い[13]．

c 感染動物

*T. foetus*は，牛の尿生殖器に感染し，流産などを引き起こすことが知られている(牛のトリコモナス症)．また，古くから猫の下痢便からも検出されていたが，近年になって猫の大腸に感染し慢性下痢の原因となることが明らかになった[15,16]．しかし，猫から分離された*T. foetus*を牛に感染させても牛のトリコモナス症と同じ病態は示さず，逆もまた同様である[17,18]．さらに分子生物学的解析により，両者の遺伝学的差異も認められており，現在では牛由来の*T. foetus*と猫由来の*T. foetus*は異なる株であると考えられている．猫由来の*T. foetus*はヒトやその他の動物にも感染せず，猫特異的と考えられている．

*T. foetus*は，大腸の粘膜上皮で複製され，2分裂によって栄養体が増殖する．シストは形成せず，感染は栄養体で汚染された糞便を経口摂取することで成立する．例えば多頭飼育でトイレを共有している場合，汚染された糞便が毛に付着し，グルーミングによって経口感染すると考えられている．

d 主症状

感染部位は大腸であり，主な症状は大腸性の下痢である(➡p.420)．下痢便は頻回で，悪臭が強く，黄色～緑色を呈し，しばしば粘膜や鮮血が混じる．便失禁，排泄時の不快感および鼓腸が認められる場合もある．無症状のことも少なくないが，食欲不振や嘔吐，沈うつなどの全身症状が認められることもある．

e 病原体確認

- 新鮮な糞便の直接塗抹による*T. foetus*虫体の観察
- 糞便培養
- PCR法による*T. foetus* DNAの検出

f その他(治療・予防・消毒など)

治療には，ニトロイミダゾール系抗原虫薬であるロニダゾールが用いられる．体外における*T.*

*foetus*の生存能力は非常に低く，環境中ではほとんど生存できないため，特別な消毒法は推奨されていない．

*Leishmania*属

a 定義

Leishmania spp.は，ユーグレノゾア類，キネトプラスト目，トリパノソーマ科，リーシュマニア属に属する細胞内寄生鞭毛虫である．犬を宿主とするリーシュマニア種として，*Leishmania infantum*，*L. donovani*，*L. tropica*，*L. major*および*L. brasiliensis*が知られている．リーシュマニア属原虫は形態的に二つのステージを有し，ベクターであるサシチョウバエの体内では前鞭毛型(promastigote)，ほ乳類の細胞内では無鞭毛型(amastigote)を呈する．種間における形態的な違いは認められない．

b 疫学

犬のリーシュマニア症は，欧州南部および中央アジアの地中海沿岸部，中国および中南米に発生が多い．国内にはベクターであるサシチョウバエが生息しないため，本原虫は認められない(➡ p.718)．ただし，流行地から輸入された動物において発症例が認められている[19-21]．犬に感染するリーシュマニア種はいずれもヒトの病原種であり，多くの流行地において犬は人獣共通感染症の保虫宿主として重要である．ヒトでは，世界中で約1,200万人の感染者がいると推定されている[22]．猫の感染例も報告されているが，発生は稀である．

c 感染動物

犬，げっ歯類，ヒトおよびその他多くのほ乳類に感染する．ベクターであるサシチョウバエが吸血する際に，promastigoteがほ乳類宿主の体内に侵入する．promastigoteはマクロファージに貪食され，1カ月～数年の潜伏期を経てamastigoteに変態する．amastigoteは細胞内で無性生殖によって増殖し，脾臓，肝臓，骨髄およびリンパ節などの全身臓器に拡散する．サシチョウバエは，吸血の際にamastigoteに感染したマクロファージを体内に摂取することにより感染する．中腸において消化によって放出されたamastigoteは，promastigoteに変態し，2分裂によって増殖する．やがてpromastigoteは口吻に移行し，次の吸血の際に新たなほ乳類(宿主)の体内に入る．

d 主症状

皮膚症状，発熱，食欲低下，沈うつ，全身性リンパ節種大，貧血，鼻出血，多尿多渇，眼症状および跛行などが認められる．ヒトのリーシュマニア症では，内臓型，皮膚型および皮膚粘膜型に大別されるが，犬では病型の区別は明確でない．*L. infantum*および*L. donovani*の感染では，皮膚および内臓に病変が認められる．皮膚病変としては，鼻鏡部，耳介，肉球および皮膚粘膜部の表皮剥離，潰瘍，小結節，鱗屑，脱毛および過角化が認められる．内臓病変としては，脾腫，肝腫およびリンパ節種大が認められる．*L. tropica*，*L. major*および*L. brasiliensis*の感染では，主に皮膚病変が認められるが，無症状であることも多い．

e 病原体確認

- 病変部の塗抹標本におけるamastigoteの顕微鏡観察
- PCR法による*Leishmania* spp. DNAの検出
- NNN培地による培養
- ELISAによる抗リーシュマニア抗体の検出

f その他（治療・予防・消毒など）

治療には，5価アンチモン製剤（特にメグルミン・アンチモン）とアロプリノールの併用療法またはリポソーム化アムホテリシンBが用いられる．いくつかのワクチンが商品化されているが，いずれも有効性は約70％であり，十分な予防にはならない[23]．防虫剤などにより，サシチョウバエの刺咬を避けることが最も効果的な予防法である．

*Trypanosoma*属

a 定義

Trypanosoma spp.は，ユーグレノゾア類，キネトプラスト目，トリパノソーマ科，トリパノソーマ属に属する鞭毛虫である．脊椎動物と吸血昆虫との2宿主性であり，昆虫宿主における発育終末型（metacyclic trypomastigote）が糞中に排出されるステルコラリア類と唾液中に排泄されるサリバリア類に大別される．犬および猫のトリパノソーマ症として最も重要なのは，ヒトのシャーガス病の病原体である*Trypanosoma cruzi*によって引き起こされるアメリカトリパノソーマ症である．*T. cruzi*の形態的特徴として，感染動物の血液中に認められるtrypomastigoteは，体長15～20 μmで1本の鞭毛を有する．一方，細胞内に認められるamastigoteは，体長1.5～4.0 μmで無鞭毛型である．その他，*T. brucei*のいくつかの亜種やラクダのスーラ病の病原体である*T. evansi*によって引き起こされるトリパノソーマ症も報告されている．ここでは*T. cruzi*によるアメリカトリパノソーマ症について概説する．

b 疫学

アメリカトリパノソーマ症（ヒトのシャーガス病）は，サシガメによって媒介される人獣共通感染症である．特に犬およびヒトにおいて発生が多く，犬は主要な保虫動物と考えられている．犬および猫のアメリカトリパノソーマ症は，主に南米で認められ，近年ではメキシコや北米においても報告されている．ヒトでは欧州にも患者が認められており，分布域の拡大が懸念されている．日本国内には本原虫は認められていない．

c 感染動物

ヒト，犬，猫および豚など，多くのほ乳類が感染する．オポッサム，アライグマ，アルマジロおよび非人類霊長類などの野生動物も保虫動物として重要である．

ほ乳類への感染には，夜行性の吸血昆虫であるサシガメ類がベクターとなる．*T. cruzi*に感染したサシガメがほ乳類宿主から吸血する際に，trypomastigoteが糞中に排泄される．排泄されたtrypomastigoteは，刺咬によってできた傷口または結膜などの粘膜より宿主に侵入し，周辺組織の細胞内でamastigoteに変態する．amastigoteは2分裂によって増殖し，再度trypomastigoteとなって細胞内から血中に放出される．trypomastigoteは様々な組織に移行し，新たに細胞内に感染した後，amastigoteとして増殖する．この増殖と感染のサイクルが繰り返されることにより臨床徴候が発現する．サシガメは，血中のtrypomastigoteを吸血とともに摂取することによって感染する．摂取されたtrypomastigoteは，中腸においてepimastigoteに変態し，増殖する．やがて後腸において感染性を有するmetacyclic trypomastigoteに分化し，新たな吸血の際に糞便中に排泄され，次のほ乳類宿主に感染する．この生活環以外に，経胎盤感染および輸血や臓器移植による感染も知られている．

d 主症状

急性期には，無症状または発熱，沈うつ，食欲不振，嘔吐，下痢および全身性のリンパ節腫大などの非特異的な症状を呈する．慢性期には，心筋の感染による心不全徴候(うっ血性心不全，不整脈および虚弱)が認められ，しばしば突然死を起こす．

e 病原体確認

- 末梢血の塗抹標本におけるtrypomastigoteの観察
- PCR法による*T. cruzi* DNAの検出
- 免疫組織化学によるamastigoteの検出
- 血清学的検査(ELISA，またはIFA)

f その他(治療・予防・消毒など)

治療には，ベンズニダゾールまたはニフルチモックスが用いられる．有効なワクチンはなく，サシガメの刺咬を避けること(殺虫剤などによる駆除や夜間の消灯など)が主要な予防法となる．*T. cruzi*の流行地においては，オポッサムなどの保虫宿主との接触を避けること，汚染されている可能性がある非加熱の肉を給餌しないことおよび輸血による感染を予防するため供血動物の血清学的検査を実施することも重要である．感染血液で汚染された表面の消毒には，10％ブリーチまたは70％エタノールが推奨されている．

*Cystoisospora*属

a 定義

従来イソスポラ属として分類されていたほ乳類寄生の原虫は，1977年にシストイソスポラ属に区別することが提唱され，近年の分子系統解析からもEimeriaよりもToxoplasmaに近縁であることが示された[24-26]．その結果，アピコンプレックス門，コクシジウム綱，真コクシジウム目，アイメリア亜目，肉胞子虫科，シストイソスポラ属原虫として新たに分類されるようになった．シストイソスポラ属原虫の胞子形成オーシストは，内部に二つのスポロシストを有し，その各々に四つのスポロゾイトを含有している．シストイソスポラ属原虫は宿主特異性が高く，犬には*Cystoisospora canis*, *C. ohioensis*，*C. neorivolta*および*C. burrowsi*の4種が感染する．中でも*C. canis*のオーシストは，他の種よりもサイズが大きい(>33 μm)のが特徴である[27, 28]．一方，猫は，*C. felis*および*C. rivolta*の2種に感染することが知られている．

b 疫学

シストイソスポラ属原虫は世界中に分布しており，特に幼若動物で感染が認められる．国内では，家庭飼育犬2,365頭を対象にした疫学調査において，糞便中の*Cystoisospora* spp.オーシストの陽性率は1.8%であったが，6カ月齢以下では9.1%とより高い陽性率であった[3]．また，繁殖施設で飼育されている犬および猫における糞便中の*Cystoisospora* spp.オーシストの陽性率は，それぞれ1.2%および5.0%であったと報告されている[5, 11]．ヒトのシストイソスポラ症の病原体は*C. belli*であり，犬や猫の病原体とは異なる．国内におけるヒトのシストイソスポラ症の発生は稀であり，多くは海外旅行者または免疫不全患者における日和見感染である．

c 感染動物

シストイソスポラ属原虫は，主に犬，猫，ヒト，豚などのほ乳類の消化管に寄生する．宿主特異性が高く，例えばヒトと犬，犬と猫といった他種動物間での相互感染は起こらない．宿主となる動物は，環境中の胞子形成オーシストを経口摂取することによって感染する．摂取されたオーシストに含まれるスポロゾイトが小腸に達すると，粘膜上皮内に侵入し，無性生殖と有性生殖を繰り返しながら増殖する．受精後，多量の未成熟オーシストが糞便中に排出され，2～3日のうちに感染性を有する胞子形成オーシストとなる．

d 主症状

発症するのは幼若動物がほとんどである(➡p.414)．主な症状として，嘔吐，腹痛，食欲低下および水様性下痢が認められる．下痢便は血便を伴うこともある．

e 病原体確認

浮遊法による糞便中オーシストの検出

f その他(治療・予防・消毒など)

無治療で治癒することがほとんどであるが，治療は早期治癒および環境中の汚染の減少に役立つかもしれない．治療には，トルトラズリル，サルファジメトキシン，トリメトプリム－サルファ，アンプロリウムおよびポナズリルが用いられる[27]．シストイソスポラ属原虫のオーシストは環境中や消毒薬に強い耐性を有するため，予防にはオーシストが成熟する前に糞便を処分するなど，環境衛生の向上が重要となる．現時点では有効なワクチンはない．

Cryptosporidium 属

a 定義

Cryptosporidium spp.は，アピコンプレックス門，コクシジウム綱，真コクシジウム目，アイメリア亜目，クリプトスポリジウム科，クリプトスポリジウム属に属し，少なくとも20種類以上の種が存在する．犬および猫に感染する種は，それぞれ*Cryptosporidium canis*および*C. felis*である．*C. canis*および*C. felis*のオーシストは，類円形または楕円形で直径4～6 μmと非常に小さい．中央部に顆粒と液胞からなる残体があり，4個のスポロゾイトを含む．

b 疫学

犬および猫におけるクリプトスポリジウム属原虫の感染は，世界中で認められている．感染率は報告によって様々であるが，犬および猫とも約5％程度である[29, 30]．国内では，家庭で飼育されている犬および猫を対象とした報告において，3.9％の犬および12.7％の猫でクリプトスポリジウム属原虫のオーシストが検出されている[8]．また，検出法としてPCR法を用いた近年の報告では，クリプトスポリジウム属原虫の感染率は，家庭飼育犬で7.2％，ペットショップの子犬で31.6％，獣医看護学校の飼育犬で18.4％であった[31]．

c 感染動物

クリプトスポリジウム属原虫の感染は，ヒト，犬，猫，牛，豚，鳥類，げっ歯類，爬虫類および魚類など多くの脊椎動物に認められる．犬猫からヒトへの感染は非常に稀ではあるが，*C. canis*および*C. felis*のどちらもヒトの感染例が報告されており，人獣共通感染症として考えられている[27]．

クリプトスポリジウム属原虫の感染は，オーシストの経口摂取による．オーシストの摂取は，グルーミングなどによる汚染された糞便の直接的な摂取またはオーシストが混入した食物や水を介した間接的な摂取がある．消化管にてオーシストより放出されたスポロゾイトが腸管の微絨毛に感染する．感染は微絨毛内に限局し，虫体は微絨毛と融合して形成された寄生体胞の中で発育・増殖する(細胞内細胞質外寄生)．寄生体胞内に形成されたトロフォゾイトでは，無性生殖(メロゴニー)によりタイプ1またはタイプ2のメロントが形成される．タイプ1のメロントから放出されたメロゾイトは，同じく微絨毛に感染し，メロゴニーを繰り返して増殖する．一方，タイプ2のメロントから放出されたメロゾイトは有性生殖の過程に入る．すなわち微絨毛に再度感染後，ミクロガモント(雄性生殖母体)およびマクロガモント(母性生殖母体)のいずれかに分化する．ミクロガモントから放出されたミクロガメート(雄性生殖体)が，マクロガメート(雌性生殖体)に受精するとザイゴート(接合体)となる．ザイゴートは，発育によって4個のスポロゾイトを含むオーシストとなる．オーシストには，壁が厚いものと薄いものの2種類が存在する．壁の厚いオーシストは糞便とともに体外に排出される．一方，壁の薄いオーシストは腸管内でスポロゾイトを放出し，再度メロゴニーに移行する(自家感染)．

d 主症状

クリプトスポリジウム属原虫に感染した犬，猫の多くは無症状である(➡p.414)．主な臨床症状は，水様性下痢，食欲低下および体重減少である．

e 病原体確認

- 遠心沈殿法またはショ糖浮遊法で回収したオーシストを抗酸染色または蛍光抗体染色後に顕微鏡観察
- ELISAによる糞便中クリプトスポリジウム抗原の検出
- PCR法による糞便中*Cryptosporidium* spp. DNAの検出

f その他(治療・予防・消毒など)

クリプトスポリジウム属原虫のオーシストは，塩素など多くの消毒薬に対して強い耐性を有する．一方，熱や乾燥には弱く，70℃以上の加熱によりほとんどが死滅する[32]．感染した犬および猫からクリプトスポリジウム属原虫を排除する治療法は確立されていない．パロモマイシン，ニタゾキサニドおよびアジスロマイシンは，犬および猫のクリプトスポリジウム症にも有効かもしれない[30]．

*Toxoplasma*属

a 定義

*Toxoplasma gondii*は，アピコンプレックス門，コクシジウム綱，真コクシジウム目，アイメリア亜目，肉胞子虫科，トキソプラズマ属に属する細胞内寄生原虫である．オーシスト内のスポロゾイト，タキゾイト(急増虫体)および組織シスト内のブラディゾイト(緩増虫体)が感染性を有しており，中間宿主と終宿主間のみならず，中間宿主間での感染も成立するのが特徴である．

b 疫学

*T. gondii*は世界的に分布しており，全人類の1/3が感染していると推察されている[33]．一方，全世界における猫の感染率は，30〜40%と推察されている[34]．国内では，東京の保護施設内の猫における抗*T. gondii*抗体陽性率は，5.6%(1999〜2001年)および6.7%(2009〜2011年)であったと報告されている[35]．

c 感染動物

*T. gondii*は，ほぼすべての温血動物(ほ乳類および鳥類)に感染性を有するが，イエネコを含む猫科動物だけが終宿主となり，ヒトを含むその他の動物は中間宿主となる．*T. gondii*の生活環は無性生殖世代と有性生殖世代からなるが，有性生殖は終宿主であるネコ科動物の腸管上皮細胞内でのみ行われ，無性生殖はネコ科動物を含むすべての宿主において行われる．

終宿主であるネコ科動物が感染した中間宿主(主にげっ歯類)を捕食すると，胃や腸管内で組織シストからブラディゾイトが放出される．ブラディゾイトは小腸上皮内に侵入し，無性生殖により増殖した後，最終的にメロゾイトから雄性および雌性ガモント(生殖母体)が形成される．両者が融合し，未成熟オーシストとなり，糞便とともに体外に排出される．オーシストの排出は，初めて組織シストを摂取した後の3日から2週間程度だけ認められる．未成熟オーシストは円形または卵形であり，大きさは10 μm×12 μmである．この時点では感染性を有していないが，排出後1～5日で合計8個のスポロゾイト(二つのスポロシストに各4個のスポロゾイトを含む)が形成され，感染性を有する成熟オーシストとなる．

中間宿主(ネコ科動物も含む)は，組織シストまたは食物や水に混入した成熟オーシストの摂取により感染する．スポロゾイトが小腸にて放出され，腸管上皮内に侵入後，タキゾイト(半月形，4.0～7.0 μm × 2.0～4.0 μm)に変化する．タキゾイトは腸管上皮から関連リンパ節，さらには全身に広がり，各種臓器にて増殖する．経胎盤感染は，母体が感染し，体内でタキゾイトが急速に増殖するこの時期に生じる．その後，*T. gondii*は宿主の免疫応答に対して中枢神経系や筋肉内に移行し，組織シストを形成する．組織シストの大きさは，感染細胞の形態に応じて15～60 μmと様々である．組織シスト内では，ブラディゾイトと呼ばれる虫体が緩やかに増殖する．組織シストは安定な強固な膜に覆われており，宿主の免疫を回避して長期潜伏感染する．

d 主症状

不顕性感染が多いが，発症した場合の主な症状は，神経症状(発作，麻痺➡p.479)，筋肉の知覚過敏(➡p.506)，呼吸困難，ぶどう膜炎(➡p.552)，黄疸，下痢，発熱，沈うつ，食欲低下および体重減少である．先天性感染は成猫の感染よりも重篤になる傾向がある．

e 病原体確認

- Sheatherのショ糖浮遊法によるオーシストの検出(固有宿主である猫およびネコ科動物)
- 細胞診によるタキゾイトの確認
- PCR法による*T. gondii* DNAの検出
- ELISAによる抗*T. gondii*抗体の検出

f その他(治療・予防・消毒など)

感染猫の治療にはクリンダマイシンが用いられる．非加熱の食物を給餌しないこと，げっ歯類などの中間宿主およびゴキブリやミミズといった機械的媒介動物の捕食を避けることが予防となる．オーシストに対しては多くの消毒薬は無効である．

*Neospora*属

a 定義

*Neospora caninum*は，アピコンプレックス門，コクシジウム綱，真コクシジウム目，アイメリア亜目，肉胞子虫科，ネオスポラ属に属する原虫である．*N. caninum*の胞子形成オーシストは，2個のスポロシストを有し，その各々に4個のスポロゾイトを含む．胞子形成オーシストの大きさは直径11～12 μmであり，壁の厚さは0.6～0.8 μmである[36]．スポロシストの大きさは，長さ7.4～9.4 μm，幅5.6～6.4 μm，スポロゾイトの大きさは，長さ5.8～7 μm，幅1.8～2.2 μmである[36]．無性生殖期には，タキゾイトおよび脳や筋肉内に形成された組織内シスト内でブラディゾイトとして増殖する．タキゾイトは，体液中または宿主細胞の細胞質に形成された寄生体胞内に存在する．タキゾイトの大きさは，長さ3～7 μm，幅1～2 μmである[36]．組織内シストの壁は約4 μmと厚く，内部に20～100個のブラディゾイトを内包する[35]．ブラディゾイトの大きさは，長さ4.5～8 μm，幅1.2～1.9 μmである[36]．

b 疫学

*N. caninum*は世界中に広く分布しており，犬における抗*N. caninum*抗体陽性率は0～32％と報告されている[37-47]．国内の家庭飼育犬を対象とした疫学調査では，抗*N. caninum*抗体陽性率は10.4％であったと報告されている[40]．神経症状を有する犬，高齢犬および牛を飼育している農場で飼われている犬は，抗体陽性率が高い傾向にある[38, 41, 42]．国内においても，牛を飼育している農場で飼われている犬は都市部で飼育されている犬よりも抗体陽性率が高いことが報告されている(都市部の7.1％に対して農場では31.3％)[48]．牛のネオスポラ症は流産の原因として世界的に問題となっているが，これらの疫学調査の結果から犬が感染源となっていることが示唆されている．なお，これまでにヒトにおける発症例は報告されていない．

c 感染動物

*N. caninum*は多宿主性の原虫であり，終宿主は犬，コヨーテ，ディンゴおよびハイイロオオカミである[49-53]．また，犬や猫を含む多種多様なほ乳類および鳥類が中間宿主となりうる．感染経路は，垂直感染および水平感染が知られている．垂直感染は，タキゾイトの経胎盤感染によって起こる．水平感染は，主に胞子形成オーシストで汚染された水や餌または組織内シストを含む中間宿主の組織(生肉または加熱が不十分な肉)の摂取によって起こる．

中間宿主に摂取された胞子形成オーシストが十二指腸に達すると，スポロゾイトが放出される．スポロゾイトは，消化管壁に侵入しタキゾイトに変態する．タキゾイトは，消化管上皮内の寄生体胞にて内生二分裂によって急速に増殖する．タキゾイトは消化管上皮細胞のみならず，神経細胞，マクロファージ，線維芽細胞，血管内皮細胞，筋肉細胞および肝細胞にも感染し増殖する[36, 54]．さらにタキゾイトは組織(主に脳，脊髄，骨格筋)中でシストを形成し，シスト内では内生二分裂によって緩徐に増殖する．

中間宿主で形成された組織内シストを終宿主が摂取することによって生活環が完成する．小腸において組織内シストから放出されたブラディゾイトは消化管上皮細胞内に感染し，そこで有性生殖が行われ，オーシストが形成される．オーシストは胞子未形成の状態で糞便中に排泄されるが，外界でスポロシストとスポロゾイトが形成され，5日間以内に感染性を有する胞子形成オーシストになる[53]．

d 主症状

犬のネオスポラ症では，主に筋萎縮(➡p.506)や麻痺(➡p.481)が認められるが，その症状や経過は年齢によって異なっている．幼若犬の経胎盤感染では，初期には後肢の筋萎縮や硬直性麻痺，失禁および脱糞が認められる．その後，上行性の対麻痺を生じ，嚥下障害を含む全身性の麻痺が進行した結果，死に至る例も多い．一方，成犬で発症した場合は，主に多発性筋炎および多病巣性の髄膜脳炎による筋障害および神経症状が認められる．

e 病原体確認

- 免疫組織化学およびIFAによる組織中*N. caninum*抗原の検出
- ELISAによる抗*N. caninum*抗体の検出
- PCR法による糞便中*N. caninum* DNAの検出

f その他(治療・予防・消毒など)

治療には，クリンダマイシン単独またはスルホンアミド(サルファ剤)との併用が行われる．予防として，牛の死体，排泄物および胎盤や流産した胎子との接触は避ける．同様に，その他の中間宿主(羊，山羊，馬，コヨーテ，ディンゴなど)の組織や排泄物との接触も避けるべきである．また，生肉または加熱が不十分な肉の摂食も避けるべきである．現時点では有効なワクチンはない．

*Hepatozoon*属

a 定義

Hepatozoon spp.は，アピコンプレックス門，コクシジウム綱，真コクシジウム目，アデレア亜目，ヘパトゾーン科，ヘパトゾーン属に属し，少なくとも340種類以上の種が報告されている．犬のヘパトゾーン症は，*Hepatozoon canis*および*H. americanum*によって引き起こされる．猫では，*H. canis*および*H. felis*の感染が知られている[55-57]．*H. canis*のガモントは，大きさ11 μm×4 μmの楕円形で，末梢血の好中球および単球の細胞質内に認められる．*H. canis*のメロントは，車輪のスポーク様で，脾臓，骨髄，リンパ節および筋肉に認められる．一方，*H. americanum*のガモントは，末梢血中にはほとんど認められない．*H. americanum*のメロントは，直径250〜500 μmの卵円形で，筋肉組織内に玉ねぎ状のシストとして認められる．

b 疫学

*H. canis*は全世界的に分布しているが，アフリカ，南ヨーロッパ，南米およびアジアで特に流行している．近年の国内における疫学調査では，マダニの寄生歴がある犬における*H. canis*の感染率は2.5％であったと報告されている[58]．一方，*H. americanum*は北米でのみ認められる．これらの地理的分布は，ベクターとなるマダニの分布に大きく依存している．

c 感染動物

Hepatozoon spp.の感染は，両生類，爬虫類，鳥類，有袋類およびほ乳類で認められる．ただし，*H. canis*および*H. americanum*のどちらもヒトへの感染は報告されていない．これらの脊椎動物はベクターであるマダニの経口摂取によって感染する．*H. canis*では*Rhipicephalus sanguineus*（クリイロコイタマダニ）が，*H. americanum*では*Amblyomma maculatum*（Gulf Coast tick，キララマダニの一種）がベクターとなる．オーシストを有するこれらのマダニを犬が摂取すると，消化管内でスポロゾイトが放出された後，肝臓，脾臓，リンパ節，骨髄，筋肉および肺に感染し，メロゴニーが行われる．成熟したメロントから放出されたメロゾイトは，白血球に感染し，ガモントに発達する．ガモントを有する白血球が吸血によってマダニの体内に入ると，ガモントの連接，配偶子（ガメート）形成，受精（接合），オーシスト形成，スポロゴニーが行われ，感染性を有するスポロゾイトが形成される．このマダニが新たに犬に摂食されることによって生活環が成立する．

d 主症状

犬の*H. canis*感染では，無症状であることが多い．しかし，寄生虫血症が重度の場合は，発熱，衰弱，体重減少および貧血を呈する（➡p.468）．一方，*H. americanum*の感染では重篤な症状が引き起こされ，主に発熱，体重減少，筋肉痛および筋無力症が認められる．猫のヘパトゾーン症では，臨床症状はほとんど認められない．

e 病原体確認

- 末梢血塗抹における顕微鏡検査（ガモントの観察）
- ELISAまたはIFAによる抗ヘパトゾーン原虫抗体の検出
- PCR法による末梢血中*Hepatozoon* spp. DNAの検出
- 病理組織学的検査（メロントの観察）

f その他（治療・予防・消毒など）

*H. canis*の感染に対する治療にはジプロピオン酸イミドカルブが用いられるが，完全な駆虫は困難である．*H. americanum*の感染には，スルファジアジン・トリメトプリム，ピリメタミンおよびクリンダマイシンの併用療法が行われる．その後の維持療法にはデコキネートが有効であるが，休薬によりしばしば再発する．予防にはベクターであるマダニの経口摂取を防ぐ必要があり，ダニ駆除剤によりマダニの寄生を予防することが有効である．*H. americanum*の流行地では，感染の可能性がある野生動物の生肉の給餌は避けるべきである．

*Babesia*属

a 定義

バベシア症は，犬，猫，野生動物およびヒトに広くまん延するマダニ媒介性疾患である．病原体であるバベシア属原虫は，アピコンプレックス門，無コノイド綱，ピロプラズマ目，バベシア科に属する赤血球内寄生原虫である．バベシア属原虫は，赤血球内のピロプラズムの大きさから大型種(約3 μm×5 μm)と小型種(約1 μm×3 μm)に大別される．犬に感染する大型バベシア種は，*B. canis*(*B. canis canis*，*B. canis vogeli*，*B. canis rossi*の3亜種)および米国ノースカロライナ州で分離された未命名の*Babesia* sp.がある．一方，小型バベシア種については，遺伝学的および臨床的に明確に区別できる種として，*B. gibsoni*，*B. conradae*および*B. microti*様ピロプラズマ(別名；*Theileria annae*)が知られている．猫では主に*B. felis*の感染が認められ，*B. cati*や*B. leo*の感染例も報告されている[59]．これらはいずれも直径1～2 μm程度の小型バベシア種であるが，*B. herpailuri*や*B. pantherae*などの大型バベシア種の感染例も報告されている[60]．また，犬のバベジア種の感染も散発的に認められている[59]．

b 疫学

*B. canis vogeli*は，ベクターである*R. sanguineus*(クリイロコイタマダニ)が世界中に分布するため，最も広範に分布する犬のバベシア種であり，熱帯・亜熱帯地域を中心に世界中で認められている．*B. canis canis*は，主に欧州(特にフランス)およびアフリカに分布し，春と秋に発生が多い．*B. canis rossi*の分布はアフリカ(多くは南アフリカ)に限定されており，特に夏に発生が多い．小型のバベシア種では，*B. gibsoni*が最も広く分布している．*B. gibsoni*はもともとアジアに分布していたと考えられるが，現在ではアフリカ，オーストラリア，北米，南米および欧州にも認められる．北米においては，ベクターであるマダニを介さずに闘犬によって感染が維持されており，闘犬であるアメリカン・ピット・ブル・テリアに発生が多い[61]．*B. conradae* は南カリフォルニアに，*B. microti*様ピロプラズマはスペインにそれぞれ分布している．猫のバベシア種では，*B. felis*は主に南アフリカの沿岸部に分布し，3歳以下の若齢猫に発生が多い．*B. cati*は主にインドに，*B. leo*はアフリカやスイスで認められている．

国内では，*B. gibsoni*が西日本に常在しているほか，東日本でも闘犬を中心に発生が認められている．近年の国内における疫学調査では，マダニの寄生歴がある犬における*B. gibsoni*の感染率は2.4%であったと報告されている[58]．また，沖縄県では*B. canis*の感染も散発的に確認されている．なお，国内における猫のバベシア症の発生は報告されていない．

c 感染動物

ヒトを含めた様々なほ乳類がバベシア属原虫に感染する．ベクターとなるマダニはバベシア種によって異なっており，国内で最もまん延している*B. gibsoni*の主なベクターは*Haemaphysalis longi-*

cornis(フタトゲチマダニ)である．猫のバベシア症の主要な病原体である*B. felis*のベクターは明らかになっていない．

マダニが吸血する際に，唾液腺からバベシア属原虫のスポロゾイトが放出され，脊椎動物宿主の血中に入る．スポロゾイトは赤血球に侵入した後，2分裂により増殖し，新たな赤血球に侵入する．赤血球に認められる虫体をピロプラズムという．新たなマダニの吸血の際に，感染赤血球がマダニの体内に入る．ピロプラズムからガメトサイトへの変態が脊椎動物とマダニのどちらの体内で起こるのかは明らかになっていないが，マダニの中腸においてガメトサイトが融合し，ザイゴートが形成される．ザイゴートは運動性を有するキネートに成熟した後，唾液腺に移行し，スポロゴニーによって多数のスポロゾイトが形成される．このマダニが新たな脊椎動物宿主に吸血し，スポロゾイトが感染することによって生活環が維持される．また，多くのバベシア種ではキネートが卵巣にも移行し，介卵伝播が生じる．

上記の生活環以外に，*B. gibsoni*では輸血や咬傷(特に闘犬に多い)による直接的な感染も知られている．さらに，*B. gibsoni*および*B. canis*では経胎盤感染による母犬から仔犬への垂直感染も示唆されている[62, 63]．

d 主症状

犬では，発熱，食欲低下，脾腫，黄疸，暗褐色尿および貧血(可視粘膜蒼白，頻呼吸，頻脈)などが認められるが，バベシア種によって重症度が異なる．*B. canis*の3亜種の中では，*B. canis rossi*の病原性が最も強い．猫では，発熱や黄疸はあまり一般的ではない．

e 病原体確認

- 血液塗抹標本における赤血球内バベシア原虫の観察(➡p.469)
- PCR法によるバベシア原虫DNAの検出
- ELISAおよびIFAによる抗バベシア原虫抗体の検出

f その他(治療・予防・消毒など)

治療には，ジプロピオン酸イミドカルブ，ジミナジン・アセチュレートおよびアトバコンなどが有効である．他のマダニ媒介性感染症と同様に，マダニ駆除剤によりマダニの寄生を避けることが最良の予防法である．海外では*B. canis*に対するワクチンが応用されているが，その他のバベシア種に対しては有効なワクチンは確立されていない．

*Cytauxzoon*属

a 定義

猫のサイトークスゾーン症は，マダニ媒介性の新興感染症であり，アピコンプレックス門，無コノイド綱，ピロプラズマ目，タイレリア科，サイトークスゾーン属に属する*Cytauxzoon* spp.が病原体である．特に*Cytauxzoon felis*は，重篤な臨床症状を引き起こす．*C. felis*の典型的な赤血球内メロゾイトは，直径1～2 μmの印章指輪型(signet ring form)を呈するが，双極性の核領域を有する楕円形の安全ピン型や直径0.5 μm未満の円形のドット型を呈することもある．これらは，その他のバベシア属原虫やタイレリア属原虫とは形態的には区別できない．マクロファージ内のシゾントは，直径50～250 μmである．

b 疫学

*C. felis*の感染猫は，1976年に初めて北米で報告されて以降，主に北米および南米(ブラジル)で認められている[64,65]．欧州およびアジアでも散発的な報告例はあるが，北米および南米以外での発生は極めて稀である．また近年では，欧州において*C. felis*以外の*Cytauxzoon* spp.の感染が報告されているが，ほとんどが不顕性感染である[66,67]．北米における猫のサイトークスゾーン症の発生は，ベクターであるマダニの活動と一致して春から早秋に多い．

c 感染動物

*C. felis*の感染は，イエネコの他，野生のネコ科動物(ボブキャット，ライオン，トラ，ジャガー，オセロットなど)にも広く認められる．北米および南米では，野生のネコ科動物(特にボブキャット)がレゼルボアとなっていると考えられている．なお，ヒトを含めたその他のほ乳類への感染は報告されていない．

*C. felis*の生活環では，マダニがベクターとなっている．ベクターとなる主なマダニは，カクマダニ属の*Dermacentor variabilis*およびキララマダニ属の*Amblyomma americanum*である．*C. felis*を保有するマダニの吸血の際に，スポロゾイトがネコ科動物の血中に入る．スポロゾイトはマクロファージに直接侵入し，シゾゴニーを行う．その結果，多数の成熟したシゾントが形成され，マクロファージが破裂し，メロゾイトが血中に放出される．メロゾイトは赤血球に侵入し，2分裂による増殖および赤血球からの放出を繰り返す．この間にいくつかの赤血球内メロゾイトは，マダニに感染可能なガメトサイトとなる．吸血によってマダニの体内に入ったガメトサイトは，腸管内でザイゴートを形成し，運動性を有するキネートに成熟した後，唾液腺に移行する．そこで，多分裂によってネコ科動物に感染性を有する多数のスポロゾイトが形成される．

d 主症状

*C. felis*の感染による猫のサイトークスゾーン症は，急性または亜急性に発症し，多くは1週間以内に死亡する．沈うつ，食欲低下，発熱，黄疸，呼吸困難，頻脈および疼痛といった非特異的症状が認められるほか，しばしば溶血性の貧血を呈する．運動失調，発作および眼振といった神経症状を呈することもある．欧州で認められる*C. felis*以外のサイトークスゾーン原虫の感染では，ほとんどが無症候である．

e 病原体確認

- 血液塗抹標本における赤血球内メロゾイトの観察

- 肝臓，脾臓，リンパ節の細胞診標本におけるマクロファージ内シゾントの観察
- PCR法による *Cytauxzoon* spp. DNAの検出

f その他（治療・予防・消毒など）

治療は，アトバコンとアジスロマイシンの併用療法が最も有効性が高い[68]．有効なワクチンは確立されておらず，マダニ駆除剤などによりマダニの寄生を避けることが最良の予防法である．

参考文献

1. Ballweber LR, Xiao L, Bowman DD, et al.(2010)：Trends Parasitol. 26, 180-189.
2. Bouzid M, Halai K, Jeffreys D, et al.(2015)：Vet Parasitol. 207, 181-202.
3. Itoh N, Kanai K, Tominaga H, et al.(2011): Parasitol Res. 109, 253-256.
4. Itoh N, Itagaki T, Kawabata T, et al.(2011): Vet Parasitol. 176, 74-78.
5. Itoh N, Kanai K, Kimura Y, et al.(2015): Parasitolo Res. 114, 1221-1224.
6. Itoh N, Muraoka N, Kawamata J, et al.(2006)：J Vet Med Sci. 68, 161-163.
7. Yoshiuchi R, Matsubayashi M, Kimata I, et al.(2010)：Vet Parasitol. 174, 313-316.
8. Suzuki J, Murata R, Kobayashi S, et al.(2011)：Parasitol. 138, 493-500.
9. Itoh N, Ikegami H, Takagi M, et al.(2012)：J Feline Med Surg. 14, 436-439.
10. Itoh N, Ito Y, Kato K, et al.(2013)：J Feline Med Surg. 15, 908-910.
11. Ito Y, Itoh N, Kimura Y, et al.(2016)：J Feline Med Surg. 18, 834-837.
12. Huang DB, White AC(2006): Gastroenterol Clin North Am. 35, 291-314.
13. Yao C, Köster LS(2015): Vet Res. 46, 35.
14. Doi J, Hirota J, Morita A, et al.(2012): J Vet Med Sci. 74, 413-417.
15. Gookin JL, Breitschwerdt EB, Levy MG, et al.(1999)：J Am Vet Med Assoc. 215, 1450-1454.
16. Levy MG, Gookin JL, Poore M, et al.(2003)：J Parasitol. 89, 99-104.
17. Stockdale H, Rodning S, Givens M, et al.(2007)：J Parasitol. 93, 1429-1434.
18. Stockdale H, Dillon AR, Newton JC, et al.(2008)：Vet Parasitol. 154, 156-161.
19. Takahashi N, Naya T, Watari T, et al.(1997)：Jpn J Vet Dermatol. 3, 25-27.
20. Namikawa K, Watanabe M, Lynch J, et al.(2006): Jpn J Vet Dermatol. 12, 11-15.
21. Kawamura Y, Yoshikawa I, Katakura K(2010)：Emerg Infect Dis. 16, 2017-2019.
22. Alvar J, Vélez ID, Bern C, et al.(2012): PLoS ONE. 7, e35671.
23. Ribeiro RR, Michalick MSM, da Silva ME, et al.(2018)：BioMed Research International. 2018, 3296893.
24. Frenkel JK(1977): J Parasitol. 63, 611-628.
25. Barta JR, Schrenzel MD, Carreno R, et al.(2005): J Parasitol. 91, 726-727.
26. Samarasinghe B, Johnson J, Ryan U(2008)：Exp Parasitol. 118, 592-595.
27. Lindsay DS, Dubey JP, Blagburn BL, et al.(1997): Clin Microbiol Rev. 10, 19-34.
28. Lappin MR(2010): Top Companion Anim Med. 25, 133-135.
29. Lucio-Forster A, Griffiths JK, Cama VA, et al.(2010): Trends Parasitol. 26, 174-179.
30. Scorza V, Tangtrongsup S(2010): Top Companion Anim Med. 25, 163-169.
31. Itoh N, Oohashi Y, Ichikawa-Seki M, et al.(2014): Vet Parasitol. 200, 284-288.
32. Fayer R(2004): Vet Parasitol. 126, 37-56.
33. Montoya JG, Liesenfeld O(2004): Lancet. 363, 1965-1976.
34. Elmore SA, Jones JL, Conrad PA, et al.(2010): Trends Parasitol. 26, 190-196.
35. Oi M, Yoshikawa S, Maruyama S, et al.(2015): PLoS ONE. 10, e0135956.
36. Dubey JP, Barr BC, Barta JR, et al.(2002): Int J Parasitol. 32, 929-946.
37. Barber JS, Gasser RB, Ellis J, et al.(1997): J Parasitol. 83, 1056-1058.
38. Dubey JP(1999): Vet Parasitol. 84, 349-367.

39. Paradies P, Capelli G, Testini G, et al.(2007): Vete Parasitol. 145, 240-244.
40. Silva D, Lobato J, Mineo T, et al.(2007)：Vet Parasitol. 143, 234-244.
41. Cruz-Vázquez C, Medina-Esparza L, Marentes A, et al.(2008): Vet Parasitol. 157, 139-143.
42. Kubota N, Sakata Y, Miyazaki N, et al.(2008)：J Vet Med Sci. 70, 869-872.
43. Maia A, Cortes H, Brancal H, et al.(2014): Parasite. 29, 1-4.
44. Nazir MM, Maqbool A, Akhtar M, et al.(2014): Vet Parasitol. 204, 364-368.
45. Yang Y, Zhang Q, Kong Y, et al.(2014): BMC Vet Res. 10, 295-301.
46. Robbe D, Passarelli A, Gloria A, et al.(2016)：Exp Parasitol. 164, 31-35.
47. Wang S, Yao Z, Zhang N, et al.(2016): Parasite. 23, 25-29.
48. Sawada M, Park CH, Kondo H, et al.(1998): J Vet Med Sci. 60, 853-854.
49. McAllister MM, Dubey JP, Lindsay DS, et al.(1998)：Int J Parasitol. 28, 1473-1478.
50. Basso W, Venturini L, Venturini MC, et al.(2001): J Parasitol. 87, 612-618.
51. Gondim LF, McAllister MM, Pitt WC, et al.(2004): Int J Parasitol. 34, 159-161.
52. King JS, Slapeta J, Jenkins DJ, et al.(2010): Int J Parasitol. 40, 945-950.
53. Dubey JP, Jenkins MC, Rajendran C, et al.(2011): Vet Parasitol. 181, 382-387.
54. Barr BC, Conrad PA, Breitmeyer R, et al.(1993): J Am Vet Med Assoc. 202, 113-117.
55. Jittapalapong S, Rungphisutthipongse O, Maruyama S, et al.(2006): Ann N Y Acad of Sci. 1081, 479-488.
56. Tabar MD, Altet L, Francino O, et al.(2008)：Vet Parasitol. 151, 332-336.
57. Baneth G, Sheiner A, Eyal O, et al.(2013): Parasit Vectors. 6, 102.
58. Kubo S, Tateno M, Ichikawa Y, et al.(2015): J Vet Med Sci. 77, 1275-1279.
59. Hartmann K, Addie D, Belák S, et al.(2013): J Feline Med Surg. 15, 643-646.
60. Yabsley MJ, Murphy SM, Cunningham MW(2006): J Wildl Dis. 42, 366–374.
61. Birkenheuer AJ, Correa MT, Levy MG, et al.(2005): J Am Vet Med Assoc. 227, 942-947.
62. Fukumoto S, Suzuki H, Igarashi I, et al.(2005): Int J Parasitol. 35, 1031-1035.
63. Mierzejewska EJ, Welc-Falęciak R, Bednarska M, et al.(2014): Ann Agric Environ Med. 21, 500-503.
64. Wagner JE(1976): J Am Vet Med Assoc. 168, 585-588.
65. Wang JL, Li TT, Liu GH, et al.(2017): Clin Microbiol Rev. 30, 861-885.
66. Millán J, Naranjo V, Rodríguez A, et al.(2007): Parasitol. 134, 995-1001.
67. Carli E, Trotta M, Chinelli R, et al.(2012): Vet Parasitol. 183, 343-352.
68. Cohn LA, Birkenheuer AJ, Brunker JD, et al.(2011): J Vet Intern Med. 25, 55-60.

20 ウイルス

アデノウイルス科

a 分類

アデノウイルスは二本鎖DNAをゲノムに持つDNAウイルスであり，エンベロープを持たない．大きさは70～90 nmである．ウイルス粒子は正20面体であり，12個ある頂点のそれぞれに，細胞への感染に必要なファイバーを備えている[1]．

b 犬アデノウイルス1型

1 | 定義

2018年の国際ウイルス分類委員会(International Committee on Taxonomy of Viruses: ICTV)による分類では，アデノウイルス科には5属が含まれており，犬アデノウイルスはマストアデノウイルス属に属している．犬アデノウイルス1型(CAV-1)は犬伝染性肝炎の病原体である．犬伝染性喉頭気管炎の原因となる犬アデノウイルス2型(CAV-2)とは遺伝学的に異なるが，抗原的には交差性があるため，CAV-2の弱毒生ワクチンは犬伝染性喉頭気管炎だけでなく，犬伝染性肝炎も予防することができる．なお，CAV-1はICTVによる最新の分類では，次に述べる犬アデノウイルス2型とともに*Canine mastadenovirus A*という種名にまとめられているが，本稿ではCAV-1と記載する．

2 | 疫学

CAV-1は世界中に分布しており，各国で犬伝染性肝炎の発生が認められる．日本での発生はCAV-2の弱毒生ワクチンの普及により減少しているが，1993年に犬ジステンパーウイルスとの混合感染例，2011年にはペットショップにおいて不顕性感染を含む集団感染例が報告されている[2,3]．

3 | 感染動物

犬のほか，オオカミ，キツネ，コヨーテ，その他のイヌ科およびクマ科の動物が本ウイルスに感染するとされている．CAV-1は人獣共通感染症の病原体ではなく，ヒトの感染例は報告されていない．ウイルスは感染犬の唾液，尿，糞便などに排泄され，感染犬との直接接触や，ウイルスを含む分泌物，排泄物との接触により経口・経鼻的に伝播する．ウイルスは感染初期には扁桃や周辺のリンパ節で増殖し，リンパ管から胸管を経て血液に入る．ウイルス血症は感染後4～8日間持続し，全身に拡散する．肝細胞および中枢神経系を含む臓器の血管内皮細胞が，ウイルスによる組織傷害の主要な標的となる．肝臓では初期にクッパー細胞に感染し，周囲の固有肝細胞に感染が広がる．感染後10～14日後にはウイルスが検出される臓器は腎臓に限定され，6～9カ月間，またはそれ以上の期間にわたりウイルスは尿に排泄され，感染源となる[4,5].

4 主症状

発症例は主に1歳未満の幼犬に認められるが，ワクチンが未接種であれば全年齢の犬が罹患する可能性がある．ウイルス感染後の潜伏期は4～9日間で，病型は次の4種類に分類される[5,6,7].

i 甚急性(突然死型，突発性致死型)

外見上は健常な犬(ほとんどが幼犬)が突然の虚脱状態や昏睡に陥り，発症から12～48時間で死亡する．発熱や心拍数の増加が認められる．死亡の数時間前には循環虚脱が生じ，浮腫を呈し可視粘膜の蒼白が認められる．経過が甚急性で死亡の2～3時間前まで外見上は健常なこともあることから，中毒との鑑別も必要である．

ii 急性(重症型，重篤性非致死型)

多様な症状が認められ，発熱，扁桃炎，結膜炎，嘔吐，吐血，下痢，発咳，黄疸などが生じる．下痢は鮮血便や黒色便(メレナ)となることがある．広範な点状出血・斑状出血や血尿が認められることもある．2週間以内に回復するか死の転帰を取る．致死率は10～30%とされている．重症の24時間を耐過すれば多くは4～10日後に回復する．稀に神経症状を呈することがあり，痙攣，運動失調，旋回運動，眼振などが生じる[5,7].

ブルーアイとして知られる角膜浮腫とぶどう膜炎は，感染後約7日の中和抗体価が上昇し，症状の回復が始まる時期に生じる．角膜浮腫は角膜周囲から始まり，中心部に向かって進行する．白濁が解消する際も周囲から中心部へ進行する．眼症状は片眼性の方が両眼性よりも多く，片眼性から両眼性に進行することもある．角膜浮腫は数カ月間持続することもあり，この場合緑内障を合併することがあるが，アフガン・ハウンドでの発生が多いと報告されている[5,8].

角膜浮腫は水晶体側表面の角膜内皮細胞(角膜後上皮細胞)が傷害され，眼房水が角膜に流入して生じる．CAV-1自然感染例の約20%に生じる．CAV-1は感染後のウイルス血症の時期に，ぶどう膜を経由して眼内に入り，脈絡膜の血管内皮細胞や角膜内皮細胞に感染する．産生されたCAV-1特異抗体はウイルスと同様の経路で眼内に入り，CAV-1と結合する．CAV-1と抗体の免疫複合体により補体が活性化され，前眼房内に好中球が遊走する．補体や好中球が関与する免疫反応により角膜内皮細胞が傷害される．通常はウイルス感染後21日までに眼病変は回復する．免疫複合体の沈着が関与する同様の機序で糸球体腎炎や間質性腎炎と，尿中タンパクが50 mg/dL以上となるタンパク尿症が生じることがあるが，慢性腎不全への進行は報告されていない[4,5].

iii 軽症型

臨床症状はわずかであるため，注意深い観察を行わなければ確認できない[7]．ワクチンにより部分的な免疫が成立していた場合に生じることがある[1]．体温は39℃程度で食欲にはほとんど変化がない．しばしば角結膜炎を発症し，羞明や角膜浮腫を起こす．角膜浮腫は2～10日間続くが，24時間で消失することもある．角膜の血管新生や潰瘍は生じず，涙液も水様で清澄である．

iv 不顕性型

臨床症状は認められないが，CAV-1に対する特異抗体が産生される.

5 | 病原体確認

犬伝染性肝炎はワクチン未接種または接種歴の不明な1歳未満の犬が，発熱，呼吸器および消化器症状，肝障害などを示す場合や，特に角膜浮腫が認められる場合は本疾患を疑う必要がある．鑑別を要する疾患には犬ジステンパーおよび急性の中毒を含める必要がある.

i CAV-1の遺伝子検出

民間検査機関ではポリメラーゼ連鎖反応(PCR)や定量的PCRによるCAV-1の遺伝子検出を行っており，その検体としてEDTA処理全血や尿が使用される．急性期には血液，回復期や回復後には尿がCAV-1の検出として有用と考えられる．ブルーアイを示している(または示していた)場合は，中和抗体の産生に伴い血液からウイルスが消失している可能性があるため，検体として尿を使用する必要がある．尿のみからウイルス遺伝子が検出された場合の解釈には注意が必要であり，数カ月前のCAV-1感染から回復後のウイルス排泄を検出している可能性もある.

ii CAV-1特異抗体の検出

民間検査機関では，CAV-1特異抗体の検出を行っている．検体として一般的には血清および血漿が利用可能である．CAV-2特異抗体はCAV-1抗原と部分的に交差反応を示すため，CAV-1の抗体価を検査する場合は，必ずCAV-2の抗体価も同時に検査し，抗体価を比較することが必要である．また，急性期と回復期の血清(ペア血清)の抗体価を比較し，回復期において4倍以上の抗体価の上昇が認められれば確定診断が可能である．一方，甚急性または急性の経過で死亡した場合は，抗体の上昇前であることや，回復期の血清が入手できないことにより，抗体検査による診断は困難である.

iii 病理学的検査

生検や剖検で得られた肝臓などの組織では，ウイルスの増殖に伴って核内封入体が認められる(➡p.91)．組織のスタンプ標本でも封入体が認められることがある.

6 | その他(治療・予防・消毒など)

アデノウイルスを含むエンベロープを持たないウイルスは，一般的には環境中での抵抗性が高い．CAVは室温の媒介物上では数日間，4℃では数カ月間感染性を保つ[4]．次亜塩素酸による消毒は有効である．一方，エタノールを含むアルコール類やフェノール，ビグアニド系のクロルヘキシジン，逆性石鹸の塩化ベンザルコニウムは，アデノウイルスは無効または効力不十分と考えられる.

CAV-1感染の予防には，免疫学的に交差するCAV-2の弱毒生ワクチンが使用されている.

c 犬アデノウイルス2型

1 | 定義

犬アデノウイルス2型(CAV-2)はマストアデノウイルス属に属し，犬伝染性喉頭気管炎の病原体である．本疾患は犬の感染性呼吸器疾患(canine infectious respiratory disease: CIRD)，犬の伝染性気管気管支炎やケンネルコフなどと呼ばれる一群の呼吸器感染症の一つである(➡23章)．

2 | 疫学

CAV-2は日本を含む世界各国に分布している．CAV-2は人獣共通感染症の病原体ではなく，ヒトの感染例は報告されていない[9]．

3 | 感染動物

犬が感染する．犬以外の動物については報告が少ないが，野生のアカギツネ(*Vulpes vulpes*)の糞便からCAV-2がPCRで検出されたことが報告されている[10]．CAV-2は感染犬との直接接触や，感染犬からの飛沫，ウイルスが付着した物品を介して経口・経鼻感染し，鼻腔の上皮細胞，咽頭，扁桃陰窩，気管の杯細胞，気管支上皮やⅡ型肺胞上皮細胞などで増殖する．ウイルス増殖は感染後3～6日で最高となるが，以後は抗体の増加とともに減少し，感染後1～2週間でウイルス排泄は終息する[9,11]．

4 | 主症状

潜伏期は3～6日で主に呼吸器症状を示す．CAV-2は結膜炎の犬の結膜スワブからPCRやウイルス分離で検出されることがある[12]．稀に腸炎を起こすとされ，11週齢までの新生犬が神経症状を呈したCAV-2感染例が報告されている[9,13]．

5 | 病原体確認

定量的PCRを利用したウイルス遺伝子の検出が民間検査機関で利用可能である．抗体を検査する場合は，ペア血清についてCAV-2だけでなくCAV-1の抗体価も同時に測定し，比較することが必要である．

6 | その他(治療・予防・消毒など)

CAV-2の弱毒生ワクチンがCAV-1とCAV-2の予防に使用されている．一般的にはCAV-2の弱毒生ワクチンは症状の低減には有効であるが，CAV-2の感染やウイルス排泄を完全には抑制できないとされる[9]．また，経鼻投与するCAV-2を含む多価不活化ワクチンも販売されているが，CAV-1は予防対象疾患に含まれない．複数飼育環境下では，CAV-2などの呼吸器感染症の病原体が伝播しやすいため，換気や温度を含む飼育環境を良好に保ち，呼吸器症状を示す個体は可能な限り他の個体や集団から距離を取る．また，病原体の媒介に関与する可能性のある物品は撤去やCAV-1と同様の消毒を行う．

d　猫アデノウイルス感染症

1｜定義

猫のアデノウイルス感染症は症例数が少なく，分類学的な研究はヒトや家畜，家禽のウイルスほどは進んでいない．猫から検出されたアデノウイルスは，ヒトアデノウイルス1型と遺伝学的な相同性が高く，ヒトと猫の間で伝播が生じた可能性や，他の動物種のアデノウイルスとの相同性が高いとする研究結果などが報告されている[14,15,16]．ICTVによる2018年のウイルス分類には猫アデノウイルスは含まれておらず，猫に感染するアデノウイルスの性状は明らかになっていない．1978年にヒョウ(クロヒョウ，*Panthera pardus pardus*)において黄疸と核内封入体を伴う肝炎が報告されているが，原因ウイルスの性状は不明である[17]．

2｜疫学

猫におけるアデノウイルス感染症の調査は少なく，抗体陽性率は国によって異なるが，欧米では10〜80％と報告されている[16,18]．一方，猫白血病ウイルス(FeLV)や猫免疫不全ウイルス(FIV)に感染している猫では，より高い抗体陽性率を示すことも報告されている[19]．日本国内の猫におけるアデノウイルス感染状況は報告されていない．

3｜感染動物

猫から検出されるアデノウイルスは解析が進んでおらず，宿主域は不明であるが，一般的にはアデノウイルスは宿主特異性が高いとされている．しかし，猫のアデノウイルスはヒトアデノウイルス1型の変異体で猫に適応したものである可能性が報告されている[16]．

4｜主症状

アデノウイルスの感染が確認された例として，昏睡状態で死亡し，腹水と心嚢水の貯留，漿膜の点状出血などを呈したことが報告されている[20]．種々の臓器の血管内皮細胞には核内封入体が認められた．また，腸管内容物からアデノウイルスの粒子が電子顕微鏡により検出された．本症例はFeLVのp27抗原陽性であったため，FeLVに関連した免疫不全の状態であった可能性も考えられている．一方，アデノウイルスに不顕性感染している例は稀ではなく，猫がアデノウイルスのキャリアとなり，持続的にウイルスを咽頭部や糞便に排泄していると考えられる例も報告されている[21]．

5｜病原体確認

民間の検査機関では猫のアデノウイルス感染症の病原体および抗体の検査は行われていない．病変部組織に核内封入体が認められた場合も，猫ヘルペスウイルスや猫パルボウイルスなど，核内封入体を形成するウイルスの除外が必要である．確定診断には病理組織学的検査，アデノウイルスの遺伝子検出およびその塩基配列の解析などが必要と考えられる．

6 | その他(治療・予防・消毒など)

CAV-1に準じて行うことが必要と考えられる.

パピローマウイルス科

a 分類

パピローマウイルス科は二本鎖の環状DNAをゲノムとして持つウイルスで，エンベロープはなく，直径は30～60 nmである．ICTVの現在の分類ではヒトや家畜，伴侶動物に感染するウイルスを含む52属からなるファーストパピローマウイルス亜科と，海棲の魚類から発見された1属1種を含むセカンドパピローマウイルス亜科に分類されている．培養細胞を使用したパピローマウイルスの分離は困難であるため，その分類はウイルスの構造タンパクであるカプシドをコードするL1遺伝子の塩基配列相同性の解析による.

大多数のパピローマウイルスは顕著な病変を形成させず，一部のウイルスが皮膚や粘膜における乳頭腫(パピローマ)などに関わっている．ヒトのパピローマウイルスは子宮頸がんなどの悪性腫瘍に関わっているが，家畜や伴侶動物のパピローマウイルス感染による腫瘍では悪性化は稀である[22,23]．パピローマウイルスは宿主特異性が高いが，一部の牛パピローマウイルスは馬や猫にサルコイドと呼ばれる線維芽細胞の増殖を伴う皮膚病変に関与するとされている[24,25].

b 犬および猫のパピローマウイルス

1 | 定義

犬パピローマウイルス(*Canis familiaris* papillomavirus: CPV)は現在までに19種類が報告されているが，これらは複数の属にまたがって分類されている．CPV-1やCPV-13は若齢犬の口腔のパピローマ，CPV-2は皮膚乳頭腫の原因として知られている．また，その他の多くのCPVがパグやミニチュア・シュナウザーでの発生が多い色素性局面(Pigmented plaque)に関与するとされている[24,26-28].

猫パピローマウイルス(*Felis catus* papillomavirus: FcaPV)は1型(FcaPV-1)～4型までの4種類が知られている．FcaPV-1は口腔内乳頭腫，FcaPV-2はウイルス性局面や多中心性表皮内扁平上皮癌(Bowenoid *in situ* squamous cell carcinoma，BISC)，皮膚の扁平上皮癌の原因となる[25,29].

2 | 疫学

犬のCPV感染は日本を含む世界中で発生しており，それによる病変は一般的である．猫のFcaPV感染による疾患は稀であり，日本国内においてFcaPV感染と皮膚病変の関連についての報告は少ない[30].

3 | 感染動物

パピローマウイルスは宿主特異性が高いため，CPVおよびFcaPVの感染はそれぞれ犬および猫に限定されると考えられる．犬に近縁のオオカミやコヨーテで口腔のパピローマの発生が報告されておりCPV-1の感染が疑われているが，詳細は不明である[31].

パピローマウイルスの感染経路は皮膚に生じる微細な創傷であり，表皮の基底細胞層に感染しウイルス複製が始まる．ウイルス複製の早期に産生されるウイルスタンパクの働きにより有棘細胞層や顆粒細胞層の細胞の増殖が促進され，乳頭腫が形成される[25]．

4 | 主症状

i 犬

若齢犬に多い口腔内乳頭腫は口唇や口腔などにカリフラワー状の乳頭腫(疣贅)が多発性に発生し，ほとんどの例は8週間以内に退縮する．同様の病変は舌や咽頭，食道，体表皮膚に発生することもある．内反性乳頭腫では真皮側に向かって表皮の突起が伸長する．色素性局面は四肢や腋下，腹部皮膚に平坦で隆起した色素の沈着を伴う局面が形成される[31](➡p.518)．

ii 猫

猫のパピローマウイルスに関連した疾患は犬よりも少ないが，ウイルス性局面やBISC(➡p.519)のほか，扁平上皮癌，サルコイドなどが報告されている．サルコイドは稀な疾患であるが，牛パピローマウイルス14型感染との関連が指摘されており，牛との接触がある若齢の猫に多い[24,29]．

5 | 病原体確認

犬の口腔内乳頭腫は肉眼所見や発症年齢などから診断可能である．他の乳頭腫や局面は生検による病理組織学的検査を行う．PCRによるCPVの検出が行える場合は，健常な皮膚からもウイルスが検出される場合があることに注意が必要である[25,32]．

6 | その他(治療・予防・消毒など)

口腔内乳頭腫からの回復後は感染していた型のCPVの再感染に対する免疫が成立するだけでなく，腫瘍組織自体に対する免疫も形成されるため腫瘍が退縮する．犬や猫のワクチンは市販されていない．パピローマウイルスは環境中での抵抗性が高く，長期間感染性を保持する[25,33]．

ヘルペスウイルス科

a 分類

ヘルペスウイルス目にはヘルペスウイルス科，アロヘルペスウイルス科，マラコヘルペスウイルス科の3科から構成されている．犬および猫や，他のほ乳類家畜，家禽に感染するヘルペスウイルスはヘルペスウイルス科に含まれる．ヘルペスウイルス科はアルファヘルペスウイルス亜科，ベータヘルペスウイルス亜科，ガンマヘルペスウイルス亜科から構成される．ヘルペスウイルスは二本鎖DNAをゲノムに持つDNAウイルスであり，エンベロープを持つ．エンベロープを含む大きさは直径約200～300 nmである[34]．

b 犬ヘルペスウイルス1型

1 | 定義

犬ヘルペスウイルス1型(*Canid herpesvirus 1*: CHV-1，すなわちICTVの分類による現在の種名は*Canid alphaherpesvirus 1*)は犬ヘルペスウイルス感染症の病原体である．2017年現在，アルファヘルペスウイルス亜科のバリセロウイルス属に含まれている．アルファヘルペスウイルス亜科のウイルスは一度感染すると神経節の神経細胞や，扁桃および生殖器粘膜のリンパ組織，唾液腺などに一生涯にわたり潜伏感染し，宿主にストレスなどがかかると症状の再発やウイルスの排泄が生じる．ウイルスの増殖には温度依存性があり，37℃未満で促進される．産道や呼吸器粘膜の温度は直腸温(成犬では38.4～39.5℃)よりも低いため，ウイルスがこれらの粘膜で活発に複製され排泄される．一方，新生犬は健常でも視床下部の体温調節中枢の機能が未発達のため低体温(38℃未満)であり，ウイルスの複製が全身で生じる結果，症状が重篤となる[34-36]．

2 | 疫学

CHV-1は世界中に分布している．日本ではアフガン・ハウンドやビーグルの繁殖施設における新生犬の死亡例が報告されている[22,37]．また，基礎疾患を有する成犬において，CHV-1による呼吸器疾患が病院内で集団発生したことも報告されている[40]．

3 | 感染動物

CHV-1は犬およびイヌ科動物のみに感染する．ウイルスを含む生殖器や呼吸器分泌物から経口・経鼻的に感染し，子宮内感染も生じる．1週齢未満の新生子犬は白血球随伴性のウイルス血症(ウイルス粒子が血液中に遊離した状態ではなく，白血球に感染した状態で血液中を循環する)による致死的な全身感染を起こしやすいが，2週齢以上の犬は比較的抵抗性で，ウイルスの複製は鼻咽頭，扁桃，生殖器や呼吸器粘膜，結膜などに限定されるため，軽症または不顕性感染となる．感染した雄犬から交配時の雌犬への伝播は主要な感染経路ではないと考えられる．CHV-1は人獣共通感染症の病原体ではなく，ヒトの感染例は報告されていない[22,35,36]．

4 | 主症状

i 新生子犬の全身感染

感染例の大部分は分娩中の産道で感染する．潜伏期は3～8日であるが，感染後24時間以内に鼻口腔粘膜や咽頭の上皮細胞でウイルスが増殖し，マクロファージへの取り込みを経て，感染後3～4日後には白血球随伴性のウイルス血症となり，全身に広がる．ウイルス血症の状態では血管の内皮細胞でウイルスが増殖し，血管炎や多臓器での出血，播種性血管内凝固(DIC)などが生じる．経過は甚急性で，発症から1～2日でほぼ全例が死亡する．分娩時または分娩直後(1週齢未満)に感染し，数日の潜伏期を経るため，1～3週齢で死亡することが多く，Fading puppy syndromeと呼ばれる．1週齢未満でのCHV-1による死亡は子宮内や産道での感染が疑われる．病理組織学的には腎臓における尿細管上皮の壊死，肝臓における固有肝細胞の空胞化，リンパ組織におけるリンパ球の壊死などが認められる．核内封入体は検出できないことが多い[35,36]．

ii 3〜4週齢以降の幼齢犬の感染

一般的には軽度の呼吸器症状に留まるか不顕性感染となるが(➡p00)，他の病原体との混合感染により重篤化することがある．

iii 成犬の感染

呼吸器症状が認められることがある．雌では生殖器に病変が現れ(➡28章)，膣粘膜の充血や，点状または斑状出血が認められることがある．雄でも陰茎や包皮粘膜に同様の病変が認められる．妊娠犬では流産や死産が生じる．

5 | 病原体確認

新生犬が死亡した場合は本疾患を鑑別診断に含める．血液検査で認められる異常は非特異的であるが，DICによる顕著な血小板減少症が生じることがある．

i CHV-1の遺伝子検出

民間検査機関でPCRによるCHV-1の遺伝子検出が利用可能である．咽頭部や病変部のスワブを検体とする．ウイルスに潜伏感染しているがウイルス排泄をしていない場合は，三叉神経節や後咽頭リンパ節などからはウイルスゲノムが検出されるものの，鼻粘膜や膣粘膜のスワブ，角膜，末梢血単核球からは検出されないことが報告されている[39]．

ii CHV-1特異抗体の検出

民間検査機関でCHV-1特異抗体の検出を行っている．検体として一般的には血清および血漿が利用可能である．検査法としては免疫ペルオキシダーゼ法(immunoperoxidase: IP)や間接蛍光抗体法(IFA)，中和試験(neutralization test: NT)が使用されている．IFAではIgGおよびIgM特異的な抗体の使用により，各抗体の鑑別が可能である．有意なレベルのIgMが検出された場合はCHV-1感染の急性期であると考えられる．また，ペア血清で抗体価の有意な上昇が認められた場合にも，急性期の症状にCHV-1の感染が関与した可能性を考えることができる．感染後の中和抗体価は感染後約1〜2カ月で低値となり，2年以上持続する．CHV-1に対する抗体の検出はウイルスの潜伏感染も意味するため，繁殖やストレスのかかる環境に置かれる場合は他の犬への感染源となりうることに注意が必要である．

6 | その他(治療・予防・消毒など)

エンベロープを持つCHV-1は環境中での抵抗性は低く，大部分の消毒薬で容易に不活化されることになる．CHV-1に対するワクチンは欧州では2003年から使用されているが，日本では販売されていない．母犬の血液中に抗体があっても粘膜へのウイルス排泄が生じることがある．しかし，感染した新生子犬が発症する可能性は低いため，CHV-1抗体陽性の母犬を繁殖に供することは必ずしも避ける必要はない．一方，抗体陰性の母犬は，感染源となる抗体陽性の犬からは分娩中および分娩後6週間までは隔離する必要がある．また，新生子犬はCHV-1陽性の犬から隔離することも必要である[35,36]．

c 猫ヘルペスウイルス1型

1 | 定義

猫ヘルペスウイルス1型（*Felid herpesvirus 1*: FHV-1，ICTVの分類による現在の種名は*Felid alphaherpesvirus 1*）は猫ウイルス性鼻気管炎（FVR）の病原体である．アルファヘルペスウイルス亜科のバリセロウイルス属に含まれており，CHV-1と近縁である．FHV-1も一度感染すると生涯にわたり主に三叉神経節に潜伏感染し，宿主にストレスなどがかかると，1週間前後の期間を経て再活性化によるウイルス排泄が1〜13日間（平均7日間）にわたり生じる[23]．ウイルスの再活性化は臨床症状を伴う場合と伴わない場合がある．ウイルス株ごとに抗原性と病原性はわずかに異なるが，血清型は単一である[40,41]．

2 | 疫学

FHV-1は世界中に分布し，猫カリシウイルスと並んで猫の上部呼吸器疾患を起こす主要な病原体である．

3 | 感染動物

FHV-1はネコ科動物のみに感染し，猫が主な宿主とされている．ウイルスは眼，鼻，口腔分泌物に排泄され，主に猫同士の直接接触により眼，鼻，口腔から伝播する．感染後は主に鼻中隔，鼻甲介，鼻咽頭および扁桃で増殖する．初感染の猫からのウイルス排泄が主要な感染源であるが，ウイルスの再活性化が生じた猫からも伝播される．ウイルス排泄は感染の24時間後には生じ，1〜3週間持続する．ウイルス増殖は呼吸器に限定されるため，通常はウイルス血症とはならないが，新生子猫や衰弱した動物ではウイルス血症が生じることがある．排泄されたウイルスは乾燥に弱いため環境中での抵抗性は低い．室温での感染性維持は最長で18時間であるため，過密環境でなければ物品がウイルスに汚染されても主要な感染源とはなりにくい．ウイルスを排泄している猫との直接接触と比較すると，感染猫からのエアロゾルは飛散距離が1.5 mほどであるため，主要な伝播経路とはならない．FHV-1は人獣共通感染症の病原体ではなく，ヒトの感染例は報告されていない[40-44]．

4 | 主症状

FHV-1感染では通常は上部気道（➡p.372）および眼（➡p.537）に関連した症状が認められる．主症状は元気消失，食欲不振，くしゃみ，鼻汁，流涙，結膜炎，顔面皮膚の潰瘍を伴う皮膚炎（➡p.516）などが生じる．気管支炎や肺炎による発咳や呼吸促迫，開口呼吸となることがある．通常は10〜20日で回復するが，粘膜と鼻甲介の組織傷害が顕著な場合は慢性の細菌性鼻炎に繋がることがある．猫カリシウイルス感染症で一般的な口腔粘膜の潰瘍は，FHV-1感染では稀とされる．また，FHV-1感染により角膜炎が生じることがあり，樹枝状潰瘍性角膜炎はFHV-1感染に特徴的とされる．病理学的には鼻粘膜の潰瘍や鼻甲介の骨溶解，病変部の上皮細胞における核内封入体などが認められる[40,44].

5 | 病原体確認

i FHV-1の遺伝子検出

民間検査機関でPCRによるFHV-1の遺伝子検出が利用可能である．咽頭部や結膜のスワブなどを検体とする．ウイルスゲノムが検出された場合は，臨床症状が合致していればFVRと診断することができるが，猫カリシウイルスや*Chlamydia*など，類似の症状を呈する疾患の病原体の混合感染も考慮する必要がある．FHV-1のゲノムが検出された場合には，FHV-1が今後潜伏感染する(または現在潜伏感染している)ことを考慮する必要があり，他の猫への感染源となる可能性がある．

ii FHV-1特異抗体の検出

民間検査機関でFHV-1特異的IgMおよびIgGの検出を行っており，検体として血清や血漿を使用する．有意なレベルのIgMが検出された場合はFHV-1感染の急性期であると考えられる．また，ペア血清で抗体価の有意な上昇が認められた場合にもFVRと診断できる．単回採取の血液でIgGのみを検査しても，ワクチン接種歴がある場合にはワクチンに対する抗体である可能性が高く，ワクチン接種歴がなくても過去の感染による抗体である可能性があるため，ペア血清での検査が必要である．

6 | その他(治療・予防・消毒など)

エンベロープを持つFHV-1は環境中での抵抗性は低く，大部分の消毒薬で容易に不活化することができる．FHV-1に対する弱毒生ワクチンと不活化ワクチンが使用されている．ワクチンはFHV-1の感染や潜伏感染の成立，ストレスによる再活性化を完全には防御しないが，ウイルス排泄期間の短縮や三叉神経節に潜伏するウイルス量の減少に効果がある．再活性化の頻度への効果は明らかでない[41]．ワクチンを接種していても，潜伏感染している猫は他の猫の感染源となりうる．集団飼育環境下では換気を良好に保つことが有効である．また，飼育密度はできる限り低くする．ペットホテルのような施設ではストレスによるウイルスの再活性化が生じる可能性に注意する．

d 豚ヘルペスウイルス1型

1 | 定義

豚ヘルペスウイルス1型(*Suid herpesvirus 1*: SuHV-1，ICTVの分類による現在の種名は*Suid alphaherpesvirus 1*)は豚のオーエスキー病の病原体である．アルファヘルペスウイルス亜科のバリセロウイルス属に含まれている．SuHV-1に一度感染すると生涯にわたり主に三叉神経節などに潜伏感染し，宿主に分娩や輸送などのストレスなどがかかると再活性化によりウイルス排泄が生じる．ウイルスは37℃で10日間，25℃で40日間は活性を維持するが，乾燥や紫外線で容易に不活化する[23,45].

2 | 疫学

SuHV-1はオーエスキー病の病原体としてよく知られている．日本にも分布しているが，オーエスキー病防疫対策要領が作成されており，国内での清浄化対策が進められている．平成31年3月29日現在で野外ウイルス感染豚の飼養が確認されている浸潤県は，茨城県，群馬県，鹿児島県の3県のみとなっている．犬および猫のオーエスキー病は稀であるが，日本国内では犬のオーエスキー病が数例と，猫の症例も報告されている[23,46-48]．

3 | 感染動物

SuHV-1の自然宿主は豚であるが，牛，馬，羊，山羊，犬，猫，野生の猪やラットなども感染する．豚からのウイルスの排泄は唾液や鼻汁などから生じる．犬や猫の最も一般的な感染経路として，感染動物の肉や内臓を非加熱の状態で餌として摂取することが挙げられる．過去の報告においても，オーエスキー病を発症した犬がSuHV-1に感染した感染経路として，非加熱の豚肉および豚の内臓を給餌されたことが疑われている．犬から犬へのウイルスの伝播は生じない．SuHV-1は人獣共通感染症の病原体ではなく，ヒトの感染例は報告されていない[34,46,49]．

4 | 主症状

i 豚

豚では妊娠豚の流産が生じる．母豚からの移行抗体を持たない新生豚では死亡率が100％に達することがある．離乳後の幼齢豚では発熱や発咳のほか，筋肉の痙攣や旋回運動などの神経症状などの後に死亡する．成豚では致死率は通常は2％未満程度であり，症状は軽い．回復後に増体率の低下が生じることがある[34]．

ii 犬および猫

SuHV-1感染後の潜伏期は通常は1～6日で，ウイルスは軸索を上行し，中枢神経系に到達して瘙痒行動などの神経症状を起こす(➡p. 488)．経過は甚急性で，症状は6～96時間持続し，ほぼ全例が死亡する．流涎が症状として最も多く，神経症状としては運動失調，骨格筋の硬直，旋回運動や斜頸などの前庭症状などが生じる．犬のオーエスキー病における瘙痒行動の発現率は，米国における25症例の研究では52％と報告されている[49]．病理学的には顔面の擦過傷，消化管粘膜の潰瘍，心筋の出血，肺のうっ血などが認められる．組織検査においては脳幹部や延髄などにおける囲管性細胞浸潤，神経食現象や，神経細胞およびアストロサイトにおける好酸性の核内封入体が認められる．

5 | 病原体確認

豚のオーエスキー病の診断では，ラテックス凝集反応やELISA，中和試験，蛍光抗体法などによる抗体検出と，病理組織学的検査およびウイルス分離が行われる．一方，犬や猫では豚とは異なり利用できる検査が限られているため，診断に際しては非加熱または加熱不十分な豚の肉や内臓の給餌など，ウイルスに暴露される可能性のある事象の有無についてオーナーに確認することが重要である．

i SuHV-1の分離

中枢神経系や扁桃から培養細胞を使用してSuHV-1の分離が可能である．ウイルスの増殖はSuHV-1特異抗体を使用した蛍光抗体法により確認できる．生前診断としての唾液や咽頭部スワブなどからのウイルス分離の有用性は不明であるが，瘙痒行動の場合は病変部皮膚も使用できる可能性がある[49]．

ii SuHV-1の遺伝子検出

剖検によって得られたオーエスキー病の犬の脳からSuHV-1の遺伝子をPCRによって検出したことが報告されている．生前診断における有用性は不明であるが，瘙痒行動の病変部皮膚や扁桃スワブが使用できる可能性がある[49]．

iii SuHV-1特異抗体の検出

犬および猫においては経過が甚急性であることから抗体の検出は有用ではない．

6 | その他（治療・予防・消毒など）

犬および猫に豚や野生動物の肉や内臓を給餌する場合には，加熱して与えることが必要である．豚ではワクチンが使用されるが，犬および猫用のワクチンは市販されていない．

パルボウイルス科

a 分類

パルボウイルスはエンベロープを持たない小型のウイルスであり，直径は25 nm，ゲノムは一本鎖DNAである．パルボウイルス科には脊椎動物に感染するものを含むパルボウイルス亜科と，昆虫や他の無脊椎動物に感染するものを含むデンソウイルス亜科が含まれる．パルボウイルス亜科には現在8属が含まれており，犬パルボウイルス感染症と猫汎白血球減少症の原因ウイルスはプロトパルボウイルス属に属している．犬に感染し，犬微小ウイルスとして知られていたウイルスはボカパルボウイルス属に分類されている．パルボウイルスのゲノムの複製には細胞分裂のS期（DNA合成期）が進行している状態が必要であり，そのためパルボウイルスは細胞分裂を活発に行っている血球前駆細胞や腸管粘膜上皮の前駆細胞などへの親和性が高く，これらの組織で増殖する．また，胎子や新生子がパルボウイルスに感染した場合は症状が重篤となる[50]．

b 犬パルボウイルス2型

1 定義

犬パルボウイルス2型(*Canine parvovirus 2*: CPV-2，ICTVの分類による現在の種名は，猫汎白血球減少症ウイルスと併せて*Carnivore protoparvovirus 1*となっている)は犬パルボウイルス感染症の病原体である．本病は1978年に初めて報告され，急速に世界中に拡大した．CPV-2に対する犬血清中の抗体調査から，本ウイルスの直近の祖先ウイルスは1970年代初頭から中盤にかけて，欧州で犬への感染を拡大させたと考えられている．1978年には日本，オーストラリア，ニュージーランド，米国で犬血清中に抗体が検出され，6カ月以内で世界中に感染を拡大させたことが明らかとなっている．その原因として，本ウイルスは環境中で長期間(数カ月～1年以上)安定であること，糞便や糞便に汚染された環境および物品からの経口感染が効率よく成立すること，全世界の犬のほぼすべてが本ウイルスに感受性を持つことなどが考えられている[50,51]．CPV-2はウイルスゲノムの変異により抗原変異を起こし，1979年にはCPV-2a，1984年にはCPV-2bが発生し，2000年にはCPV-2cが発生した．現在の世界での自然感染はCPV-2a，2b，2cが主であり，原型となった初期のCPV-2は自然界から消失したと考えられている．日本ではCPV-2bがさらに変化した新型のCPV-2bが感染の主流と報告されている[52]．以下の項では指定しない限りCPV-2およびCPV-2a，CPV-2b，CPV-2cを総称してCPV-2とする．

2 疫学

CPV-2感染は日本を含む世界中で認められる．

3 感染動物

犬のほかコヨーテ，オオカミなどのイヌ科動物および猫がCPV-2に感染する．ウイルスを含む糞便や吐物，これらに汚染された物品からの経口感染が効率よく成立する．いずれの年齢の犬も感染し発症する可能性があるが，若齢犬(6週齢～6カ月齢，特に12週齢未満)は症状が重篤になる可能性が高い．なお，CPV-2a，2b，2cは猫の細胞で容易に増殖する形質を獲得しており，猫のウイルス性腸炎の一部に関与している[51,53]．CPV-2はヒトに感染しない．

4 主症状

CPV-2は犬にウイルス性腸炎を生じさせる主要なウイルスの一つであるが，他の臓器および組織への感染に基づく症状も生じる．CPV-2の標的となる主な組織は消化管，骨髄，心筋である．旧型のCPV-2感染による腸炎の潜伏期間は7～14日間であるが，CPV-2a，2b，2cによる場合は4～6日間に短縮することがある[54]．

i 消化器症状

嘔吐，下痢，血便，脱水が生じる(➡p.414)．発症後2日で死亡することがあり，原因としてグラム陰性菌による敗血症やDICが関連する．リンパ球減少症と好中球増加症が生じ，そのため総白血球数には大きな変動が生じないことがある．病理組織学的には小腸陰窩の壊死が認められる．病変部上皮細胞や上部消化管の扁平上皮細胞に核内封入体が認められることがある．リンパ系組織(パイエル板，脾臓，リンパ節など)の壊死が生じる．

ii 心筋炎

CPV-2による心筋炎(➡p.389)は子宮内感染や出生後6週齢未満の感染により生じる．通常はすべての同腹子が罹患する．心臓に関連した症状を示さず下痢を排泄して死亡する場合や，下痢から回復して数週間～数カ月後にうっ血性心不全によって死亡することなどがある．剖検では心臓に淡青色の線状病変が認められ，組織学的にはリンパ球や形質細胞の浸潤を伴う非化膿性の炎症病変が観察される．

iii 神経症状

DICによる中枢神経系での出血および低血糖，敗血症，酸塩基平衡の異常により神経症状が生じることがある．猫汎白血球減少症で生じる幼齢猫の小脳形成不全は犬のCPV-2感染では一般的ではない．

iv 皮膚症状

CPV-2に感染した犬における多形紅斑が報告されている[55,56]．肉球部，口腔や膣粘膜などに水疱やびらんが生じる．病変部には免疫組織化学でCPV-2が検出される．

5 病原体確認

CPV-2の抗原および遺伝子の検出と，CPV-2特異抗体の検出の両方が使用されている．

i 糞便中CPV-2の抗原検出

金コロイドや酵素を標識した抗体によるイムノクロマト法が院内の診断キットとして使用されている[57]．いずれもCPV-2のバリアント(CPV-2a，2b，2c)に対する検出率は同程度とされている．検出の特異性は高いが，感度については注意が必要である．その理由として，本ウイルスの排泄が感染後一過性であり，自然感染の10～12日後には本検査法で検出されなくなること，ウイルス排泄が間欠的となっている場合があること，感染後早期に産生された抗体によりウイルス抗原がマスクされ，本検査で検出できなくなる場合があることなどが挙げられている．したがって，本検査結果が陰性であっても，特に感染後10日以上経過している場合は本ウイルスの感染を除外することはできない．一方，CPVのワクチンを接種した場合には，4～8日後に偽陽性の結果が認められることがある[54]．

ii CPV-2の遺伝子検出

糞便から抽出したDNAを使用したPCRおよび定量的PCRが民間検査機関で使用されている．CPV-2抗原検査キットで陰性の結果となってもCPV-2感染が疑われる場合の追加検査としても有用である．しかし，消化器症状を示していない犬や，慢性の下痢を呈する犬においてもCPV-2

の遺伝子が検出されることがある[51]．したがって，結果の解釈には臨床症状と検査結果が合致するかどうかを検討し，他の検査も併用することが望ましい．

iii 抗体検出

中和試験，赤血球凝集抑制試験や，蛍光抗体法，ELISAによるIgM，IgGの測定が民間検査機関に依頼可能である．幼齢犬における移行抗体や，ワクチンによる免疫の賦与の評価には抗体検出が有用である．一方，CPV-2感染の診断は抗原や遺伝子の検出による病原診断が第一選択であり，抗体検出は補助的である．単回採取の血清ではIgMの検出を除き，過去の感染による抗体や移行抗体との区別が困難であるため，ペア血清による評価が重要である．

6 | その他（治療・予防・消毒など）

CPV-2の自然感染から回復した幼齢犬に成立した免疫は，少なくとも20カ月，おそらく一生涯にわたり有効である．弱毒生ワクチンがコアワクチンとして使用されている．移行抗体による干渉が無ければ，接種後早ければ3日目から抗体が検出でき防御効果が得られる．しかし，妊娠犬では弱毒生ワクチン株が発育中の胎子に垂直感染し，病原性を発揮することがある．そのため妊娠犬に対してはCPV-2の弱毒生ワクチンは原則として使用しない．

CPV-2に感染し，発症後のウイルス排泄は4～5日と短期間ではあるが，CPV-2は環境中での抵抗性が高いために，病原体の拡散防止と有効な消毒薬による消毒が必要である（➡p.756）．CPV-2の消毒には次亜塩素酸ナトリウムが有効で，市販の漂白剤（次亜塩素酸ナトリウムとして約5～6％の濃度）を水で30倍希釈して使用する．対象物を本薬剤に10分以上浸漬することが必要である．ペルオキソ一硫酸カリウムを主成分とする消毒薬（ビルコン®Sなど）も，パルボウイルスに対して次亜塩素酸に近い有効性が示されている[54]．次亜塩素酸ナトリウムにより腐食する物品には煮沸や蒸気による消毒を使用するが，CPV-2では70℃で30分処置しても活性は維持される[51]．

幼齢犬をシェルターに導入する場合の検疫期間は，ウイルス排泄が稀に10日間を超えることがあるため14日間が推奨されている．

c 猫汎白血球減少症ウイルス

1 | 定義

猫汎白血球減少症ウイルス（*Feline panleukopeniavirus*: FPLV，ICTVの分類による現在の種名はCPV-2と統合され*Carnivore protoparvovirus 1*）は，CPV-2と遺伝学的に近縁のウイルスである．しかし，CPV-2は1970年代に発生したウイルスであるのに対し，FPLVは1920年代からその存在が知られている．環境中での安定性が非常に高く，固体に有機物とともに付着した場合，室温で1年間感染性を維持することができる．また，56℃で30分の加熱にも抵抗性である[53]．

2 | 疫学

日本を含む世界中で感染が認められる．その理由として環境中でのウイルスの安定性が高いこと，個体間の伝染性が強いことなどが挙げられる．ワクチン未接種の幼齢猫における移行抗体の有効性は最長約3カ月である．ほぼすべての猫が生後1年以内にFPLVに暴露されるが，ワクチン未接種の1歳未満の健常猫の75％がFPLVに対する抗体を保有していることから，感染の大部分は不顕性と考えられる．CPV-2と同様に，ウイルスを含む糞便や，糞便に汚染された物品から経口感染する．ヒトの手指や衣服，靴などもウイルスに汚染された場合は感染源となる．糞便からのウイルス排泄は通常は1日～数日で終息する．しかし，ウイルスは環境中で安定であることから，汚染物品が主な感染源となる[53,58]．

3 | 感染動物

FPLVは猫のほか，野生のネコ科動物，アライグマ，キツネ，ミンクなどに臨床症状を伴う感染を生じさせるほか，フェレットにも感染するが不顕性である．犬へのFPLVの実験感染ではリンパ組織のみで増殖し，消化管組織には感染しないため，糞便へのウイルス排泄は生じない[53,58]．

4 | 主症状

FPLVも細胞増殖の活発な骨髄や消化管上皮の陰窩，リンパ組織(胸腺，脾臓，パイエル板など)が主要な感染組織となる．また，出生前後の時期の小脳においても活発な細胞増殖があるためFPLVの感染が生じる．臨床症状を伴う猫汎白血球減少症は1歳未満の猫に最も多いが，ワクチン未接種であったり，ワクチンブレイクが生じたりした場合には，いずれの年齢の猫でも本病が発生する可能性がある．

潜伏期は2～10日で，甚急性の経過の場合には明確な前駆症状を示さず死亡する．幼齢猫や成猫の感染では発熱，嘔吐，下痢などの消化器症状が生じる(➡p.416)．白血球減少症は本疾病を発症した猫の約65％に認められると報告されている[53,59]．死亡する場合の原因は通常は脱水や電解質平衡の異常，低血糖，出血，敗血症などである．

垂直感染が胎子の発生の早期に生じた場合は胎子死，流産などが生じる．分娩前2週間の胎子および分娩後2週間の新生子に感染が生じた場合は，この時期に活発に増殖する小脳の外顆粒層の細胞に感染し，これらの細胞から発生するプルキンエ細胞や内顆粒層の細胞の発生の阻害が生じ，その結果小脳形成不全による運動失調が発生する[50,53](➡p.492)．

犬における心筋細胞へのCPV-2感染とは異なり，猫のFPLV感染による心臓に関連した症状については明確ではない．しかし，心筋症を持つ31匹の猫のうち，10匹の心筋組織からFPLVのDNAが検出され，17匹の健常猫の心筋組織からは検出されなかったことが報告されている．そのため，猫の心筋症へのFPLVの関与は今後研究する必要があると考えられる[53,58,60]．

5 | 病原体確認

FPLVの抗原および遺伝子の検出と特異抗体の検出の両方が使用される．なお，CPV-2a，2b，2cは猫へも感染性があり，日本では1996年から2002年の間に採取された猫の糞便から分離された99株のパルボウイルスの内，96株(97.0％)がFPLVであり，3株(3.0％)はCPV-2bであったことが報告されている[61]．したがって，猫汎白血球減少症を疑う場合は，FPLVに特異性の高い検査結果が陰性であった場合には，これらのCPVの感染も疑う必要がある．

i 糞便中FPLVの抗原検出

CPV-2用の院内検査キットでFPLVが検出可能とされているが，特に感度については検討が必要である．また，糞便からのウイルス排泄が短期間であることに留意する必要があり，抗原が検出されない場合の本疾患の除外には注意を要する[53,58,62,63]．

ii FPLVの遺伝子検出

糞便や血液を検体としたPCRおよび定量的PCRが民間検査機関に依頼可能である．FPLVをCPV-2と鑑別可能な検査系も提供されている．抗原検査キットよりもウイルスを長期間検出できるとされる．陽性の場合は，解釈に本疾患に合致する症状や血液検査所見，弱毒生ワクチン接種の有無を考慮に入れる．

iii 抗体検出

CPV-2感染と同様に抗体検査は補助的である．中和試験，赤血球凝集抑制試験や，蛍光抗体法，ELISAによるIgM，IgGの測定が民間検査機関に依頼可能である．

6 | その他(治療・予防・消毒など)

CPV-2と同様に，次亜塩素酸ナトリウムやそれと同等の効力の消毒薬，煮沸や蒸気など加熱により汚染物品や環境の消毒を徹底する．

FPLVの不活化ワクチンおよび弱毒生ワクチンが販売されており，コアワクチンとして使用される．初乳未摂取の新生猫や妊娠中の猫にワクチンを接種する必要がある場合は不活化ワクチンを使用する．生ワクチンでは小脳形成不全や胎子への影響が生じる可能性がある．また，免疫不全状態の猫にも不活化ワクチンを使用する．

FPLVのワクチンによりCPV-2の予防ができると報告されているが，一方でFPLVのワクチン接種済みの猫がCPV-2aやCPV-2cに感染し，発症後死亡した例も報告されている[53,64-66]．したがってFPLVのワクチンはいずれのCPV-2株の感染に対して予防できるわけではないことに注意する必要がある．

過去にFPLV感染があった環境に猫を導入する場合は，必ずワクチン接種，あるいはFPLVに対する抗体を保有していることを確認してから行う．

d 犬パルボウイルス1型

1 | 定義

犬パルボウイルス1型(*Canine parvovirus 1*: CPV-1，*Canine bocavirus 1*，ICTVの分類による現在の種名は，*Carnivore bocaparvovirus 1*)は，犬微小ウイルス(Minute virus of canines，Canine minute virus)として知られている．1967年に健常犬の糞便から分離された．遺伝学的には牛パルボウイルスに最も近縁である．CPV-2とは宿主域，赤血球凝集性，抗原性，ウイルスゲノムの構造が異なる[54]．

2 | 疫学

世界中で感染が認められ，日本でもウイルスが分離されている[54,67,68].

3 | 感染動物

CPV-1の宿主となることが証明されている動物は犬のみである.

4 | 主症状

CPV-1の病原性はCPV-2と比較し不明な点が多い．本ウイルスによる疾患は通常は3週齢未満の幼齢犬のみに認められる．主症状は5〜21日齢の犬における腸炎，肺炎，心筋炎，リンパ節炎とされ，嘔吐や下痢，呼吸困難，突然死などが生じる．妊娠犬が感染すると胎子に垂直感染し，胎子が死亡することがある[50,54].

5 | 病原体確認

CPV-1感染は軽度の下痢を呈する幼齢犬でCPV-2は陰性の場合，胎子に原因不明の異常や流産が生じた場合，新生犬の死亡が生じた場合などに，鑑別診断の一つとして考慮する必要がある．しかし，抗原性が異なるために，CPV-2を対象とした血清診断法や糞便からのウイルス抗原の検出キットでは検出して診断することができない．ほとんどの民間検査機関ではCPV-1の検査を行っていないので，確定診断は多くの場合研究機関に限られる.

6 | その他（治療・予防・消毒など）

CPV-1と同様に，次亜塩素酸ナトリウムによる消毒を行う．ワクチンは販売されていない.

ポックスウイルス科

a 分類

ポックスウイルス科は二本鎖DNAをゲノムとして持つ大型のウイルスである．ヒトを含む脊椎動物に感染するウイルスを含むコードポックスウイルス亜科と，昆虫に感染するウイルスを含むエントモポックスウイルス亜科の二亜科に分類される．ウイルス表面にエンベロープを持つ．多くの属のウイルスはレンガ状の形状であり，表面に不規則な突起物が認められ，長さ220〜450 nm×幅140〜260 nmである．一方，コードポックスウイルス亜科に含まれるパラポックスウイルス属のウイルスの表面には，本ウイルス属の形態が「竹かご状」などと形容される原因となる，紐状の構造物が認められ，長さ250〜300 × 幅160〜190 nmである.

ポックスウイルスの宿主域は狭いもの（天然痘ウイルス，ラクダのラクダポックスウイルスなど）も，広いもの（ワクシニアウイルス，牛痘ウイルス，猿痘ウイルス，オルフウイルスなど）も存在する．猫のポックスウイルス感染症には牛痘ウイルスの感染の報告が多い．少数であるがアライグマのポックスウイルスや，パラポックスウイルス感染の報告も認められる．犬のポックスウイルス感染症の報告も認められるが，猫よりも少数である[69,70]．

b 牛痘ウイルス

1 定義

牛痘ウイルスはオルソポックスウイルス属に属しており，この属の中では最もゲノムサイズが大きい．オルソポックスウイルス属のウイルスは遺伝学的にも抗原的にも近縁であるため，この属に含まれるワクシニアウイルスがすべてのオルソポックスウイルス属のウイルスに対する免疫賦与に使用することができる[71]．

2 疫学

牛痘ウイルスの分布は欧州およびアジアに限定されている．日本では牛痘様のウイルスによる牛の牛痘の集団発生が1960年代に報告されている[72,73]．しかし，以後は他の動物種を含め発生の報告がない．

3 感染動物

牛のほかヒトを含む多数の動物種に感染する．牛における牛痘の発生は稀であり，一部の地域で地方病として発生している[70]．猫における牛痘ウイルス感染は1978年に英国で初めて報告された[73]．

これまでに多数の動物種における牛痘ウイルス感染が報告されているが，本ウイルスの自然宿主はげっ歯類であり，ハタネズミの他，アカネズミ，ヤチネズミ，スナネズミなどが挙げられ，げっ歯類の中で感染環が形成されウイルスが維持されている．その他の動物はこれらのげっ歯類から直接，間接的に感染する．猫のポックスウイルス感染症は季節と関係があり，夏から秋にかけての発生が多い．これは本ウイルスの自然宿主となるげっ歯類の繁殖季節であるため，猫の餌となるネズミの密度が高まり，接触の機会が増すためである[51,69,70]．

4 主症状

典型的な猫の牛痘ウイルス感染症では，ウイルスに感染したげっ歯類を捕食する際に受ける咬傷部位(主に頭部)からウイルスが侵入する．咬傷部位に発生した病変部のグルーミングによりウイルスの感染が前肢や耳に拡大する[75]．また，猫では牛痘ウイルスが単球やマクロファージ内で複製し，血行性やリンパ行性に全身に拡散するため，全身症状を呈することがある．このため，初感染部位以外の遠隔部位の皮膚や肺などの臓器にも病変が形成され，致死的となることがある．初期に単一の丘疹が発生し，最大で直径1 cm程度の潰瘍を形成する．発熱や元気消失が数日続き，1～3週間以内に多発性の皮膚病変が出現する．猫ではアライグマのポックスウイルスやパラポックスウイルスの感染が報告されているが少数例である．犬の牛痘ウイルス感染は猫よりも報告が少なく，病変も限定的であり，全身症状の重篤度も猫より低い[69,71]．

5 | 病原体確認

野生げっ歯類と接触がある猫や犬では，潰瘍を伴う皮膚病変は牛痘ウイルスによる感染症を鑑別診断に含める必要がある．多くの症例では病理組織学的に診断され，表皮の肥厚や細胞質内封入体が認められる．また，ウイルス分離，PCRや電子顕微鏡によるポックスウイルスの検出も使用される．

6 | その他（治療・予防・消毒など）

牛痘ウイルスはヒトにも感染するが，多くの場合は手指や顔面の皮膚病変，局所のリンパ節の腫脹，インフルエンザ様の症状などである．ヒトの牛痘罹患例の多くは本ウイルスに感染した猫との接触（咬傷や爪による創傷）による．ポックスウイルスは環境中での抵抗性が高く，皮膚病変治癒後の痂皮や乾燥環境中では数カ月から数年にわたり感染性を保持するが，次亜塩素酸によって容易に失活する[69,71]．

カリシウイルス科

a 分類

カリシウイルスはプラス一本鎖RNAウイルスである．ベシウイルス属，ラゴウイルス属，ネボウイルス属，サポウイルス属，ノロウイルス属の5属に分類される．
犬猫の感染症で知られるのは猫カリシウイルスおよび犬カリシウイルスで，どちらもベシウイルス属に属する（**図20-1**）．

b 猫カリシウイルス

1 | 定義

カリシウイルス科ベシウイルス属に属するRNAウイルスで，猫カリシウイルス感染症の病原体である．ウイルスゲノムはプラス一本鎖RNAで，エンベロープはなく，ウイルス粒子は直径27〜40 nmの球形正20面体からなる．細胞質内で増殖し，感染細胞内にはゲノムサイズの一本鎖RNAとサブゲノムサイズのウイルス特異的mRNAが検出される．

2 | 疫学

世界中で発生が認められる．

3 | 感染動物

猫に感染する．伝播力が非常に強く，感染は罹患猫の分泌物中ウイルスの経口，あるいは経鼻感染が成立するが，汚染器具やヒトを介した間接的感染も起こりうる（特に強毒全身性猫カリシウイルスの場合，下記参照）．12週齢以下，特に4〜8週齢の若齢猫が感染しやすく，症状も重篤化しやすい．感染から回復した猫や不顕性感染の猫も数週から数カ月，時には終生ウイルスを排出するキャリアとなる．排出されたウイルスは常温で環境中に1カ月以上，低温であればさらに長期間感染力を

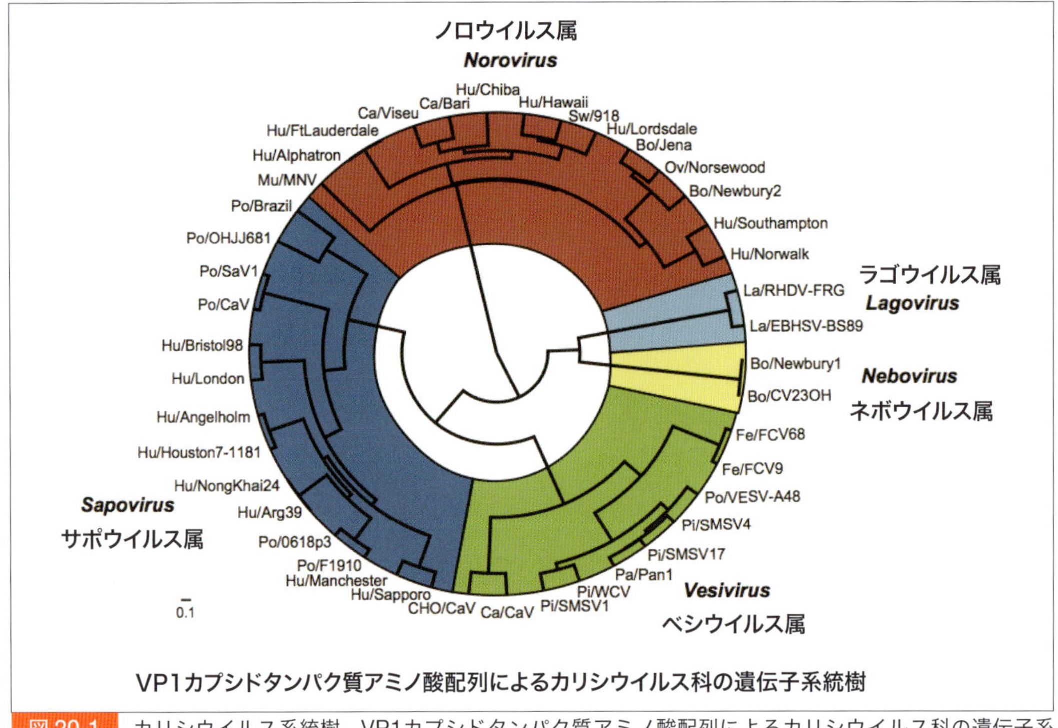

図 20-1 カリシウイルス系統樹．VP1カプシドタンパク質アミノ酸配列によるカリシウイルス科の遺伝子系統樹．

保持する．ウイルスの変異が激しく，一度感染しても別の株に対する防御免疫が誘導されないため，何度でも異なる株に感染する．多頭飼育が感染のリスク因子である．

4 | 主症状

数日の潜伏期の後，元気消失，発熱，くしゃみ，鼻汁漏出，流涙を含む一般的呼吸器症状を起こし(➡p.373)，さらに舌や口腔内に水疱や潰瘍が頻発し(➡35章)，肺炎や跛行をきたすことがある．臨床症状からの猫ウイルス性鼻気管炎や猫のクラミジア症との鑑別診断は，混合感染もあるため困難なことが多い．ウイルス血症は稀であり，二次感染がない場合は，1週間程度で回復し始め，2〜3週間で治癒する．近年，より病原性が強く全身感染を引き起こす強毒全身性猫カリシウイルス(virulent systemic FCV, VS-FCV)の散発的流行が米国と欧州で報告されており，50 %以上という高い致死率と，浮腫，脱毛，頭部や下肢の潰瘍，肝炎，膵炎，黄疸などの全身症状のような，従来の猫カリシウイルス感染症ではみられない特徴を有している．国内においても，警戒すべき新興感染症と考えられる．

5 | 病原体確認

感染猫の分泌物や咽頭拭い液を培養細胞に接種し，CPEを指標にウイルス分離を行い，特異抗体を用いた蛍光抗体法や中和テストなどの血清反応で同定する．口腔拭い液，血液，皮膚病変，肺組織などからRT-PCRによるウイルスRNAの検出も可能であるが，遺伝子変異により，検出されない場合を考慮するべきである．ウイルス中和試験やELISAによる血清診断も可能であるが，多くの猫がワクチン接種や自然感染しているため抗体陽性であるため，ペア血清による特異抗体の上昇の証明が必要である．また，抗原性の株間の違いにより，検出ができないことがある．

6 | その他（治療・予防・消毒など）

弱毒生ワクチンあるいは不活化ワクチンが猫ウイルス性鼻気管炎や猫汎白血球減少症に対するワクチンとの混合ワクチンとして用いられている．6〜8週目での初回接種，3〜4週間隔で16〜18週目までのワクチン接種と1年後の追加免疫，その後3年ごとの追加接種が推奨される．本病ワクチンは，臨床症状を抑制する防御能は付与できるものの，ウイルス感染は防御できない．すべての野外株に有効なワクチンは今のところないが，野外株の多用な抗原性に対応し，より広い免疫原性を付与するために，これまでのワクチン株に異なる抗原性のワクチン株を追加したワクチンも用いられている．

感染猫が排出したウイルスは環境中で非常に耐性であり長く活性を保ち，約1カ月間感染性を有している．また，多くの消毒薬への高い抵抗性を示すので消毒は慎重に行う必要がある．0.1％次亜塩素酸ナトリウムは消毒に有効である．

c 犬カリシウイルス

犬の下痢便および生殖器より，複数のカリシウイルスが分離されており，抗原性が異なっていることが報告されている．下痢便由来ウイルスはベシウイルス属に含まれることが分かっているが，現時点では病原性に関しては不明な点が多い．

コロナウイルス科

a 分類

コロナウイルスはRNAウイルスであり，コロナウイルス亜科およびトロウイルス亜科に分けられる．コロナウイルス亜科にはアルファコロナウイルス属を含む4属，トロウイルス亜科は2属と属未定のウイルス種を含む（**表20-1**）．

コロナウイルス科のうち，小動物臨床に関わりが深いのは猫コロナウイルス，犬コロナウイルスであり，どちらもアルファコロナウイルス属に属する．

表20-1 コロナウイルスの分類

コロナウイルス科	コロナウイルス亜科	アルファコロナウイルス属 ベータコロナウイルス属 デルタコロナウイルス属 ガンマコロナウイルス属
	トロウイルス亜科	バフィニウイルス属 トロウイルス属 属未定

b 猫コロナウイルス（猫伝染性腹膜炎ウイルス／猫腸コロナウイルス）

1 各病原体の定義

猫コロナウイルスは，コロナウイルス科コロナウイルス亜科アルファコロナウイルス属に分類されるRNAウイルスであり，猫伝染性腹膜炎（FIP）を引き起こすFIPウイルス（feline infectious peritonitis virus: FIPV）と，軽度の腸炎を引き起こす猫腸コロナウイルス（feline enteric coronavirus: FECV）がある．FIPVとFECVは遺伝的にも抗原的にも区別困難な類似ウイルスであり，両者の違いは猫に対する病原性のみである．FECVが突然変異でFIPの病原性を獲得する可能性も報告されている一方で，FIPVとFECVは，病原性の幅が広い一つの猫コロナウイルス（FCoV）と考えるべきであるという指摘もある．両ウイルスはともに1型，2型の血清型に分けられる．

ウイルスゲノムはプラス一本鎖RNAでエンベロープを有する．ウイルス粒子は100〜120 nmの球形であり，表面に長さ20 nmのスパイクタンパク質が存在し，電顕写真において，その特徴的な王冠様突起が太陽のコロナに似ていることからコロナウイルスと命名された．

2 疫学

世界中に分布している．野外では病原性の弱い1型のFECVが優勢である．日本では約20％の猫がFIPVあるいはFECVに対する抗体を保有しているが，症状を伴うFIPの発生頻度は一般に低く（1％以下）であり，FIPの発症率は不明である．一般的に多頭飼育の環境では発症率が高く，純血種は雑種よりも抗体陽性率が高く，感受性が高いとされている．猫白血病ウイルスや猫免疫不全ウイルスなどとの混合感染による免疫抑制もFIPの発症率を高める原因となる．

3 感染動物

猫およびその他のネコ科動物に感染する．

FIPVは糞尿，口腔および鼻腔分泌液中に，FECVは主に糞便中に排泄され，両者ともに経口・経鼻感染によって体内に侵入する．

FIPVの主要標的細胞はマクロファージであり，細胞質内で複製して大量のウイルスが放出される．一部の感染マクロファージは血流を介して肝臓・脾臓・内臓リンパ節に感染病巣を形成し，さらに他臓器へと波及する．

FECVは腸細胞のみで増殖し，軽度の下痢や無症候性感染を起こす．

4 主症状

i FIP

感染初期には発熱，食欲不振，嘔吐，下痢，体重減少などの症状を呈し，病勢の進行に伴ってFIPを発症する（➡p.429）．病型は滲出型（wet型）と非滲出型（dry型）に分かれる．滲出型は，線維素性腹膜炎・胸膜炎と腹水・胸水の貯留を示し，腹水貯留による腹部膨満，胸水貯留による呼吸困難がみられ，40℃を超える発熱，食欲不振，元気消失，体重減少を呈する．非滲出型は各臓器における多発性化膿性肉芽腫形成を特徴とし，多少の変動を伴う不安定な発熱，体重減少と衰弱がみられ，さらに中枢神経疾患をきたす場合，後躯運動障害や痙攣を示す(➡p.489)．また，角膜浮腫，ぶどう膜炎，脈絡網膜炎などの眼病変を起こすこともある(➡p.553)．

ii FECV感染症

特に4～12週齢の幼若猫に，下痢を伴う腸炎を起こすことがあり，この際，嘔吐，軽い発熱，食欲不振，元気消失を伴うこともある(➡p.416)．

5 | 病原体確認

- 生研材料を用いた病理組織学的検査
- 血液検査所見(リンパ球減少，好中球比率増加，高グロブリン血症)
- 滲出液の検査
- ウイルス分離(2型は培養細胞でよく増殖)
- RT-PCRによる遺伝子検出
- 蛍光抗体法やELISAを用いた抗体検出(FIPVとFECVが抗原的に交差するため抗体価だけでFIPと診断はできない)

6 | その他(治療・予防・消毒など)

米国では生ワクチンが使用されているが，抗体依存性の感染増強作用のため，安全性と有効性に関して評価が定まっておらず，日本では用いられていない．

適切な管理で猫コロナウイルスの排除は可能である．感染猫から生まれた子猫は移行抗体が無効になる出生後6週前に母親から引き離して管理する．

ウイルス自体は宿主体外で比較的不安定であり，クロルヘキシジン，アルコール，家庭用漂白剤で不活化できる．

c 犬コロナウイルス

1 | 定義

犬コロナウイルスは，コロナウイルス科コロナウイルス亜科アルファコロナウイルス属に属し，犬コロナウイルス症の病原体である．ウイルスゲノムはプラス一本鎖RNAであり，エンベロープを有する．

2 | 疫学

世界中に分布

3 | 感染動物

犬およびイヌ科動物に感染する．

糞便を介した経口感染で伝播し，標的細胞である小腸絨毛細胞に侵入して下痢を引き起こす．ウイルスは感染回復あるいは不顕性感染の犬から2週間以上にわたり排出され，感染源となる．

4 | 主症状

嘔吐，下痢．特に幼犬では症状が重篤となる(➡p.416)．下痢は感染後1～4日にみられ，粥状の軟便から水様便にわたり，悪臭が強い．多くは約1週間で回復し，単独感染での死亡率は低い．また，臨床症状を示さず不顕性感染となる場合も多い．犬パルボウイルスとの混合感染で重篤化する．

5 | 病原体確認

- RT-PCRによる糞便中のウイルスゲノム検出
- 蛍光抗体法による腸上皮細胞中のウイルス抗原検出
- 犬腎細胞や猫由来株化細胞を用いたウイルス分離
- ペア血清を用いたウイルス中和抗体の検出

6 | その他(治療・予防・消毒など)

犬ジステンパーなどとの混合ワクチンとして不活化ワクチンおよび弱毒生ワクチンが使用されている．犬舎の消毒などの衛生管理面での予防も重要である．有機溶媒，界面活性剤によって消毒される．

d 犬呼吸器コロナウイルス

1 | 定義

犬呼吸器コロナウイルスはコロナウイルス科コロナウイルス亜科ベータコロナウイルス属に分類されるRNAウイルスで，犬呼吸器コロナウイルス症の病原体である．エンベロープを持つ．

2 | 疫学

2003年に初めて報告されたウイルスで，英国，アイルランド，イタリア，米国，カナダ，日本などで報告があり，世界各国に広がっていると考えられる．

3 | 感染動物

犬に感染する．

4 | 主症状

犬の感染性呼吸器症候群(ケンネルコフ)の原因の一つである．他の病原体との混合感染において，咳，鼻汁などの呼吸器症状を起こすことが知られている．混合感染では，犬パラインフルエンザウイルスとボルデテラ(*Bordetella bronchiseptica*)の頻度が最も多い．

5 | 病原体確認

口腔咽頭または鼻腔のスワブを用いたRT-PCRによるスパイク遺伝子または血球凝集素エステラーゼ遺伝子の検出

6｜その他（治療・予防・消毒など）

ワクチンはない．集団飼養施設に導入された犬に流行するため，集団飼養施設の衛生管理が重要である．脂溶性有機溶媒や界面活性剤により不活化される．

ラブドウイルス科

a 分類

ラブドウイルスはマイナス一本鎖のRNAウイルスであり，2018年7月現在，18属と属未定ウイルスに分類されており，公衆衛生と家畜衛生において重要な病原体である狂犬病ウイルス（rabies virus）が含まれるリッサウイルス属を含む．

b 狂犬病ウイルス

1｜病原体の定義

狂犬病ウイルスはラブドウイルス科リッサウイルス属に属するRNAウイルスであり，感染したほ乳動物やヒトにおいて，狂犬病を発症する．ウイルスゲノムはマイナス一本鎖RNAであり，ウイルス粒子は特徴的な弾丸状の形態をとり，円筒の長さは180 nm，直径は75～80 nmであり，細胞質内で増殖してネグリ小体と呼ばれる細胞質内封入体を形成する．エンベロープを持っているため，アルコールなどの有機溶剤で容易に失活し，熱や紫外線によっても失活する．

2｜疫学

ほぼ世界中で発生がみられるが，特に中国と東アジア，アフリカ中部の人において死亡者が多い（**図20-2**）．CDCの発表では，世界中で59,000人が狂犬病により死亡している．1957年以降，日本ではヒト，犬，他の動物を含めた発生例はないが（➡p.719），ヒトにおける輸入感染例として，1970年ネパールからの帰国者1名，2006年フィリピンからの帰国者2名の発病・死亡者が確認されている．

3｜感染動物（犬，猫）

犬，猫，ヒトを含め，すべてのほ乳類に感染する．感染動物が咬傷を与えた際，唾液に含まれるウイルスが傷口から侵入し感染する．感染後ウイルスは末梢神経から軸索を中枢神経系に移動する．ウイルスは脊髄および脳に到達して活発に増殖するが，その後，神経経路を移動して唾液腺を含む全身臓器に移動し唾液中に大量のウイルスが排出される．

狂犬病犠牲者の99％以上が犬による咬傷により感染しており，犬が最も重要な感染源であるが，レゼルボア（病原巣）は，発展途上国では主に犬であるのに対し，先進国では食肉目（キツネ，タヌキ，アライグマ，スカンク，マングース，コヨーテ，オオカミなど）や翼手目（各種コウモリ）などの野生動物の間でウイルスが維持されており，これがヒトや家畜への感染源となる．

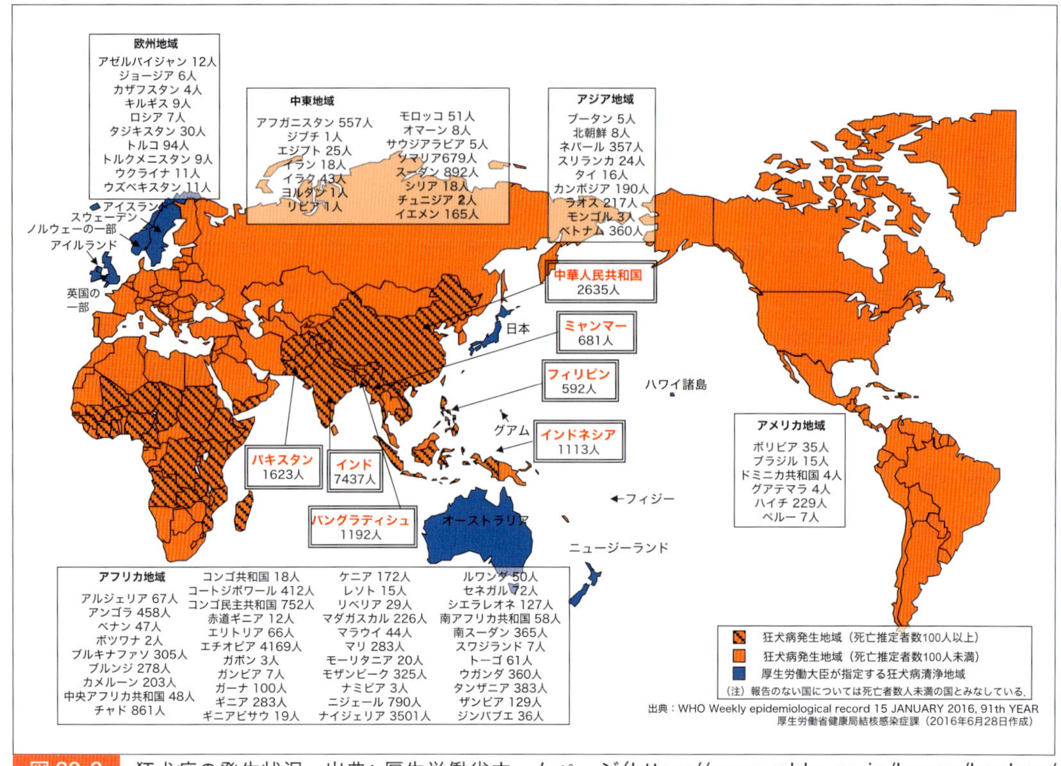

図 20-2　狂犬病の発生状況．出典：厚生労働省ホームページ（https://www.mhlw.go.jp/bunya/kenkou/kekkaku-kansenshou10/）

4 | 主症状

動物とヒトにおいて同様の症状が発現する．1週間～数カ月（平均1カ月）の潜伏期の後，初期には，非特異的な症状（食欲不振，発熱，嘔吐，下痢など）を示すが，やがて，流延，下顎下垂とともに，知覚過敏，興奮，痙攣，運動障害などの神経症状（狂躁型）が顕著になり（➡ p.485），攻撃行動もみられるため，この際に唾液中のウイルスによる創傷感染の原因となる．数日間の神経症状の後，沈うつや昏睡を主徴とする麻酔期を経て，発症後7～10日目に死亡する．感染動物の20％は上記の狂躁型を示さない麻痺型を示すが，病型にかかわらず，発症動物はほぼ100％死亡する．

5 | 病原体確認

潜伏期を含む生前診断は確立されていない．発症動物の殺処分後，脳組織を診断に用いる．下記の方法が用いられる．

- 脳組織塗抹標本を用いた，直接蛍光抗体法によるウイルス抗原検出
- 脳組織乳剤のウイルス遺伝子のRT-PCRによる検出
- 脳組織乳剤のマウスや培養神経細胞への接種によるウイルス分離，あるいは，分離後ウイルス抗原の直接蛍光抗体法による検出
- 感染動物の脳細胞における好酸性の細胞質内封入体（ネグリ小体）の検出（➡ p.91）は，感度と特異

性が低いため，現在は確定診断には用いない．

6 | その他（治療・予防・消毒など）

ワクチン接種が唯一の予防法である．ヒトや動物には不活化ワクチンが使用される．日本では狂犬病予防法により，年1回の予防接種が義務付けられている．海外では，野生動物に対し，弱毒の生ワクチンや，ウイルスタンパク質組換えワクシニアウイルスなどの経口生ワクチンが使用されている．

ウイルス自体はエンベロープを持つため，アルコールなどの有機溶剤で容易に失活し，熱や紫外線によっても失活する．

パラミクソウイルス科

a 分類

パラミクソウイルス科はマイナス一本鎖RNAウイルスであり，2018年7月現在，7属に分類されている．かつてパラミクソウイルス科に属していたニューモウイルス亜科は，現在，ニューモウイルス科として別の科に分類されている．

b 犬ジステンパーウイルス

1 | 各病原体の定義

犬ジステンパーウイルス（CDV）は，パラミクソウイルス科のモルビリウイルス属に属しているRNAウイルスで，犬ジステンパーの病原体である．ウイルスゲノムはマイナス一本鎖RNAで，エンベロープを持ち，ビリオンは直径150〜200nmの球形ないし多形性の形態を取る．エンベロープ上には2種のスパイク様糖タンパクが配列する．細胞質内で増殖する．熱に弱く，クロロホルム，エーテル，フェノール，脂質溶解性の消毒薬により失活する．

2 | 疫学

全世界に分布している．世界的なワクチンの普及に伴い，飼い犬での発生数は激減したが，その後も，散発的な流行の発生がみられている．犬以外に，タヌキ，アライグマなどの野生動物でも流行し，感染が維持されている．また，以前は自然宿主とみられていなかったライオンやアザラシなどにも流行が発生し，宿主域が広がっている．

3 | 感染動物

イヌ科，イタチ科，アライグマ科を含む，食肉目の動物に感染する．フェレットは高感受性である（➡p.640）．ライオンやチーターなどのネコ科，アザラシなどの動物にも感染する．ヒトには感染しない．ウイルスは感染動物の鼻汁，唾液，眼分泌液，血液，尿に排出され，尿中に長期間排出される．感染経路は感染動物との直接の接触，分泌物，排出物との接触，飛沫の吸入による．感染力は非常に強いが，ウイルスは排出後，長時間は生存しないため，流行が起こる際の動物の密度が，感染効率を決定する重要な因子となる.

4 | 主症状

感染後3～7日に発熱があり，数日後または断続的に発熱する，二峰性発熱を特徴とする．鼻汁漏出，くしゃみ，結膜炎，食欲減退，内股部の発疹，白血球減少を示す．これらに続き，消化器(➡p.415)および呼吸器症状(➡p.375)が起こり，血様下痢や削痩が起こる．リンパ球の減少による細菌などの二次感染は症状を重篤にする．ウイルスが脳内に侵入して痙攣発作，震え，後躯麻痺などの神経症状を起こすジステンパー脳炎(➡p.482)は，10～30％の感染犬に起こるとされているが，近年は頻度がこれより高いと考えられている．脳神経症状を呈した場合の予後は不良であり，痙攣などの後遺症が残ることが多い．また，中枢神経系に持続感染したウイルスによる脱髄性脳脊髄炎が起こることもある．足の裏や鼻鏡の角質化(硬蹠症，ハードパット，hard pad disease)がみられる例もある．ワクチン歴のない若齢犬における致死率は高く，神経症状を呈すると90％という報告もある．一度感染すると終生免疫を獲得する．

5 | 病原体確認

- 生検材料として，尿沈渣細胞，白血球，鼻粘膜，結膜の塗抹標本，また剖検材料としては，扁桃，膀胱粘膜，腎盂，グリア細胞，神経細胞，呼吸上皮，肺胞上皮，脾臓，リンパ節，脳脊髄液，骨髄の塗抹標本あるいは組織切片について，好酸性の細胞質内および核内封入体の検出
- 上記の塗抹標本あるいは組織切片を用いた，蛍光抗体法や免疫染色による抗原検出
- 尿，糞便，鼻汁，呼吸器拭い液，脳脊髄液，脳乳剤，リンパ節を用いたRT-PCR法によるウイルス遺伝子の検出
- CDVのリンパ球系レセプターSLAM(CD150)発現細胞を用いたウイルスの分離
- 市販のキットを用いたウイルス抗原の検出
- ペア血清を用いたELISAや中和テストによるCDV抗体価の上昇を確認

6 | その他(治療・予防・消毒など)

ウイルスは熱，乾燥などの環境中の変化に対して抵抗性が弱く，消毒薬にも弱いので，CDV感染動物を隔離することと，十分な消毒と乾燥を心がけることが重要である．

予防において重要なのはワクチン接種である．犬では，発育鶏卵漿尿膜または培養細胞継代による弱毒生ワクチンが有効である．イタチ科やアライグマ科の動物は，生ワクチンで病原性がみられるため，不活化ワクチンが用いられることがある．新生子犬は，主に初乳を介して移行抗体を獲得し，生後1～2カ月は有効である．移行抗体によるワクチン阻害を避けるため，推奨される免疫プログラムは，生後6～8週で初回接種し，3～4週間隔で3回接種を繰り返す．そこから1年後に追加接種のあと，3年ごとに接種を繰り返す(➡13章)．

c 犬パラインフルエンザウイルス

1 | 各病原体の定義

犬パラインフルエンザウイルス(パラインフルエンザ5)は，パラミクソウイルス科ルブラウイルス属に属するRNAウイルスで，犬パラインフルエンザウイルス感染症の病原体である．犬の伝染性気管支炎(ケンネルコフ)の主要病原体の一つである．ウイルスゲノムはマイナス一本鎖RNAで，エンベロープを持ち，ビリオンは直径150～200 nmの球形ないし多形性を呈する．エンベロープ上には2種のスパイク様糖タンパクが配列する．細胞質内で増殖する．

2 | 疫学

世界各地に分布する．集団飼育犬の間で流行しやすく，特に犬が高い密度で集まるペットショップ，繁殖施設，野犬保護施設などで発生が多い．感染経路は経口・経鼻感染で，罹患犬からくしゃみ，発咳により排出されるエアロゾルが最も重要な感染源と考えられている．単独での病原性は弱く，他のウイルスとの同時感染や細菌の二次感染により症状が悪化する例が多い．

3 | 感染動物

犬に感染する．罹患犬の気道分泌物中にウイルスが排出され，咳やくしゃみで飛散する．鼻孔や口から侵入し，気道粘膜細胞に感染または定着増殖する．

4 | 主症状

犬アデノウイルス2型，犬ヘルペスウイルス，犬コロナウイルスや*Bordetella bronchiseptica*(気管支敗血症菌)とともにケンネルコフの主因となり，発熱，発咳，鼻汁などの軽度の上部気道炎を呈する．若齢犬への感染および他のウイルスや細菌との混合感染で重篤化することがある．このような混合感染があるため，臨床症状からは本ウイルスの関与を確定することは難しい．

5 | 病原体確認

- 鼻腔，咽喉頭部の拭い液を用いたウイルス分離
- RT-PCR法によるウイルス遺伝子の検出
- ペア血清を用いて抗体価の上昇を確認

6 | その他(治療・予防・消毒など)

弱毒生ワクチンが犬ジステンパー，犬アデノウイルス2型，犬伝染性肝炎などとの混合ワクチンとして用いられている．また，犬アデノウイルス2型や気管支敗血症菌も加えた点鼻型混合ワクチンも用いられている．本ウイルスはエンベロープがあり，アルコールなどの消毒薬で比較的容易に不活化される．ワクチンに加え，飼養施設での衛生管理も重要である．

オルソミクソウイルス科

a 分類

オルソミクソウイルス科はマイナス一本鎖RNAウイルスで，2018年7月現在，7属に分類されている．この中で特に，インフルエンザウイルスはA型からD型に分類され，ヒトではA型とB型ウイルスが季節性インフルエンザとして流行する．A型ウイルスは，ヒト，鶏，豚に被害が大きく，馬での流行も報告されている．近年，海外では，犬と猫においても，感染と流行が報告されており，国内でも警戒が必要である(➡p.728)．

b 犬インフルエンザウイルス

1 | 各病原体の定義

犬インフルエンザウイルス(Canine influenza virus: CIV)は，オルソミクソウイルス科インフルエンザAウイルス属のRNAウイルスで，犬インフルエンザの病原体である．ウイルス粒子はエンベロープを持ち直径80~120 nmで多形性であり，ゲノムとして八つの分節マイナス一本鎖RNAを持つ．エンベロープ上には，ヘマグルチニン(HA)とノイラミダーゼ(NA)の2種の表面糖タンパク質が存在する．

2 | 疫学

主に米国，中国，韓国で報告がある．米国では主に馬インフルエンザウイルス起源のH3N8型ウイルスの感染が，また，中国と韓国では主として鶏インフルエンザ起源のH3N2型ウイルスの感染が報告されているが，タイでアヒルから高病原性H5N1型鶏インフルエンザウイルスが犬に感染した報告がある．また，H1N1パンデミックウイルス(H1N1pdm)のペット犬への感染が米国と中国で報告されており，米国では，飼い主のヒトからの感染が疑われており，警戒が必要である．日本での犬インフルエンザウイルス感染の報告はいまだない．

3 | 感染動物

H3N8型は馬インフルエンザウイルスの犬への伝播の報告があるが，拡大はしていない．H3N2型犬インフルエンザウイルスは猫に感染して発症した報告がある．

4 | 主症状

犬インフルエンザウイルスの潜伏期は通常2～5日であり，その臨床症状は軽症型と重症型に大別できる．感受性には犬種と年齢は関係なく，本ウイルスに暴露した犬はすべてが感染し，感染犬の80％近くが臨床症状を示すが，多くの犬は軽症型である．

軽症型：10日から30日間程度の軽度の持続性，湿性の咳を呈する．ボルデテラ細菌やパラインフルエンザウイルスによる「ケンネルコフ」に類似した乾性の咳を示すこともあるため，鑑別診断が難しいことがある．細菌の二次感染による膿性鼻汁を呈する場合もある．

重症型：40〜41℃の高熱と呼吸困難を伴う肺炎症状を示し，細菌の二次感染も起こることがあり，致死率は5〜8%である．

5 | 病原体確認

- 臨床症状からの診断は困難である．RT-PCRによる，鼻腔および咽頭スワブ検体からのウイルス遺伝子の検出を用いる．
- 回復後の診断は，ペア血清を用い，赤血球凝集抑制HI試験により，特異抗体価の上昇を測定する．

6 | その他(治療・予防・消毒など)

インフルエンザウイルスは，消毒薬や洗剤により容易に不活化されるため，ウイルス付着の可能性がある診療器具・容器，ケージ，衣服，布などを確実に消毒することが重要である．また，感染犬を隔離し，感染の伝播を防止する必要がある．米国や韓国ではワクチンが実用化されており，ヒトのインフルエンザワクチン同様，感染は防御できないが，症状の重篤化やウイルス排出量の減少の効果がある．

c 猫インフルエンザウイルス

1 | 各病原体の定義

猫インフルエンザウイルスはオルソミクソウイルス科インフルエンザAウイルス属のRNAウイルスで，猫インフルエンザの病原体である．ウイルス粒子はエンベロープを持つ直径80〜120 nmの多形性であり，ゲノムとして八つの分節マイナス一本鎖RNAを持つ．エンベロープ上には，ヘマグルチニン(HA)とノイラミダーゼ(NA)の2種の表面等タンパク質が存在する．

2 | 疫学

2016年に米国のニューヨークにおいて，H7N2型鶏インフルエンザウイルス由来のインフルエンザウイルスが動物保護センターの猫500頭に流行した．また，ウイルス感染猫を治療した獣医師もH7N2猫インフルエンザウイルスに感染した．また，インドネシアの猫の血清から，H5N1型ウイルスの中和抗体が検出されている．

3 | 感染動物

猫に感染する．フェレットやマウスも感受性がある．

4 | 主症状

現在まで，猫，フェレット，マウスにおける感染は確認されているが，重症の症状は確認されていない．

5 | 病原体確認

RT-PCRによる，鼻腔および咽頭スワブ検体からのウイルス遺伝子の検出を用いる．

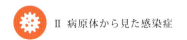

6 その他(治療・予防・消毒など)

猫インフルエンザウイルスは，接触や飛沫により感染伝播することが分かっているため，確定的でなくても，感染が疑われる猫は隔離することで，感染の伝播を防止することが重要である．他のインフルエンザウイルス同様，ウイルス付着の可能性がある診療器具・容器，ケージ，衣服，布などを確実に消毒することも重要である．

レトロウイルス科

a 分類

レトロウイルス科は，オルソレトロウイルス亜科とスプーマウイルス亜科に分かれており，オルソレトロウイルス亜科には六つの属，スプーマウイルス亜科には五つの属が分類されている．

レトロウイルスはRNAウイルス(スプーマウイルス亜科ではビリオン内に逆転写されたDNAも存在)であるが，宿主細胞に感染するとウイルスゲノムにコードされた逆転写酵素によりcDNAが逆転写され，その結果できた二本鎖DNAが宿主ゲノムに組み込まれる．このように宿主ゲノムに組み込まれたウイルス遺伝子(プロウイルス)は宿主細胞に受け継がれるため，一度感染するとウイルスが生涯にわたって存続することが多い(**図20-3**)．

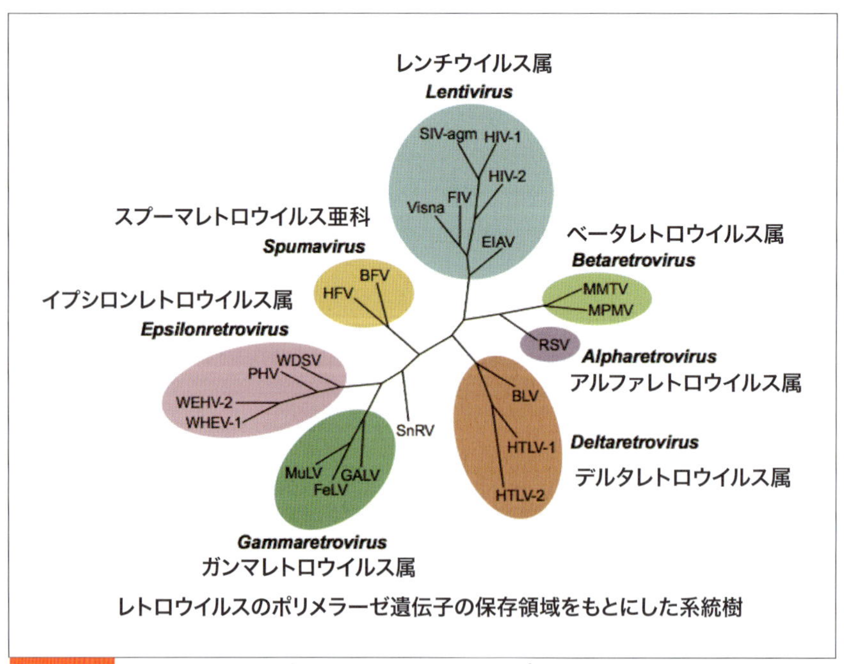

図 20-3 レトロウイルス系統．レトロウイルスのポリメラーゼ遺伝子の保存領域をもとにした系統樹．Copyright © 2019, International Committee on Taxonomy of Viruses (ICTV)，CC BY-SA 4.0

b 猫白血病ウイルス(FeLV)

1 | 各病原体の定義

猫白血病ウイルス(FeLV)は，レトロウイルス科オルソレトロウイルス亜科ガンマレトロウイルス属に属している．ウイルスゲノムはプラス一本鎖RNAで，直径80〜120 nmの球形ウイルス粒子を持ち，エンベロープを持つ．

2 | 疫学

世界中に存在している．

3 | 感染動物

猫に感染する．稀に，イエネコ以外のネコ科動物における感染も報告されている．

主に唾液や血液を介し，咬傷によって水平感染する．尿，糞便，寄生しているノミによる感染の頻度は低い．FeLVは環境中で耐性が低く急速に感染性を失うので，猫同士の直接接触や食器の共有といった条件下で水平感染することが多い．垂直感染としては，母猫から胎子への経胎盤感染もありうるが，分娩時，あるいは哺育中に感染母猫から子猫への感染が多い．子猫では免疫系が発達していないことが多いため持続感染が起こりやすい．

4 | 主症状

リンパ肉腫を代表例とする，様々なリンパ造血系疾患を呈する．この際，リンパ腫が鼻腔や腎臓に発生することもある．消化器型リンパ腫は本ウイルスと関連しないことが多い．

リンパ性白血病，急性骨髄性白血病および各種骨髄性疾患による，再生不良性貧血，出血，感染や，免疫不全症による様々な感染症がみられる(➡ p.471)．また，免疫介在性疾患として，溶血性貧血や糸球体腎炎，さらに流産，死産，胎子吸収などの産科疾患もみられる．

5 | 病原体確認

- ELISAおよび免疫クロマトグラフィーによる末梢血液中ウイルス抗原(p27)の検出
- 蛍光抗体法による血液塗抹の白血球や血小板におけるウイルス抗原(p27)の検出
- 末梢血液や骨髄，リンパ系組織から抽出した宿主ゲノムDNAを用いたPCR法によるプロウイルスDNAの検出

6 | その他(治療・予防・消毒など)

不活化ワクチンやカナリア痘ウイルス組換えワクチンが市販されているが，完全に感染を防御できるわけではない．そのため，感染猫との接触を断つことが重要である．具体的には，屋内飼育にしたり，多頭飼いで感染猫がいる場合には隔離し，敷物や食器を消毒したりすることなどが挙げられる．

FeLVは体外では非常に不安定であり，外気温では数分〜数時間で感染力を失う．太陽光線，紫外線，熱，水などに暴露されることによっても死滅するほか，次亜塩素酸ナトリウム，ホルマリン，ア

ルコール，界面活性剤，アンモニア水などによって殺滅させることが可能である．紫外線には比較的抵抗性である．

c 猫免疫不全ウイルス(FIV)

1 各病原体の定義

猫免疫不全ウイルス(FIV)はレトロウイルス科オルソレトロウイルス亜科レンチウイルス属に分類される．ウイルスゲノムはプラス一本鎖RNAで，直径80～120 nmの球形ウイルス粒子を持ち，エンベロープを持つ．表面抗原遺伝子であるエンベロープ遺伝子の配列から，少なくともA～Eの五つのサブグループに分けられる．

2 疫学

世界中に分布している．健康猫における感染率は，米国では1～5%であるのに対し，日本では3～12%と高く，屋外飼育が多いためと考えられる．雄猫は雌猫に比べてFIV感染率が2倍以上高い．

3 感染動物

猫(イエネコ)にのみ感染する．

ウイルスは血液や唾液，乳汁，精液などの体液中に存在し，主に喧嘩などの咬傷によりウイルスが体内に侵入し，白血球に感染することにより水平伝播する．この他，経乳汁感染などの母子感染の報告もあるが，野外における垂直感染の頻度は低いと考えられている．

4 主症状

FIV感染猫がすべて発症するわけではないが，発症猫は症状により，急性期，無症候キャリア期，持続性全身性リンパ節腫大期，AIDS関連症候群(ARC: AIDS-related complex)期，AIDS(acquired immunodeficiency syndrome)期の五つの病期に分類される(➡p.473)．

急性期では発熱，下痢，貧血，リンパ節腫大などの非特異的症状がみられ，抗FIV抗体が陽性となる．この期間は数週間～数カ月間程度継続する．次いで無症候キャリア期に移行すると，特に臨床症状はみられなくなり，これが数年～10年以上継続し，この間FIV感染症に関連した症状は認められない．続いて一部の猫では持続性全身性リンパ節腫大期が認められ，全身のリンパ節腫大が数カ月～1年程度持続するといわれるが，明らかでない．この後，AIDS関連症候群期へと進行すると，免疫異常による慢性感染症や慢性炎症性疾患が頻発し，口内炎，歯肉炎，上部気道感染症などが多く発生する．この期間は数カ月～数年間持続する．そして，末期のAIDS期に至ると，ARC期の症状に加え，貧血，顕著な体重減少や日和見感染がみられる．日和見感染としては，クリプトコックス，皮膚糸状菌，トキソプラズマ，一般常在細菌の感染が起こり，治療困難となる．また，リンパ腫を含む，様々な腫瘍がみられ，FIV感染による免疫不全状態が関与すると考えられる．AIDSを発症した症例は数カ月で死に至ることが多い．AIDS期には末梢血中のリンパ球数減少が多くの例でみられ，好中球減少症，貧血，血小板減少症などの血液学的異常が顕著にみられることがある．

5 | 病原体確認

- イムノクロマト法，ELISA，間接蛍光抗体法，ウエスタンブロッティングによる，ウイルスタンパク質に対する血清抗体の検出
- 白血球や血漿を用いて，PCRおよびRT-PCRによりプロウイルスDNAやウイルスRNAの検出

6 | その他（治療・予防・消毒など）

不活化ワクチンが市販されているが，すべてのサブタイプに対して有効ではなく，ワクチン接種猫でも抗体価が上昇するため，実際の感染との鑑別に注意が必要である．最も有効な予防法は，感染猫との接触を避けることであり，屋内飼育，感染猫の隔離，FIV感染が不明な他の猫との接触を避けること，新しく猫を飼う場合はウイルス検査を行うまで隔離すること，などが重要である．野良猫との接触を無くすために，避妊，去勢手術を行うのも有効である．FIV感染猫は，屋内飼育によって他の病原体感染の可能性を減少させることで，発症予防が期待できる．

ウイルスは，アルコールなどの脂溶性有機溶媒や界面活性剤，次亜塩素酸によって殺滅することが可能であるが，紫外線には比較的抵抗性である．

参考文献

1. Maclachlan NJ, Dubovi EJ, ed.(2016)：Fenner's Veterinary Virology, 5th ed., 217-227, Academic Press
2. Kobayashi Y, Ochiai K, Itakura C(1993)：J Vet Med Sci. 55, 699-701.
3. 相馬武久，田原口智士，川嶋舟ほか (2011)：動物臨床医学. 20, 47-51.
4. Greene CE(2012) : Infectious diseases of the dog and cat, 4th ed., 42-48, Saunders
5. Sykes JE(2014)：Canine and feline infectious diseases,1st ed., 182-186, Saunders
6. Cabasso VJ(1962)：Ann N Y Acad Sci. 101, 498-514.
7. 越智勇一，小西信一郎，佐々木文存 (1959)：日本獣医師会雑誌. 12, 425-429.
8. Curtis R, Barnett KC(1981)：Cornell Vet. 71, 85-95.
9. Sykes JE (2014) : Canine and feline infectious diseases, 1st ed., 170-181, Saunders
10. Balboni A, Verin R, Morandi F, et al(2013)：Vet Microbiol. 162, 551-557.
11. Sykes JE, Greene CE(2012) : Infectious diseases of the dog and cat, 4th ed., 55-65, Saunders
12. Ledbetter EC, Hornbuckle WE, Dubovi EJ(2009) : J Am Vet Med Assoc. 235, 954-959.
13. Benetka V, Weissenbock H, Kudielka I, et al. (2006) : Vet Rec. 158, 91-94.
14. Lakatos B, Hornyak A, Demeter Z, et al.(2017) : Acta Vet Hung. 65, 574-584.
15. Phan TG, Shimizu H, Nishimura S, et al.(2006) . Clin Lab. 52, 515-518.
16. Ongrádi J, Chatlynne L, Tarcsai KR, et al.(2019)：Front Microbiol. 10, 1430.
17. Gupta PP(1978) : Zentralbl Veterinarmed B. 25, 858-860.
18. Sykes JE, Greene CE(2012) : Infectious diseases of the dog and cat, 4th ed., 149-150, Saunders
19. Lakatos B, Knotek Z, Farkas J, et al.(1999) : Acta Vet Brno. 68, 275-28.
20. Kennedy FA, Mullaney TP(1993): J Vet Diagn Invest. 5, 273-276.
21. Lakatos B, Farkas J, Egberink HF et al.(1999) : Acta Vet Hung. 47, 493-497.
22. Kojima A, Fujinami F, Takeshita M, et al.(1990) : Nihon Juigaku Zasshi. 52, 145-154.
23. Matsuoka T, Iijima Y, Sakurai K, et al.(1988) : Nihon Juigaku Zasshi. 50, 277-278.
24. Maclachlan NJ, Dubovi EJ, ed.(2016)：Fenner's Veterinary Virology, 5th ed., 229-243, Academic Press
25. Sykes JE(2014)：Canine and feline infectious diseases, 1st ed., 261-268, Saunders
26. Gil da Costa RM, Peleteiro MC, Pires MA, et al.(2017)：Transbound Emerg Dis. 64, 1371-1379.

27. Lange CE, Diallo A, Zewe C, et al. (2016) : Papillomavirus Res. 2, 159-163.
28. Tisza MJ, Yuan H, Schlegel R, et al.(2016)：Genome Announc. 4, e01380-16
29. Munday JS, Thomson NA, Luff JA(2017)：Vet J. 225, 23-31.
30. Yamashita-Kawanishi N, Sawanobori R, Matsumiya, K, et al.(2018)：J Vet Med Sci. 80, 1236-1240.
31. Lange CE, Favrot C(2011)：Vet Clin North Am Small Anim Pract. 41, 1183-1195.
32. Lange CE, Zollinger S, Tobler K, et al.(2011)：J Clin Microbiol. 49, 707-709.
33. Sykes JE, Greene CE(2012)：Infectious diseases of the dog and cat, 4th ed., 169-174, Saunders
34. Maclachlan NJ, Dubovi EJ, ed.(2016)：Fenner's Veterinary Virology, 5th ed., 189-216, Academic Press
35. Sykes JE, Greene CE(2012)：Infectious diseases of the dog and cat, 4th ed., 48-54, Saunders
36. Sykes JE(2014)：Canine and feline infectious diseases, 1st ed., 166-169, Saunders
37. Hashimoto A, Hirai K, Miyoshi A, et al.(1978)：Nihon Juigaku Zasshi. 40, 157-169.
38. Kawakami K, Ogawa H, Maeda K, et al. (2010) : J Clin Microbiol. 48, 1176-1181.
39. Miyoshi M, Ishii Y, Takiguchi M, et al. (1999) : J Vet Med Sci. 61, 375-379.
40. Sykes JE, Greene CE(2012)：Infectious diseases of the dog and cat, 4th ed., 151-162, Saunders
41. Sykes JE (2014) : Canine and feline infectious diseases, 1st ed., 239-251, Saunders
42. Gaskell RM, Povey RC(1982)：Vet Rec. 111, 359-362.
43. Povey RC(1979)：Comp Immunol Microbiol Infect Dis. 2, 373-387.
44. Thiry E, Addie D, Belak S, et al.(2009)：J Feline Med Surg. 11, 547-555.
45. Sykes JE, Greene CE(2012)：Infectious diseases of the dog and cat, 4th ed., 198-201, Saunders
46. Hara M, Shimizu T, Fukuyama M, et al. (1987)：Nihon Juigaku Zasshi. 49, 645-649.
47. Hara M, Shimizu T, Nemoto S, et al.(1991): J Vet Med Sci. 53, 947-949.
48. 狩野安正(1992)：日本獣医師会雑誌. 45, 414-417.
49. Sykes JE (2014) : Canine and feline infectious diseases, 1st ed., 257-260, Saunders
50. Maclachlan NJ, Dubovi EJ, ed.(2016)：Fenner's Veterinary Virology, 5th ed., 245-257, Academic Press
51. Sykes JE(2014)：Canine and feline infectious diseases, 1st ed., 141-151, Saunders
52. Ohshima T, Hisaka M, Kawakami K, et al.(2008)：J Vet Med Sci. 70, 769-775.
53. Sykes JE(2014)：Canine and feline infectious diseases, 1st ed., 187-194, Saunders
54. Sykes JE, Greene CE(2012): Infectious diseases of the dog and cat, 4th ed., 67-80, Saunders
55. Favrot C, Olivry T, Dunston SM, et al. (2000)：Vet Pathol. 37, 647-649.
56. Woldemeskel M, Liggett A, Ilha M, et al. (2011) : J Vet Diag Invest. 23, 576-580.
57. 荒尾恵(2013)：日本獣医師会雑誌. 66, 517-519.
58. Sykes JE, Greene CE(2012): Infectious diseases of the dog and cat, 4th ed., 80-91, Saunders
59. Kruse BD, Unterer S, Horlacher K, et al. (2010) : J Vet Intern Med. 24, 1271-1276.
60. Meurs KM, Fox PR, Magnon AL, et al. (2000)：Cardiovasc Pathol. 9, 119-126.
61. Gamoh K, Shimazaki Y, Senda M, et al.(2003)：Vet Rec. 153, 751-752.
62. Abd-Eldaim M, Beall MJ, Kennedy MA(2009): Vet Ther. 10, E1-6.
63. Neuerer FF, Horlacher K, Truyen U, et al. (2008) : J Feline Med Surg. 10, 247-251.
64. Chalmers WS, Truyen U, Greenwood NM, et al. (1999)：Vet Microbiol. 69, 41-45.
65. Decaro N, Buonavoglia D, Desario C, et al.(2010)：Res Vet Sci. 89, 275-278.
66. Gamoh K, Senda M, Inoue Y, et al.(2005)：Vet Rec. 157, 285-287.
67. Hashimoto A, Takiguchi M, Hirai K, et al.(2001)：Jpn J Vet Res. 49, 249-253.
68. Mochizuki M, Hashimoto M, Hajima T, et al.(2002)：J Clin Microbiol. 40, 3993-3998.
69. Greene CE(2012)：Infectious diseases of the dog and cat, 4th ed., 166-169, Elsevier/Saunders
70. Maclachlan NJ, Dubovi EJ(2016)：Fenner's Veterinary Virology, 5th ed., 157-174, Academic Press
71. Sykes JE(2014)：Canine and feline infectious diseases, 1st ed., 252-256, Elsevier/Saunders
72. Soekawa M, Izawa H, Iwabuchi H, et al.(1964)：Nihon Juigaku Zasshi, 26, 295-314.
73. Soekawa M, Matsumoto K, Izawa H, et al.(1964)：Nihon Juigaku Zasshi, 26, 25-41.
74. Thomsett LR, Baxby D, Denham EM(1978)：Vet Rec. 103, 25, 567.

75. Mostl K, Addie D, Belak S, et al.（2013）：J Feline Med Surg. 15, 557-559.

- International Committee on Taxonomy of Viruses (ICTV)2018（https://talk.ictvonline.org/）
- 公益社団法人日本獣医学会微生物学分科会（2018）：獣医微生物学，第4版，文永堂出版
- 明石博臣，小沼操，菊池直哉ほか（2011）：動物の感染症，第3版，近代出版
- 猪熊壽，北川均，内藤善久ほか（2014）：獣医内科学，第2版，小動物編，文永堂出版
- 公益社団法人日本獣医学会微生物学分科会（2016）：動物感染症学，近代出版
- 公益社団法人日本獣医学会微生物学分科会（2015）：コアカリ　獣医微生物学，文永堂出版
- 源宣之（2004）：ウイルス，54, 2, 213-222.
- 厚生労働省　狂犬病（https://www.mhlw.go.jp/bunya/kenkou/kekkaku-kansenshou10/）
- Centers for Disease Control and Prevention　2017(https://www.cdc.gov/features/rabies/index.html)
- 日本獣医師会．解説・報告「犬及び猫のインフルエンザ」丸山総一（http://nichiju.lin.gr.jp/mag/05907/06_5a.htm）
- 堀本泰介（2017）：日本獣医師会雑誌，70，165-169.
- Lyu Y, Song S, Zhou L, et al.（2019）：Emerg Infect Dis. 17，25(1), 161-165.
- Horimoto T, Gen F, Murakami S, et al.（2015）：Virol Sin. 30(3)，221-223.
- Hatta M, Zhong G, Gao Y, et al.（2018）：Emerg Infect Dis. 24(1)，75-86.

21 内部寄生虫

吸虫類

a 分類

扁形動物門，吸虫綱の寄生虫を吸虫類(Fluke)と呼び，一般に二つの吸盤(口のように見える)を備え，ジストマ(distoma)と呼ばれていた．虫体は，数mmから数cm，扁平木葉状ないしは豆状である．吸虫類は一般に雌雄同体で，成虫は雌雄の生殖器官を有する．生活環には中間宿主を必要とし，待機宿主を要する吸虫種もある．小動物臨床で問題となる吸虫類は以下のようである．

b ウェステルマン肺吸虫

1 病原体の定義

Paragonimidae科，*Paragonimus* 属の *P. westermani*(ウェステルマン肺吸虫)が主な病原体(**図21-1**)であるが，近縁種の *P. miyazakii*(宮崎肺吸虫)や *P. ohirai*(大平肺吸虫)も肺吸虫症の原因となる．ウェステルマン肺吸虫は鮮紅色，豆状で，体長約1 cm，2タイプ(2倍体虫体，3倍体虫体)が存在する．

図 21-1 ウェステルマン肺吸虫の成虫(染色標本)

2 疫学

肺吸虫類は関東以西に多く，特に九州，近畿，中国地方ではイノシシ用の猟犬においてウェステルマン肺吸虫の感染率が高い．また，ヒトの肺吸虫症も年間約50症例が報告されている．

3 | 感染動物

終宿主は犬，猫，ヒト，タヌキ，キツネ，イタチ，テンなどで，成虫は肺に虫嚢を形成して寄生する．生活環には，終宿主のほかに第一中間宿主（淡水性巻貝のカワニナ），第二中間宿主（サワガニ：2倍体虫体，モクズガニ：3倍体虫体），待機宿主（イノシシなど）を要する．終宿主の糞便に排泄された虫卵からミラシジウムが水中で孵化し，第一中間宿主に侵入してスポロシスト，レジア，セルカリアへ発育する．第二中間宿主が第一中間宿主を捕食すると，その体内でメタセルカリア（感染体）（**図21-2**）となる．終宿主は第二中間宿主を経口的に摂取して感染する．幼若虫は小腸壁を突破して腹腔から胸腔に移行し，肺の実質で成虫となる．また第二中間宿主を捕食したイノシシなど（待機宿主）の筋肉に幼虫が寄生し，その肉を終宿主が摂取しても感染する．

4 | 主症状

終宿主では，感染した幼若虫は消化管から腹腔，胸腔を移動しながら発育して肺に到達する．虫体の侵入により創傷性の肝炎，腹膜炎，胸膜炎がみられ，また結核様症状や喘息様発咳がみられる（➡p.380）．血液では好酸球数が増加する．

5 | 病原体確認

成虫寄生は糞便検査（AMS Ⅲ法〈army medical school III method〉などの集卵沈殿法）で虫卵（**図21-3**）を確認する．虫卵の大きさは79×43 μm（2倍体虫体）または91×50 μm（3倍体虫体）である．補助的には，胸部X線検査で結節様の虫嚢の陰影像を確認することや，血清検査で特異抗体を検出する．

6 | その他（治療・予防・消毒など）

カニ類（第二中間宿主）を捕食・生食させない．カニ料理は加熱してメタセルカリアを殺滅する．また，猟犬にイノシシなど（待機宿主）の生肉を与えないことも重要である．犬・猫の治療にはプラジクアンテルの50 mg/kgの4～5日間連続投与が有効である．

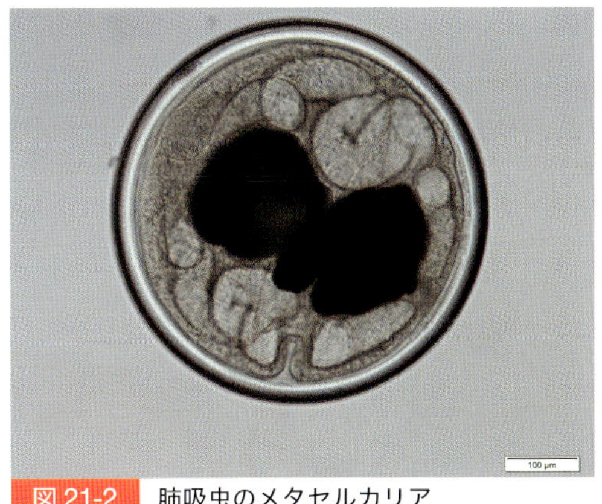

図21-2　肺吸虫のメタセルカリア

図21-3　ウェステルマン肺吸虫の虫卵

c 壺形吸虫

1 病原体の定義

Diplostomatidae科の*Pharyngostomum*属の*P. cordatum*が病原体である．虫体は体長約2 mmで小形，丸みのある壺型を呈する．

2 疫学

日本では1967年に福岡で初めて発見され，その後南日本から西日本での症例が多かったが，最近では関東から東北地方でも症例が報告されている．

3 感染動物

終宿主は猫で，その小腸，特に十二指腸から空腸の粘膜内に寄生する．犬は非好適宿主である．生活環には，第一中間宿主(淡水性巻貝のヒラマキガイモドキ)，第二中間宿主(カエル)，待機宿主(ヘビ)を要する．猫の糞便に排泄された虫卵からミラシジウムが水中で孵化する．ミラシジウムは第一中間宿主に侵入し，スポロシスト，セルカリアに発育する．セルカリアは水中に遊出し，第二中間宿主に侵入してメタセルカリア(感染体)となる．猫はカエルを捕食することで感染し小腸で成虫に発育する．

4 主症状

小腸粘膜に固着して寄生するため腸絨毛が損傷され，多数寄生では慢性的で頑固な軟便や下痢がみられる．

5 病原体確認

猫の糞便中に排泄される虫卵を集卵沈殿法により検出する．虫卵は黄褐色で大型(104～121×70～89 μm)，卵殻表面にマスクメロン皮様の模様がある(**図21-4**)．

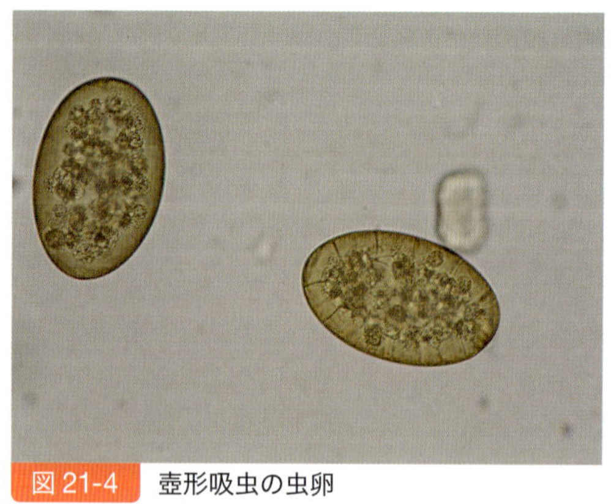

図 21-4 壺形吸虫の虫卵

6 | その他（治療・予防・消毒など）

予防は感染源である第二中間宿主（カエル）または待機宿主（カエル捕食性のヘビ）を捕食させないことである．これらの感染環境が整っている郊外地域では定期的な糞便検査と駆虫も大切である．駆虫薬としてプラジクアンテル30 mg/kgを1回，SCまたはIMにて投与する．

条虫類

a 分類

扁形動物門，条虫綱の寄生虫を条虫類（cestode，tapeworm）と呼び，虫体は一般に真田紐状，大きさは数mmから数mで，頭節とストロビラ（片節の連なり）で構成される．雌雄同体で，成虫の各片節は雌雄の生殖器官を有する．消化器系器官を持たず，栄養は体表から吸収する．主に裂頭条虫目（Diphyllobothridea）と円葉条虫目（Cyclophyllidea）からなる．両者は頭節と片節の形態が異なり，また生活環において裂頭条虫は第一および第二中間宿主を要するが，円葉条虫の多くは（第一）中間宿主だけである．小動物臨床で問題となる条虫種は以下のようである．

b 裂頭条虫類

1 | 病原体の定義

裂頭条虫目のマンソン裂頭条虫*Spirometra erinaceieuropaei*および日本海裂頭条虫*Diphyllobothrium nihonkaiense*が病原体であり，両種ともに虫体は黄白色，体長はマンソン裂頭条虫で1～2m，日本海裂頭条虫でおよそ10 mである．ストロビラは肉眼でジッパー様に見える（**図21-5**）．

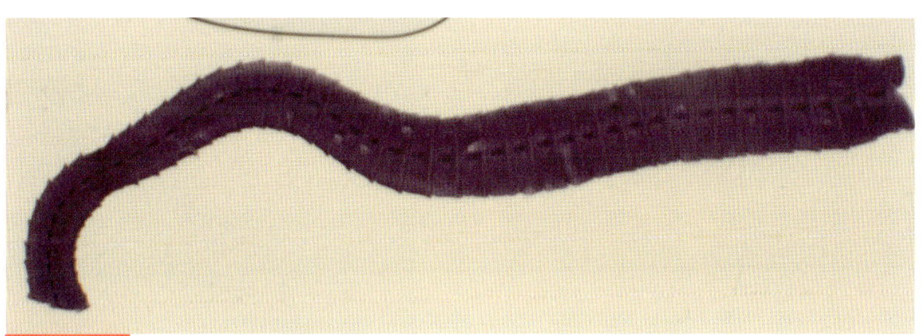

図21-5 マンソン裂頭条虫のストロビラの一部（染色標本）

2 | 疫学

マンソン裂頭条虫の分布は世界的で，日本でも郊外の田園地域や農村地域では普通にみられ，特にタヌキやキツネでは感染率も高い．日本海裂頭条虫の分布は日本海沿岸地域であり，国内では人体症例が時々みられる．

3 | 感染動物

マンソン裂頭条虫の終宿主は猫や犬，タヌキ，キツネなどで，成虫は小腸に寄生する．生活環には第一中間宿主（ケンミジンコ）と第二中間宿主（カエル，ヘビ），待機宿主（ヘビ[注1]，ほ乳類）を要する．終宿主の糞便に排泄された虫卵は発育し，コラシジウムが水中で孵化すると第一中間宿主がそれを捕食し，その体内でプロセルコイド（procercoid）となる．第二中間宿主（特にオタマジャクシ）が第一中間宿主または待機宿主を捕食するとその体内でプレロセルコイド（plerocercoid，感染体）となる．終宿主は第二中間宿主を捕食することで感染し，小腸で成虫となる．日本海裂頭条虫の終宿主は主にヒトで，犬は比較的稀である．生活環は，マンソン裂頭条虫に準ずるが第二中間宿主は海回遊性のサクラマスやカラフトマスである．

4 | 主症状

成虫の少数寄生ではほとんど症状はみられず，飼い主が糞便中に排泄された黄白色のストロビラを発見して初めて感染に気が付くことも多い．マンソン裂頭条虫の多数寄生，特に幼獣では粘血便を伴う下痢や栄養障害がみられることがある．なお，ヒトでは，マンソン裂頭条虫のプレロセルコイドが皮下や筋肉に寄生することで移動性腫瘤となり，発熱や疼痛や，瘙痒を示唆する行動などの症状がみられ，マンソン孤虫症と呼ばれる．

5 | 病原体確認

糞便検査（直接法，MGL法〈medical general laboratory method〉やAMS Ⅲ法などの集卵沈殿法）で虫卵を検出する（**図21-6，図21-7**）．裂頭条虫類は産卵数が多いので，直接法で検出されることも多い．また，糞便中に排泄されたストロビラは片節の形態を確認すれば裂頭条虫であることの確認は容易である．

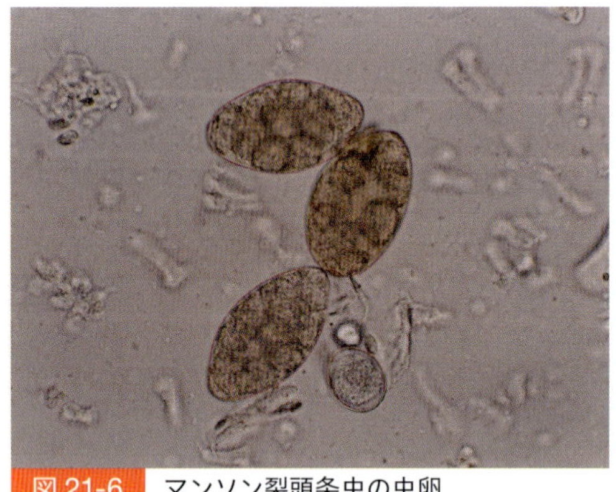

図21-6 マンソン裂頭条虫の虫卵

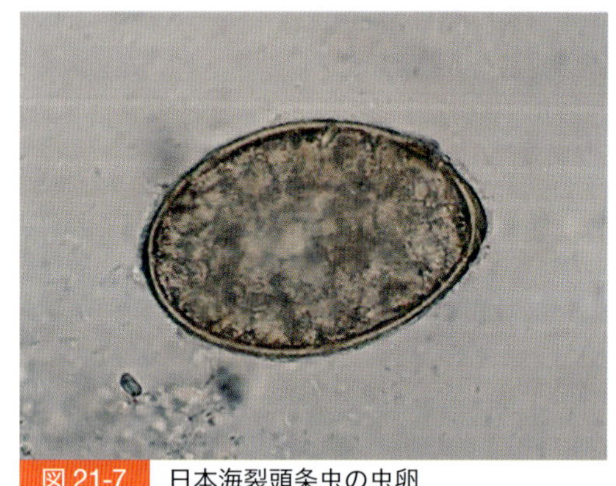

図21-7 日本海裂頭条虫の虫卵

注1：待機宿主のヘビはカエル（第二中間宿主）嗜好性のヘビであり，終宿主はプレロセルコイド寄生のヘビを捕食することで感染する．

6｜その他(治療・予防・消毒など)

予防は第二中間宿主および待機宿主(マンソン裂頭条虫の場合)を捕食あるいは生食させないことである．駆虫薬としてはプラジクアンテルが最も効果的である．投与量は30 mg/kgであり，円葉条虫(犬条虫など)を駆虫する量の6倍量であることに注意する．

c 犬条虫(瓜実条虫)

1｜病原体の定義

円葉条虫目の*Dipylidium caninum*が病原体(**図21-8**)であり，虫体は黄白色，体長数cm～50 cm，ストロビラの片節は瓜実状である．

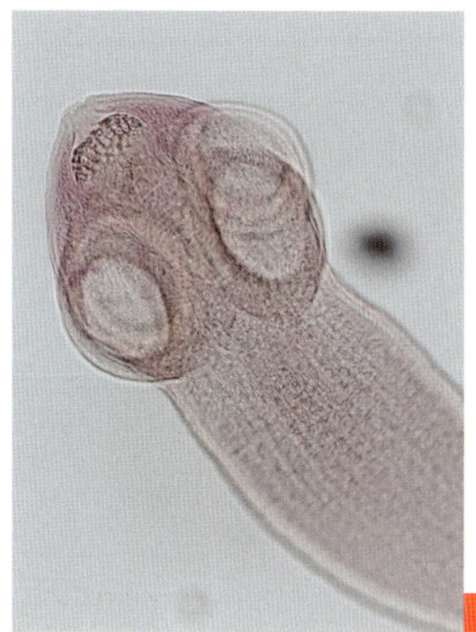

図21-8 瓜実条虫の頭節

2｜疫学

分布は世界的で，日本の犬と猫でもみられるが寄生率は高くない．また，ヒト(特に幼児)にも寄生する．

3｜感染動物

終宿主は犬や猫，キツネなどで小腸に寄生する．生活環には中間宿主(ノミ)を要する．終宿主の糞便にはストロビラの一部(受胎片節)が排泄され，その崩壊とともに虫卵が環境中に出る．ノミの幼虫が虫卵を経口摂取するとその体内で擬嚢尾虫(感染体)に発育する．ノミ幼虫は完全変態を行って成虫となり，終宿主の体表に寄生する．終宿主は毛づくろいをする際にノミの成虫を経口摂取して感染し，小腸で成虫となる．

4｜主症状

少数寄生では症状がみられないことが多く，飼い主が肛門や糞便中に排泄された瓜実状の白い受胎片節を発見して感染に気が付くことも多い．しかし，幼獣や健康状態の悪い犬や猫に多数寄生すると下痢や嘔吐，削痩などがみられ，腸閉塞や腸重積，痙攣，てんかん発作を伴うこともある．また，排泄された受胎片節が肛門周囲に付着して局所を刺激すると不快感や痒みを伴い，肛門部を地面に擦り付ける行動がみられる．

5 | 病原体確認

糞便中に排泄された白い瓜実状の受胎片節（1 cm前後）の形態（多数の卵嚢を含む）を確認する（**図21-9**）．また，糞便中に虫卵が検出されることがあるので虫卵検査（集卵浮遊法）を試みる．

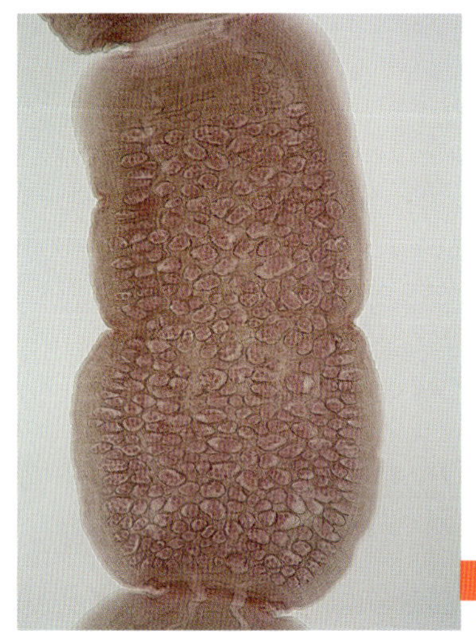

図21-9 瓜実条虫の受胎片節（多数の卵嚢を示す）（染色標本）

6 | その他（治療・予防・消毒など）

ノミ成虫の定期的な駆虫と，犬や猫の飼育環境を清潔に保つことでノミの発生を防ぐことが重要である．治療はプラジクアンテル5 mg/kgを1回，POまたはSCにて投与する．

d 猫条虫

1 | 病原体の定義

円葉目条虫の*Taenia taeniaeformis*が病原体（**図21-10**）であり，虫体は黄白色で体長10〜60 cmである．

2 | 疫学

分布は世界的であり，国内の猫でも普通にみられる．なお，国内では猫条虫の他に，胞状条虫や豆状条虫などのテニア属（*Taenia* spp.）条虫が分布するが，犬や猫での寄生は稀である．

3 | 感染動物

終宿主は猫，キツネで，その小腸に成虫が寄生する．生活環には中間宿主（ネズミ類）を要する．終

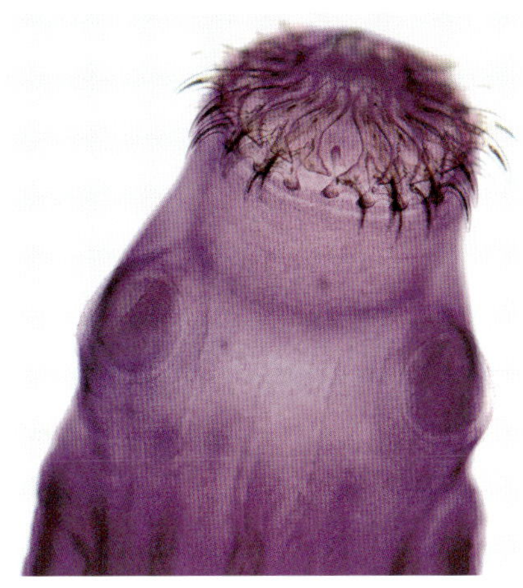

図 21-10 猫条虫の頭節(染色標本)

宿主の糞便とともに環境中に拡散した虫卵をネズミ類が経口摂取すると，肝臓で直径5～10 mmの白色球状の帯状囊尾虫(感染体)に発育する．このネズミを終宿主が捕食することで感染し，成虫は小腸に寄生する．

4 | 主症状

他の条虫類と同様に，少数寄生ではほとんど症状はみられないが，多数寄生の幼獣では下痢，軟便を見ることがある．

5 | 病原体確認

糞便に排泄された受胎片節の形態，また虫卵検査(集卵浮遊法)により虫卵(**図17-11**)を検出する．虫卵はテニア属の他種，さらに後述するエキノコッカス属の虫卵と形態的な識別は困難である．

6 | その他(治療・予防・消毒など)

ネズミ類の捕食を避けることで感染を予防する．駆虫にはプラジクアンテル5 mg/kgの投与が有効である．

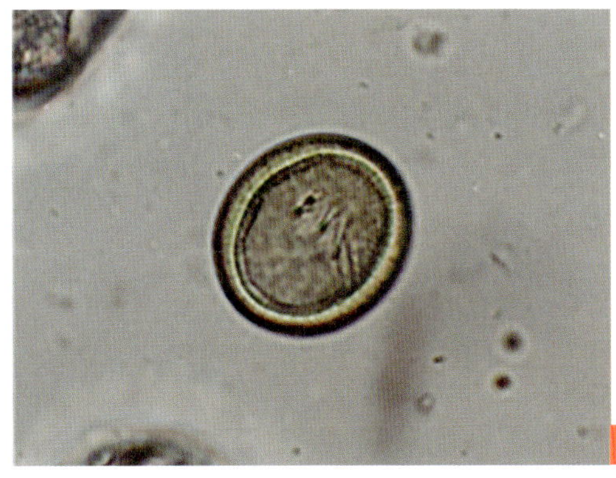

図 21-11 猫条虫の虫卵

e 多包条虫

1 病原体の定義

円葉目条虫の*Echinococcus multilocularis*が病原体であり，虫体は小形で体長1 cmに満たない．

2 疫学

分布は北半球の高緯度地域であり，国内では北海道に分布する．北海道のキタキツネにおける成虫寄生率はおよそ40％と極めて高い．また最近では，愛知県の知多半島で野良犬から虫卵が検出され，北海道以外の地域における感染流行が危惧されている．ヒトは多包条虫の幼虫(多包虫)の寄生によりエキノコックス症(多包虫症)となる．北海道では毎年10～20名程度の新規の多包虫症患者が報告されている．人体エキノコックス症は感染症法の四類感染症に指定され，虫卵の汚染源である犬の成虫感染は監視の対象となっている．獣医師は犬の成虫感染を確認した場合には保健所に届け出る義務がある．なお多包条虫の近縁種，単包条虫(*Echinococcus granulosus*)(**図21-12**)は世界的に分布するが，国内では生活環が維持されていない．

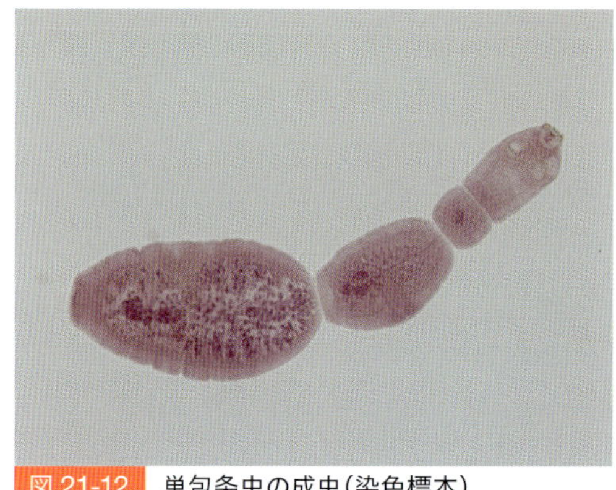

図21-12　単包条虫の成虫(染色標本)

3 感染動物

終宿主は犬，キツネなどで，その小腸に成虫が寄生する．生活環には中間宿主(ヤチネズミ，ハタネズミなど)を要する．終宿主の糞便とともに環境中に拡散した虫卵を中間宿主が経口摂取すると肝臓などで多包虫(感染体)に発育する．終宿主は中間宿主を捕食することで感染し，成虫は小腸に寄生する．ヒトは中間宿主であり，虫卵を経口摂取することで感染する．

4 主症状

犬は多数感染の初期に粘液が混じった軟便や下痢を排泄することがあるが，症状がみられないことも多い．

5 | 病原体確認

糞便検査(集卵浮遊法)で虫卵を確認することであるが，多包条虫とテニア属条虫の虫卵を形態的に鑑別することは困難である．多包条虫卵が疑われる場合には，虫卵のDNA検査で多包条虫の塩基配列を確認するか，糞便中に含まれる多包条虫由来の特異抗原を検出することで成虫寄生を正確に診断することが重要である．

6 | その他(治療・予防・消毒など)

中間宿主の捕食を避けることで犬への感染を予防する．駆虫にはプラジクアンテル5 mg/kgの1回投与が有効であるが，駆虫により大量の虫卵が排泄されて環境を汚染するので隔離して駆虫することが望ましい．

f 有線条虫

1 | 病原体の定義

円葉目条虫の*Mesocestoides lineatus*が病原体(**図21-13**)であり，虫体は体長30〜250 cmで受胎片節には副子宮がある(**図21-14**).

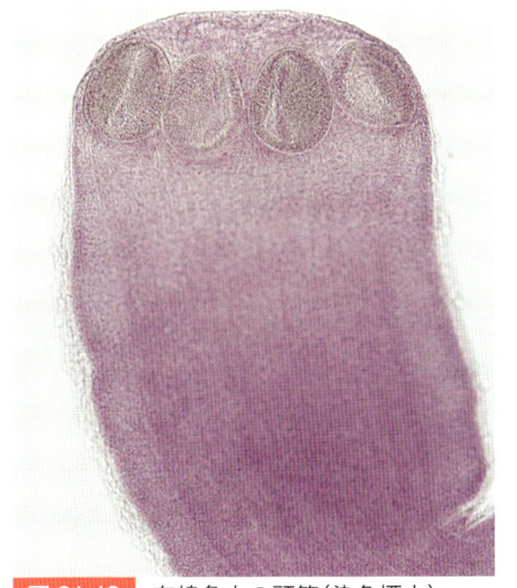

図 21-13　有線条虫の頭節(染色標本)

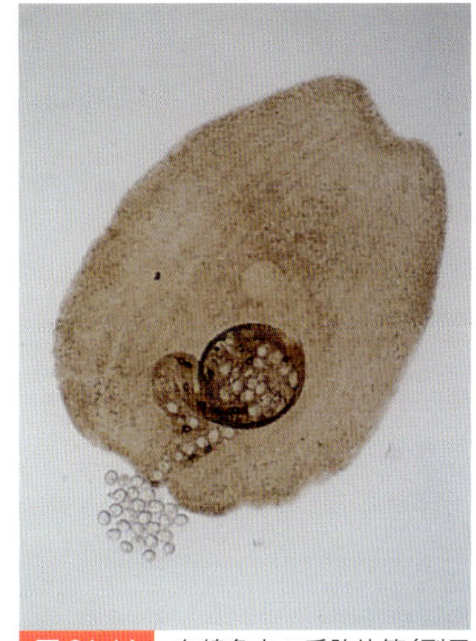

図 21-14　有線条虫の受胎片節(副子宮を示す)

2 | 疫学

国内の犬・猫における寄生は比較的稀であるが，近年，近縁種の*Mesocestoides vogae*(*M. corti*)の犬寄生が首都圏などで複数報告された．本種は幼虫(テトラチリジウム)が宿主体内で無性増殖し，重篤な症状を引き起こすことがある．

3 | 感染動物

終宿主は犬，猫，キツネなどで，その小腸に成虫が寄生する．ヒトにも寄生する．生活環には第一中間宿主(自由生活性のササラダニ類)および第二中間宿主(カエル，ヘビ，ほ乳類)，さらに待機宿主(爬虫類，ほ乳類)を要する．終宿主の糞便中に受胎片節が排泄され，それが崩壊し虫卵が環境中に出現する．第一中間宿主が虫卵を経口摂取するとその体内で擬嚢尾虫に発育する．この第一中間宿主を第二中間宿主が経口摂取するとその体内でテトラチリジウム(感染体)に発育する．終宿主が第二中間宿主を捕食すると小腸で成虫に発育する．また，終宿主はテトラチリジウムを保有する待機宿主を捕食しても感染する．

4 | 主症状

成虫の少数寄生ではほとんど症状はみられないが，多数寄生の幼獣では下痢，軟便を見ることがある．*M. vogae*のテトラチリジウム寄生では，腹腔で無性増殖した虫体に起因する腹膜炎や腹水貯留などがみられることがある．

5 | 病原体確認

終宿主の糞便に排泄された受胎片節を確認し，その形態(副子宮の存在など)により診断する．テトラチリジウム寄生の確認は一般的に困難であるが，腹水から虫体が検出されることもある(**図21-15**)．

図21-15 *Mesocestoides vogae*のテトラチリジウム

6 | その他(治療・予防・消毒など)

犬や猫は，終宿主(成虫寄生)になる場合と，中間宿主または待機宿主(テトラチリジウム寄生)になる場合がある．前者は第二中間宿主や待機宿主の捕食を避けること，後者は第一中間宿主の摂取を避けることにより予防は可能である．駆虫にはプラジクアンテル5 mg/kgの1回(成虫)または2回(テトラチリジウム)投与が有効である．

線虫類

a 分類

線形動物門，線虫綱の寄生虫を線虫類(nematode)と呼び，虫体は一般に糸状または紐状，大きさは数mmから数十cmで，成虫には雌雄がある．生活環に中間宿主を必要としない直接伝播の線虫と，必要とする間接伝播の線虫がある．小動物臨床で重要な線虫種は以下のようである．

b 回虫類

1 | 病原体の定義

回虫目，回虫科の*Toxocara*属の*T. canis*(犬回虫)と*T. cati*(猫回虫)，および*Toxascaris*属に分類される*T. leonia*(犬小回虫)が犬・猫の回虫症の病原体である．虫体は薄いピンク色で太く，体長はおよそ3～15 cmである(**図21-16**)．形態学的な特徴は，虫体の口周辺にみられる3個の口唇(**図21-17**)，体前部体表にみられる頸翼(**図21-18**)，虫卵の卵殻表面にみられるタンパク膜(**図21-19**)である．

2 | 疫学

犬回虫はイヌ科動物，猫回虫はネコ科動物に特異的であり，それぞれ犬と猫の寄生虫としては国内でも世界的にも最も普通にみられる．両種ともに母から子に垂直伝播するため幼獣は感染率が高い．犬小回虫は犬と猫では稀である．

3 | 感染動物

終宿主は，犬回虫ではイヌ科動物，猫回虫ではネコ科動物，犬小回虫ではイヌ科動物およびネコ科動物であり，成虫は小腸に寄生する．3種ともに中間宿主は不要であるが，待機宿主を介した感染がある．犬回虫と猫回虫の生活環は類似するが，犬回虫では感染時の犬の年齢がその後の虫体の発育に深く関与する．

犬回虫の生活環は以下のようである．犬の糞便中に排泄された虫卵は未発育で非感染性であるが，およそ10～14日間で幼虫を含む感染虫卵となる．犬(およそ5カ月齢以下)が感染虫卵を経口摂取すると，小腸で孵化した幼虫は腸壁から門脈を介して肝臓に達し，さらに大循環から心臓を経て肺循環で肺に達する．肺から気管を咽頭まで上行して消化器系に入り小腸に達して成虫となり(これを気管型移行という)，雌成虫は産卵を開始する．一方，犬(およそ5カ月齢以上)が感染虫卵を経口摂取すると，循環系の幼虫は全身組織で発育を停止させて留まる(これを全身型移行という)．この犬が雌で妊娠すると発育停止幼虫は移行を再開して，胎盤を介して胎子の肝臓に寄生する．胎子の出生後に幼虫は気管を介した移行で小腸に達して成虫となる．また，移行を再開した幼虫は乳腺から乳汁中に移行して出生後の幼獣に経乳感染し，消化管で発育して成虫となる．さらに，感染虫卵をイヌ科以外のほ乳類や鶏など(待機宿主)が経口摂取するとその体組織中で幼虫は発育停止し，その待機宿主を捕食した犬で成虫に発育する．

猫回虫では，感染虫卵による経口感染，幼虫による経乳感染のほかに，待機宿主(ネズミ類，ほ乳類など)を介した猫への感染が知られ，重要な感染経路とされる．イヌ科動物には寄生しない．

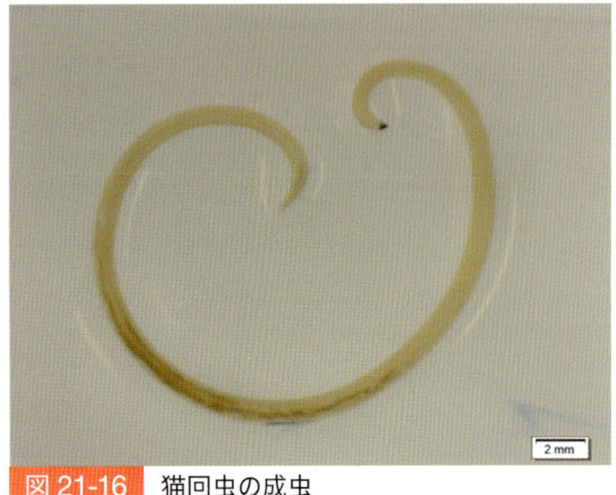

図 21-16 猫回虫の成虫

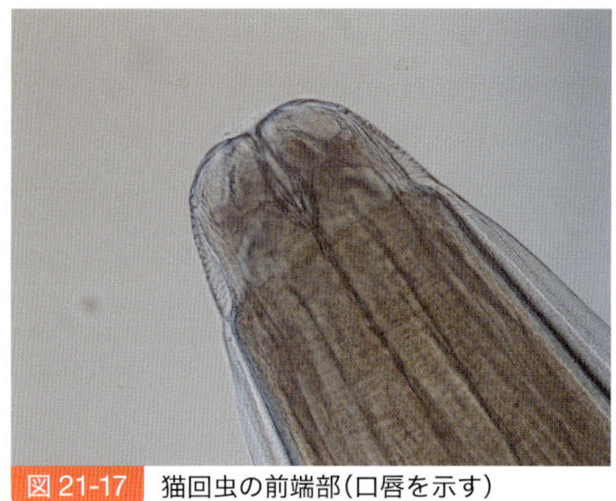
図 21-17 猫回虫の前端部(口唇を示す)

図 21-18 猫回虫の頸翼

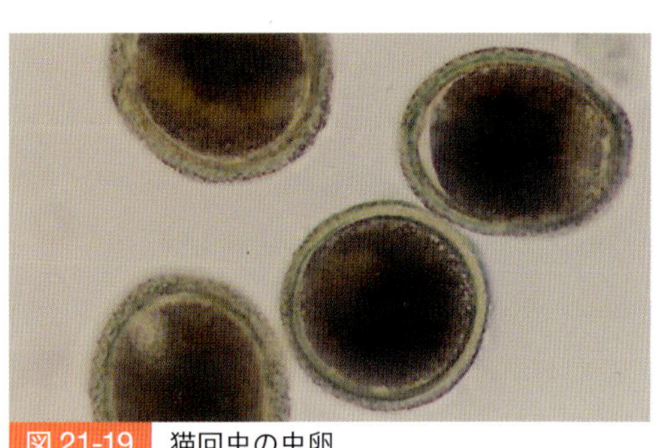
図 21-19 猫回虫の虫卵

ヒト(特に幼児)が犬回虫および猫回虫の感染虫卵を経口摂取すると，内臓組織や脳，眼球などに幼虫が移行して炎症性の病態を引き起こす(内臓幼虫移行症)．また，ヒト(特に大人)がレバーや鶏肉を生食して犬回虫や猫回虫の幼虫を摂取しても内臓幼虫移行症を引き起こす．

犬小回虫は，終宿主では感染虫卵を経口摂取して感染するが体内移行することなく小腸に入ると腸管内に戻り成虫となる．イヌ科動物以外にもネコ科動物(トラ，ライオンなど)に寄生する．また組織内幼虫が寄生する待機宿主(ネズミなどほ乳類)を捕食しても感染する．幼虫は小腸内で成虫に発育する．犬小回虫のヒトでの感染は知られていない．

4 | 主症状

幼獣は，犬回虫または猫回虫の成虫が多数寄生しやすく，症状も発現しやすい(➡p.417)．主な症状は下痢や嘔吐，食欲不振，粘膜の蒼白，腹囲膨満などで，時に虫体を吐出する．

犬小回虫では少数感染が多く，症状がみられないことが多い(➡p.417).

5 | 病原体確認

成虫寄生の確認には，糞便検査(集卵浮遊法，直接法)で虫卵を検出する.

6 | その他(治療・予防・消毒など)

未発育虫卵が感染虫卵になるまでに一定の期間を要するので，糞便の適切な処理は予防効果がある．また待機宿主の捕食を避ける．犬回虫は胎盤感染や経乳感染を行うので新生子犬の寄生率は極めて高いと考えられる．新生子犬には生後2週と4週後に発症予防のため駆虫薬を投与することが望ましい．成虫の駆虫にはイベルメクチン系やピペラジン系などが有効である.

c 鉤虫類

1 | 病原体の定義

円虫目，鉤虫科の*Ancylostoma*属の*A. caninum*(犬鉤虫)および*A. tubaeforme*(猫鉤虫)がそれぞれ犬と猫の鉤虫症の主な病原体である．虫体は灰白色，赤みがかった腸管が透けて見える．体長はおよそ8～20 mm，口腔は大きく，歯板に大きな鉤がある(**図21-20**)．雄虫体は後端に交接嚢を有する.

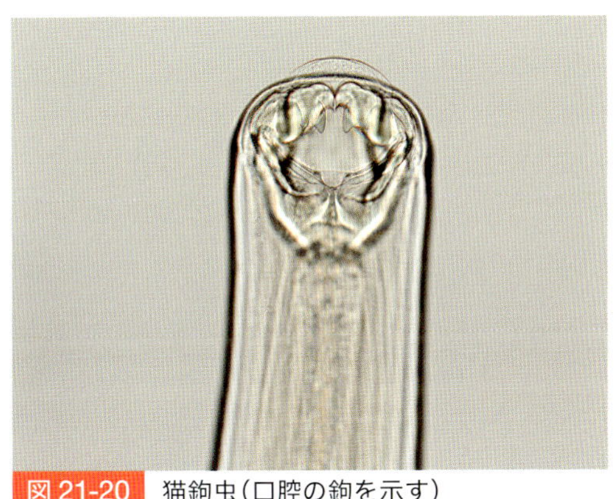

図21-20 猫鉤虫(口腔の鉤を示す)

2 | 疫学

世界的に分布し，国内でも犬で犬鉤虫，猫で猫鉤虫が普通にみられる．その他に近縁種として，セイロン鉤虫やアメリカ鉤虫，ズビニ鉤虫が国内でも稀にみられる.

3 | 感染動物

犬鉤虫ではイヌ科動物，猫鉤虫ではネコ科動物が主な終宿主であり，成虫は小腸に寄生する．終宿主の糞便中に排泄された虫卵は1期幼虫を形成する．孵化した1期幼虫は発育して3期幼虫(感染幼虫)となり，経口的または経皮的に終宿主に感染する．侵入した幼虫は，①循環系を介して心臓から肺，さらに気管を介して消化管に移行して小腸で成虫となる(気管型移行)，②消化管とその粘膜内で発育して小腸で成虫となる(粘膜型移行)，③幼虫が気管型移行の途中で発育停止して全身組織に留まる(全身型移行)，の三つの発育過程が知られ，終宿主の抵抗性が関与すると考えられている．犬鉤虫では，発育停止幼虫が母犬の妊娠・出産により胎盤感染や経乳感染する．さらに犬鉤虫では待機宿主(ほ乳類，昆虫類)を介した感染も知られる．

4 | 主症状

感染抵抗性の低い幼獣で発症しやすい．ほ乳期の子犬では，生後1週前後から下痢や血便を伴って発育不良となり，重度の貧血から衰弱死する(➡p.417)．重度感染の幼犬では下痢と粘血便を排泄し，可視粘膜の蒼白，腹痛を訴える．少数感染や急性期を耐過した犬では，時に軟便の排泄を見るが一般に症状は軽い．

5 | 病原体確認

成虫寄生の確認には，糞便検査(集卵浮遊法)で虫卵(**図21-21**)を検出する．

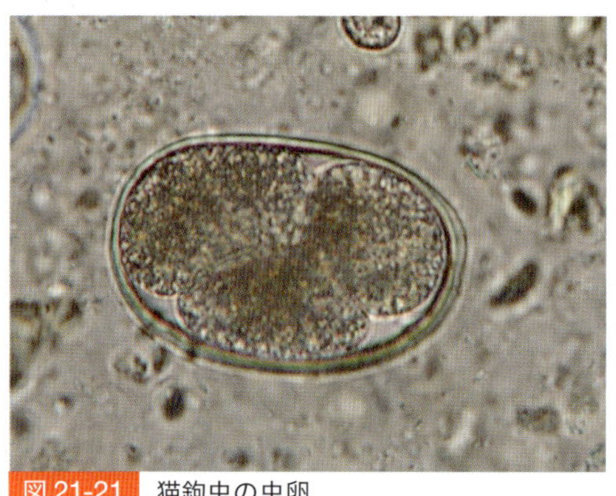

図21-21 猫鉤虫の虫卵

6 | その他(治療・予防・消毒など)

3期幼虫に汚染されている環境(土壌など)との接触を避ける．母犬の感染が疑われる場合には新生子犬の発症予防のため早期に駆虫することが望ましい．成虫の駆虫にはイベルメクチン系やピランテル，ベンズイミダゾール系の薬剤が有効である．

d 糞線虫類

1 | 病原体の定義

桿線虫目，糞線虫科の*Strongyloides*属の*S. stercoralis*(糞線虫)および*S. planiceps*(猫糞線虫)が主な病原体である．寄生世代と自由生活世代が交互する生活環(ヘテロゴニー)が特徴的である．寄生世代は雌虫体だけで，成虫は白色，体長数mmと小型で，細い糸状である．

2 | 疫学

糞線虫は，熱帯から温帯地域まで広く分布し，国内でも繁殖・飼育施設のビーグル犬などで感染がしばしばみられる．また，ヒトの糞線虫症は九州南部と沖縄県で散発する．猫糞線虫の分布は日本とマレー半島に限局する．国内では犬や猫よりもタヌキの寄生率が高い．

3 | 感染動物

糞線虫はヒトや犬，猫，キツネなど，猫糞線虫は犬や猫，タヌキなどがそれぞれ終宿主であり，その小腸に雌成虫が寄生する．ヘテロゴニーによる生活環を行う．糞線虫では，終宿主の糞便に1期幼虫が排泄される．1期幼虫は直接発育または間接発育を行い，直接発育では外界で2回脱皮して3期幼虫(感染幼虫)となり，終宿主に経皮的または経口的に感染する．間接発育では，外界で4回脱皮して雌・雄成虫となり，両者は有性生殖を行って雌は産卵する(自由生活世代)．虫卵内に形成された1期幼虫は孵化し，2回脱皮して3期幼虫(感染幼虫)に発育し経皮的または経口的に終宿主に感染する．なお，1期幼虫がどちらの発育を選択するかは，外界の環境要因(温度や湿度，栄養など)や寄生世代雌成虫の系統および虫齢などが関係すると考えられている．終宿主に感染した3期幼虫は，循環系から気管型移行して小腸で成虫となる．また，糞線虫では自家感染が知られ，感染宿主の腸管内で虫卵から孵化した1期幼虫は3期幼虫に発育し，腸粘膜で発育して成虫になる．自家感染する糞線虫は同一終宿主に長期間あるいは終生寄生し続けることもある．

4 | 主症状

成獣の少数寄生では無症状のこともあるが，自家感染などで重度寄生した幼獣では下痢がみられ，脱水や栄養障害，発育不良などを伴う(➡p.418)．

5 | 病原体確認

成虫寄生の確認には，糞線虫では新鮮糞便の検査(MGL法，直接塗抹法)で1期幼虫(**図21-22**)を検出する．猫糞線虫では新鮮糞便の検査(集卵浮遊法)で虫卵(**図21-23**)を検出する．

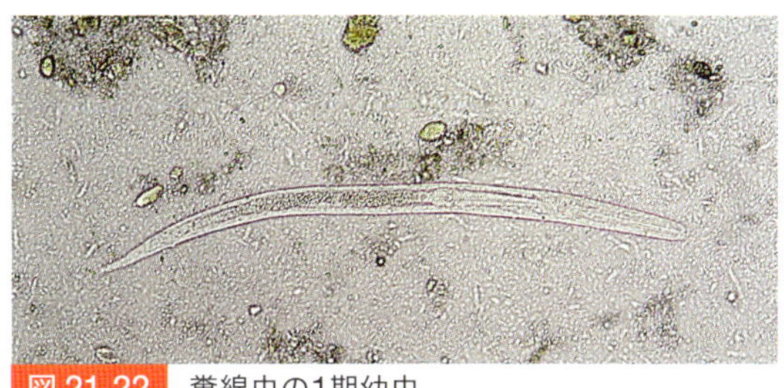
図21-22　糞線虫の1期幼虫

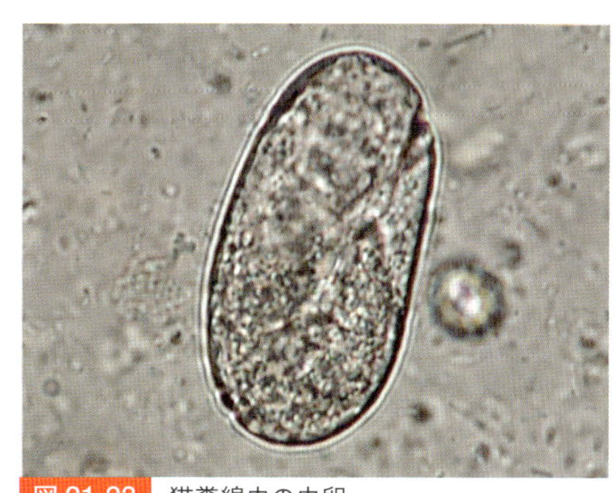
図21-23　猫糞線虫の虫卵

6 その他(治療・予防・消毒など)

3期幼虫に汚染されている環境(土壌など)との接触を避ける．また，飼育環境を清掃し乾燥させることは，自由生活世代の生息環境を排除するために極めて重要である．成虫の駆虫にはイベルメクチン系やベンズイミダゾール系の薬剤が有効である．

e 犬鞭虫

1 病原体の定義

エノプルス目，鞭虫科の*Trichuris*属の*T. vulpis*(犬鞭虫)が犬鞭虫症の病原体である．虫体は前半部(およそ2/3)が細く，後半部(1/3)が太い鞭状である(**図21-24**)．体長はおよそ3～7 cm，食道部のスチコソーム(食道線細胞の並び)が特徴的である(**図21-25**)．また虫卵は黄褐色でレモン状，両端に栓様構造がみられる(**図21-26**)．

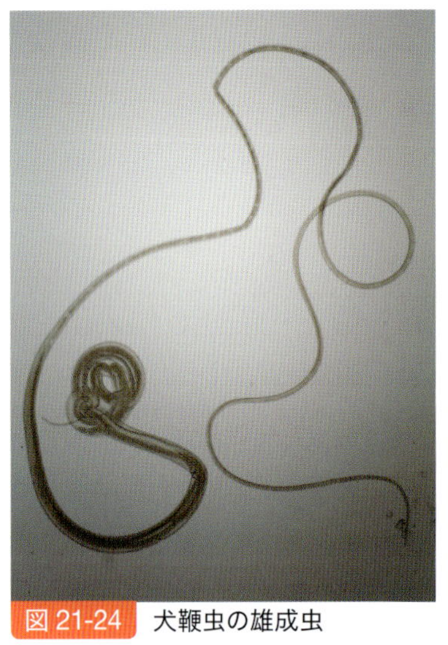
図21-24 犬鞭虫の雄成虫

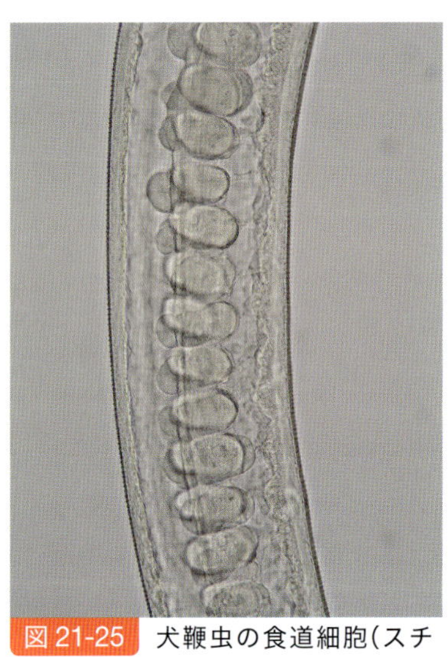
図21-25 犬鞭虫の食道細胞(スチコソーム)

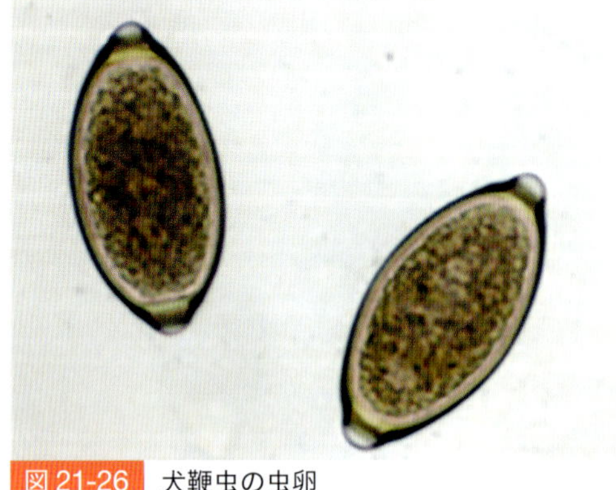
図21-26 犬鞭虫の虫卵

2 | 疫学

分布は世界的で，国内の犬でも普通にみられる．なお，近縁種で猫寄生の猫鞭虫(*T. serrata*)は国内では稀である．

3 | 感染動物

終宿主はイヌ科動物で，成虫は盲・結腸に寄生する．直接伝播で宿主に感染する．すなわち，終宿主の糞便に排泄された未発育の虫卵は，およそ2週間から1カ月間をかけて幼虫形成虫卵(感染虫卵)となる．終宿主はこの感染虫卵を経口摂取することで感染する．孵化した幼虫は腸陰窩などで発育して盲・結腸で成虫になる．

4 | 主症状

虫体は細い前半部を腸粘膜内に侵入させて寄生するので粘膜組織を機械的に損傷する．成犬の少数寄生では時々軟便を排出する程度であるが，多数寄生では長期的な下痢や粘血便の排泄，しぶり，栄養低下などがみられ，直腸脱や腸管嵌入を起こすこともある(➡p.421)．

5 | 病原体確認

成虫寄生は，糞便検査(集卵浮遊法，直接塗抹法)で虫卵を確認する．

6 | その他(治療・予防・消毒など)

糞便排泄直後の虫卵(未発育虫卵)は感染性がないため，糞便を迅速に処理し環境を感染虫卵で汚染させないことが重要である．成虫の駆虫にはイベルメクチン系やフェバンテルなどの薬剤が有効である．以前はメチリジンが駆虫薬として使われていた．

g 犬糸状虫

1 | 病原体の定義

旋尾線虫目，オンコセルカ科の*Dirofilaria*属の*D. immitis*(犬糸状虫)が犬糸状虫症の病原体である．虫体は乳白色で細長く，体長は雄成虫でおよそ17 cm，雌成虫で27 cmである．

2 | 疫学

熱帯から温帯地域まで世界的に広く分布し，国内でも全国的に分布する．しかし，イベルメクチン系薬剤による予防が浸透したため，現在では都市部を中心に減少している．

3 | 感染動物

終宿主はイヌ科動物の他に，ネコ科動物，イタチ科などで，成虫は肺動脈および右心室に寄生する．生活環には中間宿主(蚊類)を要する．雌成虫が産出した1期幼虫(ミクロフィラリア，microfilaria: Mf)は1～2年間生存し，肺と末梢の血管内を日周期的および季節周期的に移動する現象を持つ(定期出現性)．蚊は終宿主を吸血する際に血液とともにMfを取り込む．蚊の体内(マルピギー管)でMfは

3期幼虫(感染幼虫)に発育し，吻鞘部に移行する．蚊の吸血に際して3期幼虫は犬の体内に侵入し，中間発育場所(皮下，筋，脂肪，漿膜下などの組織)で感染約10日後に4期幼虫，65日後に5期幼虫となる．5期幼虫は静脈に侵入して右心室から肺動脈に達して成虫となる．

4 | 主症状

肺動脈や右心室に寄生する虫体に起因する病態・症状は全身的である(➡ p.390)．虫体の持続的な寄生により，肺動脈および右心室の内膜は物理的刺激や損傷を受け続け，また虫体由来の抗原物質が血小板を活性化して放出される物質が内膜を絨毛性および乳嘴性に増殖させる．その結果，肺動脈の拡張や肥厚，硬化，内腔狭窄から肺動脈の循環障害が生じ，また虫体が弁や腱索などに絡みつくと弁の機能が著しく阻害されて肺動脈弁や三尖弁の閉鎖不全が発生し，さらに病態が進むと肺高血圧や心臓負荷が高まり肺動脈基部の拡張，右心室の拡張と肥大，うっ血性右心不全へと移行する．この状態は静脈系の全身的な循環障害を誘発し，肝臓や腎臓などの実質臓器に機能不全を起こす．これらの病態は慢性的に漸次進行し，削痩，咳，運動不耐性，運動性疲労，失神，開口呼吸，呼吸促迫，貧血，黄疸，腹水貯留などがみられる．また，大静脈症候群(caval syndrome)では，急激な衰弱，血色素尿，貧血，黄疸，呼吸異常，収縮期心内雑音などがみられる．奇異性塞栓症(paradoxical embolism)では，塞栓部位により症状は異なるが後駆や後肢での発生が多い．症状は発熱，疼痛，跛行，起立不能，麻痺などである．肝臓や腎臓の機能障害，中枢系の障害などもみられる．

5 | 病原体確認

成虫寄生は，血中Mfの確認が基本である．Mf検査には直接塗抹法，厚層塗抹染色法，ヘマトクリット管法，アセトン集虫法，フィルター集虫法などがある．オカルト感染(成虫は寄生するがMfが検出されない)に注意する．虫体由来抗原物質を検出する血清検査法はオカルト感染の診断に有効である．

6 | その他(治療・予防・消毒など)

予防の基本は蚊類の吸血を避けることである．しかし予防薬の投与が一般的であり，イベルメクチン系薬剤が用いられる．イベルメクチン系薬剤は犬体内の4期幼虫を殺滅し，肺動脈・右心室の成虫寄生を防止することを目的し，犬糸状虫の感染を予防するものではない．

成虫の駆虫には外科的治療と内科的治療がある．すなわち，フレキシブル・アリゲーター鉗子を用いて肺動脈・右心室から直接虫体を摘出・除去する外科的な方法と，駆虫薬メラルソミン二塩酸塩(現在，国内では販売されていない)を投与する内科的方法である．症例の病的状態や年齢，虫体寄生数などから治療法を選択するが，一般に外科的治療は予後がよい．

h 猫胃虫

1 | 病原体の定義

旋尾線虫目，フィザロプテラ科の*Physaloptera*属の*P. praeputialis*(猫胃虫)が病原体である．虫体は乳白色または鮮紅色で太く，体長はおよそ3～6 cmである．虫体後端は包皮状の鞘に包まれる．

2 | 疫学

分布は世界的であるが欧州では検出されていない．国内にも分布するが猫と犬の寄生率は高くない．

3 | 感染動物

終宿主はネコ科動物およびイヌ科動物で，成虫はその胃壁に鉤着にて寄生する．生活環には中間宿主(ゴキブリ，バッタ，コオロギなど)を要する．終宿主の糞便に幼虫形成卵が排泄され，中間宿主が経口摂取すると幼虫が孵化し，3期幼虫に発育する．この中間宿主を終宿主が経口摂取すると感染し，幼虫は胃内で発育・脱皮して成虫になる．また待機宿主を介した感染も知られる．

4 | 主症状

多数寄生では嘔吐と食欲不振がみられ，吐物中に虫体が含まれることがある．また，胃出血に伴うタール様の便を排泄することがある(➡p.405)．

5 | 病原体確認

成虫寄生は，糞便検査(集卵沈殿法)で虫卵を確認する．また，吐出された虫体の形態観察で同定する．

6 | その他(治療・予防・消毒など)

中間宿主や待機宿主の捕食を避ける．都会ではゴキブリを駆除する．治療にはベンズイミダゾール系薬剤やイベルメクチンを投与する．

i 膀胱毛細線虫

1 | 病原体の定義

旋尾線虫目，鞭虫科の*Pearsonema*属の*P. plica* (*Capillaria plica*，犬膀胱毛細線虫)と*Pearsonema feliscati*(*Capillaria feliscati*，猫膀胱毛細線虫)が病原体である．虫体は毛様で細長く，体長はおよそ1.5～6 cmである．

2 | 疫学

分布は世界的で，国内にも分布するが猫と犬の寄生率は高くない．

3 | 感染動物

終宿主は，犬膀胱毛細線虫ではイヌ科動物，猫膀胱毛細線虫ではネコ科動物であり，成虫は膀胱に寄生する．生活環には中間宿主(ミミズ類)を要する．終宿主の糞便に排泄された虫卵を中間宿主が経口摂取すると1期幼虫が孵化し，3期幼虫に発育する．この中間宿主を終宿主が経口摂取すると感染し，幼虫は血行性に腎臓に達し，尿管を経て膀胱に寄生すると考えられている．

4 | 主症状

一般的には症状はみられないが，多数寄生では排尿困難や頻尿がみられ，尿沈渣に異常がみられる．

5 | 病原体確認

成虫寄生は，尿検査(集卵沈殿法)で虫卵を確認する．

6 | その他(治療・予防・消毒など)

中間宿主の捕食を避ける．治療にはベンズイミダゾール系薬剤やレバミゾールが有効である．

j 東洋眼虫

1 | 病原体の定義

旋尾線虫目，眼虫科の*Thelazia*属の*T.callipaeda*が病原体(**図21-27**)である．虫体は乳白色，半透明で，体長はおよそ1～2 cmである．

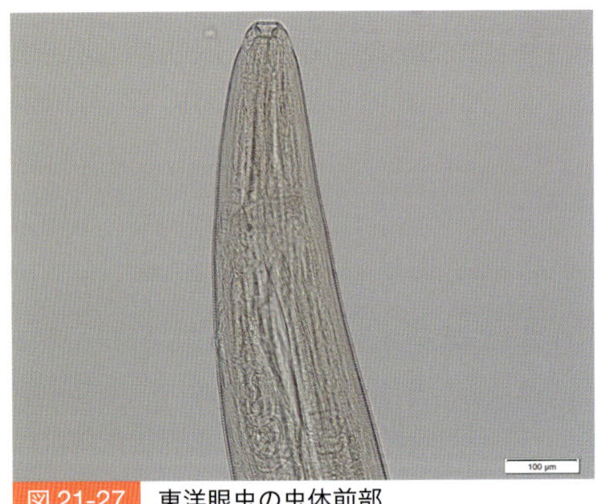

図21-27 東洋眼虫の虫体前部

2 | 疫学

国内では九州，西日本地方で多くの症例がみられたが，近年は関東や東北地方でも症例が報告されている．また人体症例も少なくない．

3 | 感染動物

終宿主は，犬，猫，ヒトなどで，結膜嚢，特に瞬膜嚢に寄生する．生活環には中間宿主(ショウジョウバエ科のメマトイ類)を要する．成虫が産出した1期幼虫(バルーン状の卵殻を伴う)をメマトイが涙とともに経口摂取すると，その体内で3期幼虫に発育する．このメマトイが終宿主の眼周辺にたかり，涙などを摂取する際に3期幼虫が終宿主に移行し成虫に発育する．

4 | 主症状

軽症では，結膜の充血や羞明が一時的にみられるが回復することが多い(➡p.540)．重症では，角膜の白濁や腫脹，眼瞼周囲炎などから失明することもある．

5 | 病原体確認

眼に乳白色で動きのある虫体を検出するか，結膜嚢を洗浄して虫体を確認する．また眼洗浄液中に虫卵や1期幼虫を検出する．

6 | その他(治療・予防・消毒など)

中間宿主との接触を避ける．治療には眼洗浄で虫体を除去する．またイベルメクチン系薬剤の皮下投与や点眼が有効である．

参考文献

1. 今井壯一，板垣匡，藤﨑幸藏(2007)：最新家畜寄生虫病学，朝倉書店
2. 板垣匡，藤﨑幸藏(2019)：動物寄生虫病学(四訂版)，朝倉書店
3. 日本獣医寄生虫学会(2017)：獣医学教育モデル・コア・カリキュラム準拠　寄生虫病学改訂版，緑書房
4. Irie T, Yamaguchi Y, Doanh PN, et al.(2017)：J Vet Med Sci. 79, 1419-1425.
5. Kashiide T, Matsumoto J, Yamaya Y, et al.(2014)：Vet Parasitol. 201, 154-157.

22 外部寄生虫

マダニ

散歩する犬や外出する可能性のある猫において，マダニ類はノミ類と並んで最も注意すべき外部寄生虫の一つである．その害は，吸血による直接的な病害もさることながら病原体媒介者として重要であり，動物のみならずヒトを含めた致死性感染症のベクターとしても注意が必要である．

a 分類

マダニは後気門目Metastigmata(現在の分類ではマダニ目Ixodidaとも呼ばれる)に分類され，全ステージ吸血性であり，ダニの中でも特に大型である．成虫は，吸血前で体長2 mm前後，十分に吸血(飽血)すると大型種では20 mmを越える．英語では特別に「tick」と呼ばれ，その他の小型のダニ類を指す「mite」とは日常生活でも区別される．後気門亜目には，野鳥やコウモリなどに寄生するヒメダニ科と，通常の小動物臨床で多く遭遇するマダニ科があり，日本には各々が4種および42種知られている[1]．ヒメダニ科のダニは，体背面を覆う硬質な肥厚板(背板)を持たないことからsoft tick(俗称・軟マダニ)とも呼ばれ，成ダニの腹面前方から派生する口器が背側面からは隠されて観察できないのに対し，明瞭な背板を持ち，口器が体前端から突出するマダニ科のダニ(hard tick，俗称・硬マダニ)とは明瞭に区別される(**図22-1**)．ヒメダニ類は稀に偶発的に小動物臨床で遭遇することもあるが，本項ではマダニ科の中でも臨床的に重要なものを取り上げる．

病原体を媒介するマダニは，その病原体媒介性に種差があることから種の同定が重要となる．しかしマダニ類における種の同定は必ずしも容易ではなく，特に孵化直後の幼虫や一部の種の若虫の同定は専門家でも頭を悩ませることがある．しかしながら成ダニについては，少なくとも属レベルまでの同定は比較的容易である．寄生しているマダニの属が判明するだけでも，媒介病原体の可能性が絞り込まれるほか，属によって皮膚への口器の刺入様式が異なることから，除去にあたっての対処法(後述)が異なる．そこで，ここでは成虫の属レベルでの同定方法について概説する．専門家はマダニを生きたまま観察することを推奨することがあるが，逃亡の可能性もあるため，臨床では採取後速やかに70%エタノールに投入する．観察にあたっては，ルーペ(顕微鏡から接眼レンズを引き抜いて上下逆にすると高倍率のルーペになる)や，検体の斜め上からライトで照らしながらの低倍率顕微鏡観察が利用可能である．大きさは吸血状態によって大幅に変化するため，ステージの判定にあたり，まずは脚の数に着目する．3対6本なら幼虫，4対8本なら若虫か成虫である(**図22-2**)．次に腹側に着目し，体後方に必ず開口する肛門の他に，左右脚の付け根(基節)の間に開口する生殖孔(**図22-1**)が認められれば成虫である(**図22-2**)．成虫の場合，背側全面が背板に覆われていれば雄であり，体前方部分のみ甲羅状に背板が覆っていれば雌である(**図22-2**)．国内に分布するマダニは5属(マダニ属，チマダニ属，カクマダニ属，コイタマダニ属(ウシマダニ属は現在はコイタマダニ属

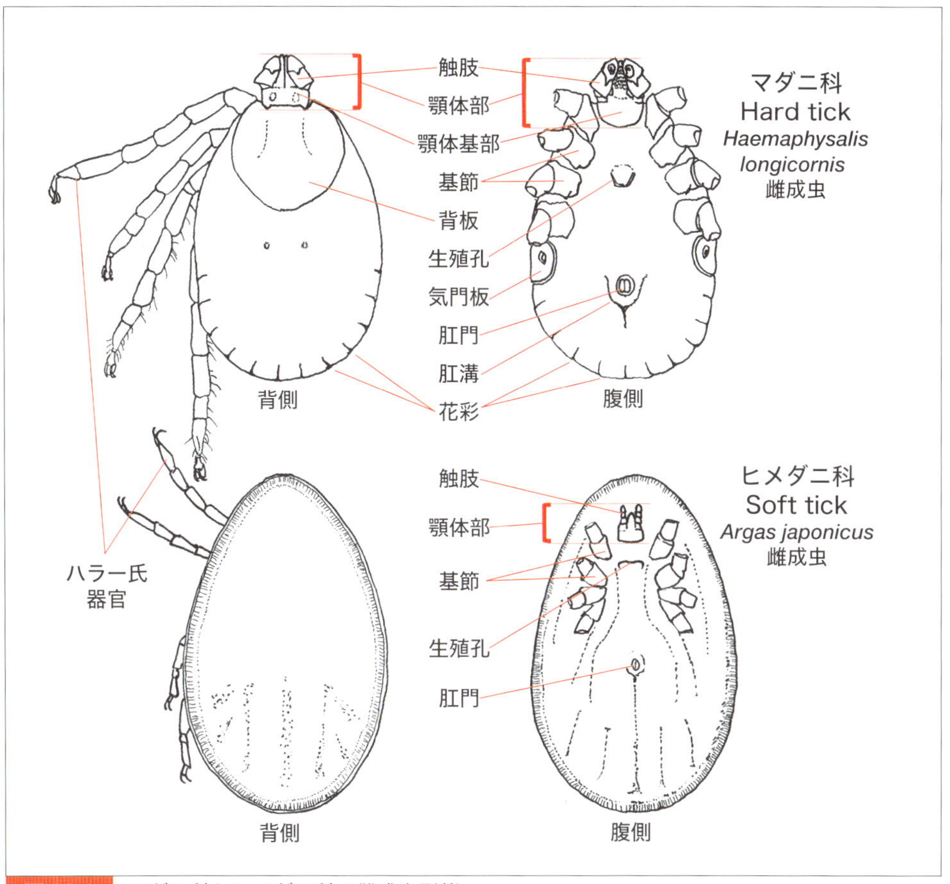

図 22-1　マダニ科とヒメダニ科の雌成虫形態

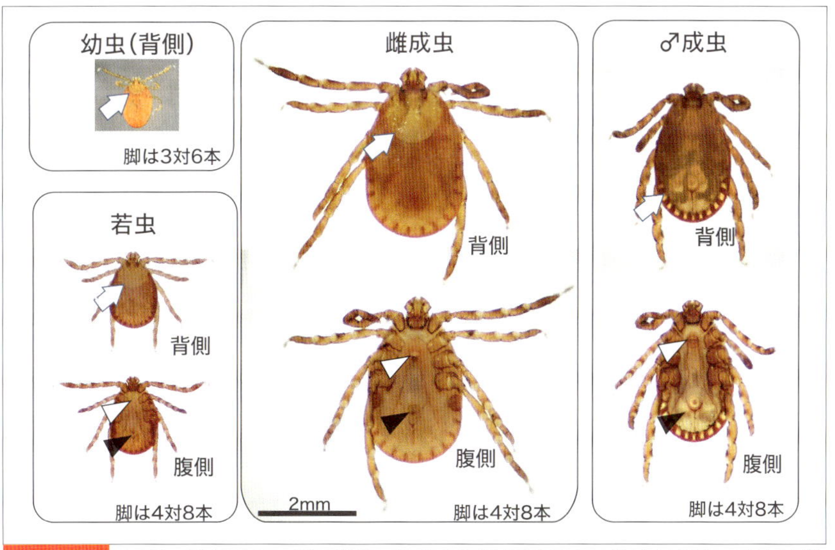

図 22-2　マダニ科各ステージの鑑別．幼虫のみ脚は3対6本，他は4対8本．若虫は腹側面で肛門(黒矢頭)のみを認めるが左右脚の間(白矢頭)に生殖孔を認めない．成虫は腹側面で肛門(黒矢頭)の他に生殖孔(白矢頭)を認める．幼虫，若虫，雌成虫は背側面前方が部分的に背板(矢印)に覆われるが，雄成虫は背側全面が背板に覆われる．スケールは全ステージ共通．写真はすべてオオトゲチマダニ

の亜属とされている），およびキララマダニ属が知られている．我が国のマダニ科成虫の属の同定に利用できる形質を**表22-1**および**図22- 3**に示す．

表 22-1 日本のマダニ科成虫の属別特徴

属　名	マダニ属	チマダニ属	コイタマダニ属	コイタマダニ属 ウシマダニ亜属	キララマダニ属	カクマダニ属
	Ixodes	*Haemaphysalis*	*Rhipicephalus*	*R. (Boophilus)*	*Amblyomma*	*Dermacentor*
肛溝	前	後	後	後	後	後
眼	なし	なし	あり	あり	あり	あり
顎体基部形状	四角形	四角形	六角形	六角形	四角形	四角形
花彩	なし	あり	あり	なし	あり	あり
背板の エナメル斑	なし	なし	なし	なし	あり	あり
体前方背側 形態	p m s	p m s	p m s e	p m e s	p m e s	p m e s

＊図 22-3 も併せて確認のこと　（e：眼，m：顎体基部，p：触肢，s：背板）

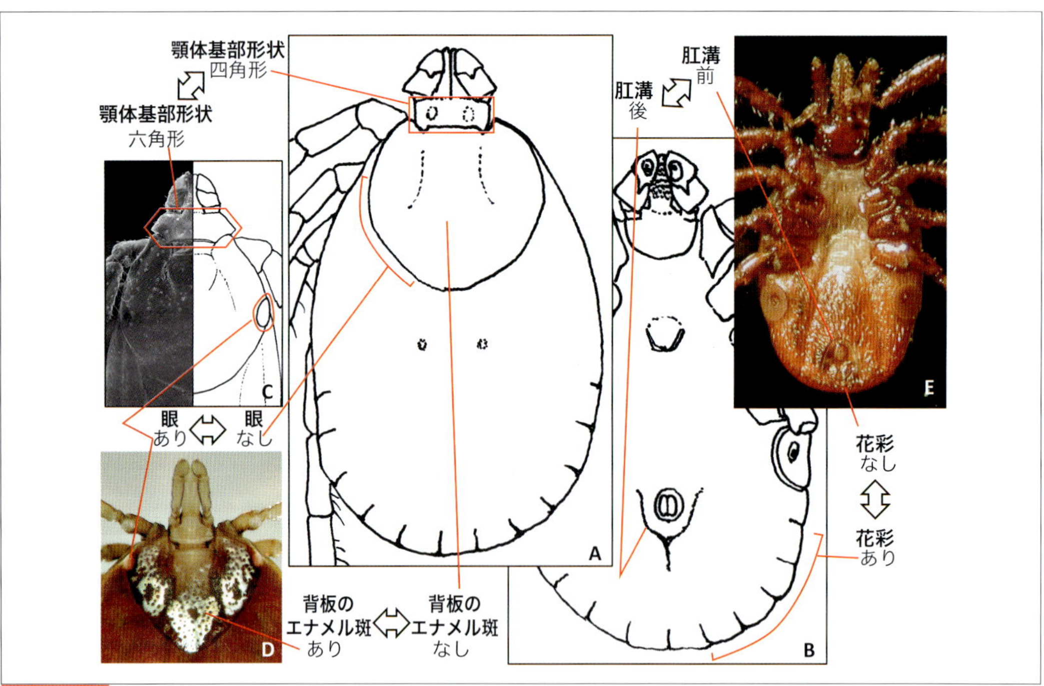

図 22-3 日本の主要マダニ科成虫の属鑑別用形質．表22-1および図22-1と併せて確認のこと．肛溝が肛門前を逆U字状に走行し，花彩を持たなければマダニ*Ixodes*属．肛溝が肛門後ろをU字状に走行して花彩を持ち，かつ背板の側縁に眼を認めなければチマダニ*Haemaphysalis*属．肛溝が肛門後ろで花彩を持ち眼がある場合，顎体基部が六角形ならコイタマダニ*Rhipicephalus*属（ただしウシマダニ*Boophilus*亜属は花彩を持たない）．顎体基部が四角形でエナメル斑がある場合，触肢の長さが顎体基部よりも明らかに長ければキララマダニ*Amblyomma*属，顎体基部と同程度ならカクマダニ*Dermacentor*属となる．A：フタトゲチマダニ雌成虫背側面，B：同腹側面，C：クリイロコイタマダニ雌成虫背側面，D：キララマダニ雌成虫背側面，E：ヤマトマダニ雌成虫腹側面

b 病原体の定義

日本の小動物臨床で遭遇しやすいものについて以下に概説する.

1 | チマダニ属

①フタトゲチマダニ *Haemaphysalis longicornis*

- 北海道から沖縄まで広く分布する. げっ歯類から大型ほ乳類, また鳥類にも寄生し, ヒトへの寄生も多い. マダニ類は通常両性生殖であるが, 本種は通常の両性生殖型に加え, 雄が不要で雌一個体のみで産卵しうる単為生殖が存在する. これは当初は西日本の一部だけにみられたが, 現在では全国的に分布している. 単為生殖株は, 野外活動の際にわずか1匹でも雌成ダニが寄生した状態で帰宅し, 飽血後に庭に落下して産卵に至ると環境が多数のダニに汚染される. 吸血による貧血に加え, 牛および犬のピロプラズマ病の媒介生物として重要である. 感染症法で届出が必要なダニ媒介感染症のうち, ダニ媒介脳炎, 重症熱性血小板減少症候群(SFTS), 日本紅斑熱などを媒介しうる.

②キチマダニ *H. flava*

- 沖縄を除く日本全国に分布する. げっ歯類から大型ほ乳類, また鳥類にも寄生するが, 成虫は里山のタヌキ, キツネなどの中型野生動物に多くみられ, 野外活動をした際に犬に寄生することが多い. 犬の *Anaplasma platys*(➡p.232), ヒトのSFTS, 日本紅斑熱を媒介しうる. またウサギへの親和性から野兎病(➡p.716)を媒介しやすい.

③ツリガネチマダニ *H. campanulata*

- 沖縄を除く日本全国に分布する. げっ歯類から大型ほ乳類までに寄生するが, 犬で検出されることが多い. 趾間や耳介に寄生しやすい. 山野よりは都市部での寄生が多くみられる. 犬のピロプラズマ病を媒介しうる.

2 | マダニ属

①ヤマトマダニ *Ixodes ovatus*

- 沖縄を除く日本全国に分布する. げっ歯類から大型ほ乳類, また鳥類にも寄生し, ヒトへの寄生も多い. 顔面部, 特に目の周りを好んで咬着する. 犬の *Anaplasma platys*, ヒトの日本紅斑熱を媒介しうる. またウサギへの親和性から野兎病を媒介しやすい.

②シュルツェマダニ *I. persulcatus*

- 北方系のダニで北海道から西日本にまで分布するが, 本州では寒冷な山岳部を好み, 北海道では平野部にも分布する. げっ歯類から大型ほ乳類, また鳥類にも寄生し, ヒトへの寄生も多い. ダニ媒介性脳炎(ロシア春夏脳炎など), エールリヒア症, ライム病などのヒトにおける重要感染症を媒介するので重要である.

3 | キララマダニ属

①タカサゴキララマダニ *Amblyomma testudinarium*

- 大型のマダニで, 飽血後は2 cm以上になることもある. 背板に光沢のある黄褐色ベースのエナメル斑と明瞭な眼を備える．沖縄を含む関東以西に分布する．幼虫および若虫は爬虫類，鳥類，小～中型ほ乳類を宿主とするが，成虫はヒトを含む大型ほ乳類を好んで寄生する．SFTS媒介の可能性が示唆されている．

4 | コイタマダニ属

①クリイロコイタマダニ *Rhipicephalus sanguineus*

- 南方系のマダニで，主に西日本から沖縄に分布するが関東での検出例もある．乾燥に強く，宿主から離れた後に一定以上の温度さえあれば屋内でも発育しうる．米国では犬で最も頻繁に検出されるマダニであり，brown dog tickと呼ばれる．我が国でも犬に寄生するが，大小のほ乳類のほか，鳥類を含めて寄生しうる．犬の*Anaplasma platys*，ヘパトゾーン症，ピロプラズマ病，エールリヒア症などを媒介しうる．

②オウシマダニ *R.*(*Boophilus*)*microplus*

- 南方系のダニで沖縄と九州の一部に分布しうる．孵化した幼虫が一旦宿主に取り付くと成虫になるまで脱落することなく宿主上で脱皮しつつ発育する．大型動物を好むが，鳥類や犬・猫に寄生することもある．家畜のピロプラズマ病のベクターとして重要である他，ヒトにSFTSを媒介しうる．

c 疫学

マダニ種別の分布状況の詳細は上掲の「病原体の定義」の項を参照されたい．

全国的に行われたIwakamiらの調査[2]では，犬寄生の最頻検出マダニ種はフタトゲチマダニであり，その1/4ほどの頻度でキチマダニとヤマトマダニが検出されてる．一方猫でも最頻検出種はフタトゲチマダニであるが，その2/3ほどの頻度でヤマトマダニが，さらにその半分程度でタカサゴキララマダニが検出されている．地理的分布としては，全国的に分布する種(フタトゲチマダニ，キチマダニ，ヤマトマダニなど)，関東以北に分布する種(シュルツェマダニなど)，西南日本に分布する種(クリイロコイタマダニなど)などがある．これらの中でもシュルツェマダニは寒冷な気候を好むため，北海道では平野部に普通に分布するが，関東以西でも800m以上の高地ならば生息可能であるため，野外活動の立地によっては地方を問わず感染リスクが存在する．クリイロコイタマダニは西日本から沖縄に分布するが，宿主体外の発育に湿潤環境を必要とする他のマダニと異なって乾燥に強く，屋内のステンレス犬舎でも発育可能であり，空調の整った環境では地域性とは無関係に検出される可能性がある．その他の種についても，動物の移動や気象変動などに伴って従来より分布域が拡大する傾向にあり[3]，種の推定には予断を持たず臨まなければならない．

d 感染動物

マダニ種別の宿主動物の詳細については上掲の「病原体の定義」の項を参照されたい．

マダニ類は，卵以外のすべてのステージが脊椎動物に寄生し吸血を行う．

体がごく小さい幼虫の時期には小型の動物に寄生することが多く，ヘビやトカゲなどを宿主とするものもある．発育するにつれてより大型の動物を宿主とする傾向にある．マダニの寄生は植物の葉の裏などで宿主動物の接触を待ち伏せるのが基本であり，より大型の動物への寄生を好む種ないしステージでは，地表からより高い場所で待ち伏せる傾向にある[4]．マダニ自身が大きく移動することはあまりないが，持続的に二酸化炭素などの誘因刺激が存在する状況では第一脚先近くにあるセンサー（ハラー氏器官〈**図22-1**〉）を利用して最大で1時間に4 mほど移動するとされている[5]．眼の機能は周囲の明るさを感知する程度に留まり，視覚は持たない．

吸血にあたっては，尖端が鋏状になった鋏角と呼ばれる口器で咬着部位の皮膚を切り開きつつ，形成した創部内に口器全体を押し込んで行く．口部を十分に皮膚内に挿入すると，多くの種はセメント物質という唾液成分を注入して口器を刺入部に固定する．その後，口器前端の皮膚組織内に血液溜まりを形成してからようやくに吸血を開始する．このように構築された一連の吸血のための構造を吸血装置と呼ぶ．吸血時間は，吸血装置構築の必要もあって総じて長くなり，ステージにもよるが最短で幼虫の数日から，雌成虫では時に数週間にわたって同一部位に咬着しつづける．この間，宿主に咬着を気取らせないように，抗凝固作用の他に麻酔作用を持つ唾液成分を持続的に注入する．吸血開始から完了までの体が大きくなる速度は一定ではなく，吸血終盤近くに至るまでは吸血はするものの必要な成分だけを体内に留め，不要成分は唾液として宿主に戻したり糞便として排泄することで体をあまり膨化させない．そして十分に吸血して宿主から脱落する数日前～前日に至り，一気に大量の血液を体内に蓄えて体重を増加させ，脱落する．こうした吸血特性によって咬着部位への物理的な刺激を最小限に抑えているものと思われる．したがって大きく膨化した状態のマダニは，発見時にはすでに長期間にわたって寄生し続けていたことを意味する．日本に分布する種ではオウシマダニだけは，一旦寄生した後は幼虫から成虫に至るまで同一宿主体上で脱皮しつつ発育するが，それ以外のマダニは各ステージごとに吸血が完了すると自ら口部を咬着部位から引き抜いて宿主から脱落する．脱落後は落ち葉の下などの十分な湿度を備えた環境で発育を行い，脱皮，あるいは産卵する．通常千個以上の卵を生み出した後に雌成虫は死亡する．全発育環の完成に要する時間はダニの種によって大きく異なり，1年間で全ステージの発育を完了するものがある一方で，2～3年かけて発育する種もある．

e 主症状

直接的な病害として，咬着部位の炎症，重度感染時の貧血がある．ヒトや実験動物ではマダニから注入された唾液成分に対するアレルギーが知られているが，犬や猫におけるマダニアレルギーは稀である．ヒトがマダニに反復して刺咬されると，獣肉に対する食物アレルギーを呈する可能性が示されており注意を要する[6]．本邦には分布しないが，米国や豪州の一部のマダニの唾液には神経毒成分があり，動物やヒトに「ダニ麻痺」と呼ばれる上行性弛緩性麻痺を引き起こし，時に致死的な転帰を辿る[7]．

間接的な害としては，動物およびヒトに感染する病原体の媒介が知られている．詳細は本書15章を参照されたい．

f 病原体確認

身体検査によりマダニの寄生を確認する．長毛種では見逃すことが多いので被毛を十分に掻き分けて皮膚表面を丁寧に検索する．特に四肢の付け根や尾根部から外陰部，ならびに垂れ耳の品種の外耳に注意が必要である．全身に寄生する種が多い一方で，好適寄生部位を示す種もある．ツリガネチマダニは趾間に寄生することがあり，時に痛みを伴って運動器障害との鑑別を要することがある．ヤマトマダニは頭部，特に眼周囲に寄生することが多い．タカサゴキララマダニ成虫は，ヒトでは外陰部付近を好んで寄生する．

g その他（治療・予防・消毒など）

皮膚に咬着しているマダニは除去する必要があるが，マダニの咬着状況により除去手技がやや異なる．各ダニ属ごとの吸血時における口器の挿入状態を**図22-4**に示す．前述のごとくマダニは口器を皮膚深くに挿入して血液溜まりを中心とした吸血装置を構築した後に吸血を開始するが，口器尖端が皮膚深くに刺入された状態のまま吸血を行うのは，キララマダニ属とマダニ属の一部のみであ

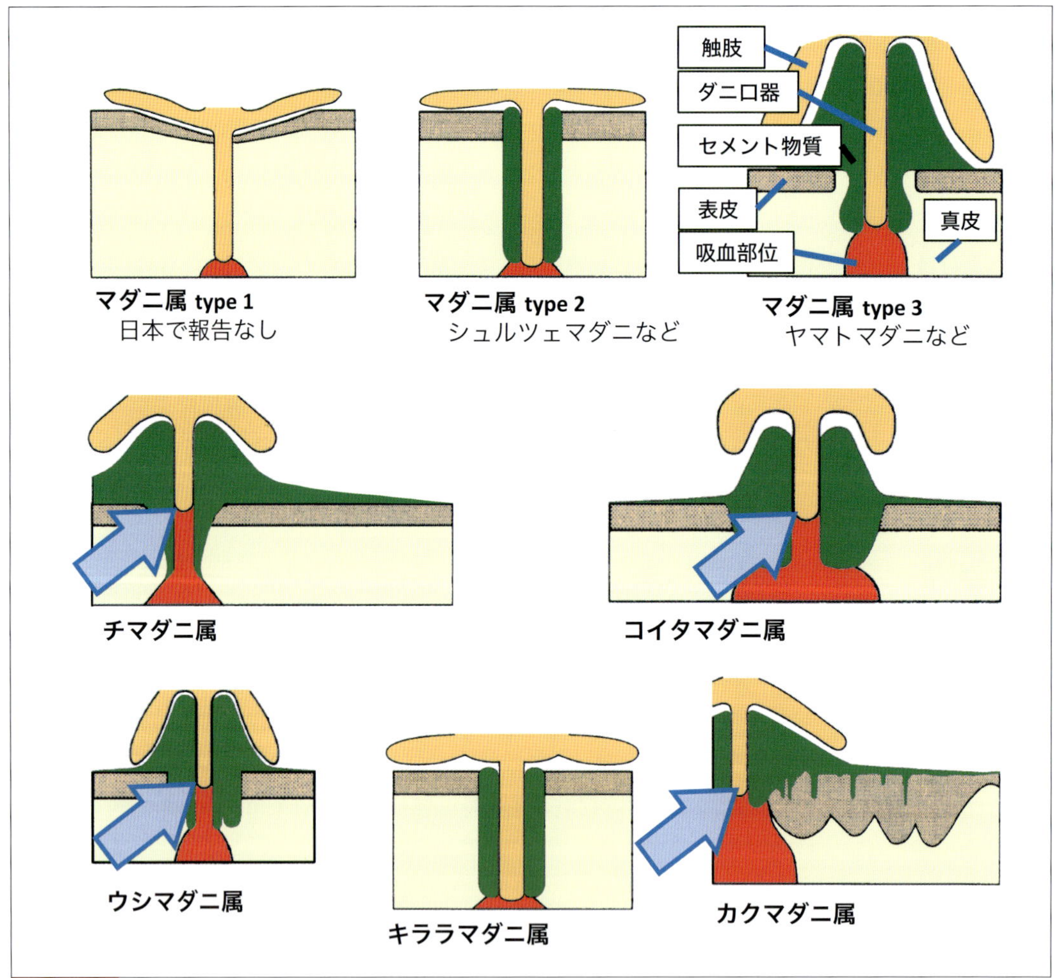

図22-4 日本のマダニ科各属の吸血様式模式図．チマダニ属，コイタマダニ属，ウシマダニ亜属およびカクマダニ属マダニは矢印で示すごとく，吸血装置が完成すると口器を表皮まで後退させてセメント物質だけで皮膚に固着する．これらは正しく牽引すれば口器を皮膚内に残さずセメント物質ごと容易に抜去できる．

り，それ以外の属のマダニは皮膚内部に血液溜まりを形成した後に口器を皮膚表面近くにまで後退させ，セメント物質のみによって皮膚に口部を固定して吸血を行う(**図22-4**)．この状態のマダニは，口器の起始部である強固な顎体基部を把持して皮膚から牽引することでセメント物質とともに容易に除去できる．抜去時に不用意にマダニの体部を把持すると，唾液や消化管内容物などがダニの口器から皮膚内に注入されてしまう可能性があるため，把持するのは顎体基部(**図22-1**)のみとすべきである．一方，口器が深く刺入された状態で吸血するキララマダニ属や，マダニ属のシュルツェマダニを除去する際は，無理に牽引すると口器が破断して皮膚内部に残る可能性が高いため，抜去後にダニ口部の状態を確認し，口器の残留が示唆された際には皮膚を切開して口器を除去する必要がある．すべてのマダニにおいて，幼虫や若虫は抜去時に口器が皮膚にとり残されやすいので注意を要する．

マダニ寄生が認められた場合，また，状況的にマダニ寄生が強く示唆される場合には，身体検査で検出しきれないダニの寄生があることを念頭に置き，殺虫作用が確実な全身性のマダニ予防剤を投与するべきである．

寄生直後のマダニについては，ダニを埋め込む形で多量のワセリンを寄生部位の皮膚に塗布することで窒息死させることができるといわれている一方で，一定時間経過後は効果を認めないとする報告がある[8]．病原体媒介の可能性を考慮するならば，マダニ寄生を発見した後は可能な限り迅速に抜去するのが好ましい．ダニ除去後は，二次感染防止の意味で寄生部位を消毒後，局所の経過を観察するとともに，マダニ媒介性疾患感染の可能性を考慮して2週間程度は健康状態に留意するよう飼い主に指導する．

マダニ寄生予防にあたっては，予防薬として各種殺虫剤が販売されている．外用剤としてスプレー剤，スポットオン剤および薬剤含有首輪があり，また内服薬も近年次々と上市されている．マダニに対する有効成分としては，忌避作用が期待できる外用剤であるアミトラズやピレスロイド類(フルメトリンなど)，24時間程度で殺マダニ効果が期待できる外用剤フェニルピラゾール系薬剤(フィプロニルとピリプロール)，経口投与により即効性が期待できるスピノサドやイソオキサゾリン系薬剤(アフォキソラネル，フルラネル，ロチラネルおよびサロラネル)などが上市されており，多くは1カ月間程度の持続性が謳われている(➡p.789)．

山林のみならず，野生ほ乳類が生息するような大きめの公園や河川敷にもマダニの生息が予想されることから，そうした場所の草むらなどには動物を近寄らせないようにし，またあらかじめダニ予防薬を投与することが必要である．スポット剤のみを施用していて野外活動を行う際には，スプレー剤を足先や腹部に追加施用しておくと予防効果が高まる．

マダニ忌避作用を謳う虫除け剤が医薬部外品として市販されているが，ヒト用虫除け剤で多用されている成分であるディート(DEET)を含むものは犬や猫に対して毒性を有するため，直接施用しないのみならず，ヒトの腕などを含め動物が舐める可能性がある部位に使用すべきではない．近年上市された安全性が比較的高いとされるイカリジンを主成分とするものは犬への施用に問題ないと謳う報告もあるが，十分な検討は行われていない．いずれにせよ忌避剤はマダニ類の寄生数を減弱させる効果はあるものの，寄生を完全に防ぐことはできないことに留意すべきである．

イヌハイダニ

a 分類

イヌハイダニ*Pneumonyssoides caninum*は，中気門目Mesostigmata（現在の分類ではトゲダニ目とも呼ばれる）のハイダニ科Halarachnidaeに属する．

b 病原体の定義

成虫は最大で1.5 mm程度，幼ダニは1 mm弱の白色虫体で，鼻孔から活発に出入りする（**図22-5**）．

図22-5 イヌハイダニ幼ダニ

c 疫学

世界的に分布する．ヒトへの感染性は知られていない．

d 感染動物

犬でのみ感染が知られている．「ハイダニ」の名があるが，寄生部位は鼻腔，鼻洞，あるいは前頭洞であり，気管や肺への寄生はない．雌雄成虫は交尾し，雌は卵胎生で直接幼虫を産出する．他のダニ類で一般に認められる若虫ステージはこれまでに知られていない．ダニは鼻孔から出入りし，接触によって宿主を乗り換えて寄生する．鼻孔を出入りするのは主に幼虫（**図22-5**）で，周辺環境が暗くなると出入りが活発になる．

e 主症状

一般的には無症状であり，飼い主が偶然にダニを目撃することが多い．感染程度により，くしゃみ，鼻汁増加，発咳，鼻出血，流涙，ならびに食欲不振などを呈する．また本虫感染により胃拡張や胃捻転のリスクが高まるとの報告がある[9]．

f 病原体確認

夜間・暗環境で睡眠状態の犬の鼻孔を観察すると，出入りするダニを認めることがある．麻酔が可能であれば鼻腔内洗浄液の精査や，鼻腔内内視鏡検査によりダニを検出できる．

g その他（治療・予防・消毒など）

イベルメクチン200 μg/kgを1回，あるいは3週間隔2回投与，SC，あるいはミルベマイシンオキシム0.5ないし1.0 mg/kgを週1回3週間投与，POにより駆虫できる（中毒に留意）．

ツメダニ類

a 分類

前気門目Prostigmata（現在の分類ではケダニ目とも呼ばれる）のツメダニ科Cheyletidaeには多くの属が含まれるが，そのほとんどは自由生活性であり小型節足動物を捕獲して口器を刺入し，体液を摂取して生活している．そうしたダニが偶発的にヒトや動物を刺咬して皮膚炎を引き起こすことがある．その一方で*Cheyletiella*属のダニは真性寄生性であり，本項ではこれについて扱う．

b 病原体の定義

小動物臨床では，ツメダニ*Cheyletiella*属のイヌツメダニ*C. yasuguri*，ネコツメダニ*C. blakei*およびウサギツメダニ*C. parasitivorax*が問題となる．いずれも体長は雌0.6 mm，雄0.4 mmほどで，触肢がよく発達し，その先端に内向きの強大なツメを備える（**図22-6**）．3者の形態は類似するが，第一脚膝節の感覚器形状で鑑別できる．しかし後述のごとく宿主特異性が高くなく病原性も大差ない

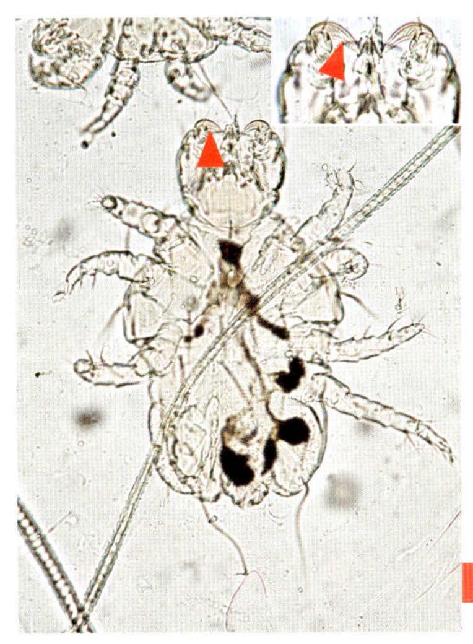

図22-6 ネコツメダニ．強靱な鉤（矢頭）を備えた触肢を含む口部の拡大像を右上に示す．雌成虫

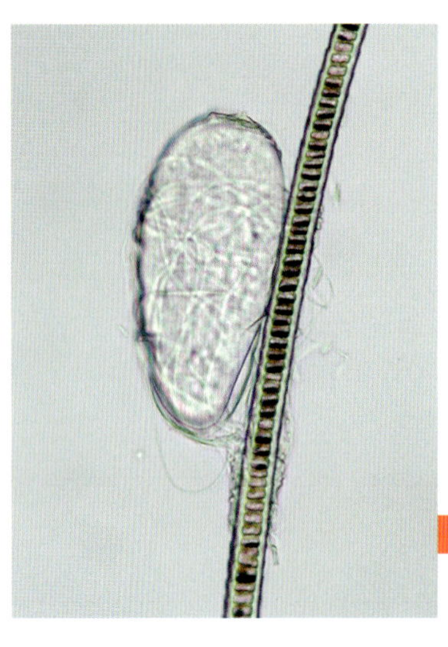

図22-7 ネコツメダニ卵．被毛に遠位端で膠着する長径0.2mmほどの卵．さらに卵表面に糸状物を巻き付けて被毛に固定されている．

ことから，臨床的には種レベルの同定は不要である．卵はいずれも長径0.2 mm強で，その後端を被毛に膠着させ，さらに糸状物が巻き付けられている(**図22-7**)．

c 疫学

いずれも世界的に分布する．ヒトの体表に付着すると一過性に刺咬するので，濃厚な動物との接触がある飼い主では時に重篤な皮膚炎を生じることがある．

d 感染動物

イヌツメダニ，ネコツメダニ，およびウサギツメダニは，各々犬，猫，およびウサギの皮膚表面に寄生するが宿主特異性は高くなく相互感染しうる．皮膚に針状の口器を刺入して組織液を摂取する．症状が進んで皮膚表面に鱗屑が蓄積すると，刺咬できる皮膚表面を求めて鱗屑の最下層にもぐり込むが，皮膚組織内に穿孔することはない．すべての生活環が宿主体上で完結する永久寄生性である．接触により伝播するが，雌は最長で10日ほど宿主から離れても生存しうる．

e 主症状

軽度寄生では症状を示さず，少量のフケが認められる程度である(➡p.523)．重篤化すると被毛粗剛，掻爬行動，脱毛，多量の落屑を認める．皮膚に厚く湿性の鱗屑が蓄積される．

f 病原体確認

ノミ取りグシなどを使って皮膚表面から収集した落屑を黒い平面上に落とすと，活発に運動するダニが確認される．浅部皮膚掻爬法により回収した病変部の落屑に10% KOHやDMSO加KOHを加えて透過するとダニを検出できる．患部の被毛を引き抜いて顕微鏡検査することで，被毛に膠着した卵を検出できる．卵はシラミやハジラミに似るが，その大きさは数分の一で卵蓋がなく，また表面に巻き付く糸状物の有無で区別できる(シラミ・ハジラミの項参照➡p.357)．

g その他(治療・予防・消毒など)

ノミ予防薬ないしマダニ予防薬が有効である．ダニは皮膚表面に蓄積した鱗屑の最下層にもぐり込んで生息するため，投薬に先立って角質除去効果の高いシャンプーを使用する．宿主から離れたダニや落下した被毛に付着する卵からの再感染を防ぐため，動物の行動圏を十分に清掃する．ブラシや敷物を経由しての寄生にも注意する．多頭飼育の場合は症状を認めなくとも全頭を対象に駆除を行う．自由生活性のツメダニ(**図22-8**)による偶発的刺咬被害は，その本来の餌であるコナダニ類やヒョウヒダニ類などの家屋塵性ダニの増殖に続発することから，換気により室内の湿度を下げるとともにその餌となるものを片付け，必要なら殺虫剤散布を行う．

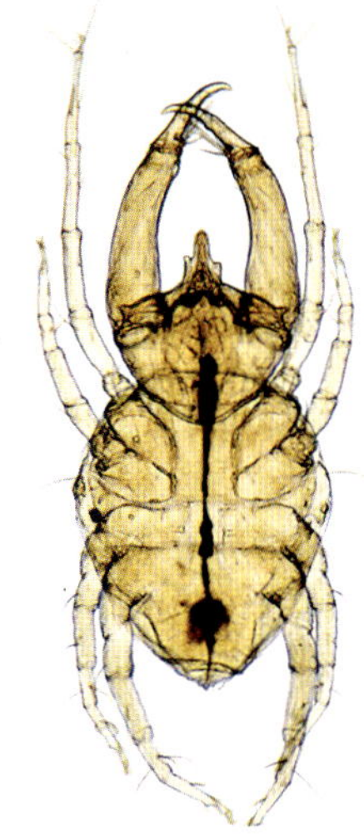

図22-8 クワガタツメダニ．非寄生性・自由生活性ツメダニ類の一例として示す．

ニキビダニ

a 分類

犬や猫を宿主とするニキビダニと呼ばれるものは，前気門目Prostigmata(現在の分類ではケダニ目とも呼ばれる)のニキビダニ*Demodex*属のダニである．毛包虫あるいはアカラスと呼ばれることもある．毛包内の寄生に特化したその体は細長く，胴体部が脚体部と後胴体部に明瞭に区分できる(**図22-9**)．虫卵も独特の形態を示す(**図22-9**)．

b 病原体の定義

イヌニキビダニ*D. canis*とネコニキビダニ*D. cati*に加え，犬では後胴体部が長い*D. injai*が存在する[10]．また犬，猫ともに後胴体部が短いタイプのダニが認められ，犬では*D. cornei*[11]と*D. cyonis*[12]が，猫では*D. gatoi*[13]が知られている．これらは毛包内ではなく体表に生息するとされている．各々の体長を**図22-10**に示す．*D. cornei*は，*C. canis*の後胴体部のみを短くした形態であるが，*D. cyonis*は全体的に幅が広く，ずんぐりとしている(**図22-10**)．また猫で*D. cati*と*D. gatoi*の中間の体長を持つ種の存在が示唆されているが，種の記載はない[13].

A
顎体部
脚体部
胴体部
後胴体部
基節板
陰門
B
基節板
C
交接刺
生殖孔
D
E
F
100 μm

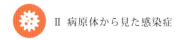

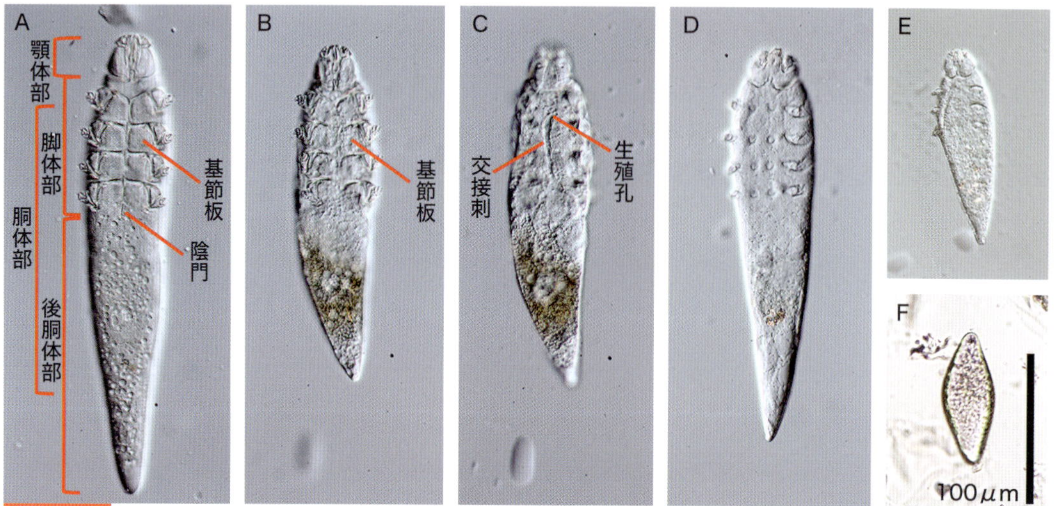

図 22-9　イヌニキビダニ各ステージ．A: 雌成虫腹側焦点，B: 雄成虫腹側焦点，C: 雄成虫背側焦点，D: 第二若虫腹側焦点，E: 幼虫腹側焦点，F: 虫卵，スケール共通．成虫腹側面の脚体部は石畳状の基節に覆われており他のステージと容易に鑑別できる(A，B)．雄は背側焦点で硬質な印象の交接刺を認める．若虫と幼虫は基節板の発達が悪い．

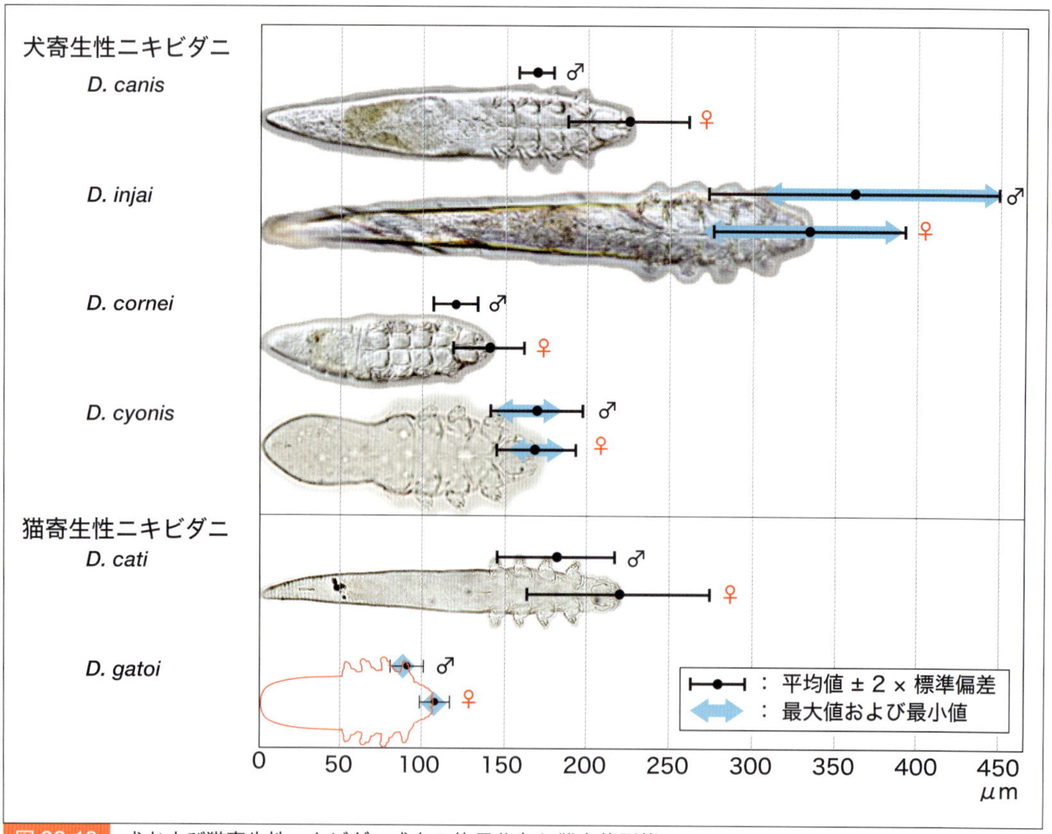

犬寄生性ニキビダニ
D. canis
D. injai
D. cornei
D. cyonis
猫寄生性ニキビダニ
D. cati
D. gatoi
♂
♀
：平均値 ± 2 × 標準偏差
：最大値および最小値
0
50
100
150
200
250
300
350
400
450
μm

図 22-10　犬および猫寄生性ニキビダニ成虫の体長分布と雌虫体形態

c 疫学

記載種のすべてが日本で認められる．動物種を問わず，ほぼすべてのほ乳類にニキビダニが寄生していると考えられている．

d 感染動物

ニキビダニ類は種特異性が高く，異なる宿主動物に感染することはない．

D. canis，*D. injai*，および*D. cati*は，毛包内ないし毛包に付属する皮脂腺内に頭端を下向きにして寄生する．後胴体部の短い*D. cornei*，*D. cyonis*および*D. gatoi*は，毛包内ではなく毛包漏斗部，皮膚表面の皺線内，あるいは耳孔内(*C. cyonis*)に生息するとされる．ニキビダニは針状の口器を細胞に刺入し，その内容物を咽頭部のポンプで吸引摂取すると考えられている．腸管は盲端に終わり，肛門は存在しない．雄は脚体部背側に開口する生殖孔から交接刺(陰茎，**図22-9**)を伸ばし，雌腹側の脚体部と後胴体部の境界に開口する陰門(**図22-9**)に挿入して交尾する．雌の陰門より産出された卵から幼虫(脚は3対6本)が孵化して発育し，脱皮を繰り返して第一若虫，第二若虫(いずれも脚は4対8本)を経て雌雄の成虫となる(**図22-9**)．成虫は脚の付け根部分が肥厚して石畳状の基節板(**図22-9**)を形成し，活発な運動性を示す．

伝播には濃厚な接触が必要であり，原則的に出生後の母子接触の際に感染するが，生後1カ月齢未満であれば比較的容易に感染が起こりうる．

e 主症状

原則的にはほぼすべての動物に常在しており，防護能に問題があると病状を呈し増悪するため日和見感染症的な存在である．1歳半までの犬では，しばしば一過性かつ局所的な症状(典型的には脱毛)が認められるものの，多くは無処置で治癒する．これを若齢型ニキビダニ症と呼ぶことがある．一部症例は二次感染を含め重症化することもあり，このときは積極的な治療が必要となる．4歳以降での発症は全身性かつ重篤となることが多く，成犬型ニキビダニ症と呼ぶことがあり，内分泌疾患を含む各種慢性疾患や，免疫抑制性の治療ないし疾患に続発するのが一般的である．脱毛，毛包一致性の紅斑および色素沈着，角栓形成，落屑，皮膚の肥厚，さらには二次感染を伴う膿皮症やびらんまで各種症状を呈する[14](➡p.525)．

f 病原体確認

かつては毛根部に至るまでの深さで皮膚を鋭匙で掻き取って検査する深部皮膚掻爬検査が行われ，今に至っても最も確実な検査法とされているが，動物に対する侵襲は大きい．鏡検を妨げる標本中の皮膚成分を透過して検出率を上げるため，20％水酸化カリウム水溶液や，これに20～40％のDMSOを加えた透過液を掻爬物に加えて鏡検することがある．掻爬試験に代わって多く行われるのは被毛を抜き取ってオイルとともにカバーグラス内に封じ，毛根周辺に付着してくるダニを検出する被毛検査(抜毛検査)である．必ずしも検出力は高くないため，なるべく多くの被毛(例えば50本)を採取することが大切である．継続的な検査では毎回の採取被毛量をおおむね一定とし，そこに検出される成虫，幼若虫(幼虫と若虫，すなわち基節板〈**図22-9**〉を持たないもの)および卵の数を記録しておくと治療効果を評価しやすい．幼若虫と卵の検出はダニの活発な増殖を示唆する．毛包内に治療後も残存するダニの評価のため，ダニの運動性の有無についても観察・記録するとよい(死亡すると運動性を失い，体内部が透明化する)．患部に透明粘着テープを貼り付けて毛包内容物を絞り出した後，剥がしたテープをスライドグラスに貼付して鏡検するテープ押捺検査は，深部皮膚掻爬検査に匹敵する検出率を持つとされている[15]．他疾患との鑑別のためには皮膚生検が有効である．また油滴を皮膚表面に落として数分待って回収して鏡検する方法も行われる．

g その他(治療・予防・消毒など)

犬のニキビダニ治療に認可された治療薬は，長らく米国におけるアミトラズのみであったが，現在，海外で滴下型のイミダクロプリドとモキシデクチンの合剤も認可を受けている．しかし日本ではすべての治療薬が適応外使用となるため，飼い主への一定の説明が求められる．主な殺ダニ治療剤はアベルメクチン系薬剤であり，イベルメクチン200〜600 μg/kgの連日投与，POまたはSC，あるいはドラメクチン600 μg/kgの週1回投与，SCないしPO投与が行われる．これらアベルメクチン系薬剤の投与にあたっては，*ABCB1-1*Δ(*MDR1*)遺伝子変異の犬への禁忌だけでなく，全般に中毒に留意して低用量(例えばイベルメクチンは50 μg/kg，ドラメクチンは300 μg/kg)から開始して経過観察しながら2倍増量してゆくのが好ましい．2ないし4週間間隔で2回連続の検査でダニが検出されないことが投薬完了の目安となるが，逆に改善が認められない場合には作用機序，あるいは投与経路の異なる薬剤への変更を考慮する．投薬期間は1カ月から7カ月に及ぶこともある．近年次々と上市されたイソオキサゾリン系薬剤はニキビダニ治療に高い効果を示すことが示されており，常法に従った2回(フルラランネルは1回)の投与で，2カ月後にはほとんどのダニが検出されなくなるとされている[16-20]．

ダニの駆虫と同時に，抗菌薬による二次感染のコントロールと皮膚環境改善のためのシャンプー治療なども重要である．特に若齢型の軽度感染では，適切なシャンプー処置(毛包洗浄と皮脂コントロール)のみで軽快することもある．一方，成犬型では基礎疾患の診断と治療が必須となる．

皮膚穿孔性ヒゼンダニ

a 分類

犬や猫に感染する皮膚穿孔性の主なヒゼンダニは，無気門目Astigmata(現在の分類ではコナダニ目とも呼ばれる)の*Sarcoptes*属および*Notoedres*属のダニである．疥癬虫とも呼ばれる．

b 病原体の定義

センコウヒゼンダニ(穿孔皮癬ダニ)と呼ばれる*S. scabiei*は，犬やヒトを含む様々なほ乳類に寄生する．形態学的には明瞭に区別し難いが宿主特異性を示すため，由来動物別に変種名(例えば犬由来であれば*S. scabiei* var. *canis*)が設定されることがある．体長は最大で0.4 mmほどで，皮膚角質層に穿孔してトンネルを掘って生息するため，環境に適応して丸くずんぐりした体と太く短い脚を持つ(**図22-11**)．脚の先には短い2本の爪を持ち，その間から折り畳み可能な棒状の「爪間体」を伸ばし，先端は吸盤に終わる(**図22-11**，**表22-2**)．ダニがトンネル外を歩行する際には畳んでいた爪間体を伸ばして脚の長さを補う．雌の第三，四脚および雄の第三脚先端には爪間体の代わりに長い剛毛が派生する(**図22-11**)．体背面は部分的に棘に覆われ，肛門は体後縁部に開口する．

ネコショウセンコウヒゼンダニ(小穿孔皮癬ダニ)と呼ばれる*N. cati*は，猫においてセンコウヒゼンダニと同様に皮膚角質層に穿孔する．雌雄における脚先端の爪間体と吸盤および剛毛の配列を含めて形態は*S. scabiei*に似るが，体は小さく，その体長は最大でも0.24 mmほどである．体後縁から1/3ほどの背側面に肛門が開口すること，それを取り巻くように同心円状の柵状構造が存在することから，*S. scabiei*とは大きさ以外でも容易に鑑別できる(**図22-12**)．

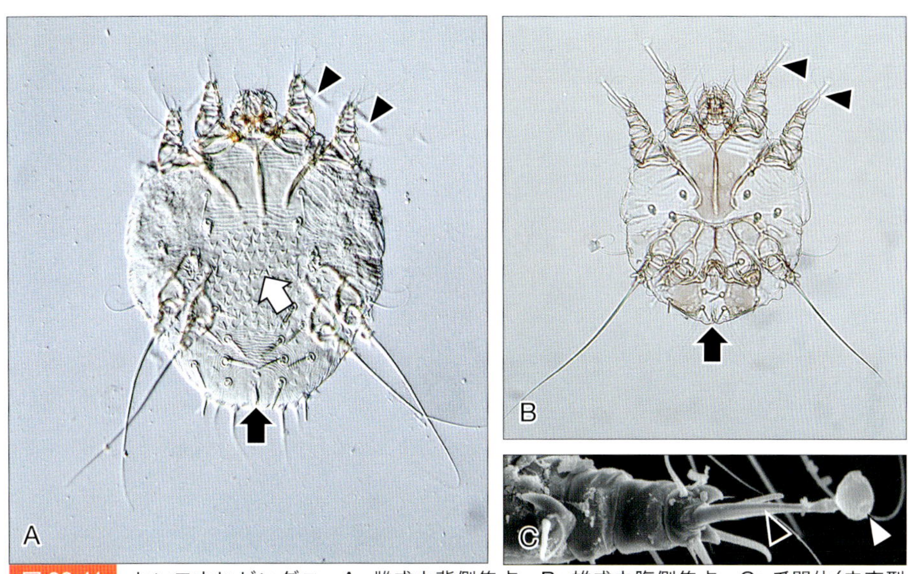

図 22-11　センコウヒゼンダニ．A: 雌成虫背側焦点，B: 雄成虫腹側焦点，C: 爪間体(走査型電子顕微鏡像)．爪間体を黒矢頭で，肛門を黒矢印で示す．背側焦点で体中央部に鋸歯状の突起が多数認められる(A: 白矢印)．爪間体先端には吸盤がある(C: 白矢頭)．

表 22-2　国内のヒゼンダニ類における歩脚の吸盤

種類	雄の歩脚				雌の歩脚			
	1	2	3	4	1	2	3	4
Sarcoptes(センコウヒゼンダニ)	+	+		+	+	+	−	−
Notoedres(ショウセンコウヒゼンダニ)	+	+	−	+	+	+	−	−
Knemidokoptes(トリヒゼンダニ)	+	+	+	+	−	−	−	−
Psoroptes(キュウセンヒゼンダニ)	+	+	+	−	+	+	−	+
Chorioptes(ショクヒヒゼンダニ)	+	+	+	+	+	+	−	+
Otodectes(ミミヒゼンダニ)	+	+	+	+	+	+	−	−

+) 歩脚に吸盤あり，−) 歩脚に吸盤なし

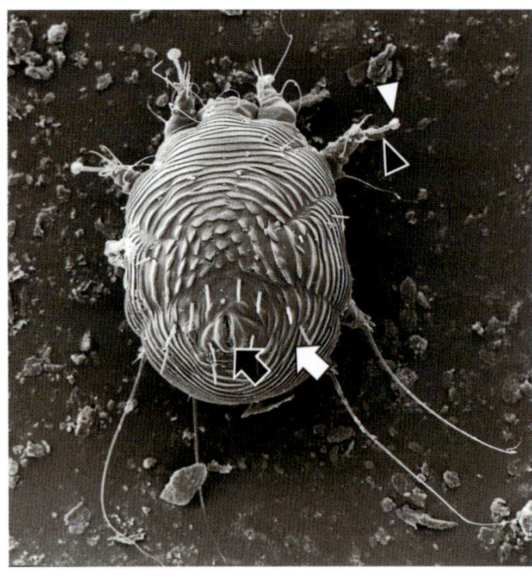

図22-12 ネコショウセンコウヒゼンダニ雌成虫背側面．爪間体を黒矢頭で，吸盤を白矢頭で示す．背側面やや後方に肛門が開口する(黒矢印)．柵状構造が肛門を取り囲むように背側面全体に配列する(白矢印)．

c 疫学

いずれも世界的に分布する．

d 感染動物

センコウヒゼンダニは，前述のごとくほ乳類全般に寄生しうる．犬でしばしば症例を認めるほか，時に野生のタヌキやイノシシで重度の病変がみられる．前述のごとく宿主特異性が高いとされているが，タヌキ由来のダニが犬に感染するであろうことが報告されている[21]．猫への寄生はごく稀である．一方，ネコショウセンコウヒゼンダニは，原則的に猫だけに寄生する．

いずれも皮膚表面から穿孔し，角質層と真皮層の境界部分にたどり着くと角質層内を水平方向に穿孔してトンネルを形成する．トンネル内に卵と糞便を残しながら穿孔する．卵から孵化した幼虫はトンネルから脱出し，毛包内で，あるいは皮膚に穿孔して発育する．雌成虫は交尾後に新規のトンネルを作り産卵を行う．原則的には1本のトンネルにダニ1匹が寄生する．この状態で生じる皮膚症状を「通常疥癬」と呼ぶ．しかしながら宿主の状態によっては，角質層の高度な増生が生じ，そこにダニが高密度に生息することがあり，これに伴う症状を「角化型疥癬」と呼ぶ．接触によって伝播するのが基本であるが，ダニは短時間であれば宿主から離れても生存して感染源になる．乾燥状態では速やかに死滅するが，湿度と温度が適切であれば3週間生存することもある[22]．角化型疥癬症例から脱落した痂皮は小片でも多数のダニを含み，強力な播種源になりうる(**図22-13**)．

センコウヒゼンダニとネコショウセンコウヒゼンダニは，異なる由来動物の皮膚表面にたどり着いた場合でも角質層に穿孔する．好適宿主でない場合，繁殖することなく角質内で死滅する．しかし死骸は異物として宿主免疫系を刺激し続けるため炎症を引き起こし，角質層が更新されて死骸が排除されるまで強い痒みが続くことがある．特にヒトにおける動物由来ヒゼンダニによる症例は「動物疥癬」と呼ばれる．このときヒトの疥癬で定型的に認められる線状の疥癬トンネルの形成はないとされている[23]．

e 主症状

ダニが皮膚を穿孔する際に分泌する唾液成分，ダニの糞便，ダニの死骸などが宿主に強い炎症を引き起こし，発赤，水疱，小結節，痂皮形成などの皮膚症状を呈する．さらに皮膚の肥厚，脱毛，落屑などを示し，これらに伴う強い痒みから自ら病変付近の皮膚を傷つける(➡p.520)．二次感染により膿皮症を起こし，ストレスから食欲不振や発育遅延も起こりうる．

角化型疥癬は，局所ないし全身性の免疫力が低下するような疾患ないしは処置により，通常疥癬から移行する．脱毛を伴う角質層の高度な肥厚や大量の落屑を認めるが，このとき瘙痒行動を伴わないこともある．病変が拡大すると二次感染から敗血症に至る危険もある．

ヒゼンダニ類寄生が原因で生じる強い皮膚症状を示す疾患の病名が疥癬で，「疥癬症」は肺炎を肺炎症というようなもので誤用である．

f 病原体確認

病変部位および境界部位の角質層全層をメスや鋭匙で削り取って鏡検する「浅部皮膚搔爬法」が行われる．搔爬物に20%水酸化カリウム水溶液(さらにDMSOを加えることもある)を滴下して夾雑物の透過を促すこともある．あらかじめ患部にオイルを垂らしてオイルごと角質を搔爬・回収する方法や，患部に透明粘着テープを貼付して剥がし，これをスライドグラスに貼り付けて鏡検する方法もある．しかしいずれも感度は高くなく，ダニの検出率は50%未満ともいわれている．鏡検時にはダニの卵や糞便も診断の手がかりとなる(**図22-14**)．補助的診断となるが，疥癬では耳介部を擦ることで後肢が不随意に動く反射行動(耳介-後肢反射)が認められることが多い．

感染が疑われるもののダニが検出されない場合，試験的に殺ダニ剤を投与し，病態の改善が認められた場合には疥癬と診断する「治療的診断」がしばしば行われる．

海外では犬における血清学的診断法が商業化されている．

図 22-13　角化型疥癬痂皮裏面．卵，幼虫を含むすべての発育ステージのダニが高密度に生息しており，重要な感染源となる．

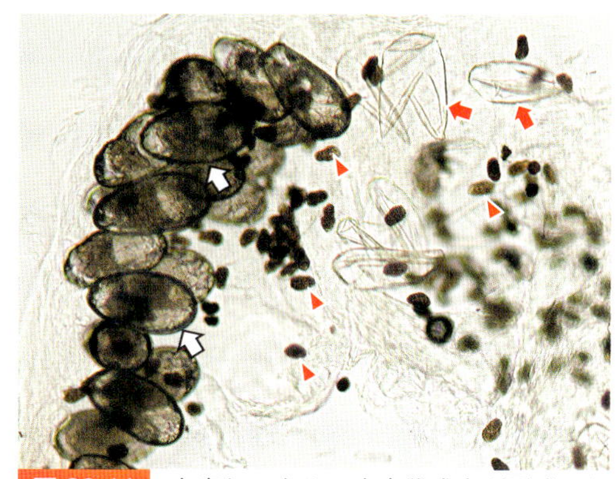

図 22-14　疥癬トンネル．疥癬雌成虫が形成した疥癬トンネル内に発育卵(白矢印)，ふ化後の卵殻(赤矢印)，および糞便(赤矢頭)を認める．搔爬標本中にダニそのものを認めないことも多く，これら痕跡物も重要な診断材料となる．

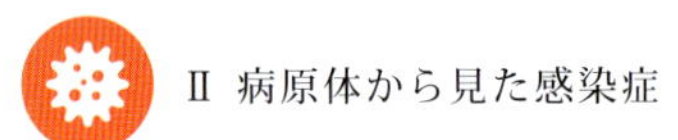

g その他(治療・予防・消毒など)

感染動物は隔離する必要がある．動物の行動圏を徹底的に清掃し，かつ乾燥させる．特に角化型疥癬の痂皮内部は湿度が保たれておりダニは長く生存する．治療は，中毒に注意しつつイベルメクチン200〜400 μg/kgを2週に1回SC，あるいは毎週POで行われることが多い．しかしイベルメクチン耐性ダニの存在が報告されており[24]，その症例ではフィプロニル投与が奏功している．海外では，セラメクチンのスポットオン剤が犬の疥癬治療薬として承認を得ており，またイベルメクチン・モキシデクチン合剤のスポットオン剤が猫のショウセンコウヒゼンダニ治療薬として承認されている．

ミミヒゼンダニ

a 分類

食肉類の外耳道には無気門目Astigmata(現在の分類ではコナダニ目とも呼ばれる)の*Otodectes cynotis*が寄生する．ミミダニと呼ばれることもあるが，ウサギにおいては別属のウサギキュウセンヒゼンダニ*Psoroptes cuniculi*をミミダニと呼ぶため混同に注意を要する(➡p.623)．

b 病原体の定義

体長は雌成虫で0.5 mmほどで，一見してセンコウヒゼンダニ*Sarcoptes scabiei*に似るが，脚が太く長いため容易に区別できる(**図22-15**)．

c 疫学

世界的に分布する．ヒトへの感染は知られていない．

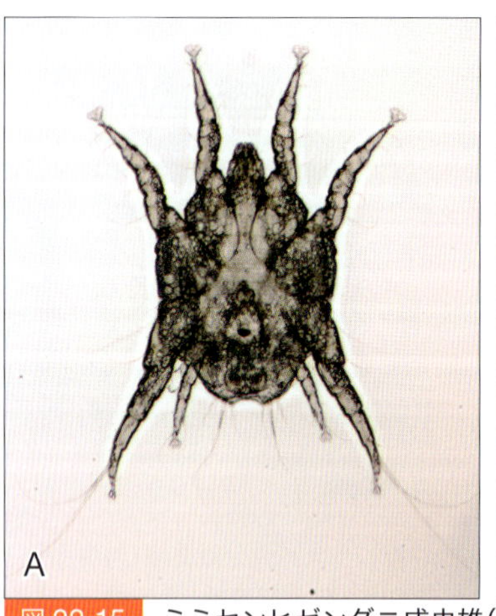

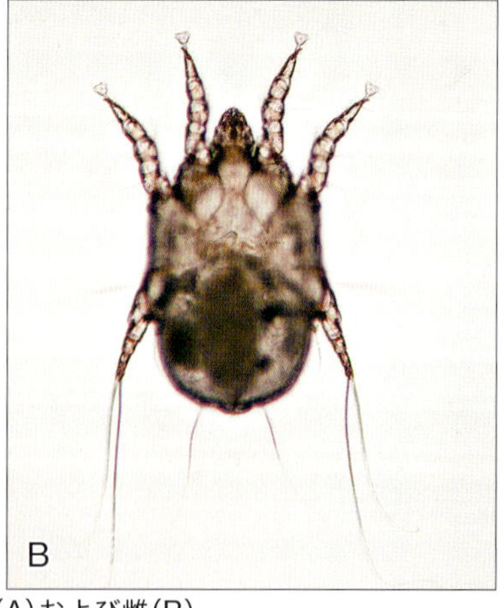

図22-15 ミミセンヒゼンダニ成虫雄(A)および雌(B)

d 感染動物

食肉類に広く感染し，犬や猫のみならずフェレットへの感染も知られている．外耳道表面に寄生するが，組織を破壊したり口器を刺入することはなく，剥離した上皮を摂取する．耳道内で全生涯を過ごし，動物同士の接触により感染する．

e 主症状

外耳炎を引き起こし，酵母の二次感染により独特の臭気を伴った耳垢が蓄積する(➡ p.556)．症状の悪化で強い掻痒行動を呈し，耳介や耳道を自傷することもある．さらに悪化すると中耳や内耳に炎症が及んで斜頸を呈し，また，重度の炎症で耳道が閉塞する．

f 病原体確認

耳垢を顕微鏡で観察することでダニや卵を検出するほか，耳鏡による観察で運動しているダニを直接確認できる．

g その他(治療・予防・消毒など)

耳道内の耳垢を除去して耳道内炎症への対症療法を行うとともに，殺ダニ剤を投与する．薬効成分が耳道内にも及ぶ殺虫性の経口剤(イソオキサゾリン系剤など)やスポットオン剤(アベルメクチン系薬剤など)が有効である．

ヒョウヒダニ

a 分類

非感染性ではあるものの，動物やヒトの生活環境中に生息するダニを家屋塵性ダニあるいはハウスダストマイトと呼び，多数種が存在する．これらはすべて無気門目Astigmata(現在の分類ではコナダニ目とも呼ばれる)に属する．その中でもアレルギー性疾患の原因として特に問題となるのは，チリダニ科Pyroglyphidaeヒョウヒダニ*Dermatophagoides*属のコナヒョウヒダニ*D. farinae*とヤケヒョウヒダニ*D. pteronyssinus*である．

b 病原体の定義

ハウスダストマイトは種により食性が大きく異なるが，ヒョウヒダニ類は動物の表皮脱落物を特に好むため，寝床や敷物などで発生することが多い．成虫の体長は0.5 mm弱で，分類的にはヒゼンダニ類に近く，ミミヒゼンダニなどに類似した形態を呈するが，すべての歩脚が発達しており，強靱なくちばし状の一対の触肢を有する(**図22-16**)．

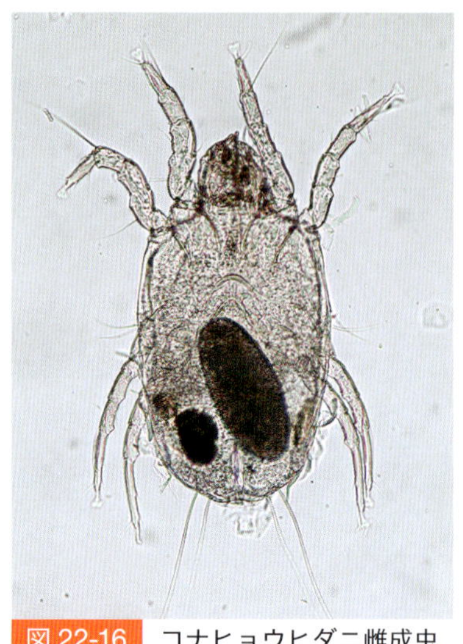

図 22-16 コナヒョウヒダニ雌成虫

c 疫学

全世界に分布する.

d 感染動物

皮膚脱落物を多く含む寝具，クッション，カーペットなどで，特に湿度が高い環境ではよく繁殖する．非寄生性ではあるが，フケを餌とすることから，落屑の多い動物の皮膚上で認められることがある．

e 主症状

虫体，死体，および糞便は非常に強いアレルゲンとなるため，アレルギー性の呼吸器症状，皮膚症状の原因となる．

f 病原体確認

ほぼすべての家屋内に分布していると思われ，ダニの有無を議論するのは無意味であり，その多寡が問題となる．家屋内塵に含まれるダニアレルゲンの量を家庭内にて簡易定量できるキットが市販されている．アレルギー性疾患については，ダニアレルゲン検査が各種実施できる．

g その他（治療・予防・消毒など）

ダニの餌となる皮膚脱落物，いわゆるフケを環境中から極力減らすとともに，発育に必須の高湿度環境をなくすために換気・乾燥を心がける．絨毯や畳は繁殖源になるためフローリング化が好ましい．ダニ糞便成分は洗濯により大幅に減少するため，リネン類は洗濯を頻繁に行う．中綿のあるものについては，天日干しでは中心温度が十分に上昇せず，生き残ったダニが再増殖するため，乾燥機処理を心がける．

シラミ・ハジラミ類

a 分類

昆虫綱に含まれるシラミ類とハジラミ類は，従来はまとめてシラミ目として扱われることが多かったが，今後はチャタテムシ類を加えた大きなグループとして咀顎目（そがくもく）として扱われる方向にある．小動物臨床では，シラミはイヌジラミ *Linognathus setosus* が，ハジラミはイヌハジラミ *Trichodectes canis* とネコハジラミ *Felicola subrostratus* が問題となる．猫に寄生するシラミは存在しない．

b 病原体の定義

刺すタイプの針状の口器を持ち卵以外の全ステージが吸血を行うシラミ sucking louse と，強靭な咬むタイプの口器を持ち，皮脂や落屑を摂取するハジラミ biting louse は，いずれも背腹に扁平な不完全変態の無翅昆虫である．ハジラミは強靭な口器を駆動するために多くの筋組織が必要で，それを収めるために頭部後側の幅が拡大している．結果としてほとんどのハジラミは，胸部に比べ頭部の幅が広い．これに対してシラミ類の頭部は，咀嚼の機能を持たず針状の口器を出し入れするだけなので，その幅が胸部よりも狭く，両者は容易に鑑別できる(**図22-17**)．各々の成虫の体長は，イヌジラミは1.5～2.5 mm，イヌハジラミは2 mm前後，ネコハジラミは1.0～1.5 mmである．卵はいずれも長径1 mmほどで，その後端を被毛に膠着させた状態で産み付けられ前端には卵蓋を認める(**図22-18**)．いずれもすべての生活環が宿主体上で完結する永久寄生性である．

c 疫学

世界的に分布する．ヒトへの感染は知られていない．

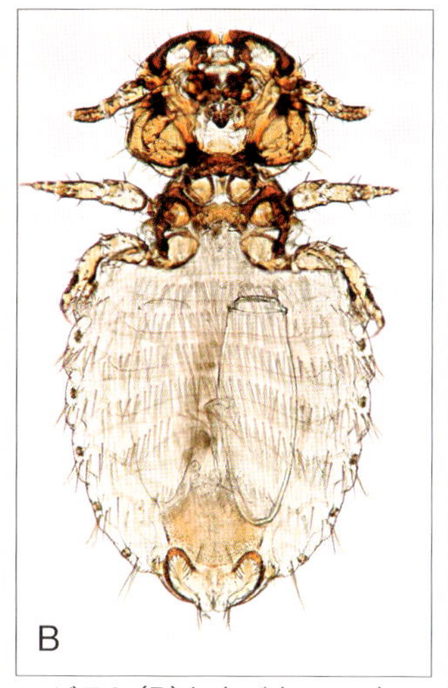

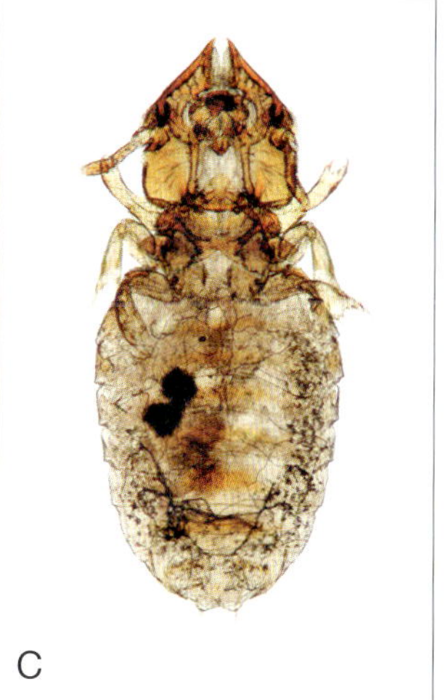

図 22-17 イヌジラミ(A)，イヌハジラミ(B)およびネコハジラミ(C)

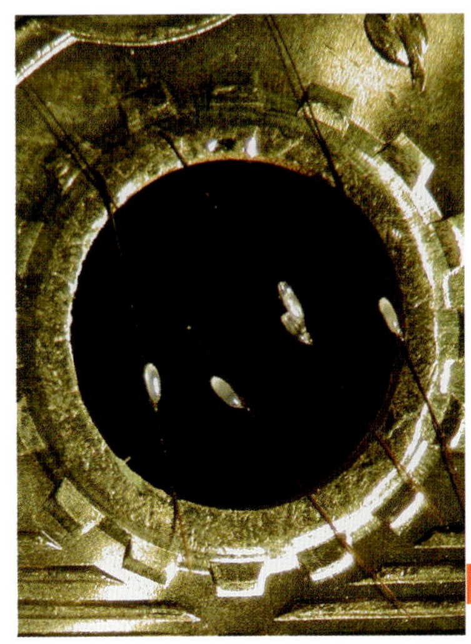

図 22-18 ネコハジラミ卵．猫被毛に膠着したネコハジラミ卵．五円玉の穴を背景とする．

d 感染動物

宿主特異性は比較的高く，イヌジラミおよびイヌハジラミはイヌ科動物に，ネコハジラミはネコ科動物に寄生する．イヌジラミはウサギと家禽への寄生例が知られている．イヌジラミとイヌハジラミの卵は1～2週間程度で，ネコハジラミは10～20日程度で孵化する．寄生は主に接触によるが，ブラシや床敷を介しても他の動物に広がる．

e 主症状

いずれも軽度寄生では症状を呈さない．重度になると瘙痒行動を引き起こし，毛艶が失われ，脱毛や皮膚炎を呈し(➡p.522)，さらには自傷から二次感染による膿皮症に至ることもある．イヌジラミの多数寄生では貧血を呈する．ハジラミは犬猫いずれのものも瓜実条虫(犬条虫)の中間宿主になりうる．

f 病原体確認

被毛の付け根付近に生息する虫体を検索するが，動きが素早く見逃す可能性がある．ノミ取りグシの使用で検出率が上がる．被毛に産み付けられた卵の検出が診断の助けとなる．同様に被毛に産み付けられるツメダニ類の卵は卵蓋を持たず，長径が数分の一で表面に糸状物が巻き付いているために容易に鑑別できる(ツメダニの項参照➡p.345)．

g その他(治療・予防・消毒など)

治療には，多種発売されているノミあるいはダニ予防薬が有効である．多頭飼育している場合は全頭の同時駆虫が必要である．ハジラミ類は宿主から離れても数日は生存する可能性があるため，動物の行動圏の十分な清掃を心がける．ブラシや床敷の使い回しによる感染にも注意を要する．

ノミ

a 分類

ノミはノミ目(隠翅目)に属する昆虫である．犬や猫に感染する主なノミは，イヌノミ *Ctenocephalides canis* およびネコノミ *C. felis*(**図22-19**)であるが，本邦では猫のみならず犬においてもネコノミの感染率が高い．偶発的にげっ歯類などの野生動物由来のノミが寄生することがある．

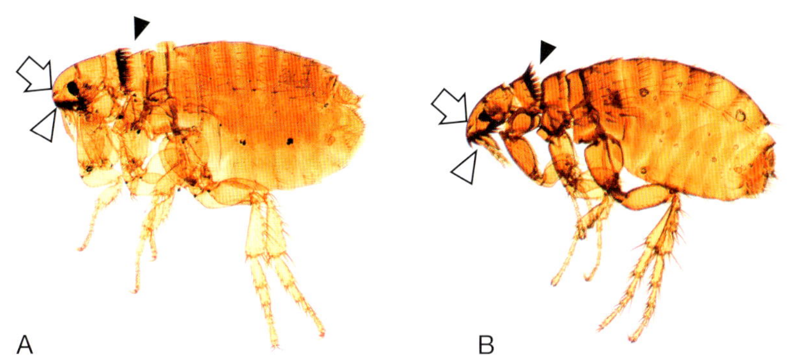

図 22-19 イヌノミ(A)およびネコノミ雌成虫(B)．両者ともに属の特徴である2カ所の剛毛列(頭部下縁の頬棘櫛(白矢頭)と前胸後縁の前胸棘櫛(黒矢頭)を備える．頬棘櫛の最前の剛毛一対は，ネコノミがそれ以外の剛毛と同長なのに対し，イヌノミは明らかに短い．加えて頭部前縁の丸み(矢印)により両者は容易に区別できる．

b 病原体の定義

ノミは完全変態の昆虫であり，幼虫期と成虫の形態や生態が全く異なることから防除にあたりライフサイクルの十分な理解が必要である．イヌノミおよびネコノミの成虫は，ともに体長1～2 mmほどで，頭部前縁の形状や頬棘櫛最前端部剛毛の長さ(**図22-19**)によって鑑別が可能であるが，両者を鑑別する意義は高くない．両者ともに頬棘櫛と前胸棘櫛を備える(**図22-19**)ことが特徴であり，他動物由来の多くのノミと鑑別できる．卵は長さ0.5 mmほどの表面が平滑な長球形であり，孵化した幼虫は脚のないウジ虫状で，発育によって1 mm弱から5 mm近くにまで発育する(**図22-20**)．幼虫の尾端には剛毛が刷毛状に並んだ剛毛列と一対の尾突起を備え，類似幼虫類との鑑別に利用できる(**図22-21**)．終齢(3齢)幼虫は糸を吐いて周辺の繊維や粒子を巻き込んで長径5 mmほどの繭を形成し，その中で蛹となる(**図22-20**)．

c 疫学

日本全国に分布する．イヌノミやネコノミがヒトに寄生した場合，一過性の吸血だけで産卵には至らないものの，各種人獣共通感染症を媒介する可能性がある．ヒトを主な宿主とするヒトノミは，現在の日本では認められない．

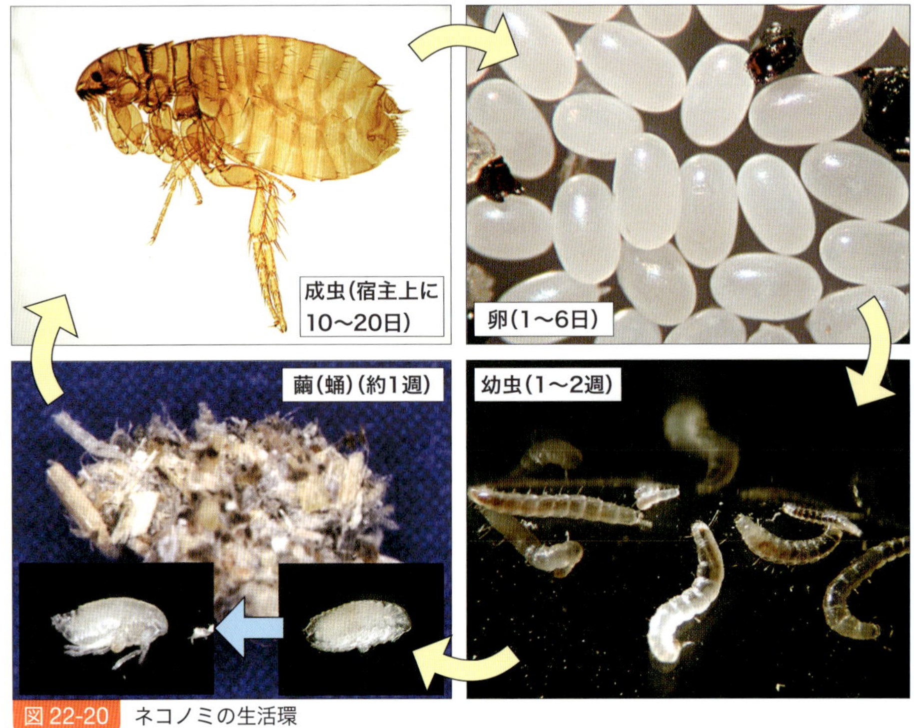

図 22-20　ネコノミの生活環

図 22-21　ネコノミ幼虫尾端部．他の節足動物幼虫に対し尾端の一対の突起(白矢頭)と剛毛列(黒矢頭)が鑑別の手がかりとなる．

d　感染動物

犬や猫以外の動物にも寄生する．生活環については，本邦の小動物臨床における優勢種であるネコノミについて以下に示す．宿主体表に寄生した雌雄の成虫は吸血し，交尾し，感染2日ほどで雌は産卵を開始する．卵は長径0.5 mmほどの滑らかな長円形で，速やかに宿主体上から落下する．産卵は宿主動物の休息時に活性化するため，動物の休息場所に多くの卵が落下する．ピーク時の産卵数は1日20個に達する．数日で孵化した幼虫は暗所を求めて移動し，卵とともに落下した宿主血液を主成分とするノミの糞と環境中の有機物を餌として発育する．発育には高い湿度が必要となる．2回の脱皮を経た後，糸を吐き周辺環境に身を固定して繭を形成する．繭の中で蛹を経て成虫となる．成虫は環境耐性が高く，条件が揃えば半年から1年間程度は感染性を保つとされている．環境中の成虫は，動物由来の震動，二酸化炭素，温度，あるいは光の点滅などの刺激により跳躍して宿主に取り付く．跳躍は最大でも水平方向50 cm，垂直方向20 cmほどである．卵から成虫までの発育には，最短で2週間，一般的には1カ月ほどを要する．

e 主症状

刺咬部位の一時的な掻痒のほか，吸血時に注入されるノミ唾液成分に感作されると重症例では一回の刺咬で全身性の皮膚症状を呈するノミアレルギー性皮膚炎（flea allergy dermatitis, FAD）となる（➡p.524）．長期に多数個体の寄生を受けると鉄欠乏性貧血を呈する．各種病原体のベクターとしても重要で，瓜実条虫（犬条虫）や，西南諸島の犬で稀に認められる糸状虫の一種*Dipetalonema reconditum*の中間宿主になるほか，ヒトに対して猫ひっかき病をはじめとする*Bartonella*属細菌類などを媒介する（➡p.706）．海外ではペスト菌や発疹熱リケッチアの媒介も知られている．

f 病原体確認

動物に寄生しているノミは，ノミ取りグシを使用することで発見できるが，必ずしも容易ではない．シート上で動物の被毛を逆立てるようにブラッシングするとノミの糞便と卵が落下するので診断に利用できる．水に濡らして固く絞ったペーパータオル上にノミの糞を置くと，血液成分が溶解して赤い染みが広がる（**図22-22**）．犬小屋や猫のベッドから幼虫を検出することがある．

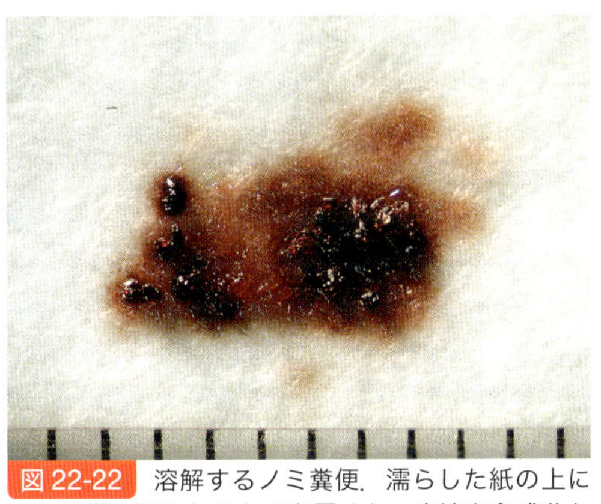

図22-22 溶解するノミ糞便．濡らした紙の上にノミの糞と疑われるものを置くと，血液を主成分とするため赤い染みが広がる（目盛り1mm）．

g その他（治療・予防・消毒など）

診断後は，宿主体上のノミ成虫の殺滅のほか，感染予備軍となる環境中のノミ幼若ステージ対策が重要である．宿主体上のノミは，粉剤，首輪，スポットオン剤，スプレー剤，あるいは経口剤などの剤形でノミ予防薬として各社から供されている各種殺虫剤により速やかに殺滅できる．再感染に対しては，寄生したノミの産卵開始前に殺滅することが重要だが，多くの薬剤は即効性で，かつ1カ月程度の持続性を持つため，環境中にノミが存在する間は効果が途切れないよう予防薬を施用する．環境の清掃と乾燥によってノミ幼虫が発育できない環境を整える．地域猫はノミに感染していることが多く，その行動範囲はノミ汚染区域となるため，そうした場所に立ち入る可能性がある猫や犬はノミ予防薬の継続的投与が必要である．

参考文献

1. 日本ダニ学会(https://acarology-japan.org/library/catalog1802)
2. Iwakami S, Ichikawa Y, Inokuma H(2014): Ticks Tick Borne Dis. 5, 771-779.
3. Shimada Y, Beppu T, Inokuma H, et al.(2003)：Med Vet Entomol. 17, 38-45.
4. 角田隆，森啓至 (1995): 衛生動物 . 46, 381-385.
5. Lane RS, Yaninek JS, Burgdorfer W(1985)：J Med Entomol. 22, 558-571.
6. Nunen SA(2018)：Med J Aust. 208, 316-321.
7. Malik R, Farrow BRH(1991)：Vet Clin North Am Small Anim Pract. 21, 157-171.
8. Needham GR(1985): Pediatrics. 75, 997-1002.
9. Bredal WP(1998)：Vet Res Commun. 22, 225-231.
10. 今井壯一，藤崎幸蔵，板垣匡ほか(2009)：図説獣医衛生動物学，106-108，講談社サイエンティフィク
11. Izdebska JN, Rolbiecki L(2018)：Med Vet Entomol. 32, 346-357.
12. Morita T, Ohmi A, Kiwaki A, et al. (2018): J Med Entomol. 55, 323-328.
13. Desch CE, Stewart TB(1999)：J Med Entomol. 36, 167-170.
14. Miller WH, Griffin CE, Campbell KL(2013): Muller and Kirk's Small Animal Dermatology, 284-342, Saunders
15. Pereira DT, Castro LJM, Centenaro VB, et al.(2015)：Arq Bras Med Vet Zootec. 67, 49-54.
16. Fourie JJ, Liebenberg JE, Horak IG, et al.(2015): Parasit Vectors. 8, 187.
17. Matricoti I, Maina E(2017): J Small Anim Pract. 58, 467-479.
18. Beugnet F, Halos L, Larsen D, et al.(2016)：Parasite. 23, 14.
19. Six RH, Becskei C, Mazaleski MM, et al.(2016): Vet Parasitol. 222, 62-66.
20. Snyder DE, Wiseman S, Liebenberg JE(2017): Parasit Vectors. 10, 532
21. Matsuyama R, Yabusaki T, Kuninaga N, et al.(2015)：Vet Parasitol. 212, 356-360.
22. Arlian LG, Vyszenski-Moher DL, Pole MJ(1989)：Exp Appl Acarol. 6, 181-187.
23. 竹中祐子，池田美智子，南光弘子(2006)：皮膚科の臨床 . 48, 1699-1702.
24. Terada Y, Murayama N, Ikemura H, et al.(2010)：Vet Dermatol. 21, 608-612.

第III部

各臓器における感染症

診療の現場では最初に得る所見は病原体より症状(病状・病態)である. したがって, まず生体の器質や機能の障害が注目されることから, 臓器別に高頻度にみられる感染症を鑑別する必要がある. 過去には感染症は全身性疾患の代表とされていたが, そのような症例数は減少し, 一方では臓器別の専門化が進行していることから, 臓器系統別に多発する感染症についても理解しておくことが必要と考えられる. そこで, 病原体別の感染症の解説に加えて, 臨床の現場で役立つことを考慮して, あえて重複を顧みず臓器別の観点で主要な感染症を把握しておくことが必要である.

23 呼吸器・胸腔

問題となる主な病原体の一覧

1）細菌
Bordetella bronchiseptica, *Chlamydia felis*, *Mycoplasma* spp., *Haemophilus felis*, *Streptococcus* spp., *Escherichia coli*, *Klebsiella* spp., *Pasteurella* spp., *Fusobacterium* spp., *Actinomyces* spp., *Arcanobacterium* spp., *Corynebacterium* spp., *Bacteroides* spp., *Peptostreptococcus* spp., *Nocardia* spp.

2）真菌
Aspergillus spp., *Penicillium* spp., *Cryptococcus neoformans*

3）ウイルス
犬ジステンパーウイルス，犬パラインフルエンザウイルス，犬アデノウイルス，犬ヘルペスウイルス，犬レオウイルス，猫ヘルペスウイルス，猫カリシウイルス，猫コロナウイルス，猫白血病ウイルス

4）寄生虫
ウェステルマン肺吸虫（*Paragonimus westermani*），宮崎肺吸虫（*Paragonimus skrjabini miyazakii*）

鼻の感染症

a この疾患について

鼻の感染症として皮膚の部位は皮膚病として扱い，鼻腔・鼻道の粘膜面における疾患とする．急性感染と慢性感染があり，問題になるのは多くは慢性感染症である．慢性感染とは犬の場合10日間以上症状が持続する場合で，猫では4週間以上にわたり間欠的ないし持続的に症状が認められる場合とされている．

b 主要病原体

- 犬
  - 犬ジステンパーウイルス（➡p.303）
  - *Bordetella bronchiseptica*（➡p.192）
  - 犬パラインフルエンザウイルス（➡p.305）
  - *Aspergillus* spp.（➡p.247）
  - *Penicillium* spp.

- 猫
  - 猫ヘルペスウイルス：FHV（➡p.284）
  - 猫カリシウイルス：FCV（➡p.295）

» *Bordetella bronchiseptica*(➡p.192)
» *Chlamydia felis*(*Chlamydophila felis*注1)
» *Mycoplasma* spp.(➡p.225)
» レオウイルス
» *Haemophilus felis*
» *Cryptococcus neoformans*注2

c 主症状

くしゃみ，鼻を鳴らす，鼻汁，鼻の変形，鼻の腫脹，色素消失，潰瘍，発咳，開口呼吸，悪臭が認められる．急性鼻炎と慢性鼻炎の臨床症状は非特異的で多彩であり，非感染性の鼻腔の病像との鑑別は困難である．

1 急性感染症

鼻腔の急性感染症は，犬では通常みられる上部気道感染症や犬ジステンパーなどの疾患と同時に認められ，鼻腔単独にみられる急性症状はほとんどない．猫での急性感染症は猫の上部気道感染症の一部分のことが多い．確定診断には微生物検査用に採材する必要がある．

2 慢性感染症

慢性鼻炎/副鼻腔炎は，細菌やウイルスによる急性感染症に併発・続発するが，発生機序の詳細は不明である．慢性の粘膜障害は過形成を伴い局所は防御不全となり，常在菌の増殖によって発病する．杯細胞の過形成や分泌過多で，持続的に漿液性鼻汁が流出する．猫のヘルペスウイルス感染症では鼻甲介が壊死する場合がある．

症例の経過や分泌物の性状によって疑診は可能でも確定診断には臨床検査が必須である．

d 診断

細菌の培養検査では，鼻腔の常在菌が分離されるためその診断的価値には限度がある．しかし，ある種の細菌が優位に純培養されれば意味がある．慢性鼻炎からFHV-1が分離されると，その関連性の確認にとって有意のこともあるが，FHV-1が慢性化する以前にすでに潜伏し，臨床症状がすでに消失していることもある．鼻腔から液性分泌物を採材して細胞診によって炎症反応や細菌の存在を確認することは多いが，確定診断に至ることは少ない．白血球による細菌の貪食像などの生体反応を検討する．X線像では，鼻孔や鼻洞内の軟部組織においてびまん性に不透明度が増強する非特異

注1：クラミジア属の細菌は，近年までクラミジア属とクラミドフィラ属(*Chlamydophila*)属の2属に分かれていたが，クラミジア1属に統合することが提案され，2015年に公式に認められた．クラミジアの解説を参照(➡p00)

注2：クリプトコックス属の分類は近年変更になり，*Cryptococcus neoformans* var. *neoformans* は *C. deneoformans*, *C. neoformans* var. *grubii* は *C. neoformans*, *C. neoformans* var. *gattii* は *C. gattii* と分類された．詳細はp.249を参照

的な所見が得られる場合がある．血清学検査では，猫白血病ウイルス(FeLV)と猫免疫不全ウイルス(FIV)のスクリーニング検査は診断の役に立つ．

e 治療

慢性鼻炎/副鼻腔炎では抗菌薬を6～8週間投与すると有効な場合もあるが，多くは再発する．断続的な抗菌薬の長期投与が必要である．鼻甲介切除術などの外科的処置を行うが，通常慢性の漿液性鼻汁は好転しないことが多い．副鼻腔の粘膜を掻爬し，剥離後に自己の脂肪組織を移植する方法によると治療効果は良好である．

f 原因微生物について

1 鼻道の真菌感染症について

猫では真菌感染が鼻道で問題になるのは稀で，犬でも多くはないが，数種類の真菌は犬や猫の慢性の鼻腔感染に関与している．

i アスペルギルス症とペニシリウム症

Aspergillus spp.と*Penicillium* spp.は，世界中に分布する腐生菌で鼻腔にも常在している可能性がある．*Aspergillus fumigatus*は，鼻真菌症の起因菌としては一般的である．犬，猫ともに播種する例は極めて少ない．*A. terreus*, *A. deflectus*, *A. flavipes* も起因菌となる場合がある．

Aspergillus spp.(➡p.247)は免疫抑制や鼻粘膜に外傷があると容易に感染する．発症は幼若から中年齢の動物にみられ，半数は中年齢以下である．発病は主に長頭種と鼻の長さが平均的な犬でみられ，通常短頭種では少ない．

アスペルギルス症では通常片側で，粘液膿性の鼻汁が流出する．また，両側性で鼻出血を伴う症例も報告されている．通常鼻汁は多量であるが，犬が鼻を舐めていると不確かとなる．前鼻孔部での潰瘍や色素が消失し，採食時に異様な態度を示すことが多い(鼻孔入り口を流れる空気の量や呼吸量が少ない場合もあるが，腫瘍性疾患のときほどではない)．

猫のアスペルギルス症は稀であるとされているが，通常全身性疾患に随伴して発病し，鼻の感染症としても報告がある．猫のアスペルギルス症でも，多くは免疫抑制状態にあることが知られている．

Penicillium spp.はアスペルギルス症と同様の臨床的病型を示すことから，病原体を鑑別する検査を行う．上記両感染症とも同様に治療する．

ii クリプトコックス症

腐生性の酵母様真菌である*Cryptococcus neoformans*(➡p.249)は，世界中に分泌し，犬，猫，ヒトに感染する．猫の鼻腔真菌感染症の中で最も多い．菌はハトなど，鳥類の糞の中に高頻度に存在し，外界で数年間生存する．

主に日和見感染症で(➡p.744)，発症機序は不明である．健康な犬，猫の鼻腔から14%および7%分離されるとの報告があるので，本菌が鼻腔から分離されても確定診断とはならない．

クリプトコックス症の臨床的特徴として，猫では呼吸器，特に鼻の症状，皮膚病変，中枢神経系(CNS)および眼の症状(特に眼底所見)を呈する．慢性鼻汁，鼻腔の感染に伴う鼻の変形がみられ，前鼻孔から突出するポリープ状の病変がみられることがある．また，皮膚各所に結節状ないし潰瘍状病変とリンパ節腫大がみられる．慢性化に伴い体重減少と元気消失を呈する．

犬では鼻の他の真菌感染症と同様にクリプトコックス症の発症は稀で，幼若動物で発症する傾向がある．犬でも鼻や皮膚に病変はみられるが，CNS症状,眼症状，全身状態の悪化は猫よりも多く発症する．

2 | 鼻道の真菌感染症の診断

確定診断には，臨床上の特徴や適切なX線像，原因真菌が分離されることなどが必要であり，鼻の真菌感染症を1種の検査結果から診断すべきではない．内視鏡は出血を誘発することがあるが，そのため軟部組織のデンシティーが増すので，先にX線像を確認すべきである．鼻甲介パターンの消失，鼻腔内のX線不透過性の亢進などが，X線検査ではみられることがある．内視鏡では真菌のプラークが確認される症例もある．細胞診では真菌の分生子と菌糸が検出される．組織中*Cryptococcus* spp.の特徴は厚い莢膜のみられる酵母菌で，確認は容易である．本菌は健康な犬や猫の鼻腔にも存在するので，鼻からの材料を真菌培養した場合は慎重に解釈する必要がある．真菌の血清学的検査は，*Aspergillus* spp.や*Penicillium* spp.による暴露の有無を示しているとされる．抗体の陽性は過去の感染と現在のものとを区別できないが，疑わしい病変がみられる症例が陽性反応を示せば感染を考慮する．酵素結合免疫吸着検査(ELISA)やラテックス凝集反応によりクリプトコックス抗原を検出する．

3 | 鼻道の真菌感染症の治療

鼻の真菌感染症の治療は困難で，無効例が多い．現在治療には鼻腔や前頭洞にクロトリマゾールを点鼻するのが最もよい．隣接する骨や軟部組織に波及し，治療に無反応の場合は，イトラコナゾールやフルコナゾールを全身投与する必要がある．全身投与による長期治療が必要で，しばしば再発が問題となる．

局所への点鼻には，全身麻酔下で穿孔器を用いて前頭洞を穿頭し，チューブを挿入して滅菌生理食塩水を用いて洗浄する．エニルコナゾールもしくはクロトリマゾールをゆっくりと注入して1時間かけて浸透させる．エニルコナゾールの場合1～5%溶液，クロトリマゾールの場合1%の溶液(ポリエチレングリコールを基剤としたもの)を用いる．その後薬剤を除去する．切開した骨の部分は皮膚縫合する．

上記の方法の他に，クロトリマゾール(1%)溶液を5分間浸透させた後クロトリマゾールのクリーム剤を注入する手法や，穿頭を行わない侵襲性の低い方法なども考案されている．

局所治療後，7日以内に症状が改善しなければ無効と考える．治療後も疾病が再発するようであれば，真菌について再検査が必要である．周囲組織にまで病変が及んでいる場合は治療効果がないことが多い．真菌は鼻甲介に大きな障害(骨融解)を及ぼし，治療後も慢性で軽度の漿液性や粘性膿性の鼻汁を呈することがある．

上部気道感染症

a この疾患について

上部気道感染症(upper respiratory tract infections: URTIs)として一般的には犬のケンネルコフと，猫のキャット・フルがある．

動物間での接触の有無などや，ワクチン接種歴などの経緯に関する情報が重要である．URTIsは多くの場合，ペットホテルなどの犬や猫が群飼されている場合に発生する．幼若動物はURTIsに罹患しやすい．

障害が咽頭にあれば発声困難，気管まで及ぶと発咳などがみられる．症状の発現は病原体と障害部位との兼ね合いである．犬での主な症状は発咳で，他の症状を伴って多彩となる．猫では通常くしゃみ，鼻汁，結膜炎，流涎がみられ，発咳は多くはない．

咳嗽によって病態が鮮明化することがある．一般的に，痰が喀出される発咳は炎症性障害の場合であるのに対して，乾性の発咳は気管，主気管支，葉気管支のような大きな気道における障害や感染性でない場合の障害でみられる．

喘鳴音またガラガラ鳴る音は，筋肉痙攣や，滲出物により気道狭窄を呈することで生じ，気管支拡張症や慢性閉塞性疾患，アレルギーなどでみられる．ある種の病原体では，呼吸器以外の組織である口腔，眼，腸管，皮膚，CNSなどにおいても障害が波及する．症状の原因を確定できないことが多いが，臨床症状や経過からURTIsが推測される場合もある．感染症による病状と非感染性による病状とが重複することがある．

b 犬の上部気道感染症

犬のURTIsは，高罹患率で低死亡率の症候群である．単頭飼育犬でもみられるが，最もよく発生するのは犬を多頭飼育している場合に認められる．

1 主要病原体：犬

- *Bordetella bronchiseptica*(➡p.192)
- 犬パラインフルエンザウイルス：CPiV(➡p.305)
- 犬アデノウイルス1型と2型：CAV-1，CAV-2(➡p.275)
- 犬ヘルペスウイルス：CHV(➡p.282)
- 犬レオウイルス：CRV(canine reovirus)

2 主症状

発咳は運動もしくは気管や咽頭周辺が圧迫されるとしばしば増悪する．咳の後などに吐き出すような仕草(ガギング)を示し，飼い主は喉に何かつっかえているようであると表現する．また，吐き気や悪心をもよおしていると訴える．下顎リンパ節腫大，発熱，眼からの分泌物などがみられることがある． *B. bronchiseptica*はウイルスよりも病状の悪化に関与している．複合感染があると病状は悪化するが，呼吸器の傷害部位によって異なる．免疫能が元来万全であれば症状は改善傾向に向かうが，防御機能に傷害があると日和見菌感染が起こる．

3 | 診断

ウイルス感染症の診断には，鼻腔，口腔，咽頭，気管からの検体を用いてウイルス分離，PCRや免疫染色法によるウイルスゲノムの特定，またはペア血清を用いて急性期暴露の有無を血清学的に証明する．この際，ワクチン抗体を考慮する必要がある．

*B. bronchiseptica*や日和見的な感染では，口腔，咽頭，鼻にスワブを入れ，それを用いて菌分離を行う．日和見感染症を確認することで，抗菌薬を適切に選択することが可能となる．

4 | 治療

ウイルス性上部気道感染に有効な抗ウイルス薬はない．上部気道感染症における多彩な症状は二次的な細菌感染に起因することから広域性抗菌薬を選択して投与する．クラブラン酸-アモキシシリン酸，テトラサイクリン系，強化サルファ剤は*B. bronchiseptica*の犬分離株に対して*in vitro*で効果があるという．発咳の機序は過剰の気道内粘液物を除去するためなので，鎮咳薬の投与は勧められない．去痰剤と粘液溶解剤は時に有益である．メチルキサンチン気管支拡張薬(テオフィリンなど)は，気管支痙攣を防止することがある．ネブライザーは有益で，安静と休養も必要である．

5 | 予防

犬のURTIsでは，ワクチンを接種とか管理を強化することで予防が可能となる．CDVとCAV-2のワクチンは通常使用されており，現在CPiVも多価ワクチン中に含有されている．ワクチンは添付資料に基づいて接種する．*B. bronchiseptica*に対するワクチンは，ペットホテルに犬を収容時接種するように推奨されているが，突然の発生を予防するためワクチンを接種することもある．

6 | 原因微生物について

i *Bordetella bronchiseptica*

原発性の呼吸器感染症を誘起するグラム陰性の球桿菌である．以前には日和見感染菌とされていたが，犬でも原発性病原体とされ，また主な原因菌としてケンネルコフに関与している．本菌が線毛運動を阻止するのは線毛上皮に付着するためである．このことは，ケンネルコフの症状を増悪させる要因となる．感染は数週間から数カ月持続し，臨床症状が消失した後も引き続き感染源となる．

ii 犬パラインフルエンザウイルス

犬のURTIsの原因となるパラミクソウイルスは，上部気道疾患では頻繁に分離される．本ウイルスは気道上皮細胞および局所リンパ節で増殖する．しかし，易感染性状態でなく健全ならば他の臓器には波及することはない．ウイルスは肺で確認されないので，臨床的には重要でない．感染経路は罹患犬の口や鼻の分泌物およびエアロゾルとの接触である．CPiVの単独感染では，軽い発咳があったり，漿液性鼻汁を時にみる程度である．

iii 犬アデノウイルス1型と2型

CAV-1およびCAV-2は鼻甲介と扁桃の巣状壊死に関与し，気管支炎，細気管支炎を誘起するが，CAV-2が主に上部気道感染に関与する．血清学的に交差がCAV-1とCAV-2間にみられ，多臓器に及ぶ疾患にはCAV-1が関与し，CAV-2は病因とはならないが腸管上皮細胞から分離されている．疫学的意義は不明であるが，感染後8～9日の間にCAV-2は排出され，数週間は呼吸器粘膜に存在する．

iv 犬ヘルペスウイルス

CHVが感染するのはイヌ科動物のみであるとされているが，通常はケンネルコフの原因ではない．子犬は胎子時や分娩中に感染し，また母犬の唾液により感染する．2週齢以下の子犬ではウイルスは拡大しやすく，新生子虚弱症候群を引き起こす場合もある．月齢が進むと，ウイルスは一般に上部気道粘膜とか生殖器の表層に限局して存在している．鼻腔や鼻甲介粘膜から気管支上皮に至るまで，巣状壊死などの軽微な病変が認められる症例もある．症状は軽微で，漿液性鼻汁がみられる程度のことが多い．他のヘルペスウイルス感染と同様に，CHVは回復犬でも潜在感染状態を維持しており，宿主の状態によってウイルスは再び活性化する．

v 犬ジステンパーウイルス

CDVは，典型的なジステンパー症状が認められなくても，ケンネルコフ症候群に関与している場合がある．CDVについては下部気道感染症で詳述する(➡p.375)．

vi 犬レオウイルス

犬レオウイルスは，呼吸器疾患に罹患している犬と同様に非感染犬からも分離される．現在のところ，このウイルスが本病の主たる原因である証拠はない．

c 猫の上部気道感染症

猫のURTIsは，複数の病原体が関与する症候群で，高罹患率であるが低死亡率である．原因としてはFHV-1とFCVを合せると約80％になる．他の病原体の役割の詳細は不明である．

1 主要病原体：猫

- 猫ヘルペスウイルス１型(FHV-1➡p.284)
- 猫カリシウイルス(FCV➡p.295)
- *Bordetella bronchiseptica*(➡p.192)
- *Chlamydia felis*(*Chlamydophila felis*)(➡p.234)

2 主症状

猫のURTIsの典型的な症状としては，鼻汁，くしゃみ，結膜炎，食欲不振，発熱などであるが(**図23-1，図23-2**)，病原体の種類によりその症状は若干差異がある．臨床症状と進行の程度は，日和見感染の起因細菌によって異なる(**表23-1**)．

3 診断

猫のURTIsでは特徴的な臨床症状を把握すべきである．ウイルス感染を診断するには，PCR法でウイルスゲノムの検出が必要である．一般に猫はワクチン接種済みか，すでに暴露されているため，FHVやFCVの血清学的診断への応用は不可能である．

FCVについては健康猫でもキャリアのことが多いため，ウイルスが分離されても結果の解釈には慎重でなければならない．FHV-1の排泄される時期は特発的なので，キャリアであることを確認す

図23-1 子猫1，猫のURTIs(猫ヘルペスウイルスが原因に疑われる)

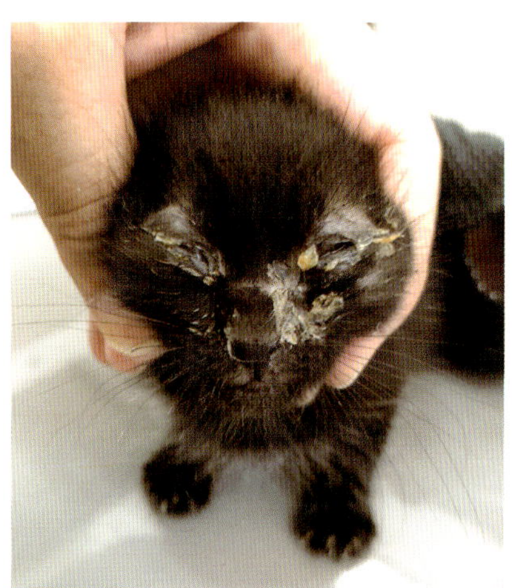

図23-2 子猫2，同じく猫のURTIs

表23-1 猫のURTIs鑑別診断

症状＼感染症	猫ヘルペスウイルス	猫カリシウイルス	*Chlamydia felis*	*Bordetella bronchiseptica*
全身倦怠感	+ + +	+	+	+
くしゃみ	+ + +	+	+	++
結膜炎	+ +	+ +	+++	
流涙・眼やに	+ + +	+ +	+++	+
角膜炎	+	−	−	−
流涎	+ +	−	−	−
鼻汁	(+)	+ +	+	+
口腔内潰瘍	(+)	+ + +	−	−
発咳	−	−	−	++
肺炎	−	+	+	−

るためのウイルス分離を常時行うことができない．環境の変化によるストレスを受けてから1週間後，キャリアの可能性が高い猫からスワブで採取して検査しウイルスが得られなくても，その猫がキャリアの場合もある．ストレスで誘発されるので，コルチコステロイドを投与すると，キャリア猫の中には発病するものもいるので勧められない．

*B. bronchiseptica*や日和見細菌は，口腔，咽頭，鼻腔などのスワブから分離することが可能である．日和見感染の起因細菌を同定し，適切な抗菌薬を選択する．

4 | 治療

ウイルス性の上部気道感染症に有効な抗ウイルス薬はない．二次的な細菌感染，併発する*Chlamydia felis*や*Mycoplasma* spp.など多種類に及ぶ起因菌による感染症のため，*in vitro*の検査に基づいて広域スペクトルの抗菌薬を選択して使用する．感受性薬は，*C. felis*や*Mycoplasma* spp.ではテトラサイクリンやドキシサイクリンで，*B. bronchiseptica*にはテトラサイクリン，ドキシサイクリンあるいはエンフロキサシンを使用する．

5 | 予防

猫の呼吸器感染ではワクチン接種が主体で，FHV-1とFCVに対してはワクチン接種である．ワクチン製造業者が作成した指示書に従ってワクチン接種計画を立案する．日本では，*B. bronchiseptica*の猫用ワクチンは販売されていない．感染性呼吸器疾患ではワクチンを接種しても十分ではない．ワクチン接種を行わない多頭飼育環境でキャリアの猫が存在している場合には，ワクチン接種プログラムを実施して，同時に適切な管理手段を実行する必要がある．

6 | 原因微生物について

i 猫ヘルペスウイルス1型

FHV-1は主にネコ科の動物に感染するが，若齢猫や老齢猫に感染すると致死的症状を呈する．慢性の鼻汁や再発性眼疾患が長引くことがある．感受性猫の集団では罹患率が高い．感染は直接接触で伝播するが，媒介物や分泌物との接触を通して間接的に拡大する．ヘルペスウイルスにはエンベロープがあるが，それは消毒薬や乾燥で容易に壊されるため，外界では約18時間で失活する．時間は限られているが，間接的な媒介でも感染が広がる．閉鎖環境下で飼育中の猫で感染しやすい．野外ウイルスに暴露すると，ワクチン接種済みの猫や移行抗体を保有する猫でも，軽度ではあるが感染する例もあって，発症することなくキャリアになることもある．

慢性化の有無にかかわらず，FHV-1に急性感染した猫がキャリアになって生涯を送る．他のα-ヘルペスウイルスに罹患した動物と同様の特徴があり，キャリアはストレスに遭遇するとウイルスを排出する潜伏感染状態である．三叉神経節にウイルスは潜伏し他の組織にも恐らく存在する．ストレス後のウイルス排出の機序は不明である．ウイルス排泄はストレス後約1週間で始まり，約10日間持続する．何頭かの猫では再発が認められている．キャリア状態の猫にワクチンを接種しても，潜伏ウイルスの排除は不可能である．

ii 猫カリシウイルス

ネコ科のみに感染するとされているFCVの血清型は1種であるが，抗原性の異なる株が分離され，ワクチン株では防御できない株もある．上部気道感染症例からFCVとFHV-1は同程度分離されていたが，FCVの症例が増加している．これはFCVが変異して，抗原性と病原性に変化がみられているためと思われる．FCV感染症での口腔潰瘍は舌の表面にみられるのが一般的で(**図23-3**)，口や鼻や他の部位にも認められる．FCVは，患部が所々に移行して病変を形成するようになる．FCV感染猫は，感受性猫への感染源となる．数カ月以内に猫からウイルスが排除されるので大多数の猫ではキャリア状態は持続しないが，移行抗体を受けた猫やワクチン接種済みの猫も感染しキャリアになる．口や鼻の分泌物中にウイルスは排泄され，主としては直接接触によって伝播する．FCVは，外界で1週間は生存するが，pHの低い状態，次亜塩素酸ナトリウムや第四級アンモニウムの消毒薬に感受性である．FHVと同様にキャリアである猫にワクチンを接種しても，ウイルス排除にも排出防止にも役立たない．

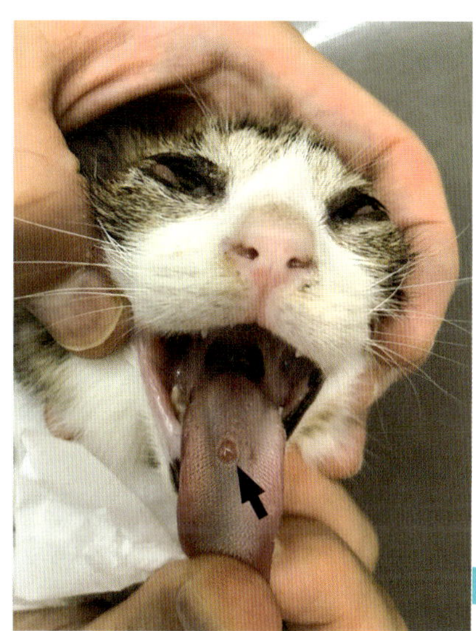

図23-3　子猫，猫のURTIs(カリシウイルスが原因に疑われる舌潰瘍，矢印)

iii 猫レオウイルス

猫レオウイルスは上部気道感染症の原因として猫で報告されているが，主たる原因ではないとの考えもある．

iv 猫コロナウイルス

猫では一般的な感染症で，通常下痢や猫伝染性腹膜炎(FIP)の原因となる．上部気道感染症に関与することは稀である．

v *Bordetella bronchiseptica*

猫の原発性の病原体の一種として*B. bronchiseptica*がある．臨床的特徴は，時に発咳を伴う軽度の上部気道の障害で，くしゃみ，鼻汁が認められる．子猫では下部気道で増殖すると気管支肺炎を発症し死亡する例もある．他の病原体，例えばFCV，FHVなどが共存すると，気管支肺炎への進行が助長されることになる．感染が数カ月以上続くので，他の動物へと感染が及ぶことになる．*B. bronchiseptica*の感染率は野外調査では11％といわれているが，捨て猫，多頭飼いの猫や犬に接触した猫では，感染率はさらに高値を示す．このことは，犬と猫の間で細菌が伝播することを示している．

vi *Chlamydia felis*(*Chlamydophila felis*)

*C. felis*は主に猫の結膜を障害する病原体で，持続性結膜炎を誘起し，症例によっては時に軽度の上部気道炎の原因となる．

下部気道感染症

a この疾患について

下部気道感染症(lower respiratory tract infections: LRTIs)の特徴的症状は発咳，呼吸困難，時に発熱である．呼吸困難を呈する動物は，呼吸性発作を防ぐため，ストレスをできる限り与えないように注意深く検査する．呼吸困難の原因となっている部位を特定するが，できるなら即座に苦痛を取り除き，侵襲性の高い検査を状態を見ながら行う．激しい呼吸を呈している動物に対しては，原因を調べる前に緊急処置を行う必要がある．

b ウイルス性下部気道感染症

1 主要病原体

i 犬の下部気道感染症の原因ウイルス

- 犬ジステンパーウイルス(CDV➡p.303)
- 犬パラインフルエンザウイルス：CPiV(➡p.305)
- 犬アデノウイルス1型と2型：CAV-1，CAV-2(➡p.275)
- 犬ヘルペスウイルス：CHV(➡p.282)
- 犬レオウイルス

ii 猫の下部気道感染症の原因ウイルス

- 猫ヘルペスウイルス１型：FHV-1(➡p.284)
- 猫カリシウイルス：FCV(➡p.295)
- 猫コロナウイルス(➡p.298)

- 猫白血病ウイルス：FeLV（➡ p.309）

2 主症状

発咳，呼吸困難，時に発熱

3 診断

鼻や口腔咽頭や気管の検体からのウイルス分離，PCRや免疫染色法でウイルスゲノムを特定，あるいはワクチン抗体価を考慮してペア血清を用いて急性期の暴露であることを血清学的に確認する．

4 治療

静脈あるいは他の経路での輸液をする．脱水すると線毛の除去システムが妨げられるので，蒸気吸入ないしネブライザーの使用などを考える．これらの方法で下部気道に直接水分を補給し，線毛装置を維持する．ネブライザーで抗菌薬を吸入すると，微細な気道に達して有効である．ネブライザーの使用後に気管を触診して物理的に発咳を誘起して気道内分泌物の排出を促進する．酸素療法は重症例で必要と思われるが，インキュベーターなどで周囲を囲って酸素に富んだ空間を確保するほか，鼻にカテーテルを設置，エリザベスカラーをラップで覆うなどして酸素を吸引させる．その他抗菌薬投与などで治療する．

5 原因微生物について

i 犬ジステンパー

(1) 病因

犬ジステンパーはパラミクソウイルス科のモルビリウイルス属のCDVによって起こる犬の全身性疾患である．このウイルスは標準的な消毒薬，紫外線，乾燥などによって失活するが，リポタンパクからなるエンベロープが破損するからである．犬ジステンパーは家庭犬において重要な疾患であり，フェレット（➡ p.640）や他の動物も感染する．

CDVはエアロゾルや飛沫によって感染し呼吸器粘膜に侵襲する．リンパ組織に広がったウイルスはT・B細胞を障害し，白血球減少が誘起される．上皮組織，特に皮膚，呼吸器，消化器などにもウイルスは侵入する．

感染動物はウイルスを60日間は排泄する．抗体値が上昇すると同時にウイルスは除去されるが，神経組織，眼，パットなどには残存していることがある．回復した後，免疫は終生続くとされているが，免疫低下，病原性の強い株の攻撃感染やストレスが加わると発症する．

(2) 臨床症状

移行抗体値が減少した3～6カ月齢の犬が発病する．感染犬の約50％は軽症型で明らかな臨床症状を示さない．症状は感染組織，感染株，犬の年齢，免疫状態，環境によって異なる．

典型的なジステンパーでは，乾性咳が出現してから結膜炎がみられる．咳は次第に湿性を帯びる．眼の分泌物は粘液膿性になって眼や鼻の周囲に痂皮が付着した状態になり，鼻炎も起こり，荒い感じの呼吸音が聴取される．聴診で，気道内の分泌物のために間隔不定の雑音が聴取される．感染動物は通常は食欲不振となり，発熱し，反応が鈍くなる．呼吸器症状が始まると消化器症状が発現し，日和見細菌が増殖する．眼の障害がみられることがある．回復犬では網膜に瘢痕がみられる場合がある．急性期に死亡する症例も多いが，支持療法を十分行えば生存する例もある．鼻鏡やパットの角化亢進が，感染後3～6週間に観察される例がしばしばみられるが，これは診断に有用な所見である．CDVはエナメル質産生細胞を傷害するので，エナメル質の形成不全が認められると以前CDVに感染したことが示唆される．明らかな症状はみられないが，感染すると3週間ほどで神経症状を呈する例がある．予測する方法はないが激しい呼吸器症状の後に神経症状が発現することが多い．神経症状は，運動失調，不全麻痺，ミオクローヌス，てんかん様発作などで，突然ないし気づかない間に発症する(➡p.482)．ミオクローヌスはある限定した筋肉でみられるか，広範囲に広がる場合があり，QOLは悪い．てんかん発作は抗痙攣薬で管理されるものの，少数の重症例では，飼い主の多くは安楽死を選ばざるを得ない．他の症状は，流産や死産，または免疫系の発達不全と思われる虚弱子の娩出で，新生子が感染すると心筋変性，石灰化，壊死などで心不全となる．

(3) 診断

臨床所見，ワクチン接種の有無，その地域での発生状況はどうか，あるいは剖検に基づいて診断される．生存に関する予後は，検査室内検査の結果から推測できない．血液検査所見では，非特異的であるが血小板減少症や白血球減少症が示されることがある．白血球や赤血球のうちの少数に封入体が確認される場合がある．X線検査では，感染初期は間質性肺炎像を示し，進行する肺炎でのX線像では肺胞あるいは混合パターンが認められるようになる．

急性期においては脳脊髄液(cerebrospinal fluid: CSF)の検査は正常のことがある．神経症状があれば，CSFは細胞数の増加(主としてリンパ球)とタンパク質濃度の上昇(IgG)を示す．CSF中に抗CDV抗体が検出されて，血清とCSFの抗体価を比較して，後者が高ければCNSへ感染が進んでいる状態を示している．

CDVの免疫蛍光法や免疫ペルオキシダーゼ染色を結膜，扁桃，呼吸器上皮，バフィーコート，CSFの細胞，骨髄，尿沈渣で行う．これら検査で陽性結果が得られるのは，ウイルス中和抗体が産生される前の感染初期のみである．

ジステンパーの慢性脳炎でのCTスキャン像を見ると，正常あるいは白質に病変部が好発し，浮腫ないし腫瘤病変を認める場合がある．MRI像でのT1強調像には低信号の病変で，T2強調像では高信号病変として認められることがある．

(4) 治療と予防

CDVを制御するのに有効な抗ウイルス薬はない．治療は主として支持療法(去痰剤，粘液溶解薬，輸液，制吐薬)で，抗菌薬の予防的な適用も考えられる．てんかん発作はコントロールする必要があるので抗痙攣薬を使用する．ステロイドは炎症を示している場合の慢性例に用いられることが多い．ただし，急性例では免疫抑制状態によってウイルスの除去が阻害される危険がある．著しい神経症状を呈する症例では安楽死も検討されるが，そのような症例であっても，てんかん発作をコントロールしながらほぼ正常な生活が可能である．CDVはほとんどがワクチンを接種して予防されているが，罹患犬では予後に十分な注意が必要である．

c 細菌性下部気道感染症（マイコプラズマ性感染症を含む）

1 この疾患について

多種類の細菌やマイコプラズマによって下部気道に病変が誘発される．二次的また日和見感染菌として作用する病原体の多くが，防御作用を障害することで下部気道が傷害されるが，上部気道感染症より少ない．これらの感染症は，慢性炎症性疾患や免疫不全疾患が基礎疾患になっていることが多い．*B. bronchiseptica*感染症，マイコバクテリア症，*Streptococcus zooepidemicus*による感染症，マイコプラズマ誘発疾患は接触感染の可能性があるが，下部気道の細菌感染症においては一般には接触感染ではない．

細菌は，吸入，血行性播種，直接播種（外傷，咬傷，創傷）によって肺へ侵入するが，このような感染ルートで通常胸膜感染も惹起される．基礎疾患（感染性も，非感染性も）があると，二次的に細菌が容易に侵入する．細菌が一旦下部気道に定着して増殖すると，病変が起こりやすくなる．好中球の作用があってもなくても，肺胞マクロファージが細菌を貪食する．細菌のリガンドおよび粘着により上皮組織へ付着する．*B. bronchiseptica*，緑膿菌，ブドウ球菌，レンサ球菌，*Mycoplasma* spp.などは 線毛運動を阻害する．線毛細胞による粘膜層の清浄化作用は，粘液の増量と粘稠度の増大によって阻害される．

2 主要病原体

- *Bordetella bronchiseptica*（➡p.192）
- *Streptococcus* spp.（レンサ球菌➡p.184）
- 腸内細菌科（➡p.193）
- *Pasteurella* spp.（➡p.200）
- *Haemophilus felis*
- *Mycoplasma* spp.（➡p.225）

3 主症状

湿性の咳，漿液性や粘液性の鼻汁の排出，呼吸困難や頻呼吸，肺胞増強音や気道内分泌物の存在を示唆する捻髪音が聴取される．発熱，食欲低下，元気消失などが全身症状としてはみられる．

4 診断

臨床徴候，血液検査，X線検査所見，細胞診そして菌分離の組み合わせで行うことが理想的である．厳密にいえば細菌感染症は，回収が無菌的な洗浄液，FNA材料，気管支肺胞洗浄液などが炎症所見所を示していることから診断するが，臨床症状と胸部X線検査所見から細菌性肺炎と臨床診断される場合もある．

X線所見では，肺胞パターンが肺葉の一部（主に前腹側）または全体に現れる（**図23-4，5**）．臨床的には肺胞パターンだけでなく，気管支炎を示唆する気管支パターンや肺野のコントラストが低下する間質パターンなどを含む混合パターンが肺野全域に認められることが多い．一般血液検査では白血球増加は必ずしもみられるわけではないが，重度の細菌感染では白血球増加症が顕著でCRPも上昇する．気管支肺胞洗浄検査（bronchoalveolar lavage: BAL）は，気道内や肺胞内の細胞を評価するうえで最も的確な診断法である．

5 | 治療

細菌性および二次的肺炎の治療においては，抗菌薬の選択は培養および感受性試験の結果に従って治療する．細胞診によって細菌感染症であることが明らかになったら，培養の結果が明らかになるまで抗菌スペクトルの広い薬剤を処方する．重度な細菌感染症が疑われる場合には，静脈内投与が必要なことがある．グラム陰性桿菌が認められたら，効果的であると思われるのはST合剤，フルオロキノロン，クロラムフェニコールが．また，グラム陽性球菌なら，ST合剤，フルオロキノロン，セファロスポリン系が有効である．抗菌薬の多くが十分気道まで浸透しないので，長期間常用量の上限を使用する．クロラムフェニコールは，犬猫には絶対に必要な場合以外は使用しない．

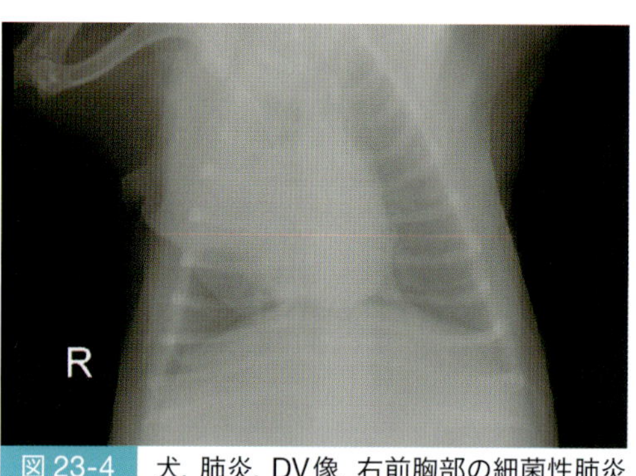

図23-4 犬，肺炎，DV像．右前胸部の細菌性肺炎

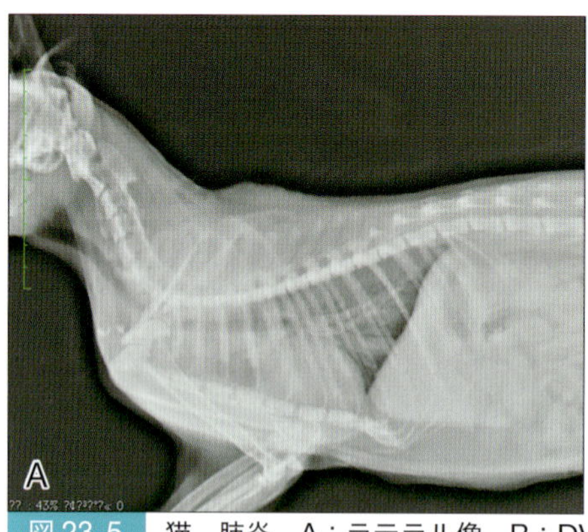

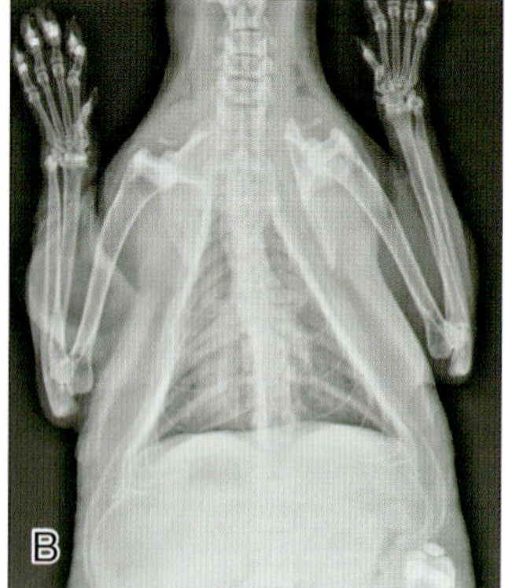

図23-5 猫，肺炎．A：ラテラル像，B：DV像

i *Bordetella bronchiseptica*

上部気道感染症を参照

ii *Streptococcus* spp.(レンサ球菌)

犬の肺炎では，レンサ球菌が気管洗浄液から分離される割合は最高47％までである．β-溶血性*Streptococcus equi* subsp. *zooepidemicus*(LancefieldのC血清群)，*S. canis*(G血清群)が極めて重要な病原菌である．

レンサ球菌のC型血清群は犬にも猫にも伝播するが，疾患を起こすのは犬のみと報告されている．菌株によって病原性は顕著に異なる．多数の犬を飼育しているところでの発症が多くみられる．主な徴候は発咳，呼吸困難，衰弱，発熱である．吐血や血尿も発現する場合がある．罹患率と死亡率はともに高いと報告されている．細菌は血行性に肺から広がると，腎臓，脾臓，関節，髄膜，心臓弁膜，リンパ節に感染が播種することになる．レンサ球菌によって敗血症になる要因は不明である．

iii 腸内細菌科

腸内細菌(大腸菌，*Klebsiella* spp.など)は，口腔から，上部気道，下部気道に侵入するが，血行性に播種することがある．これらの細菌による内毒素の産生があると，肺は顕著に損傷され，急性の呼吸不全を呈し，肺炎が複雑化することがある．肺炎をはじめ，他の臓器に感染が波及し，また，播種性血管内凝固(DIC)が発現する場合もある．

iv *Pasteurella* spp.

Pasteurella spp.(グラム陰性通性嫌気性球桿菌)は，呼吸器症状の有無によらず犬，猫から高率に分離され，正常菌叢として口腔からもよく分離される．パスツレラ菌が侵入して下部気道に至ると難治性の肺炎を惹起することがあり，肺膿瘍などの肺疾患は長期間持続することもある．

v *Heamophilus felis*

Heamophilus felis(グラム陰性球桿菌)は，健康猫および呼吸器感染症や結膜炎罹患猫の鼻咽頭から分離される．この菌は片利共生菌で，状況によっては肺炎の起因菌となる．

vi *Mycoplasma* spp.

小動物で問題となる*Mycoplasma*種は，犬は*M. cynos*，猫は*Mycoplasma felis*と*M. gateae*である．

正常犬の下部気道からマイコプラズマは常時分離され，若齢犬の場合とか，線毛運動が障害されているなどして粘膜の防御装置に異常のある症例を除いては発病に至ることは少ない．

猫で，結膜炎症例の25％から分離されている．*M. gatae*は片利共生菌のようであるが，*M. felis*は病原菌の可能性がある．正常猫の下部気道からは分離されていないが，*M. felis*が分離されるときには，進行した状態で気管支拡張症を伴う化膿性感染症が長期化することもあるので抗菌薬治療を行う．

d その他の下部気道感染症

1 真菌感染症

クリプトコックス症とアスペルギルス症が多い(➡p.366)．

2 寄生虫感染症

i 肺吸虫症

*Paragonimus*属吸虫(肺吸虫)の幼虫および成虫による肺実質への寄生と，肺への移行中に組織を傷害する．日本では，ウェステルマン肺吸虫(*Paragonimus westermani*)と宮崎肺吸虫(*Paragonimus skrjabini miyazakii*)が重要である(➡p.314)．犬，猫の感染率は低いと推測されている．感染は，メタセルカリアが寄生する淡水産カニ類の経口摂取によることが多い．ウェステルマン肺吸虫の終宿主はヒト，犬，猫，タヌキなどで，第一中間宿主はカワニナ，第二中間宿主はサワガニ，モズクガニ，アメリカザリガニである．第二中間宿主を捕食したイノシシ，ネズミなどが待機宿主となる．成虫は，終宿主の肺実質に虫嚢を形成して寄生する．幼若虫が横隔膜を穿通するため出血し，胸腔への出血により死亡することもある．発咳，血痰，呼吸障害が起こるが無症状のことも多い．診断は糞便検査もしくは胸部X線やCTによる画像診断が有力である．治療はプラジクアンテル50 mg/kg，4日間POが有効である．

胸膜と縦隔の感染症

a この疾患について

最も頻繁に遭遇する感染症は，膿胸とFIPである．胸腔に滲出液が認められる感染症としては肺炎がある．感染は縦隔に波及することもある．

b 膿胸

1 この疾患について

膿胸は，細菌が肺や胸腔外の感染巣から胸腔に侵入することで発現するが，起因細菌は，例えば食道穿孔，異物の遊走，胸壁の穿孔などから侵入する．

膿胸の犬あるいは猫の胸膜から分離される細菌を下記に列挙する．猫では特に嫌気性菌感染症がよく認められる．

2 主要病原体

Fusobacterium, *Actinomyces*, *Arcanobacterium*, *Corynebacterium*, *Streptococcus*, *Bacteroides*,

Peptostreptococcus, Pasteurella, Nocardia, Escherichia coli, Klebsiella（➡17章）

3 | 主症状

膿胸の臨床的特徴は急性ないし亜急性で，元気消失，食欲不振，体重減少，発熱，呼吸促迫，開口呼吸，頻呼吸などである．病歴には咬傷や外科手術を受けた症例もある．吸気時に顕著な努力性呼吸や呼吸困難を呈する．

4 | 診断

X線検査では通常胸腔に滲出液が貯留し（**図23-6**），両側性であることが多いが，特に肥厚が縦隔にあれば片側性にも起こる．稀に嫌気性菌が産生する遊離ガスや，壊死した肺から漏れる空気が確認される症例もある．血液所見からは炎症反応の存在が推測される．重症例の胸水は濃厚で混濁しており，線維素凝塊の含有が予想され，黄色か褐色，血様または暗赤色を呈している．胸水の細胞診では化膿性滲出細胞が確認される．採材して好気性と嫌気性の培養を行う．

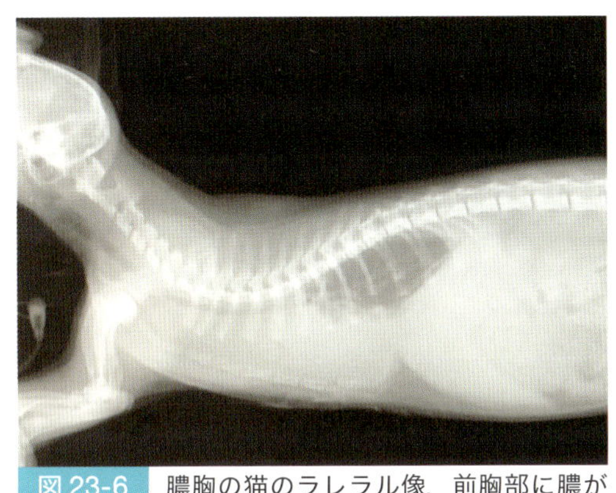

図23-6 膿胸の猫のラレラル像，前胸部に膿が貯留している．

5 | 治療

膿胸は抗菌薬のみで治療しても無効である．奏功するには抗菌薬の全身療法と，胸腔から効果的に廃液する．胸腔内にドレーンを設置するか，吸引器を用いて吸引し，胸腔を洗浄する．後者の方で臨床像が早期に軽減する．低血圧や無呼吸を呈する可能性があるため，体液の欠乏状態を回復させてから排液する．犬では，チューブを鎮静下もしくは局所麻酔下で設置する．鎮静が必要なら，呼吸機能の減退により低酸素状態にならないように考慮する．犬では，全身麻酔では呼吸管理ができるので，鎮静よりも安全である．猫の場合は全身麻酔下での処置が必要である．

抗菌薬治療は6～8週間は持続する必要がある．抗菌薬選択は薬剤感受性試験の結果を参照して決定する．ほとんどの場合はアンピシリンやクラブラン酸-アモキシシリンに感受性で，これらの薬剤とメトロニダゾールかクリンダマイシンを併用することもある．

ノカルジア症が疑われたら，ST合剤が一次選択薬で，その後はアミノグリコシド系やテトラサイクリンを用いる．敗血症に進行していれば，特にグラム陰性菌の関与時には，ペニシリン系，第二あるいは第三世代のセファロスポリン系かフルオロキノン系にアミノグリコシド系(ゲンタマイシン，アミカシンなど)の静脈内投与を行う必要がある．

支持療法としては，顕著な栄養低下を補うために，静脈内輸液や経鼻胃チューブあるいは胃造瘻チューブ投与などを行って栄養を適切に補給する必要がある

c その他の感染症

1 猫伝染性腹膜炎(FIP)

猫伝染性腹膜炎ウイルス(FIPV)感染症では，胸水や心膜液が貯留し，呼吸困難を呈する．

2 猫白血病ウイルス感染症

胸腺型リンパ腫の80％以上がFeLV陽性である．主症状は呼吸促迫，開口呼吸で，それは胸水や胸腔内の胸腺腫瘤による圧迫のためである．診断にはX線検査，滲出物の検査，血中のFeLV抗原検査，ウイルスの遺伝子検査などを行う．

3 その他

子宮蓄膿症の症例において，胸腔に少量の滲出液がみられることもあるが，その病態生理は不明であり，また滲出液は自然に消退することもある．胸腔内滲出液には多数の好酸球が認められることがあるが，寄生虫，過敏症，免疫学的障害が関与している場合もある．

参考文献

- 並河和彦監訳(2005)：器官系統別　犬と猫の感染症マニュアル，インターズー
- Larry PT, Francis WK(2015)：Blackwell's Five-Minute Veterinary Consult: Canine and Feline, 6th ed., Wiley-Blackwell
- Malik R, Wigney DI, Muir DB et al.(1997)：J Med Vet Mycol. 35, 27-31.
- Sharman MJ, Mansfield CS(2012)：J Small Anim Pract. 53, 434-44.

24 循環器

問題となる主な病原体の一覧

1）細菌
Staphylococcus spp., *Streptococcus* spp., *Escherichia coli*, *Pseudomonas* spp., *Propionibacterium acnes*, *Erysipelothrix rhusiopathiae*, *Pasteurella* spp., *Corynebacterium* spp., *Clostridium piliformis*, *Citrobacter koseri*, *Bartonella* spp., *Brucella* spp., *Leptospira* spp., *Salmonella* spp. , *Borrelia burgdorferi*, *Rickettsia rickettsii*, *Ehrlichia canis*

2）真菌
Cryptococcus spp., *Aspergillus* spp., *Coccidioides immitis*, *Histoplasma capsulatum*

3）原虫
トキソプラズマ（*Toxoplasma gondii*），ネオスポラ（*Neospora caninum*），トリパノソーマ（*Trypanosoma cruzi*），バベシア（*Babesia* spp.），ヘパトゾーン（*Hepatozoon canis*）

4）ウイルス
犬パルボウイルス，犬ジステンパーウイルス，犬ヘルペスウイルス

5）寄生虫
犬糸状虫（*Dirofilaria immitis*）

循環器の感染症について

a 特徴

他の諸臓器の感染症に比べ，発生は稀である．これは，病原体による外界からの感染に対して保護されていることと，防御因子を高濃度に有するためである．

b 症状

感染部位により大きく異なり，傷害された部位の機能障害を主徴とするが，他臓器から波及する場合も，また他臓器へ影響を及ぼす場合もある．

症状が非特異的であり（元気減退・消失，倦怠，食欲不振，発熱など），診断も難しいことが多いため，循環器の感染症と認識されないまま，突然死や原因不明の死亡に関与している可能性もある．

c 問診

- 全身状態，既往症，基礎疾患，治療歴
- 原因となりうる感染症の臨床徴候について
  - 口腔内疾患：口臭，歯石，疼痛，採食時の様子
  - 肺炎：呼吸状態，発咳，運動不耐性，チアノーゼ
  - 椎間板脊椎炎：跛行，疼痛，神経症状

  - 尿路感染：頻回尿，尿の様子(尿量や色調，臭い)，排尿痛，排尿困難，多飲多尿
  - 前立腺炎：後腹部の疼痛，便の狭小化や血液付着，排便痛や排便困難，努責やしぶり，外陰部からの排泄物，姿勢や歩行の異常
  - 膿皮症，膿瘍
- 本疾患の臨床徴候および病状の経過，治療歴

d 検査

- 循環器の感染症および原因疾患となりうる感染症の臨床検査
- 身体検査，胸部聴診，可視粘膜の色調，脈圧
- 触診・視診：特に皮膚や口腔内の病状，脊椎および四肢，外陰部の状態と排泄物，外陰部の指診，腹腔内の異常，直腸検査
- 血液学的検査，血液化学検査，CRP，SDMA(対称性ジメチルアルギニン，symmetric diethylarginine)
- X線検査およびX線造影検査，内視鏡検査，超音波検査
- 心電図検査
- 外陰部排泄物細胞診，外陰部排泄物や尿，口腔内，血液の細菌培養検査
- 生検
- 血清学的検査，PCR

細菌性心内膜炎[1-17]

a この疾患について

心臓の弁膜を含む心内膜の感染および炎症は，血中の細菌により起こる感染症であり，循環器の感染症の中ではよく認められる．犬で一般的であるが比較的発生率は少なく，中～大型犬に多い傾向にあり，感染部位は僧房弁および大動脈弁に多く，猫では稀である[1-7]．

予後不良であることが多く，この原因としては原因疾患が重度であることが多いこと，病変部の細菌感染が治療困難であることが多いこと，弁膜の障害による重度の心不全の発症，その他腎不全や血栓塞栓症など重度の合併症が多いことなどが挙げられるが[4]，不適当な抗菌薬の選択，不十分な治療期間，飼い主の不適切な対応も問題となる．

b 主要病原体

Staphylococcus spp., *Streptococcus* spp., *Escherichia coli*, *Pseudomonas* spp., *Propionibacterium acnes*, *Erysipelothrix rhusiopathiae*, *Pasteurella* spp., *Corynebacterium* spp.など[1](➡17章)

1 | 原因[1,2,4,7,8]

一過性ないしは慢性的な菌血症の存在が背景となる．

- 無菌的ではない外科処置や外科手術
  - 歯科処置が一時的な菌血症の原因として有名だが[9]，その他消化管や肛門，膀胱などの汚染された部位の外科手術
  - 内視鏡検査，尿道カテーテル，静脈カテーテル，中心静脈カテーテル，人工弁，心臓外科手術，心臓カテーテルなど
- 基礎疾患からの波及による合併症として発症する．
  - 口腔内疾患，肺炎，椎間板脊椎炎，尿路感染，前立腺炎，膿皮症，膿瘍など
- 免疫不全状態
- 免疫抑制治療
- 先天性心疾患や弁膜疾患などの血流の変化(特に大動脈弁狭窄症に多い[10])

c 主症状

- 元気減退・消失，倦怠，体重減少，発熱，跛行(時に間欠性や移動性)，関節の滲出液，腫脹，背部痛，出血異常，心雑音(収縮期または拡張期)，神経障害，菌血症，敗血症，全身性炎症反応症候群(systemic inflammatory response syndrome: SIRS)，ショック，DICなどを示す．
- 左心不全併発の際は，咳，頻呼吸，呼吸困難を呈する．
- 細菌性心内膜炎が原因となる，あるいは細菌性心内膜炎により悪化した疾患の症状
  - 不整脈，弁閉鎖不全，うっ血性心不全(特に左心不全)，重度の弁破壊，腱索断裂，複数の弁膜症，心筋の損傷，感染性心筋炎，菌血症，敗血症，SIRS，毒素血症，ショック，DIC，血栓塞栓症(心臓，脳，脾臓，腎臓など)，免疫介在性疾患
- 不明熱
- 細菌性心内膜炎を起こす原因となった原発疾患の症状
  - 口腔内疾患，肺炎，椎間板脊椎炎，尿路感染，前立腺炎，膿皮症，膿瘍など
- 以上いわゆる感染症の症状，心機能障害による症状(循環障害)およびその他の神経系や運動器系などの症状が認められる．

d 診断

特異的な診断法がないため，診断的検査にて除外診断を行う[8,11,12]．

第一に不明熱の鑑別診断を行う．

問診と身体検査が大切であるが，中でも心臓の聴診は重要である．特に新奇の心雑音(特に拡張期心雑音)は心内膜炎を疑う根拠となるが，元々診断されていなかった先天性心疾患や感染性ではない心疾患の発症，全身状態の悪化などとの鑑別は必要である(**表24-1**)．

反して，心雑音が元々存在している症例の方が多いため，このような場合は心雑音の強さや質，時期，長さなどの変化が必ず認められる．心内膜炎の臨床徴候があり，心基底部での拡張期心雑音の聴取は，大動脈弁の心内膜炎を疑う根拠となる[7]．

臨床検査は多岐にわたるため，疑われる疾患の鑑別を優先し，検査を漫然と行うのではなく，実施する検査に必ず優先順位をつけ，その順序で実施する(**表24-2**)．特に下記の3項目は本疾患のス

表 24-1 細菌性心内膜炎とその他の弁膜疾患（心内膜症）の特徴

	発症年齢	体型	感染症の徴候	心雑音	発生
細菌性心内膜炎	年齢を問わない	中～大型犬に多い	明らか	新奇あるいは変化	稀
心内膜症	高齢に多い	小～中型犬に多い	なし	継続的な心雑音	多い

表 24-2 犬の心内膜炎の診断基準（Duke 診断基準を改変）[2,7,15]

大基準	血液培養陽性	2 回以上陽性，3 回以上の心内膜炎を示唆する細菌陽性
	心エコー所見	典型的な疣贅とその振動，膿瘍，新奇の弁機能不全・逆流
小基準	発熱	
	中～大型犬	
	原因となる素因	
	血栓塞栓症	
	免疫介在性疾患	多発性関節炎，糸球体腎炎など/抗核抗体陽性，RA 因子陽性
	血液培養陽性	大基準を満たさない陽性
診断	大基準 2 項目，大基準 1 項目と小基準 3 項目，小基準 5 項目	
	病理組織検査	
仮診断	大基準 1 項目と小基準 1 項目，小基準 3 項目	
除外診断	治療により 4 日以内に症状が改善	
	他の疾患の診断	

クリーニング検査であり，ルーチンに行うべきである．

1 | スクリーニング検査

- 血液学的検査：白血球増加症(特に好中球左方移動)，非再生性貧血や血小板減少
- 血液化学検査：肝酵素上昇，低アルブミン，高グロブリン，低血糖，高窒素血症など各種疾患の特異的変化，CRP 上昇，SDMA 上昇
- 尿検査：尿路感染症や腎不全の所見，尿タンパク・クレアチニン比

2 | 細菌培養検査

コンタミネーションに注意する．特に手指の消毒や無菌操作，採血手技に留意する．

- 血液：採血部位の剃毛と消毒，1時間以上あけて，2～3回の採血を実施する．血液培養検査での陽性結果が，必ずしも細菌性心内膜炎の診断ということではないが，検出された病原体が前述の原因病原体に当てはまる場合，心内膜炎の確率は高くなる．抗菌薬の投与によって細菌の分離率は低下するが，24～48時間の休薬後の検体採取によって検出率は高くなる．
- 尿：膀胱穿刺での採尿が推奨される．尿培養は尿路感染症との鑑別だけでなく，尿路感染症を原因

とする心内膜炎の診断にも役立ち，心内膜炎の場合は血液培養検査で検出された病原体と一致する．

- 口腔内
- その他，下記生検による採取物が検体となる．

注意

細菌培養検査が陰性であるとき, *Bartonella*感染は検出されにくいため, この感染は疑う必要があり, 大動脈弁に罹患しやすく頻発ではないが予後不良であるため注意が必要である[1,4,16].

3 | その他

- 遺伝子検査
- X線検査：特異的な所見ではないが,
  - 胸部：心拡大，肺炎，胸水，新生物
  - 腹部：各臓器拡大，腹水，新生物
  - 骨格：関節炎，椎間円板疾患，汎骨炎，骨髄炎，新生物，骨端線障害，肥大性骨異栄養症
- 超音波検査[13-15]
  - 心内膜の腫瘤性病変(特に輝度が高く形状が不定形の疣贅が弁に付着しているときには弁と分離がみられる)が特徴的である(**図24-1**)が，これらは病原菌と炎症細胞，血小板，線維素などからなる[7,8]．軽度の疣贅では粘液腫様変性との鑑別が難しく，その動作により鑑別診断が可能であることが多い．
  - 弁狭窄および閉鎖不全と逆流(特に新奇の場合は特徴的)
  - 先天性心疾患との鑑別を行う．
- 心電図検査：様々な不整脈(頻拍，期外収縮，房室ブロックや脚ブロックなど)
- 生検：関節，骨髄，リンパ節，腫瘤
- 感染症および免疫介在性疾患の診断
- 合併症：うっ血性心不全，腎不全，神経系疾患，血栓塞栓症

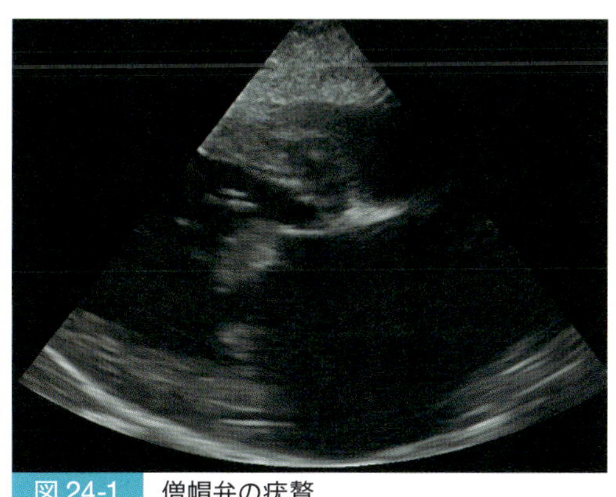

図 24-1 僧帽弁の疣贅

e 治療[1,2,7,8,17]

- 原因疾患の治療と長期(6〜12週間程度)の抗菌薬投与が基本となる.
- 心不全あるいは敗血症などが存在する場合は，適切な心血管系の治療および循環や体液補正を集中的に管理する．また，急変に備えて徹底的なモニタリングと監視を要する.
- 抗菌薬の投与は，細菌培養検査および薬剤感受性試験の結果と感染部位に基づいて選択するが，前述のとおり培養検査結果が伴わない場合も多く，あるいは検査結果の入手が間に合わない場合もあり，線維素に浸透可能な殺菌性および広域スペクトルの抗菌薬が有効であるため，β-ラクタム系やセフェム系，アミノグリコシド，ニューキノロン系などの抗菌薬が初期治療の第一選択となることが多く，特に2剤併用が一般的である.
- 投与経路としては，静脈内投与を主とする注射投与が優先され，1〜2週間の継続が推奨されるが，臨床症状が改善した場合は3〜5日程度で経口投与に変更される場合もある．また，重篤な症状を呈する際には，静脈内大量投与の5日間投与が行われることもあるが，腎毒性を考慮してアミノグリコシド系抗菌薬の使用は避けることも多い.
  - アモキシシリン：10〜20 mg/kg BID〜TID PO, IM, SC
  - アンピシリン：20〜40 mg/kg BID〜TID POあるいは10〜40 mg/kg BID〜TID IV, IM, SC
  - セファレキシン：10〜30 mg/kg BID〜TID PO
  - セファゾリン：20〜30 mg/kg BID〜QID IV, IM
  - セフメタゾール：15〜20 mg/kg BID〜QID IV, IM
  - スルバクタム・アンピシリン：30 mg/kg TID IV
  - イミペネム：10 mg/kg TID IV
  - クラブラン酸-アモキシシリン：12.5〜20 mg/kg BID〜TID PO
  - エンロフロキサシン：2.5〜5 mg/kg BID PO, SCあるいは5 mg/kg SID PO, SC
  - オルビフロキサシン：2.5 mg〜5 mg /kg SID PO, SC
  - マルボフロキサシン：2.75〜5.5 mg/kg SID PO
  - メトロニダゾール：10〜20 mg/kg BID PO
- 4〜6週間の経口投与後，超音波検査でのモニタリングは有用であり，疣贅の大きさと性状を確認する.
- *Bartnella*感染の場合は，下記の抗菌薬投与を行う.
  - アジスロマイシン：5〜10 mg/kg SID PO 1週間，この後EOD PO 6週間
  - ドキシサイクリン：5〜10 mg/kg SID〜BID PO
- 血栓塞栓症を呈する場合は，抗血栓治療を併用する.
  - ダルテパリン(低分子ヘパリン)：100 IU/kg SID〜BID SC
  - モンテプラーゼ(組織プラスミノーゲン活性化因子)：25,000〜30,000 IU/kg SID IV
  - クロピドグレル硫酸塩(チエノピリジン系抗血小板剤)：1〜5 mg/kg SID PO
- 無菌的ではない外科処置や外科手術を行う場合，β-ラクタム系やセフェム系抗菌薬を予防的に投与する.

感染性心筋炎[18-23]

a この疾患について

成犬や成猫で認められることは稀で，胎子や新生子，子犬でのパルボウイルス感染症がよく知られているが，細菌性心内膜炎からの波及や原虫および真菌による感染症も認められている．心筋炎により，心筋の機能障害や融解，壊死を起こすことが知られている．

b 主要病原体[18,23]

- 細菌性心内膜炎に準ずる細菌：*Staphylococcus* spp.，*Streptococcus* spp.，*Clostridium piliforme*，*Citrobacter koseri*，*Bartonella* spp.，*Brucella* spp.，*Leptospira* spp.，*Salmonella* spp.(➡17章)
- スピロヘータ：*Borrelia burgdorferi*(➡p.224)
- リケッチア：*Rickettsia rickettsii*，*Ehrlichia canis*(➡17章)
- 真菌：*Cryptococcus* spp.，*Aspergillus* spp.(➡18章)，*Coccidioides immitis*，*Histoplasma capsulatum*
- 原虫：*Toxoplasma gondii*，*Neospora caninum*，*Trypanosoma cruzi*，*Babesia* spp.，*Hepatozoon canis*(➡19章)
- ウイルス：犬パルボウイルス，犬ジステンパーウイルス，犬ヘルペスウイルス(➡20章)

1 原因

- 菌血症や細菌性心内膜炎，心膜炎で局所性または多巣性の化膿性心筋炎や膿瘍を形成する．
- ウイルス感染による心筋炎は，ウイルス感染よりもウイルスに対する免疫反応が炎症を起こしていると考えられている．
- パルボウイルス：4～8週齢の子犬に壊死性心筋炎と突然死を起こす．ウイルス暴露やワクチン接種により一般的ではなくなっている[6]．耐過した若齢犬に拡張型心筋症を起こすことがある．
- ジステンパーウイルス：若齢犬で心筋炎を起こすが，呼吸器など全身症状が優位である．
- ヘルペスウイルス：胎子期や周産期に死亡する．

c 主症状

特異的な症状はなく，心血管系疾患に特有の症状となる．

- 元気減退・消失，食欲不振，虚弱，発熱，運動不耐性，発咳，呼吸困難，リンパ節腫大，間欠的な失神，突然死
- 心雑音，不整脈(頻脈性および遅滞性ブロック)，心筋収縮力低下，心筋の硬化，心拍出量の低下
- うっ血性心不全，肺水腫，腹水

d 診断

特異的な検査法はないため，一般的な問診と身体検査が重要となる．

- 血液検査：白血球増加(特に好中球増加)，クレアチンキナーゼ活性上昇，血清トロポニン値上昇
- Ｘ線検査：心拡大
- 超音波検査：心筋の性質や収縮性，心拍出量の減少
- 心電図検査：様々な律動異常
- 血液培養検査および薬剤感受性試験
- 感染疾患性血清学的検査および遺伝子検査
- MRI検査
- 心筋生検
- 鑑別診断：特発性および栄養性心筋症，免疫介在性心筋炎，心筋外傷，薬剤，心筋の低酸素症，代謝性疾患，敗血症
- 合併症：不整脈，うっ血性心不全，拡張型心筋症

e 治療

- 特異的原因の治療
- 心筋症や菌血症に対して，適切な心血管系の治療および循環や体液補正を集中的に管理する．急変に備えて徹底的なモニタリングと監視を要する．
- 抗不整脈薬(リドカイン，アトロピン，グリコピロレート，ソタロール)，利尿薬，後負荷除去薬(ニトロプラシッド，アンジオテンシン変換酵素阻害薬)，強心薬(ドブタミン，ピモベンダン)
- ペースメーカー
- 細菌培養検査および薬剤感受性試験の結果に基づいた抗菌薬の投与

犬糸状虫症[24-32]

a この疾患について

犬で多い寄生虫症であるが，時に猫にも感染する．罹患犬の肺動脈に寄生する犬糸状虫が，血中に幼虫であるミクロフィラリアを産出し，これが蚊[注1]によって吸血され，蚊の体内で感染子虫となる．この蚊が健常犬を吸血する際にこの犬の体内に感染子虫を寄生させる．

寄生した感染子虫は，犬の体内で成長し成虫となり，肺動脈内に寄生する．この寄生により，肺の動脈内膜炎や好酸球性肺炎，好酸球性肉芽腫，肺高血圧などの肺循環障害，これらによるうっ血性右心不全，肺性心，肺線維症などを起こす．時に急性の右心房閉塞や三尖弁閉鎖不全，大静脈症候群を発症し，生命を脅かすことも少なくない．

肺循環障害は，寄生する虫体による物理的刺激により起こる血流障害，機械的刺激や放出物質に

注1：日本ではトウゴウヤブカ(*Aedes togoi*)が主体とされているが，他にヒトスジシマカやキンイロヤブカなどの*Aedes*属およびアカイエカやコガタアカイエカなどの*Culex*属の蚊が考えられている．

よる肺動脈内膜増殖により起こる内皮や中皮の肥厚および機能不全や肺動脈の狭小化，虫体や血栓による肺動脈塞栓，虫体や死滅虫体，ミクロフィラリアによる肺実質の炎症や浮腫によるものである[29,30].

この他，慢性うっ血肝による肝機能障害や肝硬変，免疫反応が関与する糸球体腎炎，時に虫体の迷入など全身性疾患を呈する．

b 主要病原体

犬糸状虫(*Dirofilaria immitis*➡p.331)

1 原因

犬糸状虫の感染により発症するが，感染は蚊が活動する平均気温が18℃を超える季節に限定される．犬糸状虫の寄生および死滅虫体による物理的および免疫学的な影響，虫体や血栓による塞栓，これらに対する生体反応などがその発症の原因であり機序である．

c 主症状

軽度の感染例は無症候性であることが多く，寄生数や罹患期間，虫体に対する反応，運動量などによって，症状を認めるようになる．

- 体重減少，嗜眠，発咳，呼吸困難，腹囲膨満，突然死
- 猫では，食欲不振や嘔吐，発咳，呼吸困難を呈すが，特異的な症状ではなく，またこの他にも様々な症状を発症することがある．
- 重度の場合は，うっ血性右心不全や肺の血栓塞栓症，DICなど

d 診断

- ミクロフィラリア(Mf)の検出：血液標本や集中法による検出が可能であるが，日内変動やオカルト感染など検査感受性が必ずしも高くない．
- 成虫抗原の検出：ELISAキットによる簡易診断は特異度も感度も高く，早期診断が可能であるが，感染の確定診断には同じキットや別のキット，検査センターなどを利用しての再検査を行う．ただし，血中の抗原は通常感染後6～7カ月で検出が可能となるため，検査の実施時期に注意が必要である．この他，雌成虫のみが分泌する抗原を検出すること，寄生数が少ないと判定が難しいこと(キットにより1～3隻以上)，ミクロフィラリアの存在により検出が難しくなることなど，考慮しなければいけない．例えば，寄生する成虫虫体が少数の場合，症状は軽症でMf陰性となるが，抗原検査は陽性と陰性どちらもありえるのである．合わせて超音波検査での虫体描出も認められるときと認められないときがある．
- 血液検査：非再生性貧血，好酸球増加
- X線検査：肺動脈拡張，間質－肺胞パターン，器質化，右心拡大
- 超音波検査：肺動脈の拡張と障害の評価，虫体の確認，右室肥大，心疾患像

- 心電図検査：心房性あるいは心室性不整脈，右室拡大
- 鑑別疾患：先天性心疾患，うっ血性心不全，肺高血圧，気管虚脱，気管支炎，肺炎，猫の喘息

e 治療

治療法は，駆虫が主体となるが困難を極めることが多く，さらに虫体の除去が可能だとしても受けた傷害の回復は困難である．

反して予防は安全に実施でき，かつ費用も決して高額ではなく，結果的には絶大な効果を示すため，予防を励行するべきである．本邦ではその結果，犬糸状虫症が著しく減少しており，成果を上げている．ただし予防が徹底された結果，都市部を中心に犬糸状虫症への意識の低下や獣医師の研鑽や経験の不足が目立つようになり，結果的に適切な予防や治療が行われないなどの問題も少なくない．

また，予防薬の副作用が過大に喧伝されたり，犬糸状虫症予防の意義や方法が誤って伝えられたり，感染してから治療すればよいなどという獣医学的な誤りだけでなく，動物の痛みや苦しさすらも無視した動物福祉としても問題のある口コミやインターネットなどでの誤った情報の流布など，治療や予防の徹底への弊害もむしろ多くなっている．

さらに世界的には犬糸状虫症の感染地域は拡大しており，いまだ過去の病気とはいいがたいものであり，そのためにも，獣医師は犬糸状虫症の生活環や性状をしっかりと理解し，飼い主へのインフォームドコンセントを徹底し，適切に啓蒙および予防を行わなければいけない．

- 予防：イベルメクチン，モキシデクチン，セラメクチン，ミルベマイシン
- 対症療法
  - うっ血性心不全：利尿薬，血管拡張薬(ニトロプラシッド，アンジオテンシン変換酵素阻害薬，アムロジピン，ジルチアゼム，ヒドララジン)，強心薬(ドブタミン，ピモベンダン)
  - 肺動脈炎，血栓塞栓症：ダルテパリン，モンテプラーゼ，クロピドグレル
  - 肺炎・浮腫：副腎皮質ホルモン，気管支拡張薬，血管拡張薬，抗菌薬
  - 酸素吸入
  - 支持療法
  - 運動制限(ケージレストなど)
- 軽症例での経過観察
  - 成虫寿命(4〜6年)を待つ．
  - イベルメクチンの通年投与(ミクロフィラリアの殺滅，予防の併用)
  - セラメクチン，モキシデクチンの通年投与(軽度だが成虫駆除効果がある)
- 殺成虫治療：メラルソミン(プレドニゾロン，ドキシサイクリン併用)本邦で発売中止
  - 重症例，肺動脈の予備能減少例では危険性が高い．
  - 死滅虫体による肺塞栓症，肺高血圧の悪化に耐えられるかの評価が必要
  - 長期(4〜6週間)にわたる運動制限が必要
  - メラルソミンの副作用および成虫の殺滅による肺塞栓症が問題点

- 緩徐な殺成虫治療：イベルメクチン，ドキシサイクリン
  - » 犬糸状虫の寄生細菌であるボルバキア(*Wolbachia*)を除去することで犬糸状虫を殺滅する[30-32].
  - » AHS(American Heartworm Society)の詳しいガイドラインがある[26]
- 殺ミクロフィラリア治療：イベルメクチン，モキシデクチン，ミルベマイシン，セラメクチン
- 成虫摘出手術(吊り出し手術)：フレキシブル・アリゲーター鉗子を使用した外科手術を行う(**図24-2**).
  - » 治療効果が著しく，肺高血圧の改善や虫体の減少(殺成虫治療との併用)を認める.

図 24-2　摘出した犬糸状虫

参考文献

1. 並河和彦監訳(2005)：器官系統別　犬と猫の感染症マニュアル―類症鑑別と治療の指針，122-124，インターズー
2. 辻本元，小山秀一，大草潔ほか編集(2015)：犬と猫の治療ガイド，98-101，インターズー
3. Peddle G, Sleeper MM(2007)：J Am Anim Hosp Assoc. 43, 258-263.
4. Sykes JE, Kittleson MD(2006)：J Am Vet Med Assoc. 228,1723-1734.
5. Sykes JE, Kittleson MD(2006)：J Am Vet Med Assoc. 228,1735-1747.
6. MacDonald KA,Chomel BB.(2004)：J Vet Intern Med. 18, 56-64.
7. 辻本元，長谷川篤彦監訳(2011)：スモールアニマル・インターナルメディスン第4版，134-140，インターズー
8. 長谷川篤彦監訳(2010)：クリニカルベテリナリーアドバイザー，559-561，インターズー
9. Tou SP, Adin DB, Castleman WI(2005)：J Vet Intern Med. 19, 268.
10. Sisson D, Thomas WP(1984)：J Am Vet Med Assoc. 184, 570-577.
11. Dow SW, Jones RL(1989)：Compendium Cont Ed Pract Vet. 11, 432-443.
12. Dunn JK, Gorman NT(1987)：J Small Anim Pract. 28,167-181.
13. Elwwod CM, Cobb MA, Stepien RL(1993)：J Small Anim Pract. 34, 420-427.
14. DiSalvo G(2001)：J Am Coll Cardiol. 37, 1069.
15. Durack DT(1994)：Am J Med. 96, 200.
16. MacDonald K(2010)：Vet Clin North Am Small Anim Pract. 40, 665-684.
17. 動物用抗菌剤研究会(2004)：最新データ　動物用抗菌剤マニュアル第2版，13-33，インターズー
18. 並河和彦監訳(2005)：器官系統別　犬と猫の感染症マニュアル―類症鑑別と治療の指針，121-122，インターズー
19. 長谷川篤彦監訳(2010)：クリニカルベテリナリーアドバイザー，538-540，インターズー

20. Feldman AM, McNamara D(2000)：N Engl J Med. 343(19), 1388-1398.
21. Liu PP, Mason JW(2001)：Circulation 104, 1076-1082.
22. Meurs KM, Ettingers SJ, Feldman ED(2005)：Text Vet Int Med. 6, 1077-1082.
23. 辻本元，長谷川篤彦監訳(2011)：スモールアニマル・インターナルメディスン第4版，152-156，インターズー
24. 並河和彦監訳(2005)：器官系統別　犬と猫の感染症マニュアル―類症鑑別と治療の指針，127-130，インターズー
25. 長谷川篤彦監訳(2010)：クリニカルベテリナリーアドバイザー，47-50，インターズー
26. 辻本元，小山秀一，大草潔ほか編集(2015)：犬と猫の治療ガイド，101-105，インターズー
27. Atkins CE, Ettingers SJ, Feldman ED(2005)：Text Vet Int Med. 6, 1118-1136.
28. Calvert CA, Rawlings CA, McCall JW(1999)：Textbook of Canine and Feline Cardiology : Principles and Clinical Practice, 702-726, Saunders
29. 辻本元，長谷川篤彦監訳(2011)：スモールアニマル・インターナルメディスン第4版，186-202，インターズー
30. 北川均，佐々木栄英，鬼頭克也(2014)：日獣会誌．67, 597-602.
31. Taylor MJ, Hoerauf A(2001)：Curr Opin Infect Dis. 14, 727-731.
32. McCall JW, Genchi C, Kramer I(2008)：Vet Parasitol. 158, 204-214.

25 消化器

問題となる主な病原体の一覧

1）細菌
Helicobacter spp.，*Campylobacter* spp.，*Clostridium* spp.，*Salmonella enterica*

2）真菌および卵菌
Pythium insidiosum，*Histoplasma capsulatum*

3）原虫
ジアルジア（*Giardia* spp.），クリプトスポリジウム（*Cryptosporidium* spp.），コクシジウム，トリコモナス（*Tritrichomonas foetus*）

4）ウイルス
犬パルボウイルス，猫パルボウイルス，犬ジステンパーウイルス，犬コロナウイルス，猫コロナウイルス，猫白血病ウイルス（FeLV），猫免疫不全ウイルス（FIV）

5）寄生虫
血色食道虫（*Spirocerca lupi*），胃虫（*Physaloptera praeputialis*，*Ollulanus tricuspis*），有棘顎口虫（*Gnathostoma spinigerum*），鉤虫（犬鉤虫 *Ancylostoma caninum*），回虫（犬回虫 *Toxocara canis*，猫回虫 *Toxocara mystax*），犬小回虫（*Toxocaris leonina*），糞線虫（*Strongyloides stercoralis*），猫糞線虫（*S. planiceps*，*S. felis*，*S. tumefaciens*），犬鞭虫（*Trichuris vulpis*）

食道の感染症

a この疾患について

食道の感染症は非常に限られており発生は稀である．

b 主要病原体

寄生虫：血色食道虫（*Spirocerca lupi*）

c 原因微生物について

1 血色食道虫

犬の食道壁に腫瘤を形成し，寄生する線虫類である（**図25-1**）．

i 主要病原体

Spirocerca lupi

ii 特徴

古くは1950年代に報告されている[1]．この寄生虫は，糞食性甲虫類，ゴミムシダマシ，トン

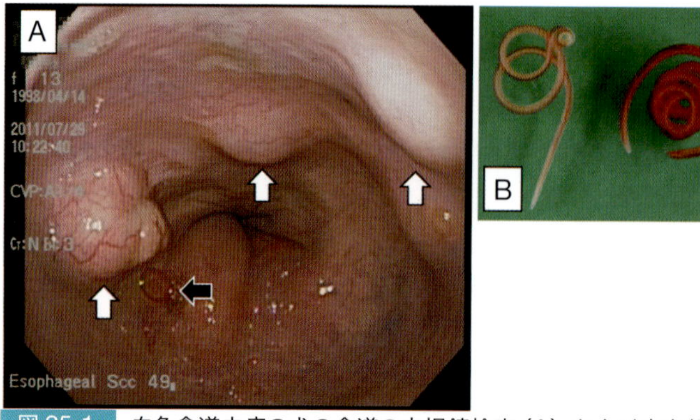

図 25-1 血色食道虫症の犬の食道の内視鏡検査 (A) および病変部から採取された成虫虫体 (B). (A) 複数の腫瘤が形成されており (白矢印), 成虫も認められた (黒矢印). 写真提供：亘　敏広 先生, 岡西 広樹 先生 (日本大学 獣医内科学研究室), 松本 淳 先生 (同 医動物学研究室)

ボなどが中間宿主，両生類からほ乳類まで広い範囲の動物が待機宿主となり[2]，終宿主である肉食動物，特にイヌ科は中間ないし待機宿主を摂取することで感染する[2,3]．罹患犬の年齢は若齢～中年齢が多い[3]．L3幼虫が終宿主である犬に摂取されると，胃壁へ侵入し，胃壁の動脈，大動脈を経て，食道へ移動する．成虫は食道に形成される結節内に存在し，そこで産卵された虫卵は消化管内へ流れ，宿主の糞便中に排出される[4]．終宿主が感染してから臨床的に感染が検出可能になるまでの期間は，約5～6カ月である[3]．

人獣共通感染症ではない[3]．欧州，アフリカ，アジア，米国各大陸の熱帯・亜熱帯地域で発生が報告されており，発生率は地域や国によって0.7～25％であることが知られている[4]．近年，日本で生前診断された報告(ただし海外生活歴のある犬)もある[5]．

成虫が食道壁に寄生するとこれに対する肉芽腫性の反応が起こり，時間経過とともに肉芽腫は増大し，内部が壊死することも多いほか，二次感染や続発的な腫瘍の発生(線維肉腫，骨肉腫など)も報告されている[6]．また，食道壁から隣接する動脈壁へ虫体が迷入した場合，動脈瘤を形成する可能性もあるほか，虫体の迷入に続発した胸椎の脊椎炎，唾液腺の壊死，食道穿孔および縦隔炎・膿胸も報告されている[3]．

iii 主症状

嘔吐/吐出，嚥下痛/嚥下困難，流涎，呼吸困難，発咳，食欲低下，メレナ，不全対麻痺，体重減少，発熱

iv 診断

吐出など食道疾患を疑う症状から鑑別リストに含め，胸部X線検査で軟部組織陰影が認められることもあるものの，確定診断には消化管内視鏡検査によって直接肉眼的に食道腫瘤を確認する必要がある．

- 血液検査：非特異的な所見がほとんどである[3].
  - 貧血：症例の約53％で正球性正色素性，非再生性の貧血が認められる.
  - 白血球増加症
  - クレアチニンキナーゼ(CK)上昇：症例の約54％でみられる.
  - 高タンパク血症
- 糞便検査(浮遊法)：$NaNO_3$（比重1.22)を用いるのが最適であるが，$MgSO_4$（比重1.29)，$ZnSO_4$（比重1.30)，または砂糖水(比重1.27)を用いてもよい[3]．特徴的な小型の細長い虫卵を確認する．内視鏡検査を用いて本症を確定した症例の42～67％で虫卵が認められる[3].
- 胸部X線検査(DV像，右ラテラル像)：食道や胃に軟部組織腫瘤陰影を認める場合があり，石灰沈着を伴うこともある．典型的には腫瘤は食道の特に尾側(本症の53～86％が該当)に存在することが多い．症例の多くにおいて腫瘤は複数個存在するが，X線検査ですべてが確認できるとは限らない[3]．鎮静ないし全身麻酔下で食道内に送気することで，より診断しやすい画像が得られる[3]．胸椎の骨様変化を認める場合がある．食道腫瘤が悪性腫瘍の場合，転移巣が認められることがある.
- 四肢のX線検査：跛行を示す，あるいは四肢端に硬結した腫脹が認められる症例では，肥大性骨症の可能性を精査する.
- 消化管内視鏡検査によって肉眼的に肉芽腫を確認することと生検することが一般的な確定診断法である.
- 胸部のCT撮影を行うと，より詳細に食道の腫瘤，動脈瘤，動脈の石灰化，動脈内の血栓を確認できる.
- 近年，nested PCR法[7]，さらにはより感度の高いリアルタイムPCR法[4]といった分子生物学的手法を応用した検出方法も報告されている.
- 死後解剖検査で見つかることもある.

v 治療[3]

- ドラメクチン[注1]：治療の第一選択．ほとんどの症例犬で6週間以内に根治が期待できる.
  ①200 μg/kg 14日ごと×3回 SC→効果が不十分な場合，500 μg/kg SID×6週間 PO を追加できる.
  ②500 μg/kg SID×42日間 PO(症例の65％で奏功)→病変が完全消失しない場合は，さらに42日間(さらに25％で奏功)継続し，さらに42日間継続すると残りの症例10％も奏功がみられる.
- フェンベンダゾール(50 mg/kg SID，5～7日間 PO)またはイベルメクチン[注1](200～400 μg/kg 14～28日間ごと SC)で治療した報告もある.
- 国内で生前診断および治療をした犬の報告では，ミルベマイシン0.5 mg/kg（0, 7, 28日目,

注1：コリー，シェットランド・シープドッグ，オーストラリアン・シェパードをはじめとするMDR1遺伝子変異の好発犬種では，MDR1遺伝子変異が陰性であることを確認してから，イベルメクチンやドラメクチンを用いる.

以降月に１回を6カ月間)を用いた治療が奏功している[5].

- 悪性腫瘍が形成された場合，(食道虫に対する駆虫薬投与に併用して)内視鏡下のポリペクトミーやレーザーによる焼灼で治療した報告もある[8].

vi 予後

様々である.

- 適切に治療されれば，6週間以内に完治することが多い．特に毎日投薬する方法の場合，97％以上の症例が治療開始から7～10日で臨床症状の改善を認める.
- 食道に腫瘍や動脈瘤が形成されている場合や，腫瘤が食物の通過を障害するほど大きな場合の予後はより悪い.
- 二次的に形成された動脈瘤が破裂すると突然死の恐れがある.
- 肥大性骨症を併発している症例の予後は悪い.
- 食道に形成された肉芽腫が悪性腫瘍化する確率は高くなく，ある報告では食道虫症の症例14例中13例で食道に腫瘤が認められ，この13例中悪性腫瘍が認められたのは１例のみであった(**表25-1**)[3].

表 25-1 食道腫瘤が悪性腫瘍化している場合としていない場合の比較[3]

	悪性腫瘍あり	悪性腫瘍なし
肥大性骨症の併発率	39%	0%
X線撮影検査で椎体炎の所見	68%	38%
気管の変位	52%	17%

胃の感染症

a この疾患について

胃は本来強酸性なので細菌感染は少ないが，ヘリコバクターの存在が知られている．寄生虫では胃虫や有棘顎口虫が認められている.

b 主要病原体

細菌：ヘリコバクター

卵菌および真菌：ピシウム菌(腐敗病菌)，ヒストプラズマ

寄生虫：胃虫，有棘顎口虫

c 原因微生物について

1 ヘリコバクター

胃に感染するグラム陰性らせん菌であり，慢性胃炎の原因となりうる．

i 主要病原体

Helicobacter spp.(➡p.203)

ii 特徴

ヒトでは*Helicobacter pylori*が胃炎や胃癌との関連でよく知られており，世界中で約半数のヒトが感染しているといわれている[9]．伴侶動物におけるヘリコバクターの保菌率(感染率)は報告により様々であり，健康なペット犬の67～100％，嘔吐のみられる犬の74～90％，研究用ビーグル犬の100％，猫では健康な個体も疾患を有する個体も含めて40～100％といわれている[10-13]．欧米の報告によると，犬では*H. bizzozeronii*および*H. salomonis*が多く，続いて*H. heilmannii*，*H. felis*，*H. bilis*，*Flexispira rappini*の感染が報告されており，猫では*H. heilmannii*が主で，*H. bizzozeronii*と*H. felis*は少ない[14]．*H. heilmannii*に感染している伴侶動物の飼い主からも同菌が分離される確率が高いことも知られており，犬，猫，豚はヒトにとってヘリコバクターのレゼルボアとなっているといわれている[15]．犬や猫から分離されるヘリコバクターは，*H. pylori*に比べて菌体のサイズが大型である．ヘリコバクターが感染している犬や猫では，後述するように組織学的にも胃炎所見は認められることが多いものの，潰瘍や胃癌の発生，血清中ガストリン濃度や胃酸分泌の変化は確認されておらず，ヘリコバクターの疾患との直接的な因果関係があるかは不明である点がヒトと異なる[13]．珍しいケースとして，ヘリコバクター感染との関連性が示唆された猫の胃B細胞性リンパ腫[16]や血小板減少症の犬の症例報告はある[17]．

犬や猫では，ヘリコバクターは粘膜組織に結合することなく胃底部や噴門部の粘膜面や胃腺の粘液内に集束していることが多く，一部は細胞内にみられることもある[11-13]．

iii 主症状

原因にかかわらず，慢性胃炎の一般的な症状は，食欲不振と嘔吐(胃炎の程度によって1日数回から1～2週間に1回程度まで様々)である．吐物は胆汁を含んだ胃液や未消化物が多い[18]．動物によっては嘔吐がほとんどみられない場合もあり，ヘリコバクターの感染が見つかる症例でも無症状のことが少なくない．

iv 診断

胃の消化管内視鏡下粘膜生検組織の押捺細胞診標本や病理組織学検査で見つかることが多い．慢性胃炎が疑われる症例において採取した粘膜生検組織は，ホルマリン固定する前に，スライドガラスに押捺細胞診標本を作成し，ライトギムザ染色ないしディフ・クイック®などの簡易染色を行ったうえで鏡検する．すると，**図25-2**に示すようならせん菌が確認されることが

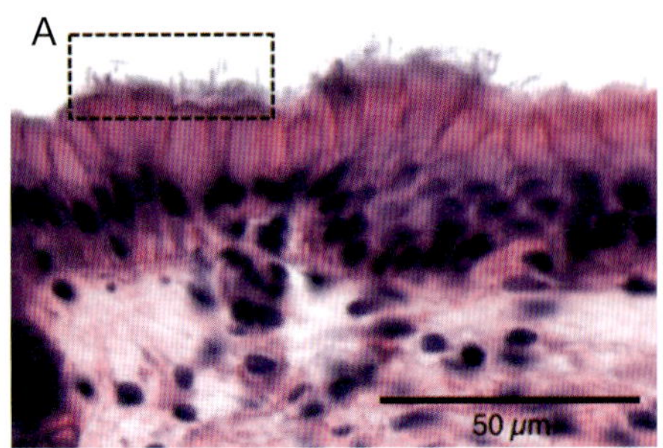

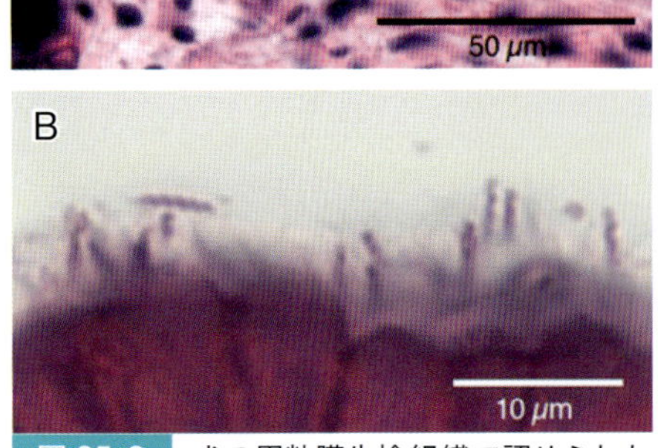

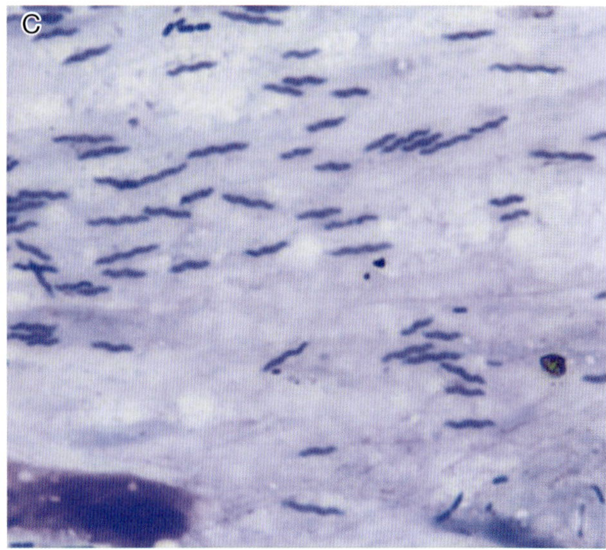

図 25-2 犬の胃粘膜生検組織で認められたヘリコバクターが疑われるらせん菌．粘膜上皮細胞の表面に菌体が付着しているのがわかる（A：弱拡大，A の点線四角で囲った部分の拡大図が B，HE 染色）．粘膜生検組織の押捺標本を鏡検するとベッドサイドでも確認できる（C：ライトギムザ染色）．

ある．らせん菌がヘリコバクターであるかどうかの特定には，従来からは迅速ウレアーゼ試験[19]，近年ではPCR法[20,21]が一般的に用いられるほか，FISH（fluorescence *in situ* hybridization）法を用いた方法[22]も報告されている．迅速ウレアーゼ試験とは，ヘリコバクター類がウレアーゼを産生するという特徴を利用した試験である．採取した粘膜生検組織を尿素とフェノールレッド（pH指示薬）を含む液体培地内で培養した際に，ウレアーゼが存在すると培地中の尿素がアンモニアに分解され，pHが上昇し，培地が赤く変色する（ウレアーゼが存在しなければ培地の色は黄色いまま）．培養時間は1〜3時間ほどで結果が出る場合が多いが，時に24時間かかることもある．

内視鏡下粘膜生検が必要なこれらの方法とは別に，非侵襲的な手法として，ヒトの医療分野でよく行われている「尿素呼気試験」を動物で行った報告もある[23,24]．尿素呼気試験は測定するのに特殊な機器が必要であるのと，わかるのはヘリコバクター類の感染が疑わしいかどうかまで（菌種の同定はできない）であるが，東京大学の犬を用いた報告ではPCR法を基準とした場合，感度も特異性も89％であったとのことである[23]．糞便中のヘリコバクター遺伝子を検出する方法も犬で報告があり，この方法であれば胃に限らず消化管内のヘリコバクター遺伝子も検出できるほか，非侵襲的に治療反応性を評価できる可能性がある[25]．

ヘリコバクターに感染している動物の胃粘膜組織では，胃腺の変性，壁細胞の壊死，炎症細胞（主に単核球）の浸潤，リンパ球系細胞の過形成などが認められる．しかし，ヒトの*H. pylori*感染症の場合に比べて，動物の場合には炎症の程度は軽い．

ヘリコバクター類の各種検出法の正確性を**表25-2**に示す．

表 25-2　ヘリコバクター類の各種検出法　感度・特異性[37]

検査法	感度	特異性
細胞診・組織診		
グラム染色	95%	92%
ワルチン・スターリー染色	90%	100%
ウレアーゼの検出		
迅速ウレアーゼ試験	93%	92%
尿素呼気試験	90%	73%
分子生物学的手法		
粘膜生検組織の PCR 法	94%	92%

v 治療

ヒトと異なり，ヘリコバクターを除菌することが臨床的に有益かどうかは，まだ伴侶動物では科学的に証明されていない．しかし，慢性胃炎にヘリコバクターの関与が疑われる場合には，メトロニダゾール，アモキシシリンなどの抗菌薬2種類に胃酸分泌抑制薬を加えた3剤を併用する治療が試験的に行われる[18](**表25-3**)．ヘリコバクター感染に関連した症状がある場合，治療することで症例の9割は症状が消失し，治療後に再度内視鏡検査が実施できた症例の7割以上において菌体が検出できなくなっている[13]．一方，治療終了後に症状もなく，尿素試験および粘膜生検の組織学検査で陰性となった猫で，PCR法では菌由来DNAが検出されることも報告されており[26]，治療によって一時的に菌を減らすことはできても完全に除菌できないケースもあるようである．

表 25-3　ヘリコバクターの除菌に用いられる薬剤

抗菌薬	アモキシシリン	20 mg／kg BID	まず 14 日間
	クラリスロマイシン	7.5 ～ 10 mg／kg BID	
	メトロニダゾール	15 mg／kg BID	
胃酸分泌抑制薬	ファモチジン	0.5 mg／kg BID	
	オメプラゾール	犬　0.5 ～ 1 mg／kg SID	
		猫　0.7 mg／kg SID	

vi 予後

ヘリコバクター感染症自体の予後は良好である．先述のように，特殊な症例を除けば伴侶動物ではヘリコバクターと悪性腫瘍などの重篤な疾患との間に関連性は明確に認められていないことから，現状では検出されたら除菌をするのみである．ただし，ヘリコバクターが見つかる症例では，リンパ球形質細胞性腸炎など他の消化管疾患も併発しているケースも少なくないため，そのような併発疾患に対しては積極的に適切な治療を行う．

2 ピシウム菌感染症

ピシウム菌は，卵菌綱の一種で，腐敗菌とも呼ばれる．一般には皮膚疾患の原因となるが胃壁に化膿性肉芽腫性炎症を起こす．以前真菌とされていたが現在では除外されている．

i 主要病原体

Pythium insidiosum

ii 特徴

ピシウム菌は，卵菌綱に属する菌であり，ヒトを含む様々なほ乳類に感染症を起こしうる．世界中の熱帯地域・亜熱帯地域に分布する．

iii 主症状

嘔吐，下痢，体重減少，腹腔内腫瘤の触知などがみられる．また皮膚症状も呈する．

iv 診断

噴門部の粘膜の肥厚がみられ，組織学的に化膿性肉芽腫性炎症を認めた場合には，ピシウム菌の感染を疑う．確定診断には，病変組織を用いた銀染色（ゴモリ鍍銀法），培養同定検査，血清検査，PCR法がある[13,27]．

v 治療

病変部の積極的な外科的切除と術後2～3カ月のイトラコナゾール（10 mg/kg SID PO）とテルビナフィン（5～10 mg/kg SID PO）の投与が行われる[13]．治療前後の抗体価の比較によって治療反応性が判断でき，投薬を中止する目安となる．高い抗体価が続く場合には，投薬をさらに2～3カ月間継続する[13]．免疫療法を併用している報告もある[28,29]．

特に病変の範囲が広い場合には治療が難しく，本菌が抗真菌薬に耐性のこともあり予後は良くない[29]．内科療法のみで治癒するのは症例の25％未満である[13]．

3 ヒストプラズマ症

全身性の真菌感染症であり，肺や消化器系をはじめとして全身様々な臓器に病変が形成される．幅広いほ乳類でみられるが，猫は犬に比べると発生頻度が多い[30]．

i 主要病原体

Histoplasma capsulatum

ii 特徴

ヒストプラズマは二形性の真菌であり，動物の組織内では酵母，環境中では土壌腐生菌であり，亜熱帯地域などほぼ全世界に分布している[30]．日本には常在しないと考えられていたが，近年日本でも犬の病変から遺伝子が確認された報告がある[31]．ヒストプラズマ症は直接感染する疾患ではなく，環境中の分生子を直接吸引ないし経口摂取することによって感染する[30]．本菌は，鶏小屋ほか鳥類の排泄物で汚染された土壌に多く生息し，特にコウモリの糞便は感染源として重要である[31]．体内に取り込まれると菌糸形から酵母形へ変化し，マクロファージに貪食されると通性細胞内寄生体として成長する．血行性ないしリンパ管を介して全身へ広がり，様々な臓器に肉芽腫性炎症を起こす．犬では，肺，消化管，リンパ節，肝臓，脾臓，骨髄，眼，副腎などの病変が比較的多く，猫では肺，肝臓，リンパ節，眼，骨髄などの病変が知られている．ヒトと犬で知られている潜伏期間は12〜16日間である[30]．

iii 主症状

猫のヒストプラズマ症は，4歳以下の若齢に比較的多く，品種や性別による好発傾向はない．症状は，沈うつ，食欲低下，発熱，体重減少など非特異的である．肺病変がある割合は症例の50%未満である．症例の約3割に，肝腫大，脾腫，リンパ節腫大がみられ，肝臓に病変がある場合は黄疸がみられることもある[30]．猫の症例22頭の懐古的研究では，全身性の病変がみられた症例が最も多く(22頭中15頭)，消化管病変が主体であったのは22頭中3頭)，肺病変が主体であったのは22頭中4頭であった[32]．

犬のヒストプラズマ症も，4歳以下の若齢に多く，雄が雌の1.2倍の発生頻度であり，ポインター，ワイマラナー，ブリタニー・スパニエルで好発傾向の可能性がいわれている．症状は感染ルートおよび病変の範囲に依存し，食欲低下，発熱など非特異的であるが，消化器症状が最も多い．異常な肺音や咳などの呼吸器症状がみられたのは症例の50%未満であり，肝腫大，脾腫，リンパ節腫大も時にみられる[30]．

iv 診断

血液検査では，中等度の非再生性貧血，左方移動を伴う好中球増加症，リンパ球減少症，単球増加症，血小板減少症が報告されているが，本疾患に特異的なものではなく，慢性炎症などに続発する場合もある[30,31]．生化学検査では低アルブミン血症が最もよくみられる[32]．

胸部X線検査では，浸潤性の間質パターンおよびそれが重なって結節性の間質パターンを示す．肺門リンパ節の腫大は犬でよくみられるものの，猫では稀である[32]．骨融解像や骨新生像がみられることもある[30,31]．

腹部超音波検査では，肝臓および脾臓の腫大やエコーレベルの変化，リンパ節腫大，腹水，腎臓や副腎の腫大が検出されることがある[30]．

確定診断には病原体を検出する必要がある．細胞診では肝臓・肺・脾臓などの肉芽腫性病変から直径2〜4 μmの酵母細胞を貪食した組織球が採取されたり，喀痰，排膿液中に菌体がみられたりすることもある[30,31]．ギムザ染色やライト染色で菌体を確認するか，培養によって菌を同定する．ヒストプラスミンによる皮内反応（血清診断）もある[31]．病理組織学検査で肉芽腫性炎症や化膿性肉芽腫性病変が認められた場合はヒストプラズマ症も鑑別の一つに考える必要がある．通常のHE染色では酵母菌はあまりよく染色されないため，PAS染色，グリドリー染色，GMS染色が用いられる．抗体価は偽陰性や偽陽性の多さから現在は用いられない．猫の症例報告で，PCR法を用いた検出の報告がある[30,33,34]．

v 治療

抗真菌薬を用いた治療が行われる（**表25-4**）．

- 猫のヒストプラズマ症：イトラコナゾール10 mg/kg SID PO（または1日量を2回に分けて）．通常，治療には2〜4カ月間かかる．イトラコナゾールの有効性が全症例で認められた報告がある一方，有効性が約半数の症例にとどまった報告もある．感染が重度の症例では，ケトコナゾールにアムホテリシンBを併用すると有効な場合がある[30]．
- 犬のヒストプラズマ症：ケトコナゾール（劇症症例ではアムホテリシンBを併用）が治療の第一選択肢である．しかし，ヒトではケトコナゾールよりもイトラコナゾールやフルコナゾールの安全性が高いといわれており，犬でも同様の可能性がある．

治療反応性は症状をモニタリングし，抗真菌薬を投与している間は1カ月に1回程度，血液生化学検査も含めて経過を観察する．臨床症状が消失してからも1カ月間治療を続け，休薬後は3〜6カ月で再発の有無について再評価する．

表 25-4 内臓真菌症に対する抗真菌薬

薬剤	種	投与量
アムホテリシン B	犬	0.5 mg/kg 週 3 回 IV*1
	猫	0.25 mg/kg 週 3 回 IV*2
フルコナゾール	猫	1.25 〜 2.5 mg/kg BID PO
ケトコナゾール	犬・猫	5 〜 10 mg/kg SID 〜 BID PO
イトラコナゾール	犬・猫	5 〜 10 mg/kg SID 〜 BID PO
ボリコナゾール	犬	6 mg/kg SID PO

獣医内科学　第 2 版　小動物編，文永堂出版株式会社より引用・改変
*1　重篤な疾患または腎障害のある場合は静脈内へ点滴投与する．250 〜 500 mL の 5%ブドウ糖液にアムホテリシン B を加えて 4 〜 6 時間以上かけて点滴する．腎障害が認められず，状態が良好な場合は，30 mL の 5%ブドウ糖液にアムホテリシン B を加え，5 分以上かけて静脈内投与する．
*2　猫で腎障害が認められない場合は，250 〜 500 mL の 5%ブドウ糖液にアムホテリシン B を加えて 3 〜 6 時間以上かけて点滴する．

vi 予後

犬の場合，感染が肺のみの場合の予後はよい一方，消化管病変や全身への播種のある症例の予後は極めて不良である[30].

汚染土壌への暴露を避ける．ヒストプラズマ症は人獣共通感染症であるため，飼い主および獣医療従事者ともに感染動物の取り扱いには注意を要する[31].

4 胃虫症

猫や犬の胃に寄生する線虫であり，日本で重要なのは*Physaloptera*属(➡p.332)である．

i 主要病原体

(1) 猫胃虫(*Physaloptera praeputialis*)

雄は25～40 mm，雌は25～60 mm，成熟雄虫と未成熟虫は乳白色，成熟雌虫は淡紅色である．

虫卵は幼虫含有卵であり，中間宿主の腸管内で孵化したのち3期幼虫まで発育する．中間宿主は大部分が昆虫であり，例えばチャバネゴキブリ，コオロギ類，バッタ類である．感染した中間宿主を終宿主が捕食すると，胃の中で発育・脱鞘して成虫となる．終宿主体内の体内移行はない．猫，犬，コヨーテ，キツネ，その他野生のネコ科動物の胃壁に鉤着して寄生しており，一部は胃腔内に遊離している．なお，感染した中間宿主である昆虫がカエルやトカゲや鳥(待機宿主)に捕食されると，その体内で再被嚢し，終宿主への感染の機会を待つ．宿主の糞便中に虫卵が排泄される．欧州を除く世界各地に分布している(日本にも分布する)[35].

(2) *Ollulanus tricuspis*

長さは雄0.7～0.8 mm，雌1 mmで，幅は0.04 mm，雌の尾端に3～4個の突起がある．猫と野生のネコ科動物，豚，キツネ，犬の胃壁の粘膜下に寄生する．世界に広く分布し，今後日本でもみられる可能性があるため注意を要する[13,35]．嘔吐物を摂取することによる猫から猫への感染が主であるほか，内部自己感染も起こることがある．虫体は1つの胃あたり11,000匹にも及ぶことがある[13].

ii 主症状

(1) *Physaloptera praeputialis*

無症状(少数寄生)～嘔吐・食欲不振(多数寄生)．胃内出血が多い場合には，タール便がみられることがある．吐物中に虫体を発見することもある[35].

胃粘膜には虫体の鉤着に起因する点状出血，カタル性胃炎，びらん，潰瘍が認められることがある[35].

(2) *Ollulanus tricuspis*

胃粘膜の変化はないものからヒダの過形成，結節性(2～3 mm)胃炎まで知られている．組織学的にはリンパ球・形質細胞の浸潤，リンパ濾胞過形成，線維化，globule leukocyteの浸潤がみられる．

iii 診断

(1) *Physaloptera praeputialis*

確定診断は，吐物中の虫体を同定するか，糞便検査による虫卵(**図25-3**)の検出で行われる．虫卵は比重が比較的大きいため，飽和食塩水(比重1.2)を用いた浮遊法では検出しにくく，飽和硝酸ナトリウム液または飽和硫酸亜鉛液を用いる浮遊集卵法あるいは沈殿集卵法を用いて行う[35]．

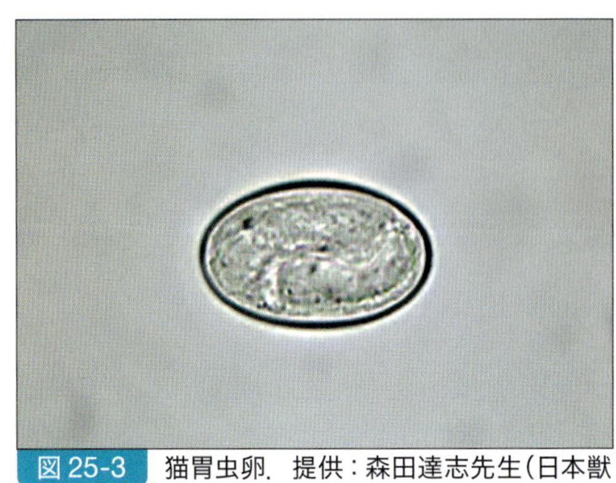

図 25-3 猫胃虫卵．提供：森田達志先生(日本獣医生命科学大学)

(2) *Ollulanus tricuspis*

糞便中に虫卵は検出されず(糞便検査では検出できない)，胃液や吐物からの検出，あるいは組織学検査での検出から診断する．

iv 治療

(1) *Physaloptera praeputialis*

- パモ酸ピランテル：5 mg/kg 1回(犬)，14日間隔で2回(猫) PO[13]
- パーベンダゾール：30 mg/kg PO[35]
- 二硫化炭素，N-ブチルクロライドとトルエンの合剤なども有効とされている[35]．

(2) *Ollulanus tricuspis*

- フェンベンダゾール：10 mg/kg SID，2日間 PO[13]

v 予防

本寄生虫の猫への感染は中間宿主(昆虫類)や待機宿主(トカゲや小鳥など)を捕食することで成立するため，これらを捕食しないように注意する[35]．

犬や猫などの胃壁に結節を作って寄生する.

i 主要病原体

Gnathostoma spinigerum

ii 特徴

雄15～33 mm，雌12～30 mm，球状の頭部に多数の小棘がある[36]. アジア，オセアニア，米国，日本(本州以西に多い)に分布する[36]. 中間宿主は2種類以上を必要とし，第一中間宿主はケンミジンコ，第二中間宿主は甲殻類，魚類，両生類，爬虫類，鳥類，ほ乳類であり，その他多くの動物(第二中間宿主を捕食する動物)も中間宿主ないし待機宿主になりうる[2,36]. ヒトに幼虫が感染すると，内臓や皮下に迷入し，障害を及ぼすことがある. 終宿主である犬や猫は第二中間宿主や待機宿主を摂取することによって感染する[2].

終宿主の糞便中に虫卵が排泄され，水中で孵化すると，第一中間宿主であるケンミジンコ類に捕食され，その中で成長し，第一中間宿主が第二中間宿主に摂取されるとさらに成長し，終宿主に感染するのは第三後期幼虫である. 感染幼虫が終宿主に取り込まれると，管壁を穿通して肝臓で発育，そして腹膜・胸膜下，筋肉を移動して最終的に胃壁に達して成虫となる[2,36].

iii 主症状

主な症状は衰弱，食欲不振，嘔吐，貧血などが報告されている[36]. 胃壁(時に食道壁)の成虫寄生部位では結合組織の増生，細胞浸潤，胃壁の肥厚，潰瘍などがみられる[36].

胃への寄生に関する徴候とは別に，終宿主では幼虫の体内移行に伴う肝実質の破壊，出血，虫道形成，瘢痕化といった機械的損傷のほか，幼虫の分泌・代謝産物に対するアレルギー性反応が誘発されて肝機能障害も生じることがある[36].

iv 診断

糞便検査で虫卵を確認する(**図25-4**). また，胃壁に形成された結節は，画像検査で検出され

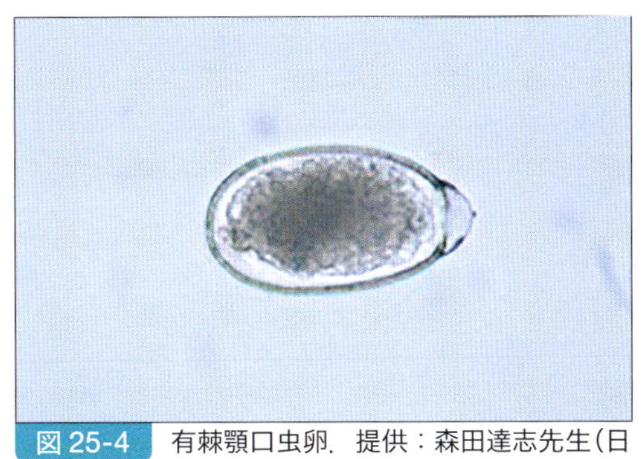

図 25-4 有棘顎口虫卵. 提供：森田達志先生(日本獣医生命科学大学)

ることがある．

v 治療

- ジソフェノール：6.6 mg/kg SC[2]
- パーベンダゾール：30 mg/kg PO SID 2〜3日間[2]

小腸の感染症

a この疾患について

小腸は栄養素の消化および吸収において重要な役割を果たしている．栄養素を効率的に吸収するためには大きな粘膜表面積が必要となる．小腸の感染症ではこの粘膜構造が障害され，粘膜表面積が縮小することにより吸収効率の低下など小腸の機能不全を招く．

b 主要病原体

- 細菌：カンピロバクター，クロストリジウム，サルモネラ
- 真菌および卵菌：ヒストプラズマ，ピシウム
- 原虫：ジアルジア，クリプトスポリジウム，コクシジウム
- ウイルス：パルボウイルス，ジステンパーウイルス，コロナウイルス，猫白血病ウイルス，猫免疫不全ウイルス
- 寄生虫：鉤虫，回虫，犬小回虫

c 主症状

小腸の感染症では下痢や嘔吐，脱水，体重減少，活動性の低下などの臨床症状が認められる．小腸性下痢では，排便回数は正常あるいはやや増加し，吸収不良に伴い1回あたりの排便量の増加がみられることがある．小腸での出血を伴う場合には，黒色タール状便であるメレナが認められることもある．

d 診断

糞便検査の直接法ではジアルジアなど運動性を有する原虫のトロフォゾイトを検出することができる．この検査では排泄後10分以内あるいは直腸から直接採取した新鮮な糞便を材料として用いる必要がある．また本検査法におけるトロフォゾイトの検出感度は非常に低いことは理解しておくべきである．

糞便検査の浮遊法では鉤虫，回虫，犬小回虫の虫卵やコクシジウムのオーシストを検出することができる．**表25-5**に浮遊法に用いられる主な溶液と虫卵の比重を示す．浮遊法では直接法よりもはるかに多くの糞便材料を検査に供することができ(**図25-5**)，用いた溶液よりも比重が小さい虫卵は浮遊し，比重が大きい夾雑物は沈殿するため，この条件にあう虫卵の検出感度は高くなる．

糞便塗抹法ではグラム染色を実施し，糞便中の細菌について評価することができる．以前は芽胞形成菌が著しく増加していた場合にはクロストリジウム性腸炎が示唆されるとされていたが，現在ではこの考えは支持されていない．

表 25-5　虫卵やシストの比重と浮遊液の比重

		比重	検出法
線虫類	犬鉤虫	1.06	浮遊法
	犬回虫	1.09	浮遊法
	鞭虫	1.15	浮遊法
	Ollulanus tricuspis	–	吐物
	Physaloptera spp.	1.24	内視鏡
条虫類		1.23	浮遊法
吸虫類		–	沈殿法
原虫	*Isospora* spp.	1.11	直接法・浮遊法
	ジアルジア	1.05	直接法・硫酸亜鉛遠心浮遊法
	クリプトスポリジウム	–	PCR
	トリコモナス	–	直接法，PCR，培養

参考：飽和食塩水　比重 1.18，硫酸亜鉛　比重 1.18，ショ糖溶液　比重 1.27

図 25-5　糞便検査の直接法と浮遊法で処理できる糞便量の違い．直接法では爪楊枝の先ほどの糞便しか用いることができないが，浮遊法では2～5gの糞便を検査に供することができる．写真の右側は約4 gの糞便量である．

パルボウイルスやジアルジアは糞便のELISA検査キットで検出することができる．これら免疫学的手法の感度および特異度は非常に高く，有用な検査であるといえる．

近年，糞便のPCR検査が利用可能となっており，下痢の病原体となりうるウイルス(パルボウイルス，ジステンパーウイルス，腸コロナウイルス)，細菌(クロストリジウム，カンピロバクター，サルモネラ)，原虫(ジアルジア)を網羅的に検出することができる．状況によってはこのような検査を利用することも考慮すべきであろう．参考として2017年の糞便のPCR検査の犬・猫における病原体の陽性率を**図25-6**に示す．

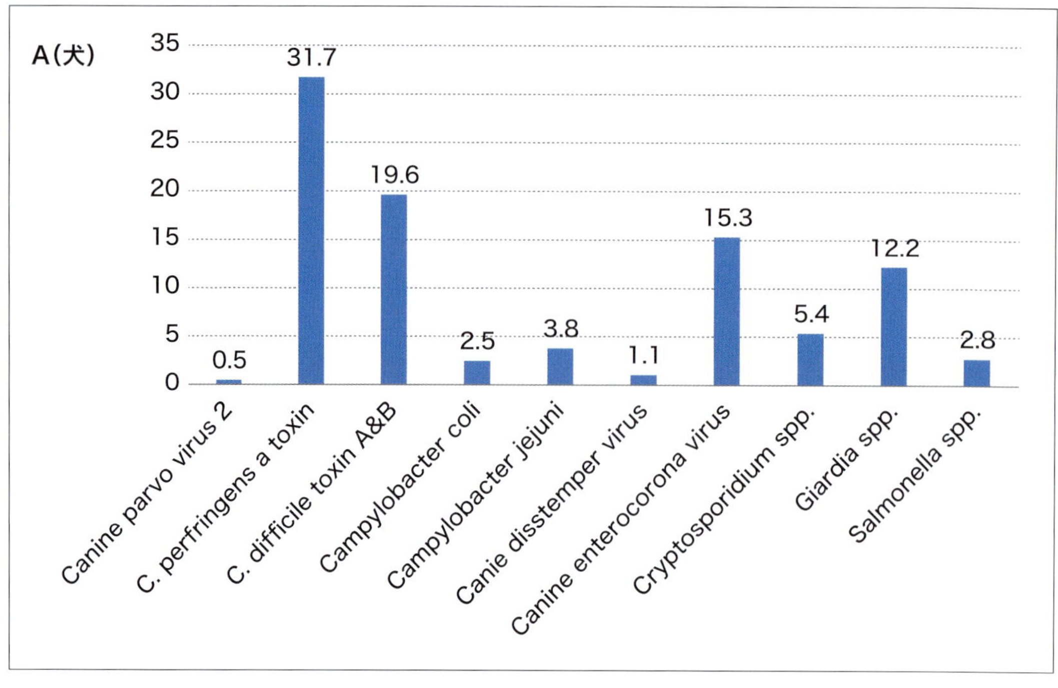

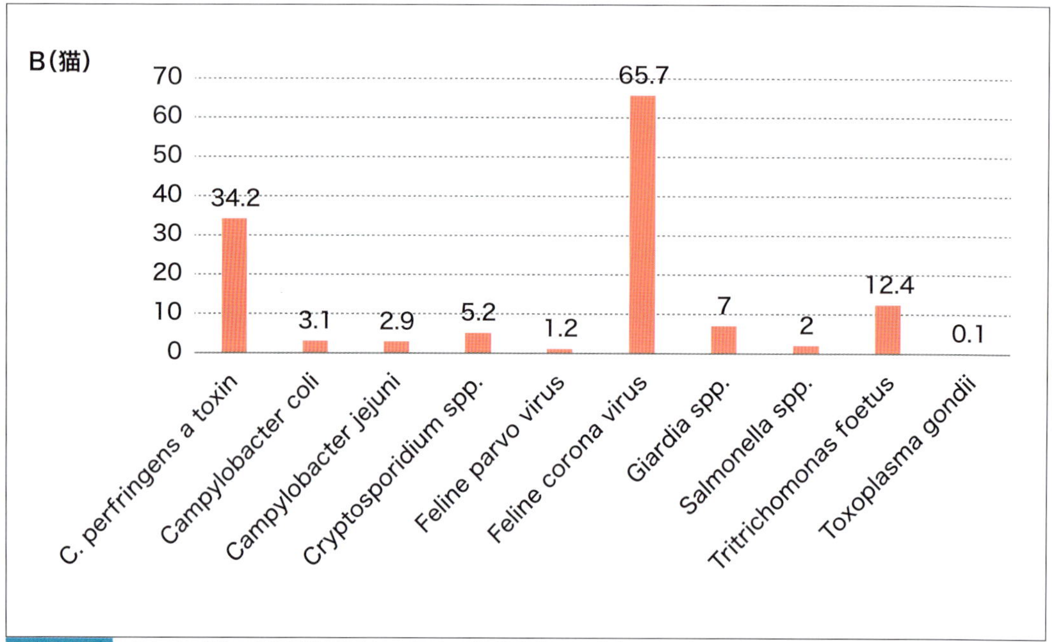

図 25-6 犬および猫のIDEXX™下痢パネルの陽性率(2017年). A：犬ではクロストリジウムの陽性率が最も高く，腸コロナウイルス，ジアルジア，クリプトスポリジウムがそれに続く．ジステンパーウイルス，パルボウイルスの大部分，および腸コロナウイルスの一部は生ワクチン接種による陽性例を含む．なお，全検体中の58.4%で何らかの感染性因子が検出されており，20.6%では2種類以上が検出されている．B：猫では腸コロナウイルスの陽性率が最も高く，クロストリジウム，トリコモナスがそれに続く．なお，全検体中の82.6%で何らかの感染性因子が検出され，38.9%では2種類以上が検出されている(データ提供：アイデックスラボラトリーズ株式会社).

e 治療

治療の選択は感染症の種類に大きく依存するため，各論を参照されたい.

f 原因微生物について

1 細菌感染症

消化管内には動物の体細胞数よりもはるかに多くの細菌が定着しており，食物の適切な消化と吸収，生体への代謝産物の供給など重要な役割を担う腸内細菌叢が形成されている．これらの腸内細菌叢は病原性細菌の定着を阻止し，腸管免疫機構の発達および恒常性維持においても重要な役割を担っている.

小動物臨床においても，病原性細菌による小腸疾患が報告されており，カンピロバクター，クロストリジウム，サルモネラ，病原性大腸菌などが病原体となりうる細菌として知られている．しかしながらこれらの細菌種の中には健常動物においても認められるものも多く，検出された細菌が本当に病原体であるのか，日和見的に存在しているだけなのかの判断は極めて困難である．臨床獣医師は抗菌薬の乱用を避けるためにも，このことを頭に入れておく必要がある.

i カンピロバクター

Campylobacter spp. (➡p.202)は細長く，ねじれたグラム陰性桿菌で，らせん状の菌体に特徴的な極性鞭毛を持ち，運動性を有する．*C. jejuni*などの*Campylobacter* spp.は宿主の腸細胞に接着，侵入し，腸内毒素を産生する.

Campylobacter spp.は下痢の動物だけでなく，健常動物の糞便中からも検出されることは複数の研究で明らかにされている[37]．ワクチン接種のために来院した健常な犬と猫の糞便の42％から*Campylobacter* spp.が検出されたとする報告や3カ月齢の健常犬の60％で*Campylobacter* spp.が検出されたとする報告もある.

症状を伴うカンピロバクター感染症は，ストレス環境下にある6カ月齢未満の動物に認められることが多い．症状は軟便など軽度のものから粘液や血液を伴う重度のものまで様々である.

糞便塗抹検査によりカモメ状の小さな細菌が認められるとカンピロバクターの存在が疑われるが，判断は難しく，感度も特異度も低いものと思われる．糞便のPCR検査にて検出することも可能であり，確定診断には有用である．しかしながら先に述べたように，症例の疾患の起因病原体であるかどうかは慎重に判断すべきであろう.

臨床症状が認められており，*Campylobacter*が検出された動物では抗菌薬を用いた治療を試みる．エリスロマイシン(犬：10～15 mg/kg, TID, POもしくは20 mg/kg, BID, PO，猫：10 mg/kg, TID, PO)が第一選択として用いられるが，その他にフルオロキノロン系の抗菌薬(エンロフロキサシン　犬：5 mg/kg, BID, PO，猫[注2]：5 mg/kg, SID, PO)も用いることができる．治療期間は厳密には定められておらず，症状消失後少なくとも1～3日は治療が必要であ

注2：猫における網膜毒性には注意が必要

ると考えられている．約50％の動物が治療に反応するとされているが，多頭飼育などでは再感染も認められる．適切な治療が行われれば，予後は良好である．

Campylobacter spp.はヒトにも感染する可能性があり，腹部の不快感や発熱，血様下痢を引き起こすことがある．

ii サルモネラ

サルモネラ（*Salmonella enterica*）には様々な血清型が存在しており（➡p.196），*S.* Typhimuriumは動物の疾患と関連して認められる[38]．感染経路としては，感染動物からの排泄もしくは汚染された食物の摂取（特に家禽や卵）が挙げられる．生肉を含む食事を与えられている犬は感染リスクが高くなる．

サルモネラ症は犬，猫ではあまり一般的な疾患ではない．症状としては急性もしくは慢性の下痢，敗血症，そして特に若齢動物や高齢動物では突然死を引き起こすことがある．若齢動物におけるサルモネラ感染症では，パルボウイルス感染症に類似した症状を引き起こすことがあり，鑑別にはパルボウイルスのELISA検査が有用である．

サルモネラの検出にはPCR検査が有用である．サルモネラは健常動物と下痢の動物で同様の頻度で検出されるため，サルモネラ症に合致した症状が認められ，なおかつサルモネラが糞便中から検出された場合に診断される．

治療は輸液療法などの対症療法が中心となる．発熱など敗血症が疑われる症例に対しては感受性試験の結果に基づいた非経口的な抗菌薬投与が推奨されるが，初期治療としてはキノロン系，サルファ系，アモキシシリン，クロラムフェニコールなどの抗菌薬が考慮される．このような症例では血漿輸血も有効であるかもしれない．

感染動物の取り扱いには注意が必要である．少なくとも症状が消失するまでは，子供やお年寄，他の動物から隔離し，PCR検査などで細菌の排出がなくなったことを確認することが望ましいが，不顕性感染ないし保菌状態（リンパ節など）の例は少なくない．

一般的に予後は良好であるが，敗血症に至った症例では注意が必要である．

2 | 真菌感染症

i ヒストプラズマ

土壌真菌である *Histoplasma capsulatum* は温帯，亜熱帯地域で認められ，世界中に幅広く分布している[37]．感染は小分生子の吸入あるいは摂食により起こり，大半は若齢の犬や猫でみられる．日本国内でも犬の皮膚におけるヒストプラズマ症の発症例がいくつか報告されている．ヒストプラズマ感染症では基本的には呼吸器が侵されるが，播種した場合には消化管にも病変を形成する．典型的には大腸性下痢（血便，粘液便，しぶり）が認められ，さらに小腸が侵されると体重減少，難治性下痢，タンパク喪失性腸症を引き起こすことがある．診断はリンパ節の針吸引生検や直腸掻爬による細胞診，もしくは組織生検によって病原体を検出することによってなされる．治療はイトラコナゾール（5～10 mg/kg, PO, SID 食事と一緒に投与）の4～6カ月間の投与であり，臨床症状が消失したのちも少なくとも2カ月間は投与を継続する．

3 原虫感染症

i ジアルジア

ジアルジア(*Giardia* spp.)は運動性を有する栄養型と環境中で強い抵抗性を持つシスト型の二つの形態を取る(➡p.257)．栄養型は洋梨形から楕円形で，二つの核と4対の鞭毛，1対の中央小体を有する[37]．

近年のメタ解析の結果によるとジアルジアの感染率は犬で15.2%，猫で12%とされているが，感染率は報告によって大きなばらつきがあり，これは検査法の違い(ELISA，IFA，PCRなど)が最も強く影響していると考えられている[39]．

ジアルジアの感染は一般的にみられるが，多くの動物は無症候性である．臨床症状の重篤度は年齢やストレス，免疫や栄養状態などに依存している．感染によって引き起こされる小腸性の下痢は通常自然治癒するが，症状は腹部の不快感から強い腹部痛，水様の下痢，悪臭を伴う下痢，吸収不良や成長不良まで様々である．

ジアルジアは糞便検査直接法による栄養型の確認，浮遊集卵法(硫酸亜鉛遠心法が最も高感度)によるシスト型の確認，SNAP® Giardia kit(アイデックスラボラトリーズ株式会社)によるELISA法を用いた検出，あるいは糞便のPCR法による検出などによって診断することができる．伴侶動物寄生虫会議(The Companion Animal Parasite Council)は，症状を示す(間欠的あるいは持続的な下痢)犬や猫に対して，直接法，遠心浮遊法，高感度かつ高特異度のELISA法による検査を組み合わせることを推奨しており，また感染を特定するためには異なる日に検査を繰り返す必要がある可能性を指摘している．

ジアルジアのシストは環境中にまん延しているにもかかわらず，ほとんどの動物は症状を呈さないことから，無症候性の動物に対して治療を行うかどうかは議論が別れている．その一方，症候性の犬や猫に対して治療することは人獣共通感染症の観点からも強く推奨されている[40]．ジアルジア感染症に対して用いられる薬剤を**表25-6**に示す．下痢を呈している犬や猫に対していずれかの薬剤を投与しても，症状の改善がなく，糞便からジアルジアが引き続き検出される場合には異なるクラスの次の薬剤を試してみる．

表25-6 ジアルジア感染症に対して用いられる薬剤

薬剤	種	投与量
メトロニダゾール	犬・猫	15～25 mg/kg，BID，5～7日，PO
チニダゾール	犬	44 mg/kg，SID，6日，PO
フェンベンダゾール	犬・猫	50 mg/kg，SID，3日，PO
ピランテル，プラジクアンテル，フェバンテル	犬	ラベルどおりの用量で3～5日

ii クリプトスポリジウム

クリプトスポリジウム(*Cryptosporidium* spp.)は腸の細胞に感染する偏性細胞内寄生虫である．クリプトスポリジウムは犬や猫に慢性もしくは間欠的な下痢，食欲不振，体重減少を引き起こす可能性があるが，無症候性であることも多い[37].

オーシストは直径約4〜6 mmと小さく，糞便検査で検出するのは困難である．現在では糞便のPCR検査が利用可能であり，最も高感度な検出法である．2017年の日本国内における糞便のPCR検査(消化器疾患を疑われて提出されたサンプル)では5.4％の犬，5.2％の猫からクリプトスポリジウムが検出されている．

クリプトスポリジウムは正常な免疫機能を有する動物では3〜12日で自然治癒することが一般的であり，特異的な治療は必要としないことが多い．治療が必要であれば，アジスロマイシン(猫：10 mg/kg, SID 数週間, PO)を用いる．

iii コクシジウム

コクシジウム感染(➡p.263)は成犬や成猫よりも子犬や子猫で発生しやすい．犬では3〜38%，猫では3〜36%の罹患率であると報告されており，野良犬や野良猫では罹患率はさらに高くなる[37].

診断は糞便検査浮遊法にてコクシジウムのオーシストを検出することができる．

治療はスルファジメトキシン(50 mg/kg, SID, 10〜14日, PO)，もしくはトリメトプリム・スルファメトキサゾール(30〜60 mg/kg, PO, SID, 6日)などのサルファ剤の投与による．またトルトラズリル(15 mg/kg, BID, 3日間, PO, 10日後に再投与)やジクラズリル(25 mg/kg, 1回投与, PO, 10日後に再投与)も，子犬や子猫のコクシジウムの治療に有効であるとされている．

4 | ウイルス感染症

i 犬パルボウイルス

犬パルボウイルス(➡p.288)は小型でエンベロープを持たないDNAウイルスであり，環境中で強い抵抗性を示す[37]．汚染場所の消毒には次亜塩素酸ナトリウムが有効である．犬パルボウイルスにはCPV-1，CPV-2の二つの型が確認されており，重篤な臨床症状を引き起こすのは6カ月齢未満の子犬に対するCPV-2の感染である．成長した子犬と成犬では基本的に不顕性感染を示す．CPV-2は汚染された糞便を介して伝播する伝染性の高いウイルスである．潜伏期間は7〜14日間である．若齢の子犬(特に12週齢未満)に感染すると，2〜5日で嘔吐，悪臭を伴う血様下痢，食欲不振，脱水が生じる．白血球減少および腸粘膜のバリア機構の破綻に伴う二次的な細菌感染症による発熱を呈することも多い．ワクチン投与歴が不確かな若齢犬にこのような典型的な症状が認められた場合には，パルボウイルス性腸炎との暫定診断を下し，治療を開始する．糞便のELISA検査は，感染後10〜12日以内のウイルス排泄が認められる期間のみ陽性となる．

治療においては脱水および電解質バランスの改善を目的とした輸液療法が最も重要である[38]．嘔吐あるいは吐き気が認められる症例に対しては制吐薬を使用する．マロピタントは非常に有用な制吐薬であるが，11〜16週齢未満の子犬では骨髄抑制が生じる可能性があるため注意が必要である．その他，オンダンセトロンやメトクロプラミド（点滴持続注入がより効果的）を選択することもできる．発熱あるいは好中球減少症が認められる症例に対しては，消化管粘膜傷害に伴う細菌感染症に対して抗菌薬を投与する．グラム陽性菌および嫌気性菌に対してβラクタム系の抗菌薬，グラム陰性菌に対してアミカシンやエンロフロキサシンを投与する．早期の経腸栄養摂取は，より早期の体重増加と死亡率の低下に有効であることが報告されている．そのため嘔吐がコントロールされた状況ではできるだけ早期に経口での栄養摂取を試みる．嘔吐が持続する場合には，逆流性食道炎を予防する目的でプロトンポンプ阻害薬の使用を考慮する．

予防に関してはワクチン接種が推奨される．アメリカ動物病院協会（AAHA）のワクチン接種ガイドライン2017によると，9〜10，14〜15，18週齢でワクチン接種，その後は1年ごとのワクチン接種が推奨されている[41]．

ii 猫汎白血球減少症ウイルス

猫汎白血球減少症は猫パルボウイルス（FPV）によって引き起こされる（➡p.290）．感染猫のほとんどは無症候性であるが，ワクチン未接種の3〜5カ月齢の子猫では，発熱，元気消失，食欲不振，嘔吐，重度の脱水，血様下痢，口腔内潰瘍など重篤な症状が認められる[38]．妊娠後期での感染では胎子の小脳低形成が認められる．

診断は犬のパルボウイルス腸炎と類似している．糞便のPCR検査によって検出することが可能であり，CPVに対するELISAキットを用いることもできる．しかしながら，感染後1〜2日しか検査結果が陽性とならない可能性があることを知っておくことは重要である．

治療は基本的に犬パルボウイルス腸炎と同様である．パルボウイルスワクチンは犬よりも猫でより有効であるとされている．16週齢までは3〜4週間ごとに接種し，1歳時に追加投与，その後は3年に1度の再接種にて防御できるとされている[37]．

血小板減少症，低アルブミン血症および低カリウム血症は予後不良因子である．

iii 犬ジステンパーウイルス

犬ジステンパーウイルス（CDV）はエンベロープを有する一本鎖RNAウイルスであり（➡p.303），感染は3〜6カ月齢で起きることが多い[37]．感染の重症度はウイルス株の種類に依存する．感染後，ウイルスは上部気道のマクロファージから胃腸や肝臓のリンパ組織へと運搬される．この段階では感染犬の多くは発熱や白血球減少症を示す．感染後14日でウイルスは体内から排除されるか，皮膚，外分泌腺，内分泌腺，消化管，気道，泌尿生殖器などの上皮細胞に広がる．その後の臨床症状は侵された組織に依存する．初期症状としての下痢，末期症状としての神経症状（チックなど）が知られている．免疫応答が不完全な個体では中枢神経系へと感染が拡大することもある．ジステンパーについては23章（➡p.364），30章（➡p.476）も参照

ワクチン未接種の若齢犬（3〜6カ月齢）が呼吸器症状，消化器症状を呈し，その後神経症状が認められた場合には本疾患を疑う．母犬からの移行抗体は生後14週齢まで持続するとされているが，AAHAのワクチン接種ガイドライン2017では，9〜10週齢，14〜15週齢でのワクチン

接種，その後は1年ごとのワクチン接種が推奨されている[41].

iv 犬コロナウイルス

犬コロナウイルス性腸炎はコロナウイルス(➡p.299)が小腸の絨毛の成熟した上皮細胞に感染し，傷害を受けることによって生じる[38]．パルボウイルス感染症とは異なり，腸陰窩は影響を受けないため，絨毛はすぐに再生される．そのため臨床症状はパルボウイルス感染症よりも軽微であり，出血性の下痢や敗血症，死の転機を辿ることは稀である．あらゆる年齢の犬が感染する．臨床症状は数日から1週間持続する．非常に若齢の犬では，適切に治療されなければ脱水や電解質異常によって死に至ることもある．パルボウイルスとの同時感染は重症度や致死率を上昇させることがある．

犬コロナウイルス性腸炎の症状は他の感染症と比較して軽度であり，対症療法あるいは時間の経過によって改善することが多いため，確定診断に至ることはあまり多くない．近年は糞便のPCR検査によって検出することができる．しかしながらコロナウイルスは臨床的に健康な犬の糞便からもしばしば検出されるため，ウイルスの存在よりもウイルス株の違いに注意を払うべきかもしれない．

犬コロナウイルス性腸炎の症状は，輸液療法などの対症療法あるいは時間の経過によって改善することがほとんどであり，予後は良好である．

v 猫コロナウイルス

子猫への感染では軽度かつ一過性の下痢や発熱が認められることがあるが，成猫への感染は無症候性である．死の転機を辿ることは稀であり，予後は良好である．

臨床的に重要なこととしては，①感染猫では猫伝染性腹膜炎(FIP➡p.298)を疑って測定する血清コロナウイルス抗体価が上昇している可能性があること，②猫コロナウイルスの変異によりFIPを発症する可能性があると考えられていることの2点である．

vi 猫白血病ウイルス(汎白血球減少症関連性)

猫白血病ウイルス(FeLV)関連性汎白血球減少症はFeLVとFPVの混合感染によって引き起こされる．消化管における病理組織学的な特徴は猫パルボウイルスのものと類似するが，骨髄やリンパ節の病変はパルボウイルス感染症ほど顕著ではない[38].

慢性的な体重減少，嘔吐，下痢がよく認められる．下痢はしばしば大腸性の下痢である．貧血もよく認められる．

慢性下痢を呈している猫でFeLVの感染が認められれば本疾患が示唆される．好中球減少症がしばしば認められる．FeLV感染猫の消化管でFPVと同様の病理組織像が認められればほぼ本疾患と考えて間違いない．

輸液療法，電解質補正，抗菌薬，制吐薬，消化性の高い食事などの対症療法および他の消化管合併症(寄生虫感染など)の治療が有効である．

FeLVに関連した他の合併症により，本疾患の予後は不良である．FeLV感染症については

29章(➡p.463)参照

5 内部寄生虫感染症

i 犬鉤虫

犬鉤虫(*Ancylostoma caninum*)の成虫は小腸に定着し，糞便中を介して環境中へと虫卵を排出する．虫卵は2～9日で感染可能な第三期幼虫へと発育する[37]．感染は環境中の幼虫の摂取による経口感染，経皮感染，経乳感染，待機宿主の摂食による感染が挙げられる．猫においても，経乳感染を除いて同様の経路で感染しうる．

犬鉤虫症では感染後約8日目から血液の喪失が起こる．鉤虫は吸血に際して組織の壊死を引き起こす酵素や抗凝固因子，血小板阻害因子などを放出する．鉤虫の感染により，消化管には小さな潰瘍病変，微絨毛の短縮，好酸球の浸潤などが引き起こされ，出血，吸収不良や下痢が引き起こされる．

犬鉤虫は虫卵を多く産生するため，糞便中に虫卵を検出するのは比較的容易である[38](**図25-7**)．しかしながら初乳により感染した5～10日齢の犬では，糞便中に虫卵が排出される以前に致死的な失血を招くことがある．このような場合はシグナルメントや臨床症状から本疾患を疑う．ノミの感染がない子犬や子猫が鉄欠乏性貧血を呈している場合には，鉤虫症を疑う．

治療としてはフェンベンダゾール(50 mg/kg, SID, 3日間連続投与, PO)，パモ酸ピランテル(5～10 mg/kg, SID, 2～4週間後に再投与, PO)，フェバンテル(10～20 mg/kg, SID, 3日間投与, PO)が用いられる．鉤虫症の危険性が高い地域ではミルベマイシンオキシム(0.5～1 mg/kg, 30日間, PO)を予防的に投与する．

ii 犬回虫・猫回虫

犬回虫(*Toxocara canis*)や猫回虫(*Toxocara cati*)は，子犬および子猫で重篤な症状を引き起こす可能性がある[37]．これらの寄生虫は消化管壁から血管へと侵入し，肺やその他の臓器へと移行して腸管に至り成虫となる．また，母体の筋肉内などに結節状を呈して存在する幼虫による胎盤感染も重視すべきである．乳汁を介した感染も起こる(➡p.325)．

臨床症状としては嘔吐，血便，粘液便，腹囲膨満，腹部痛，脱水，貧血，発熱，咳嗽などがみられる．子犬では，多臓器への寄生虫の移行に関連した症状，すなわち肺炎や肝疾患に関連した症状を呈することがある．排出される虫卵の数は多く，浮遊法にて容易に検出可能であるため(**図25-8**)，診断は比較的容易である．治療は犬鉤虫の治療に準じる．

iii 犬小回虫

犬小回虫(*Toxascaris leonina*)は腸管内で完全に発育し，犬や猫に小腸性の疾患を引き起こすが，症状が重症化することは稀である[37](➡p.325)．治療は犬鉤虫の治療に準じる．

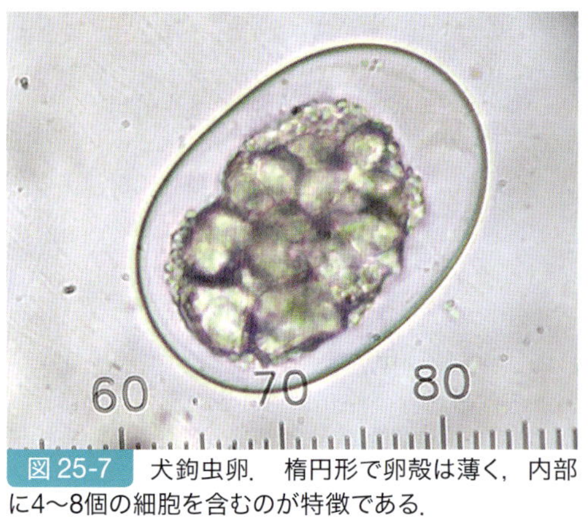

図 25-7 犬鉤虫卵．楕円形で卵殻は薄く，内部に4～8個の細胞を含むのが特徴である．

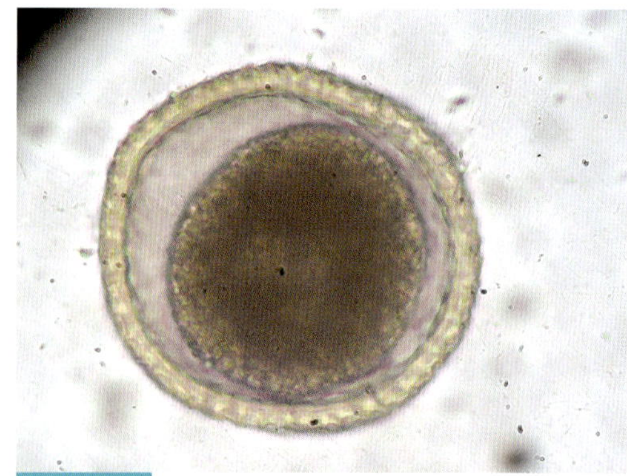

図 25-8 犬回虫卵．卵殻が厚く，内部に構造物を伴うのが特徴である．排出後，時間が経過した虫卵では内部の細胞が分裂していることもある．

iv 線虫類

犬では*Strongyloides stercoralis*（糞線虫）および*S. planiceps*（猫糞線虫），猫では猫糞線虫，*S. felis*および*S. tumefaciens*感染が認められる[37]（➡p.328）．大半は無症候性であるが，子犬や子猫では粘液性あるいは出血性腸炎を伴う全身性の症状を呈する．

診断は新鮮便を用いて直接法あるいはベールマン法を実施し，幼虫を確認することによってなされる[38]．時間が経過した糞便材料では鉤虫卵から鉤虫の幼虫が孵化し，糞線虫との鑑別が困難となるため，検査には新鮮便を用いるべきである．

治療としてはフェンベンダゾール（5日間），イベルメクチンなどが有効である．糞線虫の幼虫は皮膚を貫通することができ，人獣共通感染症としても重要である．特に免疫不全のヒトへの感染には注意が必要である．

大腸の感染症

a この疾患について

大腸の主な機能は，回腸の流出物からの水分および電解質の吸収，小腸で消化・吸収されなかった有機物の腸内細菌による発酵，便の貯留および排便である．大腸における水分吸収は非常に効率がよく，大腸に送られる水分の約90％は吸収される．また大腸の主な分泌物は粘液である．粘液は潤滑剤として作用し，大腸内容物の通過を容易にし，機械的あるいは化学的傷害から粘膜を保護する役割を有する．大腸の感染症ではこれらの機能に障害が生じる．

b 主要病原体

- 細菌：クロストリジウム
- 原虫：トリコモナス

- ウイルス：猫白血病ウイルス(FeLV)
- 寄生虫：鞭虫

c 主症状

大腸の感染症では大腸性の下痢，すなわち排便回数の増加，1回の排便量の減少，しぶり，鮮血便，粘液便が認められる．病変が小腸にも及ぶ場合には体重減少やメレナが認められることもある．また嘔吐や食欲低下が認められることもある．

d 診断

診断は基本的には小腸の感染症と同様である．

e 治療

治療の選択は感染症の種類に大きく依存するため，各論を参照されたい．

f 原因微生物について

1 クロストリジウム

クロストリジウムは大型，グラム陽性の芽胞形成菌である．*Clostridium perfringens* type Aおよび*Clostridium difficile*(*Clostridioides difficile*[注3])は，犬や猫の消化器疾患の原因となりうる．

C. perfringens(➡ p.204)は環境中にも広く存在し，健常動物の糞便中にも存在する．*C. perfringens* type Aが産生する主要毒素αと腸管毒素により，出血性腸炎や急性あるいは慢性の大腸性・小腸性下痢が引き起こされる．*C. difficile*(➡ p.207)が産生する毒素は毒素AおよびBである．これらの毒素は健常動物と比較して下痢を呈する動物においてより高頻度に検出される．

糞便塗抹検査にてグラム陽性の芽胞形成菌が多数認められても，クロストリジウム感染症の診断には有用でない(**図25-9**)．一方，PCR法では*C. perfringens*の主要毒素αをコードする遺伝子および*C. difficile*の毒素AおよびBをコードする遺伝子をターゲットとして検査を行うため，陽性結果はすなわち毒素産生型の*Clostridium* spp.の存在を示す．

*C. perfringens*感染症の治療としてはタイロシン，アモキシシリンが用いられ，診断があっていれば早期に改善が認められるが，中には1〜3週間の治療期間を要する症例も存在する．タイロシンやアモキシシリンは有効かつ安全性も高い．メトロニダゾールも有効だが，メトロニダゾールの投与により猫のリンパ球のDNAに傷害が生じるとの報告もある．*C. perfringens*の感染に伴う慢性下痢を呈している犬の中には，食物繊維の添加(サイリウムなど)や繊維強化食によく反応するものもいる．本疾患の予後は良好である．

*C. difficile*感染症が疑われる場合には，症状の重症度に合わせて支持的な輸液療法や電解質補正が必要となることがある．メトロニダゾールが有効であり，糞便中の薬剤濃度が細菌を排除するため

注3：*Clostridium difficile*は近年分類が変更され，*Clostridioides difficile*と呼ばれている．詳細はp.207参照

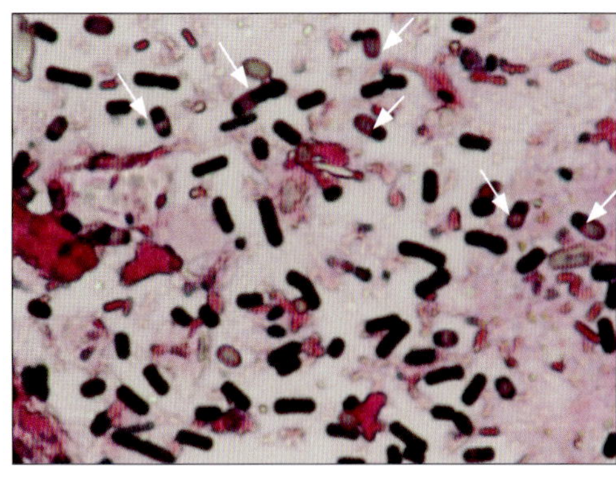

図 25-9 *Clostridium perfringens*のグラム染色塗抹像．グラム陽性桿菌とともに多数の芽胞形成菌が確認できる（矢印）．この塗抹からクロストリジウム感染症であると診断することはできないが，この症例はのちのPCR検査にて*Clostridium perfringens* a toxinが陽性であった．

に必要な濃度となるように適切な用量を投与する必要がある．

2 トリコモナス

鞭毛を有する*Tritrichomonas foetus*(➡p.258)は猫の消化器疾患の病原体となる．*T. foetus*はいずれの年齢，品種，性別の猫にも感染しうるが，若齢猫(12カ月齢未満)や過密環境で飼育されている猫では，感染の危険性が高くなる[42]．

*T. foetus*は主に結腸粘膜表層に寄生し，慢性的な大腸性下痢を引き起こす．臨床症状としては排便回数の増加，軟便，液状便，血便，粘液便，肛門周囲の浮腫，排便痛，直腸脱が認められることもある．ただし，トリコモナスに感染したすべての猫が臨床症状を呈するわけではない．

診断は糞便検査直接法による栄養体の確認(核は一つで波動膜が特徴的)(**図25-10**)，糞便材料を用いたPCR法などによってなされる．2017年の日本国内でのPCR検査による陽性率は12.4%である(データ提供：アイデックスラボラトリーズ株式会社)．直接法は新鮮な糞便材料を用いる必要があるうえに，感度が低い(14%)ことは知っておく必要がある．

治療としてはロニダゾールの投与(30～50 mg/kg, 14日間, PO)が非常に有効である．以前は1日2回の投与が推奨されていたが，近年の薬物動態学に関する研究によると，ロニダゾールの半減期は10.5時間と長く，30 mg/kgの経口単回投与48時間後でも猫の血中に薬物が残存していることがわかっている[43]．そこで現在では30 mg/kg, SID, 14日間, POの投与が推奨されている[44]．症状を呈している猫も無治療で症状が自然治癒することがあるが，これには数カ月あるいはそれ以上の期間を

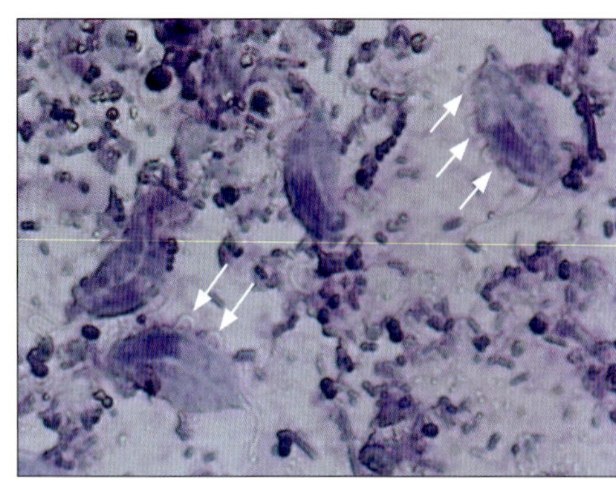

図 25-10 トリコモナス症．重度感染例では塗抹法においても，特徴的な波動膜(矢印)を有するトリコモナスのトロフォゾイト(矢頭)が確認できる場合がある．

要するとされている[45].

3 | 猫免疫不全ウイルス

病態は不明だが，FIV（➡p.310）は重度の化膿性大腸炎に関連していると考えられている[46]．猫免疫不全ウイルス関連性下痢では重度の大腸性下痢がしばしば認められ，稀に結腸の破裂が認められることがある．同じ慢性の大腸性下痢であっても，炎症性腸疾患や食物不耐性の猫との一般状態が良好であるのとは異なり，本疾患の猫の一般状態は不良である．

FIVの抗体が検出され，重度の化膿性大腸炎が認められた場合には本疾患を疑う．治療は輸液療法，電解質補正，制吐薬，抗菌薬，消化性の高い食事など対症療法が中心となる．長期予後は極めて不良である．FIV感染症については29章（➡p.473）参照

4 | 鞭虫

犬鞭虫（*Trichuris vulpis*）症は犬の急性あるいは慢性大腸性下痢（粘血便など）の一般的な原因の一つである[42]（➡p.330）．通常，子犬や衛生的でない環境で飼育されている犬が罹患し，しばしば再発する．猫では鞭虫症は稀である．鞭虫卵は長期の日光照射によって死滅するが，環境中で数年間生存可能であるとされている．

診断は通常の糞便検査浮遊法にて特徴的な虫卵を確認することによってなされる（**図25-11**）．成虫は間欠的に産卵するため，複数回の糞便検査を実施する必要がある．

治療としてはフェンベンダゾール（50 mg/kg, SID, 3日間, PO）もしくはフェバンテル，パモ酸ピランテル，プラジクアンテルの合剤（フェバンテルとして25 mg/kg, 1回, PO）を用いる．治療は3週間後，3カ月後に繰り返して行うべきであるとされている．また再発例ではミルベマイシンオキシムが感染のコントロールに有効であると報告されている．

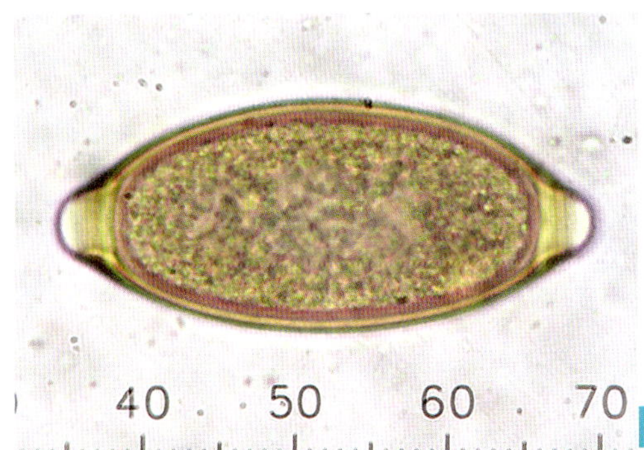

図 25-11 鞭虫卵．ラグビーボール型の形状をしており，両端に栓のような構造を有するのが特徴である．

参考文献

1. Ribelin WE, Bailey WS(1958)：Cancer. 11，1242–1246.
2. 今井壮一（1999）：動薬研究（バイエル薬品株式会社）1999，58，1–13.

3. Marks SL(2015)：Spirocercosis, In: Cote E, Clinical Veterinary Advisor: Dogs and Cats, 3rd ed., Mosby
4. Rojas A, Segev G, Markovics A, et al.(2017)：Parasit Vectors. 10, 435.
5. Okanishi H, Matsumoto J, Aoki H, et al.(2013)：J Vet Med Sci. 75, 1629–1632.
6. Ranen E, Lavy E, Aizenberg I, et al.(2004)：Vet Parasitol. 119, 209–221.
7. Traversa D, Avolio S, Modrý D, et al. (2008)：Vet Parasitol. 157, 108–116.
8. Yas E, Kelmer G, Shipov A, et al.(2013)：J Small Anim Pract. 54, 495–498.
9. Warren JR, Marshall B(1983)：Lancet. 1, 1273–1275.
10. Strauss-Ayali D, Scanziani E, Deng D, et al.(2001)：Vet Microbiol. 79. 253–265.
11. Simpson K, Neiger R, DeNovo R, et al.(2000)：J Vet Intern Med. 14, 223–227.
12. Neiger R, Simpson KW(2000)：J Vet Intern Med. 14, 125–133.
13. Ettinger SJ, Feldman EC, Cote E(2017)：Textbook of Veterinary Internnal Medicine 8th ed, 1495–515, Elsevier
14. Dvir E, Clift SJ, Williams MC(2010)：Vet Parasitol. 168, 71–77.
15. Meining A, Kroher G, Stolte M(1998)：Scand J Gastroenterol. 33, 795–798.
16. 辻誠，上本康喜，河崎哲也ほか(2017)：第13回日本獣医内科学アカデミー学術大会，268.
17. 久保田早苗，藤野泰人，八代麻里ほか(2014)：日本獣医内科学アカデミー第10回記念学術大会，187.
18. 日本獣医内科学アカデミー編(2014)：獣医内科学第2版小動物編，155–238，文永堂出版
19. Steiner JM(2008)：Small Animal Gastroenterology, 159–175, Schluetersche
20. Neiger R, Tschudi ME, Burnens A, et al.(1999)：Microb Ecol Health Dis. 11, 234–240.
21. Baele M, Van Den Bulck K, Decostere A, et al.(2004)：J Clin Microbiol. 42, 1115–1122.
22. Jergens AE, Pressel M, Crandell J, et al.(2008)：J Vet Intern Med. 23, 16–23.
23. Kubota S, Ohno K, Tsukamoto A, et al.(2013)：J Vet Med Sci. 75, 1049–1054.
24. Cornetta AM, Simpson KW, Strauss-Ayali D, et al.(1998)：Am J Vet Res. 59, 1364–1369.
25. Shinozaki JK, Sellon RK, Cantor GH, et al.(2002)：J Vet Intern Med. 16, 426.
26. Khoshnegah J, Jamshidi S, Mohammadi M, et al.(2011)：J Feline Med Surg. 13, 88–93.
27. Azevedo MI, Botton SA, Pereira DIB, et al.(2012)：Vet Microbiol. 159, 141–148.
28. Santurio JM, Leal AT, Leal ABM, et al.(2003)：Vaccine. 21, 2535–2540.
29. Pereira DIB, Botton SA, Azevedo MI, et al.(2013)：Mycopathologia. 176, 309–315.
30. Ettinger SJ, Feldman EC, Cote E(2017)：Textbook of Veterinary Internal Medicine 8th ed., 1032–1035, Elsevier
31. 日本獣医内科学アカデミー編(2014)：獣医内科学 第2版 小動物編，636-638，文永堂出版
32. Aulakh HK, Aulakh KS, Troy GC(2012)：J Am Anim Hosp Assoc. 48, 182–187.
33. Fischer NM, Favrot C, Monod M,et al.(2013)：Vet Dermatol. 24, 635–638, e158.
34. Klang A, Loncaric I, Spergser J, et al.(2013)：Med Mycol Case Rep. 2, 108–112.
35. 今井壯一，板垣匡，藤崎幸藏(2013)：最新 家畜寄生虫病学，初版，205–207，朝倉書店
36. 今井壯一，板垣匡，藤崎幸藏(2013)：最新 家畜寄生虫病学，初版，230–232，朝倉書店
37. Steiner JM(2008)：Small Animal Gastroenterology, Schluetersche
38. Nelson RW, Couto, CG(2014)：Small Animal Internal Medicine, 457-471, Elsevier
39. Bouzid M, Halai K, Jeffreys D, et al.(2015)：Vet Parasitol. 207, 181-202.
40. Payne PA, Artzer M(2009)：Vet Clin North Am Small Anim Pract. 39, 993-1007.
41. Ford RB, Larson LJ, Schultz RD, et al.(2017)：J Am Anim Hosp Assoc. 53, 243-251.
42. Steiner JM(2008)：Small Animal Gastroenterology, Schluetersche
43. LeVine DN, Papich MG, Gookin JL, et al.(2011)：J Feline Med Surg. 13, 244-250.
44. Xenoulis PG, Lopinski DJ, Read SA, et al.(2013)：J Feline Med Surg. 15, 1098-1103.
45. Gruffydd-Jones T, Addie D, Belak S, et al.(2013)：J Feline Med Surg. 15, 647-649.
46. Nelson RW, Couto CG(2014)：Small Animal Internal Medicine, 457-471, Elsevier

26 肝臓・胆嚢・膵臓・腹腔

問題となる主な病原体の一覧

1）細菌
Leptospira interrogans, *Escherichia coli*, *Enterococcus* spp., *Bacteroides* spp., *Streptococcus* spp., *Clostridium* spp., *Salmonella* spp., *Klebsiella pneumoniae*

2）真菌
Candida spp.

3）原虫
トキソプラズマ

4）ウイルス
犬アデノウイルス1型，猫コロナウイルス

肝臓・胆嚢・膵臓・腹腔の感染症

a この疾患について

- 臨床の現場では，嘔吐や下痢，発熱などに加えて，腹痛や黄疸が認められることがある．その他，肝性脳症や腹水，止血異常など引き起こすこともある．
- ウイルス，細菌，寄生虫など，多くの感染性病原体が症状を引き起こす．
- 腹腔臓器の感染により炎症を引き起こすことがあるが，その徴候は非特異的なことが多いため，非感染性の炎症や各臓器の疾患との鑑別が重要である．
- 膵臓における感染症は小動物で稀である．
- 本邦における小動物の肝臓，胆嚢，膵臓の寄生虫性疾患は非常に稀である．

b 主要病原体

細菌：レプトスピラ，様々な細菌

ウイルス：コロナウイルス，アデノウイルス

c 主症状

- 消化器症状はよく認められる症状である．感染の炎症の程度によって，食欲不振から嘔吐，下痢など消化器症状の程度も様々である．
- 発熱は重要な症状である．消化管からの上行性の細菌感染は犬や猫で多い．
- 急激な肝機能の低下のある動物では，肝性黄疸を呈することがある．
- 急性の症例では，単独臓器だけでなく周囲の臓器にも炎症が波及していることがある．また，重篤な症例では腹膜炎を伴うことがある．

d 診断

- 症状は肝臓，胆嚢，膵臓，腹腔のいずれの感染であっても非特異的な症状であることから，症状で感染部位を絞り込むことは難しい.
- ALT，AST，ALPなど肝酵素値の上昇が認められる．炎症は，白血球数(WBC)，C反応性タンパク(CRP)，血清アミロイドA(SAA)，フィブリノゲン濃度を測定する．肝臓，胆嚢の感染症では黄疸を呈することがあるため，ビリルビンの上昇が認められる.
- 腹部超音波検査は肝臓，胆嚢，膵臓，腹腔の形態的異常を捉えるのに有効な手段である.
- 確定診断には，腹水や胆汁，組織を採取し，感染の有無や原因となる微生物を同定し，細胞診や病理検査で炎症の種類や程度を評価する.

e 治療

- 治療は，細菌感染に起因している場合は抗菌薬を用いる．ウイルス感染では，多くが対症療法となり，炎症の程度によってはステロイドを使用することもある.

f 原因微生物について

1 レプトスピラ症

主に犬で問題になっている細菌感染症であり，黄疸をはじめ様々な重篤な症状が認められる急性肝炎の状態を呈する．猫は感染に抵抗性である.

i 主要病原体

Leptospira interrogans，主にIcterohaemorrhagiaeとCanicolaである(➡p.222).

ii 特徴

レプトスピラはスピロヘータ科のレプトスピラ属に含まれ250以上の血清型に分類され，世界中に分布している感染症である．その宿主は広く多くの動物種に感染するため，人獣共通感染症の一つであり，国内で犬のレプトスピラ症は家畜伝染病予防法の届出伝染病に指定されている．らせん状の細菌であるレプトスピラは，ネズミなどの野生動物が腎臓に保菌しており尿中に排菌される．直接その尿に接触する，または汚染された土壌や水(河川，沼地など)に間接的に接した犬が感染する．感染経路は，経皮的または経口的である．犬の急性肝炎に関与するレプトスピラ症は，血清型ではIcterohaemorrhagiaeによる甚急性型が最も重要である.

iii 症状

犬のレプトスピラ症は，若齢に比較的多く，大型犬で重症化する傾向にあるが，品種や性差による好発傾向はない．症状は，眼結膜の充血，発熱，嘔吐，脱水，虚脱，筋肉痛など非特異的である．また重篤な動物では，肝不全や播種性血管内凝固(DIC)に起因する出血傾向(吐血，下血，メレナ，鼻出血など)，黄疸も認められる.

iv 診断

血液検査では，白血球増加，血小板減少症，貧血などが認められる．生化学検査では，肝酵素値(ALT，AST，ALP)や腎パネル(BUN，クレアチニン)の上昇，電解質異常や低アルブミン血症，高ビリルビン血症などが挙げられる．また，重度肝不全やDICを伴う犬では，止血凝固系線溶系検査の異常が認められる．

尿検査では，ビリルビン尿が検出されることがあり，腎不全の程度により尿タンパクや沈渣などに異常を呈することがある．

画像診断では，肝腫大や腎腫大が認められることがある．

レプトスピラ症の確定診断には，顕微鏡下凝集試験(MAT)を用いた抗体検出が行われる．ワクチンや自然感染による影響を避けるためペア血清を用いた検査が有用であり，血清とレプトスピラ生菌を混合し，その凝集の有無を暗視野顕微鏡下で評価する．その他，病原体の分離，PCRによるレプトスピラDNAの検出なども試みられている．

v 治療

抗菌薬を用いた治療が行われる．ペニシリンは血中のレプトスピラに対して有効であり，肝臓や腎臓などにも負担が少ない抗菌薬である．アンピシリンまたはアモキシシリン(20～30 mg/kg TID，IV)を使用し，また回復期にはドキシサイクリン(5 mg/kg BID PO)を使用することで腎臓における菌の潜伏を抑える．腎不全や脱水などに対して，必要に応じて静脈内輸液や利尿薬の使用を検討する．

治療による反応は様々であり，予後は注意が必要である．罹患したレプトスピラ症の8割程度が生存するとされているが，肝障害や腎障害の程度により後遺症が残ることがある．また抗菌薬投与により死滅した菌体からの毒素によるショックが起こることがある．

2 | 犬伝染性肝炎

犬の代表的なウイルス性肝炎．肝臓以外にも全身の臓器に感染し様々な症状を引き起こす．

i 主要病原体

犬アデノウイルス1型(➡p.275)

ii 特徴

犬アデノウイルス1型は，アデノウイルス科マストアデノウイルス属に含まれるDNAウイルスである．近年，ワクチンが広く用いられていることから，犬で感染，発症する例は稀である．感染源は感染した犬(急性期，回復期)の尿や糞便，唾液などであり，経口または経鼻により感染する．主な感染場所は肝臓であり，ウイルスにより重度の小葉中心性から架橋形成性壊死を生じる．また，両染性から好塩基性の核内封入体が肝細胞に認められる．急性感染の間は，ウイルスは尿，糞便，唾液から検出でき，また犬が回復しても長期間，尿中に排泄されるため，外界への汚染も重要な感染源となっている．また，慢性肝炎から肝硬変へ進行する可能性も秘めている．

iii 症状

犬伝染性肝炎は若齢のワクチン未接種の犬で認められる．突然の発熱，元気消失，嗜眠など非特異的な症状から始まり，多臓器に感染が広がると急性の呼吸器症状（発咳），消化器症状（嘔吐，下痢，腹痛）などが認められる．血小板減少や止血凝固異常を呈する犬では下血やメレナが認められることがある．重篤な症状は1週間程度でありその後は回復する．回復期には角膜浮腫とそれに伴う前部ぶどう膜炎による混濁（ブルーアイ）が認められることがある．慢性肝炎に発展した場合は，黄疸や腹水，肝性脳症などを呈する可能性がある．

iv 診断

血液検査では，好中球減少とリンパ球減少を伴う白血球減少，血小板減少が認められる．生化学検査では，肝酵素値（ALT，AST，ALP）の上昇，DICに伴う止血凝固系線溶系検査の異常が認められる．腎障害も伴っている犬はタンパク尿が確認されることがある．画像診断では，肝腫大が認められることがある．

確定診断には，血清抗体価の上昇やウイルス抗原の検出，ウイルス分離および核内封入体の検出，PCRによるウイルス核酸の検出などを行う．病理診断では肝臓の小葉中心性から架橋形成性壊死や核内封入体の形成が認められる．

v 治療

対症療法が中心である．静脈内輸液，必要に応じて血漿または全血輸血を実施する．肝不全が進行し肝性脳症などが認められる場合には，アンモニアの吸収を抑制する目的でラクツロースと，アンモニア産生菌を抑えるためにカナマイシン，メトロニダゾールなどの抗菌薬を使用する．DICに対しては抗血栓のためヘパリンも使用する．

甚急性の症例，抗体の産生が不十分な症例は予後不良である．ブルーアイは回復期に産生された免疫複合体に起因していることから，予後良好の徴候として考えられている．

3 細菌性胆嚢炎および胆管炎・胆管肝炎

犬や猫の胆嚢炎の多くは腸管由来の細菌が上行性に胆嚢および胆管に感染することで引き起こされる．

i 主要病原体

腸内細菌

Escherichia coli, Enterococcus spp., *Bacteroides* spp., *Streptococcus* spp., *Clostridium* spp. など

ii 特徴

犬や猫で細菌性胆嚢炎の報告は少ないが，消化管からの腸内細菌（*Escherichia coli, Enterococcus* spp., *Bacteroides* spp., *Streptococcus* spp., *Clostridium* spp.など）が総胆管を経由

して上行性に胆嚢や胆管に感染することにより炎症が起こる．肝内の胆管に炎症が波及すると肝内胆汁うっ滞の原因になる．また，胆嚢炎の症例では胆泥や胆石が併発していることがあり，肝外胆管閉塞の一因となりうる．また，ガス産生菌により胆嚢内にガスが存在することもある．重度の胆嚢炎は，壁の壊死により胆汁性腹膜炎を引き起こすため注意が必要である．猫の胆管炎は腸炎や膵炎などが併発していることがある．

iii 症状

急性の炎症を伴う場合には発熱，食欲不振や元気消失，消化器症状などが認められ，腹痛や黄疸を呈することがある．慢性経過を辿った動物では，目立った症状を示さないこともある．胆管炎が肝臓に波及すると慢性胆管炎・胆管肝炎を引き起こし，進行すると肝機能不全に陥ることがある．肝機能の低下は，腹水や黄疸，肝性脳症などを引き起こす．

iv 診断

血液検査では白血球数増加やCRP，SAAの高値が認められる．胆汁うっ滞や肝障害の程度により，肝酵素値(ALT，AST，ALP)の上昇，高ビリルビン血症が認められる．重度の急性炎症または腹膜炎を伴う動物では，止血凝固系・線溶系検査の異常が認められる．慢性の胆管炎・胆管肝炎の動物では，低アルブミン血症，高アンモニア血症など肝不全に起因する異常が認められることがある．胆嚢炎や胆管炎の動物では，膵炎も併発している可能性があるため，膵臓特異的リパーゼを必要に応じて測定する．

超音波検査では，胆嚢壁の肥厚や総胆管の拡張，胆石などが認められる．また，胆嚢の周囲の肝臓や脂肪に炎症が波及している場合，肝臓と脂肪が高エコー源性を呈することがある．さらに，胆汁が漏出している場合には胆嚢周囲に無エコー領域が観察される．稀ではあるが，胆嚢内にガスが溜まっていることがある．胆嚢胆管系や肝臓以外にも膵臓や消化管，腹腔内リンパ節も評価する．CT検査も胆嚢胆管系を詳細に評価することができるため，胆嚢穿刺などで麻酔が必要な場合に同時に実施することがある．

胆汁検査は細菌性胆嚢炎を診断し，細菌を同定するために有効である．胆嚢穿刺は通常，超音波ガイド下で実施する．採取された胆汁は細菌培養(嫌気，好気)および感受性試験を行う．また塗抹を作成し，細菌の存在や細胞診を実施する．

胆管炎または胆管肝炎が疑われる動物では，肝生検を実施する．採材した肝臓サンプルは病理組織検査以外にも細菌培養を行う．胆嚢摘出を実施した場合にも胆嚢の病理組織検査が炎症の程度を評価するうえで重要となる．

v 治療

細菌性胆嚢炎の内科治療は，胆嚢穿刺による菌の同定および感受性試験の結果に基づき，抗菌薬を選択する．胆嚢穿刺ができない症例では，グラム陰性嫌気性菌に有効な広域スペクトルの抗菌薬で胆汁中に排泄される肝毒性の少ないものを選択する．具体的には，アモキシシリン(10～20 mg/kg BID，PO)，クラブラン酸-アモキシシリン(10～20 mg/kg BID，PO)などの抗菌薬である．その他，ニューキノロン系のオルビフロキサシン(5～10 mg/kg SID，PO)や嫌気性菌に効果が期待されるメトロニダゾール(10～20 mg/kg SID，PO)などを組み合わせて使用する．治療が長期化した動物や慢性の胆管炎・胆管肝炎の動物では，抗菌薬に併用してプレドニゾロン(1 mg/kg SID，PO)の投与を検討する．抗菌薬やステロイドの効果がない場合，または壊死性胆嚢炎による腹膜炎や胆石などによる肝外胆管閉塞が併発している動物では，胆嚢摘出術などの外科治療が適応となる．

抗菌薬を休止すると症状が再燃する動物も少なくなく，治療が長期化することがある．外科的介入が必要な動物の予後は注意が必要である．

4 | 肝膿瘍

肝膿瘍は細菌が門脈や胆道系などから肝臓に達した結果として形成される．

i 主要病原体

Escherichia coli, *Enterococcus* spp., *Bacteroides* spp., *Streptococcus* spp., *Clostridium* spp., *Salmonella* spp., *Klebsiella pneumoniae* など(➡17章)

ii 特徴

肝膿瘍は肝臓内における化膿性病巣であり，細菌感染に起因して生じる．子犬では臍静脈経由での感染が原因となるが，糖尿病や副腎皮質機能亢進症などにより易感染性の動物やステロイドや免疫抑制剤を使用している動物で認められることがある．また，腫瘍や猫白血病ウイルスや猫免疫不全ウイルスなど免疫抑制を引き起こす感染症でも肝臓に膿瘍を形成する．膿瘍は孤立性である場合やびまん性(多発性)であることもある．また，他の臓器(心内膜，脾臓，血液，肺，腹膜など)にも同時に感染が認められることがある．

iii 症状

食欲不振，元気消失，嘔吐，発熱など非特異的な症状を呈する．また，基礎疾患がある動物では，これらに起因した症状が認められる．

iv 診断

血液検査では，好中球増加(左方変位を伴う)，肝酵素値の上昇(ALT，ALP)が認められることがあるが，肝膿瘍に特異的な所見ではない．また，炎症の程度により，CRPやSAA，グロブリンの上昇などが認められる．

X線検査では肝腫大，肝腫瘤病変，稀にガス産生菌により透過性が亢進した部位が確認されることがある．超音波検査では低エコーから無エコーの肝実質病変(または腫瘤病変)が認められる．肝臓の腫瘤病変で，肝細胞癌や血管肉腫などの肝腫瘍と肝膿瘍を見分けるためにカラードプラで血流の有無を確認する．肝膿瘍では血流は認められないが肝嚢胞でも同様であるため，FNAによる細胞診が必要となる．

FNAは肝膿瘍を診断し，原因となる細菌を同定するために有効である．肝膿瘍の穿刺は通常，超音波ガイド下で実施する．採取された細胞は細菌培養(嫌気，好気)および感受性試験を行う．また塗抹を作成し，細胞診(細菌，壊死組織，好中球の存在)を実施する．

v 治療

治療は，FNAにより菌の同定および感受性試験に依存し，抗菌薬を選択する．孤立性の肝膿瘍で抗菌薬に反応が乏しい場合には外科治療が適応となる．

5 猫伝染性腹膜炎

猫のコロナウイルス感染による全身性の進行性炎症性疾患．発症した猫の多くが死亡するため致死的な感染症である．

i 主要病原体

猫コロナウイルス(➡p.298)

ii 特徴

猫腸コロナウイルスは健康な猫の主に腸内に存在し糞便中に排泄され，若齢猫はその糞便や唾液などから経口や経気道により感染する．感染した一部の猫腸コロナウイルスが突然変異を起こすことで猫伝染性腹膜炎ウイルスになり，猫伝染性腹膜炎を発症すると考えられる．したがって，猫腸コロナウイルスと猫伝染性腹膜炎ウイルスは同じウイルスであり，猫コロナウイルスが病原体となる．猫コロナウイルスは広く猫に感染しており，多頭飼育の猫や純血の猫などで特に猫伝染性腹膜炎を発症する．猫伝染性腹膜炎ウイルスは，マクロファージに感染し多量のウイルスが複製・放出される．また，ウイルスに感染したマクロファージは肝臓などの臓器に肉芽腫性病変を形成する．滲出型の猫伝染性腹膜炎の場合，ウイルスに対する抗体が血液中で免疫複合体を形成し，全身の微小血管に血管炎を引き起こす．そのため，血管から漏れ出た血漿成分や炎症細胞が腹腔内や胸腔内に貯留することになる．ある程度の細胞性免疫が存在する猫では慢性経過をたどり，化膿性の肉芽腫性病変を多臓器に形成する，非滲出型の猫伝染性腹膜炎となる．

iii 症状

猫伝染性腹膜炎は発熱，食欲不振，元気消失，消化器症状など非特異的な症状が認められる．滲出型では，腹水や胸水により腹部膨満や呼吸促迫などを呈することがある．非滲出型では，肝臓や消化管の肉芽腫性病変，眼科病変(ぶどう膜炎など)なども認められる．また神経症状を呈する猫もいる．

iv 診断

いかなる年齢の猫でも猫伝染性腹膜炎を発症するが，その多くが2歳以下の若い猫であり，また純血種に多い．血液検査では，好中球増加，リンパ球減少，血小板減少が認められる．生化学検査では，SAAの上昇，総タンパクの増加(グロブリン値の増加による)，肝酵素値(ALT，AST)の上昇などが認められる．特にポリクローナルな高γグロブリン血症が血清タンパク電気泳動により確認されることがあるため重要な検査である．また，本疾患は播種性血管内凝固を引き起こすことがあり，止血凝固系線溶系検査の異常が認められる．腎障害も伴っている猫ではクレアチニンやBUNの上昇も確認されることがある．画像診断では，肝臓や腎臓の腫大や，体腔内貯留液が認められることがある．腹水などの貯留液は麦わら色を呈し，フィブリンおよびタンパク質，炎症細胞を含むため粘稠性のある滲出液である．

診断には，血清抗体価の上昇や血液，貯留液中のPCRによるウイルスの検出などを行う．病理診断では対象臓器に肉芽腫性病変の形成が認められるが，生前に生検を実施することは難しいことが多い．

v 治療

猫伝染性腹膜炎を発症した猫に対する有効な治療はない．対症療法としてプレドニゾロンや抗血小板薬，インターフェロンの投与などが試みられている．

発症した猫のほとんどが予後不良である．

6 | その他

その他の肝炎としては，トキソプラズマ感染によるもの，カンジダによる症例，その他敗血症時の感染や寄生虫の体内移行の問題などがある．

また，Michael Willard(mVm, No.97, 2007)によれば，猫の膵炎の感染症例としてトキソプラズマ症，猫伝染性腹膜炎，ヘルペスウイルス・カリシウイルス感染症，肝吸虫・膵吸虫感染が指摘されている．

参考文献

- 並河和彦監訳(2005)：器官系統別　犬と猫の感染症マニュアル，インターズー
- 日本獣医内科学アカデミー(2014)：獣医内科学 第2版 小動物編，文永堂出版
- 辻本元，小山秀一，大草潔ほか監修(2015)：犬と猫の治療ガイド2015私はこうしている，インターズー
- Robert JW, Michal JD(2013):Canine and Feline gastoroenterology, Elsevier

27 泌尿器

問題となる主な病原体の一覧

1）細菌
Escherichia coli，*Enterococcus* spp.，*Staphylococcus* spp.，*Proteus* spp.，*Klebsiella* spp.，*Streptococcus* spp.，*Pseudomonas* spp.，*Enterobacter* spp.，*Mycoplasma* spp.，*Leptospira* spp.

2）真菌
Candida spp.

3）ウイルス
猫モルビリウイルス

4）寄生虫
腎虫（*Dioctophyme renale*）

上部尿路感染症（腎盂腎炎）

a この疾患について

腎盂腎炎は，腎盂から腎間質の感染性炎症疾患である．一般的には腎炎に併発して起こり，また下部尿路感染症から波及する．炎症の持続時間や重症度によっては炎症が腎皮質に及ぶこともある．片側の腎臓に発症することが多く，その場合は無症候性であることもあり発見が遅れる危険性がある．両腎が感染した場合は，急性腎障害や慢性腎臓病に陥り尿毒症を呈することもある[1]．

感染経路には，上行感染と血行感染の二つがあり，大部分の症例が上行感染から発症する[1-3]．下部尿路からの上行感染が一般的で，尿道からの細菌感染が腎盂に波及し感染による炎症を引き起こす．尿道が短いという解剖学的構造上，雌での発症が多い．雄犬では化膿性前立腺炎からの波及で発症することがある．稀に，細菌性心内膜炎や歯根膜炎などからの血行性感染も認められる．

b 主要病原体

原因となる病原体は，下部尿路感染症の原因と一致する．消化管の常在菌であるグラム陰性菌が主である．稀に，真菌や寄生虫の感染による腎盂腎炎も確認されている[4,5]．

c 主症状

腎盂腎炎の臨床徴候は，食欲不振，無気力，嘔吐，下痢，発熱などの全身性症状が一般的に認められる．有痛性排尿困難や頻尿，血尿，失禁などの下部尿路感染症の症状が認められることもある．多くの症例で非特異的な症状を呈することや無症状のまま経過する症例も存在することが，腎盂腎炎の診断を困難にしている原因である[6]．急性腎盂腎炎では，発熱，食欲不振，嘔吐，腎腫大，腎臓の疼痛などの臨床症状が非常に激しく現れることが多い．1～2日間で急速に進行し，数日から10日以内に一旦回復する．この時期に適切な治療が施されれば治癒することもある．慢性腎盂腎炎の場合は，無症状のこともあるが，食欲不振や活動性の低下，微熱などの全身性症状を繰り返すほか，多飲多尿やタンパク尿などが認められる．

d 診断

1 尿検査

赤血球，白血球，上皮細胞，細菌や壊死組織などを含むため肉眼的には混濁尿が認められる．重症例では膿尿が確認される．また，様々な程度の血尿やタンパク尿，細菌尿が認められる．ウレアーゼ産生菌の感染があれば尿中にアンモニアが発生するためアルカリ尿となる．腎間質の炎症により髄質の濃度勾配が障害されるため，乏尿，無尿の症例を除いて尿比重は低下する．

2 血液検査

重症例では，核の左方移動を伴う好中球の増加が認められる．中程度から重度の貧血が認められることもある．腎機能が障害されると尿素窒素やクレアチニンの上昇が認められる．

3 X線検査

腎臓の腫大，腎盂の拡張，尿管の拡張などが認められることがある．腎盂腎炎において必発する特異的な所見はないため，X線検査所見で異常が認められない場合でも腎盂腎炎を除外することはできない．

4 超音波検査

腎盂腎杯の拡張所見や腎盂の高輝度や肝腎コントラストの上昇が認められる[7]．

5 確定診断

確定診断には，腎盂からの採尿による尿培養あるいは腎生検による腎組織検体の培養あるいは組織検査が必要である．

e 治療

尿あるいは腎組織の培養ならびに感受性試験の結果に基づく抗菌薬を使用した治療が実施される．抗菌薬治療は，最低でも4週間以上継続されるべきである．また，腎髄質および間質に到達する薬物濃度が高い抗菌薬を選択することも重要である．このような抗菌薬としては，アンピシリン，アモキシシリン，トリメトプリム・サルファ剤合剤，セファロスポリン系抗菌薬，クロラムフェニコール，アミノグリコシド系抗菌薬，ニューキノロン系抗菌薬が挙げられる．抗菌薬投与開始1週間後と治療終了5日後に尿培養を行い抗菌薬の効果判定を行う．再感染や再発の防止のため，理想的には治療終了後6カ月間は6～8週間ごとの尿細菌培養が推奨されている．

下部尿路感染症

a この疾患について

下部尿路感染症とは，膀胱，尿道における感染症のことである．犬では猫の約8倍の発症が認められるとされているが，近年では猫での罹患率が増加傾向にある．動物病院を受診した犬のうち約10％が下部尿路感染症に罹患しているという報告や，14％の犬において生涯で一度以上尿路感染症に罹患するという報告がある．雄犬と比較して雌犬の罹患率の方が高いことが過去の研究で明らかになっている[8]．一方，猫では高齢の猫における発症が多く，10歳以上の猫の約50％が尿路感染症を罹患している可能性があるとの報告がある[9]．また，甲状腺機能亢進症や，糖尿病，慢性腎臓病の罹患猫では尿路感染症の罹患率が12～22％と高くなることが報告されている[10]．

一般的な原因は種々の細菌感染で，真菌あるいはマイコプラズマ，クラミジア，ウイルスの感染は稀である．上行性，下行性，血行性のいずれかの経路による病原体の感染によって起こる．大部分の病原体は大腸菌に由来し，生殖器あるいは尿道を介して膀胱に移行して感染する．尿路には，細菌感染を防止するための様々な防御機構が備わっている[11]（**表27-1**）．

尿路感染が成立するためには，これらの生体の防御機構の低下あるいは発病のための誘因が必要である．尿路感染を発病させる誘因には，尿の残留，尿道結石，腫瘍や膀胱脱などの物理的異常や脊椎損傷，椎間板ヘルニア[12]，脊髄炎による神経障害，膀胱憩室，異所性尿管などの解剖学的異常などによる排尿障害がある．また，尿道カテーテルの挿入や留置[13]，膀胱結石，腫瘍，シクロホスファミドなどの薬剤による膀胱粘膜の障害なども尿路感染を誘発する．さらに，尿量や尿性状の変化，水分摂取量の不足，腎不全などによる尿産生量の減少なども誘因の一つである．糖尿病による尿性状の変化によって20％の犬ならびに12％の猫が尿路感染症を発症したとの報告がある[10,14]．犬において副腎皮質機能亢進症[15]や外因性コルチコステロイドの長期投与[16]や免疫抑制剤の使用による免疫不全によっても尿路感染を発症しやすくなる．

b 主要病原体

膀胱に侵入することのできる病原性細菌のすべてが原因となりうるが，消化管内の常在菌であるグラム陰性菌が原因菌の75～80％を占める．

犬の下部尿路感染症の原因となる主要な病原体を**表27-2**に示した[17]．原因となる細菌は，*Eschericia coli*が最も一般的であり，その他*Staphylococcus* spp., *Enterococcus* spp., *Streptococcus* spp.などのグラム陽性球菌，*Proteus* spp., *Klebsiella* spp., *Pseudomonas* spp., *Enterobacter* spp.などのグラム陰性菌も原因となる（➡17章）．嫌気性菌が感染することは極めて稀であるとされている．マイコプラズマやカンジダによる尿路感染の報告はあるが，その発生は稀で，多くは基礎疾患が確認される．

猫の下部尿路感染症の原因病原体も細菌が主体であり，*E.coli*がその大部分を占める[17]（**表27-3**）．次に*Enterococcus* spp., *Streptococcus* spp., *Staphylococcus* spp.などのグラム陽性球菌，*Proteus* spp.の感染が多い（➡17章）．嫌気性菌が感染することは極めて稀であるとされている．マイコプラ

表 27-1 尿路の防御機構[11]

正常な排尿	適切な尿の流れ，頻繁な排尿，完全な排尿
解剖学的構造	尿道の高圧帯，尿道上皮の特徴的な表面，尿道の蠕動，前立腺の抗菌分画，尿道の長さ，尿管膀胱の弁および尿管の蠕動
粘膜防御バリア	抗体産生，表面のグリコサミノグリカン層，固有の粘膜抗菌特性，細菌の干渉，細胞の剥離
尿の抗菌特性	過剰な（高いまたは低い）尿 pH，高い浸透圧，高濃縮尿，有機酸
腎臓の防御	糸球体のメサンギウム細胞?，豊富な血液供給および多くの血液量

表 27- 2 犬の尿路感染症で分離される細菌

分離菌	割合（%）
Escherichia coli	53
Enterococcus spp.	13
Staphylococcus spp.	9
Proteus spp.	8
Klebsiella spp.	3
Streptococcus spp.	2
Pseudomonas spp.	2
その他	10
合計	100

表 27- 3 猫の尿路感染症で分離される細菌

分離菌	割合（%）
Escherichia coli	55
Enterococcus spp.	19
Streptococcus spp.	10
Staphylococcus spp.	5
Proteus spp.	2
その他	9
合計	100

ズマやカンジダによる尿路感染の報告はあるが，その発生は稀で，多くは基礎疾患が認められるので，その対策が必要である．1種類の細菌による感染が最も多く，10～20%の症例では2種類以上の細菌による混合感染もみられることがある[17]．

c 主症状

尿路感染症の動物は，血尿，頻尿，有痛性の排尿困難や排尿障害，不適切な場所での排泄，失禁などの臨床徴候を示す．臨床徴候の程度は，原因や合併症の有無，感染からの時間経過によって様々である．臨床徴候を全く発現しない症例も存在する．

d 診断

1 尿検査

血尿，膿尿，タンパク尿，細菌尿などが認められる．多くの症例では酸性尿を示すがウレアーゼ産生菌が原因の場合は，尿素が分解されアンモニアを生じるため尿pH7以上のアルカリ尿が認められる．尿沈渣では，赤血球，白血球，上皮細胞や細菌，結晶などが観察される．

確定診断には，適切に採取した尿の培養検査による細菌の検出が必要である．定量的な尿培養を行うことで原因を同定し，最適な抗菌薬を選択することが可能となる．尿の培養検査は，抗菌薬を使用する前あるいは終了後5日以降に行う必要がある．また，細菌の混入を防ぐため膀胱穿刺による採尿が望ましい．

2 | X線検査

単純X線検査や造影X線検査により尿路結石，腫瘍，尿道の異常，尿管膜遺残，膀胱憩室などの異常を鑑別することが必要である．

3 | 超音波検査

膀胱壁の肥厚や粘膜面の異常，結石を非侵襲的に検出できる．また，腎結石や腎臓の構造，腎盂拡張などの評価に用いることができる．雄では，前立腺の嚢胞や膿瘍，前立腺周囲嚢胞の診断に役立つ．

e 治療

下部尿路感染症の治療は，抗菌薬の全身投与が不可欠である．また，同時に背景にある基礎疾患を評価し管理することが重要である．

抗菌薬の選択は，理想的には尿の培養結果ならびにその感受性試験の結果によって選択する．腎排泄性の抗菌薬は，尿中に到達する薬物濃度が高いので局所での高い効果を期待できる．合併症を伴わない単純性の下部尿路疾患に対しては14～21日間継続投与する．他の基礎疾患や尿路感染の誘因となる状態を伴っている場合は，その因子が排除されるまでは抗菌薬の投与を継続するべきである．治療効果の判定のため，抗菌薬治療開始3～5日後に尿の再培養が推奨されている．また，臨床徴候や血尿，タンパク尿，顕微鏡的細菌尿などの検査所見の改善は，尿路感染の完治を示唆するものではないため，抗菌療法の効果の確認ならびに再発や再感染の確認のため，治療終了1週間後，1カ月後，3カ月後に定量的尿培養を実施するべきである．**表27-4**に犬猫の下部尿路疾患において一般的に使用する抗菌薬の投与量とその経路，投与間隔について示した．

また，支持療法として尿量を増加させるために飲水量を増やしたり，動物が排尿する機会を増やしたりすることも効果的である．

表 27-4 犬猫の下部尿路疾患において一般的に使用する抗菌薬

薬剤	投与量	投与経路	投与間隔
アンピシリン	12.5 mg／kg	PO	BID
アモキシシリン	10～20 mg／kg	PO	BID
クラブラン酸-アモキシシリン	12.5 mg／kg（犬） 62.5 mg／head（猫）	PO	BID
セファレキシン	20～25 mg／kg	PO	TID
ST 合剤	15 mg／kg	PO	BID
オフロキサシン	5～10 mg／kg	PO	SID
オルビフロキサシン	5～10 mg／kg	PO	SID

レプトスピラ症

a この疾患について

レプトスピラ(*Leptospira* spp.)が経口あるいは経皮的に感染して起こる世界的に広くまん延している人獣共通感染症である．温暖，湿潤環境に多く発生する感染症であり，特に東アジアや東南アジア，中南米などの熱帯地域での発生が多発している．日本では，ヒトのワイル病あるいは地方病としての秋疫，天竜熱，七日熱，波佐見熱，土佐熱，用水病，作州熱などの病名がある．2006年の家畜伝染病予防法の改正により，牛や豚などの家畜に加えて犬も届出対象動物となった．届出義務のある犬レプトスピラ症の血清型は，*L*. Pomona, *L*. Canicola, *L*. Icterohaemorrhagiae, *L*. Grippotyphosa, *L*. Hardjo, *L*. Autumnalis, *L*. Australisの7血清型である．また，感染症法では，4類に分類されており，ヒトでも届出の対象となっている．年間に20～50例程度の症例が広く全国で発生し報告されている．レプトスピラ症は再興感染症であり，この10年でヒトと動物の発生頻度が増加している[18,19]．また，近年では海外渡航者の増加により，東南アジア諸国からの輸入感染事例の増加も報告されているため，輸入感染症としてのレプトスピラ症に注意が必要である．

b 主要病原体

スピロヘータ目(*Spirochaetales*)，レプトスピラ科(*Leptospiraceae*)レプトスピラ属(*Leptospira*)に含まれるグラム陰性細菌である(➡p.222)．

c 主症状

本症の臨床症状は軽症から重症まで幅がある．*L.interrogans*の血清型により症例の臨床症状が異なることが知られている[20]．一般的な臨床症状は，眼結膜の充血，発熱，嘔吐，下痢，活動性低下，食欲不振，脱水など様々な非特異的な症状である．これらに加えて口腔粘膜の出血性黄疸や腎機能障害，肝機能障害などが認められる場合がある．甚急性型や亜急性型に罹患した後に生存し回復した症例は，慢性間質性腎炎やファンコーニ症候群，慢性進行性肝炎に進行することもある．

猫では多くの症例が軽症の経過を辿るか不顕性感染となる．感染後間欠的に環境中に排菌するようになる．

1 ｜ 甚急性型

敗血症，DIC症状，ショック症状など．病態の進行が非常に急速である．腎不全や肝不全の症状が認められる前に死亡することが多い．

2 ｜ 亜急性型

発熱，食欲不振，嘔吐，脱水，多飲多尿，粘膜のうっ血，点状出血，舌壊死，溶血性症候群，肝障害，黄疸，腎障害，乏尿・無尿，急性腎不全などを呈する．

3 慢性型

特異的な臨床症状を呈さないことが多く，臨床診断が困難である．診断において，軽症例は自然回復するものもある．重症例でも回復後に慢性の保菌者となり，長期間尿中にレプトスピラを排菌することがある．

d 診断

1 臨床診断

i 病歴の聴取

ワクチン摂取歴のない動物が感染，発症する．本症を診断するうえで重要なポイントは，感染源との接触機会の有無である．保菌動物の尿や家畜との接触の機会があったか，水に関連する場所(湿地帯，湖沼，水田など)へ行ったか，近くで犬レプトスピラ症の発症があったかなどの疫学的背景を問診の際にしっかりと聞き取ることが大切である．また，夏から冬にかけての発生が多く(特に10～12月に集中[21])，罹患犬の70％の年齢が5～9歳であり，性別は80％が雄である．

ii 身体検査

発熱，発咳，呼吸困難，嘔吐，下痢，多飲多尿，黒色タール便，鼻出血，点状出血，斑状出血，黄疸，ぶどう膜炎，結強膜炎，舌壊死，筋肉痛，肝腫大，腎腫大などがみられる．

iii 尿検査

尿比重の低下，ビリルビン尿，顆粒円柱，顆粒球の増加，赤血球の増加，膿尿，血色素尿などを呈する．

iv 画像診断

肝腫大，腎腫大，肺間質あるいは肺胞の炎症所見，腎盂や腎実質の無機質化が確認される．

v 血液検査

白血球減少(甚急性)，白血球増加(亜急性)，血小板減少，血液凝固系の異常，DIC，BUN，クレアチニンの上昇，ALP, ALT, AST, CPKの上昇，高ビリルビン血症などが認められる．

2 確定診断

本症の確定診断は，以下のように行う．

i 顕微鏡法[22]

臨床症状を呈している動物は，感染初期には血中，そしてその後尿中にレプトスピラを排菌しているので，尿において直接レプトスピラが観察される場合があり早期診断に有用である．尿を採取し低速遠心(1,500rpm, 5分)後に尿沈渣の上部を暗視野あるいは位相差顕微鏡において400倍の視野で観察する．動いている糸屑のような細長い菌体が観察されたら陽性と判定する．ただし，顕微鏡法は感度が低いため，本法の結果にかかわらず菌の分離や血清診断法による追加検査が必要である．

ii 培養法[22,23]

血液1～2滴を培地(コルトフ培地あるいはEMJH培地など)に接種し，30℃で数日～1カ月間静置後，病原体の検出を行う．暗視野顕微鏡下で紐状らせん型の回転運動をする生菌観察を行う．病原体が検出されるのは，感染初期に限られ，抗菌薬による治療開始後は本検査を利用できない．

iii 血清診断法[23]

急性期(発症直後)と回復期(発症後10日から2週間後)のペア血清を用いた顕微鏡下凝集試験(MAT)によって血清型特異的な抗体を検出することによる確定診断法である．4倍以上の抗体価の上昇が認められた場合を陽性と診断する．国内では，現在までに15の血清型に対する抗体の報告がある．

iv 遺伝子学的診断[20,22]

血液や尿を検体として，PCR法によるレプトスピラの特異的なバンド検出を行う．菌は，発症後4日で血液から腎盂や尿に移行していると考えられるため，検査材料は発症後経過日数によって異なる．発症後4日以内は抗凝固処理した血液1 mL以上，発症後4日以降は尿2 mL以上を用いて検査を行う．PCRでは死菌でも遺伝子を検出できるため，抗菌薬使用後の検体も利用可能である．

e 治療

各種抗菌薬による細菌の排除と，腎障害に関連した臨床症状ならびに臨床病理学的異常を改善させるための支持療法を行う．本症は，人獣共通感染症であるので(➡p.704)，治療にあたる獣医師やスタッフならびに飼い主への感染防止に努める．通常，抗菌薬を開始してから24時間以内に排菌が終息するが，感染が疑われる動物を扱う際には注意が必要である．

急性期にはレプトスピラの除菌のために抗菌薬が使用される．ペニシリン(25,000～40,000 IU/kg, BID, IM)あるいはアンピシリン(20～40 mg/kg TID, IV)の投与が行われる．重症例に対してエンロフロキサシンやオフロキサシンなどのニューキノロン系抗菌薬(5 mg/kg, SID)を併用することもある．回復期には，保菌状態を防ぐためにドキシサイクリン(5～10 mg/kg BID，PO)を2週間継続することが推奨されている．回復後は，PCRや抗体価の再測定を行い，治療継続の必要性を評価する．

ヒトでは抗菌薬投与時に死滅菌由来の毒素によりショック状態になることが報告されている(Jarisch-Herxheimer反応)．

本症は，重大な腎機能障害や肝機能障害を呈して来院することが多く，治療が遅れるとDICに陥り死亡する場合もある．そのため，症例の状態が回復するまでは静脈輸液による水和や利尿薬による尿産生の促進，その他必要に応じてDIC治療などが必要になる．これらの内科治療が奏功しない場合は，透析治療が適応になる．ただし，透析治療が必要なほど重度腎障害が存在しても，その回復率はおよそ80％であり，他の急性腎障害の病因と比較して生存率は高い[24]．

f 原因微生物について

スピロヘータ目(Spirochaetales)，レプトスピラ科(Leptospiraceae)レプトスピラ属(*Leptospira*)に含まれるグラム陰性細菌である．レプトスピラは，通常長さ6～20 μm，直径0.1 μmのらせん状の形態をしており，両端あるいは一端がフック状に湾曲している．これは他のスピロヘータにはない特徴である．レプトスピラ属は，DNAの相同性による17種の遺伝種に分類されており[22,25,26]，さらに免疫学的性状により250以上の血清型が確認されている[27]．また，病原性の有無によってヒトや動物に感染する*L. interrogans*などの病原性レプトスピラと湿地などに生息する*L. biflexa*などの非病原性レプトスピラに大別される．

病原性レプトスピラは，ほぼすべてのほ乳類に感染することができると考えられている．現在までにレプトスピラが検出された動物を**表27-5**に挙げる[28-31]．感染動物は，多くがレプトスピラを腎尿細管に保菌し長期にわたり尿に排菌する保菌動物となる[23]．環境中の自然宿主はげっ歯類などの野生動物である．レプトスピラは，保菌動物となっているネズミの尿が溜池や川，池などの環境を汚染し，これがヒトや家畜，犬などに接触することで感染する．生体への侵入経路は，経皮あるいは経粘膜感染が主で皮膚の傷や口腔粘膜，咬傷，性交，胎盤からも侵入する．

表 27-5 レプトスピラが検出された動物とその血清型

動物	血清型
ドブネズミ	Copenhageni，Grippotyphosa，Icterohaemorrhagiae，Javanica，Pyrogenes
クマネズミ	Copenhageni，Icterohaemorrhagiae，Javanica，Pyrogenes
アカネズミ	Autumnalis，Canicola
ハツカネズミ（含オキナワ，ヨナグニハツカネズミ）	Castellonis，Hebdomadis，Javanica，Pyrogenes
エゾヤチネズミ	Poi
ハタネズミ	Copenhageni，Hebdomadis，Icterohaemorrhagiae
ジャコウネズミ	Javanica
マングース	Hebdomadis，Rachmati
牛	Australis，Autumnalis，Hebdomadis，Kremastos
犬	Australis，Canicola，Icterohaemorrhagiae，Copenhageni
猫	Canicola，Javanica
アライグマ	Hebdomadis，Icterohaemorrhagiae

腎虫症[32]

a この疾患について

腎虫(*Dioctophyme renale*)によって引き起こされる感染症である．犬やミンクの腎盂に寄生し水腎症や腎盂腎炎の原因となることがある．

b 主要病原体

*D. renale*である．雄が15～45 cm，雌では長さ20 cm～1 mにも達する確認されている中で最大の寄生線虫である．固有終宿主はイタチ科(ミンク)で，第一中間宿主はヒルミミズ類，第二中間宿主はカジカなどの淡水魚である．稀に人間に寄生する．

茶色がかった暑い卵殻と両端に栓を持つ虫卵が尿中に排泄する．水中に入った虫卵は約1カ月後に子虫形成卵となり，中間宿主であるミミズに摂取され孵化しL1からL3まで成長する．犬は，待機宿主である魚や蛙の腸管，L3を保有するミミズを摂取して感染する．L3子虫は胃壁を穿通して腹腔に至り肝臓に侵入して，脱皮しL4子虫になる．L4子虫は腎臓皮膜に侵入する前に脱皮して成虫となる．成虫は腎盂(通常は右腎)に寄生する．日本にも分布するが，主にロシアや北米に多い．

c 主症状

多くの場合，無症状である．ほとんどが腹腔内に寄生して中程度の腹膜炎を引き起こす．

腎盂に寄生があった場合，血尿，腎肥大(特に右腎)，尿管感染が起こる．両腎に寄生があった場合には腎不全の徴候が認められることがあるが，非常に稀である．

d 診断

- 尿検査：虫卵の確認．潜血反応，尿タンパクの検出，赤血球や白血球の存在による腎盂腎炎，尿路感染症所見の確認．尿比重の低下が認められることもある．
- 腹部超音波検査：右側腎盂内におけるコイル状の虫体の確認．中程度の線維素性腹膜炎
- 血清化学検査：腎機能低下が起こると高窒素血症が認められる．

e 治療

腎機能低下を示唆する徴候が認められない場合は外科的に腎盂から虫体を摘出する．外科手術の際に腹腔内に成虫がいないかを注意深く確認する．

その他(猫モルビリウイルス)

2012年に香港で初めて猫モルビリウイルス(feline morbillivirus: FeMV)が発見された[33]．その後，日本[34-36]，イタリア[37,38]，ドイツ[39]，米国[40]，ブラジル[41]など世界各地で検出されており，FeMVは世界に分布していると考えられる．FeMVは，現在モノネガウイルス目パラミクソウイルス科に属す

るモルビリウイルス属に分類されている．既知のモルビリウイルスに属するウイルスである麻疹ウイルスや犬ジステンパーウイルスに最も近縁であることからモルビリウイルス属に分類されると判断された．しかし，FeMVは他のモルビリウイルスとは遺伝的に大きく異なるため，将来的に分類が見直される可能性がある．

FeMVと猫の尿細管間質性腎炎との関連性が示唆されている．香港の研究グループは，FeMV陽性の猫で剖検を行い12例中7例(58.3%)の間質性尿細管腎炎が確認された[33]．日本でも腎炎症状を示した猫の腎臓組織10検体中4検体(40%)でFeMVのRNAが検出された[34]．また，猫の尿，血清，腎臓組織100検体を用いて行った研究では，FeMV RNA陽性あるいは抗FeMV抗体陽性の猫29頭中26頭(90%)において腎臓組織に炎症病変を認めたという報告もある[42]．

現段階ではRT-PCRによる遺伝子検査でFeMVを検出する方法が最も信頼できる診断方法である．そのため，専門の研究期間に検査を依頼する必要があり，一般臨床検査で実施できる抗体検査系の確立が望まれる．なお，ワクチンなどの予防法は開発されておらず，伝播経路についてもいまだ不明である．

FeMVの病原性や感染機序に関しては不明な点が多く，今なお解析が進められている．慢性腎臓病という猫における最も重要な疾病の制御において大きな進歩をもたらす可能性があり，今後の研究が期待されている．

参考文献

1. Olin SJ, Bartges JW(2015)：Vet Clin North Am Small Anim Pract. 45, 721–746.
2. Parry NMA(2005)：UK Vet. 10, 1–5.
3. Smee N, Loyd K, Grauer G.(2013)：J Am Anim Hosp Assoc. 49, 1–7.
4. Coldrick O, Brannon CL, Kydd DM, et al.(2007)：Vet Rec. Nov 24, 161, 724-727.
5. Newman SJ, Langston CE, Scase TJ(2003)：J Am Vet Med Assoc. 222, 180-183, 174.
6. Bouillon J, Snead E, Caswell J, et al.(2018)：J Vet Intern Med. Jan. 32, 249-259.
7. D'Anjou MA, Bédard A, Dunn ME.(2011)：Vet Radiol Ultrasound. 52, 88-94.
8. Gerald VL, Carol RN, Charles EF, et al.(2001)：J Vet Intern Med. 15, 341–347.
9. Hostutler RA, Chew DJ, DiBartola SP(2005)：Vet Clin North Am Small Anim Pract. 35, 147-170.
10. Mayer-Roenne B, Goldstein RE, Erb HN(2007)：J Feline Med Surg. 9, 124-132.
11. Jonathan E, Gregory FG(2007)：BSAVA Manual of Canine and Feline Nephrology and Urology 2nd ed., BSAVA
12. Stiffler KS, Stevenson MA, Sanchez S, et al.(2006)：Vet Surg. 35, 330-336.
13. Bubenik LJ, Hosgood GL, Waldron DR, et al.(2007)：J Am Vet Med Assoc. 231, 893-899.
14. Hume DZ, Drobatz KJ, Hess RS(2006)：J Vet Intern Med. 20, 547-555.
15. Forrester SD, Troy GC, Dalton MN, et al.(1999)：J Vet Intern Med. 13, 557-560.
16. Peterson AL, Torres SM, Rendahl A, et al.(2012)：Vet Dermatol. 23, 201-e43.
17. Chew, DJ, Dibartola, SP, Schenck, PA(2011)：Canine and Feline Nephrology and Urology 2nd ed., 240-271, Saunders
18. Langston CE, Heuter KJ(2003)：Vet Clin North Am Small Anim Pract. 33, 791-807.
19. Meites E, Jay MT, Deresinski S, et al.(2004)：Emerg Infect Dis. 10, 406-412.
20. Kawabata H, Dancel LA, Villanueva SY, et al.(2001)：Microbiol Immunol. 45, 491-496.
21. Goldstein RE, Lin RC, Langston CE, et al.(2006)：J Vet Intern Med. 20, 489-494.
22. Levett PN(2001)：Clin Microbiol Rev. 14, 296-326.
23. WHO(2003)：Human leptospirosis : guidance for diagnosis, surveillance and control, WHO

24. Segev G, Kass PH, Francey T et al.(2008)：J Vet Intern Med. 22, 301-308.
25. Levett, PN, Morey RE, Galloway RL, et al. (2006)：Int J Syst Evol Microbiol. 56, 671-673.
26. Levett PN, Morey RE, Galloway R, et al.(2005)：J Syst Evol Microbiol. 55, 1497-1499.
27. Faine S(1999)：Leptospira and Leptospirosis, 2nd ed., Melbourne MediSci
28. 小泉信夫，渡辺治雄(2003)：Infovets. 6, 18-21.
29. 與那原良克，徳村勝昌，新垣義雄ほか(1990): 沖縄県公害衛生研究所報．24, 40-45.
30. 與那原良克，徳村勝昌，金城永三ほか(1991): 沖縄県公害衛生研究所報．25, 33-40.
31. Branger C, Sonrier C, Chatrenet B et al.(2001)：Infect Immun. 69, 6831-6838.
32. Ferreira VL, Medeiros FP, July JR, et al.(2010)：Vet Parasitol. 168, 151-155.
33. Woo PC, Lau SK, Wong BH et al.(2012)：Proc Natl Acad Sci USA. 109, 5435-5440.
34. Furuya T, Sassa Y, Omatsu T, et al.(2014)：Arch Virol. 159, 371-373.
35. Sakaguchi S, Nakagawa S, Yoshikawa R, et al.(2014)：J Gen Virol. 95, 1464- 1468.
36. Park ES, Suzuki M, Kimura M, et al.(2014)：Virology. 468-470, 524-531.
37. Marcacci M, De Luca E, Zaccaria G, et al.(2016)：J Virol Methods. 234, 160-163.
38. Lorusso A, Di Tommaso M, Di Felice E, et al.(2015)：Vet Ital. 51, 235-237.
39. Sieg M, Heenemann K, Rückner A, et al.(2015): Virus Genes. 51, 294-297.
40. Sharp CR, Nambulli S, Acciardo AS, et al.(2016): Emerg Infect Dis. 22, 760-762.
41. Darold GM, Alfieri AA, Muraro LS, et al.(2017)：Arch Virol. 162, 469-475.
42. Park ES, Suzuki M, Kimura M, et al.(2016)：BMC Vet Res. 12, 228.

28 生殖器

問題となる主な病原体の一覧

1）細菌
Escherichia coli.，*Staphylococcus* spp.，*Proteus* spp.，*Pseudomonas* spp.，*Streptococcus* spp.，*Klebsiella* spp.，*Pasteurella* spp.，*Mycoplasma* spp.，*Ureaplasma* spp.，*Brucella canis*

2）ウイルス
犬ヘルペスウイルス，カリシウイルス

雌の生殖器疾患についての共通事項

どのような疾患でも，臓器によって病気の種類や病状にかかわらず，その診断には共通して必要な情報や診断方法，検査がある．ここでは，雌の生殖器疾患についての共通事項を記載する．

a 問診

既往症，性周期，発情期や偽妊娠の時期や様子，交配および経産歴，臨床徴候および病状の経過，治療歴

b 検査

身体検査，外陰部の状態と排泄物，外陰部の指診，卵巣・子宮の状態，膣スメア検査，外陰部排泄物細胞診，外陰部排泄物や尿の細菌培養検査，子宮および膣のX線検査およびX線検査，内視鏡検査，超音波検査，試験開腹，腹腔鏡検査など

c 常在菌

多種類の細菌が健康体の雌の皮膚や膣に存在するが，これらの細菌は局所の環境因子の変化により増殖し，存在部位や上行によって各種感染症の原因となる(➡17章)．

大腸菌(*Escherichia coli.*)，ブドウ球菌(*Staphylococcus* spp.)，プロテウス(*Proteus* spp.)，緑膿菌(*Pseudomonas* spp.)，レンサ球菌(*Streptococcus* spp.)，クレブシエラ(*Klebsiella* spp.)，パスツレラ(*Pasteurella* spp.)，マイコプラズマ(*Mycoplasma* spp.)，ウレアプラズマ(*Ureaplasma* spp.)[1,2]

膣炎

a この疾患について

犬で一般的であり，原発性細菌感染による細菌性膣炎が多く，その他の原因が細菌性膣炎を誘発していることも少なくない．

b 主要病原体

- 常在菌による原発性細菌感染
- *Brucella canis*(無症状の犬から分離されることもある)(➡p.190)
- 犬ヘルペスウイルス・カリシウイルス(➡20章)の唾液および尿生殖器分泌物を介した感染
- その他の原因
  - » 尿の異常，膣の外傷や異物・解剖学的異常・腫瘍
  - » 慢性化あるいは間欠性細菌性膣炎
  - » 胎子や胎盤，膣排泄物との接触感染，交尾感染
- 原因不明であることも多い．

c 主症状

外陰部からの排泄物(粘液性，漿液性，血様，粘液膿性，膿性分泌物)や外陰部を舐めるなどの不自然な行動および舐性，膀胱炎などを主徴とする．外陰部への舐性などは，罹患動物の性格や行動様式に左右されることがあり，また舐める行為が顕著である場合，外陰部からの排泄物に飼い主が気付かないことも多い．

d 診断

基本的に問診や症状から診断が可能であることが多いが，原因の確定や病状の把握，鑑別診断には特殊な検査が必要となる．

- 問診および症状：膿性排泄物の持続(**図28-1**)，膣および膣前庭の炎症，外陰部を舐めるなどの不自然な行動
- 視診や膣の指診，膣鏡診
- 膣スメア検査：白血球，特に好中球が主となる．
- 排泄物細胞診および細菌培養検査：正常でも細菌が多いので注意
- X線検査(逆行性膣尿道造影検査)：バルーンカテーテルを使用し膣前庭で閉塞させ，陽性ヨード系造影剤を注入，膣から膣前庭を描出する．
- 開腹手術や内視鏡検査により子宮内膜の生検
- 腹腔鏡検査
- 鑑別診断：X線検査や超音波検査，内視鏡検査などでその他の生殖器疾患と鑑別する．

- 鑑別疾患：各発情期，膀胱炎，腫瘍，子宮内膜炎，子宮蓄膿症，子宮筋炎，膣および子宮の新生物・腫瘍，卵巣疾患，皮膚炎，妊娠分娩期，若年性膣炎・性成熟前膣炎（膣粘膜の免疫低下），萎縮性膣炎（避妊手術後，特に老齢）
- 合併症：不妊，膀胱炎，子宮蓄膿症

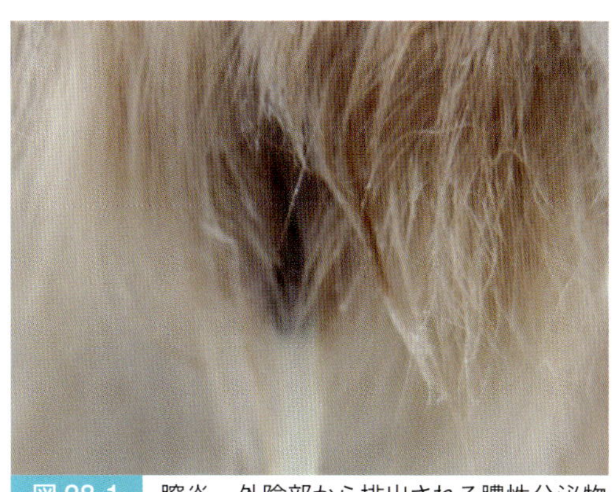

図 28-1 膣炎．外陰部から排出される膿性分泌物

e 治療

- 原因が特定されればその除去などの治療
- 性成熟前の若齢では，治療は必要なし（卵巣子宮切除術の影響は不明）.
- 膣の洗浄：希釈したクロルヘキシジンやポピドンヨード，生理食塩水などでの洗浄が行われるが，有効性を実証する報告はなく，人医領域では膣洗浄が細菌性膣炎の一因という報告[3,4]や消毒薬が刺激因子になっているという報告[3,5]もある．ただし，膣洗浄ではないが，希釈したポピドンヨードでの洗浄の有効性を示唆する報告もある[6]．筆者は，生理食塩水や機能水を使用している.
- 広域スペクトルおよび尿路・生殖器系の諸臓器への移行性や炎症への効果が期待できる抗菌薬の全身投与[7-10]
  - » アモキシシリン：10～20 mg/kg BID～TID PO, IM, SC
  - » アンピシリン：20～40 mg/kg BID～TID POあるいは10～40 mg/kg BID～TID IV, IM, SC
  - » セファレキシン：10～30 mg/kg BID～TID PO
  - » セファゾリン：20～30 mg/kg BID～QID IV, IM
  - » エンロフロキサシン：2.5～5 mg/kg BID PO, SCあるいは5 mg/kg SID PO, SC
  - » オルビフロキサシン：2.5～5 mg/kg SID PO, SC
  - » マルボフロキサシン：2.75～5.5 mg/kg SID PO
- 次いで，細菌培養検査および感受性試験に基づいた抗菌薬の全身投与や局所注入

f 原因微生物について

1 | 犬ヘルペスウイルス[11]

- 環境中に存在しているが，不顕性感染犬の鼻咽頭や外陰部，神経節などに潜伏感染する．
- 胎子は胎盤感染，新生子は産道での感染，局所での生殖器感染が認められる．
- 子犬では重症となることが多く，全身性疾患となり突然死の原因となるが，成犬では不顕性感染が多く，膣炎や流産，死産などの原因となる．
- 効果的な治療法がなく，感染犬の隔離が必要である．

2 | *Brucella canis*[12,13]

- 犬の接触性感染症で，雄では精巣上体炎や精巣委縮がみられる，雌では不妊や流産，死産，子宮蓄膿症などの原因となり，特に雌で多い．
- 人獣共通感染症であり(➡p.705)，届出伝染病である．感染犬の尿や乳汁，外陰部排泄物，死体からの感染が多く，感染拡大に注意する．
- 生殖器疾患では，必ずこの細菌の存在を念頭に置くようにする．抗体価検査がスクリーニング検査となるが，細菌の分離や培養検査，PCR検査も有用である．
- 治療は，テトラサイクリンおよびアミノグリコシド系抗菌薬あるいはリファンピシンの全身投与が唯一効果が期待される治療法である．完治することは望めないとされている．
  - » ドキシサイクリン：12～25 mg/kg SID～BID PO 4週間
  - » ミノサイクリン：12.5 mg/kg SID PO 4週間
  - » ストレプトマイシン：20 mg/kg SID SC, IM 1～2週間(隔週)
  - » ゲンタマイシン：2.5～5 mg/kg SID～BID SC, IM 1～2週間(隔週)
  - » リファンピシン：5 mg/kg SID PO 4週間
- 感染症の成書や国立感染症研究所，厚生労働省，東京都感染情報センター，東京都動物愛護相談センターなどのホームページ，情報を有効的に活用する必要がある．

子宮内膜炎

a この疾患について

細菌感染によって子宮内膜に起こる炎症で，子宮蓄膿症の初期にも認められる．

b 主要病原体

- 常在菌による原発性細菌感染で，特に大腸菌やブドウ球菌，レンサ球菌などによる．
- *Brucella canis*(無症状の犬から分離されることもある)
- その他の原因
- 性ホルモンとは関連性がない．
- 膀胱炎や膣炎に起因することがある．

- 早産や流産，難産などに併発することも多い(分娩による子宮頸管の開存，子宮の損傷や破裂，胎子や胎盤の遺残，子宮無力症など).

c 主症状

外陰部からの排泄物(血様や膿性，チョコレート色など)や外陰部を舐めるなど不自然な行動などを主徴とする．これらの行動は，罹患動物の性格や行動様式に左右されることがあり，また舐める行為が顕著である場合，外陰部からの排泄物に飼い主が気付かないことも多い．

その他，非特異的症状ではあるが，元気減退・消失，倦怠，食欲不振，脱水，発熱，嘔吐，下痢などが認められる．

d 診断

- 問診および症状
- 腹部触診：腫大・硬結した子宮
- 血液検査：好中球増加
- 膣スメア検査：好中球，赤血球，細菌が認められる．
- 排泄物細胞診および細菌培養検査
- X線検査：子宮の拡大が認められることがある．
- 超音波検査：子宮の拡張や子宮壁のびまん性肥厚
- 鑑別診断：開腹手術や内視鏡検査により子宮内膜の生検にて確定診断が可能となるが，これに固執することはなく，無症候性であり診断的治療を行うことが勧められる．
- 鑑別疾患：子宮留水症，子宮粘液症，子宮蓄膿症，子宮筋炎，膣および子宮の新生物・腫瘍，卵巣疾患，膀胱炎，腫瘍，発情，妊娠分娩期
- 合併症：不妊，敗血症，ショック

e 治療

- 広域スペクトルおよび尿路・生殖器系の諸臓器への移行性や炎症への効果が期待できる抗菌薬の全身投与[7-10](膣炎の治療を参照➡p.445)
- 次いで，細菌培養検査および感受性試験に基づいた抗菌薬の全身投与
- 卵巣子宮摘出術(**図28-2**)
- 時に静脈内点滴
- 対症療法

f 原因微生物について

Brucella canis[12,13]については前述(➡p.446)

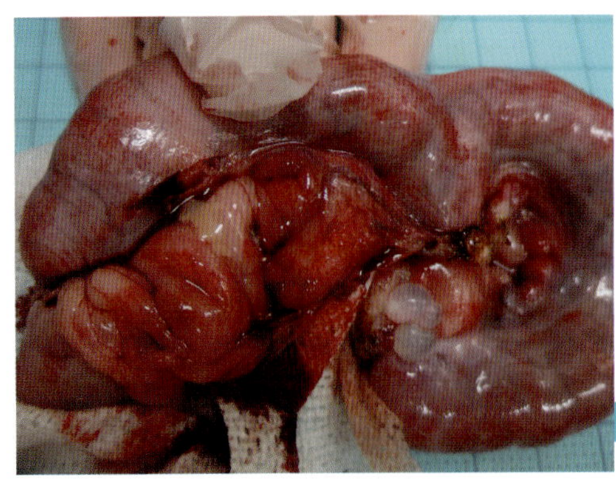

図 28-2 子宮内膜炎．卵巣嚢腫を伴った子宮内膜の炎症

子宮蓄膿症[14]

a この疾患について

嚢胞性子宮内膜過形成に伴う炎症と細菌感染により，子宮腔内に膿瘍を呈する疾患である．病状が重篤な場合が多く，また合併症も重症度が高いため，診療には注意が必要である．化膿性子宮筋層炎および化膿性子宮炎を伴っている．

発情後1～2カ月間に90％程度が発症し，その他にも犬では高齢での発症が多く，また経産犬よりも未経産犬に多い．しかし，若齢および経産犬での発症も認められる．

猫では発情や排卵が異なり，また避妊手術の普及により発症は少ないとされているが，若齢での発症が多い．

b 主要病原体

- 常在菌による原発性細菌感染，特に大腸菌やブドウ球菌，レンサ球菌など
- *Brucella canis*（無症状の犬から分離されることもある）
- その他の原因
  - » プロゲステロンにより子宮腺組織の過形成および肥厚が起こり，嚢胞性子宮内膜過形成を呈し，粘液化や細菌増殖のしやすい子宮内環境がその一因となる．
  - » 発情期との関連性は，プロゲステロンの作用がエストロゲンにより増強されることや，子宮頸管の弛緩，子宮の上行性運動などが内膜増殖と細菌感染をより進行させることによるものと考えられている．また，黄体期には，子宮運動の抑制や免疫低下が起こるため，さらに子宮腺の豊富な分泌も加わり，細菌増殖を促すと考えられている．
  - » 細菌感染は，発情期に起こるものと考えられているが，子宮内膜の内在細菌が本来排泄されるべき脱落膜に遺残していることも示唆されている（栄養膜反応説）．
  - » 一部の子宮蓄膿症では，膿内に細菌が認められない症例もある．
  - » エストロゲンやプロゲステロンの投与も関連する．

c 主症状

外陰部からの排泄物(血様や膿性，チョコレート色など)や外陰部の違和感および舐性，などを主徴とする．外陰部の違和感や舐性は，罹患動物の性格や行動様式に左右されることがあり，また舐める行為が顕著である場合，外陰部からの排泄物に飼い主が気付かないことも多い．

子宮蓄膿症には，子宮頸管の開放により外陰部からの排膿を特徴とする開放性子宮蓄膿症と，子宮頸管の閉鎖により外陰部からの排膿がないか，わずかである閉鎖性子宮蓄膿症がある．多くは，開放性子宮蓄膿症であり，排膿により全身症状は当初軽微であることが多く，閉鎖性子宮蓄膿症は，二次的な腎障害やエンドトキシンショック，敗血症，菌血症，DICなどの重篤な全身症状を呈することが多い．

持続性発情や卵胞嚢腫，黄体遺残などの卵巣の変化を伴うことも多い．

その他，非特異的症状が多くなるが，腹囲膨満，元気減退・消失，倦怠，沈うつ，食欲不振，多飲多尿，発熱，脱水，嘔吐，下痢などが認められる．

d 診断

- 問診および症状：特に数週間前の発情，外陰部の排泄物，外陰部の違和感および舐性
- 身体検査：体温上昇だけでなく，重症例やエンドトキシンショック時は体温低下が認められる．腹部触診にて，腹圧の上昇や腫大・硬結した子宮の触知，腹部痛が認められる．
- 血液検査：炎症や栄養状態の悪化，腎機能低下による軽度の非再生貧血が起こるが，脱水症状により見落とす可能性がある．白血球増加(特に好中球左方移動)と好中球中毒性変化が認められるが，特に慢性経過例など必ずしも，必発の変化ではないことが多い．白血球減少は重症度や敗血症を示唆し，予後不良である．
- 血液化学検査：脱水や免疫複合体，エンドトキシンによるBUN，クレアチニン増加が認められるが，これらの測定値は，エンドトキシンと相関する．脱水や炎症，高グロブリン血症による高タンパク血症，肝酵素上昇もみられる．
- 血液凝固系検査・FDP(fibrin/fibrinogen degradation products)測定：血小板数とともにDICの判定を行う．
- CRP：数値の上昇が，病状に遅れて現れるので，必発ではない．術後管理には，病状の確認のよい材料となる．
- 画像診断(X線検査や超音波検査)：子宮の腫大や肥厚，液体貯留・充満像(**図28-3〜5**)
- 尿検査
- 膣スメア検査：好中球，赤血球，細菌
- 排泄物細胞診および細菌培養検査，場合により血液培養検査
- 鑑別疾患：子宮留水症，子宮粘液症，子宮筋炎，子宮捻転，膣および子宮の新生物・腫瘍，卵巣疾患，膀胱炎，腫瘍，急性腹症，妊娠分娩期，流産である．時にミイラ胎子がみられることもある(**図28-6**)．

特に卵巣や子宮，膣の新生物・腫瘍は，避妊手術や子宮蓄膿症発症時の術前検査，卵巣子宮切除術の実施時に認められることが多く，次いで腹部触診や定期健診での画像診断で認められることが

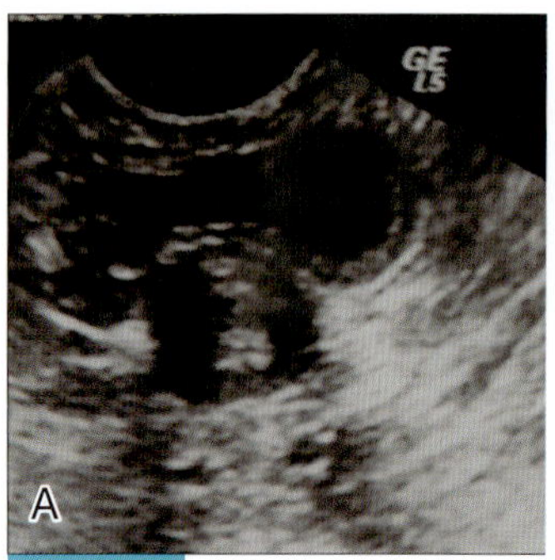

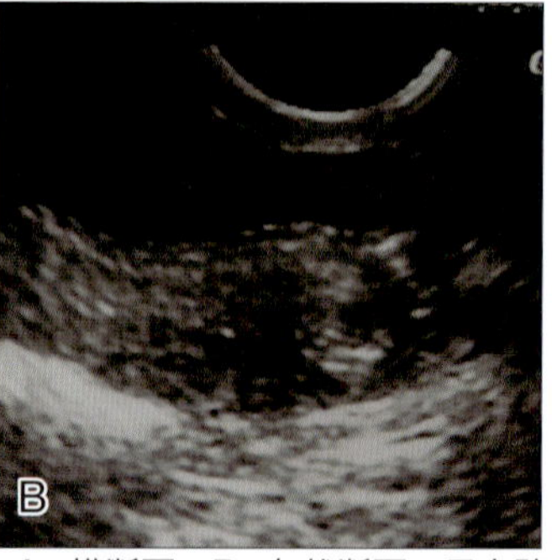

図 28-3 嚢胞性子宮内膜過形成．A：横断面，B：矢状断面．子宮壁のびまん性肥厚と無～低エコー源性嚢胞

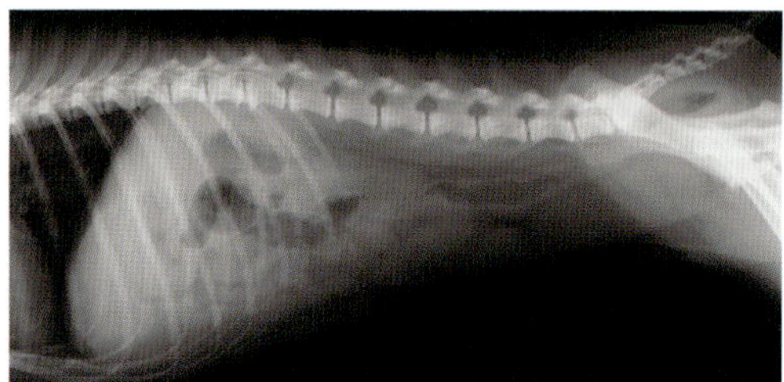

図 28-4 子宮蓄膿症．中等度に拡張した子宮が中腹部を占め，消化管の頭方変位を認める．

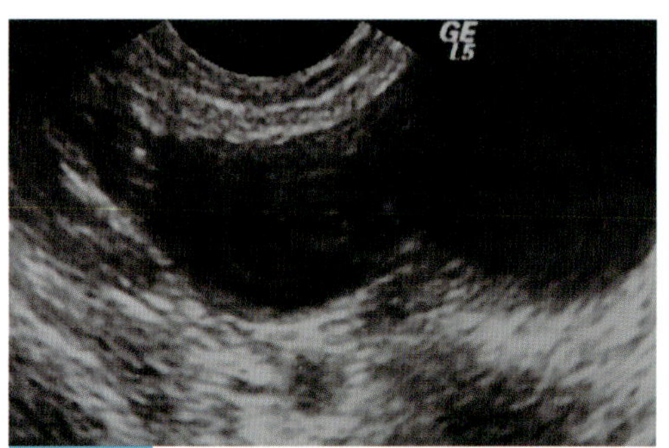

図 28-5 子宮蓄膿症．拡張した子宮とエコー源性の貯留物

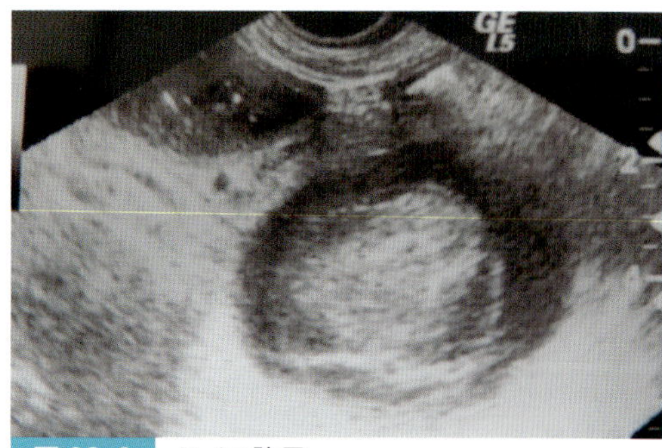

図 28-6 ミイラ胎子

多い．病状が重い場合や悪性腫瘍では，元気減退や消失，食欲不振，腹囲膨満，発情周期異常や持続性出血，膣排泄物などの症状を認めることがある．時に，排尿異常や血尿，会陰部の隆起，膣前庭や外陰部よりの腫瘤の突出などを認めることもある．

症状からは子宮蓄膿症や子宮捻転，発情，分娩後の反応などとの鑑別が重要で，諸検査では腹腔内腫瘍やリンパ節腫大，消化管内異物などとの鑑別が大事である．子宮蓄膿症が疑われる場合も，同時に卵巣や子宮の腫瘍の発生がないか，診断の際には必ず留意する必要がある．

- 合併症：尿毒症，DIC，SIRS，多臓器機能障害症候群，ショック，菌血症，敗血症，内毒素血症などである．

e 治療

重篤な状況での診断が多く，卵巣子宮摘出術が第一選択の治療法であるが，緊急でなければ抗菌薬の静脈内投与や静脈内点滴を行い，少しでも容体や病状を術前に回復させる．抗菌薬は，子宮蓄膿症の起炎菌の推測や広域スペクトル，尿路・生殖器系の諸臓器への移行性や炎症への効果が期待できる抗菌薬の全身投与[7-10]を行う（膣炎の治療を参照➡ p.445）．

- 次いで，細菌培養検査および感受性試験に基づいた抗菌薬の全身投与
- 静脈内点滴
- 対症療法

これらの内科治療により，全身麻酔および外科手術の安全性と治癒の確率が高くなるが，基本的には腹腔内の膿貯留は重度の全身感染症であるため，外科手術による子宮(膿)の摘出が行われなければ，容体は悪化する一方である可能性もある．その場合は，早急な外科手術が必須となるため，外科手術の実施の有無とその時期の判断が治癒のための大きな要因となる(**図28-7〜9**)．

今後，繁殖を希望する若齢犬や外科手術を希望されない場合，あるいは高齢や基礎疾患により外科手術がどうしても不可能な場合，外科手術を選択せずにさらに追加の内科治療が選択される．しかし，内科治療には様々な問題と条件(治療効果や治癒率が高くない，治癒までの遅延，高率の再発率，使用薬物の副作用，胃腸障害，子宮破裂，DICなど)があるため，内科治療および外科手術双方

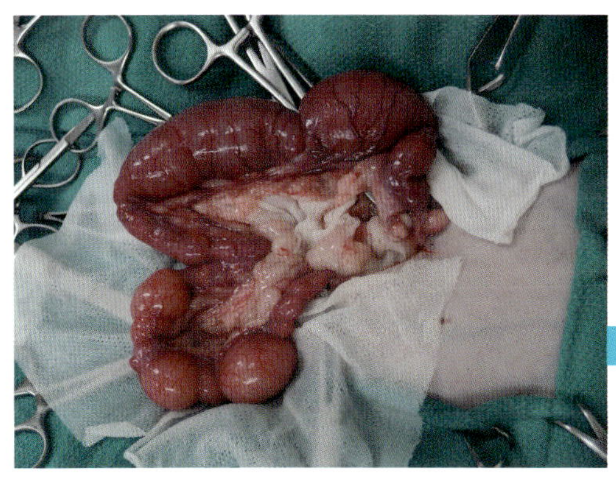

図 28-7 卵巣子宮摘出術．不対称な子宮拡張．止血および周囲組織との剥離や子宮間膜の処理など丁寧に行う．また，子宮断端の膿性分泌物や子宮からの膿の漏出，子宮の破裂や裂開に注意する．

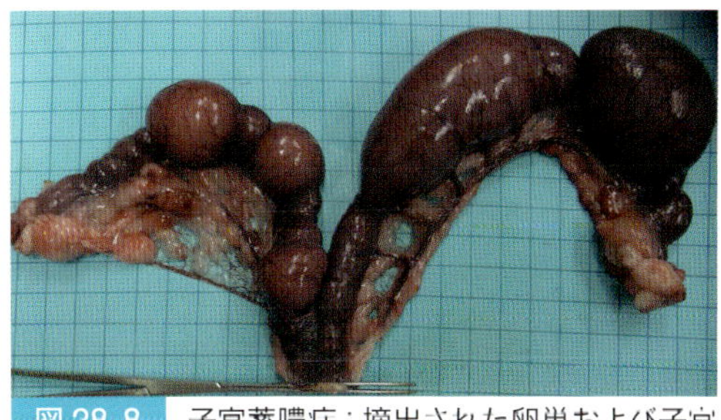

図 28-8 子宮蓄膿症：摘出された卵巣および子宮

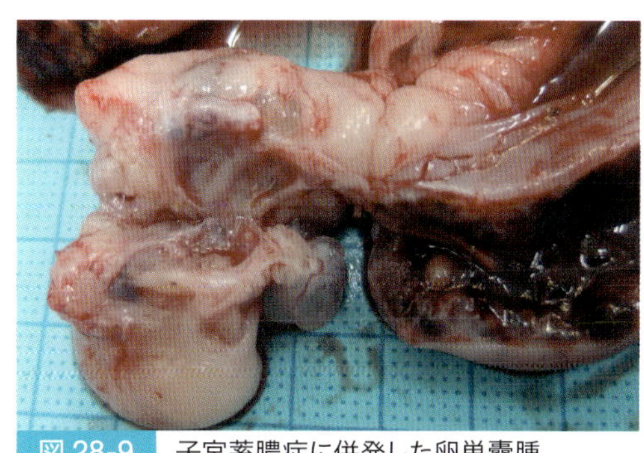

図 28-9 子宮蓄膿症に併発した卵巣嚢腫

のメリットデメリットを熟知したうえで，適切な治療法の考察や検討を行い，飼い主との相談およびインフォームドコンセントを徹底する必要がある．

上記の治療に合わせて追加で行われる内科治療は，PGF2αにより黄体退行を促す治療が主であったが，現在ではPG受容体拮抗薬であるアグレプリストンの投与が推奨されている[15]．ただし，内科治療のみでの治療は前述のようなデメリットがあるため，治療効果の評価時には病状が悪化している可能性も少なくない．さらに，治癒後の次回の発情期には，子宮蓄膿症が高率に再発し，内科治療のみの選択は生命に関わる可能性もあるため，病状と予後を考え選択するべきである．また，内科治療後の再発予防には，発情期前の卵巣子宮摘出術の実施，発情抑制，発情期の抗菌薬投与などの措置を取るべきであろう．

f 原因微生物について

Brucella canis[12,13]については前述(➡p.446)

乳腺炎

a この疾患について

乳腺への細菌感染に伴う炎症疾患で，通常化膿を伴い，分娩後の犬に多い．猫では稀である．

b 主要病原体

- 授乳期の皮膚・乳頭からの上行性細菌感染が主で，常在菌である大腸菌，ブドウ球菌，レンサ球菌などが多いが，血行性感染も認められる．
- その他の原因として宿主の防御能や基礎疾患が関連している．
  - » 不衛生な飼育環境
  - » 肢の短い犬種や乳腺の下垂は，外傷の危険性を増す．
  - » 離乳や偽妊娠に伴う乳汁うっ滞，良性乳腺過形成，乳腺腫瘍

c 主症状

乳腺の腫大や硬結，熱感，疼痛感，乳腺からの排膿，乳腺の膿瘍や壊死(**図28-10**)，元気減退・消失，倦怠，食欲不振，発熱，乳腺部を気にしたり舐性を示す．

d 診断

- 問診および症状
- 視診および触診
- 血液検査：好中球増多，CRP高値
- 排出物の細胞診および細菌培養検査
- 生検

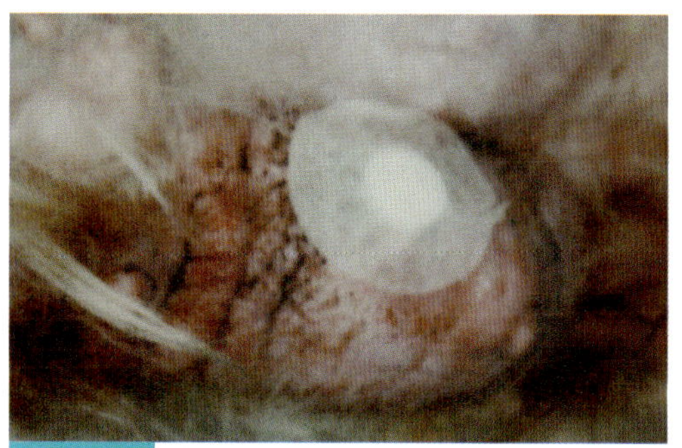

図 28-10 左側乳腺腫瘍に併発した右側乳腺に発症した重度の乳腺炎

- 鑑別診断：偽妊娠，乳汁うっ滞，乳瘻，無乳症，乳房の損傷や硬結，乳腺肥大，乳腺腫瘍
- 合併症：尿毒症，菌血症，敗血症，内毒素血症，ショック

e 治療

- 時間経過により重篤な病態へ移行するため，早急に治療する．
- 広域スペクトルおよび乳汁移行への移行性や炎症への効果が期待できる抗菌薬の全身投与[7-10]を行う．
  - » アモキシシリン：10〜20 mg/kg BID〜TID PO, IM, SC
  - » アンピシリン：20〜40 mg/kg BID〜TID POあるいは10〜40 mg/kg BID〜TID IV, IM, SC
  - » セファレキシン：10〜30 mg/kg BID〜TID PO
  - » セファゾリン：20〜30 mg/kg BID〜QID IV, IM
- 次いで，細菌培養検査および感受性試験に基づいた抗菌薬の全身投与
- NSAIDsなどの消炎鎮痛薬
- 温湿布，冷湿布，外科的排膿，乳腺切除術
- 卵巣子宮摘出術
- 授乳中であれば中止する．

雄の生殖器疾患についての共通事項

どのような疾患でも，臓器によって病気の種類や病状にかかわらず，その診断には共通して必要な情報や診断方法，検査がある．ここでは，雄の生殖器疾患についての共通事項を記載する．

a 問診

既往症，繁殖歴，臨床徴候および病状の経過，治療歴

b 検査

身体検査，外部生殖器および精巣の視診と触診，直腸検査による前立腺の触診，外部生殖器排泄物の細胞診および細菌培養検査，尿検査，精液検査，尿道カテーテル留置および前立腺マッサージ

下での尿あるいは生理食塩水の細胞診，精巣および精巣上体の吸引生検あるいは組織生検(炎症反応や線維化に留意する)，前立腺の吸引生検あるいは組織生検，精巣や前立腺，泌尿器系のX線検査および超音波検査

c 常在菌

多種類の細菌が健康体の雄の皮膚や包皮に存在するが，これらの細菌は局所の環境因子の変化により増殖し，存在部位や上行によって各種感染症の原因となる(➡17章).

大腸菌(*Escherichia coli.*)，ブドウ球菌(*Staphylococcus* spp.)，プロテウス(*Proteus* spp.)，緑膿菌(*Pseudomonas* spp.)，レンサ球菌(*Streptococcus* spp.)，クレブシエラ(*Klebsiella* spp.)，パスツレラ(*Pasteurella* spp.)，マイコプラズマ(*Mycoplasma* spp.)，ウレアプラズマ(*Ureaplasma* spp.)[1,2]

包皮炎

a この疾患について

包皮腔内の常在菌は元々多く，時に包皮粘膜および陰茎表面に細菌感染による炎症を呈する．犬に一般的であり，猫では少ない．

b 主要病原体

- 常在菌による原発性細菌感染または泌尿器疾患に続発
- *Brucella canis*(無症状の犬から分離されることもある)(➡p.190)
- 犬ヘルペスウイルス・カリシウイルス(➡20章)の唾液および尿生殖器分泌物を介した感染
- その他の原因
  - » 外傷，損傷，異物，尿，腫瘍，解剖学的異常，性ホルモン，不衛生な飼育管理，交尾感染
- 多くは原因不明

c 主症状

過度の包皮排泄物や外陰部への違和感があり，舐性がみられるなどが主徴である．外陰部の違和感や舐性は，罹患動物の性格や行動様式に左右されることがあり，また舐める行為が顕著である場合，外陰部からの排泄物に飼い主が気付かないことも多い．さらに包皮腔内や陰茎の発赤および炎症，疼痛を認めることも多い(**図28-11**).

d 診断

基本的に問診や症状から診断が可能であることが多いが，原因の確定や病状の把握，鑑別診断には特殊な検査が必要となる．

- 問診および症状

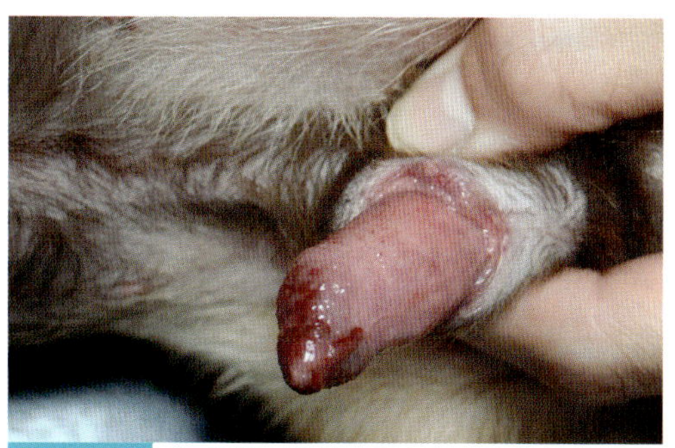
図 28-11　包皮炎．陰茎の発赤および炎症

- 包皮および包皮腔，陰茎の詳しい視診と触診
- 検査：排泄物細胞診および細菌培養検査(正常でも細菌が多いので注意)
- 鑑別診断：正常な包皮排泄物(細菌が分離されることもあるが，基本的には少量の黄白色)や軽度の炎症を見極める．X線検査や超音波検査，内視鏡検査などでその他の生殖器疾患や泌尿器疾患と鑑別する．
- 鑑別疾患：膀胱や前立腺，精巣および精巣上体の疾患，血液凝固異常を示す疾患
- 合併症：膀胱炎，前立腺炎

e 治療

- 正常な包皮排泄物や軽度の炎症では治療の必要はない．
- 原因が特定されればその除去と治療
- 包皮内腔および陰茎の洗浄，抗菌薬溶液または軟膏の塗布および注入
- 洗浄液については膣洗浄に準ずる．
- アンピリシン/アモキシシリン/ゲンタマイシンなど

f 原因微生物について

1 犬ヘルペスウイルス[11]

- 環境中に存在しているが，不顕性感染犬の鼻咽頭や外陰部，神経節などに潜伏感染する．
- 胎子は胎盤感染，新生子は産道での感染，局所での生殖器感染が認められる．
- 子犬では重症となることが多く，全身性疾患となり突然死の原因となるが，成犬では不顕性感染が多く，膣炎や流産，死産などの原因となる．
- 効果的な治療法がなく，感染犬の隔離が必要である．

2 *Brucella canis*[12,13]

- 犬の接触性感染症で，雄で精巣上体炎や精巣委縮，雌で不妊や流産，死産，子宮蓄膿症などの原因となるが，特に雌で多い．
- 人獣共通感染症であり(➡p.705)，届出伝染病である．感染犬の尿や乳汁，外陰部分排泄物，死

体からの感染が多く，感染拡大に注意する.

- 生殖器疾患では，必ずこの細菌の存在を念頭に置くようにする．抗体価検査がスクリーニング検査となるが，細菌の分離や培養検査，PCR検査も有用である.
- 治療は，テトラサイクリンおよびアミノグリコシド系抗菌薬あるいはリファンピシンの全身投与が唯一効果が期待される治療法である.
  - » ドキシサイクリン：12～25 mg/kg SID～BID PO 4週間
  - » ミノサイクリン：12.5 mg/kg SID PO 4週間
  - » ストレプトマイシン：20 mg/kg SID SC, IM 1～2週間(隔週)
  - » ゲンタマイシン：2.5～5 mg/kg SID～BID SC, IM 1～2週間(隔週)
  - » リファンピシン：5 mg/kg SID PO 4週間
- 感染症の成書や国立感染症研究所，厚生労働省，東京都感染情報センター，東京都動物愛護相談センターなどのホームページ，情報を有効的に活用すること

精巣炎および精巣上体炎

a この疾患について

尿道や精管，精巣上体を介し，種々の細菌やウイルス感染を起こし，精巣および精巣上体に炎症を起こす．犬に一般的で猫では稀である．陰嚢炎を伴うことも少なくない.

b 主要病原体

- 常在菌による原発性細菌感染
- 尿道からの上行性細菌感染症，時に血行性でも感染
- *Brucella canis*(無症状の犬から分離されることもある)
- その他の原因
  - » 性ホルモンとは関連性がない.
  - » 外傷，損傷，尿，腫瘍
  - » 交尾感染

c 主症状

精巣および精巣上体の腫脹や熱感および疼痛，同部位の違和感および舐性を呈する．この際，姿勢や歩行の異常で発見されることもある．さらに，陰嚢の腫大や硬結，発赤，浮腫，裂開，瘻孔形成，排膿などが認められることも多い.

その他，非特異的症状ではあるが，元気減退・消失，倦怠，食欲不振，脱水，発熱などが認められる.

d 診断

- 問診および症状
- 陰嚢の視診および触診
- 血液検査：好中球増多，CRP高値
- 尿検査，精液検査
- 吸引生検による細胞診および細菌培養検査
- 超音波検査：精巣の萎縮や拡大，精巣壁の肥厚や，精巣の限局性あるいは散在性の不均一なエコー源性像を呈する嚢胞や嚢胞様構造[17]（**図28-12**）
- 鑑別診断：超音波検査が有用である．
- 鑑別疾患：精巣膿瘍，精巣腫瘍
- 合併症：前立腺炎，膀胱炎

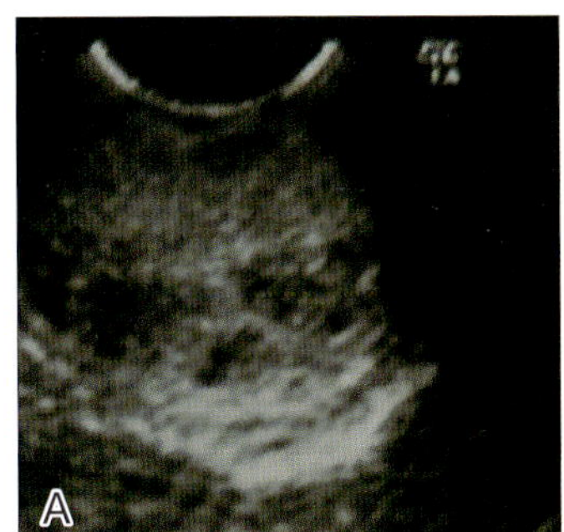

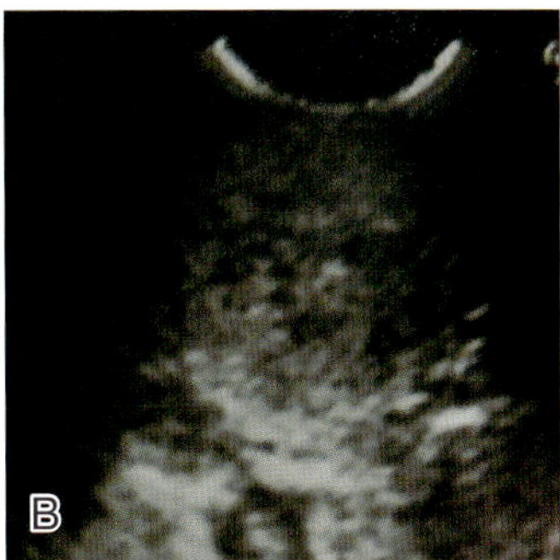

図28-12 精巣炎．A：横断面，B：矢状断面．低エコー源性の巣状病変を認める．

e 治療

- 原因が特定されればその除去と治療
- 陰嚢穿刺および吸引により腔内の貯留液や膿を排出する．
- 陰嚢表面や陰嚢内の排膿および洗浄，抗菌薬の塗布および注入
- 広域スペクトルおよび尿路・生殖器系の諸臓器への移行性や炎症への効果が期待できる抗菌薬の全身投与[7-10]
  - » アモキシシリン：10～20 mg／kg BID～TID PO, IM, SC
  - » アンピシリン：20～40 mg／kg BID～TID POあるいは10～40 mg／kg BID～TID IV, IM, SC
  - » セファレキシン：10～30 mg／kg BID～TID PO
  - » セファゾリン：20～30 mg／kg BID～QID IV, IM
  - » エンロフロキサシン：2.5～5 mg／kg BID PO, SCあるいは5 mg／kg SID PO, SC
  - » オルビフロキサシン：2.5～5 mg／kg SID PO, SC
  - » マルボフロキサシン：2.75～5.5 mg／kg SID PO

- » クロラムフェニコール：50 mg/kg TID PO, IV, IM, SC
- » スルファジアジン/トリメトプリム：30 mg/kg SID PO, SC
- » オキシテトラサイクリン：7.5～10 mg/kg BID IV
- » ドキシサイクリン：5～10 mg/kg SID～BID PO
- » ゲンタマイシン：2～4 mg/kg TID～QID IV, IM, SC
- 次いで，細菌培養検査および感受性試験に基づいた抗菌薬の全身投与
- NSAIDsなど消炎鎮痛薬
- 冷湿布または温湿布
- 精巣および精巣上体の摘出手術（**図28-13**）
- 陰嚢を含めた精巣および精巣上体の切除手術

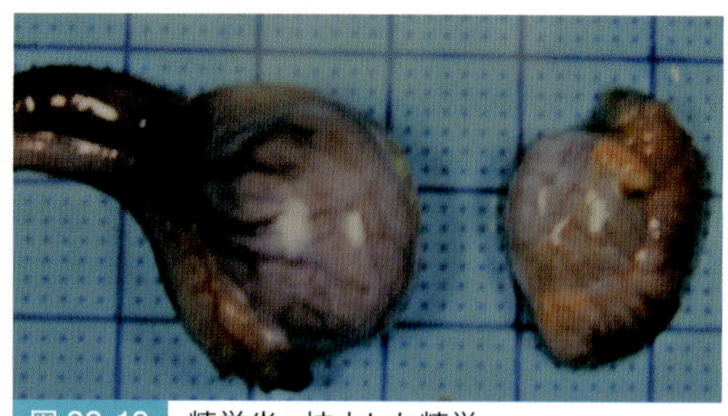

図28-13 精巣炎：拡大した精巣

f 原因微生物について

Brucella canis[12,13]については前述（➡p.456）

細菌性前立腺炎

a この疾患について

上行性の細菌感染により前立腺に炎症を呈するが，前立腺実質内での細菌増殖や免疫状態の影響も受ける．犬で一般的であるが5歳以上に多く，猫では少ない[16]．

b 主要病原体

- 常在菌による原発性細菌感染
- 尿道からの上行性細菌感染症，時に血行性でも感染
- *Brucella canis*（無症状の犬から分離されることもある）
- その他の原因
  - » 下部尿路疾患

» 交尾感染

c 主症状

後腹部の疼痛，便の狭小化や血液付着，排便痛や排便困難，努責やしぶり，外陰部からの排泄物を呈する．この際，姿勢や歩行の異常で発見されることもある．

その他，非特異的症状ではあるが，元気減退・消失，倦怠，食欲不振，発熱，嘔吐下痢などが認められる．

急性例では，症状が顕著で全身症状を伴うことが多い．慢性例では，症状が認められないことが多いが，時間経過とともに症状が顕在化しやすい．また，老齢および未去勢で，良性前立腺過形成を伴うことが多い[16]．

d 診断

- 問診および症状
- 身体検査：腹部の緊張や触診時の疼痛，発熱，脱水
- 血液検査：好中球増多，CRP高値
- 直腸検査：前立腺の腫大や熱感，前立腺痛．ただし，慢性例では正常であることも多い．
- 尿検査，精液検査
- 尿道カテーテル留置および前立腺マッサージ下での尿あるいは生理食塩水の細胞診
- 排泄物細胞診および細菌培養検査
- 吸引生検による細胞診および細菌培養検査(注意を要する)
- X線検査：前立腺の拡大，石灰化が認められることもあるがより腫瘍に多い．
- 超音波検査：前立腺の拡大や実質の不均一エコー像，前立腺の限局性あるいは散在性の不均一なエコー源性を認める嚢胞や嚢胞様構造(**図28-14**)，エコー源性が高い場合は膿瘍の疑いもある．時に良性前立腺過形成と同様の像[17]
- 鑑別疾患：良性前立腺過形成，前立腺嚢胞，前立腺膿瘍，前立腺腫瘍，尿路の炎症や結石，腫瘍など，結腸や直腸の炎症および腫瘍，その他の腹腔内腫瘍
- 合併症：前立腺膿瘍，膀胱炎，敗血症，不妊，抗菌薬長期投与による有害反応

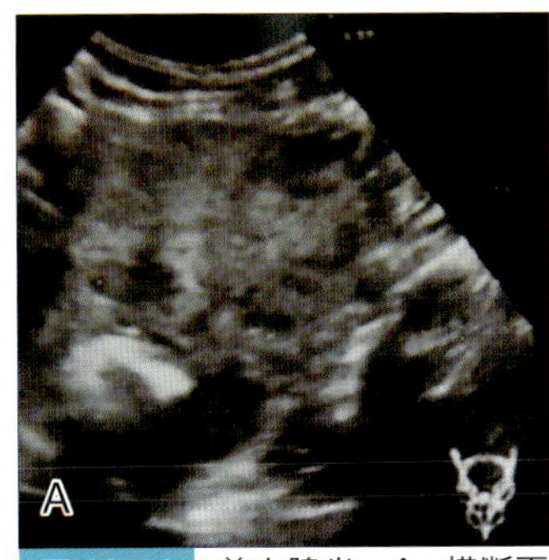

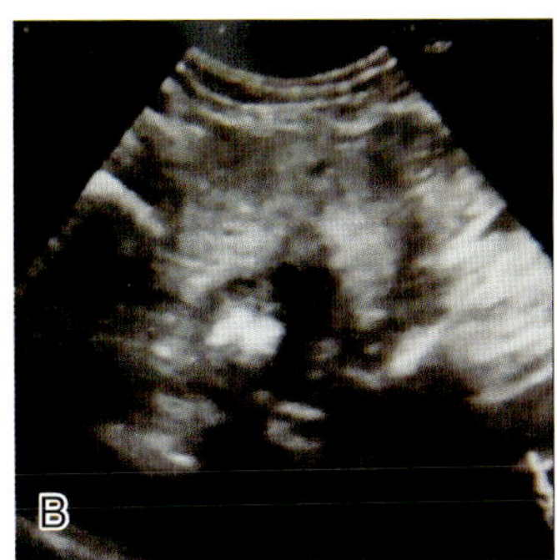

図 28-14 前立腺炎．A：横断面，B：矢状断面．不均一なエコー源性を呈する嚢胞様構造

e 治療[16,18]

- 広域スペクトルおよび尿路・生殖器系の諸臓器への移行性や炎症への効果が期待できる抗菌薬の全身投与[7-10]
- 急性期には血液前立腺関門が破壊され，抗菌薬は最大限透過するため，広域スペクトルの抗菌薬を選択してもよい．ただし，慢性炎症に移行しやすいため，初期の長期抗菌薬治療(6週以上)が効果的であり，移行性を考えると脂溶性を選択するとよい[16].
  - » エリスロマイシン：10～20 mg/kg BID～TID PO
  - » クリンダマイシン：2.5～10 mg/kg BID PO, IV
  - » エンロフロキサシン：2.5～5 mg/kg BID PO, SCあるいは5 mg/kg SID PO, SC
  - » オルビフロキサシン：2.5～5 mg /kg SID PO, SC
  - » マルボフロキサシン：2.75～5.5 mg/kg SID PO
  - » クロラムフェニコール：50 mg/kg TID PO, IV, IM, SC
  - » スルファジアジン/トリメトプリム：30 mg/kg SID PO, SC
- 次いで，細菌培養および感受性試験に基づいた抗菌薬の全身投与を行うが，血液前立腺関門のため，急性期後半から慢性期には抗菌薬の移行性が落ちるため，特に抗菌薬の選択に留意する．
- 数カ月にわたる諸検査を継続し，その結果を反映した治療を行う．
- 早期の治癒や治療効果の不足を補うには，前立腺の容積を減じることは効果的であり，抗男性ホルモン薬の内服投与や精巣摘出術を実施する．
  - » 酢酸オサテロン：0.25～0.5 mg/kg SID ×7～10日 PO

f 原因微生物について

Brucella canis[12,13]については前述(➡ p.456)

前立腺膿瘍

a この疾患について

犬で一般的で，細菌性前立腺炎に続発あるいは細菌性前立腺炎の慢性化に起因する炎症で，前立腺実質内に単独または複数の膿瘍を呈する．慢性かつ長期経過を辿ることが多く，急性経過では病状は重篤となりやすく，生命の危険性も高い．

b 主要病原体

- 常在菌による原発性細菌感染，特に大腸菌が多い．
- 慢性前立腺炎
- *Brucella canis*(無症状の犬から分離されることもある)
- その他の原因
  - » 下部尿路疾患

» 交尾感染

c 主症状

後腹部の疼痛，便の狭小化や血液付着，排便痛や排便困難，努責やしぶり，持続的または間欠的な出血性あるいは膿性の外部生殖器排泄物を呈する．この際，姿勢や歩行の異常で発見されることもある．また，間欠的な膀胱炎や排尿障害を伴うことが多い．

急性例では，疾患の診断時にすでに敗血症を認めることもある．

その他，非特異的症状ではあるが，元気減退・消失，倦怠，食欲不振，発熱，嘔吐下痢などが認められる．

d 診断

- 問診および症状
- 身体検査：腹部の緊張や触診時の疼痛，発熱，脱水
- 血液検査：好中球増加，CRP高値
- 直腸検査：前立腺の腫大や熱感，前立腺痛．ただし，慢性例では正常であることも多い．
- 尿検査，精液検査
- 尿道カテーテル留置および前立腺マッサージ下での尿あるいは生理食塩水の細胞診
- 排泄物細胞診および細菌培養検査
- 吸引生検による細胞診および細菌培養検査(注意を要する)
- X線検査：前立腺の拡大
- 超音波検査：前立腺の限局性あるいは散在性，前立腺全域にわたる高エコー源性嚢胞や嚢胞様構造
- 鑑別疾患：前立腺良性過形成，前立腺嚢胞，前立腺腫瘍，尿路の炎症や結石，腫瘍など，結腸や直腸の炎症および腫瘍，その他の腹腔内腫瘍
- 合併症：尿失禁，尿漏出，腹膜炎，膿瘍破裂，敗血症，ショック

e 治療[16,18]

- 広域スペクトルおよび尿路・生殖器系の諸臓器への移行性や炎症への効果が期待できる抗菌薬の全身投与[7-10]．血液前立腺関門移行性を考えると脂溶性を選択するとよい[16](前立腺炎の治療を参照➡p.460)．
- 次いで，細菌培養および感受性試験に基づいた抗菌薬の全身投与を行うが，さらに数カ月にわたる諸検査と抗菌薬治療が必要となる．
- 併せて，膿瘍の経皮的排膿や外科手術による前立腺切開および洗浄，部分切除，大網被覆術，ドレーン留置あるいは嚢胞の造袋術や縫縮術が必要となることが多い．
- 前立腺の容積を減じることは効果的であり，抗男性ホルモン薬の内服投与や精巣摘出術を実施する．
  » 酢酸オサテロン：0.25～0.5 mg/kg SID ×7～10日 PO

f 原因微生物について

Brucella canis[12,13]については前述(➡p.456)

参考文献

1. 並河和彦監訳(2005)：器官系統別　犬と猫の感染症マニュアル―類症鑑別と治療の指針，193-196，インターズー
2. van Duijkeren E(1992)：Vet Rec. 131, 367-370.
3. 辻本元，長谷川篤彦監訳(2011)：スモールアニマル・インターナルメディスン第4版，988-990，インターズー
4. Eckert L(2006)：N Engl J Med. 355, 1244.
5. Sobel J(1997)：N Engl Med. 337, 1896.
6. 市岡滋(2013)：創傷．4，1-2.
7. 動物用抗菌剤研究会(2004)：最新データ　動物用抗菌剤マニュアル第2版，13-33，インターズー
8. 大橋京一，藤村昭夫(1999)：疾患からみた臨床薬理学，198-212，薬業時報社
9. 尾﨑博，西村亮平(2003)：小動物の臨床薬理学，270-281，文永堂出版
10. 小久江栄一，下田実(2003)：Teton最新獣医臨床シリーズ　カラーイラストですぐにわかる　図解　動物臨床薬理学，72-83，メディカルサイエンス社
11. 長谷川篤彦監訳(2007)：小動物臨床のための5分間コンサルト診断治療ガイド　犬・猫の感染症と寄生虫病，232-234，インターズー
12. 今岡浩一(2009)：日本獣医師会雑誌．62, 5-12.
13. 長谷川篤彦監訳(2007)：小動物臨床のための5分間コンサルト診断治療ガイド　犬・猫の感染症と寄生虫病，156-160，インターズー
14. 伊東輝夫，西村亮平，藤井康一監修(2017)：小動物外科診療ガイド，667-670，学窓社
15. 辻本元，長谷川篤彦監訳(2011)：スモールアニマル・インターナルメディスン第4版，997-998，インターズー
16. 長谷川篤彦監訳(2010)：クリニカルベテリナリーアドバイザー―犬と猫の診療指針―，644-647，インターズー
17. 西村亮平監修(2010)：犬と猫の腹部画像診断マニュアル，266-269，学窓社
18. 辻本元，長谷川篤彦監訳(2011)：スモールアニマル・インターナルメディスン第4版，1059-1060，インターズー

29 血液・造血器・脾臓・リンパ節

問題となる主な病原体の一覧

1）細菌
ヘモプラズマ（*Mycoplasma haemofelis*, *Candidatus Mycoplasma haemominutum*, *Candidatus Mycoplasma turicensis*, *Candidatus Mycoplasma haematoparvum*, *Mycoplasma haemocanis*），
リケッチア（*Ehrlichia. canis*, *E. risticii*, *E. ewingii*, *Anaplasma phagocytophilum*, *A. platys*）

2）原虫
ヘパトゾーン（*Hepatozoon canis*, *H. americanum*），
バベシア（*Babesia gibsoni*, *B. canis*, *B. vogeli*, *B. rossi*）

3）ウイルス
猫白血病ウイルス（FeLV），猫免疫不全ウイルス（FIV）

ヘモプラズマ症

a この疾患について

ヘモプラズマ症は，グラム陰性菌であるマイコプラズマの赤血球感染により引き起こされる溶血性貧血を特徴とする疾患の総称である．感染経路は，マダニ・ノミ（吸血昆虫）などによる媒介，猫同士の喧嘩による咬傷，および母子感染が考えられるがいまだ明らかではない．この病原体はかつてリケッチア目アナプラズマ科のヘモバルトネラに分類されていたためヘモバルトネラ症と呼ばれ，猫では猫伝染性貧血とも呼ばれていた．猫のヘモプラズマ症は若齢の雄に多発し，猫白血病ウイルス（FeLV）および猫免疫不全ウイルス（FIV）に感染している猫において感染率が高いことが知られている[1]．FeLVワクチンが未開発な時代の調査では本疾患の60％以上にFeLVの感染が認められた[2]．

b 主要病原体

ヘモプラズマ症には，猫では*Mycoplasma haemofelis*, *Candidatus Mycoplasma haemominutum*，最近同定された*C. M. turicensis*の3種，犬では*M. haemocanis*と*C. M. haematoparvum*の2菌種が同定されている（➡p.225）．

*M. haemofelis*感染は病原性が高く猫に対して重い貧血を起こす．*C. M. haemominutum*単独感染では，貧血は起こらないか軽度であるがFeLVやFIV感染猫では重症化することがある．*C. M. turicensis*の病原性については不明であるが，単独感染よりも他のヘモプラズマとの重感染が多く，その場合には貧血が重篤化することがある．

犬に感染するヘモプラズマは病原性が低いため，単独感染では不顕性感染となる．しかし，脾摘を受けたり，免疫抑制療法や抗がん剤の治療を受けた場合など免疫が著しく抑制されている状態に

なると顕性化する可能性がある.

c 主症状

猫において*M. haemofelis* の急性感染は溶血性貧血を主徴とし，貧血の程度により異なるが，発熱，食欲不振，沈うつ，無気力，衰弱，体重減少，脱水症状などがみられる．身体検査では，可視粘膜蒼白または黄疸がみられ，呼吸促迫，頻脈，心雑音が認められることもある．触診では脾腫が認められる.

d 診断

血液検査で通常中等度から重度の再生性貧血が認められるが，レトロウイルスに感染している猫では，非再生性を呈することもある．血管内溶血による血色素血症や赤血球の自己凝集がしばしばみられ，免疫介在性溶血性貧血との鑑別が困難な場合もある．血液化学検査では，溶血や低酸素血症に関連した高ビリルビン血症や肝酵素(ALT, AST)の上昇，脱水に伴う高窒素血症などがみられる.

基本的には血液塗抹標本を観察し，赤血球に寄生する病原体を確認することによって診断される．感染率の高い場合には，猫赤血球の膜表面上に単一または連銭した形態の青または赤紫色の好塩基性に染色される小さい球菌様(0.3～0.8 μm)の寄生体を確認することができる(**図29-1**)．しかし，これら寄生体は形態学的特徴に乏しく，ハウエルジョリー小体やパッペンハイマー小体，ハインツ小体，塩基性斑点といった赤血球の構造物，ゴミなどの夾雑物との鑑別に注意が必要である．さらに寄生体出現には1日の中でも周期性があり，必ずしも検査時に罹患動物の血液中に寄生体が認められるとは限らない．現在はリアルタイムPCR法により遺伝子学的に猫のヘモプラズマの感染を調べることができる．これは感度，特異性の高い検査であり，再生性貧血で明らかな原因が不明な場合や，免疫介在性溶血性貧血が疑われる場合，さらにレトロウイルス感染や悪性腫瘍，慢性腎不全などに罹患している猫で非再生性貧血が重度かつ進行が早い場合などはこの検査を利用して感染の有無を確認する.

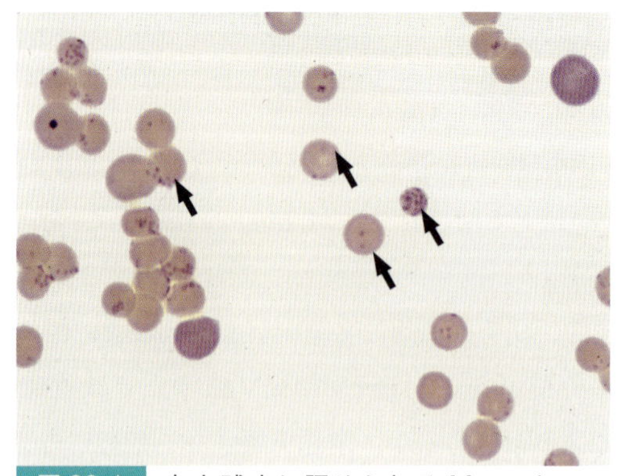

図29-1 赤血球上に認められる *Mycoplasma haemofelis* (矢印)

e 治療

猫のヘモプラズマの治療は，テトラサイクリン系抗菌薬が有効であり，ドキシサイクリン(5～10 mg/kg, BID 2～3週間)，テトラサイクリン(22 mg/kg, TID 2～3週間)などが用いられる．最近，ニューキノロン系抗菌薬のエンロフロキサシン(5～10 mg/kg, SID, 2週間)も有効である．

エールリヒア(エーリキア)症

a この疾患について

エールリヒア症はマダニによって媒介されるリケッチア性感染症である．犬に感染する*Ehrlichia*には数種類が確認されているが，*Ehrlichia canis*が臨床上最も重要となる．ベクターとなるマダニの種類は種によって異なり，*E. canis*のベクターは，熱帯から亜熱帯に広く分布するクリイロコイタマダニであり，我が国では沖縄地方を中心に認められる．*E. canis*は，感染後リンパ節，脾臓，肝臓内のマクロファージ系細胞および骨髄内の単球細胞質内で増殖し，これらの臓器の腫大と骨髄抑制などの臨床症状を生じる．本疾患は臨床的に急性期，不顕性期，慢性期に分類される．急性期は感染後1～3週間後から始まり，2～4週間持続する．不顕性期は約5年間続き，その後慢性期に移行し様々な症状がみられるようになる[3]．

b 主要病原体

エールリヒア症の病原体は球状もしくは楕円状のリケッチアで血液細胞の細胞質内中で桑実胚(morula)と呼ばれる桑の実状に増殖する．犬に感染する種として*E. canis, E. equi, E. risticii, E. platys, E. ewingii*などが確認されている．種により標的となる細胞は異なり，単球，顆粒球，赤血球または血小板内で増殖する．*E. canis*は単球内で，*E. equi*は顆粒球で，*E. platys*は血小板で増殖する[3]．その後の遺伝子解析により*E. equi*および人顆粒球エールリヒア症の病原体である*E. phagocytophila*は遺伝子学的に同一種に再分類され，名称も現在の*Anaplasma phagocytophilum*に変更された[4]．また，*E. platys*も*Anaplasma platys*に属が変更されている．したがって，これら2種による疾患はアナプラズマ症である．

c 主症状

急性期では血管炎に関連した症状がみられ，発熱，食欲不振，リンパ節腫大，脾腫，肝腫などが認められる．慢性期では免疫反応に関連した症状がみられ，発熱，体重減少，リンパ節腫大，脾腫，肝腫，髄膜脳炎，眼炎(前ぶどう膜炎，眼底出血，網膜剥離)，糸球体腎炎，多発性関節炎，出血傾向などがみられる．

d 診断

急性期においては血液検査で，貧血，血小板減少症，好中球減少症が単独もしくはいくつかの組み合わせで認められる．慢性期では血球減少症に加え，持続的免疫刺激による単球増加や大顆粒性リンパ球の増加を伴ったリンパ球増加がみられることがある．慢性期の血液化学検査では，低アルブミン血症や高グロブリン血症が特徴である．高グロブリン血症は通常多クローン性であるが稀に単クローン性の場合があり，骨髄では形質細胞の増加がみられるため，骨髄腫との鑑別が重要となる場合がある．血液塗抹では桑実胚が単球内にみられることがあるが稀である．確定診断は間接免疫蛍光抗体法(IFA)やELISA法によるIgG抗体の検出やPCR法による遺伝子検出により行う．*E. canis*は感染後7日でIFAにより検出することができ[5]，感染後8週間以内に抗体価が5120～10240倍，あるいはそれ以上に急速に上昇する[6]．最近ではリアルタイムPCRにより定量的な測定も可能である．

e 治療

テトラサイクリン(22 mg/kg TID)やドキシサイクリン(5～10 mg/kg BID)の投与を行う．治療期間は，6～8週間が推奨されている．

アナプラズマ症

a この疾患について

アナプラズマ症は，マダニが媒介する*Anaplasma*属によって引き起こされるリケッチア感染症で犬においては*Anaplasma phagocytophilum*（以前は*Ehrlichia phagocytophila*と呼ばれていた）と*A. platys*(以前は*E. platys*と呼ばれていた)が一般的である．*A. phagocytophilum*は，ヒト顆粒球性エールリヒア症と呼ばれていた疾患の原因菌であり，欧州では牛，めん羊，山羊，鹿などの反芻獣の顆粒球に感染して放牧熱やダニ熱と呼ばれ[7]，米国では馬に感染し，ウマ顆粒球性エーリキア症と呼ばれている[8]．犬での感染は本邦を除く世界各地で報告されていたが，我が国においても*A. phagocytophilum*の存在が明らかとなっており[9]，さらに最近犬での初めての感染報告があった[10]．

*A. phagocytophilum*は，主に*Ixodes*属マダニによって媒介され，日本ではマダニ属(シュルツェマダニ，ヤマトマダニ)に加えてチマダニ属マダニ(フタトゲチマダニ，オオトゲチマダニなど)からも検出されている[9]．*A. platys*は犬の血小板に寄生する病原体である．*A. platys*のベクターは*E. canis*と同じくクリイロコイタマダニと考えられており[11,12]，世界中の犬に広く分布している．*A. platys*感染犬は通常無症状であるが，重度の血小板減少を呈することがある．血小板減少症は1～2週間間隔で繰り返し起こるため，*A. platys*感染症は別名犬周期性感染性血小板減少症と呼ばれる[14]．日本での発症はないが，犬やマダニから検出されている[15]．

b 主要病原体

*Anaplasma phagocytophilum*はリケッチア目Anaplasma科，*Anaplasma*属のグラム陰性細菌で，1996年にヒト顆粒球エーリキア病原体として分離報告され，*E. phagocytophila*と命名された．2001年には*Ehrlichia*属から*Anaplasma*属へと配置換えされて，*Anaplasma phagocytophilum*という学名が付された[4]．*A. phagocytophilum*は，ヒトのほか，馬や羊，犬，馬などにも感染し，「人獣共通

感染症」病原体としても知られている．

c 主症状

A. phagocytophilum の潜伏期間は 10日間から2週間といわれており，臨床症状は，発熱，食欲不振，沈うつ，嗜眠，脾腫，下痢などがみられ，時に跛行と神経症状がみられることがある[16,17,18]．これらの症状は *E. canis* 感染症と非常に類似している．

d 診断

血液検査では白血球（好中球）減少症と血小板減少症が認められ，血小板減少症は，95％の症例で認められたと報告されている[16]．CRPは高値を示すことが多い．

血液塗抹標本において，好中球の細胞質内に桑実胚と呼ばれる桑の実状に増殖した菌体が認められることが特徴である[4,17,18]（**図29-2**）．しかし末梢血中に桑実胚が観られる期間は，急性期の非常に限られた短い時間でありかつ末梢血に出現する桑実胚は非常に少数である．

遺伝子診断としてリアルタイムPCRを用いた検査が利用できる．（犬ベクター媒介疾患パネル：アイデックスラボラトリーズ株式会社）これが現在最も信頼できる診断検査法と考えられている．

SNAP® 4Dxスクリーニングキット（アイデックスラボラトリーズ株式会社）は犬糸状虫抗原，ライム病ボレリア抗体，*E. canis* 抗体，*A. phagocytophilum* 抗体を同時に確認できる．しかし，*A. phagocytophilum* 抗体と *A. platys* 抗体が交差反応を示すことから，特異的診断とはなり得ない．

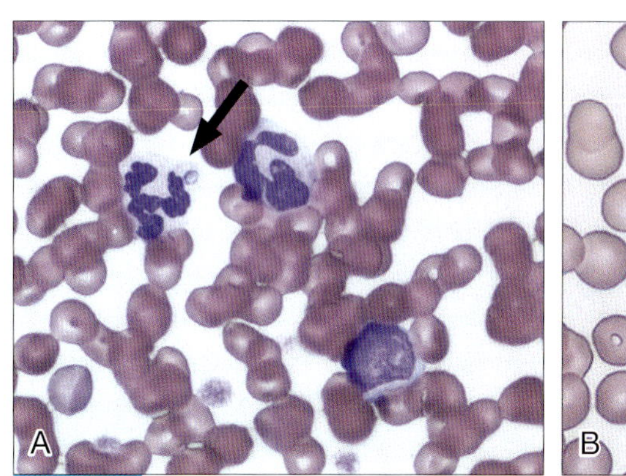

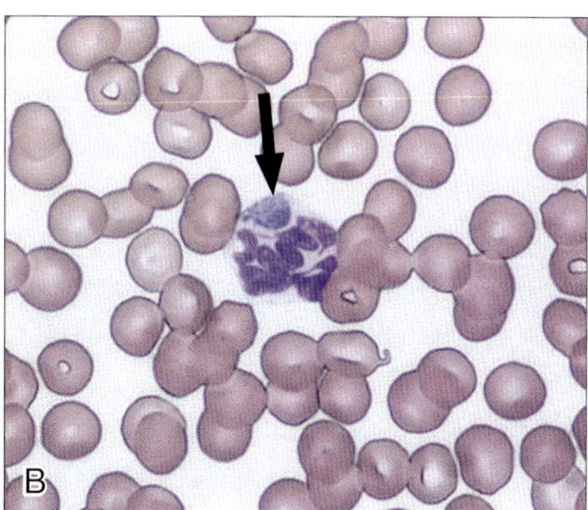

図 29-2　犬の好中球細胞質内にみられた桑実胚（矢印）

e 治療

テトラサイクリン系抗菌薬が有効である．テトラサイクリン（22 mg/kg TID）やドキシサイクリン（5～10 mg/kg BID）の投与を行う[17,18]．治療期間は，6～8週間が推奨されている[19]．

ヘパトゾーン症

a この疾患について

ヘパトゾーン症はマダニによって媒介される原虫感染症である．犬は感染マダニを経口摂取することにより感染する．摂取されたマダニからスポロゾイトが放出され，腸管に入り，マクロファージに貪食された状態で全身に移動し，脾臓，肝臓，肺，筋肉，リンパ節内でシストやシゾントを形成する．シスト内で発達したメロゾイトが放出され，好中球や単球に感染してガメトサイトに発達する(**図29-3**)．

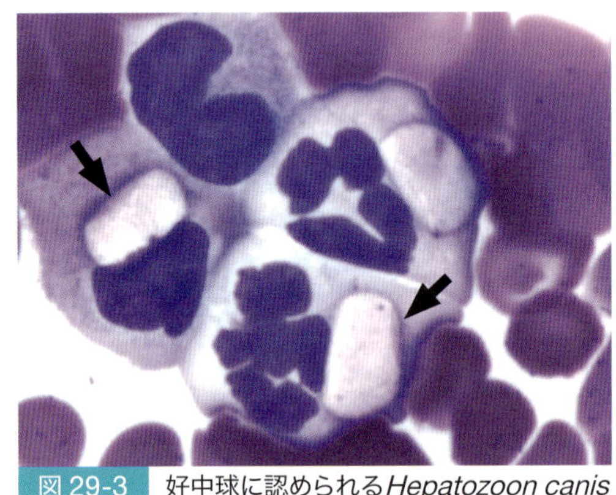

図 29-3　好中球に認められる*Hepatozoon canis*(矢印)

b 主要病原体

*Hepatozoon canis*と*H. americanum*の2種が犬に感染する．

*H. americanum*は北米に分布し，*H. canis*は，南欧，中東，アジア，アフリカに分布し，我が国でも西日本においては*H.canis*の感染がみられる．

c 主症状

メロゾイトを放出するときに強い炎症反応が生じ，*H. americanum* は骨格筋にシストを形成するため筋炎を引き起こし，発熱や疼痛がみられる．一方，*H. canis*の感染では無症状なことが多いが若齢犬では発熱や体重減少がみられることがある．

d 診断

好中球増加症は一般的にみられる所見で左方移動を伴うこともある．血液化学検査では，低アルブミン血症や高グロブリン血症，低血糖が認められることがある．末梢血の塗抹標本において，好中球や単球の細胞質内のガモントを確認することで診断する．また，現在ではPCR法による遺伝子検査で感染を確認することができる．

e 治療

トリメトプリム-サルファダイアジン（15 mg/kg BID），クリンダマイシン（10 mg/kg TID），ピリメタミン（0.25 mg/kg SID）が有効とされている[20]．

犬バベシア症

a この疾患について

バベシア症はバベシア原虫が赤血球に寄生することにより溶血性貧血を発生する疾患である．主にマダニにより媒介されるが犬同士の喧嘩による咬傷や，輸血によってもキャリアの犬から感染する可能性がある[21]．また，リスクは高くないが胎盤を介した垂直感染も認められている[22,23]．我が国において臨床上問題となる*Babesia gibsoni*のベクターとしてフタトゲチマダニ，ヤマトマダニ，クリイロコイタマダニ，ツリガネチマダニが知られており（➡22章），主なベクターであるフタトゲチマダニ，ヤマトマダニは全国的に分布している．クリイロコイタマダニは沖縄地方に分布しており，*B. canis*の主なベクターとなっている．

b 主要病原体

犬のバベシア症の病原体には *B. gibsoni*，*B. canis*，*B. vogeli*，*B. rossi* などが知られており，種により地域が異なるが世界中に広く分布している．我が国では*B. gibsoni*と*B. canis*が犬のバベシア症の病原体として認められている[24]（➡p.270）．*B. gibsoni*によるバベシア症は西日本を中心に発生しており，*B. canis*は沖縄の犬を中心に感染が確認されているが病原性が低く，臨床的に問題になることはほとんどない[24]．

c 主症状

臨床所見として，沈うつ，頻脈，呼吸促迫，食欲不振，粘膜蒼白，発熱，リンパ節腫大，脾腫などが観察される．血液検査では，再生性貧血と血小板減少症が特徴である．血管内溶血（血色素血症）や黄疸もしばしば認められる所見である[25,26,27]．一般的には，これらの所見はバベシアに感染してから2〜3週間で現れる．

d 診断

犬バベシア症の確定診断には，血液塗抹標本の観察により感染赤血球中の原虫を証明する必要がある．発症している症例では個々の寄生率に違いがあるが，単一の輪状の赤血球封入体としてバベシア原虫が確認できる（**図29-4**）．寄生率が低い症例では，400倍数視野に一つしか感染赤血球が認められない場合もあり診断には注意が必要である．網状赤血球に感染率が高いといわれており，そのため多染性赤血球を注意深く観察すると診断精度が上がることがある[28,29]．より確実な評価をするために，塗抹標本の染色は簡易染色ではなくライトギムザ染色かメイギムザ染色を行うのが望ましい．血液塗抹標本上のその他の所見として，血小板は減少しているが，巨大血小板が散見される．球状赤血球やハインツ小体，エキセントロサイト，破砕赤血球，有棘赤血球など溶血性貧血を起こす疾患に特徴的な赤血球形態の変化は認められない．赤血球の自己凝集がみられたり，直接クームス試験が陽性となる症例もある．さらに免疫介在性溶血性貧血(immune-mediated hemolytic anemia: IMHA)が続発している症例もありIMHAとの鑑別診断は慎重にする必要がある．また，再生性貧血と血小板減少症が同時にみられるエバンス症候群や細血管障害性溶血性貧血との鑑別診断が重要である．

本症が疑われるが赤血球に原虫が確認できない場合は，PCR法によりバベシア原虫の遺伝子を検出する[30].

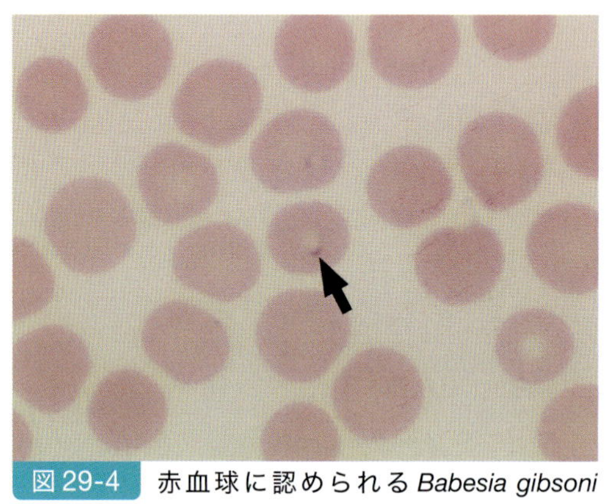

図29-4 赤血球に認められる *Babesia gibsoni* (矢印)

e 治療

現在我が国のバベシア症の治療は，ジミナゼン(ガナゼック®)が第一選択となっている．副作用として小脳出血と注射部位の疼痛が問題となる．小脳出血は少量頻回投与により効果を維持しつつ副作用を抑えることができる．様々な投与方法が症例報告として報告されているが，筆者らは2 mg/kg/day 隔日投与を3回行い，以後同量を週1回3～5回行い良好な結果を得ている．ジミナゼンの反復投与により耐性株が出現し治療効果が減衰する可能性があるといわれている[14]．その他クリンダマイシン(25 mg/kg BID)とメトロニダゾール(15 mg/kg BID)およびドキシサイクリン(5 mg/kg BID)の併用療法[31]，クリンダマイシン(50 mg/kg BID)とドキシサイクリン(5 mg/kg BID)の併用療法[32]，アトバコン(13.3 mg/kg TID)とアジスロマイシン(10 mg/kg SID)の併用療法などが報告されている[6].

猫白血病ウイルス感染症

a この疾患について

猫白血病ウイルス感染症とは，猫白血病ウイルス(FeLV)が原因となる猫の感染症である．感染経路には垂直感染と水平感染が認められている[33]．胎盤を介しての胎子への垂直感染では80%以上が流産や死産となる[34]．感染猫の血液，唾液，涙液中に大量のウイルスが含まれている．尿や糞便中のウイルス量はそれらより少ない．伝播は主に感染猫の分泌物を介して水平感染することにより成立する．母乳を介して子猫への感染も起こる．グルーミングやトイレや食器の共有などによっても感染は成立するが，これには濃厚な長期にわたる接触を必要とする．一方，咬傷からの感染は大量のウイルスが直接体内に注入されるため非常に高い効率で感染が成立し，1回の咬傷のみで感染する可能性がある．

FeLV感染症は，初期感染期と持続感染期に分けられる．初期感染期は感染後2〜6週目に始まり，1〜16週持続する．持続感染期ではウイルスが直接的に引き起こす疾患とウイルス感染による免疫不全や免疫異常に関連して二次的に発症する疾患がみられる．

b 主要病原体

Feline leukemia virus(FeLV)はレトロウイルス科ガンマレトロウイルス属に属するRNAウイルスである．経鼻感染や経口感染では，ウイルスはまず扁桃腺や咽頭リンパ組織で増殖するが健康な成猫ではここで十分な免疫反応によりウイルスが完全に排除されることが多い．その後循環血液中の単球やリンパ球に感染し，さらにウイルスは全身のリンパ組織や唾液腺へと伝播し，猫はウイルス血症となる．その後2〜3週間から数カ月以内に中和抗体が産生されウイルス血症が終結することも多く，一過性ウイルス血症と呼ばれる．一過性ウイルス血症は最長16週間持続することがある．ウイルス血症から3週間後には骨髄にまで感染が及び，通常持続感染となる．骨髄感染後ウイルス血症が終結する場合もあり，潜伏感染といわれ，FeLV陰性の急性白血病やリンパ腫などが発生する．持続感染になるか一過性感染で終わるかは，年齢に大きく影響されることが知られている．実験感染では6週齢以下の子猫では80%以上が持続感染となるが，8〜12週齢では30〜50%，1歳以上では15%の猫だけが持続感染となる[35]．

c 主症状

初期感染期と持続感染期で病態は異なる．初期感染期は感染後2〜6週目に始まり，1〜16週持続する．血液や唾液，尿，糞便中へのウイルスの出現と一致する．全身のリンパ節腫大，発熱，好中球減少症，血小板減少症，貧血などがみられる．これらの血球減少は骨髄造血細胞の低形成によることが多く，したがって貧血は赤血球の寿命に関係してみられないことが多い．重度の貧血がみられる場合は，免疫介在性溶血性貧血の併発が疑われる．このステージの後一過性ウイルス血症で終わるか，持続性ウイルス血症になるかが決まる．一般にこの病期の症状が軽いか無症状の場合一過性ウイルス血症で終わり，症状が重度の場合持続性ウイルス血症になりやすい．

FeLVの持続感染によって引き起こされる疾患には，ウイルスが直接的に関与にして発症している疾患とウイルス感染が引き起こす免疫不全や免疫異常に関連して二次的に発症する疾患がある．直接作用によるものには造血器腫瘍（リンパ腫，リンパ性および急性骨髄性白血病，骨髄異形成症候群[注1]），再生不良性貧血，赤芽球癆，流産，脳神経疾患，猫汎白血球減少症（FPL）様疾患などがある．流産/不妊の60～70％はFeLVに感染している[36]．造血器腫瘍のうち好酸球性白血病，好塩基白血病，肥満細胞腫，慢性リンパ性白血病，多発性骨髄腫などはFeLV感染と関連がないといわれている．FeLV感染症のうち造血器腫瘍の占める割合は約20％である[37]．二次的に発症するもののうち免疫異常に関連するものには免疫介在性溶血性貧血（IMHA）などの免疫介在性疾患や糸球体腎炎などがある．猫のIMHAや免疫介在性血小板減少症（immune-mediated thrombocytopenia: IMTP）では1/2～1/3の症例にFeLVの感染が確認される[32]．免疫不全に関連した疾患としてはヘモバルトネラ症，FIP，トキソプラズマ症，クリプトコックス症，口内炎，気道感染症，などがある．FIPの40％，ヘモバルトネラ症の50％～70％，クリプトコックス症の25％，トキソプラズマ症の33％はFeLVに感染している．

d 診断

貧血，好中球減少症，血小板減少症などの血球減少症が単独または組み合わせでみられたり，症状や診断名からFeLVの関与が疑われた場合にウイルス検査を行う．検査は市販のELISAキットを用いて末梢血液中のウイルス抗原の有無を調べることが一般的である．しかし，ウイルスタンパクを産生しないことがあり，この場合は市販のキットでは抗原が検出されないため，PCR法によりプロウイルスDNAを検出する遺伝子検査が必要となる．

e 治療

初期感染期の好中球減少症や血小板減少症に対して，我々は遺伝子組換え型猫インターフェロン（インターキャット®）1MU/kgを5日間連日皮下投与して好中球数と血小板数の増加がみられ，さらに陰転化した症例を数例経験している．特に貧血を伴わない症例ではインターキャット®は有効であり，好中球減少症は9/12例（75％），血小板減少症に対しては5/6例（83.3％）に有効であった．現在筆者は，FeLV陽性猫で貧血が認められず，発熱や好中球減少症，血小板減少症がみられ，初期感染が疑われる場合，まずインターキャットで治療を行っている．この時期の血球減少症の原因として免疫介在性のものが疑われるため，インターキャットが無効な場合はコルチコステロイドが血球減少や発熱に対して有効なことがある．

持続感染期の治療は，それぞれの疾患に対する治療を行う．FeLV感染症の予後は病態により異なるが，ウイルスの直接作用による疾患の方が間接作用による疾患に比べて予後は悪い．我々が過去に行った調査では発症後3カ月の生存率は60％，1年生存率は50％，2年生存率は35％，3年生存率は12％であった．また，感染後2年で63％，3年半で83％が死亡するというデータもある．

注1：骨髄異形成症候群（myelodysplastic syndromes: MDS）のうち骨髄中の白血病芽球が20～30％の白血病移行期（refractory anemia with excess blasts in transformation: RAEB-T）のものはMDSから除外された．

猫免疫不全ウイルス感染症

a この疾患について

FIVの主な感染経路は喧嘩などによる咬傷で，直接的な伝播であり，唾液中に含まれるウイルスが相手の傷を介して感染する．FIV感染に伴う何らかの臨床症状を呈している猫や，口腔内に病変を有する猫からは感染が成立する可能性が高いと考えられている．FeLVと異なり授乳やグルーミング，食器の共有などの経口感染は起こらない．平均発症年齢はFeLVより高く5〜6歳である．雄猫は雌猫の2倍以上感染率が高く，特に去勢をしていない猫に発生が多い傾向にある[2]．

FIV感染症は臨床症状に基づき，急性期(acute phase: AP)，無症候キャリア(asymptomatic carrier: AC)期，持続性リンパ節腫大(persistent generalized lymphadenopathy: PGL)期，エイズ関連症候群(ARC)期および後天性免疫不全症候群(AIDS)期の五つの病期に分類されている．AC期は感染後約数週間から4カ月程度持続し，同時に血中の抗FIV抗体が陽転することが特徴で，一般に感染後約4週間で抗体の陽転がみられる．これに続きAC期が数カ月から数年持続すると考えられている．続いて全身性のリンパ節腫大のみられるPGL期となるが，この時期は臨床的に明確ではない場合もある．さらに進行するとリンパ組織の萎縮に伴い末梢血中のCD4陽性細胞が減少し，免疫不全が発現してARC期，AIDS期と病期は進行する．ARC期は1年以内にAIDS期に移行する．

b 主要病原体

猫免疫不全ウイルス(*Feline immunodeficiency virus*: FIV)は，1987年に初めて分離された，レトロウイルス科のレンチウイルス属に属するRNAウイルスであり，当初は，猫Tリンパ球指向性レンチウイルス(FTLV)と呼ばれていた[38]．T細胞，B細胞，マクロファージ，および星状膠細胞などに感染する．FIVはこれまでにFIVのサブタイプはA〜Fの6型が確認されており，我が国ではA，B，C，D，四つのサブタイプのFIVが分布していることが知られている[24]．

c 主症状

APでは非特異的症状である発熱や，リンパ節腫大，白血球減少症，貧血，下痢などがみられる．ARC期では免疫異常に伴う症状が現れてくる．主なものには口内炎や歯肉炎，上部気道炎，消化器症状，皮膚病変，糸球体腎炎，前部ぶどう膜炎などが挙げられる．AIDS期ではいわゆる免疫不全に関連する症状を呈する．これにはクリプトコックス症，カンジダ症，ヘモプラズマ症，毛包虫症(ニキビダニ症)といった各種の日和見感染症や，貧血あるいは汎血球減少症，神経症状(脳炎)，腫瘍などがある．この臨床病期の進行と血中ウイルス量には相関があると考えられている．

d 診断

FIV感染症の診断は，臨床症状，臨床検査所見，ウイルス学的検査所見より行う．臨床検査所見はARC期以降では，好中球減少症，非再生性貧血，血小板減少症などがみられ，多クローン性γグロブリン血症が多くの症例で確認できる．AIDS期に入るとリンパ球減少症，CD4陽性細胞の減少とCD8陽性細胞の増加，CD4/CD8比の逆転などがみられる．

ウイルス感染の確認は，一般に血液中の抗FIV抗体をELISA法により検出することで行われる．感染が成立し抗体が産生されるまでの期間は，猫によって異なるが約1～2カ月程度ある．それまでの期間は抗体陰性となる．感染の可能性のある猫については，6～8週間後にもう一度評価することが必要である．また6カ月齢未満の猫における評価も注意が必要で，母猫がFIVに感染している場合，母親からの移行抗体を有しているため陽性となる可能性がある．このような猫では6カ月齢以上に成長した後にもう一度評価する必要がある．その他PCR法やRT-PCR法によるプロウイルスDNA検出を行うことができる．

e 治療

FIV感染猫の治療は，ウイルスに対する原因治療よりむしろ発症している疾患あるいは症状に対する対症治療が中心となる．免疫不全に伴う二次感染の管理や，FIV感染による免疫異常(過剰免疫反応)に伴って生じる病変に対して治療が行われる．口内炎や歯肉炎は非特異的なリンパ球の活性化が関与していると考えられているため，ステロイド剤の投与と二次感染防止のための抗菌薬の投与を行う．

参考文献

1. Tanahara M, Miyamoto S, Nishio T et al.(2010): J Vet Med Sci. 72, 1575-81.
2. 下田哲也，野呂浩介(1990)：日獣会誌．43，673-676.
3. Harrus S., Waner T., Bark H.(1997): Comp Cont Ed Prac Vet. 19, 431-444.
4. Dumler JS, Barbet AF, Bekker CP, et al.(2001): Int J Syst Evol Microbiol. 51, 2145-2165.
5. Weisiger RM, Ristic M, Huxsoll DL(1975) J Vet Res. 36, 689-694.
6. Iguchi A, Matsuu A, Ikadai H, et al.(2012)：Vet Parasitol. 185, 145-150.
7. Woldejiwet Z.(2006): Ann NY Acad Sci. 1078, 438-445.
8. Madigan JE, Gribble D (1987): J Am Vet Med Assoc. 190, 445-448.
9. Ohashi N, Inayoshi M, Kitamura K, et al. (2005): Em Infect Dis. 11, 1780 -1782.
10. 福井祐一，福井祐子，村啓太ほか(2016):日獣会誌．69, 97-100.
11. Harvey JW, Simpson CF, Gaskin JM(1978)：J Infect Dis. 137, 182-188.
12. Inokuma H, Raoult D, Brouqui P(2000): J Clin Microbiol. 38, 4219-4221.
13. Inokuma H, Fujii K, Matsumoto K, et al.(2002)：Vet Parasitol. 110, 145-152.
14. Hwang SJ, Yamasaki M, Nakamura K, et al.(2010): J Vet Med Sci. 72, 765-771.
15. 猪熊壽(2013)：SAMedicine. 15, 76-78.
16. Granick JL, Armstrong PJ, Bender JB(2009): J Am Vet Med Assoc. 234, 1559-1565.
17. Korn B, Galke D, Beelitz P, et al.(2008): J Vet Intern Med. 22, 1289-1295.
18. Mazepa AW, Kidd LB, Young KM, et al.(2010): J Am Anim Hosp Assoc. 46, 405-412.
19. 辻本元，小山秀一，大草潔ほか監修(2015)：犬と猫の治療ガイド2015，677-679，インターズー
20. Vincent-Johnson N, Macintire DK, Baneth G(1997): Comp Cont Ed Pract Vet. 19, 51-56.
21. Fukumoto S, Suzuki H, Igarashi I, et al.(2005): Int J Parasitol. 35, 1031-1035.
22. Ishida T, Washizu T, Toriyabe K, et al.(1989): J Am Vet Med Assoc. 15, 221-5.
23. Konishi K, Sakata Y, Miyazaki N, et al.(2008): Vet Parasitol. 155, 204-208.
24. Nakamura Y, Nakamura Y, Ura A, et al.(2010)：J Vet Med Sci. 72, 1051-1056.

25. Abdullahi SU, Mohammed AA, Trimnell AR, et al.(1990)：J Small Anim Pract. 31, 145-147.
26. Casapulla R, Baldi L, Avallone V, et al.(1998)：Vet Rec. 142, 168-169.
27. Irwin PJ, Hutchinson GW(1991)：Aust Vet J. 68, 204-209.
28. Murase T, Iwai M, MaedeY(1993)：Parasitol Res. 79, 269-271.
29. Yamasaki M, Otsuka Y, Yamato O, et al.(2000)：J Vet Med Sci. 62, 737-741.
30. Ano H, Makimura S, Harasawa R(2001)：J Vet Med Sci. 63, 111-113.
31. Suzuki K, Wakabayashi H, Takahashi M, et al.(2007)：J Vet Med Sci. 69, 563-568.
32. Wernwr LL, Gorman NT(1984)：Vet Clin North Am Small Anim Pract. 14, 1039-1064.
33. Hardy WD Jr.(1981)：J Am Anim Hosp Assoc. 17, 951-980.
34. Pederson NC.(1987)：Adv Exp Biol Med. 218, 529-550.
35. Pederson NC, Theilen G, Keane MA(1977)：Am J Vet Res. 38, 1523-1531.
36. Scott DW(1973)：J Am Anim Hosp Associ. 9, 530-539.
37. 下田哲也，真下忠久，松川拓哉ほか(2000)：動物臨床医学．9, 187-192.
38. Yamamoto JK, Sparger E, Ho EW, et al.(1988)：Am J Vet Res. 49, 1246-58.

30 神経系，内分泌系

問題となる主な病原体の一覧

1）細菌
Streptococcus spp., *Staphylococcus* spp., *Pasteurella* spp., *Actinomyces* spp., *Nocardia* spp., *Escherichia coli*, *Klebsiella* spp.，嫌気性菌

2）真菌
Cryptococcus neoformans, *Aspergillus* spp., *Blastomyces dermatitidis*, *Coccidioides immitis*, *Cladosporium* spp., *Histoplasma* spp.

3）原虫
トキソプラズマ（*Toxoplasma gondii*），
ネオスポラ（*Neospora caninum*），
自由生活性アメーバ（*Acanthamoeba castelanii*, *Acanthamoeba culbertsoni*, *Naegleria fowleri* など）

4）ウイルス
犬ジステンパーウイルス，狂犬病ウイルス，犬ヘルペスウイルス，オーエスキー病ウイルス，猫伝染性腹膜炎ウイルス，猫免疫不全ウイルス，猫パルボウイルス，ボルナ病ウイルス

5）寄生虫
犬糸状虫（*Dirofilaria immitis*）

神経系

a 細菌性髄膜脳炎・脊髄炎

1 この疾患について

細菌性髄膜炎（bacterial meningitis: BME）は細菌感染による髄膜炎の総称である[1,2]．化膿性髄膜炎とも呼ばれ，ウイルス感染が主体である無菌性髄膜炎と対をなす．本症の病態は細菌の直接浸潤だけではなく，それによって遊走してきた炎症細胞がもたらすサイトカイン・ケモカイン・酸化窒素などによる炎症カスケードの亢進が大きく関与する．炎症メディエーターであるインターフェロン，TNF α，プロスタグランジンなどは脳浮腫，脈管炎，梗塞病変などの原因になる．主な感染経路は中耳炎，副鼻腔炎などからの直接波及や，肺炎，心内膜炎などからの菌血症による血行性波及，頭部外傷，脳外科手術などによる経路が考えられる[1,2]．

2 主要病原体

Streptococcus spp., *Staphylococcus* spp., *Pasteurella* spp., *Nocardia* spp., *Escherichia coli*, *Klebsiella* spp.，嫌気性菌（*Actinomyces* sp., *Fusobacterium nucleatum*）など

3 | 主症状

品種，年齢，性別を問わず発生する．発症部位によって様々な神経学的機能異常が急性かつ急速進行性に発症する．発熱や頸部の知覚過敏が犬のBMEの20％で認められる．

4 | 診断

多くの場合CSF検査によって診断される[1,2]．可能な限り病原診断を行うことが望ましい．CSF沈渣中に変性または中毒性変化を伴った好中球が出現し，グルコース濃度の低下（CSF中グルコース濃度の基準範囲は34～140.9 mg/dL）が認められる．細菌そのものを検出できることもある．その他，病歴，血液検査，MRI検査所見からも疑うことができる．血液検査では白血球増加症，白血球減少症，血小板減少症などが，生化学検査ではALTやALPの増加，低血糖，高血糖などが認められることがある．MRI検査では膿瘍の形成やびまん性の病変が認められ，脳浮腫や閉塞性水頭症が認められることがある．

5 | 治療

治療は抗菌薬の投与である[1,2]．細菌が検出されれば培養・感受性試験を行って適切な抗菌薬を選択する．抗菌薬は血液脳関門の通過が可能なアンピシリンや嫌気性菌に効果のあるメトロニダゾール，グラム陰性菌に効きやすいエンロフロキサシン，オルビフロキサシンや第三世代セフェム系なども有効である．投薬は2週間以上が推奨される．MRI検査/CT検査で頭蓋内に膿瘍が認められる場合には外科的摘出術を考慮する．予後はおおむね不良である．

6 | 原因微生物について

病原体となる菌群は非特異的である．

b 真菌性髄膜脳炎

1 | この疾患について

真菌性髄膜脳炎（fungal meningoencephalitis: FME）は真菌のCNSへの侵入により生じる髄膜脳炎である．感染経路は鼻腔や前頭洞などから頭蓋内へ侵入するか，もしくは血行性が考えられる[1,2]．

2 | 主要病原体

Cryptococcus neoformans[注1], *Aspergillus* spp., *Blastomyces dermatitidis*, *Coccidioides immitis*, *Cladosporium* spp., *Histoplasma* spp.など

注1：クリプトコックス属の分類は近年変更になり，*Cryptococcus neoformans* var. *neoformans* は *C. deneoformans*, *C. neoformans* var. *grubii* は *C. neoformans*, *C. neoformans* var. *gattii* は *C. gattii* と改称された．詳細はp.249を参照

3 | 主症状

品種，年齢，性別を問わず発生するが，アメリカン・コッカー・スパニエルやシャム猫は*Cryptococcus*に感染しやすい．発症部位によって様々な神経学的機能異常が急性かつ急速進行性に発症する．病変は前脳や脳幹部で認められることが多い．また，*Cryptococcus*によるFMEでは眼（特にぶどう膜炎），鼻，前頭洞など，頭部の頭蓋外に炎症所見を認めることがある[1,2]．

4 | 診断

主にCSF検査によって診断される．多くの場合，CSF沈渣中に真菌が検出される[3]（**図30-1**）．また，混合型の髄液細胞増加症，タンパク質濃度の上昇が認められる．CSFや血清中の真菌に対する抗体価の測定も価値があるとされている．特に*Cryptococcus*, *Coccidioides*, *Blastomyces*は信頼性が高いとされている[1,2]．MRI検査では病変部が造影増強されるとともに，周囲に浮腫が認められる[3]．肉芽腫性の病変を形成し，マス・エフェクトが認められることもある．血液検査では貧血や好中球増加症が，生化学検査では高カリウム血症が認められることがある．クリプトコックス症では抗原検査が有益である．

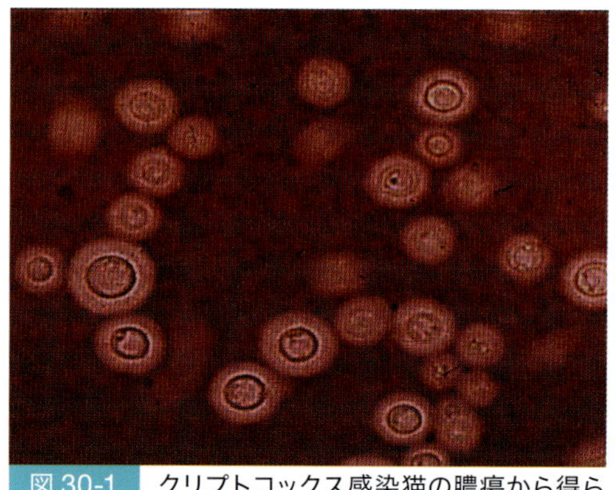

図30-1　クリプトコックス感染猫の膿瘍から得られた塗抹像（墨汁標本）．莢膜に囲まれた病原体が認められる．

5 | 治療

抗真菌薬が一般的である．イトラコナゾール（5 mg/kg SID～BID PO），フルコナゾール（2.5～5 mg/kg SID PO）は血液脳関門を越えてCNSへ作用できる．巨大な肉芽腫が形成されている場合には外科的摘出も考慮する．数カ月以上にわたる投薬期間と，再度のCSF検査により真菌が駆逐されたのを確認したうえで休薬することが推奨されている[1,2,3]．

6 | 原因微生物について

*Cryptococcus*は担子菌の一種で，酵母状の無性世代を指し，有性胞子を形成する完全世代の属名は*Filobasidiella*とされた．空気中や土壌中に常在しているが，健常な状態の犬・猫では鼻腔などに

常在していても問題になることはない．何らかの理由で免疫が低下していると感染する危険性が増す．また鳥類は不顕性感染しているものが多くいることから，鳥類，特に鳥類の糞との接触や喧嘩などによる傷から感染する場合もある[1]．

c トキソプラズマ症

1 この疾患について

終宿主は猫で，ヒトを含むほとんどの恒温動物が中間宿主になりうる．猫の糞便中にオーシストが排出され，経口・経胎盤にて感染する．感染後は体内で迅速に増殖し，リンパや血液を介して多臓器へ侵入する．宿主の免疫反応によって増殖が抑制されると，その組織中にてシストを形成する(**図30-2**)．

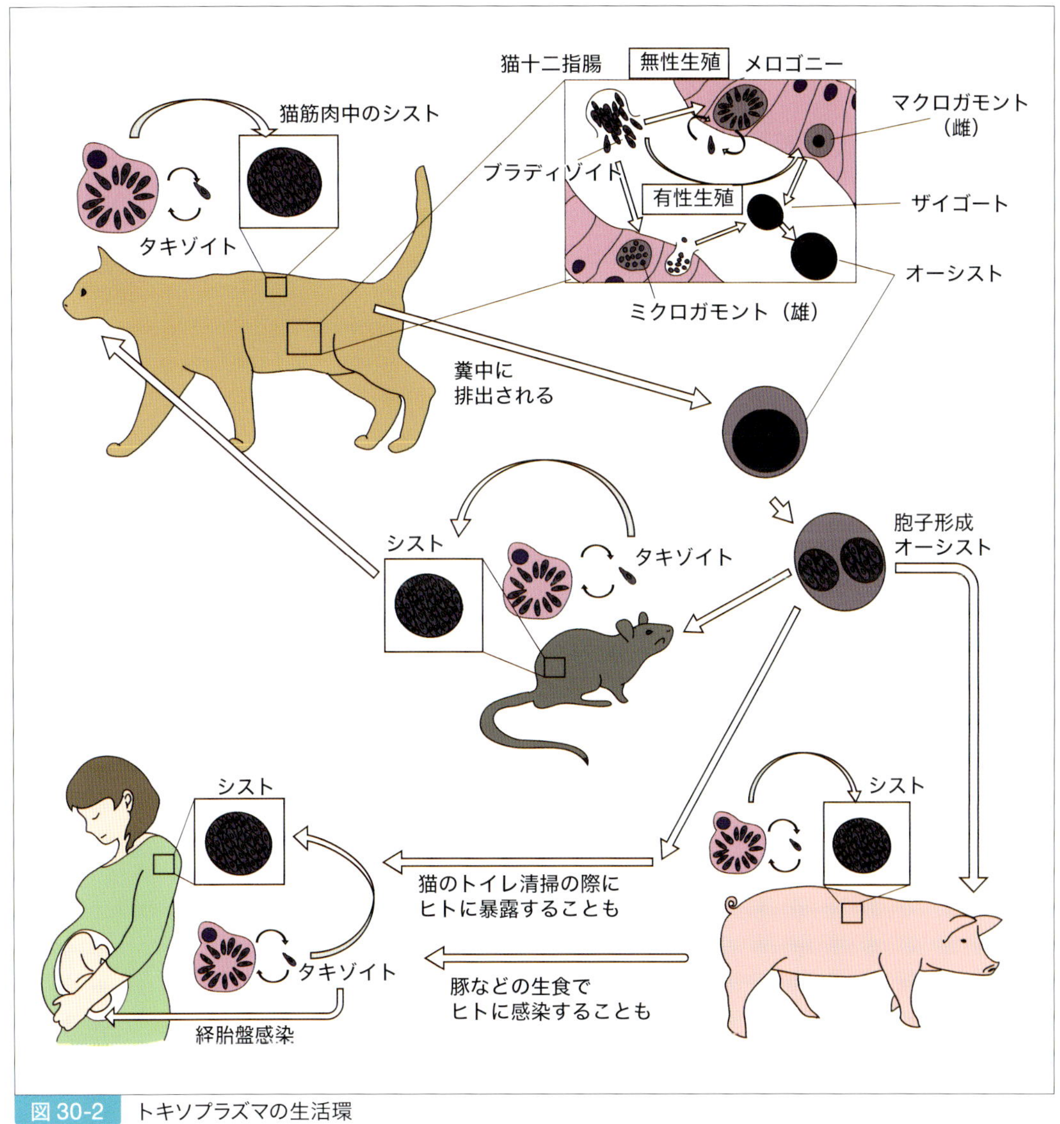

図 30-2 トキソプラズマの生活環

2 | 主要病原体

Toxoplasma gondii

3 | 主症状

多臓器に感染拡大するため，筋炎，脳炎，肺炎，網膜炎など様々である（**図30-3**）．主な神経症状は意識障害，てんかん発作，視覚異常，運動失調，不全麻痺などである．神経症状のみを呈することは稀である．特に猫で本菌による脳脊髄炎の発症は珍しい[1,4]．

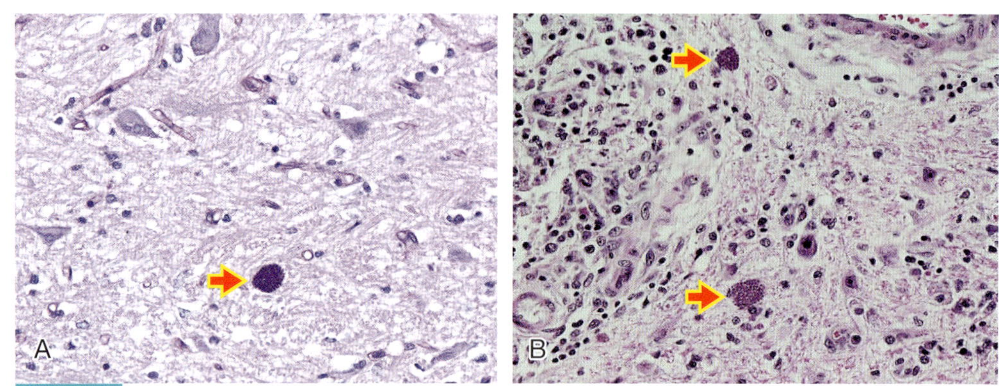

図30-3 A: トキソプラズマ症の猫の脳，B: ネオスポラ症の犬の脳．シストが脳実質中に侵入している（矢印）．提供: 内田和幸先生（東京大学）

4 | 診断

診断には，病原体に対する抗体産生の有無を検出するELISAが用いられている．特にCSF中から高い抗体価が得られた場合にはこの病原体の中枢への侵入が示唆される．他にも組織生検，免疫検査による血中・CSF中の抗体や抗原の検出，PCRによる遺伝子検出などが用いられている[1,4]．

5 | 治療

クリンダマイシン（猫：12.5～25 mg/kg BID，犬：10～20 mg/kg BID）が選択される．ステロイドの使用は禁忌である[1]．

6 | 原因微生物について

*Toxoplasma gondii*はアピコンプレックス門コクシジウム綱に属する．ヒトを含む幅広い恒温動物に寄生する可能性があり，トキソプラズマ症を引き起こす．トキソプラズマの終宿主は猫で，ネコ科の腸内でのみ有性生殖が行われる．すなわち猫の腸の粘膜上皮細胞の中で有性生殖（ガメトゴニー）が起きる．一方，他の幅広い恒温動物に対しては中間宿主として感染可能で，ここでは無性生殖が行われる．主な感染経路は経口感染で，中間宿主の腸管壁から宿主体内へ侵入すると，タキゾイトとなって分裂増殖する．通常は宿主の免疫によって排除されるが，この血流中のタキゾイトは，胎盤を経由して胎子に移行することがあり，注意が必要である．また，免疫不全に陥っていたり，免

疫系の作用が及びにくい筋肉や脳に感染が及ぶと，そこでシストを形成してその中でブラディゾイトが増殖する．猫から排出されたオーシストの中でスポロゴニーが起こる．オーシストの排出は数週間でおさまるが，排出されたオーシストは生体外の一般環境下で数カ月以上感染力を持つ．

d ネオスポラ症[5]

1 この疾患について

*Neospora caninum*の感染に起因する麻痺を主徴とする疾病である．犬，牛，めん羊，鹿などが罹患する．牛，水牛では届出伝染病である．非化膿性脳脊髄炎，骨格筋炎，肝臓の巣状壊死が認められ，病変部にはタキゾイトが観察される．中枢神経にはシストも観察される．

2 主要病原体

Neospora caninum

3 主症状

日本での発生報告は極めて稀であるが，血清抗体陽性率は7～31％と報告されている[5]．発生に地域性・季節性・性別・品種別の傾向はない．年齢にかかわらず発症し，特に胎子期に感染した場合重篤化する．主症状は運動失調，麻痺(特に後肢から)，皮膚炎．不顕性感染も多く，妊娠時に再活性化して垂直感染することがある．

4 診断

PCR法により，本原虫特異的核酸の検出が可能である．また，間接蛍光抗体法，ELISA，ドットブロット，凝集法による抗体検査が可能である．病理学的検査に基づくタキゾイトあるいはシストの検出によって確定診断される．鑑別疾患には犬ジステンパー，蓄積病などが挙げられる．

5 治療

発症初期にクリンダマイシン，ピリメタミン，サルファ剤などが使用される．

6 原因微生物について

*Neospora caninum*は，アピコンプレックス門，コクシディア目，ザルコシスティス科，ネオスポラ属に属する原虫である．犬を終宿主ならびに中間宿主とする．コヨーテやディンゴなど，他のイヌ科動物も終宿主となる可能性がある．牛，めん羊および山羊などが中間宿主となる．実用的なワクチンはない．

e 自由生活性アメーバ感染症[5]

1 この疾患について

淡水中に生息する自由生活性アメーバが，水中に入った動物の鼻の粘膜を通って中枢神経系に到達して発症する．脳に到達した場合には，炎症，組織の死滅，出血が起きる．

2 | 主要病原体

Acanthamoeba castelanii, *A. culbertsoni*, *Naegleria fowleri* など

3 | 主症状

グレーハウンドでの発生が知られており，主には幼若犬で認められる．主症状は肺炎，脳炎．感染初期に軽度の鼻汁，眼漏，食欲不振，嗜眠，発熱を呈し，神経機能不全に陥る．重症例では四肢麻痺，横臥が認められる．

4 | 診断

生前診断は困難とされる．肺や脳に肉芽腫性炎症性病変を生じる．直接蛍光抗体法による虫体の検出，PASもしくはGomoriのメテナミン銀染色でシストを染色して確定診断する．

5 | 治療

有効な治療法は確立していない．ワクチンはない．

6 | 原因微生物について

自由生活性アメーバとは宿主なしで独立して生息することができるアメーバを指す．赤痢アメーバをはじめとする寄生性アメーバとはこの点で異なる．自由生活性アメーバは通常は土壌や淡水中で生息するが，動物の体内に迷入して病気を引き起こすことがある．病原性のある自由生活性アメーバは，*Naegleria*属，*Acanthamoeba*属，*Balamuthia*属，*Sappinia*属のいずれかである．自由生活性アメーバによる髄膜脳炎は国内，ヒトにおいても複数の報告がある．

f 犬ジステンパー脳炎・脊髄炎[1,6]

1 | この疾患について

感染した犬から排泄された呼吸器排出物，糞便，尿を介して，経口・経気道にて感染する．幼少期の犬は罹患しやすく，2カ月齢～1歳までに発症する例が多い[7]．病原体はリンパ・網内系組織に侵入した後[8]，中枢神経系へ進行する．感染から10日のうちに中枢神経系に到達すると考えられている[9]（**図30-4**）．犬に対して高い感受性を示し，ほとんどの食肉目の動物に感染する可能性がある[10]．ヒトには感染しない．

2 | 主要病原体

パラミクソウイルス科モルビリウイルス属犬ジステンパーウイルス（CDV）

3 | 主症状

犬ジステンパーウイルス感染症（canine distemper virus infection: CDI）の潜伏期間は5～8日である[1]．初期（数日間）の主症状は一過性の発熱，軽度の結膜炎，扁桃炎，不明瞭な消化器症状である[6]．その後，二峰性の高熱，食欲不振，体重減少，脱水，鼻炎，膿性鼻汁，気管支肺炎，呼吸困難，眼

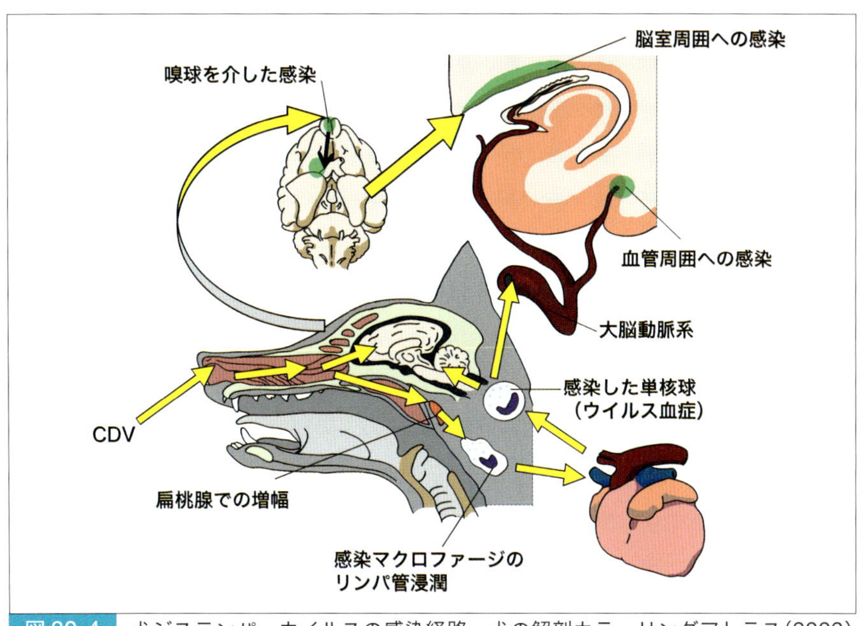

図 30-4　犬ジステンパーウイルスの感染経路．犬の解剖カラーリングアトラス(2003)/学窓社より引用して改変

脂，結膜炎，網膜炎，嘔吐，粘液性・粥状下痢などが認められ，全身状態が悪化する[6]．

犬ジステンパー脳炎・脳脊髄炎(canine distemper encephalitis/encephalomyelitis: CDE)は，CDIの激しい症状の後に生じる場合と，神経症状のみ限局して生じる場合とがある[4,11]．主な神経症状は間代性痙攣，後駆麻痺，運動失調，ミオクローヌス，旋回運動などである．特にミオクローヌスはCDEに特徴的な症状で，複数肢および頭部で認められる[6](必ず発症するわけではない)．1歳未満の若齢犬ではてんかん発作などの前脳症状が多く認められ，1歳以上では小脳前庭系の異常を示すことが多い[7]．5歳以上では機能障害が顕著になり，視覚異常，旋回運動，ミオクローヌスを示すようになる[7]．

CDV感染犬の病原体の排出は30〜90日間がピークで，その後は抗体価の上昇によって神経や眼を除く多くの組織では駆逐され，排出も減少する[4]．呼吸器・消化器症状が改善した後，慢性経過症例では鼻鏡や足裏の角化亢進(ハードパッド症)が認められることがある[12](**図30-5**)．また，エナメル質の形成不全が認められることもある[6]．

4 | 診断

CDEの確定診断は剖検時の脳実質組織中の封入体の確認やウイルスの分離によって行われる[13](**図30-6**)．生前診断は難しく，飼育地域近隣の発症状況，臨床症状，他の検査所見などから総合的に判断する必要がある．白血球や赤血球に封入体が認められたり[6]，CSF中にCDV抗体が高濃度に認めたりすれば診断の一助になる．血液混入のないCSF中のCDV抗体価が血清中の200分の1以上であればCDV感染が疑われる[2,6]．RT-PCRによるCDV遺伝子の検出法も試みられている[14]．MRI検査では急性期から亜急性期にT2強調画像およびFlair画像にて高信号を認めることがある[15]．

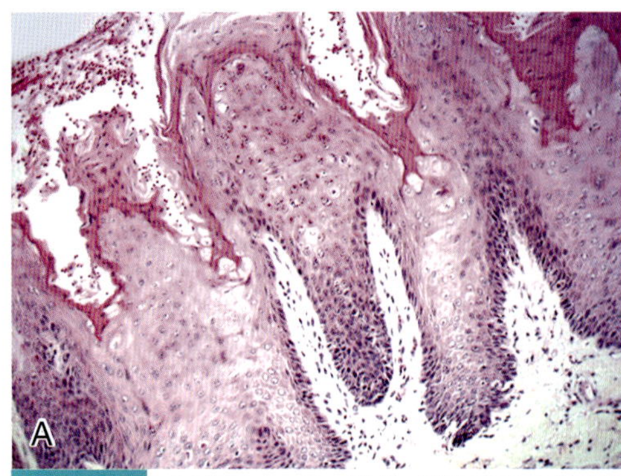

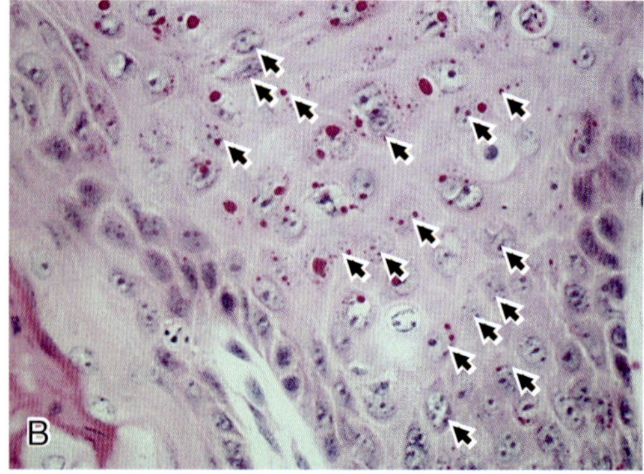

図 30-5 犬ジステンパー脳炎・脳脊髄炎を発症した犬にみられる「ハードパッド」の病理所見．A：角化の亢進，B：細胞質内に封入体（矢印）が認められる．提供：内田和幸先生（東京大学）

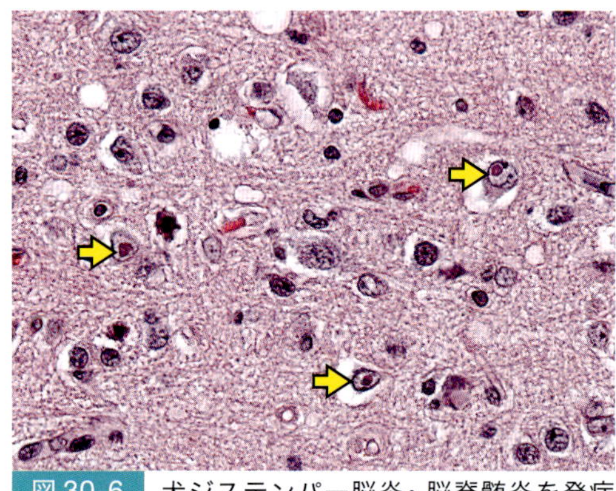

図 30-6 犬ジステンパー脳炎・脳脊髄炎を発症した犬の核内封入体を持つ神経細胞（矢印）．提供：内田和幸先生（東京大学）

5 | 治療

ワクチンの接種によって予防する（通常，5種混合ワクチンに含まれている）が，発症した場合，有効な治療法はなく，CDEの一般的な予後は不良である[6]．進行性の神経機能不全が強い場合は死亡するか安楽死が選択されるが，対症療法で維持できる場合も存在する．

対症療法は支持療法，予防的抗菌薬の投与，抗てんかん薬（フェノバールが選択される．プロカインアミドやクロナゼパムによるミオクローヌス治療はあまり効果がない），抗炎症量のプレドニゾロンなどが実施される[1]．

6 | 原因微生物について

CDVはパラミクソウイルス科，モルビリウイルス属に属する一本鎖マイナス鎖RNAウイルスである[16]．細胞質内と核内に封入体を形成する．Fタンパク質による細胞融合能によって，隣接細胞にウイルスRNAが流入する cell-to-cell infectionが可能である．こうした特性から，持続感染を起こしやすい．モルビリウイルス属のウイルスには他に牛疫ウイルス，麻疹ウイルスなどがあり，高い伝染力を有するものが多い[16]．

g 狂犬病ウイルス脳炎

1 この疾患について

犬，猫，コウモリ，ヒトなど，すべてのほ乳類に感染する[17]．日本国内では狂犬病の発生はここ約60年報告されていないが，周辺国では発生している[18]．感染動物による咬傷から病原体が筋肉中に接種されて感染する[17,18]（**図30-7**）．その後末梢神経を介して中枢神経が侵され，中脳，脳神経節，頸髄などで重度の障害が起き，大脳へと進行する．また，この際に唾液腺にも広がり，流涎の原因になる．心臓や皮膚へも遠心性に拡大していく．

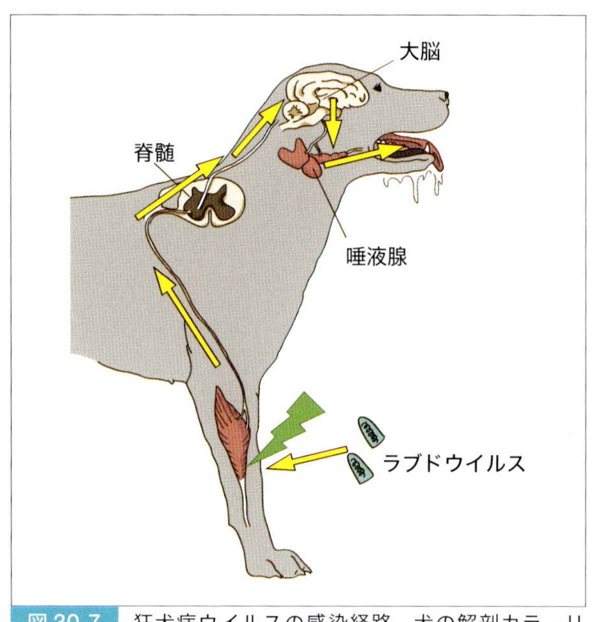

図30-7 狂犬病ウイルスの感染経路．犬の解剖カラーリングアトラス(2003)/学窓社より引用して改変

2 主要病原体

ラブドウイルス科リッサウイルス属狂犬病ウイルス（rabies virus: RV）である．

3 主症状

潜伏期間は4～6週間程度である[18]．前駆期，狂躁期，麻痺期に分けられる[19]．前駆期では発熱，性格の変化，行動異常，てんかん発作などが認められる．狂躁期では興奮状態，光や音に対する神経過敏，進行性の不全麻痺，意識レベルの低下，頭部押し付け行動などが認められる．麻痺期には歩行不能，咀嚼筋麻痺による下顎下垂，流涎，嚥下困難を呈し，昏睡状態となって死亡に至る[18,19]．

4 診断

診断には病理組織学的検査，脳組織を用いたRT-PCR法によるウイルス特異遺伝子の検出，脳組織を用いた直接蛍光抗体法によるRV抗原の検出，マウスへの摂取によるウイルス分離法などがある[6]．病理組織では囲管性の単核球細胞浸潤，グリア小節，細胞質内のネグリ小体が脳幹部で認められる[20](**図30-8**)．

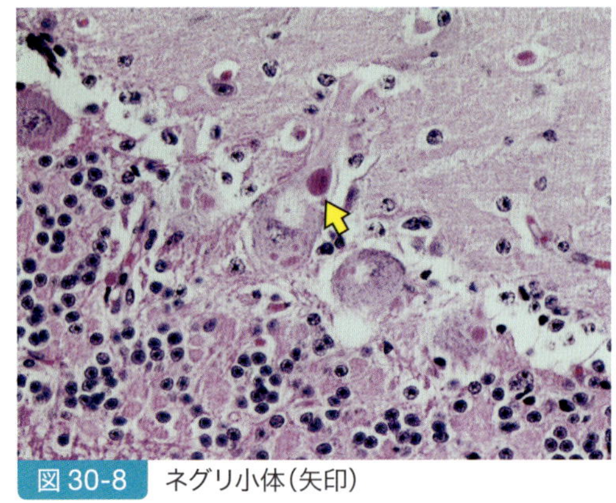
図 30-8 ネグリ小体(矢印)

5 | 治療

ワクチンの接種によって予防する[18]が，有効な治療法はなく，発症すれば予後不良である．我が国に侵入させないことが最も重要である．狂犬病は日本などの一部地域を除いて，世界中で発生しており，毎年50,000人以上が亡くなっている．日本では，狂犬病予防法(1950年施行)による犬へのワクチン接種の義務化と野犬の捕獲により，1957年以降ヒトも犬も感染による狂犬病の発生は報告されていない[18]．本症を疑診ないし診断した場合は，治療せず直ちに保健所に届ける(獣医師の義務)．

6 | 原因微生物について

RVはラブドウイルス科リッサウイルス属に分類される，一本鎖マイナス鎖RNAウイルスである[17]．ビリオンは弾丸のような特徴的な円筒形である[17](**図30-7**)．感染した細胞の細胞質で増殖する．RVは乾燥や熱，アルコール消毒で容易に不活化する．

h 犬ヘルペスウイルス脳炎

1 | この疾患について

犬の新生子の感染症として認められる[21]．子宮内，出産時，新生子期に様々な経路より感染する[22](**図30-9**)．神経病に至る場合はほぼ経胎盤感染である[22]．

2 | 主要病原体

ヘルペスウイルス科犬ヘルペスウイルス(CHV)

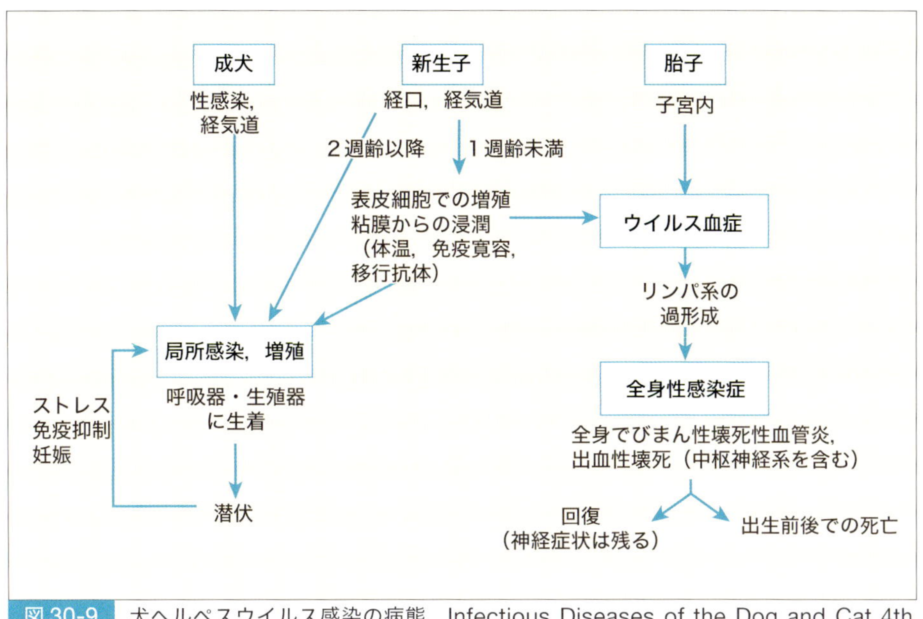

図30-9 犬ヘルペスウイルス感染の病態．Infectious Diseases of the Dog and Cat 4th Edition (2011) Saundersより引用して改変

3 | 主症状

潜伏期間は3〜7日間である．生後1〜3週間までに発症した場合は重篤化し，致死的なことがある[23]．嘔吐，食欲不振，点状出血，鼻汁を呈する[23]．CHV感染により脳炎に発展すれば，中枢神経症状が認められ，仮に回復したとしても小脳性運動失調は後遺症として認められる．ただ，CHV感染が脳炎にまで及んだ例は，日本では報告されていない[1]．2週齢を過ぎて感染した場合には不顕性感染になることが多い[1]．

4 | 診断

臨床症状や死後の病理組織学的所見により診断される．脳の病理組織では脳幹部や小脳皮質に広い範囲の壊死が認められる[20]．

5 | 治療

特異的な治療はなく，予後不良である[1]．

6 | 原因微生物について

CHVはヘルペスウイルス科の線状二本鎖DNAウイルスである[20,22]．ヒトの病原体としては，単純ヘルペスウイルス，水痘・帯状疱疹ウイルス，サイトメガロウイルスなどがある．核内に封入体が作られる．獣医学領域ではCHVの他に，牛ヘルペスウイルス，豚ヘルペスウイルス，馬ヘルペスウイルス，猫ヘルペスウイルス，鳥類の伝染性喉頭気管炎ウイルスなどがある．ヘルペスウイルスは乾燥，熱，UVで容易に不活化する．

i オーエスキー病

1 この疾患について

多くは豚で認められる病原体で，幼若豚や妊娠豚に感染すると重篤な症状を示すが，成熟豚に感染した場合は不顕性になる[24]．牛，馬，めん羊，山羊，犬，猫などの他の動物にも自然感染することがあり，その場合は強い瘙痒行動を伴う神経症状を示して死亡する[24-27]．ヒトには感染しないとされている．犬，猫では，飼育周辺地域のオーエスキー病の発生状況に応じて発症しており，感染豚との接触，もしくは感染豚の生肉食によって経口にて感染している可能性が高い[26,27]．犬から犬への感染拡大は認められていない．

2 主要病原体

オーエスキー病ウイルス(pseudorabies virus: PRV)．豚ヘルペスウイルス1型とも呼ばれる．

3 主症状

潜伏期間は3～6日である[24]．PRVは口腔粘膜などの神経終末から侵入して神経線維を逆行性に進行し，脳神経を通過して大脳に感染する[28]．症状は甚急性に認められ，48時間以内にほぼ死亡する．初めは沈うつ状態か狂躁状態といった行動異常が認められる．呼吸困難，下痢，嘔吐が認められることがある[24]．激しい流涎とともに，主に頭部に強い瘙痒を示し，激しくかきむしったり壁や床に擦り付けたりする[24]．こうした自傷行為は痙攣やひきつけを起こして倒れるまで続く．その様子が狂犬病に似ていることから仮性狂犬病とも呼ばれる．他の神経症状はPRVに侵された場所によって異なるが，多くの場合は片側性の麻痺や，散瞳，対光反射消失，開口障害，顔面神経麻痺，斜頸，嚥下障害，変声などとして認められる[24,29,30]．

4 診断

診断には大脳や扁桃腺などの組織の蛍光抗体による免疫染色が必要である[31]．PCRによるウイルス遺伝子の検出も有効な方法である．豚では血清中の抗体価をELISA法などで測定する方法が用いられているが，犬では甚急性の発症のため血中に抗体は産生されておらず用いることができない．血液検査では特異的な所見は認められない．CSF中のタンパク質濃度の上昇や単球の増加が認められることがある．

5 治療

特異的な治療はなく，予後不良である[32]．予防は豚肉の生食を避け，みだりに豚に接触しないことが重要である．本疾病に関する報告は欧米では多数存在するが，日本での発症についてまとまった報告は見当たらない．しかしオーエスキー病自体は日本にも常在しているため，注意が必要である．

6 原因微生物について

PRV，すなわち豚ヘルペスウイルス1型(オーエスキー病ウイルス)はヘルペスウイルス科の線状二本鎖DNAウイルスである．核内および細胞質内に封入体が形成される[24]．届出伝染病である．豚での感染では若齢の豚は致死率が高く，生後2週齢では震え，痙攣，四肢硬直，昏睡などの神経症状を示して死亡する．肥育豚での感染の場合，肺炎や発育不良が認められることもあるが，多くの場合不顕性である[24]．妊娠豚に感染すると流産や死亡胎子（黒子）が認められる．ヘルペスウイルスは乾燥，熱，UVで容易に不活化する．

j 猫伝染性腹膜炎ウイルス性髄膜脳炎・脊髄炎（CNS-FIP）

1 | この疾患について

FIPは猫伝染性腹膜炎ウイルス（feline infectious peritonitis virus: FIPV）によって起きる全身性疾患である[33]．FIPは全年齢の猫で罹患するが，3歳未満の発症が一般的である[1]．雑種より純血種で発生頻度が高く，雌猫より雄猫で発生割合が高い．病原体の感染経路は明確ではないが，糞便や唾液中のウイルスが経口・経鼻感染し，上部気道または腸管上皮細胞で増殖するとされている．FIPVは粘膜バリアを通過してマクロファージに感染後，血液を介して肝臓，腎臓，眼，中枢神経へ広がる[34]．

2 | 主要病原体

猫伝染性腹膜炎ウイルス（FIPV）

3 | 主症状

FIPVの感染数や株などによって様々であるが，一般的には発熱，食欲不振，元気消失，眼症状，呼吸器症状，CNS症状が認められる．FIPの病型には滲出型と非滲出型があり，滲出型では線維素性腹膜炎，胸膜炎により腹水，胸水が貯留する[34]．非滲出型では腹水・胸水は認められず，諸臓器に多発性の壊死性肉芽腫が認められる[1,34,35]．両者が混在する場合もある．

CNS症状はCNSでの炎症によるもので，FIP発症猫の約30％，非滲出型の45％以上で認められる[1]．炎症は大脳，小脳，脳幹の広範囲で生じ，脳実質よりも髄膜，脈絡膜，上衣層などの辺縁部で認められる．これらの病変によりCNSの通過障害が生じ，脳室の閉塞による後天的な水頭症が認められることも多い[36]．

一般的なCNS-FIPの臨床症状はてんかん発作，意識レベルの低下，眼振，ふらつき，振戦，固有位置感覚の低下，斜頸，測定過大，小脳性運動失調，威嚇瞬き反応の低下，採食困難，旋回運動などである[1,35]．

4 | 診断

確定診断には剖検が必要で，脳組織からのウイルスの分離か，化膿性肉芽腫などといった病理組織学的特徴から判断される[36]．

生前の診断は各種検査結果から総合的に判断する．猫コロナウイルスの血中抗体価測定は特異度が低くこれだけでFIPを診断するのは難しい．CSF検査では細胞数の増加やタンパク質濃度の上昇が認められ，CSF中の猫コロナウイルス抗体価が血中の抗体価より十分に高ければ（通常25倍以上とされる），必ずそうとは限らないが，CNS-FIPの可能性が高い[1,35]．眼底検査では脈絡網膜炎が認められることがある．血液検査では貧血，好中球増加などの他に高グロブリン血症が認められることが多い．その他，肝酵素，総ビリルビン濃度，クレアチニンの上昇が認められることがある[34]．MRI検査では，50％のCNS-FIP症例で脳室周囲の炎症所見と水頭症が認められる[2]．特に脳室壁の上衣層に強い増強効果が認められる[1]．

5｜治療

現在のところ，CNS-FIPにおける有効な治療法はない[35]．ステロイドの投与によって症状の改善が認められることがある．長期的な予後は不良である[1]．

6｜原因微生物について

FIPVはコロナウイルス科アルファコロナウイルス属に分類される猫コロナウイルスの一種で，一本鎖プラス鎖RNAウイルスである[37]．猫コロナウイルスはFIPを引き起こすFIPVと，感染しても軽い腸炎のみの猫腸コロナウイルス(FECV)が知られている[37]．FIPVはマクロファージに親和性を示し，マクロファージの細胞質内で増殖可能である．FIP発症猫の体内において，FIPVの陽性所見は単球/マクロファージ系細胞，化膿性肉芽腫，滲出液中に認められる．犬コロナウイルスや豚伝染性胃腸炎ウイルスと同じ群に属する[37]．FIPVとFECVの鑑別は遺伝子検査によって行う(検査センターへの依頼可)．

猫コロナウイルスは体外では不安定なウイルスで，室温では数分から数時間で感染性を失う．ただしタンパク質などによりウイルスが保護されている場合には，3～7週間は環境中で感染性が保たれることがある．ほとんどの消毒薬に対して感受性があり，環境中の消毒はアルコールや次亜塩素酸ナトリウムなどの使用が有効である．

k 猫免疫不全ウイルス関連性脳症

1｜この疾患について

病原体の主な感染経路は咬傷などによる体液の接触感染や母子感染が考えられている[38](**図30-10**)．猫においてこの病原体の交尾による感染は知られていない．猫および猫属に特異的なウイルスであり，犬やヒトに感染することはない．感染した猫の約30％は脳症を発症するとされる[2]．主なウイルスの潜伏場は白血球のT細胞であるが，脳症を起こす症例では感染初期に脳内に侵入し，主にミクログリアに感染する[2]．

2｜主要病原体

猫免疫不全ウイルス(FIV)

3｜主症状

FIV感染症による神経障害は主に前脳の機能障害である．攻撃性の亢進，舌なめずり，行動異常，徘徊などが慢性進行性に認められる[1]．

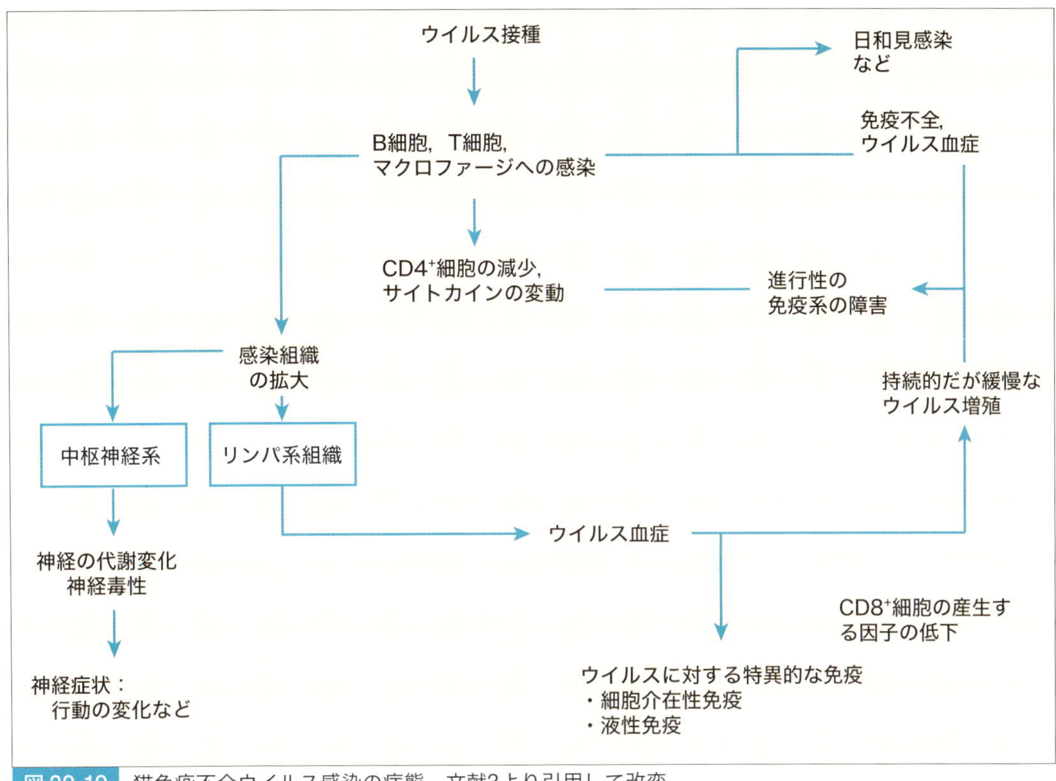

図 30-10 猫免疫不全ウイルス感染の病態．文献3より引用して改変

4 | 診断

FIV感染の有無はFIV抗原に対する抗体の検出法が確立しており，簡単に実施することができる．多くの場合感染から60日以内に抗体価の上昇が認められるため，喧嘩など感染の可能性のあるイベントがあった場合にはその60日以上後に検査することが推奨されている[38]．陽性と検出された場合，ワクチン接種歴がないようなら持続感染を示しており，ワクチン接種歴があるならさらにPCR検査を行うことで，抗体価の上昇がワクチンに対する抗体によるものなのか否かを判別する[38]（**図30-11**）．また6カ月齢未満の子猫で陽性が検出された場合は，移行抗体の可能性があるため6カ月齢以降に再検査することが推奨されている．脳の病理学的所見では白質への囲管性単核細胞浸潤や線維化が認められる[39]．さらに進行すると白質の虚血性変化や空胞変性，脱髄が認められる．

5 | 治療

慢性期のFIV感染症に対する特異的な治療法はない[1]．

6 | 原因微生物について

FIVはレトロウイルス科レンチウイルス属に分類され，一本鎖プラス鎖RNAウイルスである[17]．

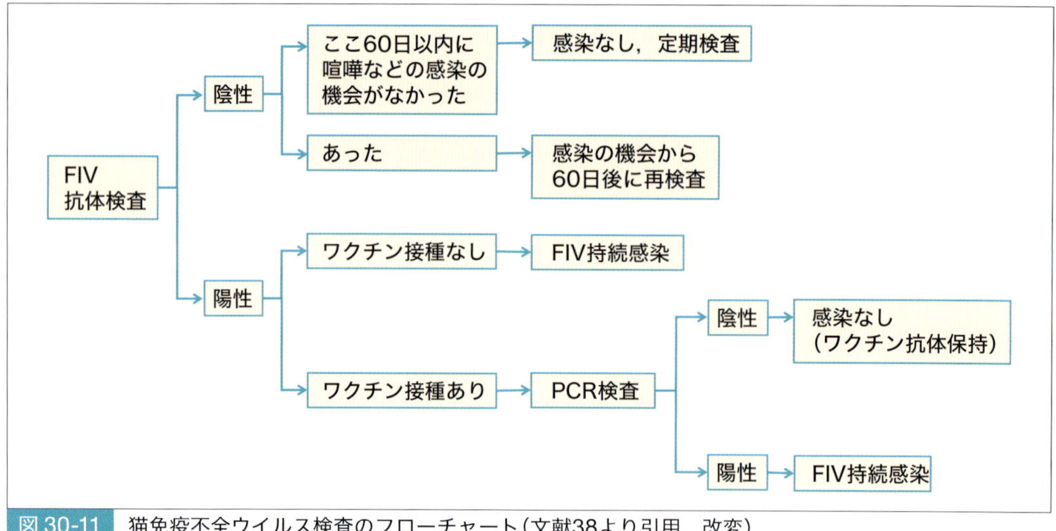

図 30-11 猫免疫不全ウイルス検査のフローチャート（文献38より引用，改変）

I 猫パルボウイルス感染症

1 この疾患について

猫パルボウイルスは汎白血球減少症を呈する病原体として知られるが，胎子期（特に妊娠末期）に経胎盤にて感染した場合，産まれる子猫には様々な障害が認められる[1,40]．神経病としては小脳の低形成が特徴的である[19,40]（**図30-12**）．生後2週齢以降に感染した場合には神経症状を呈することは稀である．ウイルスを排泄している猫との接触，糞便や吐物やその飛沫を経口・経鼻摂取することで感染が成立する[19,40]．パルボウイルスは種特異性が高く，猫パルボウイルスは犬には感染しない．

2 主要病原体

猫パルボウイルス（FPV）

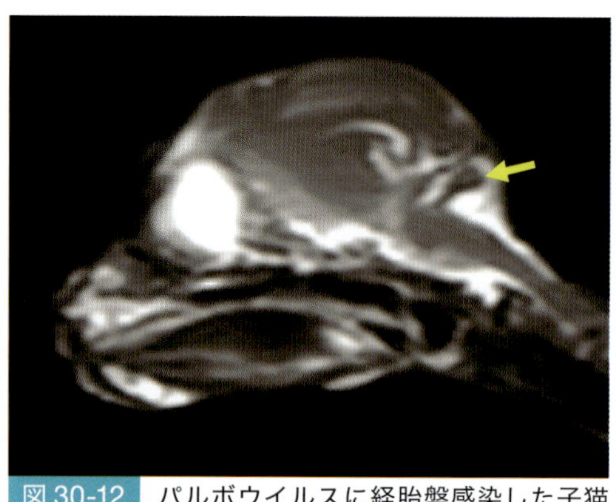

図 30-12 パルボウイルスに経胎盤感染した子猫の脳（MRI画像）．小脳の低形成（矢印）が認められる．

3 | 主症状

企図振戦，測定障害などの小脳性運動失調が認められる．新生子期～若齢で認められ，非進行性である．稀だがてんかん発作や行動変化など前脳症状を示すこともある[1]．

4 | 診断

PCRによるウイルスの遺伝子検出は全血，糞，組織サンプルを用いて行われるが，ウイルスの感染量が少ないと結果の信頼性は下がる[40]．プラーク法では，胎子期に実験的に感染させた3週齢，6週齢の猫の尿や糞便中からウイルス感染の検出に成功している[41]．

5 | 治療

母親の健康管理とワクチン接種歴が重要である（通常は3種混合ワクチンに含まれている）．出生後の感染猫に根本的治療法はないが，障害が軽度な場合は脳の代償作用によって平常飼育が可能なレベルに保たれることがある．重度の小脳症状を有する場合，生活には飼主の介護を必要とするが飼育できないわけではない．

6 | 原因微生物について

FPVはパルボウイルス科プロトパルボウイルス属に分類される直鎖一本鎖DNAウイルスである．ウイルス誘導性の細胞破壊によって顆粒細胞層を形成する軟膜下の神経芽細胞やプルキンエ細胞の形成を障害し，小脳の低形成を引き起こす[40,41]（**図30-12**）．ウイルスの環境耐性は強く，酸やアルカリなど各種溶剤に耐性があり，50℃までの熱にも耐える．このため環境中で6カ月以上感染性を維持するとされている．高濃度の次亜塩素酸ナトリウムやホルムアルデヒドなどを使わなければ不活化できない．

m ボルナ病ウイルス性脳炎

1 | この疾患について

ボルナ病ウイルスは馬で最初に発見され，その後ヒト，犬，猫などでの感染が確認されている[1,42,43]．また本病原体は猫ヨロヨロ病と呼ばれる猫の原因不明だった疾患に関連しているとされている[1]．馬の場合，急性型では数週間の潜伏期間の後に，微熱，知覚過敏，行動異常などを示し，痙攣，麻痺などに発展し，約80％が死亡する．強い神経指向性を持ち，中枢神経系へ持続感染する[42]．感染経路は明らかになっておらず，経鼻感染して嗅球の神経上皮に侵入する可能性や，血行性の感染，垂直感染などが考えられている．

2 | 主要病原体

ボルナ病ウイルス（BDV）

3 | 主症状

急性感染では重篤な致死性脳炎（ボルナ病）を引き起こすが，持続感染では不顕性感染から軽微な神経症状を呈する症例まで，その病態は様々である[1,44]．猫では千鳥足様の歩行をはじめとする神経症状が認められることがある(猫ヨロヨロ病の語源)．しかし不顕性感染が多いとされ，神経症状を認めない猫の血清の20％でBDV抗体が検出された例もある[44]．猫のBDV感染の臨床症状は食欲不振，発熱，活動性の低下，行動変化，異常興奮，焦点性てんかん発作，後肢の運動失調/不全麻痺，意識低下，測定障害，腰仙部の疼痛などが報告されている[42]．血液検査では白血球の減少を認めることがある．特に神経学的症状が重度なとき，リンパ球数の減少が認められる．血液生化学検査ではALTの上昇を呈することがある[1]．

4 | 診断

血清中にBDV抗体を認めればBDV感染が示唆される[42,45]．また，RT-PCRによるBDV RNAの検出も可能である[45]．しかしこれらの結果と神経症状や病理所見の重症度との間の相関性は低く，診断には注意が必要である．MRI検査では明確な所見を示さないことがある．病理学的には非化膿性脳炎を示し，小動脈周囲性に高度なリンパ球，マクロファージ，形質細胞浸潤が認められる．また，海馬における神経細胞の核内，稀に細胞質内に好塩基性封入体(Joest-Degen小体)が認められる[45]．慢性型では特徴的な症状は示さず，病理学的所見は認められない．

5 | 治療

ワクチンおよび特異的な治療法はない．発症後の予後はおおむね不良である[44]．

6 | 原因微生物について

BDVはモノネガウイルス目ボルナウイルス科に分類される，非分節型一本鎖DNAウイルスである[42]．細胞非傷害性であるBDVの病原性は必ずしもウイルス量に相関せず，感染細胞の質的変化・機能異常によるものと考えられている．

n 犬糸状虫症

1 | この疾患について

犬糸状虫*Dirofilaria immitis*の幼若成虫が中枢神経系に迷入して発症する．病理組織では脳実質内に虫体を認めるとともに，虫の徘徊による虫洞，出血巣，少数の炎症細胞の浸潤，小膠細胞の増殖などといった組織崩壊像が認められる．軸索の腫大や断裂などといった続発性病変も観察される[46]．

2 | 主要病原体

犬糸状虫(*Dirofilaria immitis*)

3 | 主症状

*D. immitis*は広い宿主域を有し，多種のイヌ科の動物を終宿主とし，さらにイヌ科以外の種々の肉食目の動物も終宿主とすることがある[47]．猫においても感染が認められ，脳内に迷入したという報告もある[48]．一般的な犬糸状虫症の症状とは別に，中枢神経に迷入すれば迷入部位に則した神経症状が

生じると考えられる.

4 | 診断

血液中にミクロフィラリアがいるか確認する集虫法や犬糸状虫の抗原の有無を調べる免疫学的検査によって犬糸状虫の感染の有無を調べることはできるが，中枢神経への迷入を確定づける証拠にはならない.

5 | 治療

犬糸状虫症の治療にはイベルメクチンやテトラサイクリンなどが考えられるが，迷入した犬糸状虫を効果的に治療する方法は見当たらない.

6 | 原因微生物について

犬糸状虫症は犬糸状虫の幼虫を保有する蚊に刺されることで感染が成立する．吸血部位の幼虫が筋肉内で成虫へと成長する．その後，血流に乗って心臓や肺動脈に到達する．そこで雌はミクロフィラリアを産出してこれを血管内へ放出する．重篤に感染すると各臓器への血流が大きく障害を受ける.

o その他

エンセファリトゾーン(微胞子虫類は真菌に分類される)，犬回虫，顎口虫，マンソン裂頭条虫幼虫症(孤虫症)などの重感染例で迷入や脳脊髄炎による神経障害を発症する可能性があるが[49]，詳細な報告は見当たらない.

内分泌系

小動物臨床において，内分泌疾患を引き起こす特異的な感染症はほとんど見当たらない．炎症細胞の浸潤により機能的な内分泌細胞が失われる病態は糖尿病，副腎皮質機能低下症，甲状腺機能低下症，汎下垂体機能低下症などで珍しくないが，これらはほぼ非感染性である[50,51]．糖尿病については，化膿性の胆管肝炎などに併発する膵炎や三臓器炎が膵島を侵して糖尿病の発症の引き金になることがしばしばある[51]．また，精巣は外傷，血行性，リンパ行性，精管から様々な細菌やウイルスの感染を起こして精巣炎を起こす(*Brucella canis*の感染による精巣炎など➡28章).

一方，敗血症など全身状態の悪化する重篤な感染症に罹患した場合にホメオスタシスを保つための生理的な反応として，一時的な分泌低下を示す例は知られている．例えば全身状態が悪化した場合には甲状腺ホルモンの分泌は抑制され，甲状腺機能低下症と同様の症状を示すsick euthyroid syndromeを呈する．子宮蓄膿症のようなエンドトキシンショックを引き起こす病態では，抗利尿ホルモンの分泌が抑制されて一時的な尿崩症を呈する[51].

また，内分泌疾患によって感染症のリスクが高まる病態はよく知られている．糖尿病では細菌性の膀胱炎，前立腺炎，腎炎などの尿路感染症，皮膚炎や皮膚感染症は頻繁に認められる．カンジダを含む真菌による尿路感染症も起こりうる．副腎皮質機能亢進症では糖質コルチコイドの過剰分泌により免疫機能が低下していることに加え，皮膚の菲薄化，脱毛，石灰沈着などによってバリアが破壊され，常在菌による化膿性皮膚炎を呈する．免疫機能の低下が進めば，感染経路を問わず日和見的に感染し，敗血症に進行する可能性が高くなる．甲状腺機能低下症では皮膚の新陳代謝が損なわれる．角化亢進を伴う内分泌性脱毛，色素沈着，落屑，脂漏症などを認め，掻き行動を伴う皮膚感染症や，外耳道炎を引き起こす[51]．

参考文献

1. 長谷川大輔，枝村一弥，齋藤弥代子(2015)：犬と猫の神経病学　各論編，207-228，緑書房
2. Dewey CW(2008)：A Practical Guide to Canine and Feline Neurology — 2nd ed.，115-322，Wiley-Blackwell
3. Greene C(2011)：Infectious Diseases of the Dog and Cat, 4th ed., 621-634, Saunders
4. Ian R, Bryn T(2001)：Manual of Canine and Feline Infectious Diseases Paperback – Illustrated，BSAVA
5. 明石博臣，大橋和彦，小沼操ほか(2011)：動物の感染症第3版，259-261，近代出版
6. Greene C(2011)：Infectious Diseases of the Dog and Cat, 4th ed., 25-42，Saunders
7. 大石勇(1993)：犬の臨床病理マニュアル，342-348，インターズー
8. von Messling V, Svitek N, Cattaneo R(2006)：J Virol. 80，6084-6092.
9. Summers BA, Greisen HA, Appel MJ(1978)：Lancet. 187-9.
10. Deem SL, Spelman LH, Yates RA, et al.(2000)：J Zoo Wildl Med. 31，441-451.
11. Vandevelde M, Zurbriggen A(2005)：Acta Neuropathol. 109，56-68.
12. Gröne A, Doherr MG, Zurbriggen A(2004)：Vet Dermatol. 15，159-167.
13. Williams K, Cooper B, DeLahunta A, et al.(1992)：Vet Pathol. 29，440.
14. Ohashi K, Iwatsuki K, Nakamura K et al.(1998)：J Vet Med Sci. 60, 1209-12.
15. Bathen-Noethen A, Stein VM, Puff C, et al. 2008)：J Small Anim Pract. 49，460-7.
16. Appel MJG, Summers BA(1995)：Vet Microbiol. 44，187-191.
17. Michael DL, Joan C, Marc K(2011)：Handbook of Veterinary Neurology, 5th ed.，Saunders
18. Greene C(2011)：Infectious Diseases of the Dog and Cat, 4th ed., 179-197，Saunders
19. Ian R, Bryn T(2001)：Manual of Canine and Feline Infectious Diseases Paperback – Illustrated, 241-275，BSAVA
20. Vandevelde M，Higgins RJ，Oevermann A(2012)：Veterinary neuropathology: essentials of theory and practice，Wiley-Blackwell
21. Hashimoto A, Hirai K, Suzuki Y, et al.(1983)：Am J Vet Res. Apr 44(4)，610-4.
22. Greene C(2011)：Infectious Diseases of the Dog and Cat, 4th ed., 48-54，Saunders
23. Ian R, Bryn T(2001)：Manual of Canine and Feline Infectious Diseases Paperback – Illustrated, 193-203，BSAVA
24. Greene C(2011)：Infectious Diseases of the Dog and Cat, 4th ed., 198-200，Saunders
25. Hagemoser WA, Kluge JP, Hill HT(1980)：Can J Comp Med. 44，192-202.
26. Hara M, Shimizu T, Fukuyama M, et al.(1987)：Jpn J Vet Sci. 49，645-649.
27. Hara M, Shimizu T, Nemoto S, et al.(1991)：J Vet Med Sci. 53，1087-1089.
28. Enquist LW(2002)：J Infect Dis. 186(Suppl 2), 209-214.
29. Kirk RW(1986)：Current veterinary therapy IX, 1071-1072, WB Saunders
30. Hugoson G, Rockborn G(1972)：Zentralbl Veterinarmed B. 19，641-645.
31. Akkermans JPW(1981)：Tijdschr Diergeneeskd. 106, 332-336.
32. Richter JHM, Van der Vijver JW, Fischer RF, et al.(1975)：Tijdschr Diergeneeskd. 100, 330-334.
33. Addie DD(2000)：Vet J. 159, 8–9.
34. Tasker S(2018)：J Feline Med Surg. 20, 228-243.
35. Greene C(2011)：Infectious Diseases of the Dog and Cat, 4th ed., 92-108, Saunders

36. Crawford AH, Stoll AL, Sanchez-Masian D, et al. (2017)：J Vet Intern Med. 31, 1477–1486.
37. Denison MR, Graham RL, Donaldson EF, et al.(2011)：RNA Biol. 2011, 8, 270–279.
38. Greene C(2011)：Infectious Diseases of the Dog and Cat, 4th ed., 136-149, Saunders.
39. Abramo F, Bo S, Canese MG, et al. (1995)：AIDS Res Hum Retroviruses. 11, 1247-1253.
40. Greene C(2011)：Infectious Diseases of the Dog and Cat, 4th ed., 80-88, Saunders
41. Stuetzer B, Hartmann K(2014)：Vet J. 201, 150-5.
42. Lutz H, Addie DD, Boucraut-Baralon C, et al. (2015)：J Feline Med Surg. 17, 614-6.
43. Lundgren AL, Zimmermann W, Bode L, et al.(1995)：J Gen Virol 1. 76, 2215–2222.
44. Kamhieh S, Flower RL(2006)：Vet Q. 28, 66-73.
45. Wensman JJ, Jäderlund KH, Gustavsson MH, et al.(2012)：J Feline Med Surg. 14, 573-82.
46. 日本獣医病理学会(2010)：動物病理カラーアトラス, 198, 文永堂出版
47. 深瀬徹(2003)：小動物臨床. 22, 245-251.
48. 三浦春水, 金本東学, 森田達志ほか(2001)：日獣雑誌. 54, 701-705.
49. 石井俊雄, 今井壯一(2007)：改訂 獣医寄生虫学・寄生虫病学(2) 蠕虫他, KS農学専門書
50. Feldman EC, Nelson RW, Reusch C, et al.(2015)：Canine and Feline Endocrinology, 4th ed., Saunders
51. 米澤智洋(2015)：イラストレイテッド 獣医代謝・内分泌学 (Teton最新獣医臨床シリーズ), インターズー

31 運動器

問題となる主な病原体の一覧

1）細菌
Staphylococcus aureus, Staphylococcus pseudintermedius, Streptococcus spp., *Escherichia coli, Proteus* spp., *Klebsiella* spp., *Pseudomonas* spp., *Pasteurella* spp., *Actinomyces* spp., *Clostridium* spp., *Bacteroides* spp., *Erysipelothrix* spp., *Corynebacterium* spp., *Brucella* spp., *Borrelia burgdorferi*

2）真菌
Aspergillus spp., *Cryptococcus neoformans*

3）原虫
Leishmania spp., *Toxoplasma gondii, Neospora caninum, Hepatozoon canis*

骨の感染症

a この疾患について

骨炎，骨髄炎は一般的に骨(髄腔や骨膜を含む)の炎症と定義される．骨の感染は通常開放骨折時，整形外科手術時の医原性感染(インプラントに関連)，咬傷，全身性疾患に関連する．犬と猫の骨髄炎の原因として細菌が最も多く認められるが，真菌やウイルスも分離される．

1 細菌性骨髄炎

細菌が骨に侵入する経路は，外傷部位由来で骨に直接侵入(開放骨折)であるが，金属製インプラントの存在が関連している(医原性)ことも多い．局所軟部組織からの侵入や血行に由来することもある．また，体内の各病巣から播種するが，原発部位は潜在化している場合もある．細菌性骨髄炎の大多数の症例は，骨折の整復時点の無菌操作に難点がある(院内感染症)．開放性骨折は体外に通じる骨折と定義され，複雑骨折ともいわれる．開放骨折は骨折断端が皮膚から体外に露出しているので体外の異物や細菌に汚染され，必然的に皮膚や軟部組織が破壊される．

開放骨折については以下の分類[1]がある．

- タイプ1：開放創が1 cm以下の清潔な開放骨折
- タイプ2：開放創が1 cm以上であるが，軟部組織の損傷は中程度の開放骨折．弁状創で皮膚の剥離はない．
- タイプ3a：軟部組織の剥離は広範囲で，弁状創を伴う開放骨折．軟部組織によって創は被覆可能
- タイプ3b：軟部組織の損傷と欠損が広範囲で，骨の露出がみられ，著しい汚染を伴う開放性骨折

軟部組織による創の被覆は不可能

- タイプ3c：修復を要する動脈欠損を伴う開放性骨折

開放骨折を整復するときは常に適切な無菌操作を実施する．抗菌薬を使用しても無菌操作の代わりにはならない．金属製インプラントは宿主の防御能を低下させ，軽度な炎症を誘起し，骨の感染の温床になる．感染細菌はバイオフィルムを形成する．このバイオフィルムは食作用や抗体から細菌を防御し，またインプラントなどの異物には細菌が付着して増殖する．

細菌性骨髄炎は一般に急性と慢性に分類されるが，正確には分け難い．一般的には経過や症状，それに，検査室検査結果，X線像などの画像診断結果に基づいて分別されている．骨の急性炎症は，白血球浸潤像，感染病原体に対する貪食像，タンパク分解酵素の放出などが特徴である．典型的な炎症症状である熱感，疼痛，腫脹，機能不全が認められる．局所性虚血は非常に多くの症例で細菌性骨髄炎の発現に関わっている．骨内で形成された血栓によって二次的に虚血が発現することもある．著しい局所性虚血がみられると，骨の壊死，腐骨形成，慢性例では瘻管が形成される．

b 主要病原体

骨髄炎は大体細菌感染を意味するが，真菌やウイルスも骨や骨髄に感染する．咬傷による骨髄炎の64％から嫌気性菌(*Actinomyces*，*Clostridium*，*Bacteroides*)が分離されたとの報告がある．犬の骨感染症の原因の50～60％はブドウ球菌であり，最も多く報告されている原因菌は黄色ブドウ球菌(*Staphylococcus aureus*)である．*S. pseudintermedius*が一般的との報告もある．ほとんどの菌はβ-ラクタマーゼ産生菌で，ペニシリン耐性菌である．その他の原因菌には，*Streptococcus*，*Escherichia coli*，*Proteus*，*Klebsiella*，*Pseudomonas*，*Pasteurella*がある(➡17章)．

c 主症状

細菌性骨髄炎では，通常跛行が明らかで，局所的には疼痛，腫脹を呈することが多く，骨折の整復歴や，他に骨の外傷，咬傷などがある．急性骨髄炎では発熱，元気消失，食欲不振，局所リンパ節腫大などであるが，全身症状が認められない場合もある．血行性に発現する骨髄炎では多数の骨に障害が認められる．若齢動物の骨幹端では特にこの型に罹患する危険性がある．骨幹端の骨髄炎は肥大性骨異栄養症との鑑別が必要である．X線像は一般に骨幹端の骨髄炎の方が，骨幹端の骨病変よりも侵攻性でびまん性である．

慢性骨髄炎では炎症の特徴(発熱，腫脹)の症状は稀にみられるが，みられても不確かである．体重減少，瘻管からの排出，筋肉萎縮や線維症，また拘縮も認められることがある．関節の感染では隣接する骨の感染に関連して起こり，関節と骨どちらが原発巣か決めかねるが，椎間板脊椎炎では特に困難である．細菌性骨髄炎では関節をまたいで骨から骨へ広がることは稀である．

d 診断

細菌性骨髄炎が疑診される症例では骨のX線検査，血液検査，細菌培養と感受性試験(可能なら抗菌薬投与前に採材)，生検材料も確保して病理組織検査を行って検討する．

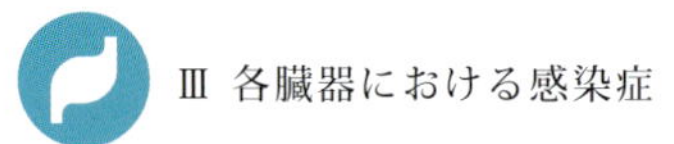

1 X線像

病期によって細菌性骨髄炎のX線像は異なる．急性期では骨の異常は不明確であるが，軟部組織の腫脹がみられる．不透明なガス像が隣接軟部組織にみられることがある．病変が慢性に経過すると，骨変化が起こる．その病変は広範囲に及び，骨増殖や不規則な骨溶解や骨硬化がみられる．金属インプラントの隣接部位に巣状の溶解像が鮮明になる．

骨折があると腐骨や骨柩が形成されて，骨癒合は遅延または癒合不全となる．感染により進行する骨病変では，X線像で骨腫瘍と鑑別する必要がある．骨腫瘍が進行した症例では，特発性骨折や肺転移などがみられる．さらに骨に外傷歴がない大型老齢犬で，悪性腫瘍に罹患しやすい骨部位に，X線上で浸潤性の骨病変が認められれば骨髄炎は否定される．一方，最近骨折で内固定をした部位に骨病変があれば感染の疑いが強い．時に古い骨折部位か，修復中の部位においては骨生検が勧められる(**図31-1**)．

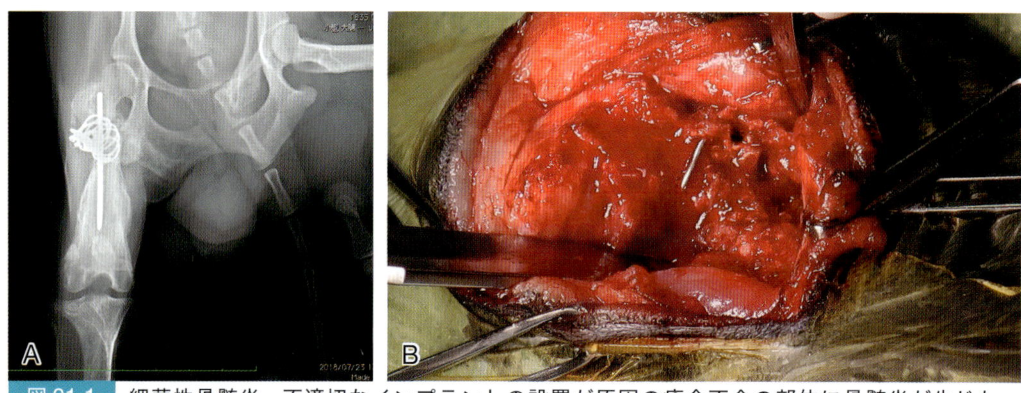

図31-1 細菌性骨髄炎．不適切なインプラントの設置が原因の癒合不全の部位に骨髄炎が生じた．A：X線像，B：肉眼像

2 日常の血液検査

血液学や血液化学的検査は細菌性骨髄炎の診断にはほとんど役に立たない．好中球増加や核の左方移動を伴う白血球増加症は不確定な所見である．

3 骨生検材料の培養

障害骨の手術中に，病巣から直接無菌的に採取した生検材料や移植片を好気性と嫌気性条件で細菌培養を行い，感受性試験も行う．骨の罹患部に隣接する軟部組織を代替に生検材料とすることもある．嫌気性菌による骨髄炎が症例の60％といわれているので，嫌気培養は必須である．抗菌薬がすでに投与されていると，培養結果は思わしくない．瘻管からの排泄物をスワブに採って，それを培養するのは，通常二次感染のためや汚染があるために良好な結果は得られない．問題があれば生検材料を再度採取してホルマリン固定し，病理組織検査を行う．

e 治療

1 | 開放骨折の治療

開放骨折では最初の治療は患部の清浄化である．麻酔下にて，付着する汚染物質をクロルヘキシジンやポピドンヨードを含む洗浄液でよく洗い流し，手術に準じた剃毛を広範囲に行う．次に壊死組織を除去する．洗浄には通常大量の滅菌生理食塩水かリンゲル液を用いる．可能であれば洗浄液を断続的に高圧で噴射して組織を洗浄するパルスイリゲーションシステムを使用すると効率的に患部を洗浄できる（**図31-2**）．血行を伴わない壊死組織は感染の温床になるので，変色した組織は壊死組織として除去する．また軟部組織から遊離している汚染された骨片も除去する．

骨折部が持続的に不安定な状態であると骨折の修復期において二次的骨髄炎の要因となるので，骨折部位を完全に固定する．タイプ1，2の開放骨折において可能なら，創外固定法の他に，十分な洗浄の後，閉鎖性骨折と同様にプレートとスクリューによる内固定法を行う．しかしタイプ3の開放性骨折に対しては，内固定法では感染を拡大させる危険性があるので，創外固定法が第一選択となる（**図31-3**）．開放骨折の治療はこれらの方法を受傷後6～8時間までに外科的治療するのがよい（golden period）．骨の感染ではうっ血，浮腫，骨に広がって炎症性滲出液が生じ，これらは組織の壊死や骨皮質の崩壊を誘起する．滲出液は髄腔や骨膜に沿って広がり，増量すると骨内圧は上昇し，さらに血流が悪化して骨は酸素欠乏となり死滅する．急性期を過ぎると肉芽組織は壊死した海綿骨に吸収され，壊死した部分の皮質骨を腐骨として分離する．骨膜は罹患領域で反応し新生骨を形成する（骨柩）．骨折片が可働性であると骨の血管新生が阻害されるため，状態はさらに悪化し，骨の対側表面は骨吸収によってさらに広く分離してさらに不安定になる．

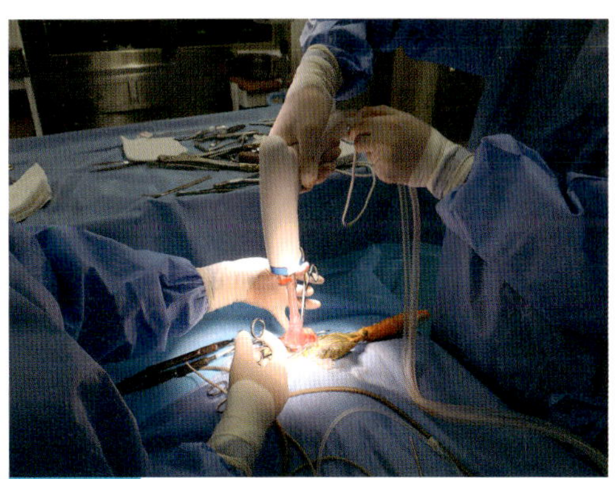

図 31-2　パルスイリゲーションシステム

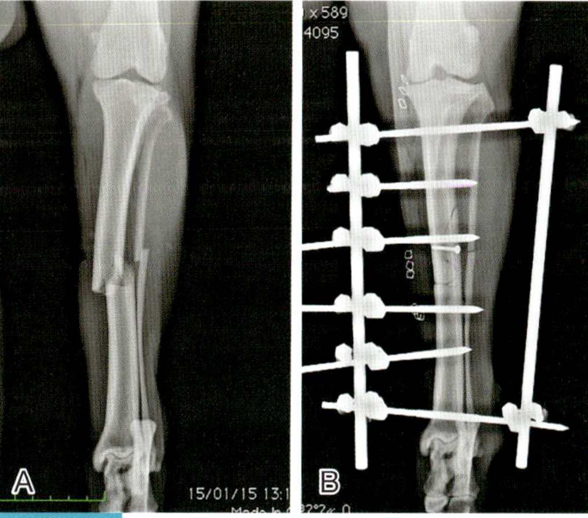

図 31-3　開放骨折に対し，創外固定法を実施．A：術前のX線像，B：術後のX線像

2 | 急性感染症の治療

慢性疾患の予防を積極的かつ適切に行う．

①抗菌薬の使用

- 治療には感受性試験の結果に基づいて抗菌薬を選択する．感受性試験の結果を得るまで，まず使用する薬剤は広域スペクトルのβラクタマーゼ耐性菌に殺菌作用を示すものである．すなわち使用をする薬剤はクラブラン酸-アモキシシリンまたはセファロスポリン誘導体で．嫌気性菌感染の時にはメトロニダゾールを投与する．感受性試験の結果に従って，必要なら最初に選択した抗菌薬を変更する．培養や感受性試験の結果が特に良好でない限り，静菌薬(リンコサミド系やテトラサイクリン系など)は免疫力を低下させるので使用しない．
- 骨髄炎の発生機序において血液供給が乏しいと影響が大きいため，血液循環が思わしくない部位へは抗菌薬の浸透促進のため増量して投与する必要がある．
- 最低6週間または臨床症状の消失から2週間は抗菌薬の全身投与を継続する．
- 多剤耐性菌に感染した症例では，ポリメチルメタクリレート・ビーズ(ゲンタマイシンを染み込ましたもの)を外科的に移植すると有益なことがある．

②必要時には，創傷のデブリードマンを行う．

③滲出液がみられるなら，外科的ドレナージを行う．

- ドレナージはデブリードマン後に開放創とするかドレーンを使用する．動物でドレーンの設置を維持することは困難なので，インプラントが露出したまま開放創として管理する場合もある．開放創を適切に管理して健康な肉芽組織がインプラントを覆うのを促す．

④骨折の安定性を得るため内固定法を検討する．

3｜慢性感染症の治療

①抗菌薬の使用は急性と同様である．

②腐骨が存在するなら除去する．

- 一般的に腐骨を周囲の肉芽組織ごと除去すれば，瘻管部分の掻爬あるいは化学物質やタンパク分解酵素を使用する必要はない．骨柩に含まれる硬化した骨は二次的に腐骨となる壊死骨で危険性があるため除去する．骨除去では皮質骨に点状出血を認めたら終了すると，大きな空洞の形成は防止される．排液路がある場合は，腐骨が完全には除去されていないので，繰り返し腐骨除去を行う．一般的に腐骨は骨プレートの直下に存在するので骨プレートを除去する．骨折が持続的に不安定な状態なら骨髄炎の二次的な発生要因となるので，骨折部位の完全固定は感染制御に重要である．

③骨折における安定性の評価

- 骨折が治癒したら完全に清浄化する目的でインプラントを除去する．インプラントが緩んでいて局所が不安定な場合も抜去し，適切に再固定する．治療に付随する看護では，包帯や廃液の取り扱いに注意して．治療の初期には動きの制限が必要であるが，運動の長期制限は癒着に悪影響を及ぼす可能性があるので得策ではない．

f 原因微生物について

1 | 真菌性骨髄炎

アスペルギルス以外の真菌に起因する骨髄炎の発生は稀である．多くの症例は地理的分布と密接に関連している．犬で *Cryptococcus neoformans* による症例報告がある．

アスペルギルス症は通常鼻炎や副鼻腔炎(➡ p.366)から骨に感染が波及する．治療は抗真菌薬の投与である．アスペルギルス症は骨格系のみならず全身各部位に播種する場合も多く，椎間板脊椎炎が認められることもある．

2 | 原虫性骨髄炎

原虫性骨髄炎の発生は稀である．リーシュマニア症(➡ p.532)で骨髄炎症状がみられる症例が報告されている．

3 | ウイルス性骨髄炎

ウイルスが骨に感染することが犬や猫でも確認されているが，詳細は不明である．臨床症状を呈しているCDV罹患犬の骨幹端に病変が認められた．また肥大性骨形成異常を示す犬から採血して，その血液をワクチン未接種の犬に輸血したところCDV感染が発現したとの報告がある．

関節の感染症

a この疾患について

感染性関節炎とは，片側あるいは両側の罹患関節から病原体が培養される炎症性関節炎である．犬や猫の感染性関節炎では細菌性のことが最も多く，他の病原体による関節炎の例もある．

1 | 細菌性関節炎

細菌が外部から関節に侵入，または血行性に関節に流入して発症する．猫の細菌性関節炎はほとんどが喧嘩時の受傷によると思われる．多くの犬で骨に細菌感染が認められるが，外傷歴がなくても血行性に骨関節炎が発現する．感染する病原体によって関節の病態は異なる．臨床像は，非侵食性の軽度な状態から甚急性に破壊が進行する状態までまちまちである．細菌性関節炎の症例の多くは片側性に冒される．複数の関節が同時に罹患している場合には，細菌性心膜炎や臍静脈炎といった重度の全身性細菌感染症から波及する二次性関節炎で，致死的な細菌血症の状態にある．

b 主要病原体

原因菌で最も多いのは黄色ブドウ球菌(*Staphylococcus aureus*)である．その他一般的な原因菌は，*Streptococcus*，*Escherichia coli*，*Proteus*，*Actinomyces*，*Clostridium*，*Bacteroides*，*Pasteurella* である(➡ 17章)．それほど多くはないが，*Pseudomonas*，*Erysipelothrix*，*Corynebacterium*，*Brucella* なども報告されている．*Corynebacterium pyogenes* の感染は軟骨表面上に重度のパンヌス

を形成する．*Clostridium*はコラゲナーゼを産生し，*Streptococcus*，*Staphylococcus*はキナーゼを産生し結果的に軟骨基質から軟骨のタンパクを除去するプラスミンを産生する．これらの感染は重度で広範囲の軟骨障害を惹起する．

c 主症状

細菌性関節炎は犬の種類や年齢とは特に関係はないが，大型犬種に多く，雄での発生は雌の2倍である．多くの症例で，経過は跛行が一肢に突発する．激しい病変がみられない例もあり，跛行が慢性的で気付かないこともある．既往歴に骨関節炎や関節の外傷などがあると血行性関節炎がみられる．骨折や脱臼がないと，外傷性損傷の症例の改善は48時間以内に起こることが多いが，罹患関節は改善しない．感染症の症例において関節に軽微な外傷があり，食欲不振，発熱などの全身症状があれば，麻酔下でX線検査を行い，確定診断のために関節液を検査する．特に臨床所見として以下のことを留意する．①触診で関節に痛みが誘発され，熱性で腫脹がある．②患部の表面の皮膚に紅潮や色調異常がみられる．③関節液の貯留のため関節が腫脹する．④患肢筋肉に萎縮がみられる．⑤局所のリンパ節が腫大する．

d 診断

多くの炎症性関節症炎での症状は，細菌性関節炎に類似しているので，関節液または滑膜を培養して病原体を分離して細菌性関節炎を確定診断する．細菌性関節炎の治療初期において抗菌薬の薬剤感受性試験が重要である．細菌感染が疑われる関節炎の診断では，X線検査，検査室検査(細胞診，抗菌薬投与前の細菌培養と感受性試験)，滑膜生検，原発巣の起因菌の精査(血行性感染症の場合)を行う．

1 X線検査

感染症の病型や持続期間によって，X線像は左右される．炎症の初期には，浮腫により関節周囲の軟部組織が腫脹するが，この段階のX線像では急性外傷性関節炎との区別は不可能である．その後多くは関節周囲の滑膜の著しい反応や，関節周囲の軟部組織には場合によっては石灰化が確認される．関節軟骨はみられなくなり，関節腔は縮小することがある．軟骨下の骨びらんや不規則な硬化を示す部位がみられる．慢性例では，骨関節症の二次的変化や靭帯の障害によって亜脱臼の場合がある．末期になると線維性ないし骨性の強直が起こる．

2 血液検査所見

好中球増加や核の左方移動を伴う白血球増加症は必発ではなく，血液検査所見から敗血症性関節炎を確定診断するのは不可能である．

3 関節液の検査

細菌性関節炎が疑われる症例では関節液の検査は有益な検査である．関節液の採取はFNAで実施する．関節液の肉眼的変化は関節液の増量と混濁または血液の混入で，粘稠性を欠く．フィブリノーゲンが増量し，空気に晒されると凝固する．関節液の細胞診での異常は，細菌性関節炎と免疫性関節疾患，また外傷性関節炎などの他の関節疾患との鑑別に有益である．これは，臨床現場で作成した塗抹による細胞診で確認されるが，この手技の感度は比較的鈍く観察者の熟練度に左右される．通常，材料を細胞診担当者に正式に依頼する．細菌性関節炎における変化は，白血球数，特に好中球数の著しい増加，核濃縮や核破壊，あるいは脱顆粒を伴う中毒性好中球の出現である．感染した関節液を直接培養しても，陽性なのは症例の50％である．好気性培養と嫌気性培養を行うのに，血液用の輸送培地に関節液を注入して培養室に送付すると，細菌分離の成功率は高くなる．採材以前に抗菌薬が使用されていると培養の成功率は著しく低下する．抗菌薬がすでに使用されている場合は，培養をする前に5～7日間は抗菌薬治療をすべて中止する必要がある．しかし，抗菌薬治療が無効なのは通常不適切な治療のためで，抗菌薬の選択が不適切な場合，特に前もって排膿していなかったためである．以前に抗菌薬を使用しているなら，X線像と関節液の細胞診の結果をもとに診断し，その後適切に治療して効果を確かめる．十分な反応が得られなければ，すべての治療を7日間中止し後に培養と病理組織診断用に滑膜を生検する．

4 | 滑膜の培養

関節液の培養よりも滑膜を培養する方がよいとされている．感染が疑われる関節への開放的なアプローチをするときや，関節感染症を示す他の症状はあるが関節液の培養が陰性の場合に，滑膜生検材料を培養する．

e 治療

治療の中心は抗菌薬の長期使用である．検査室診断が決まらないときには，まず広域スペクトルの抗菌薬（β-ラクタマーゼ耐性菌に殺菌作用を示す薬剤）から開始する．多用されているのは，メトロニダゾール，クラブラン酸-アモキシシリン，セファロスポリンである．後に感受性試験の結果から不適切とされるときのみ，抗菌薬を変更する．また，培養や感受性試験の結果から特に必要とされる場合にのみ使用するのがリンコサミド系（リンコマイシンやクリンダマイシン）やテトラサイクリン系の薬剤である．抗菌薬治療は，少なくても全身性に4～6週間か，臨床症状が完治してから2週間は継続する．病原体がゲンタマイシンに感受性であることが判明した難治性の症例に対しては，ポリメチルメタクリレート・ビーズ（ゲンタマイシンを染み込ませたもの）を使用する．

感染早期には，関節切開を行わなくても，関節穿刺および抗菌薬治療に反応する．しかし関節切開術によって壊死性物質のデブリードマン，感染巣となるフィブリン塊の除去，そして関節軟骨上を覆う肥厚した関節包が関節の動きを制限している場合には部分的滑膜切開術が必要である．顕著な症状がみられるなら関節を洗浄し，排液することが必要である．関節の破壊が急速に進行するか，あるいは関節の内圧が増高する場合，特に未成熟動物では，隣接する軟骨骨端にとって有害である．稀に微生物の持続性抗原刺激に対する免疫反応の結果，有害な病原体を排除した後も関節に炎症が残存する．このような跛行の場合には，プレドニゾロンの低用量（0.1～0.2 mg/kg SID, PO）投与が有効である．しかし，このような治療が行われるのは，滑膜や関節液の培養が繰り返し陰性であったときや，滑膜の組織所見や関節液の細胞診の結果が極めて軽度な慢性炎症変化であった場合に限定される.

1 ｜ 予後

予後決定の要因として，早期の診断と治療が重要である．慢性，急激で破壊性および関節破壊が激烈な感染症の症例はすべて予後不良である．複数の関節が感染症に罹患している場合や全身性感染症では治療はなおさら困難である．関節障害が細菌性心内膜炎などに併発すると予後は極めて不良である．また骨端軟骨が二次的に損傷される危険性があるため，予後は未成熟動物では極めて悪い．ある調査によると，細菌性関節炎の犬57例中，56％が回復し，32％が軽度跛行となり，12％が治療への反応が悪く重度跛行となった.

f 原因微生物について

1 ｜ ライム病

Borrelia burgdorferi(➡p.224)はダニによって媒介されるスピロヘータで，これに起因するライム病では，関節に非侵食性炎症が惹起される．犬のライム病では多くの場合臨床症状が発現する以前2～3カ月にダニに刺されている．典型的な症状は，1カ所あるいは数カ所(5カ所までの関節の炎症は対称的ないし非対称的)の関節炎であるのに対し，真性多発性関節炎は稀である.

跛行は，典型的には数日持続するか，または繰り返し起こることがある．稀に神経症状や心筋炎がみられる．ライム病罹患犬から採取した関節液についての細胞診所見では，免疫介在性の特徴が強く，細菌感染症の特徴は微弱である.

2 ｜ その他の関節炎

その他の感染症として，マイコプラズマによる関節炎が知られている(➡p.227)．治療にはエリスロマイシンなどが用いられている.

筋肉の感染症

全身性と局所性の筋炎があるが，前者は多発性であり，後者は稀で多発性筋炎の部分症であることが多い．局所性筋炎は咬傷などの外傷で，起因菌は一般に*Staphylococcus pseudintermedius*や常在菌で，時に*Clostridium perfringens*である.

犬と猫の筋肉障害は，巣状性細菌性筋炎，原虫性筋炎(トキソプラズマ症，ネオスポラ症)寄生虫性筋炎，一般的な細菌性筋炎(例えばレプトスピラ症)で，これらのうち特に臨床上重要なのは巣状性細菌性筋炎と原虫性筋炎である.

a 巣状性細菌性筋炎

犬や猫の巣状性細菌性筋炎の発生はそれほどみられないが，外科的処置，咬傷および交通事故などでの汚染が問題になる．臨床症状の特徴は局所的炎症(発熱，圧痛，腫脹および跛行)で，罹患した筋肉群の肢を使わないことである．起因菌は*S. pseudintermedius*と*C. perfringens*(➡17章)である.

X線像では軟部組織の腫脹が一般に証明される．隣接骨に骨膜炎の再活性像がみられ，*C. perfringens*などのガス産生菌の感染ではガス陰影がみられる．組織生検材料を採取して細菌培養と感受性試験を行う．細菌性骨髄炎と同様な選択基準で抗菌薬を決定して治療する．*Clostridium* spp.の感染症に対しては，メトロニタゾールとクリンダマイシンが効果的である．外科的に壊死組織を除去し，排膿させる．*C. tetani*感染症では筋肉症状も稀にみられる．一般的には症状が認められるのは受傷後5日以内である．

b 原虫性筋炎

Toxoplasma gondii（➡p.265）や*Neospora caninum*（➡p.267）による犬と猫の感染症では多発性筋炎の報告がある．犬の原虫性ミオパシーでは後肢伸筋の硬直が主要な症状である．罹患動物は成犬での報告もあるが，多くは4カ月齢以下の若齢犬である．主にみられるのは，筋肉の萎縮と反射低下である．若齢犬の伸筋硬直は，骨端軟骨が骨折するほど激しいことがある．

猫のトキソプラズマ症では筋肉の知覚過敏が認められるので，知覚過敏を呈している猫では原虫感染症を鑑別診断する必要がある．

アジア，米国，南欧，アフリカにおいて，*Hepatozoon canis*とその近縁種（➡p.268）が発見されている．本感染症を媒介するのはクリイロコイタマダニである．多発性筋炎ではアメリカ分離株が関与して，発熱，元気消失，化膿性鼻水・眼分泌物，筋肉の激しい消耗などの症状がみられる．しかし，多くの犬では食欲の低下はなく，経過は長期にわたり，時に寛解傾向を示す期間もある．

血液検査では通常白血球増加症（主に好中球増加と左方移動）と軽度ではあるが非再生性貧血が認められる．X線像では広範囲に及ぶ骨膜反応が確認されることがある．他の地域からの分離株は病原性が軽微で，多発性筋炎を示さないで，全身症状は軽度である．本原虫は，末梢血の好中球内（非アメリカ株），また筋生検材料内（アメリカ株）で確認される．治療に種々の抗原虫薬が使用されているが，よい処方はない．非ステロイド薬で一定期間痛覚を消失させることは治療の一助となるが，治療が明らかに効果的でも通常再発が起こり，多くの犬は最後には本病で死亡する．

参考文献

1. 上條圭司（2013）：Surgeon. 98, 28-37.
- Slatter D（2002）：Textbook of Small Animal Surgery, 3rd ed. , Saunders
- Piermattei DL, Flo GL, DeCamp CE（2006）：Brinker, Piermattei, and Flo's Handbook of Small Animal Orthopedics and Fracture Repair, 4th ed., Saunders
- Fossum TW（2007）：Small Animal Surgery Textbook, 3rd ed., Mosby
- 並河和彦監訳（2005）：器官系統別犬と猫の感染症マニュアル，インターズー

32 皮膚

問題となる主な病原体の一覧

1）細菌
Staphylococcus pseudintermedius, S.schleiferi, S.aureus

2）真菌
Malassezia pachydermatis, 皮膚糸状菌（*Microsporum canis, M. gypseum, Trichophyton mentagrophytes*）, *Candida albicans, Cryptococcus neoformans, Sporothrix schenckii*

3）原虫
リーシュマニア（*Leishmania* spp.）

4）ウイルス
猫ヘルペスウイルス，パピローマウイルス

5）寄生虫
イヌセンコウヒゼンダニ（*Sarcoptes scabiei var. canis*), ネコショウセンコウヒゼンダニ（*Notoedres cati*), イヌジラミ（*Linognathus setosus*), イヌハジラミ（*Trichodectes canis*), ネコハジラミ（*Felicola subrostratus*), ツメダニ（*Cheyletiella* spp.）ネコノミ（*Ctenocephalides felis*), イヌノミ（*C. canis*), ニキビダニ（*Demodex canis, D. cati, D. injai, D. cornei, D. gatoi*）

皮膚表層（角質層，被毛，表皮，真皮浅層）を病変の主体とする感染症

a 膿皮症（皮膚細菌感染症，細菌性皮膚炎）

1 この疾患について

犬，猫を含むあらゆる動物が罹患するが，特に犬では一般的である．膿皮症という名称の示すとおり，化膿性病変を生じる特徴がある．感染症ではあるが，大部分は日和見感染症であり，基礎疾患（内分泌性疾患，悪性腫瘍など），アレルギー（アトピー，食物アレルギーなど），遺伝（原発性角化症など），外傷などによって皮膚バリア機能が低下あるいは破綻すると常在菌（犬，猫では*Staphylococcus pseudintermedius*）が過剰に増殖し，膿皮症を発症する．以前，ウイルス感染症であるジステンパーの初期症状として腹部に膿疱形成が認められたという．

2 主要病原体

犬，猫の膿皮症の病原体は大部分が*S. pseudintermedius*である．この他*S. schleiferi*や*S. aureus*などが病原菌となる場合がある（➡p.187）．

3 主症状

犬では丘疹，膿疱，痂皮，びらん，表皮小環などの皮疹がみられ（**図32-1，2**），様々な程度の痒みを伴うようである．体幹，四肢，眼周囲，口周囲，肛門周囲，外陰部周囲など様々な部位に発症し，外耳炎を伴うこともある[1-3]．炎症性病変が浅い場合は表在性膿皮症，深い場合は深在性膿皮症に分類される．

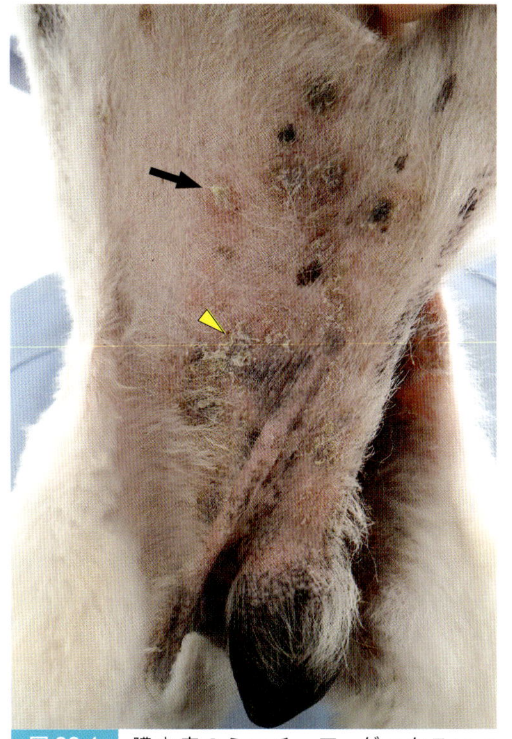

図 32-1　膿皮症のミニチュア・ダックスフンド．下腹部に膿疱（矢印），痂皮（矢頭）が認められ，紅斑，色素沈着を伴う（写真提供：パル動物病院，静岡県裾野市）．

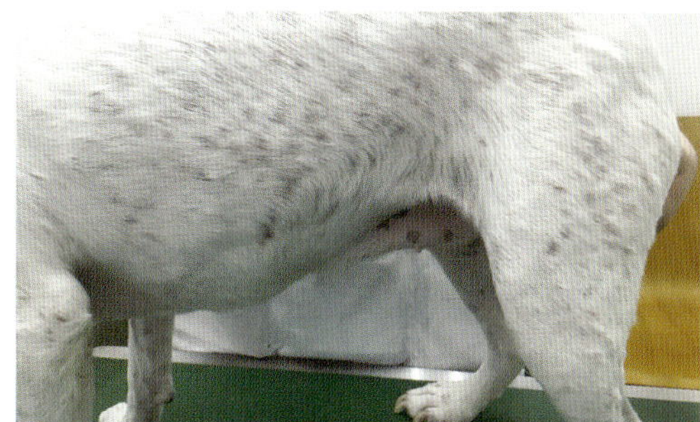

図 32-2　膿皮症のブル・テリア．体幹全体に発症した毛包炎によって虫食い状の脱毛，毛の逆立ちがみられる（写真提供：大場どうぶつ病院，宮城県仙台市）．

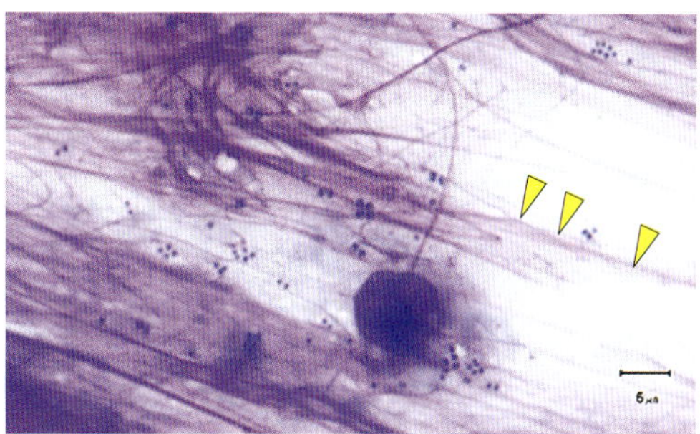

図 32-3　時間の経過した膿皮症の痂皮下から採取した押捺塗抹検査所見（ディフ・クイック®染色）．白血球は変性が進み，核酸が好塩基性の紐状に伸びている（矢頭）．ブドウ球菌が多く認められる．一部にマクロファージも認められる．

猫の膿皮症の臨床症状はあまりよく分かっていないが，大部分は先行する皮膚疾患（特にアレルギー性皮膚疾患）に続発すると考えられている[1]．

4｜診断

臨床症状から予測したうえで，病変部（痂皮下のびらんや膿疱内容物）の押捺塗抹検査を実施し，細菌増殖を確認する（**図32-3**）．菌種の確定には細菌培養検査を行う．

5｜治療

特に高齢で発症している場合は，一般血液検査，尿検査，内分泌機能検査，画像診断検査などにより基礎疾患の関与がないか調査し，何らかの基礎疾患があった場合は，この治療と管理を行う必要がある．膿皮症の初期症状であれば抗菌性シャンプーや抗菌性外用剤による外用療法を行う．抗菌性シャンプーはクロルヘキシジン，クロルキシレノール，過酸化ベンゾイルなどを含むシャンプーで週2回にて2週間以上実施する．シャンプーは皮膚表面を強く擦らずマッサージするように行い，皮膚との付着時間を5〜10分程度取ることで効果が高まる．特にスムースコートの場合は強く擦ることで毛包炎を生じる場合があるため，シャンプーを事前に硬く泡立てたものを皮膚に付着させることを推奨する．抗菌性外用剤としてはクロルヘキシジン水溶液による消毒，ムピロシン軟膏，フシジン酸ナトリウム軟膏，ゲンタマイシン軟膏などを1日2回にて2週間程度外用する．これらの外用療法により改善がみられない場合，あるいは病変が広範囲または深部に及ぶ場合は外用療法に加え抗菌薬による全身療法を行う．抗菌薬の選択基準を**表32-1**に示す[4]．改善後も再発を繰り返しやすい場合は，上述の外用療法を定期的（週1回など）に継続する．

表 32-1 犬における全身性抗菌療法のガイドライン

段階	適応	推奨される抗菌薬	投与量	コメント
第一段階薬剤	臨床所見から表在性膿皮症（表在性細菌性毛包炎）が考えられた場合の経験的治療	第一世代セファロスポリン（セファレキシンなど）	15～30 mg／kg, BID, PO	
		クラブラン酸-アモキシシリン	12.5～25 mg／kg, BID ～ TID, PO	
		クリンダマイシ	5.5～10 mg／kg, BID, PO	
		リンコマイシン	15～25 mg／kg, BID, PO	
		トリメトプリム・サルファメトキサゾール	15～30 mg／kg, BID, PO	薬物有害反応を生じる可能性あり．
第一段階または第二段階薬剤	原則的に第二段階で検討．状況によっては経験的治療	セフォベシンナトリウム	8 mg／kg, 2 週間ごと SC	
		セフポドキシムプロキセチル	5～10 mg／kg, SID, PO	
第二段階薬剤	外用療法と第一段階薬剤が無効な場合．細菌培養検査および感受性試験によって選択	ミノサイクリン	10 mg／kg, BID, PO	
		クロラムフェニコール	40～50 mg／kg, TID, PO	
		エンロフロキサシン	5～20 mg／kg, SID, PO	
		マルボフロキサシン	2.75～5.5 mg／kg, SID, PO	
		オルビフロキサシン	7.5 mg／kg, SID, PO	
		シプロフロキサシン	25 mg／kg, SID, PO	
		リファンピシン	5～10 mg／kg, BID, PO	尿・涙・唾液に着色を生じる可能性あり．肝毒性の可能性あり．耐性発現早い．
		ゲンタマイシン	9～14 mg／kg, SID, IV, IM, SC	腎毒性の可能性あり．腎機能不全の犬では禁忌
		アミカシン	15 ～ 30 mg／kg, SID, IV, IM, SC	腎毒性，耳毒性の可能性あり．腎機能不全の犬では禁忌
第三段階薬剤	第二段階までの薬剤が無効な場合に検討	バンコマイシン	使用は極力推奨されない	
		タイコプラニン		
		リネゾリド		
その他	まだ推奨使用段階が不明	ホスホマイシン	10～30 mg／kg, BID, PO	犬での薬物動態と適切な投与量は不明 猫では禁忌

＊可能な限り積極的な外用療法を併用すること
＊投与期間は最低 3 週間，あるいは病変治癒後 7 日間継続すること
＊ ISCAID の AntimicrobiralGuideline Working Group によるガイドラインを参考に修正，加筆.
（Vet Dermatol. 25,15-22.2014）

b マラセチア皮膚炎

1 この疾患について

犬，猫を含むあらゆる動物が罹患するが，特に犬では一般的である．日和見感染症であり，アレルギー(アトピー，食物アレルギーなど)，遺伝(脂漏体質，原発性角化症など)，基礎疾患(内分泌性疾患，悪性腫瘍など)などが背景にあり，皮膚バリア機能が低下あるいは破綻すると常在酵母菌(犬，猫では*Malassezia pachydermatis*)が過剰に増殖し，マラセチア皮膚炎が発症する．

2 主要病原体

犬，猫のマラセチア皮膚炎の病原体は*M. pachydermatis*である(➡p.245)．この他*M. furfur*，*M. sympodialis*，*M. nana*などが分離されることがあるがこれらの病原性に関しては不明である．

3 主症状

犬の臨床症状としては紅斑，脂漏，肥厚，痒み，色素沈着を認め(**図32-4**)，比較的強い痒みを伴うと思われる[1-3]．外耳炎を併発することが多く(**図32-5**)，皮膚間擦部位(頸部腹側，腋窩，鼠径部，指間)や粘膜皮膚移行部(眼周囲，口周囲，肛門周囲，外陰部周囲)などの部位に好発する．

猫のマラセチア皮膚炎の臨床症状はあまりよく分かっていないが，大部分は先行する皮膚疾患(特にアレルギー性皮膚疾患)に続発すると考えられており，外耳炎を伴うことが多い[1]．

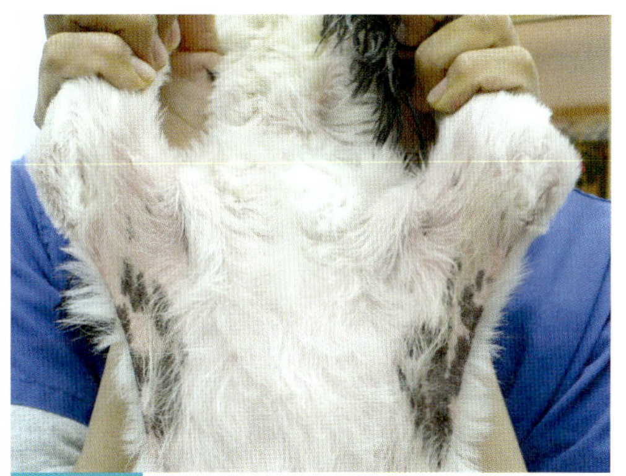

図 32-4 マラセチア皮膚炎のシー・ズー．両側腋窩の紅斑，脂漏，肥厚が認められる(写真提供：大場どうぶつ病院，宮城県仙台市)．

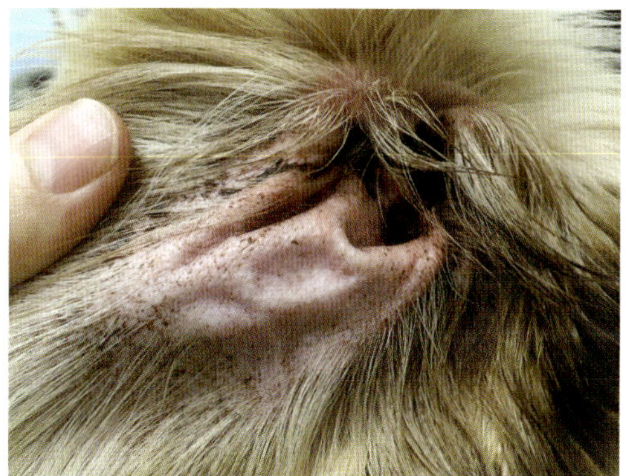

図 32-5 マラセチア皮膚炎のゴールデン・レトリーバー．マラセチア増殖を伴う外耳炎を発症し，茶褐色の耳垢が付着している(写真提供：大場どうぶつ病院，宮城県仙台市)．

4 診断

臨床症状から予測したうえで，病変部の押捺塗抹検査を実施し，マラセチア増殖を確認する(**図32-6**)．外耳炎を伴う場合は，耳垢検査も実施する(**図32-7，8**)．

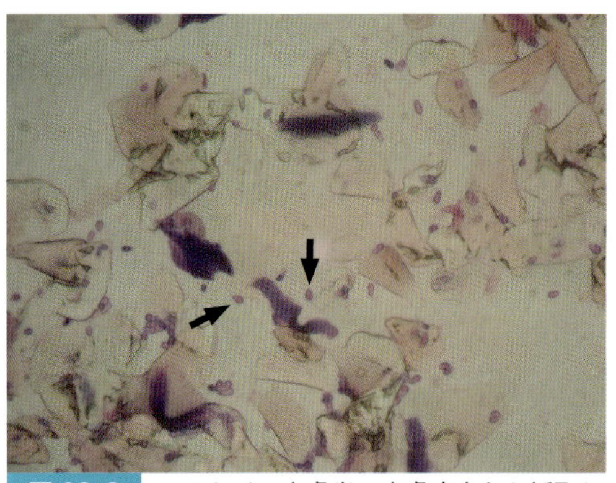

図 32-6 マラセチア皮膚炎の皮膚病変から採取した押捺塗抹検査所見(ディフ・クイック®染色). 角質細胞を背景に多くのマラセチアの菌体(矢印)を認める.

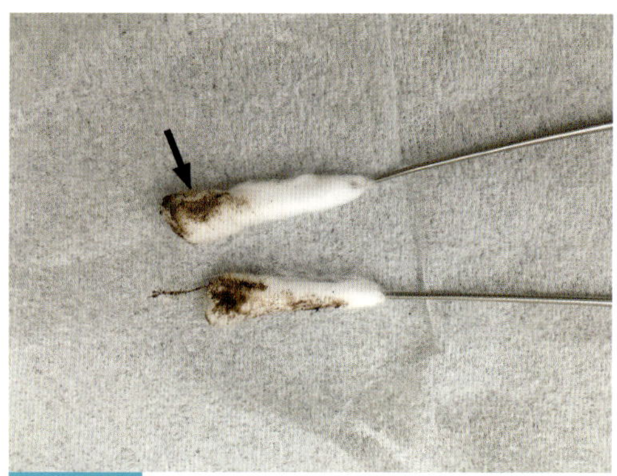

図 32-7 マラセチア増殖を伴う外耳炎から採取した耳垢(矢印). 綿棒に茶褐色の耳垢が付着している.

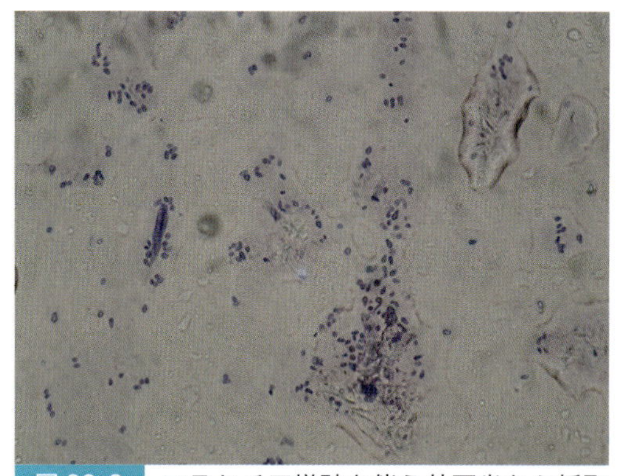

図 32-8 マラセチア増殖を伴う外耳炎から採取した耳垢の押捺塗抹検査(ディフ・クイック®染色). 脂性分泌物を背景に, 多くのマラセチアの菌体を認める.

5 治療

特に高齢で発症している場合は, 一般血液検査, 尿検査, 内分泌機能検査, 画像診断検査などにより基礎疾患の関与がないか調査し, 何らかの基礎疾患があった場合は, この治療と管理を先に行う必要がある. マラセチア皮膚炎の治療としては外用療法が基本となり, 抗真菌性シャンプーや抗真菌性外用剤を行う. 抗真菌性シャンプーとしてはミコナゾールやケトコナゾールなどを含むシャンプーで週2回にて2週間以上実施する. シャンプーの方法は膿皮症での場合と同様である. 抗真菌性外用剤としてはミコナゾール, テルビナフィン, ケトコナゾールなどの軟膏・クリーム・ローションを1日2回にて2週間程度外用する. これらの外用療法により改善がみられない場合, あるいは病変が広範囲または深部に及ぶ場合は外用療法に加え抗真菌薬による全身療法を行う. マラセチアに効果的な抗真菌薬としてはイトラコナゾール(5 mg/kg SID), テルビナフィン(30 mg/kg SID), ケトコナゾール(5～10 mg/kg SID, 猫での使用は重篤な肝機能不全を発症する場合があるため推奨されない)などを検討する. 改善後も再発を繰り返しやすい場合は, 上述の外用療法を定期的(週1回など)に継続する.

c 皮膚糸状菌症

1 この疾患について

犬，猫を含むあらゆる動物が罹患し，犬と猫のいずれにおいても一般的にみられる皮膚感染症であり，人獣共通感染症である(➡p.707)．温暖で湿潤な環境で発生しやすく，我が国では春～夏に好発する傾向がある．一般的な伝播は直接感染，あるいは感染動物の被毛や落屑などで汚染されたものを介して生じる．

2 主要病原体

犬の皮膚糸状菌症で最も多い原因は*Microsporum canis*(犬小胞子菌，動物寄生性)であり，この他に*M. gypseum*(石膏状小胞子菌，土壌生息性)，*Trichophyton mentagrophytes*(毛包白癬菌，動物寄生性)が原因のこともある(➡p.240)．猫の皮膚糸状菌症のほとんどの原因は*M. canis*である．集団飼育下にある動物，抵抗力の低い幼齢・老齢動物，基礎疾患や免疫抑制療法により免疫力の低下している動物では皮膚糸状菌症に罹患しやすい．ウサギやハムスターなど，被毛を持つエキゾチックアニマルの原因菌としては*T. mentagrophytes*が多いと考えられる[1-3,5]．

3 主症状

犬も猫も皮膚糸状菌症の皮膚症状は非常に多様である(**図32-9～11**)．初期には炎症症状や痒みの少ない脱毛斑や鱗屑がみられることがある．進行に伴って紅斑，びらん，痂皮がみられ，ある程度の痒みを伴うようになる．さらに進行すると皮膚深部にまで感染が広がり，局面や結節性病変を生じることもある[1-3]．

4 診断

臨床症状，飼育環境，基礎疾患の既往などから予測し，毛検査，皮膚掻爬物検査，ウッド灯検査，培養検査，PCR検査で糸状菌感染を確認して診断する．毛検査や皮膚掻爬物検査では採取したサンプルから糸状菌感染を顕微鏡学的に確認することができる(**図32-12，13**)．ウッド灯は*M. canis*の

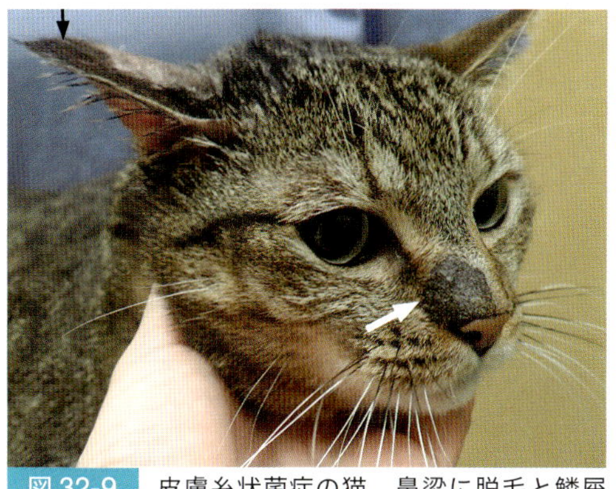

図32-9　皮膚糸状菌症の猫．鼻梁に脱毛と鱗屑(矢印)，右耳介に脱毛(矢印)を認める(写真提供：四国動物医療センター，香川県木田郡)．

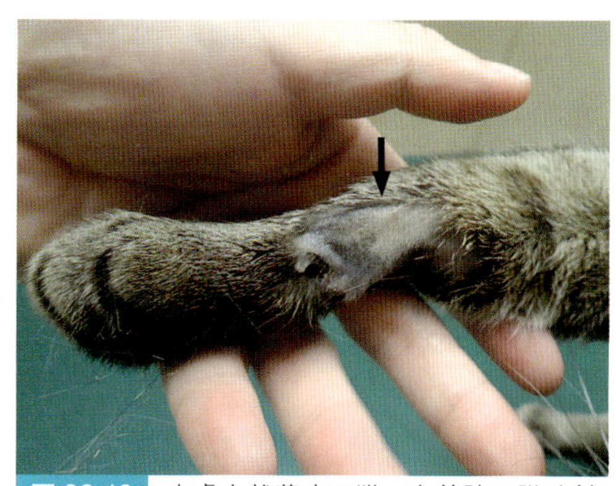

図32-10　皮膚糸状菌症の猫．右前肢に脱毛(矢印)を認める(写真提供：四国動物医療センター，香川県木田郡)．

感染被毛を蛍光に光らせる特性があり(**図32-14**)，ウッド灯で陽性の被毛についてはさらに毛検査を実施するとよい．また滅菌歯ブラシなどで採取したサンプルによって培養検査やPCR検査を行い原因菌を同定することができる．またご家族や同居動物に何らかの皮膚症状がないか確認する．特にヒトに伝播した場合は，猫や犬よりも炎症や痒みの強い症状を示す(**図32-15**)．

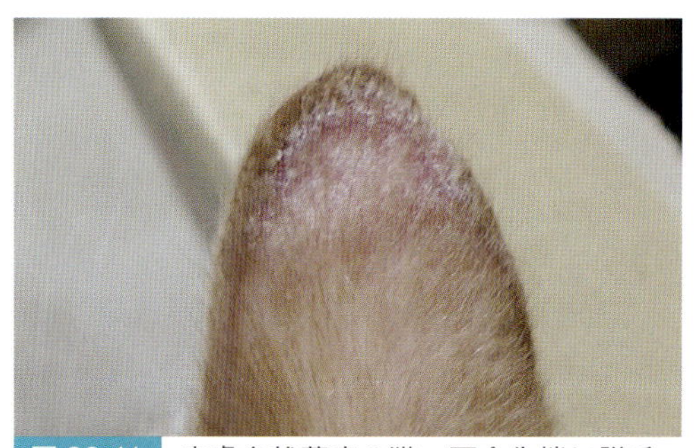
図32-11 皮膚糸状菌症の猫．耳介先端に脱毛，鱗屑，紅斑を認める(写真提供：稲川動物病院，茨城県下妻市)．

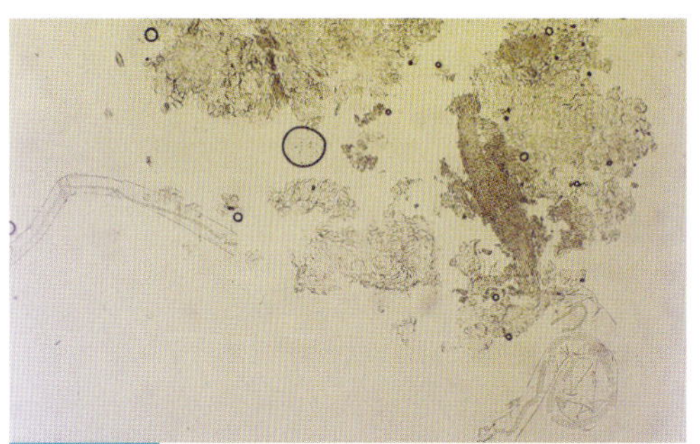
図32-12 皮膚糸状菌症の病変から採取した感染被毛の毛検査所見(弱拡大)．左中央と右下にみられる非感染毛は透明感があり被毛の輪郭がはっきりしているのに対し，右中央の感染毛は透明化がなく陰影のため濃色を示し，被毛の輪郭がはっきりしない．

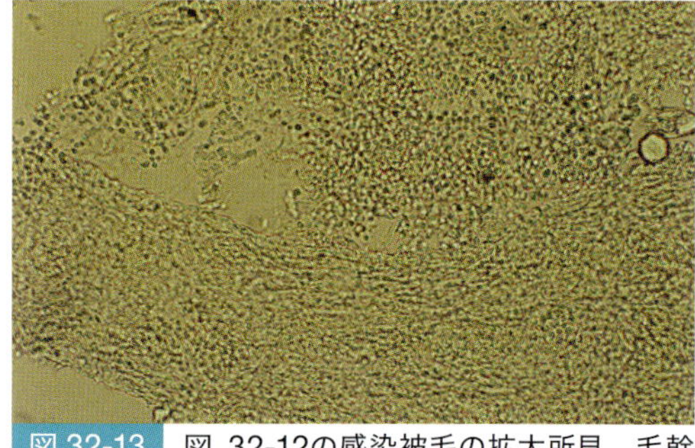
図32-13 図32-12の感染被毛の拡大所見．毛幹内には菌糸が密集し，毛幹表面には非常に多くの胞子(分節分生子)が付着している．

図32-14 皮膚糸状菌症の犬のウッド灯所見．糸状菌感染毛は毛の輪郭がわかるように蛍光を発してる．

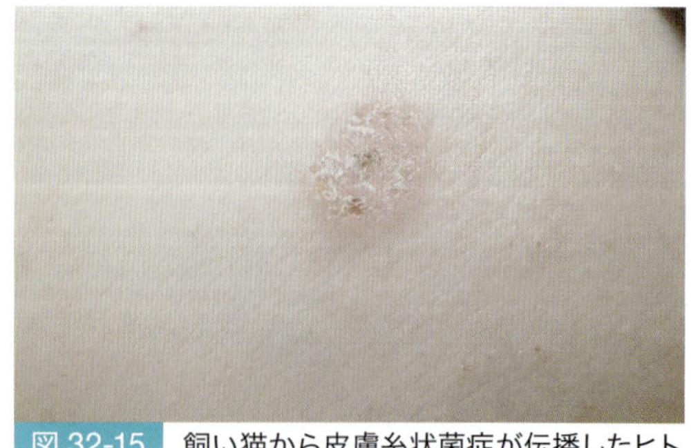
図32-15 飼い猫から皮膚糸状菌症が伝播したヒトの皮膚症状．鱗屑を付着した紅斑を認め，強い痒みを伴う(写真提供：あおぞら動物病院，栃木県栃木市)．

5 | 治療

抗真菌薬の全身療法あるいは抗真菌薬の外用療法を実施する．全身療法としてはイトラコナゾール（5 mg／kg SID），テルビナフィン（30 mg／kg SID），ケトコナゾール（5～10 mg／kg SID～BID，猫での使用は重篤な肝機能不全を発症する場合があるため推奨されない）などを検討する．病変が限局的で表在性だった場合には，抗真菌性シャンプーや抗真菌性外用剤による外用療法を検討してもよい．抗真菌性シャンプーとしてはミコナゾールやケトコナゾールなどを含むシャンプーで1日1回～週2回にて3～4週間以上実施する．シャンプーの方法は膿皮症での場合と同様である．抗真菌性外用剤としてはミコナゾール，テルビナフィン，ケトコナゾールなどの軟膏・クリーム・ローションを1日2回にて4週間程度外用する．これらの外用療法により改善がみられない場合，病変が広範囲または深部に及ぶ場合などは抗真菌薬による全身療法を行う．

6 | 原因微生物について

i *Microsporum canis*

猫と犬には特に親和性のある糸状菌であり，表皮角質よりも被毛への感染を好む傾向がある．感染初期には炎症症状や痒みが少ないことが多い．感染被毛はウッド灯で陽性を示す特性がある．またDTM培地によって培地の赤変と白色コロニーの形成が認められる[1,3,5]．ヒトへも感染する．

ii *Microsporum gypseum*

土壌生息菌であり，犬，時に猫の皮膚糸状菌症の原因となることがある．屋外で土壌を掘ったり擦り付けたりすることで，吻部や肢端などに感染することがある．本来は犬に親和性がないことから感染すると比較的強い炎症症状と痒みを伴うことが多い[1,5]．犬，猫と同じくヒトも土壌から感染する．

iii *Trichophyton mentagrophytes*

稀に犬の皮膚糸状菌症の原因となる．動物寄生性菌であるが，犬に感染すると比較的強い炎症症状を呈し，痒み行動を伴うことが多い．ウサギ，モルモット，ハムスター，ハリネズミなど被毛を持つエキゾチックアニマルの主な原因菌である[1,3,5]．

d カンジダ症

1 | この疾患について

犬と猫でみられることのある稀な皮膚感染症で，カンジダ属の増殖によって発症する．カンジダ属は動物の口腔内，消化管内，上部呼吸器，生殖器およびその付近の皮膚などに常在しており，基礎疾患や免疫抑制療法などによる免疫力低下が発症要因となる日和見感染症（➡p.741）である．

2 | 主要病原体

Candida albicans（➡p.251）が最も一般的な病原菌と考えられているが[1-3,5]，その他のカンジダ種が原因となる可能性もある．

3 | 主症状

粘膜では灰色の粘着性付着物に被覆され，周囲が発赤したびらん，潰瘍を認め，皮膚では丘疹，膿疱から始まり，湿潤な紅斑性局面や紅斑を認めることが多い．強い痒みを伴い，時に疼痛を示す場合もある．口腔粘膜，粘膜皮膚移行部，指間，爪周囲，外耳道，間擦部などに好発し，湿潤な皮膚環境が発症を助長する[1-3,5]．

4 | 診断

臨床症状から予測したうえで病変部（痂皮下のびらんや潰瘍）の押捺塗抹検査を実施し，酵母様菌（φ2～6 μm），分芽分生子，仮性菌糸ないし菌糸を確認する．菌種の確定には培養検査を行う．他の疾患との鑑別が困難な場合は皮膚病理検査（PAS染色を含むもの）を検討する．

5 | 治療

基礎疾患や免疫抑制療法が要因となっている場合は，その管理を行う．限局的な病変の場合は，湿潤な皮膚環境を改善するために広く毛刈りして乾燥を促し，ミコナゾールやケトコナゾールなどを含む抗真菌性シャンプーを1日1回から週2～3回にて2～4週間程度実施する．さらにミコナゾール，テルビナフィン，ケトコナゾールなどの軟膏・クリーム・ローションを1日2回にて2～4週間程度外用する．これらの外用療法により改善がみられない場合，あるいは病変が広範囲または深部に及ぶ場合などは抗真菌薬による全身療法を行う．全身療法としてはイトラコナゾール（5 mg/kg SID），テルビナフィン（30 mg/kg SID），ケトコナゾール（5～10 mg/kg SID，猫での使用は重篤な肝機能不全を誘発する場合があるため推奨されない）などを検討する．

e ヘルペスウイルス感染症

1 | この疾患について

猫で稀にみられるウイルス感染症である．ウイルス性鼻気管炎による慢性的なくしゃみや流涙などの既往歴があり，何らかの基礎疾患，免疫抑制療法，環境中のストレスなどが誘因となって発症することがある．

2 | 主要病原体

鼻気管炎ウイルスである猫ヘルペスウイルス1型（➡p.284）が病原体である．

3 | 主症状

顔面のびらん，潰瘍が認められ，固着性痂皮を付着する場合がある（**図32-16**）．特に鼻鏡，鼻梁

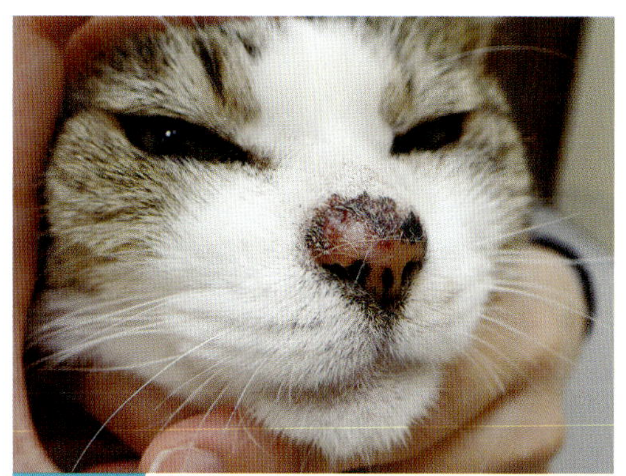

図 32-16　ヘルペスウイルス感染症の猫．鼻鏡～鼻梁にびらんと痂皮を認める（写真提供：天童動物病院，山形県天童市）．

とその周囲，眼周囲に好発し，四肢や体幹に拡大することもある．付属リンパ節腫大や痒みを伴うことがある[1-3]

4 | 診断

臨床的に予測し，皮膚病理組織学的検査で確認する．病理組織学的に上皮細胞に核内封入体を認めた場合は確定的であるが，認められない場合はPCR検査を検討する．

5 | 治療

有効な治療は不明である．基礎疾患，免疫抑制療法，何らかのストレスの関与が疑われる場合はこの管理を行う．ヘルペスウイルス感染症の有効な治療は明らかではないが，リジン（250～500 mg/head，BID～SID），ファムシクロビル（90 mg/kg），ω-インターフェロン（150万単位/kgにて病変部付近に注射し，皮下にも注射），α-インターフェロン（100万単位/m^2にて週3回投与，または1～100万単位/kg，SIDにて3週間）などの使用や併用が有効な可能性がある．続発性に細菌感染を生じている場合は，適切な抗菌薬投与を行う．また猫の一般状態が回復した場合は自然消退することもある．

f　パピローマウイルス感染症

1 | この疾患について

パピローマウイルス（乳頭腫ウイルス）感染症は，犬と猫では皮膚腫瘍，特にパピローマの発生に関わる．

2 | 主要病原体

犬では犬パピローマウイルス，猫では猫パピローマウイルスが病原体である．

3 | 主症状

i 犬パピローマウイルス感染症

主に臨床的な違いから，口腔パピローマ，外方性皮膚パピローマ，陥入性皮膚パピローマ，肉球パピローマ，色素性ウイルス性プラーク，および生殖器パピローマの六つの代表的な症候群がある[1].

口腔パピローマ(oral papilloma)は，口腔粘膜，舌，硬口蓋，喉頭蓋などに発生し，若齢犬(中央値1歳)に好発する[1]．初期は白く滑らかな丘疹や局面を形成するが，4～8週間のうちに表面が突出したカリフラワー状の結節性病変に発展し，さらに4～8週間後には自然消退することが多い.

外方性皮膚パピローマ(exophytic cutaneous papilloma)は，老齢犬に多くみられ，表面が突出したカリフラワー状の結節性病変が単発性あるいは多発性に生じる(**図32-17**)．自然消退する場合もあるが，恒久的な場合もある1．免疫力の低下が発症に関与している可能性がある.

陥入性皮膚パピローマ(cutaneous inverted papilloma)は，小型の硬い隆起性病変で，中央が開孔しており，カップ状に落ち込んだ形状をしている[1]．3歳以下の若齢犬に好発するが，老齢犬に生じることもある.

肉球パピローマ(footpad papilloma)は，小型の硬い隆起性病変で1～2歳までの若齢犬に好発する．硬い角化性病変が複数の肉球に多発し，増生した角質が角のような突起物を形成することもある[1]．病変によっては跛行を誘発することがある.

色素性ウイルス性プラーク(pigmented viral plaques)は，色素沈着と鱗屑を伴い不規則に隆起することのある丘疹，局面，あるいは結節などの多発性病変である(**図32-18**)．大部分は径1 cm以下の小さな病変で，腹部腹側，胸部腹側，四肢基部付近などに好発する．ごく稀ではあるが扁平上皮癌などの悪性腫瘍に発展することがあるとされている[1,2]．様々な犬種の若い成犬に多くみられるが，特にパグやミニチュア・シュナウザーに好発性が強く，パグでは遺伝性が示唆されている.

生殖器パピローマ(genital papilloma)の発症や報告は非常に稀で，性交によって感染すると考えられている．陰茎や腟に乳頭状に隆起した局面を形成する[2].

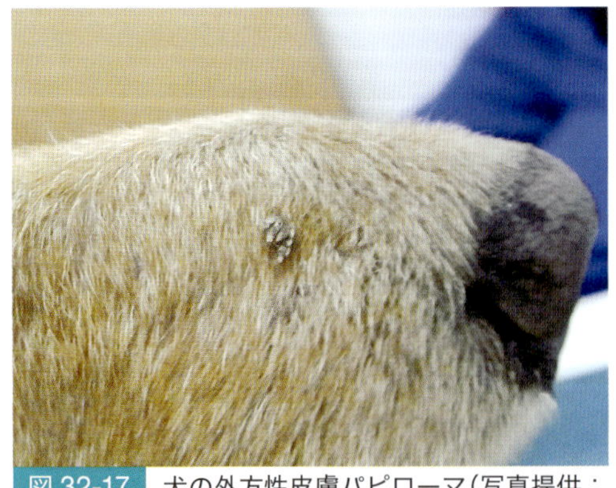

図32-17 犬の外方性皮膚パピローマ(写真提供：稲川動物病院，茨城県下妻市)

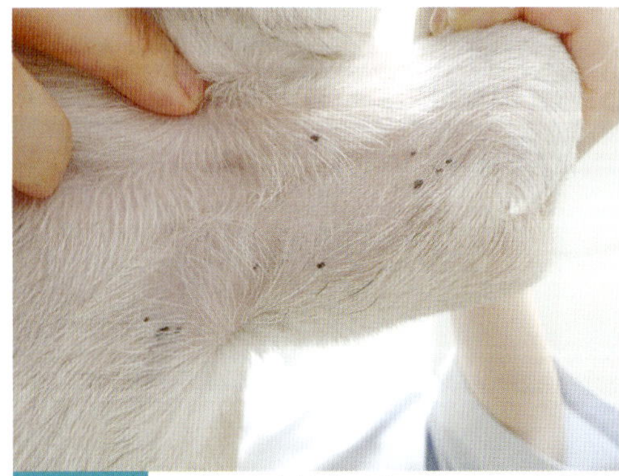

図32-18 パグの色素性ウイルス性プラーク(写真提供：パル動物病院，静岡県裾野市)

ii 猫パピローマウイルス感染症

主に臨床的な違いから皮膚パピローマ，サルコイド（皮膚線維性パピローマ），ウイルス性局面，ボーエン様表皮内癌/浸潤性扁平上皮癌の四つの代表的な症候群がある[1]．

皮膚パピローマ（cutaneous papilloma）は稀な疾患であり，体幹を主体に様々な大きさの病変を生じる．免疫不全状態に誘発されると考えられている．

サルコイド（sarcoid）あるいは皮膚線維性パピローマ（cutaneous fibropapilloma）は，若齢（多くは5歳以下）の猫の頭部，頸部，四肢端に生じる結節性病変である．屋外活動の多い猫，特に牛との接触がある猫での好発傾向がみられている[1]．有柄性および外方性の結節を形成し，時に潰瘍を伴う．結節性病変の内容は線維芽細胞の密な増殖であり，杭柵状に肥厚した表皮に被覆されている[1]．

ウイルス性局面（viral plaque）は径8 mm以下の少し盛り上がりのある多発性局面である．表面は過角化や不規則な凹凸を示し，色素沈着を伴うこがある．時にボーエン様表皮内癌に進行することがある[1]．様々な年齢で発症するが，多くは高齢猫にみられ，FIVやFIPなどのウイルス感染症，免疫抑制療法，何らかの基礎疾患による免疫不全状態の関与が示唆される[1]．

ボーエン様表皮内癌/浸潤性扁平上皮癌（bowenoid *in situ* carcinoma/cutaneous invasive squamous cell carcinoma）は，一般的に高齢猫に多く生じる表皮角化細胞由来の腫瘍である．臨床的には過角化と不規則な凹凸を示し少し厚みのある多発性局面を生じ色素沈着を伴うことがある（**図32-19**）．ボーエン様表皮内癌が進行すると，角化細胞の増殖が表皮内にとどまらず真皮へと波及した浸潤性扁平上皮癌になることがある[1,2]．

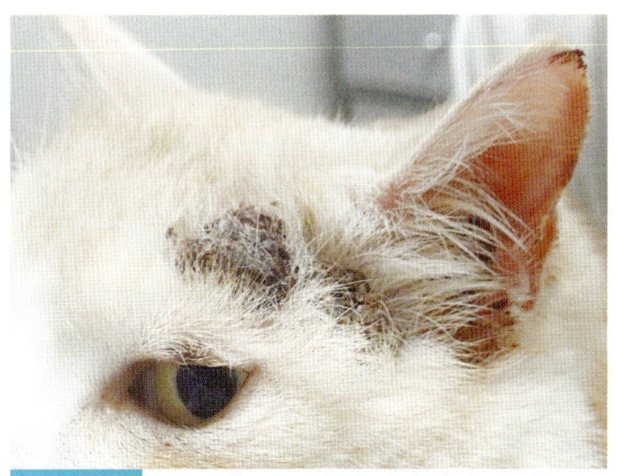

図32-19 猫のボーエン様表皮内癌/浸潤性扁平上皮癌（写真提供：パル動物病院，静岡県裾野市）

4 | 診断

臨床的に予測し，皮膚病理組織学的検査で確認する．病理組織学的に上皮細胞の増殖と核内封入体を認めた場合は確定的であるが，明らかでない場合は抗パピローマウイルス抗体を用いた免疫染色あるいはPCR検査を検討する．

5 | 治療

パピローマウイルス感染症による腫瘍以外の病変は，動物の免疫状態が回復することで自然消退する場合が多いことから，基礎疾患，免疫抑制療法などの関与が疑われる場合はこの管理を行う．自然消退しない場合は，外科的切除，凍結療法，レーザー療法などを検討する．その他の治療としてはアジスロマイシン(5～10 mg/kg，SID～BID，犬および猫)などの全身療法，5%イミキモドクリーム(1日1回～1日おき1回外用，犬および猫)，5-FU軟膏(1日1回5日間外用後，1週間ごと1回の外用を4～6週間継続，犬のみ)などの外用療法も有効な可能性がある[1,2]．続発性に細菌感染を生じている場合は，適切な抗菌薬投与を行う．

g その他のウイルス感染症

上記以外のウイルスでは，犬ジステンパーウイルス(➡p.303)，犬パルボウイルス(➡p.287)，ポックスウイルス(➡p.293)，猫カリシウイルス(➡p.295)，猫免疫不全ウイルス(➡p.310)などが皮膚に病変を引き起こす可能性がある．

h 疥癬

1 | この疾患について

犬，猫，その他様々な動物でみられる一般的な外部寄生虫性疾患である．皮膚疾患の中で最も痒みの強い疾患である．動物間で伝播するため，多頭飼育環境や他の動物と接触しやすい屋外では感染の危険性が高い．疥癬のダニは比較的宿主特異性が高いが，一過性に他種動物へ感染することがある．人獣共通感染症で，強い瘙痒を示す皮疹を呈する．院内感染の報告もある(➡47章)．野生動物(タヌキ，キツネ，ハクビシン，アライグマなど)との交差性も懸念されている．

2 | 主要病原体

犬は*Sarcoptes scabiei* var. *canis*(イヌセンコウヒゼンダニ)が原因であり，卵円形で200～400 μmの大きさである．猫は*Notoedres cati*(ネコショウセンコウヒゼンダニ)が原因であり，形態は*S. scabiei* var. *canis*に類似するが，これよりも少し小型である[1,3]．

3 | 主症状

丘疹，紅斑，痂皮，脱毛，肥厚が認められ(**図32-20，21**)，強い瘙痒を伴う．耳介辺縁，顔面，肘部外側，腹部，胸部，四肢などに好発する．猫では顔面に著しい症状を示すことがある(**図32-22**)[1-3]．

4 | 診断

臨床症状から予測し，皮膚掻爬物検査でダニを確認する(**図32-23，24**)．皮膚掻爬物検査で検出できなかった場合も，臨床的に疥癬が強く疑われる場合は試験的治療を検討する．

5 | 治療

疥癬の治療薬として我が国で認可されているものはないが，ノミ駆除剤の中には疥癬に対して有

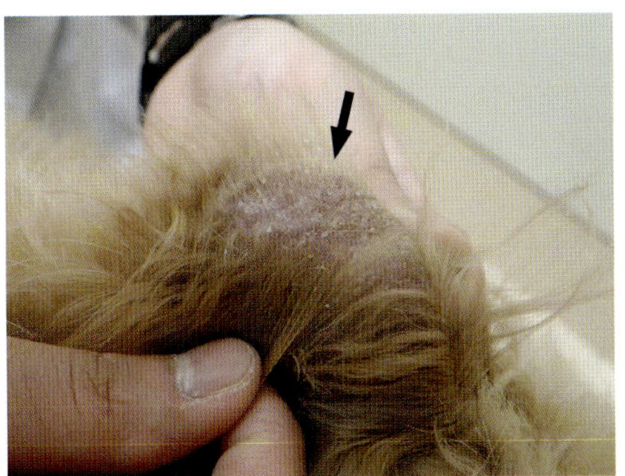

図 32-20　疥癬の犬．耳介先端に脱毛，鱗屑，肥厚を認める（写真提供：天童動物病院，山形県天童市）．

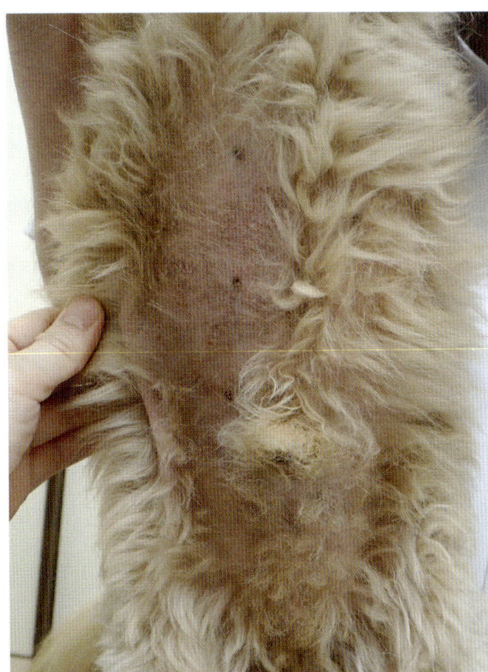

図 32-21　疥癬の犬．胸部に脱毛，痂皮，脂漏，紅斑を認める（写真提供：天童動物病院，山形県天童市）．

図 32-22　疥癬の猫．顔面の肥厚，痂皮を認める（写真提供：稲川動物病院，茨城県下妻市）

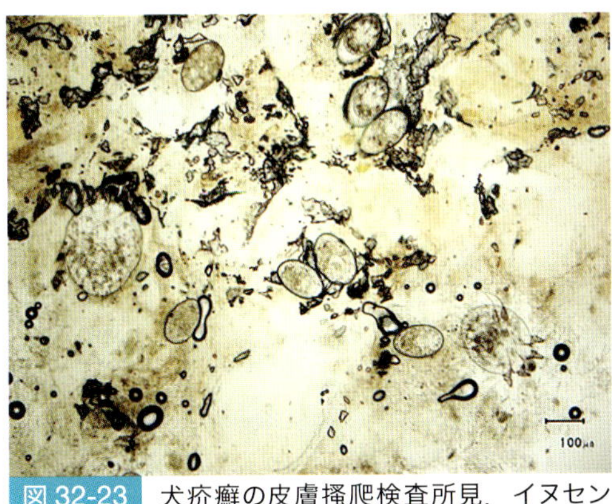

図 32-23　犬疥癬の皮膚掻爬検査所見．イヌセンコウヒゼンダニの成虫と虫卵が認められる．

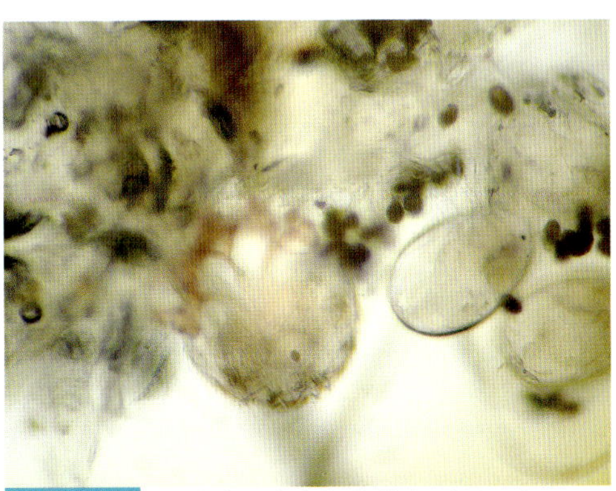

図 32-24　猫疥癬の皮膚掻爬検査所見．ネコショウセンコウヒゼンダニの成虫と虫卵が認められる．

効なものが知られており，これにはフルララネル（ノミダニ駆除量にて1回投与），アフォキソラネル（ノミダニ駆除量にて1カ月後ごと2回投与），セラメクチン（ノミ駆除量にて2週間ごと3回外用），0.25％フィプロニルスプレー（毛刈りのうえノミダニ駆除量にて2週間ごと3回スプレー）など含まれる[6-9]．古典的治療としてはイベルメクチン（0.2～0.4 mg/kgにて1週間ごと3回投与），ドラメクチン(0.2〜0.25 mg/kgにて1週間ごと投与), アミトラズ薬浴(20%アミトラズ溶液を400〜700倍に希釈したもので, 2週間ごとに3回薬浴)などが知られている. ただしイベルメクチン, ドラメクチンなどのアベルメクチン系薬剤は副作用として神経症状を生じることがあるため, 使用には注意が必要である. この中毒症状の発症にはMDR1遺伝子変異が関与していることが多く, コリー, オーストラリアン・シェパード, シェットランド・シープドッグなどの犬種は遺伝子変異を持つものがあることからこれらの薬剤で治療する前には遺伝子検査を行っておく必要がある[1,2].

i シラミ症

1 | この疾患について

犬, 猫, その他様々な動物でみられることのある外部寄生虫性疾患である. 動物間で伝播することから, 多頭飼育環境や他の動物と接触しやすい屋外活動により感染の危険性が高くなる.

2 | 主要病原体

犬ではイヌジラミ(*Linognathus setosus*, 吸血性)やイヌハジラミ(*Trichodectes canis*, 落屑や皮脂を摂取), 猫ではネコハジラミ(*Felicola subrostratus*, 落屑や皮脂を摂取)が病原体であり, これらは宿主特異性の高いことが知られている(➡p.357).

3 | 主症状

脂漏, 脱毛, 鱗屑, 掻破痕などがみられ, 虫卵が付着した被毛(**図32-25**)を多く認める[1-3].

4 | 診断

臨床症状から予測したうえで, ノミ取りグシなどで被毛や地肌を梳いて成虫や虫卵を検出する. あるいは虫卵様の白色物が付着した被毛を毛検査し, 顕微鏡学的に虫卵を確認する(**図32-26**).

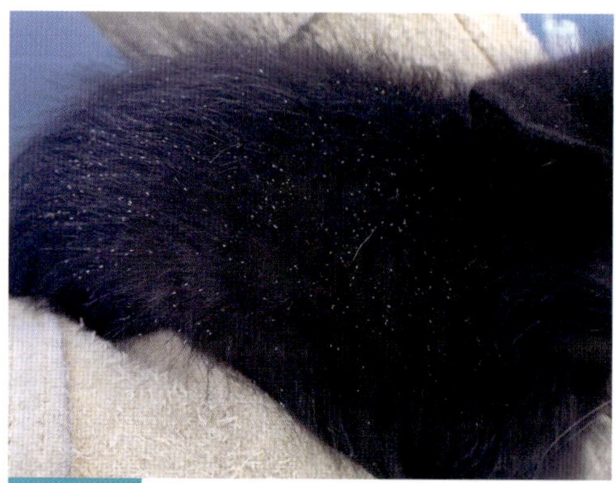

図32-25 猫のシラミ症. 体幹全体の被毛に白色の虫卵がたくさん付着している(写真提供:稲川動物病院, 茨城県下妻市).

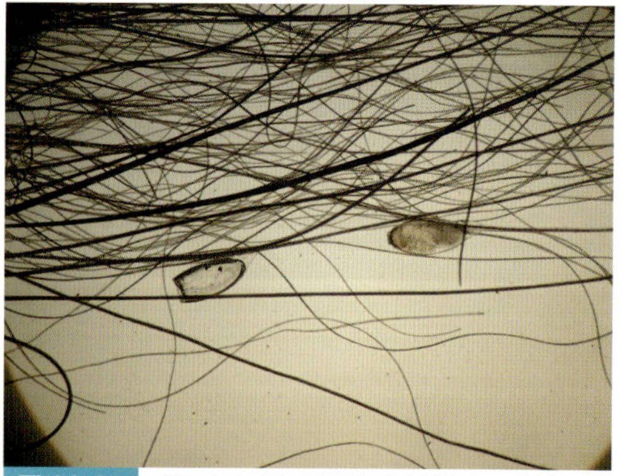

図32-26 猫シラミ症の被毛検査所見. 毛幹に付着する虫卵が認められる.

5 | 治療

シラミ症の治療として我が国で認可されているものはないが，セラメクチン(ノミ駆除量にて3〜4週間ごと2回外用)，0.25％フィプロニルスプレー(ノミダニ駆除量にて2週間ごと3回スプレー)，イベルメクチン(0.2 mg/kgにて2週間ごと2〜4回投与)，ドラメクチン(0.2〜0.4 mg/kgにて1週間ごと3〜4回投与)などが効果的である．

j ツメダニ症

1 | この疾患について

犬，猫，ウサギなどでみられることのある稀な外部寄生虫症である．動物間で伝播することから，多頭飼育環境や他の動物と接触しやすい屋外活動により感染の危険性が高くなる．宿主特異性は低く，人獣共通感染症の一つとなっている．

2 | 主要病原体

ツメダニ属(*Cheyletiella* spp.)が病原体である．ペットではイヌツメダニ(*C. yasguri*)，ネコツメダニ(*C. blakei*)，ウサギツメダニ(*C. parasitivorax*)の感染が知られている[1,10]．比較的大型(約380 μm)のダニで，胴体部に4対の肢，頭部に1対の口器(触肢)を持ち，この口器の先端にフック状の爪構造を持つ[1,10]．すべての生活環を動物の体表で過ごす．動物の被毛上に生息し，角質などを摂食するときにのみ皮膚表面に降りてくる[2]．ただし動物の身体を離れても，冷涼な環境下ではしばらく生息でき，新たな宿主に感染することがある．

3 | 主症状

主な症状は著明な鱗屑である．白い粉状の鱗屑が特に背部中央に沿ってみられることが多く，時にこの鱗屑が動いて見えることからツメダニ症は「動くフケ」(walking dandruff)とも呼ばれる[1,2]．丘疹，痂皮，紅斑を認めることもあり，痒みの訴えは軽度〜重度まで様々である[1,2]．明らかな臨床症状を認めず無症候性キャリアとなる動物もみられる[1,2]．

4 | 診断

臨床症状から予測したうえで，病変部のテープストリッピング(テープ貼付)やノミ取りグシなどで被毛や鱗屑を採取し，成虫や虫卵を検出する[1,2]．

5 | 治療

イベルメクチン(0.2〜0.3 mg/kgにて1〜2週間ごと2〜6回投与)，セラメクチン(6〜15 mg/kgにて1カ月ごと，あるいは2〜4週間ごと2〜3回投与)，ドラメクチン(0.2〜0.4 mg/kgにて1週間ごと4〜6回投与)などが効果的である[2]．

k ノミ感染症

1 この疾患について

犬，猫，その他様々な動物でみられる外部寄生虫性疾患であり，成虫はすべて温血動物に寄生しており，吸血性である[1,2]. 吸血された動物がノミの唾液などによるアレルギー(ノミアレルギー性皮膚炎)を起こすことがある．動物間で伝播することから，多頭飼育環境や他の動物と接触しやすい屋外活動により感染の危険性が高くなる．また温暖で湿度の高い季節や地域で発症率が高く[1,2]，我が国では春，夏に高率に発症がみられる．現在は安全で効果的なノミ駆除剤の普及により，ノミの寄生は稀な疾患となってきている．ヒトもノミに吸い付かれて痒みを伴う皮疹を呈する．

2 主要病原体

犬や猫の原因の大部分はネコノミ(*Ctenocephalides felis*)であるが，稀にイヌノミ(*C. canis*)の感染で発症することもある(➡p.359)．

3 主症状

ノミに対するアレルギー反応を示さない動物では，痒みは軽度と思われるが，アレルギー反応を示す動物では強い痒み行動を示す．丘疹，痂皮が多発し，続発性の脂漏，脱毛，掻破痕が認められ(**図32-27**)，慢性化すると色素沈着，苔癬化を生じる．特に猫は粟粒性皮膚炎を示すのが一般的である．また好酸球性肉芽腫症候群の要因とされている．ノミの糞を黒色の細かい付着物として地肌に認めることがある(**図32-28**)体幹背側，特に腰背部，尾基部，大腿部外側に好発し，体幹側面，体幹腹側，頭部に拡大することがある[1-3]．感染が重度の場合は，貧血を伴うことがある．ノミ感染がある場合，瓜実条虫も寄生していることがある．

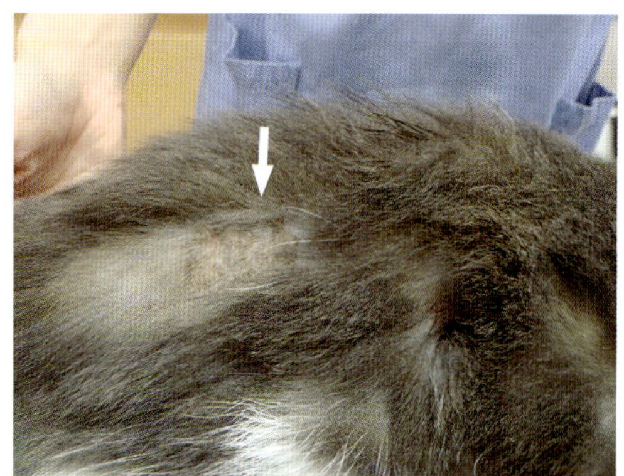

図32-27 猫のノミアレルギー性皮膚炎．背中主体に脱毛，びらんを認め(矢印)，強い痒みを伴う(写真提供：アニファ埼玉動物医療センター，埼玉県川口市)．

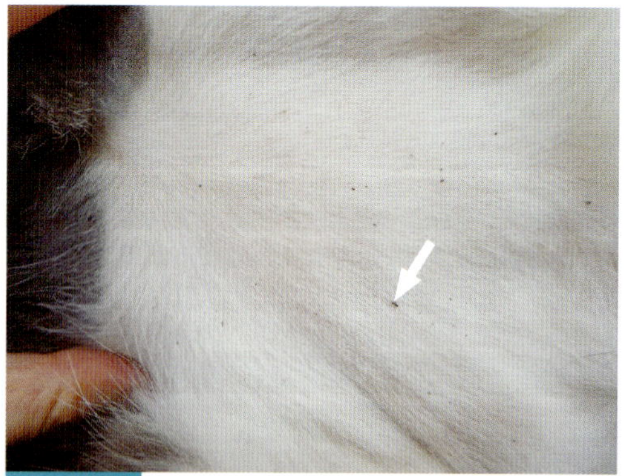

図32-28 猫のノミアレルギー性皮膚炎の猫．下腹部の地肌にノミの糞が黒色の付着物として確認できる(矢印)(写真提供：アニファ埼玉動物医療センター，埼玉県川口市)．

4 | 診断

臨床症状から予測したうえで，肉眼的，あるいはノミ取りグシなどで被毛や地肌を梳いて成虫を確認する．ノミ取りグシで梳いて採取された地肌の付着物を顕微鏡学的に観察すると虫卵や糞を確認することができる．黒褐色の付着物を濡れたペーパーの上に落とすと血液成分が溶けて赤く滲む(**図32-29**)．検便も実施し，瓜実条虫の感染がないかも確認するとよい．痒みが強くノミアレルギーが考えられる場合は，血清学的IgE検査にてノミ抗原に対するIgEが高値を示すことがある[1,2]．

図 32-29　ノミの糞のウェットペーパー試験．地肌に認められた黒色の付着物を濡れたペーパーの上に落とすと，血液を成分とするノミの糞では赤い滲みがみられる．

5 | 治療

ノミ駆除剤(例えばフィプロニル，ニテンピラム，ルフェヌロン，セラメクチン，フルララネル，アフォキソラネルなど)を用いて駆除をする．治療後は，再感染予防のため定期的なノミ駆除剤投与による予防が推奨される．瓜実条虫感染があった場合は，その治療も行う必要がある．

主に毛包を病変とする感染症

a ニキビダニ症

1 | この疾患について

犬，猫を含むあらゆる動物が罹患するが，特に犬で一般的であり猫では稀である．1歳〜1歳半までの若齢犬での発症が多く，若齢発症の場合は自然消退することも多い．ただし成犬になっても改善しない場合や成犬発症の場合は，遺伝，基礎疾患，免疫抑制療法などが誘因となっている可能性がある．

2｜主要病原体

犬の原因の大部分は*Demodex canis*である（➡p.347）．この他に稀ではあるが*D. canis*よりも体長が長い*D. injai*，*D. canis*よりも体長が短い*D. cornei*が検出されることもある．猫の原因の大部分は*D. cati*である．この他に*D. cati*よりも体長の短い*D. gatoi*も知られ，これは表皮角質寄生性であり感染性がある[1,3]．

3｜主症状

犬のニキビダニ症は臨床的に発症部位が限局的な局所性ニキビダニ症，より広範囲あるいは多発性のものは全身性ニキビダニ症に分類されている[1-3]．局所性ニキビダニ症は3〜6カ月齢の犬に多く発症し，顔面や体幹などに好発傾向があるが，あらゆる部位での発症がみられ，脱毛斑，紅斑，毛包円柱，鱗屑，面皰，色素沈着などの皮疹を認めることが多く（**図32-30**），一般的には痒みを伴わないが，膿皮症の続発により痒みを伴うことがある．全身性ニキビダニ症は3〜18カ月齢の犬に多く発症する．臨床症状は多様で，多発性の脱毛斑，あるいはびまん性に広範囲の脱毛を示し，脱毛領域には紅斑，面皰，丘疹，膿疱，痂皮を認める（**図32-31**）．進行に伴って色素沈着，肥厚，脂漏，排膿，血漏などを伴い，膿皮症を続発するのが一般的である．四肢端，眼周囲，口周囲を含む全身のあらゆる部位に発症する．四肢端に発症した場合は，肢端の腫脹，血漏，疼痛を伴うことがある（**図32-32**）．付属リンパ節腫大，発熱，元気消失などを伴うこともある[1-3,5]．

猫のニキビダニ症は発症が稀であり情報が少ない．臨床的には局所性ニキビダニ症と全身性ニキビダニ症に分類される[1]．局所性ニキビダニ症は漏出性外耳炎を伴い，鱗屑や痂皮を付着した脱毛斑や紅斑を認める．顔面，特に眼周囲，頭部，頸部に好発する[1]．全身性ニキビダニ症は（**図32-33**）は，最初は顔面，頭部に発症し，頸部，体幹，四肢へ拡大することが多い．犬のように重篤な症状を示すことは少なく，脱毛，鱗屑，紅斑，色素沈着などを示す[1]．猫の全身性ニキビダニ症の大部分は糖尿病，副腎皮質機能亢進症，FIV／FeLV感染症などの基礎疾患が潜在している[1]．

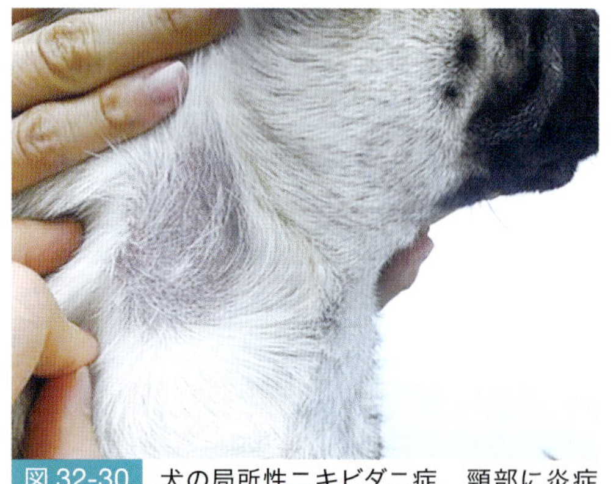

図32-30　犬の局所性ニキビダニ症．頸部に炎症の少ない脱毛斑を認める（写真提供：よしむら動物病院，埼玉県川口市）．

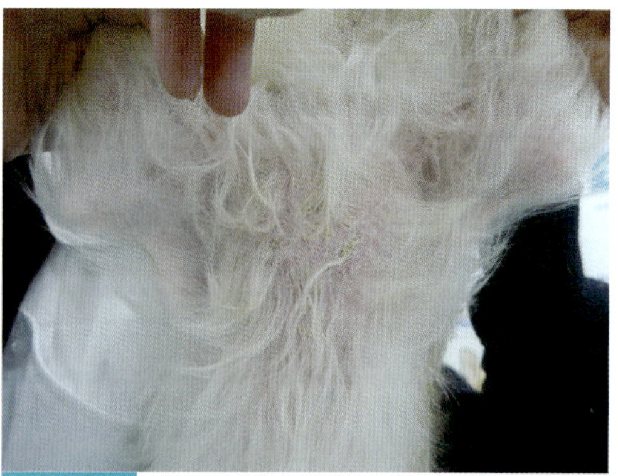

図32-31　犬の全身性ニキビダニ症．胸部に脱毛，毛包円柱，紅斑，脱毛を認める（写真提供：大場どうぶつ病院，宮城県仙台市）．

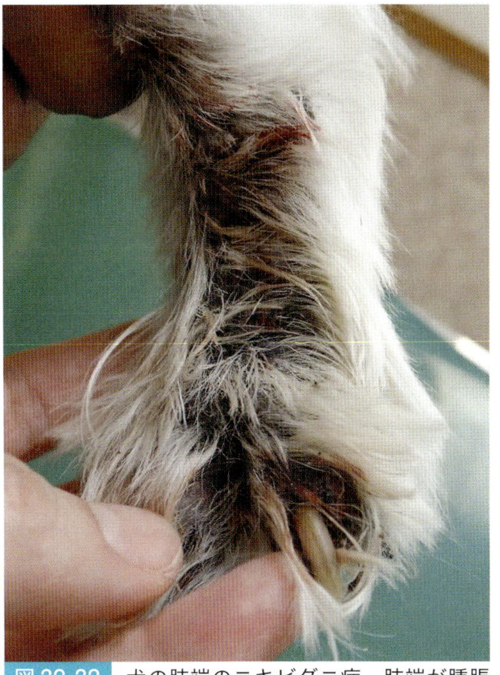

図 32-32　犬の肢端のニキビダニ症．肢端が腫脹し，痂皮，血漏を伴う（写真提供：四国動物医療センター，香川県木田郡）．

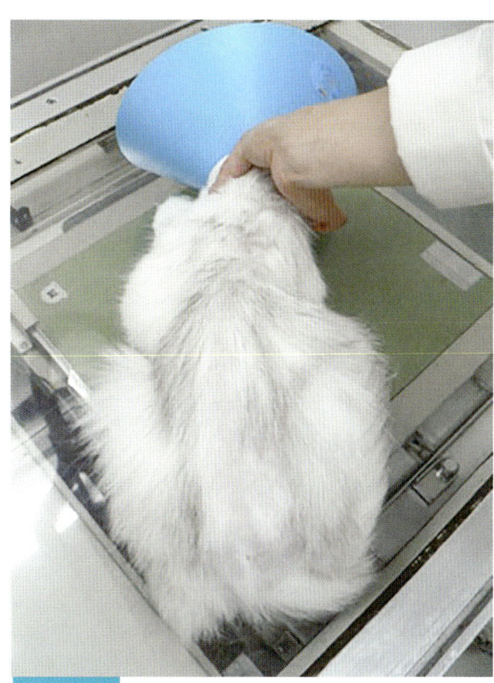

図 32-33　猫の全身性ニキビダニ症．体幹背側が広く脱毛する（写真提供：東京農工大学動物医療センター獣医内科学教室）．

4 | 診断

皮膚掻爬物検査，被毛検査によって毛包内角質をサンプルとして採取し，顕微鏡学的にニキビダニを確認する（**図32-34，35**）．増殖数が少ない場合や，皮膚掻爬物検査などが実施しにくい部位や個体の場合，皮膚病理検査が有効な場合がある．

5 | 治療

特に高齢で発症している場合は，一般血液検査，尿検査，内分泌機能検査，画像診断検査などに

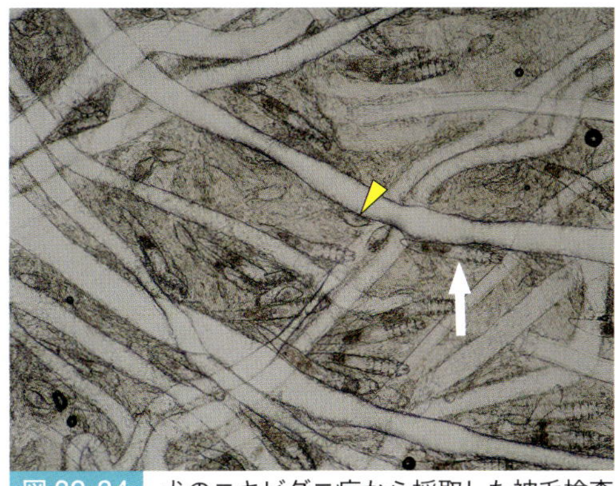

図 32-34　犬のニキビダニ症から採取した被毛検査所見．*D.canis*の成虫（矢印）と虫卵（矢頭）が認められる．

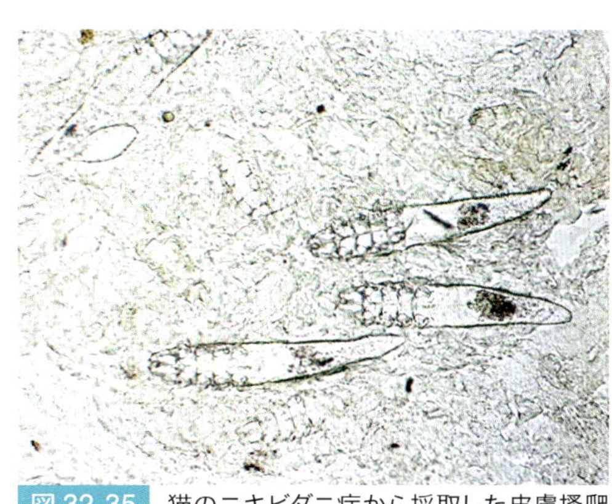

図 32-35　猫のニキビダニ症から採取した皮膚掻爬物検査所見．*D.cati*の成虫と虫卵が認められる．

より基礎疾患の関与がないか調査し，何らかの基礎疾患があった場合は，この治療と管理を行う必要がある．免疫抑制療法(特にステロイド剤投与)を実施している場合は，この漸減や中止を検討する．若齢犬で発症した局所性ニキビダニ症の多くは自然消退する可能性があり，6カ月齢までの犬で軽症の場合は経過観察を検討してもよい．ニキビダニ症の治療薬として国内で認可されているものはないが，近年の治療方法としてフルララネル(ノミダニ駆除量にて1回投与)，アフォキソラネル(2週間ごと3回投与)，イミダクロプリド/モキシデクチンスポットオン剤(4週間ごとに3回滴下)などのノミダニ駆除剤の有効性が報告されている[11-13]．古典的治療方法としては，イベルメクチン(0.3〜0.6 mg/kg/SID：ただし投与初日〜4日目までは0.05 mg/kg，0.1 mg/kg，0.2 mg/kg，0.3 mg/kgと日ごとに漸増しながら投与し，この間に有害反応がみられない場合はその後0.3 mg/kg SIDにて維持．十分な改善がみられない場合は，0.6 mg/kgまでの増量を検討)，ドラメクチン(0.6 mg/kgにて1週間ごとに1回皮下注射)，アミトラズ薬浴(1〜2週ごとに1回：角質溶解性シャンプー後に0.025〜0.125％希釈のアミトラズ溶液を塗布)などがある．ただしアベルメクチン系薬物は，ある犬種(例：コリー，オーストラリアン・シェパード，シェットランド・シープドッグ)では副作用の危険性が高いことがわかっていることから，使用する場合には事前に*MDR*1遺伝子変異調査を行う必要がある[1,2]．いずれの治療であっても皮膚検査でニキビダニを検出しなくなってから少なくとも1カ月後までは治療を継続する必要がある．補助療法としては，抗菌性あるいは角質溶解性シャンプー(2回/週)を併用すると効果が高まる可能性がある．

6 | 原因微生物について

i *Demodex canis*

最も一般的な犬のニキビダニ症の原因である．成虫の大きさは雄で40×250 μm，雌で40×300 μmで，母犬からの授乳時に子犬に移行すると考えられている．ほぼすべての犬に常在し，成犬になってから犬同士で伝播する可能性は非常に低いと考えられている[1]．

ii *Demodex injai*

稀に検出されることのあるニキビダニで*D. canis*よりも体長が長く334〜368 μmである[1](**図32-36**)．毛包管腔内，脂腺導管，および脂腺内に生息すると考えられており，脂腺分泌の豊富な顔面や体幹背側中央に沿って増殖することがある[1]．このニキビダニ症は成犬のテリア種(ウエスト・ハイランド・ホワイト・テリアなど)やシー・ズーでの発症が多い[1,2]．犬同士で伝播する可能性は不明である．

iii *Demodex cornei*

非常に稀に検出されることのあるニキビダニで*D. canis*よりも体長が短く90〜148 μmである[1]．*D. canis*と同時に検出されることも多い[1]．犬同士で伝播する可能性は不明である[1]．

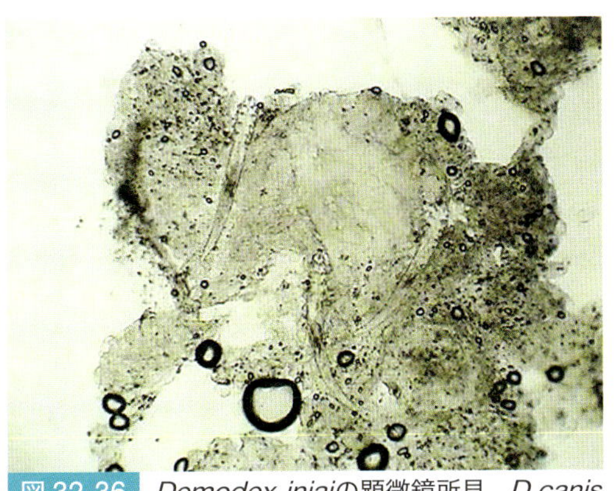

図 32-36 *Demodex injai*の顕微鏡所見．*D.canis*よりも体長が長い(写真提供：こまち動物病院，茨城県つくば市，福井祐一先生のご厚意による)．

iv *Demodex cati*

稀に検出されることのある猫のニキビダニである．生態についてはよくわかっていない．

v *Demodex gatoi*

稀に検出されることのある猫のニキビダニで，*D. cati*よりも体長が短い．多くのニキビダニが毛包管腔～脂腺寄生性であるのに対し，このダニは表皮角質寄生性と考えられており，時に痒みを伴うことがある．また猫同士で伝播する可能性がある．

皮膚深層(真皮，皮下組織)を病変の主体とする感染症

a クリプトコックス症

1 この疾患について

猫で時にみられ犬では稀な深在性真菌症であり，人獣共通感染症である(➡p.712)．クリプトコックス感染に起因し，汚染された環境，特にハトの糞に汚染された環境から吸気性，時に外傷をきっかけに感染を受けると考えられ，呼吸器，皮膚，神経系などが侵される日和見感染症である(➡p.744)．免疫力低下の誘因となる基礎疾患や免疫抑制療法の関与があった場合は発症しやすくなる．

2 主要病原体

Cryptococcus neoformans[注1]が原因菌であり，ムコ多糖類からなる莢膜に覆われた酵母様真菌である(➡p.249)．自然界に広く分布するが，窒素が豊富なアルカリ性の堆積物中に見つかることが多

注 1：クリプトコックス属の分類は近年変更になり，*Cryptococcus neoformans* var. *neoformans* は *C. deneoformans* に，*C. neoformans* var. *grubii* は *C. neoformans* に，*C. neoformans* var. *gattii* は *C. gattii* と分類された．詳細は p.249 を参照

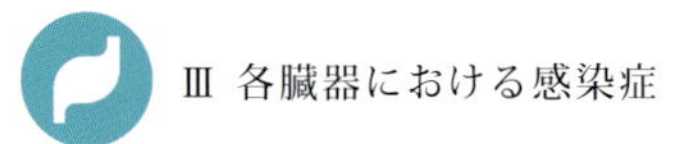

く，特にハトの糞を含む堆積物や土壌から高率に分離されている．

3 | 主症状

頭部，特に眼下から鼻梁～鼻鏡にかけての腫脹，紅斑や潰瘍を伴う結節性病変(肉芽腫)が認められ，潰瘍や排出物を伴うこともある．くしゃみにより菌を含む鼻汁が飛散するので要注意である．口腔，咽頭，肺，被毛部にも肉芽腫を認めることがある．進行に伴い付属リンパ節腫大，眼症状(眼底検査も参照)，神経症状を認めることがあり，神経症状を伴う症例は予後不良の可能性がある[1-3,5]．

4 | 診断

臨床的に予測したうえで，滲出物の直接塗抹に墨汁標本を作成しての鏡検や針生検塗抹検査，あるいは皮膚病理検査(PAS染色やGMS染色など真菌検出のための染色を含めて実施)にて莢膜に覆われた酵母様真菌を顕微鏡学的に確認する(**図32-37**)．さらに培養検査，クリプトコックス抗原ラテックス凝集反応などにて*C. neoformans*を検出する．

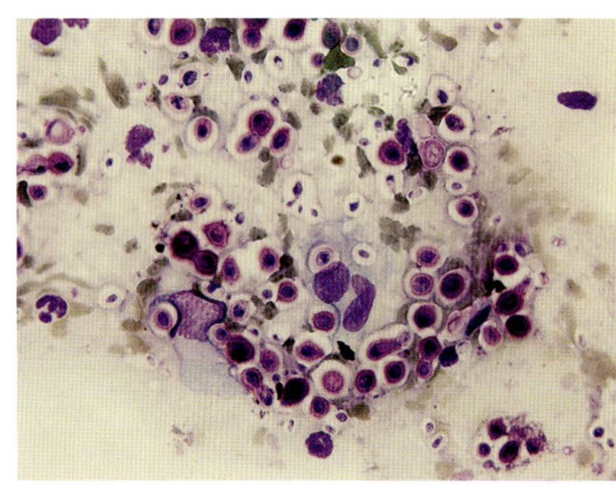

図32-37 *C. neoformans*の細胞診所見(ディフ・クイック®染色)．抜けて透明になった厚い莢膜に覆われた円形の酵母様真菌が多数認められる(写真提供：アイデックスラボラトリーズ株式会社，東京都東小金井市，平田雅彦先生のご厚意による)．

5 | 治療

何らかの基礎疾患や免疫抑制療法を行っている場合はその管理を行う．外科的切除が可能な局所性病変は切除を検討する．外科的切除が困難な場合や多発性の場合にはイトラコナゾール(5 mg/kg BIDまたは10 mg/kg SID)，テルビナフィン(30～40 mg/kg SID)，フルコナゾール(10～20 mg/kg BID)などによる全身療法を検討する．神経症状を伴う場合は予後不良の可能性がある．

b スポロトリックス症

1 | この疾患について

猫と犬にみられる稀な深在性皮膚真菌症であり，伝播した場合はヒトにも重い症状を引き起こす可能性のある人獣共通感染症である．スポロトリックス感染に起因し，外傷をきっかけに汚染された環境から感染を受けると考えられ，皮膚のみならずリンパ節，リンパ管，内臓にまで拡大することのある日和見感染症である．屋外活動の活発な猫や犬(野良猫・犬，狩猟犬など)にみられることが多く，免疫力低下の誘因となる基礎疾患や免疫抑制療法の関与があった場合は発症しやすくなる．

2 | 主要病原体

Sporothrix schenckii(➡p.253)が原因菌である．形態が多様であり，感染動物から検出される*S. schenckii*は円形，卵形，あるいは葉巻形を示す幅3～5 μm，長さ5～9 μmの酵母様真菌である．環境中では植物(腐敗したものを含む)の中で菌糸体として増殖・生存しているが，動物に感染すると酵母様になって増殖する[1]．植物が腐敗して有機物を多く含む土壌から効率に検出される[1,3,5]．

3 | 主症状

多発性の結節性病変(肉芽腫)や潰瘍化した局面が認められ(**図32-38**)，排膿や痂皮を伴い，疼痛や痒みを示す．通常は体の末端部(四肢など)に受けた外傷から感染と炎症がリンパ管に沿って波及し，徐々に体幹へ拡大していくため，頭部，四肢などの末端部と体幹が好発部位である．付属リンパ節腫大がみられるのは一般的である．元気消失，食欲不振，発熱などを伴うことがある．

4 | 診断

臨床的に予測したうえで，滲出物の直接塗抹検査や針生検塗抹検査，あるいは皮膚病理検査(PAS染色やGMS染色など真菌検出のための染色を含めて実施)にて円形，卵形，あるいは葉巻形を示す酵母様真菌を顕微鏡学的に確認する(**図32-39**)．さらに結節性病変の針生検検体などから培養検査を実施する．猫では細胞診あるいは皮膚病理検査によって，酵母様真菌が高率に検出されるのが一般的であるが，犬では検出される酵母様真菌が少ない傾向があるため[1,3]，皮膚病理検査や培養検査を含めた複数の検査が必要になる可能性がある．

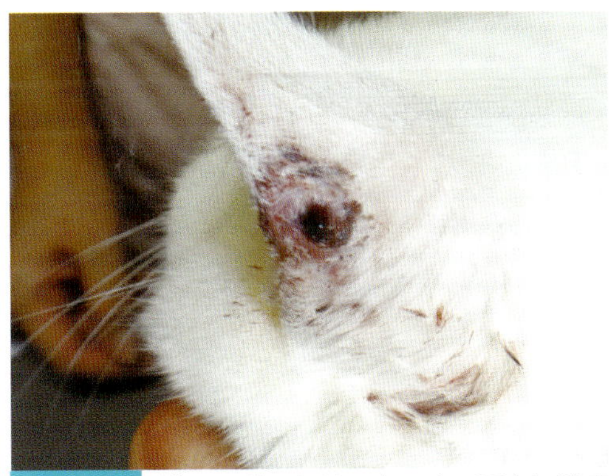

図32-38 猫のスポロトリックス症．耳介に潰瘍を伴う結節性病変を認める(写真提供：ローズ動物病院，栃木県小山市，津曲健一朗先生のご厚意による)．

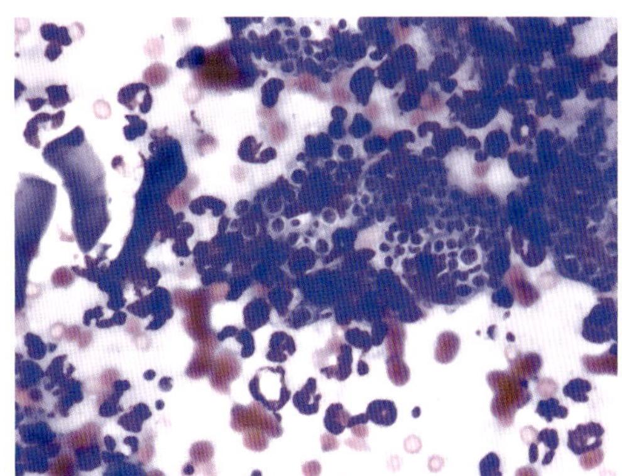

図32-39 *S. schenckii*の細胞診所見(ディフ・クイック®染色)．好中球やマクロファージとともに酵母様真菌を認める．円形～卵形で大きさは様々である(写真提供：ローズ動物病院，栃木県小山市，津曲健一朗先生のご厚意による)．

5 | 治療

何らかの基礎疾患や免疫抑制療法を行っている場合はその管理を行う．イトラコナゾール(5～10 mg/kg SID～BID)，ケトコナゾール(15 mg/kg BID，猫では重篤な肝機能不全を生じることがあるため推奨されない)，テルビナフィン(30～40 mg/kg SID)，フルコナゾール(10～20 mg/kg BID)などによる全身療法を検討する．

c リーシュマニア症

1 | この疾患について

日本には常在しない原虫感染症であり，サシチョウバエ類の媒介により感染する．犬，猫，その他様々な動物に感染するが，リーシュアニア症常在地域では特に犬が主要な保有動物と考えられ公衆衛生学的に問題となっている[14]．寄生動物を介してヒトに感染し，時に重い症状を引き起こすこともあり，重要な人獣共通感染症の一つである．ヒトでは内臓型リーシュマニア症(別名カラ・アザール，最も重篤な型)，皮膚リーシュマニア症(最も発症頻度の高い型)，皮膚粘膜リーシュマニア症の3種類の病型が知られており，熱帯や亜熱帯，特に地中海沿岸地域や南米といった温暖な地域に好発する．我が国ではこれらの地域を訪問したことのある犬やヒトにおいて，輸入感染症としての発症例がみられている[15]．

2 | 主要病原体

リーシュマニア属(*Leishmania* spp.)が病原体である．犬を宿主とするものとしては*Leishmania infantum*，*L. tropica*，*L. major*，*L. brasiliensis*が知られている[14]．

3 | 主症状

犬では数週～数カ月間の潜伏期間を経て発症するが，無徴候キャリアとなるものも少なくない．発症した場合の臨床症状としては，皮膚症状に先行してリンパ節腫大，脾臓および肝臓腫大，食欲不振，体重減少，元気消失，嗜眠，眼症状，鼻出血，腎機能不全，関節炎などの徴候が認められるのが一般的である．皮膚症状としては非瘙痒性の剥脱性皮膚炎，潰瘍性皮膚炎，鼻と肢端の過角化，鼻の色素脱，眼周囲の脱毛，爪の異常(湾曲，爪周囲炎)，無菌性膿疱性皮膚炎，結節性皮膚炎などを認め，膿皮症やニキビダニ症が続発することもある[1,14,15]．無治療でこれらの症状が進行した場合は致死的となる可能性がある．

4 | 診断

臨床的に予測したうえで，皮膚病変や腫大するリンパ節からの生検試料，あるいは皮膚病理検査においてギムザ染色を実施のうえ，主にマクロファージ内に寄生するamastigote(無鞭毛期虫体)を顕微鏡学的に確認する．さらにNNN培地を用いた培養検査を実施し，promastigote(前鞭毛期虫体)の出現を確認することでさらに確定的となる[1,14]．これらの検査での確定が難しい場合はPCR，ELISA，免疫組織科学的検査などの免疫学的手法を用いることもある[1,14]．

5 | 治療

犬のリーシュマニア症は，現在の治療法では完治を望むことはできないと考えられている．海外では犬に対して最も一般的に使用されている治療薬はアンチモン酸メグルミン(100 mg/kg SIDまたは50 mg/kg BID，SC)であるが，アンチモン酸メグルミンとアロプリノール(10 mg/kg SID～BID，PO)を合わせて投与すると，それぞれを単独使用した場合よりも臨床寛解期間の延長が望めるとされている[1]．他にパロモマイシン(5 mg/kg SID，SC)をアンチモン酸メグルミンと一緒に投与することもある．いずれの治療もできるだけ長い臨床寛解期間を得ることを目指すものになり，一旦寛解しても再発することがある．リーシュマニア症常在地域では，サシチョウバエによる吸血を防ぐためノミ取り首輪の装着や屋内飼育を徹底するなどの感染予防対策が重要となる．

参考文献

1. Muller WH, Griffin CE, Campbell KL(2013)：Muller & Lirk's Small Animal Dermatology, 7th ed., Elsevier
2. Keith AH(2011)：Small Animal Dematology:A Color Atlas and Therapeutic guide, 3rd ed., Elsevier
3. Gross TL, Ihrke PJ, Walder EJ, et al.(2005)：Skin Diseases of the Dog and Cat, Clinical and Histopathological Diagnosis, 2nd ed., Wiley-Blackwell
4. Hillier A, Lloyd DH, Weese JS, et al.(2014)：Vet Dermatol. 25, 163-175, e42-43.
5. 長谷川篤彦(2003)：第47回日本医真菌学会総会記念：動物の皮膚真菌症，第47回日本医真菌学会総会事務局
6. Taenzler J, Liebenberg J, Roenke RK, et al.(2016)：Parasit Vectors. 9, 392.
7. Beugnet F, de Vod C, Liebenberg J, et al.(2016): Parasite. 23, 26.
8. Shanks DJ, McTier TL, Behan S, et al.(2000)：Vet Parasitol. 91, 269-81.
9. Six RH, Clemence RG, Thomas CA, et al. (2000)：Vet Parasitol. 91, 291-309.
10. 長谷川篤彦(2004)：日本獣医皮膚科臨床．10, 107－112.
11. Fourie JJ, Kok DJ, du Plessis A(2007)：Vet Parasitol. 150, 268-274.
12. Fourie JJ, Liebenberg JE, Horak IG, et al.(2015)：Parasit Vectors. 28, 187.
13. Beugnet F, Halos L, Larsen D, et al.(2015)：Parasite. 23, 14.
14. 松本芳嗣，後藤康之，三條場千寿(2013)：日本獣医師会雑誌．66, 5－7.
15. 高橋紀子，納谷俊光，亘 敏広ほか(1997)：獣医皮膚科臨床．3, 25-28.

33 眼

問題となる主な病原体の一覧

1）細菌
Staphylococcus spp., *Streptococcus* spp., *Pseudomonas aeruginosa, Brucella canis, Borrelia burgdorferi, Leptospira* sp., *Chlamydia felis,* マイコプラズマ（*Mycoplasma felis, M. gatae*）

2）真菌
皮膚糸状菌（*Microsporum canis, M. gypseum, Trichophyton mentagrophytes*），*Blastomyces dermatitidis, Aspergillus* spp., *Cryptococcus* spp.

3）原虫
Toxoplasma gondii

4）ウイルス
犬ジステンパーウイルス，犬ヘルペスウイルス，猫ヘルペスウイルス，猫カリシウイルス，犬伝染性肝炎ウイルス（犬アデノウイルス1型），猫免疫不全ウイルス（FIV），猫白血病ウイルス（FeLV），猫伝染性腹膜炎ウイルス

5）寄生虫
ニキビダニ（*Demodex canis,*），*Cuterebra* sp., 東洋眼虫（*Thelazia callipaeda*），犬糸状虫（*Dirofilaria immitis*）

眼瞼の感染症-眼瞼炎

a この疾患について

眼瞼炎は犬，猫ともに発症する疾患で，原因も様々で眼局所の問題および全身性疾患の問題で起こる．感染症をはじめ，アレルギー性，免疫介在性など様々な原因が挙げられる．

b 主要病原体

- 犬
  - 細菌性
  - 真菌性
  - 寄生虫
- 猫
  - 真菌性
  - 寄生虫

c 主症状

感染症が原因による眼瞼炎は，眼瞼皮膚の発赤，腫脹，眼瞼痙攣，膿性眼脂，脱毛，疼痛または瘙痒，自壊などの症状を認める．また，二次的に結膜炎，角膜炎も伴う．

d 診断

- 細菌性眼瞼炎：病変部の細胞診と細菌培養検査を行う.
  - 好中球と球菌が観察される.
- 真菌性眼瞼炎：直接鏡検と真菌培養検査を行う.
  - 菌糸・分節分生子の観察
- 寄生虫性眼瞼炎：皮膚を深く掻爬する.
  - 顕微鏡下で虫体の観察

e 治療

眼瞼疾患の治療は全身投与が基本であるが，二次的に涙液減少など眼症状を認める場合，点眼治療も合わせて行う.

- 細菌性眼瞼炎：抗菌薬の全身投与を行う.
  - セファロスポリン(ラリキシン®)：15～30 mg/kg BID
- 真菌性眼瞼炎：抗真菌薬の全身投与を行う.
  - グリセオフルビン：25～50 mg/kg/day
  - イトラコナゾール：5～10 mg/kg/day
- 寄生虫性眼瞼炎：駆虫薬の全身投与を行う.
  - イベルメクチン：0.3 mg/kg/day
- 二次的に起きている角膜炎に対して
  - ヒアルロン酸ナトリウム点眼液：1日4回以上
  - セフメノキシム塩酸塩点眼液(ベストロン®)：1日4回

f 原因微生物について

1 細菌性

犬：*Staphylococcus* spp., *Streptococcus* spp.(➡17章)

i 特徴的な所見

眼瞼皮膚の発赤，腫脹を認め，重度の場合は眼瞼痙攣など痛みの症状を認める．また，二次的にマイボーム腺機能低下が起こり，結膜炎，角膜炎の症状もみられる場合がある(**図33-1，2**).

ii 特異的な治療法や予防法

- 抗菌薬の全身投与が効果的である.
  - セファロスポリン(ラリキシン®)：15～30 mg/kg BID

角膜炎や結膜炎を伴う場合

セフメノキシム塩酸塩(ベストロン®)：1日3～4回点眼

ヒアルロン酸ナトリウム(ヒアレイン®)：1日4～6回点眼

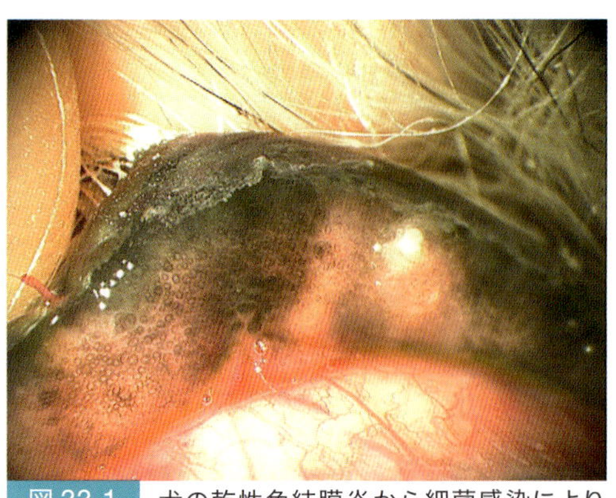

図 33-1 犬の乾性角結膜炎から細菌感染により眼瞼炎を発症した症例．眼瞼の腫脹，発赤を認める．同時に眼瞼結膜，眼球結膜の充血も認める．

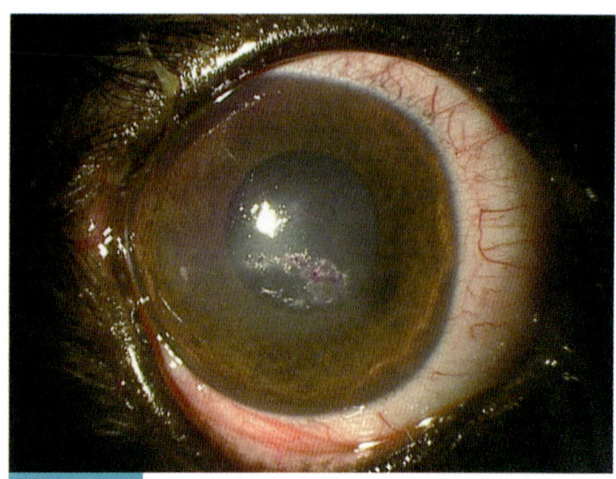

図 33-2 犬の乾性角結膜炎により眼瞼炎を発症した症例．眼瞼炎と涙液減少により結膜充血と角膜混濁を認める．

慢性的に全身性の皮膚感染を伴う場合は，定期的に薬浴など皮膚の洗浄を行い，症状の悪化を予防する．眼瞼に付着した眼脂は，湿らしたガーゼなどを使用し拭き取るようにする．

2 | 真菌性

犬・猫：*Microsporum canis.*, *M. gypseum*, *Trichophyton mentagrophytes*（➡p.240）

i 特徴的な所見

眼瞼皮膚の発赤，腫脹，脱毛，瘙痒感がみられる．

ii 特異的な治療法や予防法

- 抗真菌薬の全身投与を行う．
  - » グリセオフルビン：25～50 mg/kg/day
  - » イトラコナゾール：5～10 mg/kg/day
- 二次的な細菌感染，角膜炎，結膜炎に対する治療は前述と同じ．
- 真菌性の眼瞼炎は免疫力の低下などにより発症することが多い．
- 全身状態の定期的な確認，慢性的な皮膚疾患がある場合は定期的に薬浴などを行う．

3 | 寄生虫性

犬・猫：*Demodex canis.*，*Cuterebra* sp.

i 特徴的な所見

眼瞼皮膚の発赤，腫脹，脱毛，掻き行動がみられ重度の場合，結膜炎や角膜炎も伴う．

ii 特異的な治療法や予防法

- 駆虫薬の全身投与

- イベルメクチン：0.3 mg/kg/day
- 薬浴
- 抗菌薬の全身投与
- 免疫力の低下などにより発症することが多いので，定期的に全身状態の検診を行う．

結膜の感染症-結膜炎

a この疾患について

結膜炎は犬，猫ともに発症し，特に猫でよくみられる疾患である．結膜炎単独で発症することは少なく，眼局所の疾患や全身性疾患から二次的に発症する．

b 主要病原体

- 犬
  - » 細菌
  - » 真菌：稀
  - » ウイルス
  - » 寄生虫
- 猫
  - » 細菌
  - » ウイルス：最もよくみられる．

c 主症状

- 犬
  - » 乾性角結膜炎など涙液減少の原因となる疾患がある場合に，二次的に細菌感染などが起こり結膜炎を発症することが多くみられる．結膜充血，浮腫，膿性眼脂が一般的な症状で，重度の場合は角膜への血管新生，角膜混濁など角膜炎の症状も同時に認める．
- 猫
  - » ウイルス感染による呼吸器症状と同時に結膜炎を伴う．結膜充血，浮腫，結膜癒着，膿性眼脂を認める．重度の場合は，結膜の自壊や出血，結膜同士が癒着し，開瞼不可能になる場合もある．

d 診断

それぞれの診断方法は結膜充血，浮腫以外にも，呼吸器，消化器などの臨床症状からも合わせて評価する．

- 細菌性結膜炎：マイクロブラシ(**図33-3**)や滅菌綿棒を使用し，結膜を擦過し，鏡検する．好中球，菌体，上皮細胞などが観察される．急性の感染であれば好中球，単球，上皮細胞などが観察される．猫のクラミジア症では結膜上皮細胞内に封入体が観察される．

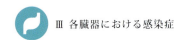

- 真菌性結膜炎：細胞診，真菌培養検査
- ウイルス性結膜炎：結膜を擦過し，直接鏡検する．血液検査によるウイルスの抗体価測定，PCR法などにより診断する．
- 寄生虫性結膜炎：直接鏡検(虫体の観察)，抗体価

e 治療

結膜炎の治療は，点眼薬による局所治療のみではなく，感染が重度の場合，全身投与も同時に行う方がよい．また，呼吸器などの全身症状も伴う場合は，その治療も合わせて行う．

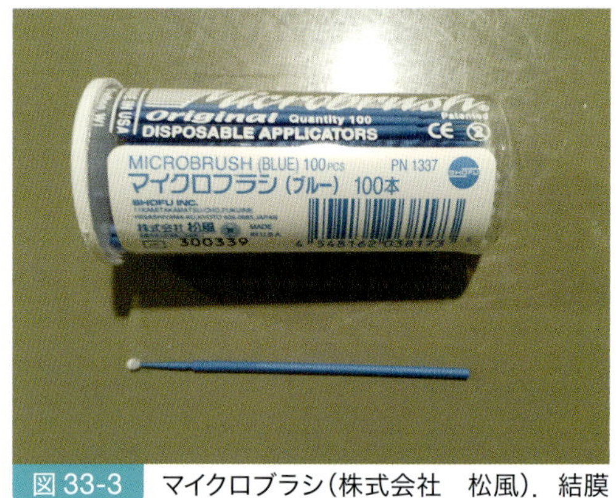

図 33-3 マイクロブラシ(株式会社 松風)．結膜や角膜など眼表面の細胞診の際に使用する．

1 細菌性結膜炎

- G(＋)：クロラムフェニコール，エリスロマイシン点眼液：1日4回
- G(－)：トブラマイシンゲンタマイシン点眼液：1日4回

2 真菌性結膜炎(稀)

イトラコナゾール：5～10 mg/kg/day 全身投与

3 ウイルス性結膜炎

二次的に現れる涙液減少による細菌感染に対する抗菌薬点眼

f 原因微生物について

犬

1 細菌

i *Staphylococcus* spp.(➡p.187)

(1) 特徴的な所見

犬の結膜炎は乾性角結膜炎による二次的発症が多く，多量の膿性眼脂，結膜充血，角膜炎，角膜潰瘍を認める.

(2) 特異的な治療法や予防法

- セフメノキシム塩酸塩(ベストロン®)：1日4～6回点眼
- ヒアルロン酸ナトリウム点眼液(ヒアレイン®)：1日4～6回点眼
- シクロスポリン眼軟膏(オプティミューン®)：1日2回
  - » ただし乾性角結膜炎が原因の場合のみ

2 真菌

i *Blastomyces dermatitidis*

日本には存在していないが米国などの外国でみられる.

3 ウイルス

i 犬ジステンパーウイルス(➡p.303)

(1) 特徴的な所見

多量の膿性眼脂を伴った，結膜充血を認める．眼症状以外に発熱，鼻汁などの呼吸器症状，嘔吐，下痢などの消化器症状，運動失調など神経症状も伴う.

(2) 特異的な治療法や予防法

- ウイルスに対する治療はなく，対症療法のみになる.
  - » 点滴，抗菌薬の全身投与，抗菌薬の点眼
  - » オフロキサシン点眼液(タリビッド®)：1日4～6回
- 予防は混合ワクチンの接種を行う.

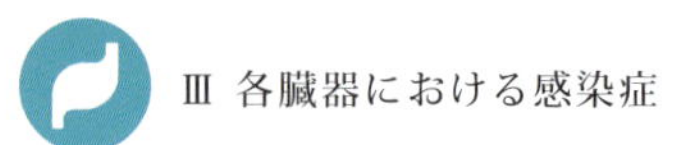

ⅱ 犬ヘルペスウイルス1型(➡p.282)

(1)特徴的な所見

前述の犬ジステンパーと同様に結膜充血，多量の膿性眼脂を認める．眼症状以外に呼吸器症状を認める．

(2)特異的な治療法や予防法

- ウイルスに対する治療方法はないため対症療法になる．
  - » 点滴，抗菌薬の全身投与，抗菌薬の点眼
  - » オフロキサシン点眼液(タリビッド®)：1日4〜6回
- 予防は混合ワクチンの接種を行う．

4 寄生虫

ⅰ *Toxoplasma gondii* (トキソプラズマ症)(➡p.265)

(1)特徴的な所見

犬では稀で，乾性角結膜炎の症状と結膜に黄色の腫瘤を形成する．

(2)特異的な治療法や予防法

- オフロキサシン点眼液(タリビッド®)：1日4回
- 予防は，感染した猫の便に触れない環境にする．

ⅱ *Thelazia callipaeda* (東洋眼虫症)(➡p.334)

(1)特徴的な所見

結膜嚢に10〜14 mmの白い細長い虫体がみられる．結膜充血と眼瞼痙攣を認める(**図33-4**)．

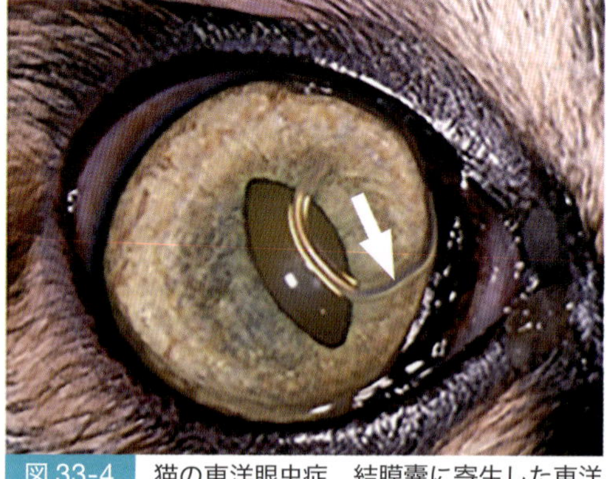

図33-4 猫の東洋眼虫症．結膜嚢に寄生した東洋眼虫(矢印)

(2) 特異的な治療法や予防法

- 虫体の摘出：点眼麻酔後，鑷子など使用し，虫体を摘出する．
- 結膜嚢に存在する場合があるので，必要な場合は全身麻酔下で虫体を摘出する．
- 予防としては，東洋眼虫はハエにより媒介されるので，ハエのいない環境にする．

猫

1 | 細菌

i *Chlamydia felis*（*Chlamydophila felis* 注1）（➡p.234）

(1) 特徴的な所見

結膜充血，眼瞼痙攣，粘液膿性眼脂の症状のほかに，鼻汁，くしゃみなど呼吸器症状や消化器症状を認める．FIVを併発していることが多い．

(2) 特異的な治療法や予防法

- エリスロマイシン（エコリシン®）点眼液：1日4回
- テトラサイクリン系抗菌薬の全身投与
- 予防は感染猫との接触を避ける．同じ食器などを使用しない．

ii *Mycoplasma felis, Mycoplasma gatae*（➡p.225）

(1) 特徴的な所見

結膜充血や膿性眼脂の症状のほかに，鼻汁，くしゃみなど呼吸器症状を認める．

(2) 特異的な治療法や予防法

- エリスロマイシン（エコリシン®）点眼液：1日4回
- テトラサイクリン系抗菌薬全身投与
- 予防は感染猫との接触を避ける．同じ食器などを使用しない．

2 | ウイルス

i 猫ヘルペスウイルス（FHV）（➡p.284）

(1) 特徴的な所見

猫の結膜炎，角膜炎の原因として一番よくみられる原因である．

重度の結膜充血，浮腫，癒着，多量の膿性眼脂，眼瞼痙攣，涙液減少などの眼症状以外に，

注1：クラミジア属の細菌は，近年までクラミジア属とクラミドフィラ属（*Chlamydophila*）属の2属に分かれていたが，クラミジア1属に統合することが提案され，2015年に公式に認められた．クラミジアの解説を参照（➡p.234）

発熱，くしゃみ，鼻汁，咳などの呼吸器症状を伴う(**図33-5, 6**).

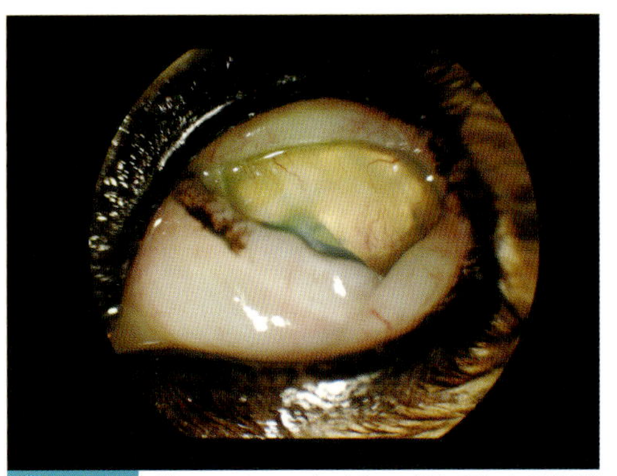

図 33-5　猫のヘルペスウイルス感染症による結膜炎．重度の結膜充血と浮腫，第三眼瞼の充血，浮腫を認める．角膜への血管新生も認め，角膜炎の症状も認める．

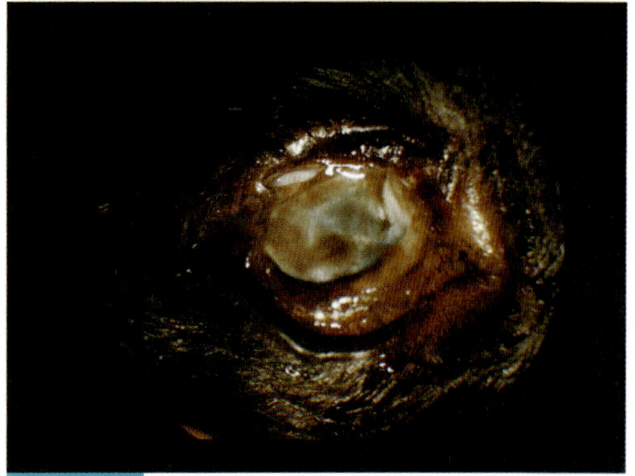

図 33-6　猫のヘルペスウイルス感染症による結膜炎．重度の結膜炎により，眼瞼結膜同士が癒着し，角膜が見えない状態

(2) 特異的な治療法や予防法

治療法は対症療法になる．

- 抗菌薬の点眼
  - エリスロマイシン(エコリシン®)点眼液：1日4回
  - オフロキサシン(タリビッド®)点眼液：1日4回
- 抗菌薬の全身投与，補液など行う．
- 猫インターフェロンやL-リジンの全身投与を行う．
- 予防は混合ワクチンの接種，感染猫との接触を避ける．

ii 猫カリシウイルス(➡p.295)

(1) 特徴的な所見

舌や歯肉など口腔内の潰瘍が特徴的であり，その他関節炎の症状を表す場合もある．眼については結膜炎の症状を認める．結膜充血，浮腫，膿性眼脂などみられる．

(2) 特異的な治療法や予防法

- 猫インターフェロンの投与や抗菌薬の全身投与，補液など対症療法を行う．
- 抗菌薬の点眼を行う．
  - エリスロマイシン(エコリシン®)点眼液：1日4回
  - オフロキサシン(タリビッド®)点眼液：1日4回

角膜の感染症

a この疾患について

角膜の感染症は犬，猫ともに最も多くみられる疾患で，犬では乾性角結膜炎など涙液が減少する疾患から二次的に起こる細菌感染が多くみられ，猫ではヘルペスウイルスをはじめウイルス感染が原因による角膜疾患を多く認める．いずれも角膜上皮におけるびらんや，角膜実質まで欠損する角膜潰瘍，角膜内皮まで至る角膜穿孔を起こす．同時に結膜充血，浮腫，結膜癒着，多量の膿性眼脂，角膜への血管新生の症状も認められ，重度の場合にはぶどう膜炎の症状も認める．

b 主要病原体

- 犬
  - » 細菌：最も多い．
  - » ウイルス
  - » 真菌：稀
- 猫
  - » 細菌
  - » 真菌：稀
  - » ウイルス：最も多くみられる．

c 主症状

- 犬
  - » 多量の膿性眼脂
  - » 結膜の充血，浮腫
  - » 角膜上皮びらんおよび角膜への血管新生
  - » 角膜実質に及ぶ潰瘍，穿孔
  - » 角膜融解(感染が重度の場合)
- 猫
  - » 多量の膿性眼脂
  - » 結膜充血，浮腫
  - » 角膜上皮びらんおよび角膜への血管新生
  - » 角膜潰瘍および角膜穿孔
  - » 角膜融解(感染が重度の場合)

d 診断

角膜の感染症の診断は，角膜病変部からの採材による．しかし，多量の膿性眼脂が付着している場合が多く，そのまま採材をすると正しい診断は不可能である．採材の前に一度生理食塩水で眼表

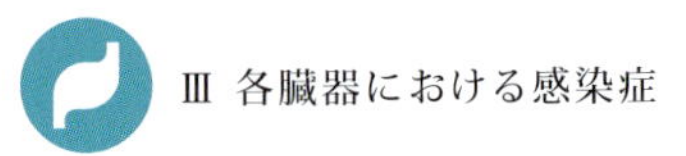

面を洗浄後，マイクロブラシや滅菌綿棒を使用して，病変部より採材する．ただし，角膜穿孔の際は，再穿孔する可能性があるため十分注意して採材する必要がある．

- 細菌検査：細胞診と細菌培養検査
- 真菌：細胞診と真菌培養検査(常在している場合があるので注意)
- ウイルス検査：血液検査による抗体価の測定およびPCR検査

e 治療

1 | 細菌感染に対する治療

①セファロスポリン系抗菌薬点眼液：1日4回
②アミノグリコシド系抗菌薬点眼液：1日4回
③フルオロキノロン系抗菌薬点眼液：1日4回
のいずれかを使用する．

2 | 真菌感染に対する治療

アムホテリシンBまたはイトラコナゾールの全身投与

3 | ウイルス感染に対する治療

①0.1% イドクスウリジン点眼液：1日4～6回
②1%トリフルリジン点眼液：1日4～6回
のいずれかを使用する．

4 | 角膜炎，角膜潰瘍，角膜穿孔に対する治療

- 角膜炎，角膜潰瘍，角膜穿孔に対する治療
  - » 上記の感染原因に対する治療薬に加え，角膜障害に対する治療を行う．
    ①角膜炎：ヒアルロン酸ナトリウム点眼液：1日4～6回
    ②角膜潰瘍：潰瘍が角膜実質浅層の場合，抗コラゲナーゼ点眼液(アセチルシステイン)または，血清点眼(注：感染が重度の場合は注意)
    ③角膜潰瘍(潰瘍が実質深層の場合)および角膜穿孔の場合：外科手術(結膜フラップ術など)＋感染原因に対する治療．角膜穿孔創が角膜の2/3に至る場合は，眼球摘出を行い，抗菌薬の全身投与を行う．

f 原因微生物について

犬

1 細菌

i *Staphylococcus* spp., *Streptococcus* spp., *Pseudomonas. aeruginosa*

(1)特徴的な所見

角膜潰瘍や角膜穿孔を起こす．感染が重度の場合，進行性，融解性の角膜潰瘍，角膜穿孔を発症する．多量の膿性眼脂，結膜充血，浮腫，眼瞼の腫脹も伴う．

(2)特異的な治療法や予防法

- フルオロキノロン系抗菌薬点眼液(タリビッド®)：1日4〜6回
- アミノグリコシド系抗菌薬点眼液(トブラマイシン)：1日4〜6回
- セフェロスポリン系抗菌薬点眼液(ベストロン®)：1日4〜6回
- 角膜潰瘍，角膜穿孔に対する治療は前述したとおりである．
- 予防として，涙液減少の症例や，外傷による角膜障害の症例は二次的に角膜が感染を起こすため，膿性眼脂を認める場合は抗菌薬の点眼など開始する．
- 付着した膿性眼脂は拭き取り，常に清潔な状態を保つ．

2 真菌

i *Aspergillus* spp.

犬では非常に稀

3 ウイルス

i 犬ヘルペスウイルス1型(➡p.282)

(1)特徴的な所見

潰瘍性または非潰瘍性の角膜炎を発症する．

点状または樹枝状の角膜潰瘍を認める．その他，結膜充血，浮腫，膿性眼脂も伴う．しかし，呼吸器症状が主で眼症状は少ない．

(2)特異的な治療法や予防法

- 対症療法を行う．抗菌薬の全身投与，補液など
- フルオロキノロン系抗菌薬点眼液：1日4〜6回
- 角膜炎，角膜潰瘍に対する治療は前述したとおりである．

猫

1 | 細菌

i *Staphylococcus* spp., *Streptococcus* spp.(➡17章)

(1)特徴的な所見

外傷やヘルペスウイルス感染などから二次的に感染する.

多量の膿性眼脂，角膜潰瘍，角膜穿孔，結膜充血，浮腫，眼瞼痙攣などを認める(**図33-7，8**).

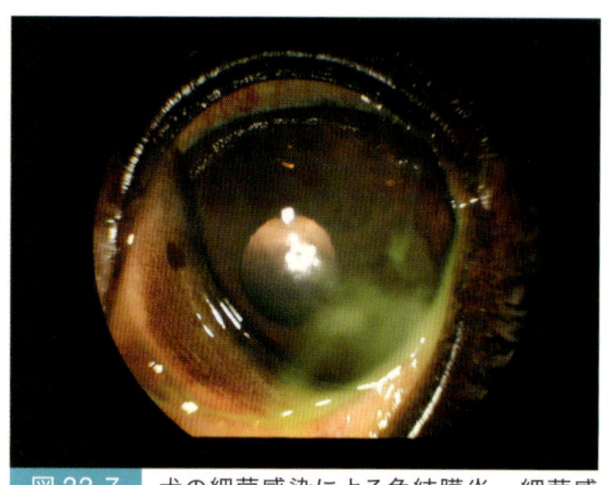

図33-7 犬の細菌感染による角結膜炎．細菌感染による多量の膿性眼脂，結膜充血，角膜炎による角膜混濁を認める.

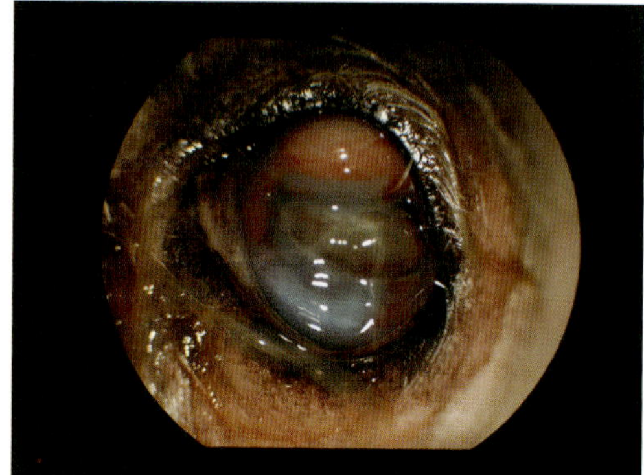

図33-8 犬の細菌感染による角膜穿孔．細菌感染により角膜融解し，穿孔に至った.

(2)特異的な治療法や予防法

- オフロキサシン点眼液(タリビッド®) 1日4～6回

2 | 真菌

i *Aspergillus fumigatus*

猫では稀である.

3 | ウイルス

i 猫ヘルペスウイルス(➡p.284)

(1)特徴的な所見

猫の角結膜疾患で一番多い原因である．結膜炎を伴う角膜潰瘍を起こす．上皮性の潰瘍から二次性に細菌感染を伴い実質性潰瘍に至る．重度の痛みによる眼瞼痙攣も認める(**図33-9**).

- 角膜黒色壊死症：原因不明とされているが，ヘルペスウイルス感染も原因の一つとされている．その他内反症など慢性的な刺激も原因として挙げられている．角膜組織が黒く壊死し，潰瘍を形成する疾患である(**図33-10**)．

- 好酸球性角膜炎：ヘルペスウイルス感染に対する免疫応答が原因で発症するといわれている．白いプラーク様の膜が角膜輪部から発生する．角膜の細胞診により好酸球を認める(**図33-11，12**)．

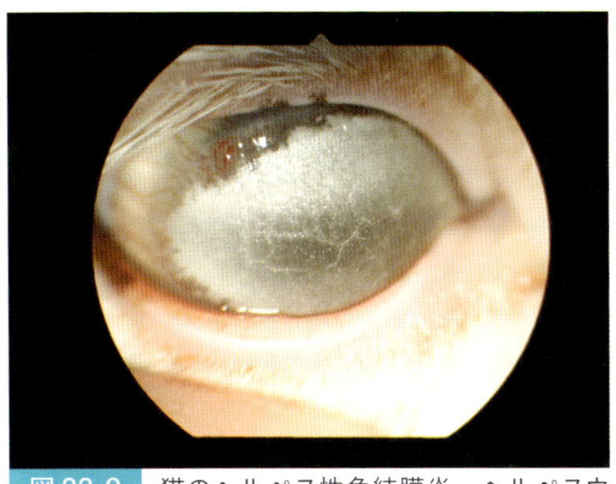

図 33-9 猫のヘルペス性角結膜炎．ヘルペスウイルス感染による角膜混濁

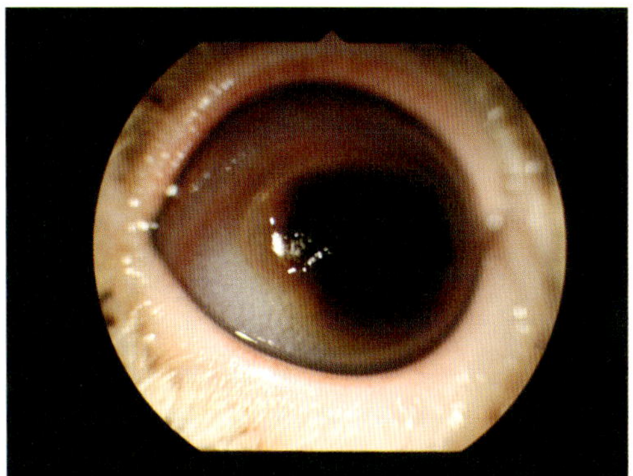

図 33-10 猫の角膜黒色壊死症．ヘルペスウイルス感染が原因といわれている．

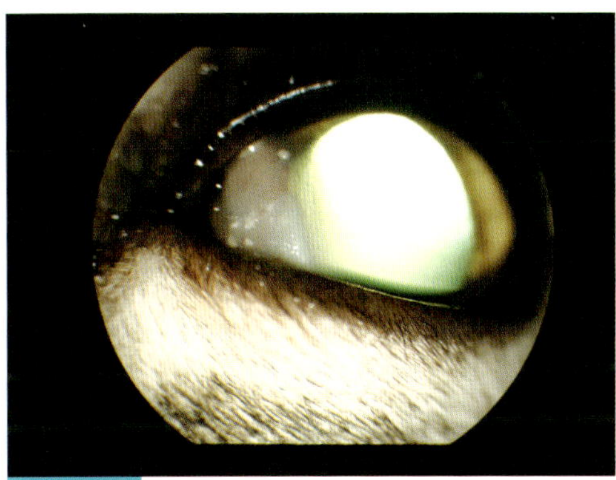

図 33-11 猫の好酸球性角膜炎．白いプラーク様の膜が特徴である．

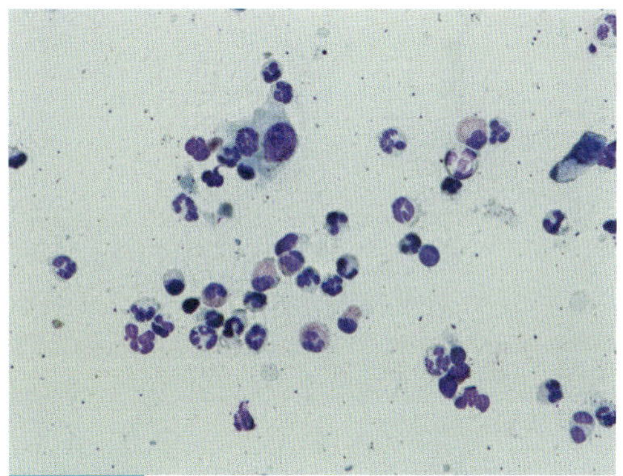

図 33-12 猫の好酸球性角膜炎症例の細胞診．好中球，角膜上皮細胞とともに好酸球を認める．

(2)特異的な治療法や予防法

- 潰瘍や穿孔に対しては前述の治療を行う．
- 抗ウイルス薬(イドクスウリジン点眼)や二次的な感染に対し，オフロキサシン点眼液(タリビッド®)1日4回使用する．
- L-リジンの全身投与を行う．
- 角膜黒色壊死症：潰瘍に対する治療を行う．壊死領域の角膜表層切除術を行う．
- 好酸球性角膜炎：免疫応答が原因とされているので，ステロイド点眼液を1日4回使用する．ただし，ヘルペスウイルス感染の症状を悪化させないよう注意して使用する．白濁部位が消失したら使用を中止する．予防法は感染猫との接触を避ける．混合ワクチンを摂取する．

ぶどう膜（虹彩・毛様体・脈絡膜）の感染症

a この疾患について

ぶどう膜は虹彩，毛様体，脈絡膜を合わせていい，虹彩，毛様体を前部ぶどう膜，脈絡膜を後部ぶどう膜という．ぶどう膜の感染症は，ぶどう膜炎を発症し，これは犬，猫ともに発症する．ぶどう膜炎は，眼局所の疾患の場合や，代謝異常や内分泌異常など全身性疾患の場合など多くの原因が存在するが，感染症によるぶどう膜炎も多くみられる．特に猫で多くみられる疾患である．

b 主要病原体

- 犬
  - » 細菌
  - » 真菌
  - » ウイルス
  - » 寄生虫
- 猫
  - » 真菌
  - » 原虫
  - » ウイルス：猫のぶどう膜炎の原因で一番よくみられる．

c 主症状

ぶどう膜炎は様々な症状を表す（**図33-13**）．

- 流涙，眼瞼痙攣，充血など痛みの症状

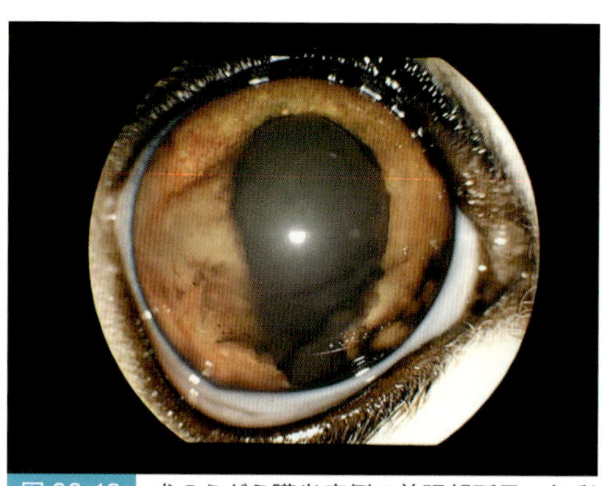

図 33-13 犬のぶどう膜炎症例の前眼部所見．虹彩が腫脹し，前房の混濁，瞳孔縁の不整，癒着を認める．

- 視覚の低下や消失
- 前房フレア，前房蓄膿，前房出血
- 眼圧の低下(房水産生能の低下)
- 角膜の浮腫，角膜への血管新生(深層)
- 虹彩の腫脹，変色，癒着(角膜や水晶体)
- 網膜・脈絡膜炎
- 網膜剥離，網膜出血
- 視神経炎

d 診断

- 臨床症状
  - » 眼症状：前述
  - » 全身症状：呼吸器症状，消化器症状，神経症状など
- 血液検査
- 抗体価の測定
- PCR，ELISA
- 骨髄穿刺
- リンパ節生検
- 房水の細胞診など

e 治療

- フルオロキノロン系抗菌薬点眼液：1日4～6回
- 非ステロイドまたはステロイド点眼液：1日4～6回
- フルオロキノロン系抗菌薬の全身投与(ただし，猫ではエンロフロキサシンの投与は慎重)
  - » ビクタス®：2.2 mg/kg/day
- ステロイドまたはNSAIDsの全身投与(全身投与は前房フレア，前房蓄膿，前房出血が減弱または消失したら終了する)
  - » プレドニゾロン：2 mg/kg/dayから症状により漸減し，終了する.
  - » カルプロフェンまたはオンシオール®

f 原因微生物について

犬

1 細菌

i *Brucella canis*(➡p.190)

(1) 特徴的な所見

流産の原因となる．眼症状では網膜脈絡膜炎など後部ぶどう膜炎の症状が認められる．

(2) 特異的な治療法や予防法

テトラサイクリン系抗菌薬の全身投与を行う．

ii *Borrelia burgdorferi*(➡p.224)

(1) 特徴的な所見

マダニの吸血により感染する．発熱，全身状態の低下を認めるが，眼症状として網膜脈絡膜炎を認める．

(2) 特異的な治療法や予防法

テトラサイクリン系抗菌薬の全身投与を行う．予防はダニ駆除剤の投与を行う．

iii *Leptospira* sp.(➡p.222)

(1) 特徴的な所見

ネズミの尿などから感染し，発熱，粘膜下の出血，黄疸などが認められるが，眼症状は網膜脈絡膜炎など後部ぶどう膜炎の症状が認められる．

(2) 特異的な治療法や予防法

テトラサイクリン系抗菌薬の全身投与を行って治療する．混合ワクチン接種などで予防する．

2 真菌

i *Aspergillus fumigatus*(➡p.247)

(1) 特徴的な所見

副鼻腔炎が主な症状であるが，眼窩の炎症や網膜脈絡膜炎など後部ぶどう膜炎の症状が認められる．

(2) 特異的な治療法や予防法

アムホテリシンBやイトラコナゾールなど抗真菌薬の全身投与を行う．

3 | ウイルス

i 犬アデノウイルス1型（➡p.275）

(1) 特徴的な所見

肝炎などの症状を認める．眼症状は，角膜混濁（ブルーアイ），網膜脈絡膜炎，視神経炎による．

(2) 特異的な治療法や予防法

対症療法を行う．角膜混濁に対してヒアルロン酸ナトリウム点眼液（ヒアレイン®）など使用し，角膜保護を行う．予防法は混合ワクチンの接種を行う．

4 | 寄生虫

i *Dirofilaria immitis*（➡p.331）

(1) 特徴的な所見

稀であるが虫体が眼内に移行し，ぶどう膜炎の症状が認められる．

(2) 特異的な治療法や予防法

- 駆虫薬の投与および虫体の摘出を行う．
  - » ステロイド点眼薬（リンデロン®）：1日4回
- 防はイベルメクチンなど予防薬の投与を行う．蚊の少ない環境にする．

猫

1 | 真菌

i *Cryptococcus* spp.（クリプトコックス症）（➡p.249）

(1) 特徴的な所見

呼吸器症状，脳炎など神経症状が認められるが，眼症状は肉芽腫性前部ぶどう膜炎，網膜脈絡膜炎，視神経炎などに起因する（**図33-14**）．

(2) 特異的な治療法や予防法

フルコナゾールやイトラコナゾールなど抗真菌薬の全身投与を行う．予防としてハトが多く存在する場所を避ける．

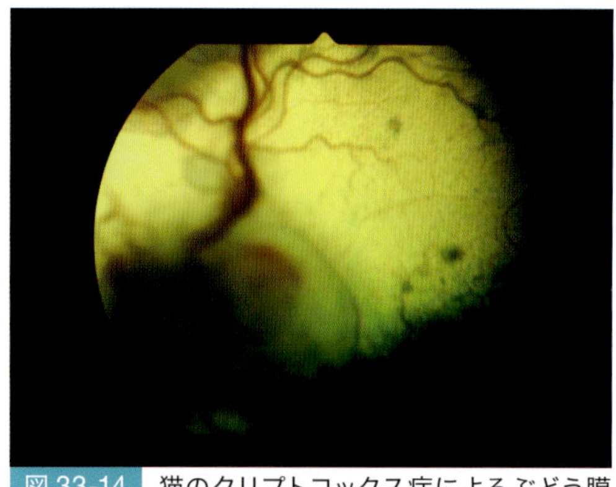

図 33-14 猫のクリプトコックス症によるぶどう膜炎．網膜脈絡膜炎と視神経炎が認められる．

2 原虫

i *Toxoplasma gondii*

(1) 特徴的な所見

呼吸器，消化器症状や神経症状が認められるが，眼症状は前部ぶどう膜炎や肉芽腫性網膜脈絡膜炎，視神経炎など後部ぶどう膜炎による(**図33-15**)．

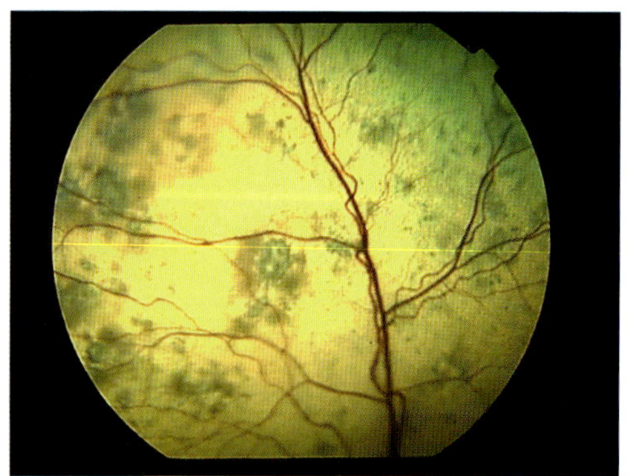

図 33-15 猫のトキソプラズマ症によるぶどう膜炎．網膜脈絡膜炎を認める．

(2) 特異的な治療法や予防法

サルファ剤など抗菌薬の全身投与を行う．ぶどう膜炎に対してはステロイド剤の点眼を行う．予防は感染猫の糞に接触させないようにすること，生肉の摂取をさせないことなどである．

i 猫免疫不全ウイルス（後天性免疫不全症）(➡p.310)

(1) 特徴的な所見

歯肉炎や口内炎，下痢などの免疫不全による症状が主であるが，眼症状も時々みられる．前部ぶどう膜炎の症状のみで，後部ぶどう膜炎の症状は認めない．*Toxoplasma gondii* と併発することがあり，併発した場合は網膜脈絡膜炎，視神経炎など後部ぶどう膜炎の症状も認める．

(2) 特異的な治療法や予防法

治療は対症療法のみ．予防はワクチン接種や感染猫との接触を避ける．

ii 猫伝染性腹膜炎ウイルス（猫伝染性腹膜炎）(➡p.298)

(1) 特徴的な所見

「ウェットタイプ」「ドライタイプ」とあり，「ドライタイプ」で眼症状を認める．食欲不振，沈うつ，体重減少，発熱や消化器症状を認め，眼症状では前部ぶどう膜炎と網膜脈絡膜炎，網膜剥離，視神経炎など後部ぶどう膜炎の症状を強く認める．重度の場合，全眼球炎や続発緑内障など発症し，強い痛みの症状を認める（**図33-16，17**）．

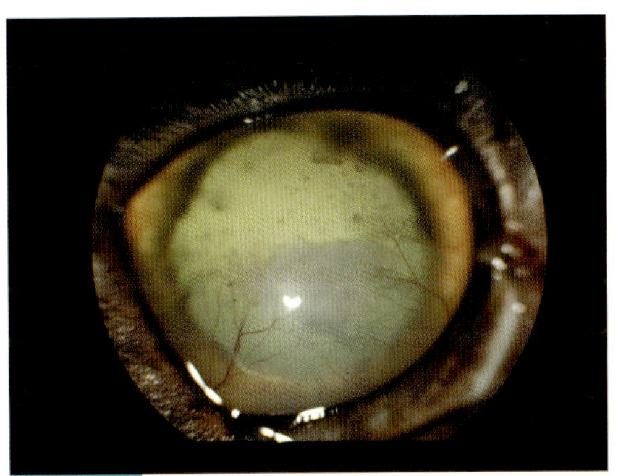

図 33-16 猫伝染性腹膜炎によるぶどう膜炎．前房の混濁，虹彩の腫脹，瞳孔縁の不整，角膜混濁と角膜への血管新生を認める．

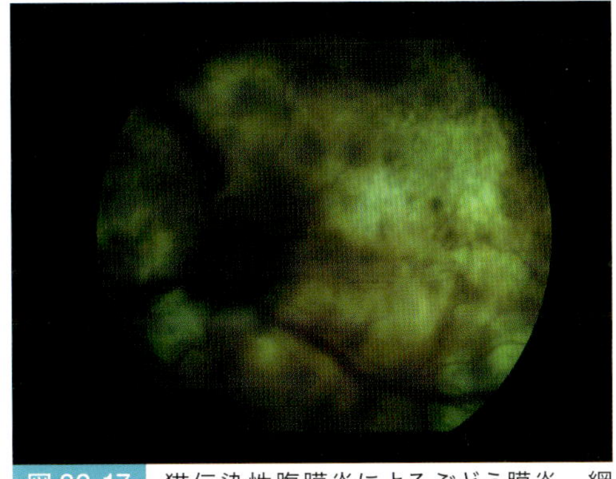

図 33-17 猫伝染性腹膜炎によるぶどう膜炎．網膜脈絡膜炎と網膜剥離，視神経炎を認める．

(2) 特異的な治療法や予防法

治療は対症療法を行い，ぶどう膜炎に対してステロイド剤の点眼と全身投与，抗菌薬の点眼と全身投与を行う．予防は感染猫との接触を避ける．

iii 猫白血病ウイルス（FeLV）（➡p.309）

(1)特徴的な所見

食欲不振，体重減少，貧血，発熱，下痢などの症状を認め，眼症状として，眼窩の腫瘤，結膜の腫瘤，眼瞼の腫瘤，前房内の腫瘤など腫瘤を形成したり，網膜脈絡膜炎，網膜剥離，視神経炎など認める．前部ぶどう膜炎から後部ぶどう膜炎に広がる．

(2)特異的な治療法や予防法

治療は対症療法になる．眼の症状に対してはステロイドの全身投与や点眼を行う．予防は感染猫との接触を避ける．

参考文献

1. Spiess BM, Pot SA, Flirin M, et al.(2014): Vet Ophthalmol. 17, 1-11.
2. Bell CM, Pot SA, Dubielzig RR(2013): Vet Ophthalmol. 16, 180-185.
3. Belknap EB(2015)：Topics in Compan An Med. 30, 74-80.
4. Wiggans KT, Vernau W, Lappin MR(2014)：Vet Ophthalmol. 17, 2012-220.
5. Gelatt KN(2013):VETERINARY OPHTHALMOLOGY, 5th ed., WIley-Blackwell
6. Packer MA, Hendricks A, Burn CC(2015):Journal pone. 13, 1-16.
7. Kano R, Ishida R, Kamata H, et al.(2012)：Mycopathologia. 173, 179-182.

34 耳

問題となる主な病原体の一覧

1）細菌
Staphylococcus pseudintermedius., *Staphylococcus* spp., *Pseudomonas aeruginosa*, *Proteus mirabilis*, *Klebsiella pneumoniae*, *Streptococcus* spp., *Enterobacter* sp., *Escherichia coli*, *Stenotrophomonas maltophilia*, *Pasteurella canis*

2）真菌
Malassezia pachydermatis, *Candida* spp., *Aspergillus* spp.

3）寄生虫
ミミヒゼンダニ（*Otodectes cynotis*），ニキビダニ（*Demodex* spp.）

外耳の感染症

a 本疾患について

外耳炎は，様々な要因が発症に関わる多因子性疾患である．犬の外耳炎の原因には，異物，寄生虫感染，アレルギー疾患，内分泌疾患，代謝異常，腫瘤などがある[1,2]．外耳炎が発症すると，外耳内の細菌または酵母菌の異常増殖がみられることが多いが，これら微生物の異常増殖は二次的なもの（副因）であり，発症の原因となるものではない．すなわち，抗菌薬などによる治療のみを行うだけなく，原因となる因子に対して適切なアプローチを行わなければ，外耳炎の治癒は期待できない．猫の外耳炎の発生は，犬と比較すると非常に少なく，異物，寄生虫，腫瘤，中耳炎などから二次的に発生する例が多い[3]．

犬，猫にかかわらず，耳道内の腫瘤や鼓膜穿孔を伴う中耳炎が存在すると，膿のような「耳漏」が排出され，細菌検査において細菌が多く検出される．この場合に感受性のある抗菌薬を投与しても，原因となる腫瘤が除去されない限り，耳漏が軽減することはない．アレルギー性疾患などの炎症性疾患に伴う外耳炎において，耳漏がみられるケースは極めて少ないため，耳漏を認めた場合には，腫瘤や中耳炎の精査を優先すべきである．

b 主要病原体

健常なビーグルの外耳（**図34-1**）の細菌叢においては，*Staphylococcus* spp.や酵母菌が最も多く存在し，他に*Streptococcus* spp.，*Enterococcus* spp.，*Micrococcus* spp.，*Proteus* spp.，*Pasteurella* spp.などにより構成されている[4]．海外の報告では，外耳炎を起こした犬の耳から分離される細菌は*Staphylococcus* spp.，*Pseudomonas aeruginosa*，*Proteus mirabilis*，*Klebsiella pneumoniae*，*Streptococcus* spp.，*Enterobacter* sp.，*Escherichia coli*，*Stenotrophomonas maltophilia*，*Pasteurella*

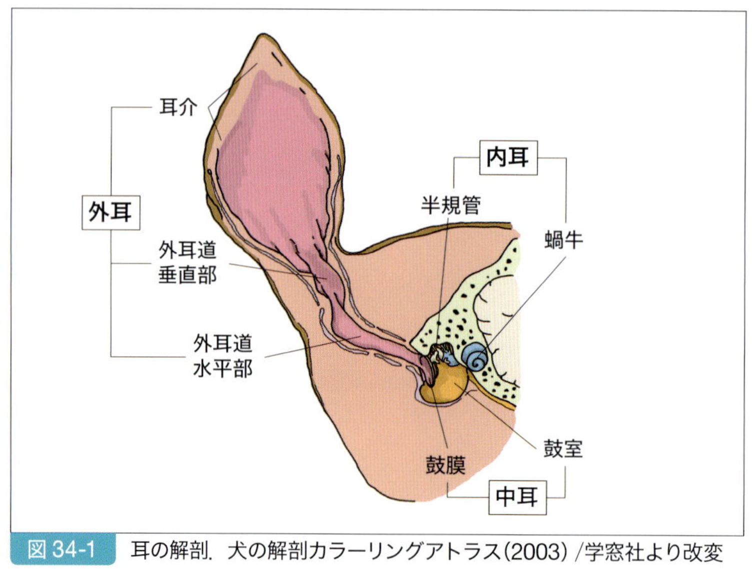

図 34-1 耳の解剖．犬の解剖カラーリングアトラス(2003) /学窓社より改変

canis などがあり，特に *Staphylococcus pseudintermedius*.，*P. aeruginosa* が特に多く分離される[4,5](➡17章)．また真菌および酵母菌は *Malassezia pachydermatis*，*Candida* spp.，*Aspergillus* spp.が分離され(➡18章)，特に *M. pachydermatis* が多く分離される[6,7]．

c 主症状

外耳炎では「耳や首の周囲を後肢で掻く」「頭を振る」「頭部を床や家具に擦り付ける」「耳に触れるのを嫌がる」といった痒み行動がみられる．重度の場合には疼痛を訴える様子のこともある．

耳介および耳道内は過剰な耳垢がみられ(**図34-2**)，耳垢を除去すると紅斑，びらん，色素沈着(**図34-3**)がみられることが多い．前述のとおり，耳漏を認める場合には，耳道内の腫瘤(**図34-4**)や中耳炎を疑う．炎症が重度の場合には，炎症性の浮腫により耳道壁が腫脹し狭窄する．炎症性の腫脹による狭窄であれば，炎症を制御することで狭窄は短期間で改善する．慢性化すると皮脂腺や耳垢腺(アポクリン腺由来)が過形成を起こす(**図34-5**)．このような細胞の増殖による耳道の狭窄は，改善に長期間の管理を要する．さらに長期化するとカルシウムなどの沈着が起こり不可逆的な狭窄となる．また鼓膜に炎症が波及すると，鼓膜の穿孔が起こることがあり，中耳炎が起こる(**図34-6**)．

d 診断

問診，身体検査，耳道内の確認(耳鏡またはビデオオトスコープ)，細胞診により，外耳炎の発症因子を検索する(**表34-1**)[1]．発症因子は「主因」「副因」「永続因子」「素因」がある．主因はそれ自体が外耳炎を発症しうるものであり，外耳炎の治療には主因の管理が必須である．

耳垢の顕微鏡検査により，寄生虫の有無，微生物，炎症性細胞の確認を実施する．腫瘤性病変がみられた場合には針生検による細胞診も有用である．寄生虫の探索の場合，耳垢を水酸化カリウム溶液により十分に溶解した後に鏡検を行う．寄生虫は主にミミヒゼンダニ *Otodectes cynotis* が検出される(**図34-7**)が，稀にニキビダニ *Demodex* spp.が検出されることもある．微生物の探索や細胞

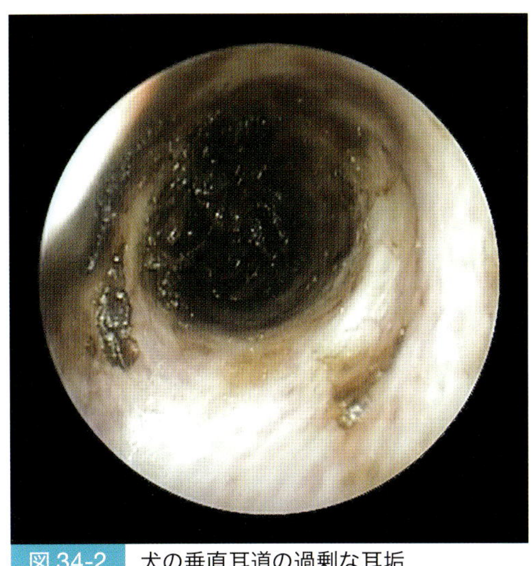

図 34-2　犬の垂直耳道の過剰な耳垢

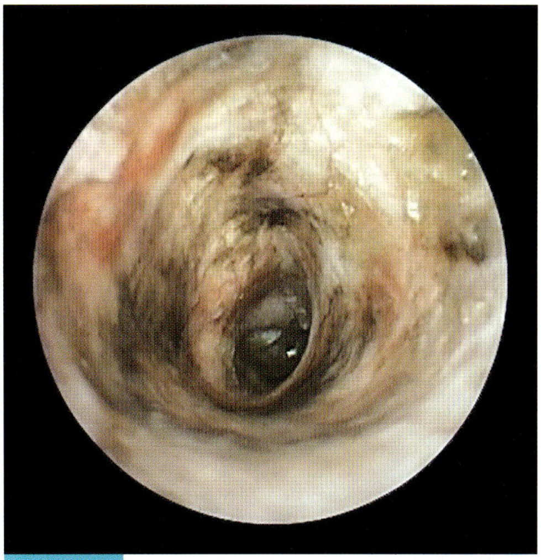

図 34-3　犬の垂直耳道の紅斑および色素沈着

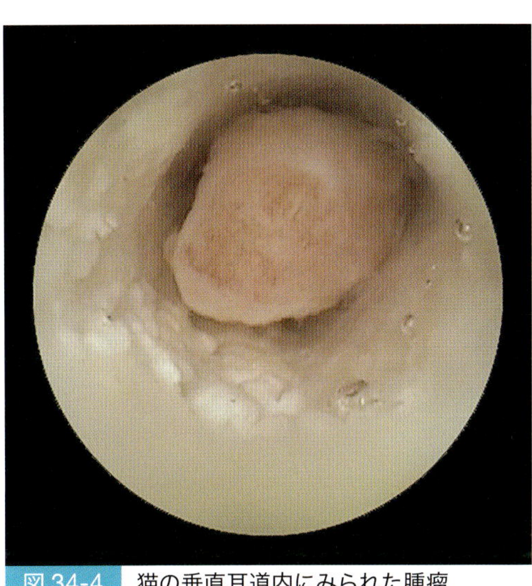

図 34-4　猫の垂直耳道内にみられた腫瘤

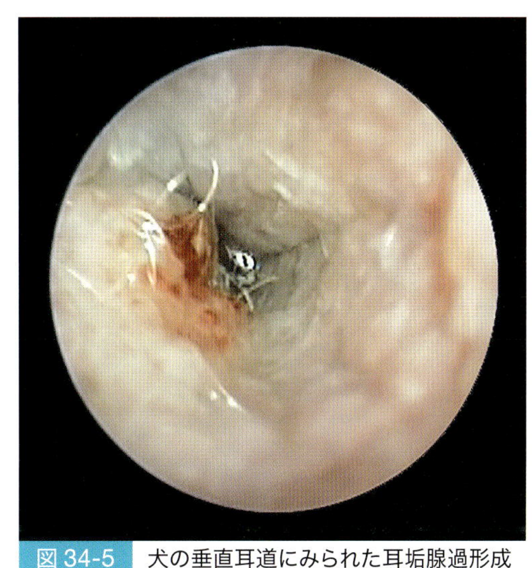

図 34-5　犬の垂直耳道にみられた耳垢腺過形成

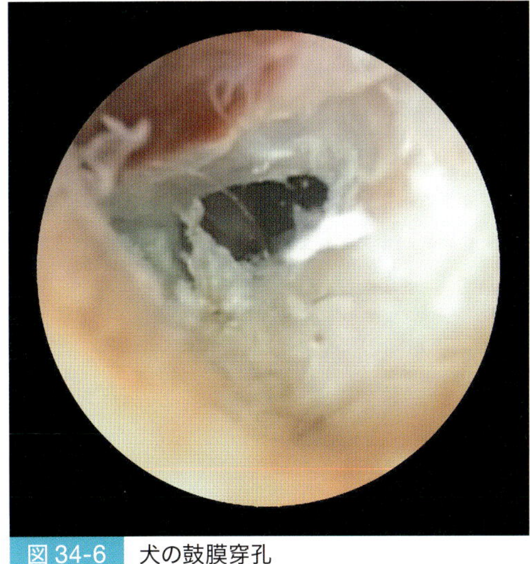

図 34-6　犬の鼓膜穿孔

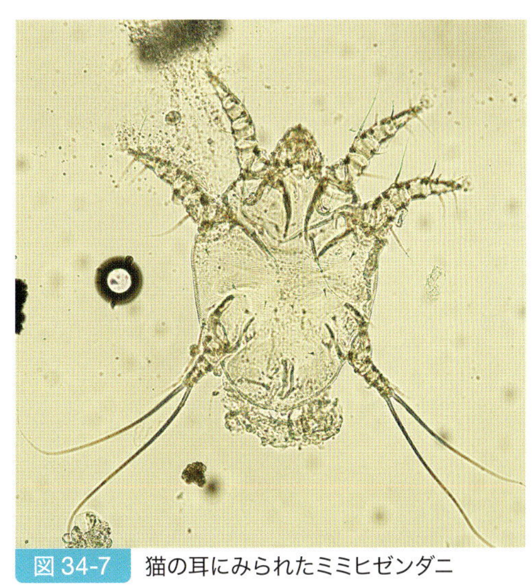

図 34-7　猫の耳にみられたミミヒゼンダニ

表 34-1 外耳炎の発症因子

	要因	例
主因	異物	草の種子（ノギ），被毛
	寄生虫	ミミヒゼンダニ
	アレルギー	犬アトピー性皮膚炎，食物アレルギー
	角化異常	本態性脂漏症，脂腺炎
	代謝異常	甲状腺機能低下症，クッシング症候群
	免疫介在性	落葉状天疱瘡
	その他	
副因	細菌	*Staphylococcus pseudintermedius*
	マラセチア	*Malassezia pachydermatis*
	不適切な薬剤	基剤（アルコールなど）
	不適切な耳掃除	綿棒による耳掃除，過剰な耳洗浄
永続因子	上皮移動の障害	過剰な耳垢
	外耳道の変化	外耳道のびらん，耳道の石灰化
	腺組織の変化	耳垢腺/皮脂腺の過形成
	鼓膜の変化	鼓膜炎
	中耳炎	続発性中耳炎
素因	構造上の問題	犬種特有の構造
	耳道内環境の悪化	湿度，温度
	腫瘍	あらゆる耳道内腫瘤
	全身の異常	免疫抑制状態，衰弱，異化亢進
	不適切な治療	耳処置による外傷，細菌叢の異常化
	原発性中耳炎	

診を目的に，ライトギムザ染色，簡易染色（ディフ・クイック®染色），ニューメチレンブルー染色などを実施し鏡検する．また感染を疑い抗菌薬を使用する場合には，同時にグラム染色を実施する．グラム染色によりある程度菌種を予測し，初期治療に用いる薬剤を選択する．また細菌を確認する際には，菌体のみではなくバイオフィルムの有無も確認する．

必要に応じて，除去食試験を含むアレルギー検査，血液検査，画像診断を実施する．特に中耳炎の併発を疑う場合にはCTまたはMRIが有用である．

e 治療

治療の主軸は原因に対する対処である．ただし急性の炎症反応に対しては対症療法を実施し，耳道内の生理的機能を回復させる必要がある．耳道内の生理的機能を回復させるためには「耳垢の除去」「炎症の制御」「微生物の制御」が必要となる．

過剰な耳垢は，耳道内の環境を悪化させ炎症を持続させるとともに，微生物が増殖しやすい環境となる．また点耳薬を用いた場合に，耳垢が存在すると薬効を阻害する．したがって洗浄により耳垢を徹底的に除去することが必要である．水平耳道や鼓膜に付着した耳垢(**図34-8**)や異物は，覚醒下で完全に除去することが困難な場合があるため，麻酔下にて硬性鏡(ビデオオトスコープ)(**図34-9**)を用いて洗浄および除去を行うことがある．

耳道の狭窄が存在する場合には，耳道全体の十分な洗浄が不可能であり，さらに点耳薬が耳道全体に到達しないため，狭窄を改善させることは治療において重要である．耳道の狭窄が炎症による腫脹であれば，ステロイドなどを用いた抗炎症療法を行い腫脹の改善を試みる．ただし内服などによるステロイドの全身投与は短期間に限定すべきであり，耳道の腫脹が改善した後には局所療法(点耳薬)に切り替える．皮脂腺や耳垢腺の過形成を伴う細胞増殖が狭窄の原因となっている場合には，改善までに数カ月から数年かかることが多く，長期間の治療を必要とする．さらに長期化または重症化し石灰化などによる不可逆的な狭窄となった場合には内科療法による治癒は期待できず，全耳道切除などの外科的な治療が必要となる．

検査により細菌が検出された場合は，単なる「増殖」なのか「感染」なのかを臨床的に判断する必要がある(**図34-10**)．顕微鏡検査において細菌が検出された場合でも，角化物や皮脂に混じり大量の菌がみられ白血球を伴わない場合には，単純に細菌が増殖した状態が示唆され，「炎症の原因が細菌にある＝感染が成立している」とはいえない．このような場合には抗菌薬を用いず，耳道の洗浄により耳垢を除去して，細菌が増殖しやすい耳道内環境を改善する方針で治療を行う．一方で，細菌とともに変性好中球がみられた場合には細菌が炎症を起こしている，すなわち感染が成立していると考える．この場合外耳炎であれば耳道の観察においても，びらんなどの変化がみられる．感染が疑われる場合には，前述した治療とともに抗菌薬の投与を検討する．抗菌薬は薬剤感受性試験の結果をもとに，局所または全身投与を検討する．変性好中球が観察されたにもかかわらず耳道壁の変化が乏しい場合には，鼓膜穿孔を伴う中耳炎を疑う必要がある．また液状の耳漏は外耳炎で発生することは少ないため，洗浄後耳道を再度徹底的に観察し，鼓膜の状態や耳道内の腫瘤の有無を確認する．特に猫では耳道内腫瘤の発生が多いため，注意深く確認する必要がある．

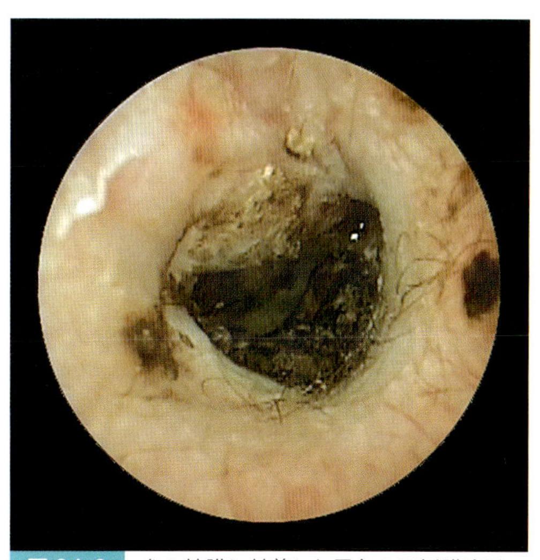

図 34-8　犬の鼓膜に付着した黒色の耳垢膜穿孔

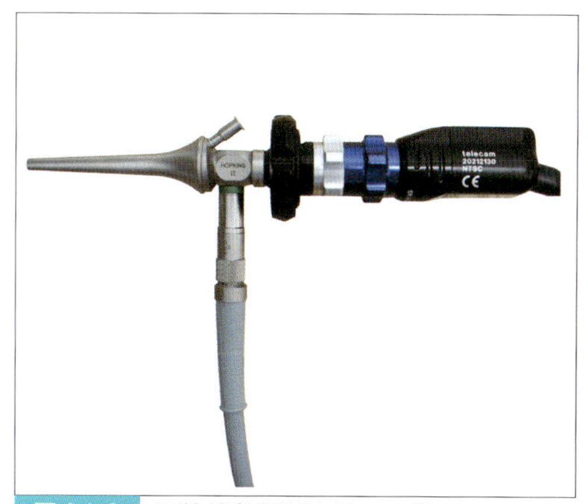

図 34-9　硬性鏡(ビデオトスコープ)

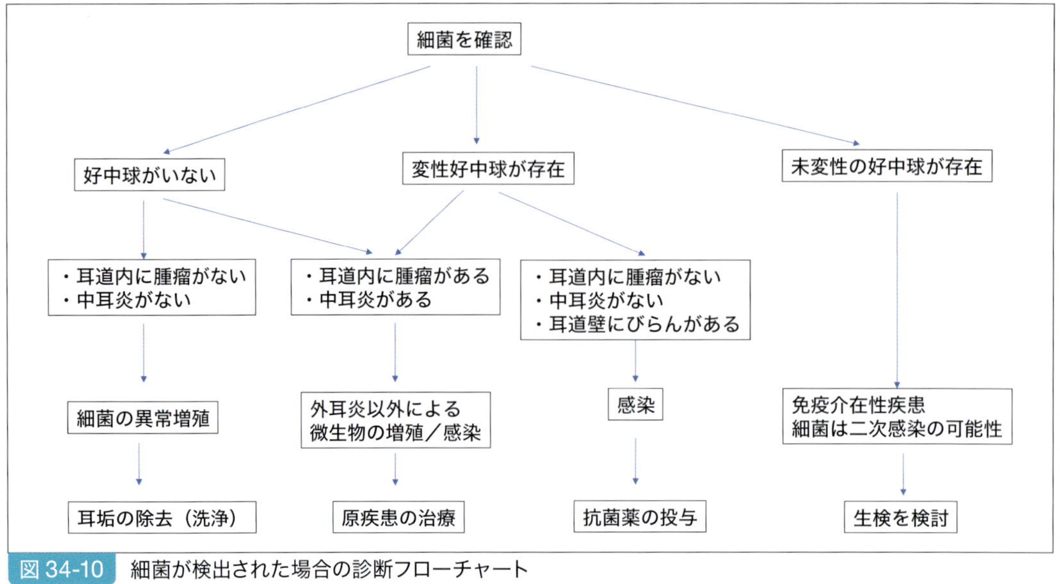

図 34-10　細菌が検出された場合の診断フローチャート

Malassezia spp.が顕微鏡検査において検出された場合には，洗浄による耳垢の除去と抗真菌薬の投与を実施する．抗真菌薬の全身投与はその効果と副作用を考慮するとメリットがないため，局所投与を行う．

また細菌や*Malassezia* spp.はバイオフィルムを形成する[8-11]．細菌においてバイオフィルムが形成された場合，薬剤感受性試験で感受性を示した抗菌薬を使用しても臨床的効果がみられないことがあるため注意が必要である．Tris-EDTAはバイオフィルムの破壊に役立つと考えられているため[12]，バイオフィルムが形成されている外耳炎における耳道洗浄の際にはTris-EDTAを含有する洗浄液を選択する．

診察や処置においては，病原体の院内感染防止対策を常に考慮する（➡47章）．特に外耳炎では後述する耐性菌の発生率が高いため，院内感染防止を意識しないと，病院内で耐性菌をまん延させる可能性が高くなる．具体的にはスタッフの手洗い，保定者の着替え，器具の滅菌または消毒を徹底する．特に動物に直接触れる耳鏡のコーン，洗浄器具などはディスポーザブルまたはオートクレーブ可能な物を用いる（**図34-11**）．洗浄液を入れる容器や点耳薬は，症例ごとに小分けにして使用し，製品ボトルのまま使いまわすことは避けるべきである（**図34-12**）．また耳道洗浄を行った際に，耳道内に入れた洗浄液は十分回収し，タオルやエリザベスカラーを用いて頭を振った際に洗浄液が飛散しないようにするなど，汚染した洗浄液が診察室に拡散しないための対策も実施する．

外耳炎の予防には，主因の管理が必須である．ただし主因が不明な場合もあるため[2]，対症療法を継続して予防にあたることもある．すなわち抗炎症を目的にコルチコステロイドの点耳薬を継続する．ただしコルチコステロイドの点耳薬でも，漫然と使用すると耳介のステロイド皮膚症を引き起こすため，症状に応じて使用回数を減らして維持するプロアクティブ療法を実施する（**図34-13**）．

図 34-11　手持ち耳鏡．一番上のコーンがディスポーザブルのタイプ

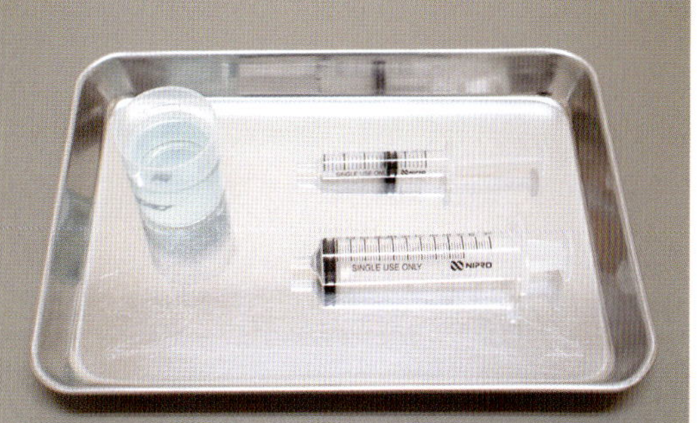

図 34-12　小分けにした洗浄液および点耳薬．洗浄液は使用する量を容器に分け，ディスポーザブルシリンジを用いて耳道内に注入する．点耳薬も同様である．

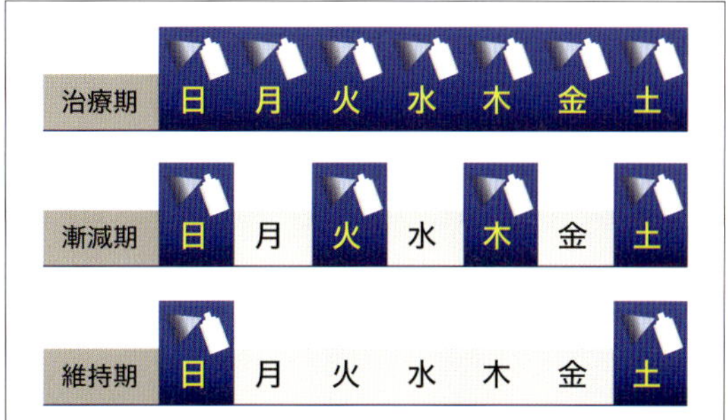

図 34-13　プロアクティブ療法の例．炎症の治療中は連日投与を実施するが，症状の改善後は漸減し，症状が消失した後も週2回程度治療を行い，症状の再燃を予防する．

f　原因微生物について

以下の細菌は感染があった場合について述べる．感染でない場合には細菌の種類を問わず抗菌薬の適用とはならない．

1　*Staphylococcus pseudintermedius*

表在性膿皮症などの皮膚疾患(➡p.508)でもよく遭遇するブドウ球菌であり，外耳炎でも最も多くみられる．全身投与の場合の第一選択薬は β-ラクタム系抗菌薬(セファレキシンなど)となるが，近年メチシリン耐性 *S. pseudintermedius*(MRSP)が増加しており注意が必要である(➡p.737)．すなわち抗菌薬を用いる場合には，細菌培養検査および薬剤感受性試験を実施するが，検査結果が出るまでの間はセファレキシンを使用し，その後結果に基づき使用する薬剤を変更する．検査は動物用の最新の基準を用い，かつMRSPを同定できる施設に依頼すべきである．特にMRSPが検出された場合はすべての β-ラクタム系抗菌薬は耐性と考えなければならないが，MRSPであるにもかかわらず薬剤感受性試験では β-ラクタム系抗菌薬に「S：感受性」と判定されるケースがしばしば存在する．この場合はMRSPが検出されたという判断を優先し，感受性であっても β-ラクタム系抗菌薬は選択せずに，MRSPに対して有効であり，かつ感受性と判断された抗菌薬を用いる．

抗菌薬を用いる場合はその薬物動態学と薬力学(PK/PD理論)に基づいた使用をすべきであるが，特に外耳炎では外用剤を用いることが多いため，その回数や濃度を考慮する必要がある．時間依存性の抗菌薬を用いる場合には，頻回の使用が必要である．また濃度依存性の抗菌薬の場合は十分な薬剤濃度が必要である．濃度依存性の抗菌薬を用いる場合は，局所療法の方がより高濃度で患部に作用させることができるため有用である．特に薬剤感受性試験で耐性の場合，最小発育濃度(MIC)では耐性であっても，耐性菌出現阻止濃度(MPC)で用いれば効果が期待できる場合がある．この濃度が全身投与では中毒域に達することもあるが，局所であれば使用できることがある．

感染の場合，本来は局所投与であっても，コルチコステロイドを含まないものが望ましいが，主因や耳道の病理学的変化(腺線組織の過形成など)の管理にコルチコステロイドが必要な場合には，合剤を使用する．

2 | *Pseudomonas aeruginosa*

外耳炎において緑膿菌(*Pseudomonas aeruginosa*)がしばしば検出される．緑膿菌は抗菌薬や消毒薬に対する自然耐性があるが(➡p.120)，近年は多剤耐性緑膿菌も増加しており問題となっている．外耳炎における緑膿菌治療のシステマティックレビューがあるが，著効に繋がる明確なエビデンスは不足している[13]．現状では，緑膿菌が検出されたからといってすぐに抗菌薬を使用するのではなく，耳道の清浄化や基礎疾患の管理を実施することで正常細菌叢に近づけることを目標とし，耳道内のびらんなどにより緑膿菌の感染が疑われる場合には薬剤感受性試験に基づき抗菌薬を選択し使用する方法が妥当と考えられる．

3 | *Malassezia pachydermatis*

耳垢には皮脂が多く含まれており，脂質を好む*Malassezia* spp.が増殖するのに好適な環境となっているため，耳垢の除去は必須である．耳垢を除去した後に，抗真菌薬を用いる．またバイオフィルムの形成も考慮し，Tris-EDTAを含んだ洗浄液を使用するのが好ましい．

外耳炎の*Malassezia* spp.治療においては，高濃度で病原体に作用させることができること，またケトコナゾール，フルコナゾールおよびアムホテリシンBはバイオフィルムに対しても有効[10]であるため，局所投与を選択する．

中耳および内耳の感染症(細菌性中耳炎および内耳炎)

a この疾患について

中耳は耳小骨，鼓室，耳管から構成されており，主に鼓膜に伝達した音の振動を増幅する機能を有する．内耳は蝸牛，前庭，半規管から構成されており，蝸牛は聴覚，前庭と半規管は平衡感覚に関わる．細菌性中耳炎は中耳領域に炎症が起こり，特に鼓室内に化膿性の液体を貯留する．また前庭は鼓室と接するため，中耳炎の際には末梢前庭障害がみられることがある．細菌性内耳炎が単独で発生することは極めて稀である．末梢性前庭障害の約50％は中耳炎が原因との報告がある[14]．一方で犬の中耳炎は，神経症状がなく外耳炎の症状のみがみられることの方が多い[15]点に注意が必要である．

犬の場合は，外耳炎により鼓膜が損傷し，外耳側から菌が侵入し感染が成立することが多い．また犬の慢性外耳炎のうち約80％は中耳炎を併発していたとの報告もある[16]．外耳炎のほか，異物，外力による損傷，耳道内の腫瘤などによっても鼓膜の損傷は起こりうる．鼓膜が損傷している場合，中耳から発生した耳漏が外耳に確認される．ただし犬の中耳炎の約70％が鼓膜の損傷が認められなかったという報告があり[16]，鼓膜の損傷により中耳炎が発生した後に，鼓膜だけが治癒し中耳炎が残る場合があることに注意をする．

猫の場合は，咽頭や喉頭の疾患から耳管を経て中耳炎が起こることも多い[17]．感染や腫瘤(鼻咽頭ポリープ)，腫瘍などが原因となる．この場合，中耳側からの鼓膜穿孔が起こらない限り外耳炎の症状を伴わず，神経症状だけがみられる場合がある(**図34-14**)．

図 34-14　猫の中耳炎．外耳炎の症状は一切なく，CTにて中耳炎が確認された．

b　主要病原体

健常な犬の中耳の細菌叢に関する調査は少ないが，*Staphylococcus* sp.，*Escherichia coli*.，*Clostridium perfringens*，酵母菌などが報告されている[16,18]．外耳炎により続発した中耳炎の場合，原因菌は外耳炎の影響によるが，*Staphylococcus pseudintermedius*，酵母菌および*Pseudomonas aeruginosa*の検出率が多い[16]．猫では鼻咽頭ポリープによる中耳炎が多いが，ウイルスや細菌の感染との関連は今のところ不明である．

c　主症状

1　外耳炎

前述のとおり，犬の中耳炎においては外耳炎の症状だけがみられ，後述する神経症状がみられない症例が多い．また中耳の腫瘤や猫の鼻咽頭ポリープにより，中耳側から鼓膜が損傷し耳漏がみられた場合であっても，外耳以外に異常がみられないことが多い．感染が重度であれば疼痛や発熱がみられることもある．

2 | 顔面神経麻痺

顔面神経が通る顔面神経管が鼓室に隣接しており，その一部が骨性壁を欠くため，中耳炎の際に顔面神経が損傷を受ける．この結果，眼瞼，鼻孔，口角，耳の位置の左右不対称性や瞬目不全といった顔面の麻痺症状がみられる．

3 | 末梢性前庭障害

中耳の炎症が内耳および前庭蝸牛神経に波及すると，末梢性前庭障害が起こる．患側を下にした捻転斜頸がみられ，急速相が健側に向かう水平性自発眼振がみられる．

4 | ホルネル症候群

眼の交感神経路の節後線維の一部は鼓室胞内を通過するため，中耳炎によりホルネル症候群がみられることがある．

5 | 聴覚障害

中耳炎では鼓室および蝸牛が障害され，聴覚障害が起こると考えられる．聴覚は聴性脳幹誘発反応により診断が可能である[19]．

d 診断

診断は主に画像診断による．まず鼓膜の確認は必須であるが，鼓膜の状態を精査するためにはビデオオトスコープを用いる．鼓膜の正確な評価には，事前に鼓膜を十分に洗浄しなければならない．ビデオオトスコープにより鼓膜の損傷や透明性の低下がある場合(**図34-15**)，鼓膜の膨隆や中耳腔内の液体貯留が疑われる場合は中耳炎を疑う．中耳炎が疑われた場合，鼓膜を切開し中耳腔内のサンプルを採材し，培養と細胞診を実施する．

CT検査およびMRI検査も中耳炎の診断に有用である[15]．CT検査は骨組織の評価に優れており，外耳道，周囲組織鼓室および鼓室胞の石灰化，鼓室胞の骨融解，中耳や内耳の微小な骨構造の評価に用いる．また腫瘤性病変や鼓室胞内の貯留物などの軟部組織のある程度の評価も可能である．MRI検査は軟部組織の評価に有用であり，感染の波及，神経障害の解剖学的評価に用いる．ただし骨構造の詳細な評価は困難である．すなわち中耳炎の診断にはCT検査とMRI検査を同時に実施すると，多くの情報が得られ診断率が向上する．神経学的疾患の精査を目的にCT検査やMRI検査を実施した際に偶発的に中耳炎が発見されることもある．ただし急性中耳炎の初期は中耳の変化に乏しい場合があるため，ビデオオトスコープで診断ができてもCTおよびMRIでは診断が困難な場合がある．

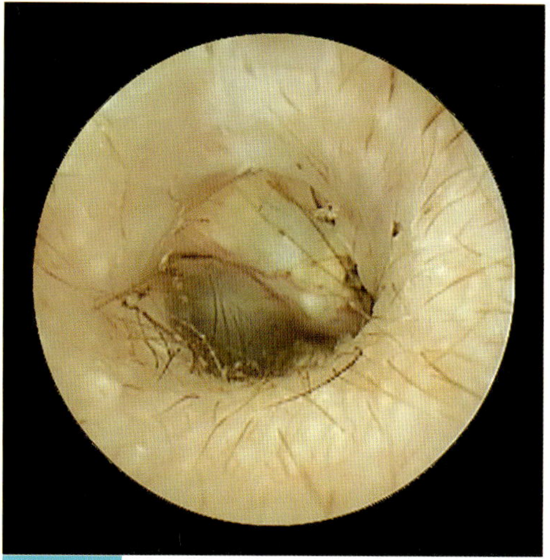

図 34-15　犬の中耳炎の鼓膜．鼓膜損傷はないが，奥に白色の貯留液があるため鼓膜が白く見える．

e　治療

原則として基礎疾患のある場合は同時に治療を実施する．中耳炎の内科療法として，ビデオオトスコープを用いて鼓膜切開を実施し（**図34-16**），切開部よりカテーテルを挿入し中耳腔の洗浄および抗菌薬の投与を行う．洗浄により中耳腔内の細菌，炎症産物，壊死組織などを除去する．洗浄は耳毒性を考慮し滅菌生理食塩水やTris-EDTAを用いるが，猫では滅菌生理食塩水を用いても処置後に一時的な末梢性前庭障害がみられることがある．

抗菌薬は中耳腔から採材したサンプルによる細菌培養および薬剤感受性試験に基づき選択する．全

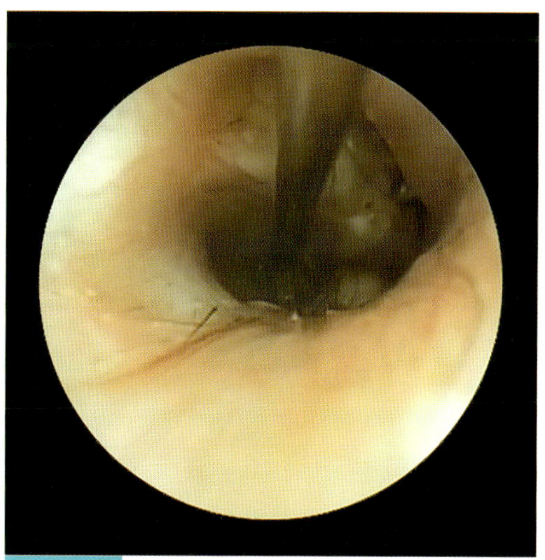

図 34-16　ビデオオトスコープを用いた犬の鼓膜切開．硬性鏡のチャンネルより脊髄針を用いて鼓膜を切開している．

耳道切除術を実施した症例の鼓室から得られた細菌のうち，セファゾリンに感受性があったのは26％であったという報告もあり[20]，中耳炎は慢性外耳炎に伴い発生することからも，より薬剤耐性菌の発現頻度は高いと考えるべきであろう．また外耳炎と同様に微生物がバイオフィルムを形成することがあるため，期待した抗菌薬の効果が得られない場合もあることに注意する．

外耳炎により耳道の狭窄が重度の場合や，中耳炎による鼓室胞内の細胞増殖が著しい場合には，外科的な治療が必要となる．鼓室胞骨切術により鼓室胞内にアプローチし洗浄を実施する．全耳道切除を同時に実施する場合もあるが，この場合聴力は失われる．また炎症組織や炎症産物の取り残しがあると，長期間経ってから深部の感染が起こるため，手術は注意して行う．

f 原因微生物について

外耳炎とほぼ同様の対応であるが，深部の感染であるため抗菌薬/抗真菌薬の投与は全身投与が中心になる．また2カ月以上の投与が必要となることも少なくないため，副作用や薬剤耐性菌の確認のために，頻繁に検査を実施する必要がある

参考文献

1. Griffin CE(2014): Proc 27th Annu Cong ESVD-ECVD, 24-25.
2. Saridomichelakis MN, Farmaki R, Leontides LS, et al.(2007) : Vet Dermatol. 18, 341-347.
3. Kennis RA(2013)：Vet Clin North Am Small Anim Pract. 43, 51-56.
4. Aoki-Komori S, Shimada K, Tani K, et al.(2007) : Exp Anim. 56, 67-69.
5. Zamankhan MH, Jamshidi S, Zahraei ST(2010)：Vet Res Commun. 34, 435–444.
6. Oliveira LC, Leite CA, Brilhante RS, et al.(2008): Can Vet J. 49, 785-788.
7. Crespo MJ, Abarca ML, Cabanes FJ(2002): Med Mycol. 40, 115–121.
8. Singh A, Walker M, Rousseau J, et al.(2013): BMC Vet Res. 3, 9, 93.
9. Walker M, Singh A, Nazarali A, et al.(2016): Vet Surg. 45, 968-971.
10. Brilhante RSN, Rocha MGD, Guedes GMM, et al.(2018): Vet Microbiol. 220, 47-52.
11. Pye CC, Singh A, Weese JS, et al.(2014): Vet Dermatol. 25, 120-123.
12. Banin E, Brady KM, Greenberg EP(2006): Appl Environ Microbiol. 72, 2064-2069.
13. Nuttall T, Cole LK(2007): Vet Dermatol. 18, 69-77.
14. Schunk KL, Averill DR. Jr.(1983): J Am Vet Med Assoc. 182,1354-1357
15. Belmudes A, Pressanti C, Barthez PY, et al.(2018): Vet Dermatol. 29, 45-e20.
16. Cole L, Kwochka K, Kowalski J, et al.(1998): J Am Vet Med Assoc. 29, 534-538.
17. Gotthelf LN(2004): Vet Clin North Am Small Anim Pract. 34, 469-487.
18. Matsuda H, Tojo M, Fukui K, et al.(1984) : J Small Anim Pract. 25, 269.
19. 長村徹，齋藤弥代子，並河和彦ほか(2010)：日獣会誌． 63, 531-537.
20. Hettlich BE, Boothe HW, Simpson RB, et al.(2005): J Am Vet Med Assoc. 227, 748-755.

35 口腔

問題となる主な病原体の一覧

1）細菌
Staphylococcus spp., *Streptococcus* spp., *Porphyromonas* spp.（*Porphyromonas gulae, P. crevioricans, P. cansulci, P. canoris, P. cangingivalis, P. gingivicanis, P. salivosa, P. circumdentaria*）, *Tannerella forsythia, Campylobacter rectus, Fusobacterium nucleatum, Spirochaeta* spp., *Actinomyces* spp., *Leptospira* spp., *Prevotella intermedia, Fusobacterium nucleatum, Streptococcus mutans, Lactobacillus* spp.

2）真菌
Candida spp.

3）ウイルス
猫免疫不全ウイルス(FIV), 猫白血病ウイルス(FeLV), 猫カリシウイルス, 猫ヘルペスウイルス, 犬ジステンパーウイルス, パピローマウイルス

口腔における感染症

口腔は，外界の異物が体内に入る玄関口である．口唇，口蓋，舌で感覚的に異物を認識して口蓋・咽頭の粘膜下の各扁桃器官は免疫学的に異物を認識する．食物を口蓋・舌・頬粘膜の働きで唾液を混じて歯で咀嚼して咽頭から食道に送り込む．口腔疾患の主な原因は，感染・免疫，神経・内分泌性，栄養性，中毒，外傷性，腫瘍性，その他の非特異的なものなどである．代表的なものは，扁桃腺炎，咽頭炎，猫の歯肉口内炎，歯周病などである．詳細な病歴や臨床症状，あるいは身体検査で診断できるものもあるが，血液検査や血液化学検査，生検，感染微生物の培養，口腔内X線検査，免疫学的検査が必要なものもある．本稿では，口腔内の感染症のうち，代表的なものについて解説する．

唾液腺における感染症

a 概要

- 犬や猫には，下顎腺，（単孔）舌下腺，耳下腺，頬骨腺があり，この四つの唾液腺は大唾液腺といい，口腔外に存在する腺体と口腔内に唾液を運ぶ部位である導管からなる．一方，口腔粘膜下に小さな導管の短い唾液腺も存在し，これを小唾液腺といい，その位置により口蓋腺，舌腺，口唇腺，臼歯腺などがある．
- 唾液腺の疾患には，唾液瘤(**図35-1，2**)，唾液腺炎，唾液腺腫瘍，唾石(唾液結石)などがある．このうち，唾液瘤が比較的よくみられる疾患である．通常，唾液腺における炎症に遭遇することは

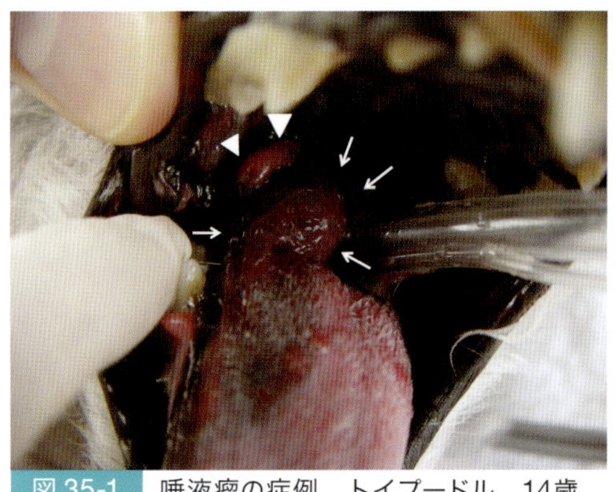

図35-1 唾液瘤の症例．トイプードル，14歳，雄．右舌根部に波動感のある充血した腫瘤(矢印)が認められる．吸引したところ炎症を伴った唾液であり，下顎腺と舌下腺における唾液瘤と診断した．腫瘤の右上部に腫脹・発赤した扁桃(矢頭)も認められる．

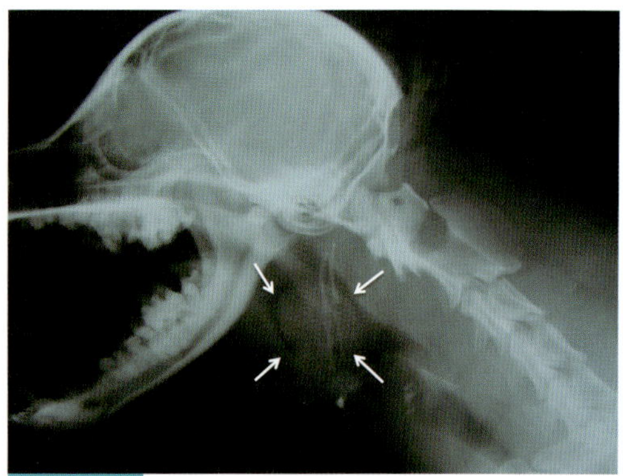

図35-2 図35-1の頭頸部X線像(ラテラル像)．頸部上部にX線不透過像(唾液瘤)(矢印)が認められる．

少ない．したがって，本稿では，以上の唾液腺に関連した疾患において二次的に感染を受けた場合も唾液腺における感染症として扱う．

- 唾液瘤(**図35-1，2**)は，唾液腺体や唾液腺導管から唾液が周囲組織へ漏出することにより生じる．その原因は，交通事故，植物などの異物，抜歯，顎骨骨折整復時あるいは口腔腫瘍の切除時の唾液腺導管の切断，唾液腺や導管周囲の口腔粘膜への外傷性刺激など，外傷によって生じることが少なくない[1,2]．最も多くみられる唾液瘤はガマ腫で口腔底に認められる．唾液腺炎を生じた犬のうち，約70％で唾液瘤が存在する[2]．
- 唾液腺の炎症は，異物に続発して膿瘍を認めた報告や唾液瘤に起因した場合，または，裂肉歯の根尖周囲膿瘍に続発した報告がある．
- 外傷性損傷における炎症では，特に耳下腺は周囲の骨などにより保護されていないために外傷性損傷を生じやすい．耳下腺周囲の外傷や外耳道手術の際に外科的に損傷を受けることもある．
- 唾液腺腫瘍に併発する唾液腺の炎症を認めることがある．唾液腺腫瘍は，下顎腺あるいは耳下腺が約80％であり，犬では下顎腺，猫では耳下腺の腫瘍が多い．局所浸潤性が高く，平均年齢10～12歳，シャムが罹患しやすい．診断時に犬で17％，猫で39％において領域リンパ節の転移，遠隔転移は犬で8％，猫で16％である[2]．唾液腺腫瘍の約85％は上皮性悪性腫瘍である[2]．線維肉腫，リンパ腫，肥満細胞腫は拡大や浸潤により唾液腺に波及することもある[2]．腺腫は全体の5％である[2]．
- 唾石は，唾液の中のムチンの沈殿析出物，唾石(通常，炭酸カルシウム，炭酸マグネシウム，リン酸カルシウムからなる)あるいは炎症による唾液腺導管の閉塞[1]や外傷[2,3]などに続発した炎症に続発して生じる．露出したムチンは周囲組織に炎症を引き起こすこともある[1]．

b 主要病原体

唾液腺の炎症は，唾液瘤，唾液腺肉芽腫，唾液腺炎，唾液腺腫瘍，唾石(唾液結石)などに起因して二次的に認められることが多いため明らかに特定の微生物の感染が報告されているわけではない．一般的にみられる細菌(*Staphylococcus* spp.，*Streptococcus* spp.など)が多く(➡17章)，口腔内常在菌や歯周病原性細菌(*Porphyromonas* spp., *Tannerella forsythia, Campylobacter rectus, Fusobacterium nucleatum, Spirochaeta* spp., *Actinomyces* spp.など)も認められる.

c 主症状

- 全身性の発熱,唾液腺の熱感,流涙,開口時の疼痛,唾液腺開口部の乳頭付近の口腔粘膜の炎症,導管からの膿性の排出物,硬い唾液腺,嚥下困難,流涎などがみられることもある.
- 唾液腺の炎症により腫脹すると疼痛を示す.下顎腺は比較的硬い被膜が存在するために下顎腺の中で圧が高まり特に疼痛が著しい.このような硬い被膜内で唾液腺が腫脹すると虚血になり,下顎腺の壊死に至ることがある.
- 頬骨腺,耳下腺の疾患では眼球突出,外斜視,眼周囲の疼痛,視神経の圧関連神経障害を引き起こすことがある[2].
- 唾液瘤は,軟らかく波動感があり,唾液瘤のみの場合は,通常,無痛性であるが,著しい炎症を伴う場合や二次感染がある場合は疼痛を伴う.
- 咽頭粘液瘤では異常な舌の動き,呼吸困難,嚥下障害を生じることがある[2].
- 唾液腺の細菌感染では,膿瘍に進行することがある.
- 球後膿瘍の場合,頬骨腺周囲の充血と膿性滲出液を認める.

d 診断

- 炎症が認められたら唾液腺周囲の異物や外傷の有無を確認する.
- 唾液腺の腫脹部周囲の特に裂肉歯における歯周病や破折した歯の有無を確認する.
- 導管からの膿性の排出物などの臨床症状を確認する.
- 総白血球数や急性期タンパク(CRP)の増加を示すことがある.
- 頸部における腫脹を認めた場合,皮膚の上からFNAを行い,腫瘍,膿瘍,唾液腺炎などの鑑別や細菌学的検査を行う.
- 超音波検査で,唾液腺の腫脹や内容物を確認する.
- 眼球後部の超音波検査では頬骨腺の唾液瘤の75%,ならびに球後膿瘍の50%に窩洞病変が認められる[2].
- 疑いのある原因,腫瘍,異物,感染による鑑別や顎骨の異常を調べるために口腔X線検査を行う.
- 唾液を特定する場合,粘液特殊染色(PAS染色)を行う[2].
- MRIを用いた唾液腺造影により唾液腺領域を可視化する[1].
- 唾液瘤が炎症を併発した場合,軽度のリンパ球—形質細胞性炎症を確認する[2].
- 通常の唾液瘤においてもライト染色では,ピンク色から紫色に染まるムチンの塊の散在と食細胞,唾液腺上皮細胞,少数の変性していない好中球を確認する.
- 外傷,瘻管がある症例には造影剤(ヨード系の水溶性造影剤を唾液腺開口部から注入)による唾液腺造影法を行う[2].
- 唾液腺腫瘍の疑いがあれば病理組織学的検査で確定診断する.X線検査で,骨膜反応や周囲組織との関連を調べ,胸部X線検査で肺転移などを検討する,領域リンパ節のFNAなどや必要に応じてCTやMRI検査を行う.

- 唾石の場合は，X線検査が有効であるが，結石の種類によりX線透過性の場合もある[3].

e 治療

- 耳下腺の小さな唾液瘤は，稀に破裂して治癒することもある.
- 数週間以上腫脹が治まらない唾液瘤の場合は，唾液腺と導管を摘出する．下顎腺と舌下腺は密に連結しているため一括して除去して，2～3日はペンローズドレインを装着する.
- 唾液腺の造袋術は小さな唾液瘤では奏功することがあるが，ほとんど推奨されていない.
- 唾液瘤の治療でシリンジによる針吸引をしても48時間以内に42％の個体が再発し，最終的にはすべての症例で再発するので推奨されない[1].
- 咽頭粘液瘤において呼吸困難を生じている場合は，気管挿管や一時的な気管切開が必要なこともある[2].
- 唾液腺炎や膿瘍には，細菌学的検査に基づいた抗菌薬や抗炎症薬を投与する.
- 異物が存在している場合は，異物除去を行う.
- 唾液腺腫瘍では，広範囲に外科的な一括切除を行うが，通常，浸潤性であり，切除困難である[2]．外科的に根治が不可能な場合には術後放射線治療は効果的である[5]．診断時にリンパ節転移や遠隔転移のない個体は比較的生存期間が長い[2].
- 導管内に存在する小さな唾石では，導管をマッサージすることにより導管開口部に誘導できることもある[4].
- 唾石上を切開して唾石を除去し，縫合せずに二期癒合することもある[2]．唾石により唾液腺や導管の炎症が強ければ唾液腺ごと摘出する[1].

咽頭の感染症

a 概要

咽頭は，呼吸器と消化器のいずれもが共有する漏斗状の通過部位であり，食道を有する口腔と喉頭を有する鼻腔を連結させている部位である．犬や猫の咽頭は，軟口蓋より背側の咽頭鼻部(鼻咽頭)，腹側の咽頭口部(口部咽頭)に区分される．咽頭鼻部は後鼻腔から軟口蓋の遊離縁(尾側縁)まで，咽頭口部は最後臼歯から喉頭蓋基部までの部位を指す.

- 咽頭における疾患では，食欲低下，疼痛，嚥下困難，吐き気，咳，開口困難や呼吸困難を示すこともあるが，これらは咽頭における感染症の特異的所見とは限らない.
- 咽頭における炎症は，通常，唾液瘤，異物，犬の好酸球性肉芽腫，扁桃炎，軟口蓋における疾患，咽頭における異物，咽頭に生じる腫瘍(悪性黒色腫，扁平上皮癌，線維肉腫，鼻咽頭ポリープ)，軟口蓋過長症あるいは猫の歯肉口内炎などに伴って生じることが多い.
- 強アルカリ性物質や強酸性物質，石炭酸，テレペン油(マツ科樹脂)，パイン油，石油，漂白剤)や電気コード，熱湯などにより咽頭粘膜の炎症，びらん，潰瘍を認めることがある．

b 主要病原体

- 非常に多くの細菌が咽頭から培養されるので細菌検査は有用な情報とはならない．決定的な病原体が原因となっているわけではなく，二次的に細菌感染（*Staphylococcus* spp.，*Streptococcus* spp. などの口腔内常在菌など）を生じることが多い．
- 猫免疫不全ウイルス（FIV），猫白血病ウイルス（FeLV），猫カリシウイルス，猫ヘルペスウイルス，犬ジステンパーウイルス，パピローマウイルス（➡20章），カンジダ（➡18章）など

c 主症状

- 猫カリシウイルス（FCV）感染症や猫ヘルペスウイルス（FHV-1）感染症などのウイルス性疾患において上部気道感染の症状（➡p.368）を示す場合と示さない場合があるが，口蓋や咽頭粘膜に発赤，炎症，潰瘍あるいは肉芽増殖を生じることがある．
- 猫白血病ウイルス（FeLV）感染（➡p.471）や猫免疫不全ウイルス（FIV）感染（➡p.473）に関連して咽頭表面の炎症，びらん，潰瘍を認めることがある．猫免疫不全ウイルス感染症では全身的慢性的な衰弱や再発性の細菌感染を，猫白血病ウイルス感染症では，免疫系の抑制があり，その症状は非特異的であり，食欲低下，体重減少，特定の臓器に関連した症状などを示す．
- カンジダ症では，咽頭粘膜に紅斑や乳白色の偽膜を認めることもある．他に皮膚（➡p.515），消化管，呼吸器，生殖器，尿道，膀胱，口唇，爪周囲，眼瞼などに紅斑，膿疱，びらんなどがみられる．
- 咽頭部にみられる唾液瘤では，下顎腺における唾液が唾液腺体あるいは導管からの漏出および貯留であり，咽頭部に膨隆してきた粘膜を認める．
- 扁桃炎に起因した場合，赤色の脆弱な肥大した扁桃と咽頭周囲の粘膜の炎症を認めることがよくある．
- 異物（骨，イネ科植物，枝，針，ピン，せんべい，肉片など）に起因した場合，呼吸困難，吐き気，嚥下困難，前肢で口腔を気にする，流涎を認める．長期に異物が停滞した場合は，顎下部や咽頭膿瘍を示し，発熱，疼痛，浮腫，食欲低下などを示す．
- 葉の断片や草の種子などが，扁桃陰窩に入り込むことによる片側性に咽頭の炎症を引き起こすことがある．
- 犬の好酸球性肉芽腫症は稀に咽頭にみられる．
- 原発の扁桃炎は原因不明でミニチュア種およびトイ種に多く，咳，吐き気，泡沫状の嘔吐，発熱，食欲低下などを示す．
- 二次的な扁桃炎では，基礎疾患（上部気道感染，巨大食道，幽門痙攣，胃の腫瘍，気管虚脱，慢性中耳炎など）により嘔吐，吐き気，咳，吐出などがみられる．
- 犬の短頭種によくみられる軟口蓋過長症では，アヒルの鳴き声のような呼吸音が特徴的であり，外鼻孔狭窄を併発している個体が少なくない．
- 咽頭部に認められる腫瘍には，犬において悪性黒色腫，扁平上皮癌，線維肉腫，リンパ腫がみら

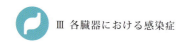

れ，猫では扁平上皮癌や線維肉腫，リンパ腫がみられるが，悪性黒色腫は稀である．

- 鼻腔内腫瘍でも鼻咽頭の発赤や腫脹が認められることがある．
- 猫では鼻咽頭ポリープすなわち線維性結合織の有茎状の良性腫瘍が，片側性で軟口蓋の背側に認められることがあり，その起始部は鼓室内または耳管内であるが，咽頭あるいは外耳道に拡大していることもあり，咽頭部まで観察されることがある．
- 口腔腫瘍の多くは壊死，感染，炎症を生じて，咽頭における腫瘤の存在，嚥下困難，顔面の変形，体重減少，流涎，口腔からの血様分泌物，あるいは下顎リンパ節の腫脹を認めることがある．扁桃にみられる扁平上皮癌は疼痛が激しく，脆弱で肥大し，後咽頭へ波及して，疼痛と嚥下困難を示すこともある．
- リンパ腫や悪性黒色腫は扁桃部に波及して，咽頭部の発赤・腫脹がみられることがある．
- 猫の歯肉口内炎(**図35-3**)では，歯肉および口腔粘膜(咽頭も含む)に炎症，びらん，潰瘍あるいは，肉芽組織の増殖を認めることが少なくない．猫の歯肉口内炎は猫カリシウイルスが関与している場合が多い．
- 免疫介在性疾患(尋常性天疱瘡，水疱性天疱瘡，全身性エリトマトーデス)により咽頭粘膜に潰瘍，びらん，小水疱を認めることもあり，通常，皮膚，皮膚粘膜移行部にも潰瘍やびらんを認める．
- 熱傷や電気コードによる病変の場合，咽頭粘膜の浮腫，発赤，びらんなどを認めることもある．

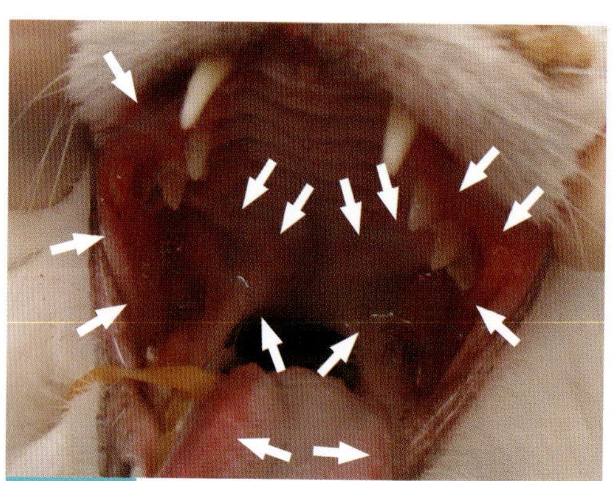

図35-3 咽頭における炎症症例．歯肉口内炎，日本猫，11歳，避妊雌．尾側粘膜を中心に口蓋舌弓，軟口蓋，上下臼歯部歯肉，頬粘膜，舌の側面の部位に発赤，腫脹，潰瘍病変を認める(矢印)．また，上顎臼歯部に中程度から重度に歯垢・歯石が付着している．

d 診断

- 咽頭における発赤，腫脹，びらん，異物の存在などを確認する．
- 上部気道感染などの症状からFHV-1感染やFCV感染を疑う場合，病変部からの拭い液からのウイルス分離，ウイルス核酸の検出，血清学的診断を行う．

- 猫白血病ウイルス(FeLV)感染症では，血液中のウイルス抗原をFLISAやIFAで検出する．簡易型ELISAキットが販売されている．
- 猫免疫不全ウイルス(FIV)感染症では，抗FIV抗体検査で診断でき，FIV抗体を検出する．簡易型キットを利用できる．
- カンジダ症では，病変を鋭匙で削り直接鏡検して出芽細胞や仮性菌糸を検出するか，真菌の分離培養検査を行う．
- 異物，咽頭膿瘍の場合は，肉眼的所見，X線検査や超音波検査が有用である．
- 好酸球性肉芽腫の可能性がある場合は，細胞診や病理組織学的検査を行う．
- 軟口蓋過長症では，典型的なアヒルの声のような臨床症状とX線検査で過長となった軟口蓋を確認する．
- 鼻咽頭ポリープに起因した場合，X線検査，CT検査，病理組織学的検査を行う．
- 口腔腫瘍粘膜表面の多くは，壊死，感染，炎症を併発しているため咽頭部に腫瘍がみられる場合，適切な切除生検と口腔のX線検査が必要である．特に口腔内腫瘍が疑われる場合は，針吸引での細胞診(FNA)でなく，生検による診断が必要である．口腔内は数百種類の細菌が存在しており，腫瘍表面が自潰や炎症を伴っていることが多いためである．
- 猫の歯肉口内炎における一症状としては，通常，尾側粘膜や頬粘膜，歯肉の発赤，腫脹，肉芽増殖を認め，病理組織学的検査として慢性炎症所見が得られる．
- 免疫介在性口腔疾患を疑う場合は，口腔粘膜の生検が必要である．その際，水疱部から組織を採取するが，水疱がみられない場合は病変部周囲から採取する．できる限り複数の箇所から採取する．粘膜上皮の凍結組織を用いた蛍光抗体直接法や血清を用いた蛍光抗体間接法を行う．
- 電気コードなどに起因した場合，他の口腔粘膜の発赤，壊死，潰瘍や肺水腫の併発の有無や程度をX線検査で確認する．

e 治療

- 外傷に対する治療：咽頭の潰瘍や炎症に対しては抗菌薬，疼痛緩和剤を投与する．
- 猫の上部気道感染に対する治療：抗菌薬やインターフェロンω(0.5〜1.0 MU kg，IVあるいはSC)を連日投与から漸減．予防はFCVやFHV-1感染症に対するワクチン接種を行う．
- FIV・FeLV感染症に対する治療は，対症療法および支持療法などである．予防はFeLV感染症に対するワクチン接種を行う．
- 犬ジステンパーウイルス感染症に対する治療は，インターフェロンや抗菌薬の投与など対症療法および支持療法などである．
- カンジダ症の治療：抗真菌薬イトラコナゾール(5〜10 mg/kg，SID~BID)やケトコナゾール(5〜10 mg/kg，SID~BID)を投与する．
- 異物，咽頭膿瘍の場合は，異物の除去ならびに膿瘍に対するドレナージや抗菌薬の投与
- 好酸球性肉芽腫の治療：犬猫とも2〜8週間，治療は全身性のプレドニゾロン(1 mg/kg，SID~BID，その後漸減して0.5 mg/kg，EOD)やサイクロスポリン(5 mg /kg，SID) を投与する．
- 扁桃炎に対する治療は，通常の抗菌薬や鎮痛管理による治療を，治りにくい場合は，稀に扁桃摘

出も報告されている.

- 軟口蓋過長症では，過長となった軟口蓋を除去する.
- 口腔内腫瘍(悪性黒色腫，扁平上皮癌など)に対する治療：基本的に外科手術が適応できる部位であれば外科的切除を行う.
- 口腔内悪性腫瘍のほとんどは，上顎骨切除を含む外科手術が適応できる場合は外科手術を行うが，咽頭部を巻き込んだ悪性腫瘍の場合，手術が不適応となることが少なくない．その他，腫瘍の種類により放射線治療や化学療法があるが，通常効果的ではない.
- 鼻咽頭ポリープの場合，外科的切除を行うが，鼓室と鼓室胞への波及がX線検査上，明らかな場合，鼓室胞骨切開術も行う.
- 猫の歯肉口内炎に対する治療：現在，できる限り早い段階で全臼歯抜歯もしくは全顎抜歯が勧められる．それでも治癒しにくい症例の場合は，下記の内科治療などを行う．抗菌薬，インターフェロンω(0.5～1.0 MU/kg，IVあるいはSC)を連日投与から漸減あるいは，インターフェロンωを生理食塩水に希釈して炎症部位に噴霧(0.1 MU/day)，鎮痛薬(メロキシカム　最初0.1 mg/kg，その後，0.02～0.05 mg/kg，PO，1～3日に1回)，ステロイド(プレドニゾロン1～2 mg/kg，BIDから漸減)，免疫抑制剤(サイクロスポリン：最初2.0 mg/kg，BIDから始め，最大で7.5 mg/kg，BIDまで投与可能であり，症状に応じて投与する．最終的に1日1回～週に1回投与ができる個体もいる)など
- 免疫介在性障害に対する治療：ステロイド，免疫抑制剤など
- 熱傷に対する治療：肺水腫を併発した場合は肺水腫の治療を行う．咽頭粘膜組織の重度の炎症には，抗菌薬，疼痛緩和剤およびスクラルファート懸濁液などを投与する.

舌の感染症

a 概要

- 舌の感染症では，様々な微生物(細菌，ウイルス，真菌など)により舌の病変を認めることがある．しかし，舌のみにみられる疾患は少なく，他の口腔粘膜にも炎症，びらん，潰瘍などがみられることが多く，肉芽形成を認めることもある.
- 舌における外傷，熱傷，腫瘍，異物，肉芽腫，歯垢の付着した歯に接触することなどにより，二次的にその表面に細菌感染を生じて炎症を併発することが少なくない.
- 急性および慢性腎不全の犬，尿毒症の猫において舌および他の口腔粘膜に舌に潰瘍やびらんがみられる.
- 交通事故や落下事故，プラスチック，電気コードや熱傷などによる温熱刺激などによる場合もある.
- 犬の好酸球性肉芽腫症は舌に稀に若齢のシベリアン・ハスキーやキャバリア・キング・チャールズ・スパニエルにみられる.

b 主要病原体

舌における直接の感染症の主な原因は下記のごとくである．

- 細菌：*Staphylococcus* spp.，*Streptococcus* spp.，歯周病原性細菌（*Porphyromonas gulae*，*Tannerella forsythia*，スピロヘータなど），*Leptospira* spp.，*Actinomyces* spp.
- ウイルス：猫カリシウイルス，猫ヘルペスウイルス，猫免疫不全ウイルス，猫白血病ウイルス，パピローマウイルス（➡20章）
- 真菌：カンジダなど（➡18章）

舌において最初の原因があり，二次的に細菌感染を生じることが頻繁に生じる．その病因となるものは，外傷，代謝性・尿毒症性，特発性，免疫介在性，腫瘍などがある．本稿では，これらに続発した口腔内における細菌感染によって生じた場合も感染症に含める．

1 外傷

- 化学物質：強アルカリ性物質や強酸性物質，石炭酸，テレペン油（マツ科樹脂），パイン油，石油，漂白剤
- 熱傷：電気コード，熱湯
- ガムチュア病変（**図35-4**），舌下粘膜の過形成：個体が何度も舌下組織を噛むことによる舌下粘膜の腫脹
- 植物：被毛に付着した植物などを口腔に入れることによる舌の炎症
- 舌下粘液瘤：下顎腺，単孔舌下腺における粘液瘤で舌下が腫脹する．
- 糸状異物，紐状異物：糸状異物などが舌下組織に絡んで潰瘍などを生じる．
- その他の異物：先鋭物により亀裂した舌粘膜では出血を伴う．針，植物のノギ，魚の骨，プラスチックのおもちゃなどの異物による機械的損傷が少なくない．

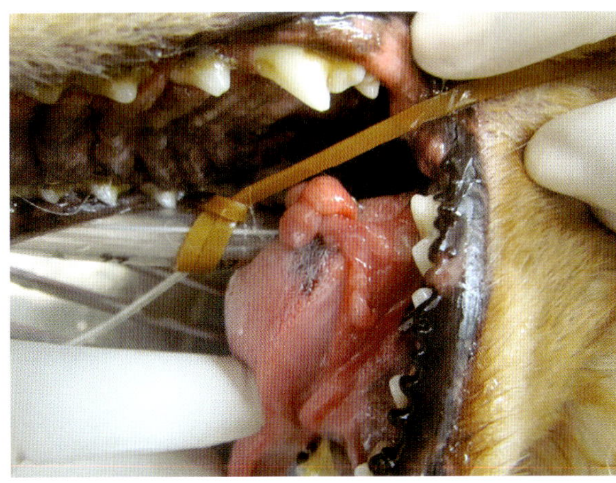

図 35-4　ガムチュア病変と考えられた症例．ミニチュア・ダックスフント，13歳，雌．左舌背側から側面，舌下部にかけて肉芽腫様病変を認める．病理組織学的検査の結果，線維上皮過形成と診断され，腫瘍性変化は認められず，何らかの刺激に対する反応性変化の可能性があるとのことであった．上顎臼歯と下顎臼歯の咬合によるガムチュア病変の可能性が考えられた．

2 | 代謝性，尿毒症性障害

- 腎不全：腎機能の低下に伴って唾液中に過剰な尿素が存在し，それが口腔内のウレアーゼ産生細菌によりアンモニアに代謝される．この過剰なアンモニアが口腔粘膜を刺激して血管炎を生じ，その結果，舌の潰瘍，壊死，重篤の場合，舌先端の脱落を生じる．
- 糖尿病：糖尿病による糖による浸透圧の利尿効果とあいまって脱水が生じ，口腔内が乾燥して唾液の自浄作用が機能しにくくなり，舌の潰瘍，びらんなどを認める．

3 | 特発性障害

- 石灰沈着
- 猫の好酸球性肉芽腫
- 犬の好酸球性肉芽腫
- 潰瘍性歯周口内炎（接触性口内炎）
- 猫の歯肉口内炎

4 | 免疫介在性障害

- 尋常性天疱瘡
- 水疱性天疱瘡
- 全身性エリテマトーデス

5 | 腫瘍性障害

- 悪性黒色腫
- 扁平上皮癌
- 肥満細胞腫
- 線維肉腫

など

c 主症状

- 舌に疼痛，熱感，出血，炎症，壊死，機能障害，口臭，食欲低下などを認めることが多い．
- 採食飲水困難，流涎，前肢で口を拭うしぐさ，舌を必要以上に動かす，などがみられることもある．
- 猫免疫不全ウイルス感染症は全身的な慢性的な衰弱や再発性の細菌感染を，猫白血病ウイルス感染症は，免疫系の抑制を引き起こすが，その症状は非特異的であり，食欲低下，体重減少，特定の臓器に関連した症状などを示す．
- 猫カリシウイルス感染，猫ヘルペスウイルス感染，猫白血病ウイルス感染猫免疫不全ウイルス感染に関連して舌表面や舌下粘膜の炎症，びらん，潰瘍を認めることがあり，特に猫カリシウイルス感染症では舌における潰瘍がよくみられる．特に，猫カリシウイルス感染，猫ヘルペスウイルス感染では上部気道感染を示すことも少なくない（➡p.368）．
- パピローマウイルスにより舌において角質増殖性のカリフラワー状の病変が単数～多数認められる．

- レプトスピラ症(➡p.424，p.436)における舌粘膜を含む口腔粘膜の出血性黄疸や，二次的な腎不全などによる舌粘膜のびらん，潰瘍病変を認める．
- カンジダ症では，舌の背側面に肥厚した白色の偽膜を認めることもある．他に皮膚(➡p.515)，消化管，呼吸器，生殖器，尿道，膀胱，口唇，爪周囲，眼瞼などに紅斑，膿疱，びらんなどがみられる．
- 熱傷や電気コードによる病変の場合，舌粘膜の浮腫，舌先端の壊死がみられ，舌先端壊死部が欠損する場合もある．
- 腎不全に起因した舌の潰瘍や炎症の場合は嘔吐など，糖尿病に起因した場合は多飲多尿などの症状を示すことがある．
- 犬では，潰瘍性歯周口内炎(接触性口内炎)に伴って舌の外側縁にみられる．潰瘍，発赤は歯垢・歯石の付着した下顎前臼歯および後臼歯舌側面に接した舌外側面に，ならびに上下顎犬歯，上下顎前臼歯および上下顎後臼歯の頬側面に接触する頬粘膜に生じることが多い．
- 猫の好酸球性肉芽腫症候群の一症状として口唇にみられる場合が多いが，舌背側部に限局性の紅斑性小結節を認めることもある．
- 舌の石灰沈着では，舌の表面に原因は不明であるが，カルシウム塩の石灰沈着を示すことがある．
- 猫の歯肉口内炎では，歯肉および口腔粘膜に炎症，びらん，潰瘍あるいは，肉芽組織の増殖を認める．猫の歯肉口内炎は猫カリシウイルスが関与している場合が多い．
- 免疫介在性疾患(尋常性天疱瘡，類天疱瘡，全身性エリテマトーデス)により舌背側面に潰瘍，びらん，小水疱を認めることもあり，通常，皮膚，皮膚粘膜移行部にも潰瘍やびらんを認める場合もある．
- 犬では悪性黒色腫が舌に最も多くみられるが，33％は黒色でない悪性黒色腫である．次いで犬での扁平上皮癌が舌に不規則の形態の腫瘍を認める．猫では舌における扁平上皮癌が多く，特に舌小帯付近に認められる．二次的に表面が自壊したり炎症を生じていることが少なくない．

d 診断

- 舌における発赤，腫脹，びらん，異物の存在などを確認する．
- 上部気道感染などの症状からFHV-1感染やFCV感染を疑う場合，病変部からの拭い液からのウイルス分離，ウイルス核酸の検出，血清学的診断を行う．
- 猫白血病ウイルス(FeLV)感染症では，血液中のウイルス抗原をELISAや蛍光抗体法で検出する．簡易型ELISAキットが販売されている．
- 猫免疫不全ウイルス(FIV)感染症では，抗FIV抗体検査で診断でき，FIV抗体を検出する．簡易型キットを利用できる．
- パピローマウイルスは，口唇や顔面皮膚にもみられる特徴的な病変と病理組織学的検査で確定する．
- レプトスピラ症の疑いがあれば，臨床症状と血液・尿によるPCR法や血清学的診断を行う．
- カンジダ症では，病変を鋭匙で削り直接鏡検して出芽細胞や仮性菌糸を検出するか，真菌の分離培養検査を行う．
- 電気コードなどを噛んだことによる舌の熱傷の場合，肺水腫の併発の有無や程度をX線検査で確認する．

- 舌下部や舌小帯における糸状異物による病変は下顎中心部の皮膚を口腔に向かって指で押すことによりよく観察できる．胃腸にまで異物が入り込んだ場合，腹部X線検査や超音波検査でアコーディオン状の腸管像を認める．
- 腎不全や糖尿病では，それぞれの特徴的な臨床症状と血液生化学検査や尿検査などで診断する．
- 口腔尾側粘膜に炎症がみられた場合，猫の歯肉口内炎と診断できる．
- 猫の歯肉口内炎の一症状としては，通常，尾側粘膜や頬粘膜，歯肉の発赤，腫脹，肉芽増殖を認め，病理組織学的検査では慢性炎症所見が得られる．
- 免疫介在性口腔疾患を疑う場合は，口腔粘膜の生検が必要である．その際，水疱部から組織を採取するが，水疱がみられない場合は病変部周囲から採取すること．複数の箇所から採取する．粘膜上皮の凍結組織を用いた蛍光抗体直接法や血清を用いた蛍光抗体間接法を行う．
- 好酸球性肉芽腫や口腔内腫瘍に起因した可能性がある場合は，細胞診や病理組織学的検査を行う．特に口腔内腫瘍の場合は，針吸引での細胞診(FNA)でなく，生検による診断が必要である．その理由は，口腔内は歯周病などや絶えず数百種類の細菌が存在しており，腫瘍表面が自潰や炎症が伴っていることも少なくないためFNAでは，炎症部位を採取してしまう可能性があるからである．特に舌における腫瘍の肉眼的所見では，その初期病変が炎症病変に見えることが少なくない．

e 治療

- 舌にみられる病変は多岐にわたるために，まず診断してその原因に対する治療を行うことが必要である．
- 猫の上部気道感染に対する治療：抗菌薬やインターフェロンω(0.5〜1.0 MU kg，IVあるいはSC)を連日投与から漸減．予防はFCVやFHV-1感染症に対するワクチン接種を行う．
- FIV・FeLV感染症に対する治療は，対症療法および支持療法などである．予防はFeLV感染症に対するワクチン接種を行う．
- パピローマウイルスの治療：通常は1〜5カ月で自然退縮するが，6カ月以上病変が認められた場合は，外科切除(レーザーが有効)を行う．
- カンジダ症の治療：抗真菌薬イトラコナゾール(5〜10 mg/kg，SID〜BID)やケトコナゾール(5〜10 mg/kg，SID〜BID)を投与する．
- 外傷に対する治療：舌の潰瘍には疼痛管理，スクラルファート懸濁液，採食困難な場合はフィーディングチューブの装着を行う．中毒の疑いがあれば，それぞれの中毒物質に対する治療を行う．炎症に対しては抗菌薬，疼痛緩和剤を投与する．亀裂がある場合は，外科的に縫合が必要となる．
- 熱傷に対する治療：肺水腫を併発した場合は肺水腫の治療を行う．舌の組織が壊死する可能性がある期間まで(2日から数週間)抗菌薬，疼痛緩和剤およびスクラルファート懸濁液を投与する．状態により舌粘膜のデブリートメントを行う．
- ガムチュアに対する治療：咬合に支障をきたす場合は過剰な粘膜部位を切除する．状態により粘膜に直接外傷を与えている歯を抜歯する．
- 糸状異物に対する治療：糸状異物を外科的に除去するが，糸状異物が胃腸内に入り込んだ場合は開腹手術が必要となる.

- 糖尿病や腎不全に起因した場合の治療：糖尿病や腎不全の治療を行う.
- 石灰沈着の治療：通常治療の必要はないが，重度の場合は外科的切除を行う.
- 好酸球性肉芽腫の治療：犬猫とも2～8週間，治療は全身性のプレドニゾロン(1 mg/kg，SID～BID，その後漸減して0.5 mg/kg，EOD)やサイクロスポリン(5 mg/kg，SID)を投与する.
- 潰瘍性歯周口内炎の治療：歯垢歯石を除去してその後デンタルホームケアを行うが，重度の場合は，舌外側面に接している臼歯を抜歯する.
- 猫の歯肉口内炎に対する治療：現在，できる限り早い段階で全臼歯抜歯もしくは全顎抜歯が勧められる．それでも治癒しにくい症例の場合は，下記の内科治療などを行う．抗菌薬，インターフェロンω(0.5～1.0 MU kg，IVあるいはSC)を連日投与から漸減あるいは，インターフェロンωを生理食塩水で希釈して炎症部位に噴霧(0.1 MU/day)，鎮痛薬(メロキシカム　最初0.1 mg/kg，その後，0.02～0.05 mg/kg，PO，1～3日に1回)，ステロイド(プレドニゾロン1～2 mg/kg，BIDから漸減)，免疫抑制剤(サイクロスポリン：最初2.0 mg/kg，BIDから始め，最大で7.5 mg/kg，BIDまで投与可能であり，症状に応じて投与する．最終的に1日1回～週に1回投与ができる個体もいる)など
- 免疫介在性障害に対する治療：ステロイド，免疫抑制剤など
- 口腔内腫瘍(悪性黒色腫，扁平上皮癌など)に対する治療：基本的に外科手術が適応できる部位であれば外科的切除を行う.

歯周組織の感染症－歯周病

a 概要

- 歯周病では，歯垢中の細菌により最初は歯肉に炎症が生じ，これを放置すると歯肉以外の歯周組織(歯根膜，歯槽骨，セメント質)にも炎症が引き起こされる.
- 歯周病を放置することで顎顔面領域の疾患(口腔鼻腔瘻，上下顎骨折，内歯瘻，外歯瘻)を引き起こすことが少なくない.
- 3歳以上の多くの犬と猫は歯周病である．小型犬に限っては90%が歯周病であり，30%はすでに1歳未満で歯槽骨の吸収がある.
- 犬の体重と歯周病の発生率の関係では，体重が少ない小型犬で明らかに歯周病の発生率が高い.
- 小型犬では，大型犬と比較して顎の大きさに比較して歯の大きさが相対的に大きく，その結果，歯と歯の隙間(歯隙)が狭く，叢生や不正咬合，乳歯遺残を認める個体が多いことなどから歯垢が付着しやすく，歯周病が進行しやすいと考えられる.
- 歯周病は，食事内容，ストレス，寿命が延びたことなども関与していると考えられる.
- 歯が摩耗しやすい食事や咀嚼行動は，歯垢・歯石を付着しにくくさせ，歯面に付着しやすい粘稠性の食事は歯垢が付着しやすい.
- 一般的に，歯垢・歯石が多く付着するほど歯周病が進行する.

- 犬や猫では，口腔内pH が8～9とアルカリ性を示し，歯垢から歯石に変化する速度が早く，犬では3～5日間，猫では約1週間である.
- 歯石は軽石のようなものでその中の細菌は死滅しているが，その表面が凹凸のために歯垢が付着しやすい.
- 歯周病原性細菌や炎症性サイトカインがポケット内や歯肉粘膜から全身の血液循環を経て心臓，肝臓および腎臓に影響することも報告されている.
- 犬では，歯周病悪化に関与するリスク因子として糖尿病，血管系の障害，栄養不良，免疫機能障害，皮膚病，不正咬合，乳歯遺残，二次的な軟組織への障害，遊び，習癖，家庭での生活状況，食事内容などが考えられている .

b 主要病原体

- 歯周病は，歯垢中の細菌が原因であるが，細菌のみが原因で進行していくわけではない．歯周病のリスク因子(乳歯遺残や不正咬合，糖尿病，口腔内腫瘍など)を持っていたり，デンタルホームケアを行っていない個体は進行しやすい.
- 歯周病の機序は，最初は，唾液由来の糖タンパクが歯面に付着して被膜(ペリクル)を形成し，その上にグラム陽性球菌が付着する．そして，次第にグラム陰性嫌気性桿菌やスピロヘータが主体となり，これらの細菌が歯周病原性細菌である.
- 犬や猫の口腔内には，歯周病原性細菌であると認知されているのは*Porphyromonas gulae*, *P. crevioricans*, *P. cansulci*, *P. canoris*, *P. cangingivalis*, *P. circumdentaria*, *Tannerella forsythia*, *Campylobacter rectus*, *P. gingivicanis*, *P. salivosa*, *Prevotella intermedia*, *Fusobacterium nucleatum*, *Spirochaeta* spp., *Actinomyces* spp.などである.

c 主症状

- 歯周病の症状は，歯肉の炎症，歯垢・歯石の付着，歯の動揺，根分岐部の露出，アタッチメントロス，歯肉ポケットや歯周ポケットの形成などを示す(**図35-5**)．また，歯垢中のタンパク質やア

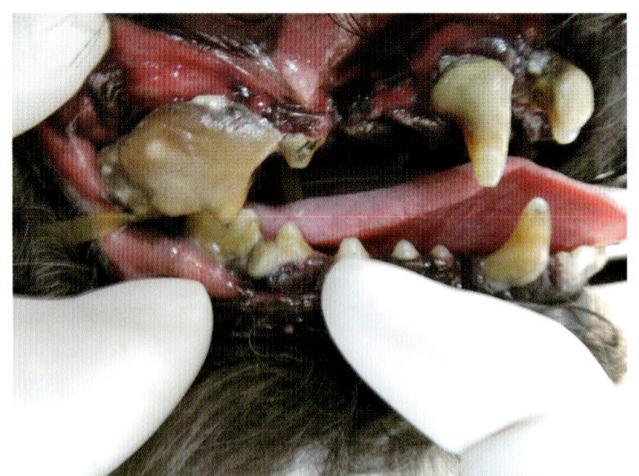

図35-5 歯周病．トイ・プードル，10歳，雌．重度の歯垢・歯石の付着，歯肉の発赤・腫脹，歯頸部から排膿もみられる.

ミノ酸が歯垢細菌により分解されて発生する揮発性硫黄化合物による口臭を認める.

- 歯周病は最終的に歯が脱落すると炎症は消退するが，脱落に至らない場合，辺縁性歯周炎から根尖周囲に炎症を引き起こす．これを根尖周囲病巣という．根尖周囲病巣は，根尖周囲嚢胞，根尖周囲肉芽腫，および根尖周囲膿瘍を含む.
- 根尖周囲病巣は，辺縁性歯周炎から引き起こされるばかりでなく，歯の破折・露髄部から口腔細菌が根管を経て根尖周囲に波及して根尖周囲病巣を生じる場合も少なくない．さらにこれを放置することで顎顔面領域の疾患(口腔鼻腔瘻，上下顎骨折，内歯瘻，外歯瘻)を引き起こすことがある.

d 診断

歯周病を診断し，評価をする際，歯肉の炎症程度，歯垢の付着程度，歯石の付着程度，歯の動揺度，根分岐部病変，アタッチメントロス，ポケットの深さ，および口腔内X線検査による歯周組織の破壊程度を検査する．この他に口臭の程度も考慮して対応する.

1 歯垢指数(歯垢の付着状態：Plaque Index:PI)

PI 0：歯垢は認められない(正常).

PI 1：歯垢が歯面頬側面の1/3未満を覆っている.

PI 2：歯垢が歯面頬側面の1/3～2/3を覆っている.

PI 3：歯垢が歯面頬側面の2/3以上を覆っている.

2 歯石指数(歯石の付着状態：Calculus Index:CI)

CI 0：歯石は認めらない(正常).

CI 1：歯石が歯面頬側面の1/3未満を覆っている.

CI 2：歯石が歯面頬側面の1/3～2/3を覆っていて歯肉下にほとんど延びていない.

CI 3：歯垢が歯面頬側面の2/3以上を覆っていて歯肉下にも延びている.

3 歯肉指数(歯肉の炎症の程度：Gingival Index:GI)

肉眼的検査および歯周プローブを用いて力を入れずにポケット内をプロービングして歯肉の炎症程度を検査する.

GI 0：正常で健康な歯肉で歯肉縁は鋭く，炎症がない(正常).

GI 1：軽度の歯肉炎．遊離縁にわずかな炎症．プロービングで出血なし

GI 2：中程度の歯肉炎．やや広い炎症帯がある．プロービングで出血する.

GI 3：進行した歯肉炎．臨床的に炎症が粘膜歯肉境に到達．時として自然出血を認める.

4 歯の動揺指数(歯の動揺：歯のぐらつきの程度：Mobility:M)

歯周病に伴う歯の動揺は歯周組織の破壊によって生じる．通常，ピンセットを用いて頬舌方向，近遠心方向，垂直方向に約250 gの力で歯を動かして動揺の方向と範囲(mm)を測定する．なお，小型犬や短頭種の下顎切歯は生理的動揺が他の犬種と比較して比較的大きいために注意が必要である.

M0：0.2 mmまでの生理的動揺(正常)

M1：0.2 mmから0.5 mmまでの垂直方向以外の動揺

M2：0.5 mmから1.0 mmまでの垂直方向以外の動揺

M3：1.0 mmを越える垂直方向以外の動揺または垂直方向の動揺

5 | 根分岐部病変(根分岐部の露出程度：Furcation involvement:FI)

歯周病に伴って多根歯の歯周組織が破壊されると根分岐部が露出する．このことを根分岐部病変というが，その際，歯面に対して頬側から舌側に向かって垂直に歯周プローブを挿入することでその深さにより歯周病の程度を測定する．なお，この検査は，大まかに歯垢・歯石除去してから測定する．

FI 0：歯周プローブの先が根分岐部に挿入できない(正常)．

FI 1：歯周プローブの先が根分岐部に浅く挿入できる．

FI 2：歯周プローブの先が根分岐部に深く挿入できる．

FI 3：歯周プローブの先が根分岐部を貫通する．

6 | ポケットの深さ

本来，正常な個体では生理的に歯と歯肉の間に歯肉溝が存在する．しかし，歯周病が進行すると歯肉炎のために歯肉が腫脹して歯肉溝が歯肉ポケット(仮性ポケット)となり，さらに放置すると歯肉付着部位がセメントエナメル境を越えて根尖側に移動してポケットを形成する．この状態が歯周炎であり，そのポケットを歯周ポケットという．ポケットの深さは，これらの歯肉辺縁部からポケット底までの距離をいう．正常の犬では，おおよそ小型犬では1 mm，中型犬で2～3 mm，大型犬で3～4 mm，猫で0.5 mmである．通常，歯周病の場合，ポケットの深さは深くなる．

7 | アタッチメントロス

前述のごとく歯周病が進行すると歯肉付着部位がセメントエナメル境を越えて根尖側に移動する．そのセメントエナメル境からポケット底までの距離を測定する．いわゆるアタッチメントロスは歯周組織の喪失の程度である．

8 | 口腔内X線検査による歯周組織の破壊程度

歯周病の初期には，歯槽骨頂の陰影度が消失して，次第に進行すると歯槽骨頂から歯槽硬線の不透過性が減少するようになる．歯周病が進行するにつれて歯槽骨は吸収され，歯根膜腔も増加する(**図35-6，7**)．歯槽骨の吸収は，歯軸に垂直の方向で吸収されていく水平骨吸収と歯軸に沿って吸収される垂直骨吸収がある(**図35-6，7**)．

American Veterinary Dental Collegeによる歯周病の臨床ステージ分類は，下記のとおりである．

- 正常：臨床的に歯肉炎や歯周炎がなく正常
- ステージ1：アタッチメントロスが歯肉炎のみ．歯槽骨縁の高さと構造は正常
- ステージ2：初期歯周炎で アタッチメントロスが25％以下，あるいは，多根歯でFI1の根分岐部

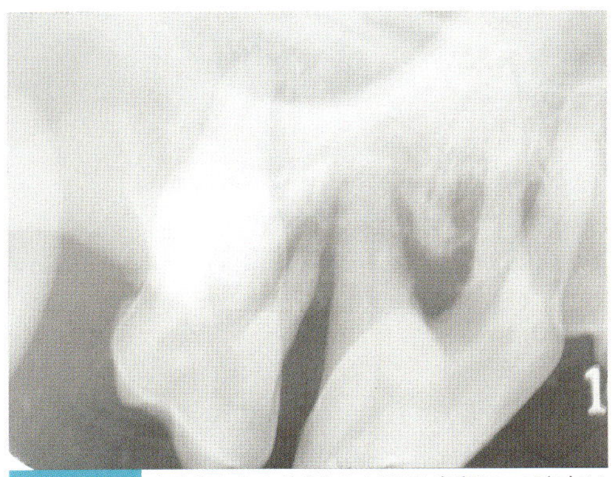

図 35-6　図 35-5の症例の上顎臼歯部の口腔内X線画像．上顎第四前臼歯および第一後臼歯歯根部ならびに根尖周囲に重度の X線透過性亢進が認められる．上顎歯槽骨の垂直骨吸収を認め，これらの歯周病罹患歯は抜歯適応である．

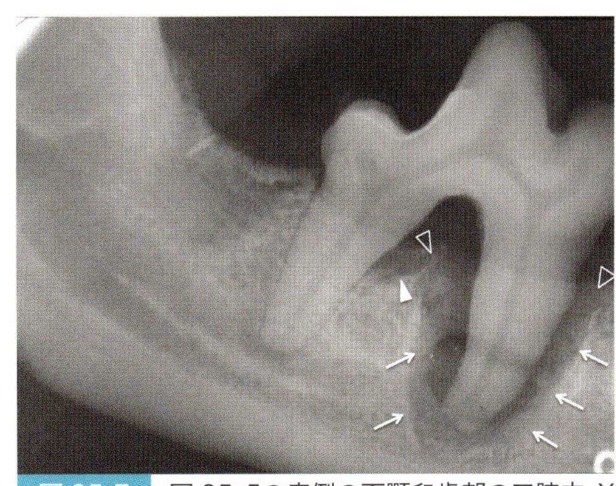

図 35-7　図 35-5の症例の下顎臼歯部の口腔内 X線画像．下顎第一後臼歯近心根部歯槽骨において重度の垂直骨吸収を(矢印)，下顎第一後臼歯遠心根部歯槽骨においても軽度から中程度の垂直骨吸収(矢頭)が認められる．水平骨吸収(白抜き矢印)も中程度に認められる．この罹患歯も抜歯適応である．

病変がある．

- ステージ3：中程度歯周炎で，アタッチメントロスが25～50％ある，あるいは，多根歯でFI2の根分岐部病変がある．
- ステージ4：進行した歯周炎で，アタッチメントロスが50％以上ある，あるいは，多根歯でFI3の根分岐部病変がある．

e 治療

歯周病の検査結果をデンタルチャートに記入して，歯周病の程度を把握して治療方針を立案する．

- ステージ1の歯周病には，歯垢・歯石除去(スケーリング)とポリッシングを，ステージ2には，スケーリングと歯肉縁下の根面の平滑化(ルートプレーニング)，ポリッシングを行う．ステージ3では，これらの治療の他に閉鎖的なルートプレーニングと歯肉縁下掻爬を行う．ステージ4では，歯根を露出してフラップ掻爬，開放性ルートプレーニングを行うか抜歯が適応される．
- 通常，ステージ3以上になると歯周外科治療を行う．歯周外科治療は，「歯周組織がさらに破壊されるのを防ぐこと」と「失われた歯周組織の再生」を行うことであり，通常5 mm以上の歯周ポケットでは，盲目的なルートプレーニングでは，完全な清掃は不可能であるために歯肉粘膜フラップを形成して，歯槽骨と歯根を露出させて目視下で根面を清掃して歯肉をもとに戻して縫合する．さらに組織再生誘導(guided tissue regeneration: GTR)といって，歯周病により歯周組織が喪失した歯周囲に骨補填剤などを用いて回復・再生させることもある．
- 通常，歯周組織の2/3以上の喪失，あるいは，多根歯で根分岐部が露出している場合などは，飼い主の歯ブラシによる熱心なデンタルホームケアを行うことができなければ，抜歯適応となる．
- 治療後に飼い主によるデンタルホームケアを行わなければ直ちに歯垢・歯石が付着して再び歯周病に陥るために歯磨きを中心としたケアを行う必要がある．

歯の感染症-齲蝕

a 概要

- ヒトでは齲蝕の発生には，宿主，細菌，および食事(炭水化物食やショ糖の摂取など)の3要因が関与する[6]．犬や猫でも，宿主側では唾液，細菌，歯の脱灰を生じる歯垢細菌，齲蝕原性細菌の栄養源となる食物であり，これらの条件が重複すると齲蝕発生率が高くなる[6]．これに時間あるいは生活習慣が加わることで齲蝕が発症するように思われる．
- 食物の中の特に炭水化物を多く含む食事の影響や口腔衛生の管理の有無や程度も齲蝕の発生に影響する．
- 齲蝕の発生の主因は微生物であるが，宿主において歯の組成では，齲蝕抵抗性のある歯は齲蝕感受性のある歯よりフッ素を多く含むことが示唆されているように，唾液の量的・質的性状の変化，分泌量の低下などは齲蝕の発生に関係するといわれている[6,7]．
- 犬や猫において齲蝕の発生の報告は少なく，犬での発生率も5.3～5.8%である[8]．
- 犬の齲蝕では，観察された47本の齲蝕歯のうち，19本が小窩裂溝齲蝕，17本が平滑面齲蝕，11本が根面齲蝕であった[8]．また，23頭の齲蝕歯のうち，12頭で左右対称性に認められた[8]．さらに，多くの齲蝕歯は，上顎第一後臼歯であり(**図35-8**)，その他，上顎第四前臼歯，下顎第一後臼歯ならびに下顎第二後臼歯であった[8,9]．
- 犬における品種，年齢，性別による好発性は知られていないが，ラブラドール・レトリーバー，ジャーマン・シェパード・ドッグなどの大型犬の上顎第一後臼歯の咬合面の小窩裂溝によく認められるとの報告がある[10]．
- 猫の齲蝕は，考古学博物館所属の猫の頭蓋から2頭の猫で齲蝕を認めたとの報告がある[11]．
- 犬や猫で齲蝕は，齲蝕原性細菌－酸産生細菌が，歯の細菌叢の中で正常細菌叢の一部とはなっていないことが極めて低い罹患率の理由と考えられている[12]．

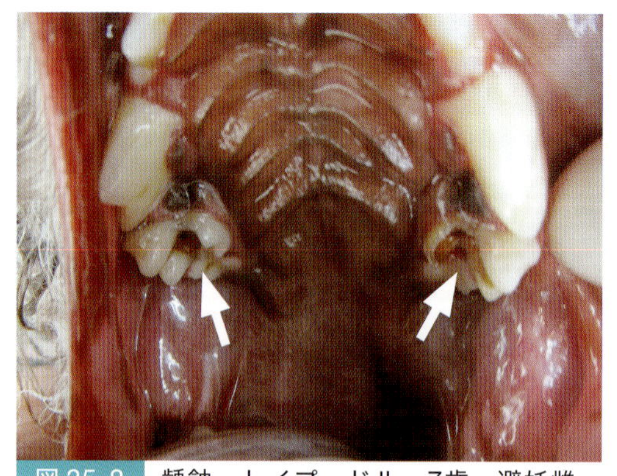

図35-8 齲蝕．トイプードル，7歳，避妊雌．左右上顎第一後臼歯咬合面に齲蝕病巣を認める(矢印)．左上顎第一後臼歯の病巣が重度である．罹患歯の病理組織学的検査で齲蝕と診断された．

それ以外の理由としては,

- 犬猫の口腔内は緩衝能の高いpH8.0以上の唾液で満たされていること(エナメル質が乳酸により脱灰されるpHは5.4とされているためpHが酸性下で齲蝕が発生しやすくなる. ヒトの口腔内はpH6.5で弱酸性である)[12]
- 齲蝕原性細菌は歯周病菌に比べて歯面への接着性が低いために歯垢が留まりやすい部位(咬合面)に認められる傾向があること[13]
- 犬では, 咬合面を有する歯種(上下第一, 二後臼歯および下顎第三後臼歯)が少なく, 犬や猫での多くの歯は円錐形の歯型であること[12]
- 犬や猫の咬合面の小窩や裂溝が少ないこと
- 犬や猫ではヒトと異なり犬は上下の臼歯による鋏状咬合のために食物を剪断する咀嚼運動が主体であるために食物が口腔内に留まる時間が少ないこと[12]
- 犬猫の食事の中には糖質や炭水化物食が少ないこと[12]
- 犬の唾液にはアミラーゼが少ないために食事中のデンプンが口腔内で糖質に変換される割合が低いこと[12,13]
- 犬の3大唾液腺を摘出して発酵性高炭水化物食を与えた実験で齲蝕病巣が発生しなかった報告があること[14]
- 犬猫では, 叢生を呈している歯が少ないこと

などが考えられる[12].

b 主要病原体

- 齲蝕原性細菌として歯垢中に非常に多くみられる酸産生能のあるグラム陽性レンサ球菌(*Streptococcus mutans*)と, 酸産生能があり, 歯垢や齲蝕病巣の強い環境においても耐酸性があるグラム陽性乳酸桿菌(*Lactobacillus*)の2種類の細菌が代表的である[7].
- 齲蝕の主要な病原因子は, ミュータンスレンサ球菌(mutans streptococci)という口腔レンサ球菌を主体とした糖発酵性のすべての口腔常在細菌が関与するとされている[6].
- 齲蝕は, 歯垢中の上記の細菌が歯垢に含まれる炭水化物を発酵させて乳酸, 酢酸, プロピオン酸などの有機酸を産生することで生じる[6,12]. その有機酸が歯垢の下部にある歯面に拡散して歯の無機質の脱灰と有機質の破壊をきたして歯質が局所的に崩壊する[6,12].

c 主症状

- 齲蝕に関した犬や猫では, ほとんど口腔内の疼痛を示さない[12]. したがって, 進行した状態になり, はじめて齲蝕が判明することが少なくない. 最も一般的な臨床症状は, 局所の不快感であり, 同時に齲蝕病巣の周囲で多くの場合歯周病がみられる[11].
- 罹患した歯で, 咬む行為を避けることがある. その結果, その部位で急速に食物残渣を認めるようになり, 口臭, 流涎, 硬いものを採食したがらない, 食欲低下などの症状を示すようになる[12].

- 齲蝕は，病巣の深さによりステージ分類されている[10,12].
  - ステージ1：エナメル質のみに欠損がある.
  - ステージ2：欠損が象牙質に及んでいるが，歯髄腔には及んでいない.
  - ステージ3：欠損が歯髄腔に及んでいる.
  - ステージ4：歯冠の構造が著しく欠損している.
  - ステージ5：歯冠の大部分が欠損しているが，歯根は残存している.

d 診断

- 犬の初期の平滑面齲蝕は，エナメル質表面が乾燥しているときに光沢のない霜白色に見え，進行すると歯冠あるいは歯根の構造欠損として，黒色～茶褐色の比較的軟らかい壊死象牙質となる[10].
- 齲蝕病巣は，1本の歯とは限らず，複数歯が罹患していることが少なくない．通常，左右対称性に認められ(**図35-8**)，齲蝕病巣が隣接歯や対合歯に接触している場合は接触部位の十分な観察が必要である.
- 鑑別診断として，歯の破折，摩耗，咬耗，エナメル質形成不全，あるいは着色が挙げられる．根面齲蝕は，歯の吸収病巣と見間違われる可能性がある[10,12].
- 犬の齲蝕の診断では，全身麻酔下で良好な照明を用いて，好発部位(上顎第一，二後臼歯咬合面)の小窩裂溝における色の変化，欠損を視認する.
- 歯周プローブやエキスプローラー(探針)を用いて病巣部位が軟らかくなっている象牙質(軟化象牙質)を触知し，探針が病巣の中に入り込んだ際に牽引抵抗(タグバック)を触知することがある[9,10].
- ヌープ硬度測定法(ミネラル含有スコア)では，正常な犬や猫のエナメル質は300以上の硬度(これはヒトと同様である)であるが，齲蝕病巣では，それより軟らかく約200硬度となる[12].
- 口腔内X線検査によって骨欠損や齲蝕が進行すると歯質が露髄して時間が経過した際には根尖周囲病巣などを認める(**図35-9，10**).
- 歯質欠損部のスワブの細菌培養を行い，齲蝕原性細菌の分離・同定なども参照するとよい.
- 抜歯が必要な歯では歯質欠損部の象牙質に水平崩壊像が認められることと，その水平崩壊部位お

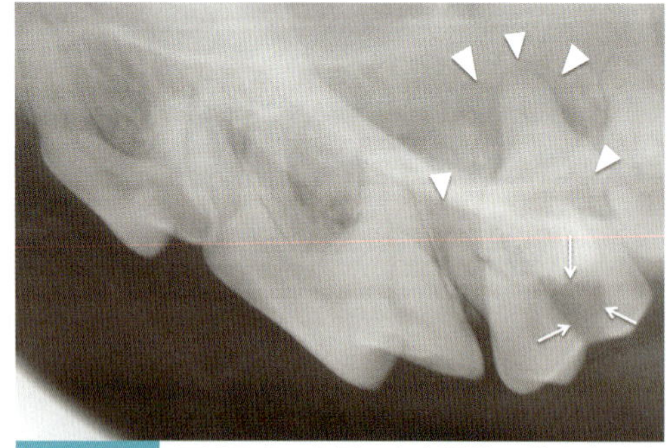

図35-9 図35-8の症例の左上顎第一後臼歯咬合面に円形の X線透像を認める(矢印)．また，各歯根において根尖周囲のX線透過性亢進(矢頭)が認められる．本症例は，抜歯適応である.

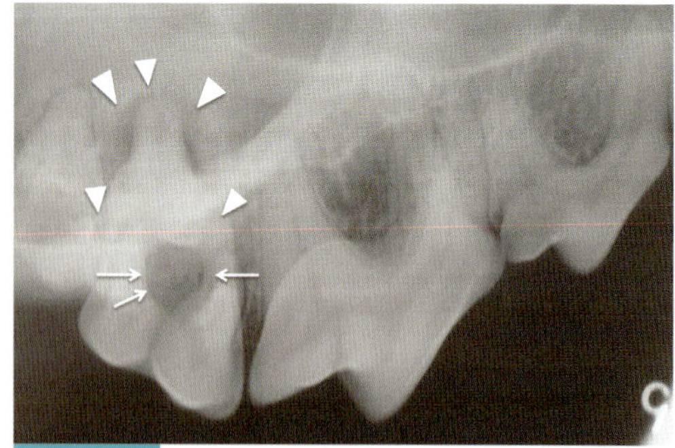

図35-10 図35-8の症例の右上顎第一後臼歯咬合面に円形の X線透像を認める(矢印)．また，各歯根において根尖周囲のX線透過性亢進(矢頭)が認められる．本症例は，抜歯適応である.

よび象牙細管内に多数の細菌が認められることである[13].

e 治療

- 齲蝕の進行や程度により治療法は異なる．初期の齲蝕病巣には進行を阻止するためフッ化物の塗布を行うとの報告もあるが，犬や猫では毒性があるために注意が必要である[12].
- ステージ1～2では，原則として罹患した部位の象牙質やエナメル質をラウンドバーなどで除去してコンポジットレジンやグラスアイオノマーセメントで修復する[10,12,15].
- ステージ2の場合でも齲蝕病巣をラウンドバーなどで除去した後に露髄しそうな歯には歯髄保護を目的に水酸化カルシウム製剤を充填してからグラスアイオノマーセメントで裏装して咬合圧がかかる部位であればコンポジットレジンを用いて最終充填とする．窩洞が浅い場合は，咬合圧がかからない箇所であれば水酸化カルシウム製剤の上にグラスアイオノマーセメントを，咬合圧がかかる部位であればコンポジットレジンを用いて2層で充填するのもよい.
- 根管まで罹患したステージ3では，歯内治療を前提とした歯冠修復を行う[10,12].
- 重度に罹患したステージ4～5では，抜歯が適応される(**図35-8～10**)[10,12]．また，根面齲蝕の場合，歯肉縁上であればステージにより歯冠修復，あるいは歯内治療を前提とした歯冠修復が可能であるが，進行の状態や歯肉縁下に生じた場合などは抜歯が適応されることもある[10,12].
- 犬や猫用に販売されているキシリトール含有のデンタルケア商品もあり，低血糖や肝障害などのキシリトール中毒を生じる可能性があるため十分な注意が必要である[16,17]．現在のところ猫でのキシリトール中毒は報告されていない.
- 犬や猫では，ドライフードよりも容易に小窩裂溝に入り込みやすい軟らかい食物や糖質のあるホームメード食を給与することは避ける[12].
- 高炭水化物食の給与や糞を採食する個体に齲蝕が比較的多く見受けられるために食糞をやめさせる.
- 齲蝕予防にも犬や猫においても歯周病と同様に歯に歯垢が付着しないように口腔内を衛生的に管理する歯ブラシによる歯みがきが推奨される.

まとめ

口腔における感染症では，口腔内には通常300～800種類の口腔内細菌が存在している．したがって，舌，歯や歯肉，咽頭などにおける感染症を診断する際に，通常の口腔内細菌がこれほど多く認められているため，多くの細菌が関与してしまうことになる.

したがって，これらのことを踏まえて，それぞれの口腔疾患に向き合うことが極めて重要である．本稿では，口腔(舌・歯・咽頭・唾液腺)における感染症としてa)概要，b)主要病原体，c)主症状，d)診断，e)治療について解説したが，各疾患の特徴を理解して適切な診断が導かれ，正しい治療が行える一助となれれば幸いである.

参考文献

1. 橋本善春監訳，Nieiec BA編著(2013)：小動物の実践歯科学，237-244，緑書房
2. 藤田桂一監訳，Lobprise HB(2014):小動物臨床のための5分間コンサルタント診断治療ガイド歯科学，319-325，インターズー
3. Kasabogu O, Er N, Tumer C, et al.(2004)：J Oral Maxillofac Surg. 62, 1253-1258.
4. Wiigs RB, Lobprise HB(1995)：Clinical Oral Pathology;Veterinary Dentistry,Principles and Practice, 104-139, Lippincott-Rven
5. Withrow SJ(2001)：Small Animal Clinical Oncology, 3rd ed., 318-319, WB Saunders
6. 賀来亨，槻木恵一編(2013)：スタンダード口腔病態病理学 第2版，41-56,学建書院
7. 二階広昌,岡邊治男編(1992)：歯学生のための病理学,第1版,46-64,医歯薬出版
8. Hale FA(1998)：J Vet Dent. 15, 79-83.
9. Hale FA(2009)：Can Dent J. 50,1302-1304.
10. Lobprise HB(2012)：Blackwells Five-Minute Veterinary Consult Clinical Companion, Small Animal Dentistry, 2nd ed, 258-275, Wiley- Blackwell
11. Berger M, Stich H, Huster H, et al.(2006)：J Vet Dent. 23, 13-17.
12. Niemiec BA(2014)：Practical Veterinary Publishing, 16-47, 66-7.
13. 藤田桂一，戸野倉雅美，花田幸子ほか(2001)：動物臨床医学．10，23-26.
14. Lewis TM(1965)：J Dent Res. 44, 354-1357.
15. Ritchie C(2014)：J Vet Dent. 31, 79-83.
16. Dunayer EK, Gwaltney-Brant SM(2006)：J Am Vet Med Assoc. 229, 1113-1117.
17. DuHadway MR, Sharp CR, Meyers KE, et al.(2015)：J Vet Emerg Clit Care. 25, 645-654.

- 和泉雄一，沼部幸博，山本松男ほか(2009)：ザ・ペリオドントロジー，22-235，永末書店
- 岩崎利郎，桃井康行監訳(2004)：犬と猫の診断と治療，消化器疾患，口腔，251-269，インターズー
- 多川政弘監訳(2004)：耳鼻咽頭疾患の臨床カラーアトラス，181-198，学窓社
- 田中茂男，山谷吉樹訳(1996)：耳，鼻および咽喉，25-46，学窓社
- 辻本元，小山秀一，大草潔ほか編集(2015)：犬と猫の治療ガイド2015　私はこうしている，255-256, インターズー
- 前出吉光監修(2004)：主要症状を基礎にした猫の臨床, 190-191，インターズー
- Buelow ME, Marretta SM, Barger A, et al.(2011)：J Vet Dent. 26, 151-162.
- Fournier D, Mouton C, Lapierre P(2001)：J.Syst.Evol.Microbiol. 51, 1179-1189.
- Gorrel C(2008)：Periodontal disease:Saunders solutions in veterinary practice-Small animal dentistry, 1st ed., 29-74, Saunders
- Harvey CE(1991)：J Am Anim Hosp Assoc. 27, 585-591.
- Harvey CE(2005)：Vet.Clin.Small.Anim. 35, 819-836.
- Holmstorom ST(2013)：Veterinary Dentistry : A Team Approach, 2nd ed., 228-230, Elsevier
- Holmstrom SE, Bellows J, Juriga S, et al.(2013)：JAAHA, 2-13, 49, 75-82.
- Kato Y, Shirai M, Murakami M, et al.(2011)：J Vet Dent. 28, 84-89.
- Lommer MJ(2013)：J Vet Dent. 30, 8-17.
- Pavlica Z, Petelin M, Juntes P, et al.(2008)：J Vet Dent. 25, 97-105.

36 全身

敗血症

a この疾患について

ヒトにおいて敗血症は，最初1991年に感染症によって引き起こされた全身性炎症反応症候群(SIRS)と定義されていた[1]．SIRSは四つの項目(体温，呼吸数，心拍数，白血球数)のうち2項目以上を満たすとSIRSと診断された．しかし現実的には敗血症ではSIRSの4項目以外の症状，所見も呈しうるため2001年に「感染に起因する全身症状を伴った症候」と定義が改変された[2]．同時に重症敗血症という概念が導入され，これは敗血症によって臓器障害を呈する状態とされた(**表36-1**)[3,4]．さらに2016年改変がなされ[5]，ここでは旧定義における「臓器障害のない敗血症」は取り扱われなくなり，新定義の敗血症は「感染症が疑われ生命を脅かす臓器障害」とされ，旧定義の「重症敗血症」に相当するものが敗血症と定義された．さらに，敗血症のうち，循環不全と細胞機能や代謝の異常により，死亡率が高くなった状態で血圧低下が輸液療法で反応しなく，血管収縮薬の投与を必要とするものは敗血症性ショックと定義される．**表36-2**に敗血症・敗血症性ショックの新たな定義と診断基準を示す．

動物においては明確な定義はないが，ヒトとおなじ概念の病態である．

a 主要病原体

*Escherichia coli, Enterobacter aerogenes, Enterococcus faecium, Clostridium perfringens*などの腸内細菌が多く，または口腔内細菌にも注意する必要がある．さらに*Staphylococcus intermedius G, Pasteurella multocida*なども原因菌となることが多い[6](➡17章)．

b 主症状

身体検査所見として，発熱または低体温，頻脈または徐脈，頻呼吸，可視粘膜蒼白などがみられ，さらに感染源の部位，基礎疾患により様々な症状を呈する可能性がある．敗血症を引き起こす疾患としては，子宮蓄膿症，腎盂腎炎，膿瘍，細菌性腹膜炎などが挙げられ，免疫抑制療法や化学療法を実施している症例および糖尿病やリンパ腫，猫のレトロウイルス感染症(FeLV, FIV)など免疫力が著しく低下する病態で敗血症となる危険性が高い．重症例ではDICを併発することが多く，多臓器不全を起こす．

c 診断

血液検査では，桿状核好中球の増加(左方移動)を伴った好中球増加症～好中球減少症が認められ，

表 36-1 ヒトの敗血症・重症敗血症・敗血症性ショックの定義と診断基準（2001 年）

敗血症
定義：感染に起因する全身症状を伴った症候
診断基準：感染症の存在が確定，もしくは疑われ，かつ下記のいくつかの条件を満たす.
＜全身所見＞
・発熱（＞38.3℃）あるいは低体温（＜36℃）
・心拍数＞90 bpm あるいは＞年齢平均の2SD
・頻呼吸（＞30 bpm）
・精神状態の変容
・著名な浮腫あるいは体液バランス過剰（24時間で20 mL／kg以上）
・高血糖（糖尿病の既往歴がない症例で血糖値＞110 mg／dL）
＜炎症所見＞
・WBC＞12,000／μL あるいは＜4,000／μL
・白血球数は正常だが幼若白血球が10％以上
・CRP＞基準値の2SD
・プロカルシトニン＞基準値の2SD
＜循環所見＞
・血圧低下（SBP＜90 mmHg，MAP＜70 mmHg，あるいは成人で正常値より40 mmHg以上の低下，小児で正常値より2SD以上の低下）
・混合静脈血酸素飽和度＜70％
・心係数＞3.5 L／min／m^2
＜臓器障害所見＞
・低酸素血症（PaO_2／FiO_2＜300）
・急性乏尿（尿量＜0.5 mL／kg／h が少なくとも2時間持続）
・クレアチニンの増加（＞0.5 mg／dL）
・凝固異常（PT-INR＞1.5あるいはAPTT＞60秒）
・イレウス（腸蠕動音の消失）
・血小板減少症（PLT＜100,000／μL）
・高ビリルビン血症（T-bil＞4 mg／dL）
＜組織灌流所見＞
・高乳酸血症（＞3 mmol／L）
・毛細血管再灌流減少，もしくは mottled skin
重症敗血症
定義：臓器障害を伴う敗血症
診断基準：臓器障害は以下のいずれかを満たす.
・敗血症に起因する低血圧
・乳酸高値
・2 時間以上適切な輸液処置を行っても尿量が0.5 mL／kg／h 未満
・感染巣が肺炎ではなく PaO_2／FiO_2＜250の急性肺障害
・感染巣が肺炎で，PaO_2／FiO_2＜200の急性肺障害
・クレアチニン＞2 mg／dL
・ビリルビン＞2 mg／dL
・血小板数＜100,000／μL
・凝固障害（PT-INR＞1.5）
敗血症性ショック
定義：十分な輸液負荷にもかかわらず持続する低血圧を伴う敗血症

文献4より引用・改変

表 36-2 敗血症・敗血症性ショックの新たな定義と診断基準（2016 年）

敗血症
定義：感染に対する宿主生体反応の調節の不具合により生じる，生命を脅かす臓器障害
診断基準：感染症が疑われ，SOFA スコア（**表18-19**）が2点以上増加したもの
敗血症性ショック
定義：敗血症の部分集合であり，実質的に死亡率を上昇させる重度の循環異常，細胞や代謝の異常を呈するもの
診断基準：十分な輸液負荷にもかかわらず，MAP ≧ 65 mmHg を維持するために血管作動薬を必要とし，かつ乳酸値が 2 mmol／L を超えるもの

表 36-3 SOFA スコア

	0点	1点	2点	3点	4点
呼吸器					
PaO_2/FiO_2(mmHg)	≧400	＜400	＜300	＜200＋呼吸補助	＜100＋呼吸補助
凝固能					
血小板数(×10^3/μL)	≧150	＜150	＜100	＜50	＜20
肝臓					
ビリルビン(mg/dL)	＜1.2	1.2～1.9	2.0～5.9	6.0～11.9	＞12.0
循環器					
	MAP≧70 mmHg	MAP＜70 mmHg	ドパミン＜5 あるいは ドブタミンの使用*	ドパミン5.1～15 あるいは アドレナリン≦0.1 あるいは ノルアドレナリン≦0.1*	ドパミン＞15 あるいは アドレナリン＞0.1 あるいは ノルアドレナリン＞0.1*
中枢神経					
グラスゴーコーマスケール	15	13～14	10～12	6～9	＜6
腎臓					
クレアチニン(mg/dL)	＜1.2	1.2～1.9	2.0～3.4	3.5～4.9	＞5.0
尿量(mL／day)				＜500	＜200

*カテコラミンの使用は最低1時間，単位はμg/kg/minである．
文献5より引用・改変

好中球の中毒性変化（デーレ小体，中毒性顆粒）もしばしば認められる．DICを併発している症例では血小板減少症や溶血性貧血がみられる．DICが疑われる場合は，FDPやDダイマー，トロンビン・アンチトロンビン複合体（TAT）などを測定して診断することが重要である．血液化学検査では，肝酵素（ALT, AST）の上昇，高窒素血症，高ビリルビン血症，低アルブミン血症などが傷害を受けた臓器の部位や程度に関連してみられる．

感染源の特定のためには，尿，体腔貯留液（腹水，胸水），血液などの細菌培養検査を行う．採材には雑菌が混入しないように注意が必要である．

ヒトの敗血症の診断は，呼吸状態，凝固能，肝機能，循環機能，中枢神経系，腎機能を評価してスコア化して診断されている（sequential <sepsis-related> organ failure assessment <SOFA> スコア[7]，**表36-3**）．

d 治療

治療の目的は循環動態の改善，電解質，酸塩基平衡異常の是正および病原菌の制御である．静脈内輸液を行い，脱水や電解質異常，アシドーシスの是正を行う．また，輸液や血管収縮薬により動脈圧を維持することは，急性腎不全の危険性を減少させることができる．DICもしくはPre-DICを併発している症例ではヘパリンの投与を行う．抗菌薬は細菌培養検査で菌を検出できた場合は，抗菌薬の感受性試験を行うが，結果が出るまでは広域スペクトラムの系統の異なるものを２剤以上選択して静脈内より投与する．一般にβ-ラクタム系やセファロスポリン系抗菌薬とアミノグリコシド系抗菌薬の組み合わせが推奨されている．また，セファロスポリン系抗菌薬とニューキノロン系抗菌薬の組み合わせも有効である．

参考文献

1. Members of the American College of Chest Physicians/ Society of Critical Care Medicine consensus conference committee. American College of Chest Physicians/ Society of Critical Care Medicine Consensus Conference（1992）：Crit Care Med. 20, 864-74.
2. Levy MM, Fink MP, Marshall JC, et al.（2001）：Crit Care Med. 31, 1250-6.
3. 山本良平，林淑朗（2016）：週間医学界新聞，第3169号，1-3，医学書院
4. Levy MM, Fink MP, Marshall JC, et al.（2003）：Crit Care Med. 31, 1250-1256.
5. Singer M, Deutchman CS, Seymour CW, et al.（2016）：JAMA. 315, 801-10.
6. 村田佳輝（2016）：動物臨床医学．25(2), 47-51.
7. Vincent JL, Moreno R, Takala J, et al.(1996) Intensive Care Med. 22, 707-710.

第Ⅳ部

エキゾチック動物の感染症

エキゾチック動物とはとその定義を知りたくなるが，要は小動物臨床で取り上げられている犬と猫以外の動物と思われる．そこで，鳥類，ウサギ，フェレット，げっ歯類，爬虫類，両生類，魚類について，日常高頻度に認められる感染症や人体にも影響を及ぼす感染症について詳述し，獣医臨床の広がりを示すものである．以前ウサギの臨床が取り上げられたとき（2000年の頃であるが），無論猫ほどには発展しないであろうが，何か猫の臨床が登場したとき（1950年後半の頃）の雰囲気を想起して興味を覚えた．実験動物の研究は過去の問題となったようであるが，比較獣医学として各種動物の疾病は他種の動物との比較の上で追究する必要がある．昨今はヒトと動物は同一の健康と喧伝されているが，動物は犬・猫に限定されるものではない．

37 鳥類

問題となる主な病原体の一覧

1）細菌
Staphylococcus spp., *Streptococcus* spp., *Escherichia coli*, *Klebsiella* spp., *Pasteurella* spp., *Pseudomonas* spp., *Salmonella* spp., *Clostridium* spp., *Chlamydia psittaci*, *Mycobacterium* spp., *Mycoplasma* spp.

2）真菌
Trichophyton spp., *Microsporum* spp., *Aspergillus* spp., *Candida* spp., *Candida albicans*, *Macrorhabdus ornithogaster*

3）原虫
ジアルジア（*Giardia psittaci*），トリコモナス（*Trichomonas gallinae*），ヘキサミタ（*Hexamita melegridis*），コクシジウム（*Eimeria* spp., *Isospora* spp.），クリプトスポリジウム（*Cryptosporidium* spp.）

4）ウイルス
オウム類嘴・羽根病ウイルス，セキセイインコのヒナ病ウイルス（ポリオーマウイルス），鳥ボルナウイルス，パチェコ氏病ウイルス，鳥パラミクソウイルス，ウエストナイルウイルス，鶏痘ウイルス

5）寄生虫
回虫，毛細線虫，条虫，疥癬（*Knemidocoptes* spp.），ワクモ（*Dermanyssus* spp.），トリサシダニ（*Ornithonyssus* spp.），ウモウダニ（*Syringophilus* spp., *Dermoglyphus* spp.），キノウダニ（*Cytodites nudus*, *Sternostoma tracheacolum*），ハジラミ（*Mallophaga* spp., *Neopsittaconirmus* spp., *Psittaconirmus* spp. *Eomenopon* spp.）

細菌感染症

a この疾患について

- 鳥類でも様々な細菌による感染症が確認されている．細菌感染が原発要因ではなく，外傷や自壊した腫瘍，ウイルス性疾患など他疾患に細菌感染が続発することも多い．また，飼養管理不全や密飼，輸送時のストレスなどにより集団発生することもある．
- サルモネラには様々な血清型があり，問題となる型は鳥種や地域などにより異なる．*Salmonella* Enteritidisなどは人獣共通感染症であり，サルモネラ症に罹患したオウムのほとんどは*S*. Typhimuriumに感染しているなどの報告がある．
- クロストリジウムが問題となることは比較的稀であるが，ヒインコなどのローリー種で液状の餌を給餌する際や幼鳥にパウダーフードを給餌する際に問題となることがある．フクロウなど一部の鳥種ではクロストリジウムは腸内の常在菌として存在する．
- その他，ほ乳類で問題となる大腸菌やブドウ球菌，パスツレラ，シュードモナスなどの感染症もしばしばみられる．
- オウム病は偏性細胞内寄生性細菌の*Chlamydia psittaci*（*Chlamydophila psittaci*[注1]）が原因の感染

症で様々な鳥種に感染し，鳥類だけではなくヒトを含むほ乳類にも感染する．国内の飼育鳥でも感染が確認されており，個別の飼育者や動物販売業者，展示施設などでの発生やヒトへの感染が時折報告されている重要な人獣共通感染症である(➡p.712)．また飼育鳥だけでなく，*C. psittaci* はドバトでの保菌率も高く，ヒトへの感染源となりうる．

- オウム病の病原体は環境中でも数週間生存し，塵などを介して伝番し，多くの場合最初の感染と増殖は呼吸器で起こり，その後血液を介して他臓器へと感染が拡散する．
- 鳥の抗酸菌症は *Mycobacterium* 属菌が原因であり，様々な鳥種に感染すると考えられているが，感受性は鳥種により様々である．抗酸菌で主に問題となるのは *M. avium* complex と *M. genavense*, *M. intracellulare* などであり，感染部位により様々な症状の原因となる．*M. tuberculosis* はヒトの結核菌であるが，鳥類からも検出されており，人獣共通感染症として注意が必要である．抗酸菌は環境中で非常に安定で数年間生存することもできる．
- マイコプラズマは様々な鳥種に感染し，家禽類でみられる鶏マイコプラズマ病は届出伝染病であるが，オカメインコ，カナリアやフィンチ類などの愛玩鳥でも陽性個体が確認されている．

b 主要病原体

Staphylococcus spp.，*Streptococcus* spp.，*Escherichia coli*，*Klebsiella* spp.，*Pasteurella* spp.，*Pseudomonas* spp.，*Salmonella* spp.，*Clostridium* spp.，*Chlamydia psittaci*，*Mycobacterium* spp.，*Mycoplasma* spp.

c 主症状

- 細菌感染部位により異なる症状がみられる．体表部の感染では痂皮やびらん，潰瘍の形成がみられ，滲出物や出血により周囲の羽毛の汚染や患部を自傷することにより外傷がみられることもある(**図37-1～3**)．
- 呼吸器への感染症は鼻炎や副鼻腔炎，肺炎や気嚢炎などで，くしゃみや鼻汁，異常な呼吸音や鳴き声の変化，呼吸困難などの呼吸器症状から鼻腔や副鼻腔炎などではロウ膜の変形や眼窩下洞へ感染が波及し顔面の腫脹などがみられることもある(**図37-4**)．
- 消化器への感染では下痢や軟便，呼吸器の感染では鳴き声の変化や呼吸の異常などがみられることもあるが，細菌感染症の多くは膨羽や食欲低下，元気消失などの非特異的な症状を呈する．全身的な感染や敗血症に陥った症例や雛鳥などでは突然死がみられることもある．
- サルモネラ症では非特異的な症状以外に関節炎やCNS症状がみられることもある．
- クロストリジウム感染症では重度の下痢や血便が認められ，これらの症状がみられると数日以内で死亡することが多い．
- オウム病では様々な臨床症状がみられるがその多くは活動性の低下，膨羽，食欲不振，鼻汁，結

注1：クラミジア属の細菌は，近年までクラミジア属とクラミドフィラ属(*Chlamydophila*)属の2属に分かれていたが，クラミジア1属に再統合することが提案され，2015年に公式に認められた．クラミジアの解説を参照(➡p.234)

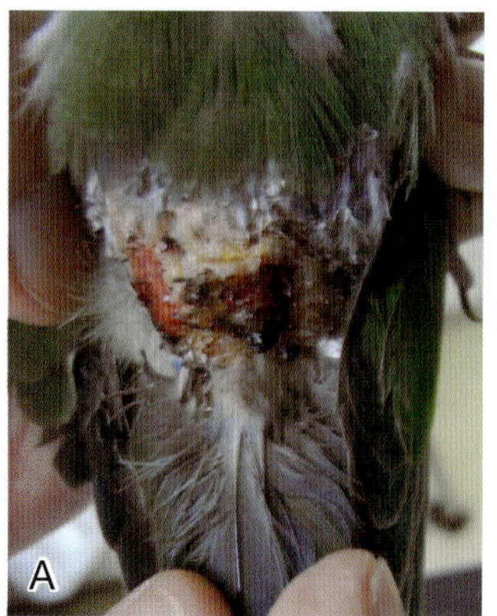

図 37-1 体表部の感染．A：コザクラインコの自傷部感染，B：カナリアの頭部膿瘍．体表部では細菌感染部位により異なる症状がみられ痂皮やびらん(A)，膿瘍(B)の形成などがみられる．

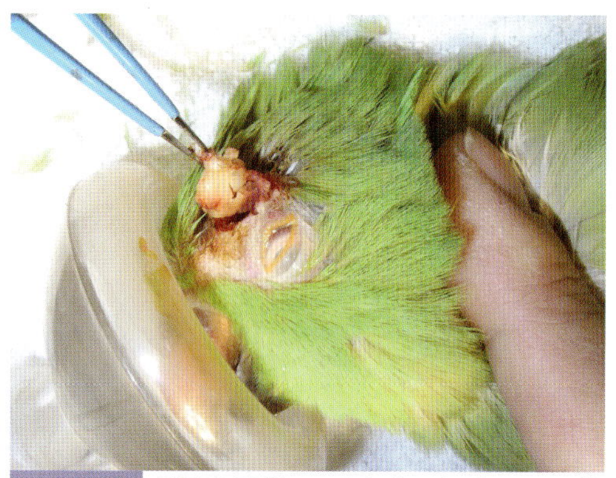

図 37-2 膿瘍切開術，ワカケホンセイインコ．体表部に形成された膿瘍は切開排膿し膿瘍内部を洗浄する．乾酪様の膿はできるだけ崩さずそのまま摘出する．

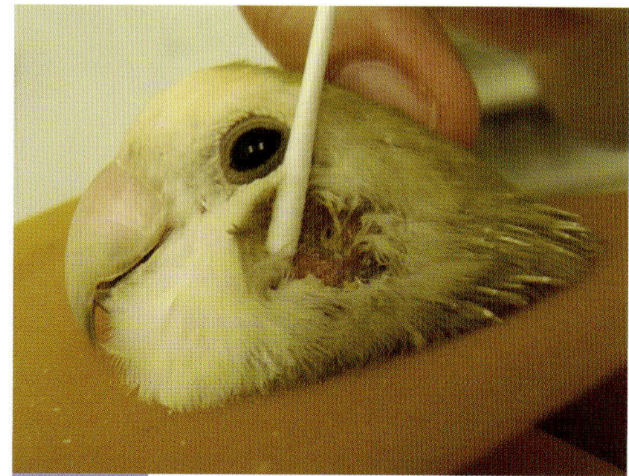

図 37-3 耳道感染．耳道の感染は時折みられ，筆者の経験ではラブバードに多く，耳道内からの滲出物のため耳道周囲の羽毛の汚れなどがみられる．

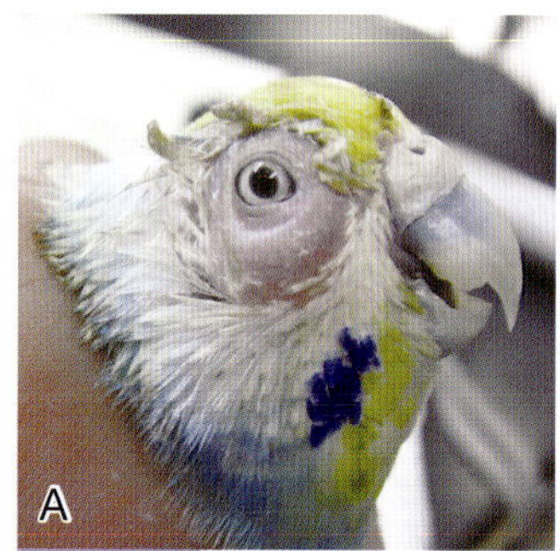

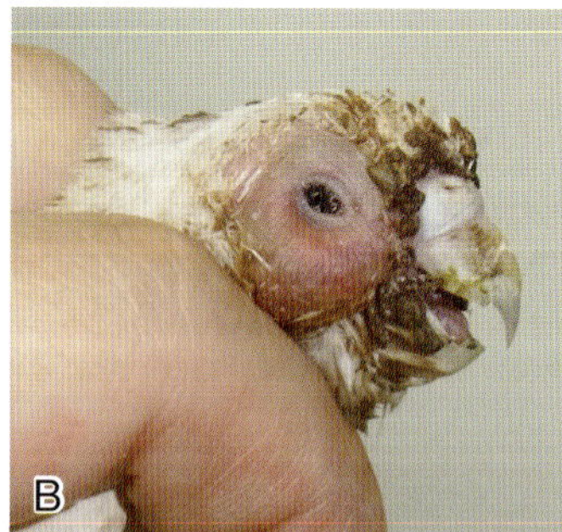

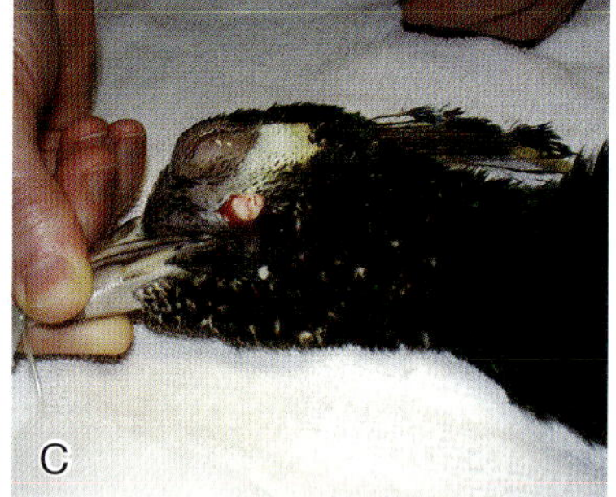

図 37-4 副鼻腔炎．A，B：セキセイインコ，C：クジャク．感染が副鼻腔(A，B)や眼窩下洞(C)へ波及すると顔面の腫脹などがみられる．

膜炎などの非特異的な症状である．下痢などの消化器症状もみられ，肝障害による緑色尿酸や下痢などがみられることもある．症状の重篤度には年齢や鳥種，罹患鳥の免疫状態などが関与する．臨床症状がみられない感染個体は感染後生涯にわたりキャリアとなり，ストレス下の状況などで病原体を排泄することがある．

- 抗酸菌症は慢性疾患であり，感染部位により消化器，呼吸器や皮膚に症状がみられる．通常，症状は非特異的であり体重減少や羽毛の粗剛などがみられる．また，抗菌薬の治療に反応しない白血球数増加や，肝臓，脾臓の腫大を伴う慢性的な消耗性疾患がみられる際には本疾患を疑う．皮膚症状は稀にみられるが主に経皮的に感染した部位に結節状の病変を形成する(**図37-5**)．
- マイコプラズマの感染では主に鼻炎や副鼻腔炎，肺炎，気嚢炎などの呼吸器症状や泡沫状の流涙，結膜炎などの眼症状がみられ，別の細菌の二次感染により症状が重篤化することが多い．

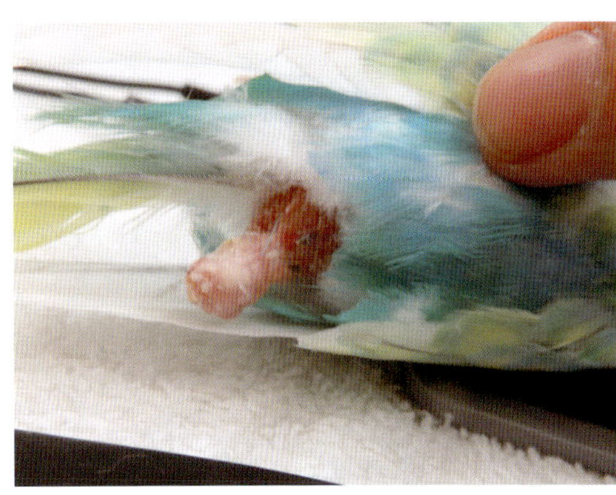

図37-5　抗酸菌の皮膚病変．セキセイインコの尾脂腺に形成された腫瘤を切除したところ病理検査により尾脂腺導管の拡張と抗酸菌症と診断された．抗酸菌による皮膚症状は鳥類で稀にみられるが経皮的に感染した部位に結節状の病変を形成することが多い．

d 診断

- 病変部位から採取したサンプルを用いて鏡検，細菌培養検査やPCR検査，病理学的検査などを行い，細菌の存在を確認する．部位によっては常在細菌などが検出されることもあるため，臨床症状やサンプルの採取場所，確認された細菌の種類などを考慮し疾患の原因となっているかどうか総合的に判断して診断する．
- オウム病ではX線検査で腫大した肝臓や脾臓などを確認できることもある(**図37-6**)．
- クラミジアなど培養が困難な種ではPCR検査などで病原体の存在を確認して診断する．
- 抗酸菌はPCR検査のほか，チール・ネルゼン染色などを用いた組織学的検査により抗酸菌を検出することでも診断できる．

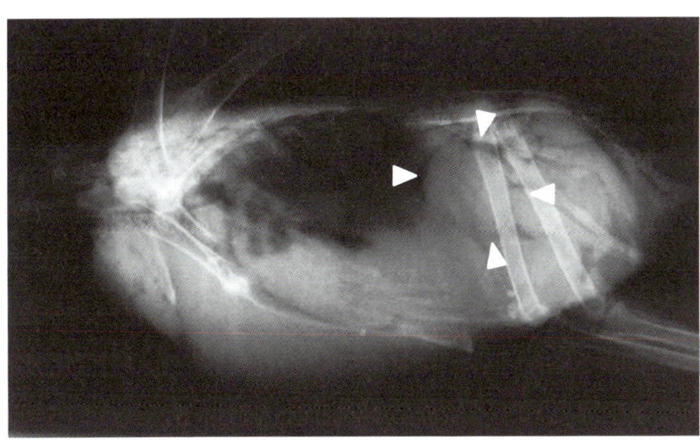

図37-6　脾腫．オウム病ではX線検査で腫大した肝臓や脾臓(矢頭)などを確認できることもある．

e 治療

- 体表部の病巣は消毒を行い，感受性試験に基づいた適切な抗菌薬を投与し，必要に応じて補液や栄養学的な補助，保温などの支持療法を行う．感受性結果が出るまでは必要に応じて広域性の抗菌薬を投与することもある．患部を自傷する場合にはカラーを装着することもある(**図37-7**)．
- 呼吸器の感染症が疑われる場合には経口的な抗菌薬の投与とともにネブライジングによる治療を行い，鼻腔や副鼻腔の感染が疑われる場合には鼻腔内洗浄などの局所的な治療を併用することもある(**図37-8**)．
- 下痢などの消化器症状がみられる症例ではプロバイオティクスなどを用いることもある．
- 鳥類では抗菌薬の使用により菌交代症が生じ，真菌感染の悪化や常在真菌の異常増殖がみられる可能性があるため，必要に応じて抗真菌薬の投薬を考慮する．
- オウム病の原因である*C. psittaci*にはテトラサイクリン系もしくはマクロライド系の抗菌薬を45日以上投与する．*C. psittaci*は他個体やヒトへの感染のリスクがあるため，飼い主や病院スタッフに十分なインフォームドコンセントを行い，治療を行う際には感染鳥の隔離と消毒を含めた衛生管理や取り扱うヒトの防御などを徹底して行う．

図37-7 エリザベスカラー．患部を自傷する場合にはエリザベスカラーを装着する．鳥の大きさや性格，設置する目的により様々なタイプのカラーが用いられている．

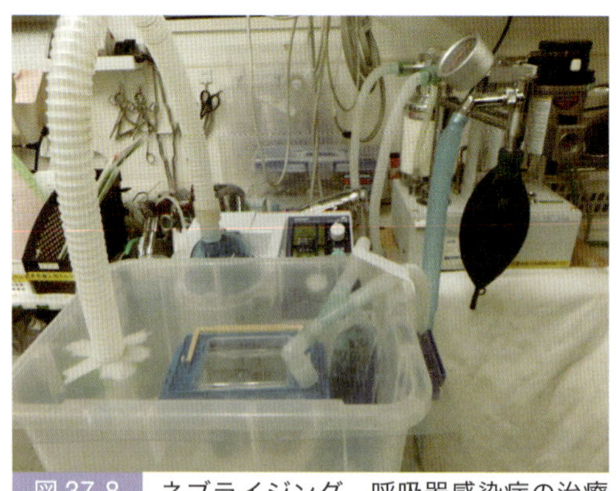

図37-8 ネブライジング．呼吸器感染症の治療ではネブライジングを経口的な抗菌薬と併用することもある．

- 抗酸菌は一般的な抗菌薬では効果が期待できないためほ乳類と同様に，リファンピシン，エタンブトール，クラリスロマイシン，ストレプトマイシンなどを用いた多剤併用療法が用いられている．抗酸菌は通常の消毒薬に対しても抵抗性を示し，投薬期間も長期にわたり，人獣共通感染症の可能性もあるため飼い主へは十分なインフォームドコンセントを行う．

真菌感染症

a この疾患について

- 皮膚の真菌症は文鳥で時折みられるが他の鳥でみられることは稀である．その他，呼吸器でのアスペルギルスや消化器でのカンジダ，マクロラブラスなど特定の真菌感染症が愛玩鳥では問題となることが多い．
- アスペルギルスは鳥類でしばしば問題となる真菌であり，気嚢炎や肺炎などの呼吸器疾患の原因となる．アスペルギルスは病鳥からの伝播ではなく，腐敗した飼料や床材，巣箱などの環境からの伝播により主に呼吸器から感染が成立する．アスペルギルスは日和見感染と考えられており，何らかの要因により免疫抑制状態の個体や一度に多量の胞子に暴露された際に臨床的に問題となる．また，アスペルギルス症など呼吸器系の感染症はビタミンA欠乏症のオウム・インコ類で高頻度に認められると報告されている．慢性例では感染が血行性に徐々に全身性に拡大し，肝臓や腎臓などに病変を形成することもある．
- カンジダは鳥類の消化管内の常在菌であり，少数では臨床上問題とならないが疾病時や過剰な炭水化物給餌時，栄養不良などにより免疫力の低下した個体，特に幼鳥や，抗菌薬の投与による菌交代症が生じた場合には問題となることがある．
- マクロラブダスは，以前はメガバクテリアと呼ばれていたが，その後の研究により真菌であることが確認されAGY(avian gastric yeast)やマクロラブダス症と呼ばれるようになった．マクロラブダスは多くの鳥種に感染するが鳥種により感受性は異なるようでセキセイインコで顕著な臨床症状がみられることが多く，胃に感染し胃炎や胃拡張などの原因となる．

b 主要病原体

Trichophyton spp.，*Microsporum* spp.，*Aspergillus* spp.，*Candida* spp.，*Candida albicans*, *Macrorhabdus ornithogaster*

c 主症状

- 皮膚の真菌症は主に文鳥の頭部でみられ，病変部は脱羽し白色～黄白色の痂皮が形成されることが多い(**図37-9**)．*Microsporum gallinae*，*Trichophyton simii*感染が知られている．
- アスペルギルスでは鳴き声の変化や運動不耐性，呼吸困難などの呼吸器系の異常がみられることが多いが，慢性例では食欲や活動性の低下などの非特異的な症状がみられる．アスペルギルスの病変は尾側の後胸気嚢や腹気嚢にみられることが多く，全身性の感染拡大や産生されるアフラト

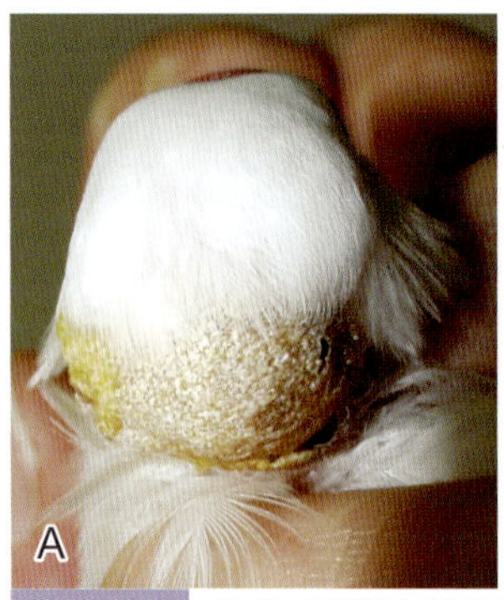

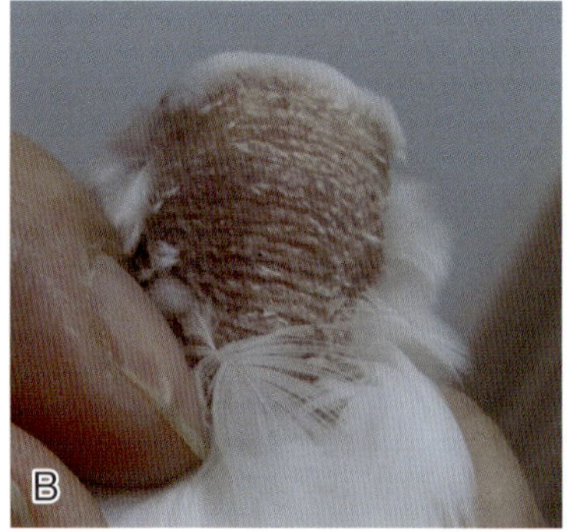

図 37-9　文鳥の頭部真菌症を疑う写真．A：病変外観，B：痂皮除去後外観．病変部は脱羽し白色〜黄白色の痂皮が形成されることが多い．

キシンにより肝障害がみられることもある．

- カンジダでは嘔吐や吐出，口腔内のねばつき，下痢，そ嚢内容物の通過遅延，そ嚢壁の肥厚などの消化器症状がみられ，その他，食欲不振や膨羽，元気消失などの非特異的症状がみられる．舌や喉頭部，そ嚢などに灰白色の偽膜様物を伴う潰瘍状病変がみられることもある．
- マクロラブダスでは吐き気や嘔吐，下痢や未消化便などの消化器症状がみられる．鳥類の嘔吐は生理的な現象である吐き戻しとは異なり，吐き出す際に頭を横に激しく振り嘔吐するため周囲や頭部周辺に吐物や粘稠性の液体が付着することで容易に鑑別できる(**図37-10**)．鳥種や個体の免疫状態により症状の重篤度は異なり不顕性感染の個体もみられる．感染により胃炎や胃潰瘍などが生じると嘔吐以外にも黒色便の排泄などがみられることもある．

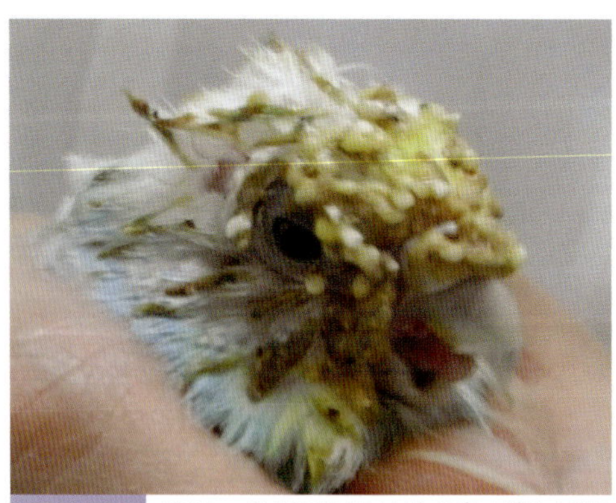

図 37-10　嘔吐．鳥類の嘔吐は吐き出す際に頭を横に激しく振り嘔吐するため周囲や頭部周辺に吐物や粘稠性の液体が付着する．

d　診断

- 皮膚の真菌症は特徴的な外観から仮診断し病変部の鏡検や真菌培養検査により診断する．
- アスペルギルスでは，X線検査により気嚢部に肉芽腫などの病変による不透過性の亢進像が確認でき，体腔内の硬性鏡検査では肉眼的に病変を確認し検体を採材できる．

- カンジダはそ嚢液や糞便検査を行い酵母型や仮性菌糸を形成したカンジダを確認して診断する．少数のカンジダは正常個体でもみられることがあり，パンなどを摂取した後は食物中の酵母菌が検出されることもあるため，臨床症状などと合わせて総合的に判断することが重要である（**図37-11**）．
- マクロラブダスはそ嚢液や糞便検査により大型の桿状菌体を確認して診断する．マクロラブダスの形態には主に，細胞壁が厚く短いものと細胞壁が細く長いものの二つのタイプがあることがわかっている（**図37-12**）．

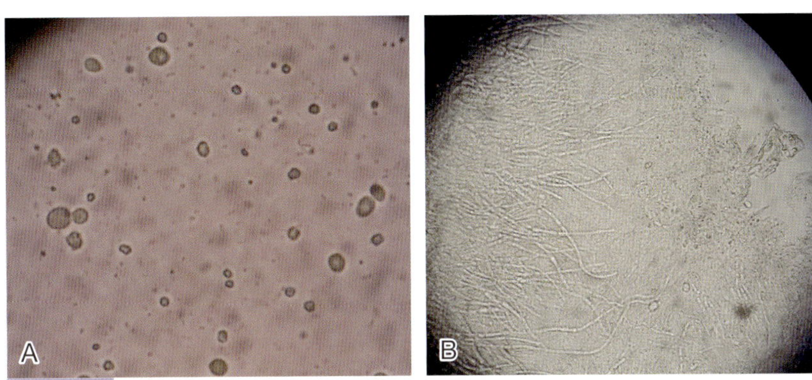

図37-11　カンジダ．A：オカメインコの糞便，B：オカメインコのそ嚢内液．カンジダはそ嚢液や糞便検査を行い酵母型(A)や仮性菌糸(B)を形成したカンジダを確認する．

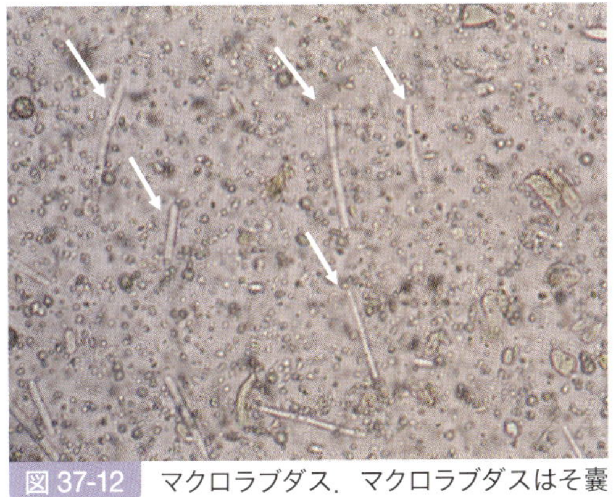

図37-12　マクロラブダス．マクロラブダスはそ嚢液や糞便検査により大型の桿状菌体(矢印)を確認して診断する．

e 治療

- 皮膚や口腔内の真菌病変ではポピドンヨードなどを用いて病変部の消毒を行う．
- 皮膚の真菌症では消毒後，必要に応じて局所への抗真菌薬の塗布や抗真菌薬の経口投与を行う．消毒は病変部に形成された痂皮を除去した後で行う．
- アスペルギルスでは気嚢などの血流の乏しい部位が好発感染部位となるため治療は困難であり，抗真菌薬の全身投与，局所的な外科的減量術およびネブライジングなどを組み合わせて治療する．硬性鏡を用いることで病変部の減量や患部への直接の投薬などを実施できるが小型鳥での実施は現実的ではない．

- マクロラブダスやカンジダなどの消化管内真菌感染症に対してはアムホテリシンBなどの抗真菌薬を経口投与する．
- マクロラブダスで症状が重篤な場合やアムホテリシンBによる治療効果が限られている場合にはミカファンギンナトリウムを皮下投与する．マクロラブダスは投薬の中止により再発しやすいため，投薬開始から2〜4週間後に再度，糞便やそ嚢液検査を行い菌体の消失を確認してからさらに2〜4週間投与を継続する．さらに投薬を中止して2〜4週間後に再検査を行い完全に消失したことを確認する．
- マクロラブダスにより慢性的な嘔吐や黒色便などがみられ重度の胃障害が疑われる症例では，抗真菌薬の投与とともに胃粘膜保護剤や制吐薬，制酸剤，止血剤，抗菌薬などを必要に応じて処方し，点滴や栄養学的な支持療法などを行う．

ウイルス感染症

a この疾患について

- 鳥類では様々なウイルス感染症がみられるが，国内で主に問題となるウイルス感染症にはオウム類嘴・羽根病(psittacine beak and feather disease: PBFD)，セキセイインコのヒナ病(budgerigar fledgling disease: BFD)，腺胃拡張症(proventricular dilatation disease: PDD)などが挙げられる．
- その他，オウムやインコ類でパチェコ氏病，パラミクソウイルス感染症などがみられる．
- その他，家禽や水禽でパラミクソウイルス感染症，鶏痘などが，野鳥などでウエストナイルウイルスなどが問題となることがある．鶏痘は届出伝染病に指定されている．
- PBFDウイルスはサーコウイルス属に属するウイルスでオウム目の鳥に感染し，羽毛の異常や免疫力の低下の原因となる．ウイルスの感受性は鳥種により異なり，症状や症状の重篤度は発症した年齢によって異なる．国内での疫学調査では陽性率は18.5%であると報告されている．
- BFDウイルスはポリオーマウイルス属に属するウイルスでセキセイインコ以外のオウム目の鳥にも広く感染するが，スズメ目やその他の鳥種でも感染が確認されている．BFDは鳥ポリオーマウイルス感染症とも呼ばれ，国内でも感染が確認されており，疫学調査では2.7%の陽性率であったことが報告されている．以前は「フレンチモルト」や「コロ」，「ランナー」などと呼ばれていた．長羽脱落による外観上でのPBFDとBFDの鑑別は困難であり，両感染が併発していることもある．BFDの症状や症状の重篤度は発症した年齢により異なり，若齢時に感染した個体ほど重篤で急性の症状を示す．
- PDDに罹患した鳥から2008年にボルナウイルスが確認され，その後の研究により同ウイルスがPDDの原因であることが確認された．ボルナウイルスが最初に確認されたのはイスラエルと米国であるがその後は日本も含め世界各国の様々な鳥種でボルナウイルスが確認されている．ボルナウイルスは感染後，潜伏期間を経て神経系に影響を及ぼすが潜伏感染例も多く存在すると考えられている．ボルナウイルスはPDDの症状以外に多くの中枢神経症状の原因になっている可能性が示唆されている．

- パチェコ氏病はヘルペスウイルスによる感染症でいくつかの異なる血清型が存在し，鳥種によりウイルスの感受性が異なる．日本を含む多くの国で散発的な発生が報告されており，セキセイインコやオカメインコ，コンゴウインコなど多種の愛玩鳥で発生が確認されている．
- パラミクソウイルス感染症はニューカスル病としても知られており，愛玩鳥だけではなく鶏やウズラなどの家禽類でも問題となる法定伝染病である．
- 鶏痘は接触感染や吸血昆虫による機械的伝播により感染が広がり，感染部位に発痘を形成する．健常な表皮では感染が成立せず，外傷や昆虫による刺し傷などの傷害部から感染する．

b　主要病原体

オウム類嘴・羽根病ウイルス，セキセイインコのヒナ病ウイルス(ポリオーマウイルス)，鳥ボルナウイルス，パチェコ氏病ウイルス，鳥パラミクソウイルス ，ウエストナイルウイルス，鶏痘ウイルス

c　主症状

- PBFDでみられる症状は鳥種や発症年齢により異なり，セキセイインコやバタン類，ラブバード類などでしばしば発症例が確認される．他のオウム目の鳥も感染するがオカメインコでの発症例は経験的に稀である．
- PBFDは発症年齢により症状が異なり，雛鳥では甚急性の経過を取り突然死する．幼鳥ではくびれやねじれのみられる異常羽毛や長羽の脱落などがみられる(**図37-13**)．セキセイインコでは長羽がすべて脱落する例も多く，このような症例は以前から「ランナー」と呼ばれることもある．よ

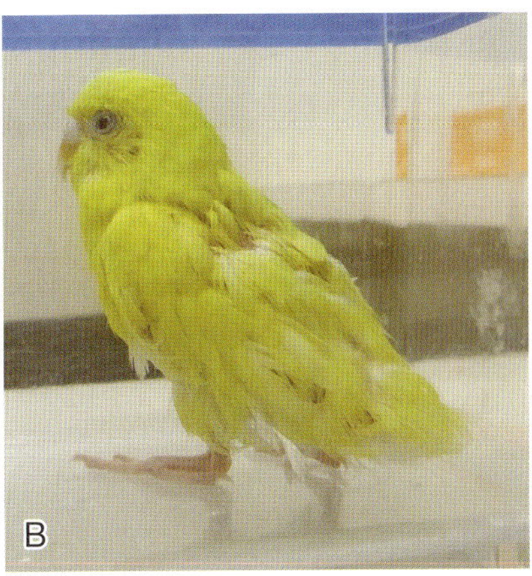

図37-13　オウム類嘴・羽根病(PBFD)，セキセイインコのヒナ病(BFD)症例の外観．PBFDや BFDではくびれやねじれのみられる異常羽毛や長羽の脱落などがみられる．

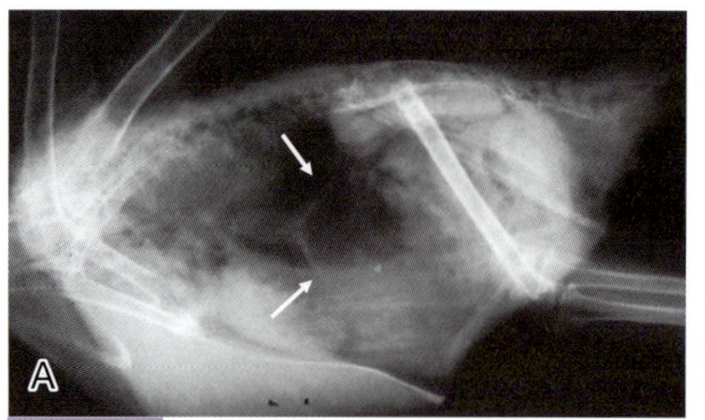

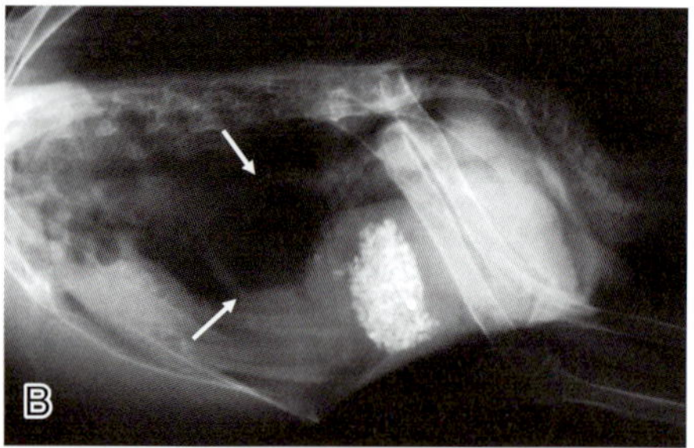

図 37-14　腺胃拡張症（PDD）が疑われ腺胃拡張がみられるX線像．A：オカメインコ，B：オオハナインコ．PDDではX線検査で拡張し内部にガスを貯留した腺胃（矢印）を確認できる．

り大型のバタン類やヨウムでは粉羽の減少などが発症初期にみられ，その後羽毛の異常や嘴の異常がみられることが多い．

- PBFDでは下痢などの消化器症状がみられることもあり，PBFDウイルス感染により免疫力の低下した個体では細菌や真菌の二次感染がみられることも多い．
- BFDは雛鳥で感染し発症すると腹水貯留や肝肥大による腹部膨満，異常羽毛，皮下出血，食欲や活動性の低下などがみられ多くは致死的な経過を取る．慢性経過を取る例では長羽の異常や脱落がみられPBFDと同様の外観を呈する．成鳥で感染した場合や鳥種によっては症状を示さずキャリアとなることもある．
- PDDはヨウムやコンゴウインコなど大型の鳥でみられることが多く，その他，オカメインコなどでみられることもある．PDDでは消化器症状と消化管運動や機能の低下，腺胃拡張などが生じ（**図37-14**），食欲低下や吐出，未消化便の排泄などの症状がみられる．その他，中枢神経症状として指の痙攣など軽度のものから運動失調や強直性発作などがみられることもある．
- パチェコ氏病はヘルペスウイルスによる感染症でオウムやインコ類では致死率が高く，繁殖施設などでの集団発生的な突然死が問題となる．
- パラミクソウイルス感染症は感染したウイルスの種類や量により全身状態の低下や呼吸器および消化器症状，結膜炎などがみられ，重篤な例では斜頸，痙攣や肢麻痺などの神経症状がみられることもある．
- 鶏痘ウイルスの感染では，感染部位に発痘し潰瘍やびらん，痂皮を被った結節状病変を形成する．病変部により皮膚型，粘膜型などに区別される．

d　診断

- ウイルス性疾患は，疑われる感染症に応じて採材したサンプルを用いたウイルス分離やPCR検査などでウイルスの存在を確認して診断する．その他，病理学的検査により特徴的な病変や封入体などを確認して診断することもある．
- PBFD，BFDは典型的な症状から仮診断し，PCR検査などの遺伝子検査や血清学的検査でウイルスやウイルス抗体の存在を確認して診断する．ウイルス検査には血液や羽毛，糞便を用いるが，発症した個体は常にウイルス血症となるため血液検査での信頼性が高い．その他，異常羽毛の病理学的検査による封入体の確認などでも診断できる.

e 治療

- ほとんどのウイルス感染症は特異的な治療法がなく感染後は対症療法が主体となるため，検疫や衛生管理などの飼養管理上の注意が最も重要となる.
- ウイルスの種類によっては予防ワクチンが使用されているものもあるが，国内で愛玩鳥用に使用されているワクチンはなく，海外での報告例や家禽類での使用例など限られた情報しかない.
- PBFDは対症療法とともにインターフェロンを用いて治療を行う.
- PDDには対症療法とともにPDD用の処方食やパウダーフードなどを用いた食餌療法を行う.
- パラミクソウイルス感染症の特異的な治療はなく予防や対症療法により治療する．家禽に用いられる弱毒生ワクチンはオウムやインコ類では強い病原性がみられる可能性があるため使用は推奨されていない.
- ヘルペスウイルス感染症であるパチェコ氏病の治療にアシクロビルの高容量投与が行われているが，ウイルス型により感受性は異なる.

内部寄生虫症（原虫，線虫，吸虫，条虫）

a この疾患について

- 鳥類では原虫，線虫，吸虫，条虫など様々な内部寄生虫がみられる．これらのうち飼育下の愛玩鳥では原虫の感染症が問題となることが多い.
- 愛玩鳥でみられる主な原虫として，ジアルジア，トリコモナス，ヘキサミタ，コクシジウム，クリプトスポリジウムなどが挙げられる.
- トリコモナス以外の原虫は主に腸管内に寄生し，様々な鳥種での発生が確認されている.
- ジアルジアはオカメインコで毛引きの原因となることが以前から海外で報告されているが，毛引きとジアルジアの関係はいまだ明確にされていない.
- トリコモナスは口腔内や食道，そ嚢内に寄生し様々な鳥種でみられるが，特に文鳥でみられることが多く屋外のハトなどでみられることもある.
- コクシジウムはアイメリア属とイソスポラ属に大別され，様々な鳥種で様々な種のコクシジウムが確認されている．宿主特異性が高く，我が国の愛玩鳥では文鳥でみられることが多い(**図37-15**).
- クリプトスポリジウムは様々な鳥種で確認されているが，愛玩鳥ではラブバードやフィンチ類での発生率が高い．宿主特異性は高くはなく，症状の発現や重篤度には宿主の免疫力などが関与していると考えられている.
- その他，稀ではあるがインコやオウム類で回虫や毛細線虫，文鳥で条虫が確認されることがある(**図37-16**).

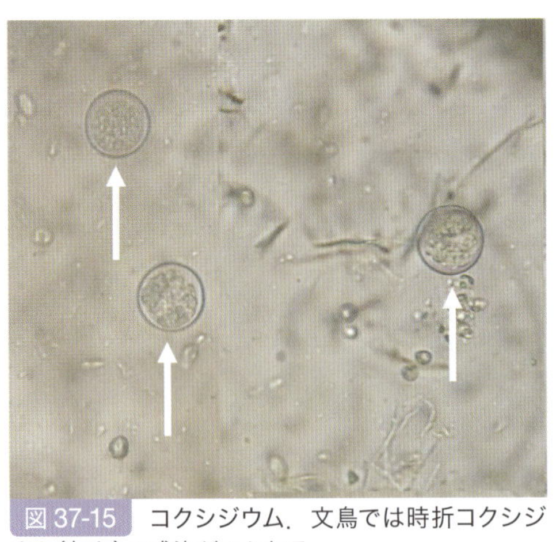

図 37-15　コクシジウム．文鳥では時折コクシジウム（矢印）の感染がみられる．

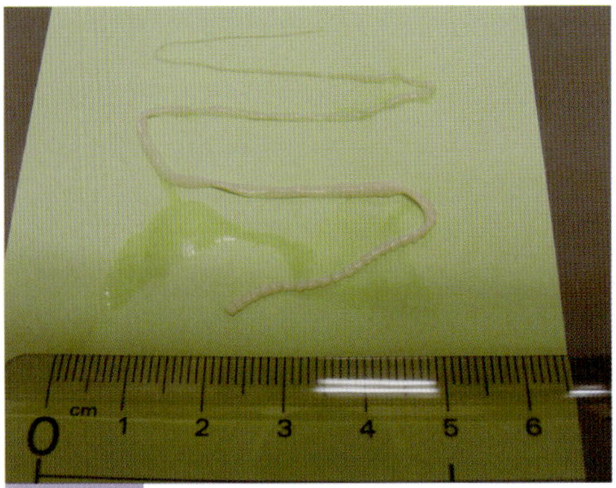

図 37-16　カラスから排泄された条虫

b　主要病原体

ジアルジア（*Giardia psittaci*），トリコモナス（*Trichomonas gallinae*），ヘキサミタ（*Hexamita melegridis*），コクシジウム（*Eimeria* spp., *Isospora* spp.），クリプトスポリジウム（*Cryptosporidium* spp.），回虫，毛細線虫，条虫

c　主症状

- 原虫の感染症では宿主の免疫状態や寄生数により症状の程度は無症状から重篤な症状まで様々であることが多い．
- トリコモナスの感染ではあくび様の症状や頻繁に開口したり舌の出し入れをするなど口を気にする症状，首を振る行動などがみられ，口腔内に痂皮様物や膿瘍が形成されることもある．文鳥ではトリコモナスの感染により外耳孔から鼓膜の突出がみられることもある．
- トリコモナス以外の原虫感染では主に軟便や下痢，削痩などの症状がみられることもあるが症状の重篤度は宿主の免疫状態などにより様々である．
- コクシジウムの感染した文鳥では稀に血便，腸管の炎症や浮腫による腹部膨大がみられることもある．
- クリプトスポリジウムの感染では下痢や軟便以外にも嘔吐や吐出，くしゃみなどの呼吸器病変などがみられると報告されており，宿主の全身状態や免疫力により症状の重篤度は異なる．

d　診断

- 糞便や口腔内スワブ，そ嚢液などのサンプルを鏡検し原虫や虫卵，オーシスト，虫体を確認する．
- ジアルジアやヘキサミタ，トリコモナスなどの原虫は運動の仕方や体形などから顕微鏡下で鑑別できる（**図37-17**）．

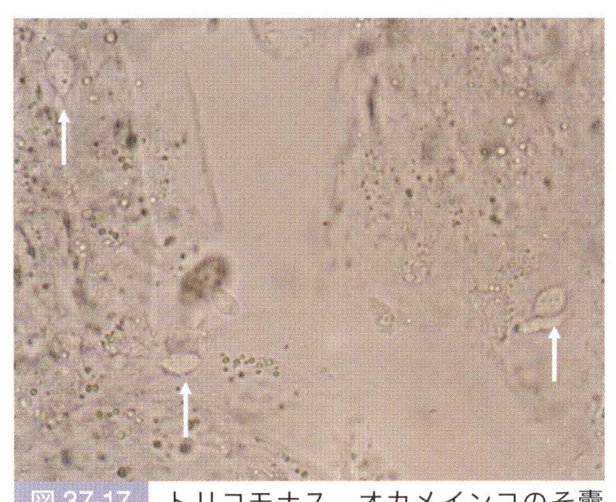

図 37-17 トリコモナス．オカメインコのそ嚢内検査で多数のトリコモナス（矢印）が確認された．

e 治療

- 駆虫薬の投与とともに必要に応じて抗菌薬や抗真菌薬の投与を行い，チューブフィーディングなどの支持療法を実施する．
- 駆虫薬は寄生している病原体に対し基本的に犬猫に準ずる形で選択し，原虫に対してはメトロニダゾール（20～30 mg/kg，BID，PO），コクシジウムに対してはトリメトプリム/スルファメトキサゾール15～25 mg/kg，SID～BID，PO），スルファジメトキシン20～50 mg/kg，BID，PO），線虫類に対してはピランテルパモ酸塩（7～25 mg/kg，2週間後再投与，PO），条虫にはプラジクアンテル（5～10 mg/kg，2～4週間後に再投与，PO）などの駆虫薬を投与する．
- 大型の線虫類などの駆虫，特に多数寄生の症例では，駆虫薬の投与により斃死した虫体による腸閉塞などの重篤な副作用がみられることがあるため慎重に治療方法を検討する必要がある．多数寄生の場合には外科的に寄生虫を摘出しなければならないこともある．
- 糞便の除去や飼育環境，飲水環境などの衛生管理などを行い，他個体への感染や自己感染を防ぐ．

外部寄生虫症

a この疾患について

- 鳥類では様々な外部寄生虫が確認されているが，愛玩鳥で問題となることが多いものは疥癬やワクモ，トリサシダニなどのダニ類である．その他，カナリヤやフィンチ類では時折，キノウダニの寄生が確認され，セキセイインコなどでは羽毛に寄生するウモウダニがみられることもある（**図37-18**）．
- ダニ以外にはシラミの寄生が時折みられるが，主に屋外のハトや家禽類でみられることが多い．シラミは様々な種が確認されているが宿主特異性が高い（**図37-19**）．
- 疥癬は宿主の皮膚を穿孔することで，ワクモやトリサシダニは宿主から吸血することで宿主に対する不快感を与え臨床症状がみられるが，シラミの寄生では顕著な臨床症状はみられないことも多い．

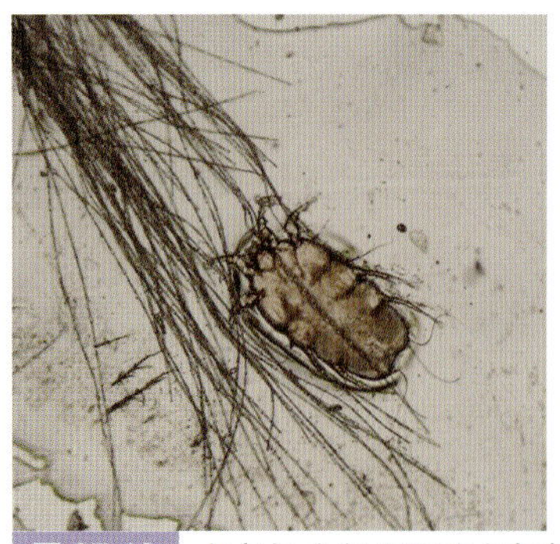
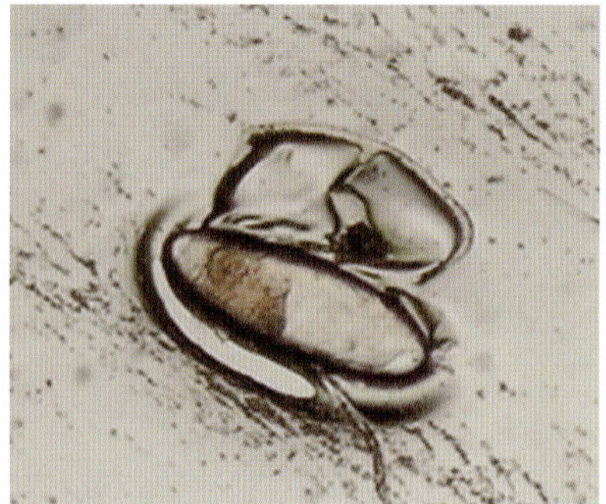

図 37-18 セキセイインコでみられたウモウダニ．セキセイインコなどでは羽毛に寄生するウモウダニがみられることもある．

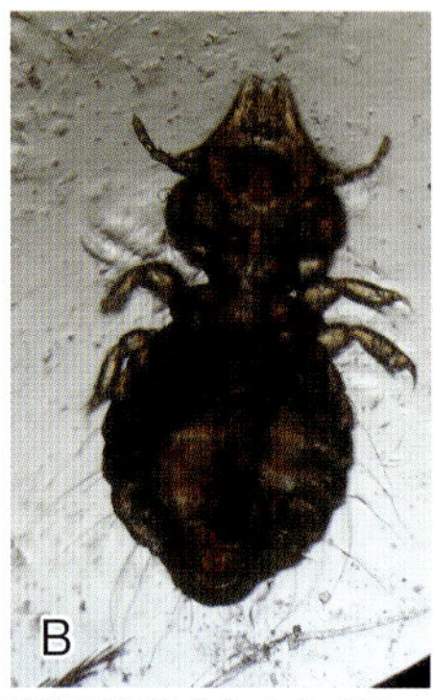

図 37-19 鳥類の体表部で確認されたシラミ．A：ヨウム，B：スズメ，C：ハト．シラミの寄生は愛玩鳥(A)では稀であるが，野鳥(B)やハト(C)でみられることが多く宿主特異性が高い．

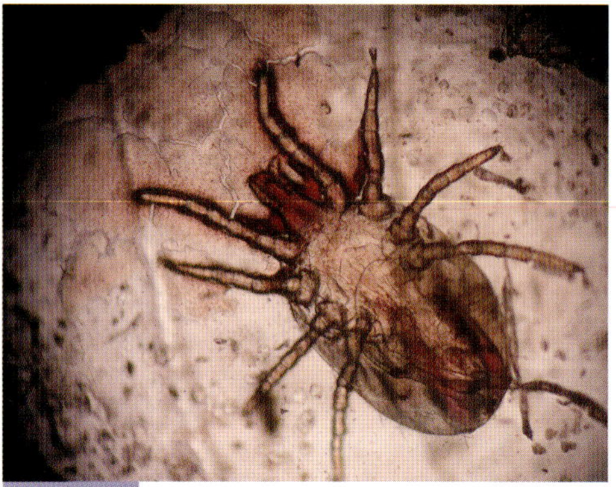

図 37-20 ムクドリに寄生したダニ．保護されたムクドリの幼鳥の体表部にワクモと思われるダニが寄生していた．

- 疥癬は終生，宿主の体表で生活する．
- ワクモは日中，ケージや止まり木，巣箱の隙間などに潜み，夜間に鳥に寄生し吸血する生活様式を取る．一方，トリサシダニは鳥の体表部に寄生して吸血しながら生活する(**図37-20**)．
- キノウダニは気嚢以外にも，気管や肺，鼻腔内など鳥類の呼吸器に寄生する．

- ウモウダニにはいくつかの種が含まれており，宿主特異性が高い．主に羽の裏側の羽軸に沿って寄生し終生宿主の体表で生活する．
- ハジラミは多数の種類が存在し宿主特異性が高い，終生宿主の体表で生活し，羽軸などに粘着性の卵を産み付け，羽毛や皮膚の鱗屑を採食する．宿主が斃死すると体温の低下とともに体表部から移動し目視で確認されることが多い．

b 主要病原体

疥癬（*Knemidocoptes* spp.），ワクモ（*Dermanyssus* spp.），トリサシダニ（*Ornithonyssus* spp.），ウモウダニ（*Syringophilus* spp., *Dermoglyphus* spp.），キノウダニ（*Cytodites nudus, Sternostoma tracheacolum*），ハジラミ（*Mallophaga* spp., *Neopsittaconirmus* spp., *Psittaconirmus* spp., *Eomenopon* spp.）

c 主症状

- 疥癬では嘴や肢の周り，ロウ膜や眼の周囲などに特徴的な痂皮形成を伴う病変を形成する．稀な例ではこれらの病変が羽の先端や腹部などの皮膚でみられることもある（**図37-21**）．
- ワクモやトリサシダニは鳥類の血液を餌として吸血するため皮膚を刺激する原因となり，重篤な例では吸血により貧血がみられることもある．
- ワクモは，日中は鳥の体表部以外に隠れ，夜間に鳥に寄生するため，特に夜間に皮膚を気にするような症状や突然暴れるなどの症状がみられることが多い．
- ハジラミは羽毛や皮膚などの鱗屑を餌としているが，多数寄生により瘙痒感や羽毛の質の低下などがみられる．

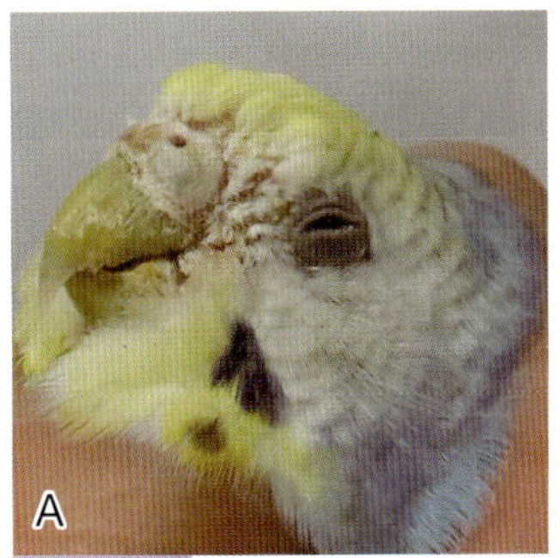

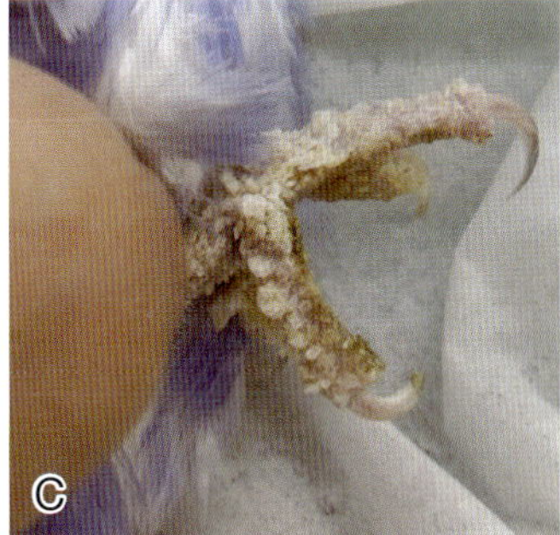

図 37-21 疥癬でみられる症状．A：典型例，B：重篤例，C：肢の病変．疥癬では嘴やロウ膜，眼（A,B）の周りや肢（C）など羽毛のない皮膚が露出した部分に特徴的な痂皮形成を伴う病変を形成する．重篤な例（B）では嘴の変形を伴うこともある．

d 診断

- 羽毛もしくは鱗屑，痂皮，皮膚掻爬物などを鏡検し，虫体もしくは虫卵を確認して診断する（**図37-22**）．

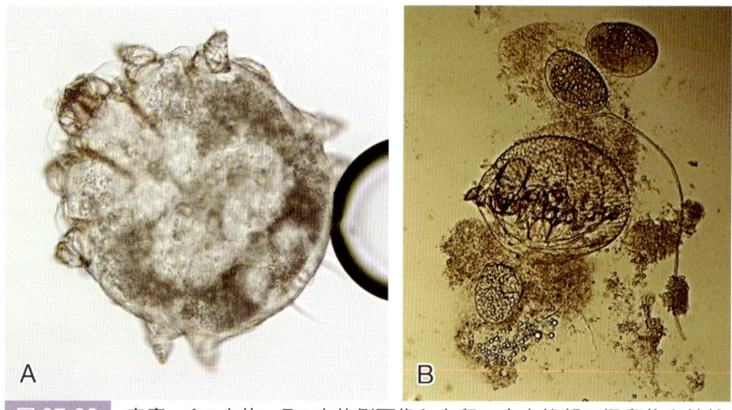

図 37-22 疥癬．A：虫体，B：虫体側面像と虫卵．痂皮状部の掻爬物を鏡検すると疥癬の虫体や虫卵が確認できることもある．

- キノウダニは特徴的な呼吸音や鳴き声の異常から寄生を疑い，トランスイルミネーターなどの強い光で気管や気嚢内を透過し虫体を確認し診断する．

e 治療

- ダニ類に対してはイベルメクチンやモキシデクチンなどの駆虫薬の局所投与，注射もしくは経口投与による駆虫を行う．シラミなどにはカルバリルパウダーやピレスリンのスプレー剤を用いる．
- 鳥自体の治療とともに飼育環境の改善を行う．木製の止まり木や巣箱などは新しいものと取り換えるか，鳥に害のない駆虫薬などを使用したり，熱湯や天日干しなどにより飼育環境内の外部寄生虫や虫卵を駆除する．
- 全身状態の低下や二次感染などがみられる症例では駆虫薬の投与とともに点滴や抗菌薬の投与などの支持療法を行う．

参考文献

- Doneley RJT(2009)：Vet Clin Nath Am Exot Anim Pract. 12, 417-432.
- Speer BL(2016)：Current therapy in avian medicine and surgery, 1st, 22-106, Saunders
- 小嶋篤史(2010)：コンパニオンバードの病気百科，誠文堂新光社
- 望月雅美監修(2005)：犬，猫および愛玩小動物のウイルス病，259-277,学窓社
- 福士秀人，山口剛士，山田麻紀ほか訳(2016)：オウムインコ類マニュアル第2版，195-211,学窓社
- Ogawa H, Chahota R, Hagino T, et al.(2006)：JVMS. 68, 743-745.

38 ウサギ

問題となる主な病原体の一覧

1）細菌

Pasteurella multocida，*Pseudomonas aeruginosa*，*Pseudomonas* spp.，*Staphylococcus aureus*，*Escherichia coli*，*Streptococcus* spp.，*Proteus* spp.，*Fusobacterium nucleatum*，*Clostridium spiroforme*，*Treponema cuniculi*，*Francisella tularensis*

2）真菌

Trichophyton mentagrophytes，*Microsporum* spp.（*M. canis* と *M. gypseum* など），*Encephalitozoon cuniculi*

3）原虫

腸コクシジウム（*Eimeria perforans*, *E. magna*, *E. media*, *E irresidua* など），肝コクシジウム（*Eimeria stiedae*），トキソプラズマ（*Toxoplasma gondii*）

4）ウイルス

粘液腫ウイルス，ショープ線維腫ウイルス，ウサギ出血病ウイルス，狂犬病ウイルス，単純ヘルペスウイルス，パピローマウイルス，腸コロナウイルス，ロタウイルス

5）寄生虫

ウサギ蟯虫（*Passalurus ambiguus*），ツメダニ（*Cheyletiella parasitivorax*），ズツキダニ（*Leporacarus gibbus*），穿孔ヒゼンダニ（*Sarcoptes scabiei*），猫小穿孔ヒゼンダニ（*Notoedres cati*），ノミ（*Ctenocephalides canis*, *Ctenocephalides felis*），ミミダニ（ウサギキュウセンヒゼンダニ，*Psoroptes cuniculi*），ニキビダニ（*Demodex cuniculi*），ウサギヒフバエ（*Cuterebra cuniculi*）

細菌感染症

a　この疾患について

ウサギでも全身的に様々な細菌による感染症がみられる．頻繁に遭遇するのは皮膚，歯，耳，呼吸器，消化器の感染症である．細菌感染症の多くは二次的に発生する．

ウサギの細菌感染の特徴として，膿がチーズのような乾酪状を呈することが多い（**図38-1**）．また，使用できる抗菌薬が限定されるなど，犬や猫の場合と対処法が異なる．

以下，代表的な疾患についてポイントと注意すべき点を述べる．

1　皮膚

- 皮膚疾患は，日常の診療で遭遇する機会が多い疾患である．皮膚以外の疾患が併発していることが多いので，全身を検査することが必要である．
- 湿性皮膚炎は皮膚が持続的に湿った状態になると生じ，二次的に皮膚の感染が生じる．
- 湿性皮膚炎の原発要因としては歯科疾患，眼科疾患，泌尿器疾患，消化器疾患，肥満や外傷などが挙げられる．歯科疾患による流涎，眼科疾患による流涙，泌尿器や消化器疾患による排泄物による汚染などが湿性皮膚炎の原因として多く，二次的に細菌感染を引き起こす．

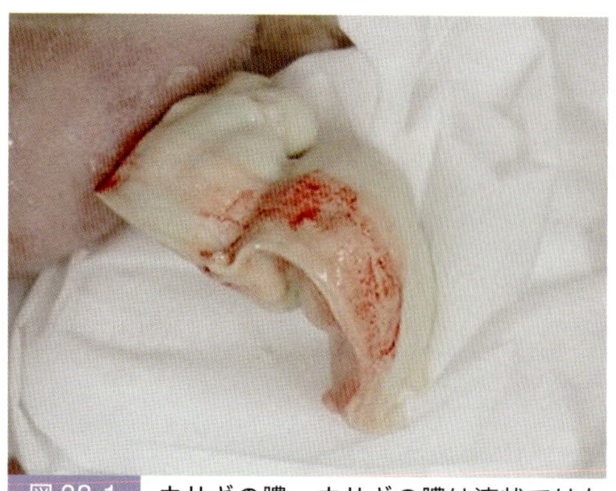

図 38-1 ウサギの膿．ウサギの膿は液状ではなく乾酪様で膿は通常，膿瘍壁に囲われた内部に貯留し膿瘍を形成する．

- 足底皮膚炎に二次的に細菌感染がみられることもあり，重篤な例では骨髄炎に進展することもある．
- 歯根部の過長により膿瘍が歯根部周囲や顎骨など顔面部で形成されることも多い．
- 耳道内の感染は外耳炎や中耳炎の原因となり，ロップイヤー種で多発する．感染が鼓膜を介して中耳や内耳へ波及したり，脳神経が侵されると神経症状を呈する．

2 | 呼吸器

- ウサギの呼吸器疾患は細菌感染によるものが多い．
- 上部気道への感染はスナッフル(鼻炎，副鼻腔炎)と呼ばれることもあり慢性化する例も少なくない．

3 | 消化器

- 不適切な食餌や抗菌薬の使用，重度のストレスなどによりクロストリジウムの異常増殖が起き，致死的な腸毒素血症がみられることもある．特に離乳期，幼齢ウサギでは注意が必要である．

4 | その他の疾患

- スピロヘーターの一種*Treponema cuniculi*によるトレポネーマ症(ウサギ梅毒)が時折みられる．
- *Francisella tularensis*による野兎病は北半球に生息するノウサギや野生のげっ歯類で主にみられる急性発熱性の敗血症疾患であるが他のほ乳類にも感染し国内でもヒトの感染例が報告されている．愛玩ウサギで問題となることはほとんどないものの本疾患は人獣共通感染症(➡p.716)で届出伝染病に指定されている(➡49章)．

b 主要病原体

Pasteurella multocida, *Pseudomonas* spp., *Pseudomonas aeruginosa*, *Staphylococcus aureus*, *Escherichia coli*, *Streptococcus* spp., *Proteus* spp., *Fusobacterium nucleatum*, *Clostridium spiroforme*, *Treponema cuniculi*, *Francisella tularensis*

c 主症状

- 湿性皮膚炎は内眼角部(流涙)，下顎部(流涎)，陰部(尿焼け)，肉垂や肉襞部などでみられ，二次的な細菌感染により皮膚の発赤やびらんなどがみられる(**図38-2**).
- 歯根部に感染が生じて根尖周囲膿瘍となり，感染が波及すると顔面部に大きな膿瘍が形成される(**図38-3**). 膿瘍は骨融解や骨増生を伴うこともある(**図38-4**).
- 中耳炎や内耳炎では耳道や鼓室胞内の膿貯留や斜頸などがみられる(**図38-5**).
- 上部気道への細菌感染(スナッフル)ではくしゃみや鼻汁，鼻音などがみられる(**図38-6**).
- クロストリジウムの異常増殖では重篤な水溶性下痢がみられ，食欲や全身状態の低下，鼓腸などがみられる.
- トレポネーマ症では粘膜皮膚移行部に限局して発赤や腫脹がみられ，その後，丘疹や痂皮がみられる(**図38-7**). トレポネーマ症は若齢個体でみられることが多いが感染しても無症状の個体もいる.
- 野兎病では皮膚や呼吸器症状，髄膜炎などがみられる.

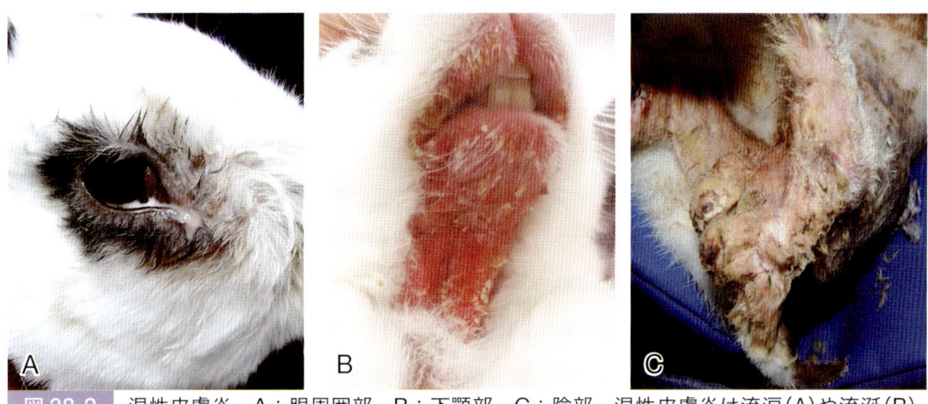

図38-2 湿性皮膚炎. A：眼周囲部，B：下顎部，C：陰部. 湿性皮膚炎は流涙(A)や流涎(B)，尿焼け(C)などでみられ，二次的な細菌感染により皮膚の発赤やびらんなどがみられる.

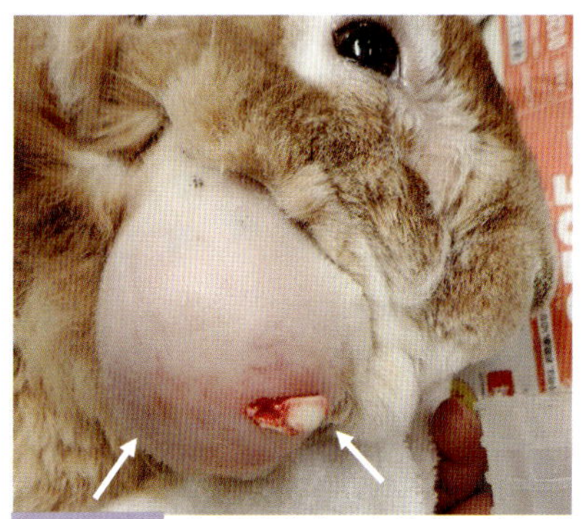

図38-3 歯根部膿瘍. ウサギではしばしば歯根部に感染が生じ，顔面部に膿瘍(矢印)が形成される.

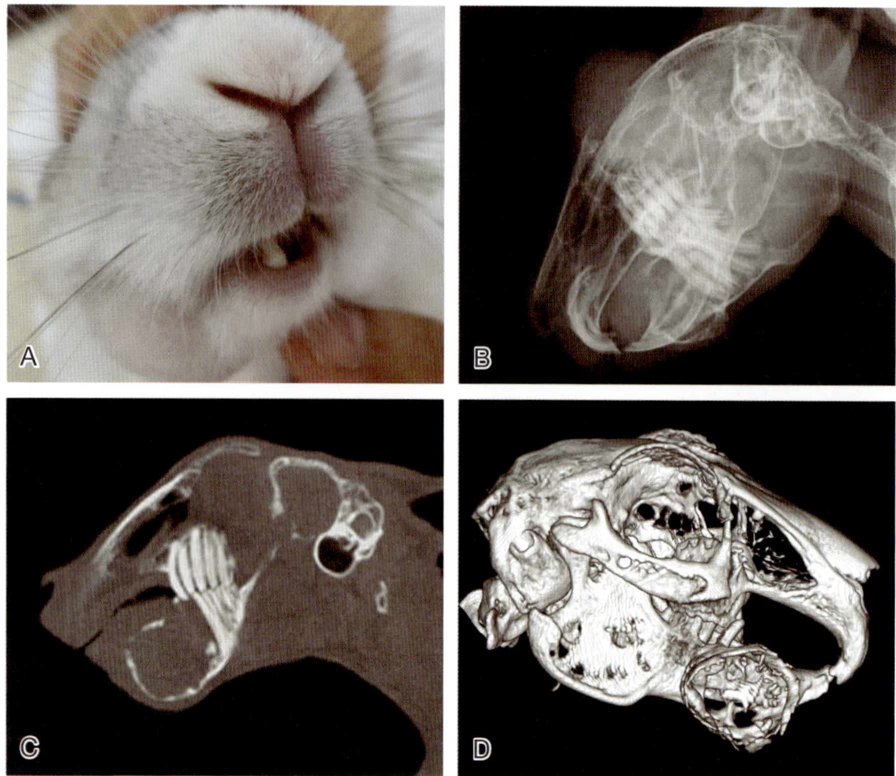

図 38-4　歯根部膿瘍による骨病変．A：症例外観，B：頭部X線所見，C：CT矢状断像，D：CT3D構築像．ウサギの膿瘍(A)は骨融解や骨増生(B～D)を伴うことも多い．X線検査(B)でも評価できるが，CTではより詳細な評価(C)が可能であり3D構築像(D)は飼い主への説明にも有用である．

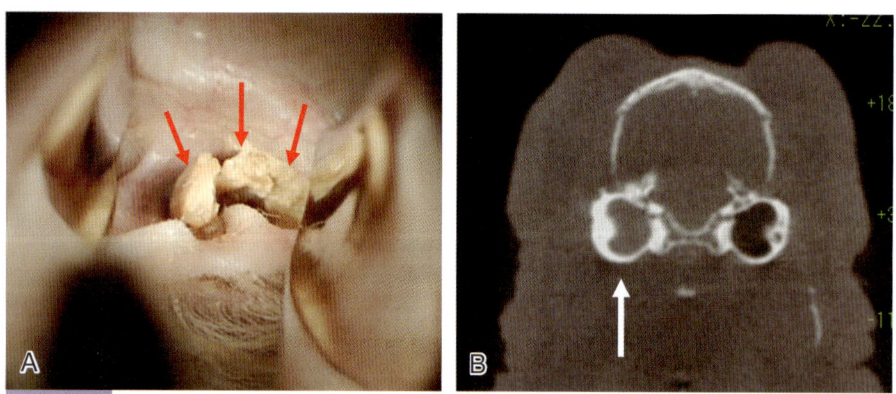

図 38-5　耳の感染．A：耳道内所見，B：頭部CT検査所見．中耳炎や内耳炎では耳道(A：矢印)や鼓室胞内(B：矢印)の膿貯留や斜頸などがみられる．

図 38-6 くしゃみや鼻汁による吻部の汚れ．上部気道への細菌感染ではくしゃみや鼻汁，鼻音などがみられる．

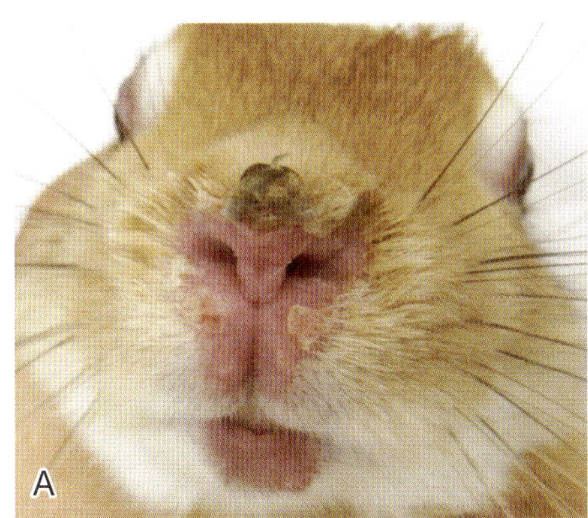

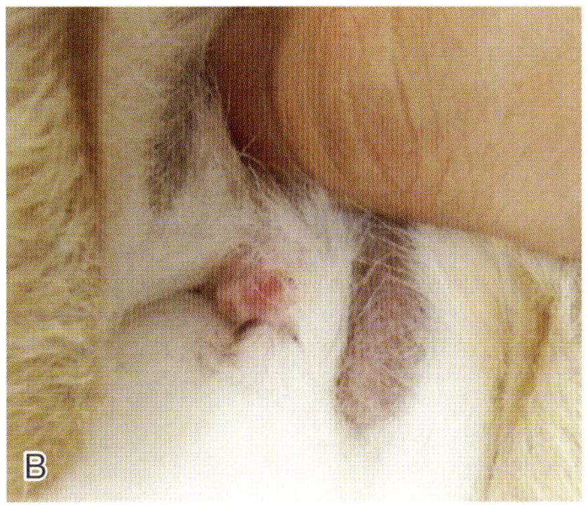

図 38-7 トレポネーマ症でみられる症状．A：吻部症状，B：直腸部症状．トレポネーマ症では鼻や口唇部，直腸など粘膜皮膚移行部に限局して発赤や腫脹がみられ，その後，丘疹や痂皮がみられる．

d 診断

- 細菌感染の診断は，身体検査や臨床検査により原発疾患を特定し，細菌培養検査により細菌の存在を確認する．
- クロストリジウムの増殖が疑われる場合には抗菌薬投与の有無や投与した種類を確認する．
- トレポネーマ症は血清学的検査により抗体価を測定し診断することが可能だが，病歴，特徴的な症状や治療に対する反応から診断できることが多い(**図38-7**)．

e 治療

- 二次的な細菌感染は，細菌感染に対する治療とともに原発疾患に対する治療を行う．
- 感受性試験に基づく抗菌薬の使用と消毒により治療するが，ウサギでは安全に使用できる抗菌薬が限られており，不適切な抗菌薬の投与により致死的な腸毒素血症が生じるので注意が必要である．
- ウサギで安全に使用できる主な抗菌薬はニューキノロン系，ST合剤，クロラムフェニコールなどである．

- リンコマイシン，クリンダマイシン，エリスロマイシン，アンピシリン，アモキシシリン，セファロスポリン，ペニシリンなどはウサギでの経口投与は禁忌である．特にペニシリン製剤の経口投与はウサギでは致死的な腸毒素血症の原因となる可能性があるため決して行ってはいけない．
- 膿瘍は膿瘍壁ごと外科的に完全に摘出するか，完全摘出できない場合にはできる限り外科的に切除したのち開放創とし，術後は開放創が二期癒合するまで消毒液で毎日消毒する．外科的に切除できない膿瘍は切開・排膿後，開放創とし開放創が二期癒合するまで創内を毎日消毒する．
- クロストリジウムの増殖に対してはメトロニダゾール(20～30 mg/kg，BID，PO)を投与し，点滴などの支持療法を行う．
- トレポネーマ症はクロラムフェニコール(55 mg/kg，BID，PO)もしくは長時間作用性ペニシリン(42,000～84,000 IU/kg，1週間ごとに3回投与，IM)を投与する．

真菌感染症

a この疾患について

- ウサギでは皮膚糸状菌症が時折みられる．
- 皮膚糸状菌(➡p.240)は直接接触やブラッシング用のブラシ，ヒトを介して感染が広がる．
- 発症するのは幼若個体や免疫力が低下した個体が多く，感染しても無徴候キャリアになる個体も多い．
- 本疾患は人獣共通感染症(➡p.707)であり，治療に長期間かかるうえに再発率も高いため，飼い主へのインフォームドコンセントが重要となる．
- その他の真菌感染症としてはアスペルギルス症(呼吸器疾患，特に幼齢ウサギ)などがある．

b 主要病原体

Trichophyton mentagrophytes，*Microsporum* spp.(*M. canis* と *M. gypseum* など)

c 主症状

- 皮膚糸状菌症の病変は体幹や眼瞼，耳介，四肢などにみられ，稀に爪床にみられることもある．
- 病変部では局所的な被毛の菲薄化や脱毛がみられ，乾燥し痂皮や発赤を伴うことが多く，瘙痒を伴うこともある(**図38-8**)．犬などで典型的なリングワーム状の病変は，ウサギでは稀である．
- 若齢のウサギでみられることが多いが，感染しても症状を示さない個体も存在し，ストレスなど何らかの要因により発症することもある．

d 診断

- 病変部の被毛を採取し，鏡検により菌糸や分節胞子，被毛の変化を確認する．
- DTM培地などを用いて真菌培養を行い，病原性真菌を確認して診断する．

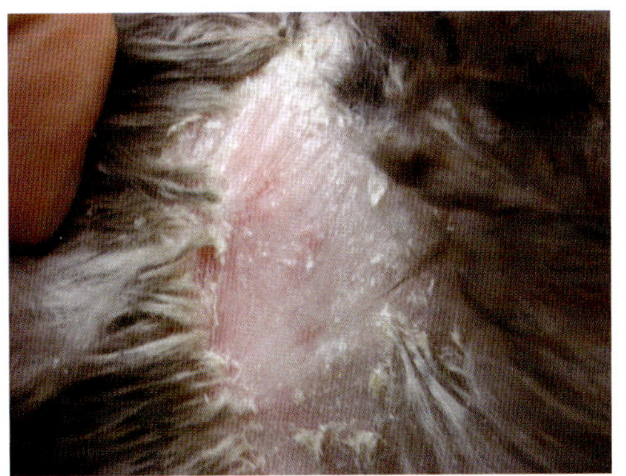

図38-8　皮膚糸状菌症による皮膚病変．病変部は局所的な被毛の菲薄化や脱毛がみられ，乾燥し痂皮や発赤を伴うことが多く，瘙痒を伴うこともある．

e 治療

- 皮膚糸状菌症の治療には，イトラコナゾール（5〜10 mg/kg，PO）などの抗真菌薬を投与する．抗真菌薬の投与は投与後2回の真菌培養検査が陰性になるまで，もしくは症状消失後1カ月は継続する．
- 局所的な病変に対しては周囲の毛刈りを行い局所的な消毒や抗真菌薬の軟膏を用いて治療することもある．しかし，病変が局所的な症例でも，抗真菌薬の投与など全身的な治療が推奨されている．
- 抗真菌薬の投与と同時に飼育環境の衛生管理を徹底する．
- ウサギの被毛は密に生えており乾きにくく，シャンプーによるストレスを受けやすいことなどから，薬浴などは推奨されていない．
- 同居している他個体で発症がみられないことも多いが，本疾患は人獣共通感染症であり，接触により感染が広がるため，同居個体も同時に対処することが推奨されている．

エンセファリトゾーン症

a この疾患について

- ウサギで神経症状を引き起こす感染症として，エンセファリトゾーン症とトキソプラズマ症（稀）が知られている．なお，トキソプラズマ症についてはその他の消化管内寄生虫と併せて，内部寄生虫症の項目で記述する．
- エンセファリトゾーン症は，微胞子虫目の細胞内偏性寄生体である*Encephalitozoon cuniculi*が原因となる感染症である．微胞子虫目はかつて原虫とされていたが，近年真菌に分類された．
- 欧米や日本の愛玩ウサギの多くが血清学的検査で陽性反応を示すことが確認されている．
- ウサギをはじめ，マウス，モルモットや犬，猫，さらにヒトにも感染する人獣共通感染症である．
- 通常は日和見感染が主体で臨床上問題となることは稀だが，免疫力の低下した個体で臨床症状がみられることがある．
- 通常は尿細管上皮に感染し，感染因子は尿中に排泄され，主に尿中の胞子の経口摂取または吸引により感染が広がる．胎内感染もみられる．

- 主な感染部位は腎臓，中枢神経，水晶体などである．中枢神経系に迷入すると肉芽腫性脳炎などの原因となり神経症状が発生する．
- 子宮内感染により垂直感染することもあり，発生途中で胎子の水晶体内に迷入する．その結果，若齢ウサギで水晶体破裂やぶどう膜炎，白内障などの原因となる．
- エンセファリトゾーンと斜頸などの前庭障害との関連性は議論されており，どの程度の関連性があるか明確になっていない．

b 主要病原体

Encephalitozoon cuniculi

c 主症状

- 感染しても通常は無症状であり臨床的に問題となることは稀である．
- エンセファリトゾーン症の発症個体では，中枢神経症状として斜頸やローリング，運動失調などの前庭症状や発作，振戦，不全麻痺などがみられることが報告されている(**図38-9**)．
- 若齢ウサギでは，眼内病変として水晶体の破裂，ぶどう膜炎，膿瘍などがみられ，二次的な白内障や緑内障がみられることもある(**図38-10**)．
- 腎障害は稀であるが，腎臓表面の不正や腎機能の低下がみられることがある．

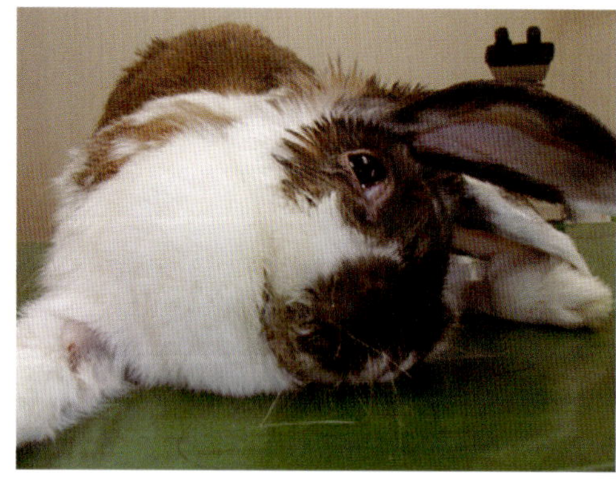

図38-9 斜頸．エンセファリトゾーン症では神経症状として斜頸やローリング，運動失調などの前庭症状や発作，振戦，不全麻痺などがみられることが報告されている．

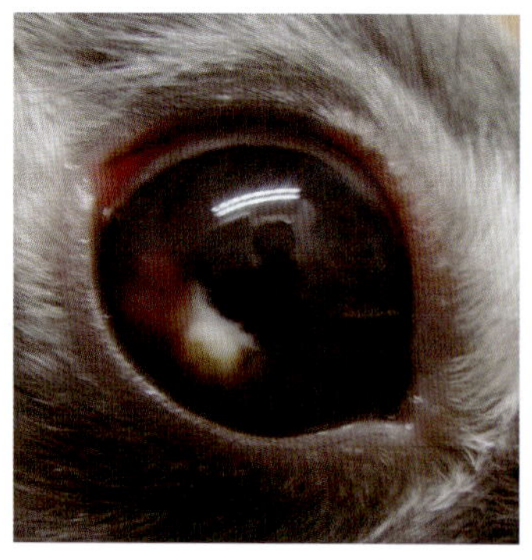

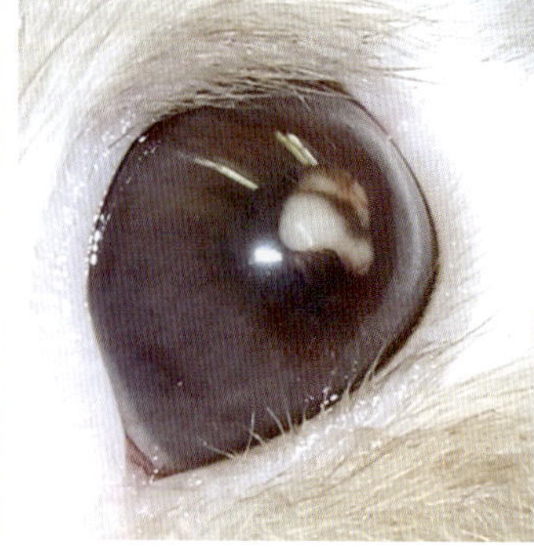

図38-10 エンセファリトゾーンによる眼内病変．眼内病変として水晶体の破裂，ぶどう膜炎，膿瘍などがみられ二次的な白内障や緑内障がみられることもある．

d 診断

- エンセファリトゾーン症の生前診断は困難であり，通常は臨床経過や症状などから本疾患を疑い，除外できる他疾患を除外し，抗体価の高値を確認して仮診断する．仮診断後に投薬を開始し，治療に対する反応や2〜4週間後に再度抗体価を測定して仮診断を補助する．
- 本疾患は日和見感染が主体であり抗体価の陽性率も高いので，高抗体価のみで本疾患と診断することはできない．
- 臨床症状がエンセファリトゾーンの感染によるものかどうかは，剖検により臨床症状と一致する解剖学的部位に病原体やそれによる肉芽腫性炎が存在することを確認して最終的に確定診断する．

e 治療

- エンセファリトゾーン症には，ベンズミダゾール系の駆虫薬(フェンベンダゾールもしくはアルベンダゾール20 mg/kg，SID，2〜4週間，PO)を投与する．
- 中枢神経症状がみられる症例では必要に応じて支持療法や対症療法を行う．
- 水晶体破裂性ぶどう膜炎にはステロイド剤の点眼薬を経口的な駆虫薬とともに使用する．
- 全身的なステロイド剤の投与の意義は議論されており，有効性や副反応については結論が出ていない．筆者は中枢神経症状がみられる症例では駆虫薬とともにプレドニゾロン(0.5 mg/kg，SID，PO)とビタミンB剤を同時に処方することが多い．
- 感染因子は尿中に排泄されるため衛生環境，特に尿の処理を適切に行う．

ウイルス感染症

a この疾患について

- ウサギのウイルス性疾患は主に海外で問題となり，代表的な疾患として粘液腫症，ショープ線維腫，ウイルス性出血性疾患，乳頭腫などがある．
- 国内の愛玩ウサギではウイルス感染症が臨床現場で問題になることは稀であるが，届出伝染病に指定されるなど重要な疾患が含まれるため，以下で解説する．

1 皮膚

- 粘液腫症はポックスウイルスの一種である兎粘液腫ウイルスが原因となる．海外では報告されているが国内での報告はなく(➡p.722)，届出伝染病に指定されている(➡49章)．粘液腫症ウイルスは直接接触や吸血昆虫，植物の棘などにより機械的に媒介される．
- ショープ線維腫(ウサギショープ線維腫)ウイルスは*Leporipoxvirus*属のウイルスで主に欧州の野生ウサギや北米のワタオウサギ(*Sylvilagus*属)で感染がみられるが，愛玩ウサギ(*Oryctolagus*属)での感染も確認されている．ショープ線維腫ウイルスは主に蚊などの吸血昆虫を介して媒介され，吸血部位に線維腫が形成される．
- ショープ線維腫ウイルスと粘液腫ウイルス間では交差免疫が生じ，ショープ線維腫ウイルス感染から回復した愛玩ウサギは粘液腫症に対しても免疫力を持つようになる.

2 | 呼吸器

- ウサギウイルス性出血病はカリシウイルス科ラゴウイルス属に属するウサギ出血病ウイルス(rabbit hemorrhagic diseases virus: RHDV)による疾患で，1984年に中国で初めて確認され，欧州，キューバ，オーストラリアやニュージーランドに広がったと報告されている.
- RHDVは尿や糞便，呼吸器からの分泌物などに放出され直接もしくは媒介物を介して間接的に感染する．愛玩ウサギで臨床症状を呈し，罹患率が高く散発的なアウトブレイクがいくつか確認されており，致死率も高いが2カ月齢以下の若齢個体では発症しないと報告されている．国内では届出伝染病に指定されている(➡49章).

3 | その他の疾患

- 狂犬病は1971～1997年の間に30例の発生が報告されているが海外でもウサギでは非常に稀な疾患である.
- 単純ヘルペスウイルス(herpes simplex virus)による脳炎が報告されているが稀な疾患であり，飼い主からウサギへの感染が示唆されている.
- その他，口腔内乳頭腫や腸コロナウイルス，ロタウイルスなどのウイルス性疾患が報告されている.

b 主要病原体

粘液腫ウイルス，ショープ線維腫ウイルス，ウサギ出血病ウイルス，狂犬病ウイルス，単純ヘルペスウイルス，パピローマウイルス，腸コロナウイルス，ロタウイルス

c 主症状

- 粘液腫症でみられる症状はウイルス株や感染したウサギの種類によって重篤度が異なる．北米に生息する野生のワタオウサギ(*Sylvilagus*属)では良性の皮膚腫瘍が形成されるだけであるが，愛玩ウサギ(*Oryctolagus*属)では元気消失，発熱，食欲不振，皮膚からの出血や発作がみられ致死率も高い．生存例では粘液膿性の眼瞼結膜炎や眼，耳などの顔面や会陰部に紅斑性浮腫性の結節病変が形成される.
- ショープ線維腫ウイルスの感染では，蚊などの吸血昆虫の吸血部位に線維腫が形成される．愛玩ウサギでは感染後3週間ほどで自然退行する.
- RHDVは肝臓内で増殖して重度の壊死性肝炎を引き起こし，播種性血管内凝固による出血でウサギは斃死する．感染後に発熱や食欲不振，元気消失，虚脱，呼吸器症状，鼻出血，発作などの症状がみられ，感染から12～36時間以内に死亡することが多い．より緩徐な経過を取る症例もみられるが通常は1～2週間以内に死亡する.
- 狂犬病では非特異的な症状として発熱，食欲不振，元気消失，後躯麻痺，頭部振戦などがみられる.
- 単純ヘルペスウイルス感染症では突然の結膜炎後にローリングや運動失調，発作などがみられたと報告されている.

- パピローマウイルス感染症により舌の腹側面に小さな白色の腫瘤が確認されることがあるが，このような病変は主に実験動物，特にニュージーランドホワイト種で報告されている．
- 腸コロナウイルス感染症の集団発生が報告されており，感染したウサギでは下痢や腹部膨満，元気消失がみられ，ほとんどの症例が臨床症状を発現して24時間以内に死亡する．本ウイルスに関連し，胸水や心筋症がみられた例も報告されている．
- ロタウイルス感染症では様々な程度の下痢や軟便がみられ，若齢で発症の症例では多くが重篤化しやすい．

d 診断

- 粘液腫症やショープ線維腫ウイルス感染症は臨床症状と病歴からこれらの疾患を疑い，病理組織学的検査や抗体検査，ウイルス分離などのウイルス検査に基づき診断する．
- RHDは同一環境内で飼育されているウサギが鼻や口から出血し集団で突然死した場合に強く疑われる．病理学的検査では肝腫大や播種性血管内凝固による出血などが確認され，赤血球凝集抑制試験やELISAテストも補助的に利用できる．
- 単純ヘルペスウイルス感染症の診断は剖検により核内封入体を確認して行う．

e 治療

- 海外では粘液腫ウイルスやショープ線維腫ウイルスに対するワクチンが使用されることもあるが，特異的な治療はなく，二次感染に対する抗菌薬投与などの対症療法や支持療法を行うとともに，衛生状態の管理や媒介昆虫の駆除など他個体への感染を予防する．
- RHDは急性の経過を取り致死率が高く有効な治療方法はない．若齢時に感染した個体では生涯免疫を獲得する．海外ではワクチンも使用されている．
- その他のウイルス性疾患に対する予防法や治療法は限られており，対症療法や支持療法が主となる．

内部寄生虫症（原虫，線虫，吸虫，条虫）

a この疾患について

- 愛玩ウサギでみられる主な内部寄生虫はウサギ蟯虫であり，その他の内部寄生虫は稀である．
- ウサギ蟯虫は盲腸，小腸，結腸内に寄生する．蟯虫の病原性は低く，その動きにより盲腸内容物の撹拌を行うことで後腸発酵の一役を担っているという考えもある．
- コクシジウム症は*Eimeria* spp.の感染により発生する．コクシジウムは腸管もしくは肝臓内へ寄生する．腸管に寄生する種は複数報告されているが，肝臓に寄生するコクシジウムは*Eimeria stiedae*のみである．
- いくつかの種類の非病原性の原虫（鞭毛虫）がウサギの糞便中で確認されることがある．
- トキソプラズマ症が，ウサギの神経疾患の稀な原因として報告されている．

b 主要病原体

ウサギ蟯虫(*Passalurus ambiguus*), 腸コクシジウム(*Eimeria perforans*, *E. magna*, *E. media*, *E. irresidua* など), 肝コクシジウム(*Eimeria stiedae*), トキソプラズマ(*Toxoplasma gondii*)

c 主症状

- ウサギ蟯虫は通常無症状で, 糞便に付着した虫体を目視で確認することが多い(**図38-11**). 蟯虫の多数寄生により陰部で軽度の瘙痒がみられることがある.
- 腸コクシジウム症は幼若なウサギで重症になりやすく, 粘液もしくは水溶性の血液混じりの下痢がみられることが多い(**図38-12**). また, コクシジウムが原因で腸重積が発生した例が報告されている. 腸コクシジウムで臨床症状を呈するウサギは2種類以上のコクシジウムに感染していることが多い.
- 肝コクシジウム症のウサギの多くは無症状であるが重篤な場合には肝腫大や腹水がみられることもある.
- 臨床的なトキソプラズマ症は稀であるが, 発作, 振戦, 斜頸や運動失調, 不全麻痺などの神経症状がみられることがある.

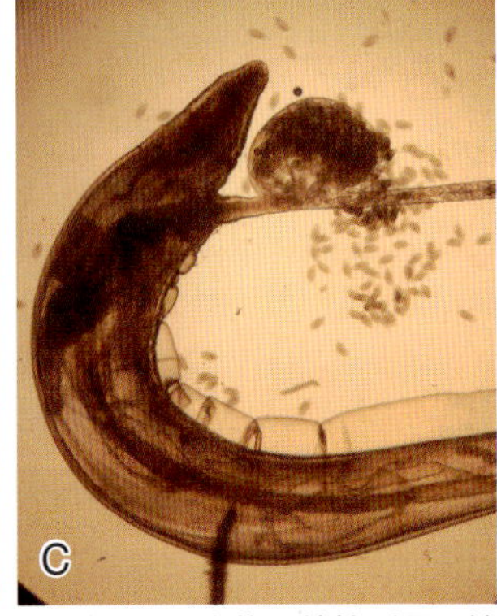

図 38-11 蟯虫. A:糞に付着した虫体, B:肛門部被毛に付着した虫卵, C:虫体の鏡検所見. 蟯虫の寄生は時折みられ, 通常は無症状で糞便に付着した虫体を目視で確認することが多い.

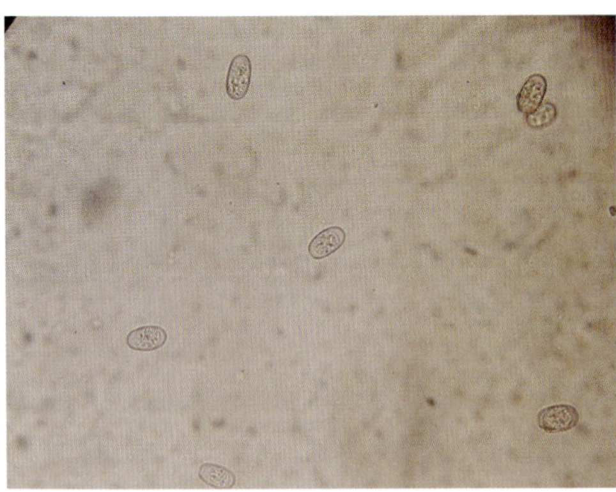

図 38-12 コクシジウム. 幼若なウサギではコクシジウムにより粘液もしくは水溶性の下痢がみられることが多い. コクシジウムは糞便の鏡検にて確認できる.

d 診断

- 目視による虫体の確認や糞便検査，鏡検による虫体および虫卵やオーシストの確認により診断する.
- 肝コクシジウム症では血液検査でASTやALT，総胆汁酸やビリルビン値の上昇がみられることもある.
- トキソプラズマ症とエンセファリトゾーン症は血清学的検査により鑑別できる.

e 治療

- ウサギ蟯虫は通常治療の必要はないが，フェンベンダゾール(10〜20 mg/kg，PO，10〜14日ごと)などで寄生数が抑制される.
- コクシジウム症に対してはスルファジメトキシン(初回50 mg/kg，2回目以降25 mg/kg，SID，10〜20日間あるいは15 mg/kg，BID，PO，10日間)やトリメトプリム・スルファメトキサゾール(30 mg/kg，BID，PO，10日間)を投与する.
- その他の消化管内寄生虫に対しては犬猫と同様の治療を行う.
- トキソプラズマ症に対してはST合剤(15〜30 mg/kg，BID，PO，14日間)を投与する.
- 同居動物の治療とともに衛生管理を徹底する.

外部寄生虫症

a この疾患について

1 被毛ダニ

- ウサギでみられる寄生性皮膚疾患の原因病原体のうち，最も多い外部寄生虫はツメダニである(**図38-13A**). ズツキダニ(**図38-13B**)も時折みられるが病原性はツメダニよりも軽い. ツメダニとズツキダニ以外の外部寄生虫はウサギでは稀である. また，ツメダニとズツキダニの同時感染もみられる.
- ツメダニ症は人獣共通感染症であり，感染動物との接触によりヒトに感染する.

2 その他のダニ

- ヒゼンダニ(**図38-13C**)の寄生は稀であるが，強い瘙痒と痂皮の形成などがみられる.
- ミミダニが時折みられるがその発生率は近年顕著に低下している.
- マダニの寄生は稀であるが，野兎病などを媒介する可能性がある.
- ニキビダニ(**図38-14**)は通常，臨床的に問題となることはないが，免疫力の低下した場合には脱毛などの原因となることがある.

3 昆虫

- ノミの寄生は稀で，散歩に行く個体や犬，猫と同居している個体で時折みられる.

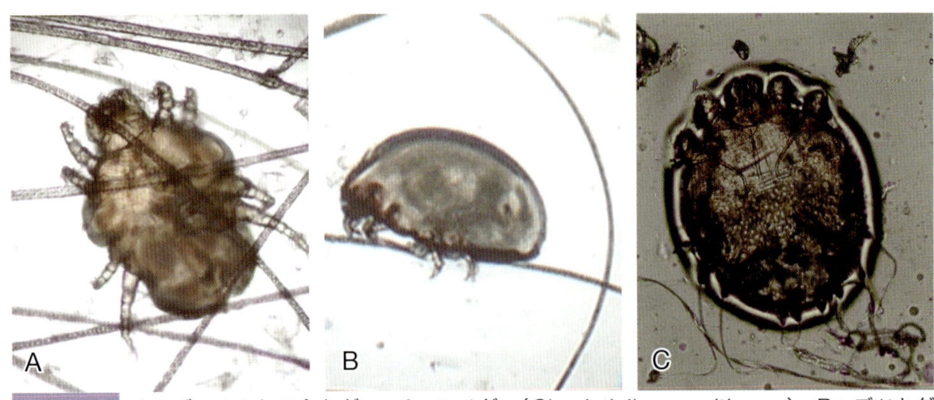

図 38-13 ウサギでみられる主なダニ．A：ツメダニ(*Cheyletiella parasitivorax*)，B：ズツキダニ(*Leporacarus gibbus*)，C：ヒゼンダニ(*Sarcoptes scabiei, Notoedres cati*)

図 38-14 ニキビダニ(*Demodex cuniculi*)．ニキビダニは通常，臨床的に問題となることはないが免疫力の低下した症例でみられることもある．

- 海外ではウサギヒフバエなどが問題となることもあるが，愛玩ウサギでは稀である．
- しかし衛生状態の悪い飼育下では，陰部の皮膚襞などにハエウジが発生することもある．

b 主要病原体

ツメダニ(*Cheyletiella parasitivorax*)，ズツキダニ(*Leporacarus gibbus*)，穿孔ヒゼンダニ(*Sarcoptes scabiei*)，猫小穿孔ヒゼンダニ(*Notoedres cati*)，ノミ(*Ctenocephalides canis, Ctenocephalides felis*)，ミミダニ(ウサギキュウセンヒゼンダニ，*Psoroptes cuniculi*)，ニキビダニ(*Demodex cuniculi*)，ウサギヒフバエ(*Cuterebra cuniculi*)

c 主症状

- ツメダニやズツキダニの寄生は頸部や肩甲骨間部などでみられることが多い(**図38-15**)．
- ツメダニの寄生では被毛の粗剛や菲薄化，鱗屑，皮膚の発赤，瘙痒などがみられる(**図38-15**)．
- ズツキダニの寄生では症状がみられないこともあるが，多数寄生ではツメダニと同様の症状がみられる．

- ヒゼンダニの寄生では強い瘙痒感を伴う局所的な脱毛がみられ，脱毛部では特徴的な痂皮形成がみられる（**図38-16**）．
- ミミダニでは激しい瘙痒と疼痛が耳や頭部周辺でみられることが多く，褐色から薄茶色のフレーク状滲出物が耳道内に多量に蓄積することがある．強い瘙痒感のため耳の周囲に脱毛や擦過傷がみられることもある．
- ニキビダニはステロイドを長期間投与した症例などで，稀に皮膚の発赤などの原因となる．
- ノミの寄生では瘙痒がみられ，ノミの虫体や糞を目視で確認できる（**図38-17**）．また，被毛の粗剛や皮膚炎，貧血がみられることもある．
- ハエウジ症では，糞便にまみれた毛玉や陰部の皮膚襞内にウジの虫体が確認される（**図38-18**）．

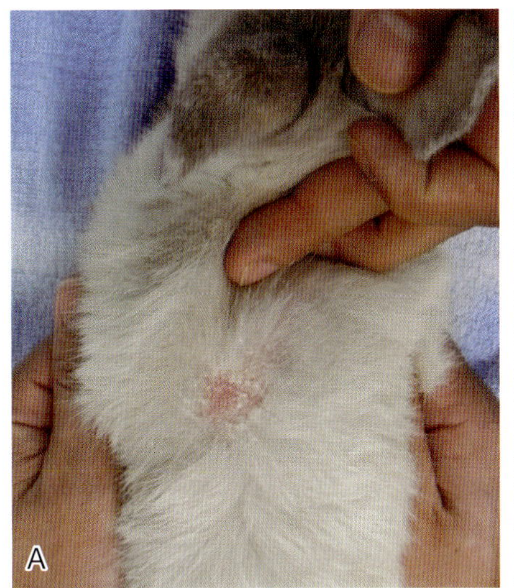

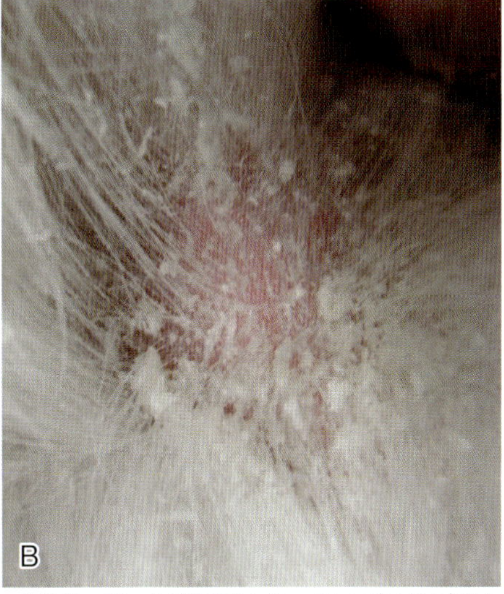

図 38-15　ツメダニの寄生による皮膚病変．A：全体像，B：病変部拡大像．ツメダニやズツキダニの寄生は頸部や肩甲骨間部（A）などでみられることが多く，薄毛や鱗屑，皮膚の発赤（B）などがみられることが多い．

図 38-16　疥癬による皮膚病変．ウサギではヒゼンダニの寄生は稀だが強い瘙痒と特徴的な痂皮の形成などがみられる．

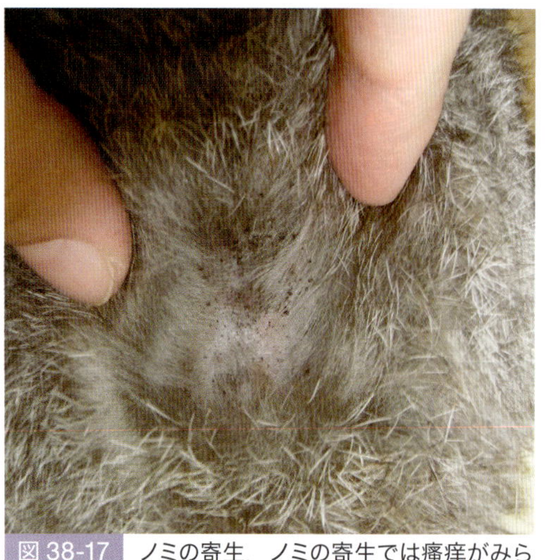

図 38-17 ノミの寄生．ノミの寄生では瘙痒がみられ，ノミの虫体や糞を目視で確認できる．

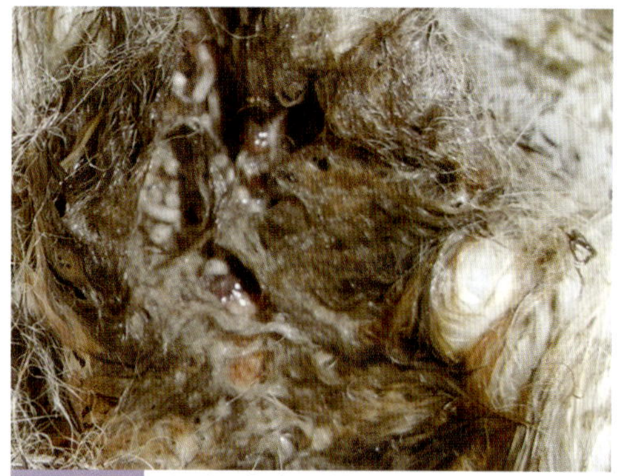

図 38-18 ウジの寄生．稀ではあるが糞便で汚れた陰部や褥瘡，適切に治療されていない外傷部などでウジの寄生がみられることがある．

d 診断

- 被毛のテープ検査や皮膚掻爬検査，耳垢の検査などで虫卵や虫体を確認する．

e 治療

- ノミやマダニ，ハエウジなどの虫体はノミ取りグシやピンセットで取り除く．
- ダニの駆虫にはイベルメクチン(0.4 mg/kg，q 10～14日，SC)の投与が有効である．また，滴下型駆虫薬(セラメクチン6～12 mg/kg，30日ごとなど)を用いることもできる．
- ミミダニの治療では耳道内に形成された痂皮は無理に取り除かず，駆虫を優先する．
- ノミの駆虫にはイミダクロプリドの局所製剤の滴下が有効であり，重篤な寄生の場合はルフェヌロン(30 mg/kg，30日ごと，PO)の経験的使用例も報告されている．
- ハエウジ症では，ウジを除去後，組織を清潔にし，二次感染に対しST合剤を用いる．皮膚内に潜り込んだ虫体にはイベルメクチン(0.4 mg/kg，10～14日ごと，2回，SC)が有効であるが，虫体の死滅により致死的なショックが生じる可能性がある．
- ウサギでは毒性の報告があるためフィプロニルの使用が推奨されないほか，ノミ取り首輪，有機リン製剤，ペルメトリンスプレーなどの使用も避ける．
- 飼育環境の衛生状態の改善を徹底し継続する．通常，接触のあるウサギや同居動物も同時に治療する必要がある．

参考文献

- Lennox A, Kelleher S(2009)：Vet Clin North Am Exot Anim Pract. 12，519–530.
- Quesenberry KE, Carpenter JW(2011)：Ferrets, rabbits, and rodents. Clinical medicine and surgery 3rd., Elsevier
- 斉藤久美子，三輪恭嗣監訳(2007)：小動物臨床のための5分間コンサルト　ウサギとフェレットの診断・治療ガイド，インターズー

39 フェレット

問題となる主な病原体の一覧

1）細菌
Staphylococcus aureus, *S. intermedius*, *Proteus* spp., *Salmonella* Typhimurium, *S.* Newport, *S.* Choleraesuis, *Escherichia coli*, *Campylobacter jejuni*, *Lawsonia intracellularis*, *Helicobacter mustelae*, *Streptococcus zooepidemicus*, *Klebsiella pneumoniae*, *Pseudomonas aeruginosa*, *Bordetella bronchiseptica*, *Listeria monocytogenes*, *Mycobacterium* spp.

2）真菌
Microsporum canis, *Trichophyton mentagrophytes*, *Blastomyces dermatitidis*, *Coccidioides* spp., *Absidia corymbifera*, *Pneumocystis carinii*

3）原虫
コクシジウム（*Isospora laidlawii, Eimeria furonis, E. ictidea*），ジアルジア（*Giardia* spp.），クリプトスポリジウム（*Cryptosporidium* spp.），トキソプラズマ（*Toxoplasma gondii*），サルコシスティス(*Sarcocystis muris*)

4）ウイルス
アリューシャン病ウイルス，コロナウイルス，インフルエンザウイルス，犬ジステンパーウイルス

5）寄生虫
回虫（*Toxascaris leonina, Toxocara cati*），鉤虫（*Ancylostoma sp.*），条虫（*Dipylidium caninum*），犬糸状虫（*Dirofilaria immitis*），ミミダニ（ミミヒゼンダニ，*Otodectes cynotis*），ノミ（*Ctenocephalides* spp., *Pulex irritans*），マダニ，ヒゼンダニ，ニキビダニ，*Lynxacarus mustelae*，ウジ（*Cuterebra larvae*, *Hypoderma bovis* など）

細菌感染症

a この疾患について

フェレットでも様々な細菌感染症がみられるが，一部の疾患を除き細菌感染が臨床的な主な問題となることは稀である．また，ウサギやげっ歯類に比べ細菌感染症の発生率や膿の形状などは犬，猫に類似しており，使用できる抗菌薬の種類なども犬猫と同様であり，多くの点で犬，猫の治療を外挿できる．以下，臓器別にみられる主な細菌感染症について述べる．

1 皮膚

同居個体同士の遊びや喧嘩，副腎疾患による瘙痒による自傷などで皮膚に生じた外傷に細菌感染が生じ膿皮症（**図39-1**）がみられることが稀にある．その他，耳垢の蓄積による外耳炎，泌尿器疾患による陰部の尿焼けなどに細菌感染が続発することがある（**図39-1**）．

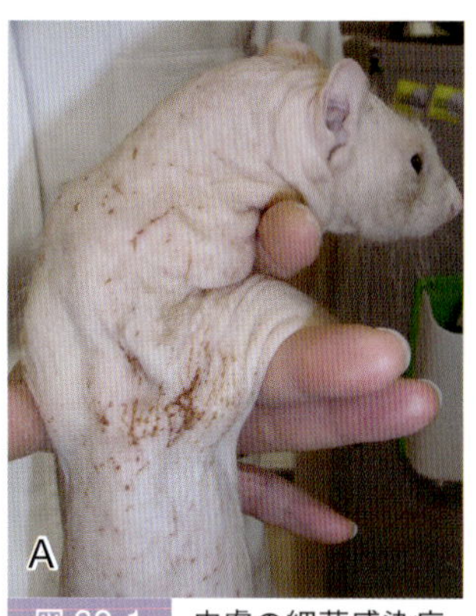

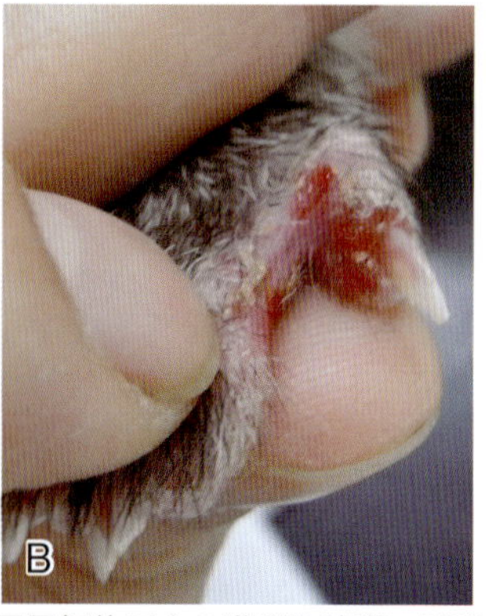

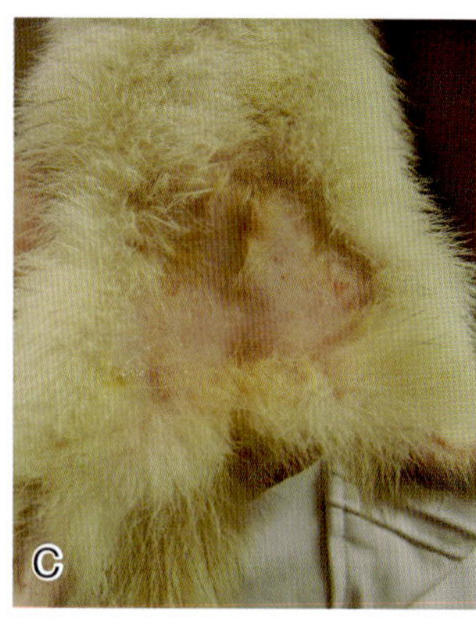

図 39-1　皮膚の細菌感染症．同居個体同士の遊びや喧嘩，副腎疾患による瘙痒による自傷(A)などで皮膚に生じた外傷や舐め壊し(B)による皮膚炎，泌尿器疾患による陰部の尿焼け(C)などに細菌感染が続発することがある．

2 | 消化器

- 歯牙の折損や歯石の付着などに細菌が感染し歯肉炎がみられることがある(**図39-2**)．
- フェレットではしばしば慢性的な下痢や軟便がみられる．これらの細菌学的な原因としてハムスターと同様に*Lawsonia intracellularis*による増殖性腸疾患がみられることが知られており，その他，サルモネラやカンピロバクターなどが下痢の原因となることがある．また，フェレットではヒトの*Helicobacter pylori*と類似した*H. mustelae*による胃炎や増殖性腸炎などがみられることがあり，下痢の原因としてフェレットでは抗酸菌症がみられることもあるが，その詳細は次項で記述する．

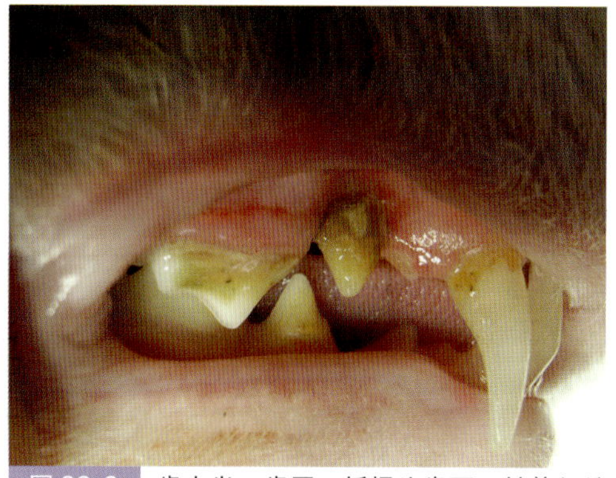

図 39-2　歯肉炎．歯牙の折損や歯石の付着などに細菌が感染し歯肉炎がみられることがある．

3 | 泌尿器

副腎疾患による前立腺肥大や尿石症などに二次的に細菌感染症が発生し前立腺炎や膀胱炎などが

みられることがある．また，前立腺疾患や尿石症などによる排尿障害による尿焼け部で二次的な細菌感染がみられることも多い．

4 呼吸器

鼻炎や肺炎など呼吸器感染症がフェレットでみられるのは稀であるが，免疫力の低下した個体や他疾患に罹患した個体でみられることがある．ジステンパーでは鼻汁や流涙に二次的に細菌感染がみられることが多い．

b 主要病原体

Staphylococcus aureus，*S. intermedius*，*Proteus* spp.，*Salmonella* Typhimurium，*S.* Newport，*S.* Choleraesuis，*Escherichia coli*，*Campylobacter jejuni*，*Lawsonia intracellularis*，*Helicobacter mustelae*，*Streptococcus zooepidemicus*，*Klebsiella pneumoniae*，*Pseudomonas aeruginosa*，*Bordetella bronchiseptica*，*Listeria monocytogenes*，*Mycobacterium* spp.

c 主症状

- 細菌感染部位により異なる症状がみられ，症状は部位により犬猫と同様の症状がみられる．
- 増殖性腸疾患では慢性的な下痢や粘液便，緑色便などがみられる．
- ヘリコバクターによる胃炎や腸炎では悪心や嘔吐，軟便，下痢などがみられる．

d 診断

- 細菌感染の原因となっている環境要因や原発疾患の有無を確認する．
- 病変部から採材し，細菌の有無を鏡検や細菌培養検査で確認する．
- 必要に応じて病理組織学的検査やPCR検査を実施する．

e 治療

- 原発要因を改善し，体表部の病変は消毒液で消毒する．舐め壊しなどの自傷行為がみられる際にはエリザベスカラーや服を着せるなどで二次的な悪化を防止する．
- 細菌培養して感受性試験に基づき抗菌薬を投与する．検査結果が出るまでは広域性の抗菌薬を必要に応じて投与する．
- フェレットの下痢に対して筆者はアモキシシリン(20 mg/kg，BID)，メトロニダゾール(20 mg/kg，BID)，次硝酸ビスマス(17.5 mg/kg，BID)の3剤を投与することが多い．
- *Lawsonia intracellularis*による腸疾患が疑われる場合にはクロラムフェニコール(50 mg/kg，BID)を投与する．

f 原因微生物について

1 抗酸菌症

i この疾患について

抗酸菌症はニュージーランドでは野生化した個体で発生が確認されており，重要な感染症とされている．我が国も含め散発的な発生が各国で報告されている．抗酸菌は消化管，肝臓，腸間膜リンパ節に感染することが多く，通常の消毒や熱，抗菌薬に対し抵抗性を示し治療に対して反応が悪いことが多い．また，人獣共通感染症の可能性もある．

ii 主要病原体

- *Mycobacterium bovis, M. avium, M. avium* complex（MAC），*M. triplex*が主
- その他，*M. genavense, M. celatum, M. microti, M. abscessus, M. fortuitum, M. florentinum, M. interjectum, M. septicum, M. peregrinum*などが報告されている．

iii 主症状

- 食欲不振や体重減少などの非特異的症状が主にみられ，嘔吐，下痢などの消化器症状がみられることも多い．
- 罹患部位や感染した抗酸菌の種により，呼吸器症状や中耳炎，内耳炎に伴う斜頸，髄膜脳炎に伴う中枢神経症状，眼症状などがみられることもある．

iv 診断

- X線検査や腹部超音波検査では，腹腔内リンパ節の腫脹や胃壁の肥厚がみられることがある（**図39-3**）．
- 病変部の組織生検を実施し（**図39-4**），抗酸菌染色を含む病理組織学的検査やPCR検査を実施して確定診断する（**図39-5**）．菌種の同定には抗酸菌の培養やPCR検査などが必要となる．
- 消化器症状を呈する例では糞便を用いて抗酸菌染色による直接鏡顕や抗酸菌の培養検査，PCR検査などにより抗酸菌の存在を確認することができる．

v 治療

- 単剤での治療では，*M. absessus*に対し，クラリスロマイシン（8～10mg/kg，BID，PO）単独の治療が有効な例が報告されているが，その他，単剤治療で成功した例はほとんど報告されていない．
- リファンピシン（10 mg/kg，BID，PO）とアジスロマイシン（10～20 mg/kg，BID，PO），エンロフロキサシン（5 mg/kg，SID，PO）の併用
- リファンピシン（30 mg/kg，SID，PO）とクラファジミン（12.5 mg/kg，SID，PO），クラリスロマイシン（31.25 mg/kg，SID，PO）などの多剤併用療法が推奨されており，必要に応じてステロイド剤（プレドニゾロン0.25～1.0 mg/kg，SID，PO）を追加することもある．

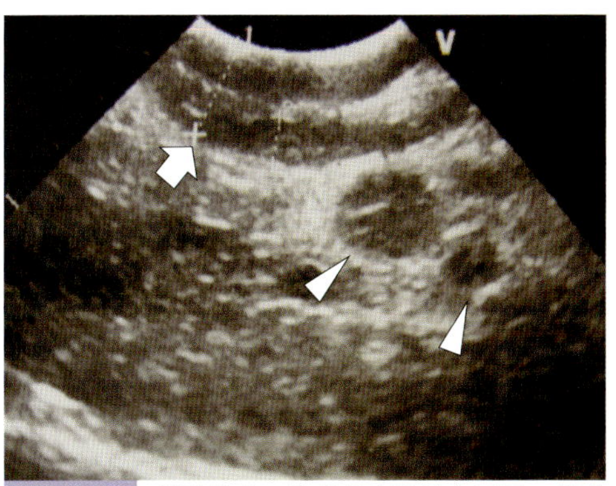
図 39-3 抗酸菌症の腹部超音波検査所見．抗酸菌症では X線検査や腹部超音波検査で腹腔内リンパ節の腫脹（矢頭）や胃壁の肥厚（矢印）がみられることがある．

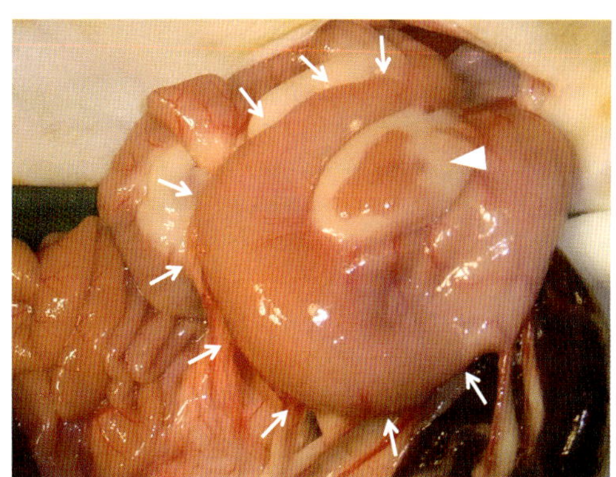
図 39-4 抗酸菌による病変．抗酸菌の感染により胃の幽門側から半分以上の胃壁が硬化・肥厚し（矢印），胃周囲のリンパ節の腫大（矢頭）が確認される．

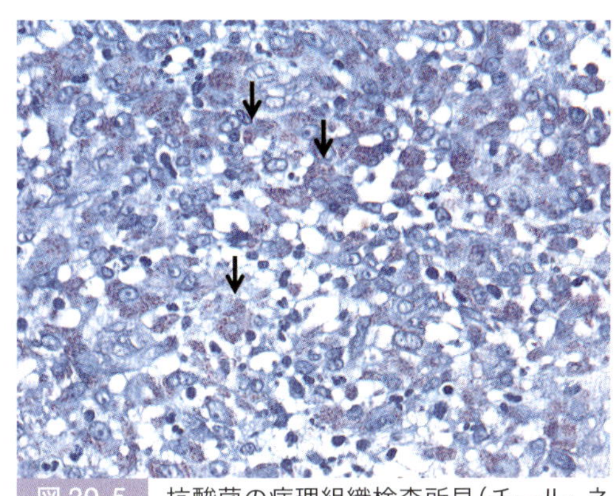
図 39-5 抗酸菌の病理組織検査所見（チール・ネルゼン染色/強拡大像）．類上皮細胞の細胞質内に抗酸菌が多数確認される（矢印）．

- 本疾患を発症した場合にはその他の基礎疾患がないかどうかを検討し，あれば対処する．初期治療に対しては症状の改善が認められるものの，治療を中断することで症状の悪化がみられるため数カ月にわたる長期間の投薬が必要となる可能性がある（適切な投与期間に関する報告はない）．
- 海外では人獣共通感染症の可能性が高いため安楽死が選択されることもある．

真菌感染症

a この疾患について

- 皮膚糸状菌症はフェレットでは稀な疾患であり，地域によってその発生率には差があると報告されており，若齢個体や何らかの疾患に罹患し免疫力の低下した個体でみられることが多い．皮膚糸状菌症は人獣共通感染症である（➡ p.707）．

- 皮膚糸状菌以外の真菌感染症としてブラストミセス，コクシジオイデス，クリプトコックス，マラセチア，ニューモシスチス，ムコール症などが主に海外で報告されている．

b 主要病原体

Microsporum canis，*Trichophyton mentagrophytes*（*M. canis*がより一般的），*Blastomyces dermatitidis*，*Coccidioides* spp.，*Absidia corymbifera*，*Pneumocystis carinii*

c 主症状

- 皮膚糸状菌症では丘疹や痂皮，皮膚の発赤や脱毛，被毛粗剛などがみられる．主な病変は顔や足底を含む全身にみられ，初期に局所的な脱毛や丘疹がみられるが，時間の経過とともに汎発性に進行し，鱗屑や痂皮，紅斑，皮膚の肥厚や過角化などがみられることもある（**図39-6**）．病変部に化膿や炎症が伴うこともあり，無治療で自然に症状が改善することもある．
- 他疾患に罹患した個体や化学療法中の個体など免疫力の低下した個体でみられることが多いと報告されている．

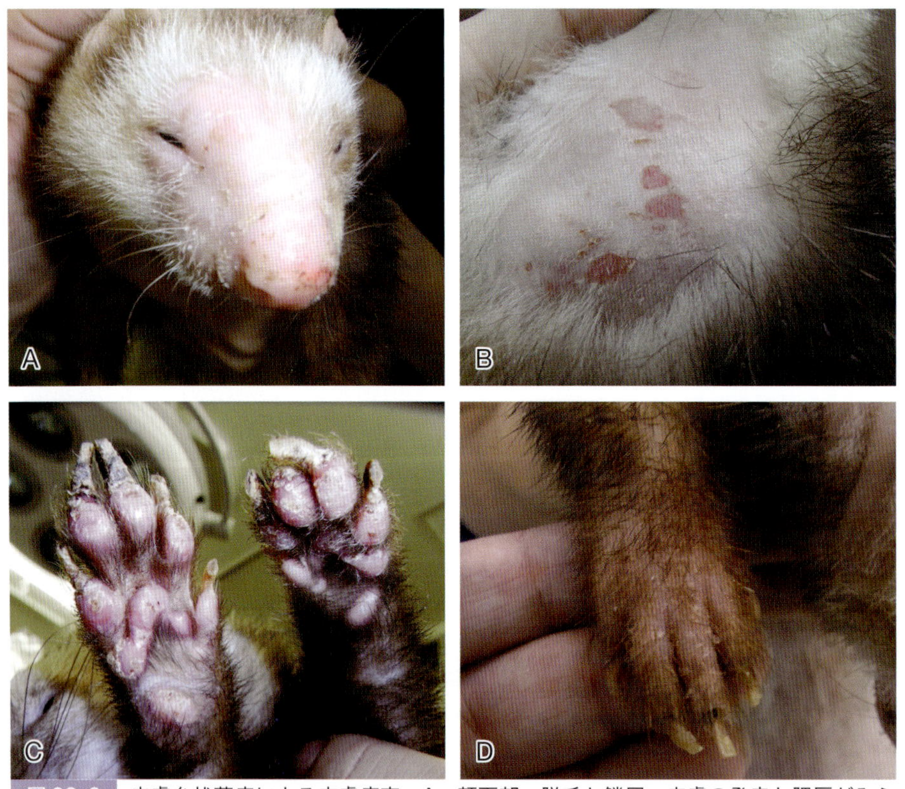

図39-6　皮膚糸状菌症による皮膚病変．A：顔面部．脱毛と鱗屑，皮膚の発赤と肥厚がみられる．B：体幹部．皮膚の発赤や痂皮病変がみられ，瘙痒感を伴っていた．写真は病変部周囲の毛刈りをしてある．C，D：肢端部．脱毛と鱗屑，皮膚の肥厚がみられる．

d 診断

- 皮膚掻爬物や被毛など採材したサンプルの鏡検により真菌を確認したり，真菌培養を行い病原性真菌の存在を確認することで皮膚糸状菌症は犬猫と同様の方法で診断できる．ウッド灯も利用できるが，確認できるのは*M. canis*など限られた種のみで病原性真菌でも蛍光を発しない種類も多い．
- 免疫力低下など他要因が本疾患の発症要因となっていないかを確認する．

e 治療

- 臨床症状は自然に改善することが多いと報告されている一方で，犬，猫に比べてフェレットの真菌症は治療に対する反応が悪いとする報告もある．皮膚糸状菌症は他個体やヒトに感染する可能性があるため診断がついた際には治療をすることが推奨されている．
- 局所的治療として病変部周囲を毛刈りし，希釈したポピドンヨードやクロルヘキシジングルコン酸塩液，石灰硫黄剤などで消毒後，抗真菌薬軟膏（ミコナゾールクリームやケトコナゾールクリームなど）を塗布する．
- 全身的な治療は抗真菌薬の経口投与を行う．抗真菌薬としてイトラコナゾール（5～15 mg/kg，PO，SID）やグリセオフルビン（25 mg/kg，PO，SID）などを用いる．抗真菌薬は2回の真菌培養検査で陰性であることを確認してからか，もしくは臨床症状が改善してから1カ月間投与を継続してから中止する．
- 感染動物の治療と同時に飼育施設の衛生管理を徹底して行い，同居動物がいる場合には同時に治療するか隔離する．飼育施設の消毒は塩素系漂白剤などで消毒し，換気扇や空調フィルターなどの洗浄もしくは交換を行う．
- 皮膚糸状菌以外の真菌症に対してはケトコナゾールやアムホテリシンBの静脈内投与による治療が報告されている．

ウイルス感染症

a この疾患について

フェレットでは犬と同様にジステンパーに罹患するため予防接種が推奨されており，ヒトのインフルエンザに罹患するため実験動物として利用されているなど様々なウイルス感染症が確認されている．その他，フェレットやミンクで大きな問題となるアリューシャン病ウイルスや慢性的な下痢の原因となるコロナウイルスなどが臨床現場で主に問題となるウイルスとして知られている．以下，フェレットで問題となる主なウイルス疾患について述べる．

b 主要病原体

アリューシャン病ウイルス，コロナウイルス，インフルエンザウイルス，犬ジステンパーウイルス

c 原因微生物について

1 アリューシャン病

i この疾患について

- 1940年代に北米のミンク(*Mustela vison*)ではじめて確認された疾患で，アリューシャン病ウイルス(Aleutian disease virus: ADV)による免疫複合体関連性疾患であり，ミンクの近縁種であるフェレット，イタチ，テンやスカンクなどのイタチ科に属する動物にも感染する．日本でも2000年以降に感染例が報告されているが，著者自身の経験では2007年以降国内での発生例は減少してきていると感じている．
- ADVの伝播方法に関しては明らかにされていないが，ウイルスは主に尿，唾液，血液，便への直接接触や他の媒介物を介して伝播されると考えられており，空気感染や垂直感染の可能性も示唆されている．
- 本疾患の病態はウイルスに対する抗体反応による高γグロブリン血症と免疫複合体の臓器への沈着，リンパ球・プラズマ細胞の増殖などが特徴とされ，免疫複合体の蓄積により糸球体腎炎や動脈炎などが生じ，様々な臓器でリンパ球・プラズマ細胞の浸潤がみられる．

ii 主要病原体

パルボウイルス科　アリューシャン病ウイルス

iii 主症状

- 慢性進行性の消耗性疾患であり慢性的な体力消耗(活動性低下や元気消失)や食欲低下，進行性の体重減少がみられ削痩し衰弱していくことが多く，発症期間は長期にわたり18～24カ月間以上であることが多い．
- 症状の重篤度はウイルスの系統(株)と宿主の免疫状態に左右され，重篤な症状を発症する症例がいる一方でADVに感染後，抗体価の上昇がみられるものの明らかな臨床症状がみられないこともある．
- 本疾患でみられる症状は感染後にどの程度の病変がどの部位でみられるかにより異なり，前部ぶどう膜炎や高γグロブリン血症に関連した神経症状がみられることもある．本疾患による神経症状として四肢や後躯の不全麻痺，便や尿の失禁，頭部振戦，痙攣や発作などが報告されている．その他，肝臓，脾臓や腎臓などの臓器腫大，メレナや貧血，発咳，呼吸困難などがみられる．

iv 診断

- 前述した症状がみられ，臨床検査により他疾患を除外し，血液検査により高タンパク血症(9～10 g/dL以上)，特に高γグロブリン血症を確認し，ADV抗体価の上昇を確認して本疾患と仮診断する．血清タンパク分画ではモノクローナルガンモパシーがみられることが多い(**図39-7**)．高γグロブリン血症がみられないADV抗体陽性の個体も確認されている．

- 抗体価陽性個体でも臨床症状がみられないこともあり，数%で偽陰性結果が出たり，陰性であったものが陽転することもある．このため，初回の検査でADV抗体価が陰性であっても本疾患が疑われる際には2～3週間あけて再度検査を実施するなど慎重な判断が必要である．
- X線検査や超音波検査，CT検査などの画像検査では腎臓や肝臓，脾臓などリンパ球やプラズマ細胞の浸潤した臓器の腫大が確認できることもある(**図39-8**)．腫大臓器の病理組織学的検査ではリンパ球・プラズマ細胞の増殖が確認でき本疾患と診断できる(**図39-9**)．
- PCR検査(**図39-10**)を実施することで組織内のADVの存在を確認でき，組織内のウイルスを電子顕微鏡で確認できることもある．また，ADVの遺伝子解析によりウイルス株を特定できる．

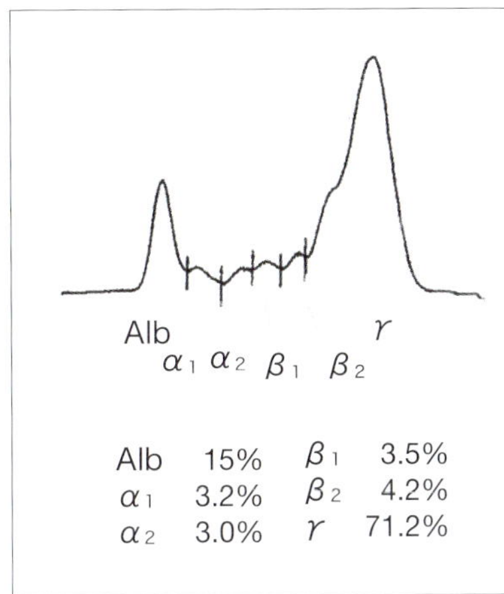

図39-7 アリューシャン病に罹患したフェレットの血清タンパク電気泳動結果．アリューシャン病では血清タンパクが高値を示し，血清タンパク電気泳動ではモノクローナルガンモパシーがみられることが多い．

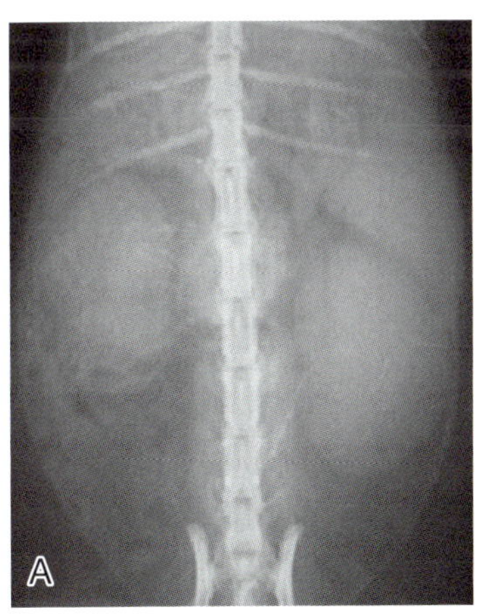

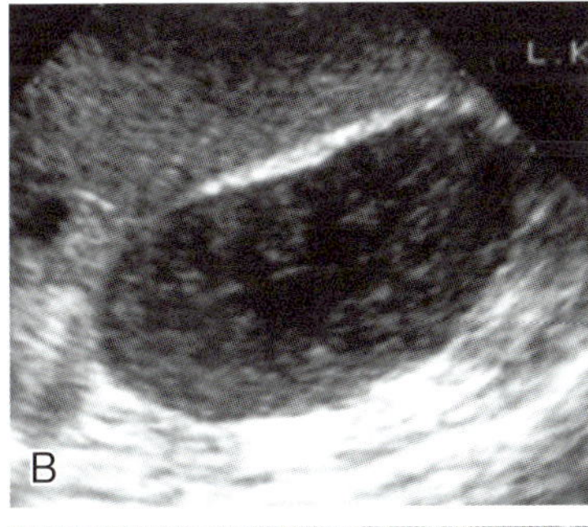

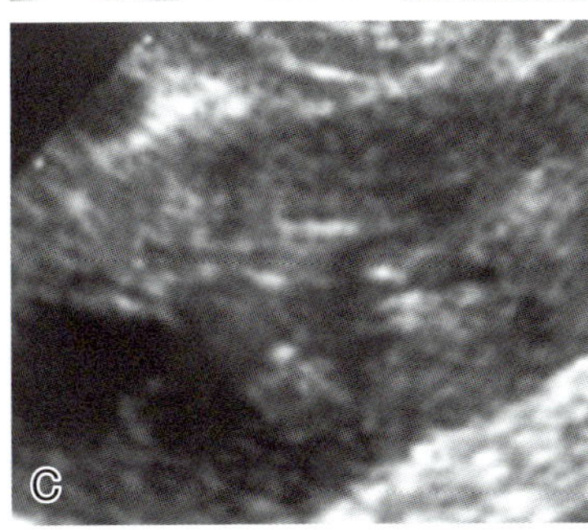

図39-8 アリューシャン病罹患症例の画像検査所見．A：腹部X線検査所見(VD像)，B：左腎の超音波検査所見，C：右腎の超音波検査所見．アリューシャン病ではリンパ球や形質細胞の浸潤により様々な臓器が腫大する．写真の症例では脾腫と両側の腎腫大が確認できる(A)．腎臓は超音波検査にて構造上の大きな変化を伴わず全体が腫大しているのが確認された(B)．

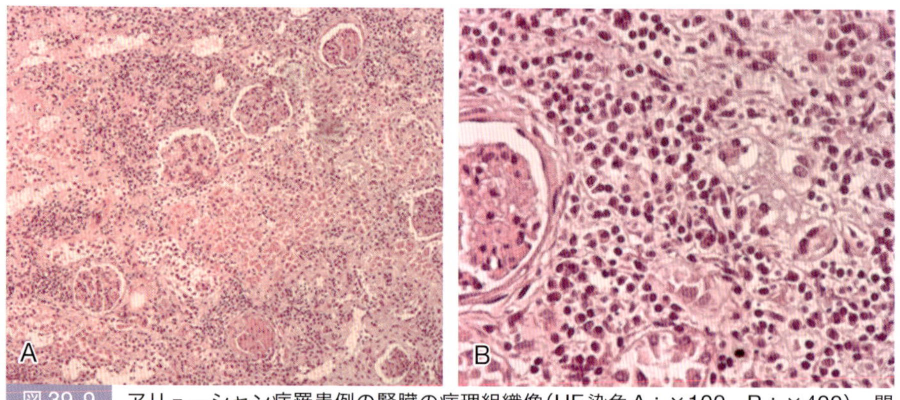

図 39-9 アリューシャン病罹患例の腎臓の病理組織像(HE染色A：×100，B：×400)．間質でリンパ球・形質細胞を主体とする炎症細胞の顕著な浸潤がみられる．

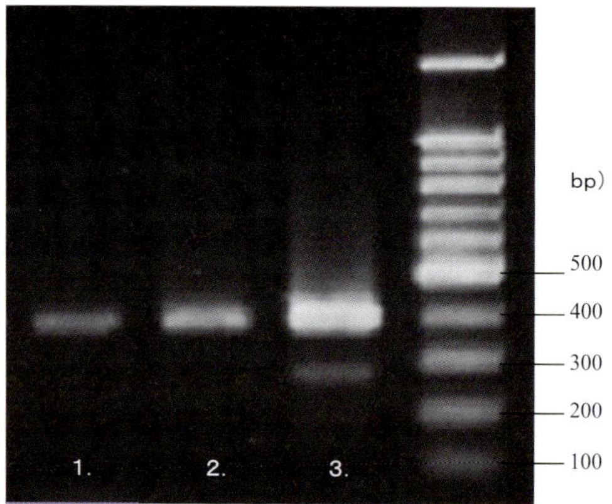

図 39-10 アリューシャン病のPCR検査．罹患症例の血液や臓器を用いて PCR検査を行うことでADVに特異的なバンド(401 bp)を確認することができる．写真はAD罹患症例の1.肝臓，2.腎臓，3.血液を用いPCR検査で増幅された401 bp付近のバンド

Ⅴ 治療

- 予防や発症例に対する特異的な治療や効果的な治療法は報告されておらず，対症療法や支持療法が主体となる．免疫抑制剤としてプレドニゾロン(0.5～2 mg/kg，SID～BID)の投与によりADVの影響を軽減できる可能性が報告されており，著者らの経験でも同様の結果が得られている．
- 治療に対する反応や予後は感染したADVの株や症例の全身状態，症状の重篤度や検査結果などにより様々で一時的な改善がみられる症例があるものの，多くの症例は徐々に全身状態が低下していく．ADVに対する抗体を得たフェレットはウイルスを排除することができると考えられているものの，その方法や期間は明らかにされていない．
- ADVの自然伝播に関しての詳細は明らかにされていないが，主に唾液や尿，糞，体液などに存在し，これらを介して感染が広がると考えられている．ADVは非常に安定したウイルスのため他個体への感染拡大を予防することが重要である．消毒薬としてホルマリン，フェノール系の殺菌性洗剤，水酸化ナトリウムや希釈した次亜塩素酸ナトリウムなどの有効性が確認されている．

2 コロナウイルス感染症

i この疾患について

- フェレットでは遺伝子配列に違いのある二つのコロナウイルス感染症が知られており，これらは1型（ferret systemic corona virus: FRSCV）と2型（ferret enteric corona virus: FRECV ）フェレットコロナウイルスとして報告されている．国内の疫学調査でも1型，2型の両方が確認されている．
- FRECVはフェレット腸コロナウイルスとも呼ばれ，流行性カタル性腸炎（epizootic catarrhal enteritis: ECE）の原因として知られている．
- FRSCVはフェレット全身性コロナウイルスとも呼ばれ，猫伝染性腹膜炎（FIP）に類似した全身感染を引き起こし化膿性肉芽腫を形成するFRECVの変異体として2006年に報告された．

ii 主要病原体

- フェレット腸コロナウイルス（FRECV）
- フェレット全身性コロナウイルス（FRSCV）

iii 主症状

- FRECVでは元気消失や食欲不振，嘔吐がみられ，粘液を含んだ多量の緑色下痢便がみられることが多く，下痢が治まった後でも様々な程度の消化不良や吸収不良が続き消化器症状が慢性化することが多い．その他，FRECVではしぶりや食欲不振，体重減少，削痩，被毛粗剛，脱水，歯ぎしりなどがみられることもある．
- FRSCVでは様々な臓器で化膿性肉芽腫が形成される．症状として体重減少や活動性，食欲の低下，元気消失など非特異的な症状がみられ，腫大した腸間膜リンパ節を腹腔内腫瘤として触知できることも多い．FRSCVでも嘔吐や下痢などの消化器症状がみられることもある．
- その他，FRSCVでは中枢神経症状や後躯の麻痺もしくは不全麻痺，運動失調，発作などの症状が急性かつ進行性に認められることが報告されている．

iv 診断

- FRECVの潜伏期は48〜72時間とされ，若齢個体導入後48〜72時間後に以前からいた複数の個体が多量の緑色下痢便を排泄したという病歴から本疾患を仮診断することができる．
- FRECVは異物や寄生虫，好酸球性胃腸炎など下痢の原因となる他疾患を除外し，内視鏡もしくは消化管の生検に基づき確定診断する．
- FRSCVは若齢個体に発生することが多く，FRSCVによる化膿性肉芽腫は腹腔内リンパ節などに形成され触診で触知できることが多い．同年齢のフェレットではしばしばみられるリンパ腫との鑑別が重要である．

- FRSCVの開腹時肉眼的所見は，猫のFIPのドライタイプに類似し白色から黄褐色の肉芽腫性結節（**図39-11A**）がみられる，もしくは漿膜や腸間膜の表面上に直径0.5〜2.0 cm程度の白斑がびまん性に散在している（**図39-11B**）ことが多い．腫大したリンパ節や臓器の病理組織学的検査やPCR検査を行い確定診断する．病理組織学的所見は，肉芽腫の中心部にマクロファージが集簇し，その周囲には好中球やリンパ球などの炎症細胞が存在し一部壊死がみられる（**図39-12**）．この肉芽腫性病変に対し抗猫コロナウイルス抗体（FIPV3-70）を用いて免疫組織学的染色を行うと，マクロファージの細胞内に存在するコロナウイルス抗原に対する陽性反応像が認められる（**図39-13**）．
- FRSCVではFIPと同様に高γグロブリン血症によるポリクローナルガンモパシーが認められることが多く，肉芽腫を形成する臓器によっては肝臓や腎臓の値に異常が認められることもある．その他，低アルブミン血症，非再生性貧血，血小板減少症がみられることもある．

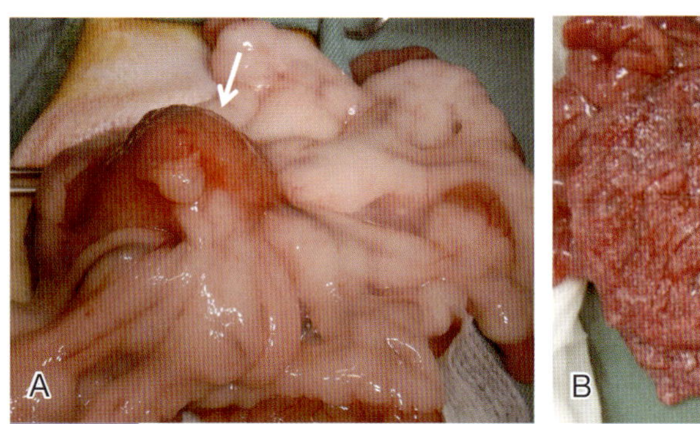

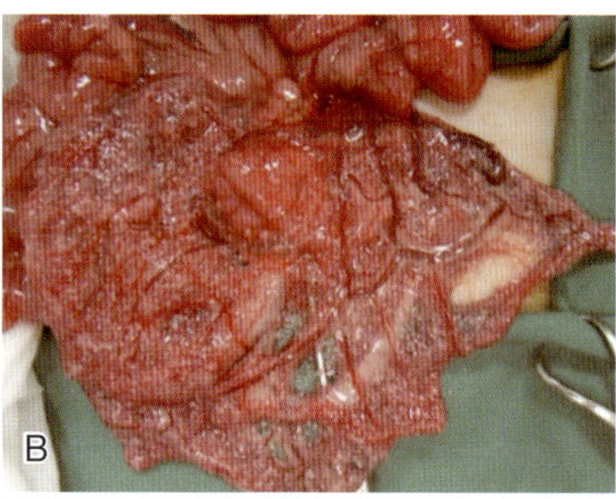

図 39-11　フェレット全身性コロナウイルス（FRSCV）による病変部の肉眼所見．A：孤立性病変，B：播種性病変．FRSCVでは，白色から黄褐色の肉芽腫性病変が孤立性（A）に形成されたり，漿膜や腸間膜の表面上に直径0.5〜2.0 cm程度の白斑がびまん性（B）に形成されることが多い．

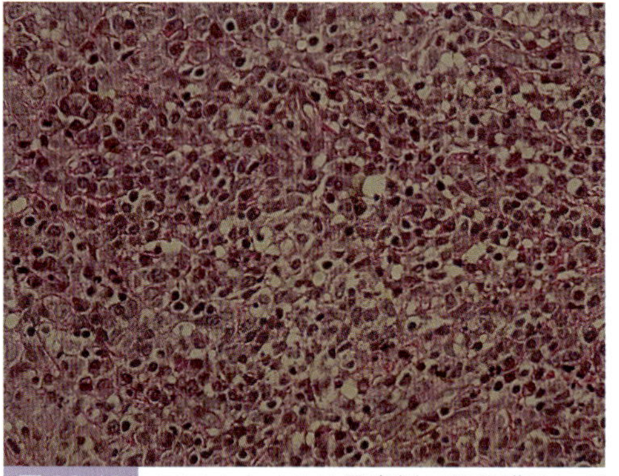

図 39-12　コロナウイルス罹患例の腸間膜リンパ節病理組織検査所見（HE染色）強拡大像．リンパ濾胞は過形成で類上皮様マクロファージの集簇巣，重度の好中球浸潤，線維芽細胞の増生がみられ肉芽腫性リンパ節炎と診断された．

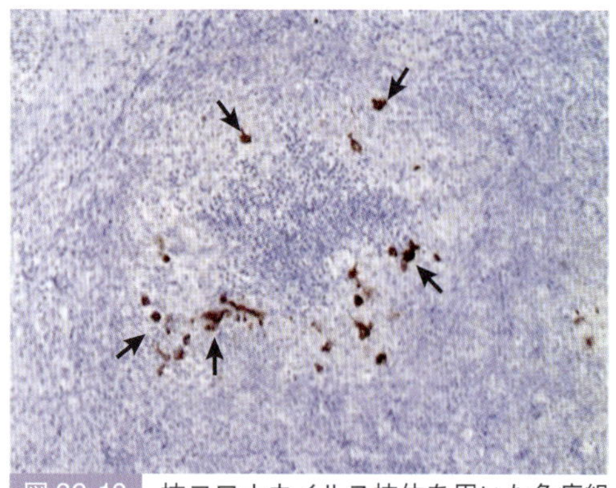

図 39-13　抗コロナウイルス抗体を用いた免疫組織化学染色所見．写真中央に好中球，細胞崩壊物があり，周囲のマクロファージでは抗体に対する陽性反応像が確認される（矢印）．

v 治療

- FRECVに対する特異的な治療はなく，整腸剤や収斂剤，補液や補助給餌などによる対症療法を行う．FRECVは伝染力が強く，感染個体を隔離しヒトや物の移動を制限するとともに新たな個体を導入する際には十分な検疫を実施することが重要である．
- FRSCVの治療は免疫抑制や過剰な炎症反応を抑制する目的でステロイド剤やその他の免疫抑制剤を使用し，インターフェロン療法や支持療法を行う．これらの治療で一時的な改善がみられるものの予後は要注意で報告例の多くは診断後数カ月以内に死亡するか安楽死されている．一方で，3年以上生存している例も報告されており，早期発見，治療により免疫反応を抑制し臓器への障害を抑制できれば生存期間の延長が可能であると思われる．

3 インフルエンザウイルス感染症

i この疾患について

- フェレットはインフルエンザウイルスに感受性で，ヒトインフルエンザウイルスの実験動物として古くから使用されている．ウイルスはフェレットからフェレットへ，ヒトからフェレットへ，フェレットからヒトへ伝播するが，獣医師が主に問題とするのはヒトからフェレットへの感染である．
- フェレットに病原性を示すインフルエンザウイルスにはA型とB型があるが，主にA型が問題となる．ウイルスの排泄は発熱のピーク時に始まり，3～4日間持続し，エアロゾル化された飛沫の吸引により感染が広がる．

ii 主症状

- インフルエンザウイルス感染症では発熱，元気消失，くしゃみ，鼻汁，流涙，眼脂，食欲不振などがみられ，下痢などの消化器症状や羞明や結膜炎などがみられることもある．発熱は感染後短い潜伏期間を経てみられるが，2日程度で治まることが多く，二相性の発熱がみられることもある．くしゃみや鼻汁，流涙などの臨床症状は感染後48時間以内にみられることが多い．
- インフルエンザでみられる症状はジステンパーの初期にみられる症状と類似しているが，CDV感染ではより重篤な経過を取りほぼ全例が致死的経過を取るのに対し，インフルエンザでみられる発熱は通常2～3日で改善し，臨床症状も1～2週間の病期を経て自然に治癒することが多い．若齢個体では重篤となりやすく，新生子は感染により死亡することもある．

iii 主要病原体

インフルエンザウイルス

ⅳ 診断

- 臨床症状や感染個体への暴露歴(飼い主や同居フェレットなどのインフルエンザ罹患歴)に基づいて診断する.
- 鼻汁からのウイルス分離，赤血球凝集抑制試験，ELISAなどの検査も可能であるが，通常は数日のうちに臨床症状の改善がみられるため必要となることはない.

ⅴ 治療

- 症状から本疾患が疑われる場合には補助給餌などの栄養管理や皮下補液などの支持療法，必要に応じて鎮咳薬や気管支拡張薬，抗ヒスタミン薬などを用いた対症療法を行う．何らかの併発疾患に罹患した症例や幼若な症例では原発疾患や二次感染などに対する治療を行い，ヒトを含めた感染個体に暴露させないようにして予防する.
- 抗ウイルス薬であるアマンタジン(6 mg/kg，BID，PO)をエアロゾル化して使用した場合の有用性が示されている．その他の抗ウイルス薬であるザナミビル(1回12.5 mg/kgを鼻腔内投与)やオセルタミビル(5 mg/kg，BID，PO，10日間投与)などの有効性も報告されており，これらの薬剤をアマンタジンと併用するとより効果的である可能性が報告されている.

4 犬ジステンパーウイルス感染症

ⅰ この疾患について

- フェレットは犬ジステンパーウイルスに感受性を示し，感染した症例は犬と同様の臨床症状を呈する．ウイルスに感染した個体の致死率は100％に近いが，完全な屋内飼育個体が多くジステンパーの発生率は低い.
- 犬と同様，ワクチンでの予防が可能で海外ではフェレット用に認可されたワクチンが利用できるが国内ではフェレット用に認可されたワクチンは存在しない．フェレットの新生子は6～12週齢時に母親からのジステンパーウイルスの抗体による効果を失うと報告されている.

ⅱ 主要病原体

犬ジステンパーウイルス(➡p.303)

ⅲ 主症状

- フェレットのジステンパーでは犬と同様に呼吸器，皮膚や消化器，中枢神経系に症状がみられる．CDVの潜伏期間は7～10日で感染初期には結膜炎や40℃以上の発熱，漿液性の鼻汁，くしゃみなどがみられ，初期感染後に細菌の二次感染により漿液性の鼻汁が粘液膿性となり，粘液膿性の眼脂や眼瞼炎，食欲不振，高熱，発咳がみられるようになる.
- ジステンパーでは鼻鏡部や肉球の過角化(ハードパッド)，顎や口唇部に痒みを伴う紅斑性発疹がみられることがある．その他，鼠径部周囲の紅斑や被毛の黄色化を伴う皮膚炎(膿疱形成)，眼瞼痙攣，発咳，運動失調，眼振や知覚過敏，頸部の硬直などの神経症状がみられることもあり，経過は早く急速に重篤な症状に進行することが多い．

iv 診断

- ワクチン接種歴や他フェレットや犬との接触歴の有無などを問診により確認し，眼や鼻からの粘液膿性分泌物，顎や口唇部の紅斑性発疹，ハードパッドなど本疾患に典型的な臨床症状に基づき仮診断する．
- CDV抗体の検査を実施できるが陽性結果がワクチン接種によるものか強毒ウイルス感染によるものかの鑑別は難しく偽陰性結果が生じる可能性がある．また，犬用に市販されているCDV抗原検査キット（チェックマンCDV®）はフェレットでは非特異的な反応が多く認められるため使用は推奨されていない（共立製薬株式会社）．
- PCR法によるCDV遺伝子の検出により診断できる．その他，感染後，2～9日間は末梢血中の赤血球，白血球やその前駆細胞にCDVの封入体が確認されることがあり，発症後は結膜や喉頭，鼻腔スワブや尿沈渣塗抹などで採取した細胞の細胞質内にCDV封入体が確認されることがある．

v 治療

- CDVに対する有効な治療法はなく，感染後12～35日に斃死することが多く感染時の致死率は100％であると報告されている．
- ジステンパーの治療時には感染個体を他の動物から完全に隔離し感染を広げないように備品やヒトを含めた消毒を徹底して飼い主への指導も慎重に行う．治療は主に抗菌薬やインターフェロン，輸液や栄養管理などによる対症療法や支持療法を行うが，CDVは感染力が非常に強く欧米では感染例は安楽死が推奨されている．
- CDVは熱や乾燥，洗浄剤，消毒薬などにより比較的容易に除去できるため，感染を拡大させないような配慮が必要である．
- ジステンパーはワクチン接種による予防が最も有効な治療方法である．国内ではフェレットで認可されたワクチンはなく，飼い主にインフォームドしたうえで犬用のものを使用するが，ワクチンの培養に犬やフェレットの細胞を使ったものはフェレットに接種するとジステンパーに罹患する可能性が指摘されているため使用してはならない．
- CDVのワクチン接種は6～8週齢から開始し3～4週ごとに14週齢に達するまで行った後，年1回の接種を行うことが推奨されている．ワクチン未接種の成獣には3週間隔で2回の接種を行った後，年1回の接種を行うことが推奨されている．
- CDVワクチン接種による副反応はごく稀ではあるがみられるため，接種後20～30分程度は充血，顔面や肢の腫脹，呼吸困難や嘔吐，下痢などのアナフィラキシー反応の有無を確認する．副反応がみられた際には犬と同様に対応する．

内部寄生虫症（原虫，線虫，吸虫，条虫）

a この疾患について

フェレットも犬，猫同様に様々な内部寄生虫に罹患するが，一般に繁殖施設で出生管理され，終生屋内飼育のため内部寄生虫が問題となることは非常に稀である．フェレットの内部寄生虫症では蠕虫は稀で原虫の感染がストレスを受けた幼若な個体でより一般的にみられる．クリプトスポリジウムやジアルジアは人獣共通感染症に対する注意が必要である．

b 主要病原体

回虫：*Toxascaris leonina*, *Toxocara cati*

鉤虫：*Ancylostoma* sp.

条虫：*Dipylidium caninum*

原虫：コクシジウム（*Isospora laidlawii*, *Eimeria furonis*, *E. ictidea*），ジアルジア（*Giardia* spp.），クリプトスポリジウム（*Cryptosporidium* spp.）など

その他：トキソプラズマ（*Toxoplasma gondii*），サルコシスティス（*Sarcocystis muris*），犬糸状虫（*Dirofilaria immitis*）など

c 主症状

- 不顕性に経過することが多い．
- 幼若個体やストレス下の個体では軟便，未消化便，下痢，体重減少，脱水や元気消失などがみられる．
- コクシジウムが幼若個体に感染した場合には重度の下痢や脱水，代謝不全などの原因となり直腸脱がみられることもある（**図39-14**）．

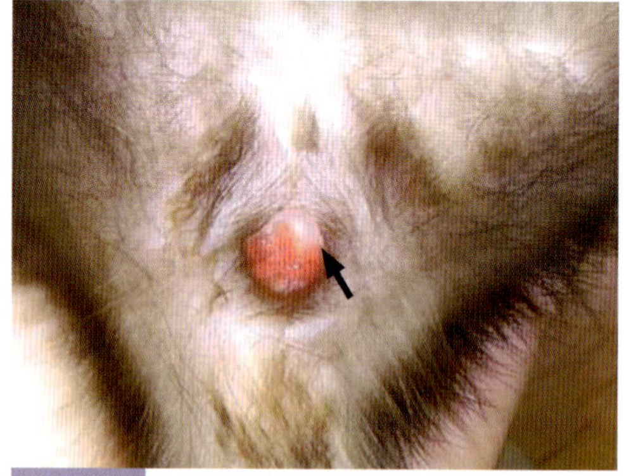

図39-14 コクシジウム感染症により下痢と直腸脱がみられた症例．コクシジウムが幼若個体に感染した場合には重度の下痢や脱水，代謝不全などの原因となり直腸脱（矢印）がみられることもある．

d 診断

- 糞便検査で虫体や虫卵，オーシストなどを確認して診断する．
- 鑑別診断リストとして*Campylobacter*や*Salmonella*属などの細菌性腸炎や消化器型リンパ腫などが挙げられる．

e 治療

- 確認された寄生虫の種類に基づき犬猫と同様に投薬を行い駆虫し，投与終了数日後に再度糞便検査を実施し効果を評価する．他種の動物も含め，同居動物の糞便検査や駆虫薬の投与を必要に応じて実施するとともに飼育環境の衛生管理を実施する．
- 新規個体導入時には複数回の糞便検査を行い，最低2週間の検疫を実施する．
- 脱水や重度の下痢などの臨床症状がみられる場合には点滴や栄養学的な補助などの支持療法を併用する．
- クリプトスポリジウム感染に対する有効な治療法は報告されていないが，支持療法などにより免疫状態を正常にすることで通常は2～3週間で回復する．クリプトスポリジウムはヒトへ感染する可能性を飼い主に伝える．
- コクシジウムの感染が一因と疑われる直腸脱では脱出した腸の還納や巾着縫合による対症療法とともにコクシジウムに対する治療を行う．

f 原因微生物について

1 犬糸状虫症（Dirofilariasis）

i この疾患について

比較的稀であるがフェレットでも犬糸状虫症の自然感染例が国内外で報告されている．これまで成虫は右心房，右心室，肺動脈や後大静脈，前大静脈での寄生が確認されているが，フェレットは犬と比べて体格が小さいため1～2匹の成虫寄生でも重篤な臨床症状がみられ，致死率も高い．犬と同様，本疾患の予防は比較的容易に実施できるため予防が重要である．

ii 主要病原体

犬糸状虫（*Dirofilaria immitis*）

iii 主症状

- 発咳，努力性呼吸，呼吸困難などの呼吸器系の症状や嘔吐，吐出（悪心）などがみられることが多く，経過とともに元気消失や衰弱，後肢の虚弱や不全麻痺，食欲不振やそれに伴う体重減少，腹水貯留による腹囲膨満などの症状がみられる．その他，タール状便や低体温，ビリルビンの破壊量増加による緑色尿，重篤なうっ血性心不全の症状や肺動脈塞栓などによる突然死などがみられることもある．

iv 診断

- 身体検査で努力性呼吸，肺や心臓での雑音，不鮮明な心音の聴取，胸水や腹水，腹部臓器の腫大，低体温などが確認できる．CBC検査では貧血や好酸球増加が稀に確認されるが，血液生化学検査は通常正常である．
- 胸部X線検査で右心房拡張，大静脈拡大，主肺動脈部の拡大，負荷動脈拡大や蛇行，肺野の不透過性亢進などがみられ，胸水がみられることも多い．また，心臓の超音波検査では右心室，右心房や肺動脈内で虫体が確認できる．
- 犬用の各種成虫抗原検出キットや末梢血中のミクロフィラリアの検出などはフェレットでも実施できるが偽陰性結果が出ることもあり，その有用性は限られており，流行地域での生活歴や予防歴を含む病歴や上記の各検査所見を総合的に判断し，超音波検査で成虫の寄生を確認して診断する．

v 治療

- 予防が重要であり，成虫感染後の治療法は色々と議論されている．
- 犬の犬糸状虫予防用に市販されている製剤を体重換算し利用でき，セラメクチン（6 mg/kg，1カ月に1回）での予防も報告されている．予防は12～16週齢時からの開始が推奨されており，6カ月齢以上で予防を行っていなかった例や一昨年，予防を行っていなかった例は抗原検査を実施し陰性であることを確認したうえで予防薬を投与する．
- 成虫の感染が確認された症例の治療はアリゲーター鉗子や自作の血管ブラシを用いた虫体の吊り出しが成功した例が報告されている．また，成虫に対しメラルソミンやチアセトアルサミドなどを用いた治療が報告されているが突然死を含む重篤な副作用が報告されている．

外部寄生虫症

a この疾患について

フェレットは犬，猫同様に様々な外部寄生虫に罹患するが，フェレットで問題となる外部寄生虫症のほとんどすべてがミミダニ（*Otodectes cynotis*）であり，他の外部寄生虫が問題となることは稀である．ミミダニはショップから購入した若齢個体でみられることが多い．ミミダニ以外ではノミ，ヒゼンダニ，ニキビダニやマダニなどの感染例が報告されている．その他，被毛ダニである*Lynxacarus mustelae*により幼若なフェレットの顔に潰瘍状病変が形成された例や屋外飼育個体でハエウジ症の原因である*Cuterebra lavae*による皮下嚢胞，*Hypoderma bovis*の幼虫による肉芽腫性腫瘤がみられた例が報告されている．

b 主要病原体

- ミミダニ（ミミヒゼンダニ）：*Otodectes cynotis*

- ノミ：犬猫に寄生する*Ctenocephalides* spp.，ヒトへ寄生する*Pulex irritans*，マダニやヒゼンダニ，ニキビダニなど，*Lynxacarus mustelae*
- ウジ：*Cuterebra larvae*，*Hypoderma bovis*など

c 主症状

- ミミダニでは黒褐色～茶褐色の耳垢の蓄積(**図39-15A**)がみられ瘙痒感を伴うこともあり，瘙痒が重度の場合には耳の周囲に自傷による擦過傷がみられることもある．ミミダニの寄生に細菌や真菌の感染が続発したり，中耳炎や内耳炎が生じると斜頸や神経症状などの症状がみられることもある．
- ノミや被毛ダニ，ニキビダニの少数寄生では臨床症状がみられないこともある．
- ノミでは頸部や肩甲骨間を中心に軽度から重度の瘙痒感がみられ，頸部や胸部で脱毛がみられる．稀にノミの咬傷に対する過敏症が尾根部，腹部や大腿内側部でみられることもある．
- ヒゼンダニでは全身性の脱毛や強い瘙痒感がみられることが多く，爪の変形や脱落など爪や肢などに局所性の病変(foot rot)がみられる．
- 外部寄生虫による瘙痒が激しい場合には自傷による皮膚の外傷がみられ，二次的な細菌感染や真菌感染がみられることもある．

d 診断

- 外部寄生虫の虫体や虫卵を確認し診断する(**図39-15B,C**)．
- 検査材料としてミミダニは耳垢，被毛ダニは被毛，ヒゼンダニやニキビダニは皮膚の掻爬材料を用い鏡検する．
- ノミやマダニ，ウジなどは肉眼で確認する．

e 治療

- ミミダニはイベルメクチンの皮下投与(0.2～0.4 mg/kg，2週間に1回)もしくは耳道内への局所塗布(プロピレングリコールで1/10に希釈し0.4 mg/kgを両耳に分けて耳道内塗布，2週間に1回)やセラメクチンの滴下(6 mg/kg，1カ月に1回)などで比較的容易に駆虫できる．
- その他の外部寄生虫の多くはイベルメクチンやセラメクチン，フィプロニル，イミダクロプリドなどの駆虫薬を投与する．
- 犬猫で使用できる駆虫薬の多くはフェレットでも使用できるが，そのほとんどが能書き外使用であるため使用する前に飼い主にインフォームドコンセントを行う．
- イベルメクチンや有機リン剤，カーバメイト系薬剤はフェレットに対して毒性を示す可能性が報告されているため使用には細心の注意が必要であるとされている．
- 駆虫薬の投与は臨床症状がなくなり皮膚検査により虫体や虫卵が確認できなくなってから最終的な投与を一度行い終了する．
- ニキビダニなどに対するアミトラズや石灰硫黄合剤の浸漬による治療方法が報告されている．
- 駆虫薬の投与と同時に飼育環境の衛生管理を行い，同居動物など接触する可能性のある動物がい

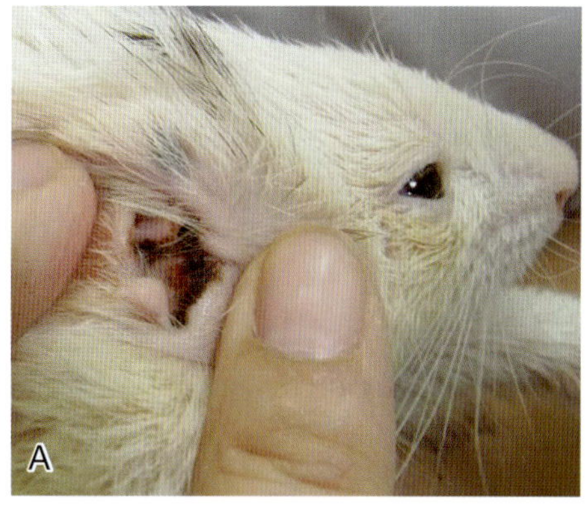

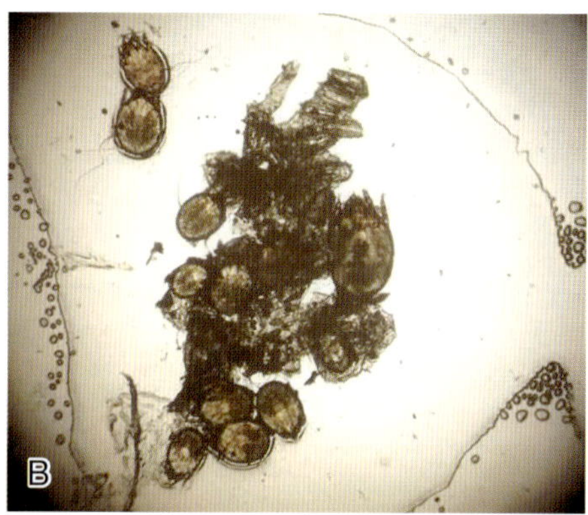

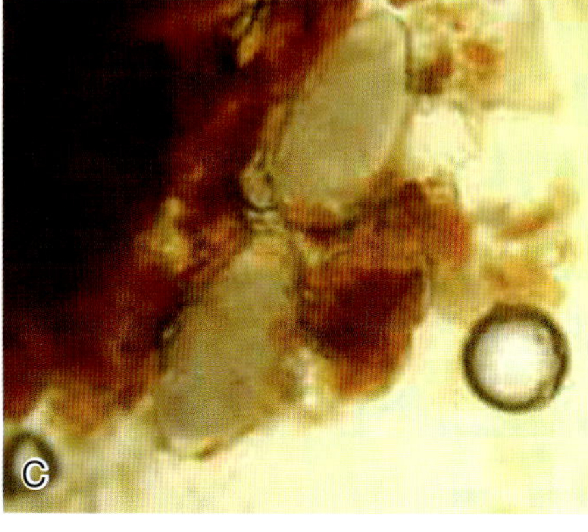

図 39-15 ミミダニ．A：耳垢の蓄積，B：虫体，C：虫卵．ミミダニでは瘙痒感を伴う黒褐色～茶褐色の耳垢の蓄積(A)がみられることが多い．耳垢の鏡検でダニの虫体(B)や虫卵(C)を容易に確認できる．

る場合にはそれらの個体を同時に治療する．また，二次的な細菌感染や真菌感染がみられる場合には全身性抗菌薬や抗真菌薬の投与を行う．

参考文献

- 三輪恭嗣(2010)：エキゾチック臨床シリーズ Vol.2 フェレットの診療 診療法の基礎と臨床手技，学窓社
- 三輪恭嗣監修(2014)：エキゾチック臨床シリーズ Vol.11 フェレットの疾病と治療，学窓社

40 げっ歯類

問題となる主な病原体の一覧

1）細菌
Bordetella bronchiseptica, *Mycoplasma pulmonis*, *Streptococcus pneumoniae*, *Corynebacterium kutscheri*, *Pasteurella multocida*, *Listeria monocytogenes*, *Pseudomonas aeruginosa*, *Pseudomonas* spp., *Staphylococcus aureus*, *Escherichia coli*, *Clostridioides difficile*, *Clostridium piliforme*, *Lawsonia intracellularis*, *Francisella tularensis*, *Leptospira kirschneri*, *Streptobacillus moniliformis*, *Spirillum minus*

2）真菌
Trichophyton mentagrophytes, *Microsporum* spp.（*M. canis* と *M. gypseum* など）, *Histoplasma capsulatum*, *Candida albicans*, *Aspergillus fumigatus*

3）原虫
Eimeria caviae, *E. chinchillae*, *Balantidium caviae*, *Cryptosporidium wrairi*, *Giardia duodenalis*, *Giardia muris*, *Spironucleus muris*

4）ウイルス
リンパ球性脈絡髄膜炎ウイルス，エクトロメリアウイルス，アデノウイルス（guinea pig adenovirus），センダイウイルス，マウス肝炎ウイルス，sialodacryoadenitis virus，ニューモウイルス（pneumonia virus of mice），rat respiratory virus，Hantaan virus

5）寄生虫
Paraspidodera uncinata, *Rodentolepis nana*, *Baylisascaris procyonis*, *Syphacia obvelata*, *Aspiculuris tetraptera*, モルモットセンコウヒゼンダニ（*Trixacarus caviae*），モルモットズツキダニ（*Chirodiscoides caviae*），ネズミケクイダニ（*Myocoptes musculinus*），*Myobia musculi*, *Radfordia affinis*, *Radfordia ensifera*，ウサギツメダニ（*Cheyletiella parasitivorax*），ニキビダニ（*Demodex* spp., *D. caviae* など），カビアハジラミ（*Gliricola porcelli*），カビアマルハジラミ（*Gyropus ovalis*），イヌセンコウヒゼンダニ（*Sarcoptes scabiei*），ネコショウセンコウヒゼンダニ（*Notoedres cati*），ノミ（*Ctenocephalides canis, C. felis*）

細菌感染症

a この疾患について

げっ歯類では様々な細菌感染症がみられる．

不衛生な飼育環境や過密飼育による排泄物の汚れや換気不全などによるアンモニア臭など不適切な飼養管理が原因となることが多く，主に皮膚や呼吸器などで様々な細菌感染症がみられる．特に，集団飼育されているげっ歯類では細菌感染により下痢などの消化器症状やくしゃみ，鼻汁などの呼吸器症状がみられ，感染が集団全体に拡大することもある．

また，歯科疾患や外傷，体表腫瘍の自壊部などの病変に二次的に細菌感染症が発生したり，他疾患や何らかのストレスにより免疫力の低下した個体に細菌感染症が発生することも多い．

1 | 皮膚

- モルモットやラットではしばしば足底皮膚炎が発生し，二次的な細菌感染がみられる(**図40-1**).
- 流涙や流涎，排泄物などにより被毛や皮膚が湿った部分では湿性皮膚炎に併発する細菌感染症がみられる(**図40-2**).
- 中耳や内耳の細菌感染がみられることもある.

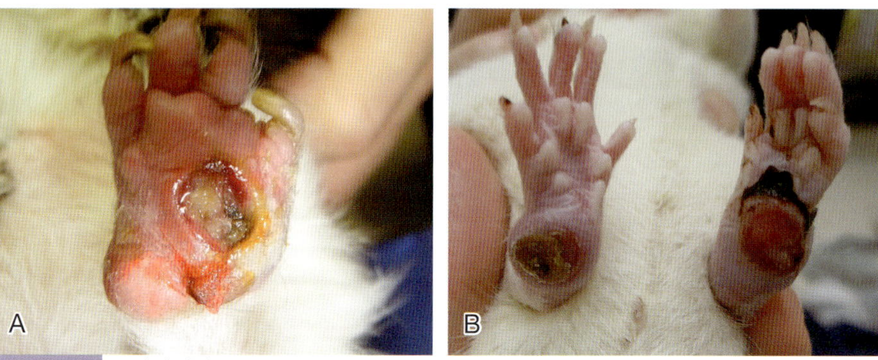

図 40-1 足底皮膚炎．A：モルモット，B：ラット．モルモットやラットではウサギと同様に足底皮膚炎が時折発生し，二次的な細菌感染がみられることもある.

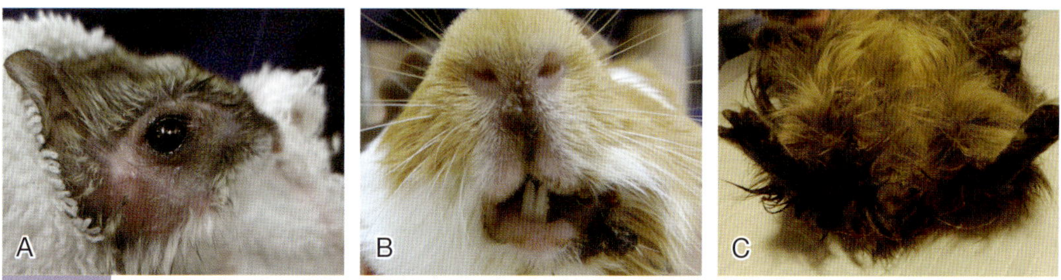

図 40-2 二次的な湿性皮膚炎．A：ジャンガリアンハムスター，B：モルモット，C：モルモット．流涙(A)や流涎(B)，排泄物(C)などにより被毛や皮膚が湿った部分では湿性皮膚炎に続発する細菌感染がみられる.

2 | 呼吸器

- *Bordetella bronchiseptica*がモルモットでは致死的な感染症の原因になるが，ウサギやハムスター，マウスなど他のげっ歯類では臨床的に問題とならないなど動物種により各種細菌に対する感受性が異なる.
- マウスやラットではマイコプラズマ感染による鼻炎や肺炎などが比較的多くみられ，時に中耳炎の原因となることもある．センダイウイルスなどの感染にマイコプラズマが併発し重篤な症状を呈することもある.
- モルモットやマウス，ラット，ハムスターなどで*Corynebacterium kutscheri*の感染により肺や肝臓，腎臓などに化膿性壊死性病巣が形成されることがあるが，多くは不顕性感染で臨床症状はみられない.
- ラットの呼吸器疾患では*Mycoplasma pulmonis*, *Streptococcus pneumoniae*と*Corynebacterium*

*kutscheri*が三大原因菌とされている．

3 | 消化器

- *Clostridium*属や*Salmonella*属菌のほか，様々な細菌による細菌性腸炎や下痢などがしばしばみられ，重篤な症例では致死的な経過を辿ることもある．
- 多くのげっ歯類が消化の一部を後腸発酵に頼っており，不適切な抗菌薬の投与でクロストリジウム属菌の増加と毒素産生による致死的な腸毒素血症に陥ることがある．
- ハムスターの下痢の原因として*Lawsonia intracellularis*による増殖性回腸炎が知られており，若齢個体では致死的な経過を取ることも多い．臨床症状からwet-tailとも呼ばれる（**図40-3**）．
- *Clostridium piliforme*（➡p.206）によるTyzzer病によりハムスターとスナネズミの多くが致死的な経過を取ったが同施設内で飼育されていたマウスとラットでは致死率が低かったことが報告されている．

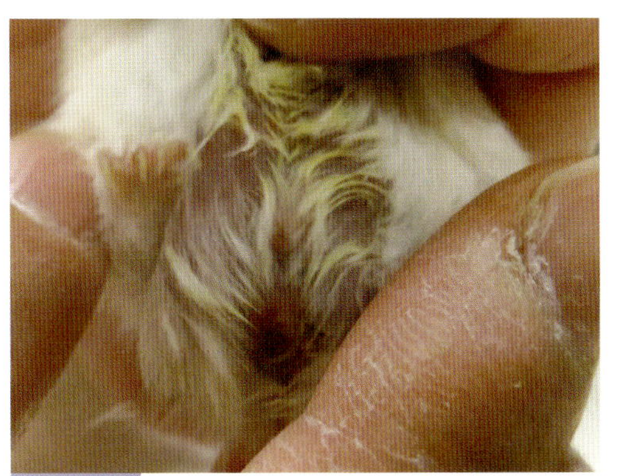

図40-3　ハムスターでみられるwet-tail．ハムスターの下痢は様々な原因でみられ，下痢により陰部が濡れた状態を「wet-tail」と呼ぶことがある．

4 | その他の疾患

- ハムスターやモルモット，チンチラでは時折，細菌感染による子宮蓄膿症や子宮炎，膣炎などがみられる．

5 | 重要な人獣共通感染症

- *Yersinia*属による感染症や，野兎病（*Francisella tularensis*），レプトスピラ症など重要な人獣共通感染症がげっ歯類では多数知られている．海外からの感染症を防止するため2005年以降，げっ歯類の海外からの輸入は輸入届出制度によって厳しく管理されている．
- *Yersinia pestis*（➡p.196）はプレーリードッグなどでも集団感染例が確認されており，重要な人獣共通感染症の一つである．
- *Y. pseudotuberculosis*はヒトを含むげっ歯類以外の動物にも感染する人獣共通感染症であり，げっ歯類の中ではモルモットの感受性が高い．

- *Y. pseudotuberculosis*や*Y. enterocolitica*などはチンチラをはじめいくつかの種での集団的発生が報告されている．
- *Francisella tularensis*による野兎病(➡p.716)は北半球に生息するノウサギや野生のげっ歯類で主にみられる急性発熱性の敗血症疾患であるが，他のほ乳類にも感染し国内でもヒトの感染例が報告されている．愛玩ウサギで問題となることはほとんどないものの本疾患は人獣共通感染症で届け出伝染病に指定されている．
- *Leptospira*は野生下のげっ歯類からしばしば分離される．国内でも海外から輸入された様々なげっ歯類が保菌していることが確認されている．レプトスピラ症はこれらのげっ歯類からヒトへの感染例も確認されており，重要な人獣共通感染症である(➡p.704)．
- レプトスピラ症などは動物との直接接触だけではなく汚染された水や土壌，飼育設備を介した感染も確認されている．
- 稀ではあるが重要な人獣共通感染症として鼠咬熱(鼠咬症)がある．*Streptobacillus moniliformis*と*Spirillum minus*による感染症であり注意が必要である(➡p.713)．

b 主要病原体

Bordetella bronchiseptica，*Mycoplasma pulmonis*，*Streptococcus pneumoniae*，*Corynebacterium kutscheri*，*Pasteurella multocida*，*Listeria monocytogenes*，*Pseudomonas* spp.，*Pseudomonas aeruginosa*，*Staphylococcus aureus*，*Escherichia coli*，*Clostridioides difficile*，*Clostridium piliforme*，*Lawsonia intracellularis*，*Francisella tularensis*，*Leptospira kirschneri*，*Streptobacillus moniliformis*，*Spirillum minus*

c 主症状

- 感染原因となる細菌の種類や感染部位，個々の動物の免疫状態により下痢や食欲不振，呼吸器症状，嗜眠，突然死など様々な症状がみられる．また，同種の細菌でも感染した動物種によりその感受性や臨床症状が異なることもある．

1 皮膚

- 湿性皮膚炎は流涎や流涙，鼻汁，糞尿などにより被毛や皮膚の湿った状態が持続すると発生し，細菌の二次感染がみられることが多い．
- 中耳や内耳に細菌感染がみられると斜頸や運動失調，ローリングなどがみられる．

2 呼吸器

- 呼吸器の細菌感染は上部・下部呼吸器ともにみられ，鼻音やくしゃみ，鼻汁，流涙などの臨床症状がみられ，疾患の進行とともに食欲不振や被毛粗剛などの全身状態の低下がみられる．
- *Bordetella bronchiseptica*の感染ではくしゃみや鼻汁，発咳，肺炎などの呼吸器系の症状がみられ，モルモットでは特に重篤な症状を呈する．

- ウイルスやマイコプラズマ，その他の細菌が併発して感染することも多く，特にラットでは慢性呼吸器疾患として肺炎などの症状がみられることがある．

3 消化器

- ハムスターの下痢は様々な原因でみられ，下痢により陰部が濡れた状態を「wet-tail」と呼ぶことがある（**図40-3**）．
- サルモネラによる感染症では腸炎による下痢や軟便，鼓腸のほか，肝臓や脾臓の腫大などがみられることもある．
- 抗生剤起因性腸毒素血症では抗菌薬投与後，特に経口的な投与後に出血性盲腸炎などによる下痢や鼓腸，食欲不振，低体温などがみられる．
- *Lawsonia intracellularis*による増殖性回腸炎では重度の下痢による脱水などにより削痩や被毛粗剛，全身状態の低下などがみられ致死的な経過を辿ることもある．

4 その他の疾患

- サルモネラなどの細菌感染が流産や早産の原因となることもある．
- モルモットでは細菌感染により頸部のリンパ節炎がみられることもある．

d 診断

- 細菌感染症は身体検査や臨床検査により原発疾患を特定し，細菌培養検査により細菌の存在を確認することにより診断する．
- 細菌の種類によっては通常の培地では分離困難な種もあり，PCR検査などによる確認が診断に必要となることもある．
- 肺炎や鼓腸，臓器腫大の有無などはX線検査などで確認する．
- 集団感染がみられる場合には糞尿の処理や給餌内容，過密飼育の有無など飼養管理に関する稟告を慎重に行い，感染の原因や要因を特定する．
- クロストリジウムの増殖が疑われる場合には抗菌薬投与の有無や投与した種類，投与経路を確認する．
- レプトスピラなどは抗体産生が不安定で間断的に排菌するため生前診断が困難となることもある．

e 治療

- 感受性試験に基づく抗菌薬の投与と消毒により治療する．
- 二次的な細菌感染は細菌感染に対する治療とともに原発疾患に対する治療を行う．
- 腸内発酵を行うげっ歯類では安全に使用できる抗菌薬が限られており，不適切な抗菌薬の投与により致死的な腸毒素血症が生じる．
- 腸内発酵を行うげっ歯類で安全に使用できる主な抗菌薬はニューキノロン系，ST合剤，クロラムフェニコールなどであり，リンコマイシン，クリンダマイシン，エリスロマイシン，アンピシリン，アモキシシリン，セファロスポリン，ペニシリンなどの経口投与は禁忌である．

- チンチラではメトロニダゾールの投与が肝不全の原因となる可能性が経験的なものとして報告されている．実際には多くの症例で臨床的な問題はなくメトロニダゾールがチンチラに利用されているが，その毒性に関して詳細な評価はされておらず，アルベンダゾールやフェンベンダゾールなど他の薬剤の使用が推奨されている．
- 局所的な感染や膿瘍には病変部の排膿や消毒を行う．
- 呼吸器感染症には全身的な抗菌薬の投与とともにネブライジングによる治療を行い，必要に応じて酸素の供給や気管支拡張薬の投与などを行う．
- クロストリジウムの増殖に対してはクロラムフェニコール(50 mg/kg，BID～TID，PO)もしくはメトロニダゾール(20～30 mg/kg，BID，PO)を投与し，皮下点滴や経口的な補液などの支持療法を行う．
- 食欲不振や消耗性疾患がみられるモルモットでは感染症に対する治療とともにビタミンC(50～100 mg/head，SID)の補給を行う．
- 衛生的な飼育環境と適切な食餌および飲水の供給など飼養管理を適切に改善し維持する．
- 人獣共通感染症は破損したケージによる外傷などもヒトへの感染原因となるため，咬傷だけでなく汚染されたケージや糞尿の取り扱いにも注意が必要である．

真菌感染症

a この疾患について

1 皮膚糸状菌症

- 愛玩目的で飼育されているげっ歯類では比較的稀な疾患である．
- 経験上，げっ歯類の中ではチンチラで本疾患が比較的多くみられる．
- 発症は幼若個体や免疫力が低下した個体で発症することが多く，感染しても無徴候キャリアになる個体も多い．
- 皮膚糸状菌は直接接触や飼育器具，砂浴び用の砂，ヒトなどを介して感染が広がる．
- 本疾患は人獣共通感染症(➡p.707)であり，治療が長期間かかるとともに再発率も高いため飼い主へのインフォームドコンセントが重要となる．

2 その他の真菌感染症

- チンチラでは*Histoplasma capsulatum*の感染例が2件報告されている．
- カンジダやアスペルギルス感染症などが免疫力の低下した個体で問題となることもある．

b 主要病原体

Trichophyton mentagrophytes，*Microsporum* spp.(*M. canis*と*M. gypseum*など)，*Histoplasma capsulatum*，*Candida albicans*，*Aspergillus fumigatus*

c 主症状

- 皮膚糸状菌症の病変は体幹，吻部や眼瞼・耳介などの頭部，頸背部などにみられることが多く，稀に爪床にみられることもある．
- 病変部では局所的な被毛の菲薄化や脱毛がみられ，乾燥し痂皮や発赤を伴うことが多く，瘙痒を伴うこともある(**図40-4**)．
- 若齢の症例でみられることが多いが，症状を示さない個体も存在し，何らかのストレス要因などにより発症することもある．
- *Histoplasma capsulatum*のチンチラ感染例では剖検により，肺野の出血や肺胞硬化，気管支肺炎，多病巣性の化膿性肉芽腫性脾炎や肝炎などが確認されている．

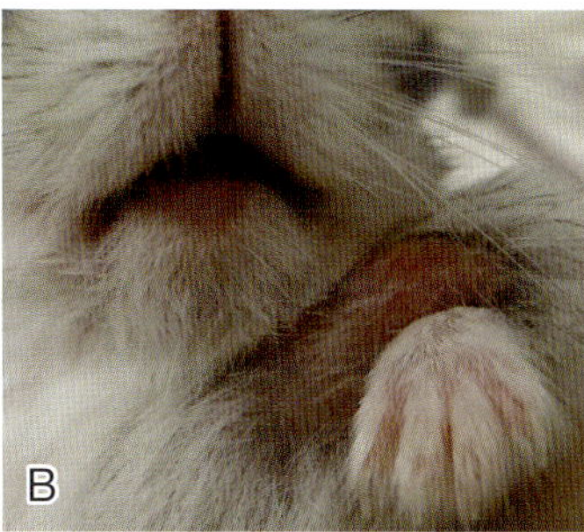

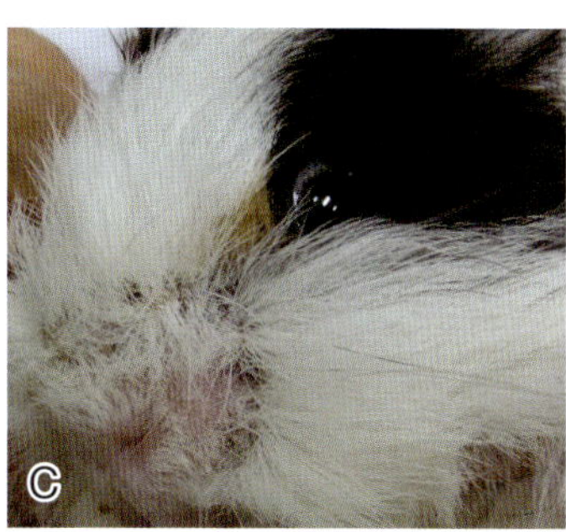

図40-4　真菌症でみられる症状．A：チンチラ，B：ハムスター，C：モルモット．病変部は局所的な被毛の菲薄化や脱毛(A)がみられ，乾燥し痂皮や発赤を伴うことが多く(B，C)，瘙痒を伴うこともある．

d 診断

- 皮膚糸状菌の場合，病変部の被毛を採取し鏡検により菌糸や分節胞子，被毛の変化を確認する．
- DTM培地などを用いて真菌培養を行い，病原性真菌を確認して診断する．

e 治療

- イトラコナゾール(5～10 mg/kg，PO)などの抗真菌薬を投与する．
- 抗真菌薬の投与は2回の真菌培養検査が陰性になるまで，もしくは症状消失後1カ月は継続する．
- 局所的な病変に対しては周囲の毛刈りを行い局所的な消毒や抗真菌薬の軟膏を用いて治療することもある．しかし病変が局所的な症例でも，抗真菌薬の投与など全身的な治療が推奨されている．
- 同時に飼育環境の衛生管理を徹底する．特に飼育ケージ内に砂浴び用の砂やトイレ砂などがある際にはそれらを撤去するか，新しいものに取り換える頻度を増やす．
- げっ歯類には小型な種が多く，シャンプーによるストレスを受けやすく低体温などにも陥りやすいなどの理由から全身の薬浴などは推奨されない．
- 同居している他個体で発症がみられないことも多いが，本疾患は人獣共通感染症であり，接触により感染が広がるため，同居個体も同時に治療することが推奨されている．

ウイルス感染症

a この疾患について

- げっ歯類のウイルス性疾患には重要な人獣共通感染症や，実験施設での管理上対策が欠かせない疾患が含まれている．
- リンパ球性脈絡髄膜炎(➡p.715)や，Hantaan virusが原因となる腎症候性出血熱などは重要な人獣共通感染症であり，げっ歯類ではこの他にもいくつかの人獣共通感染症に指定されたウイルス性疾患があるため，原則的に海外からのげっ歯類の輸入は禁止されている．

1 中枢神経

- モルモットはアレナウイルス科のRNAウイルスであるリンパ球性脈絡髄膜炎ウイルス(lymphocytic choriomeningitis virus: LCMV)に感受性を持ち，髄膜炎による後躯不全麻痺などがみられることが報告されている．
- LCMVは吸引や経口摂取，汚染された排泄物や唾液などとの直接および間接接触などで感染し，吸血動物を介した感染や胎盤を介した垂直感染でも伝播する．
- LCMVはマウスやハムスター，チンチラなどの他のげっ歯類にも感染し，マウスの子宮内感染ではある種の免疫学的寛容を成立させる．
- LCMVはヒトにも感染し多くは不顕性感染であるが，時に頭痛，嘔吐や発熱などがみられ，稀に髄膜炎や髄膜脳脊髄炎の原因となることもある．

2 皮膚

- 主に実験動物で問題となるエクトロメリアはマウス痘とも呼ばれ，マウスの系統によってウイルスに対する感受性に差がある．

3 呼吸器

- モルモットでは実験施設などでアデノウイルスによる肺炎が問題となることがある．
- マウスやラットでセンダイウイルスによる急性の呼吸器症状がみられることがある．
- ラットではセンダイウイルス以外にもいくつかのウイルスによる呼吸器感染症が知られており，他のウイルスや細菌と重感染することで臨床症状が発現する．
- マウスではセンダイウイルスとともにマウス肝炎ウイルスが肺炎の原因となることもあり，これらのウイルスは実験動物の飼養管理では重要なウイルスである．
- マウス肝炎ウイルスは臓器向性の異なる多くの株が分離されている．

4 その他の疾患

- ラットではsialodacryoadenitis virusによる唾液腺の腫大がみられることがある．
- チンチラではウイルス性疾患は稀であるが，チンチラはヒトヘルペスウイルス1型に対して感受性があるので，ヒトへの潜在的な感染源となる可能性がある．

- Hantaan virusに感染したげっ歯類はほとんど症状を示さないが，ヒトに感染するとインフルエンザ様の症状，発熱，筋肉痛，乏尿などの症状が現れることがある．

a 主要病原体

リンパ球性脈絡髄膜炎ウイルス，エクトロメリアウイルス，アデノウイルス（guinea pig adenovirus），センダイウイルス，マウス肝炎ウイルス，sialodacryoadenitis virus，ニューモウイルス（pneumonia virus of mice），Hantaan virus

c 主症状

- 感染したウイルスの種類や宿主の種類により様々な症状がみられ，重篤度も異なる．
- LCMV感染による髄膜炎では不全麻痺などの神経症状がみられる．
- エクトロメリアウイルス感染では不顕性感染もみられるが，急性型は急死し，慢性型では四肢末端や耳翼，尾端が壊死，脱落を起こすエクトロメリア（四肢奇形）症状がみられ，顔面腫脹や結膜炎がみられることもある．
- モルモットのアデノウイルスによる肺炎では呼吸器症状や全身状態の低下などがみられ致死率も高い．
- センダイウイルスに感染したマウスは，幼若な個体や免疫力の低下した個体では重篤な症状がみられ斃死することもある．通常は呼吸器症状がみられ2カ月以内に回復する．
- ウイルス感染による呼吸器症状はマイコプラズマなどの感染が併発することで重篤化することがある．
- マウス肝炎ウイルスは無症状であることも多いが，肝臓でウイルスが増殖し，活動性や食欲の低下や被毛粗剛，体重減少などがみられたり，下痢や肺炎などで致死的な経過を辿る例もある．
- sialodacryoadenitis virusに感染したラットは初期にくしゃみなどの鼻炎様の症状を示し，その後，唾液腺や涙腺などの炎症や腫脹がみられ，頸部リンパ節の腫脹もみられる．涙腺の炎症や腫脹により二次的に結膜炎や角膜炎，角膜潰瘍，眼球突出，血様物の付着などがみられることもある．

d 診断

- ELISAなどによるウイルス抗体の証明やウイルス分離，ウイルス抗原の証明などにより診断する．

e 治療

- ウイルス感染症に対する特異的な治療は限られており，感染個体に対しては対症療法や支持療法を実施する．また，他個体への感染防止のため，感染動物を隔離し，衛生管理の徹底と飼育設備や環境の消毒を行う．
- sialodacryoadenitis virusに対する効果的な治療法はないが，唾液腺や涙腺の異常は1週間程度で回復し，その他の臨床症状も1カ月程度で回復することが多い．急性炎症期には呼吸器の腫脹を伴っていることが多く，麻酔時の呼吸に関したリスクが増大する．

内部寄生虫症(原虫,線虫,吸虫,条虫)

a この疾患について

- 様々な内部寄生虫がげっ歯類でみられる.
- 内部寄生虫により幼若な個体やストレス下の個体などでは軟便や下痢などがみられることもあるが,他の理由により下痢になり糞便中に多数の虫体が確認されることもある.
- モルモットやチンチラなど草食性のげっ歯類では原虫や繊毛虫などが時折みられる.

1 チンチラの内部寄生虫症

- 飼育下のチンチラでジアルジアの感染率が高いと報告されている.多数寄生では下痢などの症状がみられるがチンチラにおけるジアルジアの病原性は詳細に評価されていない.しかし人獣共通感染症のリスクもあるため慎重に評価すべきである.
- *Eimeria chinchillae* は宿主特異性が高く幼若なチンチラでは腸炎や下痢の原因となる.
- 以前は毛皮用に飼育されているチンチラでトキソプラズマ症などがしばしばみられていたが近年では稀な疾患となっている.その他,チンチラではクリプトスポリジウムやクリプトコックスなどの感染も確認されている.
- 線虫や条虫類のチンチラでの感染例は報告されているものの稀な感染症であり,著者の経験では条虫の感染がごく稀にみられる程度である.その他,海外ではアライグマ回虫のチンチラでの感染例も報告されている.

2 その他の動物の内部寄生虫症

- 下痢や軟便のハムスターの糞便検査で多数の原虫がみられることがある(**図40-5**).
- マウスで蟯虫がみられることがある.通常,病原性はみられないが多数寄生ではしぶりなどがみ

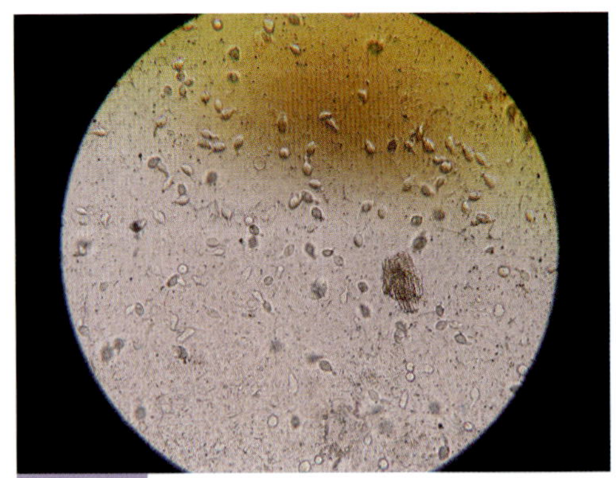

図40-5 軟便のハムスターでみられた原虫(トリコモナス).下痢や軟便がみられるハムスターやチンチラなどでは糞便検査により多数の原虫が検出されることがある.

られ直腸脱の原因になることもある．マウスでみられる主な蟯虫は*Syphacia obvelata, Aspiculuris tetraptera*と報告されている．

- *Rodentolepis nana*（条虫）は人獣共通感染症であり，免疫不全のヒトでは重篤な症状の原因となることがある．

b 主要病原体

Eimeria caviae，*E. chinchillae*，*Balantidium caviae*，*Cryptosporidium wrairi*，*Giardia duodenalis*，*G. muris*，*Spironucleus muris*，*Paraspidodera uncinata*，*Rodentolepis nana*，*Baylisascaris procyonis, Syphacia obvelata, Aspiculuris tetraptera*

c 主症状

- 寄生虫の種類や寄生数，宿主となる動物種により病原性やみられる症状は異なる．
- 多くの内部寄生虫は無症状であるが，幼若な個体やストレス下の個体，寄生数の多い個体などでは軟便や下痢などがみられることがあり，二次的な食欲不振や鼓腸症などがみられることがある．また，重篤な症状や慢性例では被毛粗剛や削痩，衰弱などがみられる．
- ジアルジアなどの原虫の多くは健常な個体でもみられることがある．

d 診断

- 糞便検査などにより虫体や虫卵，オーシストなどを確認して診断する．
- ELISAやPCRを用いた診断も試みられている．
- 条虫や蟯虫などは虫体を目視で確認できることもある．

e 治療

- 寄生虫の種類により犬猫の治療法に準じて治療する．
- 原虫や繊毛虫にはメトロニダゾール（20～30 mg/kg，SID～BID），フェンベンダゾール，アルベンダゾールなどを用いて治療する．
- チンチラではメトロニダゾールの投与が肝不全の原因となる可能性が経験的なものとして報告されている．実際には多くの症例で臨床的な問題はなくメトロニダゾールがチンチラに利用されているが，その毒性に関して詳細に評価されておらず，アルベンダゾールやフェンベンダゾールなど他の薬剤の使用が推奨されている．
- コクシジウムに対してスルファジメトキシンなどのサルファ剤を投与する．
- 条虫類に対してはプラジクアンテル（5 mg/kg，PO，10日間ごと）を投与する．
- 飼育環境の衛生管理を徹底する．罹患動物は隔離し，同居動物も必要に応じて同時に治療すべきであるが，日和見感染的な症例では飼い主と相談のうえ，治療方針を決定する必要がある．

外部寄生虫症

a この疾患について

- 様々なげっ歯類で様々な外部寄生虫がみられる．外部寄生虫は動物種に特異的なものも多い．
- 犬，猫，ウサギなど同環境内で飼育されている他種の動物の外部寄生虫が一時的にげっ歯類に寄生することもある．
- 外部寄生虫により皮膚バリアが障害され二次的な細菌や真菌感染がみられることもある．
- シラミやズツキダニなどの病原性は低いが，ヒゼンダニでは強い瘙痒や鱗屑などの症状，食欲や全身状態の低下などの全身症状がしばしばみられる．

1 モルモットの外部寄生虫症

- モルモットではヒゼンダニ(**図40-6**)やシラミ，ズツキダニ(**図40-7**)などの様々な外部寄生虫がしばしばみられる．
- 愛玩用げっ歯類の中でシラミはモルモットでみられることが最も多い．
- モルモットではヒゼンダニの寄生による強い瘙痒で痙攣様の症状がみられることがある(**図40-6**)．
- ウサギと同居しているモルモットではツメダニの寄生がみられることがある．

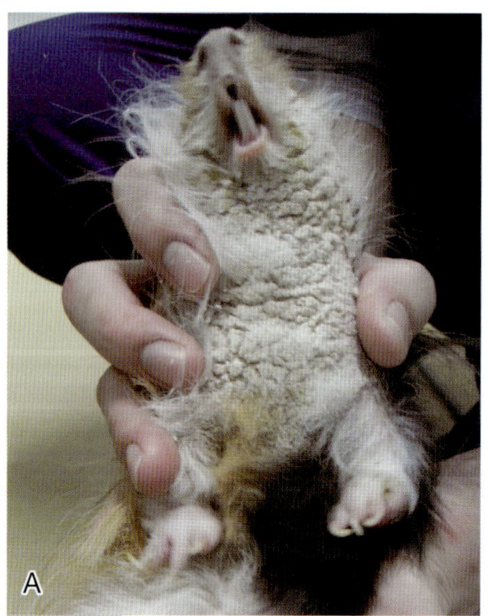

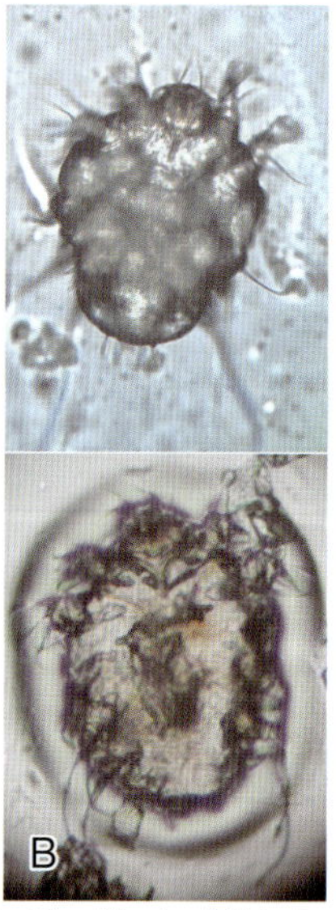

図 40-6 モルモットのヒゼンダニ感染．A：ヒゼンダニに感染したモルモットの皮膚病変，B：ヒゼンダニの虫体．ヒゼンダニでは特徴的な皮膚病変とともに強い瘙痒がみられ，モルモットでは強い瘙痒により痙攣様の症状がみられることも多い．

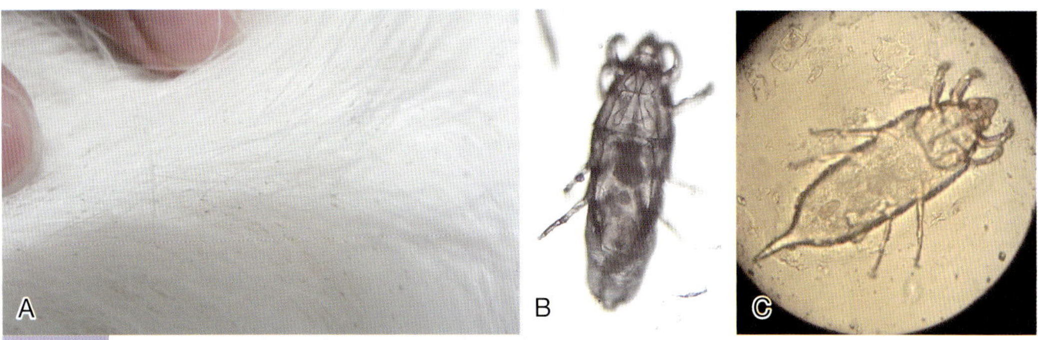

図40-7 モルモットのズツキダニ感染．A：ズツキダニに感染したモルモットの病変，BおよびC：ズツキダニの虫体（B：雌，C：雄）ズツキダニやシラミなどの被毛に寄生する外部寄生虫では顕著な皮膚症状はみられないが，被毛上を移動する虫体を肉眼で確認できることがある．

2 マウスとラットの外部寄生虫症

- マウスやラットでは時折，被毛ダニの寄生が問題となることがある．ダニの寄生はラットよりもマウスでみられることが多い（**図40-8**）．
- マウスやラットでシラミの寄生がみられることもあるが，モルモットより頻度は少ない（**図40-9**）．

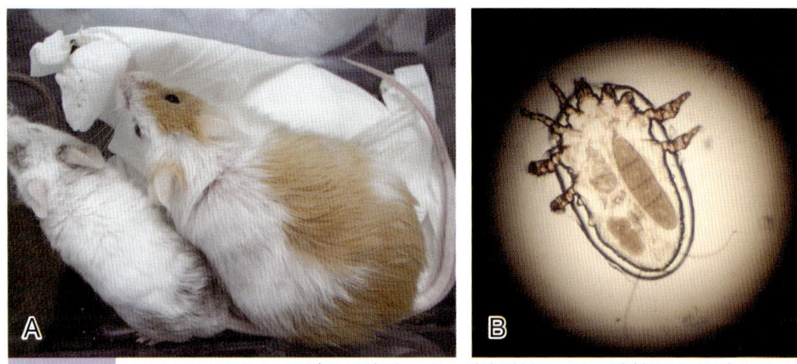

図40-8 マウスでみられたダニの寄生．A：症例外観，B：鏡検により確認されたダニ．同居している複数のマウスで被毛粗剛や瘙痒がみられ（A）被毛のテープ検査により多数のダニ（B）が確認された．

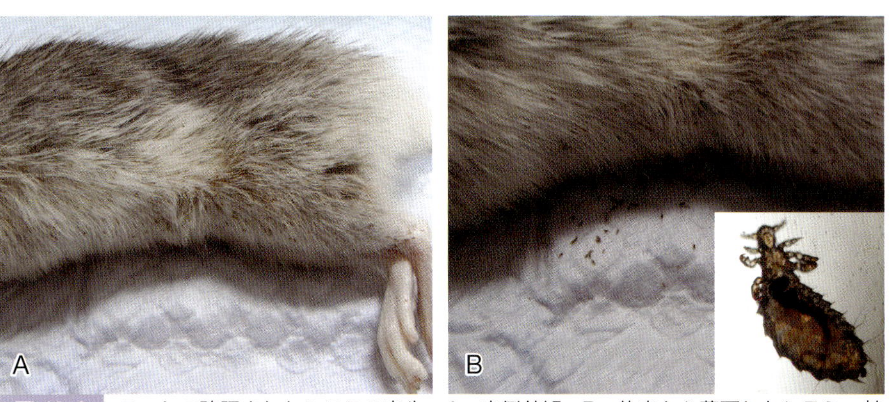

図40-9 ラットで確認されたシラミの寄生．A：症例外観，B：体表から落下したシラミ．被毛粗剛と削痩を主訴に来院したラットで被毛に付着した無数のシラミを確認した．

2 | その他のげっ歯類の外部寄生虫症

- 皮膚病変のみられるハムスターでニキビダニの寄生が確認されることがしばしばあるが，皮膚病変の原因となっているのか他の皮膚疾患や免疫疾患に続発する二次的な増加かの判別は困難なことが多い(**図40-10**).
- ハムスターでは稀にニキビダニ以外にもダニの寄生がみられる.
- 筆者の経験ではチンチラやスナネズミで外部寄生虫が問題となることはほとんどない.

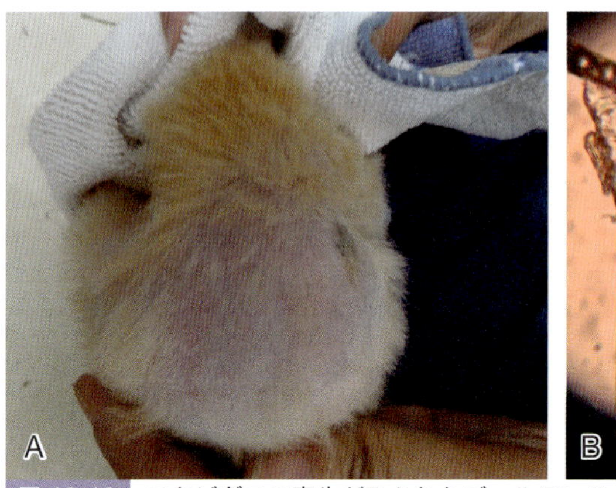

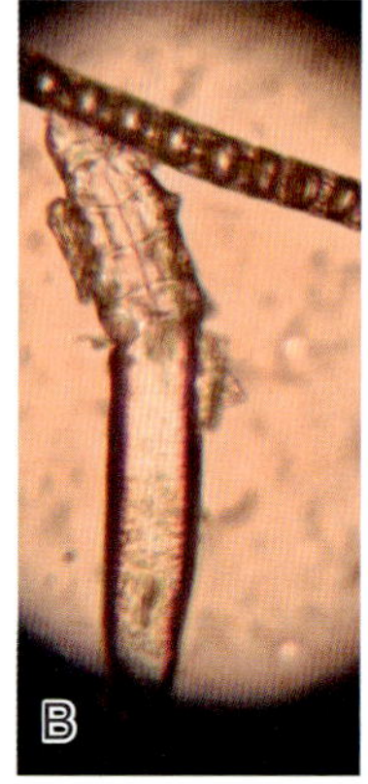

図 40-10　ニキビダニの寄生がみられたゴールデンハムスター．A：症例の外観，B：確認されたニキビダニ．ニキビダニの寄生では通常症状はみられないものの，稀に皮膚の発赤や被毛粗剛，被毛の菲薄化などがみられ瘙痒を示すこともある.

b 主要病原体

モルモットセンコウヒゼンダニ(*Trixacarus caviae*)，モルモットズツキダニ(*Chirodiscoides caviae*)，ネズミケクイダニ (*Myocoptes musculinus*)，(マウスのダニ)(*Myobia musculi*，*Radfordia affinis*)，(ラットのダニ)(*R. ensifera*)，ウサギツメダニ(*Cheyletiella parasitivorax*)，ニキビダニ (*Demodex* 属，*D. caviae* など)，カビアハジラミ(*Gliricola porcelli*)，カビアマルハジラミ(*Gyropus ovalis*)，イヌセンコウヒゼンダニ(*Sarcoptes scabiei*)，ネコショウセンコウヒゼンダニ(*Notoedres cati*)，ノミ(*Ctenocephalides canis, C. felis*)

c 主症状

- 外部寄生虫の多くはグルーミングしにくい頭部や頸背部でみられる.
- 外部寄生虫の寄生では被毛の粗剛や菲薄化，鱗屑，皮膚の発赤，瘙痒，皮膚の擦過傷などがみられ，二次的な感染により皮膚炎や膿皮症，皮膚の角質化，肥厚などがみられる(**図40-11**).
- ヒゼンダニなどの皮膚に穿孔する外部寄生虫では強い瘙痒などがみられ，モルモットでは強い瘙痒により痙攣様の症状がみられることも多い(**図40-6**).
- ズツキダニなどの被毛ダニやシラミなどでは被毛粗剛や鱗屑などの臨床症状以外，強い瘙痒や皮膚病変を伴わないことがある．しかし多数寄生では瘙痒や皮膚の二次的な病変，自傷の跡がみら

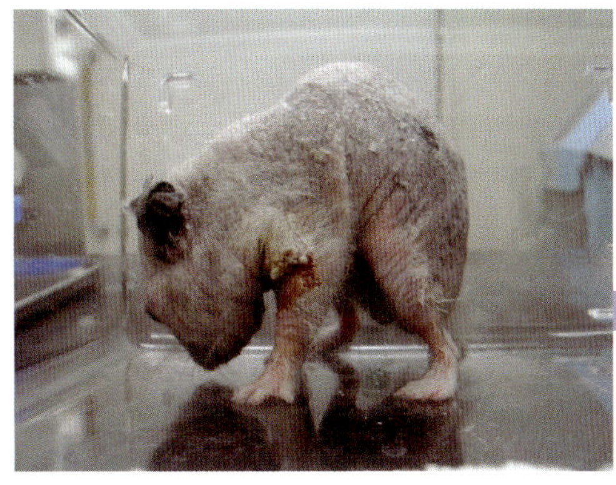

図 40-11　ダニの寄生がみられたゴールデンハムスターの外観．外部寄生虫の寄生では被毛の粗剛や菲薄化，脱毛，鱗屑，皮膚の発赤，瘙痒，皮膚の擦過傷などがみられ，二次的な感染により皮膚炎や膿皮症，皮膚の角質化，肥厚などがみられる．

れる場合もある．肉眼で被毛に付着した虫体を確認できることもある．

- ニキビダニはステロイドを長期間投与した症例や全身状態の低下した症例，皮膚病変のみられる症例などで，皮膚の発赤や被毛粗剛，被毛の菲薄化や瘙痒などの原因となることがあるが，何ら症状がみられないことも多い(**図40-10**)．
- 小型種ではノミやダニなどの吸血する寄生虫により，貧血や全身状態の低下などがみられることもある．

d 診断

- 被毛のテープ検査や皮膚掻爬検査，耳垢の検査などで虫卵や虫体を確認する．
- ノミやシラミなど比較的大型の外部寄生虫は肉眼でも確認できる．

e 治療

- イベルメクチン0.2～0.4 mg/kg，10～14日間ごと，SC
- 滴下型駆虫薬(セラメクチン6～12 mg/kg，30日間ごと)
- げっ歯類での詳細な報告はないが，ウサギでの毒性が報告されているためフィプロニルの使用は推奨されない．また，ノミ取り首輪，有機リン製剤，ペルメトリンスプレーなどの使用も推奨されない．
- ノミやマダニ，ハエウジなど大型の外部寄生虫はノミ取りグシやピンセットで取り除く．
- 通常，同居動物を同時に治療する必要がある．
- 飼育環境の衛生状態の改善を徹底し継続する．

参考文献

- Quesenberry KE, Carpenter JW(2011)：Ferrets, rabbits, and rodents. Clinical medicine and surgery 3rd., Elsevier

41 爬虫類・両生類

問題となる主な病原体の一覧

1）細菌
Mycoplasma agassizii，*Aeromonas hydrophila*，*Beneckea chitinivora*，*Citrobacter freundii*，*Dermatophilus congolensis*，*Mycobacterium chelonei*，*M. avium*，*M. fortuitum*，*M. marinum*，*Chlamydia pneumoniae*

2）真菌
Aspergillus spp.，*Candida* spp.，*Mucor* spp.，*Penicillium* spp.，*Paecilomyces* spp.，*Fusarium* spp.，*Acremonium* spp.，*Basidiobolus ranarum*，*Saprolegnia parasitica*，*Nannizziopsis vriessi*，*Batrachochytrium salamandrivorans*，*B. dendrobatidis*

3）原虫
ヘキサミタ（*Hexamita* spp.），トリコモナス（*Trichomonas* spp.），ジアルジア（*Giardia* spp.），レプトモナス（*Leptomonas* spp.），コクシジウム（*Isospora* spp.，*Eimeria* spp.，*Caryospora* spp.），バランチジウム（*Balantidium* spp.），ニクトテルス（*Nyctotherus* spp.），エントアメーバ（*Entamoeba invadens*）

4）ウイルス
ヘルペスウイルス，イリドウイルス，ラナウイルス，パラミクソウイルス，アデノウイルス，レトロウイルス，パピローマウイルス，レオウイルス，ピコルナウイルス，ポックスウイルス

5）寄生虫
蟯虫（*Oxyuris* spp.），*Ophionyssus natricis*，*Hirstiella* spp.

細菌感染症

a この疾患について

- 爬虫類や両生類の細菌感染症の多く，ないしほとんどすべては温度や湿度，飲水や飼育水の不適切な管理や換気不全，不適切な餌などの飼養管理不備が根本的な原因となり，二次的もしくは他の疾患による免疫力の低下後に三次的にみられることが多い．
- 爬虫類や両生類の細菌感染は様々な原因で起こり，ウイルスや真菌，寄生虫との重複感染や二次感染などもしばしばみられる．
- 細菌感染は特に幼若な個体，移動や過密飼育，触り過ぎなどのストレスを受けた個体でみられることが多く，複数個体を同ケージ内で飼育している際には他個体からのストレスや外傷により細菌感染がみられこともある．
- 局所的な感染症を放置することで全身的な感染症や敗血症に進展する．爬虫類の膿はほとんどの場合，液状ではなく乾酪状で固形である．
- 抗酸菌症は爬虫類だけでなく，両生類（*Mycobacterium marinum*など）でも確認されている．
- カエルなどの両生類でみられるレッドレッグ（red leg）病は皮膚の細菌感染症の一症状であり，

Pseudomonas や *Aeromonas* 属菌が主な原因となる(**図41-1**).

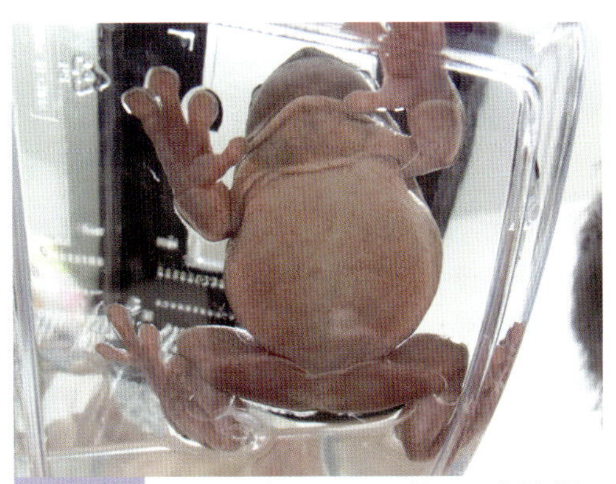

図 41-1 red leg病. イエアメガエル. 両生類では細菌感染により皮膚の発赤やびらんがみられることがあり, 肢や腹側部の皮膚が赤くなることから red leg病と呼ばれることがある.

1 種類による違い

- 個々の免疫状態以外にも, 爬虫類の種類や年齢などによって汚染された飼育水や床材に対する感受性や抵抗性は異なる.
- 水棲爬虫類や両生類では飼育水の汚染やケージ内の湿性部の汚染により感染することが多い. 水棲爬虫類や両生類では細菌感染と併発してミズカビの感染がみられることも多い(**図41-2**).
- 陸棲傾向の強い両生類など全身が水中につからず体の一部のみが浸漬している種では感染による病変が水に浸漬している体の腹側面でみられることが多い.
- 半水棲種では体を完全に乾燥させられる場所や時間がないと外皮などの体表部で細菌感染がみられることがある. これらは特に幼若な水棲カメなどでみられることが多い.

図 41-2 混合感染. アホロートル. 免疫力の低下した水棲爬虫類や両生類では細菌感染と併発してミズカビの感染がみられることも多い.

2 病原体

- 様々な種類の細菌が爬虫類に病原性を示すことが報告されている(**表41-1**). 一般的にグラム陰性桿菌は, グラム陽性桿菌もしくは球菌よりも爬虫類に対する病原性が高いと考えられている. しかし環境由来の細菌や正常な腸内細菌叢に由来する細菌が病変部より分離されることもあるので, 結果の解釈には注意が必要である.
- サルモネラは様々な種が正常な爬虫類から分離されており, 爬虫類の正常な腸内細菌叢の一部であると考えられているが, 重要な人獣共通感染症の原因菌でもある(➡p.713).
- マイコプラズマがカメ類とワニ類の上部呼吸器感染症や肺炎の原因として報告されている.
- *Dermatophilus congolensis*による皮膚感染(デルマトフィルス感染症)がいくつかの種で報告されており, 国内でもフトアゴヒゲトカゲでの集団感染が学会などで報告されている.
- サルモネラや抗酸菌に代表される様々な菌により, 人獣共通感染症が引き起こされる可能性があることを認識し, 爬虫類の取り扱いには十分注意する.
- ヒトで問題となる*Chlamydia pneumoniae*が爬虫類や両生類でも確認されている.

表41-1 爬虫類に病原性を示す細菌

Acinetobacter spp.
Actinobacillus spp.
Aeromonas spp.
Bacteroides spp.
Beneckea chitinivora
Chlamydia pneumoniae
Citrobacter freundii
Clostridium spp.
Corynebacterium spp.
Dermatophilus congolensis
Escherichia coli
Edwardsiella spp.
Enterobacter spp.
Klebsiella spp.
Micrococcus spp.
Morganella spp.
Mycobacterium spp.(*M. marinum* など)
Mycoplasma agassizii
Pasteurella spp.
Proteus spp.
Providencia spp.
Pseudomonas spp.
Salmonella spp.
Serratia spp.
Staphylococcus spp.(コアグラーゼ陽性)
Staphylococcus spp.(コアグラーゼ陰性)

宇根有美, 田向健一(2017):爬虫類マニュアル第2版, 学窓社より引用・改変

b 主要病原体

Mycoplasma agassizii, *Aeromonas hydrophila*, *Beneckea chitinivora*, *Citrobacter freundii*, *Dermatophilus congolensis*, *Mycobacterium chelonei*, *M. avium*, *M. fortuitum*, *M. marinum*, *Chlamydia pneumoniae*

c 主症状

- 細菌が感染した部位，臓器により様々な症状がみられる．

1 皮膚

- カメの甲羅を含む爬虫類の皮膚に細菌が感染した場合には，皮膚腫瘤や潰瘍形成，病変部の変色や内部出血，紫斑，肉芽腫や膿瘍の形成，脱皮不全などがみられる(**図41-3，4**)．
- 爬虫類の膿は液状ではなく固形で，多くの場合，周囲をフィブリンなどで取り囲まれた膿瘍となり腫瘤状を呈しているが，時折，膿の周囲に浮腫を伴い膿が患部に散在性にみられることもある(**図41-5**)．
- ヘビでは皮膚への細菌感染の際に，腹部に小胞状の腫瘤が形成され，自壊し潰瘍状になることもある(**図41-6**)．この状態は水疱病など様々な名称で呼ばれる．
- 水棲種では細菌感染とともにミズカビなどの真菌感染が併発し，病変部に白い綿毛様のものが付着したり，表皮の浮腫や脱落などがみられることもある(**図41-2，7**)．
- カメ類の中耳炎では耳道内に貯留した膿により鼓膜の突出がみられる(**図41-8**)．
- デルマトフィルス感染症は様々な爬虫類で報告があり，皮膚の角質増殖，壊死性皮膚炎や潰瘍などの皮膚症状がみられる(**図41-9**)．
- 両生類での細菌感染は主に水に接している部分で起こるため，体の下半分でみられることが多い(**図41-1**)．レッドレッグ(red leg)病では皮膚の発赤や出血，皮下浮腫や潰瘍状の皮膚病変が肢や腹側部など水に浸漬している部分でみられる．
- 両生類でも皮下膿瘍が形成されることがある(**図41-10**)．両生類の皮下膿瘍は体表部の様々な部位でみられるが，経験的にアホロートルでは頭頂部で膿瘍がみられることが多い(**図41-11**)．

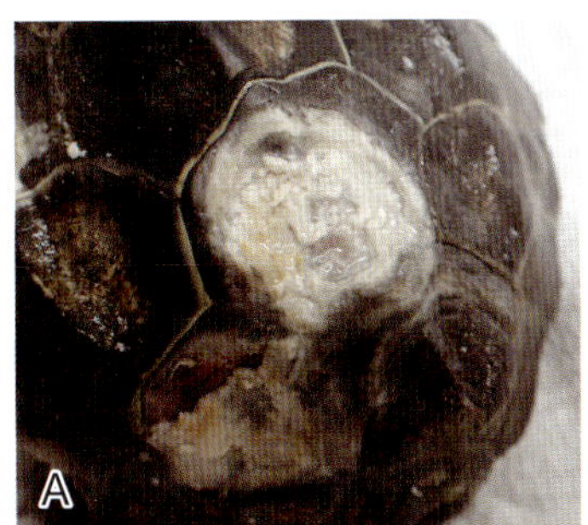

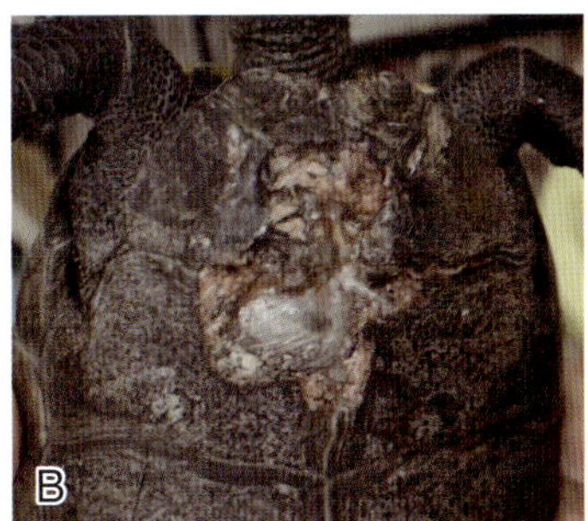

図41-3 甲羅の細菌感染症．A：クサガメの背甲，B：クサガメの腹甲，C：ダイヤモンドバックテラピンの腹甲カメの甲羅に細菌が感染した場合には潰瘍形成や甲羅の変色などがみられる．

図 41-4 細菌感染症（エボシカメレオン）．全身に丘疹状物が発生し，同部の細菌培養検査では *Enterobacter cloacae*, *Klebsiella oxytoca*など複数の菌が検出された．

図 41-5 膿瘍．A, B：ヒョウモントカゲモドキ，C, D：ミシシッピニオイガメ．爬虫類の膿は固形で，多くの場合，周囲をフィブリンなどで取り囲まれた膿瘍となり腫瘤状を呈している(A)．時折，膿の周囲に浮腫(C)を伴ったり，膿が患部の軟部組織内に散在性にみられることもある．

図 41-6　細菌感染症(ボールパイソン). ヘビでは腹部に小胞状の腫瘤が形成されたり, 発赤や滲出液がみられ, 進行に伴い自壊し潰瘍状になることもある.

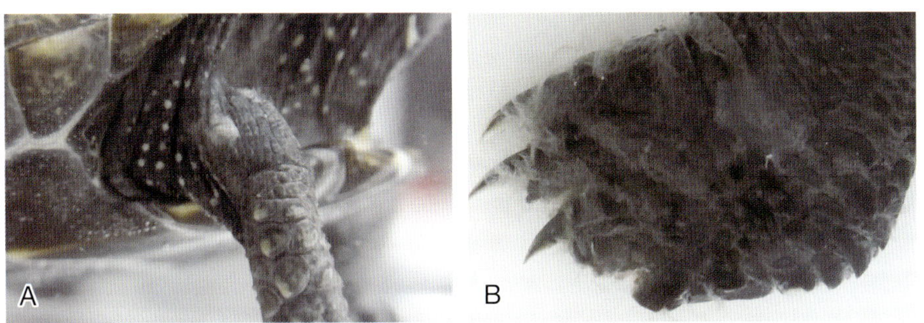

図 41-7　細菌感染と真菌感染. 水棲種では細菌感染とともにミズカビなどが併発し, 病変部に白い綿毛様のものが付着したり, 表皮の浮腫や脱落などがみられることもある.

図 41-8　カメの中耳炎. A～C：アカミミガメ幼体. カメ類の中耳炎では耳道内に貯留した膿により鼓膜の突出がみられる. 水棲ガメの幼体でみられることが多く, 病変部は両側性でみられることもある.

図 41-9 デルマトフィルス感染症が疑われる症例外観（フトアゴヒゲトカゲ）．デルマトフィルス感染症では皮膚の角質増殖，壊死性皮膚炎や潰瘍などの皮膚症状がみられる．

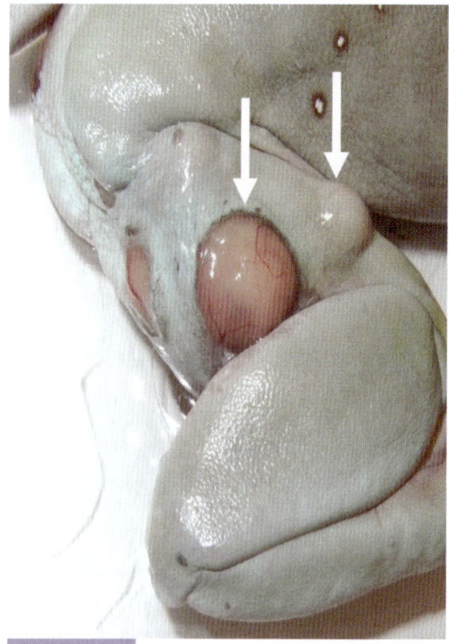

図 41-10 後肢に形成された膿瘍．イエアメガエル．右後肢に皮下腫瘤（矢印）が形成され，同部に浮腫と皮膚の菲薄化が確認された．細針生検により膿が貯留していることが確認された．

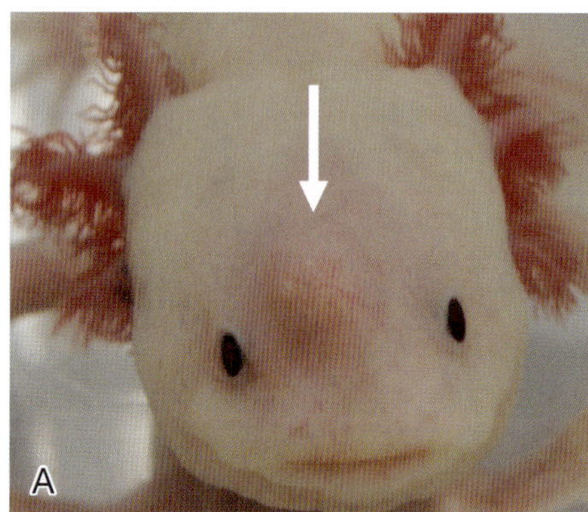

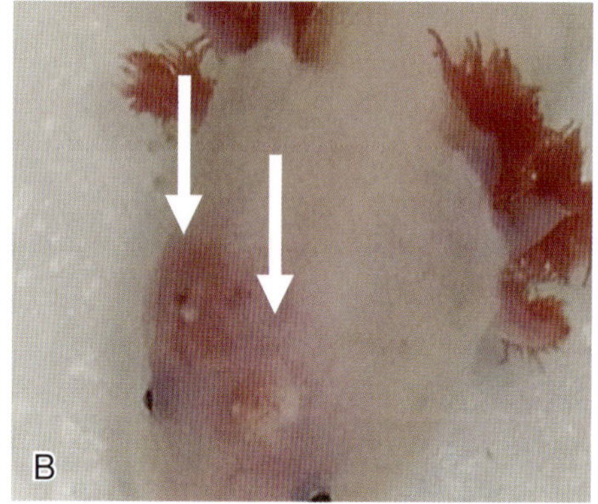

図 41-11 頭頂部に形成された膿瘍．アホロートル．アホロートルでは頭頂部に膿瘍（矢印）が形成されることが多い．

2 | 呼吸器

- 呼吸器の感染では鼻汁や口腔内の泡沫状分泌物，開口呼吸，頸部を伸展した呼吸などがみられる（**図41-12**）．
- 上部呼吸器感染症はカメ類やトカゲ類で一般的にみられ，透明～黄色の鼻汁がみられ，再発を繰り返したり，慢性化することもある（**図41-13**）．
- 下部呼吸器感染症のヘビでは時折欠伸様の動作や泡沫状の分泌物が喉頭部でみられることがあり，異常な呼吸音や噴気音が聴取されることもある．
- 肺炎に罹患した水棲カメでは，水中で体が肺炎により含気率が減少した方向へ傾くことがある（**図41-14**）．

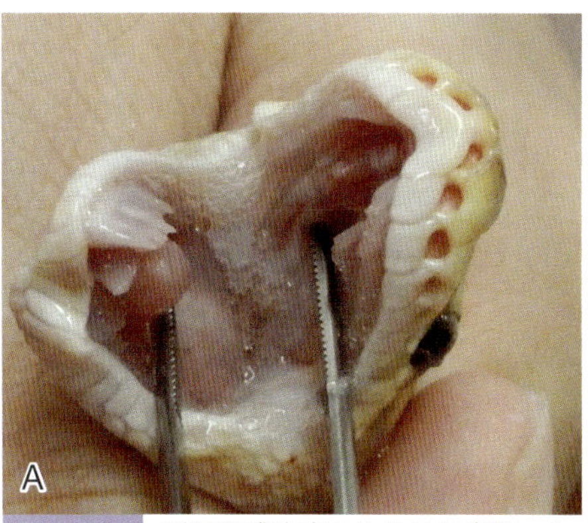

図 41-12　呼吸器感染症でみられる症状．A，B：バールパイソン．呼吸器感染では鼻汁や口腔内の泡沫状分泌物(A)，開口呼吸，頸部を伸展した呼吸(B)などがみられる．

図 41-13　カメの鼻水．上部呼吸器感染症はカメ類やトカゲ類で一般的にみられ，透明～黄色の鼻汁がみられる．

図 41-14　肺炎に罹患した幼若なクサガメ．肺炎に罹患した水棲カメでは水中で体が肺炎により含気率が減少した方向(矢印)へ傾くことがある．

3 | 口腔

- 口腔内でみられる細菌感染に伴う炎症は，壊死物や膿の蓄積，偽膜形成，発赤，腫脹などを伴い，しばしば「マウスロット」と呼ばれる(**図41-15～17**)．

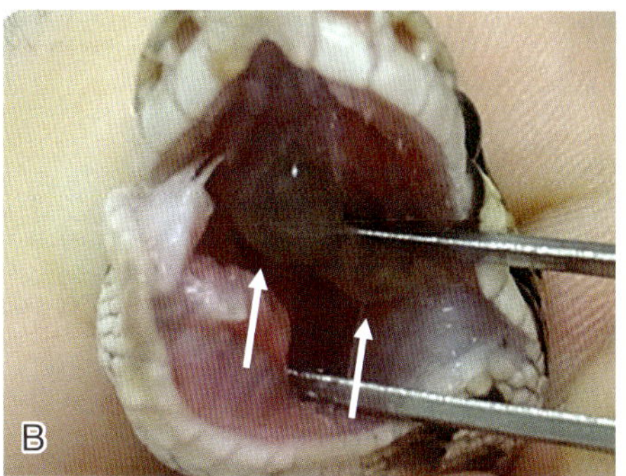

図 41-15　ヘビの口腔内感染症．A：カーペットパイソン，B：ボールパイソン．口腔内の細菌感染では壊死物や膿の蓄積(A：矢印)，唾液の粘稠化(B：矢印)，偽膜形成，発赤，腫脹などがみられる．これらの症状はしばしば「マウスロット」と呼ばれる．

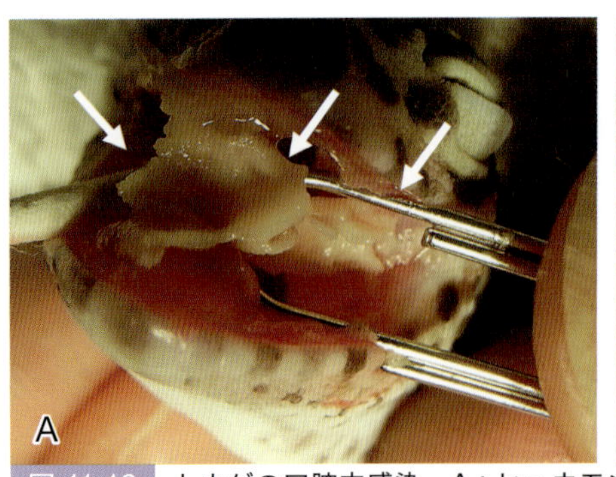

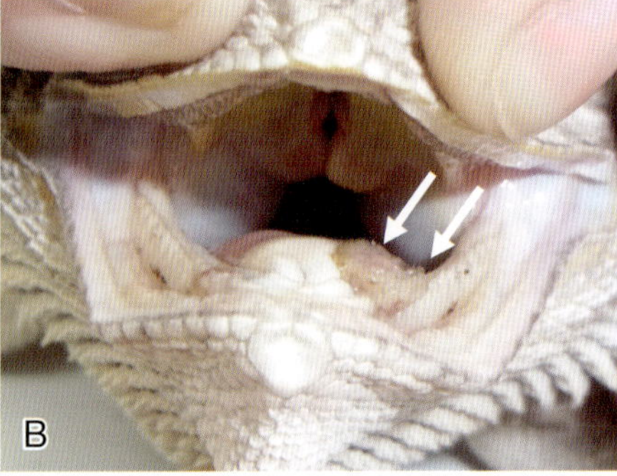

図 41-16 トカゲの口腔内感染．A：ヒョウモントカゲモドキ，B：フトアゴヒゲトカゲ．口腔内感染により形成された偽膜様物（A：矢印）や炎症性病変（B：矢印）が確認できる．

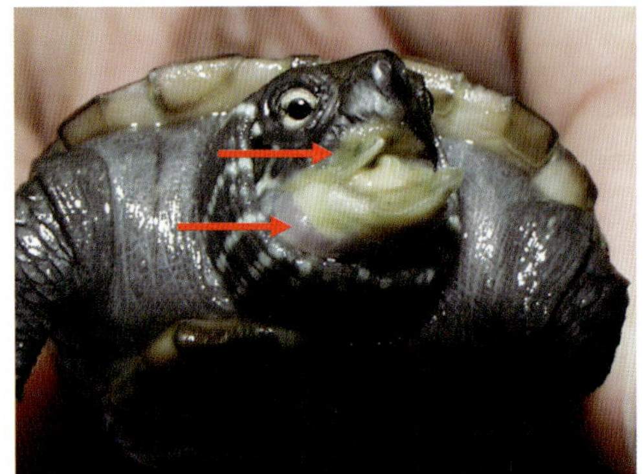

図 41-17 カメの口腔内感染．クサガメ幼体．細菌感染により嘴や口腔内の病変がみられることがある．嘴の細菌感染は幼若な水棲カメでみられることが多い．

- カメ類，特に水棲種の幼若個体では嘴に感染が広がり嘴の欠損や開口/閉口不全などがみられることも多い（**図41-17**）．
- ヘルペスウイルスによる口内炎・舌炎などのウイルス感染に，細菌が二次的に感染することもある．

4 その他

- 敗血症などで全身性に感染が波及すると全身の皮下に内出血や漿液の滲出がみられ，活動性や食欲の低下がみられる（**図41-18**）．敗血症の爬虫類では感染性塞栓症や多発性関節炎，心内膜炎などもみられることが報告されており，予後不良であることが多い．
- 両生類でも免疫力低下により感染が全身に及ぶと敗血症などによる全身状態の低下や皮膚のびらん，発赤などの全身症状がみられる（**図41-19**）．
- 抗酸菌症では多くの異なる器官に肉芽腫性の結節が形成されることがある（**図41-20**）．

d 診断

- 細菌感染が疑われる部位や膿瘍などから採取したサンプルをグラム染色し，鏡検により細菌や炎

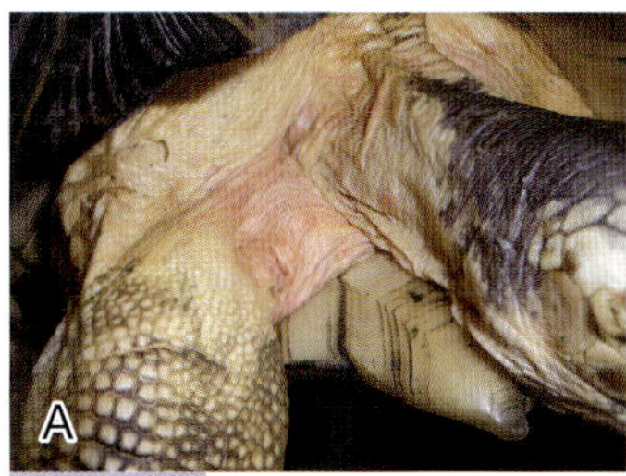

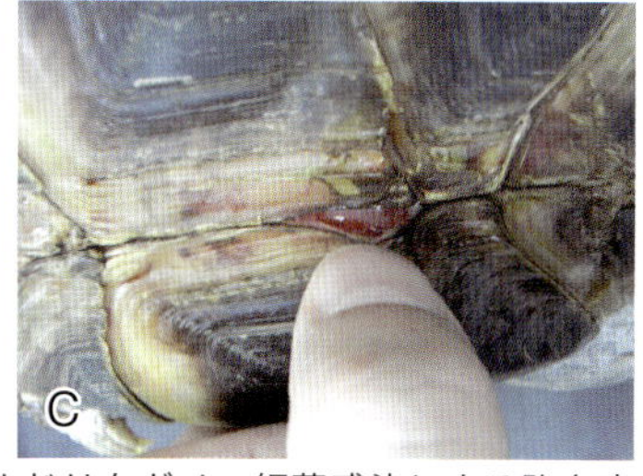

図 41-18　敗血症を疑う症例．A：ホウシャガメ，B, C：ホルスフィールドリクガメ．細菌感染による敗血症などで全身性に感染が波及すると全身の皮下（A）や甲板下（B, C）に内出血や漿液の滲出がみられ，活動性や食欲の低下がみられる．

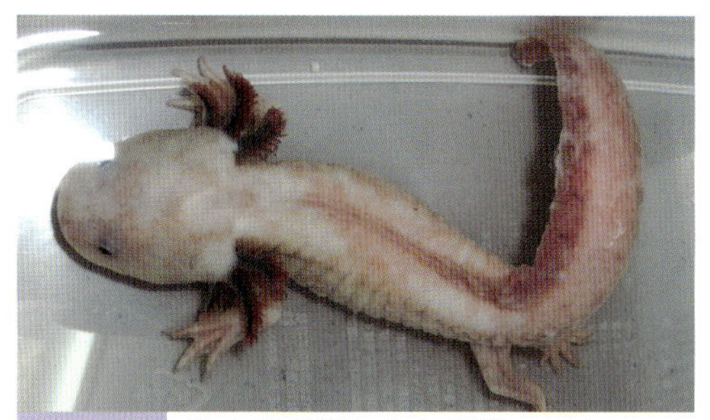

図 41-19　敗血症が疑われた症例．アホロートル．全身の皮膚でびらんや発赤がみられ，飼養管理不全が原因の細菌感染による敗血症が疑われた．

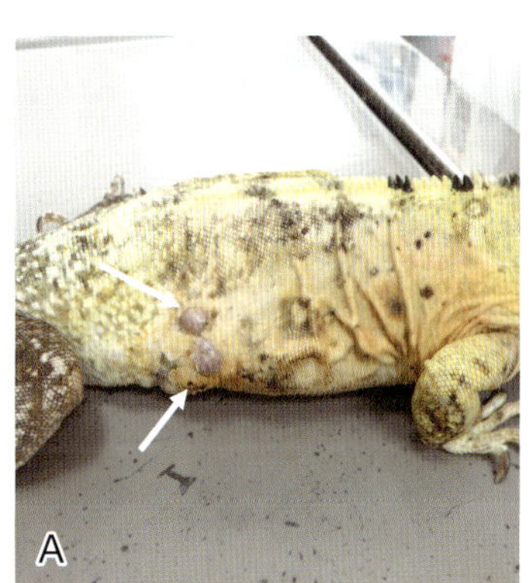
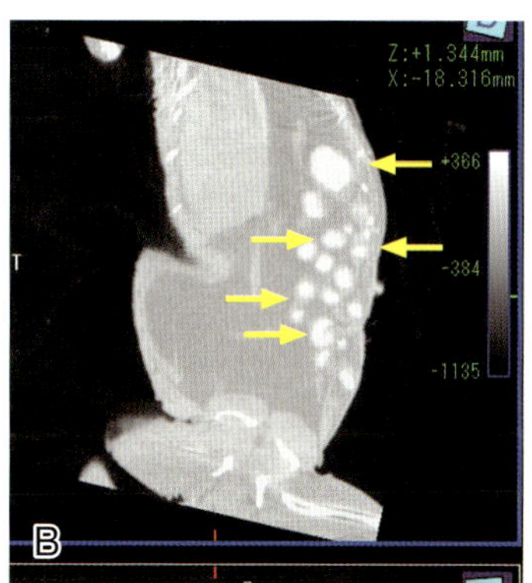

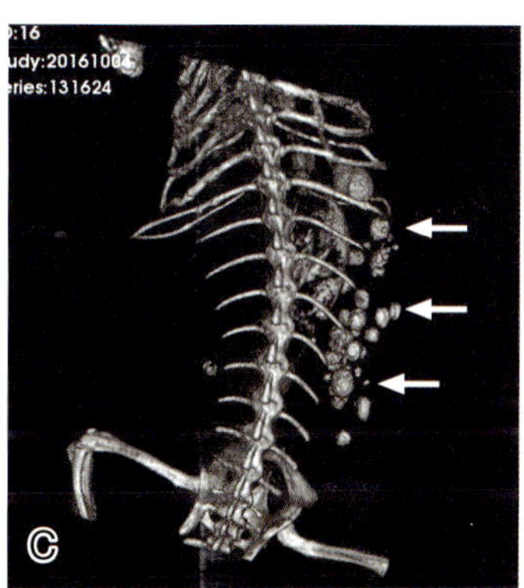

図 41-20　抗酸菌症．A：症例外観，B：CT画像，C：CT３D構築像．バナナスパイニーテールイグアナ．体表部に多数の結節病変（A：矢印）が確認される．CT検査により結節は体腔内にも多数存在しているのが確認できた（B, C：矢印）．結節の切除生検により抗酸菌による肉芽腫性結節と診断された．

症細胞の有無を確認する．また，採取したサンプルに対し細菌培養・感受性試験を実施する．

- 環境起源の細菌の多くは通常選択される温度よりも低温度で増殖するため爬虫類から採材したサンプルの細菌培養は37℃と22℃で行うことが推奨されている．
- 爬虫類や両生類で問題となる細菌には嫌気条件を好む種も多いため，好気性と嫌気性の両方で細菌培養を実施する．
- 通常培地で細菌培養が困難な細菌が疑われる場合にはPCRやELISA法などを利用できるが商業的に利用できる施設や検査は限られている．

- 血液検査では総白血球数の増加やヘテロフィルの中毒性変化，白血球の貪食像などが確認できることがある．
- 膿瘍は腫瘍や肉芽腫，痛風結節などと細針生検などで鑑別する．
- 体腔内の病変の確認にはX線検査や超音波検査，CT検査(**図41-20**)などが利用される．
- 体腔内病変の確認やサンプルの採材には内視鏡(硬性鏡)を利用する．

e 治療

1 環境の整備

- 温度や湿度，ケージ内の床材や水環境などを見直し，飼養管理に不備がないかを慎重に確認し不備があれば改善する．神経質な個体には適切なシェルターを設ける，爬虫類の種によってはケージ内や昼夜での温度勾配を設けるなどの種ごとの配慮が必要である．
- 床材として土やチップ，水苔，砂利などを利用している場合には治療中はペットシーツやキッチンペーパーなど衛生管理がより容易に実施できるものに変更する．
- 細菌感染がみられる多くの爬虫類ではその種の至適温度の上限を目安に飼育温度を高めに設定する．治療中の爬虫類は冬眠させずに年中加温して飼育する．
- 衛生環境を維持することは重要であるが，ケージ内の掃除による環境の変化，爬虫類に触れることなどが大きなストレスとなることもあるため，個々の症例の状態を見て適切に対応することが重要である．
- 治療によるストレスを考慮し，飼養管理の改善などで対応できる症例では治療による過度のストレスをかけすぎないように最低限の治療を行い，経過を見ることも多い．

2 投薬・消毒など

- 細菌培養・感受性試験に基づき選択した抗菌薬を全身投与する．
- 爬虫類では種により腎門脈系の存在が確認されているため，注射による抗菌薬の投与は上半身に実施すべきであり，特に腎毒性の可能性がある抗生剤は下半身に投与すべきではない．
- 皮膚の局所的な感染に対しては希釈したクロルヘキシジンやポピドンヨードなどの消毒薬を用いた消毒を行う．
- 病変が全身に広がっている場合には希釈したポピドンヨードやクロルヘキシジンなどでの薬浴を行う．
- 湿性環境で維持できる種では床材を希釈したクロルヘキシジンなどを染み込ませたキッチンペーパーやペットシーツなどにして一時的に管理することもできる．
- 水棲～半水棲の爬虫類では一時的に水から出し体を乾燥させる方法で治療効果がみられることもある．
- 膿瘍の治療は体表部に存在する場合は切開して排膿し，膿瘍内部を消毒液で洗浄する．病変部が深部に及ぶ場合には病変部の外科的切除や掻爬を行う(**図41-21**)．
- カメ類の耳道内の膿瘍は鼓膜を切開し外科的に摘出する(**図41-22**)．
- 上部呼吸器感染症では抗菌薬の全身投与とともに抗菌薬の点鼻などを追加することもある．
- 下部呼吸器感染症では全身的な抗菌薬の投与とともに点鼻やネブライジング治療を行う(**図41-23**)．

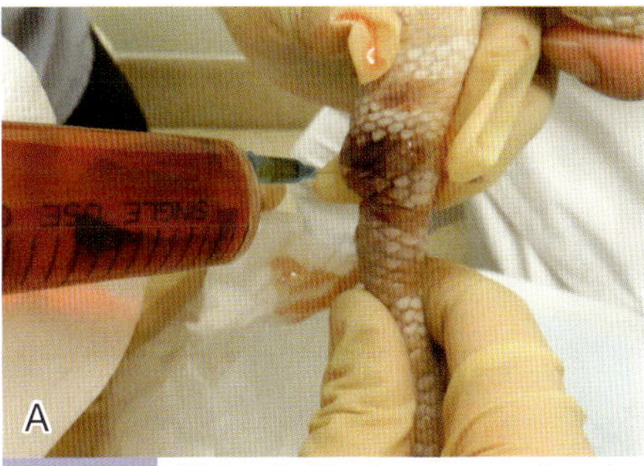

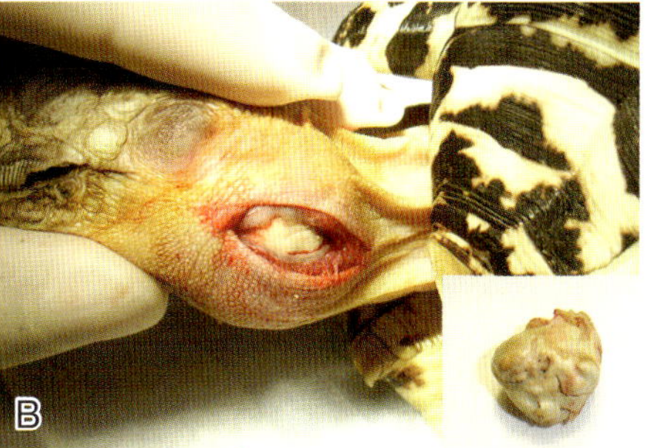

図 41-21　膿瘍の治療．A：コーンスネークの皮下膿瘍，B：ヒョウモンリクガメの頸部膿瘍と摘出した膿．膿瘍は切開し膿を圧排した後，希釈したポピドンヨードやグルクロン酸へキシジン溶液で洗浄し，必要に応じて抗生剤の投与を行う．膿瘍が大きな場合や深部に及ぶ場合には病変部の外科的切除(B)が必要となることもある．

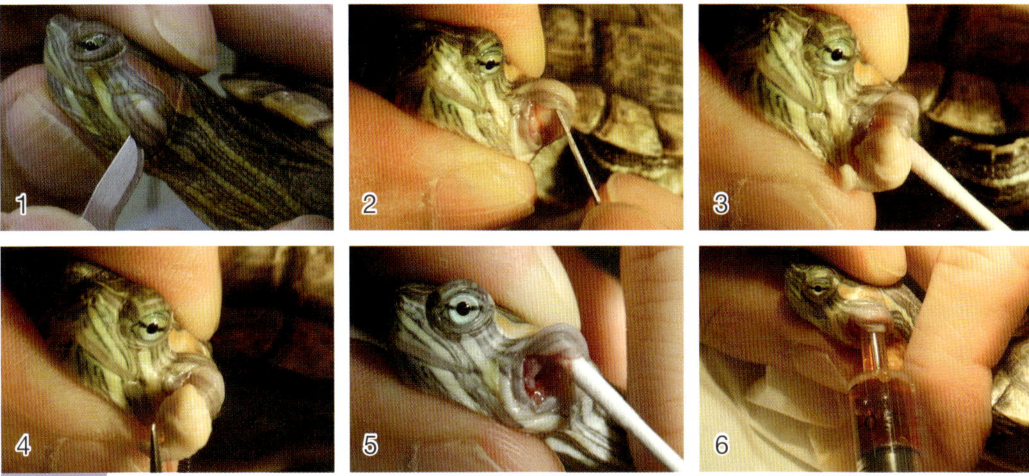

図 41-22　カメの中耳炎の治療(ミシシッピアカミミガメ)．カメ類の耳道内の膿瘍は全身麻酔下で鼓膜を切開し外科的に摘出する．1.鼓膜の腹側縁を鼓膜の半周弱切開する．2.皮膚および皮下を切開し膿を確認する．3.固形の膿を圧迫する．4.固形の膿を崩さないように摘出する．5.残存した膿がないことを確認する．6.消毒液で耳道内を消毒する．通常は切開部の縫合は不要で術後数日間は抗菌薬を投与する．

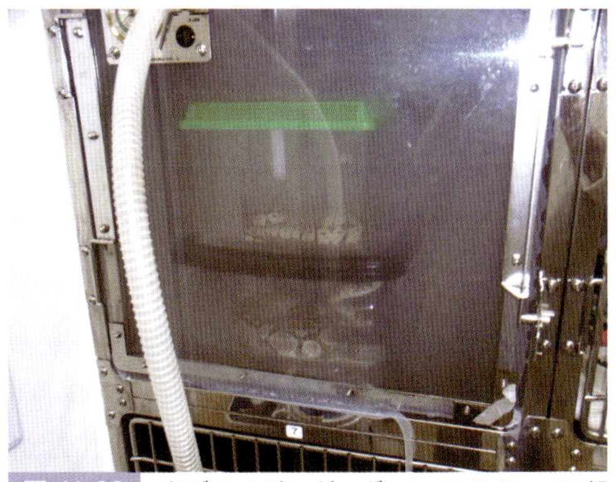

図 41-23　ネブライジング．ボールパイソン．下部呼吸器感染症では全身的な抗菌薬の投与とともにネブライジング治療を行う．

3 | 感染拡大の防止

- 感染個体は他個体とは隔離し適切な飼養管理状態で管理して，治療することが重要である.
- 以前から飼育しているケージに新たな個体を導入する際には検疫期間を設ける．細菌に対する感受性は個体の免疫状態とともに爬虫類の種類により異なるため，異種の爬虫類を同一ケージ内で飼育することは避ける.
- 食べ残した餌や温浴のケージ，ケージ内装飾品などを他個体に使用する際にはそれらにより感染が媒介されないように適切な消毒を実施する.

真菌感染症

a この疾患について

- 真菌感染症は皮膚など外皮系で時折みられる．全身性真菌感染症は稀で，不適切な飼養管理や他疾患により免疫力の低下した個体でみられる可能性がある.
- 通常，真菌感染症は日和見感染で二次的な要因で発症するが，例外的に*Nannizziopsis vriessi*はトカゲやヘビ類での主要な病原因子として報告されている.
- 水棲のカメでは水棲真菌類，主としてサプロレグニア（ミズカビ）属やムコール属の真菌（ケカビ）が皮膚や甲羅などに発生することがある．特にイシガメやスッポンなどでは重篤な症状を呈することが多い．これらのカビは両生類でもしばしば問題となる.
- 消化管真菌症について爬虫類での詳細な調査・研究はされていないが糞便検査などでは時折真菌が確認されることがある．これまでに報告のある消化器真菌症として*Penicillium, Basidiobolus ranarum, Paecilomyces*などがある.
- カエルツボカビ（*Batrachochytrium dendrobatidis*）は，感染した両生類に致死的な経過をもたらすことが多く，世界中で多くの両生類が集団で死亡し地域個体群が絶滅するという現象の原因となっている.
- 近年，新興感染症として*B. salamandrivorans*によるサンショウウオやイモリでの大量死が欧州で問題となっている.

b 主要病原体

Aspergillus spp., *Candida* spp., *Mucor* spp., *Penicillium* spp., *Paecilomyces* spp., *Fusarium* spp., *Acremonium* spp., *Basidiobolus ranarum*, *Saprolegnia parasitica*, *Nannizziopsis vriessi*, *Batrachochytrium salamandrivorans*, *B. dendrobatidis*

c 主症状

- 皮膚や皮下組織の真菌感染の場合には膿瘍や肉芽腫がみられ，呼吸器の真菌感染の場合には呼吸音の異常や呼吸困難がみられるなど，感染した器官により異なる症状がみられる.
- 細菌感染が併発していることも多く，全身性の感染例では活動性や食欲の低下，嗜眠などがみられる.

- 水棲種の爬虫類や両生類ではミズカビやケカビなどが感染すると白い綿毛様の病変や白斑，潰瘍などの病変が皮膚や甲羅でみられる．幼若なカメや両生類では細菌の二次感染なども併発し死亡することもある.
- *B. dendrobatidis*(カエルツボカビ)では過剰な脱皮や皮膚の変色などの皮膚異常，縮瞳，食欲不振，死などの症状がみられる.
- *B. salamandrivorans*に感染した両生類は乾燥した灰色の皮膚変化，脱皮の異常や皮膚の潰瘍状病変などがみられ，水中で過ごす時間が長くなり，食欲低下がみられ斃死する.

d 診断

- 体表部の病変は肉眼的な所見から仮診断し，病変部の鏡検を行い診断する.
- 病変部の病理組織学的検査の結果から診断する.

e 治療

- 飼養管理，特に衛生状態を改善し維持する.
- 飼育水やケージ，ケージ内装飾品などの消毒を徹底する.
- 細菌感染症など他の併発疾患がある場合にはそれらの治療を行う.
- 必要に応じて抗真菌薬の投与や局所の消毒，全身的には薬浴などを行う.
- 膿瘍や局所的な病変の場合には外科的な切除や掻爬を行うこともある.
- ミズカビやワタカビなど水中でみられる病変に対しては，肉眼的に除去できる部分は除去し，マラカイトグリーンやメチレンブルーなどの薬浴や塩水浴を行う．動物種によっては数時間水中から出して体を乾燥させる方法も有効である．水温を高温(25℃以上)に保つことでも発生を抑制できる.
- 消化管内真菌症が疑われる症例では，消化管から吸収されにくいナイスタチンやアムホテリシンBなどを投与する．その他の抗真菌薬も利用できるが，検出された真菌が病変の原因となっているかどうかや，投薬による潜在的な毒性を考慮しなければならない.
- 感染個体は他個体から隔離し，新たに導入する個体は検疫期間を設ける.
- ツボカビに対する治療としてイトラコナゾールやミコナゾール，テルビナフィンなどの抗真菌薬による薬浴の有効性が確認されている．一方で，フルコナゾールでは限られた効果しか得られなかったことが報告されている．ツボカビが疑われる場合には感染個体の隔離とともに飼育設備や飼育水の処理などにも注意しなければならない.

ウイルス感染症

a この疾患について

- 爬虫類や両生類のウイルス感染症は様々なものが報告されているが，現在も発展途上の分野である.

- 臨床上，主に問題となるウイルスはヘルペスウイルスが最も多く，その他，イリドウイルス，パラミクソウイルス，アデノウイルス科のウイルスがしばしば爬虫類で問題となる．
- ウイルスが疾患原因となっているかどうかは，病理学的検査や遺伝子検査などによるウイルスの確認とともに，問診による経過確認や臨床症状などに基づき慎重に判断する必要がある．
- ヘルペスウイルスは様々な爬虫類で病原性が確認されているが，リクガメでは重篤な症状を呈し，集団発生も確認されており特に注意が必要である（**図41-24**）．また，ウミガメのgrey patch diseaseなどの野生下での影響も懸念されている．
- イリドウイルス科に属するラナウイルスは両生類での大量死の原因となっていることが国内でも確認されており，爬虫類でも様々な種で感染が確認されている．
- 両生類では同じウイルスでも幼生時と成体時では症状や症状の重篤度が異なることもある．両生類で主に問題となり，ある程度報告があるウイルスはラナウイルスとヘルペスウイルスである．
- パラミクソウイルスは，ヘビ，トカゲ，リクガメで確認されており，動物園や個人飼育動物での集団発生がいくつか確認されているが，ヘビ類で最も報告が多い．
- アデノウイルス感染症はトカゲやヘビを中心にワニを含む様々な爬虫類で報告されている．
- 封入体病（inclusion body disease: IBD）はアレナウイルス科の*Reptarenavirus*が原因であると疑われており，ボア科のヘビで中枢神経症状を示す原因となり，罹患率や致死率も高い．神経症状を示すヘビの細胞で好酸性の細胞質内封入体が確認できることからIBDと名付けられた．

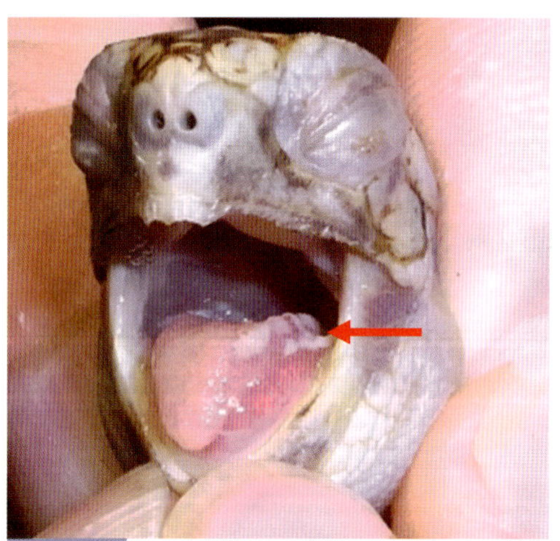

図41-24　ウイルス感染が疑われた舌炎．ギリシャリクガメ．リクガメではヘルペスウイルスなどの感染により舌や口腔内粘膜の炎症や潰瘍状の病変（矢印）がみられることがある．

b　主要病原体

ヘルペスウイルス，イリドウイルス，ラナウイルス，パラミクソウイルス，アデノウイルス，レ

トロウイルス，パピローマウイルス，レオウイルス，ピコルナウイルス，ポックスウイルス

c 主症状

- リクガメのヘルペスウイルス感染でみられる症状は鼻炎，結膜炎，口内炎，舌炎(**図41-24**)などで壊死性口内炎による偽膜が形成されることもある．重篤な場合には麻痺などの神経症状がみられることもある．症状の重篤度はヘルペスウイルスの血清型の違いやリクガメの種類による感受性の違いなどにより異なる可能性が報告されてある．
- イリドウイルスはいくつかの種類に分類されており，カメでは肝炎や呼吸器疾患に関連することが報告されており，動物種によっては致死的経過を辿る例もある．
- イリドウイルス科に属するラナウイルスでは口内炎や肝炎，腸炎，肺炎などがみられる．
- ラナウイルスに感染した両生類は皮膚の発赤や腫脹，全身状態の低下などがみられ斃死する．同地域に生息する大量の両生類が死亡する原因となっていることもある．
- パラミクソウイルスに感染したヘビでは主に呼吸器と中枢神経症状がみられるが，食欲不振や吐出，下痢，突然死など様々な症状がみられる．
- アデノウイルス感染症では拒食や元気消失などの非特異的症状から後弓反張などの神経症状，突然死などの症状が報告されている．
- IBDでは運動失調，後弓反張や瞳孔不同などの神経症状，吐き戻しや拒食，口内炎や肺炎などがみられる．これらの症状はIBDで特異的なものではないがボア科のヘビで急性の神経症状が出た際にはIBDと鑑別しなければならない．
- パピローマウイルス感染ではカナヘビなどで体表部の乳頭腫が病変として確認されている．

d 診断

- ウイルスの存在は病理学的な検査や電子顕微鏡，PCR検査，血清学的検査，ウイルス分離などで確認する．
- ヘルペスウイルスなどウイルスの種類によっては核内封入体や細胞質内封入体が確認される．
- ウイルスの感染から症状の発現や様々な検査で検出できる時期までは数日から数週間以上の差があり，潜伏感染もみられるため，検査の時期の判断が重要であり，複数回の検査が必要となることもある．
- 爬虫類からウイルスが検出されても疾患に関連していないことがいくつかの症例で確認されており，ウイルスの存在を確認するとともに，臨床検査や病理学的な検査で臨床症状がウイルスに関係していることを確認して診断する．

e 治療

- ウイルス感染が確認されるかもしくは疑われる個体は他の個体から隔離する．他種が混合飼育されている場合には種ごとに隔離する．また，新しく導入する個体は数カ月以上の検疫を実施することが推奨されている．
- ヘルペスウイルスの治療にアシクロビルの有効性が示唆されているが，それ以外のウイルスでは

特異的な治療方法は確認されていない.

- 感染個体には補液や抗生剤の投与，栄養管理などの支持療法や対症療法を実施し，その種の至適温度の上限で温度管理を行う.

内部寄生虫症（原虫，線虫，吸虫，条虫）

a この疾患について

- 爬虫類には多種多様な種類が含まれており，ヘビは全種が肉食であるがトカゲやカメは種により肉食，雑食，草食など食性も異なる．爬虫類，特に草食の爬虫類では正常でも様々な原虫が腸管内で共生していると思われる.
- ある報告では無症状のペットとして飼育されている爬虫類の糞便サンプル101個から63個（62.4％）で何らかの内部寄生虫が確認されている.
- 飼育下では中間宿主を必要とせず直接生活環を持つ寄生虫がケージ内で重感染することで問題となりやすい.
- 野生下で採取された様々な種の爬虫類や両生類がペットとして輸入されており，様々な種の内部寄生虫が爬虫類とともに国内に入ってきていると思われる.

1 原虫

- 爬虫類の消化管内にはジアルジア，ヘキサミタやトリコモナスなどの原虫類が健常個体でも確認される．軟便や下痢などではこれらの原虫の異常増殖がみられることもあるが，原虫の異常増殖が症状の原発要因なのか消化管内環境の異常による二次的な増殖なのかの鑑別が困難なことも多い.
- コクシジウムは様々な種の爬虫類で確認されており，オーシストにより *Isospora*，*Eimeria*，*Caryospora* に分けられる．狭いケージ内での自己感染も含む感染が生じると重篤な感染が生じる.
- *Entamoeba invadens* は赤痢アメーバに近縁の種で爬虫類に寄生する（➡p.97）．ヘビやトカゲ類で発症することが多く，ヘビでは腸内組織への侵入により出血性腸炎の原因となると報告されている．アメーバ症は両生類でも感染が報告されている.
- クリプトスポリジウムはトカゲやヘビなどで問題となることが多く，近年ではヒョウモントカゲモドキで大きな問題となっている.
- カメ類ではヘキサミタが重度の腎疾患と関連していることが報告されており，その他，*E. invadens* やコクシジウムなどが腎臓に寄生することがある.
- 血液に寄生する原虫が血液検査で確認されることもある.

2 その他の内部寄生虫

- 様々な種の線虫が様々な爬虫類で確認されている．少数寄生では臨床的に問題とならないことも多いが，多数寄生や本来の寄生部位以外への迷入などが生じると臨床的に問題となる．一部の蟯虫は草食性爬虫類における摂取物の攪拌に役立っているという報告もある（**図41-25**）.

- 糞便検査では大型の繊毛虫類が確認されることがあるがその病原性は明らかにされていない．稀に吐物内に内部寄生虫が確認されることがある（**図41-26**）．
- 回虫，鉤虫，糞線虫，条虫，吸虫，舌虫など様々な寄生虫が爬虫類で報告されている．
- 肺虫はヘビやトカゲに感染し肺炎などの原因となる．
- カメレオンやツリーモニター，特に野生下での採取個体では皮下や体腔内にしばしば線虫（フィラリア）が寄生している（**図41-27**）．

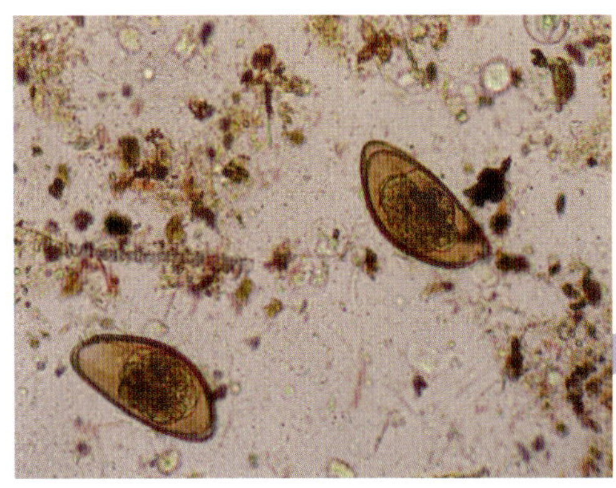

図 41-25 蟯虫卵．爬虫類の糞便検査ではしばしば原虫や繊毛虫，蟯虫などがみられるが，これらは爬虫類の種によっては腸内で共生していると考えられている．

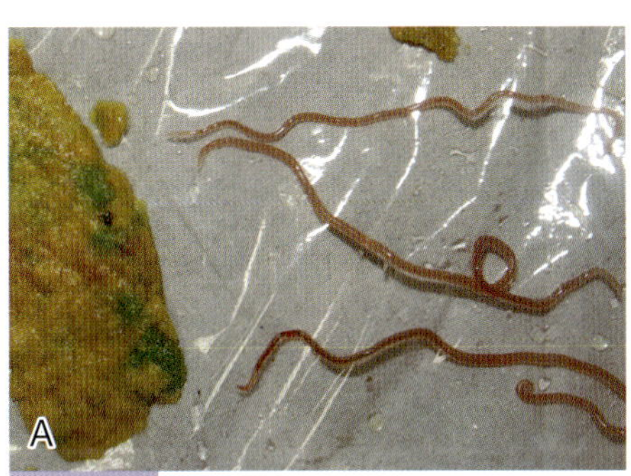

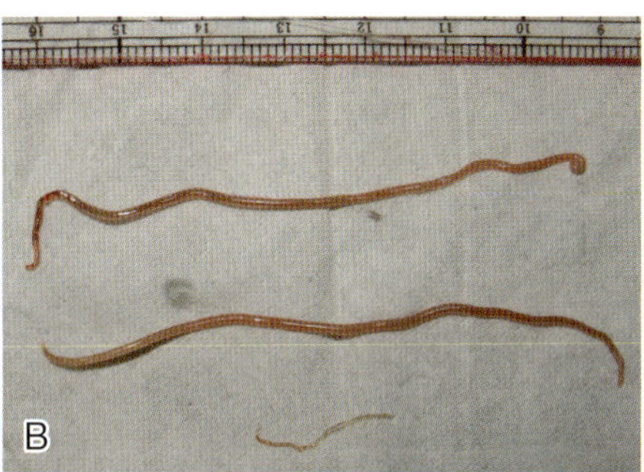

図 41-26 消化管内寄生虫．ギリシャリクガメ．吐物とともに複数の大型の線虫が吐き出された．

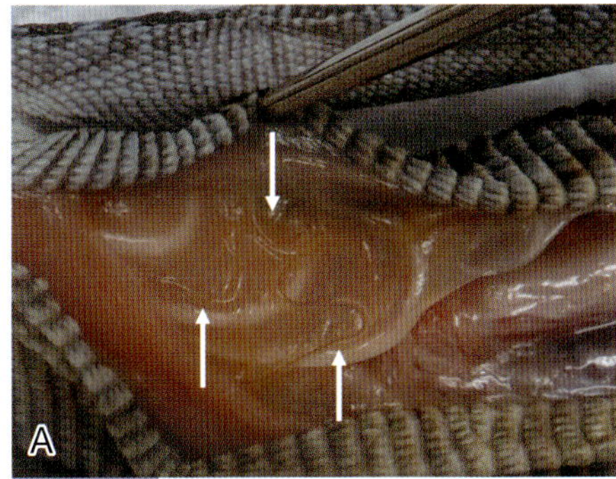

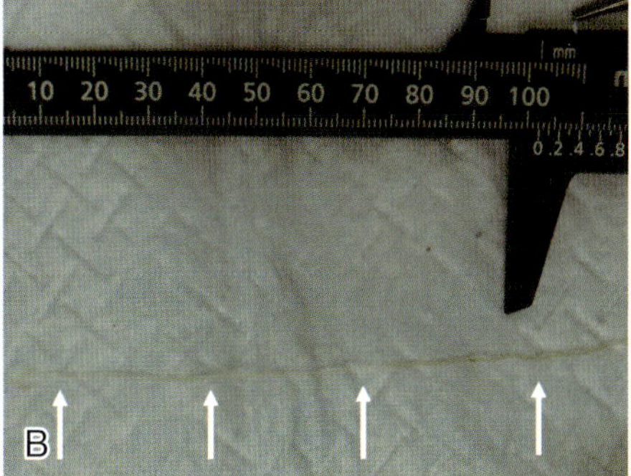

図 41-27 線虫の皮下寄生．A：コバルトツリーモニターの皮下に寄生した線虫，B：摘出した虫体（*Hastospiculum spiralis*）．皮下に寄生する線虫はカメレオンやツリーモニターでみられることが多く，皮下を移動する虫体を確認できることもあるが，明らかな臨床症状がみられないことも多い．

b 主要病原体

- 原虫(鞭毛虫)：*Hexamita* spp., *Trichomonas* spp., *Giardia* spp., *Leptomonas* spp., *Entamoeba invadens*
- コクシジウム：*Isospora* spp., *Eimeria* spp., *Caryospora* spp.
- 繊毛虫：*Balantidium* spp., *Nyctotherus* spp.
- 蟯虫：*Oxyuris* spp.

c 主症状

1 消化管内寄生虫

- 原虫や繊毛虫，蟯虫などは爬虫類，特に草食性爬虫類では腸内で共生していると考えられており，偶発的に糞便に付着した状態で見つけられたり，糞便検査で偶発的に虫体や虫卵がみられるだけで何ら臨床症状は示さないことが多い.
- 通院時の移動などのストレス下で排泄された軟便では鏡検により原虫や繊毛虫などが通常よりも多量に確認されることがある.
- 少数の消化管内寄生虫では臨床症状がみられないことも多いが，不衛生な環境での重感染や他疾患などで状態の低下した個体での寄生数増加などにより下痢や軟便，血便などの症状がみられることもある．便の異常がみられず削痩や食欲低下などの非特異的な症状のみみられることもある.
- クリプトスポリジウムが感染したヘビでは胃炎や腸炎がみられ，食欲不振や下痢，嘔吐，拒食，体重減少などの症状がみられる．クリプトスポリジウム感染症はトカゲ類では慢性消耗性疾患となり，無症状で経過するものから慢性的に下痢が続き最終的には重度に削痩するものまである．特に尾に栄養を蓄えるトカゲモドキでは尾が非常に細くなり，全身の削痩がみられる(**図41-28**).
- 蟯虫などの多数寄生により直腸脱がみられることもある.

図 41-28 クリプトスポリジウムに感染したヒョウモントカゲモドキ．重度の削痩が確認できる.

- 血液検査時に血液原虫の寄生が確認されることがある.
- ヘビやトカゲの肺虫寄生では開口呼吸や口からの泡沫状分泌物，喘鳴などがみられることがある.
- 肺虫は野生下の両生類では時折みられることが報告されている.
- 皮下に寄生するフィラリアでは皮下を移動する虫体を確認できることもあるが，明らかな臨床症状はみられないことも多い．多数寄生の場合には皮膚炎や潰瘍などの原因となることもある(**図41-27**).

d 診断

- 糞便検査により虫体や虫卵，オーシストを確認して診断する(**図41-29**).
- フィラリアの寄生は血中のミクロフィラリアで確認できることもある.

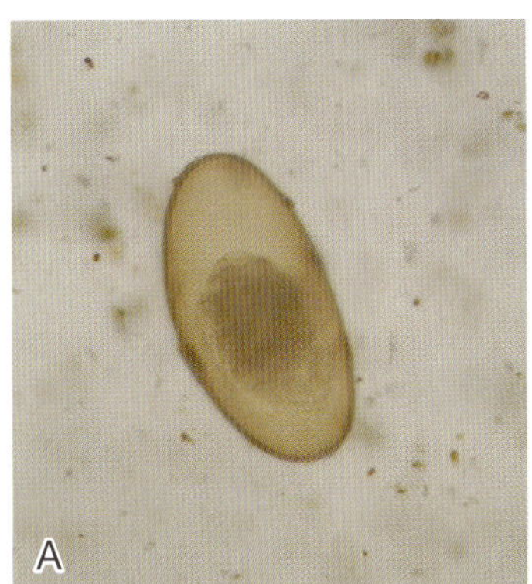

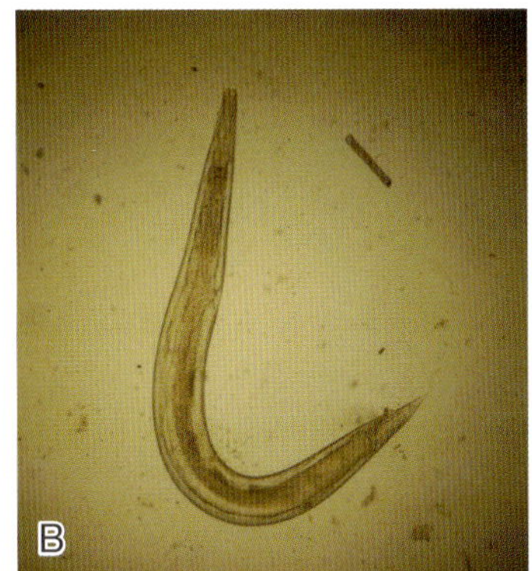

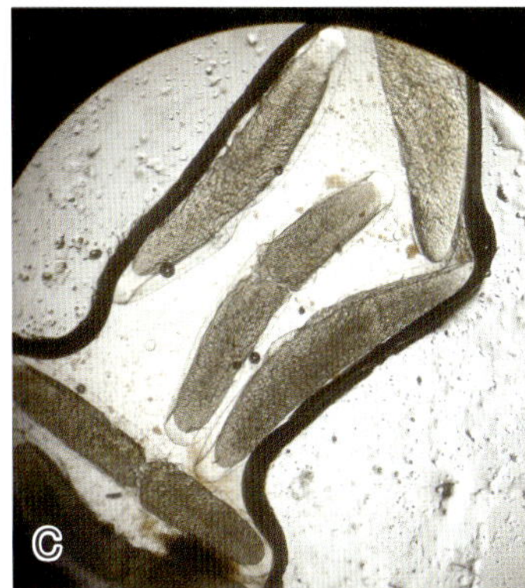

図 41-29 爬虫類の消化管内寄生虫．A, B：ギリシャリクガメ，C：フトアゴヒゲトカゲ．爬虫類の糞便からは様々な消化管内寄生虫が確認できる．Aは虫卵，Bは蟯虫，Cは寄生虫体

e 治療

- 一部の原虫や蟯虫などは爬虫類と共生関係にある可能性も報告されており，特に草食性の種では，内部寄生虫を確認するだけではなく宿主となる爬虫類の全身状態なども評価し，駆虫を行う必要があるかどうかを慎重に判断しなければならない.
- 線虫など比較的大型の寄生虫が多数寄生していると思われる症例では駆虫により死亡した虫体による腸閉塞など，治療により致死的な結果を招く可能性があるため，投与量を調整するなどの配慮が必要である.
- 原虫や繊毛虫，アメーバ症に対してはメトロニダゾールを投与する.
- 線虫に対してはフェンベンダゾールやイベルメクチンを投与する．ただし，カメ類にはイベルメクチンの使用は禁忌である(カメ類ではイベルメクチンは血液脳関門を通過し，沈うつや，昏睡，運動失調や痙攣，死などの原因となることが確認されている).
- 条虫や吸虫にはプラジクアンテル(5～8 mg/kg)を投与する.

- コクシジウムに対してはスルファジメトキシン，トリメトプリム・スルホンアミドなどのサルファ剤を用いる．サルファ剤など駆虫薬の投与時は動物の水和状態に注意する．
- クリプトスポリジウム症に対する有効な治療法は確立されておらず，支持療法を行うと同時に他個体への感染を防止するため隔離や飼育施設の消毒を徹底する．
- カメレオンやモニターなどの皮下に寄生するフィラリアは，皮下の虫体を確認して外科的に摘出する．多数寄生の場合，駆虫薬投与により斃死した虫体による副作用などがみられる可能性もある．

1 環境の整備

- 糞便や糞便に汚染された餌の摂取などにより自己感染やケージ内での濃厚感染，再感染を防止するために糞便の処理など衛生管理を厳重に行う．爬虫類のコクシジウムのオーシストはほ乳類でみられるものよりも乾燥や浸透圧変化に耐性が強いことが確認されているため特に注意する．
- 中間宿主を必要とせずに直接感染する寄生虫では特に衛生管理を徹底し，自己感染や他個体への感染源をなくすことが重要である．

外部寄生虫症

a この疾患について

- 爬虫類ではダニを中心に様々な外部寄生虫がみられる．
- 現在でも爬虫類は野生採取個体が市販されており，国内では未知の外部寄生虫が寄生している可能性があり，それらにより他の感染症が媒介される可能性もある．
- 野生下の爬虫類や野生採取個体ではマダニなどの大型の寄生虫が寄生することもあり，細菌やウイルスなど他の感染症の媒介要因となることもある．
- ダニはヘビで最も一般的にみられ，トカゲでは時折みられるがカメでは稀である．
- 水棲や半水棲種に属する野生下の爬虫類や野生採取個体ではヒルなどの外部寄生虫がみられることがある．
- 不衛生な飼育環境や汚染された外傷部などにウジが寄生することもある．

b 主要病原体

Ophionyssus natricis，*Hirstiella* spp.

c 主症状

- 野生下の爬虫類や野生採取個体，特にカメ類ではマダニなどの大型のダニの寄生を肉眼で確認できる．飼い主が爬虫類の体表から床材に落下した虫体を確認することもある．
- ダニは鱗の隙間などに寄生し，肉眼でも体表部や鱗の隙間を動く虫体を確認できることが多い(**図 41-30**)．
- ヘビ類のダニは眼の周囲や総排泄孔周囲などでみられることが多い．

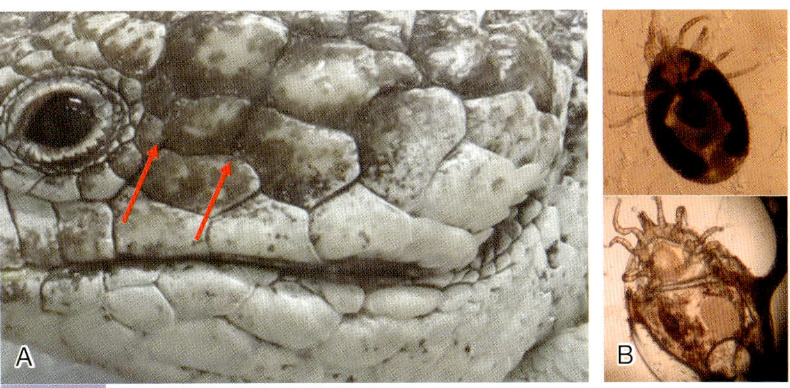

図 41-30 ダニの寄生．A：ダニの寄生がみられたマツカサトカゲ．B：鏡検により確認されたダニ．ダニは様々な爬虫類で問題となる．通常は鱗の隙間などに寄生(A：矢印，粉を吹いたように無数のダニが確認できる)し，肉眼でも体表部や鱗の隙間を動く虫体を確認でき，鏡検(B)により診断できる．

- ダニの寄生により皮膚の不快感，瘙痒やそれらに伴う行動異常などがみられることがあり，その他，腫脹，発赤，脱皮不全などの皮膚病変がみられる．また，二次的な細菌感染などによる皮膚病変がみられることがあるが，少数寄生では何ら症状がみられないこともある．
- ヒルやウジなどは体表部に寄生した虫体を肉眼で確認できる．

d 診断

- 粘着テープなどで皮膚の表面から採取し，鏡検により虫体や虫卵を確認して診断する．
- 生きた植物を植えたり，流木や床材に土を使用する飼育環境では，確認された虫体が環境中に生息するものか爬虫類に寄生するものかの鑑別が必要となる．

e 治療

- 体表部の外部寄生虫はフィプロニルのスプレー剤や希釈したイベルメクチンなどで湿らせたガーゼなどで体表部を拭き取ることで治療する．フィプロニルスプレーの直接噴霧は呼吸器系への刺激を避けるため頭部への使用を避け，換気を十分に行うなどの注意が必要である．必要に応じて2週間間隔で数回繰り返す．
- 温浴など水中に浸漬することで体表部に寄生した外部寄生虫数を多少軽減できることもある．
- マダニやウジ，ヒルなどの大型の寄生虫はピンセットなどを用いて除去する．
- 皮膚の異常や二次感染などがみられる場合には対症療法を行い，食欲や全身状態の低下がみられる場合には支持療法を行う．
- 淡水種に寄生したヒルは塩水浴で除去できることもあり，イベルメクチンやアルコール，酢などを局所的に使用することでヒルを弱らせ除去を容易にすることができる．
- カメ類ではイベルメクチンの毒性が報告されており，使用は禁忌である(カメ類ではイベルメクチンは血液脳関門を通過し，沈うつや，昏睡，運動失調や痙攣，死などの原因となることが確認されている)．

1 | 環境の整備

- 外部寄生虫の治療は感染個体を治療するとともに飼育環境全体を整備する．床材などはキッチンペーパなど簡易なものにし，流木や天然石など寄生虫の隠れ家となるようなものは破棄するか十分に消毒したうえで治療後に再使用する．
- 治療期間中は飼育環境をできるだけシンプルなものにして定期的に清掃する．

参考文献

- Raś-Noryńska M, Sokół R（2015）：Ann Parasitol. January 61(2), 115-117.
- 松尾加代子（2007）：VEC, Vol5(1), 6-27.
- Mader DR（2006）：Reptile medicine and surgery, 2nd ed., Saunders
- Jacobson ER（2007）：Infectious diseases and pathology of reptiles: Color atlas and text, CRC Press
- 宇根有美，田向健一監修（2017）：爬虫類マニュアル第2版，学窓社

42 魚類

問題となる主な病原体の一覧

1）細菌
Aeromonas spp.（*Aeromonas hydrophila, A. sobria, A. punctata, A. caviae* など），定型 *Aeromonas salmonicida*，非定型 *Aeromonas salmonicida*，*Flavobacterium columnare*，非結核性抗酸菌（Nontuberculous Mycobacteria, NTM），

2）真菌
Saprolegnia spp.，*Achlya* spp.

3）原虫
Ichthyophthirius multifiliis, Cryptocaryon irritans, Ichthyobodo necator , Chilodonella piscicolla, Trichodina spp., *Epistylis longicorpora*

4）ウイルス
リンホシスチス病（LCD）ウイルス，イリドウイルス病（IVD）ウイルス，コイ上皮腫ウイルス，コイヘルペスウイルス（KHV）

5）寄生虫
ダクチロギルス属（*Dactylogyrus extensus, D. minutus* など），ギロダクチルス属（*Gyrodactylus kherulensis, G. sprostpnae, G. kobayashii* など），イカリムシ（*Lernaea cyprinacea*）

細菌感染症

a 運動性エロモナス症（赤斑病，立鱗病，まつかさ病，口赤病など）[1]

1 病原体

*Aeromonas hydrophila*を代表とする数種の*Aeromonas*属細菌（*A. sobria, A. punctata, A. caviae*など）．グラム陰性短桿菌で活発な運動性を示す．*Aeromonas*属細菌は淡水中の常在菌であり，ヒトの食中毒原因菌としても重要な菌群である．

2 症状

外観的には，躯幹部および鰭基部の皮膚に出血点・斑，局所的ないし全身性の立鱗，眼球突出，腹囲膨大が観察され，殊に全身性の立鱗および眼球突出に加えて左右非対称の腹囲膨大が観察される場合は予後不良と判断される場合がほとんどである（**図42-1**）．剖検すると腹水が貯留していることが多く，腸管の顕著な発赤も観察される．

3 治療

本症を疑う症例に遭遇した場合，最初に実施すべきは病魚の隔離飼育である．それと同時に0.6～0.9％（推奨されるのは0.7％）の食塩浴を開始する．一般的な食卓塩も利用可能であるが，人工海水を作成する際に使用する塩類混合物を用いる方が望ましい．抗菌薬を用いた薬浴も有効であるが，食

図 42-1 運動性エロモナス症に罹患したランチュウに観察された外観的所見．眼球突出，腹囲膨大，立鱗が認められる（矢印）．

塩浴と併用するよりは抗菌薬単独かつ短時間で処置する方が効果を判定しやすい．薬浴にはオキソリン酸やテトラサイクリン系薬剤が使用可能である．

病魚の症状が軽度～中等度と判定される場合，薬浴よりも抗菌薬の筋肉内投与が推奨される．キンギョおよびニシキゴイでは，動物用医薬品のエンロフロキサシン（ニューキノロン系）などが比較的よく使用される[2]．注射部位として推奨されるのは背鰭前端よりやや下方の最も太い筋肉層であり，隣接する鱗の間へ注射針を挿入する．鱗そのものに注射針を挿入すると，針を引き抜く際に鱗が抜去されて皮膚が損傷するので注意すべきである．

a 穴あき病（潰瘍病）[3]

1 病原体

グラム陰性短桿菌の非定型*Aeromonas salmonicida*で，運動性は示さない．定型*A. salmonicida*はサケ科魚類のせっそう病原因菌であり，褐色色素を産生するのでコロニーは褐色を呈するが，穴あき病原因菌は色素をほとんど産生しない．キンギョ，マゴイ，ニシキゴイ，フナが罹患する．

2 症状

春期および秋期の朝夕の水温変化が顕著な時期に発症する．最も初期にみられるのは鱗1枚～数枚分の皮膚の白濁・肥厚～発赤であり（**図42-2**），それがやがて範囲を拡げ，鱗が脱落して真皮が露出し，初発部位から順にびらん・潰瘍化して行く（**図42-3**）．重篤例では腹部潰瘍性患部の中央躯幹組織が完全に欠損して，腹腔内臓器が露出している場合もある．しかしながら，このような患部は通常1カ所に形成されることが多く，致死率は高くない．また，当歳魚に発症することは稀である．びらん・潰瘍性患部には本病原因菌はほとんど存在せず，二次感染した運動性*Aeromonas*属菌や淡水性滑走細菌（後述）が繁殖して病勢の重篤化に寄与している．原因菌の非定型*A. salmonicida*は病変部辺縁の健常に近い皮膚との境界付近に存在するので，分離培養する際には病変の辺縁部より行う．罹患魚の内臓には著変は観察されない．

図 42-2 穴あき病の初期患部を示す．鱗 1枚～数枚分の脱落と皮膚の発赤が観察される（矢印）．

図 42-3 症状の進行した穴あき病罹患魚．背鰭前端に発赤を伴う明瞭な潰瘍性患部が形成され（矢印），続発感染症（おそらく運動性エロモナス症）による体表の発赤と軽度の眼球突出が認められる．

3 治療

原因菌はテトラサイクリンやオキソリン酸に感受性を示す．春期に発症した場合には水温が上昇すると自然治癒し，これを利用した昇温処置に治療効果が認められる．

a ニシキゴイの新穴あき病[3]

1 病原体

1996年頃から，臨床症状が従来の穴あき病に類似した潰瘍性皮膚炎を呈する疾患がニシキゴイに流行し始めた．病魚の皮膚炎患部からは穴あき病原因菌に近い性状を示す非定型*Aeromonas salmonicida*が分離された．

2 症状

患部の病理発生は従来の穴あき病と類似するが，皮膚の潰瘍性患部は複数箇所に形成され，鰭基部，口唇部，鰓蓋，腹部に患部が観察される点で従来型とは異なる．また，当歳魚にも頻発すること，および罹患魚の致死率が高いことも特徴的である．

3 治療

従来型では有効であった昇温処理やオキソリン酸などの水産用医薬品に治療効果が認められず，動物用医薬品のエンロフロキサシンやジフロキサシン（いずれもニューキノロン系）の経口投与ないしエンロフロキサシンの筋肉内投与が有効であるとされる．しかしながら，これら薬剤を短期間に集約的に処置することは薬剤耐性菌の出現を招来する可能性があるので，獣医師自身が適切な投与計画を立てるとともに，飼育者に十分な理解を促す必要がある．

b カラムナリス病(淡水性滑走細菌症)[4]

1 病原体

グラム陰性長桿菌の*Flavobacterium columnare*. 活発な屈曲および滑走運動を示す. 患部では原因菌が柱状に集合して特徴的な細菌集落を形成する. 本菌は強いタンパク分解酵素を産生し, それによって組織の強い融解壊死が引き起こされる. キンギョ, マゴイ, ニシキゴイなどの温水性淡水魚に感染する. 比較的高水温期に発症することが多い. 後述するように塩分の存在下では繁殖が抑制されるので食塩浴に治療効果がある.

2 症状

初期症状として, 鰭および吻の先端および躯幹部の皮膚に黄白色の小斑点(菌集落)が出現し, 次第に拡大して前期部位の皮膚の発赤, 組織のびらん・壊死, 脱落が起こり, 俗にいう「鰭腐れ」「口腐れ」「尾腐れ」といった外観を呈するようになる(**図42-4**). 原因菌は体内に侵入することはなく, 内臓や躯幹筋では繁殖しない. 臨床症状に加えて, これら屈曲・滑走運動する長桿菌とその柱状細菌集落(**図42-5**)を患部擦過標本の直接鏡検で検出することで診断可能である.

図 42-4 ネオンテトラのカラムナリス病罹患魚. 体表に白濁部および皮膚の剥落(矢印)が観察される.

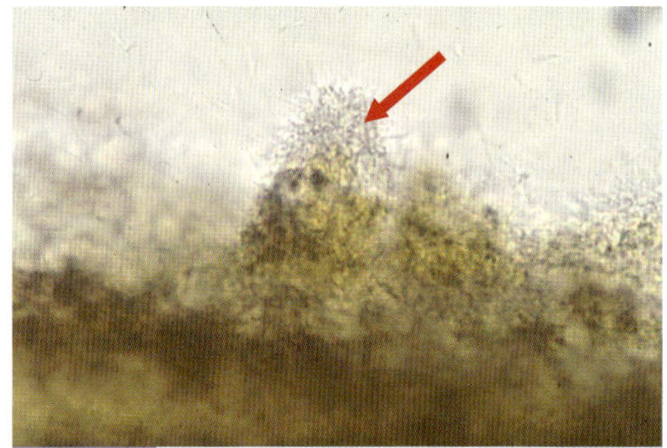

図 42-5 カラムナリス病患部の擦過標本の直接鏡検で観察される原因菌の滑走細菌の柱状集落(カラム・矢印)

3 治療

感染初期であれば抗菌薬(オキシテトラサイクリン, オキソリン酸など)の薬浴が効果的であり, 0.5～0.7%の食塩浴も効果的である.

c 非結核性抗酸菌症(旧：非定型抗酸菌症, ミコバクテリア症)

1 病原体

結核菌に代表される結核菌群, 培養不能ならい菌を除いた*Mycobacterium*属の抗酸菌を非結核性抗酸菌(NTM)と呼称する. *M. marinum*が代表的な病原菌であるが, それ以外にも魚類を含む水棲動物からは十数種のNTMが報告されている. 観賞魚愛好家や水族館飼育員などにみられる難治性結節性皮膚炎・皮下織炎より水棲動物に罹患するNTMと同じ菌種が分離されることから「人魚共通感染症」とされることがあるが, 直接的な証左はいまだに得られておらず確定には至っていない. しかしながら，NTMは水圏由来ヒト感染症の重要な候補の一つであると考えられる．

グラム陽性長桿菌で運動性はなく分枝しない．海水魚，汽水魚，淡水魚，冷水魚，温水魚，熱帯魚の別なく，100種以上の魚種で感染症が報告されている．感染後の病理発生は慢性に経過する場合がほとんどである．

2 症状

外観的に全く無症状で経過して死亡する症例もみられるが，腹囲膨大，眼球突出，体色黒化（**図42-6**）を呈して慢性に衰弱し，末期には顕著な削痩を示す個体が多い．主に脾臓や腎臓などの内臓には粟粒大～小豆大の白色結節が多数観察される（**図42-7**）．これらの結節は原因菌を含む類上皮細胞性肉芽腫であり，臓器実質を圧迫してその生理機能を障害し，慢性に多臓器不全を招来して病魚を衰弱・死亡させる．日本国内に輸入される熱帯性観賞魚の中にはすでに本症に罹患しているものが存在している可能性があり，輸入後長期間にわたって無症状で経過するが，何らかのストレス状態に暴露されると急性に発症する．

図 42-6 非結核性抗酸菌症罹患魚にみられる外観的所見．ディスカスの体色黒化（A）およびフラッグシクリッドの眼球突出（B・矢印）

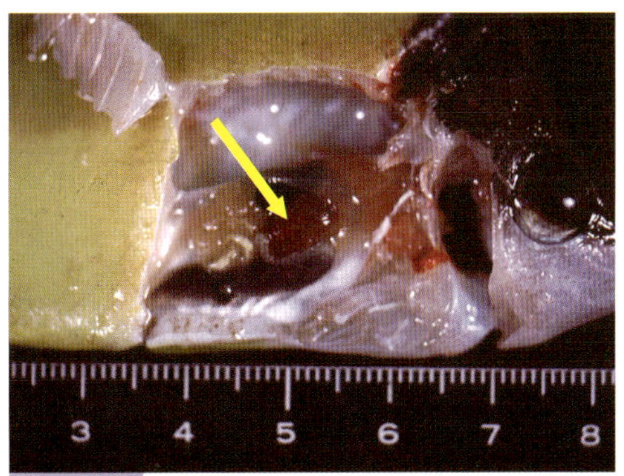

図 42-7 非結核性抗酸菌症に罹患したフエヤッコダイの脾臓に認められた粟粒大結節（矢印）

3 | 治療

抗酸菌治療薬であるリファンピシンなどを用いた報告もあるが卓効は認められず，現時点で治療効果が期待できる薬剤は存在しない．水槽飼育されている観賞魚では，死亡したNTM症罹患魚を同居魚が摂食することで感染が拡大することが報告されているので，病魚と思われる個体は隔離飼育し，死亡魚は速やかに水槽より取り除くことが肝要である．

真菌感染症

a 外部寄生性水カビ病[5]

1 | 病原体

水カビ病の原因菌は，現在では菌類ではなく原生動物に近いクロミスタ類に含まれているが，魚病学の中ではこれまでどおりに真菌性疾患の一つとして扱われている．庭池などの屋外に設置されている飼育施設では，1日の気温変化が大きい春や秋に水カビ病が発生するが，それらは*Saprolegnia*属菌によることが多い．一方，同じ屋外設置水槽でも高水温期には*Achlya*属菌が原因菌となる．また，水温管理装置で水温25℃付近に調整された屋内水槽で発生する場合も，その原因菌は*Achlya*属である場合がほとんどである．

2 | 症状

白色調の菌糸が体表に綿毛のように着生するために(**図42-8，9**)，水槽の外から見ても容易に認識可能である．体表に寄生する原虫類・単生虫類による皮膚刺激に起因するフラッシング行動[注1]の結果

図 42-8 プラティの水カビ病罹患魚．下顎および各鰭に白色綿毛状の菌糸が繁茂している(矢印)．

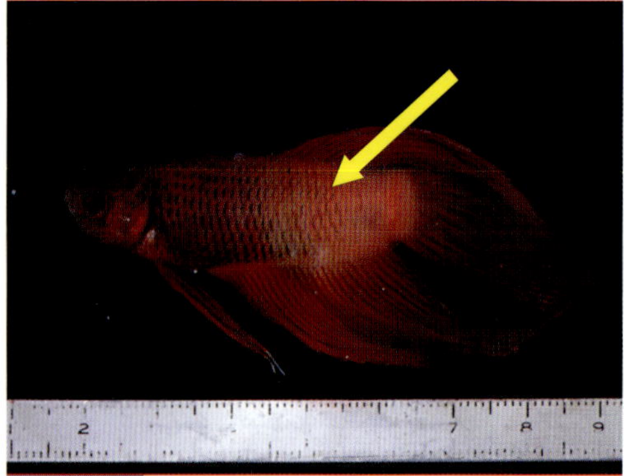
図 42-9 ベタの水カビ病罹患魚．躯幹部後方が白っぽく褪色しているが(矢印)，その部位は菌糸で広く覆われている．

注1：フラッシング行動：魚が体を翻し，半円を描くように素早く遊泳する行動を指す．その際，魚は水槽中の砂，砂利，小石，装飾品，水槽内壁などに体を擦り付ける．このような行動は一般的に皮膚や鰭に何らかの刺激が加わった際にみられ，体表に寄生虫が存在することを示唆する所見である．

形成される擦過傷，ないしカラムナリス病，運動性エロモナス症，穴あき病による体表のびらん・潰瘍性病変に二次的に水カビ類が寄生して発症することが多いが，これら感染症に対して抗菌薬を長期間使用した後に起こる菌交代現象も水カビ病を引き起こす重要な要因とされている．さらに，性成熟期や稚魚期のような生体防御能が低い時期にも多発することが知られている．

冬期から春先の水温変動が大きい時期に，庭池などで屋外飼育されているキンギョの体表に白斑が生じ，やがてそこに水カビが感染することがあるが，この病態はしばしばキンギョの「感冒」と呼ばれる．殊に水温が急落した数日後に発症することが多く，水温急落による表皮組織の血行障害による損傷（かつては「凍傷」と呼ばれていた）および生体防御能の減弱に起因すると推察されているが，詳細は不明である．

3　治療

観賞魚の水カビ病にはマラカイトグリーン（malachite green: MG）が最も効果的である．しかしながら，高水温かつ低pHの飼育水では毒性が高くなり，またテトラ類の魚種は本薬剤に感受性が高いので使用すべきではない．

水カビ病による衰弱原因は浸透圧調節不全なので，0.5〜0.9％の食塩浴（前述）も推奨される．上述のように，水カビ病は様々な疾患・病態に続発することが多いので，水カビ病そのものに対する治療が一定の効果を見たら，その誘因となった一次病因の改善についても考慮すべきである．

MGを水カビ病の治療に用いる場合，使用原液（MG 1.0 g／蒸留水1.0 L＝MG1.0 mg／mL）を準備し，これを以下の適量を用いる方法が推奨される．

i　短時間薬浴

a）使用原液50〜60 mLを飼育水1.0 Lに加えて10〜30秒間薬浴させ，即座に薬剤の入っていない飼育水へ移動させる．

b）使用原液1.0 mLを飼育水1.0 Lに加えて30〜60分間薬浴させ，薬剤の入っていない飼育水へ移動させる．

ii　長時間薬浴

飼育水1.0 Lに使用原液0.1〜0.3 mLとなるよう加え，24時間連続薬浴させる．翌日新しい薬剤の入っていない飼育水へ移す．この方法で3日ごとに3回処置する．最後の処置を実施した後に，MGが残存しないよう活性炭で除去する．

iii　塗布

滅菌蒸留水にMGを100 mg／Lとなるよう溶解させ，それを水カビが着生している皮膚患部に直接塗布する．この方法は患部が着色されるために治癒過程が観察しやすいが，観賞価値を著しく損なう．本手法の鰓患部への適応は禁忌である．

ⅳ 注意点

MGは飼育水のpHが低く水温が高いほど毒性を発揮しやすい．また，テトラ類は感受性が高いので使用は禁忌である．ナマズ・ドジョウ類も感受性を示すので，上述の規定量の半量を使用するのが望ましい．

原虫感染症

a 白点病[5]

1 病原体

病魚体表に白色点が多数観察されることからこの病名が付けられた．原因となるのはいずれも繊毛虫類であり，淡水魚には*Ichthyophthirius multifiliis*，海水魚には*Cryptocaryon irritans*が寄生する．いずれも宿主表皮内に寄生し，繊毛による回転運動を呈する．表皮内に寄生するステージはどちらの寄生虫も栄養体であり，やがて皮膚から脱落する．脱落した栄養体は水底でその内部に100～300個体程度の仔虫が形成され，やがて水中へ泳ぎ出し魚の体表に寄生する．この仔虫がいずれ表皮内で栄養体となる．*I. multifiliis*の栄養体の大核は馬蹄形(**図42-10**)，*C. irritans*のそれは連珠状である．

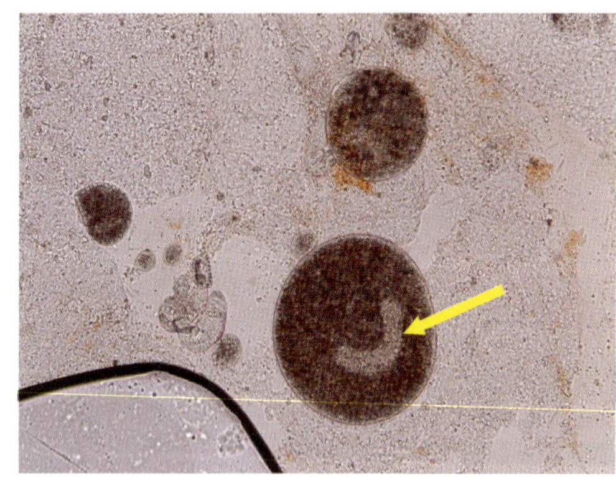

図 42-10　白点病罹患魚の体表擦過標本中に観察された *I. multifiliis*の栄養体内にみられる馬蹄形の大核(矢印)

2 症状

感染初期にはフラッシング行動(前述)，急激に遊泳するなどの異常遊泳を示す．この段階では体表に明瞭な白色点は観察されないことがある．病態が進行すると遊泳は不活発となり，水底に沈んで動かなくなる．同時に鰓蓋の開閉が早くなり，摂餌不良となる．粘液の過剰分泌を伴い体表に明瞭な白色点が多数観察される．患部は体表や鰭に認められるが，鰓にも多数寄生するので注意が必要である．さらに重篤化すると上皮は剥離し，びらん・潰瘍性患部が形成される．これらの徴候は淡水魚，汽水魚，海水魚で共通して観察される．

本疾患は栄養体から放出された仔虫により感染が拡大するが，一般的な閉鎖循環系の水槽では，これら仔虫が同一の魚体表上に再感染することで短期間に重篤化する．水槽中で体表の白点を観察するのは夜間の照明下で，殊に鰭を詳細に観察すると見つけやすい(**図42-11**)．

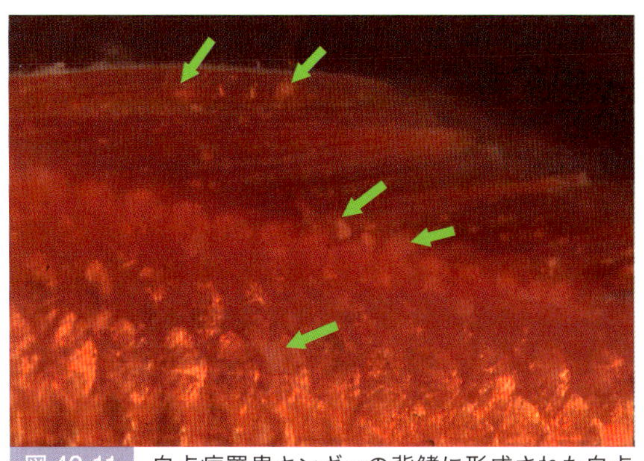

図 42-11　白点病罹患キンギョの背鰭に形成された白点患部(矢印)

3 | 治療

他の体表寄生性原虫による疾患と白点病との最大の違いとして，薬浴を行っても表皮内に寄生している栄養体には薬剤はほとんど効果を示さない点が挙げられる．白点病の治療で最も重要なのは，魚の表皮から脱落した栄養体から泳ぎ出した仔虫を飼育水中に溶解させた薬剤で駆虫することであり，そのためにはこまめな薬浴を繰り返すか，あるいは水中で長期間効果が継続する薬剤を選択することが肝要である．

白点病の原因繊毛虫の生活環は水温が高くなるほど早く進むことが知られており，高水温に耐過できる魚種では飼育水温を徐々に上げて表皮内の栄養体を魚体表上から脱落させ，水中に仔虫を放出させて薬剤で駆虫する方法が推奨される．

薬浴にはメチレンブルー，過マンガン酸カリウム，ホルマリン，水生二酸化塩素(観賞魚用グリーンFクリア，日本動物薬品株式会社)，あるいは硫酸銅・ホルマリン混合液などが使用されるが，飼育水中で長期間効果を発揮し，しかもフィルター内の濾過細菌や水草に悪影響がないという点で，水生二酸化塩素が最も使いやすいと思われる．

b その他の原虫性疾患[5]

1 | 病原体

鞭毛虫類の*Ichthyobodo necator*，繊毛虫類の*Chilodonella piscicolla, Trichodina* spp., *Epistylis longicorpora*など，多くの原虫類が主に体表や鰓に寄生するが，これらは水中に常在し，健常な状態の魚でも少数寄生していることがある．しかしながら，水質が富栄養化すると急激に増殖し，寄生強度が増大して病害性を発揮するようになる．

2 症状

体表や鰓から粘液が過剰分泌され，体表は白濁することがある．一般的に遊泳が不活発となり，体表はやがて出血してびらん・潰瘍化する場合もみられる．鎮静・麻酔を施して体表擦過標本ないし鰓弁の生検標本を採取し，直接鏡検によって原因寄生虫を検出することで診断される．

3 治療

NaCl，ホルマリン，硫酸銅などを用いた薬浴に効果があるが，飼育水の水質を改善することが重要である．

ウイルス感染症

a リンホシスチス病(lymphocystis disease: LCD)[6]

1 病原体

イリドウイルス科リンホシスチス属に分類される正20面体のDNAウイルス．全地球上に分布すると考えられる．ウイルス粒子の大きさは240～260 nm，200 nm，130～150 nmと種々報告があり，LCDウイルスの大きさは宿主となる魚種によって違いがみられる．

2 症状

躯幹，頭部，鰭，眼など体表任意の箇所に小さな水疱様または粟粒様の類円形異物が散在，ないし集塊をなして出現する(**図42-12**)．これらの水疱様異物は巨大化した皮膚の結合組織細胞であり，リンホシスチス細胞と呼ばれる(**図42-13**)．その大きさは径0.1～0.5 mm，時にはそれ以上にも達する．この巨大なリンホシスチス細胞は，皮膚以外に筋肉，肝臓，卵巣，腸などに稀に形成されることがある．リンホシスチス細胞自体は半透明であるが，光の乱反射によって銀白色を呈する．

図 42-12 リンホシスチス病に罹患したスキャットファーガス．鰭先端部に白色隆起患部(矢印)が形成されている．

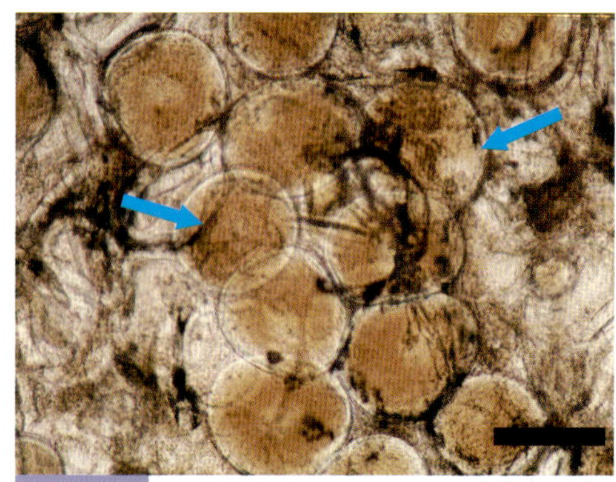

図 42-13 隆起患部の圧扁生標本．多数の類円形を呈するリンホシスチス細胞(矢印)がみられる．Bar=50μm

3 治療

リンホシスチス細胞は周辺組織へ活発に浸潤増殖することは少なく，宿主の行動や活力にもほとんど影響がみられない．また，放置しておいてもLCDは数カ月以内に自然治癒することがほとんどである．しかしながら，患部が口周囲に形成された場合には摂餌に重篤な支障をきたす場合があり，最終的に餓死する症例もある．リンホシスチス細胞塊が高度に形成された場合，病魚が水槽内の様々な機材（水槽壁，底質材，水槽内装飾品など）に患部を擦過することでそれらが脱落し，その痕に細菌などの二次感染が起こってびらん・潰瘍化した場合には抗菌薬などを使用した積極的な治療が必要となる．したがって，LCDを発症した個体は隔離し，水温管理機材とフィルターのみを備えた隔離水槽で飼育して経過観察すべきである．

b イリドウイルス病（iridoviral disease: IVD）[6]

1 病原体

イリドウイルス科のメガロサイティウイルス（Megalocytivirus）属に属するDNAウイルスで，正20面体の大型ウイルス粒子を形成する．国内外の多くの淡水・海水魚より見出されているが，観賞魚としてはドワーフグーラミー，ブルーグーラミー，オレンジクロマイクロシクリッド，アフリカンランプアイで発生した．また，水族館に導入されたケツギョにIVDが発生した事例も知られている．

2 症状

外観症状として，体色黒化ないし褪色，体表や鰭の出血，粘液の過剰分泌などがみられることがあるが，特異的な臨床所見は知られておらず急性に死亡する．

剖検所見として最も顕著かつ既知の症例で共通しているのは，鰓の顕著な褪色と脾臓の腫大である（**図42-14**）．殊に脾臓は健常なサイズの2～3倍近くになる場合がある．これら腫大した脾臓の活面よりスタンプ標本を作成し，適切な染色を施して鏡検すると，径約20 μmの大型細胞が散見される（**図42-15**）．これら細胞の細胞質は均一ないし細粒子状に好塩基性に染色され，しばしば核は不明瞭化している．このような細胞は「異型肥大細胞」ないし「封入体形成細胞」と呼称され，IVDの特

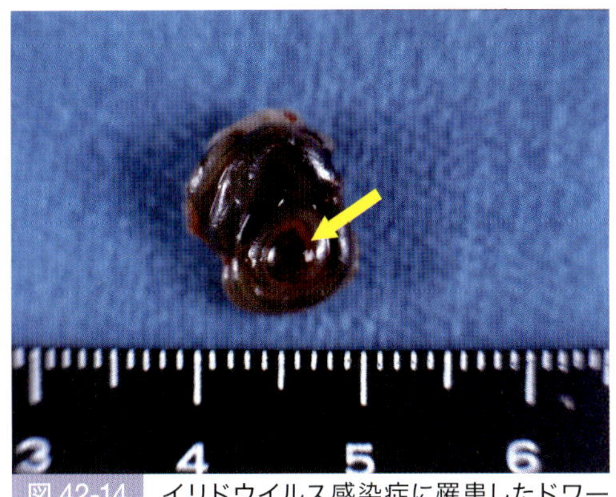

図 42-14 イリドウイルス感染症に罹患したドワーフグーラミーの脾臓（矢印）．健常な個体の脾臓の約3倍に腫大している．

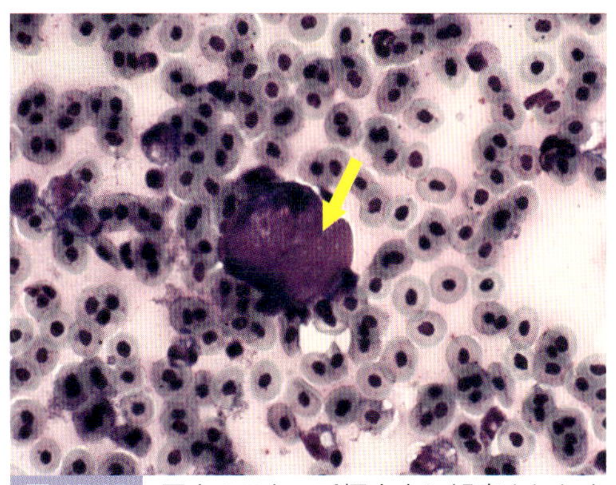
図 42-15 同上のスタンプ標本中に観察された大型細胞（異型肥大細胞・矢印）．ギムザ染色

異的病理所見であり鑑別診断上重要な所見である．

3 | 治療

有効な治療法は存在しない．発症した魚群全体を安楽死させて飼育系から排除することは連鎖流行を阻止するために必須な処置であろう．本病は高病原性であることから，新規の魚種を導入する際には十分な検疫期間を置くことが推奨される．本病が日本の在来淡水・汽水魚種に感染発症して大量死を引き起こした事例は知られていないが，病魚や死亡魚を天然水域に遺棄することは決して行うべきでなく，クライアントへの適切な指導が求められる．

c コイ上皮腫(コイヘルペスウイルス性乳頭腫症，コイポックス病)[6]

1 | 病原体

アロヘルペスウイルス科の二本鎖DNAでエンベロープを持つ正20面体のウイルス．コイヘルペスウイルス病原因ウイルスおよびキンギョ造血器壊死症原因ウイルスと近縁

2 | 症状

水温が20℃を下回る秋から春にマゴイおよびニシキゴイに発症する．外観的に躯幹部および鰭の表面に淡黄白色のドーム状隆起患部が散発する(**図42-16**)．組織学的には表皮細胞が増生し，そこに真皮結合織が陥入する．この表皮増生で病魚が死亡することはなく，内臓への転移も知られていない．しかしながら，孵化直後の仔魚では高い致死率を引き起こすことが知られ，生残した仔魚には数カ月後に表皮増生が高率に発症する．伝染源は感染耐過したウイルス保菌魚であり，水中に放出されたウイルスが感受性のある新規導入魚に感染する．

図 42-16　マゴイ体表に形成されたコイ上皮腫のドーム状患部(ホルマリン固定後・矢印)．(畑井喜司雄先生ご提供)

3 | 治療

薬物による治療法は存在しないが，初夏から夏にかけて水温が上昇すると患部は自然に退行する．

積極的な対処法として飼育水温を上げる(昇温)ことが有効であるが，低水温からいきなり高水温に暴露することは禁忌であり，水温変動は1～2℃/24時間以内とすべきである．このような昇温処理は水槽飼育では比較的実施が容易だが，屋外の水槽ないし露天の庭池では実施が難しい．なお，昇温処置などによって患部が退行してもウイルスは潜伏状態にあるだけで，ウイルスの放出は起こるものと考えるべきである．

リンホシスチス病と同様に，患部が物理的刺激によって脱落した場合にはその痕に二次感染が起こって体表のびらん・潰瘍が形成される場合がある．その際には隔離飼育を行うとともに，NaCl(あるいは人工海水用の顆粒)や抗菌薬による薬浴と抗菌薬の全身投与(筋肉内，腹腔内，静脈内)を実施すべきである．

d コイヘルペスウイルス病(koi herpesvirus disease: KHVD)[7]

1 病原体

アロヘルペスウイルス科の二本鎖DNAでエンベロープを持つ正20面体のウイルス(KHV)．マゴイとニシキゴイに対して極めて強い病原性を示し，飼育魚だけでなく天然河川や湖沼に棲息するこれら魚種に対しても大量死を引き起こす．マゴイの中でも俗に「野ゴイ」と呼ばれる，異なるミトコンドリアDNA型を持つ魚群は放流用のマゴイ(ヤマトゴイと呼ばれることがある)やニシキゴイよりもKHVに対する感受性が高い．また，マゴイとキンギョあるいはヨーロッパブナの交雑種もKHVにごく弱い感受性を示す．キンギョなどのコイ以外のコイ科魚類のKHVに対する感受性はほとんどなく，国内の現場においてコイ以外の魚種が感染源となった事例は知られていない．

KHVは水温18～25℃の範囲で感染・発症し，潜伏期間は2～3週間と考えられている．KHVは一旦感染すると高い病原性を発揮するが環境水中では脆弱であり，水温15℃の環境水中では3日以内に不活化することが知られている．エタノールや塩素系消毒薬もKHVの不活化に有効である．KHVは死亡魚の体内でも速やかに不活化され，23℃では24時間以内に感染性を失う．

2 症状

水面近くで不活発かつ緩慢な遊泳を示し，しばしば平行失調がみられる．体表粘液の過剰分泌によって体表が白っぽく見え，眼球および顔面皮膚の陥没も観察される．また，鰓弁の褪色と壊死・欠損も認められる(**図42-17**)．このような症状がみられた病魚は短期間に大量死し，累積致死率は100%に達する場合もある．

病理組織学的には鰓上皮細胞，心筋，腎臓間質の壊死が観察され，鰓上皮，尿細管上皮，心筋，神経細胞に核内封入体が認められる(**図42-18**)．

診断にはPCRによるウイルス遺伝子の確認が最も頻繁に用いられるが，実施には各地方自治体の水産試験場ないし同等機関に相談することをお勧めする．ただし，これら機関によっては魚病診断を実施していない所もある．前述のように，死亡魚の体内ではKHVは急速に不活化されるので，なるべく新鮮な死亡魚の臓器(鰓弁が推奨される)を少量採取して純エタノールに固定しておき，それを診断機関に提出する．現時点では，本病以外でマゴイとニシキゴイに急性な大量死を引き起こす疾患は国内で知られておらず，KHVDを疑う事例に遭遇した場合には直ちに検査材料を採取して診

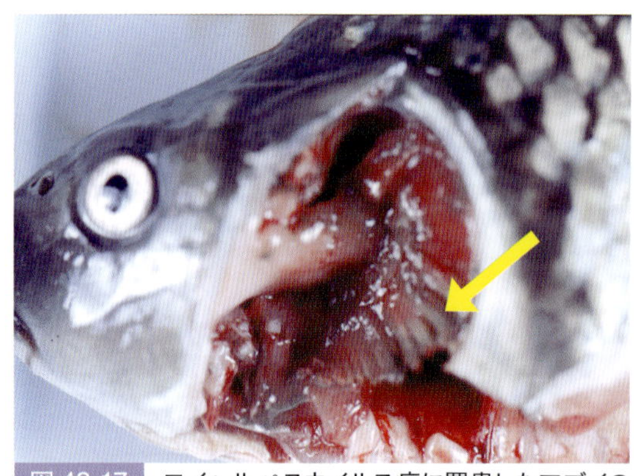

図 42-17　コイヘルペスウイルス病に罹患したマゴイの鰓にみられた壊死性患部(矢印)

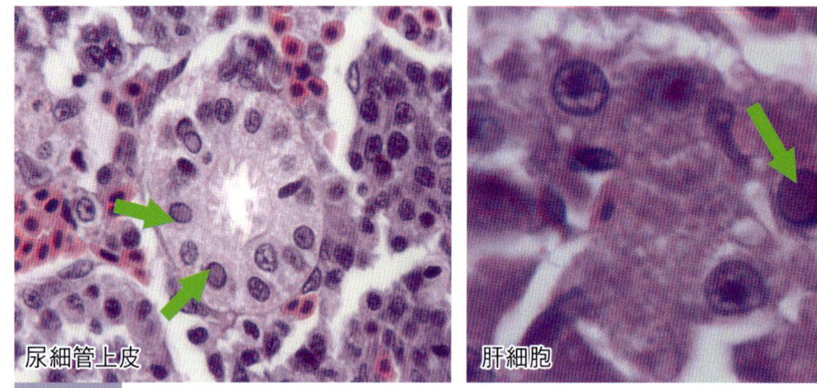

図 42-18　コイヘルペスウイルス病に罹患したマゴイ臓器内に認められる核内封入体(矢印)

断の手続きを開始すべきである.

本病は，持続的養殖生産確保法(農林水産省)の「特定疾病」に選定されており，同法第八条以下に本病を含む特定疾病が発生した場合の取り扱いが規定されている．現在，インターネット上では同法および特定疾病に関する情報が多数閲覧可能である．マゴイおよびニシキゴイを診察される機会のある獣医師の皆様には是非ともご一読をお勧めしたい.

3 | 治療

日本と同様にKHVDが発生しているイスラエルではKHVに対する生ワクチンが開発され使用されているが，日本ではコイを含む水産動物に生ワクチンを使用することが許可されておらず，現時点において日本で使用可能なKHVD予防ワクチンは存在しない.

前述のように，KHVは水温18～25℃で感染・発症するため，飼育水温を上昇させて発症を抑える手法(昇温処理)が一部の飼育施設および個人飼育者の間で用いられている．しかしながら，この手法では昇温処理した魚そのものは発症せずに生残するが保菌魚となり，長期間にわたってウイルスを飼育水中へ放出し続ける．したがって，食用のマゴイに昇温処理を施して無症状な保菌魚として流通させることは国内防疫の観点から厳に禁ずるべきである.

一方，観賞魚であるニシキゴイについてはKHVDに罹患していないことが保証されるような飼育方法を厳密に取ることが重要であり，以下のような方策が考えられる．

①飼育水には河川水を使用せず，地下水ないし湧水のみを用いる．
②飼育機材は市販消毒用アルコールないし70%エタノール，あるいは塩素系消毒剤で消毒する．飼育施設に入る際には長靴，手指，衣類などを前述のアルコール類で消毒する．
③新たにニシキゴイを移入する際にはいきなり他の魚と同居させず，検疫用水槽に入れて水温20～27℃で3週間の隔離飼育を行って経過観察する．

大型寄生虫症

a 代表的な淡水性単生虫症[5]

1 病原体

ダクチロギルス属(*Dactylogyrus extensus*, *D. minutus*など)およびギロダクチルス属(*Gyrodactylus kherulensis*, *G. sprostpnae*, *G. kobayashii*など)の単生虫類が体表(主にギロダクチルス属)ないし鰓弁(主にダクチロギルス属)に寄生する．

ダクチロギルス属は卵生で眼点があり(**図42-19**)，ギロダクチルス属は眼点が無く胎生で虫体内に仔虫および孫虫が観察されることから三代虫とも呼ばれる(**図42-20**)．

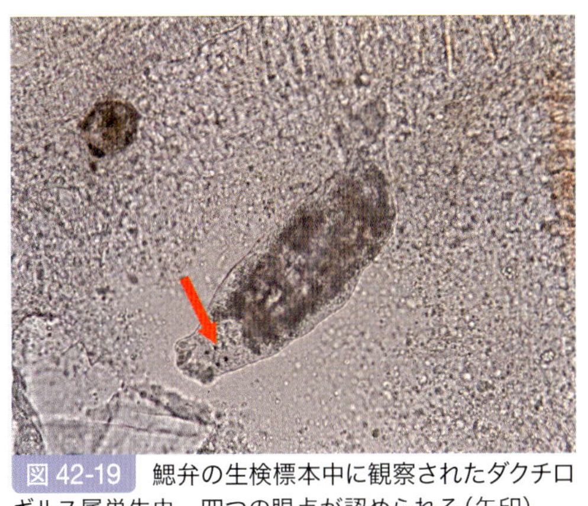

図 42-19 鰓弁の生検標本中に観察されたダクチロギルス属単生虫．四つの眼点が認められる(矢印)．

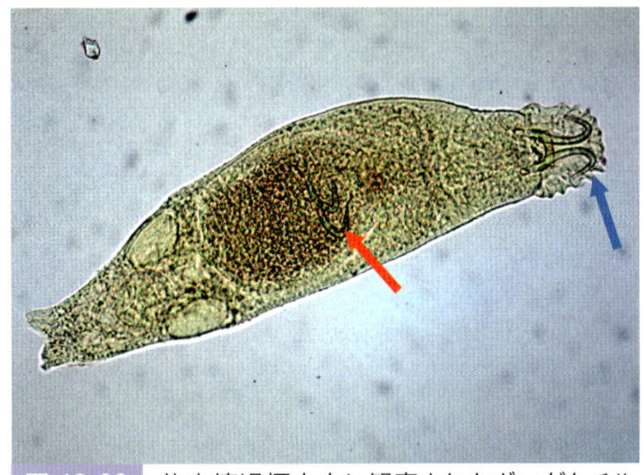

図 42-20 体表擦過標本中に観察されたギロダクチルス属単生虫．体の末端に錨鉤が存在し(青矢印)，同様な錨鉤が体内の仔虫にも認められる(赤矢印)．

2 症状

マゴイ，ニシキゴイ，キンギョなどの温水性淡水魚に発症する．体表・鰓から大量の粘液分泌がみられ，大量寄生の場合には斑状うっ血や出血を伴い死亡することがある．鎮静・麻酔を施して体表擦過標本ないし鰓弁の生検標本を採取し，直接鏡検によって原因寄生虫を検出することで診断される．

3 ｜ 治療

ホルマリン，有機リン剤，過マンガン酸カリウム，食塩などが使用されてきたが，近年プラジクアンテルがダクチロギルス属に有効であるという実験データが示されている．ダクチロギルス属およびギロダクチルス属の単生虫について比較した表を以下に示す(**表42-1**)．

表 42-1 ダクチロギルス属およびギロダクチルス属単生虫症の比較

形態学的特徴		
寄生虫種	*Dactylogyrus* spp.	*Gyrodactylus* spp.
繁殖様式	卵生	胎生
感染源	孵化した仔虫	魚体表上で生まれた仔虫
感染部位	鰓弁	躯幹部・鰭・鰓弁
眼点	あり	なし
体内の仔虫	なし	あり
治療法		
ホルマリン	125 ～ 250 ppm × 1 時間浴 →数回反復する 15 ～ 20 ppm × 2 日浴	200 ～ 250 ppm × 25 分浴 50 ppm × 14 時間浴 25 ppm となるように池に散布
有機リン剤	0.3 ～ 0.5 ppm を池に散布 0.5 ppm × 24 時間浴	0.3 ppm × 24 時間浴 →一般的ではない
食塩	著効なし	5.0%× 5 分浴
過マンガン酸カリウム	3.0 ppm × 1 時間浴 →ニシキゴイに処置	3.0 ppm × 1 時間浴 →ニシキゴイに処置
プラジクアンテル	150 mg / kg で経口投与	治験例なし

a イカリムシ症[5]

1 ｜ 病原体

甲殻類の一種，*Lernaea cyprinacea*の雌成虫(全長10～12 mm)が体表に寄生する．寄生する雌個体は角状突起と呼ばれる錨状の頭部を宿主皮下の躯幹筋内に挿入している．雌成虫は体部末端に一対の卵嚢を有し，そこから孵化幼生が水中に遊出し，脱皮を繰り返しながら寄生幼虫となって魚の皮膚に寄生する(**図42-21**)．

2 ｜ 症状

マゴイ，ニシキゴイ，キンギョなどの温水性淡水魚で発症する．肉眼的に大型寄生虫が魚体表上に確認される．寄生部位には体表の発赤や粘液の過剰分泌が観察される．

3 ｜ 治療

水槽飼育の観賞魚であれば雌成虫をピンセットなどで抜去し，隔離水槽に移して抗菌薬の薬浴お

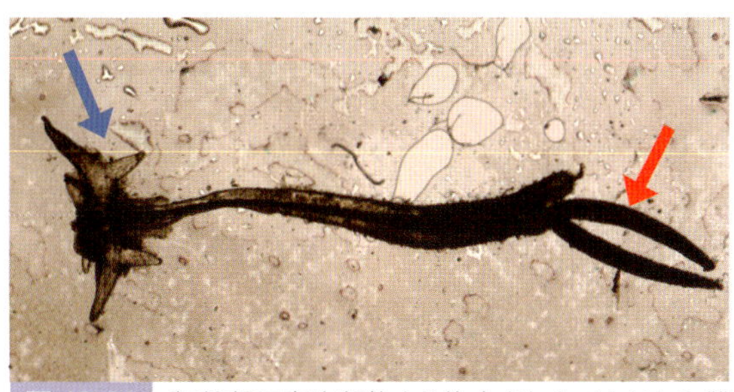

図 42-21 躯幹部の寄生部位より抜去されたイカリムシ雌成虫．頭部は錨状の角状突起の形態を呈し（青矢印），体末端に1対の卵嚢を有する（赤矢印）．

よび筋肉内投与を行うのが望ましい．飼育水中の幼生には有機リン剤のトリクロルフォンが有効であるが，寄生している雌成虫には無効である．

参考文献

- 若林久嗣(2004)：魚介類の感染症・寄生虫病，150-158，緑書房
- Lewbart GA(2005)：Exotic Animal Formulary, 3rd ed., 5-29, Saunders
- 山本淳(2017)：魚病研究，52，126-130.
- 若林久嗣(2004)：魚介類の感染症・寄生虫病．173-177，緑書房
- 児玉洋監修(2015)：獣医学教育モデル・コアカリキュラム準拠 魚病学，108-140，緑書房
- 望月雅美監修(2005)：犬，猫および愛玩小動物のウイルス病，279-300，学窓社
- 湯浅啓(2017)：魚病研究．51，99-102.

第V部

ある視点から見た感染症群

感染症は主に起因する病原体によって分類されている．しかし，診療の場では病原体を絞り込む前に症状はじめ多くの情報が必要である．ヒトにも容易に感染するのか否か，以前の飼育地が特に外国か否か，基礎疾患に罹患していれば免疫状態が低下していないかなどその状況において鑑別が必要になってくる．その際には，除外診断ができるか否かも重要な問題である．現在は情報過多でしかも迅速であるが，交通も至便となりヒト，動物のみならず多種多様の物質の交流がなされている．以上のような意味もあって，本書では以下の項目について，重複を覚悟で記載する．すなわち，人獣共通感染症，輸入（海外）感染症，新興再興感染症，日和見感染症，院内感染症，多頭飼育時の感染症である．さらに，ややもすると敬遠されやすい感染症に関する法規に関する問題を取り上げ，日常診療への便宜に供するための解説を記した．

43 人獣共通感染症

はじめに

ここでは，小動物診療に携わる獣医師が知っておくべき代表的な人獣共通感染症について概説する．特に，動物からの直接感染のリスクがある感染症を中心に紹介する．獣医師をはじめとする獣医療関係者は，人獣共通感染症のリスクを正しく理解し，飼い主などの一般の人々に正確に伝える責任がある．外見上，健康に見える動物でも有害な病原体を保有し，感染源となりうることに留意する必要がある．

犬・猫

a レプトスピラ症

1 病原体

*Leptospira interrogans*を含む種々のレプトスピラ属菌(グラム陰性好気性スピロヘータ)．各々の種は，さらに多数の血清型に区別される(➡p.222)．

2 解説

レプトスピラ属菌は，犬，家畜や野生げっ歯類などからの直接感染，ならびに環境水や土壌を介した間接感染により伝播される．ここでは，犬のレプトスピラ症について述べる．*L. interrogans*の血清型Canicola，Icterohaemorrhagiaeなどが犬のレプトスピラ症の原因となる．Canicolaの感染例では主に腎炎症状が(➡p.436)，Icterohaemorrhagiaeの感染例では肝障害(黄疸)および出血傾向が認められる(➡p.424)．ただし，不顕性感染の例も多い．感染した犬は，回復後も数カ月から数年にわたり尿中に菌を排出し続ける．ヒトへの伝播は，尿中の菌が経皮・経口感染することで成立する．ヒトは，ワイル病症状を示すものの，黄疸を呈することは少なく，脳膜炎症状を示すことなどが多い．

3 この病気を疑ったら・診断したら

腎炎症状や黄疸・出血傾向を示す甚急性・亜急性疾患が犬に認められる場合は，本症を疑う．尿や体液に菌が排出されている可能性を考慮し，手袋・防護衣などを必ず着用する．ただし，症状を示さない感染犬(回復後や不顕性感染)も尿中に菌を排出するので，尿の取り扱いには常に注意が必要である．なお，犬のレプトスピラ症(Pomona，Canicola，Icterohaemorrhagiae，Hardio，Grippo-typhosa，Autumnalis，Australisの7血清型による感染)は，家畜伝染病予防法の届出伝染病に該当するため，本症と診断した場合，家畜保健衛生所への届出が必要となる．

b ブルセラ症

1 病原体

Brucella canis（グラム陰性好気性の細胞内寄生菌）（➡p.190）

2 解説

*B. canis*を含む6菌種（正確には6生物型．いずれも*B. melitensis*の1菌種に属する）の感染を原因とする．動物では流産・不妊，ヒトでは波状熱が特徴的症状となる．ここでは，犬が保菌する*B. canis*を原因とするブルセラ症（➡28章）について説明する．*B. canis*に感染した犬は，症状をほとんど示さない．妊娠した雌では，妊娠後期45～55日頃に流産・死産が認められる．雄では，精巣，前立腺などの腫脹に続き，精巣萎縮が観察される．感染した雄の精液に長期間，菌が排泄され，交尾によって伝播される．また，流産後の子宮分泌液には大量の菌が含まれる．その他，感染犬の乳汁，尿も感染源となる．特筆すべき点として，ブルセラ属菌は，交尾感染だけでなく経口・経皮感染など，多様な経路を通じて伝播されるため注意が必要である．*B. canis*はヒトに病原性を示すことが確認されているものの，その感染は不顕性あるいは軽症となることが多いと考えられている．しかし，稀ながら重症例の報告もある点も留意する必要がある．

3 この病気を疑ったら・診断したら

妊娠後期の犬に流産・死産が認められた場合，あるいは雄の精巣・前立腺などに異常が認められた場合，本症の可能性を考慮すべきである．ただし，無症状や軽症のことも多いため，血清診断を実施しない限り，感染犬の摘発は困難である．被疑犬に遭遇した場合，子宮分泌液，精液，尿などに菌が含まれていること，さらには多様な感染経路を通じて菌が伝播されることを留意したうえで，手袋・防護衣などを必ず着用する．汚物などは次亜塩素酸ナトリウムにより消毒する．家畜のブルセラ症の場合，家畜伝染病予防法に基づき感染動物は淘汰される．しかし，犬のブルセラ症には法的規制はない．ただし，治療しても体内から菌を排除することは困難であることから，家畜の場合と同様に淘汰することが考慮される．

c パスツレラ症

1 病原体

*Pasteurella multocida*を含むパスツレラ属菌5種（グラム陰性・通性嫌気性）

2 解説

ここでは犬・猫から媒介されるパスツレラ症について説明する．*P. multocida*（非敗血症型）は，約9割の猫，約3割（75％との報告もある）の犬の口腔内に常在する[1]．保菌動物が症状を示すことはない．咬傷や掻傷を介して菌がヒトに感染した場合，数時間～2日以内に創傷部位に炎症（発赤，腫脹，疼痛）が発生する．発熱やリンパ節の腫脹が認められる場合もある．感染はほとんどの場合，局所に限定される．しかし，基礎疾患(糖尿病など)を持つ患者，高齢の患者では重症化し，フレグモーネ，敗血症を経て死に至るケースもあるので注意が必要である．経気道感染した場合は，呼吸器症状(気管支炎・肺炎など)が認められる．

3 | この病気を疑ったら・診断したら

犬・猫のほとんどの個体が*P. multocida*を保菌していると考えるべきである．本菌は常在菌であるため，除菌は非現実的である．したがって，咬傷・掻傷，濃厚接触の防止が現実的な予防対策となる．また，咬傷・掻傷を受けた場合には，傷口を適切に洗浄・消毒する．保菌動物が症状を示すことはないため，本症を疑うのは飼い主や獣医療関係者などに何らかの症状が認められた場合と想定される．特に，高齢者などの高リスク者が発症した場合は，直ちに病院にて治療を開始する必要がある．

d 猫ひっかき病

1 | 病原体

Bartonella henselae(グラム陰性多形性の赤血球内寄生菌)

2 | 解説

猫による咬傷・掻傷などを介してヒトに伝播する感染症で，発熱やリンパ節炎を特徴とする．7～12月に多発する傾向がある．日本の飼育猫の約1割が*B. henselae*を保菌している[2]．感染した猫が症状を示すことはない．ベクターであるネコノミの糞便中に排泄された菌が，猫のグルーミングの際に歯牙や爪に付着することで感染源となる．猫による咬傷・掻傷を受けてから3～10日後に丘疹・水疱が形成され，1～2週間後に発熱・リンパ節炎が出現する．ただし，傷を介さず，猫との接触のみで感染した事例も多数確認されている．稀ではあるが，ネコノミの刺咬や犬が感染伝播に関与する場合もある．一般に予後は良好で，患者は自然治癒する．ただし，5～10%の患者は非定型的な症状を示し，脳炎，骨溶解，心内膜炎，肝炎などを発症する場合もある．

3 | この病気を疑ったら・診断したら

感染猫が発症することはないため，現実的には，飼い主や獣医療関係者などが症状を示してから，本病を疑うことになる．特に，3歳以下の猫が室外飼育，ネコノミの寄生を受けている場合は，本病を強く疑う．本病が疑われた場合，直ちに病院で治療を受ける．ただし，定型的な本病に対して高い治療効果を示す抗菌薬は現在も見出されていない．本病を予防するため，猫からの咬傷・掻傷を適切に洗浄・消毒する．猫に対しては，定期的な爪切りやネコノミの駆除など一般的な衛生対策を徹底する．

e カプノサイトファーガ・カニモルサス感染症

1 | 病原体

Capnocytophaga canimorsus(グラム陰性桿菌)

2 | 解説

犬の約7割，猫の約6割が口腔内に*C. canimorsus*を保有する[3]．これらの保菌動物が症状を示すことはない．咬傷・掻傷，濃厚接触により保菌動物からヒトに菌が伝播する．糖尿病，アルコール依存症などの基礎疾患を有する人，特に高齢者など，免疫の低下した人に多く発生する．重症化した場合，敗血症，髄膜炎などにより死亡する場合もある．

3 | この病気を疑ったら・診断したら

*C. canimorsus*は犬や猫の口腔内に常在するため，除菌は現実的ではない．保菌動物が発症することはないため，ヒトに症状が認められた場合に本病を疑うことが想定される．適切な抗菌薬(ペニシリン系，テトラサイクリン系およびセフェム系の抗菌薬)を用いた治療を早期に行うことが重要となる．特に，上記の高リスク者は注意が必要である．

f コリネバクテリウム・ウルセランス感染症

1 | 病原体

Corynebacterium ulcerans(グラム陽性短桿菌)

2 | 解説

*C. ulcerans*は，ジフテリア菌(*C. diphtheriae*)の近縁種で，動物の皮膚に常在する．国内では犬・猫がヒトへの感染源となった事例が確認されている[4]．犬や猫が感染・発症すると，元気消失に加え，呼吸器症状(くしゃみ，鼻水)，皮膚炎，皮膚・粘膜潰瘍が認められる場合がある．ただし，不顕性感染の猫が感染源となったことを示唆する事例もある．一方，ヒトでは，発熱と呼吸器障害を伴うジフテリア様の症状を示す．扁桃から咽頭粘膜に偽膜性炎症，下顎～前頸部の浮腫とリンパ節腫脹が認められる．重症の場合は，呼吸困難などにより死に至る場合もある．なお，ジフテリア・ワクチン(トキソイド)は，本症の予防にも有効と考えられている．

3 | この病気を疑ったら・診断したら

犬・猫が上記の症状を示した場合，本症を疑う．被疑動物を診察する際には，マスク・手袋・防護衣などを着用し，過剰な接触を避ける．飼い主などにも同様の指示を行う．汚物の消毒には次亜塩素酸ナトリウム，診察台などの一般器具の消毒にはアルコールを用いる．

g 皮膚糸状菌症(白癬)

1 | 病原体

Microsporum canis，*M. gypseum*，*Trichophyton mentagrophytes*などの皮膚糸状菌(真菌)

2 | 解説

各種の皮膚糸状菌の感染を原因とする皮膚疾患で，脱毛，発赤，落屑，痂皮などの症状が特徴である．犬や猫の皮膚病変は自然に治癒する場合もある．しかし，外見上正常となっても保菌状態を継続するため，感染源となりうる．また，環境中に落下した皮膚糸状菌は数年にわたり感染性を維持する．ヒトでは，体部・手足などに環状皮疹が多数出現する．皮膚病変に対しステロイド外用剤を誤用すると症状が悪化し，頭部では著しい脱毛，化膿，発疹を伴うケルスス禿瘡(とくそう)となる場合も多い．

3 | この病気を疑ったら・診断したら

皮膚糸状菌症の犬・猫を診察した場合には，ヒトへの感染伝播の可能性を考慮する．未治療のまま回復した個体では，外見上正常であっても注意が必要である．本症に罹患した動物を診療する際には，手袋・防護衣などを着用する．診察台などは，次亜塩素酸ナトリウムによる消毒を徹底する．抗真菌薬を用いた治療の徹底は，ヒトへの感染源対策としても重要である．飼い主などに感染リスクを正しく説明したうえで，罹患動物との濃厚接触を避け，手洗いを徹底することを指示する．手袋などの着用も勧める．生活環境を物理的に清浄化することも重要である．

h トキソプラズマ症

1 | 病原体

Toxoplasma gondii(アピコンプレックス門 胞子虫綱 コクシジウム目 住肉胞子虫科)

2 | 解説

猫を終宿主とするトキソプラズマ原虫による感染症で，ヒトの妊婦が初感染した場合，胎児の流死産，水頭症，脈絡網膜炎などの症状が問題となる(すでに感染した人が妊娠しても問題にならない)．日本の猫の20～50%がトキソプラズマ原虫に対する抗体を保有している．ウイルスとの混合感染がない限り，猫が症状を示すことは極めて稀である．猫の糞便中に排泄されたオーシストは，2～3日で成熟し，感染性を持つ．成熟オーシストをヒトが経口摂取することで伝播が成立する．トキソプラズマ原虫に感染した動物の肉(シストを含む)を加熱不十分で摂取した場合も感染する．

3 | この病気を疑ったら・診断したら

感染しても無症状であることが多いため，症状から猫の感染の有無を判断することはできない．特に，野外飼育や生肉を与えている猫については，感染を前提に診察を進める．オーシストが感染性を獲得する前，すなわち排泄後24時間以内に糞を処理することが望ましい．また，糞を取り扱う際の手袋の使用や手洗いの徹底は重要となる．特に，飼い主に妊婦がいる場合には，本症のリスクと対処法を正しく説明する必要がある．

i 狂犬病

1 | 病原体

狂犬病ウイルス(モノネガウイルス目ラブドウイルス科リッサウイルス属)

2 | 解説

ヒトを含むすべてのほ乳類が罹患する．一部の清浄国(日本，ニュージーランドほか)を除き，全世界的に発生している．狂犬病ウイルスに感染した動物は，長く不定な潜伏期(通常，約1カ月)の後，重篤な神経症状(興奮・痙攣・麻痺・昏睡など)を示し，ほぼ100％死亡する．有効な治療法は確立されていない．1885年，フランスのルイ・パスツール(Louis Pasteur)により初めての狂犬病ワクチンが開発されて以降，現在もワクチンが本病の予防・制圧において中心的な役割を担っている．発症動物は通常，攻撃的となり，咬傷を介して唾液中のウイルスを伝達する．ただし，発症前の感染動物もウイルスを排出するので注意が必要となる．

3｜この病気を疑ったら・診断したら

現在，日本に狂犬病の発生はないものの，海外からの侵入を念頭に対応する必要がある．特に，咬傷事故を起こした犬などが確認された場合，最初に本病の可能性を考慮すべきである．興奮・攻撃性亢進，流涎，下顎下垂などの症状が認められたら本病を強く疑い，狂犬病予防法に基づき，直ちに保健所に連絡する．可能であれば，被疑動物から咬傷を受けたヒトや動物をあらかじめ把握する．日本国内であっても状況次第で，咬傷を受けたヒトに対するワクチン接種が必要となる．診断上，症状の観察が重要となるため，狂犬病予防法に基づき被疑動物は生かしたまま抑留しておく．ただし，本法では，人命に危険が及ぶ場合は，この限りではないとされている．被疑動物の体液(唾液など)に汚染された診察台などは，次亜塩素酸ナトリウムもしくはアルコールにより消毒する．

j 重症熱性血小板減少症候群

1｜病原体

重症熱性血小板減少症候群(SFTS)ウイルス(ブニヤウイルス目フェニュイウイルス科フレボウイルス属)

2｜解説

2011年に中国で初めて確認され，2013年に日本および韓国でも報告された新興感染症である．発熱および血小板減少を特徴とし，致命率は6～30％といわれる．ヒトでは高齢者に発生することが多い．感染マダニの吸血が主な感染経路であるため，マダニの活動期である5～11月に発生が集中する傾向がある．ウイルスは，垂直感染によりマダニ間で維持されると同時に，マダニの吸血を介して野生動物(特に鹿)において形成される感染環でも維持される．一方で，SFTSを発症した猫からヒトへの直接感染(咬傷を介した感染)を強く示唆する事例も報告されている[5]．また，発症した猫および犬の血液・糞便からウイルスが検出されており[5]，被疑動物の取り扱いには注意が必要である．なお，稀ながら濃厚接触によりヒトからヒトに感染が成立する．

3｜この病気を疑ったら・診断したら

発熱(39℃以上)，白血球減少(5,000/mm^3以下)，血小板減少(100,000/mm^3以下)を示す重症の犬や猫を診察した場合は，SFTSを疑う[5]．マダニ刺咬の可能性の有無は，診断上重要な情報となる．被疑動物を取り扱う場合は，体液や糞尿にウイルスが含まれる可能性を十分に理解し，手袋・防護衣・フェイスガードなどを必ず着用する．汚物などを次亜塩素酸ナトリウムで，診察台などは次亜塩素酸ナトリウムもしくはアルコールにより消毒する．可能であれば，被疑動物との接触歴を持つ人の健康状態・暴露の可能性を把握しておく．被疑動物に遭遇した場合は，保健所または国立感染症研究所に相談するとよい．

k エキノコックス症(多包虫症・単包虫症)

1 病原体

多包条虫(*Echinococcus multilocularis*)，単包条虫(*E. granulosus*)

2 解説

イヌ科動物を終宿主とする多包条虫および単包条虫の寄生を原因とする．多包条虫が北半球(北緯38°以北)に分布するのに対し，単包条虫は全世界(特に牧羊地域)に広く分布する．ここでは，日本に存在する多包虫症について述べる．なお，多包条虫は，長年，北海道だけに分布すると考えられてきたが，最近，本州にも侵入・定着したことが示唆されており[6]，注意が必要である．多包条虫は，エゾヤチネズミなどの野生げっ歯類を中間宿主とし，キツネや犬などを終宿主とする．これらの動物は，通常，症状を示すことはない．ヒトは，終宿主の糞便中に排泄された虫卵を経口摂取することで感染する．潜伏期は長く，通常5〜20年である．寄生部位によりヒトの症状は異なる．最も主要な寄生部位は肝臓であり，多くの患者に黄疸，心窩部痛，肝肥大などが認められる．脳寄生では，重篤な神経症状が確認される．

3 この病気を疑ったら・診断したら

犬は通常，無症状もしくは軽度の下痢を示す．したがって，臨床症状に基づく診断は極めて困難である．糞便検査時に，虫体もしくはその一部(片節)，虫卵が偶発的に観察される可能性が高い．被疑犬が確認された場合には，虫卵の経口摂取により感染が成立することを留意しつつ，手袋・防護衣などを着用し，手洗いを徹底する．なお，多包虫症および単包虫症の犬を診断した獣医師，もしくは疑い例を懸案した獣医師は，感染症法に基づき届出を行う義務がある．その場合，速やかに保健所に連絡する．

l トキソカラ症

1 病原体

犬回虫(*Toxocara canis*)，猫回虫(*T. cati*)

2 解説

犬回虫および猫回虫の成虫は，それぞれイヌ科およびネコ科動物の小腸に寄生する．回虫寄生の動物は，多数寄生の場合を除き，無症状で経過する．ヒトへの伝播は，動物の糞便とともに排泄された虫卵(幼虫形成卵)を経口摂取することで成立する．不顕性感染が多い一方で，幼虫が体内を移行することで重篤な症状(内臓幼虫移行症・幼虫眼移行症など)が認められる場合もある．特に，子供で重症化することが多い.

3 | この病気を疑ったら・診断したら

動物の糞便の虫卵検査により診断が可能である. 回虫の寄生が認められた犬・猫に対しては速やかに駆虫を行う. ヒトでの幼虫移行症のリスクはそれほど高くはないものの, 虫卵を含む糞便を適切に処理することが本症の予防の基本となる. 特に, 飼い主に子供がいる場合には注意する. 糞便を処理する際は, 手袋などを着用し, 適切な手洗いを徹底する.

m 疥癬

1 | 病原体

イヌセンコウヒゼンダニ(*Sarcoptes scabiei* var. *canis*), ネコショウセンコウヒゼンダニ(*Notoedres cati*)など

2 | 解説

各種のセンコウヒゼンダニが皮膚に寄生することで発症する, 著しい掻き行動, 発赤・丘疹を伴う皮膚疾患である. ダニがトンネル(遂道)を掘りながら角質層に生息するため, 皮膚症状が引き起こされる. ヒトからヒトに感染するセンコウヒゼンダニ(*S. scabiei* var. *hominis*)による疥癬も存在するが, ここでは犬・猫由来のダニを原因とするものについて述べる. ヒトへの伝播は, ダニが寄生した犬・猫との濃厚接触, もしくはその落屑との接触により成立する. ただし, 動物由来のダニは, ヒトの皮膚ではトンネルを形成しないので, 繁殖することができず, 感染は通常, 一時的なものとなる.

3 | この病気を疑ったら・診断したら

乾燥に弱いセンコウヒゼンダニは, 通常, 皮膚から脱落して数時間以内に死亡する[7]. 感染した犬・猫を診断した場合, 適切な治療を行うとともに, 濃厚接触を避けるよう飼い主に指示する. ダニに対する一般消毒薬の効果については情報が少ない. タオルなどの汚染物の消毒は, 50℃以上, 10分間の加熱にて行う.

n ノミ刺咬症

1 | 病原体

ネコノミ(*Ctenocephalides felis*)とイヌノミ(*C. canis*)であるが, 特に前者が問題となる.

2 | 解説

現在, ヒトの生活環境に生息するノミのほとんどがネコノミといわれ, 猫だけでなく犬にも寄生する. ヒトに寄生した場合, 軽度な皮膚炎が認められることが多い. しかし, 反復感染を受けたヒトなどは, 強いアレルギー反応により, 水疱を伴う持続的な皮膚炎を発症する場合もある. 稀ではあるが, ノミの刺咬により猫ひっかき病がヒトに媒介された事例も存在するので, 注意が必要である.

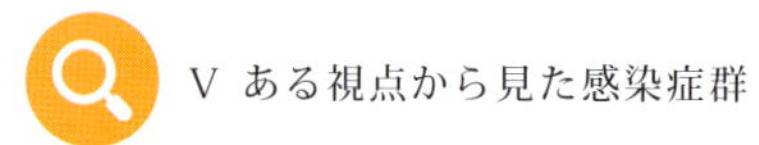

3 この病気を疑ったら・診断したら

ノミが寄生した猫や犬を診断した場合は，QOLの観点からも，速やかな駆虫を行う．

鳥

a オウム病

1 病原体

Chlamydia psittaci（グラム陰性の偏性細胞内寄生性細菌）

2 解説

鳥類の糞便に含まれる*C. psittaci*が経気道感染することで発生する呼吸器感染症（発熱・発咳など）である．ほぼすべての鳥種が*C. psittaci*を保有する可能性がある．特に，ヒトと生活圏を共有する愛玩鳥やドバトなどが感染源となることが多い．感染した鳥類は，一部の例外を除き，症状を示さない．しかし，不顕性感染した鳥類にストレスが加わった場合，発症の可能性が高まる．ヒトへの伝播は，菌を含む鳥類の糞便の粉塵を吸引することで成立する．感染した人は，呼吸器症状を中心としたインフルエンザ様の症状，もしくは敗血症様の症状を示す．症状の軽重は症例によって異なる．ヒトからヒトへの感染は稀である．

3 この病気を疑ったら・診断したら

不顕性感染が多いため，鳥類の感染状況を症状から判断することはできない．ただし，元気消失，食欲減退，鼻漏などが認められる鳥類を診察する際は，本病の可能性を考慮するべきである．発症した鳥類は大量の菌を排出するので感染源となるリスクが高まること，本菌が経気道感染することを考慮したうえで，マスク・手袋・防護衣などを適切に着用する．適切な抗菌薬（テトラサイクリン系，マクロライド系，ニューキノロン系の抗菌薬）を用いた治療を早期に開始すれば，ヒトも鳥類も回復が期待できる．しかし治療が遅れれば，死に至る場合もある．

b クリプトコックス症

1 病原体

*Cryptococcus neoformans*などのクリプトコックス属真菌

2 解説

鳥の症例はないが，鳥（特にハト）の糞便や土壌に存在する*C. neoformans*が経気道感染することで発生する．外傷を介した感染経路も知られている．免疫が低下した人に多発する傾向がある一方で，健常人にも肺病変（多発性結節など）を特徴とする肺クリプトコックス症が発生する場合がある．中枢神経系を侵された場合，脳髄膜炎を発症する．なお，猫，特に免疫が低下した猫（猫エイズや白血病を発症した猫など）では主に皮膚病変や眼病巣形成などが，また野外飼育されている犬では呼吸器症状や中枢神経症状が認められる．

3 | この病気を疑ったら・診断したら

ハトなどの鳥類の飼育者に対し，古い糞便ほど*C. neoformans*が検出されやすいとの報告[8]があることを説明したうえで，糞便の早期処理を勧める．本症を発症した犬や猫からのヒトへの直接感染のリスクは高くないと推定されるものの，皮膚病変からは多数の菌が排泄されるため，適切な感染予防対策を取ることが望ましい．マスク・手袋・防護衣などを着用し，過剰な接触を避ける．汚染された診察台などの消毒には，次亜塩素酸ナトリウムを用いる．

爬虫類

a サルモネラ症

1 | 病原体

Salmonella enterica，*S. bongori*(グラム陰性・通性嫌気性桿菌)．*S. enterica*は，6亜種に分類され，さらに多数の血清型に区別される．

2 | 解説

サルモネラ菌は様々な脊椎動物の腸管内のほか，環境中に広く分布する．ヒトや動物に感染した場合，発熱，腹痛，下痢を伴う腸炎を引き起こす．ヒトへの伝播は，汚染された食品(特に畜産物)の摂食に加え，感染動物からの直接感染も強く示唆されている．特に，爬虫類の保菌率は高く，かつてカメを感染源とした小児サルモネラ症が大きな問題となった．保菌率は低いものの，犬や猫も感染源となる可能性がある．

3 | この病気を疑ったら・診断したら

幼若動物が感染・発症した場合，敗血症で死亡することがある．一方，成熟した動物では，多くの場合，不顕性感染となる．健康な動物でもサルモネラ菌を保菌している可能性を考慮したうえで，動物との濃厚接触を避け，適切な手洗いを徹底するべきである．

げっ歯類

a 鼠咬症

鼠咬症は，病原体の違いにより，以下の二つに区別される．

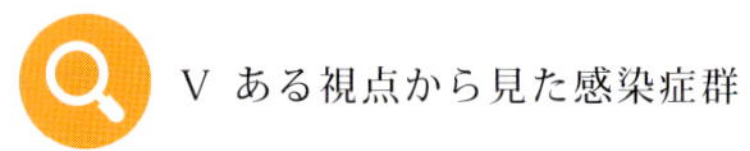

1 鼠咬症スピリルム感染症

i 病原体

Spirillum minus(グラム陰性好気性らせん状細菌)

ii 解説

*S. minus*は，アジアを中心に発生する鼠咬症の原因である．感染したげっ歯類は，血液や結膜に本菌を保有し，角膜炎，結膜炎などの症状を示す場合がある．眼滲出液あるいは血液から口腔内に移行した菌が創傷を介してヒトに感染する．ラット，マウスのほか，猫もヒトへの感染源となる．咬傷の7日後以降に咬傷部の硬結・発疹，発熱，リンパ節腫脹などが認められる．数日後，発熱は消失する一方，咬傷部の病変が再発する場合もある．治療を行わない場合，上記の症状が繰り返し発現し，死に至る場合もある．

iii この病気を疑ったら・診断したら

眼に炎症を示すげっ歯類を診察した場合は，本症の可能性を疑う．ただし，無症状のげっ歯類も感染源となる可能性も考慮しておく．げっ歯類を取り扱う際は，咬傷を避けるため，厚手の手袋などを着用することが望まれる．咬傷を受けた場合は，適切な消毒を行う．本症を疑う症状がヒトに認められた場合には，速やかに治療を開始する．

2 モニリホルムレンサ桿菌感染症

i 病原体

Streptobacillus moniliformis(グラム陰性多形性連鎖桿菌)

ii 解説

*S. moniliformis*は，北米を中心に発生する鼠咬症の原因である．ラットの鼻咽頭の常在菌であり，野生ラットから高率に検出される．実験用ラットも保菌している可能性がある．通常，感染ラットは症状を示さない．ラットだけでなく，マウス，リス，スナネズミなどの咬傷もヒトの感染の原因となる．また，感染げっ歯類を捕食した犬，猫，イタチなどによる咬傷によっても感染が成立する．感染した人は，10日以内の潜伏期の後に，発熱，発疹，多関節痛などの症状を示すことが多い一方，これらの典型的症状を示さない症例もある．感染が全身に拡大した場合，心内膜炎，髄膜炎，敗血症などの重い症状を示し，死亡する場合もある．

iii この病気を疑ったら・診断したら

無症状のげっ歯類も本菌を保有する可能性を理解しておく．げっ歯類のほか，犬，猫，イタチなどから咬傷を受けた場合にも感染リスクがあることを留意する．げっ歯類を取り扱う際は，咬傷を避けるため，厚手の手袋などを着用することが望まれる．咬傷に適切な消毒を行う．本症を疑う症状がヒトに認められた場合には，病院にて速やかに治療を開始する．

b リンパ球性脈絡髄膜炎

1 病原体

脈絡髄膜炎ウイルス（アレナウイルス科アレナウイルス属）

2 解説

脈絡髄膜炎ウイルスを原因とする感染症で，マウス（*Mus musculus*）が病原巣となる．感染してもげっ歯類（マウス，ハムスター，モルモットなど）は症状を示さない．感染したげっ歯類による咬傷，ウイルスを含むエアロゾルの吸入，ウイルスに汚染された食品の摂取によりヒトへの伝播が成立する．感染した人は，多くの場合，無症状のまま経過する．しかし，インフルエンザ様の症状を発症する場合もある．その後，髄膜炎症状が認められるケースや，最初から髄膜炎を発症するケースもある．一般的に，本疾患により患者が死亡することはない．

3 この病気を疑ったら・診断したら

症状を示さないため，臨床症状から動物の感染状況を判断することは不可能である．げっ歯類をペットとして保有する飼い主には，本疾患のリスクを説明したうえで，濃厚接触を避けること，手洗いを徹底すること，床敷を交換する際は，マスク・手袋などを着用することを強く推奨する．

ハンタウイルス感染症について

げっ歯類に不顕性・持続感染し，糞尿や唾液に排泄される．エアロゾルの吸入，げっ歯類の咬傷によりヒトに伝播する．ウイルスの種類によりヒトの病型が異なり，腎症候性出血熱とハンタウイルス肺症候群に区別される．以前，日本でも，実験用ラットを介して腎症候性出血熱が発生した（1名死亡）．

参考文献

1. 今岡浩一（2009）：獣医疫学雑誌．13，65-70．
2. Maruyama S, Nakamura Y, Kabeya H, et al.(2000): J Vet Med Sci. 62, 1321-1324.
3. Suzuki M, Kimura M, Imaoka K, et al.(2010): Vet Microbiol. 144, 172-176.
4. 厚生労働省ホームページ：コリネバクテリウム・ウルセランスに関するＱ＆Ａ（http://www.mhlw.go.jp/bunya/kenkou/kekkakukansenshou18/corynebacterium_02.html）
5. 厚生労働省ホームページ：重症熱性血小板減少症候群（SFTS）に関するQ&A（http://www.mhlw.go.jp/bunya/kenkou/kekkaku-kansenshou19/sfts_qa.html）
6. 厚生労働省結核感染症課：愛知県知多半島の犬におけるエキノコックス（多包条虫）感染事例について（情報提供）（http://www.mhlw.go.jp/file/06-Seisakujouhou-10900000-Kenkoukyoku/0000199951.pdf）
7. 国立感染症研究所ホームページ：疥癬とは，感染症情報（https://www.niid.go.jp/niid/ja/diseases/ka/itch.html）
8. 山本善裕，河野茂，野田哲寛ほか（1995）：感染症学雑誌．69，642-645．

44 輸入(海外)感染症

野兎病

a 病原体

野兎病の病原体は，*Francisella tularensis*で，グラム陰性の小桿菌である．病原性に差のある4亜種(subsp. *tularensis*，*holarctia*，*mediasiatica*および*novicida*)が存在する[1]．宿主域が広く，家畜伝染病予防法では馬，めん羊，豚，いのししおよびウサギが対象家畜であり，野生のげっ歯類やウサギは，感受性が高く，敗血症に伴う諸症状を呈し死亡する．ヒトも感染する人獣共通感染症であり，感染症法では四類感染症に，病原体(subsp. *tularensis*および*holarctia*)は2種病原体等に指定されている．従前日本にも地方病として存在したが，近年の発症はみられていないため，侵入対策が重要である．

b 監視・検疫体制

診断法としては，菌の分離同定，PCR法，疫学的調査には試験管内凝集反応，ELISAが応用されている．野兎病は，北米，欧州，アジアで発生しているので，それらの国々からウサギを輸入する際は注意を要する．検疫制度については兎粘液腫の項を参照(➡ p.722)

c 予防法

動物に使用できるワクチンがない．細菌感染症であるので，抗菌薬による治療ができる．

ペスト

a 病原体

ペストの病原体は，*Yersinia pestis*で，グラム陰性の桿菌である．1894年北里柴三郎およびアレクサンダー・エルサン(Alexandre Yersin)が香港での流行時にそれぞれ独自に発見した．当初の学名は*Pasteurella pestis*と名付けられたが，1994年エルサンにちなんで*Yersinia pestis*と命名された[2]．ペストは，本来げっ歯類の感染症で，ノミが媒介するが，このノミを介してヒトが感染し，ヒト〜ノミ〜ヒトの感染サイクルで大流行を起こした．中世ヨーロッパで全人口の3分の1が死亡し，「黒死病」と恐れられた疾病である．ペストの侵入を防ぐために1377年にイタリアのヴェネツィアで海上検疫が始まった．当初検疫期間が30日間だったが，後に40日に変更された．quarantine(検疫)は，イタリア語の40を表す単語を語源としている．

ペストは，人獣共通感染症であり，感染症法では一類感染症に指定されており，最も注意を要する疾病である．病原体は，2種病原体等に指定されている．

b 監視・検疫体制

プレーリードッグは，北米の草原地帯(プレーリー)に生息するリス科のげっ歯類であるが，プレーリードッグはペストに対する感受性が非常に高く，発症した場合はほぼ100％死亡する．米国から輸出予定のプレーリードッグがペストに多数感染死亡したことを契機に，政令を改正して日本では2003年から輸入を禁止している．すなわち，感染症法(第54条)でプレーリードッグは，感染症をヒトに感染させるおそれが高い動物(指定動物)とされ，すべての国・地域からの輸入が禁止されている．さらに，同法(第13条)ではプレーリードッグのペストは，獣医師が届出なければならない感染症として定めているので，注意しなければならない．なお，現在，日本でペットとして飼育されているプレーリードッグは，2003年以前に輸入された個体から繁殖されたもので，ペストに感染しているおそれはない．

診断法としては，菌の分離同定，PCR法，抗体測定には血球凝集阻止反応試験やELISAが用いられる．

c 予防法

ワクチンはない．ヒトでは抗菌薬による治療が行われる．

犬のエールリヒア症

a 病原体

犬のエールリヒア症の病原体は，リケッチア目アナプラズマ科の*Ehrlichia canis*や*E. ewingii*で，マダニ類が媒介する．リケッチアは，非常に小さいグラム陰性の細菌であるが，ウイルスと同様に細胞外では増殖できず，偏性細胞内寄生体とも呼ばれる．*E. canis*は，単球およびマクロファージに，*E. ewinggi*は，顆粒球に感染し，増殖する[3]．

b 監視・検疫体制

*E. canis*は，アフリカ，東南アジア，南米・北米，欧州などに広く分布し，*E. ewingii*は，米国で報告されている．犬のエールリヒア症は，特に法律で規定されていないが，日本には存在しない感染症であるので，これらの国々からの輸入に際しては注意を要する．

臨床症状としては急性期に発熱，リンパ節腫脹，脾腫，体重減少，血小板減少がみられる．診断法としては，末梢血のPCR法が有効であり，抗体検出には感染細胞を抗原とする蛍光抗体法が用いられている．なお，ヒトでは*Ehrlichia chaffeensis*による急性熱性疾患が米国で知られている．

c 予防法

ワクチンはない．治療にはドキシサイクリンが使用されている．

犬・猫のコクシジオイデス症

a 病原体

犬・猫のコクシジオイデス症の病原体は，真菌である*Coccidioides immitis*と*C. posadasii*で，酵母形と菌糸形を呈する二形性菌である．本菌は，病原性が最も強い真菌と考えられている[4]．ヒトも感染する人獣共通感染症であり，感染症法では四類感染症に，病原体は3種病原体等に指定されている．寒天培地に発育したコロニーでは，胞子飛散による検査室内感染のリスクが高いため，菌分離は，専門機関(国立感染症研究所，千葉大学真菌医学研究センター)に依頼することが望ましい．なお，輸入真菌症には，コクシジオイデス症以外にもヒストプラズマ症，パラコクシジオイデス症，ブラストミセス症，マルネッフェイ型ペニシリウム症などが知られている．

b 監視・検疫体制

本菌は，カリフォルニア，アリゾナなど米国の砂漠地帯に常在しており，吸入および外傷から感染する．これらの地域から輸入する場合は注意を要する．
診断法としては，病巣部の試料の直接鏡検，皮内反応，補体結合反応，免疫沈降反応，PCR法などが応用されている．

c 予防法

ワクチンはないが，治療にはアムホテリシンB，イトラコナゾールが使用されている．

犬のリーシュマニア症

a 病原体

犬のリーシュマニア症の主な病原体は，原虫である*Leishmania infantum*である．サシチョウバエが媒介する人獣共通感染症である．本症の感染サイクルは以下のとおりである．

①サシチョウバエ(雌)が感染犬を吸血する際，虫体(無鞭毛型)を含むマクロファージを取り込む，②中腸で鞭毛を持つ虫体(前鞭毛型)になる，③増殖後口吻に移行，④犬の吸血時に体内に侵入，⑤マクロファージに貪食され，無鞭毛型になり，体内で増殖

b 監視・検疫体制

本症は，多くの国で常在しているが，日本ではスペイン，イタリアから帰国した人の飼い犬での報告がある[5]．日本には媒介するサシチョウバエが生息していないため流行のおそれがない．

なおヒトでは，リーシュマニア症の原因原虫は20種以上といわれているが，病型は内臓リーシュマニア症，皮膚リーシュマニア症(東洋瘤腫)，粘膜皮膚リーシュマニア症の3型に分類されている．

診断法としては患部からの原虫の検出，抗体測定，PCR法が応用されている．

c 予防法

ワクチンはなく，サシチョウバエに刺されないことが肝要である．サシチョウバエは，夜行性であるので，夜間には節足動物の忌避剤などが役に立つ．治療にはアンチモン酸メグルミンが使用されている．

狂犬病

狂犬病は，ヒトを含むすべてのほ乳類が感染するウイルス病で，発症した個体では極めて悲惨な神経症状を伴って死亡する人獣共通感染症である．このため，狂犬病予防法，感染症の予防及び感染症の患者に対する医療に関する法律(感染症法)，家畜伝染病予防法等に規定されている．**表44-1**に示すように狂犬病予防法で定められている対象動物は，犬，猫，あらいぐま，きつね，スカンクであり，家畜伝染病予防法では牛，馬，めん羊，山羊，豚，水牛，しか，いのししが対象家畜である．

日本では1950年に制定された狂犬病予防法に基づき，飼育犬の登録，狂犬病ワクチン注射，放浪犬の捕獲，検疫による侵入防止対策等が功を奏して，1957年以来狂犬病の発生がなく，清浄国としてのステイタスを維持している．日本以外では，アイスランド，オーストラリア，ニュージーランド，フィジー諸島，ハワイ，グアムの6地域のみが狂犬病フリーである[6]．WHO[7]は，毎年60,000人が狂犬病で死亡していると報告しており，そのほとんどがアジアとアフリカの地域である．また，死亡者の95%は，感染犬による咬傷が原因である．

表44-1 法律による狂犬病対象動物の違い

法律	対象動物
狂犬病予防法	犬，猫，あらいぐま，きつね，スカンク
家畜伝染病予防法	牛，馬，めん羊，山羊，豚，水牛，しか，いのしし
感染症法*	人

*「感染症の予防及び感染症の患者に対する医療に関する法律」より引用

a 病原体

病原体は，狂犬病ウイルス(*Rhabdoviridae*, *Lyssavirus*, *Rabies lyssavirus*)で，ウイルス粒子は，遺伝子としてのマイナス鎖の一本鎖RNAと5種類のタンパク質(L，G，N，NS，M)から構成される．ウイルスは，弾丸状の形態で，その表層にはエンベロープがあり，アルコールなどの有機溶剤により容易に不活化される．エンベロープから突出したスパイク状のGタンパクは，中和抗体を産生させる感染防御抗原である．感染症法では四類感染症に，病原体は3種病原体等に指定されている．

b 監視・検疫体制

1 輸入検疫

世界のほとんどの国・地域で狂犬病が発生しており，狂犬病フリーの我が国としてはその侵入防止対策を厳重に実施する必要がある．狂犬病予防法(第七条)では，①検疫を受けた犬等(上述の対象動物：犬，猫，あらいぐま，きつね，スカンク)でなければ輸入・輸出してはならないこと，②検疫に関する事務は，農林水産大臣の所管とし，その検疫に関する事項は，農林水産省令で定めることが規定されている．したがって，実際の検疫は，「犬等の輸出入検疫規則」に基づき農林水産省の動物検疫所で行われている．犬等の輸出入検疫規則において，狂犬病の発生していない地域を農林水産大臣が指定することになっており，この地域のことを「指定地域」と称し，現在は日本以外ではアイスランド，オーストラリア，ニュージーランド，フィジー諸島，ハワイ，グアムが指定されている．以下に検疫体制を5種類に分けて解説する．

i 狂犬病の発生していない国・地域(指定地域)から犬等を輸入する場合

指定地域から日本に直接輸入する場合，当該国政府機関発行の証明書により以下のことが確認できれば，12時間以内(通常1時間程度)の検疫で終了し，入国できる．

①マイクロチップによる個体識別がなされていること
②当該指定地域において過去180日間，もしくは出生以降飼養されていたこと，または，日本から輸出された後，指定地域のみにおいて飼養されていたこと
③当該指定地域に過去2年間狂犬病の発生がなかったこと
④出発前の検査で狂犬病にかかっていないかまたはかかっている疑いがないこと

ii 上記 i の③の飼養日数が180日に満たない場合

180日から飼養日数を差し引いた日数の検疫が課せられる．

iii 狂犬病の発生している地域・国(指定地域以外)から犬または猫を輸入する場合

指定地域以外から日本に輸入する場合，当該国政府機関発行の証明書により以下のことが確認できれば，12時間以内(通常1時間程度)の検疫で終了し，入国できる．

①マイクロチップによる個体識別がなされていること
②2回以上(30日以上の間隔をあける)の狂犬病のワクチン(不活化ワクチンまたは遺伝子組換え型ワクチンに限る，生ワクチンは不可)を接種していること
③日本の農林水産大臣が指定する検査機関で狂犬病の中和抗体検査を受け，血清1 mLあたり0.5国際単位(IU)以上であること
④抗体検査のための採血日から日本到着時まで180日間以上経過していること
⑤出発前の検査で狂犬病にかかっていないかまたはかかっている疑いがないこと

なお，抗体検査のための採血日から日本到着時まで180日間以上経過していない場合は，採血日から到着日までの日数を180日から差し引いて得た日数の検疫が課せられる．

iv 試験研究用の犬または猫を輸入する場合

農林水産大臣の定める基準に適合した試験研究用の動物のみを生産する施設(指定施設という)から直接輸入される試験研究用の犬または猫の場合，当該国政府機関発行の証明書により以下のことが確認できれば，12時間以内(通常1時間程度)の検疫で入国できる.

①マイクロチップによる個体識別がなされていること
②指定施設において生産され，過去180日間またはその生産以来他の施設の動物と隔離されていたこと
③過去180日間当該指定施設への犬または猫の導入が行われていないこと
④当該指定施設に過去2年間狂犬病の発生がなかったこと
⑤狂犬病にかかっていない，または狂犬病にかかっている疑いがないこと

v その他の犬等を輸入する場合

狂犬病の発生している地域・国(指定地域以外)からあらいぐま，きつねまたはスカンクを輸入する場合，180日間の検疫が課せられる.

vi 犬の輸入についての注意点

犬を輸入する際の狂犬病に関する検疫制度は，上述したⅰ～ⅴのとおりであるが，家畜伝染病予防法ではレプトスピラ症は，届出伝染病であり，その対象動物として犬も指定されている. このため，輸出国政府機関に「レプトスピラ症にかかっていない，またはレプトスピラ症にかかっている疑いがないこと」の証明書を発行してもらう必要があるので注意されたい.

2 狂犬病の抗体検査

狂犬病の抗体測定法としては，国際獣疫事務局(OIE)マニュアルに規定されている蛍光抗体ウイルス中和試験(FAVN)がよく用いられている[8].

日本の農林水産大臣が指定する抗体検査機関は，2017年11月現在，20カ国32機関であるが，日本では，一般財団法人生物科学安全研究所のみである. 指定を受ける捜査機関は，OIEの狂犬病レファレンスラボラトリーであるフランス食品衛生安全局・ナンシーが毎年実施する技能検定試験に合格していなければならない. この技能検定試験は，EU加盟国間での犬・猫を伴う移動の簡素化のために，1999年に開始されたもので，合格した機関のリストはEUのホームページに収載されている.

3 日本への狂犬病侵入リスク

我が国は，1957年以降狂犬病の発生がなく，世界でも極めて稀な国である.

一方，狂犬病は世界の多くの国に存在し，ヒトや動物の移動が短時間でできる現代では，狂犬病が我が国に侵入する可能性がある.

2017年，動物検疫所における犬猫の検疫頭数は，犬が6,182頭，猫が2,278頭であり[9]，この他にも在日米軍の犬猫が入国している. 杉浦らのグループは，これら犬猫の輸入に伴う狂犬病侵入リスクを推定した. 現行の犬等の輸出入検疫規則に定められた輸出国での2回のワクチン注射，抗体検査，

180日間の待機が守られる限り，侵入リスクは49,444年に1回と報告している[10]．このことは，現行の検疫制度が極めて効果的であることを示している．

c 診断法

脳組織塗抹の蛍光抗体法，マウスや培養神経細胞でのウイルス分離，RT-PCR法など病原学的検査が用いられている．なお，発症した個体は10日程度で死亡するため，当該動物に抗体を検出することができないので，血清学的検査は実施されない．

d 予防法

現在，日本で市販されている狂犬病ワクチンは，細胞培養で増殖させたウイルスを不活化したワクチンであり，有効性および安全性に優れたワクチンである[11]．本ワクチンは，猫での安全性および有効性が確認され，適用動物として猫も承認されている．本ワクチンは，1984年に承認され，翌年から改正狂犬病予防法のもと年1回注射するワクチンとして使用されている．

開発当時の2回注射の間隔についての試験では，1カ月，6カ月および12カ月間隔で良好なブースター効果が認められたが，24カ月間隔では低い抗体価しか得られなかった[12]．このデータが根拠となり，狂犬病予防法で年1回注射することとされた．

一方，上述の犬等の輸出入検疫規則における注射プログラムでは，30日以上の間隔で2回以上注射することとされ，以降は1年ごとに注射することが推奨されている．このプログラムでの抗体価の推移を2グループが報告している[13,14]．いずれも30日間隔で2回注射後，1年間は0.5 IU/mL以上の抗体価が維持していた．さらに，Shiraishiらは2回注射後1年後に再注射すると，その後1年経過しても10～100 IU/mLの抗体価を保有することを示した[14]．

なお，日本の現行のワクチンにはアジュバントが含まれていないので，海外のアジュバント添加ワクチンと比べれば免疫持続期間が短い可能性がある．しかし，Shiraishiらのデータから基礎免疫（2回注射後1年後にもう1回注射）後は，かなり長期間の免疫持続が想定されるので，長期の注射プログラムのデータ蓄積が望まれる．

兎粘液腫

a 病原体

兎粘液腫の病原体は，*Poxviridae, Chordopoxvirinae, Leporipoxvirus*に属する粘液腫ウイルス（*Myxoma virus*）である．二本鎖DNAウイルスで，形態はレンガ状をしており，ウサギにのみ感染する．本ウイルスは，南米・北米に生息するワタオウサギ属のウサギに感染・維持されており，病原性はそれほど高くない．1950年代，オーストラリアおよび英国で爆発的に増殖したアナウサギのコントロールのために，本ウイルスを散布したところ，99％の致死率でアナウサギを死亡させ駆除が成功した．しかし，数年後にはアナウサギが本ウイルスに対する耐性を獲得するとともに，ウイルスの弱毒化も起き，致死率は50％に下がった[15]．このためアナウサギの生息数が回復している．

b 監視・検疫体制

診断法としては，臨床症状，病理学的所見，感受性ウサギへのワクチン接種，ELISAによる抗体検査が行われている．

兎粘液腫は，家畜伝染病予防法では届出伝染病に指定されている．ウサギを対象動物とする届出伝染病としては野兎病と兎ウイルス性出血病があるので，ウサギを外国から輸入するには，これら3疾病に対する輸出国政府機関発行の検査証明書が必要である．検疫は，係留検査で，係留期間は異常がない場合は1日間であるが，ウサギを連れてきた日と検査終了日は，係留期間に含まれないので，最短でも3日間かかることになる．

c 予防法

欧州では弱毒生ワクチンがペットのウサギや生産農場のウサギに使用されている．

参考文献

1. 藤田修，堀田明豊，棚林清：国立感染症研究所ホームページ「野兎病とは」(https://www.niid.go.jp/niid/ja/kansennohanashi/522-tularemia.html)
2. 加藤茂孝(2010)：モダンメディア．56, 36-48.
3. 明石博臣，大橋和彦，小沼操ほか監修(2011)：動物の感染症第3版，250, 近代出版
4. 長谷川篤彦(2006)：日生研だより．52, 42-45.
5. 松本芳嗣，後藤康之，三條場千寿(2013)：日本獣医師会雑誌．66, 5-7.
6. 農林水産省：指定地域（農林水産大臣が認めている狂犬病の清浄国・地域）(http://www.maff.go.jp/j/syouan/douei/eisei/rabies/)
7. WHO：Human rabies (http://www.who.int/rabies/human/en/)
8. Cliquet F, Aubert M, Sangne L (1998)：J Virol Methods. 212, 79-87.
9. 農林水産省動物検疫所：動物検疫所の概要（平成30年度全国家畜衛生主任者会議資料）
10. Kwan NC, Sugiura K, Hosoi Y, et al.(2017) Epidemiol Infect. 145, 1168-1182.
11. 土屋耕太郎(2011)：動物用ワクチン（動物用ワクチン-バイオ医薬品研究会），270-272, 文永堂出版
12. 石川義久，鮫島都郷，野村吉利ほか(1989)：日本獣医師会雑誌．42, 715-720.
13. 江副伸介，大森崇司，草薙公一ほか(2007)：日本獣医師会雑誌．60, 873-878.
14. Shiraishi R, Nishimura M, Nakajima R, et al.(2014)：J Vet Med Sci. 76, 605-609.
15. 斎藤慎一郎訳，アン・マクブライド著(1998)：ウサギの不思議な生活，37-42, 晶文社

45 新興再興感染症

はじめに

動物，特に犬，猫などの伴侶動物からヒトに感染する疾病としては，「病原体から見た感染症」や，「人獣共通感染症」「輸入(海外)感染症」で詳しく述べられているので，本章では我が国で発生しそうな気をつけるべき疾病と犬猫のインフルエンザについて述べる．

我が国で発生が認められた新興再興感染症

我が国で実際発生が認められた感染症としては，**表45-1**に示すような，Q熱，パスツレラ症，猫ひっかき病，カプノサイトファーガ・カニモルサス感染症，コリネバクテリウム・ウルセランス感染症，腸管出血性大腸菌感染症，サルモネラ症，レプトスピラ症，ブルセラ病，結核，オウム病，日本紅斑熱，狂犬病，重症熱性血小板減少症候群(SFTS)，エキノコックス症などが厚生労働省のハンドブックに記載されている．太字で示した疾病については，動物がほとんど症状を示さず，普通に病原体を持っている疾病なので，動物とはあまり濃厚に密着することは避けた方が安全である．

表 45-1　我が国で発生した動物由来感染症

疾病	概要
Q熱，パスツレラ症，猫ひっかき病，カプノサイトファーガ・カニモルサス感染症，コリネバクテリウム・ウルセランス感染症	犬，猫が普通に持っている病原体で，密接な接触によって感染するが，犬・猫は特に病状を示さない．
腸管出血性大腸菌感染症	触れ合い動物施設に来場した人の間で集団感染
サルモネラ症	ペットのミドリガメやイグアナなどの爬虫類から子供が感染し重症に
レプトスピラ症	感染ネズミの尿で汚染された池や川で水遊びをして感染し，発熱
ブルセラ症	繁殖用の犬からペットショップ経営者がブルセラ症に感染
結核	動物園のサルが感染し，安楽死処分に
オウム病	展示施設の従業員や来場者の間で集団発生
日本紅斑熱	温暖な太平洋沿いでマダニに咬まれて発症し，春と秋が発生のピークに
狂犬病	海外で犬に咬まれて感染した人が，日本に帰国して発症後，死亡
重症熱性血小板減少症候群（SFTS）	野外でウイルスを持ったマダニに刺された人が感染．発症した犬から飼い主が感染
エキノコックス症	キタキツネの糞中の卵に感染して20年後に発症

厚生労働省　動物由来感染症ハンドブック2018(2018年7月31日)より引用，改変

a Q熱

一時期日本には存在しないと考えられていたQ熱は，猫からの感染など，毎年ヒトで 10 例前後の患者数が報告されるようになっている．

b カプノサイトファーガ・カニモルサス感染症

世界各国では，感染するとほとんどが死亡するような恐ろしい感染症も存在するので，海外旅行したときには，どんな国においても，野生動物や飼い主不明の犬や猫に接触することは避けた方がよい．

これら疾病の中で，カプノサイトファーガ・カニモルサス感染症は，危険な疾病であるにもかかわらず，それほど知られていない疾病であると思う．そこで，本疾病については詳しく紹介したい．

カプノサイトファーガ・カニモルサス感染症[1]は，1976年以降，欧米を中心に世界で約250人の発症患者が報告されている．国内でも2002年以降，国立感染症研究所に報告されたものだけで，14名(40～90代の男女：平均年齢は約65歳)が発症し，そのうち6名(内訳は50代1名，60代3名，70代1名，90代1名)が死亡している．

この報告によると，発症患者は40代以上で，糖尿病や肝硬変，全身性自己免疫疾患，悪性腫瘍などの基礎疾患を持った人が多い．免疫機能が低下している高齢者や，ステロイド剤で膠原病や腎炎などの治療をしている人などは，特に注意する必要がある．本菌*Capnocytophaga canimorsus*は，グラム陰性桿菌で，犬や猫の口中に常在している．2004～2007年の調査で，この菌が，自治体に引き取られた犬325頭 の74%，猫115頭の57%から検出されている．菌の感染力は弱く，ヒトからヒトへの感染の報告はないようである．

カプノサイトファーガ感染症は，犬や猫による咬傷や掻傷が原因となって，菌がヒトの体内に入って発症する．感染すると，発熱や倦怠感，腹痛，吐き気，頭痛などの症状が現れる．治療しなかったり，免疫低下が起こっていると，さらに血中で菌が増え，症状が進行し重症化すると，敗血症や髄膜炎を起こし，播種性血管内凝固(DIC)や敗血症ショック，腎不全，多臓器不全で死亡することがある．

犬や猫に咬まれたり，ひっかかれるなどした後，2～7日経過して，上記症状やショック症状などが出て，驚愕し，慌てて医療施設に駆け込むケースが多いようである．早期診断と抗菌薬の投与などの適切な治療で回復することが可能である．

カプノサイトファーガ感染症は，今のところ，その発生報告や発症患者，死者の数が少なく，稀にしか発症しない感染症と考えられているが，犬や猫の咬傷，掻傷による事故は，国内各地で多発しており，実際には，この感染症が，もっと多く発生していると考えられる．風邪や食中毒と誤診され，見逃されている患者も多いとみられ，安心できない疾病である．

カプノサイトファーガ感染症についても，その感染予防対策として，

①犬や猫に接触したり，その排泄物を処理した後は，必ず手洗いやうがいをする．口移しで絶対餌を与えない．犬や猫と濃厚な接触は行わない．

②犬や猫に餌の口移しやキッスなどをしたり，咬まれたり，ひっかかれるなどして，発熱や頭痛な

ど体調の悪化が認められたときは，早急に医師による診断と治療を受ける．

上記の対応を必ず守るようにすることが大切である．

c コリネバクテリウム・ウルセランス感染症

犬や猫から感染する新興感染症として注意すべきものに，コリネバクテリウム・ウルセランス感染症がある．

ジフテリア菌(*Corynebacterium diphtheriae*)と同様にコリネバクテリウム属に分類されるコリネバクテリウム・ウルセランス(*C. ulcerans*)という細菌によって引き起こされ，ジフテリアによく似た症状をヒトが示す感染症である．この感染症は，ヒト，犬，猫，牛のほか，様々な動物において感染事例が確認されており，ヒトの咽喉頭，肺，皮膚，乳腺などに，様々な症状を呈する動物由来の感染症である．海外においては，乳房炎や関節炎に罹患した牛の生乳からの経口感染が主に確認されていた[2]．最近では，ウルセランス菌に感染した犬や猫からの感染例が国内外で広く確認されるようになっている[3]．なお，ヒトからヒトへの感染事例は，国内では現在まで報告がなく，国外においても，非常に稀で[4,5]，基本的にジフテリアと類似した臨床症状を示す疾病である[6]．呼吸器感染の場合には，初期に感冒に似た症状を示し，その後，咽頭痛，咳などとともに，扁桃や咽頭などに偽膜形成や白苔を認めることがある．重篤な症状の場合には呼吸困難などを示し，死に至ることもある．また，呼吸器以外(頸部リンパ節腫脹や皮膚病変)の感染例も報告されている[7,8]．抗菌薬が有効であるとされており[7]，国内においては，マクロライド系抗菌薬の使用による回復例が報告されている．ヒトでの国内感染事例の多くは犬や猫からの感染であることが確認されており，ウルセランス菌に感染した動物と接する場合には注意が必要である．感染した動物は，くしゃみや鼻汁漏出などの感冒様症状や皮膚病を示すことがあり，動物間で感染が拡大することも報告されている[9]が，無症状の保菌動物の存在も報告されている．ただ，過度に神経質になることはなく，一般的な衛生管理として動物と触れあった後は手洗いを確実に行うことなどにより，感染のリスクを低減することが重要である．国内では，ヒトに対する定期の予防接種の対象である4種混合ワクチンにジフテリアトキソイドワクチンが含まれており，このワクチンは，本感染症に対しても有効であると考えられている[2,10]．

飼育している犬や猫が咳やくしゃみ，鼻水などの感冒様症状，皮膚炎，皮膚や粘膜潰瘍などを示しているときは，早めに獣医師の診察を受けることを推奨する．また，このような犬や猫に接触する場合は，過度な接触は避け，手袋やマスクを装着し，触った後は手洗いなどを励行することを推奨する．

2001年から2017年11月末までに国立感染症研究所で発生を確認しているのは，25例で患者の年齢は6歳から70歳と幅広いが，50代以上の患者数が13例を占めており多い傾向にある．英国においては 2007 年から 2013 年までの7年間に 20 例の毒素原性コリネバクテリウム(*C. diphtheriae* または *C. ulcerans*)によるヒトへの感染が認められており，そのうち過半数の12例(60%)を毒素原性ウルセランス菌による感染が占めている．

d サルモネラ症

爬虫類が感染している可能性が高く，カメやトカゲ，ヘビ，ヤモリなどをペットとして飼育している人は接触した場合は，よく手洗いして食事をする際には特に注意することである．

e ブルセラ病

ここでは，犬のブルセラ病がヒトに感染した例が挙げられている．犬のブルセラ病は感染力が弱く，ほとんどヒトに感染することはないが，一般家庭の飼育犬などから感染する危険性は皆無ではない．

f オウム病

オウム，インコなどをペットとして飼育する場合は注意する必要があり，その他の鳥類でもハトなどから感染する場合もあり，2002 年と 2006 年に島根県と兵庫県の鳥類展示施設でオウム病が発生し，従業員や一般来園者に感染する事例が報告されている．

g 狂犬病

我が国以外のほとんどの国で発生しており，気をつけなければならないのは，海外を旅行したときに動物と触れ合うことによる．我が国での発生例はフィリピンで2006年8月頃狂犬病に感染したと思われる人が帰国後，2006年11月16日に京都市で，2006年11月22日に横浜市において治療を受けたものの死亡している．両患者とも犬と接触後の暴露後ワクチン接種は受けていなかった．しかし，本病は我が国では発生しておらず，国内の動物は狂犬病に感染しているリスクはないので，国内では動物との触れ合いにそれほど警戒する必要はない．

h 重症熱性血小板減少症候群（SFTS）

新興性疾病の中で，特に危険であると思われるものはSFTSであり，ヒトが感染すると致死率が20％以上となっている．ヒトがウイルスを持ったダニに咬まれても感染するが，発症した猫に咬まれた女性が死亡したり，発症した飼い犬を介抱していた飼い主が死亡する例があり，SFTSで死亡した人の多くはダニに咬まれた痕跡のない人が多いといわれている．ただし，犬や猫からの感染は，発症した動物に今のところ限られているので，飼育動物の状態をよく見極めて，濃厚に接しない方がよい．

i エキノコックス症

北海道の風土病ともいわれたエキノコックス症は，毎年 20 例前後の患者が報告されており，北海道内だけで発生していたものが，愛知県知多半島で捕獲された野犬から検出されたということである．2014年1月から3月に動物保護管理センター知多支所が捕獲した8頭の犬のうち，阿久比町内の市街地から離れた山野で捕獲した1頭（雑種，外観の症状なし）の糞便からエキノコックスが検出された．なお，エキノコックスが検出された犬はすでに殺処分されており，当該犬からのヒトへの感染防止対策は図られている．この事例からエキノコックスが本州まで侵入してきたということであり，注意を要する．しかし，本州は北海道のようにキツネの生息数が多くなく，急激な拡大がみられることはないであろう．

犬・猫のインフルエンザ

a 犬インフルエンザの発生状況[3]

2004年1月，米国フロリダ州ジャクソンビルのドッグレース場で犬インフルエンザの発生が初めて報告された(**表45-2**)．本症に罹患した22頭のレース用グレイハウンドのうち，8頭が出血性肺炎で死亡した．この事例から分離されたウイルス3株を解析したところ，すべての株が馬インフルエンザウイルス2型のH3N8亜型と一致した．その後，2004年6月から8月にかけて，6州(アラバマ，アーカンサス，フロリダ，カンサス，テキサス，ウェストバージニア)の14カ所のレース場でも犬インフルエンザの事例が確認された．2005年1月から5月にかけては，11州，20レース場で犬インフルエンザの流行があった．犬インフルエンザはカリフォルニア州やワシントンDCを含む12州で発生し，その後の抗体検査により，ドッグレース用グレイハウンドだけでなく，米国の色々な犬種のペット犬にも広がった．2008年までには米国25州のペット犬にH3N8ウイルス感染が広がっており，呼吸器症状が認められた．本インフルエンザウイルスHA遺伝子の解析によれば，本ウイルスの祖先はH3N8馬インフルエンザウイルスで，1990年初頭には米国に侵入していたものである．犬への最初の感染は競馬場における厩舎とドッグレース犬の犬舎における直接接触により，感染が成立したものと考えられている．抗体検査結果から馬ウイルスが最初に犬に感染したのは1998年と2003年であることが解明されている．その後，犬の間で流行し，少しずつ変異を起こして，犬のインフルエンザとして存続することになったとみられている．

英国においても2002年秋に，H3N8ウイルスによる激しい呼吸器症状を伴うフォックスハウンドのインフルエンザが認められたが(**表45-3**)，拡大することもなく終息している．

2006年タイにおいて，H5N1高病原性鳥インフルエンザ感染により死亡した鶏の死体を与えていた犬が致死的症状を示し死亡したこと，タイ中央部の629市町村の調査した犬の1/4がH5N1に対する抗体を保有していたことが報告されているが，実験感染結果などから，犬がH5N1ウイルス感染を広げる可能性は少ないとみられている．

表 45-2 フロリダで発生した競争犬の インフルエンザウイルス(H3N8)

• 2004 年 1 月フロリダの競走犬のインフルエンザが発生した.
• この発生は 2004 年から 2006 年にかけて 9 州の競走犬グレイハウンドの呼吸器病として広がった.
• 罹患犬の症状は上部気道疾患が主体で，10 ～ 30 日の発咳，鼻汁漏出，微熱が回復まで続くものであった.
• しかしそのうちの何頭かは肺，縦隔および胸腔の著しい出血を伴う亜急性の症状を呈し死亡した.
• 病理組織学的な所見は上皮細胞の広範なびらんおよび好中球の浸潤を伴う気管炎，気管支炎，細気管支炎であった.
• この期間中に 4 株の近縁な H3N8 血清型インフルエンザウイルスがそれぞれ別の州で死亡したグレイハウンドから分離された.

2007年5月から9月にかけて韓国の京畿道内のそれぞれ10～30 km離れた場所に位置する3獣医病院において激しい呼吸器症状を伴う犬の疾病が発生し，他の1件は全羅南道の養犬場で発生した．最初の発生は2007年5月で5歳のミニチュア・シュナウザーに発生し，3日間の鼻汁漏出および2日間のくしゃみが認められ，その後症状は軽減し回復した．8月には3歳のコッカー・スパニエルに発生し，発熱，発咳，鼻汁漏出，食欲不振などの症状を示し，その後死亡した．9月には2頭の珍道犬と3歳のヨークシャー・テリアに激しい呼吸器症状がみられ，激しい発咳と発熱および鼻汁漏出を示し先の発生と同じ獣医病院を訪れて2日で死亡した．この病院では入院用ケージに収容された13頭の犬にも鼻汁漏出，発咳および高熱を伴うインフルエンザが発生した．また，全羅南道の養犬場での発生では，52頭中47頭がH3N2型犬インフルエンザウイルスに対する抗体陽性を示し，その後すべての犬が陽転した．韓国内では2006年暮れから鳥インフルエンザがまん延しており，2007年になっても流行が続いていた．犬の間で流行したインフルエンザウイルスは鳥由来のものと考えられている(**表45-4**)．

犬インフルエンザウイルスは呼吸器分泌物のエアロゾル，汚染器具，罹患犬と非罹患犬の間を行き来したヒトを介して感染する．潜伏期は通常2～5日で，罹患犬は最初に臨床症状が現れてから4～7日間ウイルスを排泄する．犬インフルエンザの臨床像は軽症型と重症型に分類され，犬種，年齢にかかわらず，すべての犬が感染し，感染した犬の80％近くは臨床症状を示すが，ほとんどの罹患犬は軽症型であることが報告されている(**表45-5**)．現在はMERCK社からH3N8犬用の不活化ワ

表 45-3 馬インフルエンザウイルスのフォックスハウンドへの感染

- 本病は突然の発咳を特徴とする．
- 何頭かの罹患犬は食欲がなくなり衰弱する．
- そのうちの何頭かはこれらの症状が進行し，意識喪失を示した．
- 死亡した犬(第一例)および安楽死させた犬(第二例)を剖検したところ亜急性の間質性気管支肺炎を示していた．

表 45-4 2007 年韓国で分離された犬インフルエンザウイルスと鳥インフルエンザウイルスの関係

遺伝子	相同性の高いウイルス株	由来	相同性(%)	承認番号
HA	A/chicken/Korea/S6/2003(H3N2)	Avian	96.6	AY862607
NA	A/dove/Korea/S11/2003(H3N2)	Avian	97.4	AY862644
PB1	A/duck/Yangzhou/02/2005(H8N4)	Avian	98.9	EF061124
PB2	A/duck/Zhejiang/11/2000(H5N1)	Avian	97.6	AY585523
PA	A/duck/Hokkaido/120/2001(H6N2)	Avian	95.9	AB286878
NP	A/duck/Hong Kong/Y439/97(H9N2)	Avian	95.5	AF156406
M	A/duck/Jiang Xi/1850/2005(H5N2)	Avian	97.5	EF597295
NS	A/chicken/Nanchang/7-010/2000(H3N6)	Avian	97.5	AY180648

2007 年韓国で分離された犬インフルエンザウイルスと近年分離された鳥インフルエンザウイルス各遺伝子の相同性
HA：血球凝集素，NA：ノイラミニダーゼ，PB：ポリメラーゼアルカリ化タンパク，PA：ポリメラーゼ酸化タンパク，NP：核タンパク，M：構造タンパク，NS：非構造タンパク，Daesub Song, Bokyu Kang, Chulseung Lee, et al.（2008）：Emerg Infect Dis. May 14（5）,741–746 より引用・改変

クチンが販売されており(**図45-1**)，6カ月齢以上の子犬の皮下に1ドーズ(1 mL)接種し，2～4週後に2回目の追加免疫を行う．流行時期の前に毎年1ドーズ接種することが推奨されている．

以上のように，犬のインフルエンザとしては，米国で流行しているH3N8とアジア地域で流行しているH3N2だけであり，H5N1感染は，偶発的に鳥インフルエンザウイルスが犬に感染したものとみられている．

表45-5 犬インフルエンザの症状

軽症型	罹患した犬は10日から30日間持続性の軽度の湿性の発咳が認められる．*Bordetella bronchiseptica*, parainfluenza virusなどによる「ケンネルコフ」に類似した乾性の咳を発することもある．そのため，犬インフルエンザは，しばしば「ケンネルコフ」と間違えられる．犬は細菌の二次感染により，膿性鼻汁を排泄する場合がある．
重症型	犬は高熱(40～41℃)を発し，呼吸促迫や腹式呼吸といった肺炎の徴候を示す．肺炎は細菌の二次感染による場合もある．致死率は5～8%である．

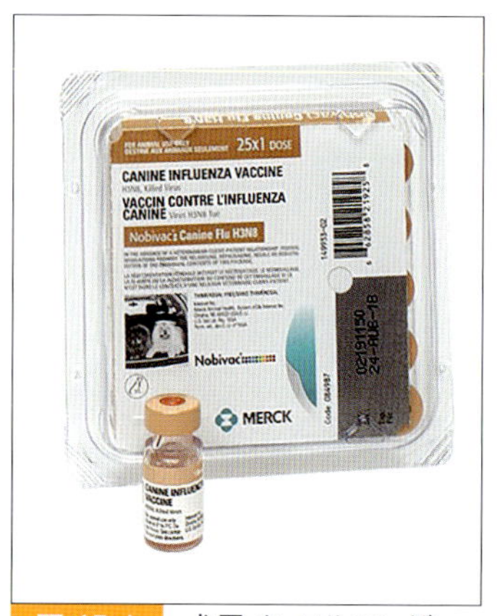

図45-1 犬用インフルエンザ(H3N8)ワクチン (NOBIVAC® CANINE FLU H3N8, MERCK ANIMAL HEALTH Intervet Inc.)

b 猫およびネコ科動物のインフルエンザの発生状況[5]

猫およびネコ科動物のインフルエンザはH5N1亜型ウイルスによる鳥インフルエンザが流行しているタイにおいて報告されている．

2003年12月，タイの動物園で2頭のトラと2頭のヒョウが，高熱と呼吸困難で死亡し，後に高病原性鳥インフルエンザウイルスH5N1亜型の感染であることが判明した．動物園の周辺では，多数の鶏が鳥インフルエンザの感染徴候である呼吸困難や神経症状を示して死亡しており，死亡したトラとヒョウは，H5N1亜型のインフルエンザウイルスに感染していたと思われる鶏を餌として与えられていた．

2004年10月，タイ最大のトラの動物園(441頭のトラを飼育)で高病原性鳥インフルエンザウイルスH5N1亜型の感染がトラの間で流行した．この動物園の他の鳥類やほ乳類には，感染した個体は確認されなかった．最初に，6～24カ月齢のトラ16頭(展示用に解放されていた育成ゾーンで飼育)で感染が起こり，3日後に5頭のトラが死亡し，14頭が高熱，呼吸困難などの臨床症状を示した．すべての死亡個体は，血液漿液性の鼻汁の排泄と神経症状を示していた．流行期間中，総計147頭の個体が死亡あるいは安楽死させられた．感染個体数の増加からみて，トラ間の水平伝播の可能性が示唆された．

2004年2月，タイで2歳の雄猫が，H5N1亜型のインフルエンザウイルスに感染し死亡した．この猫は死亡5日前にハトの死骸を食べており，体温41℃，沈うつ状態で，あえぎ呼吸をしていた．さらに，この猫は痙攣と運動失調を起こし，発症から2日目に死亡した．猫が飼育されていた周辺では，多くのハトが死亡しているのが目撃されており，感染猫の肺からH5N1亜型のインフルエンザウイルスが分離され，周辺のハトの死骸からも同型のウイルスが分離された．

ニューヨークで2016年12月から，保護施設にいた猫の500頭に発咳や鼻水などの症状がまん延し，治療にあたっていた獣医師もインフルエンザに感染した[11]．これまで猫に特有のウイルスは知られておらず，このように大流行したのは初めてであった．詳しく調べた結果，H7N2型の鳥インフルエンザウイルスから変化した猫インフルエンザウイルスが検出された．通常，鳥インフルエンザウイルスはほ乳類に感染しにくいが，このウイルスはほ乳類のフェレットに実験感染で接触感染を起こした．さらに猫同士では飛沫感染をすることが明らかとなった．しかし，感染しても重い症状はなく，タミフルなど既存の治療薬も効き目があることが確認された．

猫に関しても犬と同様にH5N1感染は，鳥インフルエンザウイルスの偶発感染で，猫のインフルエンザとしては今のところH7N2だけとみられている．

犬にはワクチンが販売され予防体制が整っているが，猫用のワクチンはなく，ウイルスの型も異なっている．そのため発症すれば，対症療法と栄養管理が主となる．軽症型の場合，濃厚な緑色鼻汁の排泄は，細菌による二次感染があることを示すので，広域な抗菌スペクトルを有する抗菌薬を投与する．重症型の場合，肺炎は細菌との複合感染による場合が多く，補液と広域な抗菌スペクトルを有する抗菌薬の効果が高い．

c 対策と予防

インフルエンザウイルスは，pH6以下で不安定となり，pH3以下または，60℃30分の加熱で失活するので，このことを考慮して犬，猫の飼養環境を消毒することが重要である．犬，猫のインフルエンザウイルスは，動物病院などで一般に使用されている消毒薬(逆性石鹸，塩素系消毒薬など)で容易に消毒できる．使用中のケージ，餌容器，器具表面を十分に洗浄，消毒することが重要である．従事者は，犬に接触する前後，犬の唾液，尿，糞，血液に接触後，ケージを洗浄した後，施設に到着時，帰宅時などには石鹸と水で手を洗うか消毒用アルコールで消毒することが大切である．

ただ犬および馬のインフルエンザはレセプターの関連から通常ヒトに感染することはなく，猫のインフルエンザで1名の感染者が報告されているが，上記のように注意していればペットの犬猫からヒトにインフルエンザが広がることはない．馬および犬の気管支には鳥インフルエンザの受容体が存在しており，ヒトインフルエンザの受容体α2-6SAは存在しないためヒトに感染するウイルスは排出されない．

おわりに

以上のように，厚生労働省の報告をもとに，我が国において犬，猫およびエキゾチック動物からヒトに感染する可能性のある感染症について述べてきた．むやみにペットから感染する可能性のある感染症を恐れることはないが，ペットが外部で感染した場合には，その飼い主が感染してしまう疾病があるので，ペットへの接し方を改めて考えてみる必要があると思う．

参考文献

1. 鈴木道雄(2010)：モダンメディア．56，71-76.
2. McDonald S, Cox D, Haute T, et al.(1997)：MMWR Morb Mortal Wkly Rep. 46, 330-332.
3. Harder TM, Vahlenkamp TW(2010)：Vet Immunol Immunopathol. 134, 54-60.
4. Konrad, R, Hormansdorfer S, Sing A(2015)：Clin Microbiol Infect. 21, 768-771.
5. Wagner KS, White JM, Crowcroft NS, et al.(2010)：Epidemiol Infect. 138, 1519-1530.
6. Seto Y, Komiya T, Iwaki M, et al.(2008)：Jpn J Infect Dis. 61, 116-122.
7. Bonnet JM, Begg NT(1999)：Commun Dis Public Health. 2, 242-249.
8. Zakikhany K, Efstratiou A(2012)：Future Microbiol. 7, 595-607.
9. Katsukawa C, Komiya T, Yamagishi H, et al. (2012)：J Med Microbiol. 61, 266-273.
10. Kretsinger K, Broder KR, Cortese MM, et al.(2006)：MMWR Morb Mortal Wkly Rep. 55(RR17), 1-33.
11. Belser JA, Pulit-Penaloza JA, Xiangjie S, et al.(2017)：J Virol. 91, e00672-17.

46 日和見感染症

日和見感染症の問題点

日和見感染症(opportunistic infection)とは，通常は病原性を発揮しない細菌，真菌，ウイルス，原虫といった微生物が，免疫力の低下した宿主に感染し発症する疾患である．日和見病原体としては，緑膿菌，セラチア，カンジダ，アスペルギルス，クリプトコックス，ニューモシスチス・カリニなどがあり(**表46-1**)，これらが悪性リンパ腫や慢性腎疾患，糖尿病などの疾患，免疫抑制剤の使用や放射線治療などの医療行為によって抵抗力の弱まった宿主，あるいは幼齢動物，高齢動物に感染して様々な症状をもたらす．近年増加傾向にあり，とりわけ院内感染によりもたらされるケースが相次いでいる．背景に基礎疾患のある場合が多く，特に真菌症で多くみられる(**表46-2, 3**)．

日和見感染は，宿主と病原体との間で保たれていたバランスが宿主側の抵抗力低下により崩れ，宿主が発病する．日和見感染を起こす病原体の中には薬剤耐性を獲得しているものも含まれており，一旦発病した場合にその治療に有効な薬剤が限定されることから，大きな問題になっている．

免疫力の低下により易感染性になった易感染宿主(コンプロマイズド・ホスト，compromised host)において，菌交代症[注1]が起こったときにはさらに日和見感染症は成立しやすくなる[1-4]．

表 46-1 日和見感染症の代表的起因菌

細菌	・グラム陽性球菌：ブドウ球菌など ・グラム陽性桿菌： コリネバクテリウムなど ・グラム陰性桿菌：大腸菌，緑膿菌，クレブシエラなど ・放線菌：抗酸菌，ノカルジア
真菌	・カンジダ，アスペルギルス，クリプトコックスなど ・ニューモシスチス，微胞子虫Microsporidia
ウイルス	・ヘルペスウイルス，ボルナウイルスなど
原虫	・トキソプラズマ
藻類	・プロトテカ

注1：動物の体内には病原性を有する細菌も生息しているが，健常状態では常在細菌叢を形成する細菌の働きにより，通常は病原性を有する細菌の増殖が抑制されている．しかし，抗菌薬が投与されると，体内に生息する常在細菌叢を形成する細菌の多くが死滅して，菌叢に大きな変化が生じる．その結果，これまで病原菌の抑制に働いていた菌叢が失われ，病原菌が抗菌薬耐性菌である場合，その影響で病原菌が体内で異常に増殖する現象が生じる．このように抗菌薬の影響を受けてある種の細菌が異常に増殖する現象を菌交代現象(microbial substituteon)といい，菌交代現象の結果としてもたらされる疾患を総称して菌交代症と呼ぶ．その結果，日和見感染症が起こると治療に難渋し，重篤な結果を招くことがあるので，長期の抗菌薬・化学療法薬の投与中には注意すべき現象である．

表 46-2 日和見感染症(真菌症)の要因

外因
・広範な火傷，外傷 ・腫瘍などによる管腔臓器の閉塞などの障害 ・中心静脈カテーテル(IVH)，留置針などのカテーテル先
内因
基礎疾患，背景(免疫低下状態) ・重篤な血液障害(白血病，悪性リンパ腫など) ・膠原病，糖尿病，免疫介在性疾患 ・FIV感染，FeLV感染，FIP，FHV感染 **医療行為** ・副腎皮質ステロイド，その他の免疫抑制剤 ・抗がん剤 ・抗菌薬の長期連用(菌交代症) ・放射線療法 ・臓器移植(免疫抑制剤)

表 46-3 日和見感染症の病態

・通常，動物において病原性を示さない表在菌・環境菌が原因となる.
・内臓移行・全身播種しやすい.
・免疫抑制状態が成立すると感染しやすい.
・抗がん治療，免疫抑制治療(免疫介在性疾患)中に発症しやすい.
・白血病，糖尿病発症中に感染しやすい.
・FIV感染，FeLV感染，FIP発症中に感染しやすい.

a トランスロケーション(translocation)

過剰な抗菌薬投与による菌交代現象や，免疫低下による日和見感染症において，腸管内ミクロフローラのバランスが崩れて腸管内に存在する細菌や*Candida*属の菌種が過剰増殖して消化管からリンパ管や門脈に流入する，トランスロケーションが起こり，その結果全身に播種したり敗血症になることも知られている．敗血症の多くは腸内細菌がこのメカニズムによって惹起される(**図46-1**).

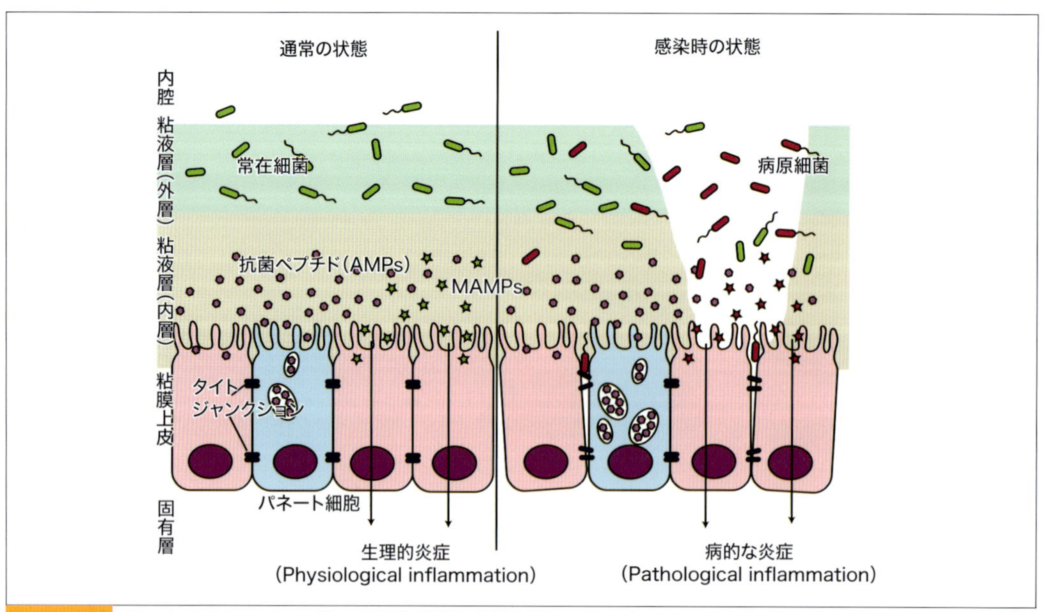

図 46-1 Bacterial translocationの侵入機序．MAMPs：microbe-associated molecular patterns，粘膜粘液防御機構での微生物分子パターンのこと

小動物でみられる主な日和見感染症

小動物では，幼若動物，高齢動物，糖尿病，クッシング症候群，FIV感染症，FeLV感染症，FIP，悪性腫瘍，アトピーなどが背景にある場合に日和見感染を惹起しやすいので注意すべきである[5].

a 細菌

以下に示したものが動物の感染症においてよくみられる細菌性日和見感染症で，起因菌のほとんどが表在菌であり，宿主が免疫低下を示したときに感染が成立する．小動物の代表的な日和見感染症の原因菌を**表46-4**と**図46-2**に示す．動物においてもヒトと同じように近年では広域抗菌薬の濫用によると考えられる薬剤耐性菌の増加が問題となっており，メチシリン耐性ブドウ球菌(MRS)，基質拡張型β-ラクタマーゼ(ESBL)産生菌が問題視されている(**表46-5**)．特に日和見感染症において表皮ブドウ球菌症原因菌としての，*Staphylococcus pseudintermedius*, *S. shalyferii*でのMRSの増加が問題視されている(**図46-3**)[5-8]．以下，小動物で問題の薬剤耐性菌による日和見細菌感染症について解説する(**表46-6**)．

表46-4 小動物の代表的な日和見感染症とその原因菌

グラム陽性球菌	表皮ブドウ球菌症(薬剤耐性*Staphylococcus*)
	肺炎球菌症(*Streptococcus pneumoniae*)
	β溶連菌症(*Streptcoccus pyogenes*)
グラム陰性球菌	モラクセラ感染症(*Moraxella bovis*)
グラム陽性桿菌	コリネバクテリウム症(*Corynebacterium* spp.)
グラム陰性桿菌	緑膿菌症(*Pseudomonas aeruginosa*)
	大腸菌症(薬剤耐性*Escherichia coli*, ESBL)
	プロテウス感染症(*Proteus mirabilis*)
	セラチア症(*Serratia marcescens*)
	肺炎桿菌症(*Klebsiella pneumoniae*)
	インフルエンザ菌感染症(*Haemophilus influenzae*)
放線菌	非結核性抗酸菌症(非定型抗酸菌症)
	ノカルジア症(*Nocardia* spp.)
	アクチノマイセス症(*Actinomyces* spp.)

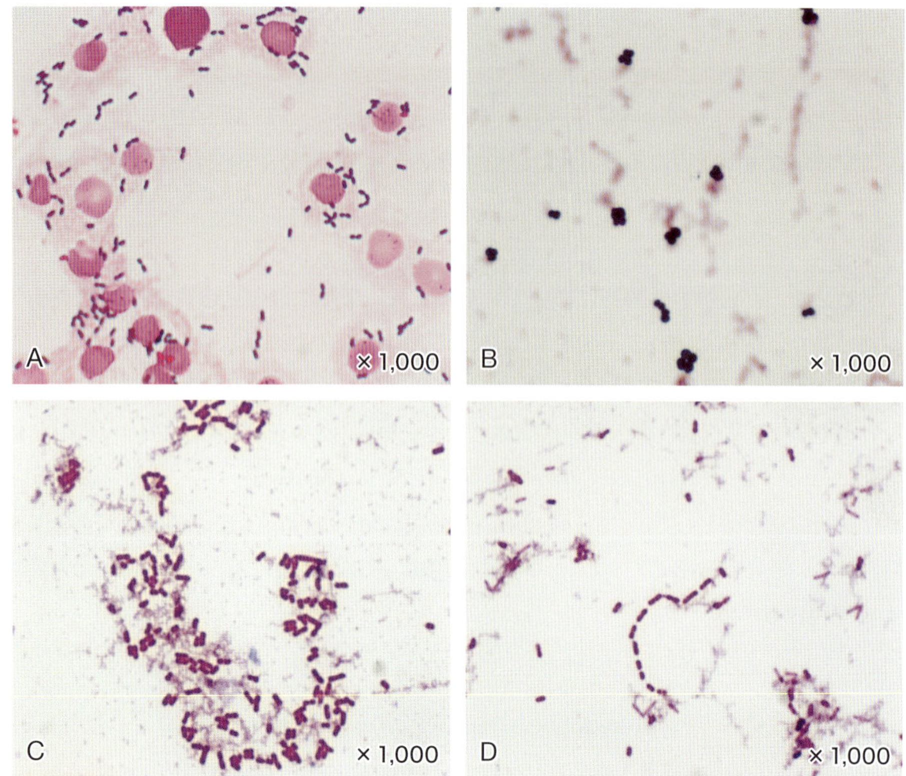

図 46-2 分離菌の顕微鏡写真．A：*Enterococcus faecalis*（グラム陽性球菌），B：*Staphylococcus intermedius* group（グラム陽性球菌），C：*Escherichia coli*（グラム陰性大桿菌），D：*Pseudomonas aeruginosa*（グラム陰性桿菌）

表 46-5 主な薬剤耐性菌

	菌　名	耐性菌名
グラム陽性菌	ブドウ球菌属	MRS（メチシリン耐性ブドウ球菌属）
	腸球菌	VRE（バンコマイシン耐性腸球菌）
	肺炎球菌	PRSP（ペニシリン耐性肺炎球菌）
グラム陰性菌	腸内細菌科	ESBL 産生菌（基質特異性拡張型 β-ラクタマーゼ）
		KPC 産生菌（*Klebsiella pneumoniae carbapenemase*）
		NDM-1 産生菌（ニューデリー・メタロ β-ラクタマーゼ）
	緑膿菌	MDRP（多剤耐性緑膿菌）
	Acinetobacter	MDRA（多剤耐性 *Acinetobacter*）
	腸内細菌科・緑膿菌など	メタロ β-ラクタマーゼ産生菌
	インフルエンザ菌	BLNAR（β-ラクタマーゼ非産生アンピシリン耐性）

提供：露木勇三先生（サンリツセルコバ検査センター）

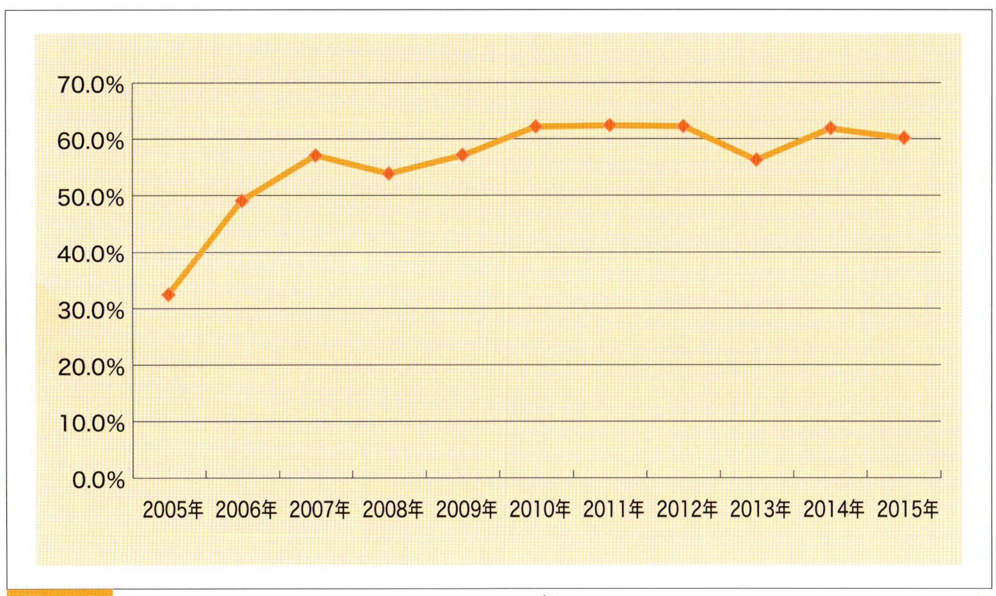

図 46-3 *Staphylococcus intermedius* group(*Staphylococcus pseudintermedius, S. shalyferii*)年次別MRS率．提供：露木勇三先生(サンリツセルコバ検査センター)

表 46-6 耐性菌分離率 (2015)サンリツセルコバ検査センター

菌種	ESBL 保有率	MRS 保有率
Escherichia coli	40.8%	
Klebsiella pneumoniae	65.3%	
Proteus mirabilis	17.5%	
Staphylococcus intermedius group		57.5%
Coagulase-negative Staphylococci		66.7%

ESBL：基質拡張型β-ラクタマーゼ
MRS：メチシリン耐性ブドウ球菌
提供：露木勇三先生（サンリツセルコバ検査センター）

1 | ブドウ球菌症(薬剤耐性*Staphylococcus*，メチシリン耐性ブドウ球菌，メチシリン耐性黄色ブドウ球菌)

i メチシリン耐性ブドウ球菌

- 産生菌：*Staphylococcus intermedius* group(*S. pseudintermedius, S. shalyferii*)57.5％，Coaglase-negative Staphylococci 66.7％である(犬・猫での検出率；サンリツセルコバ検査センター)．
- 耐性機序：新規ペニシリン結合タンパク(PBP2)産生
- 耐性遺伝子：*mec A*
- 耐性傾向：ペニシリン系，セフェム系，キノロン系
- 感染症：皮膚軟部組織感染症，角膜感染症，尿路感染症，外耳道感染症，敗血症，心内膜炎，

肺炎

- 治療法：ホスホマイシン，クロラムフェニコール，ミノサイクリン，ドキシサイクリン，イミパネム/シラスタチン，メロパネム，ファロペネムなど薬剤感受性に合わせる．

ii メチシリン耐性黄色ブドウ球菌

- 産生菌：*Staphylococcus aureus*
- 犬・猫での検出率はわずかである(サンリツセルコバ検査センター)．犬・猫においてはヒトからの感染とされている．
- 耐性機序：新規ペニシリン結合タンパク(PBP2)産生
- 耐性遺伝子：*mec A*
- 耐性傾向：ペニシリン系，セフェム系，キノロン系
- 感染症：皮膚軟部組織感染症，角膜感染症，尿路感染症，外耳道感染症，敗血症，心内膜炎，肺炎
- 治療法：薬剤感受性に合わせて薬剤を選択する．参考：バンコマイシン，テイコプラニン，リネゾリド，ダプトマイシン，アルベカシン(人での経験的治療薬)．

2 薬剤耐性大腸菌症・腸内細菌感染症

i 基質拡張型β-ラクタマーゼ産生菌

- 産生菌：*Escherichia coli* 40.8%，*Klebsiella pneumoniae* 65.3%，*Proteus mirabilis* 17.5%(犬・猫での検出率；サンリツセルコバ検査センター)
- 耐性機序：ペニシリン系，第一世代セフェム系，第二～四世代セフェム(オキシイミノセファロスポリン)系薬を加水分解
- 耐性遺伝子：*bla* TEM, *bla* SHV, *bla* CTXM
- 耐性傾向：ペニシリン系，第一世代セフェム系，第二～四世代セフェム(オキシイミノセファロスポリン)系，キノロン耐性ESBL産生菌の分離は尿路感染症では多い．
- 罹患リスク：①過去の培養でESBL産生菌が検出されている，②膀胱鏡などの侵襲的泌尿器科的行為を受けたことがある．
- 治療法：動物では第一選択薬は重症ではカルバペネム系薬(メロパネム，イミパネム/シラスタチン)，ペネム系薬(ファロパネム)．尿路感染症で臨床的に安定していれば，β-ラクタマーゼ阻害薬(クラブラン酸-アモキシシリン)，セファマイシン系薬(セフメタゾール)，オキサセフェム系薬(フロモキセフ，ラタモキセフ)，薬剤感受性結果に合わせる．

b 真菌

動物における真菌感染症は，一部(輸入真菌症，皮膚糸状菌症)を除きほとんどが日和見感染症である．代表的なものとしては，三大真菌症と呼ばれる病原真菌のアスペルギルス，カンジダ，クリプトコックス症が日常臨床ではよくみられる．またアトピー性皮膚炎の増悪によりマラセチア症も

日和見的に悪化する．その他，稀ではあるが，いくつかの感染症が報告されている（**表46-7**）[9-24]．

小動物で問題となっている日和見真菌症を以下に示す．

表 46-7 犬・猫で報告されている真菌による日和見感染症

アスペルギルス症
カンジダ症
クリプトコックス症
マラセチア症
ニューモシスチス症
アクレモニウム症
スエヒロタケ（シゾフィルム）症
パエシロマイセス症
微胞子虫（Microsporidia）エンセファリトゾーン症

1 アスペルギルス症

自然環境中に生息する糸状菌で，空中浮遊する*Aspergillus*属菌種[注2]の分生子を吸引することにより定着するため，肺，気道，副鼻腔などの呼吸器および外耳道（体温より1℃低い環境）に感染することが多い．*Aspergillus fumigatus*によるものが最も多く，*A. flavus*, *A. terreus*, *A. nidulans*, *A. niger*などが代表菌種である[3]

i 動物でよくみられる症例

犬に多く，犬種特異性があり，特に大型犬（ジャーマン・シェパード・ドッグ，ゴールデン・レトリーバー，ラブラドール・レトリーバーなど）およびミニチュア・ダックスフンドに多くみられる．副鼻腔炎，肺炎，難治性外耳炎で多くみられる（**図46-4～6**）．難治性の慢性外耳炎，慢性鼻炎（鼻汁を伴う）は本症を疑うべきである．稀に重症化し，全身播種やぶどう膜炎，脈絡網膜炎，脳炎を発症する例がある．マイコトキシンなどの外毒素産生能を持ち，組織侵襲性の強い真菌で，本菌による慢性副鼻腔炎の犬において，眼球への播種によりぶどう膜炎が，また別の例では脳への浸潤により，脈絡網膜炎からの失明がみられ，死亡した例も経験している．

注2：ヒトにおいては肺炎などの気道感染が多く，抗がん，臓器移植などの免疫抑制治療中の感染も多い．また結核治療後の陳旧創としての空洞病変に本菌が感染しファンガスボールとして難治性病変を作ることが知られている．

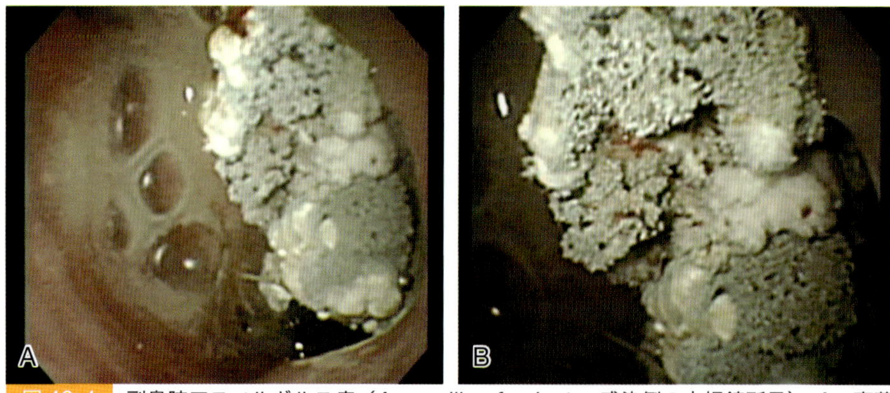

図 46-4　副鼻腔アスペルギルス症（*Aspergillus fumigatus* 感染例の内視鏡所見）．A：真菌とわかる，淡緑色のコロニーが確認できる．B：A の拡大図．写真提供：高橋雅弘先生（高橋ペットクリニック）

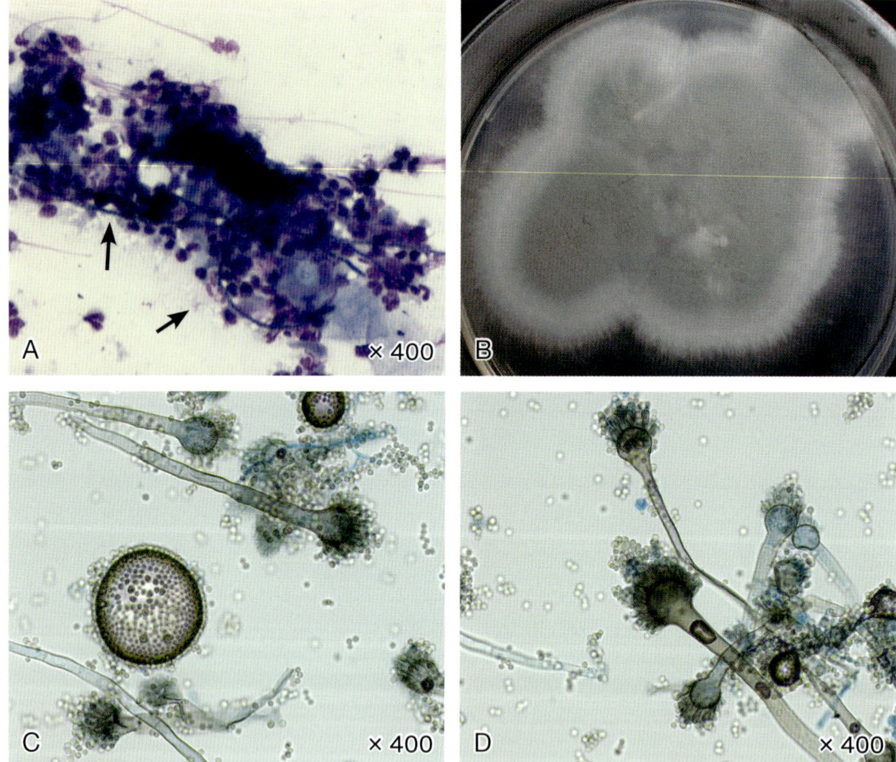

図 46-5　副鼻腔アスペルギルス症（*Aspergillus fumigatus*）．A：鼻汁直接塗抹．多数の好中球の中に発育した菌糸が認められる（矢印）．B：ポテトデキストロース寒天培地（PDA）35℃コロニーより *A. fumigatus* を疑う．C および D：*A. fumigatus*，ラクトフェノールコットンブルー染色

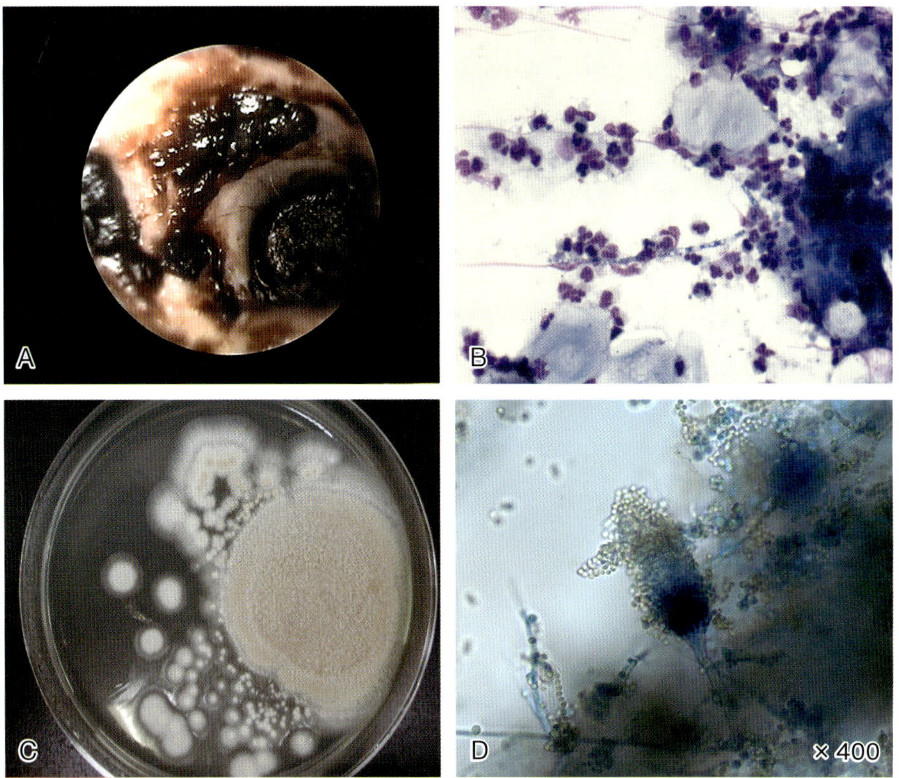

図 46-6 外耳道アスペルギルス症（*Aspergillus terreus*感染例）．A：鼓膜付近の病巣（内視鏡所見）．B：耳垢の直接塗抹．多数の好中球の中に発育した菌糸が認められる．C：ポテトデキストロース寒天培地（PDA）35℃．D：*A. terreus*，ラクトフェノールコットンブルー染色

2 カンジダ症

自然環境ではヒト[注3]，動物の体表・口腔および消化管，上気道粘膜に常在する酵母様真菌で，日和見感染することが多い．カテーテルの長期残置カテーテル，尿道カテーテル使用例などでカテ先でコロニーを形成し，そのため感染が起こる例も多い．カンジダ属菌種である，主に*Candida albicans*, *C. glabrata*, *C. tropicalis*, *C. parapsilosis*, *C. gulliermondii*，*C. famata*などが原因となる．カンジダ血症が成立すると，ヒトでは眼底検査により特徴的な眼内炎がみられ，1・3-βグルカンの上昇により本症を疑う．

i 動物でよくみられる症例

小動物臨床領域で比較的遭遇しやすい真菌症で，膀胱炎，角膜炎，外耳炎で多くみられ，稀に消化器，敗血症がある．これらの診断においては，常に本症を意識しておくべきである．眼科領域でみられる角膜真菌症は本症がほとんどであり，ヒトのようにカンジダ眼内炎の報告はみられない[32, 33]．よくみられる症例としてはカンジダ膀胱炎があり，犬，猫ともにみられ，特

注3：ヒト・動物ともに日和見感染としてのカンジダ血症が免疫抑制剤（特に臓器移植時），抗がん剤使用中にしばしばみられる．

に猫においては多くみられる．結石，膀胱内残置カテーテルなどの異物による場合は特に発症しやすい．中でも猫がほとんどで，猫下部尿路疾患で治療が難渋し，治療期間が長引いた例などで多くみられる．また最近では尿管ステント術，SAB-system装着術が積極的に行われるようになってきた結果，本症の報告も増加してきている（**図46-7**）．動物においても同様に免疫抑制剤使用中にカンジダ敗血症（**図46-8**）がみられている．動物における病型は以下のものがある．

角膜カンジダ症（**図46-9**），皮膚カンジダ症，外耳道カンジダ症（**図46-10**），口腔カンジダ症，消化器カンジダ症，泌尿器カンジダ症（**図46-11**），膣カンジダ症，カンジダ敗血症（**図46-8**），カンジダ腹膜炎（**図46-12**），播種性（内臓）カンジダ症がみられる．

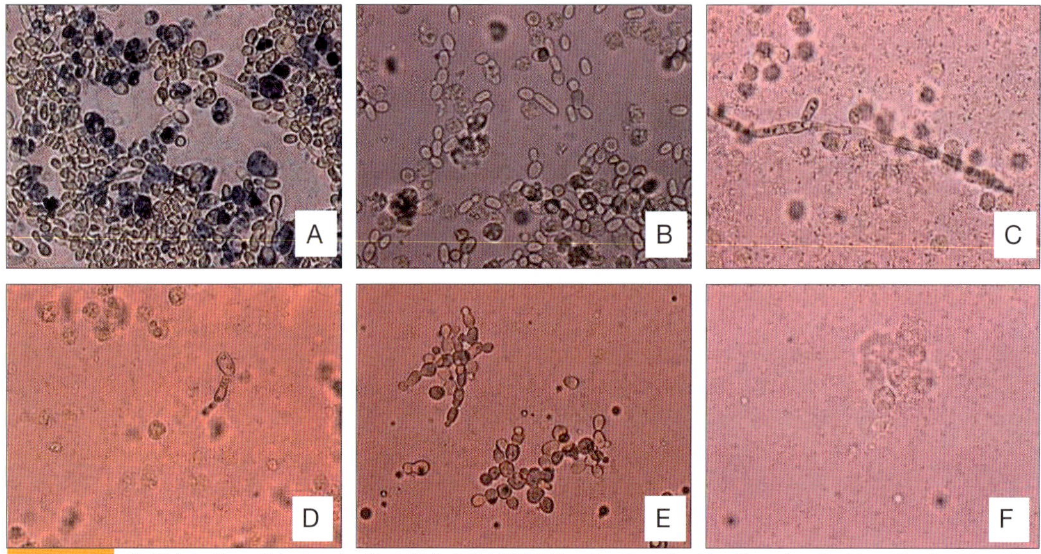

図 46-7　治療中の*Candida tropicalis*の変化（尿沈渣所見）．A：Day 0，B：Day 1，C：Day 7，D：Day 8，E：Day 34，F：Day 48．ITCZ 5mg/kg BID 内服，AMPH-B 希釈液：NaCl 0.05 mg/mL（w/vol）30 mL膀胱洗浄

図 46-8　カンジダ敗血症（続く）．A：抗がん剤治療中の猫．好中球，マクロファージに取り囲まれるように血液中に認められる *Candida glabrata*．写真提供：福島建次郎先生（東京大学）．B：ミニチュア・ダックスフンド，12歳，去勢雄．血液よりC-PDA培地に直接発育した *C. glabrata* のコロニー．症例はこの1週間後に死亡した．

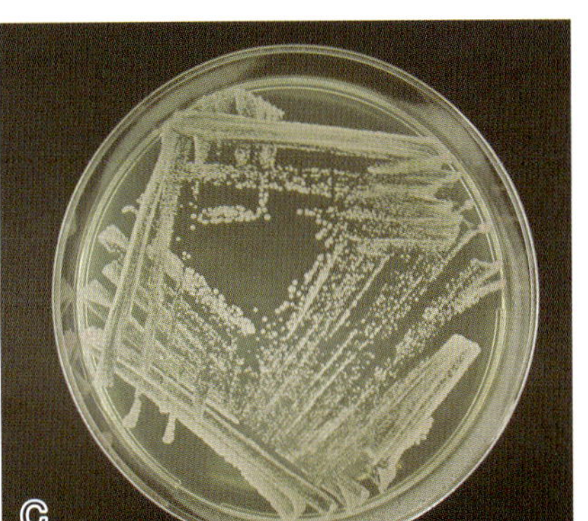

抗真菌薬薬剤感受性試験 MIC

MAPH-B	5-FC	FLCZ	ITCZ	MCZ	MCFG	VRCZ
4	2	>64	>8	>16	0.03	>8

図 46-8 (続き)カンジダ敗血症．C：薬剤耐性カンジダ症．クロモアーガカンジダ培地の呈色で種の同定を行い，さらに分子疫学的同定(r-RNA，D1/D2，ITS)，薬剤感受性についても検討した．クロモアーガカンジダ培地上の *Candida glabrata* のコロニーと抗真菌薬薬剤感受性試験 MICの結果．多剤耐性傾向を示している[注4]．提供：千葉大真菌医学研究センター

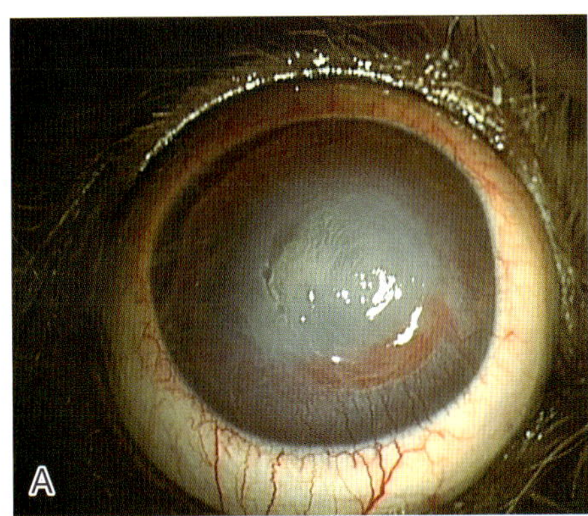

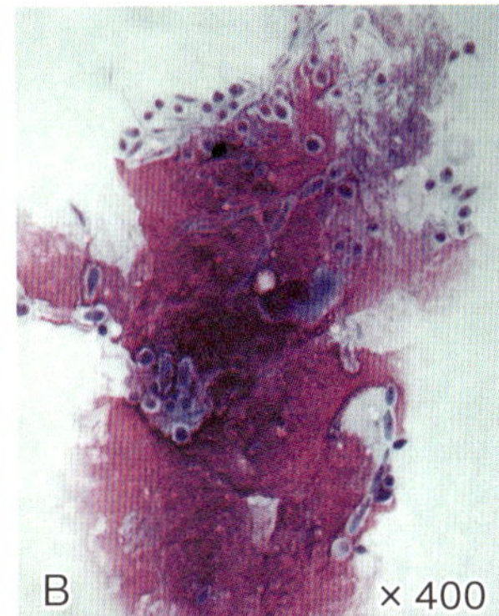

図 46-9 角膜カンジダ症(シー・ズー，12歳，去勢雄)．A：*Candida albicans* による角膜膿瘍．B：角膜スワブ上の *C. albicans*(ライトキムザ染色)．写真提供：斎藤陽彦先生(トライアングル動物眼科診療室)

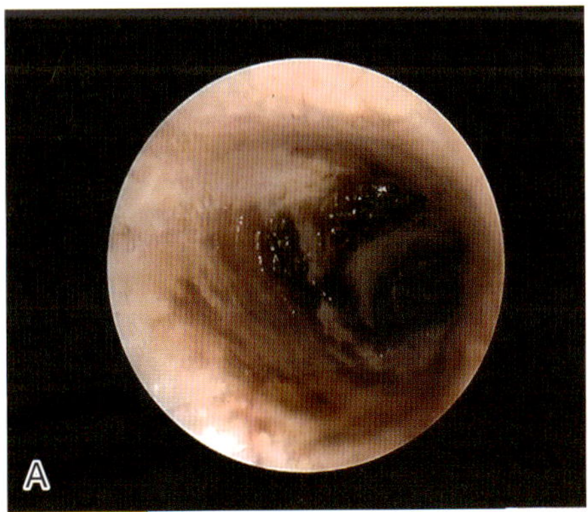

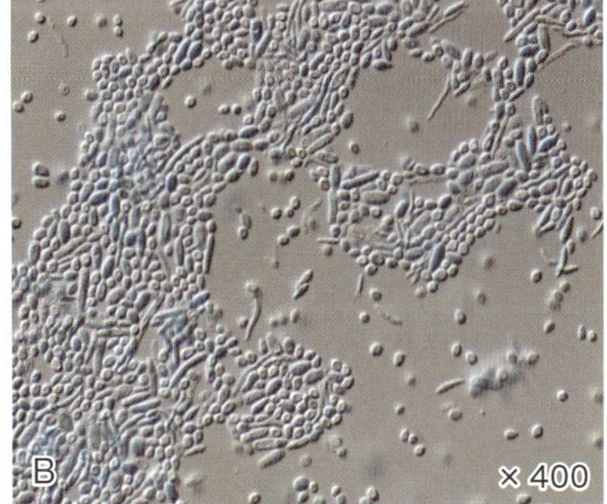

図 46-10 外耳道カンジダ症．オールド・イングリッシュ・シープドッグ，10歳，雄．A：外耳道内視鏡所見，B：分離された *Candida parapsilosis*，ラクトフェノールコットンブルー染色

注4：最近動物においても薬剤耐性カンジダが出現してきており人獣共通感染症としても懸念されてきている．

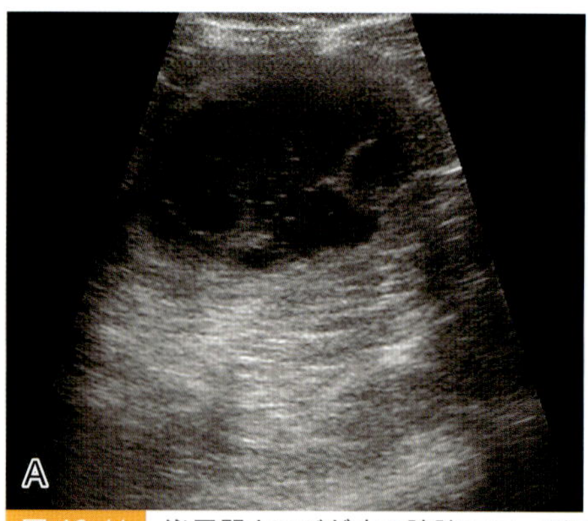

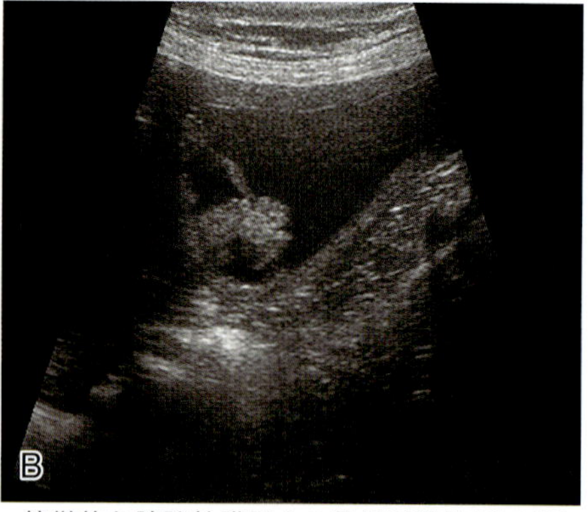

図 46-11 泌尿器カンジダ症の膀胱エコー所見．特徴的な膀胱粘膜面上の藻状浮遊物所見がみられる．A：猫，*Candida albicans*．B：犬，*C. guilliermondii*

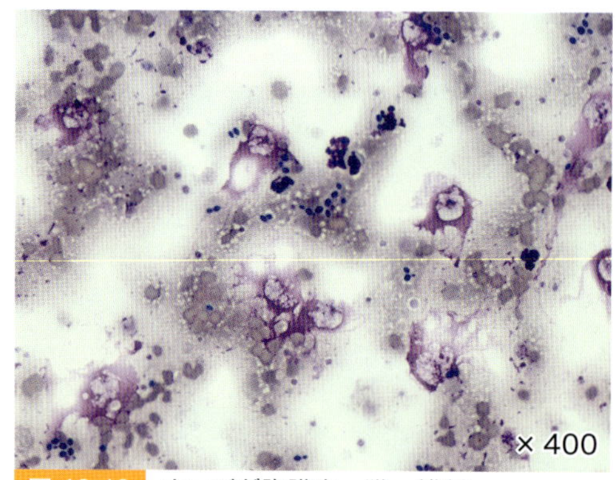

図 46-12 カンジダ腹膜炎．猫，雑種

3 クリプトコックス症

担子菌酵母*Cryptococcus*属で病原性のあるものとしては*Cryptococcus neoformans* var. *neoformans*, *C. neoformans* var. *gattii* の二つが代表菌種である[注5]．原因菌である*C. neoformans*は温帯でハトなどの鳥類の古くなった糞便中で増殖し，汚染された土壌に常在する．クリプトコックスの感染経路は乾燥したハトの糞便や汚染された土壌(*C. neoformans*)，腐朽した樹木や周囲の土壌(*C. gattii*)を粉塵として吸引し感染する．

*C. neoformans*は日和見感染として発症し，免疫不全状態にあるヒトでは肺，脳髄膜が侵されやすい．HIV, 白血病，リンパ腫，FIV, FeLV, FIP, 免疫抑制治療，白血病，リンパ腫，がん，糖尿病など易感染状態において多くみられる[注6]．ヒト，動物ともに感染経路は経気道感染で，吸引により鼻腔，副鼻腔，肺に定着し炎症を引き起こす．好神経性で脳髄膜に炎症を起こし，皮膚，全身臓器に播種

注5：クリプトコックス属の分類は近年変更になり，*Cryptococcus neoformans* var. *neoformans*は*C. deneoformans*, *C. neoformans* var. *grubii*は*C. neoformans*, *C. neoformans* var. *gattii*は*C.gattii*と改称された．詳細はp.249を参照

注6：ヒトではHIV, 臓器移植，造血幹細胞移植時に感染例が多い．

する(**図46-13**).また本菌に対して猫は特に感受性の傾向である.

一方*C. gattii*は熱帯，亜熱帯に分布し，オーストラリアではユーカリの木に生息するコアラのクリプトコックス症の原因となる[25].Gattii型クリプトコックス症は高度病原性で健常人でも発病率，死亡率が高いとされ，HIV,免疫抑制とは関係なく健常人でも感染する.肺炎，髄膜炎を発症し肺・脳・筋肉に肉芽腫(Cryptococcoma)を形成しやすい.また潜伏期が2～13カ月(中央値6～７カ月)と長い(**図46-14，15**).

以前は熱帯で散発的発生がみられていたが，1999年から温帯のカナダのバンクーバーでブレークし1999～2007年で218人，米国オレゴン州～カリフォルニア州まで広がり患者が60人で，動物においても感染が米国カルフォルニア州，ハワイ州，オレゴン州，ワシントン州で猫，犬，フェレット，羊，アルパカ，オオジカ，馬，山羊，イルカなど32頭が報告されている[10].同時期に欧州でも散発的に発生がみられた[26](**図46-15**).

本菌は熱帯～亜熱帯の植物・樹木の腐朽したフレーク，周辺の土壌にも常在するが，樹木，園芸材料の輸入，移動と地球温暖化により分布域を広げたことがブレークの原因と考えられている[9].日本でも海外渡航歴のない健常男性の感染が報告されており，*C. gattii*の土着が懸念されている[13](**表46-8**).このタイプは，オーストラリアから入れた動物園のコアラから分離されている.近年耐性が報告されている[14].

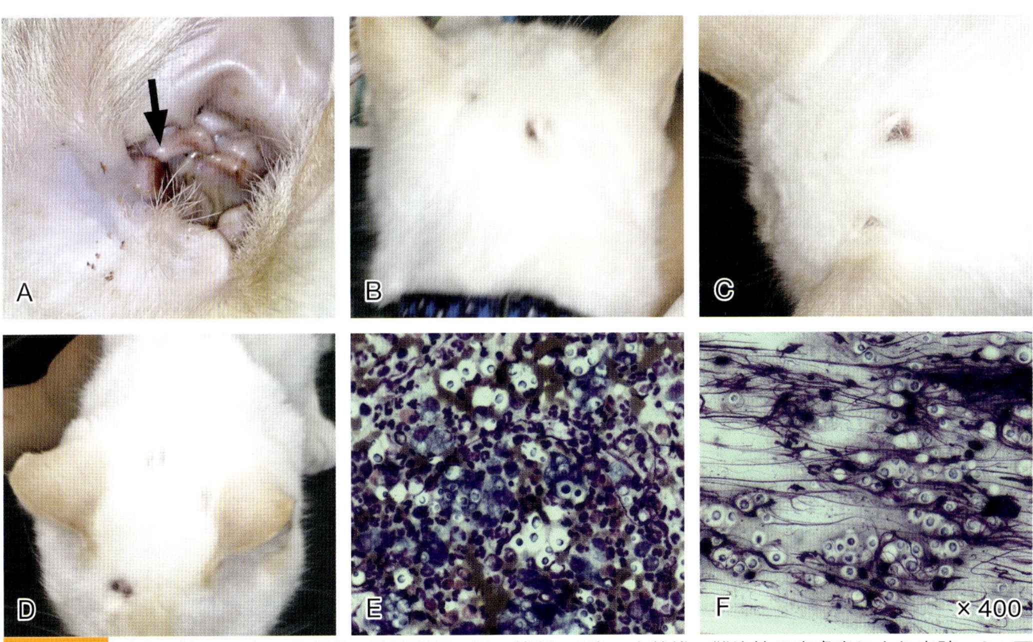

図 46-13 クリプトコックス皮膚炎・髄膜脳炎，猫，雑種，2歳，去勢雄.難治性の皮膚炎により来院.A：耳介内の感染による潰瘍(矢印).B～D：症例の外観.E，F：皮膚潰瘍のスタンプ標本，ライトギムザ染色.莢膜を形成した*Cryptococcus neoformans*菌体が確認できる.

カナダ，ブリティッシュコロンビア州でのブレイクの場合
・多種の木々や土壌に存在し，水や空気からも検出されることがある．
・気温が高くなると，木々の抵抗力が減じ，*C. gattii*が増殖しやすくなる．
・木々が切り倒された時に*C. gattii*が飛散し，これを吸い込み感染する．

吸引により鼻腔，肺に定着

髄膜炎，肺炎　肺・脳・筋肉にCryptococcomaを作りやすい．
HIV，免疫抑制とは関係なく健常人でも感染する．
潜伏期：2〜13カ月(中央値6〜7カ月)　水平伝播(ヒト・動物 ⇄)ない

図 46-14　*C. neoformans* var. *gatti*の感染経路

・高度病原性：*C. neoformans*と異なり，健常人でも感染し，各種抗真菌薬の感受性に乏しく，難治性
・熱帯，亜熱帯，温帯のユーカリなど54種の木々から分離
・1999年以前は熱帯，亜熱帯，温帯での患者発生が中心であった．
・1999年から，カナダ（ブリティッシュコロンビア州バンクーバー島）でブレイク（1999〜2007で218人，米国太平洋沿岸北西部60人，カリフォルニア州，ハワイ州，オレゴン州，ワシントン州，猫，犬，フェレット，羊，アルパカ，オオジカ，馬，山羊，イルカ32頭）
・2011オランダでの調査で樹木の幹，フレークから*C. gattii* が分離された．
・イタリア，スペインでも分離された．
・2007日本で渡航歴のない，健常人に*C. gattii*の感染患者が発生，土着の可能性に注意が必要

図 46-15　*C. neoformans* var. *gatti*の疫学

表 46-8　*Cryptococcus gattii* 感染症の問題点

① *C. neoformans*感染症より重症化しやすい．
② 免疫正常者にも感染しやすい．
③ 脳・髄膜病変を形成しやすい．
④ 血清反応(クリプトコックス抗原)が陽転しにくい．
⑤ 抗真菌薬が効きにくい．
⑥ *C. neoformans*と*C. gattii*の判別は遺伝子診断が必要

i　動物でよくみられる症例

我が国でみられる*C. neoformans*感染症では，猫は犬より発生頻度が高く，肺，副鼻腔，脳髄膜，皮膚に炎症を引き起こす．皮膚炎・潰瘍では局所のみの感染は少なく全身播種したものが皮膚病変を作ることが多い(**図46-13**)．臨床症状は犬では中枢神経と眼の異常(脈絡網膜炎)がみられ，猫では上部呼吸器症状，副鼻腔炎，皮膚潰瘍が多くみられる，また犬と同じく脳髄膜炎，脈絡網膜炎がみられることも多い．ほとんどが日和見感染症で，肺クリプトコックス症，

中枢神経クリプトコックス症などの，内臓真菌症に移行しやすい．*C. neoformans*感染症は神経症状(発作，歩様異常，視覚障害など)の出ている猫では，眼底検査において特徴的な脈絡網膜炎所見を確認することがある(**図46-16**)．

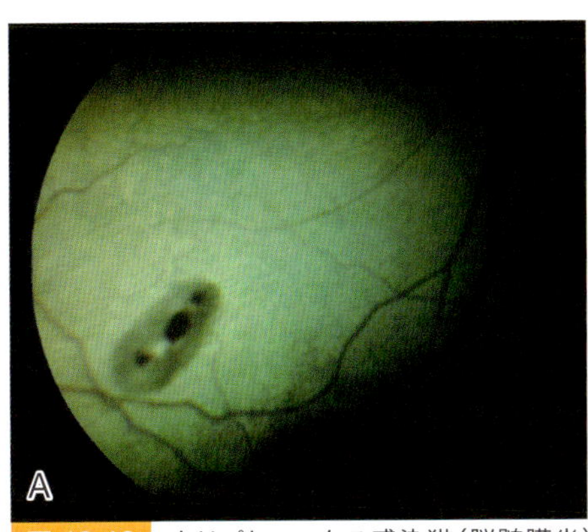

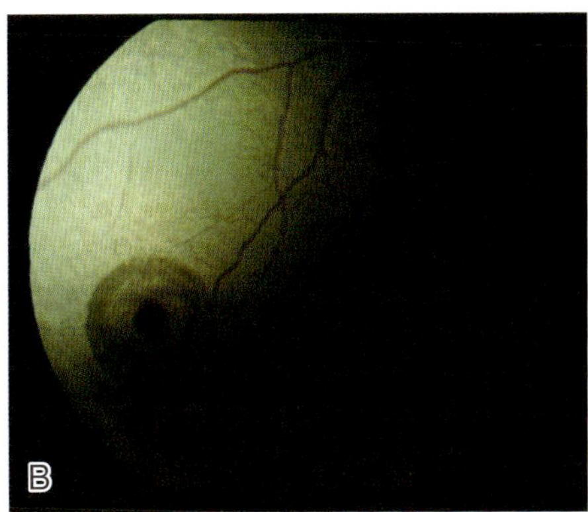

図 46-16 クリプトコックス感染猫(脳髄膜炎)眼科検査所見．A：右眼，B：左眼．眼底に異常がみられ，形態より，クリプトコックス症を疑う．抗原検査により*Cryptococcus neoformans*抗原陽性

4 マラセチア症

担子菌系酵母でヒト，動物の正常皮膚常在菌である．*Malassezia*属には14種の菌が存在する(**表46-9**)．病態にはアトピーなどが密接に関与している(**図46-17**)．

表 46-9 主な*Malassezia*属の分類

	宿主	脂質要求性
Malassezia pachydermatis	動物	−
M. nana	動物	+
M. furfur	ヒト	+
M. sympodialis	ヒト	+
M. slooffiae	ヒト	+
M. obtusa	ヒト	+
M. restricta	ヒト	+
M. globosa	ヒト	+
M. dermatis	ヒト	+
M. jaonica	ヒト	+
M. yamatoensis	ヒト	+
M. equina	ヒト	+
M. caprae	ヒト	+
M. cuniculi	ヒト	+

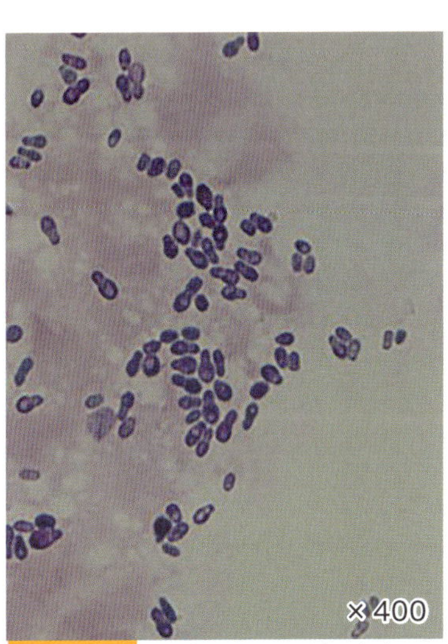

図 46-17 皮膚スタンプ標本(アトピー性皮膚炎におけるマラセチアの感染)．*Malassezia pachydermatis*，ディフクイック®染色

i 動物における病態

- 原因菌：*Malassezia pachydermatis*がほとんどである.
- 好発品種：犬に多くみられ，ウエスト・ハイランド・ホワイト・テリア，バセット・ハウンド，ダックスフンド，コッカー・スパニエル，柴に多い．猫では稀で，ペルシャおよびチンチラの好発性顔面皮膚炎でマラセチアの関与が報告されている(猫でもアトピー関連でみられる).
- 季節：アトピー性皮膚炎との関係で皮脂の分泌が多くなる，高温・多湿の時期は，マラセチア皮膚炎も増加する.
- 基礎疾患：アトピー性皮膚炎，アレルギー性疾患，免疫介在性疾患，甲状腺機能低下症などで，VitA反応性皮膚炎，膿皮症，ニキビダニ症，腫瘍に併発しやすい．さらに免疫を抑制させるような治療を受けているかどうか聴取するべきである.

病変は犬では耳，顔面，下顎部，鼠径部，肛門周囲，趾間などに好発し，初期病変は患部に紅斑と痒み，慢性化すると苔癬化，色素沈着，脱毛が認められる．猫では，紅斑，落屑，痒みは少なく，顔面部の脂漏と落屑，外耳の面皰，爪周囲炎と爪の色素脱が認められる．稀に角膜炎(**図46-18**)，皮下膿瘍(**図46-19**)がみられることがある.

診断法は，以下のとおりである.

①臨床症状
②患部のスタンプ標本による菌の異常増殖の確認
③抗真菌薬治療で臨床症状の改善および菌体数の減少により治癒を判定するなど総合的に判断する.

外耳道真菌症では*Malassezia*属菌種がほとんどであるが，*Aspergillus*属菌種と*Candida*属菌種もみられることがある.

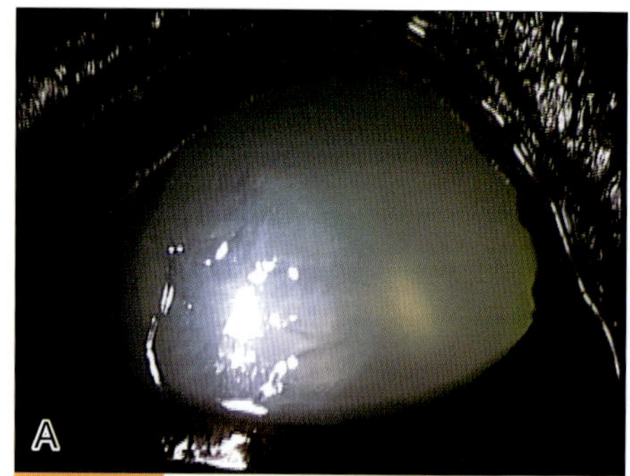

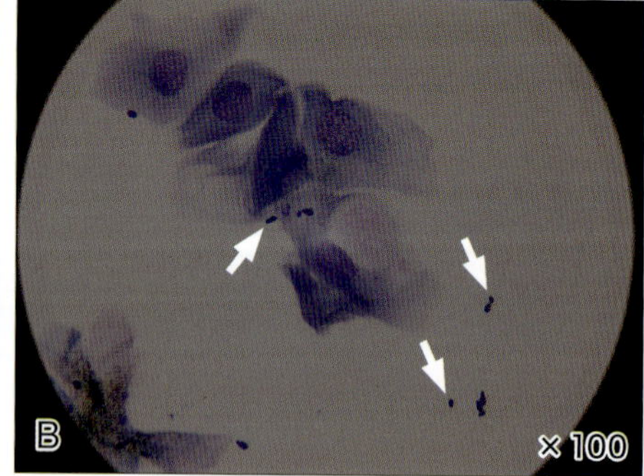

図46-18 角膜マラセチア症．A：症例の外観，B：*Malassezia pachydermatis*，ライトギムザ染色．写真提供：梅田裕祥先生(横浜動物眼科)

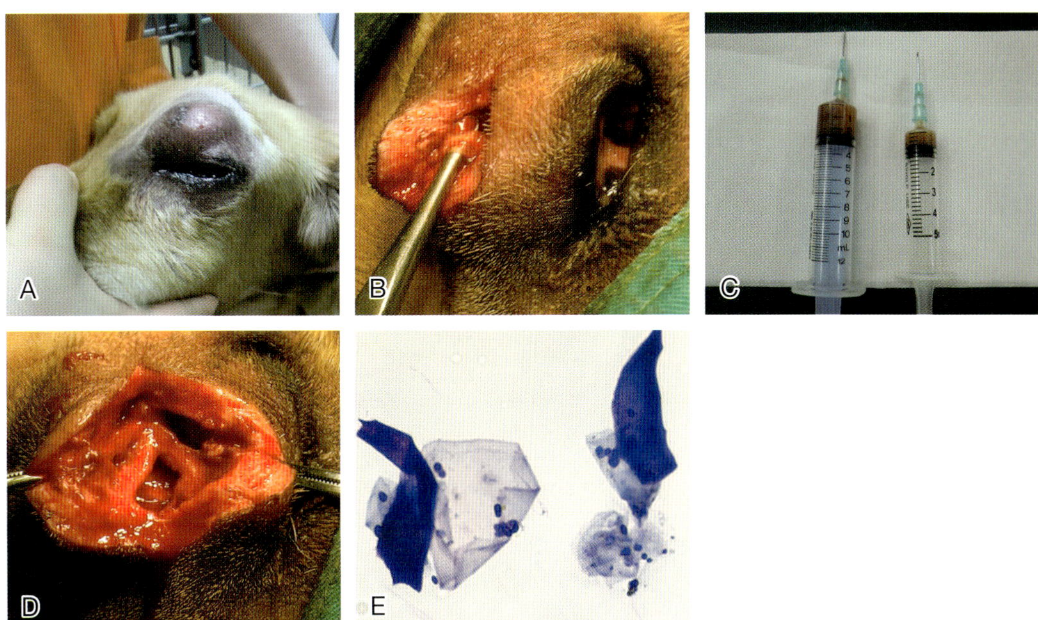

図46-19　マラセチア膿瘍症例．6カ月間抗菌薬無効の難治性膿瘍が繰り返されていた．漿液の培養より*Malassezia pachydermatis*が分離され，外科手術による掻爬・肉芽切除と ITCZ 2.5カ月間投与により完治した．A：術前外観，B：切開創，C：貯留液(膿性)．培養により*M. pachydermatis*が分離された．D：膿傷内部．肉芽形成がみられた．E：形態より*M. Pachydermatis*と判断

付｜藻類プロトテカ症(犬)[27]

本症は緑藻類に属するが色素を持たない腐生性の病原体である，*Prototheca zopfii*および*P. wickerhamii*により引き起こされる．広範囲の動物で感染がみられるが，特に犬，牛，ヒトでは全身症状がみられる．犬のプロトテカ症は他の動物とは異なり皮膚感染は少なく，消化器，眼，神経系を主体に症状がみられるのが特徴である．犬のプロトテカ症は背景に免疫不全が関与する患者で多くみられ増加傾向にある．2001年までの報告26例中20例は眼病変が現れているか，進行病変であった．角結膜炎の初期症状が進行すると，前～汎ぶどう膜炎となり，滲出性顆粒性脈絡網膜炎から網膜剥離がみられる．網膜剥離の症例では水晶体，角膜の混濁がみられ，眼房水から炎症細胞とプロトテカ属菌体がみられる．診断は眼房水の培養からの形態検査，遺伝子診断による．治療は全身的にイトラコナゾール，フルコナゾール，アムホテリシンBの投薬が選択される．

c　原虫

トキソプラズマ症(猫)，クリプトスポリジウム症(犬，猫)が代表的である．

猫のトキソプラズマ症では消化器，中枢神経系，呼吸器などに障害を起こし，初期には皮膚症状を呈する．汎ぶどう膜炎や視神経炎の原因となる．犬よりも猫では脳神経，眼症状ぶどう膜炎，脈絡網膜炎(**図46-20**)が起こりやすい．臨床症状，抗体検査，遺伝子検査により診断する[28,29]．

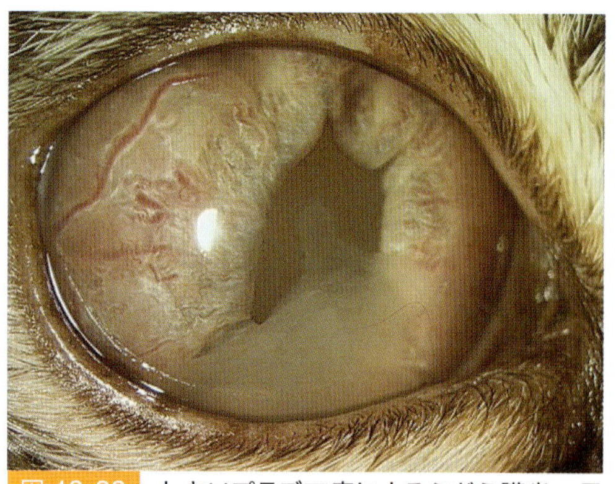

図 46-20 トキソプラズマ症によるぶどう膜炎．日本猫，雄，年齢不明．虹彩に腫瘤形成を伴ったぶどう膜炎が観察された．FeLV抗原，コロナウイルス血中抗体価は陰性であったが，FIV，トキソプラズマの血中抗体は陽性であった．写真提供：瀧本善之先生（ナディア動物眼科クリニック）

d ウイルス

ウイルス性の日和見感染症は，通常「①粘膜や皮膚の正常細菌叢を構成する弱毒微生物，あるいは②健常状態では潜伏感染状態に封じ込められている病原微生物による感染症」と定義される．宿主の機能に全面的に依存して増殖する寄生体であるウイルスは，皮膚表面や粘膜表面上で自立的に増殖することはできない．したがって，ウイルス性の日和見感染という場合には，上記の②にあるように潜伏感染状態から再活性化して疾患を起こすウイルスである．典型的にはヒトも動物もヘルペスウイルス科に属するウイルスが中心となる[30]．ヒトで多くみられるウイルス感染はヘルペス以外にも肝炎ウイルスやHIVなどがある[注7]．

犬・猫で日和見感染症に関連するウイルスを**表46-10**に示す．

表 46-10 犬・猫のウイルス性日和見感染症とその原因ウイルス

日和見感染症	動物	ウイルス
ヘルペスウイルス感染症	犬	CHV-1
	猫	FHV-1
パピローマウイルス感染症	犬	Papillomavirus
サーコウイルス感染症	犬	Circovirus
ボルナウイルス感染症	犬，猫	Bornavirus
モルビリウイルス感染症	猫	Morbillivirus

注7：①ヘルペス科ウイルス：サイトロメガロウイルス，HHV-8，水痘帯状疱疹ウイルス，単純ヘルペスウイルス，EBウイルス，HHV-6，HHV-7　②伝染性軟属腫ウイルス，③JCウイルス，④HCV：HIV/HCV重症患者で肝障害の進行が早い，HIVによりHCVの病態が修飾されることがある．

i 猫ヘルペスウイルス1型感染症

FHV-1は一度感染が成立すると，ウイルスを保持する保毒動物になりやすいとされている．慢性化するとウイルスは抹消神経節に潜在し，宿主の体調により免疫が低下すると呼吸器症状を発症する．また特に眼症状ではこの傾向が顕著で，顔部の三叉神経節に常在し様々な眼症状を引き起こす．FHV-1によって引き起こされる眼症状は，充血，眼脂，眼瞼痙攣を伴う片側性または両側性の結膜炎が最も一般的である．樹状角膜潰瘍，乾燥性角結膜炎(KCS)，実質性角膜炎も多くみられる．疼痛や，角膜血管新生の有無は症例により異なる．重篤例では瞼球癒着が起きる．FHV-1は角膜上皮びらんや好酸球性角膜炎の発症にも関与すると考えられている．最近では長毛種に多くみられる，黒色壊死症(角膜分離症)も本ウイルスが関与しているといわれている．

治療はファムクシロビルなどの抗ウイルス薬，二次感染に対する抗菌薬の全身治療に準ずる．眼に対する局所治療は状態が改善してからも数週にわたり継続することが望ましい．一般的に，FHV-1を保有する猫において，グルココルチコイドの使用はウイルス排出を誘発し，症状の悪化の要因となるため，禁忌とされている(**図46-21**)[31]．

図46-21 猫ヘルペスウイルス1型感染猫．FHV-1全身感染による呼吸器症状(膿性鼻汁)，眼症状(角結膜炎，膿性眼脂)．写真提供：栗田吾郎先生(栗田動物病院)

ii 犬ヘルペスウイルス1型感染症

犬では稀ではあるが，CHV-1が感染した場合猫と同様の眼症状を呈することが多くみられる．最近増加傾向にある．

2 | 猫モルビリウイルス感染症

2012年に香港で初めて発見された猫モルビリウイルス(FeMV)は，猫の慢性腎不全(尿細管間質性腎炎)との関連が示唆された．慢性腎疾患という猫にとって重要な疾患の一つに関わるため今後の動向に注目すべきウイルス疾患である．

参考文献

1. Andreoli TE, Bennett JC, Carpenter CJ, et al.(1993)：Cecil Essentials of Medicine, 719-722, WB Saunders
2. Conley LJ(2002)：Lancet. 359, 108-113.
3. Zaccaria G, Malatesta D, Scipioni G, et al. (2016): Virology. 490, 69-74.
4. Someya A, Fukushima R, Yoshida M, et al. (2014)：J Vet Med Sci. 76, 1157-1160.
5. 鹿江雅光, 高橋英司, 原沢亮 ほか編(1998): 最新家畜微生物学, 朝倉書店
6. 小林寛伊, 吉倉廣(2002)：エビデンスに基づいた感染制御, 第1集基礎編, 91-109, メヂカルフレンド社
7. 院内感染対策サーベイランス(JANIS)(http://www.nih-janis.jp/)
8. Kurokawa H, Yagi T, Shibata N, et al.(1999)：Lancet 354, 955.
9. 山口英世(1999): 病原真菌と真菌症, 南山堂
10. 加納塁(2012)：Med Mycol J. 53, 19-23.
11. Yamaguchi A, Sano A, Hiruma M, et al.(2014): Mycopathologia 178, 135-143.
12. Lappin MR(1993):Vet Clin N Am Small Anim Pract. 23, 57-78.
13. Chang HJ, Miller HL, Watkins N, et al.(1998)：N Engl J Med. 338, 706-711.
14. Murata Y, Sano A, Ueda Y, et al.(2007)：Med Mycol. 45, 233-47.
15. 村田佳輝, 佐野文子, 高山明子ほか(2006)：真菌誌. 47, 100.
16. 佐野文子(2007)：JVM. 305-310, 60, 4.
17. 国立感染症研究所(2013)：IASR. 34, 4-5.
18. BCCDC(2012)：British Columbia annual summary of reportable diseases 2011, 112-113, CDPACS
19. Galanis E, MacDougall L, Kidd S, et al.(2010)：Emerg Infect Dis. 16, 251-257.
20. CDC(2010)：MMWR. 59, 865-868.
21. Fraser JA, Giles SS, Wenink EC, et al.(2005)：Nature. 437, 1360-1364.
22. Okamoto K, Hatakeyama S, Itoyama S, et al. (2010)：Emerg Infect Dis. 16, 1155-1157.
23. 堀内一宏, 山田萌美, 白井慎一ほか(2012)：臨床神経. 52, 166-171.
24. 横浜市衛生研究所, クリプトコッカス症について(https://www.city.yokohama.lg.jp/kurashi/kenko-iryo/eiken/kansen-center/shikkan/ka/cryptococcosis1.html)
25. 村田佳輝(2009)：小児科臨床. 62, 4, 799-807.
26. 高橋一郎(2003): Jpn J Med Mycol. 44, 245-247.
27. 池田輝雄, 郷間雅之(2002)：獣医臨床皮膚科. 8, 23-32.
28. Weiss LM, Kim K(2007)：Toxoplasma gondii, Academic Press
29. 川名尚, 小島俊行(2011)：母子感染, 金原出版
30. 岩本愛吉(2002)：日本内科学会雑誌　創立100周年記念号. 91, 145-149.
31. 村田佳輝(2018)：獣医眼科プラクティス. 4, 25-34.
32. 大橋裕一編(2009)：眼科プラクティス28　眼感染症の謎を解く, 文光堂
33. 下村嘉一(2010)：眼の感染症, 金芳堂

47 院内感染

院内感染の定義

人医療での定義では，病院環境下にて感染したすべての感染症を院内感染といい，病院内の環境で感染した感染症は，病院外にて発症しても院内感染という．逆に，病院内にて発症しても，病院外(市中)にて感染した感染症は，院内感染ではなく，市中感染という．院内感染の対象は入院動物，外来動物が対象となる．現在人医療では院内感染という言葉は曖昧な言葉であり，医療関連感染という用語が提唱されている．しかし獣医学では医療関連感染は浸透していないため本項では院内感染という表記を用いる．

院内感染は病院内で起こってしまうと，ヒトや動物にも負担となるばかりでなく，病院の評価を著しく下げる可能性があり，厳重な対策が必要である．

院内感染に対する対策

対策で一番必要になるのが感染制御の概念であり病院スタッフが1人でも感染制御を怠ると成功しない．したがってスタッフ全員が感染制御について理解し，実行する必要がある．

院内感染が発生した時点でそれに関わった待合室，診察室，処置室，検査室，レントゲン室などの画像検査室および廊下は感染源と考えられる．血液，体液，分泌物，排泄物，膿などの臨床検体，それらに汚染された器材，創のある皮膚や粘膜はすべて感染源となり，また飼い主，獣医師，動物看護師も感染源となる．これらを念頭に置き院内感染の対応について説明をする．

対象微生物によって院内感染対策は様々である．細菌・真菌・ウイルスと外部寄生虫では対策は異なるが，当然合併して感染している可能性もあるので考慮が必要である．また人獣共通感染症については特段の注意が必要である．

a 細菌，真菌，ウイルスに対する院内感染対策

細菌，真菌，ウイルスといった病原体は様々な感染経路から侵入する可能性があるため消毒による感染経路の遮断は重要となる．場所，部位による消毒方法を紹介していく．消毒薬の選択は14章(➡p.156)を参照とする．感染症の罹患の疑いがある動物の近くにいる動物は避難させ，ワクチンで対応できる疾病に関しては早急にワクチン接種を行う．

1 | 外来

i 待合室・受付

待合室，受付では不特定多数の動物やヒトが常に感染症を伝播する危険性がある．感染症の疾患が来院した場合(または疑う場合)には，対象を別の部屋に待機させ，動物の移動や他の動物との接触を避ける．飼い主への説明および全スタッフに対しその疑われる感染症，感染経路について告知し，感染制御に対しスタッフ全員の意識統一を行うことが望ましい．**図47-1**は特に汚染している可能性が高い部分を示す．

ii 診察室

感染症を疑う動物の移動を最小限にする必要があるので，診察，検査，治療はすべて同室で行うことが望ましい．しかしながらX線検査，超音波検査などの特殊機器を使用する場合，移動せざるを得ない場合もあるのでその動物と関わった場所，物，人をスタッフ間で共有する必要がある．診察台，ドアノブは汚染している可能性が高い(**図47-2**)．

診察台の他にそれに付属する体重計のスイッチなどは人が汚染に気づかず触れることで汚染されるため，消毒を忘れがちになる．

図 47-1　受付，待合室で汚染している可能性が高い部分(矢印)．ドアノブ，床は多くの人，動物が接触しており，汚染していることが考えられる．

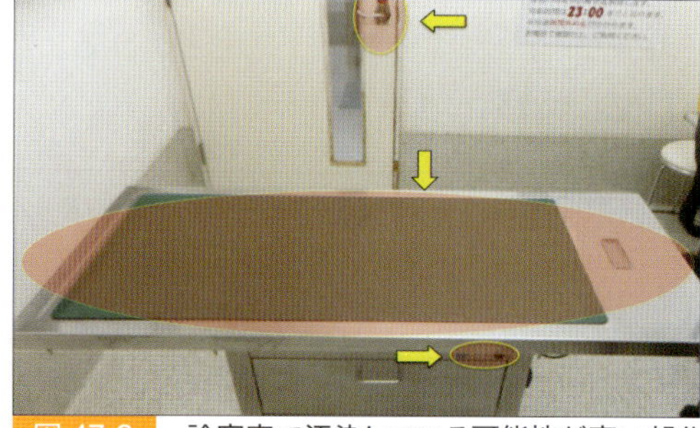

図 47-2　診察室で汚染している可能性が高い部分(矢印)．

iii 処置室・検査室

感染症を疑う動物に使用し汚染されたと考えられる器具は消毒する．血液，尿，糞便といった検体の扱いはもちろん，検査器具のスイッチは病原体に汚染された人が触れることで感染源になることを考慮しなくてはならない(**図47-3〜5**)．

日々の診察において不可欠になるのが消毒液の入った綿壺(**図47-6**)であるが，これが感染源となる可能性がある．これは素手で綿壺より消毒綿を取り出したり，消毒綿を取り出してから絞って消毒壺に消毒液を戻すことで，手の雑菌やセラチア菌が消毒壺にて増殖してしまう可能

図 47-3　処置室，検査室で汚染している可能性が高い部分①(矢印)．電話，ドアノブなどが気づかぬうちに汚染している．

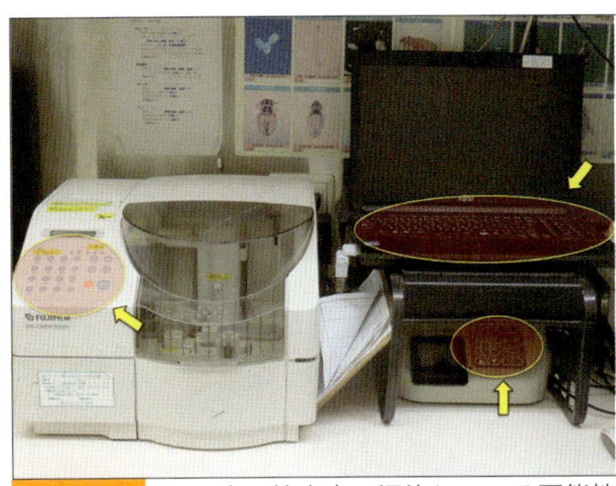
図 47-4　処置室，検査室で汚染している可能性が高い部分②(矢印)．検査器具のスイッチ，パソコン，筆記用具などは気づかぬうちに汚染している．

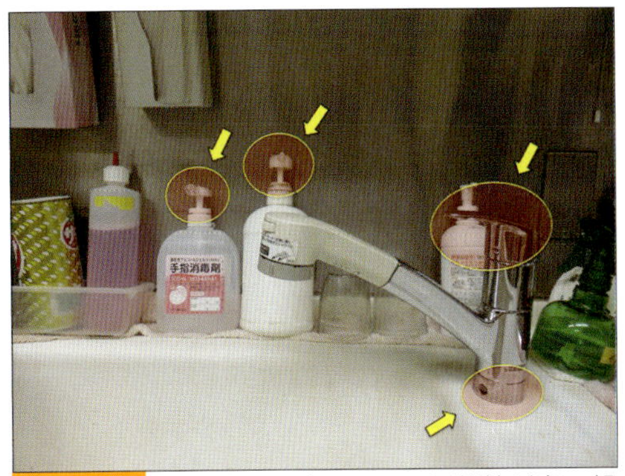

図 47-5　処置室で汚染している可能性が高い部分(矢印)．手洗い栓レバー，手洗い洗剤，消毒薬の押し込みレバーは汚染している可能性が高い．

図 47-6　アルコール綿を絞って使うことは厳禁である．手の雑菌がアルコール壺に入り汚染してしまう．

性があるためである．消毒液の継ぎ足しも濃度が変化してしまうため有効性がなくなってしまう可能性があるので行ってはいけない．期限を決めて(例えばアルコールでは1週間までが推奨)消毒壺の洗浄，消毒綿の交換を行うとよい．

2 | 入院時

対象を入院させる場合は，まず院内の入院動物たちへの感染を防ぐために入院動物と対象動物は確実に隔離する(**図47-7**)．空間を共有するだけでも感染症が伝播する危険性があることを理解する．

入院舎に対象動物を移動させることとなるが，長時間動物が接するケージや扉，食器類は唾液や排泄物が付着している可能性があり，特に注意が必要である．清掃，消毒を確実に行ううえで，可能であれば，獣医師および動物看護師で担当を決め，担当以外は動物に触れない方が感染症の伝播の危険性は低下する．動物に触れた手でそのまま作業に取りかかると，ドアノブ，ケージの取っ手，輸液ポンプのスイッチ部，吊り下げ電源，ゴミ箱の蓋などに手指が高頻度で接触するため，消毒は確実に行う(**図47-8**)．

図 47-7 隔離室．隔離室があればそこに罹患動物を移動する．

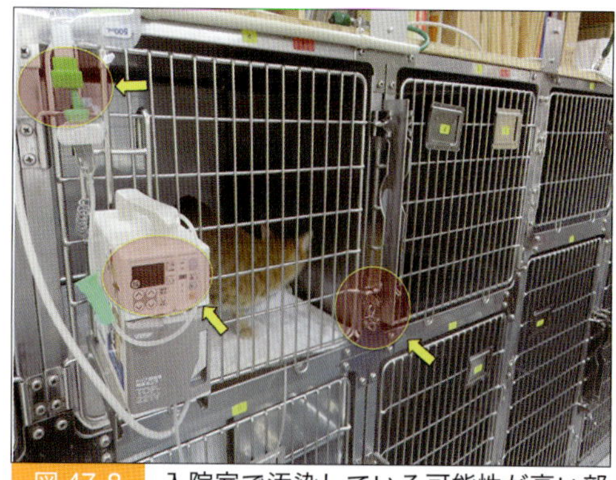

図 47-8 入院室で汚染している可能性が高い部分（矢印）．点滴ポンプの操作部，点滴バックの首部分は気づかず汚染している可能性が高い．

b 外部寄生虫に対する院内感染対策

外部寄生虫は，容易に他個体に移動する可能性があるため，早急な対応が必要となる．ノミ，ダニ，シラミに関しては，発見した時点で周辺にいる動物の予防歴を確認する必要がある．予防が不十分と判断した場合は駆虫薬の投与を検討すべきである．環境に対しても殺虫剤の使用，掃除機などで物理的排除を行う．殺虫剤は使用後動物が舐める可能性があるので清拭，換気を十分に行う．外部寄生虫はヒトにも感染するので，ヒトへの感染が確認された場合は人医療機関への受診を勧める．近年，SFTSなど致命的な感染症が問題になってきているため，外部寄生虫の取り扱いは注意が必要である．外部寄生虫内に病原体が生存している可能性があるので寄生虫自体を叩いて駆虫をしてはいけない．

院内感染で最も注意が必要なパルボウイルスに対する対処法

以上を参考にして，院内感染で最も気をつけなくてはいけない感染症の一つであるパルボウイルス感染症について記述する．パルボウイルスは環境抵抗性が強く，症状も重篤化するため，動物病院で最も注意しなくてはならない感染症の一つである．

a 発生時

パルボウイルスの感染を疑う症例が発生したら，まず病院内のスタッフ全員に告知を行う．入院させる場合は隔離室の確保，パルボウイルスワクチン未接種動物にワクチンの投与を検討し隔離する．ワクチンを接種していたとしても他の動物とは，隔離すべきである．

b 症例の隔離と環境の消毒

感染が拡大しないように罹患（疑いを含む）動物を隔離する．罹患動物がいた環境の洗浄を行い絶対数を減らしたうえで，次亜塩素酸ナトリウムまたは100倍希釈のアンテックビルコン®Sで消毒をする．パルボウイルスは環境抵抗性が強いため，体表に付着しているウイルスなども感染源となりうることを理解して，洗浄消毒を徹底する．入院舎の扉，ドアノブは忘れがちであるが必ず消毒を行う．食器，タオルなど粘膜に接触する可能性があるものは滅菌するか破棄する．

c 入院管理

罹患動物に接触するものは必要最小限に努め，接触する医療従事者は必ず手袋を着用し，専用の白衣を着用する．白衣，手袋はその動物に触れたらその都度交換する．手袋は破棄，白衣は消毒を行いウイルスが残らないように努める．

d パルボウイルスの消毒例

パルボウイルスはアルコールに対し抵抗性があるが，人体，他の症例への影響を考えたうえで人医療におけるノロウイルスに対する消毒法を参考に記載した(**表47-1**)．なお，ドアノブ・水道ノブおよび手指のアルコール消毒については，本来パルボウイルス自体はアルコール抵抗性があるものの，消拭することで物理的にウイルスを減らすことを目的として行う．

表 47-1 パルボウイルスの消毒例

ドアノブ　水道ノブ	・アルコールでの二度拭き清拭
処置台　床	・1%次亜塩素酸ナトリウムまたはビルコン®S にて清拭
排泄物	・1%次亜塩素酸ナトリウムを散布後 5 分後に密閉して廃棄または焼却
ケージ	・0.5%次亜塩素酸ナトリウムで一度拭き，扉が着脱できれば扉は 0.5%次亜塩素酸ナトリウムへ 30 分浸漬
リネン	・熱水洗濯(80℃ 10 分)
	・0.5%次亜塩素酸ナトリウムへ 30 分浸漬
食器	・洗浄後蒸気滅菌
	・0.5%次亜塩素酸ナトリウムへ 30 分浸漬
手指	・洗浄後速乾性アルコールで手指消毒

参考文献

- 小林寛伊(2016)：消毒薬テキスト，第5版，協和企画
- 兼島孝(2011)：ペットを感染症から守る本～スタッフと動物の健康を守る正しい消毒法～，アニマル・メディア社
- 見上彪監修(2011)：獣医微生物学，第3版，文永堂出版

48 多頭飼育時の感染

多頭飼育の感染制御でまず確認すること

多頭飼育の家庭は集団感染のリスクが高く，感染症の病原微生物がまん延している可能性が高い．多頭飼育を行っている家庭で一頭が感染症の可能性がある時点で，同居するすべての動物が不顕性感染を含め感染症に罹患している可能性がある．集団感染の危険性を飼い主に厳密に説明する必要がある．当然院内で行う対策に比べ正確な感染制御は不可能であることを考慮し，少しでも感染の確率を減らすことが最大の目的である．

a 同居動物，家族構成を把握する

同居動物の構成を詳しく聴取する．同種だけでなくヒトを含む異種も物理的な感染源となる．

b 感染経路を把握する

対象の感染症の感染方法をすべて予想する必要がある．対象微生物が接触による感染か，空気による感染かなどで，一つでも漏れがある場合感染は成立してしまう．

c 飼育環境を把握する

感染動物との接触の可能性があるか確認をする．隔離可能かどうか，可能でなければ各々をケージで飼育し極力接触を避けるなど，どこまで感染のリスクを下げられるか相談をする．またヒトの移動も感染経路となる．把握をした後，動物をどのように配置・隔離できるか検討する．ゾーニング(zoning)は重要である．

ゾーニングとは

特定居住区でカテゴライズされた動物ごとの配置領域(ゾーン)を区画することと定義される．感染症の管理においては家という大きな区画に部屋という小さな区画が存在し，その部屋をケージでどう区切るかを考えることである．

①対象感染症罹患またはその疑いがある動物群

②対象感染症に罹患してないが，感受性がある動物群

③感染症に対して感受性がない動物

の三つに分類して，①より部屋の奥から配置する．③の動物がいる場合は①と②の間に配置するとよい．

d 消毒を行う人間がどこまでできるか把握する

消毒を行う人間は当然すべて医療従事者ではない．経済性，労力を含めどこまで可能か，また可能な範囲でどこまで感染制御ができるか説明する必要がある．病院内で行うように厳密を目指すと飼い主が挫折してしまう．あくまでも目的は感染の確率を減らすことである．

家庭で取り組んでもらうべき清掃や消毒

a 清掃

清掃するときには，ゴム手袋の着用を指示する．清掃に利用した，排泄物や鼻汁のついたティッシュ，ペーパータオルはビニール袋で密閉して破棄する．タオル類は一度使用したら洗浄，洗濯を行う．

b 消毒

一般家庭で手に入る病原微生物に対処できる消毒液は飼い主の安全も考え薬局で手に入るエタノール系の消毒液がよいと考えられる(**図48-1**)．消毒薬抵抗性が強い病原微生物以外であれば手指の消毒，食器の消毒に用いることができる．食器の消毒後は消毒液の残存に気をつけることが必要である．消毒薬抵抗性が強い病原微生物感染を疑う場合は，手洗いおよび食器の熱水による消毒を指示する．当然であるが，消毒用エタノールは対象動物に直接使用はしないよう指示が必要である．消毒液は消毒後必ず拭き取らなくてはならない．

図 48-1 家庭で手に入るアルコール消毒液(セーフコール®，株式会社ニイタカ)．これ以上の消毒液は人体への被害を考え提案は難しいであろう．

同居動物がいる場合の対応

感染症を疑う場合，直ちに同居動物から隔離する必要がある．感染動物と同じ部屋では感染症が伝播する危険性があることを伝え，別の部屋に隔離するように指示する．また食事や糞尿の処理において感染動物は最後に行うように指示する．また直ちに同居動物が当該感染症に感染していないかワクチン歴の確認および臨床症状の確認，当該感染症に対する検査をする必要がある．臨床症状がなく検査も問題なければ，ワクチン，駆虫薬などで予防できる感染症であればなるべく早く予防を行う．感染症が確認された時点で同居動物とは長期間にわたり隔離が必要なことを説明しなくてはならない．

対象微生物別の対処方法

対象微生物によっては同種の動物，そしてヒトへ感染してしまう可能性があるので適切かつ簡潔な指示が必要である．

a 皮膚糸状菌症

Microsporum canis を主とする人獣共通感染症である．幼齢動物および易感染性動物で発症しやすいため該当する動物がいる場合隔離が必要である．消毒自体はアルコールで問題はない．皮膚炎の症状がある場合，ヒトへの注意喚起は難しくないが，不顕性感染も多くヒトのみ症状が出ることがあるので，動物が治癒してもヒトへの感染の可能性を必ず伝える．近年ハリネズミからの感染も多く確認されている．ヒトに皮膚症状が出た場合医療機関への受診を勧める．罹患動物の隔離は必要であり，健康状態に問題ない人が管理をすることが理想である．各種の動物について各々の清掃前に必ず手洗いを行う．

b 猫上部気道疾患

猫上部気道疾患は幼齢動物および易感染性動物で多く症状がみられ，飛沫感染もしやすい感染症である．原因となる細菌やウイルス自体はアルコール消毒の感受性は強く家庭での消毒は行いやすい．しかし不顕性感染もあるので，多頭飼い飼育環境ではまん延しやすい．症状がみられた場合，即座に同居動物の隔離，当該感染症の検査，治療を行い，感染を最小限にする．対象動物との隔離が理想であるが，不顕性感染が多くみられるため同居のリスクを伝えたうえで同居させることを選択する飼い主も多い．その場合でも，ワクチン接種，症状が出た場合のみ隔離をするなどの対策が必要である．点眼点鼻治療を行うことも多いと思われるが，一つの目薬を多頭数で使用することは，目薬が感染源となるので避けた方がよい．

c 猫免疫不全ウイルス/猫白血病ウイルス感染症

これら感染症は，症状を含め猫の寿命に影響する感染症であるため，同居動物の隔離が必要である．罹患が確認された時点で，同居動物のウイルス検査を行う．また国内でワクチンも開発されており接種を行うとよい．しかしワクチン接種を行っていても感染が100％制御できないことも伝える．

ウイルス自体はアルコール消毒の感受性があり家庭での消毒は行いやすい．感染が確認された場合一生涯隔離をしなくてはいけない．白血病，エイズといった名前がついているが，ヒトには感染しないことも伝える．

d 猫パルボウイルス感染症

パルボウイルスは環境抵抗性が強く症状も重篤なため，多頭飼いでは注意が必要な感染症である．罹患が確認された時点で，同居動物のウイルス検査を行いワクチン接種歴がなければ接種を行う．隔離は確実に行い，不可能であれば入院を提案する．家庭でできる消毒方法は限られており，食器の消毒は熱水消毒を指示する．ケージなどの清拭は市販で買える次亜塩素酸ナトリウム製剤であるキッチンハイター™などを用いる(**図48-2**)．消毒薬の残留には気をつける．清拭後水拭きを行う．

感染が確認された場合，同居猫のパルボウイルスワクチンに対する抗体値の上昇を確認できるまで隔離をしなくてはいけない．

図 48-2 市販されている次亜塩素酸ナトリウム製剤(キッチンハイター™花王株式会社)．食器，ケージの消毒に用いることができる消毒液．刺激が強いので生体への使用は厳禁であることを必ず伝える．

e 猫伝染性腹膜炎

コロナウイルスによる発症すると致死率が高い感染症であり，感染経路が不明なことが多く，多頭飼いの環境では悩ましい感染症の一つである．罹患が確認された時点で，隔離は確実に行い，不可能であれば入院を提案する．ウイルス自体はアルコール消毒に感受性があるので家庭での消毒は行いやすい．感染が確認された場合一生涯隔離をしなくてはいけないが致死率が高いうえに現在確実な治療法がないため死亡する可能性が高い．

f ノミ，マダニ寄生

ノミ，ダニに対する同居動物の対処は容易である．駆虫薬を投与することで対策できる．同時にノミ，マダニが媒介する感染症(ヘモプラズマ感染症など)の徴候がないか確認をする．しかし重要なのはヒトへの感染である．飼い主が瘙痒症状などの皮膚症状を呈したら人医療機関受診を勧める．マダニに関しては重症熱性血小板減少症候群が近年大きく問題になっており危険な疾患なため，マダニに接触した可能性があれば危険性を伝えたうえで人医療機関受診を勧める．環境に住み着いて繁殖している可能性があるので，噴霧式殺虫剤などで環境全体の消毒殺虫を提案する．その後の殺虫剤が残留しないように注意が必要である.

参考文献

- 兼島孝(2011):ペットを感染症から守る本〜スタッフと動物の健康を守る正しい消毒法〜，アニマル・メディア社
- 小林寛伊(2015):[新版　増補版]消毒と滅菌のガイドライン，へるす出版
- 見上彪監修(2011):獣医微生物学，第3版，文永堂出版

49 感染症関連法規とその背景

感染症の制圧・制御

動物の感染症の侵入および拡大を防ぐために，**表49-1**に示したような事柄が重要となる．

表 49-1 感染症の制圧・制御

①サーベイランスとモニタリングによる疾病の監視
重要感染症の発生状況の監視，情報の公開による注意喚起
②検疫による侵入防止
輸出入検疫(動物・畜産物・動物由来品)
各農場における新規動物導入時の隔離稽留
③疾病の早期発見
定期検査の義務付け
④撲滅計画

a サーベイランスとモニタリングによる疾病の監視

第一に現在どのような地域で，どのような感染症が流行しているか知ることである．そのためには，情報網の整備と確実な感染症発生の申告が重要となる．このため，日本国内では，各都道府県の保健所および家畜保健衛生所が感染症の発生状況を把握し，全国の情報を取りまとめ，厚生労働省および農林水産省に直ちに報告することになっている．診断の確実性(診断基準の確定)が重要であり，また迅速性が要求される．

b 検疫による侵入防止

国際間の動物感染症の発生状況は，国際獣疫事務局(Office International des Epizooties: OIE)に加盟する各国の農務省もしくは農林水産省から，パリのOIE本部もしくは，各支局に直ちに報告することになっている．この情報をもとに，農林水産省は感染症発生地域からの農産物や人の流入を特に警戒する措置を取っている．人獣共通感染症の場合(犬，猫およびエキゾチック動物の感染症でヒトに感染するものが含まれる)は厚生労働省から，世界保健機構(World Health Organization: WHO)に報告され，家畜の感染症と同様に発生地域からの人の移動に警戒し，空港や港における感染者の侵入をいち早く見つけ出し，隔離などの措置を施して，ヒトの感染症が世界に広がらないようにされている．

c 疾病の早期発見

動物の感染症が発生した場合，最初に気付くのは飼い主である．しかし，感染症の種類によっては，はっきりした症状を示さず飼い主が気付かない場合もあるので，要注意の疾病に関しては，定期検査を義務付ける必要がある．また，我が国では発生しておらず普段見ることのない感染症に関しては，発生した場合に飼い主がすぐ気付くように，研修会を開催し，各保健所および各家畜保健衛生所で注意するべき動物感染症について，インターネットなどで情報を流す必要がある．飼い主だけではなく，疾病が発生した場合に対応する獣医師が新しい感染症の情報を把握しておく必要があるのはいうまでもない．

d 撲滅計画

動物の感染症が発生が確認された場合は，被害が拡大しないような措置(消毒や隔離もしくは感染動物の淘汰など)を迅速に実行し，感染症によっては，動物やヒトの移動を制限する．一旦，感染症の流行が沈静化すれば，定期検査を行い，感染動物の発見，隔離，淘汰を行い，一掃を図る．

以上に示した動物感染症の制御・制圧のための法的措置が**表49-2**に示すとおりである．最初に，発生した感染症について重要度で分類し，重要なものから対応が厳重になっている．

表 49-2 感染症の制圧・制御－法整備－

①感染症の分類
感染症を危険度や社会的影響の大きさに基づいて分類
②届出の義務付け，発生数の把握
重要感染症の発生状況の監視，情報の公開による注意喚起(サーベイランスとモニタリング)
③ 所有者の義務，患者・患畜・疑似患畜に対する対応の明文化
家畜(ペット)登録・予防接種の義務
届出，隔離の義務
通行の制限または遮断
と殺の義務
殺処分
死体の焼却等
消毒の義務

感染症に関する法律

このことに基づいて，施行される感染症に関する法律が**表49-3**に示すとおりである．

表 49-3 感染症の制圧・制御のための法律

感染症法	一類～四類感染症：全数把握の上，強制措置 （健康診断，入院の勧告・強制） （患者の接触物に対する消毒，廃棄の措置）
	五類感染症：全数把握，あるいは定点把握
家畜伝染病予防法	届出，隔離の義務
	通行の制限または遮断，家畜の移動の制限
	と殺の義務
	殺処分
	死体の焼却等
	消毒の義務

a 感染症法

厚生労働省が「感染症の予防及び感染症の患者に対する医療に関する法律(以下「感染症法」という)」[1]に基づいて，ヒトの感染症を一類から五類まで分類し，その対応策を示している．「感染症の予防及び感染症の患者に対する医療に関する法律等の一部を改正する法律(平成18年法律第 106号)」は，2006年12月8日に公布され，2007年4月1日からその一部が，同6月1日から全面的に施行されている．改正は，病原体等の管理体制の確立，感染症の分類の見直し，結核予防法を廃止して感染症法および予防接種法に必要な規定を整備したうえでの統合，人権を尊重するという基本理念に基づく各種手続の見直し等，感染症法に新たに規定された事項を含め，多岐にわたる内容となっている．その後，2014年にも改正され，2016年から施行されている．

表49-4には感染症法[1]におけるヒトの感染症が分類されており，重要度の高いものから一類感染症～五類感染症，指定感染症(現在は該当なし)，新感染症(現在は該当なし)および新型インフルエンザ等感染症まで分類されている．**表49-5**には**表49-4**に挙げられた感染症を起こす病原体の取り扱いに関して記載されており，重要度が高く極めて危険性が高い一種病原体から四種病原体まで分類されており，生物学的封じ込めの厳密さから，一種病原体を扱うためにはBSL4の施設が必要であること，また二種および一部の三種病原体を扱うためにはBSL3の施設が必要であることが記載されている．表示の疾患の多くは動物との関係が緊密であり，獣医師も責任ある立場にある．

b 家畜伝染病予防法

農林水産省が家畜伝染病予防法[2]に基づいて，発生した動物感染症の分類によりその対応策を決めている．2010年4月，宮崎県で口蹄疫が発生し，大きな被害をもたらした．また，2010年11月には高病原性鳥インフルエンザが発生し，2011年3月までに9県で24例の発生があった．このような状況を踏まえて，家畜の伝染病を早期に発見するための届出制度や発生農家等への支援の充実，海外からの病気の侵入を防ぐための水際検疫の強化などの措置を講じるために，家畜伝染病予防法が改正された．2011年3月4日に閣議決定し，国会に提出した「家畜伝染病予防法の一部を改正する法律案(2011年法律第16号)」が，3月29日に成立し，4月4日付けで公布された．

表 49-4 感染症法における感染症の分類(続く)

分類	定義	感染症名
一類感染症	感染力や罹患した場合の重篤性などに基づく総合的な観点からみた危険性が極めて高い感染症	エボラ出血熱，クリミア・コンゴ出血熱，痘そう，南米出血熱，ペスト，マールブルグ病，ラッサ熱
二類感染症	感染力や罹患した場合の重篤性などに基づく総合的な観点からみた危険性が高い感染症	急性灰白髄炎，結核，ジフテリア，重症急性呼吸器症候群(病原体がコロナウイルス属SARSコロナウイルスであるものに限る.)，中東呼吸器症候群(病原体がベータコロナウイルス属MERSコロナウイルスであるものに限る.)，鳥インフルエンザ(H5N1)，鳥インフルエンザ(H7N9)
三類感染症	感染力や罹患した場合の重篤性などに基づく総合的な観点からみた危険性は高くないものの，特定の職業に就業することにより感染症の集団発生を起こしうる感染症	コレラ，細菌性赤痢，腸管出血性大腸菌感染症，腸チフス，パラチフス
四類感染症	人から人への感染はほとんどないが，動物，飲食物などの物件を介して人に感染し，国民の健康に影響を与えるおそれのある感染症	E型肝炎，ウエストナイル熱(ウエストナイル脳炎を含む)，A型肝炎，エキノコックス症，黄熱，オウム病，オムスク出血熱，回帰熱，キャサヌル森林病，Q熱，狂犬病，コクシジオイデス症，サル痘，ジカウイルス感染症，重症熱性血小板減少症候群(病原体がフレボウイルス属SFTSウイルスであるものに限る.)，腎症候性出血熱，西部ウマ脳炎，ダニ媒介脳炎，炭疽，チクングニア熱，つつが虫病，デング熱，東部ウマ脳炎，鳥インフルエンザ(鳥インフルエンザ(H5N1及びH7N9・H5N1)を除く)，ニパウイルス感染症，日本紅斑熱，日本脳炎，ハンタウイルス肺症候群，Bウイルス病，鼻疽，ブルセラ病，ベネズエラウマ脳炎，ヘンドラウイルス感染症，発しんチフス，ボツリヌス症，マラリア，野兎病，ライム病，リッサウイルス，リフトバレー熱，類鼻疽，レジオネラ症，レプトスピラ症，ロッキー山紅斑熱
五類感染症	国が感染症発生動向調査を行い，その結果に基づき必要な情報を国民や医療関係者などに提供・公開していくことによって，発生・拡大を防止すべき感染症	アメーバ赤痢，ウイルス性肝炎(E型肝炎及びA型肝炎を除く)，カルバペネム耐性腸内細菌科細菌感染症，急性脳炎(ウエストナイル脳炎，西部ウマ脳炎，ダニ媒介脳炎，東部ウマ脳炎，日本脳炎，ベネズエラウマ脳炎及びリフトバレー熱を除く)，クリプトスポリジウム症，クロイツフェルト・ヤコブ病，劇症型溶血性レンサ球菌感染症，後天性免疫不全症候群，ジアルジア症，侵襲性インフルエンザ菌感染症，侵襲性髄膜炎菌感染症，侵襲性肺炎球菌感染症，水痘(入院例に限る)，先天性風しん症候群，梅毒，播種性クリプトコックス症，破傷風，バンコマイシン耐性黄色ブドウ球菌感染症，バンコマイシン耐性腸球菌感染，百日咳，風しん，麻しん，薬剤耐性アシネトバクター感染症，RSウイルス感染症，咽頭結膜熱，A群溶血性レンサ球菌咽頭炎，感染性胃腸炎，水痘，手足口病，伝染性紅斑，突発性発しん，ヘルパンギーナ，流行性耳下腺炎，インフルエンザ(鳥インフルエンザ及び新型インフルエンザ等感染症を除く)，急性出血性結膜炎，流行性角結膜炎，性器クラミジア感染症，性器ヘルペスウイルス感染症，尖圭コンジローマ，淋菌感染症，クラミジア肺炎(オウム病を除く)，細菌性髄膜炎(侵襲性インフルエンザ菌感染症，侵襲性髄膜炎菌感染症及び侵襲性肺炎球菌感染症を除く)，マイコプラズマ肺炎，無菌性髄膜炎，ペニシリン耐性肺炎球菌感染症，メチシリン耐性黄色ブドウ球菌感染症，薬剤耐性緑膿菌感染症
新型インフルエンザ等感染症	新型インフルエンザ：新たに人から人に伝染する能力を有することとなったウイルスを病原体とするインフルエンザであって，一般に国民が当該感染症に対する免疫を獲得していないことから，当該感染症の全国的かつ急速なまん延により国民の生命及び健康に重大な影響を与えるおそれがあると認められているものをいう.	

感染症法(平成26年11月21日改正，平成28年4月1日施行)より引用

表 49-4 (続き)感染症法における感染症の分類

新型インフルエンザ等感染症	再興型インフルエンザ：かつて世界的規模で流行したインフルエンザであってその後流行することなく長期間が経過しているものとして厚生労働大臣が定めるものが再興したものであって，一般に現在の国民の大部分が当該感染症に対する免疫を獲得していないことから，当該感染症の全国的かつ急速なまん延により国民の生命及び健康に重大な影響を与えるおそれがあると認められるものをいう.	
指定感染症	一～三類および新型インフルエンザ等感染症に分類されない既知の感染症の中で，一～三類に準じた対応の必要が生じた感染症(政令で指定，1年限定)	
新感染症	人から人に伝播すると認められる感染症で，既知の感染症と症状などが明らかに異なり，その伝播力および罹患した場合の重篤度から判断した危険性が極めて高い感染症	〔当初〕
		都道府県知事が，厚生労働大臣の技術的指導・助言を得て，個別に応急対応する.
		〔政令指定後〕
		政令で症状などの要件した後に一類感染症に準じた対応を行う.

感染症法(平成26年11月21日改正，平成28年4月1日施行)より引用

表 49-5 感染症法における病原体の分類

分類	規制	分類の考え方
一種病原体等	所持等の禁止	・現在，我が国に存在していないもので，治療法が確立していないため，国民の生命に極めて重大な影響を与える病原体
		・国際的にも規制する必要が高いとされ，BSL 4での取り扱いが必要
		・原則，所持・輸入等を禁止するが，国又は政令で定める法人で厚生労働大臣が指定したものが，公益上必要な試験研究を行う場合に例外的に所持等を認める病原体等
二種病原体等	所持等の許可	・一種病原体等ほどの病原性は強くないが，国民の生命及び健康に重大な影響を与えるもの
		・近年テロに実際に使用された病原体等が含まれる.
		・許可制により，検査・治療・試験研究の目的の所持・輸入を認めるもの
三種病原体等	所持等の届出	・二種病原体等ほどの病原性はない(死亡率は低いが死亡しないわけではない.)が，場合により国民の生命・健康に影響を与えるため，人為的な感染症の発生を防止する観点から，届出対象として，その所持状況を常時把握する必要がある病原体等
		・主に，四類感染症に分類される動物由来感染症の病原体が含まれる.
四種病原体等	基準の遵守	・A 型インフルエンザウイルスなど，病原体の保管・所持は可能であるが，国民の健康に与える影響を勘案して，人為的な感染症の発生を防止するため，保管等の基準の遵守を行う必要がある病原体等(我が国の衛生水準では，通常は死亡に至ることは考えられない病原体)
		・所持者が使用，保管等の基準を遵守する必要がある病原体等

平成 26 年 3 月 厚生労働省健康局結核感染症課　資料「感染症の範囲及び類型について」より引用

表49-6には農林水産省が家畜の感染症を制御するために制定している，家畜伝染病予防法[2]に関する感染症の分類を規定する事項が示されている．家畜伝染病(法定伝染病)に分類される家畜の感染症は，発生すると伝播力が強く，家畜の死亡率が高いものもあり，疾病による経済的損失が甚大である疾病である．発生したらすぐに，最寄りの各都道府県に所属する家畜保健衛生所に届け出なけ

表 49-6 家畜伝染病予防法における感染症の分類

家畜伝染病予防法：牛，馬，豚，山羊・めん羊，鶏，あひる，うずら，みつばち	
家畜伝染病（法定伝染病）	発生すると家畜への被害が甚大な疾病で，発生したら最寄りの家畜保険衛生所に必ず届出なければならず，迅速な本病の蔓延防止を行うため，家畜および人の移動禁止，感染家畜および感染の疑いのある家畜の殺処分を行う疾病
届出伝染病	発生すると家畜への被害が甚大な疾病で，発生したら最寄りの家畜保険衛生所に必ず届出なければならず，発生状況やその推移を継続的に監視し，疾病の蔓延防止を図るべき疾病

家畜伝染病予防法より引用

表 49-7 農水省の定めた家畜の監視伝染病

家畜伝染病	1 牛疫，2 牛肺疫，3 口蹄疫，4 流行性脳炎，5 狂犬病，6 水胞性口炎，7 リフトバレー熱，8 炭疽，9 出血性敗血症，10 ブルセラ病，11 結核病，12 ヨーネ病，13 ピロプラズマ病，14 アナプラズマ病，15 伝達性海綿状脳症，16 鼻疽，17 馬伝染性貧血，18 アフリカ馬疫，19 小反芻獣疫，20 豚コレラ，21 アフリカ豚コレラ，22 豚水胞病，23 家きんコレラ，24 高病原性鳥インフルエンザ，25 低病原性鳥インフルエンザ，26 ニューカッスル病，27 家きんサルモネラ感染症，28 腐蛆病
届出伝染病	29 ブルータング，30 アカバネ病，31 悪性カタル熱，32 チュウザン病，33 ランピースキン病，34 牛ウイルス性下痢・粘膜病，35 牛伝染性鼻気管炎，36 牛白血病，37 アイノウイルス感染症，38 イバラキ病，39 牛丘疹性口炎，40 牛流行熱，41 類鼻疽，42 破傷風，43 気腫疽，44 レプトスピラ症，45 サルモネラ症，46 牛カンピロバクター症，47 トリパノソーマ病，48 トリコモナス病，49 ネオスポラ症，50 牛バエ幼虫症，51 ニパウイルス感染症，52 馬インフルエンザ，53 馬ウイルス性動脈炎，54 馬鼻肺炎，55 馬モルビリウイルス肺炎，56 馬痘，57 野兎病，58 馬伝染性子宮炎，59 馬パラチフス，60 仮性皮疽，61 伝染性膿疱性皮炎，62 ナイロビ羊病，63 羊痘，64 マエディ・ビスナ，65 伝染性無乳症，66 流行性羊流産，67 トキソプラズマ病，68 疥癬，69 山羊痘，70 山羊関節炎・脳脊髄炎，71 山羊伝染性胸膜肺炎，72 オーエスキー病，73 伝染性胃腸炎，74 豚エンテロウイルス性脳脊髄炎，75 豚繁殖・呼吸障害症候群，76 豚水疱疹，77 豚流行性下痢，78 萎縮性鼻炎，79 豚丹毒，80 豚赤痢，81 鳥インフルエンザ，82 鶏痘，83 マレック病，84 伝染性気管支炎，85 伝染性喉頭気管炎，86 伝染性ファブリキウス囊病，87 鶏白血病，88 鶏結核病，89 鶏マイコプラズマ病，90 ロイコチトゾーン病，91 あひる肝炎，92 あひるウイルス性腸炎，93 兎ウイルス性出血病，94 兎粘液腫，95 バロア病，96 チョーク病，97 アカリンダニ症，98 ノゼマ病

家畜伝染病予防法より引用

ればならない．疾病によっては迅速な感染症のまん延防止のため，家畜およびヒトの移動制限，感染家畜もしくは感染の疑いのある家畜の殺処分を行わなければならないものもある．発生すれば必ず殺処分しなければならないものは，口蹄疫，アフリカ豚コレラ，豚コレラ，牛疫，牛肺疫となっている．その他の重要疾病（高病原性鳥インフルエンザなど）は発生すれば，飼い主に殺処分を命ずることができることになっている．届出伝染病に分類される疾病は，法定伝染病と同様に畜産農家が被害を受ける疾病であるが，伝播力は法定伝染病ほど強くはなく，死亡率もそこまで高くない疾病である．しかし，重要な家畜の感染症であるので，その発生状況や疾病の動静を注意深く監視し，疾病のまん延防止を図るべきものなので，発生すれば必ず迅速に最寄りの家畜保健衛生所に届け出なければならない．

表49-7には，法定伝染病および届出伝染病に分類される家畜の感染症名が列挙されている．

c 狂犬病予防法

感染症関連法規としては，これら二つの法規の他に，狂犬病予防法[3]が存在する．狂犬病予防法は，1950年8月26日に狂犬病の予防とまん延の防止を目的として制定された法律である．①犬の登録および鑑札制度と6カ月ごとの予防注射受診の義務，②狂犬病についての獣医師の届出義務および隔離義務，③浮浪犬の抑留およびその処分，などが定められている．犬の飼主は，狂犬病予防法の定めるところにより，犬を取得した日(生後90日以内の犬を取得した場合には，生後90日を経過した日)から30日以内にその犬の所在地を管轄する都道府県知事に市町村長(または区長)を経て，飼い犬の登録を申請しなければならない．登録しなかったり予防注射を受けなかったりすると，20万円以下の罰金が科される．警察庁によると2016年，同法違反事件の検挙数は223件だった．ただし，犬の国内飼育数(ペットフード協会推計)と比べると登録率は6割程度にとどまり，登録犬のうち予防注射をしている割合も7割程度(厚労省調べ)に低迷している．この法律は68年も前に制定されたもので，当時は十分に効力を発揮していたが，現在のペットの飼育状況などを考え，内容を変更する時期に来ているのではないかと思われる．

感染症に関連して対処する臨床獣医師の法的義務

獣医師法では獣医師の義務として，一般に応召義務，善管注意義務，説明義務が挙げられる．感染症に関係する問題については，家畜伝染病予防法，感染症法および狂犬病予防法が存在し，これら法規を遵守する義務がある．家畜伝染病予防法は農林水産省の管轄する動物を対象とする法律で，感染症法および狂犬病予防法は人を対象とする厚生労働省の管轄する法律である．以下獣医師が遵法すべき事例は多いが，小動物臨床獣医師が感染症に関連して対処すべき事項を列挙する．

①家畜伝染病予防法

- 家畜伝染病(法定伝染病)と届出伝染病に分類されている．
- 前者の場合には最寄りの家畜保険衛生所に届け，迅速に対応する．
  後者の場合には，最寄りの家畜保険衛生所に届け，発生状況などを監視し，まん延防止に努める．

②感染症法

- 感染症法に基づく獣医師届出基準が明記されている．動物について以下の疾患を診断したときには届け出るとし，その疾患と診断する基準が示されている．
- エボラ出血熱，重症急性呼吸器症候群(SARS)，ペスト，マーブルグ病，細菌赤痢，ウエストナイル熱，エキノコックス症，結核，鳥インフルエンザ(H5N1又はＨ７N)，中東呼吸器症候群(MERS)の10疾患である．また，細菌性赤痢のサル，ウエストナイル熱の鳥類(本病媒介蚊対策のガイドラインもある)およびエキノコックス症の犬については診断・ガイドライン(ヒトの本症対策のため)が示されている．

③狂犬病予防法

- 本法律は，狂犬病の発生を予防し，そのまん延を防止して，これを撲滅するために制定されたもので，その適用範囲は動物の狂犬病である．動物は犬，猫などその他の動物(牛，馬，めん羊，山羊，豚，鶏及びあひるを除く）である．

- 狂犬病罹患の犬などの動物もしくは狂犬病罹患の疑いのある犬などおよびこれらの犬などに咬傷を受けた犬などの動物については，これを診断し，またはその死体を検案した獣医師は，厚生労働省令に従って，直ちにその犬などの所在地を管轄する保健所長にその旨を届け出なければならない．さらに，これらの犬等を診断した獣医師は直ちに，その犬などの動物を隔離しなければならない．ただし，人命に危険があって緊急やむを得ないときは，殺すことを妨げないが，隔離犬等は，予防員の許可を受けなければこれを殺してはならない．

BSL（バイオセーフティーレベル）について

病原微生物を安全に取り扱うための基準が制定されておりこれら病原体を扱う施設にも基準が認められている．病原体の危険度は致死性，感染性，伝播様式，病原体の自然界での生存能力によって4段階に分類されている．最も危険度が高いのがBSL4である．感染力が高く，有効な対応策がない病原体にも安全に対応可能なのがBSL4施設である．

参考文献

1. 感染症法（https://www.niid.go.jp/niid/ja/law.html）2018年7月31日閲覧
2. 家畜伝染病予防法（http://www.japaneselawtranslation.go.jp/law/detail_main?id=30&vm=1&re= ）2018年7月31日閲覧
3. 狂犬病予防法（http://elaws.e-gov.go.jp/search/elawsSearch/elaws_search/lsg0500/detail?lawId=325AC1000000247_20160401&openerCode=1）2018年7月31日閲覧

付録

付録として，利用者の便に供するため，索引代わりともなる一般的治療薬や消毒薬の一覧表，さらに利用頻度の高いと思われる検査機関の一覧とその検査項目を，またワクチン一覧ならびにコアワクチンの抗体検査（検査機関）を収載した．さらに，感染症において基盤となる病原体の分類表を表示することにした．病原体の分類は常時変遷し，菌名なども目まぐるしく変更され，臨床の現場にも混乱を招いているのが現実である．そこで，一時的な存在となるのを前提に，あえて現状理解のために編集部が腐心して作成した一覧である．なお，本文内の記載と異なる場合もあると予想されるが，それが現実であると理解していただきたい．

付録1 原因治療薬の一覧

はじめに

本稿では,本書で述べられた原因治療薬について，薬剤名，商品名，用法・用量などを一覧として示す．ただし，抗ウイルス薬や一部の薬剤は，実験段階にあるものや小動物臨床分野における使用法が確立されていないとして記載を省略したものもある．

なお，抗真菌薬以外は犬，猫の用法・用量に絞って掲載しているため，エキゾチック動物に対する投薬量は第Ⅳ部を参照されたい．

本稿の情報はあくまで参考として用い，使用に関しては各獣医師の判断を優先する．また，別項での詳細な解説と合わせて各症例の状態に合わせた処方を行う必要がある．

小動物に認可された薬剤は少なく，多くは適用外利用となる．その旨を飼い主によくインフォームし，注意深く薬剤を選択するのが重要である．治療はあくまでも担当獣医師の責任である．

抗菌薬

動物において使用される抗菌薬の使用法を**表1-1**に示す[1-4]．

以下の表に記載された用法・用量は認可された薬用量，あるいは文献上に記載されたものである．

適応症，薬理作用，副作用などについての詳細は使用説明書(添付文書)や専門書を参照すること

表 1-1 抗菌薬一覧(続く)

分類	薬剤名	商品名(メーカー)	剤型	用法・用量	参考事項
アミノペニシリン系	アンピシリン ABPC	アミペニックス(共立製薬) ◎ビクシリン(Meiji Seika ファルマ) ◎ビクシリンS(Meiji Seika ファルマ) 他各社	注 注，シロップ，カプセル 合剤(クロキサシリン)	犬：20 mg/kg, SID, SC 10～40 mg/kg, BID～QID, PO, IV, IM, SC 50 mg/kg, q4～6h　髄内投与(新生子) 猫：犬に同じ	
	アンピシリン-スルバクタム ABPC-SBT	◎ユナシン(ファイザー)	注	犬：22～30 mg/kg, TID～QID, IV 猫：犬に同じ	
	アモキシシリン水和物 AMPC	アモキクリア錠(共立製薬) バチリオン(Meiji Seika ファルマ) ◎パセトシン(協和発酵キリン)	錠 錠，細粒 錠，カプセル，細粒	犬：10～20 mg/kg, BID, PO 最大で20～30 mg/kg, BID～QID, PO 猫：10～20 mg/kg, BID～TID, PO 50 mg/head/day	
	クラブラン酸-アモキシシリン CVA-AMPC	◎オーグメンチン(グラクソ・スミスクライン)	錠	犬：10～25 mg/kg, BID～TID, PO 猫：10～20 mg/kg, BID～TID, PO 62.5 mg/head/day	
ペニシリン系	ベンジルペニシリンカリウム PCG	◎ペニシリンGカリウム(Meiji Seika ファルマ)	注	犬：20,000～40,000単位/kg, q4～8h, IV, IM, SC 猫：犬に同じ	
第一世代セフェム系	セファゾリンナトリウム CEZ	◎セファメジンα(アステラス製薬)	注，点滴用	犬：10～30 mg/kg, q4～8h, IV, IM, SC, 髄内投与(新生子) 20 mg/kg，手術終了まで90分毎IV 猫：犬に同じ	

◎は医療用医薬品を示す．

表 1-1　(続き)抗菌薬一覧(続く)

分類	薬剤名	商品名(メーカー)	剤型	用法・用量	参考事項
第一世代セフェム系	セファレキシン CEX	リレキシペット錠(ビルバックジャパン) セファクリア錠(共立製薬) ◎ラリキシン(富山化学工業) ◎ケフレックス(塩野義製薬) 他各社	錠 錠 錠，ドライシロップ 細粒，カプセル	犬：20～40 mg/kg, BID～QID, PO 最大で60 mg/kg, TID, PO 猫：20～30 mg/kg, BID～TID, PO 最大で50 mg/kg, BID, PO	
第二世代セフェム系	セフメタゾール CMZ	◎セフメタゾン(第一三共) 他各社	注，点滴用	15～20 mg/kg, BID～QID, IV, IM	
第三世代セフェム系	セフォベシンナトリウム CFV	コンベニア注(ゾエティス・ジャパン)	注	犬：8 mg/kg, SC 猫：8 mg/kg, SC	ペニシリン系およびセフェム系抗菌薬の過敏症に注意
	セフポドキシムプロキセチル CPDX-PR	シンプリセフ錠(ゾエティス・ジャパン) ◎バナン(グラクソ・スミスクライン)	錠 錠，ドライシロップ	犬：5～10 mg/kg, SID, PO 猫：5 mg/kg, BID, PO 10 mg/kg, SID, PO (ヒトの用量より推定)	この薬剤は猫の尿のような臭いを有するが正常である.
フルオロキノロン系	エンロフロキサシン EFLX	バイトリル(バイエル薬品) エンロクリア錠(共立製薬) 犬猫用エンロフロキサシン注25「KS」(共立製薬)	注，錠 錠 注	犬：5～20 mg/kg/day, PO, IV, IM, SC 最大で20 mg/kg, BID, PO, IV, IM, SC (IVは点滴静注) 猫：5 mg/kg/day, PO, SC	幼若犬で関節軟骨障害が認められるため，12カ月未満の動物には注意が必要．皮下注にて注射部位に硬結・壊死．急速静注でショック(希釈して点滴静注により投与)．テオフィリン血中濃度上昇，シクロスポリンとの併用で腎毒性増強，てんかん既往例の動物には注意

◎は医療用医薬品を示す.

表 1-1 (続き)抗菌薬一覧(続く)

分類	薬剤名	商品名(メーカー)	剤型	用法・用量	参考事項
フルオロキノロン系	オフロキサシン OFLX	ウェルメイト(Meiji Seika ファルマ) ウェルメイトL3(テバ製薬) オフロキサシン錠「KS」(共立製薬) ◎タリビッド(第一三共) 他各社	錠 皮膚用液剤 錠 散	犬:5〜10 mg/kg/day, PO 猫:犬に同じ	
	オルビフロキサシン OBFX	ビクタス(DSファーマアニマルヘルス) ビクタスS MTクリーム(DSファーマアニマルヘルス) 他各社	注,錠 軟膏(硝酸ミコナゾールとトリアムシノロンの合剤)	犬:2.5〜7.5 mg/kg, SID, PO 2.5〜5 mg/kg, SID, SC 猫:犬に同じ	
	マルボフロキサシン MBFX	ゼナキル錠(ゾエティス・ジャパン)	錠	犬:2.75〜5.5 mg/kg/day, PO 猫:犬に同じ	
	塩酸シプロフロキサシン CPFX	◎シプロキサン(バイエル薬品)	錠,点滴用	犬:5〜15 mg/kg, BID, PO 猫:犬に同じ	
アミノグリコシド系	硫酸アミカシン AMK	◎アミカマイシン(Meiji Seika ファルマ)	注	犬:15〜30 mg/kg, SID, IV 5 mg/kg, TID, IV(好中球減少症,免疫不全の動物の場合) 猫:15〜20 mg/kg, SID, IV 5 mg/kg, TID, IV(好中球減少症,免疫不全の動物の場合)	他の抗菌薬が使用できない場合に使用

◎は医療用医薬品を示す.

表 1-1 (続き)抗菌薬一覧(続く)

分類	薬剤名	商品名(メーカー)	剤型	用法・用量	参考事項
アミノグリコシド系	ゲンタマイシン硫酸塩 GM	モメタオティック(インターベット) 動物用ゲンタミン注射液(日本全薬工業) ◎ゲンタシン(MSD) 他各社	液剤(モメタゾンフランカルボン酸エステル，クロトリマゾールとの合剤) 注 注，点眼，点耳，軟膏，ローション剤，クリーム	犬：6～8 mg/kg, SID, IV 2～4 mg/kg, TID, IV 猫：犬に同じ	外用剤は汎用されている．注射薬は他の抗菌薬が使用できない場合に使用
	硫酸ストレプトマイシン SM	◎ストレプトマイシン(Meiji Seika ファルマ)	注	犬：10 mg/kg, BID, IM, SC 猫：犬に同じ	
テトラサイクリン系	塩酸テトラサイクリン TC	◎アクロマイシン(ポーラファルマ) 他各社	カプセル，トローチ，末，軟膏	犬：5～10 mg/kg, TID, PO 20 mg/kg, BID～TID, PO 最大で50 mg/kg, TID, PO 猫：10～25 mg/kg, BID～TID, PO	
	塩酸オキシテトラサイクリン OTC	OTC注「KS」(共立製薬) ◎テラマイシン(陽進堂) 他各社	注(ポリミキシンB含有) 軟膏(ポリミキシンB含有)	犬：4～25 mg/kg, SID, IV, IM, SC 猫：8～25 mg/kg, BID～TID, IV	
	ドキシサイクリン塩酸塩水和物 DOXY	◎ビブラマイシン(ファイザー) 他各社	錠	犬：3～5 mg/kg, BID, PO 最大で10 mg/kg, BID, PO ブルセラ症に対する投薬量は28章参照 猫：3～5 mg/kg, BID, PO 最大で10 mg/kg, BID, PO	猫のヘモプラズマ症の治療に用いることが多い．テトラサイクリン，オキシテトラサイクリンより副作用は少ない．
	塩酸ミノサイクリン MINO	◎ミノマイシン(ファイザー) 他各社	錠，カプセル，顆粒，点滴用	犬：5～12 mg/kg, BID, PO, IV 最大で25 mg/kg, BID, PO, IV 猫：犬に同じ	β-ラクタム系，ニューキノロン系に対して感受性のない多剤耐性菌にも有効なことが多い．

◎は医療用医薬品を示す．

表 1-1 （続き）抗菌薬一覧（続く）

分類	薬剤名	商品名（メーカー）	剤型	用法・用量	参考事項
マクロライド系	エリスロマイシン EM	エリスロマイシン注（共立製薬） ◎エリスロシン（マイランEPD） ◎エコリシン（参天製薬）	注 錠，点滴用，顆粒，ドライシロップ 眼軟膏，点眼液（コリスチンメタンスルホン酸ナトリウム混合）	犬：10〜20 mg/kg, TID, PO, IV 2〜10 mg/kg, SID, IM 0.5〜1 mg/kg, TID, PO（腸運動促進薬） 猫：犬に同じ	シサプリドの代謝を阻害するため併用注意から禁止．リンコマイシン，クリンダマイシンと拮抗
	タイロシン TS	動物用タイラン200注射液（日本全薬工業） 他各社	注	犬：2〜10 mg/kg, SID, IM 猫：犬に同じ	筋注で投与部位に疼痛
	アジスロマイシン AZM	◎ジスロマック（ファイザー）	錠，カプセル，細粒，ドライシロップ	犬：5〜10 mg/kg, SID, PO 猫：犬に同じ	シサプリドの代謝を阻害するため併用注意から禁止
	クラリスロマイシン CAM	◎クラリシッド（マイランEPD） 他各社	錠，ドライシロップ	犬：2.5〜10 mg/kg, BID, PO 猫：7.5 mg/kg, BID, PO	
リンコマイシン系	クリンダマイシン CLDM	アンチローブ25（ゾエティス・ジャパン） ビルデンタマイシン（ビルバックジャパン） ◎ダラシン（ファイザー）	カプセル 錠 カプセル，注，ゲル剤，ローション剤	犬：5〜11 mg/kg, BID, PO, IV, IM, SC（膿皮症，術中の感染予防など） 12.5 mg/kg, BID, PO, 2週間以上（バベシア症，ネオスポラ症，トキソプラズマ症） その他バベシア症の併用療法については29章参照 猫：5〜11 mg/kg, BID, PO, IV, IM, SC 10〜12 mg/kg, BID, PO, IV, 4週間（トキソプラズマ症）	エリスロマイシンとの併用で本剤の効果が減弱するため併用は避けるべき．原虫疾患の治療にも用いられることがある．
	リンコマイシン塩酸塩水和物 LCM	◎リンコシン（ファイザー） 他各社	注，カプセル	犬：22 mg/kg, BID, PO 15.4 mg/kg, TID, PO 11〜22 mg/kg, BID, IV, IM, SC 猫：22 mg/kg, BID, PO 11 mg/kg, BID, IM 22 mg/kg, SID, IM	エリスロマイシンと拮抗するため，併用は推奨しない．

◎は医療用医薬品を示す．

表 1-1 (続き)抗菌薬一覧

分類	薬剤名	商品名(メーカー)	剤型	用法・用量	参考事項
その他の抗菌薬	クロラムフェニコール CP	◎クロロマイセチン(第一三共) 他各社	錠，点耳液，局所溶液，軟膏，クリーム	犬：25〜60 mg/kg, TID, PO, IV, IM, SC 猫：50 mg/head, q6〜8h, PO, IV, IM, SC	造血器障害作用があるため，非再生性貧血などの血液異常時には要注意
	スルファジメトキシン SDMX	10%サルトキシン注(リケンベッツファーマ) 他各社	注	犬：20〜100 mg/kg, SID, IV, IM(初日) 2日目以降は初日の半量を投与 猫：犬に同じ	
	スルファジアジン・トリメトプリム合剤	トリブリッセン(共立製薬)	注，錠	犬：15〜30 mg/kg, BID, PO 猫：犬に同じ	スルホンアミド系抗菌薬(配合剤)でトリメトプリムを含む.
	スルファメトキサゾール・トリメトプリム合剤	◎バクトラミン(中外製薬)	錠，注，顆粒	犬：15〜30 mg/kg, BID, PO 猫：犬に同じ	
	メトロニダゾール MNZ	◎フラジール(塩野義製薬) ◎アスゾール(富士製薬工業)	錠 錠	犬：10〜20 mg/kg, BID〜TID, PO (炎症性腸疾患，肝性脳症) 15〜25 mg/kg, BID, PO (ジアルジア症) 猫：10〜20 mg/kg, BID, PO 62.5 mg/head, SID, PO	抗原虫薬として以外にも，腸炎，嫌気性菌，肝性脳症に対しても使用．高用量での神経毒性(主に前庭障害)，妊娠中の投与は避ける.
	ホスホマイシン FOM	◎ホスミシン(Meiji Seika ファルマ) 他各社	注，錠，ドライシロップ，耳科用液	犬：10〜30 mg/kg, q6〜12h, PO 25〜50 mg/kg, q6〜12h, IV (小児の用量より推定) 猫：犬に同じ(猫では尿細管壊死が発生しやすい)	他の抗菌薬が使用できない場合に使用
	イミペネム-シラスタチンナトリウム IPM/CS	◎チエナム(MSD) ◎チエクール(沢井製薬) 他各社	点滴用，筋注用 点滴用，筋注用	犬：2〜10 mg/kg, TID, IV, IM, SC (IV は点滴用) 猫：犬に同じ	カルバペネム系抗菌薬で，広域スペクトルを有する．腎機能不全の動物では減量する.
	リファンピシン RFP	◎リファジン(第一三共)	カプセル	犬：10〜20 mg/kg, BID〜TID, PO 猫：犬に同じ	ニューキノロン系抗菌薬と拮抗するため併用は避ける.

◎は医療用医薬品を示す.

抗真菌薬

ヒトにおいて使用されている抗真菌薬の動物での使用法を紹介する．

動物においては薬用量がいまだ確立されておらず，著者の経験および推奨されている薬剤での薬用量を提示してみた．また，抗真菌薬使用時の注意点，慎重使用，副作用についても付記した．

a 犬・猫の真菌感染症に推奨される抗真菌薬

犬・猫においてはヒトにおける使用法に準じて使用されることが多い．
アゾール系薬剤に関しては内臓真菌症と皮膚科領域での使用法・使用量が異なることに注意していただきたい（**表1-2**）[5]．

b エキゾチック動物（鳥）の真菌症に推奨される抗真菌薬

鳥に関しては，真菌感染症，特に*Aspergillus*属の感染が多くみられるため，学会で推奨され以前から使用されてきた薬用量を参考にした（**表1-3**）[6]．

c 点眼薬

ヒトの眼科領域での使用法の中で，動物に推奨できる使用法を紹介した（**表1-4**）[7-11]．

表 1-2　犬・猫の真菌感染症に推奨される抗真菌薬(続く)

薬剤名	商品名(メーカー)	剤型	国内での承認	用法・用量	参考事項
アムホテリシンB AMPH-B	◎ファンギゾン(ブリストル・マイヤーズ・スクイブ) ◎ハリゾン(富士製薬工業) 他各社	点滴用，シロップ 錠，シロップ		犬：0.5 mg/kg, 週3回, IV 猫：0.25 mg/kg, 週3回, IV 膀胱内にカテーテルでAMPH-B希釈液を注入し，30分後に排出させる．これを30日以上続け，回数を漸減していく．最終的には1/wとする． アムホテリシンB AMPH-B(ファンギゾン注)希釈液：生理食塩水で0.05 mg/mL (w/vol) 30 mLに希釈する．	毒性が強く様々な副作用が発現する，特に腎毒性が強く注意が必要
リポソーム・アムホテリシンB L-AMB	◎アムビゾーム(大日本住友製薬)	注		犬・猫：1〜3 mg/kg, 2日に1回, IV	副作用が少なく，組織移行性がよい． 高価
イトラコナゾール ITCZ	◎イトリゾール(ヤンセンファーマ) ◎イトラコナゾール(Meiji-Seika ファルマ)	カプセル，注，シロップ 錠		犬・猫：5〜10 mg/kg, BID, PO 5〜10 mg/kg, SID, IV パルス療法：10〜20 mg/kg, EOD, PO 点耳：注射液を外耳道内注入	脂溶性なので，皮膚表皮，爪のケラチンに蓄積しやすい．
ケトコナゾール KCZ	◎ニゾラール(ヤンセンファーマ)	クリーム，ローション	内服国内未承認	犬・猫：5〜10 mg/kg, BID, PO 重症全身性感染：20 mg/kg, BID, PO 外用：クリーム	
フルコナゾール FLCZ	◎ジフルカン(ファイザー)	カプセル，注，ドライシロップ		犬・猫：5 mg/kg, BID, PO, IV 脳脊髄炎：10 mg/kg, BID〜SID, IV	水溶性，低分子なので，脳脊髄に浸透しやすい．
ホスフルコナゾール F-FLCZ	◎プロジフ(ファイザー)	注		犬・猫：5 mg/kg, BID, PO, IV 脳脊髄炎：10 mg/kg, BID〜SID, IV	
ボリコナゾール VRCZ	◎ブイフェンド(ファイザー)	錠，注，ドライシロップ		犬：6 mg/kg, SID, PO, IV	水溶性，低分子なので，脳脊髄に浸透しやすい．
ポサコナゾール			国内未承認	猫：5〜10 mg/kg, SID, PO	

* 上記の抗菌薬(国内で犬または猫の尿路感染症を効能として承認されている抗菌薬を除く)については，その有効性を保証するものでない．したがって，最終的には獣医師の自己責任のもとで使用すること
◎は医療用医薬品を示す．

表 1-2 (続き)犬・猫の真菌感染症に推奨される抗真菌薬

薬剤名	商品名(メーカー)	剤型	国内での承認	用法・用量	参考事項
ミカファンギン MCFG	◎ファンガード(アステラス製薬)	点滴用		犬・猫：5〜15 mg/kg, SID, CRI, IV 生理食塩水もしくは5%ブドウ糖で希釈 犬・猫：0.1% MCFG点眼液(自家調整) 膀胱内洗浄：2.5 mg/mL (w/vol) 30 mL を膀胱内にカテーテルで注入	点滴静注の場合は眼内移行不良
カスポファンギン CPFG	◎カンサイダス(MSD)	点滴静注用		犬：50 mg/m^2, SID, CRI, IV 生理食塩水に溶解して1〜2時間かけて点滴	
塩酸テルビナフィン	◎ラミシール(ノバルティスファーマ)	錠, クリーム, 外用液		犬・猫：20〜30 mg/kg, SID, PO	副作用：嘔吐, 下痢, 肝毒性, 白血球減少症
フルシトシン 5-FC	◎アンコチル(共和薬品工業)	錠		犬・猫：50〜100 mg/kg, TID, PO	アムホテリシンBやアゾール系薬と併用される. 単独使用は耐性株の出現が起こりやすい.

* 上記の抗菌薬(国内で犬または猫の尿路感染症を効能として承認されている抗菌薬を除く)については, その有効性を保証するものでない. したがって, 最終的には獣医師の自己責任のもとで使用すること

◎は医療用医薬品を示す.

表 1-3　鳥の真菌症に使用される抗真菌薬

薬剤名	国内での承認	用法・用量	備考
アムホテリシンB		400 mg/L(飲水投与)，0.25 mg/mL(吸入)，5 mg/mL(洗浄)	注射剤は腎毒性が高く，モニターできない小型鳥では用いられない．一方，経口剤や吸入剤，点眼点鼻剤は，ほぼ吸収されないため安全に用いられる．特に小鳥に頻発する消化管カンジダ症，マクロラブダス症では主力となる．ただし，吸収されないため深在性真菌症には無効な点に注意
リポソーム・アムホテリシンB		1.35 mg / kg (気嚢内投与)，3 mg / kg (気管内投与)	鳥での情報は少ないが，局所投与の報告がいくつかある．
イトラコナゾール		2.5～10 mg/kg, BID, PO, 50～100 mg/L (飲水投与)	アスペルギルス症に対し，その予防と治療によく用いられる．消化器症状の発現，肝毒性が懸念されるが，その遭遇頻度は少ない．
ケトコナゾール	内服国内未承認		効果は低く毒性が高いため使用されない．
フルコナゾール		5～10 mg/kg, BID, PO	カンジダやマクロラブダスなどの酵母菌に対し効果が高い．特に高い吸収性から，経口AMPH-Bの無効な深在性カンジダ症で使用される．一方，アスペルギルス症に対しては効果が低い．
ホスフルコナゾール			鳥における情報はない．
ボリコナゾール		10～18 mg/kg, BID, PO	その高い効果から，近年，鳥のアスペルギルス症に対する第一選択薬になりつつある．しかし，鳥における耐性株も報告されている．
ポサコナゾール	国内未承認		鳥における情報はない．
ミカファンギン		5～10 mg/kg, SID, SC	マクロラブダス症では1週間ごとに計3回の投与をAMPH-Bの飲水投与とともに行う．アスペルギルス症ではアゾール系薬剤と併用される．
カスポファンギン			鳥における情報はない．
塩酸テルビナフィン		15～30 mg/kg, BID, PO	角質への優れた移行性と貯留性を有する．鳥での副作用報告はないが，注意を要する．
フルシトシン			現在，鳥ではあまり用いられていない．

鳥においてエビデンスレベルの高い薬用量情報は少ない．獣医師の自己責任のもとで使用すること
鳥と小動物の病院　リトル・バード　小嶋篤史先生のご厚意による．

表 1-4 真菌感染症に使用される点眼薬(続く)

一般薬剤名	ポリエン系		フロロピリミジン系	アゾール系					キャンディン系
	AMPH-B L-AMB	PMR	5-FC	MCZ	FLCZ	F-FLCZ	ITCZ	VRCZ	MCFG
点眼液	0.1%点眼液	ピマリシン5%点眼液センジュ		0.1%点眼液	0.2%点眼液	不可		1%点眼液	0.1%点眼液
眼軟膏	0.43%眼軟膏	ピマリシン1%眼軟膏センジュ							
調整方法	【点眼】 AMPH-B注射用薬剤IV50 mgを50 mLの5%ブドウ糖溶液で溶解→0.1% 【軟膏】 同上IV50 mgを1 mLの注射用蒸留水で溶解し10.5 gオフロキサシン眼軟膏(タリビット眼軟膏3本)で溶解→0.43%	市販されている.		注射用薬剤IV(200 mg/20 mL)を生理食塩水で10倍希釈→0.1%	注射用薬剤原液をそのまま→0.2%	不可		注射用薬剤IV 200 mgを生理食塩水19 mLに溶解→1%	注射用薬剤IV 50 mgを生理食塩水50 mLに溶解→0.1%
使用期間	【点眼】 1週間	開封後 【点眼】1カ月 【軟膏】3カ月 室温保存		3日(効果減弱のため)	1カ月冷蔵保存				冷暗所で保存
用法	【点眼】 1時間ごと	【点眼】 6〜8回/day 【軟膏】 4〜5回/day		1時間ごと	1時間ごと			1時間ごと	1時間ごと

表 1-4 (続き)真菌感染症に使用される点眼薬(続く)

一般薬剤名	ポリエン系		フロロピリミジン系	アゾール系					キャンディン系
	AMPH-B L-AMB	PMR	5-FC	MCZ	FLCZ	F-FLCZ	ITCZ	VRCZ	MCFG
眼刺激	強い	強い(軟膏の方が刺激が少ない)		強い	少ない			ない	ない
副作用	長期使用や頻回点眼にて細胞毒性を発揮，核結膜上皮障害	結膜充血，濾胞性結膜炎，マイボーム腺炎，眼瞼炎，長期使用や頻回点眼にて細胞毒性を発揮，核結膜上皮障害あり，角膜穿孔を誘発することもあり			副作用少なく，頻回点眼が可能				
	結膜下注射	注射用薬剤IV 50 mgを5 mLの生理食塩水で溶解し，0.1～0.3 mL注射		上記点眼液と同じ0.1％濃度で0.2～0.5 mL注射(1日2回まで可能)					
硝子体内投与法(μg/0.1 mL)	5			40(25～90)	100	不可	10	100	5

表 1-4 (続き)真菌感染症に使用される点眼薬

一般薬剤名	ポリエン系		フロロピリミジン系	アゾール系					キャンディン系
	AMPH-B / L-AMB	PMR	5-FC	MCZ	FLCZ	F-FLCZ	ITCZ	VRCZ	MCFG
硝子体内投与薬剤調節方法	注射用薬剤50 mgを10 mLの生理食塩水で溶解，この中から1 mLとり，それを100 mLの注射用水で希釈(0.05 mg／mL)し，その0.1 mLを硝子体内投与			注射用薬剤IVから0.1 mLをとりBSS 1.9 mL加え20倍希釈(50 μg/0.1 mL)あるいはBSS 3.9 mL加え40倍希釈(25 μg/mL)0.1 mL注入	注射用薬剤IVの規格に注意 1.(50 mg／50 mL)ならそのまま0.1 mL注入 2.(100 mg／50 mL あるいは200 mg／50 mL)ならBSSで2倍希釈し0.1 mL注入			注射用薬剤IV 200 mgを生理食塩水19 mLに溶解し，その0.1 mLをとり生理食塩水0.9 mLを加え10倍希釈(1 mg／mL)し0.1 mL注入	注射用薬剤IV 50 mgを生理食塩水10 mLに溶解し，その0.1 mLをとり生理食塩水9.9 mLを加え100倍希釈(0.05／mL)し0.1 mL注入

抗原虫薬

動物において使用される抗原虫薬の使用法を**表1-5**に示す[3,12,13].

以下の表に記載された用法・用量は認可された薬用量，あるいは文献上に記載されたものである.

適応症，薬理作用，副作用などについての詳細は使用説明書(添付文書)や専門書を参照すること.なお，クリンダマイシン，サルファ剤，メトロニダゾール，アジスロマイシンについては抗菌薬一覧を参照されたい.

表 1-5 抗原虫薬一覧(続く)

薬剤名	商品名(メーカー)	剤型	用法・用量	参考事項
アトバコン	◎サムレチール内用懸濁液15%	液剤	犬:アトバコン13.3 mg/kg, TID, PO+アジスロマイシン10 mg/kg, SID, PO 10日間 (バベシア症) 猫:アトバコン15 mg/kg, TID, PO+アジスロマイシン10 mg/kg, SID, 10日間 (サイトークスゾーン症)	犬のバベシア症, 猫のサイトークスゾーン症の治療に用いた報告がある. 犬, 猫におけるアトバコンの使用例は少なく副作用についての詳細は明らかになっていない.
ジミナゼン	ガナゼック(日本全薬工業)[注1]	注	犬:3.5 mg/kg, IM 1回投与 その他併用療法については29章参照	犬のバベシア症の治療に用いた報告がある.
ジプロピオン酸イミドカルブ	「参考事項」参照	「参考事項」参照	犬:6.6 mg/kg, IM, SC 単回投与, 2週間後にもう一度投与 (バベシア症)	犬のバベシア症の治療に用いた報告がある. 海外では犬用に認可された注射薬剤がある.
ジクラズリル	ベコクサン懸濁液(エランコジャパン)[注1]	液剤	犬:25 mg/kg, PO 単回投与 猫:犬に同じ	コクシジウム症の治療に用いた報告がある.
トルトラズリル	プロコックス懸濁液(バイエル薬品) バイコックス(バイエル薬品)[注1]	液剤(エモデプシドとの合剤) 液剤	犬:10〜30 mg/kg, PO 1〜6日間 猫:20〜30 mg/kg, PO 2〜3日間	犬のシストイソスポラ(*Cystoisospora canis*, *C. rivolta*)に対する効能・効果を取得している.
ポナズリル	「参考事項」参照	「参考事項」参照	犬:20 mg/kg, SID, PO 3日間 猫:犬に同じ	コクシジウム症の治療に用いた報告がある. 海外では馬用に認可された薬剤(ペースト)がある.
アンプロリウム	「参考事項」参照	「参考事項」参照	犬:小型犬で100 mg/head, 大型犬の子犬で200 mg/headをSID, 7〜12日間 猫:60〜100 mg/head SID, PO 7日間	コクシジウム症の治療に用いた報告がある. 海外では子牛用に認可された薬剤(粉, 液剤)がある. 粉剤は苦味があるためカプセルに入れることが推奨される.
パロモマイシン	◎アメパロモカプセル(ファイザー)	カプセル	犬:125〜165 mg/kg, BID, PO 5日間 猫:150 mg/kg, SIDないしBID, PO	クリプトスポリジウム症の治療に用いた報告がある. 猫では高用量を用いると腎毒性・耳毒性が発現する可能性がある.
ニタゾキサニド	「参考事項」参照	「参考事項」参照	猫:10〜25 mg/kg, SIDないしBID, PO 最大28日間	クリプトスポリジウム症の治療に用いた報告がある. 海外ではヒト用の錠剤または液剤が販売されている.

注1:牛用製剤である.
◎は医療用医薬品を示す.

表 1-5 (続き)抗原虫薬一覧

薬剤名	商品名(メーカー)	剤型	用法・用量	参考事項
チニダゾール	◎チニダゾール錠「F」(富士製薬工業) 他各社	錠	犬：44 mg/kg, SID, PO 6日間 猫：30 mg/kg, SID, PO 7〜10日間	ジアルジア症に用いた報告がある．犬，猫におけるチニダゾールの使用例は少ないが消化器症状を引き起こす可能性がある．苦味があるためカプセルに入れることが推奨される．
ロニダゾール	「参考事項」参照	「参考事項」参照	犬：30〜50 mg/kg, BID, PO 7日間 猫：30 mg/kg, SID, PO, 14日間	犬のジアルジア症や猫のトリコモナス症に用いた報告がある．国内にはハトなど鳥類用のロニダゾール製剤(粉末)があるが，小動物用は国内では販売されておらず，個人輸入する必要がある．高用量で神経毒性．苦味があるためカプセルに入れることが推奨される．
ピリメタミン	◎ファンシダール錠(中外製薬) 他各社	錠(スルファドキシンとの合剤)	犬：ピリメタミン0.25 mg/kg, SID, PO＋クリンダマイシン10 mg/kg, TID＋トリメトプリム/サルファダイアジン15 mg/kg (ヘパトゾーン症) ピリメタミン1 mg/kg, SID, PO＋トリメトプリム/スルファジアジン15〜20 mg/kg, BID, PO 4週間 (ネオスポラ症)	犬のヘパトゾーン症，ネオスポラ症などの治療にサルファ剤などと併用して用いた報告がある．ピリメタミン単剤の国内での販売はない．
デコキネート	「参考事項」参照	「参考事項」参照	犬：10〜20 mg/kg, PO (ピリメタミンの項目に記載されたヘパトゾーン症の併用療法後の維持療法として)	犬のヘパトゾーン症で，維持療法として長期間用いた報告がある.海外では牛，羊，山羊，鶏に認可された製剤がある．
アンチモン酸メグルミン	「参考事項」参照	「参考事項」参照	犬：100 mg/kg, SID, SC 4週間 50〜75 mg/kg, BID, SC 4〜8週間 (リーシュマニア症)	リーシュマニア症の治療に用いられるが，国内では販売されていない．腎機能，肝機能，心機能に障害がある動物では重大な副作用が生じる懸念がある．アロプリノール10 mg/kg, BID, POと組み合わせる方法も報告されている．

◎は医療用医薬品を示す．

抗寄生虫薬

本稿では小動物臨床上経験する可能性が高い，内部および外部寄生虫の駆除あるいは予防を目的として使用する農林水産省認可の製剤を対象に，獣医師などの処方箋・指示あるいは獣医師の指導が必要な製品のみを選別して掲載した（**表1-6，7**）[14-18].

なお，複数の製剤が市販されている場合には原則として先発製剤を優先的にとり上げた．使用にあたっては各製剤の使用説明書を十分に確認いただきたい.

また，我が国では効果効能は取得していないものの，臨床的に有効性が報告されているため，他に選択肢がない場合，獣医師の裁量で使用される機会がある製剤を**表1-8**に一括して表示した.

表 1-6 動物用医薬品として内部寄生虫に対する効能・効果が認可されている製剤(一部外部寄生虫にも有効な成分を含む)(続く)

種類	薬剤分類	駆虫対象	動物	商品名(メーカー)	薬剤系統	剤型	有効成分と用量用法
抗線虫・抗外部寄生虫剤	単剤	犬回虫，犬鉤虫，犬鞭虫，犬糸状虫予防	犬	ミルベマイシンA(エランコジャパン)	マクロライド系	顆粒，顆粒10 錠剤 2.5，5，10	ミルベマイシンオキシムとして0.25～0.50 mg/kgの範囲でPO，月1回(犬糸状虫予防)，0.25～0.50 mg/kg(犬回虫，犬鉤虫)あるいは0.5～1.0 mg/kg(犬鞭虫)で単回，PO
	単剤	犬回虫，猫回虫	犬，猫	動物用カミンAP錠(佐藤製薬)	ヘキサヒドロピラジン系	錠剤	アジピン酸ピペラジンとして30～120 mg/kgの範囲で単回，PO
	単剤	犬回虫，犬鉤虫	犬	ソルビー錠(ゾエティス・ジャパン)	イミダチアゾール系	錠剤	パモ酸ピランテルとして12.5～14.0 mg/kgの範囲で単回，PO
	単剤	犬鞭虫	犬	トリサーブ注射液(フジタ製薬)	メチリジン系	注射剤	メチリジンとして36～45 mg/kgの範囲で大腿部に単回，SC
	単剤	犬鉤虫	犬	デボネア(フジタ製薬)	フェノール型化合物	注射剤	ジソフェノールとして6.5～7.0 mg/kgの範囲で単回，SC
	単剤	犬糸状虫予防(犬，猫)，猫回虫(猫) ノミ成虫，ノミ幼虫成長攪乱，ミミヒゼンダニ駆除	犬，猫	レボリューション6%(ゾエティス・ジャパン)	マクロライド系	液剤	セラメクチンとして6～18 mg/kgの範囲で単回あるいは月1回，皮膚滴下投与
	単剤	犬糸状虫予防 ノミ成虫，ノミ幼虫成長攪乱，ミミヒゼンダニ駆除	犬	レボリューション12%(ゾエティス・ジャパン)	マクロライド系	液剤	セラメクチンとして6～12 mg/kgの範囲で月1回，皮膚滴下投与
	単剤	犬糸状虫予防	犬	カルドメック錠23，68，136；カルドメックチュアブル68，136メリアル(ベーリンガーインゲルハイムアニマルヘルスジャパン)	マクロライド系	錠剤あるいはチュアブル剤	イベルメクチンとして6～12 μg/kgの範囲で月1回，PO
	単剤	犬糸状虫予防	犬	モキシデック錠15，30，60，136(ゾエティス・ジャパン)	マクロライド系	錠剤	モキシデクチンとして2～4 μg/kgの範囲で月1回，PO

表1-6 (続き)動物用医薬品として内部寄生虫に対する効能・効果が認可されている製剤(一部外部寄生虫にも有効な成分を含む)(続く)

種類	薬剤分類	駆虫対象	動物	商品名(メーカー)	薬剤系統	剤型	有効成分と用量用法
抗線虫剤	単剤	犬糸状虫予防	犬	注射用プロハート12(ゾエティス・ジャパン)	マクロライド系	注射剤	モキシデクチンとして0.556 mg/kgで年1度，SC
抗条虫剤	単剤	瓜実条虫，多包条虫(犬)，猫条虫(猫)，メソセストイデス属条虫(犬)，マンソン裂頭条虫(犬，猫)	犬，猫	ドロンシット錠(バイエル薬品)	プラジノイソキノリン系	錠剤	プラジクアンテルとして3.3～10 mg/kgの範囲で単回，PO，ただしマンソン裂頭条虫には6倍量投与
抗条虫・抗吸虫剤	単剤	瓜実条虫，猫条虫(猫)，メソセストイデス属条虫(犬)，マンソン裂頭条虫(犬，猫)，壺形吸虫(猫)	犬，猫	ドロンシット注射液(バイエル薬品)	プラジノイソキノリン系	注射剤	プラジクアンテルとして5.68 mg/kgで単回，SCまたはIM，ただしマンソン裂頭条虫には34 mg/kg，壺形吸虫には30 mg/kgで，単回，SCまたはIM
抗線虫剤	複合剤(抗線虫＋抗線虫)	犬回虫 犬糸状虫予防	犬	カルドメックチュアブルP34，68，136，272(ベーリンガーインゲルハイムアニマルヘルスジャパン)	イミダチアゾール系＋マクロライド系	チュアブル剤	パモ酸ピランテルとして14.1～29.1 mg/kgの範囲で単回，PO イベルメクチンとして6～12 μg/kgの範囲で月1回，PO
	複合剤(抗線虫＋抗線虫)	犬回虫，犬鉤虫，犬鞭虫	犬	ドロンタールプラス錠(バイエル薬品)	プロベンズイミダゾール系＋イミダチアゾール系＋	錠剤	フェバンテルとして15～30 mg/kg，パモ酸ピランテルとして14.4～28.8 mg/kgの範囲で単回，PO
抗線虫剤・抗条虫剤	複合剤(抗線虫＋抗条虫)	犬回虫，犬鉤虫，犬鞭虫，犬糸状虫予防 瓜実条虫，多包条虫	犬	インターセプターS チュアブルS，M，L，LL(エランコジャパン)	マクロライド系＋プラジノイソキノリン系	チュアブル剤	ミルベマイシンオキシムとして0.5～1.0 mg/kgの範囲で単回あるいは月1回，PO(犬糸状虫予防) プラジクアンテルとして5～10 mg/kgの範囲で単回，PO
抗線虫・抗原虫剤	複合剤(抗線虫＋抗原虫)	犬回虫，犬鉤虫，犬鞭虫 シストイソスポラ	犬	プロコックス(バイエル薬品)	シクロデプシペプチド系＋ トリアジントリオン誘導体	液剤	エモデプシドとして0.45～0.68 mg/kgの範囲で単回，PO トルトラズリルとして9～13.5 mg/kgの範囲で単回，PO

表 1-6 （続き）動物用医薬品として内部寄生虫に対する効能・効果が認可されている製剤（一部外部寄生虫にも有効な成分を含む）（続く）

種類	薬剤分類	駆虫対象	動物	商品名（メーカー）	薬剤系統	剤型	有効成分と用量用法
抗線虫・抗外部寄生虫複合剤	複合剤（抗線虫＋抗外部寄生虫）	犬回虫，犬鉤虫，犬糸状虫予防 ノミ駆除，イヌニキビダニの症状改善，ヒゼンダニ駆除	犬	アドボケート犬用（バイエル薬品）	マクロライド系＋ネオニコチノイド系	液剤	モキシデクチンとして2.5～10 mg/kgの範囲で単回，あるいは月1回，皮膚滴下投与（犬糸状虫予防） イミダクロプリドとして10～40 mg/kgの範囲で単回，皮膚滴下投与
	複合剤（抗線虫＋抗外部寄生虫）	犬回虫，犬鉤虫，犬鞭虫，犬糸状虫予防 ノミ幼虫成長攪乱	犬	システックS，M，L，LL（エランコジャパン）	マクロライド系＋ベンゾイルフェニルウレア系	錠剤	ミルベマイシンオキシムとして0.5～1.0 mg/kgの範囲で月1回，PO（犬糸状虫予防に準拠） ルフェヌロンとして10～20 mg/kgの範囲でPO
	複合剤（抗線虫＋抗外部寄生虫）	犬回虫，犬鉤虫，犬鞭虫，犬糸状虫予防 ノミ，マダニ駆除	犬	パノラミス錠S，M，L，LL，XL（エランコジャパン）	マクロライド系＋マクロライド系	錠剤	ミルベマイシンオキシムとして0.5～1.0 mg/kgの範囲で単回あるいは月1回，PO（犬糸状虫予防） スピノサドとして30～60 mg/kgの範囲で単回，PO
	複合剤（抗線虫＋抗外部寄生虫）	犬回虫，犬小回虫，犬鉤虫，犬鞭虫，犬糸状虫予防 ノミ，マダニ駆除	犬	ネクスガード　スペクトラ11.3，22.5，45，90，180（ベーリンガーインゲルハイムアニマルヘルスジャパン）	マクロライド系＋イソキサゾリン系	錠剤	ミルベマイシンオキシムとして0.5～1.0 mg/kgの範囲で単回あるいは月1回，PO（犬糸状虫予防） アフォキソラネルとして2.5～5.0 mg/kgの範囲で単回，PO
抗線虫剤	単剤	猫回虫，猫鉤虫，犬糸状虫予防	猫	カルドメック　チュアブル　FX55，165（ベーリンガーインゲルハイムアニマルヘルスジャパン）	マクロライド系	チュアブル剤	イベルメクチンとして24～48 μg/kgの範囲で単回，あるいは月1回，PO（犬糸状虫予防）
抗線虫・抗条虫複合剤	複合剤（抗線虫＋抗条虫）	猫回虫，猫鉤虫 瓜実条虫，猫条虫	猫	ドロンタール錠（バイエル薬品）	イミダチアゾール系＋プラジノイソキノリン系	錠剤	パモ酸ピランテルとして57.5～115 mg/kgの範囲で単回，PO プラジクアンテルとして5～10 mg/kgの範囲で単回，PO
	複合剤（抗線虫＋抗条虫）	猫回虫，猫鉤虫 瓜実条虫，多包条虫，猫条虫	猫	プロフェンダー　スポット（バイエル薬品）	シクロデプシペプチド系＋プラジノイソキノリン系	液剤	エモデプシドとして3～6 mg/kgの範囲で単回，皮膚滴下投与 プラジクアンテルとして12～24 mg/kgの範囲で単回，皮膚滴下投与

表 1-6　(続き)動物用医薬品として内部寄生虫に対する効能・効果が認可されている製剤(一部外部寄生虫にも有効な成分を含む)

種類	薬剤分類	駆虫対象	動物	商品名(メーカー)	薬剤系統	剤型	有効成分と用量用法
抗線虫・抗条虫複合剤	複合剤(抗線虫＋抗条虫)	猫回虫，猫鉤虫 瓜実条虫	猫	小型・子猫用ミルベマックスフレーバー錠(エランコ　ジャパン)	マクロライド系＋プラジノイソキノリン系	錠剤	ミルベマイシンとして2～4 mg/kgの範囲で単回，PO プラジクアンテルとして5～10 mg/kgの範囲で単回，PO
	複合剤(抗線虫＋抗条虫)	猫回虫，猫鉤虫 瓜実条虫	猫	猫用ミルベマックスフレーバー錠(エランコ　ジャパン)	マクロライド系＋プラジノイソキノリン系	錠剤	ミルベマイシンとして2～4 mg/kgの範囲で単回，PO プラジクアンテルとして5～10 mg/kgの範囲で単回，PO
抗線虫・抗外部寄生虫複合剤	複合剤(抗線虫＋抗外部寄生虫)	猫回虫，猫鉤虫，犬糸状虫予防 ノミ，ミミヒゼンダニ駆除	猫	アドボケート猫用(バイエル薬品)	マクロライド系＋ネオニコチノイド系	液剤	モキシデクチンとして1～4 mg/kgの範囲で，単回，あるいは月1回，皮膚滴下投与(犬糸状虫) イミダクロプリドとして10～40 mg/kgの範囲で単回，皮膚滴下投与
	複合剤(抗線虫＋抗外部寄生虫)	猫回虫，猫鉤虫，犬糸状虫予防 ノミ駆除，ノミ幼虫成長撹乱 マダニ類，ヒゼンダニ駆除	猫	レボリューション　プラス(ゾエティス・ジャパン)	マクロライド系＋イソキソザリン系	液剤	セラメクチンとして6～12 mg/kgの範囲で単回，あるいは月1回，皮膚滴下投与(犬糸状虫) サロラネルとして1～2 mg/kgの範囲で単回，皮膚滴下投与
抗線虫・抗条虫・抗外部寄生虫複合剤	複合剤(抗線虫＋抗条虫＋抗外部寄生虫)	猫回虫，猫鉤虫，犬糸状虫予防 瓜実条虫，多包条虫，猫条虫 ノミ，マダニ類駆除 ノミ幼虫成長撹乱	猫	ブロードライン(ベーリンガーインゲルハイムアニマルヘルスジャパン)	マクロライド系＋プラジノイソキノリン系＋ フェニルピラゾール系＋ドデカジエン酸イソプロピル系	液剤	エプリノメクチンとして0.48～1.44 mg/kgの範囲で，単回，あるいは月1回，皮膚滴下投与(犬糸状虫) プラジクアンテルとして10～30 mg/kgの範囲で単回，皮膚滴下投与 フィプロニルとして10～30 mg/kgの範囲で単回，皮膚滴下投与 (S)-メトプレンとして12～36 mg/kgの範囲で皮膚滴下投与

表 1-7　動物用医薬品として外部寄生虫に対する効能・効果が認可されている製剤(一部内部寄生虫にも有効な成分を含む)(続く)

種類	薬剤分類	駆虫対象	動物	商品名(メーカー)	薬剤系統	剤型	有効成分と用量用法
昆虫駆除単・複合剤	単剤	ノミ	犬，猫	キャプスター錠11.4 mg(エランコジャパン)	ネオニコチノイド系	錠剤	ニテンピラムとして1.0～11.4 mg/kgの範囲で単回，PO
	単剤	ノミ，シラミ	犬	ネグホン(バイエル薬品)	有機リン系	粒・散剤	トリクロルホンを水で0.1～0.5%に希釈し，皮膚に噴霧
	単剤	ノミ，シラミ	犬	ネグホン散-3%(バイエル薬品)	有機リン系	粒・散剤	トリクロルホン3%含有製剤を直接皮膚に散布
	複合剤	ノミ ノミ幼虫成長阻害	犬	アドバンテージプラス犬用(バイエル薬品)	ネオニコチノイド系＋フェニルエーテル系	液剤	イミダクロプリドとして10～25 mg/kgの範囲で単回，皮膚滴下投与 ピリプロキシフェンとして0.5～1.25 mg/kgの範囲で単回，皮膚滴下投与
	複合剤	ノミ ノミ幼虫成長攪乱	猫	アドバンテージプラス猫用(バイエル薬品)	ネオニコチノイド系＋フェニルエーテル系	液剤	イミダクロプリドとして10～40 mg/kgの範囲で単回，皮膚滴下投与 ピリプロキシフェンとして0.5～1.25 mg/kgの範囲で単回，皮膚滴下投与
昆虫駆除・ダニ類駆除単剤	単剤	ノミ，マダニ類	犬	ボルホ散－1%(バイエル薬品)	カーバメイト系	散剤	プロポクスルとして1%含有散剤を体表に直接散布
	単剤	ノミ，マダニ類	犬，猫	フロントライン・スプレー(ベーリンガーインゲルハイムアニマルヘルスジャパン)	フェニルピラゾール系	液剤	フィプロニルとして7.5 mg/kgを基準量として，毛の長さに応じて15 mg/kgまで直接体表に噴霧
	単剤	ノミ，マダニ類	犬	フロントライン・スポットオンドッグ(ベーリンガーインゲルハイムアニマルヘルスジャパン)	フェニルピラゾール系	液剤	フィプロニルとして6.7～13.4 mg/kgの範囲で皮膚滴下投与
	単剤	ノミ，マダニ類	犬	プラクーティック(エランコジャパン)	フェニルピラゾール系	液剤	ピリプロールとして12.5～30.6 mg/kgの範囲で皮膚滴下投与
	単剤	ノミ，マダニ類	犬	プレベンテック(ビルバックジャパン)	ホルムアミジン系	首輪型製剤	アミトラズ2.5 g含有の首輪1本を装着

表 1-7　(続き)動物用医薬品として外部寄生虫に対する効能・効果が認可されている製剤(一部内部寄生虫にも有効な成分を含む)(続く)

種類	薬剤分類	駆虫対象	動物	商品名(メーカー)	薬剤系統	剤型	有効成分と用量用法
昆虫駆除・ダニ類駆除単剤	単剤	ノミ(犬，猫)，マダニ類(犬)	犬，猫	コンフォティス錠 140 mg, 270 mg, 560 mg, 810 mg, 162 mg.(エランコジャパン)	マクロライド系	錠剤	犬：スピノサドとして30～60 mg/kgの範囲で単回，PO 猫：50～100 mg/kgの範囲で単回，PO
	単剤	ノミ，マダニ類	犬	ネクスガード11.3，28.3，68，136(ベーリンガーインゲルハイムアニマルヘルスジャパン)	イソキソザリン系	錠剤	アフォキソラネルとして2.5～5.0 mg/kgの範囲で単回，PO
	単剤	ノミ，マダニ類	犬	ブラベクト錠112.5，250，500，1,000，1,400 mg(MSDアニマルヘルス)	イソキソザリン系	錠剤	フルララネルとして25.0～56.3 mg/kgの範囲で単回，PO
	単剤	ノミ，マダニ類	犬	シンパリカ5，10，20，40，80(ゾエティス・ジャパン)	イソキソザリン系	錠剤	サロラネルとして2.0～4.0 mg/kgの範囲で単回，PO
	単剤	ノミ，マダニ類	犬	クレデリオ錠S，M，L，LL，XL(エランコジャパン)	イソキソザリン系	錠剤	ロチラネルとして20.5～45.0 mg/kgの範囲で単回，PO
	単剤	ノミ，マダニ類	猫	フロントライン　スポットオン　キャット(ベーリンガーインゲルハイムアニマルヘルスジャパン)	フェニルピラゾール系	液剤	フィプロニルとして50 mg/headを皮膚滴下投与
	単剤	ノミ，マダニ類	猫	ブラベクト　スポット猫用(MSDアニマルヘルスジャパン)	イソキソザリン系	液剤	フルララネルとして40.0～93.3 mg/kgの範囲で単回，PO
昆虫駆除・ダニ類駆除単・複合剤	単剤	ノミ，ヒゼンダニ	犬	ボルホ・50％(バイエル薬品)	カーバメイト系	粒・散剤	プロポクスルを水で0.1～0.25％に希釈し，適量を皮膚に噴霧
	複合剤	ノミ，マダニ類	犬	ボルホプラスカラー(バイエル薬品)	カーバメイト系＋ピレスロイド系	首輪型製剤	プロポクスル4.5 g，フルメトリン1.013 g含有の首輪1本を装着
	複合剤	ノミ，マダニ類	犬	デュオカラーL(ビルバックジャパン)	有機リン系＋フェニルエーテル系	首輪型製剤	ジムピラート6.3 g，ピリプロキシフェン0.1 g含有の首輪1本を装着

表 1-7 (続き)動物用医薬品として外部寄生虫に対する効能・効果が認可されている製剤(一部内部寄生虫にも有効な成分を含む)(続く)

種類	薬剤分類	駆虫対象	動物	商品名(メーカー)	薬剤系統	剤型	有効成分と用量用法
昆虫駆除・ダニ類駆除単・複合剤	複合剤	ノミ，マダニ類，蚊(忌避)	犬	フォートレオン(バイエル薬品)	ピレスロイド系＋ ネオニコチノイド系	液剤	ペルメトリンとして50～100 mg/kg，イミダクロプリドとして10～20 mg/kgの範囲で単回，皮膚滴下投与
	複合剤	ノミ，ハジラミ，シラミ，マダニ類 ノミ幼虫成長攪乱	犬	フロントライン　プラスドッグ(ベーリンガーインゲルハイムアニマルヘルスジャパン)	フェニルピラゾール系 ＋ ドデカジエン酸イソプロピル系	液剤	フィプロニルとして6.7～13.4 mg/kgの範囲で単回，皮膚滴下投与 (S)-メトプレンとして6.0～12 mg/kgの範囲で単回，皮膚滴下投与
	複合剤	ノミ，ハジラミ，マダニ類 ノミ幼虫成長攪乱	猫	フロントライン　プラスキャット(ベーリンガーインゲルハイム)	フェニルピラゾール系 ＋ ドデカジエン酸イソプロピル系	液剤	フィプロニルとして50 mg/headで単回，皮膚滴下投与 (S)-メトプレンとして60 mg/headで単回，皮膚滴下投与
昆虫駆除・ダニ類駆除・抗内部寄生虫単剤	単剤	ノミ(成虫駆除，幼虫成長攪乱)，ミミヒゼンダニ 犬：犬糸状虫の予防 猫：犬糸状虫の予防，猫回虫	犬，猫	レボリューション6%(ゾエティス・ジャパン)	マクロライド系	液剤	セラメクチンとして6～18 mg/kgの範囲で単回，あるいは月1回，皮膚滴下投与(ノミ寄生予防)
	単剤	ノミ(成虫駆除，幼虫成長攪乱)，ミミヒゼンダニ 犬糸状虫の予防	犬	レボリューション12%(ゾエティス・ジャパン)	マクロライド系	液剤	セラメクチンとして6～12 mg/kgの範囲で単回，あるいは月1回，皮膚滴下投与(ノミ寄生予防)
昆虫駆除・ダニ類駆除・抗内部寄生虫複合剤	複合剤(抗外部寄生虫＋抗線虫)	ノミ駆除，イヌニキビダニの症状改善，ヒゼンダニ駆除 犬回虫，犬鉤虫，犬糸状虫の予防	犬	アドボケート犬用(バイエル薬品)	ネオニコチノイド系＋ マクロライド系(モキシデクチン)	液剤	イミダクロプリドとして10～40 mg/kgの範囲で単回，皮膚滴下投与 モキシデクチンとして2.5～10 mg/kgの範囲で，単回，あるいは月1回皮膚滴下投与(犬糸状虫予防)
	複合剤	ノミ幼虫成長攪乱 犬回虫，犬鉤虫，犬鞭虫，犬糸状虫の予防	犬	システックS，M，L，LL(エランコジャパン)	ベンゾイルフェニルウレア系＋ マクロライド系	錠剤	ルフェヌロンとして10～20 mg/kgの範囲でPO ミルベマイシンオキシムとして0.5～1.0 mg/kgの範囲で単回，あるいは月1回投与，PO(犬糸状虫予防)

表 1-7 (続き) 動物用医薬品として外部寄生虫に対する効能・効果が認可されている製剤(一部内部寄生虫にも有効な成分を含む)

種類	薬剤分類	駆虫対象	動物	商品名(メーカー)	薬剤系統	剤型	有効成分と用量用法
昆虫駆除・ダニ類駆除・抗内部寄生虫複合剤	複合剤	ノミ，マダニ類 犬回虫，犬鉤虫，犬鞭虫，犬糸状虫の予防	犬	パノラミス錠S，M，L，LL，XL(エランコジャパン)	マクロライド系＋マクロライド系	錠剤	スピノサドとして30～60 mg/kgの範囲で単回，PO ミルベマイシンオキシムとして0.5～1.0 mg/kgの範囲で単回，あるいは月1回投与，PO(犬糸状虫予防)
	複合剤	ノミ，マダニ類 犬回虫，犬小回虫，犬鉤虫，犬鞭虫，犬糸状虫の予防	犬	ネクスガード　スペクトラ11.3，22.5，45，90，180(ベーリンガーインゲルハイムアニマルヘルスジャパン)	イソキサゾリン系＋マクロライド系	錠剤	アフォキソラネルとして2.5～5.0 mg/kgの範囲で単回，PO ミルベマイシンオキシムとして0.5～1.0 mg/kgの範囲で単回，あるいは月1回投与，PO(犬糸状虫予防)
	複合剤	ノミ，マダニ類 ノミ幼虫成長撹乱 猫回虫，猫鉤虫，瓜実条虫，猫条虫，多包条虫	猫	ブロードライン(ベーリンガーインゲルハイムアニマルヘルスジャパン)	フェニルピラゾール系＋ドデカジエン酸イソプロピル系＋マクロライド系＋プラジノイソキノリン系	液剤	フィプロニルとして10～30 mg/kgの範囲で単回，皮膚滴下投与 (S)-メトプレンとして12～36 mg/kgの範囲で単回，皮膚滴下投与 エプリノメクチンとして0.48～1.44 mg/kg プラジクアンテルとして10～30 mg/kgの範囲で単回，あるいは月1回，皮膚滴下投与(犬糸状虫予防)
	複合剤	ノミ，ノミ幼虫成長撹乱 マダニ類，ミミヒゼンダニ 猫回虫，猫鉤虫，犬糸状虫の予防	猫	レボリューション　プラス(ゾエティス・ジャパン)	イソキサゾリン系＋マクロライド系	液剤	サロラネルとして1～2 mg/kgの範囲で単回，皮膚滴下投与 セラメクチンとして6～12 mg/kgの範囲で単回，皮膚滴下投与
	複合剤	ノミ，ミミヒゼンダニ 猫回虫，猫鉤虫，犬糸状虫の予防	猫	アドボケート猫用(バイエル薬品)	ネオニコチノイド系＋マクロライド系	液剤	イミダクロプリドとして10～40 mg/kgの範囲で単回，皮膚滴下投与 モキシデクチンとして1～4 mg/kgの範囲で単回，あるいは月1回，皮膚滴下投与(犬糸状虫予防)

表1-8　我が国では効果・効能を取得していないものの，抗寄生虫薬として使用される機会がある薬剤

薬剤名	用法・用量
フェンベンダゾール	50 mg/kg, SID, PO, 3日間 （犬鉤虫症，犬回虫症，猫回虫症，犬小回虫症，鞭虫症，糞線虫症など） 50 mg/kg, SID, PO, 3～5日間 （ジアルジア症） 50 mg/kg, SID, PO, 5～7日間 （血色食道虫症） 10 mg/kg, SID, PO, 2日間 （*Ollulanus tricuspis*感染症）
メラルソミン	2.2 mg/kg, IM, 3時間間隔で2回 （犬糸状虫症）
ドラメクチン	0.2 mg/kg, SC, 2週間ごと, 3回あるいは0.5 mg/kg, PO, SID, 42日間 （血色食道虫症） 0.2～0.4 mg/kg, SC, 1週間ごと, 3～4回 （シラミ症） 0.2～0.25 mg/kg, SC, 1週間ごと （疥癬） 0.6 mg/kg, SC, 1週間ごと （ニキビダニ症）
パーベンダゾール	30 mg/kg, SID, PO （猫胃虫症，有棘顎口虫症）

参考文献

1. 一般社団法人　日本小動物獣医師会(2016)：薬用量マニュアル第4版，学窓社
2. 永田正訳(2012)：小動物の処方集第7版，学窓社
3. Plumb DC(2018)：PLUMB'S VETERINARY DRUG HANDBOOK 9TH EDITION，Wiley-Blackwell
4. 桃井康行(2012)：小動物の治療薬，第二版，文永堂出版
5. 動物用抗菌剤研究会編(2017)：犬と猫の尿路感染症診療マニュアル, 88-93，インターズー
6. 村田佳輝, 渡邉尚行(2016)：眼科薬容量マニュアル, 獣医眼科プラクティスNo 02, ファームプレス
7. 前田直之, 黒坂大次郎(2009): 眼科インストラクションコース6眼科感染症ケース別まるごとマスター，14-25, 32-37, 50-56, メジカルビュー社
8. 下村嘉一(2010)：眼の感染症，8-48, 84-117，金芳堂
9. 井上幸次, 大橋祐一, 木下茂(2009)：あたらしい眼科, 26, 1-245.
10. 大橋祐一(2009)：眼科プラクティス 28 眼感染症の謎を解く，120-149, 222-254, 405-435，文光堂
11. 村田佳輝，渡邉尚行(2016)：J-VET, 2016(6), 37-53，インターズー
12. 山﨑真大(2015)：日獣会誌，68，245-252.
13. 松本芳嗣，後藤康之，三條場千寿(2013)：日獣会誌，66，5-7.
14. 農林水産省動物用薬品検査所　動物用医薬品データベース（http://www.maff.go.jp/nval/iyakutou/index.html）
15. Bowman DD(2014)：Georgis' Parasitology for Veterinarians 10th ed., Elsevier
16. Wiehe VJ(2015)：Drug Therapy for Infectious Diseases of the Dog and Cat, Wiley Blackwell
17. Maddison JE, Page SW, Church DB(2008)：Small Animal Clinical Pharmacology 2nd ed., Saunders Elsevier
18. 佐伯英治著，今井壮一監修(2019)：犬・猫・エキゾチックペットの寄生虫ビジュアルガイド，第1版第8刷，インターズー

付録2 消毒薬の一覧

はじめに

動物病院で使用される消毒薬のうち主なものを**表2-1**に分類し，代表的な商品名を挙げる.
具体的な消毒薬の選択法に関しては14章を参照されたい.

参考文献

- 兼島孝(2011)：ペットを感染症から守る本，アニマル・メディア社
- 尾家重治(1999)：日本医師会雑誌，122(10), 298-303.
- 大久保憲監修(2016)：消毒薬テキスト，第5版,吉田製薬

表 2-1 消毒薬一覧

抗微生物スペクトル	分類		一般名	商品名(会社名)
狭域	界面活性剤系	陽イオン界面活性剤(第四級アンモニウム塩,逆性石鹸)	塩化ベンザルコニウム	オスバン液(武田薬品工業),ヂアミトール10%(丸石製薬),逆性石ケン液(吉田製薬)など
			塩化ベンゼトニウム	ハイアミン液(第一三共エスファ),エンゼトニン液(吉田製薬)など
			塩化ジデシルジメチルアンモニウム	アストップ(明治製菓),クリンエール(共立製薬)など
			塩化トリメチルアンモニウムメチレン	パコマ(明治製菓)など
		両性界面活性剤	塩酸アルキルジアミノエチルグリシン	ハイジール液10%(丸石製薬),エルエイジー10液(吉田製薬)など
	ビグアナイド系		グルコン酸クロルヘキシジン	マスキン液(丸石製薬),ヒビテン液(大日本住友製薬),ヘキザック液(吉田製薬)など
中域	アルコール系		エタノール	消毒用エタノール(吉田製薬)など
			イソプロパノール	50%・70%イソプロピルアルコール(丸石製薬), イソプロパノール消毒液50%・70%(吉田製薬)
	フェノール系		クレゾール	クレゾール石ケン液(大成薬品工業),ネオクレハゾール(明治製菓)など
	ハロゲン系薬剤	塩素系	次亜塩素酸ナトリウム	ピューラックス(オーヤラックス),次亜塩6%(吉田製薬),ハイター(花王)など
			複合次亜塩素酸消毒薬	アンテックビルコンS(バイエル薬品)
		ヨウ素系	ヨウ素	イソジン液10%(ムンディファーマ),ポピヨドン液10%(吉田製薬),ファインホール,ファインディップ(共立製薬),ポピラール消毒液10%(丸石製薬)など
			ヨードチンキ	ヨードチンキ・ヨーチン(希ヨードチンキ)(丸石製薬,吉田製薬)など
			ヨウ素・カデキソマー	カデックス(スミス・アンド・ネフュー)など
広域	酸化剤		過酢酸	アセサイド6%消毒液(サラヤ)
	アルデヒド系		グルタルアルデヒド	ステリハイド(丸石製薬),サイデックスプラス(ジョンソン・エンド・ジョンソン),グルトハイド(吉田製薬),エクスカット(科学飼料研究所)など
			フタラール	ディスオーパ(ジョンソン・エンド・ジョンソン)
その他	色素系		アクリノール	アクリノール(丸石製薬)など
	酸化剤		過酸化水素	オキシドール(吉田製薬,丸石製薬)など
	アルデヒド系		ホルムアルアデヒド	ホルマリン(吉田製薬),エフゲン(阿蘇製薬)など

付録3 検査機関の一覧とその検査項目

はじめに

国内で動物(犬・猫)の感染症に関わる臨床検査を受諾している企業と，各社の検査項目について主なものを紹介する(**表3-1～6**)．本稿は2019年7月現在把握している情報をもとに掲載しており，今後変更になる可能性があるので，検査項目の詳細，基準値などについては各社HPや最新の資料を参照されたい．

参考文献

- IDEXX Laboratories ホームページ(http://www.idexx.co.jp/corporate/home.html)2019年7月1日閲覧
- 富士フィルムVETシステムズ株式会社ホームページ(http://ffvs.fujifilm.co.jp/)2019年7月1日閲覧
- 株式会社ケーナインラボホームページ(http://www.canine-lab.jp/)2019年7月1日閲覧
- マルピー・ライフテック株式会社ホームページ(https://www.m-lt.co.jp/)2019年7月1日閲覧
- 株式会社サンリツセルコバ検査センターホームページ(http://sanritsu.zelkova.biz/)2019年7月1日閲覧
- アドテック株式会社ホームページ(https://www.adtec-inc.co.jp/index.html)2019年7月1日閲覧
- 株式会社ランスホームページ(http://www.lans-inc.co.jp/)2019年7月1日閲覧

表 3-1 アイデックス ラボラトリーズ株式会社(続く)

種類	検査項目	検体量	測定方法	所要日数	保存方法
感染症検査	*Brucella canis*抗体	血清0.3 mL	IFA	4〜8日	冷蔵または冷凍
	ライム病C_6抗体	血清0.5 mL	ELISA	5〜8日	
	SNAP4Dx®スクリーニング (犬糸状虫抗原, *Ehrlichia canis*抗体, *Anaplasma phagocytophilum*抗体, ライム病抗体)	血清・血漿0.5 mL	ELISA(SNAP4Dx®)	0〜2日	
	レプトスピラ抗体	血清0.3 mL	ELISA	0〜2日	
	猫白血病ウイルス(FeLV)抗原	血清・血漿0.2 mL	ELISA(マイクロプレート固相)	1〜2日	冷蔵または冷凍
		EDTA全血0.5 mL	IFA	2〜6日	冷蔵
	猫免疫不全ウイルス(FIV)抗体	血清・血漿0.2 mL	ELISA(マイクロプレート固相)	1〜2日	冷蔵または冷凍
		血清・血漿0.2 mL	WB(海外)	7〜14日	
	猫コロナウイルス(FCoV)抗体	血清・血漿0.2 mL	IFA	1〜2日	
	猫トキソプラズマ(TOXO)抗体	血清・血漿0.2 mL	ラテックス凝集反応	1〜2日	
	猫の犬糸状虫(HW)抗原	血清0.6 mL	ELISA(海外)	4〜8日	
	猫の犬糸状虫(HW)抗体	血清0.5 mL	ELISA(海外)		
	猫の犬糸状虫抗原・抗体セット	血清0.7 mL	−(海外)		
RealPCR™検査(パネル)	**犬下痢パネル【10項目】** ・犬腸管コロナウイルス(CECoV) ・犬ジステンパーウイルス(CDV) ・犬パルボウイルス2(CPV2) ・*Clostridium perfringens α toxin* ・*Clostridium difficile* Toxin A & B ・*Giardia* spp.	便2〜3 g(小指第一関節程度.検体送付用チューブ使用)	リアルタイムPCR	1〜4日	冷蔵

表 3-1　(続き)アイデックス ラボラトリーズ株式会社(続く)

種類	検査項目	検体量	測定方法	所要日数	保存方法
RealPCR™検査(パネル)	・*Cryptosporidium* spp. ・*Salmonella* spp. ・*Campylobacter jejuni* ・*Campylobacter coli*	便2～3 g(小指第一関節程度.検体送付用チューブ使用)	リアルタイムPCR	1～4日	冷蔵
	猫下痢パネル【10項目】 ・猫コロナウイルス(FCoV) ・猫汎白血球減少症ウイルス(FPLV) ・*Clostridium perfringens* α *toxin* ・*Giardia* spp. ・*Cryptosporidium* spp. ・*Salmonella* spp. ・*Tritrichomonas foetus* ・*Toxoplasma gondii* ・*Campylobacter jejuni* ・*Campylobacter coli*		リアルタイムPCR		
	犬呼吸器(CRD)パネル【12項目】 ・*Bordetella bronchiseptica* ・H3N8犬インフルエンザウイルス ・犬ジステンパーウイルス(CDV) ・犬アデノウイルス2型(CAV-2) ・犬パラインフルエンザウイルス3型(CPIV-3) ・犬ヘルペスウイルス(CHV)	結膜スワブおよび/または深咽頭スワブ	リアルタイムPCR		

表 3-1　(続き)アイデックス ラボラトリーズ株式会社(続く)

種類	検査項目	検体量	測定方法	所要日数	保存方法
RealPCR™検査(パネル)	・犬呼吸器コロナウイルス(CRCoV) ・H1N1インフルエンザウイルス ・H3N2犬インフルエンザウイルス ・犬ニューモウイルス(CnPnv) ・*Mycoplasma cynos* ・*Streptococcus equi* subsp. *zooepidemicus*	結膜スワブおよび/または深咽頭スワブ	リアルタイムPCR	1〜4日	冷蔵
	猫上部呼吸器疾患/猫結膜炎パネル【6項目】 ・猫ヘルペスウイルス1(FHV-1) ・猫カリシウイルス(FCV) ・*Chlamydophila felis* ・*Mycoplasma felis* ・*Bordetella bronchiseptica* ・H1N1インフルエンザウイルス		リアルタイムPCR		
	犬ベクター媒介疾患パネル【9項目】 ・*Anaplasma* spp. ・*Babesia* spp. ・*Bartonella* spp. ・*Ehrlichia* spp. ・*Hepatozoon* spp. ・*Leishmania* spp. ・*Neorickettsia risticii* ・*Rickettsia rickettsii* ・犬ヘモプラズマ(CHM)	EDTA全血1 mL	リアルタイムPCR		

表 3-1 (続き)アイデックス ラボラトリーズ株式会社(続く)

種類	検査項目	検体量	測定方法	所要日数	保存方法
RealPCR™検査(パネル)	**猫ベクター媒介疾患パネル【5項目】** ・*Anaplasma* spp. ・*Bartonella* spp. ・*Cytauxzoon felis* ・*Ehrlichia* spp. ・猫ヘモプラズマ(FHM)	EDTA全血1 mL	リアルタイムPCR	1～4日	冷蔵
	猫伝染性腹膜炎ウイルス(FIPV)パネル【3項目】 ・猫コロナウイルス(FCoV) ・猫伝染性腹膜炎ウイルス(FIPV) ・猫腸コロナウイルス(FECV)	体液：胸水，腹水0.5 mL以上 組織：病変の存在が疑われる臓器，リンパ節，大網，脾臓，腸間膜リンパ節	リアルタイムPCR		
	皮膚糸状菌パネル【3項目】 ・*Microsporum* spp. ・*Trichophyton* spp. ・*Microsporum canis*	毛，爪，膿，皮膚，スワブ	リアルタイムPCR		
	犬輸血ドナーパネル【7項目】 ・*Anaplasma* spp. ・*Babesia* spp. ・*Bartonella* spp. ・*Brucella canis* ・犬ヘモプラズマ(CHM) ・*Ehrlichia* spp. ・*Leishmania* spp.	EDTA全血1 mL	リアルタイムPCR		

表 3-1 (続き)アイデックス ラボラトリーズ株式会社(続く)

種類	検査項目	検体量	測定方法	所要日数	保存方法
RealPCR™検査(パネル)	**猫輸血ドナーパネル【8項目】** ・*Anaplasma* spp. ・*Bartonella* spp. ・*Cytauxzoon felis* ・*Ehrlichia* spp. ・猫コロナウイルス(FCoV) ・猫ヘモプラズマ(FHM) ・猫白血病ウイルス(FeLV) ・猫免疫不全ウイルス(FIV)	EDTA全血1 mL	リアルタイムPCR	1〜4日	冷蔵
	猫輸血ドナーパネルFeLV/FIV ELISA【オプション】 ・猫白血病ウイルス(FeLV)抗原(ELISA) ・猫免疫不全ウイルス(FIV)抗体(ELISA)	血清0.5 mL	ELISA		
	猫ぶどう膜炎パネル【7項目】 ・*Bartonella spp.* ・*Cryptococcus spp.* ・猫コロナウイルス(FCoV) ・猫ヘルペスウイルス1(FHV-1) ・猫白血病ウイルス(FeLV) ・猫免疫不全ウイルス(FIV) ・*Toxoplasma gondii*	眼房水　0.5 mL(最低0.1 mL)　または　EDTA全血1 mL	リアルタイムPCR		
	犬ヘモプラズマパネル【2項目】 ・*Mycoplasma haemocanis* ・*Candidatus* Mycoplasma haematoparvum	EDTA全血1 mL	リアルタイムPCR		

表 3-1 (続き)アイデックス ラボラトリーズ株式会社(続く)

種類	検査項目	検体量	測定方法	所要日数	保存方法
RealPCRTM検査(パネル)	**猫ヘモプラズマパネル【3項目】** ・*Mycoplasma haemofelis* ・*Candidatus* Mycoplasma haemominutum ・*Candidatus* Mycoplasma turicensis	EDTA全血1 mL	リアルタイムPCR	1〜4日	冷蔵
RealPCR™検査単項目(犬)	犬ジステンパーウイルス(CDV)	神経症状：EDTA全血1 mLおよび脳脊髄液 消化器症状：EDTA全血1 mLおよび便2〜3 g 呼吸器症状：結膜スワブおよび/または深咽頭スワブ はっきりした症状がない場合：EDTA全血1 mLおよび結膜スワブ	リアルタイムPCR	1〜4日	冷蔵
	Bordetella bronchiseptica	結膜スワブおよび/または深咽頭スワブ			
	H3N8犬インフルエンザウイルス				
	犬アデノウイルス2型(CAV-2)				
	犬パラインフルエンザウイルス3型(CPIV-3)				
	犬ヘルペスウイルス(CHV)				
	犬呼吸器コロナウイルス(CRCoV)				
	Mycoplasma cynos				
	Streptococcus equi subsp. *zooepidemicus*				
	犬ニューモウイルス(CnPnv)				
	H3N2犬インフルエンザウイルス				
	犬腸管コロナウイルス(CECoV)	便2〜3 g(検体送付用チューブ使用)			
	犬パルボウイルス2(CPV2)				
	Clostridium difficile Toxin A & B				

表 3-1 （続き）アイデックス ラボラトリーズ株式会社（続く）

種類	検査項目	検体量	測定方法	所要日数	保存方法
RealPCR™検査単項目（犬）	*Brucella canis*	EDTA全血1 mL	リアルタイムPCR	1～4日	冷蔵
	Babesia spp.				
	Hepatozoon spp.				
	Leishmania spp.				
	Neorickettsia risticii				
	Rickettsia rickettsii				
RealPCR™検査単項目（猫）	猫ヘルペスウイルス1（FHV-1）	結膜スワブおよび/または深咽頭スワブ	リアルタイムPCR	1～4日	冷蔵
	猫カリシウイルス（FCV）				
	Chlamydophila felis				
	Mycoplasma felis				
	Bordetella bronchiseptica				
	猫汎白血球減少症ウイルス（FPLV）	便2～3 g（検体送付用チューブ使用）			
	Toxoplasma gondii	便2～3 g/EDTA全血1 mL，脳脊髄液			
	Tritrichomonas foetus	便2～3 g（検体送付用チューブ使用）			
	猫コロナウイルス（FCoV）				
	Cytauxzoon felis	EDTA全血1 mL			
	猫免疫不全ウイルス（FIV）				
	猫白血病ウイルス（FeLV）				
	Brucella canis	EDTA全血1 mLまたは眼房水0.5 mL（最低0.1 mL）			
	Cryptococcus spp.				

表3-1 (続き)アイデックス ラボラトリーズ株式会社

種類	検査項目	検体量	測定方法	所要日数	保存方法
RealPCR™検査単項目(犬・猫共通)	*Clostridium perfringens* α toxin	便2〜3 g(検体送付用チューブ使用)	リアルタイムPCR	1〜4日	冷蔵
	Cryptosporidium spp.				
	Giardia spp.				
	Salmonella spp.				
	Campylobacter jejuni				
	Campylobacter coli				
	H1N1インフルエンザウイルス	結膜スワブおよび/または深咽頭スワブ			
	Anaplasma spp.	EDTA全血1 mL			
	Bartonella spp.				
	Ehrlichia canis				
	Ehrlichia spp.				
	Candida spp.	毛・皮膚適量 尿2 mL EDTA全血1 mL 便5 g			

表3-2 富士フィルムVETシステムズ株式会社(続く)

動物種	種類	検査項目	検体量	測定方法	報告日数	保存方法
犬	ウイルス	ジステンパーウイルスIgG抗体	血清0.2 mL，ヘパリン血漿0.2 mL	IFA法	～2日	冷蔵
		ジステンパーウイルスIgM抗体				
		ジステンパーウイルス抗原	鼻汁，唾液，眼脂，便	イムノクロマト法		室温
		パルボウイルスIgG抗体	血清0.2 mL，ヘパリン血漿0.2 mL	IFA法		冷蔵
		パルボウイルスIgM抗体				
		パルボウイルス抗原	便0.2 g以上	イムノクロマト法		室温
		アデノウイルスⅠ型抗体(外注検査)	血清0.2 mL，ヘパリン血漿0.2 mL	ELISA法	～6日	冷蔵
		コロナウイルスIgG抗体		IFA法	～2日	冷蔵
		コロナウイルスIgM抗体				
		コロナウイルス抗原	便0.2 g以上	イムノクロマト法		室温
		パラインフルエンザIgG抗体	血清0.2 mL，ヘパリン血漿0.2 mL	IFA法		冷蔵
		パラインフルエンザIgM抗体				
		ヘルペスウイルスIgG抗体				
		ヘルペスウイルスIgM抗体				
	原虫・寄生虫	バベシア ギブソニーIgG抗体	血清0.2 mL，ヘパリン血漿0.2 mL	IFA法	～2日	冷蔵
		バベシア カニスIgG抗体				
		バベシア(血液塗抹診断にて)	未染色(固定済)スライド	鏡検法	～7日	室温
		犬糸状虫成虫抗原(犬)	血清0.2 mL，ヘパリン血漿0.2 mL	ELISA法	～2日	冷蔵
		原虫検査(トキソプラズマを除く)	便0.2 g以上	浮遊法	～10日	
		寄生虫卵検査		遠沈鏡検法		
	細菌	ブルセラ カニスIgG抗体	血清0.2 mL，ヘパリン血漿0.2 mL	IFA法	～2日	冷蔵
		レプトスピラIgG抗体				

表 3-2　(続き)富士フィルムVETシステムズ株式会社(続く)

動物種	種類	検査項目	検体量	測定方法	報告日数	保存方法
犬	細菌	レプトスピラIgM抗体	血清0.2 mL，ヘパリン血漿0.2 mL	イムノクロマト法	～2日	冷蔵
		ライム病IgG抗体		IFA法		
	リケッチア	エールリヒアIgG抗体	血清0.2 mL，ヘパリン血漿0.2 mL	IFA法		
		エールリヒアIgM抗体				
		Q熱コクシエラIgG抗体				
猫	ウイルス感染症	猫コロナウイルス(FCoV)IgG抗体	血清0.2 mL，ヘパリン血漿0.2 mL	IFA法	～2日	冷蔵
		猫汎白血球減少症IgG抗体				
		猫汎白血球減少症IgM抗体				
		猫汎白血球減少症ウイルス抗原	便0.2 g以上	イムノクロマト法		室温
		カリシウイルスIgG抗体	血清0.2 mL，ヘパリン血漿0.2 mL	IFA法		冷蔵
		カリシウイルスIgM抗体				
		カリシウイルス抗原(外注検査)	鼻汁，眼脂，唾液	RT-PCR法	～8日	
		ヘルペスウイルスIgG抗体	血清0.2 mL，ヘパリン血漿0.2 mL	IFA法	～2日	
		ヘルペスウイルスIgM抗体				
		ヘルペスウイルス抗原(外注検査)	鼻汁，眼脂，唾液	PCR法	～8日	
		猫免疫不全ウイルス(FIV)抗体	血清0.2 mL，ヘパリン血漿0.2 mL	イムノクロマト法	即日	
		猫白血病ウイルス(FeLV)抗原				
	原虫・寄生虫	トキソプラズマIgG抗体(猫のみ)	血清0.1 mL，ヘパリン血漿0.2 mL	ELISA法	～6日	冷蔵
		犬糸状虫成虫抗原(猫)	血清0.2 mL，ヘパリン血漿0.2 mL	ELISA法	～2日	
		犬糸状虫抗体(猫)	血清0.1 mL，ヘパリン血漿0.1 mL	ELISA法	～3日	
		原虫検査(トキソプラズマを除く)	便0.2 g以上	浮遊法	～10日	
		寄生虫卵検査		遠沈鏡検法		

表 3-2 (続き)富士フィルムVETシステムズ株式会社(続く)

動物種	種類	検査項目	検体量	測定方法	報告日数	保存方法
猫	細菌	猫ひっかき病(バルトネラ)IgG抗体	血清0.2 mL，ヘパリン血漿0.2 mL	IFA法	～2日	冷蔵
		クラミジアIgG抗体				
		クラミジアIgM抗体				
	真菌	クリプトコッカス抗原	血清0.5 mL，脳脊髄液0.5 mL	ラテックス凝集法		冷凍
	マイコプラズマ	ヘモプラズマ(血液塗抹診断にて)	未染色(固定済)スライド	鏡検法	～7日	室温
	セット	猫コロナウイルス(FCoV)＋蛋白分画	血清0.3 mL		～2日	冷蔵
		FIV・FeLVセット	血清0.2 mL，ヘパリン血漿0.2 mL		即日	
		猫セット(FIV・FeLV・FCoV)検査			～2日	
		犬糸状虫成虫抗原・抗体セット			～3日	
共通	細菌培養， 薬剤感受性試験	一般細菌培養同定	スワブ	好気性菌の同定	～11日	冷蔵
		一般細菌培養同定＋パスツレラ				
		一般細菌培養同定＋ボルデテラ				
		一般細菌培養同定＋ヘモフィニス				
		一般細菌培養同定＋エルシニア				
		一般細菌培養同定＋スタフィロコッカスシュードインターメディウス			～8日	
		嫌気性菌培養同定		偏性嫌気性菌の同定	～8日	
		便培養(9菌種)	スワブまたは滅菌容器	糞便中の9菌種の同定(黄色ブドウ球菌，大腸菌，サルモネラ菌，*Klebsiella oxytoca*，赤痢菌，*Vibrio mimicus*，腸炎ビブリオ，*Bacillus cereus*，*Yersinia enterocolitica*)	～8日	
		便培養＋カンピロバクター	スワブ		～11日	
		便培養＋クロストリジウム			～11日	
		便培養＋O抗原	スワブまたは滅菌容器		～9日	

表 3-2 （続き）富士フィルムVETシステムズ株式会社

動物種	種類	検査項目	検体量	測定方法	報告日数	保存方法
共通	細菌培養，薬剤感受性試験	血液培養（好気，嫌気）	専用の血液ボトル各3 mLの全血	血液中の好気嫌気性菌の同定	～10日	室温
		培養後薬剤感受性試験	—	一般細菌嫌気性菌便培養血液培養の薬剤感受性	～9日	冷蔵
		好気性クイック薬剤感受性試験	スワブ	同定はせず，好気性の薬剤感受性	～5日	
		嫌気性クイック薬剤感受性試験	スワブまたは嫌気ポーター	同定はせず，嫌気性の薬剤感受性	～5日	
		塗抹鏡検　グラム染色			～4日	冷蔵
		尿定量培養検査	滅菌スピッツに採尿した尿	同定された菌の定量培養		冷蔵
	セット項目	クイック薬剤感受性試験＋グラム染色			～5日	冷蔵
		好気性＋嫌気性クイック薬剤感受性試験				
		好気性＋嫌気性クイック薬剤感受性試験＋グラム染色				
	真菌培養	真菌培養同定	スワブまたは滅菌容器	皮膚糸状菌，および深在性真菌症の病原真菌の培養・同定	～40日	室温または冷蔵
		真菌培養同定＋マラセチア				

表 3-3 ケーナインラボ株式会社(続く)

動物種	種類	検査項目	検体量	測定方法	報告日数	保存方法
犬	ウイルス感染症	犬ジステンパーウイルス(CDV)	拭い液(咽頭・結膜),脳脊髄液(0.5～1.0 mL),EDTA全血(0.5～1.0 mL),糞便(小豆大)	PCR法,RT-PCR	4～5日	冷蔵
		パルボウイルス	EDTA全血(0.5～1.0 mL),糞便(小豆大),吐しゃ物(小豆大)			
		イヌコロナウイルス(CCoV)	糞便(小豆大)			
	原虫・寄生虫	バベシア・ギブソニ/キャニス	EDTA全血(0.5～1.0 mL)			
		クリプトスポリジウム属	糞便(小豆大)			
		ニキビダニ(毛包虫)	掻爬(皮膚),被毛,セロテープ			
		ヒゼンダニ(疥癬)				
		ジアルジア属	糞便(小豆大)			
		トリコモナス(*Tritrichomonas foetus*)				
	細菌	レプトスピラ属	尿・精液(0.5～1.0 mL),EDTA全血(0.5～1.0 mL),拭い液(尿生殖器)			
		カンピロバクター(*Campylobacter coli, C. jejuni*)	糞便(小豆大)			
		サルモネラ属				
	真菌	皮膚糸状菌	拭い液(皮膚),被毛(2～3本以上)			
		クリプトコッカス(*Cryptococcus neoformans*)	拭い液(病変部),組織(米粒大),糞便(小豆大)			
	セット	バベシア・レプトスピラセット	EDTA全血(0.5～1.0 mL)			
		下痢パネル	糞便(小豆大)			
猫	ウイルス感染症	猫コロナウイルス(FCoV)	胸水・腹水(0.5～1.0 mL),EDTA全血(0.5～1.0 mL),脳脊髄液(0.5～1.0 mL),肉芽腫FNA(1.0～2.0 mL生食が濁る程度),糞便(小豆大)	PCR法,RT-PCR	4～5日	冷蔵
		猫汎白血球減少症ウイルス	EDTA全血(0.5～1.0 mL),糞便(小豆大),吐しゃ物(小豆大)			
		ネコカリシウイルス(FCV)	拭い液(結膜,鼻汁,歯肉炎症部)			
		ネコヘルペスウイルスⅠ型(FHV-1)				

表 3-3 (続き)ケーナインラボ株式会社

動物種	種類	検査項目	検体量	測定方法	報告日数	保存方法
猫	ウイルス感染症	猫免疫不全ウイルス(FIV)定量検査	EDTA 全血(0.5〜1.0 mL)	PCR 法, RT-PCR	4〜5日	冷蔵
		猫免疫不全プロウイルス(proFIV)				
		猫免疫不全ウイルス(FIV)タイプ分類			〜10日	
		猫白血病ウイルス(FeLV)定量検査			4〜5日	
		猫白血病プロウイルス(proFeLV)				
	原虫・寄生虫	トキソプラズマ	便(小豆大), 脳脊髄液(0.5〜1.0 mL), 組織(米粒大)			
		クリプトスポリジウム属	糞便(小豆大)			
		ジアルジア属				
		トリコモナス(*Tritrichomonas foetus*)				
	細菌	気管支敗血症菌(*Bordetella bronchiseptica*)	拭い液(結膜, 鼻汁, 歯肉炎症部)			
		ネコクラミジア				
		カンピロバクター(*Campylobacter coli, C. jejuni*)	糞便(小豆大)			
		サルモネラ属				
	真菌	皮膚糸状菌	拭い液(皮膚), 被毛(2〜3本以上)			
		クリプトコッカス(*Cryptococcus neoformans*)	拭い液(病変部), 組織(米粒大)			
	マイコプラズマ	ヘモプラズマ(ヘモバルトネラ)	EDTA 全血(0.5〜1.0 mL)			
		マイコプラズマ・フェリス	拭い液(結膜, 鼻汁, 歯肉炎症部)			
	セット	FCoV・proFeLV・proFIV セット	EDTA 全血(0.5〜1.0 mL)			
		血液パネル(FCoV, proFeLV, proFIV, ヘモプラズマ)				
		下痢パネル	糞便(小豆大)			

表 3-4　マルピー・ライフテック株式会社(続く)

動物種	病原体	項目名	検体量	検査方法	所要日数	送付方法
犬	犬ジステンパーウイルス(CDV)	CDV 共通遺伝子	鼻汁，糞便，涙液，結膜スワブ，全血(EDTA 処理)0.5 mL，脳脊髄液0.3 mL	RT-PCR	5日以内	冷蔵
		CDV 野外株遺伝子	共通遺伝子検査で増幅されたPCR産物を使用	PCR-RFLP(多型分析検査)	4日以内	FAX で追加検査依頼
		CDV　IgM 抗体	血清(血漿)0.05 mL	ELISA	3日以内	常温△・冷蔵
		CDV　IgG 抗体	血清(血漿)0.05 mL，脳脊髄液0.1 mL	IP(免疫ペルオキシダーゼブラック染色法)	3日以内	常温・冷蔵
		CDV　中和抗体	血清(血漿)0.2 mL	NT	7日以内	常温・冷蔵
		リファレンス抗体	血清(血漿)0.1 mL，脳脊髄液0.2 mL	CPV-2：H1，CAV：NT	10日以内	IG6抗体検査の残量を使用
	犬パルボウイルス2型(CPV-2)	CPV-2野外株遺伝子	糞便適量，全血，血清(血漿)0.4 mL	PCR	4日以内	常温・冷蔵
		CPV-2　IgM 抗体	血清(血漿)0.1 mL	2-メルカノプトエタノール処理HI試験		常温△・冷蔵
		CPV-2　HI 抗体		HI(赤血球凝集抑制試験)		常温・冷蔵
	犬アデノウイルス(CAV)	CAV-1遺伝子	尿，全血(EDTA 処理)0.4 mL	PCR	4日以内	常温・冷蔵
		1型抗体(CAV-1)	血清(血漿)0.2 mL	NT	7日以内	
		2型抗体(CAV-2)				
		CAV-1抗体＋CAV-2抗体				
	犬コロナウイルス(CCoV)	CCoV 遺伝子	糞便適量	RT-PCR	5日以内	冷蔵
		CCoV 抗体	血清(血漿)0.1 mL	IP(免疫ペルオキシダーゼブラック染色法)	3日以内	常温・冷蔵
	犬パラインフルエンザウイルス(CPIV)	CPIV 抗体	血清(血漿)0.2 mL	NT	10日以内	常温・冷蔵
	犬ヘルペスウイルス(CHV)	CHV 抗体	血清(血漿)0.2 mL	NT	7日以内	常温・冷蔵
	犬バベシア(*Babesia gibsoni*)	犬バベシア遺伝子	全血(EDTA 処理)0.4 mL	PCR	4日以内	常温・冷蔵
		犬バベシア抗体	血清(血漿)0.05 mL	ELISA	5日以内	
	犬ヘモプラズマ(*Mycoplasma heamocanis*)	犬ヘモプラズマ遺伝子	全血(EDTA 処理)0.4 mL	PCR	4日以内	常温・冷蔵

表3-4　(続き)マルピー・ライフテック株式会社(続く)

動物種	病原体	項目名	検体量	検査方法	所要日数	送付方法
犬	犬ブルセラ(*Burucella canis*)	犬ブルセラ抗体	血清(血漿)0.1 mL	MA(マイクロタイター凝集反応)	4日以内	常温・冷蔵
		犬ブルセラ抗体(10検体以上)	血清(血漿)0.05 mL	ELISA	5日以内	常温・冷蔵
	レプトスピラ(*Leptospira* spp.)	レプトスピラ遺伝子	全血(EDTA処理)0.4 mL，尿1 mL	PCR	5日以内	常温・冷蔵
	犬糸状虫/犬フィラリア(*Dirofilaria immitis*)	犬糸状虫抗原	血清(血漿)0.2 mL	IC	2日以内	冷蔵
		犬糸状虫遺伝子	全血(EDTA処理)0.4 mL	PCR	5日以内	常温・冷蔵
	ネオスポラ(*Neospora caninum*)	ネオスポラ抗体	血清(血漿)0.05 mL	ELISA	5日以内	常温・冷蔵
	狂犬病	狂犬病抗体	血清0.5 mL	FAVN	15日以内	冷蔵
	犬ワクチンセット	CDV抗体＋CPV-2抗体	血清・血漿0.075 mL	CDV：IP，CPV-2：ELISA，CAV-1：ELISA	5日以内	常温・冷蔵
		CDV抗体＋CPV-2抗体＋CAV-1抗体	血清・血漿0.1 mL			
猫	猫免疫不全ウイルス(FIV)	FIV遺伝子	全血(EDTA処理)0.4 mL	PCR	5日以内	常温・冷蔵
		FIV抗体	血清(血漿)，胸腹水0.1 mL	IP-C(免疫ペルオキシターゼ免疫細胞学的検査)	3日以内	
	猫白血病ウイルス(FeLV)	FeLV抗原	血清(血漿)，胸腹水0.1 mL	ELISA(酵素免疫吸着剤)	3日以内	常温△・冷蔵
		FeLV遺伝子	全血(EDTA処理)・骨髄液など0.4 mL	PCR	5日以内	常温・冷蔵
	猫コロナウイルス(FCoV)	FCoV遺伝子	胸腹水・脳脊髄液(CSF)0.3 mL，全血(EDTA処理)0.5 mL	RT-PCR	5日以内	冷蔵
		FCoV抗体	血清(血漿)0.03 mL，脳脊髄液0.1 mL	ELISA	3日以内	常温・冷蔵
		α1酸性糖タンパク(AGP)	血清(血漿)(胸水，腹水は不可)0.05 mL	SRID(一元放射免疫拡散法)	4日以内	
	猫パルボウイルス(FPV)	FPV遺伝子	糞便適量，全血，血清(血漿)　0.4 mL	PCR	4日以内	常温・冷蔵
		FPV　IgM抗体	血清(血漿)0.1 mL	2-メルカプトエタノール処理HI試験	4日以内	常温△・冷蔵
		FPV　HI抗体		HI(赤血球凝集試験)		常温・冷蔵

表 3-4 (続き)マルピー・ライフテック株式会社

動物種	病原体	項目名	検体量	検査方法	所要日数	送付方法
猫	猫カリシウイルス(FCV),猫ヘルペスウイルス1型(FHV-1),猫クラミジア(*Chlamydophia felis*)	FCV遺伝子	口腔・鼻粘膜・結膜スワブ適量	RT-PCR	5日以内	冷蔵
		FHV-1遺伝子		PCR	4日以内	常温・冷蔵
		クラミジア遺伝子				
	キャットフルセット(猫上部気道感染症セット)	猫カリシウイルス(FCV)+猫ヘルペスウイルス1型(FHV-1)+猫クラミジア(*Chlamydophila felis*)+マイコプラズマ(*Mycoplasma felis*)+ボルデテラ(*Bordetella bronchiseptica*)	口腔・鼻粘膜・結膜スワブ適量	RT-PCR(FCVのみ),PCR	5日以内	冷蔵
	猫ヘモプラズマ(*Mycoplasma haemofeis*・*haemominutum*・*turicensis*)	猫ヘモプラズマ遺伝子	全血(EDTA処理)0.4 mL	PCR	4日以内	常温・冷蔵
	トキソプラズマ(*Toxoplasma gondii*)	トキソプラズマ抗体	血清(血漿)0.05 mL	ELISA	4日以内	常温・冷蔵
	猫感染症健康セット(猫ウイルス健康セット)	FIV抗体+FeLV抗原+FCoV抗体	血清(血漿)0.2 mL	—	5日以内	常温△・冷蔵
		FIV抗体+FeLV抗原+FCoV抗体+トキソプラズマ抗体	血清(血漿)0.3 mL	—	7日以内	
	猫のワクチン効果判定検査	FPV抗体+FCV抗体+FHV-1抗体	血清(血漿)0.1 mL	FPV:HI,FCV:IP,FHV-1:IP	5日以内	常温・冷蔵
		FPV HI抗体検査	血清(血漿)0.1 mL	HI	4日以内	
		FPV 中和抗体検査	血清(血漿)0.3 mL	中和試験	14日以内	
フェレット	フェレットコロナウイルス	フェレット流行性カタル性腸炎コロナウイルス(FRECV)	糞便	RT-PCR	4日以内	冷蔵
		フェレット全身性コロナウイルス(FRECV)				

表3-5 株式会社サンリツセルコバ検査センター(委託先：アドテック株式会社)(続く)

動物種	項目名	検体量	検査方法	所要日数	保存方法
犬	イヌジステンパーウイルス(CDV)PHA抗体	血清または血漿(0.2 mL)	PHA	3～6日	冷蔵
	イヌジステンパーウイルス　クラス別抗体IgM・IgG	血清または血漿(0.2 mL)	ELISA		
	イヌジステンパーウイルス遺伝子検査	糞便またはスワブ，EDTA加血液(1.0 g)	PCR	4～7日	
	イヌジステンパーウイルス遺伝子検査ワクチンウイルス判別	糞便またはスワブ，ヘパリン加血液，EDTA加血液(1.0 g/2.0 mL)			
	イヌアデノ2型ウイルス(CAV2)中和抗体	血清または血漿(0.2 mL)	NT	12～19日	
	イヌ伝染性肝炎ウイルス(CHV)中和抗体[アデノ1型]	血清または血漿(0.2 mL)			
	イヌパラインフルエンザ(CPIV)中和抗体	血清または血漿(0.2 mL)			
	イヌコロナウイルス(CCV)中和抗体	血清または血漿(0.2 mL)			
	イヌパルボウイルス(CPV)HI抗体	血清または血漿(0.2 mL)	HI	4～7日	
	イヌパルボウイルス　クラス別抗体IgM・IgG	血清または血漿(0.2 mL)	ELISA	3～6日	
	イヌパルボウイルス中和抗体	血清または血漿(0.2 mL)	NT	14～21日	
	イヌパルボウイルス遺伝子検査	糞便(1.0 g)	PCR	4～7日	
	バベシア抗原：ギブソニ	EDTA加血液またはヘパリン加血液(0.5 mL)			※冷凍不可の冷蔵検体
	バベシア抗原：ギブソニ，カニス	EDTA加血液またはヘパリン加血液(0.5 mL)		5～8日	※冷凍不可の冷蔵検体
	ブルセラ・カニス(Bru.C)抗体	血清または血漿(0.2 mL)	LA	3～6日	冷蔵
犬・猫	レプトスピラ・カニコーラ(Lep.C)抗体	血清または血漿(0.2 mL)	MAT	5～8日	
	レプトスピラ・イクテロヘモラジー(Lep.I)抗体	血清または血漿(0.2 mL)			
	レプトスピラ・ヘブドマディス(Lep.H)抗体	血清または血漿(0.2 mL)			
	レプトスピラ遺伝子検査	尿またはヘパリン加血液，EDTA加血液(2.0 mL)	PCR	4～7日	

表 3-5 (続き)株式会社サンリツセルコバ検査センター(委託先：アドテック株式会社)

動物種	項目名	検体量	検査方法	所要日数	保存方法
猫	ネコ汎白血球減少症ウイルス(FPLV)HI抗体	血清または血漿(0.2 mL)	HI	4〜7日	冷蔵
	ネコ汎白血球減少症ウイルス遺伝子検査	糞便(1.0 g)	PCR	3〜6日	
	ネコ鼻気管炎ウイルス(FHV)中和抗体	血清または血漿(0.2 mL)	NT	12〜19日	
	ネコカリシウイルス(FCV)中和抗体	血清または血漿(0.2 mL)		12〜19日	冷蔵
	ネコ白血病ウイルス(FeLV)抗原	血清または血漿(0.2 mL)	ICG	3〜6日	
	ネコ免疫不全症ウイルス(FIV)抗体	血清または血漿(0.2 mL)	ICG	3〜6日	
	ネコ免疫不全症ウイルス遺伝子検査	EDTA加血液(ヘパリンも可)(0.5 mL)	PCR	4〜7日	
	ネコ伝染性腹膜炎ウイルス(FIPV)抗体	血清または血漿，腹水，胸水(0.2 mL)	IPA	3〜6日	
	ネコ・クラミジア抗原	ぬぐい液	PCR	6〜9日	※冷凍不可の冷蔵検体
	ネコ・ヘモプラズマ抗原 (ネコ・ヘモバルトネラ抗原)	ヘパリン加血液またはEDTA加血液(0.5 mL)			冷蔵
	ネコ・ヘルペスウイルス抗原	ぬぐい液			※冷凍不可の冷蔵検体

表 3-6　株式会社ランス(続く)

種類	項目名	検体量	検査法	検査日数	保存方法
犬感染症	犬ジステンパーウイルス(CDV)　IgM抗体	血清・ヘパリン血漿0.2 mL	ELISA	2～4日	冷蔵
	犬ジステンパーウイルスIgG抗体	血清・ヘパリン血漿0.2 mL，脳脊髄液0.1 mL	IP		
	犬ジステンパーウイルス　中和抗体	血清・ヘパリン血漿0.2 mL	NT	4～6日	
	犬ジステンパーウイルス　共通遺伝子	鼻汁・糞便・結膜・スワブ適量，EDTA全血0.5 mL，血清0.3 mL	RT-PCR	3～5日	
	犬ジステンパーウイルス　野外株遺伝子	※共通遺伝子検査で増幅されたPCR産物を使用	PCR-RFLP	2～4日	
	犬パルボウイルス2型(CPV-2)　IgM抗体	血清・ヘパリン血漿0.2 mL	2-ME HI	3～5日	
	犬パルボウイルス2型　HI抗体		HI		
	犬パルボウイルス2型　野外株遺伝子	糞便適量，EDTA全血・血清・ヘパリン血漿0.4 mL	PCR		
	犬アデノウイルス(CAV)　1型抗体	血清・ヘパリン血漿0.2 mL	NT	6～8日	
	犬アデノウイルス　2型抗体		NT		
	CAV-1抗体＋CAV-2抗体		NT		
	犬アデノウイルス　1型遺伝子	尿・EDTA全血0.4 mL	PCR	3～5日	
	犬パラインフルエンザウイルス(CPIV)抗体	血清・ヘパリン血漿0.2 mL	NT	8～11日	
	犬ヘルペスウイルス(CHV)　抗体		NT	6～8日	
	犬コロナウイルス(CCoV)　抗体		IP	2～4日	
	犬コロナウイルス　遺伝子	糞便　適量	RT-PCR	4～6日	
	犬バベシア(*Babesia gibsoni*)　遺伝子	EDTA全血0.4 mL	PCR	3～5日	
	犬バベシア(*Babesia gibsoni*)　抗体	血清・ヘパリン血漿0.2 mL	ELISA	4～6日	
	犬ヘモプラズマ(*Mycoplasma haemocanis*)遺伝子	EDTA全血0.4 mL	PCR	3～5日	
	犬バベシア＋犬ヘモプラズマ遺伝子セット	EDTA全血0.5 mL	PCR		
	犬ブルセラ(*Brucella canis*)抗体	血清・ヘパリン血漿0.2 mL	MA		

表 3-6　（続き）株式会社ランス（続く）

種類	項目名	検体量	検査法	検査日数	保存方法
犬感染症	レプトスピラ（*Leptospira* spp.）　遺伝子	尿1.0 mL，EDTA全血0.4 mL	PCR	4～6日	冷蔵
	犬フィラリア（*Dirofilaria immitis*）　遺伝子	EDTA全血0.4 mL	PCR		
	ネオスポラ（*Neospora caninum*）　抗体	血清・ヘパリン血漿0.2 mL	ELISA		
	トキソプラズマ（*Toxoplasma gondii*）　抗体	血清・ヘパリン血漿0.2 mL	ELISA	3～5日	
犬ワクチンセット検査	Aセット（CDV抗体，CPV-2抗体）	血清・ヘパリン血漿0.2 mL	IP HI	4～6日	
	Bセット（CDV抗体，CPV-2抗体，CAV-1抗体）		IP HI NT	6～8日	
	キャニバック®Aセット（CDV抗体，CPV-2抗体）		IP ELISA	4～6日	
	キャニバック®Bセット（CDV抗体，CPV-2抗体，CAV-1抗体）		IP ELISA NT	6～8日	
猫感染症	猫免疫不全ウイルス（FIV）　抗体	血清・ヘパリン血漿・胸腹水0.2 mL	IP-C	2～4日	
	猫免疫不全ウイルス　遺伝子	EDTA全血0.4 mL	PCR	4～6日	
	猫白血病ウイルス（FeLV）　抗原	血清・ヘパリン血漿・胸腹水0.2 mL	ELISA	2～4日	
	猫白血病ウイルス　遺伝子	EDTA全血・骨髄液など0.4 mL	PCR	4～6日	
	猫コロナウイルス（FCoV）　抗体	血清・ヘパリン血漿・胸腹水・脳脊髄液0.2 mL	ELISA	2～4日	
	猫コロナウイルス　遺伝子	胸腹水・脳脊髄液0.3 mL，EDTA全血0.5 mL	RT-PCR	4～6日	
	AGP（α1酸性糖タンパク）（FIP診断のための検査）	血清・ヘパリン血漿0.2 mL	SRID	3～5日	
	FCoV遺伝子＋AGP			4～6日	
	FCoV抗体＋AGP	血清・ヘパリン血漿0.2 mL		3～5日	
	猫パルボウイルス（FPV）　IgM抗体	血清・ヘパリン血漿0.2 mL	2-ME HI		
	猫パルボウイルス　HI抗体		HI		
	猫パルボウイルス　遺伝子	糞便適量，EDTA全血・血清・ヘパリン血漿0.4 mL	PCR		

表 3-6　(続き)株式会社ランス(続く)

種類	項目名	検体量	検査法	検査日数	保存方法
猫感染症	猫カリシウイルス　(FCV)　遺伝子	口腔・鼻粘膜・粘膜スワブ適量	RT-PCR	4〜6日	冷蔵
	猫ヘルペスウイルス1型(FHV-1)　遺伝子		PCR	3〜5日	
	猫クラミジア(*Chlamydophila felis*)　遺伝子		PCR		
	猫ヘモプラズマ　遺伝子	EDTA全血0.4 mL	PCR		
	トキソプラズマ(*Toxoplasma gondii*)抗体	血清・ヘパリン血漿0.2 mL	ELISA		
猫感染症セット検査	猫ウイルス健康セット	血清・ヘパリン血漿0.2 mL		4〜6日	
	・FIV抗体				
	・FeLV抗原				
	・FCoV抗体(定性)				
	猫ウイルス健康＋トキソセット	血清・ヘパリン血漿　0.3 mL		6〜8日	
	・FIV抗体				
	・FeLV抗原				
	・FCoV抗体(定性)				
	・トキソプラズマ抗体				
	猫3種ウイルスセット	血清・ヘパリン血漿0.2 mL		2〜4日	
	・FIV抗体				
	・FeLV抗原				
	・FCoV抗体(定量)				
	猫3種ウイルス＋トキソセット	血清・ヘパリン血漿0.3 mL		3〜5日	
	・FIV抗体				
	・FeLV抗原				
	・FCoV抗体(定量)				
	・トキソプラズマ抗体				

表 3-6　（続き）株式会社ランス

種類	項目名	検体量	検査法	検査日数	保存方法
猫感染症セット検査	FHV-1＋猫クラミジア	鼻粘膜・結膜スワブ　適量		3～5日	冷蔵
	FCV＋FHV-1＋猫クラミジア	口腔・鼻粘膜・結膜スワブ　適量		4～6日	
	キャットフル（猫上気道感染症）セット	口腔・鼻粘膜・結膜スワブ　適量			
	・FCV		RT-PCR		
	・FHV-1		PCR		
	・猫クラミジア（*Chlamydophila felis*）				
	・マイコプラズマ（*Mycoplasma felis*）				
	・ボルデテラ（*Bordetella bronchiseptica*）				
猫ワクチンセット検査	Vセット	血清・ヘパリン血漿0.2 mL		4～6日	
	・FCV抗体		IP		
	・FHV-1抗体				
	・FPV抗体		HI		

付録4 ワクチンの一覧とコアワクチン抗体検査法・検査機関

はじめに

現在我が国で販売されている犬・猫用のワクチンと，コアワクチン接種後の抗体検査法・検査機関について，主要なものを**表4-1～5**に示す．本稿は2019年7月現在把握している情報をもとに掲載しており，今後変更になる可能性があるので，検査項目の詳細，基準値などについては各社HPや最新の資料を参照されたい．

表4-1 日本で販売されている狂犬病ワクチン

メーカー	ワクチン名
KMバイオロジクス株式会社	狂犬病TCワクチン「KMB」
日生研株式会社	日生研狂犬病TCワクチン
松研薬品工業株式会社	松研狂犬病TCワクチン
株式会社微生物化学研究所	狂犬病ワクチン-TC

表4-2 日本国内で販売されているレプトスピラワクチン

メーカー	製品名	Can	Cop	Heb	Aut	Ast	Ict	Gri	Pom
MSDアニマルヘルス株式会社	ノビバックLEPTO*	○					○		
MSDアニマルヘルス株式会社	ノビバックDHPPi＋L	○					○		
ゾエティス・ジャパン株式会社	バンガードL4*	○					○	○	○
ゾエティス・ジャパン株式会社	バンガードプラス5/CV-L	○					○		
ゾエティス・ジャパン株式会社	バンガードプラス5/CV-L4	○					○	○	○
ゾエティス・ジャパン株式会社	デュラミューンMX8	○					○		
株式会社ビルバックジャパン	ビルバゲンDA2PPi/L	○					○		
共立製薬株式会社	キャニバック9	○		○			○		

＊レプトスピラ症の単独ワクチン

表 4-3 日本国内で販売されている犬のワクチン

メーカー	ワクチン名	パルボ	ジステンパー	アデノ1型	アデノ2型	パラインフルエンザ	コロナ	レプトスピラ	ボルデテラ
MSDアニマルヘルス株式会社	ノビバックLEPTO							○	
MSDアニマルヘルス株式会社	ノビバックPAPPY　DP	○	○						
MSDアニマルヘルス株式会社	ノビバックDHPPi	○	○	○	○	○			
MSDアニマルヘルス株式会社	ノビバックDHPPi＋L	○	○	○	○	○		○	
ゾエティス・ジャパン株式会社	バンガードプラスCPV	○							
ゾエティス・ジャパン株式会社	バンガードL4							○	
ゾエティス・ジャパン株式会社	バンガードプラス5	○	○	○	○	○			
ゾエティス・ジャパン株式会社	バンガードプラス5/CV	○	○	○	○	○	○		
ゾエティス・ジャパン株式会社	バンガードプラス5/CV-L	○	○	○	○	○	○	○	
ゾエティス・ジャパン株式会社	バンガードプラス5/CV-L 4	○	○	○	○	○	○	○	
ゾエティス・ジャパン株式会社	デュラミューンMX5	○	○	○	○	○			
ゾエティス・ジャパン株式会社	デュラミューンMX6	○	○	○	○	○	○		
ゾエティス・ジャパン株式会社	デュラミューンMX8	○	○	○	○	○	○	○	
株式会社ビルバックジャパン	ビルバゲンDA2PPi/L	○	○	○	○	○		○	
ベーリンガーインゲルハイムアニマルヘルスジャパン株式会社	ユーリカンP-XL	○							
ベーリンガーインゲルハイムアニマルヘルスジャパン株式会社	ユーリカン5	○	○	○	○	○			
ベーリンガーインゲルハイムアニマルヘルスジャパン株式会社	ユーリカン7	○	○	○	○	○		○	
共立製薬株式会社	キャニバック5	○	○	○	○	○			
共立製薬株式会社	キャニバック6	○	○	○	○	○	○		
共立製薬株式会社	キャニバック9	○	○	○	○	○	○	○	
共立製薬株式会社	キャニバックKC-3				○	○			○

表 4-4 日本国内で販売されている猫ワクチン

メーカー	ワクチン名	猫ウイルス性鼻気管炎	猫汎白血球減少症	猫カリシウイルス感染症	猫白血病	猫クラミジア感染症	猫免疫不全ウイルス感染症
MSDアニマルヘルス株式会社	ノビバック　TRICAT	○	○	○			
ゾエティス・ジャパン株式会社	フェロガード　プラス3	○	○	○			
ゾエティス・ジャパン株式会社	フェロセルCVR	○	○	○			
ゾエティス・ジャパン株式会社	フェロバックスFIV						○
ゾエティス・ジャパン株式会社	フェロバックス3	○	○	○			
ゾエティス・ジャパン株式会社	フェロバックス5	○	○	○	○	○	
株式会社ビルバックジャパン	リュウコゲン				○		
株式会社ビルバックジャパン	ビルバゲンCRP	○	○	○			
ベーリンガーインゲルハイムアニマルヘルスジャパン株式会社	ピュアバックスRCP	○	○	○			
ベーリンガーインゲルハイムアニマルヘルスジャパン株式会社	ピュアバックスRCP-FeLV	○	○	○	○		
ベーリンガーインゲルハイムアニマルヘルスジャパン株式会社	ピュアバックスRCPCh-FeLV	○	○	○	○	○	
共立製薬株式会社	フェリバックL-3	○	○	○			

表 4-5　我が国でのコアワクチン抗体検査法・検査機関

検査機関	検査
①マルピーライフテック株式会社	・犬ワクチンセット：A セット　CDV 抗体，CPV-2抗体 ：B セット　CDV 抗体，CPV-2抗体，CAV-1抗体 ・猫ワクチンセット：V セット　FCV 抗体，FHV-1抗体，FPV 抗体 ：FPV HI 抗体検査 ：FPV 中和抗体検査
②アドテック株式会社	・犬コアワクチン抗体3点セット：CDV-PHA, CPV-SN, CAV-1 ・猫コアワクチン抗体3点セット：FPLV-HI, FHV, FCV
③スペクトラムラボジャパン株式会社	・犬用ワクチェック：ジステンパー/犬アデノ/犬パルボウイルス IgG 抗体検出用検査キット
④一般財団法人生物科学安全研究所	・狂犬病抗体検査

参考文献

- 農林水産省動物用薬品検査所　動物用医薬品データベース（http://www.maff.go.jp/nval/iyakutou/index.html）

付録5 主要病原体の分類表

はじめに

本書に記載された病原体の分類を一覧として示す．**表5-1**に細菌[1,2]，**表5-2**に真菌[1,3]を，**表5-3**に原虫[4]，**表5-4**にウイルス[5-10]，**表5-5**に内部寄生虫[4,11]，**表5-6**に外部寄生虫[1,12]を示す．

病原体名や病原体の分類学的位置は日々変化しているため，これらの表はあくまでも現状として参考され，その都度，最新の情報を確認する必要がある．

また，生物分類については複数の学説が存在することが多く，今回取り上げた分類はあくまでも一見解である．詳細についてはそれぞれの出典をご確認いただきたい．

今回，分類表をまとめるにあたって，多大なるご協力をいただいた関崎勉先生，長谷川篤彦先生，佐伯英治先生，小熊圭祐先生，板垣匡先生，森田達志先生に深謝いたします．

参考文献

1. Catalogue of Life: 2019 Annual Checklist（https://www.catalogueoflife.org/）
2. Lawson PA, Citron DM, Tyrrell KL et al.(2016)：Anaerobe, 40, 95-99.
3. Hinchliff CE, Smith SA, Allman JF, et al.(2015)：Proc Natl Acad Sci USA. Oct 13, 112(41), 12764-12769.
4. 日本寄生虫学会　新和名表(http://jsp.tm.nagasaki-u.ac.jp/newwamei20170602/)
5. International Committee on Taxonomy of Viruses(ICTV)(https://talk.ictvonline.org/)
6. Amarasinghe GK, Aréchiga Ceballos NG, Banyard AC, et al.(2018)：Arch Virol. Aug 163(8), 2283-2294.
7. Tizard I, Shivaprasad HL, Guo J, et al.(2016)：Anim Health Res Rev. 17(2), 110-126.
8. Leal de Araujo J, Rech RR, Heatley JJ, et al.(2017)：PLoS One. Nov 9, 12(11), e0187797.
9. Lau SK, Woo PC, Yip CC, et al.(2012)：J Virol. 86(10), 5481-5496.
10. Ongrádi J, Chatlynne LG, Tarcsai KR, et al.(2019)：Front Microbiol. 10, 1430.
11. 板垣匡，藤崎幸藏(2019)：動物寄生虫病学（四訂版），朝倉書店
12. GBIF Secretariat (2017). GBIF Backbone Taxonomy. Checklist dataset（https://doi.org/10.15468/39omei）2019年7月16日閲覧

表 5-1 細菌の分類表(続く)

界(Kingdom)	門(Phylum)	綱(Class)	目(Order)	科(Family)	属(Genus)	種(Species)
Bacteria	Actinobacteria	Not assigned	Actinomycetales	Actinomycetaceae	*Actinomyces*	*Actinomyces canis* など
					Arcanobacterium	
				Corynebacteriaceae	*Corynebacterium*	*Corynebacterium ulcerans*, *C. pyogenes* など
				Dermatophilaceae	*Dermatophilus*	*Dermatophilus congolensis*
				Micrococcaceae	*Micrococcus*	
				Mycobacteriaceae	*Mycobacterium*	*Mycobacterium tuberculosis*, *M. bovis* など
				Nocardiaceae	*Nocardia*	*Nocardia asteroides*
				Propionibacteriaceae	*Propionibacterium*	*Propionibacterium acnes*
	Bacteroidetes	Bacteroidia	Bacteroidales	Bacteroidaceae	*Bacteroides*	*Bacteroides fragilis*
				Prevotellaceae	*Prevotella*	*Prevotella intermedia*, *P. melaninogenica* など
				Porphyromonadaceae	*Porphyromonas*	*Porphyromonas gulae*, *P. crevioricans* など
					Tannerella	*Tannerella forsythia*
		Flavobacteriia	Flavobacteriales	Flavobacteriaceae	*Capnocytophaga*	*Capnocytophaga canimorsus*
					Flavobacterium	*Flavobacterium columnare*
	Chlamydiae	Chlamydiae	Chlamydiales	Chlamydiaceae	*Chlamydia*	*Chlamydia felis*, *C. psittaci* など
	Firmicutes	Bacilli	Bacillales	Bacillaceae	*Bacillus*	*Bacillus anthracis*, *B. subtilis* など
				Listeriaceae	*Listeria*	*Listeria monocytogenes*
				Staphylococcaceae	*Staphylococcus*	*Staphylococcus pseudintermedius*, *S. aureus* など
			Lactobacillales	Enterococcaceae	*Enterococcus*	*Enterococcus faecium*, *E. faecaliss* など
				Lactobacillaceae	*Lactobacillus*	
				Streptococcaceae	*Streptococcus*	*Streptococcus canis*, *S. zooepidemicus* など

表 5-1 (続き)細菌の分類表(続く)

界(Kingdom)	門(Phylum)	綱(Class)	目(Order)	科(Family)	属(Genus)	種(Species)
Bacteria	Firmicutes	Clostridia	Clostridiales	Clostridiaceae	*Clostridium*	*Clostridium perfringens*, *C. piliforme* など
				Peptostreptococcaceae	*Clostridioides*	*Clostridioides difficile*
					Peptostreptococcus	*Peptostreptococus anaerobius*
		Erysipelotrichia	Erysipelotrichales	Erysipelotrichaceae	*Erysipelothrix*	*Erysipelothrix rhusiopathiae*
	Fusobacteria	Fusobacteriia	Fusobacteriales	Fusobacteriaceae	*Fusobacterium*	*Fusobacterium nucleatum*, *F. necrophorum* など
				Leptotrichiaceae	*Streptobacillus*	*Streptobacillus moniliformis*
	Proteobacteria	Alphaproteobacteria	Rhizobiales	Bartonellaceae	*Bartonella*	*Bartonella henselae*, *B. clarridgeiae* など
				Brucellaceae	*Brucella*	*Brucella melitensis*, *B. canis* など
			Rickettsiales	Anaplasmataceae	*Anaplasma*	*Anaplasma phagocytophilum* など
					Ehrlichia	*Ehrlichia ewingii*, *E. canis* など
				Rickettsiaceae	*Rickettsia*	*Rickettsia japonica*, *R. akari* など
		Betaproteobacteria	Burkholderiales	Alcaligenaceae	*Bordetella*	*Bordetella bronchiseptica*
			Neisseriales	Neisseriaceae	*Simonsiella*	
			Nitrosomonadales	Spirillaceae	*Spirillum*	*Spirillum minus*
		Deltaproteobacteria	Desulfovibrionales	Desulfovibrionaceae	*Lawsonia*	*Lawsonia intracellularis*
		Epsilonproteobacteria	Campylobacterales	Campylobacteraceae	*Campylobacter*	*Campylobacter jejuni*, *C. coli* など
				Helicobacteraceae	*Helicobacter*	*Helicobacter felis*, *H. cinaedi* など
		Gammaproteobacteria	Aeromonadales	Aeromonadaceae	*Aeromonas*	*Aeromonas hydrophila*, *A. sobria* など
			Enterobacteriales	Enterobacteriaceae	*Citrobacter*	*Citorobacter freundii*, *C. rodentium* など
					Edwardsiella	
					Enterobacter	*Enterobacter cloacae*, *E. aerogenes* など
					Escherichia	*Escherichia coli*

表 5-1 （続き）細菌の分類表（続く）

界(Kingdom)	門(Phylum)	綱(Class)	目(Order)	科(Family)	属(Genus)	種(Species)
Bacteria	Proteobacteria	Gammaproteobacteria	Enterobacteriales	Enterobacteriaceae	*Klebsiella*	*Klebsiella pneumoniae*，*K. oxytoca*など
					Morganella	
					Proteus	*Proteus mirabilis*
					Providencia	
					Salmonella	*Salmonella enterica*（*S.* Enteritidis, *S.* Typhimuriumなど），*S. bongori*
					Serratia	*Serratia marcescens*
					Yersinia	*Yersinia pseudotuberculosis*, *Y. enterocolitica*など
			Legionellales	Coxiellaceae	*Coxiella*	*Coxiella burnetii*
			Pasteurellales	Pasteurellaceae	*Actinobacillus*	
					Haemophilus	*Haemophilus felis*
					Pasteurella	*Pasteurella multocida*, *P. canis*など
			Pseudomonadales	Moraxellaceae	*Acinetobacter*	*Acinetobacter baumannii*, *A. calcoaceticus*など
				Pseudomonadaceae	*Pseudomonas*	*Pseudomonas aeruginosa*
				Moraxellaceae	*Moraxella*	*Moraxella bovis*
			Thiotrichales	Francisellaceae	*Francisella*	*Francisella tularensis*
			Xanthomonadales	Xanthomonadaceae	*Stenotrophomonas*	*Stenotrophomonas maltophilia*

表 5-1 (続き)細菌の分類表

界(Kingdom)	門(Phylum)	綱(Class)	目(Order)	科(Family)	属(Genus)	種(Species)
Bacteria	Spirochaetae	Spirochaetes	Spirochaetales	Leptospiraceae	*Leptospira*	*Leptospira interrogans*, *L. kirschneri*など
				Spirochaetaceae	*Borrelia*	*Borrelia burgdorferi*, *B. garinii*など
					Spirochaeta	
					Treponema	*Treponema cuniculi*
	Tenericutes	Not assigned	Mycoplasmatales	Mycoplasmataceae	*Mycoplasma*	*Mycoplasma canis*, *M. haemofelis*など
					Ureaplasma	

表 5-2　真菌の分類表(続く)

界(Kingdom)	門(Phylum)	綱(Class)	目(Order)	科(Family)	属(Genus)	種(Species)
Fungi	Ascomycota	Dothideomycetes	Capnodiales	Cladosporiaceae	*Cladosporium*	
		Eurotiomycetes	Eurotiales	Trichocomaceae	*Aspergillus*	*Aspergillus fumigatus*, *A. felis* など
					Paecilomyces	
			Onygenales	Onygenaceae	*Coccidioides*	*Coccidioides immitis*
					Blastomyces	*Blastomyces dermatidis*
				Ajellomycetaceae	*Histoplasma*	*Histoplasma capsulatum*
				Arthrodermataceae	*Microsporum*	*Microsporum canis*, *M. gypseum* など
					Nannizia	*Nannizia gypsea*
					Trichophyton	*Trichophyton mentagrophytes*, *T. benhamiae* など
		Eurotiomycetes	Onygenales	Nannizziopsidaceae	*Nannizziopsis*	*Nannizziopsis vriessi*
		Saccharomycetes	Saccharomycetales	Not assigned	*Candida*	*Candida albicans*, *C. gulliermondii* など
					Macrorhabdus	*Macrorhabdus ornithogaster*
		Sordariomycetes	Ophiostomatales	Ophiostomataceae	*Sporothrix*	*Sporothrix brasiliensis*, *S. schenckii sensu stricto* など
			Hypocreales	Not assigned	*Acremonium*	
				Nectriaceae	*Fusarium*	
			Glomerellales	Glomerellaceae	*Colletotrichum*	
		Pneumocystomycetes	Pneumocystales	Pneumocystaceae	*Pneumocystis*	*Pneumocystis carinii* など
	Basidiomycota	Agaricomycetes	Agaricales	Schizophyllaceae	*Schizophyllum*	
		Tremellomycetes	Tremellales	Tremellaceae	*Cryptococcus*	*Cryptococcus neoformans*, *C. gattii* など
		Malasseziomycetes	Malasseziales	Malasseziaceae	*Malassezia*	*Malassezia pachydermatis*, *M. nana* など
	Chytridiomycota	Chytridiomycetes	Rhizophydiales	Not assigned	*Batrachochytrium*	*Batrachochytrium salamandrivorans*

表 5-2 (続き)真菌の分類表

界(Kingdom)	門(Phylum)	綱(Class)	目(Order)	科(Family)	属(Genus)	種(Species)
Fungi	Microsporidia	Microsporea	Microsporida	Encephalitozoonidae	*Encephalitozoon*	*Encephalitozoon cuniculi*
	Zygomycota	Not assigned	Basidiobolales	Basidiobolaceae	*Basidiobolus*	*Basidiobolus ranarum*
		Mucoromycetes	Mucorales	Cunninghamellaceae	*Absidia*	*Absidia corymbifera*
				Mucoraceae	*Mucor*	
Chromista	Oomycota	Peronosporea	Peronosporales	Pythiaceae	*Pythium*	*Pythium insidiosum*
			Saprolegniales	Saprolegniaceae	*Saprolegnia*	*Saprolegnia parasitica*
					Achlya	
Plantae	Chlorophyta	Trebouxiophyceae	Chlorellales	Chlorellaceae	*Prototheca*	*Prototheca wickerhamii*, *P. zopfii* など

表 5-3 原虫の分類表

界(Kingdom)	門(Phylum)	綱(Class)	目(Order)	科(Family)	属(Genus)	種(Species)
Alveolata*	Apicomplexa	Aconoidasida	Piroplasmida	Babesiidae	*Babesia*	*Babesia canis, B. vogeli* など
		Coccidia	Eucoccidiorida	Cryptosporidiidae	*Cryptosporidium*	*Cryptosporidium canis*, *C. felis* など
				Eimeriidae	*Eimeria*	*Eimeria perforans*, *E. magna* など
				Hepatozoidae	*Hepatozoon*	*Hepatozoon canis*, *H. americanum* など
				Sarcocystidae	*Sarcocystis*	*Sarcocystis muris* など
					Cystoisospora	*Cystisospora canis*, *C. ohioensis*
					Toxoplasma	*Toxoplasma gondii*
					Neospora	*Neospora caninum*
	Ciliophora	Oligohymenophorea	Hymenostomatida	Ichthyophthiriidae	*Ichthyophthirius*	*Ichthyophthirius multifiliis*
		Litostomatea	Vestibuliferida	Balantidiidae	*Balantidium*	*Balantidium caviae*
Amoebozoa*	Entamoebida*			Entamoebidae	*Entamoeba*	*Entamoeba invadens*
	Lobosa*			Acanthamoebidae	*Acanthamoeba*	*Acathamoeba castelanii*, *A. culbertsoni* など
Diplomonadida*				Hexamitidae	*Giardia*	*Giardia duodenalis*, *G. psittaci* など
					Spironucleus	*Spironucleus muris*
Euglenozoa*			Kinetoplastida	Trypanosomatidae	*Trypanosoma*	*Trypanosoma gambiense*, *T. evansi* など
					Leishmania	*Leishmania donovani*, *L. infantum* など
Parabasala*		Trichomonada	Trichomonadida	Trichomonadidae	*Tritrichomonas*	*Tritrichomonas foetus*, *T. gallinae* など

原生生物(原虫類)の分類は現在非常に流動的である．原生生物はもとより，生物分類はある一定の基準のもとになされているが，一つの分類はあくまでも一つの見解であり，どの説をとるかは執筆者の判断に委ねられる．この表は2018年3月に日本寄生虫学会・新和名表に記載されている分類表を参考に作成した．原生生物自体，界の概念を含めて分類階級不明なものが多く，本書にとり上げられている各原生生物の分類も，現時点ではなお流動的と考えるのが妥当であろう．しかし，分類の基準は多くの支持を得ている学説，あるいは関連学会の総意で提唱されている説のいずれか一つを依拠になされる場合が多い．なお，*Cytauxzoon*，*Isospora*，*Leptomonas*，*Caryospora*，*Ichthyobodo*，*Nyctotherus*，*Hexamita*，*Epistylis*，*Trichodina* については上記の表には掲載されていないため，標記していない．

＊は分類階級が不明なものを示す．

表 5-4 ウイルスの分類表(続く)

界(Relum)	門(Phylum)	綱(Class)	目(Order)	科(Family)	属(Genus)	種(Species)	備考
Riboviria	*Negarnaviricota*	*Ellioviricetes*	*Bunyavirales*	*Arenaviridae*	*Mammarenavirus*	*Lymphocytic choriomeningitis mammarenavirus*(リンパ球性脈絡髄膜炎ウイルス)	
					Reptarenavirus		*Reptarenavirus*属には爬虫類の封入体病(IBD)の原因となる複数のウイルスが含まれる[5].
		Insthoviricetes	*Articulavirales*	*Orthomyxoviridae*	*Alphainfluenzavirus*	*Influenza A virus*(A型インフルエンザウイルス,犬インフルエンザウイルス,鳥インフルエンザウイルス,猫インフルエンザウイルスなど)	
					Betainfluenzavirus	*Influenza B virus*(B型インフルエンザウイルス)	
		Monjiviricetes	*Mononegavirales*	*Paramyxoviridae*	*Morbillivirus*	*Canine morbillivirus*(犬ジステンパーウイルス)	
					Orthoavulavirus	*Avian orthoavulavirus 1*(ニューカッスル病ウイルス)	
					Orthorubulavirus	*Mammalian rubulavirus 5*(犬パラインフルエンザウイルス)	
					Respirovirus	*Murine respirovirus*(センダイウイルス)	
				Pneumoviridae	*Orthopneumovirus*	*Murine orthopneumovirus*(マウス肺炎ウイルス,Pneumonia virus of mice)	

表 5-4 (続き)ウイルスの分類表(続く)

界(Relum)	門(Phylum)	綱(Class)	目(Order)	科(Family)	属(Genus)	種(Species)	備考
Riboviria	*Negarnaviricota*	*Ellioviricetes*	*Bunyavirales*	*Hantaviridae*	*Orthohantavirus*	*Hantaan orthohantavirus* (Hantaan ウイルス)	
				Phenuiviridae	*Banyangvirus*	*Huaiyangshan banyangvirus* (重症熱性血小板減少症候群ウイルス)	
		Monjiviricetes	*Mononegavirales*	*Bornaviridae*	*Orthobornavirus*	*Mammalian 1 orthobornavirus* (ボルナ病ウイルス)	
						Psittaciform 1, 2 orthobornavirus など	かつて鳥ボルナウイルス(ABV)と呼ばれていたウイルスは，現在 *Orthobornavirus* 属に含まれ，五つのウイルス種に分類されている．これらの一部(*Psittaciform 1, 2 orthobornavirus* など)は腺胃拡張症(PDD)の原因ウイルスと考えられている[6-8]．
		Monjiviricetes	*Mononegavirales*	*Rhabdoviridae*	*Lyssavirus*	*Rabies lyssavirus* (狂犬病ウイルス)	
				Caliciviridae	*Lagovirus*	*Rabbit hemorrhagic disease virus* (ウサギ出血病ウイルス)	
					Vesivirus	*Feline calicivirus* (猫カリシウイルス)	

表 5-4 （続き）ウイルスの分類表（続く）

界(Relum)	門(Phylum)	綱(Class)	目(Order)	科(Family)	属(Genus)	種(Species)	備考
Riboviria			*Nidovirales*	*Coronaviridae*	*Alphacoronavirus*	*Alphacoronavirus 1*（犬コロナウイルス，猫腸コロナウイルス，猫伝染性腹膜炎ウイルス）	
						Betacoronavirus 1（犬呼吸器コロナウイルス）	Rabbit enteric coronavirusは，未分類であるが*Betacoronavirus*属に属するウイルスとされている[9].
						Ferret coronavirus（フェレット全身性コロナウイルス，フェレット腸コロナウイルス）	
				Togaviridae	*Alphavirus*	*Eastern equine encephalitis virus*（東部ウマ脳炎ウイルス）	
						Venezuelan equine encephalitis virus（ベネズエラウマ脳炎ウイルス）	
						Western equine encephalitis virus（西部ウマ脳炎ウイルス）	
				Flaviviridae	*Flavivirus*	*West Nile virus*（ウエストナイルウイルス）	
				Adenoviridae	*Mastadenovirus*	*Canine mastadenovirus A*（犬アデノウイルス1型，2型）	猫アデノウイルスは未分類であるが，ヒトアデノウイルス*C*に近縁であることが報告されている[10]．Guinea pig adenovirusは種としてはまだ認められていない.
				Iridoviridae	*Ranavirus*		*Ranavirus*属には両生類で問題になるラナウイルス感染症の原因ウイルスが含まれる[5].

表 5-4 (続き)ウイルスの分類表(続く)

界(Relum)	門(Phylum)	綱(Class)	目(Order)	科(Family)	属(Genus)	種(Species)	備考
				Circoviridae	*Circovirus*	*Beak and feather disease virus* (オウム類嘴・羽根病ウイルス)	
				Papillomaviridae	*Chipapillomavirus*	*Chipapillomavirus 1-3* (犬パピローマウイルス)	
				Parvoviridae	*Amdoparvovirus*	*Carnivore amdoparvovirus 1* (アリューシャン病ウイルス)	
					Bocaparvovirus	*Carnivore bocaparvovirus 1* (犬パルボウイルス1型)	
					Protoparvovirus	*Carnivore protoparvovirus 1* (犬パルボウイルス2型)	
						Carnivore protoparvovirus 1 (猫汎白血球減少症ウイルス)	
			Herpesvirales	*Alloherpesviridae*	*Cyprinivirus*	*Cyprinid herpesvirus 3* (コイヘルペスウイルス)	
						Cyprinid herpesvirus 1 (コイ上皮腫ウイルス)	
				Herpesviridae	*Iltovirus*	*Psittacid alphaherpesvirus 1* (パチェコ氏病ウイルス)	
					Simplexvirus	*Human alphaherpesvirus 1, 2* (単純ヘルペスウイルス)	
					Varicellovirus	*Canid alphaherpesvirus 1* (犬ヘルペスウイルス1型)	
						Suid alphaherpesvirus 1 (豚ヘルペスウイルス1型)	
						Felid alphaherpesvirus 1 (猫ヘルペスウイルス)	

表 5-4　(続き)ウイルスの分類表

界(Relum)	門(Phylum)	綱(Class)	目(Order)	科(Family)	属(Genus)	種(Species)	備考
				Poxviridae	*Avipoxvirus*	*Fowlpox virus*(鶏痘ウイルス)	
					Leporipoxvirus	*Myxoma virus* (兎粘液腫ウイルス)	
						Rabbit fibroma virus (ショープ線維腫ウイルス)	
					Orthopoxvirus	*Cowpox virus*(牛痘ウイルス)	
						Ectromelia virus (エクトロメリアウイルス)	
				Polyomaviridae	*Gammapolyomavirus*	*Aves polyomavirus 1*(セキセイインコのヒナ病ウイルス)	
			Ortervirales	*Retroviridae*	*Gammaretrovirus*	*Feline leukemia virus* (猫白血病ウイルス)	
					Lentivirus	*Feline immunodeficiency virus* (猫免疫不全ウイルス)	

表 5-5　内部寄生虫の分類表（続く）

界(Kingdom)	門(Phylum)	綱(Class)	目(Order)	科(Family)	属(Genus)	種(Species)
Animalia	Nematoda	Adenophorea	Enoplida	Trichuridae	*Pearsonema*	*Pearsonema plica*（犬膀胱毛細線虫），*P. feliscati*（猫膀胱毛細線虫）
					Trichuris	*Trichuris vulpis*（犬鞭虫）
		Secernentea	Ascaridida	Ascarididae	*Baylisascaris*	*Baylisascaris procyonis*（アライグマ回虫）
					Toxocara	*Toxocara canis*（犬回虫），*T. cati*（猫回虫）
					Toxascaris	*Toxascaris leonia*（犬小回虫）
				Subuluridae	*Paraspidodera*	*Paraspidodera uncinata*
			Oxyurida	Heteroxynematidae	*Aspiculuris*	*Aspiculuris tetraptera*（ネズミ大腸蟯虫）
				Oxyuridae	*Oxyuris*	
					Passalurus	*Passalurus ambiguus*（ウサギ蟯虫）
					Syphacia	*Syphacia obvelata*（ネズミ盲腸蟯虫）
			Rhabditida	Strongyloididae	*Strongyloides*	*Strongyloides stercoralis*（糞線虫），*S. planiceps*（猫糞線虫）
			Spirurida	Gnathostomatidae	*Gnathostoma*	*Gnathostoma spinigerum*（有棘顎口虫）
				Onchocercidae	*Dirofilaria*	*Dirofilaria immitis*（犬糸状虫）
				Physalopteridae	*Physaloptera*	*Physaloptera praeputialis*（猫胃虫）
				Spirocercidae	*Spirocerca*	*Spirocerca Lupi*（血色食道虫）
				Thelaziidae	*Thelazia*	*Thelazia callipaeda*（東洋眼虫）
			Strongylida	Ancylostomatidae	*Ancylostoma*	*Ancylostoma caninum*（犬鉤虫），*A. tubaeforme*（猫鉤虫）
				Metastrongylidae	*Angiostrongylus*	*Angiostrongylus cantonensis*（広東住血線虫）
				Molineidae	*Ollulanus*	*Ollulanus tricuspis*

表 5-5　（続き）内部寄生虫の分類表

界(Kingdom)	門(Phylum)	綱(Class)	目(Order)	科(Family)	属(Genus)	種(Species)
Animalia	Platyhelminthes	Cestoda	Cyclophyllidea	Dipylidiidae	*Dipylidium*	*Diphylidium caninum*（瓜実条虫）
				Hymenolepididae	*Hymenolepis*	*Hymenolepis diminuta*（縮小条虫）
					Rodentolepis	*Rodentolepis nana*（小形条虫）
				Mesocestoididae	*Mesocestoides*	*Mesocestoides lineatus*（有線条虫）
				Taeniidae	*Echinococcus*	*Echinococcus multilocularis*（多包条虫）， *E. granulosus*（単包条虫）
					Taenia	*Taenia taeniaeformis*（猫条虫）， *T. hydatigena*（胞状条虫）など
			Diphyllobothriidea	Diphyllobothriidae	*Diphyllobothrium*	*Diphyllobothrium nihonkaiense*（日本海裂頭条虫）
					Spirometra	*Spirometra erinaceieuropaei*（マンソン裂頭条虫）
		Monogenea	Dactylogyridea	Dactylogyridae	*Dactylogyrus*	*Dactylogyrus extensus*，*D. minutus*など
			Gyrodactylidea	Gyrodactylidae	*Gyrodactylus*	*Gyrodactylus kherulensis*，*G. sprostpnae*など
		Trematoda	Opisthorchiida	Opisthorchiidae	*Clonorchis*	*Clonorchis sinensis*（肝吸虫）
			Plagiorchiida	Paragonimidae	*Paragonimus*	*Paragominus westermani*（ウェステルマン肺吸虫）
				Heterophyidae	*Heterophyes*	*Heterophyes nocens*（有害異形吸虫）
					Metagonimus	*Metagonimus yokogawai*（横川吸虫）
			Strigeidida	Diplostomidae	*Pharyngostomum*	*Pharyngostomum cordatum*（壺形吸虫）
				Schistosomatidae	*Schistosoma*	*Schistosoma japonicum*（日本住血吸虫）

表 5-6 外部寄生虫の分類表(続く)

界(Kingdom)	門(Phylum)	綱(Class)	目(Order)	科(Family)	属(Genus)	種(Species)
Animalia	Arthropoda	Arachnida	Astigmata	Atopomelidae	*Chirodiscoides*	*Chirodiscoides caviae*(モルモットズツキダニ)
				Cytoditidae	*Cytodites*	*Cytodites nudus*
				Dermoglyphidae	*Dermoglyphus*	
				Epidermoptidae	*Knemidocoptes*	
				Listrophoridae	*Leporacarus*	*Leporacarus gibbus*(ウサギズツキダニ)
					Lynxacarus	*Lynxacarus mustelae*(ネコズツキダニ)
				Myocoptidae	*Myocoptes*	*Myocoptes musculinus*(ネズミケクイダニ)
				Psoroptidae	*Psoroptes*	*Psoroptes cuniculi*(ウサギキュウセンヒゼンダニ)
					Otodectes	*Otodectes cynotis*(ミミヒゼンダニ)
				Pyroglyphidae	*Dermatophagoides*	*Dermatophagoides farinae*(コナヒョウヒダニ), *D. pteronyssinus*(ヤケヒョウヒダニ)
				Sarcoptidae	*Notoedres*	*Notoedres cati*(ネコショウセンコウヒゼンダニ)
					Sarcoptes	*Sarcoptes scabiei*(ヒゼンダニ)
					Trixacarus	
			Metastigmata	Ixodidae	*Amblyomma*	*Amblyomma testudinarium*(タカサゴキララマダニ)
					Haemaphysalis	*Haemaphysalis flava*(キチマダニ), *H. campanulata*(ツリガネチマダニ)など
					Ixodes	*Ixodes persulcatus*(シュルツェマダニ)
					Rhipicephalus	*Rhipicephalus sanguineus*(クリイロコイタマダニ), *R. microplus*(オウシマダニ)

この表の作成にあたり，文献1および12(一部改変)を参考とした.

表 5-6 （続き）外部寄生虫の分類表（続く）

界(Kingdom)	門(Phylum)	綱(Class)	目(Order)	科(Family)	属(Genus)	種(Species)
Animalia	Arthropoda	Arachnida	Mesostigmata	Dermanyssidae	*Dermanyssus*	
				Macronyssidae	*Ophionyssus*	*Ophionyssus natricis*（ヘビオオサシダニ）
					Ornithonyssus	
				Halarachnidae	*Pneumonyssoides*	*Pneumonyssoides caninum*（イヌハイダニ）
				Rhinonyssidae	*Sternostoma*	*Sternostoma tracheacolum*（コトリハナダニ）
			Prostigmata	Cheyletidae	*Cheyletiella*	*Cheyletiella yasuguri*（イヌツメダニ），*C. parasitovorax*（ウサギツメダニ）など
				Demodecidae	*Demodex*	*Demodex canis*, *D. caviae* など
				Pterygosomatidae	*Hirstiella*	
				Myobiidae	*Myobia*	*Myobia musculi*（ハツカネズミケモチダニ）
					Radfordia	*Radfordia affinis*（ハツカネズミラドフォードズツキダニ）
				Syringophilidae	*Syringophilus*	
		Hexanauplia	Cyclopoida	Lernaeidae	*Lernaea*	*Lernaea cyprinacea*（イカリムシ）
		Insecta	Diptera	Oestridae	*Cuterebra*	*Cuterebra cuniculi*（ウサギヒフバエ），*C. lavae* など
					Hypoderma	*Hypoderma bovis*（ウシバエ）
			Psocodea	Gyropidae	*Gliricola*	*Gliricola porcelli*（カビアハジラミ）
					Gyropus	*Gyropus ovalis*（カビアマルハジラミ）
				Linognathidae	*Linognathus*	*Linognathus setosus*（イヌジラミ）など
				Menoponidae	*Eomenopon*	
				Philopteridae	*Neopsittaconirmus*	
					Psittaconirmus	

この表の作成にあたり，文献1および12（一部改変）を参考とした．

表 5-6 (続き)外部寄生虫の分類表

界(Kingdom)	門(Phylum)	綱(Class)	目(Order)	科(Family)	属(Genus)	種(Species)
Animalia	Arthropoda	Insecta	Psocodea	Trichodectidae	*Felicola*	*Felicola subrostratus*(ネコハジラミ)
					Trichodectes	*Trichodectes canis*(イヌハジラミ)
			Siphonaptera	Pulicidae	*Ctenocephalides*	*Ctenocephalides canis*(イヌノミ), *C.felis*(ネコノミ)など
					Pulex	*Pulex irritans*(ヒトノミ)
					Xenopsylla	*Xenopsylla cheopis*(ケオプスネズミノミ)

この表の作成にあたり，文献1および12(一部改変)を参考とした.

索引

う

え

き

く

け

す

せ

そ

た

ち

つ

て

の

は

へ

ほ

ま

C

D

E

F

G

H

I

J

K

L

M

N

S

T

U

V

W

X

Y

感染症科診療パーフェクトガイド
犬・猫・エキゾチック動物

2019 年 9 月 26 日　第 1 刷発行
定価(本体 22,000 円＋税)

監　修	長谷川篤彦
発行者	山口啓子
発行所	株式会社 学窓社
	〒113-0024　東京都文京区西片 2-16-28
	TEL　(03)3818-8701
	FAX　(03)3818-8704
	e-mail：info@gakusosha.co.jp
	http://www.gakusosha.com
印刷所	株式会社 シナノパブリッシングプレス
表紙写真提供	ピクスタ

ISBN 978-4-87362-770-0